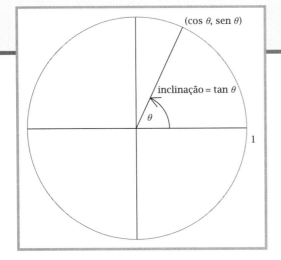

Pré-Cálculo
Uma Preparação para o Cálculo

Segunda edição

com
Manual de Soluções para o Estudante

O GEN | Grupo Editorial Nacional – maior plataforma editorial brasileira no segmento científico, técnico e profissional – publica conteúdos nas áreas de ciências exatas, humanas, jurídicas, da saúde e sociais aplicadas, além de prover serviços direcionados à educação continuada e à preparação para concursos.

As editoras que integram o GEN, das mais respeitadas no mercado editorial, construíram catálogos inigualáveis, com obras decisivas para a formação acadêmica e o aperfeiçoamento de várias gerações de profissionais e estudantes, tendo se tornado sinônimo de qualidade e seriedade.

A missão do GEN e dos núcleos de conteúdo que o compõem é prover a melhor informação científica e distribuí-la de maneira flexível e conveniente, a preços justos, gerando benefícios e servindo a autores, docentes, livreiros, funcionários, colaboradores e acionistas.

Nosso comportamento ético incondicional e nossa responsabilidade social e ambiental são reforçados pela natureza educacional de nossa atividade e dão sustentabilidade ao crescimento contínuo e à rentabilidade do grupo.

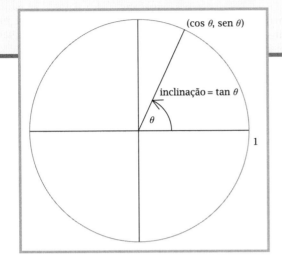

Pré-Cálculo
Uma Preparação para o Cálculo

Segunda edição

com
Manual de Soluções para o Estudante

Sheldon Axler
San Francisco State University

Tradução e Revisão Técnica

Maria Cristina Varriale
Departamento de Matemática Pura e Aplicada,
Universidade Federal do Rio Grande do Sul

Naira Maria Balzaretti
Departamento de Física,
Universidade Federal do Rio Grande do Sul

- O autor deste livro e a editora empenharam seus melhores esforços para assegurar que as informações e os procedimentos apresentados no texto estejam em acordo com os padrões aceitos à época da publicação, *e todos os dados foram atualizados pelo autor até a data de fechamento do livro*. Entretanto, tendo em conta a evolução das ciências, as atualizações legislativas, as mudanças regulamentares governamentais e o constante fluxo de novas informações sobre os temas que constam do livro, recomendamos enfaticamente que os leitores consultem sempre outras fontes fidedignas, de modo a se certificarem de que as informações contidas no texto estão corretas e de que não houve alterações nas recomendações ou na legislação regulamentadora.

- O autor e a editora se empenharam para citar adequadamente e dar o devido crédito a todos os detentores de direitos autorais de qualquer material utilizado neste livro, dispondo-se a possíveis acertos posteriores caso, inadvertida e involuntariamente, a identificação de algum deles tenha sido omitida.

- **Atendimento ao cliente: (11) 5080-0751 | faleconosco@grupogen.com.br**

- Traduzido de
  PRECALCULUS: A PRELUDE TO CALCULUS, SECOND EDITION
  Copyright © 2013, 2009 John Wiley & Sons, Inc.
  All Rights Reserved. This translation published under license with the original publisher John Wiley & Sons, Inc.

  ISBN: 978-1-118-08376-5

- Direitos exclusivos para a língua portuguesa
  Copyright © 2016, 2025 (5ª impressão) by
  LTC | Livros Técnicos e Científicos Editora Ltda.
  Uma editora integrante do GEN | Grupo Editorial Nacional
  Travessa do Ouvidor, 11
  Rio de Janeiro – RJ – 20040-040
  www.grupogen.com.br

- Reservados todos os direitos. É proibida a duplicação ou reprodução deste volume, no todo ou em parte, em quaisquer formas ou por quaisquer meios (eletrônico, mecânico, gravação, fotocópia, distribuição pela Internet ou outros), sem permissão, por escrito, da LTC | Livros Técnicos e Científicos Editora Ltda.

- Design da capa: Madelyn Lesure
  Ilustração de capa: Sheldon Axler
  Editoração Eletrônica: Neilton Lima

CIP-BRASIL. CATALOGAÇÃO NA PUBLICAÇÃO
SINDICATO NACIONAL DOS EDITORES DE LIVROS, RJ

A899p
2. ed.

Axler, Sheldon
Pré-cálculo : uma preparação para o cálculo com manual de soluções para o estudante / Sheldon Axler ; tradução e revisão técnica Maria Cristina Varriale e Naira Maria Balzaretti. - 2. ed. - [5ª Reimpr.]. - Rio de Janeiro : LTC, 2025.
il. ; 28 cm.

Tradução de: Precalculus: a prelude to calculus
Apêndice
Inclui bibliografia e índice
ISBN 978-85-216-3069-2

1. Cálculo. 2. Matemática. I. Título.

16-29842	CDD: 515
	CDU: 517.2./3

Sobre o Autor

Sheldon Axler, reitor do College of Science & Engineering da San Francisco State University.

Sheldon Axler foi orador da sua turma de Ensino Médio em Miami, Flórida. Ele foi laureado ao receber o grau AB, atribuído pela Princeton University; a seguir, obteve o seu Doutorado (Ph.D.) em Matemática pela University of California em Berkeley.

Na condição de Instrutor de Moore do MIT, Axler recebeu um prêmio docente no âmbito de toda a universidade. Depois, tornou-se professor-assistente, professor-associado e, finalmente, professor titular do Departamento de Matemática da Michigan State University, onde recebeu o primeiro J. Sutherland Frame Teaching Award, bem como o Distinguished Faculty Award.

Axler recebeu da Mathematical Association of America, em 1996, o Lester R. Ford Award por escrita expositiva. Além de publicar inúmeros artigos de pesquisa, Axler é o autor de cinco livros-texto de Matemática, que vão desde o nível dos calouros até o nível dos pós-graduandos. Seu livro *Linear Algebra Done Right* (sem tradução no Brasil) foi adotado como livro-texto em mais de 260 universidades.

Axler foi editor-chefe do periódico *Mathematical Intelligencer* e editor associado da *American Mathematical Monthly*. Ele foi membro do Conselho da American Mathematical Society e também do Conselho de Curadores do Mathematical Sciences Research Institute. Atualmente, Axler pertence ao corpo editorial das séries *Undergraduate Texts in Mathematics*, *Graduate Texts in Mathematics* e *Universitext*, da editora Springer.

Sobre a Capa

O diagrama apresentado na capa do livro contém as definições cruciais da trigonometria.

- O número 1 mostra que as funções trigonométricas são definidas no contexto do círculo unitário.
- A seta mostra que os ângulos são medidos no sentido anti-horário, a partir do semieixo horizontal positivo.
- O ponto identificado por ($\cos \theta$, $\sen \theta$) mostra que $\cos \theta$ é a primeira coordenada da extremidade do raio correspondente ao ângulo θ e $\sen \theta$, a segunda coordenada dessa extremidade. Como essa extremidade situa-se sobre a circunferência unitária, conclui-se imediatamente que $\cos^2 \theta + \sen^2 \theta = 1$.
- A equação "declividade = $\tan \theta$" mostra que $\tan \theta$ é a declividade do raio correspondente ao ângulo θ; portanto, $\tan \theta = \dfrac{\sen \theta}{\cos \theta}$.

Sumário

Sobre o Autor v

Prefácio para o Professor xv

Agradecimentos xxi

Prefácio para o Estudante xxiii

0 **Os Números Reais** 1

    0.1 A Reta Real 2

        Construção da Reta Real 2

        Todo Número Real É Racional? 3

        Problemas 6

    0.2 Álgebra dos Números Reais 7

        Comutatividade e Associatividade 7

        A Ordem das Operações Algébricas 8

        A Propriedade Distributiva 9

        Inversos Aditivos e Subtração 10

        Inversos Multiplicativos e a Álgebra de Frações 11

        Calculadoras Simbólicas 15

        Exercícios, Problemas e Soluções Detalhadas 17

    0.3 Desigualdades, Intervalos e Valor Absoluto 22

        Números Positivos e Negativos 22

        Desigualdades 22

        Intervalos 25

        Valor Absoluto 27

        Exercícios, Problemas e Soluções Detalhadas 31

    Resumo do Capítulo e Questões de Revisão do Capítulo 38

1 Funções e Seus Gráficos 39

1.1 Funções 40
Definição e Exemplos 40
O Domínio de uma Função 44
A Imagem de uma Função 45
Funções por Meio de Tabelas 46
Exercícios, Problemas e Soluções Detalhadas 47

1.2 O Plano das Coordenadas e os Gráficos 53
O Plano das Coordenadas 53
O Gráfico de uma Função 55
Determinando o Domínio e a Imagem a Partir de um Gráfico 57
Quais Conjuntos São Gráficos de Funções? 58
Exercícios, Problemas e Soluções Detalhadas 59

1.3 Transformações de Funções e Seus Gráficos 66
Transformações Verticais: Deslocamento, Alongamento e Reflexão 66
Transformações Horizontais: Deslocamento, Alongamento e Reflexão 69
Combinações de Transformações Verticais de Funções 72
Funções Pares 75
Funções Ímpares 76
Exercícios, Problemas e Soluções Detalhadas 77

1.4 Composição de Funções 86
Combinando Duas Funções 86
Definição de Composição 87
A Ordem Faz Diferença na Composição 89
Decomposição de Funções 91
Compondo Mais de duas Funções 91
Transformações de Funções como Composições 92
Exercícios, Problemas e Soluções Detalhadas 94

1.5 Funções Inversas 100
O Problema Inverso 100
Funções Bijetoras 101
A Definição de Função Inversa 102
O Domínio e a Imagem de uma Função Inversa 104
A Composição de uma Função e Sua Inversa 105
Comentários sobre a Notação 107
Exercícios, Problemas e Soluções Detalhadas 109

1.6 Uma Abordagem Gráfica de Funções Inversas **115**

    O Gráfico de uma Função Inversa **115**

    Interpretação Gráfica de uma Função Bijetora **117**

    Funções Crescentes e Decrescentes **118**

    Funções Inversas via Tabelas **120**

    Exercícios, Problemas e Soluções Detalhadas **121**

Resumo do Capítulo e Questões de Revisão do Capítulo **125**

2 *Funções Lineares, Quadráticas, Polinomiais e Racionais* **129**

2.1 Retas e Funções Lineares **130**

    Inclinação **130**

    A Equação de uma Reta **131**

    Retas Paralelas **134**

    Retas Perpendiculares **135**

    Exercícios, Problemas e Soluções Detalhadas **137**

2.2 Funções Quadráticas e Cônicas **146**

    Completamento de Quadrado e a Fórmula Quadrática **146**

    Parábolas e Funções Quadráticas **149**

    Circunferências **150**

    Elipses **153**

    Hipérboles **156**

    Exercícios, Problemas e Soluções Detalhadas **158**

2.3 Potências **170**

    Expoentes Inteiros Positivos **170**

    Definindo x^0 **172**

    Expoentes Inteiros Negativos **173**

    Raízes **174**

    Expoentes Racionais **177**

    Propriedades de Expoentes **178**

    Exercícios, Problemas e Soluções Detalhadas **179**

2.4 Polinômios **188**

    O Grau de um Polinômio **188**

    A Álgebra dos Polinômios **189**

    Zeros e Fatoração de Polinômios **191**

    O Comportamento de um Polinômio Perto de $\pm\infty$ **194**

    Gráficos de Polinômios **196**

    Exercícios, Problemas e Soluções Detalhadas **197**

2.5 Funções Racionais 203
    A Álgebra das Funções Racionais 203
    Divisão de Polinômios 204
    O Comportamento de uma Função Racional Perto de ±∞ 207
    Gráficos de Funções Racionais 210
    Exercícios, Problemas e Soluções Detalhadas 211
Resumo do Capítulo e Questões de Revisão do Capítulo 217

3 *Funções Exponenciais, Logaritmos e o Número e* 219

3.1 Logaritmos como Inversas de Funções Exponenciais 220
    Funções Exponenciais 220
    Logaritmos na Base 2 222
    Logaritmo em Qualquer Base 222
    Logaritmos Comuns e o Número de Dígitos 224
    Exercícios, Problemas e Soluções Detalhadas 225

3.2 Aplicações da Regra da Potência para Logaritmos 231
    Logaritmo de uma Potência 231
    Decaimento Radioativo e Meia-Vida 232
    Mudança de Base 234
    Exercícios, Problemas e Soluções Detalhadas 236

3.3 Aplicações das Regras do Produto e do Quociente para Logaritmos 241
    Logaritmo de um Produto 241
    Logaritmo de um Quociente 242
    Terremotos e a Escala Richter 243
    Intensidade Sonora e Decibéis 244
    Brilho de uma Estrela e Magnitude Aparente 245
    Exercícios, Problemas e Soluções Detalhadas 247

3.4 Crescimento Exponencial 254
    Funções com Crescimento Exponencial 255
    Crescimento Populacional 259
    Juros Compostos 261
    Exercícios, Problemas e Soluções Detalhadas 265

3.5 O Número *e* e o Logaritmo Natural 272
    Estimativa de Áreas Usando Retângulos 272
    Definindo *e* 274
    Definindo o Logaritmo Natural 276
    Propriedades da Função Exponencial e do ln 277
    Exercícios, Problemas e Soluções Detalhadas 279

3.6 Aproximações e Área com *e* e com ln **286**
    Aproximação do Logaritmo Natural **286**
    Aproximações com a Função Exponencial **287**
    Uma Fórmula para a Área **289**
    Exercícios, Problemas e Soluções Detalhadas **292**

3.7 Crescimento Exponencial Revisitado **296**
    Juros Continuamente Compostos **296**
    Taxas de Crescimento Contínuo **297**
    Duplicando Seu Dinheiro **298**
    Exercícios, Problemas e Soluções Detalhadas **300**

Resumo do Capítulo e Questões de Revisão do Capítulo **305**

4 *Funções Trigonométricas* **307**

4.1 A Circunferência Unitária **308**
    A Equação da Circunferência Unitária **308**
    Ângulos na Circunferência Unitária **309**
    Ângulos Negativos **311**
    Ângulos Maiores que 360° **312**
    Comprimento de um Arco de Circunferência **313**
    Pontos Especiais na Circunferência Unitária **314**
    Exercícios, Problemas e Soluções Detalhadas **316**

4.2 Radianos **323**
    Uma Unidade Natural para Medidas de Ângulos **323**
    O Raio Correspondente a um Ângulo **326**
    Comprimento de um Arco de Circunferência **328**
    Área de uma Fatia **329**
    Pontos Especiais na Circunferência Unitária **330**
    Exercícios, Problemas e Soluções Detalhadas **331**

4.3 Cosseno e Seno **336**
    Definição de Cosseno e Seno **336**
    Os Sinais de Cosseno ou Seno **338**
    A Equação-Chave Conectando Cosseno e Seno **340**
    Os Gráficos de Cosseno e Seno **341**
    Exercícios, Problemas e Soluções Detalhadas **343**

4.4 Mais Funções Trigonométricas **348**
    Definição de Tangente **348**
    O Sinal da Tangente **350**
    Conexões entre Cosseno, Seno e Tangente **351**
    O Gráfico da Tangente **351**

Mais Três Funções Trigonométricas 353

Exercícios, Problemas e Soluções Detalhadas 355

4.5 Trigonometria em Triângulos Retângulos 360

Funções Trigonométricas via Triângulos Retângulos 360

Dois Lados de um Triângulo Retângulo 362

Um Lado e um Ângulo de um Triângulo Retângulo 362

Exercícios, Problemas e Soluções Detalhadas 364

4.6 Identidades Trigonométricas 370

A Relação entre Cosseno, Seno e Tangente 370

Identidades Trigonométricas para o Negativo de um Ângulo 372

Identidades Trigonométricas com $\frac{\pi}{2}$ 373

Identidades Trigonométricas Envolvendo um Múltiplo de π 375

Exercícios, Problemas e Soluções Detalhadas 377

Resumo do Capítulo e Questões de Revisão do Capítulo 383

5 *Álgebra Trigonométrica e Geometria* 385

5.1 Funções Trigonométricas Inversas 386

A Função Arco Cosseno 386

A Função Arco Seno 389

A Função Arco Tangente 391

Exercícios, Problemas e Soluções Detalhadas 394

5.2 Identidades Trigonométricas Inversas 400

Composição de Funções Trigonométricas e Suas Inversas 400

Mais Composições de Funções Trigonométricas Inversas 401

O Arco Cosseno, o Arco Seno e o Arco Tangente de $-t$ 403

Arco Cosseno Mais Arco Seno 404

Exercícios, Problemas e Soluções Detalhadas 405

5.3 Usando Trigonometria para Calcular Área 409

A Área de um Triângulo via Trigonometria 409

Ângulos Ambíguos 410

A Área de um Paralelogramo via Trigonometria 411

A Área de um Polígono 412

Aproximações Trigonométricas 414

Exercícios, Problemas e Soluções Detalhadas 417

5.4 A Lei dos Senos e a Lei dos Cossenos 422

A Lei dos Senos 422

Usando a Lei dos Senos 423

A Lei dos Cossenos 425

Usando a Lei dos Cossenos 426
Quando Usar Cada Lei 428
Exercícios, Problemas e Soluções Detalhadas 430

5.5 Fórmulas para o Dobro do Ângulo e a Metade do Ângulo 439
O Cosseno de 2θ 439
O Seno de 2θ 440
A Tangente de 2θ 441
O Cosseno e o Seno de $\frac{\theta}{2}$ 442
A Tangente de $\frac{\theta}{2}$ 444
Exercícios, Problemas e Soluções Detalhadas 445

5.6 Fórmulas para Adição e Subtração 453
O Cosseno da Soma e da Diferença 453
O Seno da Soma e da Diferença 455
A Tangente da Soma e da Diferença 456
Produtos de Funções Trigonométricas 457
Exercícios, Problemas e Soluções Detalhadas 458

Resumo do Capítulo e Questões de Revisão do Capítulo 463

6 *Aplicações da Trigonometria* 465

6.1 Transformações de Funções Trigonométricas 466
Amplitude 466
Período 468
Deslocamento de Fase 470
Ajustando Transformações de Funções Trigonométricas a Dados 473
Exercícios, Problemas e Soluções Detalhadas 474

6.2 Coordenadas Polares 482
Definindo Coordenadas Polares 482
Convertendo de Coordenadas Polares para Retangulares 483
Convertendo de Coordenadas Retangulares para Polares 483
Gráficos de Equações Polares 486
Exercícios, Problemas e Soluções Detalhadas 489

6.3 Vetores 492
Uma Introdução Algébrica e Geométrica para Vetores 492
Adição Vetorial 494
Subtração Vetorial 497
Multiplicação por Escalar 499
O Produto Escalar 499
Exercícios, Problemas e Soluções Detalhadas 502

6.4 Números Complexos **506**
- O Sistema de Números Complexos **506**
- Aritmética com Números Complexos **507**
- Complexos Conjugados e Divisão de Números Complexos **508**
- Zeros e Fatoração de Polinômios Revisitados **511**
- Exercícios, Problemas e Soluções Detalhadas **514**

6.5 O Plano Complexo **519**
- Números Complexos como Pontos no Plano **519**
- Interpretação Geométrica da Multiplicação e da Divisão Complexas **521**
- Teorema de De Moivre **524**
- Determinando Raízes Complexas **524**
- Exercícios, Problemas e Soluções Detalhadas **525**

Resumo do Capítulo e Questões de Revisão do Capítulo **528**

7 *Sequências, Séries e Limites* **529**

7.1 Sequências **530**
- Introdução a Sequências **530**
- Sequências Aritméticas **531**
- Sequências Geométricas **533**
- Sequências Definidas Recursivamente **535**
- Exercícios, Problemas e Soluções Detalhadas **538**

7.2 Séries **544**
- Somas de Sequências **544**
- Séries Aritméticas **544**
- Séries Geométricas **546**
- Notação de Somatório **548**
- Triângulo de Pascal **550**
- O Teorema Binomial **553**
- Exercícios, Problemas e Soluções Detalhadas **556**

7.3 Limites **562**
- Introdução a Limites **562**
- Séries Infinitas **565**
- Decimais como Séries Infinitas **568**
- Séries Infinitas Especiais **569**
- Exercícios, Problemas e Soluções Detalhadas **571**

Resumo do Capítulo e Questões de Revisão do Capítulo **574**

8 Sistemas de Equações Lineares 575

8.1 Resolvendo Sistemas de Equações Lineares 576
Quantas Soluções? 576

Equações Lineares 578

Eliminação de Gauss 580

Exercícios, Problemas e Soluções Detalhadas 582

8.2 Matrizes 587
Representando Sistemas de Equações Lineares por Matrizes 587

Eliminação de Gauss com Matrizes 589

Sistemas de Equações Lineares sem Soluções 591

Sistemas de Equações Lineares com um Número Infinito de Soluções 592

Quantas Soluções? Revisitado 593

Exercícios, Problemas e Soluções Detalhadas 594

Resumo do Capítulo e Questões de Revisão do Capítulo 599

Apêndice A: Área 601
Circunferência 601

Quadrados, Retângulos e Paralelogramos 602

Triângulos e Trapezoides 603

Alongamento 605

Círculos e Elipses 605

Exercícios e Problemas 608

Apêndice B: Curvas Paramétricas 613
Curvas no Plano das Coordenadas 613

Gráficos de Funções Inversas como Curvas Paramétricas 617

Deslocamento, Alongamento ou Reflexão para uma Curva Paramétrica 618

Exercícios e Problemas 622

Créditos das Fotos 625

Índice 627

Prefácio para o Professor

Objetivos e Pré-Requisitos

Este livro visa preparar os estudantes para que tenham êxito na disciplina de Cálculo. São, portanto, abordados tópicos que os estudantes necessitam dominar para a disciplina de Cálculo, especialmente para o primeiro semestre de Cálculo. Foram excluídos aqueles assuntos que, mesmo importantes para qualquer cidadão desse nível, são irrelevantes para a aprendizagem dos conteúdos de Cálculo.

Na maioria das faculdades e das universidades, Pré-Cálculo é uma disciplina de um semestre. No entanto, os livros-texto típicos de Pré-Cálculo contêm em torno de mil páginas (sem contar o manual de soluções para o estudante), muito mais do que pode ser coberto em um semestre.

Enfatizando os tópicos cruciais para o êxito em Cálculo, este livro tem um tamanho mais razoável, mesmo incluindo o manual de soluções para o estudante. Um livro-texto mais delgado deve indicar aos estudantes que realmente se espera que eles dominem praticamente todo o conteúdo do livro.

O pré-requisito para a disciplina de Pré-Cálculo é a disciplina habitual de Álgebra Intermediária. Embora vários estudantes que cursam Pré-Cálculo tenham concluído anteriormente algum curso de trigonometria, este livro não pressupõe nenhum conhecimento prévio de trigonometria. O livro é bastante autossuficiente, iniciando-se, no Capítulo 0, com uma revisão dos números reais. O número 0 é justamente para indicar que vários professores irão preferir cobrir rapidamente esse material inicial, ou simplesmente pulá-lo.

O Capítulo 0 poderia ter sido intitulado **Uma Preparação para uma Preparação para o Cálculo**.

Diferentes professores desejarão cobrir diferentes seções deste livro. Percorrendo a totalidade dos conteúdos até a Seção 6.1, os estudantes vão adquirir uma excelente preparação para o primeiro semestre da disciplina de Cálculo. Se houver disponibilidade de tempo, podem ser selecionadas seções adicionais posteriores à Seção 6.1, dependendo da preferência de tópicos do professor.

Um Livro Planejado para Ser Lido

Os professores de matemática queixam-se frequentemente, e com razão, de que a maioria dos alunos, ao cursar disciplinas de matemática dos níveis mais básicos, não lê o livro-texto.

Para fazer o dever de casa, um estudante típico de Pré-Cálculo olha apenas aquela seção do livro-texto que é relevante, ou procura, no manual de soluções para o estudante, um exemplo semelhante ao do dever de casa que ele precisa resolver. O estudante lê apenas o suficiente desse exemplo para imitar o procedimento de resolução e resolver o problema do seu dever de casa; depois disso, ele parte para o próximo problema do dever de casa e segue o mesmo processo. Assim, muito pouca compreensão ocorrerá.

Em contraste, este livro foi projetado para ser lido pelos estudantes. A intenção é de que seu estilo de escrita e seu *layout* induzam os estudantes à leitura e à compreensão do material. Esta obra contém um número bem maior de explicações do que geralmente se encontra na maioria dos livros de Pré-Cálculo, com exemplos dos conceitos, de modo a concretizar as ideias, sempre que possível.

Exercícios e Problemas

Cada exercício neste livro tem uma única resposta correta, geralmente um número ou uma função. Cada problema neste livro tem várias respostas corretas, geralmente explicações ou exemplos.

Estudantes aprendem matemática trabalhando ativamente uma ampla variedade de exercícios e problemas. A rigor, um estudante que leia e entenda o material em alguma seção deste livro deveria estar capacitado a resolver os exercícios e problemas correspondentes, sem nenhuma ajuda adicional. No entanto, alguns dos exercícios requerem que as ideias sejam aplicadas em um contexto que os estudantes podem nunca ter visto antes, e assim vários estudantes necessitarão de auxílio para fazer esses exercícios. Tal auxílio está disponível nas soluções completas, elaboradas para todos os exercícios ímpares, ao final de cada seção.

Como as soluções completas foram escritas apenas pelo autor do livro-texto, os estudantes podem esperar uma abordagem consistente com o material do livro. Os estudantes vão economizar por não precisarem comprar um manual de soluções para o estudante separado.

Este livro contém o que normalmente constitui um livro separado, chamado de manual de soluções para o estudante.

Os exercícios (mas não os problemas) ocorrem aos pares, de modo que um exercício ímpar é seguido por um exercício par, que deve ser resolvido usando as mesmas ideias e técnicas. Um estudante que é desafiado por um exercício par, deve conseguir resolvê-lo depois de ler a resolução completa do correspondente exercício ímpar. Essa forma de apresentação permite que o texto seja mais centralmente focado nas explicações do material e nos exemplos dos conceitos.

Vários estudantes leem o manual de soluções para o estudante quando eles precisam fazer o dever de casa, embora eles possam relutar em ler o texto principal. O fato de o manual de soluções para o estudante estar integrado a este livro pode encorajar os estudantes que de outra forma leriam apenas o manual de soluções para o estudante a mudar esse comportamento e ler também o texto principal. Para reforçar essa tendência, as resoluções elaboradas para os exercícios ímpares, ao final de cada seção, são formatadas em um estilo um pouco menos atraente (letra menor e formato em duas colunas) que o texto principal. O aspecto amigável para o leitor do texto principal pode motivar os estudantes a dedicarem algum tempo àquele texto.

Os exercícios e problemas deste livro variam muito em grau de dificuldade e em objetivos. Alguns exercícios e problemas são propostos para aprimorar as habilidades de manipulação algébrica; outros, para levar os estudantes a uma real compreensão conceitual e não apenas ao mero cálculo algorítmico.

Alguns exercícios e problemas reforçam intencionalmente o material visto desde o início do livro. O Exercício 27 da Seção 4.3, por exemplo, solicita que os estudantes determinem o menor número x tal que sen $(e^x) = 0$; os estudantes precisarão entender que eles querem escolher x tal que $e^x = \pi$ e, portanto, $x = \ln \pi$. Embora tais exercícios requeiram que se pense mais do que na maioria dos exercícios do livro, eles permitem que os estudantes vejam conceitos essenciais mais de uma vez, às vezes em contextos não esperados.

O Assunto Calculadora

Para ajudar os professores a apresentar a disciplina da maneira que desejarem, os exercícios e problemas que exigirem dos estudantes o uso de calculadoras estarão indicados pelo símbolo .

O assunto de como e se calculadoras deveriam ser usadas por estudantes tem gerado imensa controvérsia.

Algumas seções deste livro têm vários exercícios e problemas planejados para serem resolvidos com o uso de calculadora — por exemplo, a Seção 3.4, sobre crescimento exponencial, e a Seção 5.4, sobre as leis dos senos e dos cossenos. Entretanto, algumas seções lidam com material não tão adequado ao uso de calculadora. Ao longo do texto, a ênfase está em fornecer aos estudantes tanto a compreensão quanto as habilidades necessárias para a disciplina de Cálculo. Portanto, o livro não contempla uma porcentagem artificialmente estabelecida de exercícios e problemas em cada seção que requeiram o uso de calculadora.

Alguns exercícios e problemas que requerem o uso de calculadora são intencionalmente planejados para fazer os estudantes perceberem que, ao entenderem o material, eles poderão superar as limitações das calculadoras. O Exercício 11 da Seção 3.2, por exemplo, solicita que os estudantes determinem o número de dígitos na expansão decimal de 7^{4000}. Nesse caso, tentar resolver o exercício diretamente com uma calculadora não vai funcionar, pois o número envolvido tem um número de dígitos demasiadamente grande. No entanto, se pararem para pensar alguns momentos, os estudantes perceberão que eles podem resolver esse problema usando logaritmos (e suas calculadoras!).

Dependendo da preferência do professor, o ícone de calculadora pode ser interpretado para alguns exercícios como indicador de que, em vez da resposta exata, a solução deve ser uma aproximação decimal. O Exercício 3 da Seção 3.7, por exemplo, pergunta quanto precisa ser depositado em uma conta bancária que rende 4% de juros compostos continuamente para que, ao final de 10 anos, o saldo da conta seja de US$ 10.000. A resposta exata desse exercício é $10.000/e^{0,4}$ dólares, mas pode ser mais satisfatório para o estudante (depois de obter a resposta exata) usar uma calculadora para ver que é necessário depositar aproximadamente US$6.703. Para tais exercícios, os professores podem decidir se solicitam as respostas exatas ou as aproximações decimais (em geral, as resoluções apresentadas para os exercícios ímpares contêm ambas).

Independentemente de qual nível de uso de calculadora o professor espera, os estudantes não podem depender de uma calculadora para calcular algo do tipo cos 0, pois assim cos se tornaria apenas um botão na calculadora.

Funções Inversas

O conceito unificador de funções inversas é introduzido cedo no livro, na Seção 1.5. Essa ideia fundamental tem seu maior uso neste livro na definição de $y^{1/m}$ como o número que, elevado à m-ésima potência, resulta y (em outras palavras, a função $y \to y^{1/m}$ é a inversa da função $x \to x^m$; ver Seção 2.3). O segundo maior uso de funções inversas ocorre na definição de $\log_b y$ como o número tal que b elevado a esse número resulta y (em outras palavras, a função $y \to \log_b y$ é a inversa da função $x \to b^x$; ver Seção 3.1).

Assim, os estudantes deverão sentir-se confortáveis com o uso de funções inversas quando forem estudar as funções trigonométricas inversas (arco cosseno, arco seno e arco tangente) na Seção 5.1. Tal familiaridade com funções inversas auxiliará os estudantes a lidar com operações inversas (tais como antidiferenciação) quando eles estiverem cursando a disciplina de Cálculo.

Logaritmos, e e Crescimento Exponencial

Logaritmos desempenham um papel fundamental em Cálculo, mas muitos professores de Cálculo queixam-se de que muitos alunos não possuem habilidades de manipulação algébrica apropriadas para lidar com logaritmos. A base para os logaritmos, no Capítulo 3, é arbitrária, embora a maioria dos exemplos, bem como a motivação no início do capítulo, refiram-se a logaritmos na base 2 ou na base 10.

Todos os livros-texto de Pré-Cálculo apresentam o decaimento radioativo como exemplo de decaimento exponencial. Surpreendentemente, o livro-texto de Pré-Cálculo típico estabelece que, sendo h a meia-vida de um isótopo radioativo, então a quantidade remanescente no instante t será igual a e^{-kt} vezes a quantidade existente no instante 0, em que $k = \frac{\ln 2}{h}$.

Uma formulação muito mais clara estabeleceria, como faz este livro-texto, que a quantidade remanescente no instante t será igual a $2^{-t/h}$ vezes a quantidade existente no instante 0. O uso desnecessário do número e e do ln 2, nesse contexto, pode sugerir aos estudantes que o número e e os logaritmos naturais sejam usados apenas de modo artificial, mas esta não é a mensagem que os estudantes deveriam receber de seu livro-texto. O uso de $2^{-t/h}$ auxilia os estudantes a entender o conceito de meia-vida por meio de uma fórmula ligada ao significado do conceito.

Similarmente, vários livros-texto de Pré-Cálculo representam, por exemplo, uma colônia de bactérias que duplica de tamanho a cada três horas pela fórmula $e^{(t\ln 2)/3}$, apresentada pelo livro-texto como o fator de crescimento após t horas. A fórmula mais simples e natural $2^{t/3}$ parece não ser mencionada em tais livros. Este livro-texto apresenta a abordagem mais natural para esses assuntos de crescimento e decaimento exponencial.

Os conceitos fundamentais do número e e dos logaritmos naturais serão introduzidos na segunda metade do Capítulo 3. A maioria dos livros de Pré-Cálculo ou não apresentam motivação para o número e ou fazem essa motivação por meio de juros compostos continuamente, ou por meio do limite de uma expressão indeterminada do tipo 1^∞; tais conceitos são difíceis para estudantes desse nível entenderem.

O Capítulo 3 apresenta uma abordagem clara e bem motivada para o número e e para o logaritmo natural. Tal abordagem é apresentada por meio da área (definida intuitivamente) sob a curva $y = \frac{1}{x}$, acima do eixo dos x e entre as retas $x = 1$ e $x = c$.

Aproximadamente metade da disciplina de Cálculo (a saber, integração) lida com áreas, mas a maioria dos livros de Pré-Cálculo apenas menciona o assunto.

Uma abordagem similar para o número e e para o logaritmo natural é comum nos cursos de Cálculo. No entanto, essa abordagem não é geralmente adotada nos livros-texto de Pré-Cálculo. A apresentação simples que fazemos aqui, usando propriedades óbvias de áreas, mostra como essas ideias podem ser desenvolvidas claramente, sem as tecnicalidades do Cálculo ou das somas de Riemann. De fato, essa abordagem de Pré-Cálculo para a função exponencial e para o logaritmo natural mostra que uma boa compreensão desses assuntos não necessita esperar até o curso de Cálculo. Estudantes que tenham visto a abordagem que utilizamos aqui deverão estar bem preparados para lidar com esses conceitos em seus cursos de Cálculo.

A abordagem adotada aqui também tem a vantagem de lidar facilmente, como mostrado no Capítulo 3, com a aproximação $\ln(1 + h) \approx h$, para pequenos valores de h. Além disso, os mesmos métodos mostram que, para qualquer número r, tem-se $(1 + \frac{r}{x})^x \approx e^r$, para grandes valores de x. Um bônus final dessa abordagem é que a conexão entre os juros compostos continuamente e o número e torna-se um mero corolário de considerações naturais que envolvem áreas.

Trigonometria

As funções trigonométricas devem ser introduzidas com base no círculo unitário ou em triângulos retângulos? O Cálculo requer a abordagem pelo círculo unitário porque, por exemplo, ao discutir a série de Taylor para $\cos x$, é necessário considerar valores negativos de x e valores de x maiores que $\frac{\pi}{2}$ radianos. Por isso, neste livro-texto usaremos a abordagem pelo círculo unitário, mas apresentaremos rapidamente aplicações a triângulos retângulos. A abordagem pelo círculo unitário também permite uma bem motivada introdução a radianos.

A maioria dos livros-texto de Pré-Cálculo define as funções trigonométricas usando quatro símbolos: θ ou t para o ângulo, e $P(x, y)$ para a extremidade do raio do círculo unitário correspondente a esse ângulo. Por que essa extremidade é geralmente denominada $P(x, y)$, em vez de simplesmente (x, y)? Ainda melhor que apenas eliminar a letra P, os símbolos x e y, que representam as coordenadas da extremidade do raio, também podem ser trocados por $(\cos\theta, \sin\theta)$, definindo assim o cosseno e o seno. A abordagem padrão na definição de $\cos\theta = x$ e $\sin\theta = y$ pode causar problemas quando os estudantes chegarem à disciplina de Cálculo e precisarem trabalhar com $\cos x$. Se eles tiverem memorizado a noção de que cosseno é a coordenada x, eles poderão ser levados a pensar que $\cos x$ é a coordenada x de ... opa: trata-se de dois usos diferentes da letra x.

Para evitar a confusão discutida acima, usaremos neste livro um único símbolo para definir as funções trigonométricas. Por motivos similares, neste livro usaremos frequentemente a terminologia *primeira coordenada* e *segunda coordenada*, em vez de *coordenada x* e *coordenada y*. Além disso, vamos frequentemente nos referir aos eixos coordenados como *eixo horizontal* e *eixo vertical*, em vez de *eixo dos x* e *eixo dos y*. Essas convenções devem levar os estudantes a uma compreensão melhor, reduzindo a confusão entre eles.

A seção sobre trigonometria deste livro concentra-se quase exclusivamente nas funções cosseno, seno e tangente e suas funções inversas, e menciona apenas superficialmente as funções secante, cossecante e cotangente. Essas últimas três funções, que são apresentadas simplesmente como os inversos das três funções trigonométricas básicas, trazem pouco conteúdo e compreensão a mais.

O que Há de Novo Nesta Segunda Edição

Diversos aprimoramentos foram contemplados ao longo do texto com base em sugestões apresentadas por professores e estudantes que usaram a primeira edição.

O novo conteúdo desta edição inclui:

- Uma pequena subseção sobre soma, diferença, produto e quociente de duas funções foi adicionada à Seção 1.4.

- Cones são agora estudados detalhadamente na Seção 2.2.

- Uma subseção sobre o Teorema Binomial foi adicionada à Seção 7.2, para aqueles professores que quiserem apresentar esse tópico.

- Foi acrescentado um apêndice sobre curvas paramétricas, para professores que quiserem cobrir esse tópico.

- O *WolframAlpha** foi lançado após a publicação da primeira edição. Para ajudar os estudantes a utilizar esse novo recurso gratuito, foram adicionados alguns poucos exemplos dispersos que utilizam o *WolframAlpha*.

Mais exemplos, exercícios e problemas foram adicionados a esta edição, e vários deles foram orientados pelas aplicações.

O conteúdo revisado desta edição inclui:

- A Seção 1.3, sobre transformações de funções, foi reorganizada e reescrita.

- No Capítulo 2 da primeira edição, incluía-se o estudo de sistemas de equações lineares e matrizes. Esses tópicos foram expandidos e deslocados para o Capítulo 8, onde eles podem ser facilmente pulados por professores que quiserem focar apenas nos assuntos necessários para a disciplina de Cálculo do primeiro semestre.

- Na primeira edição, logaritmos (base arbitrária) eram cobertos em um capítulo e, depois, *e* e o logaritmo natural em outro capítulo. Agora esses tópicos são estudados em um mesmo capítulo (Capítulo 3), em vez de dois capítulos distintos.

- A revisão sobre áreas foi deslocada para um apêndice, em vez de ocupar uma seção no texto principal.

- O conteúdo sobre trigonometria foi reorganizado e passou de dois para três capítulos. Essa alteração permitiu que fossem incluídas mais aplicações, mantendo-se uma abordagem atrativa para a trigonometria.

- A seção sobre números complexos foi deslocada para mais adiante no livro, onde se reconhece mais claramente que é um tópico opcional. O estudo de vetores e o de plano complexo foram expandidos de uma para duas seções, nesta

Vários aprimoramentos foram contemplados ao longo do texto para aumentar a sua clareza.

---

* Trata-se de um processador de conhecimento computacional. (N.T.)

nova edição, de modo a permitir um estudo mais detalhado de cada um desses tópicos opcionais.

As alterações de formato desta edição incluem:

- O tamanho da página foi levemente aumentado, passando de 8" por 10" na primeira edição para 8,5" por 10,5" nesta edição. A meia polegada extra na largura foi utilizada para aumentar em um quarto de polegada o texto principal e em um quarto de polegada a largura da coluna de notas marginais. As notas marginais, que transmitem informações importantes em um formato que chama a atenção, agora têm uma aparência melhor.

- Os exemplos estão agora impressos com o mesmo tamanho de fonte que o texto regular. Essa alteração acabou com a economia no número de páginas que resultaria de um aumento no tamanho da página, mas forneceu uma notável melhoria na legibilidade.

- Melhoraram-se sensivelmente as quebras de página, de tal modo que os estudantes podem quase sempre ter um exemplo inteiro visível sem precisar virar a página.

Comentários São Bem-Vindos

Sua ajuda em fazer deste um livro melhor é sempre muito bem-vinda. Por favor, envie-me seus comentários e suas sugestões para aprimoramentos. Muito obrigado!

Sheldon Axler
San Francisco State University

e-mail: `precalculus@axler.net`
website: `precalculus.axler.net`
Twitter: `@AxlerPrecalc`

Agradecimentos

Como é comum em livros-texto, poucos esforços foram feitos para prestar os créditos devidos aos criadores originais das ideias apresentadas neste livro. Quando possível, tentei melhorar as abordagens padrão para este material. No entanto, a ausência de uma referência não implica originalidade da minha parte. Agradeço aos vários matemáticos que criaram e refinaram nosso belo assunto.

Como a maioria dos matemáticos, devo um enorme agradecimento a Donald Knuth, que inventou o TeX, e a Leslie Lamport, que inventou o LaTeX, que usei para editar este livro. Agradeço aos autores dos diversos pacotes LaTeX de código aberto que usei para melhorar a aparência do livro, especialmente a Hàn Thê Thành, pelo pdfLaTeX, a Robert Schlicht, pelo microtype, e a Frank Mittelbach pelo multicol.

Muitos agradecimentos também à Wolfram Research por produzir o *Mathematica*, o software que usei para traçar os gráficos deste livro.

Os professores e os estudantes que usaram a primeira edição deste livro forneceram um retorno maravilhosamente útil. Vários revisores me enviaram sugestões fantásticas enquanto esta segunda edição percorria suas diversas etapas de desenvolvimento. Agradeço a todos os revisores, cujos nomes estão listados na próxima página.

Escolhi a Wiley* para publicar este livro devido ao compromisso desta empresa com a excelência. Os funcionários da Wiley encaminharam notáveis contribuições para este projeto, prestaram ampla consultoria editorial, demonstraram excelente experiência em design, habilidades de produção de alto nível e profundos conhecimentos de marketing. Sou verdadeiramente agradecido às seguintes pessoas da Wiley, todos os quais contribuíram para fazer deste um livro melhor e mais bem-sucedido, o que de outra forma eu jamais teria conseguido: Fred Bartlett, Joanna Dingle, Melissa Edwards, Kimberly Kanakes, Ellen Keohane, Madelyn Lesure, Beth Pearson, Mary Ann Price, Laurie Rosatone, Ken Santor, Anne Scanlan-Rohrer, Matt Winslow, Celeste Hernandez, verificadora de exatidão, e Katrina Avery, editora de cópias, que se destacaram na captura dos meus erros matemáticos e linguísticos.

Os materiais suplementares disponíveis para este livro foram habilmente construídos por Andy Beyer, Todd Hoff, Larry Huff e Mark McKibben.

Minha muito especial parceira Carrie Heeter merece um crédito considerável por seus conselhos perspicazes e pelo seu contínuo encorajamento durante o longo processo de escrita deste livro.

Muito obrigado a todos vocês!

Sheldon

A maioria dos resultados neste livro pertencem ao legado comum da matemática, construído ao longo de milhares de anos por pessoas inteligentes e curiosas.

---

* O autor se refere à editora original. (N.E.)

Revisores

- Theresa Adsit, University of Wisconsin, Green Bay
- Aubie Anisef, Douglas College
- Frank Bäuerle, University of California, Santa Cruz
- Anthony J. Bevelacqua, University of North Dakota
- Seth Braver, South Puget Sound Community College
- Eric Canning, Morningside College
- Hongwei Chen, Christopher Newport University
- Joanne S. Darken, Community College of Philadelphia
- Robert Diaz, Fullerton College
- Brian Dietel, Lewis-Clark State College
- Barry Draper, Glendale Community College
- Mary B. Erb, Georgetown University
- Russell Euler, Northwest Missouri State University
- Michael J. Fisher, West Chester University
- Jenny Freidenreich, Diablo Valley College
- Brian W. Gleason, University of New Hampshire
- Peter Greim, The Citadel
- Klara Grodzinsky, Georgia Institute of Technology
- Maryam Hastings, Fordham University
- Larry Huff, Frederick Community College
- Brian Jue, California State University, Stanislaus
- Alexander Kasiukov, Suffolk County Community College, Brentwood
- Nadia Nostrati Kenareh, Simon Fraser University
- Deborah A. Konkowski, United States Naval Academy
- Cheuk Ying Lam, California State University, Bakersfield
- John LaMaster, Indiana University-Purdue University Fort Wayne
- Albert M. Leisinger, University of Massachusetts, Boston
- Mary Margarita Legner, Riverside City College
- Doron S. Lubinsky, Georgia Institute of Technology
- Natasha Mandryk, University of British Columbia, Okanagan
- Annie Marquise, Douglas College
- Andrey Melnikov, Drexel University
- Richard Mikula, Lock Haven University
- Christopher Nazelli, Wayne State University
- Lauri Papay, Santa Clara University
- Oscar M. Perdomo, Central Connecticut State University
- Peter R. Peterson, John Tyler Community College
- Michael Price, University of Oregon
- Mohammed G. Rajah, MiraCosta College
- Pavel Sikorskii, Michigan State University
- Abraham Smith, Fordham University
- Wesley Snider, Douglas College
- Jude T. Socrates, Pasadena City College
- Mark Solomonovich, MacEwan University
- Mary Jane Sterling, Bradley University
- Katalin Szucs, East Carolina University
- Waclaw Timoszyk, Norwich University
- Anna N. Tivy, California State University, Channel Islands
- Magdalena Toda, Texas Tech University

Prefácio para o Estudante

Este livro vai ajudá-lo a se preparar para sair-se bem na disciplina de Cálculo. Se você dominar o material que está neste livro, você terá o conhecimento, a compreensão e as habilidades necessárias para ter sucesso em um curso de Cálculo.

Para aprender bem este material, você vai precisar investir um tempo importante lendo este livro. Você não pode esperar absorver os conteúdos de matemática da mesma maneira que você devora um romance. Se você ler uma seção deste livro em menos de uma hora, então você está indo rápido demais. Você deve fazer uma pausa para refletir e interiorizar cada definição, muitas vezes tentando inventar alguns exemplos além daqueles apresentados no livro. Quando, no livro, forem deixados de fora alguns passos em um cálculo, você deve completar o que estiver faltando, o que vai exigir que você escreva um pouco. Essas atividades podem parecer difíceis quando você tentar executá-las sozinho; tente trabalhar em grupo, com alguns outros estudantes.

Você vai precisar investir algumas horas por seção resolvendo os exercícios e os problemas. Certifique-se de que você consegue resolver todos os exercícios e a maioria dos problemas, não apenas aqueles que estão assinalados como dever de casa. A propósito, a diferença entre um exercício e um problema, neste livro, é que cada exercício tem uma única resposta correta, que é um objeto matemático, tal como um número ou uma função. Em contrapartida, as soluções dos problemas consistem em explicações ou exemplos; assim, problemas possuem múltiplas respostas corretas.

Ao final de cada seção são apresentadas as resoluções detalhadas dos exercícios ímpares.

Boa sorte e felicidades em seus estudos!

Sheldon Axler
San Francisco State University

website: `precalculus.axler.net`
Twitter: `@AxlerPrecalc`

Material Suplementar

Este livro conta com os seguintes materiais suplementares:

Para leitores e docentes:

- Parametric Curves in Motion: suplemento interativo em inglês que apresenta o movimento de curvas paramétricas. Disponível online pelo link: precalculus.axler.net/parametric.html. Para visualizar as animações, é preciso baixar um software disponibilizado gratuitamente em: http://www.wolfram.com/cdf-player/.
- Soluções dos Apêndices A e B: soluções para os exercícios ímpares dos Apêndices A e B, em (.pdf).

Para docentes:

- Ilustrações da obra em formato de apresentação, em (.pdf) (restrito a docentes cadastrados).
- Instructor's Solutions Manual: manual de soluções, em (.pdf) em inglês (restrito a docentes cadastrados).
- Lecture note slides: apresentações para uso em sala de aula em PowerPoint em inglês (restrito a docentes cadastrados).

O acesso ao material suplementar é gratuito. Basta que o leitor se cadastre, faça seu *login* em nosso *site* (www.grupogen.com.br) e, após, clique em Ambiente de aprendizagem.

O acesso ao material suplementar online fica disponível até seis meses após a edição do livro ser retirada do mercado.

Caso haja alguma mudança no sistema ou dificuldade de acesso, entre em contato conosco (gendigital@grupogen.com.br).

CAPÍTULO 0

O Pártenon, construído em Atenas há mais de 2400 anos. Os antigos gregos desenvolveram e fizeram uso de uma matemática notavelmente sofisticada.

Os Números Reais

Para ter sucesso neste curso, você precisa ter uma boa compreensão das propriedades básicas do sistema de números reais. Por isso, este livro se inicia com uma revisão dos números reais. Este capítulo foi identificado como Capítulo 0 para enfatizar que se trata de uma revisão.

A primeira seção deste capítulo inicia-se com a construção da reta real. Esta seção contém como destaque opcional a demonstração dos antigos gregos de que nenhum número racional tem um quadrado igual a 2. Esse bonito resultado aparece aqui porque ele deveria ter sido visto por todos no mínimo uma vez.

Embora este capítulo seja em sua maior parte uma revisão, uma base sólida no que se refere ao sistema de números reais vai ser importante para você ao longo de todo este curso. Você precisará ter boas habilidades de manipulação algébrica, por isso a segunda seção deste capítulo revisa a álgebra fundamental dos números reais. Também é necessário que você se sinta confortável ao trabalhar com desigualdades e valores absolutos, que são revisados na última seção deste capítulo.

Mesmo se seu instrutor decidir pular este capítulo, você pode querer lê-lo. Certifique-se de que você consegue resolver todos os exercícios.

0.1 A Reta Real

OBJETIVOS DE APRENDIZAGEM

Ao final desta seção, você deverá ser capaz de
- explicar a correspondência entre o sistema de números reais e a reta real;
- demonstrar que alguns números reais não são racionais.

Os **inteiros** são os números

$$\ldots, -3, -2, -1, 0, 1, 2, 3, \ldots ;$$

os pontos, aqui, indicam que os números continuam indefinidamente, tanto de um lado quanto de outro. A soma, a diferença e o produto de quaisquer dois inteiros são também inteiros.

O quociente entre dois inteiros não é necessariamente um inteiro. Então, estendemos a aritmética para os **números racionais**, que são números sob a forma

$$\frac{m}{n},$$

em que m e n são inteiros, e $n \neq 0$.

A divisão é a operação inversa da multiplicação, no sentido de que desejamos satisfazer a seguinte equação:

$$\frac{m}{n} \cdot n = m$$

Na equação acima, se substituirmos n por 0 e, por exemplo, m por 1, chegaremos à equação sem sentido $\frac{1}{0} \cdot 0 = 1$. Essa equação não tem sentido, pois, ao multiplicarmos qualquer coisa por 0, o resultado é 0 e não 1. Para contornar esse problema, dizemos que expressões como $\frac{1}{0}$ não são definidas. Em outras palavras, não se pode dividir por 0.

Os números racionais constituem um sistema extremamente útil. Podemos adicionar, multiplicar, subtrair e dividir números racionais (exceto dividir por 0) e permanecer dentro do sistema de números racionais. Os números racionais são suficientes para todas as medidas físicas reais, tais como comprimento e largura, com qualquer exatidão desejada.

Entretanto, geometria, álgebra e cálculo forçam-nos a considerar um sistema de números ainda mais rico — os números reais. Para ver por que necessitamos ir além dos números racionais, investigaremos a reta real.

O uso de uma reta horizontal para separar o numerador do denominador de uma fração foi introduzido por matemáticos árabes há cerca de 900 anos.

Construção da Reta Real

Imagine uma reta horizontal, estendida indefinidamente tanto de um lado quanto de outro. Escolha um ponto sobre essa reta e identifique-o como 0. Escolha outro ponto à direita de 0 e identifique-o como 1, como ilustrado na figura abaixo.

Dois pontos-chave sobre a reta real.

O símbolo para o zero foi inventado na Índia, há mais de 1100 anos.

Uma vez que os pontos 0 e 1 tiverem sido escolhidos sobre a reta, qualquer outra coisa será determinada pensando-se na distância entre 0 e 1 como uma unidade de comprimento. Por exemplo, 2 situa-se uma unidade à direita de 1. Depois, 3 situa-se uma unidade à direita de 2, e assim por diante. Os inteiros negativos correspondem a mover-se para a esquerda de 0. Assim, −1 situa-se uma unidade à esquerda de 0. Depois, −2 situa-se uma unidade à esquerda de −1, e assim por diante.

Inteiros sobre a reta real.

Se n for um inteiro positivo, então $\frac{1}{n}$ situa-se à direita de 0, distante pelo comprimento obtido pela divisão do segmento de 0 a 1 em n segmentos de igual comprimento. Depois, $\frac{2}{n}$ situa-se à direita e à mesma distância de $\frac{1}{n}$, e $\frac{3}{n}$ situa-se à direita e à mesma distância de $\frac{2}{n}$ novamente, e assim por diante. Os números racionais negativos estão situados, similarmente, sobre a reta, mas à esquerda de 0.

Dessa forma, associamos a cada número racional um ponto sobre a reta. É impossível mostrar a identificação de todos os números racionais, porque podemos incluir apenas um número finito deles. A figura abaixo apresenta a reta com a identificação de alguns poucos pontos que correspondem a números racionais.

Alguns números racionais sobre a reta real.

Usaremos a noção intuitiva de que a reta não tem interrupções e de que toda distância admissível possa ser representada por um ponto sobre a reta. Tendo em mente esses conceitos, a reta apresentada acima será denominada a **reta real**.

Pensamos em cada ponto sobre a reta real como correspondendo ao que chamamos um **número real**. As noções intuitivas não definidas (tais como "sem interrupções") podem ser tornadas precisas utilizando-se matemática mais avançada. Neste livro, estabelecemos que nossas noções intuitivas de reta real são suficientes para definir o sistema de números reais.

Todo Número Real É Racional?

Sabemos de que todo número racional corresponde a um ponto sobre a reta real. A pergunta agora é: será que todo ponto sobre a reta real corresponde a um número racional? Em outras palavras, todo número real é racional?

Provavelmente, as primeiras pessoas que ponderaram esses assuntos pensavam que os números racionais preencheriam toda a reta real. Entretanto, os antigos gregos descobriram que isso não é verdadeiro. Para ver como eles chegaram a essa conclusão, faremos um breve desvio para a geometria.

Lembre-se de que para todo triângulo retângulo a soma dos quadrados dos comprimentos dos dois lados que formam o ângulo reto é igual ao quadrado do comprimento da hipotenusa. A figura a seguir ilustra esse resultado, que é chamado de Teorema de Pitágoras.

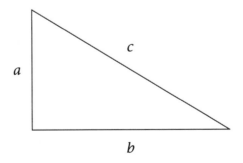

O Teorema de Pitágoras para triângulos retângulos: $c^2 = a^2 + b^2$.

O nome desse teorema é uma homenagem ao matemático e filósofo grego Pitágoras, que o demonstrou há mais de 2500 anos. Mil anos antes disso, os babilônios já tinham descoberto esse resultado.

Considere agora o caso especial em que ambos os lados que formam o ângulo reto têm comprimento 1, como ilustrado na figura abaixo. Neste caso, o Teorema de Pitágoras estabelece que o comprimento c da hipotenusa satisfaz a equação $c^2 = 2$.

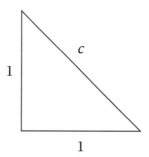

Um triângulo retângulo isósceles. O teorema de Pitágoras implica que $c^2 = 2$.

Acabamos de ver que existe um número real positivo c tal que $c^2 = 2$. Isto nos leva a questionar se existe um número racional c tal que $c^2 = 2$.

Poderíamos, por tentativa, procurar um número racional cujo quadrado fosse igual a 2. Um exemplo surpreendente é

$$\left(\frac{99}{70}\right)^2 = \frac{9801}{4900};$$

aqui, o numerador do lado direito tem apenas uma unidade de diferença do dobro do denominador. Embora $\left(\frac{99}{70}\right)^2$ seja muito próximo de 2, não é exatamente igual a 2.

Outro exemplo é $\frac{9369319}{6625109}$. O quadrado desse número racional é aproximadamente 1,9999999999992, que é muito próximo de 2, mas novamente não é exatamente o que procuramos.

Como encontramos números racionais cujos quadrados eram muito próximos de 2, poderíamos suspeitar que, com um pouco mais de esperteza, poderíamos determinar um número racional cujo quadrado fosse igual a 2. Entretanto, os antigos gregos demonstraram que isso é impossível.

Este curso não foca muito em demonstrações. No entanto, a demonstração dos gregos de que não existe número racional cujo quadrado seja igual a 2 é um dos grandes feitos intelectuais da humanidade. Deve ser experimentada por toda pessoa com certo grau de instrução. Assim, apresentamos a seguir essa prova, para o seu enriquecimento.

O que segue é uma demonstração por contradição. Iniciaremos supondo que exista um número racional cujo quadrado seja igual a 2. Com essa suposição, vamos chegar a uma contradição. Assim, concluiremos que nossa suposição estava incorreta e que, portanto, não existe número racional cujo quadrado seja igual a 2.

Compreender o padrão lógico de pensamento utilizado nessa demonstração pode ser um recurso valioso para lidar com questões complexas.

Nenhum número racional tem um quadrado igual a 2

Demonstração: Suponha que existam inteiros m e n tais que

$$\left(\frac{m}{n}\right)^2 = 2.$$

Se cancelarmos todos os fatores comuns, podemos escolher m e n que não tenham nenhum fator comum. Em outras palavras, m/n é reduzida aos termos mais baixos.

A equação anterior é equivalente à equação
$$m^2 = 2n^2.$$

Isso implica que m^2 seja par; portanto, m é par (pois o quadrado de todo número ímpar é ímpar). Então, existe algum inteiro k tal que $m = 2k$. Substituindo m por $2k$ na equação acima, obtemos
$$4k^2 = 2n^2,$$
ou, de modo equivalente,
$$2k^2 = n^2.$$

Isso implica que n^2 é par; portanto, n é par.

Demonstramos, então, que tanto m quanto n são pares, contradizendo nossa escolha de m e n não terem fator comum entre eles.

Essa contradição significa que nossa suposição inicial, de que existiria um número racional cujo quadrado fosse igual a 2, deve estar incorreta. Assim, não existem inteiros m e n tais que $\left(\frac{m}{n}\right)^2 = 2$.

"Quando se exclui o impossível, o que restar, ainda que improvável, deve ser a verdade."
– Sherlock Holmes

Usa-se a notação $\sqrt{2}$ para representar o número real positivo c tal que $c^2 = 2$. Como vimos anteriormente, o Teorema de Pitágoras implica que existe um número real $\sqrt{2}$, que satisfaz a propriedade
$$\sqrt{2}^2 = 2.$$

O resultado acima implica que $\sqrt{2}$ não é um número racional. Assim, nem todo número real é um número racional. Em outras palavras, nem todo ponto sobre a reta real corresponde a um número racional.

Número irracional

Um número real que não é racional é chamado de **número irracional**.

Acabamos de demonstrar que $\sqrt{2}$ é um número irracional. Os números reais π e e, com os quais trabalharemos nos próximos capítulos, também são números irracionais.

Uma vez que determinamos um número irracional, determinar outros é muito mais fácil, como demonstraremos nos próximos dois exemplos.

Demonstre que $3 + \sqrt{2}$ é um número irracional.

SOLUÇÃO Suponhamos que $3 + \sqrt{2}$ seja um número racional. Como
$$\sqrt{2} = (3 + \sqrt{2}) - 3,$$
isto implica que $\sqrt{2}$ é a diferença entre dois números racionais, o que por sua vez implica que $\sqrt{2}$ é um número racional, o que não é verdadeiro.

Então, nossa suposição de que $3 + \sqrt{2}$ fosse um número racional estava incorreta. Em outras palavras, $3 + \sqrt{2}$ é um número irracional.

EXEMPLO 1

A atitude dos antigos gregos com relação aos números irracionais persiste no nosso dia a dia, ao usarmos a palavra "irracional" com o significado de "não baseado na razão".

O exemplo seguinte fornece outra ilustração de como usar um número irracional para gerar outro número irracional.

EXEMPLO 2

Demonstre que $8\sqrt{2}$ é um número irracional.

SOLUÇÃO Suponhamos que $8\sqrt{2}$ seja um número racional. Como

$$\sqrt{2} = \frac{8\sqrt{2}}{8},$$

isto implica que $\sqrt{2}$ é o quociente entre dois números racionais, o que por sua vez implica que $\sqrt{2}$ é um número racional, o que não é verdadeiro.

Então, nossa suposição de que $8\sqrt{2}$ fosse um número racional estava incorreta. Em outras palavras, $8\sqrt{2}$ é um número irracional.

PROBLEMAS

Os problemas nesta seção podem ser mais difíceis do que os problemas típicos encontrados no resto deste livro.

1 Demonstre que $\frac{6}{7} + \sqrt{2}$ é um número irracional.

2 Demonstre que $5 - \sqrt{2}$ é um número irracional.

3 Demonstre que $3\sqrt{2}$ é um número irracional.

4 Demonstre que $\frac{3\sqrt{2}}{5}$ é um número irracional.

5 Demonstre que $4 + 9\sqrt{2}$ é um número irracional.

6 Explique por que a soma de um número racional com um número irracional é um número irracional.

7 Explique por que o produto de um número racional não nulo por um número irracional é um número irracional.

8 Suponha que t seja um número irracional. Explique por que $\frac{1}{t}$ também é um número irracional.

9 Dê um exemplo de dois números irracionais cuja soma seja um número irracional.

10 Dê um exemplo de dois números irracionais cuja soma seja um número racional.

11 Dê um exemplo de três números irracionais cuja soma seja um número racional.

12 Dê um exemplo de dois números irracionais cujo produto seja um número irracional.

13 Dê um exemplo de dois números irracionais cujo produto seja um número racional.

0.2 Álgebra dos Números Reais

OBJETIVOS DE APRENDIZAGEM

Ao final desta seção, você deverá ser capaz de
- manipular expressões algébricas usando as propriedades comutativa, associativa e distributiva;
- reconhecer a ordem das operações algébricas e o papel dos parênteses;
- aplicar as identidades fundamentais envolvendo inversas aditivas e frações;
- explicar a importância de ser cuidadoso com os parênteses e com a ordem das operações quando usar uma calculadora ou um computador.

As operações de adição, subtração, multiplicação e divisão estendem-se dos números racionais para os números reais. Podemos adicionar, subtrair, multiplicar e dividir quaisquer dois números reais e permanecer dentro do sistema de números reais, novamente com a exceção de que não é permitida a divisão por 0.

Nesta seção, revisaremos as propriedades algébricas básicas dos números reais. Como este material deve ser realmente uma revisão, não foi feito nenhum esforço no sentido de demonstrar como algumas dessas propriedades podem ser obtidas a partir de outras. Em vez disso, o enfoque desta seção é destacar propriedades-chave que devem tornar-se tão familiares que você consiga usá-las confortavelmente e sem nenhum esforço.

Os exercícios apresentados ao longo deste livro foram projetados para aperfeiçoar suas habilidades à medida que cobrirmos outros tópicos.

Comutatividade e Associatividade

Comutatividade é o nome formal atribuído à propriedade de que, na adição e na multiplicação, a ordem não importa.

Comutatividade

$$a + b = b + a \quad \text{e} \quad ab = ba$$

para todos os números reais a e b.

Aqui (e ao longo desta seção) a, b e outras variáveis representam tanto números quanto expressões reais que assumem valores que sejam números reais. Por exemplo, a comutatividade da adição implica que $x^2 + \frac{x}{5} = \frac{x}{5} + x^2$.

Nem a subtração nem a divisão são comutativas, pois para essas operações a ordem importa. Por exemplo, $5 - 3 \neq 3 - 5$ e $\frac{6}{2} \neq \frac{2}{6}$.

Associatividade é o nome formal atribuído à propriedade de que, na adição e na multiplicação, o agrupamento não importa.

Associatividade

$$(a + b) + c = a + (b + c) \quad \text{e} \quad (ab)c = a(bc)$$

para todos os números reais a, b e c.

Expressões dentro de parênteses devem ser calculadas antes dos demais cálculos. Por exemplo, $(a + b) + c$ deve ser calculada primeiro adicionando a e b, e depois adicionando c a essa soma. A propriedade associativa da adição estabelece que esse número será o mesmo que $a + (b + c)$, em que deve ser calculada primeiro a adição de b e c e depois adicionar a a essa soma.

Devido à associatividade da adição, podemos dispensar o uso de parênteses quando adicionarmos três ou mais números e escrever expressões como

$$a + b + c + d$$

sem nos preocupar a respeito de como os termos são agrupados. Do mesmo modo, devido à propriedade associativa da multiplicação, não necessitamos usar parênteses quando multiplicarmos três ou mais números. Assim, podemos escrever expressões tais como $abcd$, sem especificar a ordem de multiplicação ou o agrupamento.

Nem a subtração nem a divisão são associativas, pois para essas operações o agrupamento importa. Por exemplo,

$$(9 - 6) - 2 = 3 - 2 = 1,$$

mas

$$9 - (6 - 2) = 9 - 4 = 5,$$

que demonstra que a subtração não é associativa.

A prática padrão é calcular subtrações da esquerda para a direita, a menos que parênteses indiquem outra ordem. Por exemplo, $9 - 6 - 2$ deve ser interpretado como significando $(9 - 6) - 2$, que é igual a 1.

A Ordem das Operações Algébricas

Consideremos a expressão

$$2 + 3 \cdot 7.$$

Essa expressão não contém parênteses para guiar-nos com relação a qual operação deve ser efetuada primeiro. Deveríamos começar por adicionar 2 e 3 e depois multiplicar o resultado por 7? Se for assim, estaríamos interpretando a expressão acima como

$$(2 + 3) \cdot 7,$$

que é igual a 35.

Ou, para calcular $2 + 3 \cdot 7$, devemos primeiro multiplicar 3 por 7 e depois somar 2 a esse resultado? Se for assim, estaríamos interpretando $2 + 3 \cdot 7$, como

$$2 + (3 \cdot 7),$$

Observe que $(2 + 3) \cdot 7$ não é igual a $2 + (3 \cdot 7)$. Portanto, a ordem dessas operações importa.

que é igual a 23.

Então, será que $2 + 3 \cdot 7$ é igual a $(2 + 3) \cdot 7$ ou a $2 + (3 \cdot 7)$? A resposta a essa pergunta depende mais de costumes do que de algo inerente à situação matemática. Qualquer pessoa que tenha estudado matemática interpretaria $2 + 3 \cdot 7$ como significando $2 + (3 \cdot 7)$. Em outras palavras, as pessoas adotaram a convenção de que multiplicações devem ser efetuadas antes das adições, a menos que existam parênteses que estabeleçam diferentemente. Você precisa acostumar-se a essa convenção.

> *Multiplicação e divisão antes de adição e subtração*
>
> A menos que parênteses estabeleçam diferentemente, os produtos e os quocientes devem ser calculados antes das somas e das diferenças.

Assim, por exemplo, $a + bc$ é interpretado como significando $a + (bc)$, embora quase sempre dispensemos os parênteses e escrevamos apenas $a + bc$.

Como ilustração adicional do princípio anterior, consideremos a expressão

$$4m + 3n + 11(p + q).$$

A interpretação correta dessa expressão é que 4 deve ser multiplicado por m, 3 deve ser multiplicado por n, 11 deve ser multiplicado por $p + q$ e, depois, os três números $4m$, $3n$ e $11(p + q)$ devem ser adicionados. Em outras palavras, a expressão acima é igual a

$$(4m) + (3n) + (11(p + q)).$$

Os três novos pares de parênteses, na expressão acima, não são necessários. A versão sem os parênteses desnecessários é mais clara e mais fácil de ler.

Quando parênteses estão dentro de outros parênteses, deve-se começar por calcular as expressões que estão nos parênteses mais internos.

O tamanho dos parênteses é às vezes um recurso visual usado para indicar a ordem das operações. Parênteses menores são frequentemente usados para os parênteses mais internos. Assim, expressões que estão entre parênteses menores devem usualmente ser calculadas antes das expressões que estão entre parênteses maiores.

> *Comece a calcular pelos parênteses mais internos*
>
> Em uma expressão com parênteses dentro de outros parênteses, comece por calcular pelos parênteses mais internos e depois calcule os de fora.

Calcule a expressão $2(6 + 3(1 + 4))$.

EXEMPLO 1

SOLUÇÃO Aqui, dentro dos parênteses mais internos temos $1 + 4$. Então, começamos por calcular essa expressão, obtendo 5:

$$2(6 + 3\underbrace{(1 + 4)}_{5}) = 2(6 + 3 \cdot 5).$$

Agora, para calcular a expressão $6 + 3 \cdot 5$, começamos por calcular $3 \cdot 5$, obtendo 15, e depois adicionamos 6, obtendo 21. Para completar nosso cálculo dessa expressão, falta só multiplicar por 2:

$$2\underbrace{(6 + 3\underbrace{(1 + 4)}_{5})}_{\underbrace{15}_{21}} = 42.$$

A Propriedade Distributiva

A propriedade distributiva conecta adição e multiplicação, convertendo um produto com uma soma na soma de dois produtos.

> *Propriedade distributiva*
>
> $$a(x + y) = ax + ay \quad \text{e} \quad (a + b)x = ax + bx$$
>
> para todos os números reais a, b, x e y.

Às vezes, você usará a propriedade distributiva para transformar uma expressão do tipo $a(x + y)$ em $ax + ay$. Às vezes, você usará a propriedade distributiva em sentido contrário, transformando uma expressão do tipo $ax + ay$ em $a(x + y)$. O sentido da transformação depende do contexto. O exemplo a seguir demonstra o uso da propriedade distributiva em ambos os sentidos.

A propriedade distributiva fornece a justificativa para a fatoração de expressões.

EXEMPLO 2

Simplifique a expressão $2(3m + x) + 5x$.

SOLUÇÃO Começamos por usar a propriedade distributiva para transformar $2(3m + x)$ em $6m + 2x$:

$$2(3m + x) + 5x = 6m + 2x + 5x.$$

Agora, usaremos novamente a propriedade distributiva, mas no outro sentido, para transformar $2x + 5x$ em $(2 + 5)x$:

$$6m + 2x + 5x = 6m + (2 + 5)x$$
$$= 6m + 7x.$$

Assim, usamos a propriedade distributiva (duas vezes) para transformar $2(3m + x) + 5x$ na expressão mais simples $6m + 7x$.

Uma das manipulações algébricas mais comuns envolve expandir um produto de somas, como no seguinte exemplo.

EXEMPLO 3

Expanda $(a + b)(x + y)$.

SOLUÇÃO Pense em $(x + y)$ como um número único e aplique a propriedade distributiva à expressão acima, obtendo:

$$(a + b)(x + y) = a(x + y) + b(x + y).$$

Observe que na expressão com a qual trabalhamos aqui, cada termo do primeiro par de parênteses é multiplicado pelo termo do segundo par de parênteses.

Agora, aplique a propriedade distributiva mais duas vezes, obtendo:

$$(a + b)(x + y) = ax + ay + bx + by.$$

Para expandir $(a + b)(x + y + z)$, multiplica-se cada termo da primeira expressão pelo respectivo termo da segunda expressão e depois somam-se esses produtos.

Após entender como foi obtida a identidade acima, você deve facilmente conseguir encontrar fórmulas para expressões mais complicadas, como $(a + b)(x + y + z)$.

Um caso especialmente importante da identidade acima ocorre quando $x = a$ e $x = b$. Nesse caso, temos

$$(a + b)(a + b) = a^2 + ab + ba + b^2,$$

que, usando a comutatividade, torna-se a identidade

$$(a + b)^2 = a^2 + 2ab + b^2.$$

Inversos Aditivos e Subtração

O **inverso aditivo** de um número real a é o número $-a$, de forma que

$$a + (-a) = 0.$$

A conexão entre a subtração e os inversos aditivos é obtida pela identidade

$$a - b = a + (-b).$$

De fato, a equação acima pode ser adotada como a definição de subtração.

Você precisa se sentir confortável ao usar as seguintes identidades, que envolvem inversos aditivos e subtração:

Identidades envolvendo inversos aditivos e subtração

$$-(-a) = a$$
$$-(a + b) = -a - b$$
$$(-a)(-b) = ab$$
$$(-a)b = a(-b) = -(ab)$$
$$(a - b)x = ax - bx$$
$$a(x - y) = ax - ay$$

para todos os números reais a, b, x e y.

Expanda $(a + b)(a - b)$.

EXEMPLO 4

SOLUÇÃO Comece pensando em $(a + b)$ como um único número e aplicando a propriedade distributiva. Depois, aplique mais duas vezes a propriedade distributiva:

$$(a+b)(a-b) = (a+b)a - (a+b)b$$
$$= a^2 + ba - ab - b^2$$
$$= a^2 - b^2$$

Assegure-se de distribuir corretamente o sinal de menos quando usar a propriedade distributiva, como mostrado aqui.

Você precisa tornar-se suficientemente confortável com as seguintes identidades, de modo a poder usá-las com facilidade.

Identidades que decorrem da propriedade distributiva

$$(a + b)^2 = a^2 + 2ab + b^2$$
$$(a - b)^2 = a^2 - 2ab + b^2$$
$$(a + b)(a - b) = a^2 - b^2$$

Sem usar calculadora, efetue 43×37.

EXEMPLO 5

SOLUÇÃO
$$43 \times 37 = (40 + 3)(40 - 3)$$
$$= 40^2 - 3^2$$
$$= 1600 - 9$$
$$= 1591$$

Inversos Multiplicativos e a Álgebra de Frações

O **inverso multiplicativo** de um número real $b \neq 0$ é o número $\frac{1}{b}$ tal que

$$b \cdot \frac{1}{b} = 1.$$

*O inverso multiplicativo de b é às vezes chamado de **recíproco** de b.*

A conexão entre a divisão e os inversos multiplicativos é obtida pela identidade

$$\frac{a}{b} = a \cdot \frac{1}{b}.$$

De fato, a equação acima pode ser adotada como a definição de divisão.

Você precisa se sentir confortável ao usar várias identidades que envolvam inversos multiplicativos e divisão. Começamos com as seguintes identidades:

Para esta subseção, suponha que todos os denominadores sejam diferentes de 0.

Multiplicação de frações e cancelamento

$$\frac{a}{b} \cdot \frac{c}{d} = \frac{ac}{bd} \qquad \frac{ac}{ad} = \frac{c}{d}$$

A primeira identidade acima estabelece que o produto de duas frações pode ser calculado multiplicando-se todos os numeradores entre si e todos os denominadores entre si. A segunda identidade acima, quando utilizada para transformar $\frac{ac}{ad}$ em $\frac{c}{d}$, é a simplificação normal de cancelar um fator comum ao numerador e o denominador. Quando utilizada em sentido contrário, para transformar $\frac{c}{d}$ em $\frac{ac}{ad}$, a segunda identidade acima torna-se o procedimento familiar de multiplicar o numerador e o denominador pelo mesmo fator.

Observe que a segunda identidade decorre da primeira, como se segue:

$$\frac{ac}{ad} = \frac{a}{a} \cdot \frac{c}{d} = 1 \cdot \frac{c}{d} = \frac{c}{d}.$$

EXEMPLO 6 Simplifique a expressão

$$\frac{3}{x^2 - 1} \cdot \frac{x + 1}{x}.$$

SOLUÇÃO Utilizando as identidades acima, temos

$$\frac{3}{x^2 - 1} \cdot \frac{x + 1}{x} = \frac{3(x + 1)}{(x^2 - 1)x}$$

$$= \frac{3(x + 1)}{(x + 1)(x - 1)x}$$

$$= \frac{3}{(x - 1)x}.$$

Vejamos agora a identidade usada para adicionar duas frações:

A fórmula para adicionar frações é mais complicada que a fórmula para multiplicar frações.

Adição de frações

$$\frac{a}{b} + \frac{c}{d} = \frac{ad + bc}{bd}$$

A dedução da identidade anterior é simples se aceitarmos a fórmula para a adição de duas frações que possuam o mesmo denominador, que é

$$\frac{a}{b} + \frac{c}{b} = \frac{a+c}{b}.$$

Para deduzir essa fórmula, observe que

$$\frac{a}{b} + \frac{c}{b} = a \cdot \frac{1}{b} + c \cdot \frac{1}{b}$$
$$= (a+c) \cdot \frac{1}{b}$$
$$= \frac{a+c}{b}.$$

Por exemplo, $\frac{2}{9} + \frac{5}{9} = \frac{7}{9}$, como você pode visualizar pensando em uma pizza dividida em 9 fatias de igual tamanho, depois juntando 2 fatias (que é $\frac{2}{9}$ da pizza) com outras 5 fatias ($\frac{5}{9}$ da pizza), para obter um total de 7 fatias da pizza ($\frac{7}{9}$ da pizza).

Para obter a fórmula para a adição de duas frações com denominadores diferentes, utilizamos a identidade da multiplicação para reescrever as frações de modo que elas passem a ter o mesmo denominador:

$$\frac{a}{b} + \frac{c}{d} = \frac{a}{b} \cdot \frac{d}{d} + \frac{b}{b} \cdot \frac{c}{d}$$
$$= \frac{ad}{bd} + \frac{bc}{bd}$$
$$= \frac{ad+bc}{bd}.$$

Nunca cometa o erro de pensar que $\frac{a}{b} + \frac{c}{d}$ é igual a $\frac{a+c}{b+d}$.

EXEMPLO 7

Escreva a soma

$$\frac{2}{w(w+1)} + \frac{3}{w^2}$$

como uma única fração.

SOLUÇÃO Utilizando a identidade para adicionar frações, obtém-se

$$\frac{2}{w(w+1)} + \frac{3}{w^2} = \frac{w^2}{w^2} \cdot \frac{2}{w(w+1)} + \frac{3}{w^2} \cdot \frac{w(w+1)}{w(w+1)}$$
$$= \frac{2w^2 + 3w(w+1)}{w^3(w+1)}$$
$$= \frac{5w^2 + 3w}{w^3(w+1)}$$
$$= \frac{w(5w+3)}{w w^2(w+1)}$$
$$= \frac{5w+3}{w^2(w+1)}.$$

OBSERVAÇÃO Às vezes, quando adicionamos duas frações, é mais fácil usar um múltiplo comum dos dois denominadores, o que é mais simples que o produto dos dois denominadores. Por exemplo, os dois denominadores nesse exemplo são $w(w+1)$ e w^2. Seu produto é $w^3(w+1)$, e este foi o denominador utilizado no cálculo acima. No entanto, $w^2(w+1)$ também é um múltiplo comum dos dois denominadores. A seguir, apresentamos o cálculo usando $w^2(w+1)$ como novo denominador:

Se você puder encontrar facilmente um múltiplo comum que seja mais simples do que o produto dos dois denominadores, usá-lo significa que depois vai ser necessário efetuar menos cancelamentos para simplificar seu resultado final.

$$\frac{2}{w(w+1)} + \frac{3}{w^2} = \frac{w}{w} \cdot \frac{2}{w(w+1)} + \frac{3}{w^2} \cdot \frac{w+1}{w+1}$$

$$= \frac{2w}{w^2(w+1)} + \frac{3(w+1)}{w^2(w+1)}$$

$$= \frac{2w + 3(w+1)}{w^2(w+1)}$$

$$= \frac{5w+3}{w^2(w+1)}.$$

Os dois métodos levaram à mesma resposta — qualquer um dos métodos funciona bem.

Vejamos agora a identidade para realizar a divisão por uma fração:

Divisão por uma fração

$$\frac{a}{\frac{b}{c}} = a \cdot \frac{c}{b}$$

Os tamanhos dos traços de fração aqui utilizados indicam que
$$\frac{a}{\frac{b}{c}}$$
deve ser interpretado como significando a/(b/c).

Essa identidade fornece a chave para desembaraçar frações que envolvem frações, como mostrado no seguinte exemplo.

EXEMPLO 8 Simplifique a expressão

$$\frac{\frac{y}{x}}{\frac{b}{c}}.$$

Quando você estiver diante de expressões complicadas, envolvendo frações cujos elementos, por sua vez, também são frações, lembre-se de que dividir por uma fração é o mesmo que multiplicar por esta invertida.

SOLUÇÃO O tamanho dos traços de fração indica que a expressão a ser simplificada é $(y/x)/(b/c)$. Usaremos a identidade acima (pensando em $\frac{y}{x}$ como a), na qual vemos que dividir por $\frac{b}{c}$ é o mesmo que multiplicar por $\frac{c}{b}$. Temos, portanto,

$$\frac{\frac{y}{x}}{\frac{b}{c}} = \frac{y}{x} \cdot \frac{c}{b}$$

$$= \frac{yc}{xb}.$$

Por fim, concluímos esta subseção registrando algumas identidades envolvendo frações e inversos aditivos:

Frações e inversos aditivos

$$\frac{-a}{b} = \frac{a}{-b} = -\frac{a}{b} \qquad \frac{-a}{-b} = \frac{a}{b} \qquad \frac{a}{b} - \frac{c}{d} = \frac{ad-bc}{bd}$$

Calculadoras Simbólicas

Ao longo das últimas décadas, calculadoras eletrônicas pouco dispendiosas, juntamente com os computadores, aumentaram drasticamente a facilidade de efetuar cálculos. Muitos cálculos numéricos, que previamente exigiam considerável habilidade técnica, podem agora ser efetuados com alguns toques em um botão ou cliques em um mouse.

Esse desenvolvimento levou a uma mudança nas habilidades computacionais cujo conhecimento é verdadeiramente útil para maioria das pessoas. Por isso algumas técnicas computacionais não são mais ensinadas nas escolas.

Por exemplo, muito poucas pessoas sabem hoje como calcular à mão um valor aproximado para uma raiz quadrada. Uma pessoa que estudou na década de 1960 poderia em um tempo bastante curto calcular, à mão, que $\sqrt{3} \approx 1{,}73205$. Entretanto, hoje em dia quase todo mundo usaria uma calculadora ou um computador para obter, instantânea e facilmente, esse valor aproximado.

O símbolo ≈ significa "é aproximadamente igual a".

Embora calculadoras tenham tornado menos importantes certas habilidades computacionais, o uso correto de uma calculadora requer alguma compreensão da matemática, particularmente no que diz respeito à ordem das operações. O exemplo seguinte ilustra a importância de prestar-se atenção à ordem das operações, mesmo quando você estiver utilizando uma calculadora.

Utilize uma calculadora para efetuar

$$8{,}7 + 2{,}1 \times 5{,}9.$$

EXEMPLO 9

SOLUÇÃO Em uma calculadora, você deve inserir

[8.7] [+] [2.1] [×] [5.9]

e depois, na maioria das calculadoras, você precisa pressionar a tecla [enter] ou a tecla [=].

Após inserir a sequência acima, algumas calculadoras fornecem como resultado 63,72, enquanto outras fornecem 21,09 como resultado. Calculadoras que fornecem o resultado 63,72 calcularam primeiro a soma 8,7 + 2,1, o que resulta em 10,8, e depois o multiplicaram por 5,9, levando a 63,72. Essas calculadoras, portanto, interpretam a entrada acima como significando (8,7 + 2,1) × 5,9.

Outras calculadoras interpretarão a entrada acima como significando 8,7 + (2,1 × 5,9), que é igual a 21,09, e é este o resultado correto da expressão 8,7 + 2,1 × 5,9.

Se, após inserir os itens acima, a sua calculadora fornecer o resultado 63,72, para obter o resultado correto precisamos trocar a ordem dos elementos, isto é, deve ser inserida a sequência

O resultado após inserir esses itens em uma calculadora depende da calculadora!

[2.1] [×] [5.9] [+] [8.7]

e depois apertar a tecla [enter] ou a tecla [=]. Essa sequência de itens deve ser interpretada por todas as calculadoras como significando (2,1 × 5,9) + 8,7, fornecendo a resposta correta 21,09.

Certifique-se de que você sabe como sua calculadora interpreta o tipo de entrada mostrada no exemplo acima para evitar obter resultados que não são o que você deseja calcular.

Várias calculadoras possuem teclas de parênteses, que são frequentemente necessárias para controlar a ordem na qual as operações devem ser efetuadas. Por exemplo, para efetuar (3,49 + 4,58)(5,67 + 6,76) em uma calculadora com teclas de parênteses, você deve inserir

[( ] [3.49] [+] [4.58] [ )] [×] [( ] [5.67] [+] [6.76] [ )]

e depois pressionar a tecla [enter] ou a tecla [=], levando à resposta correta 100,3101.

Algumas calculadoras podem efetuar aritmética racional, o que significa que
$$\tfrac{1}{3} + \tfrac{2}{5}$$
fornece o resultado $\tfrac{11}{15}$ em vez de 0,7333333.

Calculadoras e computadores evoluíram desde a capacidade de efetuar cálculos aritméticos até a de apresentar amplas habilidades simbólicas e gráficas. Por enquanto, vamos focar na habilidade das calculadoras simbólicas de efetuar simplificações algébricas. Em capítulos posteriores, ilustraremos as habilidades gráficas e capacidades algébricas adicionais que esses equipamentos modernos possuem.

Uma calculadora simbólica pode manipular tanto símbolos quanto números. Como existe uma enorme variedade de calculadoras simbólicas e gráficas, disponíveis tanto como equipamentos portáteis quanto como softwares de computadores, é impraticável mostrar como todas funcionam.

Nos exemplos, ao longo deste livro, que dependerem de calculadoras simbólicas ou gráficas, será utilizado o *WolframAlpha* (www.wolframalpha.com), que é o programa de calculadora simbólica e gráfica (e muito mais) disponível grátis na Web. Para seguir os exemplos, você não precisa necessariamente usar o *WolframAlpha*; sinta-se à vontade para em vez disso usar sua calculadora ou seu software favorito. Se você dominar habilidades computacionais avançadas, você pode querer dar uma olhada no *Sage* (www.sagemath.org), que sob alguns aspectos é mais poderoso que o *WolframAlpha*, embora não seja tão fácil de usar.

O *WolframAlpha* e o *Sage* possuem alguns recursos incomuns. Por isso, mesmo se você tiver a sua própria calculadora simbólica, você deve dar uma olhada nesses programas para conhecer o tipo de poder computacional que está agora facilmente disponível. Citamos abaixo algumas das vantagens de utilizar-se o *WolframAlpha* ou o *Sage* no mínimo ocasionalmente:

- O *WolframAlpha* e o *Sage* são gratuitos.
- O *WolframAlpha* e o *Sage* são mais poderosos que as calculadoras simbólicas padrão, permitindo certos cálculos que não podem ser efetuados por uma calculadora portátil.
- O tamanho maior, a resolução e a cor melhores, em uma tela de computador tornam os gráficos produzidos pelo *WolframAlpha* e pelo *Sage* mais informativos que os gráficos de uma típica calculadora gráfica portátil.
- O *WolframAlpha* é muito fácil de usar. Em particular, o *WolframAlpha* não possui as exigências rígidas de sintaxe associadas a muitas calculadoras simbólicas.

O exemplo a seguir mostra como utilizar o *WolframAlpha* como uma calculadora simbólica baseada na Web.

EXEMPLO 10

Como é comum nos computadores, uma potência é representada por um acento circunflexo.

Utilize o *WolframAlpha* para expandir a expressão $(x - 2y + 3z)^2$.

SOLUÇÃO   Aponte um navegador para www.wolframalpha.com. Digite

$$\boxed{\text{expand (x - 2y + 3z)^2}}$$

e depois pressione a tecla $\boxed{\text{enter}}$ do seu teclado ou clique na caixinha $\boxed{=}$ ao lado direito da caixa de entrada do *WolframAlpha*, obtendo o resultado

$$x^2 - 4xy + 6xz + 4y^2 - 12yz + 9z^2.$$

A opção Show steps não está disponível para todos os resultados do WolframAlpha.

Se você quiser ver como esse resultado foi calculado, clique em *Show steps*, à direita da caixa do resultado, e você verá (em mais detalhes do que você provavelmente gostaria) como a propriedade distributiva foi utilizada múltiplas vezes até produzir o resultado fornecido.

O exemplo a seguir é apresentado principalmente para mostrar que, em calculadoras simbólicas, à vezes precisamos usar parênteses, mesmo quando estes não aparecem na notação matemática usual.

EXEMPLO 11

Utilize o *WolframAlpha* para simplificar a expressão
$$\frac{\frac{1}{y-b} - \frac{1}{y}}{b}.$$

SOLUÇÃO Digite, no *WolframAlpha*,

$$\boxed{\text{simplify (1/(y-b) - 1/y)/b}}$$

para obter o resultado
$$\frac{1}{y(y-b)}.$$

Como mostramos aqui, não há nenhum problema se, no WolframAlpha, você inserir espaços extra para facilitar a leitura da entrada.

Certifique-se de ter entendido o motivo pelo qual foram necessários ambos os pares de parênteses na caixa de entrada. Esse exemplo nos mostra que, mesmo que você esteja utilizando um equipamento para manipulação algébrica, você precisar ter uma boa compreensão da ordem das operações.

Quase todos os exercícios nesta seção podem ser resolvidos usando o *WolframAlpha* ou o *Sage*, ou uma calculadora simbólica. Entretanto, você vai precisar adquirir as habilidades básicas de manipulação algébrica e de compreensão necessárias para resolver os exercícios. Muito pouco se adquire em termos de habilidade e compreensão apenas olhando como um equipamento resolve os exercícios.

O melhor caminho para usar o *WolframAlpha* ou o *Sage*, ou outra calculadora simbólica, para resolver os exercícios é testar suas respostas e fazer experimentos (e brincar!), mudando a entrada para ver como a saída varia.

EXERCÍCIOS

Para os Exercícios 1-4, determine quantos valores distintos podem ser obtidos ao inserir-se um par de parênteses na expressão dada.

1 $19 - 12 - 8 - 2$

2 $3 - 7 - 9 - 5$

3 $6 + 3 \cdot 4 + 5 \cdot 2$

4 $5 \cdot 3 \cdot 2 + 6 \cdot 4$

Para os Exercícios 5-22, expanda a expressão dada.

5 $(x - y)(z + w - t)$

6 $(x + y - r)(z + w - t)$

7 $(2x + 3)^2$

8 $(3b + 5)^2$

9 $(2c - 7)^2$

10 $(4a - 5)^2$

11 $(x + y + z)^2$

12 $(x - 5y - 3z)^2$

13 $(x + 1)(x - 2)(x + 3)$

14 $(y - 2)(y - 3)(y + 5)$

15 $(a + 2)(a - 2)(a^2 + 4)$

16 $(b - 3)(b + 3)(b^2 + 9)$

17 $xy(x + y)\left(\frac{1}{x} - \frac{1}{y}\right)$

18 $a^2 z(z - a)\left(\frac{1}{z} + \frac{1}{a}\right)$

19 $(t - 2)(t^2 + 2t + 4)$

20 $(m - 2)(m^4 + 2m^3 + 4m^2 + 8m + 16)$

21 $(n + 3)(n^2 - 3n + 9)$

22 $(y + 2)(y^4 - 2y^3 + 4y^2 - 8y + 16)$

Para os Exercícios 23-50, simplifique a expressão dada o máximo possível.

23 $4(2m + 3n) + 7m$

24 $3(2m + 4(n + 5p)) + 6n$

25 $\frac{3}{4} + \frac{6}{7}$

26 $\frac{2}{5} + \frac{7}{8}$

27 $\frac{3}{4} \cdot \frac{14}{39}$

28 $\frac{2}{3} \cdot \frac{15}{22}$

29 $\dfrac{\frac{5}{7}}{\frac{2}{3}}$

30 $\dfrac{\dfrac{6}{5}}{\dfrac{7}{4}}$

31 $\dfrac{m+1}{2} + \dfrac{3}{n}$

32 $\dfrac{m}{3} + \dfrac{5}{n-2}$

33 $\dfrac{2}{3} \cdot \dfrac{4}{5} + \dfrac{3}{4} \cdot 2$

34 $\dfrac{3}{5} \cdot \dfrac{2}{7} + \dfrac{5}{4} \cdot 2$

35 $\dfrac{2}{5} \cdot \dfrac{m+3}{7} + \dfrac{1}{2}$

36 $\dfrac{3}{4} \cdot \dfrac{n-2}{5} + \dfrac{7}{3}$

37 $\dfrac{2}{x+3} + \dfrac{y-4}{5}$

38 $\dfrac{x-3}{4} - \dfrac{5}{y+2}$

39 $\dfrac{4t+1}{t^2} + \dfrac{3}{t}$

40 $\dfrac{5}{u^2} + \dfrac{1-2u}{u^3}$

41 $\dfrac{3}{v(v-2)} + \dfrac{v+1}{v^3}$

42 $\dfrac{w-1}{w^3} - \dfrac{2}{w(w-3)}$

43 $\dfrac{1}{x-y}\left(\dfrac{x}{y} - \dfrac{y}{x}\right)$

44 $\dfrac{1}{y}\left(\dfrac{1}{x-y} - \dfrac{1}{x+y}\right)$

45 $\dfrac{(x+a)^2 - x^2}{a}$

46 $\dfrac{\dfrac{1}{x+a} - \dfrac{1}{x}}{a}$

47 $\dfrac{\dfrac{x-2}{y}}{\dfrac{z}{x+2}}$

48 $\dfrac{\dfrac{x-4}{y+3}}{\dfrac{y-3}{x+4}}$

49 $\dfrac{\dfrac{a-t}{b-c}}{\dfrac{b+c}{a+t}}$

50 $\dfrac{\dfrac{r+m}{u-n}}{\dfrac{n+u}{m-r}}$

PROBLEMAS

Alguns problemas exigem consideravelmente mais atenção do que os exercícios. Diferentemente dos exercícios, os problemas normalmente têm mais de uma resposta correta.

51 Demonstre que $(a+1)^2 = a^2 + 1$ se e somente se $a = 0$.

52 Explique por que $(a+b)^2 = a^2 + b^2$ se e somente se $a = 0$ ou $b = 0$.

53 Demonstre que $(a-1)^2 = a^2 - 1$ se e somente se $a = 1$.

54 Explique por que $(a-b)^2 = a^2 - b^2$ se e somente se $b = 0$ ou $b = a$.

55 Explique como você poderia mentalmente demonstrar que $51 \times 49 = 2499$ utilizando a identidade $(a+b)(a-b) = a^2 - b^2$.

56 Demonstre que
$$a^3 + b^3 + c^3 - 3abc$$
$$= (a+b+c)(a^2 + b^2 + c^2 - ab - bc - ac).$$

57 Dê um exemplo para demonstrar que a divisão não satisfaz a propriedade associativa.

58 Suponha que camisas estejam à venda por US$ 19,99 cada uma. Explique como você poderia usar a propriedade distributiva para calcular mentalmente que seis camisas custam US$ 119,94.

59 Em San Francisco, o imposto sobre vendas é de 8,5%. Jantares em San Francisco frequentemente incluem uma gorjeta de 17% sobre sua conta do restaurante antes de acrescentar o imposto, calculada simplesmente pela duplicação do imposto sobre as vendas. Por exemplo, uma conta de US$ 64 dólares em comida e bebida viria com um imposto sobre vendas de US$ 5,44; duplicando essa quantia, teríamos uma gorjeta de US$ 10,88 (que poderia ser arredondada para US$ 11). Explique por que essa técnica é uma aplicação da associatividade da multiplicação.

60 Um caminho rápido para calcular uma gorjeta de 15% sobre uma conta de restaurante é começar por calcular 10% da conta (deslocando a vírgula decimal) e depois adicionar metade dessa quantia para obter a gorjeta total. Por exemplo, 15% de uma conta de restaurante de US$ 43 é US$ 4,30 + US$ 2,15, que é igual a US$ 6,45. Explique por que essa técnica é uma aplicação da propriedade distributiva.

61 Suponha que $b \neq 0$ e $d \neq 0$. Explique por que
$$\dfrac{a}{b} = \dfrac{c}{d} \text{ se e somente se } ad = bc.$$

62 As primeiras letras de cada palavra da sentença em inglês "*Please excuse my dear Aunt Sally*" ("Por favor, desculpem minha querida tia Sally") são usadas por algumas pessoas para lembrar da ordem das operações: parênteses, expoentes (que discutiremos em um capítulo posterior), multiplicação, divisão, adição, subtração. Construa uma sentença atrativa que possa servir para o mesmo propósito, mas excluindo os expoentes.

63 (a) Dado que
$$\dfrac{16}{2} - \dfrac{25}{5} = \dfrac{16-25}{2-5}.$$
(b) Com base no exemplo acima, você pode achar que
$$\dfrac{a}{b} - \dfrac{c}{d} = \dfrac{a-c}{b-d}$$
desde que nenhum dos denominadores seja igual a zero. Dê um exemplo para mostrar que isto não é verdadeiro.

64 Suponha que $b \neq 0$ e $d \neq 0$. Explique por que
$$\dfrac{a}{b} - \dfrac{c}{d} = \dfrac{ad - bc}{bd}.$$

SOLUÇÕES DETALHADAS *dos Exercícios Ímpares*

Não leia estas soluções detalhadas antes de tentar resolver você mesmo os exercícios. Caso contrário, você corre o risco de imitar as técnicas demonstradas aqui sem, no entanto, compreender as ideias.

A melhor maneira de aprender: leia cuidadosamente a seção do livro-texto, depois resolva todos os exercícios ímpares e verifique suas respostas aqui. Se você tiver alguma dificuldade para resolver algum exercício, olhe a solução detalhada apresentada aqui.

Para os Exercícios 1–4, determine quantos valores distintos podem ser obtidos ao inserir-se um par de parênteses na expressão dada.

1 $19 - 12 - 8 - 2$

SOLUÇÃO As possibilidades são apresentadas a seguir:

$19(-12 - 8 - 2) = -418$ $19 - (12 - 8) - 2 = 13$

$19(-12 - 8) - 2 = -382$ $19 - (12 - 8 - 2) = 17$

$19(-12) - 8 - 2 = -238$ $19 - 12 - 8(-2) = 23$

$(19 - 12) - 8 - 2 = -3$ $19 - 12(-8) - 2 = 113$

$19 - 12 - (8 - 2) = 1$ $19 - 12(-8 - 2) = 139$

Outras maneiras de inserir um par de parênteses levam a valores que já estão incluídos na relação acima. Portanto, existem dez valores possíveis; são eles: -418, -382, -238, -3, 1, 13, 17, 23, 113 e 139.

3 $6 + 3 \cdot 4 + 5 \cdot 2$

SOLUÇÃO As possibilidades são apresentadas a seguir:

$(6 + 3 \cdot 4 + 5 \cdot 2) = 28$

$6 + (3 \cdot 4 + 5) \cdot 2 = 40$

$(6 + 3) \cdot 4 + 5 \cdot 2 = 46$

$6 + 3 \cdot (4 + 5 \cdot 2) = 48$

$6 + 3 \cdot (4 + 5) \cdot 2 = 60$

Outras maneiras de inserir um par de parênteses levam a valores que já estão incluídos na relação acima. Portanto, existem cinco valores possíveis; são eles: 28, 40, 46, 48 e 60.

Para os Exercícios 5–22, expanda a expressão dada.

5 $(x - y)(z + w - t)$

SOLUÇÃO

$(x - y)(z + w - t)$
$= x(z + w - t) - y(z + w - t)$
$= xz + xw - xt - yz - yw + yt$

7 $(2x + 3)^2$

SOLUÇÃO

$(2x + 3)^2 = (2x)^2 + 2 \cdot (2x) \cdot 3 + 3^2$
$= 4x^2 + 12x + 9$

9 $(2c - 7)^2$

SOLUÇÃO

$(2c - 7)^2 = (2c)^2 - 2 \cdot (2c) \cdot 7 + 7^2$
$= 4c^2 - 28c + 49$

11 $(x + y + z)^2$

SOLUÇÃO

$(x + y + z)^2$
$= (x + y + z)(x + y + z)$
$= x(x + y + z) + y(x + y + z) + z(x + y + z)$
$= x^2 + xy + xz + yx + y^2 + yz$
$\quad + zx + zy + z^2$
$= x^2 + y^2 + z^2 + 2xy + 2xz + 2yz$

13 $(x + 1)(x - 2)(x + 3)$

SOLUÇÃO

$(x + 1)(x - 2)(x + 3)$
$= ((x + 1)(x - 2))(x + 3)$
$= (x^2 - 2x + x - 2)(x + 3)$
$= (x^2 - x - 2)(x + 3)$
$= x^3 + 3x^2 - x^2 - 3x - 2x - 6$
$= x^3 + 2x^2 - 5x - 6$

15 $(a + 2)(a - 2)(a^2 + 4)$

SOLUÇÃO

$(a + 2)(a - 2)(a^2 + 4) = ((a + 2)(a - 2))(a^2 + 4)$
$= (a^2 - 4)(a^2 + 4)$
$= a^4 - 16$

17 $xy(x + y)\left(\frac{1}{x} - \frac{1}{y}\right)$

SOLUÇÃO

$$xy(x + y)\left(\frac{1}{x} - \frac{1}{y}\right) = xy(x + y)\left(\frac{y}{xy} - \frac{x}{xy}\right)$$

$$= xy(x + y)\left(\frac{y - x}{xy}\right)$$

$$= (x + y)(y - x)$$

$$= y^2 - x^2$$

19 $(t - 2)(t^2 + 2t + 4)$

SOLUÇÃO

$$(t - 2)(t^2 + 2t + 4) = t(t^2 + 2t + 4) - 2(t^2 + 2t + 4)$$

$$= t^3 + 2t^2 + 4t - 2t^2 - 4t - 8$$

$$= t^3 - 8$$

21 $(n + 3)(n^2 - 3n + 9)$

SOLUÇÃO

$(n + 3)(n^2 - 3n + 9)$

$$= n(n^2 - 3n + 9) + 3(n^2 - 3n + 9)$$

$$= n^3 - 3n^2 + 9n + 3n^2 - 9n + 27$$

$$= n^3 + 27$$

Para os Exercícios 23–50, simplifique a expressão dada o máximo possível.

23 $4(2m + 3n) + 7m$

SOLUÇÃO

$$4(2m + 3n) + 7m = 8m + 12n + 7m$$

$$= 15m + 12n$$

25 $\frac{3}{4} + \frac{6}{7}$

SOLUÇÃO $\quad \frac{3}{4} + \frac{6}{7} = \frac{3}{4} \cdot \frac{7}{7} + \frac{6}{7} \cdot \frac{4}{4} = \frac{21}{28} + \frac{24}{28} = \frac{45}{28}$

27 $\frac{3}{4} \cdot \frac{14}{39}$

SOLUÇÃO $\quad \frac{3}{4} \cdot \frac{14}{39} = \frac{3 \cdot 14}{4 \cdot 39} = \frac{7}{2 \cdot 13} = \frac{7}{26}$

29 $\dfrac{\frac{5}{7}}{\frac{2}{3}}$

SOLUÇÃO $\quad \dfrac{\frac{5}{7}}{\frac{2}{3}} = \frac{5}{7} \cdot \frac{3}{2} = \frac{5 \cdot 3}{7 \cdot 2} = \frac{15}{14}$

31 $\dfrac{m + 1}{2} + \dfrac{3}{n}$

SOLUÇÃO

$$\frac{m + 1}{2} + \frac{3}{n} = \frac{m + 1}{2} \cdot \frac{n}{n} + \frac{3}{n} \cdot \frac{2}{2}$$

$$= \frac{(m + 1)n + 3 \cdot 2}{2n}$$

$$= \frac{mn + n + 6}{2n}$$

33 $\dfrac{2}{3} \cdot \dfrac{4}{5} + \dfrac{3}{4} \cdot 2$

SOLUÇÃO

$$\frac{2}{3} \cdot \frac{4}{5} + \frac{3}{4} \cdot 2 = \frac{8}{15} + \frac{3}{2}$$

$$= \frac{8}{15} \cdot \frac{2}{2} + \frac{3}{2} \cdot \frac{15}{15}$$

$$= \frac{16 + 45}{30} = \frac{61}{30}$$

35 $\dfrac{2}{5} \cdot \dfrac{m + 3}{7} + \dfrac{1}{2}$

SOLUÇÃO

$$\frac{2}{5} \cdot \frac{m + 3}{7} + \frac{1}{2} = \frac{2m + 6}{35} + \frac{1}{2}$$

$$= \frac{2m + 6}{35} \cdot \frac{2}{2} + \frac{1}{2} \cdot \frac{35}{35}$$

$$= \frac{4m + 12 + 35}{70}$$

$$= \frac{4m + 47}{70}$$

37 $\dfrac{2}{x + 3} + \dfrac{y - 4}{5}$

SOLUÇÃO

$$\frac{2}{x + 3} + \frac{y - 4}{5} = \frac{2}{x + 3} \cdot \frac{5}{5} + \frac{y - 4}{5} \cdot \frac{x + 3}{x + 3}$$

$$= \frac{2 \cdot 5 + (y - 4)(x + 3)}{5(x + 3)}$$

$$= \frac{10 + yx + 3y - 4x - 12}{5(x + 3)}$$

$$= \frac{xy - 4x + 3y - 2}{5(x + 3)}$$

39 $\dfrac{4t+1}{t^2} + \dfrac{3}{t}$

SOLUÇÃO

$$\dfrac{4t+1}{t^2} + \dfrac{3}{t} = \dfrac{4t+1}{t^2} + \dfrac{3}{t} \cdot \dfrac{t}{t}$$

$$= \dfrac{4t+1}{t^2} + \dfrac{3t}{t^2}$$

$$= \dfrac{7t+1}{t^2}$$

41 $\dfrac{3}{v(v-2)} + \dfrac{v+1}{v^3}$

SOLUÇÃO

$$\dfrac{3}{v(v-2)} + \dfrac{v+1}{v^3} = \dfrac{v^2}{v^2} \cdot \dfrac{3}{v(v-2)} + \dfrac{v+1}{v^3} \cdot \dfrac{v-2}{v-2}$$

$$= \dfrac{3v^2}{v^3(v-2)} + \dfrac{v^2 - v - 2}{v^3(v-2)}$$

$$= \dfrac{4v^2 - v - 2}{v^3(v-2)}$$

43 $\dfrac{1}{x-y}\left(\dfrac{x}{y} - \dfrac{y}{x}\right)$

SOLUÇÃO

$$\dfrac{1}{x-y}\left(\dfrac{x}{y} - \dfrac{y}{x}\right) = \dfrac{1}{x-y}\left(\dfrac{x}{y} \cdot \dfrac{x}{x} - \dfrac{y}{x} \cdot \dfrac{y}{y}\right)$$

$$= \dfrac{1}{x-y}\left(\dfrac{x^2 - y^2}{xy}\right)$$

$$= \dfrac{1}{x-y}\left(\dfrac{(x+y)(x-y)}{xy}\right)$$

$$= \dfrac{x+y}{xy}$$

45 $\dfrac{(x+a)^2 - x^2}{a}$

SOLUÇÃO

$$\dfrac{(x+a)^2 - x^2}{a} = \dfrac{x^2 + 2xa + a^2 - x^2}{a}$$

$$= \dfrac{2xa + a^2}{a}$$

$$= 2x + a$$

47 $\dfrac{\dfrac{x-2}{y}}{\dfrac{z}{x+2}}$

SOLUÇÃO

$$\dfrac{\dfrac{x-2}{y}}{\dfrac{z}{x+2}} = \dfrac{x-2}{y} \cdot \dfrac{x+2}{z}$$

$$= \dfrac{x^2 - 4}{yz}$$

49 $\dfrac{\dfrac{a-t}{b-c}}{\dfrac{b+c}{a+t}}$

SOLUÇÃO

$$\dfrac{\dfrac{a-t}{b-c}}{\dfrac{b+c}{a+t}} = \dfrac{a-t}{b-c} \cdot \dfrac{a+t}{b+c}$$

$$= \dfrac{a^2 - t^2}{b^2 - c^2}$$

0.3 Desigualdades, Intervalos e Valor Absoluto

OBJETIVOS DE APRENDIZAGEM

Ao final desta seção, você deverá ser capaz de
- aplicar as propriedades algébricas que envolvem números positivos e negativos;
- trabalhar com desigualdades;
- utilizar notação de intervalo para os quatro tipos de intervalos;
- utilizar notação de intervalo envolvendo $-\infty$ e ∞;
- trabalhar com uniões de intervalos;
- trabalhar com e interpretar expressões envolvendo valor absoluto.

De agora em diante, "número" significa "número real", a menos que seja estabelecido de outra forma.

Números Positivos e Negativos

Positivo e negativo
- Um número é dito **positivo** se ele estiver à direita do 0 sobre a reta real.
- Um número é dito **negativo** se ele estiver à esquerda do 0 sobre a reta real.

Todo número ou está à direita do 0, ou está à esquerda do 0, ou é igual a 0. Assim, todo número é positivo, negativo ou 0.

$$-3 \quad -\tfrac{5}{2} \quad -2 \quad -\tfrac{115}{76} \quad -1 \quad -\tfrac{2}{3} \quad -\tfrac{1}{3} \quad 0 \quad \tfrac{1}{3} \quad \tfrac{2}{3} \quad 1 \quad \tfrac{12}{7} \quad 2 \quad \tfrac{257}{101} \quad 3$$

números negativos   *números positivos*

As seguintes propriedades já devem ser todas familiares a você.

Exemplo:

$2 + 3 = 5$

$(-2) + (-3) = -5$

-2 *é negativo*

$-(-2)$ *é positivo*

$2 \cdot 3 = 6$

$(-2) \cdot (-3) = 6$

$2 \cdot (-3) = -6$

$\tfrac{1}{2}$ *é positivo*

$\tfrac{1}{-2}$ *é negativo*

Propriedades algébricas de números positivos e negativos
- A soma de dois números positivos é positiva.
- A soma de dois números negativos é negativa.
- O inverso aditivo de um número positivo é negativo.
- O inverso aditivo de um número negativo é positivo.
- O produto de dois números positivos é positivo.
- O produto de dois números negativos é positivo.
- O produto de um número positivo por um número negativo é negativo.
- O inverso multiplicativo de um número positivo é positivo.
- O inverso multiplicativo de um número negativo é negativo.

Desigualdades

Dizemos que um número a é **menor que** um número b, escreve-se $a < b$, se a estiver à esquerda de b sobre a reta real. Equivalentemente, $a < b$ se e somente se $b - a$ for positivo. Em particular, b é positivo se e somente se $0 < b$.

$$\underset{a}{\big|} \qquad\qquad\qquad \underset{b}{\big|}$$

$a < b.$

Dizemos que a é **menor ou igual a** b, escreve-se $a \leq b$, se $a < b$ ou $a = b$. Então, a afirmativa $x < 4$ é verdadeira se x for igual a 3 e é falsa se x for igual a 4, enquanto a sentença $x \leq 4$ é verdadeira se x for igual a 3 e é também verdadeira se x for igual a 4.

Dizemos que b é **maior que** a, escreve-se $b > a$, se b estiver à direita de a sobre a reta real. Então $b > a$ significa o mesmo que $a < b$. Similarmente, dizemos que b é **maior ou igual a** a, escreve-se $b \geq a$, se $b > a$ ou $b = a$. Então $b \geq a$ significa o mesmo que $a \leq b$.

A seguir, iniciaremos a discussão de várias propriedades, simples, mas cruciais, das desigualdades. A primeira propriedade que discutiremos é denominada transitividade.

> **Transitividade**
>
> Se $a < b$ e $b < c$, então $a < c$.

Por exemplo, a partir das desigualdades $\sqrt{15} < 4$ e $4 < \frac{21}{5}$, podemos concluir que $\sqrt{15} < \frac{21}{5}$.

Para observar por que a transitividade é válida, suponhamos que $a < b$ e $b < c$. Então, a está à esquerda de b sobre a reta real, e b está à esquerda de c. Isto implica que a está à esquerda de c, o que significa que $a < c$; veja a figura abaixo.

Transitividade: $a < b$ e $b < c$ implica que $a < c$.

Frequentemente, desigualdades múltiplas são escritas juntas, como uma única sequência de desigualdades. Assim, $a < b < c$ significa o mesmo que $a < b$ e $b < c$.

Nosso próximo resultado mostrará que podemos somar desigualdades.

> **Adição de desigualdades**
>
> Se $a < b$ e $c < d$, então $a + c < b + d$.

Por exemplo, com base nas desigualdades $\sqrt{8} < 3$ e $4 < \sqrt{17}$, concluímos que $\sqrt{8} + 4 < 3 + \sqrt{17}$.

Para observar por que isto é verdadeiro, note que, se $a < b$ e $c < d$, então $b - a$ e $d - c$ são números positivos. Como a soma de dois números positivos é positivo, isso implica que $(b - a) + (d - c)$ é positivo. Em outras palavras, $(b + d) - (a + c)$ é positivo. Isto significa que $a + c < b + d$, como queríamos demonstrar.

O próximo resultado estabelece que podemos multiplicar ambos os lados de uma desigualdade por um número positivo e preservar a desigualdade. Entretanto, se multiplicarmos ambos os lados de uma desigualdade por um número negativo, o sentido da desigualdade precisa ser revertido.

> **Multiplicação de uma desigualdade**
>
> Suponha $a < b$.
> - Se $c > 0$, então $ac < bc$.
> - Se $c < 0$, então $ac > bc$.

Por exemplo, com base na desigualdade $\sqrt{7} < \sqrt{8}$ podemos concluir que $3\sqrt{7} < 3\sqrt{8}$ e $(-3)\sqrt{7} > (-3)\sqrt{8}$.

Para observar por que isto é verdadeiro, vamos primeiro supor $c > 0$. Estamos supondo $a < b$, o que significa que $b - a$ é positivo. Como o produto de dois números positivos é positivo, isto implica que $(b - a)c$ é positivo. Em outras palavras, $bc - ac$ é positivo, o que significa que $ac < bc$, como queríamos demonstrar.

Considere agora o caso em que $c < 0$. Continuamos supondo $a < b$, o que significa ter $b - a$ positivo. Como o produto de um número positivo por um número negativo é negativo, isto implica que $(b - a)c$ é negativo. Em outras palavras, $bc - ac$ é negativo, o que significa que $ac > bc$, como queríamos demonstrar.

O exemplo seguinte ilustra o cuidado que devemos ter ao multiplicar desigualdades.

EXEMPLO 1

Determine todos os números x tais que

$$\frac{x-8}{x-4} < 3.$$

O caso $x - 4 = 0$ não precisa ser considerado porque não é possível dividir por zero.

SOLUÇÃO O primeiro passo natural aqui é multiplicar a desigualdade por $x - 4$. O sentido da desigualdade permanece o mesmo se $x - 4$ for positivo, mas precisa ser revertido se $x - 4$ for negativo. Assim, consideraremos esses dois casos separadamente.

Comecemos por considerar o caso em que $x - 4$ é positivo; então, $x > 4$. Multiplicando ambos os lados da desigualdade acima por $x - 4$, obtemos a desigualdade equivalente

$$x - 8 < 3x - 12.$$

Subtraindo x de ambos os lados, e depois adicionando 12 a ambos os lados, obtemos a desigualdade equivalente $4 < 2x$, que é equivalente à desigualdade $x > 2$. Entretanto, nem todos os números $x > 2$ satisfazem nossa desigualdade original acima (por exemplo, se $x = 3$, o lado esquerdo da desigualdade original vale 5). Nós trabalhamos com a suposição de que $x > 4$. Como $4 > 2$, vemos que nesse caso a desigualdade original é válida se $x > 4$.

O sentido da desigualdade foi revertido porque houve multiplicação por um número negativo.

Consideremos agora o caso em que $x - 4$ é negativo; então, $x < 4$. Multiplicando ambos os lados da desigualdade original acima por $x - 4$, obtemos a desigualdade equivalente

$$x - 8 > 3x - 12.$$

Subtraindo x de ambos os lados, e depois adicionando 12 a ambos os lados, obtemos a desigualdade equivalente $4 > 2x$, que é equivalente à desigualdade $x < 2$. Se $x < 2$, então $x < 4$, que é o caso em consideração. Então, a desigualdade original é válida se $x < 2$.

Conclusão: a desigualdade acima é válida se $x < 2$ ou $x > 4$.

Se multiplicarmos ambos os lados de uma desigualdade por -1 e revertermos o sentido da desigualdade, obteremos o seguinte resultado.

Por exemplo, com base na desigualdade $2 < 3$, podemos concluir que $-2 > -3$.

Inversos aditivos e desigualdades

Se $a < b$, então $-a > -b$.

Em outras palavras, o sentido de uma desigualdade deve ser revertido se escrevermos os inversos aditivos de ambos os lados.

O próximo resultado mostra que o sentido de uma desigualdade também deve ser revertido se escrevermos os inversos multiplicativos de ambos os lados, a menos que um dos lados seja negativo e o outro seja positivo.

Por exemplo, com base na desigualdade $2 < 3$, podemos concluir que $\frac{1}{2} > \frac{1}{3}$.

Inversos multiplicativos e desigualdades

Suponhamos $a < b$.
- Se a e b forem ambos positivos ou ambos negativos, então $\frac{1}{a} > \frac{1}{b}$.
- Se $a < 0 < b$, então $\frac{1}{a} < \frac{1}{b}$.

Para observar por que isto é verdadeiro, vamos primeiro supor que a e b sejam ambos positivos ou ambos negativos. Em qualquer desses casos, o produto ab é positivo. Então,

$\frac{1}{ab} > 0$. Assim, podemos multiplicar ambos os lados da desigualdade $a < b$ por $\frac{1}{ab}$ mantendo o sentido da desigualdade. Dessa forma, obtemos:

$$a \cdot \frac{1}{ab} < b \cdot \frac{1}{ab},$$

que é o mesmo que $\frac{1}{b} < \frac{1}{a}$, ou, equivalentemente, $\frac{1}{a} > \frac{1}{b}$, como queríamos demonstrar.

O caso em que $a < 0 < b$ é até mais fácil. Nesse caso, $\frac{1}{a}$ é negativo e $\frac{1}{b}$ é positivo. Então, $\frac{1}{a} < \frac{1}{b}$, como queríamos demonstrar.

Intervalos

Iniciaremos esta subseção com uma definição imprecisa.

> **Conjunto**
>
> Um **conjunto** é uma coleção de objetos.

A definição é imprecisa porque as palavras "coleção" e "objetos" são vagas.

A coleção de números positivos é um exemplo de um conjunto, assim como a coleção de inteiros negativos ímpares. A maioria dos conjuntos considerados neste livro são coleções de números reais, o que no mínimo remove um pouco da imprecisão da palavra "objetos".

Se um conjunto contiver um número finito de objetos, então os objetos no conjunto podem ser apresentados explicitamente, entre os símbolos { }. Por exemplo, o conjunto que consiste nos números 4, $-\frac{17}{7}$ e $\sqrt{2}$ pode ser representado por

$$\{4, -\tfrac{17}{7}, \sqrt{2}\}.$$

Também podemos representar conjuntos por meio de uma propriedade que caracterize seus objetos. Por exemplo, o conjunto de números reais maiores que 2 podem ser representados por

$$\{x : x > 2\}.$$

Aqui, deve-se ler a notação $\{x : ...\}$ como "o conjunto de todos os números reais tais que" e a seguir o complemento. Aqui não existe um x particular. A variável é apenas um artifício conveniente para descrever uma propriedade, e o símbolo usado para a variável não interessa. Portanto, $\{x : x > 2\}$, $\{y : y > 2\}$ e $\{t : t > 2\}$ todos representam o mesmo conjunto, que pode também ser descrito (sem mencionar nenhuma variável) como o conjunto dos números reais maiores que 2.

Um tipo especial de conjunto ocorre tão frequentemente em matemática que tem seu próprio nome:

> **Intervalo**
>
> Um **intervalo** é um conjunto de números reais que contém todos os números entre quaisquer dois números no conjunto.

Por exemplo, o conjunto dos números positivos é um intervalo, porque todos os números entre quaisquer dois números positivos são positivos. Como um contraexemplo, o conjunto dos números inteiros não é um intervalo, porque 0 e 1 estão nesse conjunto, mas $\frac{2}{3}$, que está entre 0 e 1, não está.

O conjunto dos números racionais não é um intervalo, porque 1 e 2 estão nesse conjunto, mas $\sqrt{2}$, que está entre 1 e 2, não está.

Suponhamos que a e b sejam números tais que $a < b$. Com as extremidades a e b, podemos definir os quatro intervalos a seguir:

> ### Intervalos aberto, fechado e semiaberto
>
> - O **intervalo aberto** (a, b), com as extremidades a e b, é o conjunto de números entre a e b, não incluindo nenhuma das extremidades:
> $$(a, b) = \{ x : a < x < b \}.$$
>
> - O **intervalo fechado** $[a, b]$, com as extremidades a e b, é o conjunto de números entre a e b, incluindo ambas as extremidades:
> $$[a, b] = \{ x : a \leq x \leq b \}.$$
>
> - O **intervalo semiaberto** $[a, b)$, com as extremidades a e b, é o conjunto de números entre a e b, incluindo a, mas não incluindo b:
> $$[a, b) = \{ x : a \leq x < b \}.$$
>
> - O **intervalo semiaberto** $(a, b]$, com as extremidades a e b, é o conjunto de números entre a e b, incluindo b, mas não incluindo a:
> $$(a, b] = \{ x : a < x \leq b \}.$$

A definição de $[a, b]$ também faz sentido quando $a = b$; o intervalo $[a, a]$ consiste no único número a.

O termo "semifechado" faria tanto sentido quanto "semiaberto".

O intervalo semiaberto $(3, 7]$.

Com essa notação, um parênteses indica que a correspondente extremidade não está incluída no conjunto e um colchete indica que a correspondente extremidade está incluída no conjunto. Assim, o intervalo $(3, 7]$ inclui os números $4{,}1$, $\sqrt{17}$, 5 e a extremidade 7 (juntamente com muitos outros números), mas não inclui os números 2, ou 9, ou a extremidade 3.

Às vezes precisamos usar intervalos que se estendam arbitrariamente longe para a esquerda ou para a direita na reta real. Suponhamos que a seja um número real. Definiremos os seguintes quatro intervalos com a extremidade a:

> ### Intervalos estendendo-se arbitrariamente longe
>
> - O intervalo (a, ∞) é o conjunto de números maiores que a:
> $$(a, \infty) = \{ x : x > a \}.$$
>
> - O intervalo $[a, \infty)$ é o conjunto de números maiores que a ou igual a ele:
> $$[a, \infty) = \{ x : x \geq a \}.$$
>
> - O intervalo $(-\infty, a)$ é o conjunto de números menores que a:
> $$(-\infty, a) = \{ x : x < a \}.$$
>
> - O intervalo $(-\infty, a]$ é o conjunto de números menores que a ou igual a ele:
> $$(-\infty, a] = \{ x : x \leq a \}.$$

Exemplo: $(0, \infty)$ representa o conjunto dos números positivos.

Exemplo: $(-\infty, 0)$ representa o conjunto dos números negativos.

Aqui, o símbolo ∞, chamado de **infinito**, deve ser pensado simplesmente como uma conveniência notacional. Nem ∞ nem $-\infty$ são números reais; esses símbolos não possuem nenhum outro significado, neste contexto, além de serem abreviação notacional. Por exemplo, o intervalo $(2, \infty)$ é definido como o conjunto dos números reais maiores que 2 (observe que ∞ não é mencionado nessa definição). A notação $(2, \infty)$ é usada frequentemente porque escrever $(2, \infty)$ é mais fácil que escrever $\{x : x > 2\}$.

Como antes, um parênteses indica que a correspondente extremidade não está incluída no conjunto e um colchete indica que a correspondente extremidade está incluída no conjunto. Assim, o intervalo (2, ∞) não inclui a extremidade 2, mas o intervalo [2, ∞) inclui essa extremidade. Ambos os intervalos, (2, ∞) e [2, ∞), incluem 2,5 e 98.765 (juntamente com muitos outros números); nenhum desses intervalos inclui 1,5 ou −857.

Não existe intervalo fechado com um colchete adjacente a −∞ ou ∞. Por exemplo, não faz sentido escrever [−∞, 2] nem [2, ∞], porque os colchetes indicariam que essas extremidades deveriam estar incluídas. Os símbolos −∞ e ∞ nunca podem ser incluídos em um conjunto de números reais, pois esses símbolos não representam números reais.

A notação (−∞, ∞) é às vezes usada para representar o conjunto dos números reais.

EXEMPLO 2

Um convite para uma festa estabelece que os convidados podem chegar a qualquer hora após as 4 horas da tarde, no dia 30 de junho. Suponha que o tempo esteja sendo medido em horas a partir do meio-dia do dia 30 de junho. Se o convite for obedecido literalmente, escreva um intervalo que represente tempos aceitáveis para a chegada dos convidados.

SOLUÇÃO Qualquer tempo maior que 4 horas, a partir do meio-dia do dia 30 de junho, é aceitável. Assim, o intervalo dos tempos aceitáveis é (4, ∞).

Em capítulos posteriores, vamos por vezes considerar útil trabalhar com a união de dois intervalos. Apresentamos abaixo a definição de união:

> *União*
>
> A **união** de dois conjuntos A e B, representada por $A \cup B$, é o conjunto de objetos que estão contidos em no mínimo um dos conjuntos A e B.

Similarmente, a união de três ou mais conjuntos é a coleção de objetos que estão contidos em no mínimo um dos conjuntos.

Assim, $A \cup B$ consiste nos objetos (usualmente números) que pertencem ou a A, ou a B, ou a ambos.

EXEMPLO 3

Escreva $(1, 5) \cup (3, 7]$ sob a forma de um intervalo.

SOLUÇÃO A figura ilustra que todo número no intervalo (1, 7] está ou em (1, 5), ou em (3, 7] ou em ambos. A figura mostra que $(1, 5) \cup (3, 7] = (1, 7]$.

O exemplo seguinte vai em sentido contrário, iniciando-se com um conjunto e, a seguir, escrevendo-o como uma união de intervalos.

EXEMPLO 4

Escreva o conjunto dos números reais não nulos como a união de dois intervalos.

SOLUÇÃO O conjunto dos números reais não nulos é a união do conjunto dos números negativos com o conjunto dos números positivos. Em outras palavras, o conjunto dos números reais não nulos é igual a $(-\infty, 0) \cup (0, \infty)$.

Valor Absoluto

O **valor absoluto** de um número é a sua distância em relação a 0; estamos aqui pensando nos números como pontos sobre a reta real. Por exemplo, o valor absoluto de 2 é igual a 2, mas, interessantemente, o valor absoluto de −2 também é igual a 2.

*O valor absoluto de um número é sua distância até o 0.
Assim, tanto 2 quanto −2 possuem valor absoluto 2.*

O valor absoluto de um número b é representado por $|b|$. Assim, $|2| = 2$ e $|-2| = 2$. Apresentamos abaixo a definição formal de valor absoluto:

Valor absoluto

O **valor absoluto** de um número b, representado por $|b|$, é definido por

$$|b| = \begin{cases} b & \text{se } b \geq 0 \\ -b & \text{se } b < 0. \end{cases}$$

Essa definição implica que $|b| \geq 0$ para todo número real b.

Por exemplo, $-2 < 0$, assim, pela fórmula acima, $|-2|$ é igual a $-(-2)$, que é igual a 2.

O conceito de valor absoluto é bastante simples, apenas elimine o sinal de menos de qualquer número que o tenha. Essa regra, entretanto, pode ser aplicada apenas a números e não a expressões cujo valor é desconhecido.

$|-x| = |x|$ independentemente do valor de x, cuja explicação se pede no Problema 76.

Por exemplo, não é possível simplificar a expressão $|-x|$ para x a menos que saibamos que $x \geq 0$. Se x for um número negativo, então $|-x| = -x$; nesse caso, eliminar o sinal de menos seria incorreto.

Desigualdades envolvendo valores absolutos podem ser reescritas sem usar valor absoluto, como no exemplo a seguir.

EXEMPLO 5

(a) Escreva a desigualdade $|x| < 2$ sem usar valor absoluto.

(b) Escreva o conjunto $\{x : |x| < 2\}$ sob a forma de um intervalo.

SOLUÇÃO

(a) Um número tem valor absoluto menor que 2 se, e somente se, sua distância de 0 for menor que 2; isto ocorre se e somente se o número estiver entre -2 e 2. Então, a desigualdade $|x| < 2$ pode ser reescrita sob a forma

$$-2 < x < 2.$$

(b) A desigualdade acima implica que o conjunto $\{x : |x| < 2\}$ é igual ao intervalo aberto $(-2, 2)$.

No próximo exemplo envolvendo valor absoluto, vamos obter um intervalo finito que não está centrado em 0.

EXEMPLO 6

$|x - 5|$ é a distância entre x e 5. Então, $\{x : |x - 5| < 1\}$ é o conjunto de pontos sobre a reta real cuja distância de 5 é menor que 1.

(a) Escreva a desigualdade $|x - 5| < 1$ sem usar valor absoluto.

(b) Escreva o conjunto $\{x : |x - 5| < 1\}$ sob a forma de um intervalo.

SOLUÇÃO

(a) O valor absoluto de um número é menor que 1 precisamente quando o número estiver entre -1 e 1. Então, a desigualdade $|x - 5| < 1$ é equivalente a

$$-1 < x - 5 < 1.$$

Após adicionar 5 às três partes da desigualdade acima, obtemos a desigualdade

$$4 < x < 6.$$

O intervalo aberto $(4, 6)$.

(b) A desigualdade anterior implica que o conjunto {x : |x − 5| < 1} é igual ao intervalo aberto (4, 6).

No próximo exemplo lidaremos com uma situação um pouco mais abstrata, usando símbolos ao invés de números específicos. Para ter uma boa compreensão de um tópico abstrato de matemática, comece por olhar um exemplo que use números concretos, como o Exemplo 6, antes de passar para um cenário mais abstrato, como o Exemplo 7.

EXEMPLO 7

Suponha que b seja um número real e que $h > 0$.

(a) Escreva a desigualdade $|x - b| < h$ sem usar valor absoluto.

(b) Escreva o conjunto $\{x : |x - b| < h\}$ sob a forma de um intervalo.

SOLUÇÃO

(a) O valor absoluto de um número é menor do que h precisamente quando o número estiver entre $-h$ e h. Então, a desigualdade $|x - b| < h$ é equivalente a

$$-h < x - b < h.$$

Após adicionar b às três partes da desigualdade acima, obtemos a desigualdade

$$b - h < x < b + h.$$

(b) A desigualdade acima implica que o conjunto $\{x : |x - b| < h\}$ é igual ao intervalo aberto $(b - h, b + h)$.

$|x - b|$ é a distância entre x e b. Assim, $\{x : |x - b| < h\}$ é o conjunto de pontos sobre a reta real cuja distância de b seja menor do que h.

$\{x : |x - b| < h\}$ é o intervalo aberto de comprimento $2h$ centrado em b.

O conjunto de números que satisfaz uma desigualdade envolvendo um valor absoluto pode ser a união de dois intervalos, como mostrado no exemplo seguinte.

EXEMPLO 8

Para funcionar corretamente, os rolamentos de esfera precisam ter tamanhos extremamente precisos. O diâmetro ideal de dado rolamento de esfera é de 0,8 cm, mas ele é considerado aceitável se o erro no tamanho do diâmetro for menor que 0,001 cm.

(a) Escreva uma desigualdade usando valores absolutos e o diâmetro d de um rolamento de esfera (medido em cm) que indique a condição para que ele seja considerado inaceitável.

(b) Escreva o conjunto de números que satisfaz a desigualdade que você obtém em (a), sob a forma de uma união de dois intervalos.

Rolamentos de esfera.

SOLUÇÃO

(a) O erro no tamanho do diâmetro é $|d - 0,8|$. Então, um rolamento de esfera com diâmetro d é inaceitável se

$$|d - 0,8| \geq 0,001.$$

(b) Como $0,8 - 0,001 = 0,799$ e $0,8 + 0,001 = 0,801$, o conjunto de números d tais que $|d - 0,8| \geq 0,001$ é $(-\infty; 0,799] \cup [0,801; \infty)$.

Frequentemente, equações envolvendo valores absolutos precisam ser resolvidas considerando-se múltiplas possibilidades. Apresentamos a seguir um exemplo simples.

EXEMPLO 9

Determine todos os números t tais que $|3t - 4| = 10$.

SOLUÇÃO A equação $|3t - 4| = 10$ implica que

$$3t - 4 = 10 \quad \text{ou} \quad 3t - 4 = -10.$$

Resolvendo essas equações para t, obtemos $t = \frac{14}{3}$ ou $t = -2$. Se substituirmos esses valores no lugar do t na equação original, verificamos que tanto $\frac{14}{3}$ quanto -2 são de fato soluções possíveis.

O exemplo a seguir ilustra o procedimento para trabalhar com uma desigualdade envolvendo um valor absoluto.

EXEMPLO 10

Determinar soluções de equações ou inequações envolvendo valores absolutos frequentemente requer que sejam considerados vários casos, como se apresenta neste exemplo.

Determine todos os números x tais que $\left|\dfrac{3x-5}{x-1}\right| < 2$.

SOLUÇÃO A desigualdade acima é equivalente a

(∗) $$-2 < \frac{3x-5}{x-1} < 2.$$

Comecemos por considerar o caso em que $x - 1$ é positivo; então, $x > 1$. Após multiplicar as três partes da desigualdade acima por $x - 1$, obtemos:

$$2 - 2x < 3x - 5 < 2x - 2.$$

Escrevendo as condições acima sob a forma de duas desigualdades separadas, temos:

$$2 - 2x < 3x - 5 \quad \text{e} \quad 3x - 5 < 2x - 2.$$

A primeira desigualdade acima é equivalente à desigualdade $7 < 5x$, ou $\frac{7}{5} < x$. A segunda desigualdade acima é equivalente à desigualdade $x < 3$. Assim, as duas desigualdades acima são equivalentes às desigualdades $\frac{7}{5} < x < 3$, que é equivalente à afirmação de que x está no intervalo $(\frac{7}{5}, 3)$. Esse resultado foi obtido sob a suposição de que $x > 1$, o que de fato é o caso para todos os x no intervalo $(\frac{7}{5}, 3)$.

Consideremos agora o caso em que $x - 1$ é negativo; então, $x < 1$. Após multiplicar as três partes da desigualdade (∗) por $x - 1$ (e revertendo o sentido das desigualdades), obtemos:

$$2 - 2x > 3x - 5 > 2x - 2.$$

Escrevendo as condições acima sob a forma de duas desigualdades separadas, temos:

$$2 - 2x > 3x - 5 \quad \text{e} \quad 3x - 5 > 2x - 2.$$

Adicionando $-2x$ e depois 5 à segunda desigualdade, obtemos $x > 3$, que é inconsistente com nossa hipótese de que $x < 1$. Portanto, sob a suposição de que $x < 1$, não existem valores de x que satisfaçam essa desigualdade.

Portanto, a desigualdade original vale se, e somente se, x estiver no intervalo $(\frac{7}{5}, 3)$.

EXERCÍCIOS

1 Efetue $|-4| + |4|$.

2 Efetue $|5| + |-6|$.

3 Determine todos os números cujo valor absoluto é 9.

4 Determine todos os números cujo valor absoluto é 10.

Para os Exercícios 5-18, determine todos os números x que satisfaçam a equação dada.

5 $|2x - 6| = 11$

6 $|5x + 8| = 19$

7 $\left|\frac{x+1}{x-1}\right| = 2$

8 $\left|\frac{3x+2}{x-4}\right| = 5$

9 $|x - 3| + |x - 4| = 9$

10 $|x + 1| + |x - 2| = 7$

11 $|x - 3| + |x - 4| = 1$

12 $|x + 1| + |x - 2| = 3$

13 $|x - 3| + |x - 4| = \frac{1}{2}$

14 $|x + 1| + |x - 2| = 2$

15 $|x + 3| = x + 3$

16 $|x - 5| = 5 - x$

17 $|x| = x + 1$

18 $|x + 3| = x + 5$

Para os Exercícios 19-28, escreva cada uma das uniões sob a forma de um único intervalo.

19 $[2, 7) \cup [5, 20)$

20 $[-8, -3) \cup [-6, -1)$

21 $[-2, 8] \cup (-1, 4)$

22 $(-9, -2) \cup [-7, -5]$

23 $(3, \infty) \cup [2, 8]$

24 $(-\infty, 4) \cup (-2, 6]$

25 $(-\infty, -3) \cup [-5, \infty)$

26 $(-\infty, -6] \cup (-8, 12)$

27 $(-3, \infty) \cup [-5, \infty)$

28 $(-\infty, -10] \cup (-\infty, -8]$

29 Apresente quatro exemplos de pares de números reais a e b, tais que $|a + b| = 2$ e $|a| + |b| = 8$.

30 Apresente quatro exemplos de pares de números reais a e b, tais que $|a + b| = 3$ e $|a| + |b| = 11$.

31 Sabe-se que certo medicamento decompõe-se e torna-se ineficaz se sua temperatura alcançar ou superar 103° Fahrenheit ($\approx 39{,}4°$ Celsius). Escreva um intervalo para representar as temperaturas (em graus Fahrenheit) nas quais o medicamento é ineficaz.

32 À pressão atmosférica normal, a água ferve em todas as temperaturas iguais a 100° Celsius ou mais elevadas do que esta. Escreva um intervalo para representar as temperaturas (em graus Celsius) nas quais a água ferve.

33 Um fabricante de cadarços garante que seus cadarços de 33 polegadas (≈ 84 cm) têm esse comprimento com um erro máximo de 0,1 polegada ($\approx 0{,}25$ cm).

(a) Escreva uma desigualdade, usando valores absolutos e o comprimento s de um cadarço, que dê a condição sob a qual o cadarço não satisfaz a garantia.

(b) Escreva o conjunto de números que verificam a desigualdade que você obteve no item (a) sob a forma de uma união de dois intervalos.

34 Uma máquina copiadora funciona com papel de 8,5 polegadas ($\approx 21{,}5$ cm) de largura, desde que o erro na largura do papel seja menor que 0,06 polegada ($\approx 0{,}15$ cm).

(a) Escreva uma desigualdade, usando valores absolutos e a largura w do papel, que dê a condição sob a qual a largura do papel não satisfaz os requisitos da máquina copiadora.

(b) Escreva o conjunto de números que verificam a desigualdade que você obteve no item (a) sob a forma de uma união de dois intervalos.

Para os Exercícios 35-46, escreva cada conjunto como um intervalo ou uma união de dois intervalos.

35 $\{x : |x - 4| < \frac{1}{10}\}$

36 $\{x : |x + 2| < \frac{1}{100}\}$

37 $\{x : |x + 4| < \frac{\varepsilon}{2}\}$; aqui $\varepsilon > 0$

[*Matemáticos frequentemente usam a letra grega ε, chamada épsilon, para representar um número positivo pequeno.*]

38 $\{x : |x - 2| < \frac{\varepsilon}{3}\}$; aqui $\varepsilon > 0$

39 $\{y : |y - a| < \varepsilon\}$; aqui $\varepsilon > 0$

40 $\{y : |y + b| < \varepsilon\}$; aqui $\varepsilon > 0$

41 $\{x : |3x - 2| < \frac{1}{4}\}$

42 $\{x : |4x - 3| < \frac{1}{5}\}$

43 $\{x : |x| > 2\}$

44 $\{x : |x| > 9\}$

45 $\{x : |x - 5| \geq 3\}$

46 $\{x : |x + 6| \geq 2\}$

*A **interseção** de dois conjuntos de números consiste em todos os números de ambos os conjuntos. Se A e B forem conjuntos, sua interseção é representada por $A \cap B$. Nos Exercícios 47-56, escreva cada interseção como um único intervalo.*

47 $[2, 7) \cap [5, 20)$

48 $[-8, -3) \cap [-6, -1)$

49 $[-2, 8] \cap (-1, 4)$

50 $(-9, -2) \cap [-7, -5]$

51 $(3, \infty) \cap [2, 8]$

52 $(-\infty, 4) \cap (-2, 6]$

53 $(-\infty, -3) \cap [-5, \infty)$

54 $(-\infty, -6] \cap (-8, 12)$

55 $(-3, \infty) \cap [-5, \infty)$

56 $(-\infty, -10] \cap (-\infty, -8]$

Nos Exercícios 57-60, determine todos os números x que satisfaçam a desigualdade dada.

57 $\dfrac{2x + 1}{x - 3} < 4$

58 $\dfrac{x - 2}{3x + 1} < 2$

59 $\left|\dfrac{5x - 3}{x + 2}\right| < 1$

60 $\left|\dfrac{4x + 1}{x + 3}\right| < 2$

PROBLEMAS

61 Suponha que a e b sejam números. Explique por que ou $a < b$, ou $a = b$, ou $a > b$.

62 Demonstre que se $a < b$ e $c \leq d$, então $a + c < b + d$.

63 Demonstre que se b é um número positivo e $a < b$, então
$$\frac{a}{b} < \frac{a+1}{b+1}.$$

64 Em contraste com o Problema 63 da Seção 0.2, demonstre que não existem números positivos a, b, c e d tais que
$$\frac{a}{b} + \frac{c}{d} = \frac{a+c}{b+d}.$$

65 Explique por que todo intervalo contendo 0 contém um intervalo aberto centrado em 0.

66 Apresente um exemplo de intervalo aberto e um de intervalo fechado cuja união seja igual ao intervalo (2, 5).

67 (a) Verdadeiro ou falso:

Se $a < b$ e $c < d$, então $c - b < d - a$.

(b) Explique sua resposta ao item (a). Isto significa que se você respondeu que a sentença apresentada no item (a) é "verdadeira", você deve explicar por que $c - b < d - a$, sempre que $a < b$ e $c < d$; se você respondeu que a sentença apresentada no item (a) é "falsa", então você deve apresentar um exemplo de números a, b, c e d tais que $a < b$ e $c < d$, mas $c - b \geq d - a$.

68 (a) Verdadeiro ou falso:

Se $a < b$ e $c < d$, então $ac < bd$.

(b) Explique sua resposta ao item (a). Isto significa que se você respondeu que a sentença apresentada no item (a) é "verdadeira", você deve explicar por que $ac < bd$, sempre que $a < b$ e $c < d$; se você respondeu que a sentença apresentada no item (a) é "falsa", então você deve apresentar um exemplo de números a, b, c e d tais que $a < b$ e $c < d$, mas $ac \geq bd$.

69 (a) Verdadeiro ou falso:

Se $0 < a < b$ e $0 < c < d$, então $\frac{a}{d} < \frac{b}{c}$.

(b) Explique sua resposta ao item (a). Isto significa que se você respondeu que a sentença apresentada no item (a) é "verdadeira", você deve explicar por que $\frac{a}{d} < \frac{b}{c}$, sempre que $0 < a < b$ e $0 < c < d$; se você respondeu que a sentença apresentada no item (a) é "falsa", então você deve apresentar um exemplo de números a, b, c e d tais que $0 < a < b$ e $0 < c < d$, mas
$$\frac{a}{d} \geq \frac{b}{c}.$$

70 Apresente um exemplo de intervalo aberto e um de intervalo fechado cuja interseção seja igual ao intervalo (2, 5).

71 Apresente um exemplo de intervalo aberto e um de intervalo fechado cuja união seja igual ao intervalo [−3, 7].

72 Apresente um exemplo de intervalo aberto e um de intervalo fechado cuja interseção seja igual ao intervalo [−3, 7].

73 Explique por que a equação
$$|8x - 3| = -2$$
não tem solução.

74 Explique por que
$$|a^2| = a^2$$
para todo número real a.

75 Explique por que
$$|ab| = |a||b|$$
para todos os números reais a e b.

76 Explique por que
$$|-a| = |a|$$
para todos os números reais a.

77 Explique por que
$$\left|\frac{a}{b}\right| = \frac{|a|}{|b|}$$
para todos os números reais a e b (com $b \neq 0$).

78 Apresente um exemplo de conjunto de números reais em que a média de quaisquer dois números do conjunto está no conjunto, mas o conjunto não é um intervalo.

79 (a) Demonstre que, se $a \geq 0$ e $b \geq 0$, então
$$|a + b| = |a| + |b|$$

(b) Demonstre que, se $a \geq 0$ e $b < 0$, então
$$|a + b| \leq |a| + |b|$$

(c) Demonstre que, se $a < 0$ e $b \geq 0$, então
$$|a + b| \leq |a| + |b|$$

(d) Demonstre que, se $a < 0$ e $b < 0$, então
$$|a + b| = |a| + |b|$$

(e) Explique por que os quatro itens anteriores implicam que
$$|a + b| \leq |a| + |b|$$
para todos os números reais a e b.

80 Demonstre que, se a e b forem números reais tais que
$$|a + b| < |a| + |b|,$$
então $ab < 0$.

81 Demonstre que
$$\big||a| - |b|\big| \leq |a - b|$$
para todos os números reais a e b.

SOLUÇÕES DETALHADAS *dos Exercícios Ímpares*

1 Efetue $|-4| + |4|$.

SOLUÇÃO $|-4| + |4| = 4 + 4 = 8$

3 Determine todos os números cujo valor absoluto é 9.

SOLUÇÃO Os únicos números cujo valor absoluto é igual a 9 são 9 e -9.

Para os Exercícios 5–18, determine todos os números x que satisfazem a equação dada.

5 $|2x - 6| = 11$

SOLUÇÃO A equação $|2x - 6| = 11$ implica que $2x - 6 = 11$ ou $2x - 6 = -11$. Resolvendo essas equações para x, obtém-se $x = \frac{17}{2}$ ou $x = -\frac{5}{2}$.

7 $\left|\frac{x+1}{x-1}\right| = 2$

SOLUÇÃO A equação $\left|\frac{x+1}{x-1}\right| = 2$ implica que $\frac{x+1}{x-1} = 2$ ou $\frac{x+1}{x-1} = -2$. Resolvendo essas equações para x, obtém-se $x = 3$ ou $x = \frac{1}{3}$.

9 $|x - 3| + |x - 4| = 9$

SOLUÇÃO Comecemos por considerar, em uma primeira etapa, números x tais que $x > 4$. Nesse caso, temos $x - 3 > 0$ e $x - 4 > 0$, o que implica $|x - 3| = x - 3$ e $|x - 4| = x - 4$. Assim, a equação original torna-se
$$x - 3 + x - 4 = 9,$$
que pode ser reescrita sob a forma $2x - 7 = 9$, a qual pode ser facilmente resolvida, fornecendo $x = 8$. Se substituirmos x por 8 na equação original, observamos que $x = 8$ é de fato uma solução (certifique-se de fazer essa verificação).

Em uma segunda etapa, consideremos números x tais que $x < 3$. Nesse caso, temos $x - 3 < 0$ e $x - 4 < 0$, o que implica $|x - 3| = 3 - x$ e $|x - 4| = 4 - x$. Assim, a equação original torna-se
$$3 - x + 4 - x = 9,$$
que pode ser reescrita sob a forma $7 - 2x = 9$, a qual pode ser facilmente resolvida, fornecendo $x = -1$. Se substituirmos x por -1 na equação original, observamos que $x = -1$ é de fato uma solução (certifique-se de fazer essa verificação).

Em uma terceira etapa, consideremos finalmente a única possibilidade restante, que é $3 \leq x \leq 4$. Nesse caso, temos $x - 3 \geq 0$ e $x - 4 \leq 0$, o que implica $|x - 3| = x - 3$ e $|x - 4| = 4 - x$. Assim, a equação original torna-se
$$x - 3 + 4 - x = 9,$$
que pode ser reescrita sob a forma $1 = 9$, a qual não é satisfeita por nenhum valor de x.

Então, podemos concluir que 8 e -1 são os únicos valores de x que satisfazem a equação original.

11 $|x - 3| + |x - 4| = 1$

SOLUÇÃO Se $x > 4$, então a distância de x a 3 é maior que 1, portanto $|x - 3| > 1$, e, assim, $|x - 3| + |x - 4| > 1$. Dessa forma, não existe solução para a equação acima com $x > 4$.

Se $x < 3$, então a distância de x a 4 é maior que 1, portanto $|x - 4| > 1$, e, assim, $|x - 3| + |x - 4| > 1$. Dessa, não existe solução para a equação acima com $x < 3$.

A única possibilidade restante é $3 \leq x \leq 4$. Nesse caso, temos $x - 3 \geq 0$ e $x - 4 \leq 0$, o que implica $|x - 3| = x - 3$ e $|x - 4| = 4 - x$, que, por sua vez,
$$|x - 3| + |x - 4| = (x - 3) + (4 - x) = 1.$$

Assim, o conjunto de números x tais que $|x - 3| + |x - 4| = 1$ é o intervalo $[3, 4]$.

13 $|x - 3| + |x - 4| = \frac{1}{2}$

SOLUÇÃO Como vimos na resolução do Exercício 11, se $x > 4$ ou $x < 3$, tem-se $|x - 3| + |x - 4| > 1$ e, em particular, $|x - 3| + |x - 4| \neq \frac{1}{2}$.

Também vimos, na resolução do Exercício 11, que, se $3 \leq x \leq 4$, então $|x - 3| + |x - 4| = 1$ e, em particular, $|x - 3| + |x - 4| \neq \frac{1}{2}$.

Assim, não existe número x tal que $|x - 3| + |x - 4| = \frac{1}{2}$.

15 $|x + 3| = x + 3$

SOLUÇÃO Observe que $|x + 3| = x + 3$ se, e somente se, $x + 3 \geq 0$, o que é equivalente a $x \geq -3$. Dessa forma, o conjunto de números x tais que $|x + 3| = x + 3$ é o intervalo $[-3, \infty)$.

17 $|x| = x + 1$

SOLUÇÃO Se $x \geq 0$, então $|x| = x$, e a equação acima torna-se a equação $x = x + 1$, que não tem solução.

Se $x < 0$, então $|x| = -x$, e a equação acima torna-se a equação $-x = x + 1$, que tem a solução $x = -\frac{1}{2}$. Substituindo x

por $-\frac{1}{2}$ na equação anterior, observa-se que $x = -\frac{1}{2}$ é de fato uma solução da equação.

Assim, o único número x que satisfaz $|x| = x + 1$ é $-\frac{1}{2}$.

Para os Exercícios 19–28, escreva cada união sob a forma de um único intervalo.

19 $[2, 7) \cup [5, 20)$

SOLUÇÃO O primeiro intervalo é o conjunto $\{x : 2 \le x < 7\}$, que inclui a extremidade esquerda 2, mas não inclui a extremidade direita 7. O segundo intervalo é o conjunto $\{x : 5 \le x < 20\}$, que inclui a extremidade esquerda 5, mas não inclui a extremidade direita 20. O conjunto dos números que estão em no mínimo um desses conjuntos é igual a $\{x : 2 \le x < 20\}$, como mostrado abaixo:

Assim $[2, 7) \cup [5, 20) = [2, 20)$.

21 $[-2, 8] \cup (-1, 4)$

SOLUÇÃO O primeiro intervalo, $[-2, 8]$, é o conjunto $\{x : -2 \le x \le 8\}$, que inclui ambas as extremidades. O segundo intervalo é o conjunto $\{x : -1 < x < 4\}$, que não inclui nenhuma extremidade. O conjunto dos números que estão em no mínimo um desses conjuntos é igual a $\{x : -2 \le x \le 8\}$, como mostrado abaixo:

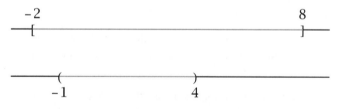

Assim $[-2, 8] \cup (-1, 4) = [-2, 8]$.

23 $(3, \infty) \cup [2, 8]$

SOLUÇÃO O primeiro intervalo é o conjunto $\{x : 3 < x\}$, que não inclui a extremidade esquerda e não possui extremidade direita. O segundo intervalo é o conjunto $\{x : 2 \le x \le 8\}$, que inclui ambas as extremidades. O conjunto dos números que estão em no mínimo um desses conjuntos é igual a $\{x : 2 \le x\}$, como mostrado abaixo:

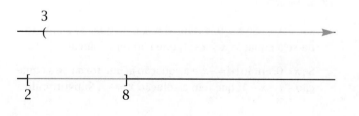

Assim $(3, \infty) \cup [2, 8] = [2, \infty)$.

25 $(-\infty, -3) \cup [-5, \infty)$

SOLUÇÃO O primeiro intervalo é o conjunto $\{x : x < -3\}$, que não possui extremidade esquerda e não inclui a extremidade direita. O segundo intervalo é o conjunto $\{x : -5 \le x\}$, que inclui a extremidade esquerda e não possui extremidade direita. O conjunto dos números que estão em no mínimo um desses conjuntos é igual a toda a reta real, como mostrado abaixo:

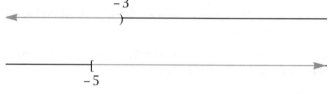

Assim $(-\infty, -3) \cup [-5, \infty) = (-\infty, \infty)$.

27 $(-3, \infty) \cup [-5, \infty)$

SOLUÇÃO O primeiro intervalo é o conjunto $\{x : -3 < x\}$, que não inclui a extremidade esquerda e não possui extremidade direita. O segundo intervalo é o conjunto $\{x : -5 \le x\}$, que inclui a extremidade esquerda e não possui extremidade direita. O conjunto dos números que estão em no mínimo um desses conjuntos é igual a $\{x : -5 \le x\}$, como mostrado abaixo:

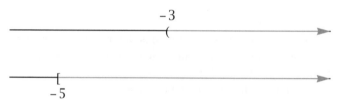

Assim $(-3, \infty) \cup [-5, \infty) = [-5, \infty)$.

29 Apresente quatro exemplos de pares de números reais a e b, tais que $|a + b| = 2$ e $|a| + |b| = 8$.

SOLUÇÃO Primeiro, consideremos o caso em que $a \ge 0$ e $b \ge 0$. Nesse caso, temos $a + b \ge 0$. Assim, as equações acima tornam-se

$$a + b = 2 \quad \text{e} \quad a + b = 8.$$

Não existem soluções para ambas as equações acima simultaneamente, porque $a + b$ não pode ser simultaneamente igual a 2 e a 8.

Consideremos, agora, o caso em que $a < 0$ e $b < 0$. Nesse caso, temos $a + b < 0$. Assim, as equações acima tornam-se

$$-a - b = 2 \quad \text{e} \quad -a - b = 8.$$

Não existem soluções para ambas as equações acima simultaneamente, porque $-a - b$ não pode ser simultaneamente igual a 2 e a 8.

Consideremos agora o caso em que $a \geq 0$, $b < 0$ e $a + b \geq 0$. Nesse caso, as equações anteriores tornam-se

$$a + b = 2 \quad \text{e} \quad a - b = 8.$$

Resolvendo essas equações para a e b, obtemos $a = 5$ e $b = -3$.

Consideremos agora o caso em que $a \geq 0$, $b < 0$ e $a + b < 0$. Nesse caso, as equações acima tornam-se

$$-a - b = 2 \quad \text{e} \quad a - b = 8.$$

Resolvendo essas equações para a e b, obtemos $a = 3$ e $b = -5$.

Consideremos agora o caso em que $a < 0$, $b \geq 0$ e $a + b \geq 0$. Nesse caso, as equações acima tornam-se

$$a + b = 2 \quad \text{e} \quad -a + b = 8.$$

Resolvendo essas equações para a e b, obtemos $a = -3$ e $b = 5$.

Consideremos agora o caso em que $a < 0$, $b \geq 0$ e $a + b < 0$. Nesse caso, as equações acima tornam-se

$$-a - b = 2 \quad \text{e} \quad -a + b = 8.$$

Resolvendo essas equações para a e b, obtemos $a = -5$ e $b = 3$.

Neste momento completamos as considerações de todos os casos possíveis. Assim, as únicas soluções possíveis são $a = 5$, $b = -3$, ou $a = 3$, $b = -5$, ou $a = -3$, $b = 5$, ou $a = -5$, $b = 3$.

31 Sabe-se que certo medicamento decompõe-se e torna-se ineficaz se sua temperatura alcançar ou superar $103°$ Fahrenheit ($\approx 39,4$ °C). Escreva um intervalo para representar as temperaturas (em graus Fahrenheit) nas quais o medicamento é ineficaz.

SOLUÇÃO O medicamento é ineficaz em todas as temperaturas igual ou superiores a $103°$ Fahrenheit ($\approx 39,4$ °C), que corresponde ao intervalo $[103, \infty)$.

33 Um fabricante de cadarços garante que seus cadarços de 33 polegadas (≈ 84 cm) têm esse comprimento com um erro máximo de 0,1 polegada ($\approx 0,25$ cm).

(a) Escreva uma desigualdade, usando valores absolutos e o comprimento s de um cadarço, que dê a condição sob a qual o cadarço não satisfaz a garantia.

(b) Escreva o conjunto de números que verificam a desigualdade que você obteve no item (a) sob a forma de uma união de dois intervalos.

SOLUÇÃO

(a) O erro no comprimento do cadarço é $|s - 33|$. Assim, um cadarço de comprimento s não satisfaz a garantia se $|s - 33| > 0,1$.

(b) Como $33 - 0,1 = 32,9$ e $33 + 0,1 = 33,1$, o conjunto dos números s tais que $|s - 33| > 0,1$ é $(-\infty, 32,9) \cup (33,1, \infty)$.

Para os Exercícios 35–46, escreva cada conjunto como um intervalo ou uma união de dois intervalos.

35 $\{x : |x - 4| < \frac{1}{10}\}$

SOLUÇÃO A desigualdade $|x - 4| < \frac{1}{10}$ é equivalente à desigualdade

$$-\frac{1}{10} < x - 4 < \frac{1}{10}.$$

Adicionando-se 4 a todas as partes dessa desigualdade, obtemos

$$4 - \frac{1}{10} < x < 4 + \frac{1}{10},$$

que é equivalente a

$$\frac{39}{10} < x < \frac{41}{10}.$$

Assim $\{x : |x - 4| < \frac{1}{10}\} = (\frac{39}{10}, \frac{41}{10})$.

37 $\{x : |x + 4| < \frac{\varepsilon}{2}\}$; aqui $\varepsilon > 0$

SOLUÇÃO A desigualdade $|x + 4| < \frac{\varepsilon}{2}$ é equivalente à desigualdade

$$-\frac{\varepsilon}{2} < x + 4 < \frac{\varepsilon}{2}.$$

Adicionando-se -4 a todas as partes dessa desigualdade, obtemos

$$-4 - \frac{\varepsilon}{2} < x < -4 + \frac{\varepsilon}{2}.$$

Assim $\{x : |x + 4| < \frac{\varepsilon}{2}\} = (-4 - \frac{\varepsilon}{2}, -4 + \frac{\varepsilon}{2})$.

39 $\{y : |y - a| < \varepsilon\}$; aqui $\varepsilon > 0$

SOLUÇÃO A desigualdade $|y - a| < \varepsilon$ é equivalente à desigualdade

$$-\varepsilon < y - a < \varepsilon.$$

Adicionando-se a a todas as partes dessa desigualdade, obtemos

$$a - \varepsilon < y < a + \varepsilon.$$

Assim $\{y : |y - a| < \varepsilon\} = (a - \varepsilon, a + \varepsilon)$.

41 $\{x : |3x - 2| < \frac{1}{4}\}$

SOLUÇÃO A desigualdade $|3x - 2| < \frac{1}{4}$ é equivalente à desigualdade

$$-\frac{1}{4} < 3x - 2 < \frac{1}{4}.$$

Adicionando-se 2 a todas as partes dessa desigualdade, obtemos

$$\frac{7}{4} < 3x < \frac{9}{4}.$$

Agora, dividindo-se todas as partes dessa desigualdade por 3, chega-se a

$$\tfrac{7}{12} < x < \tfrac{3}{4}.$$

Assim $\{x : |3x - 2| < \tfrac{1}{4}\} = (\tfrac{7}{12}, \tfrac{3}{4})$.

43 $\{x : |x| > 2\}$

SOLUÇÃO A desigualdade $|x| > 2$ significa $x > 2$ ou $x < -2$. Assim, $\{x : |x| > 2\} = (-\infty, -2) \cup (2, \infty)$.

45 $\{x : |x - 5| \geq 3\}$

SOLUÇÃO A desigualdade $|x - 5| \geq 3$ significa que $x - 5 \geq 3$ ou $x - 5 \leq -3$. Adicionando-se 5 a ambos os lados dessas desigualdades, vemos que $x \geq 8$ ou $x \leq 2$. Assim, $\{x : |x - 5| \geq 3\} = (-\infty, 2] \cup [8, \infty)$.

A interseção de dois conjuntos de números consiste em todos os números de ambos os conjuntos. Se A e B forem conjuntos, sua interseção será representada por A $\cap$ B. Nos Exercícios 47–56, escreva cada interseção como um único intervalo.

47 $[2, 7) \cap [5, 20)$

SOLUÇÃO O primeiro intervalo é o conjunto $\{x : 2 \leq x < 7\}$, que inclui a extremidade esquerda 2, mas não inclui a extremidade direita 7. O segundo intervalo é o conjunto $\{x : 5 \leq x < 20\}$, que inclui a extremidade esquerda 5, mas não inclui a extremidade direita 20. O conjunto dos números que estão em ambos os conjuntos é igual a $\{x : 5 \leq x < 7\}$, como mostrado abaixo:

Assim $[2, 7) \cap [5, 20) = [5, 7)$.

49 $[-2, 8] \cap (-1, 4)$

SOLUÇÃO O primeiro intervalo é o conjunto $\{x : -2 \leq x \leq 8\}$, que inclui ambas as extremidades. O segundo intervalo é o conjunto $\{x : -1 < x < 4\}$, que não inclui nenhuma extremidade. O conjunto dos números que estão em ambos os conjuntos é igual a $\{x : -1 < x < 4\}$, como mostrado abaixo:

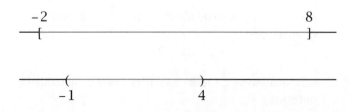

Assim $[-2, 8] \cap (-1, 4) = (-1, 4)$.

51 $(3, \infty) \cap [2, 8]$

SOLUÇÃO O primeiro intervalo é o conjunto $\{x : 3 < x\}$, que não inclui a extremidade esquerda e não possui extremidade direita. O segundo intervalo é o conjunto $\{x : 2 \leq x \leq 8\}$, que inclui ambas as extremidades. O conjunto dos números que estão em ambos os conjuntos é igual a $\{x : 3 < x \leq 8\}$, como mostrado abaixo:

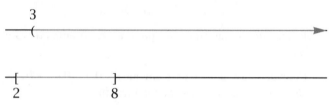

Assim $(3, \infty) \cap [2, 8] = (3, 8]$.

53 $(-\infty, -3) \cap [-5, \infty)$

SOLUÇÃO O primeiro intervalo é o conjunto $\{x : x < -3\}$, que não possui extremidade esquerda e não inclui a extremidade direita. O segundo intervalo é o conjunto $\{x : -5 \leq x\}$, que inclui a extremidade esquerda e não possui extremidade direita. O conjunto dos números que estão em ambos os conjuntos é igual a $\{x : -5 \leq x < -3\}$, como mostrado abaixo:

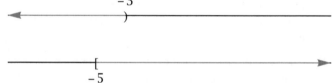

Assim $(-\infty, -3) \cap [-5, \infty) = [-5, -3)$.

55 $(-3, \infty) \cap [-5, \infty)$

SOLUÇÃO O primeiro intervalo é o conjunto $\{x : -3 < x\}$, que não inclui a extremidade esquerda e não possui extremidade direita. O segundo intervalo é o conjunto $\{x : -5 \leq x\}$, que inclui a extremidade esquerda e não possui extremidade direita. O conjunto dos números que estão em ambos os conjuntos é igual a $\{x : -3 < x\}$, como mostrado abaixo:

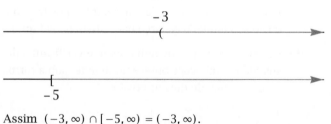

Assim $(-3, \infty) \cap [-5, \infty) = (-3, \infty)$.

Nos Exercícios 57–60, determine todos os números x que satisfaçam a desigualdade dada.

57 $\dfrac{2x+1}{x-3} < 4$

SOLUÇÃO Comecemos por considerar o caso em que $x - 3$ é positivo; assim $x > 3$. Multiplicando ambos os lados da desigualdade acima por $x - 3$, obtemos a desigualdade equivalente

$$2x + 1 < 4x - 12.$$

Subtraindo-se $2x$ e depois adicionando-se 12 a ambos os lados, obtemos a desigualdade equivalente $13 < 2x$, que é equivalente à desigualdade $x > \frac{13}{2}$. Se $x > \frac{13}{2}$, então $x > 3$, que é o caso em consideração. Portanto, a desigualdade original é válida se $x > \frac{13}{2}$.

Consideremos agora o caso em que $x - 3$ é negativo; assim $x < 3$. Multiplicando-se ambos os lados da desigualdade original por $x - 3$ (e revertendo o sentido da desigualdade), obtemos a desigualdade equivalente

$$2x + 1 > 4x - 12.$$

Subtraindo $2x$ e depois adicionando 12 a ambos os lados, obtemos a desigualdade equivalente $13 > 2x$, que é equivalente à desigualdade $x < \frac{13}{2}$. Estamos trabalhando agora sob a suposição de que $x < 3$. Como $3 < \frac{13}{2}$, vemos que nesse caso, a desigualdade original é válida se $x < 3$.

Conclusão: A desigualdade acima vale se $x < 3$ ou $x > \frac{13}{2}$; em outras palavras, a desigualdade vale para todos os números x em $(-\infty, 3) \cup (\frac{13}{2}, \infty)$.

59 $\left|\dfrac{5x-3}{x+2}\right| < 1$

SOLUÇÃO A desigualdade acima é equivalente a

(∗) $\qquad -1 < \dfrac{5x-3}{x+2} < 1.$

Comecemos por considerar o caso em que $x + 2$ é positivo; assim, $x > -2$. Multiplicando todas as três partes da desigualdade anterior por $x + 2$, obtemos:

$$-x - 2 < 5x - 3 < x + 2.$$

Escrevendo as condições acima sob a forma de duas desigualdades separadas, temos

$$-x - 2 < 5x - 3 \quad \text{e} \quad 5x - 3 < x + 2.$$

Adicionando-se x e depois 3 a ambos os lados da primeira desigualdade acima, chega-se a $1 < 6x$, ou, equivalentemente, $\frac{1}{6} < x$. Adicionando-se $-x$ e depois 3 a ambos os lados da segunda desigualdade acima, chega-se a $4x < 5$, ou, equivalentemente, $x < \frac{5}{4}$. Assim, as duas desigualdades acima são equivalentes às desigualdades $\frac{1}{6} < x < \frac{5}{4}$, que é equivalente à afirmação de que x está no intervalo $(\frac{1}{6}, \frac{5}{4})$. Trabalhamos com a suposição de que $x > -2$, que de fato se verifica para todos os x no intervalo $(\frac{1}{6}, \frac{5}{4})$.

Consideremos agora o caso em que $x + 2$ é negativo; assim, $x < -2$. Multiplicando-se todas as três partes da desigualdade (∗) por $x + 2$ (e revertendo o sentido das desigualdades), obtemos

$$-x - 2 > 5x - 3 > x + 2.$$

Escrevendo as condições acima sob a forma de duas desigualdades separadas, temos

$$-x - 2 > 5x - 3 \quad \text{e} \quad 5x - 3 > x + 2.$$

Adicionando-se $-x$ e depois 3 à segunda desigualdade, chega-se a $4x > 5$, ou, equivalentemente, $x > \frac{5}{4}$, o que é inconsistente com nossa suposição de que $x < -2$. Então, sob essa suposição, não existem valores de x que satisfaçam a desigualdade.

Conclusão: A desigualdade original vale para todos os números x no intervalo $(\frac{1}{6}, \frac{5}{4})$.

RESUMO DO CAPÍTULO

Para certificar-se de que você está dominando os conceitos e as habilidades mais importantes cobertas neste capítulo, assegure-se de que você consegue executar cada um dos itens da seguinte lista:

- Explicar a correspondência entre o sistema de números reais e a reta real.
- Simplificar expressões algébricas usando as propriedades comutativa, associativa e distributiva.
- Listar a ordem das operações algébricas.
- Explicar como usar os parênteses para alterar a ordem das operações algébricas.
- Usar as identidades envolvendo inversos aditivos e inversos multiplicativos.
- Manipular desigualdades.
- Usar a notação de intervalos para intervalos abertos, intervalos fechados e intervalos semiabertos.
- Usar a notação de intervalos envolvendo $-\infty$ e ∞, com a compreensão de que $-\infty$ e ∞ não são números reais.
- Escrever desigualdades envolvendo valor absoluto sem usar valor absoluto.
- Calcular a união de intervalos.

Para revisar o capítulo, percorra a lista acima procurando identificar itens que você não sabe como executar, depois releia o material a respeito desses itens. A seguir, tente responder as questões de revisão do capítulo, formuladas abaixo, sem olhar o texto.

QUESTÕES DE REVISÃO DO CAPÍTULO

1. Explique como os pontos sobre a reta real correspondem ao conjunto dos números reais.
2. Mostre que $7 - 6\sqrt{2}$ é um número irracional.
3. O que é a propriedade comutativa para a adição?
4. O que é a propriedade comutativa para a multiplicação?
5. O que é a propriedade associativa para a adição?
6. O que é a propriedade associativa para a multiplicação?
7. Expanda $(t + w)^2$.
8. Expanda $(u - v)^2$.
9. Expanda $(x - y)(x + y)$.
10. Expanda $(a + b)(x - y - z)$.
11. Expanda $(a + b - c)^2$.
12. Simplifique a expressão $\dfrac{\frac{1}{t-b} - \frac{1}{t}}{b}$.
13. Determine todos os números reais x tais que $|3x - 4| = 5$.
14. Apresente um exemplo de dois números x e y tais que $|x + y|$ não seja igual a $|x| + |y|$.
15. Suponha $0 < a < b$ e $0 < c < d$. Explique por que $ac < bd$.
16. Escreva o conjunto $\{t : |t - 3| < \frac{1}{4}\}$ sob a forma de um intervalo.
17. Escreva o conjunto $\{w : |5w + 2| < \frac{1}{3}\}$ sob a forma de um intervalo.
18. Explique por que os conjuntos $\{x : |8x - 5| < 2\}$ e $\{t : |5 - 8t| < 2\}$ são o mesmo conjunto.
19. Escreva $[-5, 6] \cup [-1, 9)$ sob a forma de um intervalo.
20. Escreva $(-\infty, 4] \cup (3, 8]$ sob a forma de um intervalo.
21. Determine dois intervalos distintos cuja união é o intervalo $(1, 4]$.
22. Explique por que $[7, \infty)$ não é um intervalo de números reais.
23. Escreva o conjunto $\{t : |2t + 7| \geq 5\}$ sob a forma de uma união entre dois intervalos.
24. Suponha que no dia 22 de junho você tenha colocado US$ 5,21 em um frasco. Depois, você adicionou um *penny* (um centavo de dólar) a cada dia, até que o frasco contivesse US$ 5,95. O conjunto $\{5,21, 5,22, 5,23, \ldots, 5,95\}$ de todas as quantias de dinheiro (contado em dólares) que estiveram no frasco durante o verão (dos EUA), é um intervalo? Explique a sua resposta.
25. O conjunto de todos os números reais x tais que $x^2 > 3$ é um intervalo? Explique sua resposta.
26. Determine todos os números x tais que $\left|\dfrac{x-3}{3x+2}\right| < 2$.

CAPÍTULO 1

René Descartes explicando seu trabalho para a Rainha Christina da Suécia. Em 1637, Descartes publicou sua invenção: o sistema de coordenadas descrito neste capítulo.

Funções e Seus Gráficos

O tópico das funções está situado no centro da matemática moderna. Iniciaremos este capítulo introduzindo a noção de função, juntamente com seu domínio e sua imagem.

A geometria analítica, que combina álgebra e geometria, constitui uma poderosa ferramenta para visualizar funções. Assim, discutiremos o plano das coordenadas, que pode ser pensado como um análogo bidimensional da reta real. Embora funções sejam objetos algébricos, podemos frequentemente compreender melhor uma função olhando para o seu gráfico no plano das coordenadas.

Na terceira seção deste capítulo, veremos como transformações algébricas de uma função alteram seu domínio, sua imagem e seu gráfico.

A quarta seção deste capítulo lida com a composição de funções, que nos permite escrever funções complicadas em termos de funções mais simples. A ideia tem aplicações em grandes áreas da matemática.

Funções inversas e seus gráficos tornam-se o centro das atenções nas últimas duas seções deste capítulo. Funções inversas serão ferramentas fundamentais mais tarde, quando tratarmos de raízes, logaritmos e funções trigonométricas inversas.

1.1 Funções

> **OBJETIVOS DE APRENDIZAGEM**
> Ao final desta seção, você deverá ser capaz de
> - calcular o valor de funções definidas por fórmulas;
> - determinar quando duas funções são iguais;
> - determinar o domínio e a imagem de uma função;
> - usar funções definidas por tabelas.

Definição e Exemplos

Embora não necessitemos disso neste livro, funções podem ser definidas de modo mais abrangente, lidando com outros objetos além dos números reais.

> **Função e domínio**
> Uma **função** associa cada número de dado conjunto de números reais, chamado **domínio** da função, a exatamente um número real.

Nós normalmente representamos funções por letras, como f, g e h. Se f for uma função e x, um número no domínio de f, então o número que f associa a x é representado por $f(x)$ e é chamado de valor de f em x.

EXEMPLO 1

Suponha que uma função f seja definida pela fórmula

$$f(x) = x^2$$

para todo número real x. Calcule o valor de cada um dos seguintes:

O uso de linguagem informal quando discutimos funções é aceitável se o significado for claro. Por exemplo, um livro-texto ou seu professor pode referir-se à "função x^2" ou à "função $f(x) = x^2$". Ambas as expressões são abreviações para a expressão formalmente correta "a função f definida por $f(x) = x^2$".

(a) $f(3)$
(b) $f(-\frac{1}{2})$
(c) $f(1+t)$
(d) $f\left(\dfrac{x-5}{\pi}\right)$

SOLUÇÃO Aqui, o domínio de f é o conjunto de todos os números reais e f é a função que associa todo número real a seu quadrado. Para calcular o valor de f em cada número real, nós simplesmente elevamos esse número ao quadrado, como mostrado nas soluções abaixo:

(a) $f(3) = 3^2 = 9$

(b) $f(-\frac{1}{2}) = (-\frac{1}{2})^2 = \frac{1}{4}$

(c) $f(1+t) = (1+t)^2 = 1 + 2t + t^2$

(d) $f\left(\dfrac{x-5}{\pi}\right) = \left(\dfrac{x-5}{\pi}\right)^2 = \dfrac{x^2 - 10x + 25}{\pi^2}$

Uma função não precisa estar definida por uma única expressão algébrica, como mostrado no seguinte exemplo.

O imposto de renda federal nos EUA em 2011 para uma única pessoa com renda tributável de x dólares (esta é a renda líquida, depois das deduções e isenções permitidas) é $g(x)$ dólares, em que g é a função definida pela lei federal, como segue:

EXEMPLO 2

$$g(x) = \begin{cases} 0{,}1x & \text{Se } 0 \leq x \leq 8.500 \\ 0{,}15x - 425 & \text{Se } 8.500 < x \leq 34.500 \\ 0{,}25x - 3.875 & \text{Se } 34.500 < x \leq 83.600 \\ 0{,}28x - 6.383 & \text{Se } 83.600 < x \leq 174.400 \\ 0{,}33x - 15.103 & \text{Se } 174.400 < x \leq 379.150 \\ 0{,}35x - 22.686 & \text{Se } 379.150 < x. \end{cases}$$

Qual foi o imposto de renda federal em 2011 para uma única pessoa cuja renda tributável, naquele ano, foi de (a) US$ 20.000? (b) US$ 40.000?

SOLUÇÃO

(a) Como 20.000 está entre 8500 e 34.500, usaremos a segunda linha da definição de g:

$$g(20.000) = 0{,}15 \times 20.000 - 425$$
$$= 2.575.$$

Assim, o imposto de renda federal em 2011 para uma única pessoa com renda tributável de US$ 20.000, naquele ano, foi de US$ 2575.

(b) Como 40.000 está entre 34.500 e 83.600, usaremos a terceira linha da definição de g:

$$g(40.000) = 0{,}25 \times 40.000 - 3.875$$
$$= 6.125.$$

Assim, o imposto de renda federal em 2011 para uma única pessoa com renda tributável de US$ 40.000, naquele ano, foi de US$ 6125.

O exemplo a seguir mostra que usar a flexibilidade oferecida pelas funções pode ser mais rápido que trabalhar com expressões algébricas únicas.

Dê um exemplo de uma função h cujo domínio é o conjunto de números positivos e que sejam tais que $h(1) = 10$, $h(3) = 2$ e $h(9) = 26$.

EXEMPLO 3

SOLUÇÃO A função h poderia ser definida como segue:

$$h(x) = \begin{cases} 10 & \text{se } x = 1 \\ 2 & \text{se } x = 3 \\ 26 & \text{se } x = 9 \\ 0 & \text{se } x \text{ for um número positivo diferente de 1, 3 ou 9.} \end{cases}$$

A função h definida por
$$h(x) = x^2 - 8x + 17$$
para todos os números positivos x fornece outra solução correta (como você pode verificar). Entretanto, a determinação dessa expressão algébrica requer grande esforço.

Às vezes você pode achar útil pensar na função f como um equipamento:

Funções como equipamentos

Uma função f pode ser visualizada como um equipamento que recebe uma entrada x e produz uma saída $f(x)$.

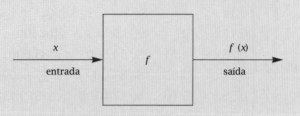

Esse equipamento pode funcionar com base em uma fórmula ou de forma mais misteriosa, e nesse caso é chamado de "caixa preta".

Por exemplo, se f for a função cujo domínio é o intervalo $[-4, 6]$, com f definida pela fórmula $f(x) = x^2$ para todo x no intervalo $[-4, 6]$, então, se esse equipamento receber uma entrada 3, ele produzirá uma saída 9. A mesma entrada deve sempre produzir a mesma saída; assim, se mais tarde introduzirmos 3 como entrada nesse equipamento, ele deverá produzir novamente a saída 9. Embora cada entrada tenha exatamente uma saída, uma dada saída pode originar-se de mais de uma entrada. Por exemplo, as entradas -3 e 3 produzem ambas a saída 9, para essa função.

Quando pensamos em funções como o equipamento ilustrado acima, o domínio da função é o conjunto de números que o equipamento aceita como entradas permitidas.

O que acontece se o número 8 for inserido como entrada no equipamento descrito no parágrafo acima? Como 8 não está no domínio dessa função f, o equipamento não produz saída para essa entrada; o equipamento deverá produzir uma mensagem de erro, estabelecendo que 8 não é uma entrada permitida.

Eis o que significa duas funções serem iguais:

Igualdade de funções

Duas funções são **iguais** se e somente se elas tiverem o mesmo domínio e o mesmo valor para todos os números nesse domínio.

EXEMPLO 4

Suponha que f seja a função cujo domínio é o conjunto dos números reais, com f definido nesse domínio pela fórmula:

$$f(x) = x^2.$$

Suponha que g seja a função cujo domínio é o conjunto dos números positivos, com g definido nesse domínio pela fórmula:

$$g(x) = x^2.$$

As funções f e g são iguais?

Duas funções com diferentes domínios não são iguais como funções, mesmo se elas estiverem definidas pela mesma fórmula.

SOLUÇÃO Observe que, por exemplo, $f(-3) = 9$, mas a expressão $g(-3)$ não faz sentido, pois $g(x)$ não está definida para quando x é negativo. Como f e g possuem domínios distintos, essas duas funções não são iguais.

O próximo exemplo mostra que considerar apenas a fórmula para definir uma função pode ser enganoso.

EXEMPLO 5

Suponha que f e g sejam funções cujo domínio é o conjunto constituído pelos números $\{1, 2\}$, com f e g definidas em seu domínio pela fórmula

$$f(x) = x^2 \quad \text{e} \quad g(x) = 3x - 2.$$

As funções f e g são iguais?

SOLUÇÃO   Aqui, f e g possuem o mesmo domínio, o conjunto $\{1, 2\}$. Assim, é no mínimo possível que f e g sejam iguais. Como f e g possuem fórmulas diferentes, a tendência natural é dizer que f não é igual a g. No entanto,

$$f(1) = 1^2 = 1 \quad \text{e} \quad g(1) = 3 \cdot 1 - 2 = 1$$

e

$$f(2) = 2^2 = 4 \quad \text{e} \quad g(2) = 3 \cdot 2 - 2 = 4.$$

Assim

$$f(1) = g(1) \quad \text{e} \quad f(2) = g(2).$$

Como f e g possuem o mesmo valor para todos os números em seu domínio $\{1, 2\}$, as funções f e g são iguais.

Embora a variável x seja comumente usada para representar a entrada de uma função, outros símbolos podem também ser usados:

> *Notação*
> A variável usada para as entradas, quando definimos uma função, é irrelevante.

EXEMPLO 6

Suponha que f e g sejam funções cujo domínio é o conjunto dos números reais, com f e g definidas em seu domínio pelas fórmulas

$$f(x) = 3 + x^2 \quad \text{e} \quad g(t) = 3 + t^2.$$

As funções f e g são iguais?

SOLUÇÃO   Como f e g possuem o mesmo domínio e o mesmo valor para todos os números nesse domínio, f e g são funções iguais.

Os símbolos x e t são aqui simplesmente espaços reservados para indicar que f e g associam a todo número o valor 3 mais o quadrado daquele número.

A notação matemática é às vezes ambígua, com interpretação própria, dependendo do contexto. Por exemplo, consideremos a expressão

$$y(x + 2).$$

Se y e x representarem números, então a expressão acima é igual a $yx + 2y$. Entretanto, se y for uma função, então os parênteses acima não indicam produto, mas sim que a função y tem o seu valor calculado em $x + 2$.

Se f for uma função, então os parênteses em

$$\frac{f(2x)}{f(x)}$$

não indicam produto. Assim, se f for uma função, nem f nem x podem ser cancelados na expressão acima.

O Domínio de uma Função

Embora o domínio seja uma parte formal da caracterização da função, nós frequentemente ficamos perdidos quanto a esse domínio. Em geral o domínio está claramente estabelecido com base no contexto ou em uma fórmula que defina uma função. Quando o domínio não estiver especificado, devemos usar a seguinte regra informal:

> ### Domínio não especificado
> Se uma função for definida por uma fórmula, sem especificação do domínio, então pode-se supor que o domínio seja o conjunto de todos os números reais para os quais a fórmula faça sentido e produza um número real.

Os próximos três exemplos ilustram essa regra.

EXEMPLO 7 Determine o domínio da função definida por

$$f(x) = (3x - 1)^2.$$

SOLUÇÃO Nenhum domínio foi especificado, mas a fórmula acima faz sentido para todos os números reais x. Assim, a menos que o contexto indique algo diferente, podemos supor que o domínio dessa função é o conjunto de todos os números reais.

O exemplo a seguir mostra que evitar a divisão por 0 pode determinar o domínio de uma função.

EXEMPLO 8 Determine o domínio da função h definida por

$$h(t) = \frac{t^2 + 3t + 7}{t - 4}.$$

Aqui h é uma função e h(t) representa o valor da função h em um número t.

SOLUÇÃO Nenhum domínio foi especificado, mas a fórmula acima não faz sentido quando $t = 4$, o que levaria a uma divisão por 0. Assim, a menos que o contexto indique algo diferente, supomos que o domínio para essa função seja o conjunto $\{t : t \neq 4\}$, que também poderia ser escrito como $(-\infty, 4) \cup (4, \infty)$.

O exemplo seguinte ilustra a exigência da regra informal de que a fórmula deve produzir um número real.

EXEMPLO 9 Determine o domínio da função g definida por

$$g(x) = \sqrt{|x| - 5}.$$

SOLUÇÃO Nenhum domínio foi especificado, mas a fórmula acima produz um número real apenas para números x cujo valor absoluto é maior ou igual a 5. Assim, a menos que o contexto indique algo diferente, supomos que o domínio para essa função seja $(-\infty, -5] \cup [5, \infty)$.

A Imagem de uma Função

Outro conjunto importante associado a uma função, além do domínio, é a imagem. A imagem de uma função é o conjunto de todos os valores assumidos pela função. Apresentamos a seguir a definição precisa:

> ### Imagem
> A **imagem** de uma função f é o conjunto de todos os números y tais que $f(x) = y$ para no mínimo um x no domínio de f.

Em outras palavras, se pensarmos em uma função como o equipamento a seguir, então a imagem de f é o conjunto dos números que o equipamento produz como saídas (e o domínio, o conjunto das entradas permitidas).

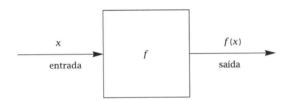

O conjunto de entradas permitidas pelo equipamento é o domínio de f, e o conjunto das saídas é a imagem de f.

EXEMPLO 10

Suponha que o domínio de f seja o intervalo $[2, 5]$, sendo f definida nesse intervalo pela equação $f(x) = 3x + 1$.

(a) O número 10 está na imagem de f?

(b) O número 19 está na imagem de f?

SOLUÇÃO

(a) Precisamos determinar se a equação

$$3x + 1 = 10$$

tem uma solução no intervalo $[2, 5]$, que é o domínio de f. A única solução para a equação acima é $x = 3$, que está no domínio $[2, 5]$. Portanto, 10 está na imagem de f.

(b) Precisamos determinar se a equação

$$3x + 1 = 19$$

tem uma solução no intervalo $[2, 5]$, que é o domínio de f. A única solução para a equação acima é $x = 6$, que não está no domínio $[2, 5]$. Portanto, 19 não está na imagem de f.

Para que um número y esteja na imagem de uma função f, não se exige que a equação $f(x) = y$ tenha apenas uma solução x no domínio de f. O que se exige é que essa equação tenha no mínimo uma solução. O exemplo a seguir mostra que podem facilmente existir soluções múltiplas.

EXEMPLO 11

Suponha que o domínio de g seja o intervalo $[1, 20]$, sendo g definida nesse intervalo pela equação $g(x) = |x - 5|$. O número 2 está na imagem de g?

SOLUÇÃO Precisamos determinar se a equação

$$|x - 5| = 2$$

Essa equação implica que $x - 5 = 2$ ou que $x - 5 = -2$.

tem no mínimo uma solução x no intervalo $[1, 20]$. A equação acima tem duas soluções, $x = 7$ e $x = 3$, e ambas estão no domínio de g. Temos $g(7) = g(3) = 2$. Portanto, 2 está na imagem de g.

Funções por Meio de Tabelas

Se o domínio de uma função consistir apenas em um número finito de números, então todos os valores de uma função podem ser registrados em uma tabela.

EXEMPLO 12

Descreva a função f cujo domínio consiste nos três números $\{2, 7, 13\}$ e cujos valores são dados pela tabela seguinte:

x	$f(x)$
2	3
7	$\sqrt{2}$
13	-4

SOLUÇÃO Para essa função, temos

$$f(2) = 3, \quad f(7) = \sqrt{2} \quad \text{e} \quad f(13) = -4.$$

As equações acima fornecem uma descrição completa da função f.

Refletir a respeito de por que o resultado acima é válido pode ser uma boa revisão dos conceitos de domínio e de imagem.

Todos os valores de uma função podem ser registrados em uma tabela apenas quando o domínio dessa função tiver um número finito de números.

> ### Domínio e imagem por meio de uma tabela
> Suponha que todos os valores da função estejam organizados em uma tabela. Então,
> - o domínio da função é o conjunto de números que aparece na coluna à esquerda na tabela;
> - a imagem da função é o conjunto dos números que aparece na coluna à direita na tabela.

Quando estivermos descrevendo uma função por meio de uma tabela, não podemos ter repetições na coluna à esquerda, a que mostra os números do domínio da função. No entanto, podem ocorrer repetições na coluna à direita, a que mostra os números da imagem da função, como ilustrado no exemplo a seguir.

EXEMPLO 13

Suponha que *f* seja a função completamente determinada pela tabela aqui apresentada.

(a) Qual é o domínio de *f*?

(b) Qual é a imagem de *f*?

SOLUÇÃO

x	f(x)
1	6
2	6
3	−7
5	6

Para essa função, temos
$f(1) = f(2) = f(5) = 6$
e $f(3) = -7$.

(a) A coluna à esquerda na tabela contém os números 1, 2, 3 e 5. Portanto o domínio de *f* é o conjunto {1, 2, 3, 5}.

(b) A coluna à direita na tabela contém apenas dois números distintos: −7 e 6. Portanto a imagem de *f* é o conjunto {−7, 6}.

EXERCÍCIOS

Para os Exercícios 1–12, suponha

$$f(x) = \frac{x+2}{x^2+1}$$

para todo número real x. Calcule e simplifique cada uma das seguintes expressões.

1. $f(0)$
2. $f(1)$
3. $f(-1)$
4. $f(-2)$
5. $f(2a)$
6. $f\left(\frac{b}{3}\right)$
7. $f(2a+1)$
8. $f(3a-1)$
9. $f(x^2+1)$
10. $f(2x^2+3)$
11. $f\left(\frac{a}{b}-1\right)$
12. $f\left(\frac{2a}{b}+3\right)$

Para os Exercícios 13–18, suponha

$$g(x) = \frac{x-1}{x+2}.$$

13. Determine um número *b* tal que $g(b) = 4$.
14. Determine um número *b* tal que $g(b) = 3$.
15. Simplifique a expressão $\frac{g(x) - g(2)}{x - 2}$.
16. Simplifique a expressão $\frac{g(x) - g(3)}{x - 3}$.
17. Simplifique a expressão $\frac{g(a+t) - g(a)}{t}$.
18. Simplifique a expressão $\frac{g(x+b) - g(x-b)}{2b}$.

Para os Exercícios 19–26, suponha que f seja a função definida por

$$f(t) = \begin{cases} 2t + 9 & \text{se } t < 0 \\ 3t - 10 & \text{se } t \geq 0. \end{cases}$$

19. Calcule o valor de $f(1)$.
20. Calcule o valor de $f(2)$.
21. Calcule o valor de $f(-3)$.
22. Calcule o valor de $f(-4)$.
23. Calcule o valor de $f(|x| + 1)$.
24. Calcule o valor de $f(|x - 5| + 2)$.
25. Determine dois valores distintos de *t* tais que $f(t) = 0$.
26. Determine dois valores distintos de *t* tais que $f(t) = 4$.
27. Usando a função do imposto apresentada no Exemplo 2, determine o imposto de renda federal em 2011 para uma única pessoa cuja renda tributável, naquele ano, foi de US$ 45.000.
28. Usando a função do imposto apresentada no Exemplo 2, determine o imposto de renda federal em 2011 para uma única pessoa cuja renda tributável, naquele ano, foi de US$ 90.000.

Para os Exercícios 29–32, determine um número b tal que a função f seja igual à função g.

29. A função *f* tem como domínio o conjunto dos números positivos e é definida por $f(x) = 5x^2 - 7$; a função *g* tem domínio (b, ∞) e é definida por $g(x) = 5x^2 - 7$.
30. A função *f* tem como domínio o conjunto dos números cujo valor absoluto é menor que 4 e é definida por $f(x) = \frac{3}{x+5}$; a função *g* tem domínio $(-b, b)$ e é definida por $g(x) = \frac{3}{x+5}$.
31. Ambas *f* e *g* têm domínio {3, 5}, sendo *f* definida em seu domínio pela fórmula $f(x) = x^2 - 3$ e *g*, pela fórmula $g(x) = \frac{18}{x} + b(x-3)$.
32. Tanto *f* quanto *g* têm domínio {−3, 4}, sendo *f* definida em seu domínio pela fórmula $f(x) = 3x + 5$ e *g*, pela fórmula $g(x) = 15 + \frac{8}{x} + b(x-4)$.

Para os Exercícios 33–38, apresenta-se uma fórmula para definir uma função f sem, entretanto, especificar-se seu domínio. Determine o domínio de cada função f, supondo que esse domínio seja o conjunto de todos os números reais para os quais a fórmula faz sentido e produz um número real.

33 $f(x) = \dfrac{2x+1}{3x-4}$

34 $f(x) = \dfrac{4x-9}{7x+5}$

35 $f(x) = \dfrac{\sqrt{x-5}}{x-7}$

36 $f(x) = \dfrac{\sqrt{2x+3}}{x-6}$

37 $f(x) = \sqrt{|x-6|-1}$

38 $f(x) = \sqrt{|x+5|-3}$

Para os Exercícios 39–44, determine a imagem de h, sendo h definida por
$$h(t) = |t| + 1$$
e o domínio de h, o conjunto indicado.

39 $(1,4]$

40 $[-8,-3)$

41 $[-3,5]$

42 $[-8,2]$

43 $(0,\infty)$

44 $(-\infty,0)$

Para os Exercícios 45–52, suponha que f e g sejam funções completamente definidas pelas seguintes tabelas:

x	f(x)
3	13
4	−5
6	$\frac{3}{5}$
7,3	−5

x	g(x)
3	3
8	$\sqrt{7}$
8,4	$\sqrt{7}$
12,1	$-\frac{2}{7}$

45 Calcule o valor de $f(6)$.

46 Calcule o valor de $g(8)$.

47 Qual é o domínio de f?

48 Qual é o domínio de g?

49 Qual é a imagem de f?

50 Qual é a imagem de g?

51 Determine dois valores distintos de x tais que $f(x) = -5$.

52 Determine dois valores distintos de x tais que $g(x) = \sqrt{7}$.

53 Determine todas as funções (apresentadas como tabelas) cujo domínio seja o conjunto {2, 9} e cuja imagem seja o conjunto {4, 6}.

54 Determine todas as funções (apresentadas como tabelas) cujo domínio seja o conjunto {5, 8} e cuja imagem seja o conjunto {1, 3}.

55 Determine todas as funções (apresentadas como tabelas) cujo domínio seja {1, 2, 4} e cuja imagem seja {−2, 1, $\sqrt{3}$}.

56 Determine todas as funções (apresentadas como tabelas) cujo domínio seja {−1, 0, π} e cuja imagem seja {−3, $\sqrt{2}$, 5}.

57 Determine todas as funções (apresentadas como tabelas) cujo domínio seja {3, 5, 9} e cuja imagem seja {2, 4}.

58 Determine todas as funções (apresentadas como tabelas) cujo domínio seja {0, 2, 8} e cuja imagem seja {6, 9}.

PROBLEMAS

Alguns problemas exigem consideravelmente mais raciocínio que os exercícios.

59 Suponha que a única informação que você tem a respeito de uma função f é que o domínio de f é o conjunto dos números reais e que
$$f(1) = 1,\ f(2) = 4,\ f(3) = 9\ \text{e}\ f(4) = 16.$$
O que você pode afirmar sobre o valor de $f(5)$?

[*Dica:* A resposta para este problema não é "25". A resposta correta mais curta tem apenas uma palavra.]

60 Suponha que g e h sejam funções cujo domínio é o conjunto dos números reais, sendo g e h definidas nesse domínio pelas fórmulas
$$g(y) = \dfrac{4y}{y^2+5}\quad\text{e}\quad h(r) = \dfrac{4r}{r^2+5}.$$
As funções g e h são iguais?

61 Dê um exemplo de uma função cujo domínio é {2, 5, 7} e cuja imagem é {−2, 3, 4}.

62 Dê um exemplo de uma função cujo domínio é {3, 4, 7, 9} e cuja imagem é {−1, 0, 3}.

63 Determine duas funções distintas cujo domínio é {3, 8} e cuja imagem é {−4, 1}.

64 Explique por que não existe função cujo domínio seja {−1, 0, 3} e cuja imagem seja {3, 4, 7, 9}.

65 Dê um exemplo de uma função f cujo domínio é o conjunto dos números reais tal que os valores de $f(-1)$, $f(0)$ e $f(2)$ sejam dados pela seguinte tabela:

x	f(x)
−1	$\sqrt{2}$
0	$\frac{17}{3}$
2	−5

66 Dê um exemplo de duas funções distintas, f e g, tendo ambas como domínio o conjunto dos números reais tal que $f(x) = g(x)$ para todo número racional x.

67 Dê um exemplo de uma função cujo domínio é igual ao conjunto dos números reais e cuja imagem é igual ao conjunto {-1, 0, 1}.

68 Dê um exemplo de uma função cujo domínio é igual ao conjunto dos números reais e cuja imagem é igual ao conjunto dos inteiros.

69 Dê um exemplo de uma função cujo domínio é o intervalo [0, 1] e cuja imagem é o intervalo (0, 1).

70 Dê um exemplo de uma função cujo domínio é o intervalo (0, 1) e cuja imagem é o intervalo [0, 1].

71 Dê um exemplo de uma função cujo domínio é o conjunto dos inteiros positivos e cuja imagem é o conjunto dos inteiros positivos pares.

72 Dê um exemplo de uma função cujo domínio é o conjunto dos inteiros positivos pares e cuja imagem é o conjunto dos inteiros positivos ímpares.

73 Dê um exemplo de uma função cujo domínio é o conjunto dos inteiros e cuja imagem é o conjunto dos inteiros positivos.

74 Dê um exemplo de uma função cujo domínio é o conjunto dos inteiros positivos e cuja imagem é o conjunto dos inteiros.

SOLUÇÕES DETALHADAS dos Exercícios Ímpares

Não leia estas soluções detalhadas antes de tentar resolver você mesmo os exercícios. Caso contrário, você corre o risco de imitar as técnicas demonstradas aqui sem, no entanto, compreender as ideias.

A melhor maneira de aprender: Leia cuidadosamente a seção do livro-texto, depois resolva todos os exercícios ímpares e verifique suas respostas aqui. Se você tiver alguma dificuldade para resolver algum exercício, olhe a solução detalhada apresentada aqui.

Para os Exercícios 1–12, suponha

$$f(x) = \frac{x+2}{x^2+1}$$

para todo número real x. Calcule e simplifique cada uma das seguintes expressões.

1 $f(0)$

SOLUÇÃO $\quad f(0) = \frac{0+2}{0^2+1} = \frac{2}{1} = 2$

3 $f(-1)$

SOLUÇÃO $\quad f(-1) = \frac{-1+2}{(-1)^2+1} = \frac{1}{1+1} = \frac{1}{2}$

5 $f(2a)$

SOLUÇÃO $\quad f(2a) = \frac{2a+2}{(2a)^2+1} = \frac{2a+2}{4a^2+1}$

7 $f(2a+1)$

SOLUÇÃO

$$f(2a+1) = \frac{(2a+1)+2}{(2a+1)^2+1} = \frac{2a+3}{4a^2+4a+2}$$

9 $f(x^2+1)$

SOLUÇÃO

$$f(x^2+1) = \frac{(x^2+1)+2}{(x^2+1)^2+1} = \frac{x^2+3}{x^4+2x^2+2}$$

11 $f\left(\frac{a}{b}-1\right)$

SOLUÇÃO Temos

$$f\left(\frac{a}{b}-1\right) = \frac{\left(\frac{a}{b}-1\right)+2}{\left(\frac{a}{b}-1\right)^2+1} = \frac{\frac{a}{b}+1}{\frac{a^2}{b^2}-2\frac{a}{b}+2}$$

$$= \frac{ab+b^2}{a^2-2ab+2b^2},$$

na qual a última expressão foi obtida multiplicando-se o numerador e o denominador da expressão anterior por b^2.

Para os Exercícios 13–18, suponha

$$g(x) = \frac{x-1}{x+2}.$$

13 Determine um número b tal que $g(b) = 4$.

SOLUÇÃO

Queremos determinar um número b tal que

$$\frac{b-1}{b+2} = 4.$$

Multiplicando ambos os lados da equação acima por $b+2$, obtemos

$$b-1 = 4b+8.$$

Agora, isolando-se b dessa equação, obtemos $b = -3$.

15 Simplifique a expressão $\frac{g(x)-g(2)}{x-2}$.

SOLUÇÃO Começamos por calcular o numerador:

$$g(x) - g(2) = \frac{x-1}{x+2} - \frac{1}{4}$$

$$= \frac{4(x-1) - (x+2)}{4(x+2)}$$

$$= \frac{4x - 4 - x - 2}{4(x+2)}$$

$$= \frac{3x - 6}{4(x+2)}$$

$$= \frac{3(x-2)}{4(x+2)}.$$

Assim

$$\frac{g(x) - g(2)}{x - 2} = \frac{3(x-2)}{4(x+2)} \cdot \frac{1}{x-2}$$

$$= \frac{3}{4(x+2)}.$$

17 Simplifique a expressão $\frac{g(a+t)-g(a)}{t}$.

SOLUÇÃO Começamos por calcular o numerador:

$g(a+t) - g(a)$

$$= \frac{(a+t) - 1}{(a+t) + 2} - \frac{a-1}{a+2}$$

$$= \frac{(a+t-1)(a+2) - (a-1)(a+t+2)}{(a+t+2)(a+2)}$$

$$= \frac{3t}{(a+t+2)(a+2)}.$$

Assim,

$$\frac{g(a+t) - g(a)}{t} = \frac{3}{(a+t+2)(a+2)}.$$

Para os Exercícios 19–26, suponha que f seja a função definida por

$$f(t) = \begin{cases} 2t + 9 & \text{se } t < 0 \\ 3t - 10 & \text{se } t \geq 0. \end{cases}$$

19 Calcule o valor de $f(1)$.

SOLUÇÃO Como $1 \geq 0$, temos

$$f(1) = 3 \cdot 1 - 10 = -7.$$

21 Calcule o valor de $f(-3)$.

SOLUÇÃO Como $-3 < 0$, temos

$$f(-3) = 2(-3) + 9 = 3.$$

23 Calcule o valor de $f(|x| + 1)$.

SOLUÇÃO Como $|x| + 1 \geq 1 > 0$, temos

$$f(|x| + 1) = 3(|x| + 1) - 10 = 3|x| - 7.$$

25 Determine dois valores distintos de t tais que $f(t) = 0$.

SOLUÇÃO Se $t < 0$, então $f(t) = 2t + 9$. Queremos determinar t tal que $f(t) = 0$, o que significa que queremos resolver a equação $2t + 9 = 0$ e esperamos que a solução satisfaça $t < 0$. Subtraindo-se 9 de ambos os lados de $2t + 9 = 0$ e, depois, dividindo-se ambos os lados por 2, obtemos $t = -\frac{9}{2}$. Esse valor de t satisfaz a desigualdade $t < 0$, assim, temos de fato $f\left(-\frac{9}{2}\right) = 0$.

Se $t \geq 0$, então $f(t) = 3t - 10$. Queremos determinar t tal que $f(t) = 0$, o que significa que queremos resolver a equação $3t - 10 = 0$ e esperamos que a solução satisfaça $t \geq 0$. Adicionando-se 10 de ambos os lados de $3t - 10 = 0$ e, depois, dividindo-se ambos os lados por 3, obtemos $t = \frac{10}{3}$. Esse valor de t satisfaz a desigualdade $t \geq 0$, assim, temos de fato $f\left(\frac{10}{3}\right) = 0$.

27 Usando a função do imposto apresentada no Exemplo 2, determine o imposto de renda federal em 2011 para uma única pessoa cuja renda tributável, naquele ano, foi de US$ 45.000.

SOLUÇÃO Como 45.000 está entre 34.500 e 83.600, usaremos a terceira linha da definição de g, no Exemplo 2:

$$g(45.000) = 0,25 \times 45.000 - 3.875$$

$$= 7.375.$$

Assim, o imposto de renda federal em 2011 para uma única pessoa com renda tributável de US$45.000, naquele ano, foi de US$ 7375.

Para os Exercícios 29–32, determine um número b tal que a função f seja igual à função g.

29 A função f tem como domínio o conjunto dos números positivos e é definida por $f(x) = 5x^2 - 7$; a função g tem domínio (b, ∞) e é definida por $g(x) = 5x^2 - 7$.

SOLUÇÃO Para que as duas funções sejam iguais, elas devem no mínimo ter o mesmo domínio. Como o domínio de f é o conjunto dos números positivos, que é igual ao intervalo $(0, \infty)$, devemos ter $b = 0$.

31 Tanto f quanto g têm domínio $\{3, 5\}$, sendo f definida em seu domínio pela fórmula $f(x) = x^2 - 3$ e g, pela fórmula $g(x) = \frac{18}{x} + b(x-3)$.

SOLUÇÃO

$$f(3) = 3^2 - 3 = 6 \quad \text{e} \quad f(5) = 5^2 - 3 = 22.$$

Além disso,

$$g(3) = \frac{18}{3} + b(3-3) = 6 \quad \text{e} \quad g(5) = \frac{18}{5} + 2b.$$

Então, independentemente da escolha de b, temos $f(3) = g(3)$. Para que a função f seja igual à função g, devemos ter também $f(5) = g(5)$; isto significa que

$$22 = \frac{18}{5} + 2b.$$

Isolando-se b nessa equação, obtemos $b = \frac{46}{5}$.

Para os Exercícios 33–38, apresenta-se uma fórmula para definir uma função f sem, entretanto, especificar seu domínio. Determine o domínio de cada função f, supondo que esse domínio seja o conjunto de todos os números reais para os quais a fórmula faz sentido e produz um número real.

33 $f(x) = \frac{2x+1}{3x-4}$

SOLUÇÃO   A fórmula acima não faz sentido quando $3x - 4 = 0$, que levaria a uma divisão por 0. A equação $3x - 4 = 0$ é equivalente a $x = \frac{4}{3}$. Portanto, o domínio de f é o conjunto dos números reais diferentes de $\frac{4}{3}$. Em outras palavras, o domínio de f é igual a $\{x : x \neq \frac{4}{3}\}$, que poderia também ser escrito como $(-\infty, \frac{4}{3}) \cup (\frac{4}{3}, \infty)$.

35 $f(x) = \frac{\sqrt{x-5}}{x-7}$

SOLUÇÃO   A fórmula acima não faz sentido quando $x < 5$, pois não há raiz quadrada de número negativo. A fórmula acima também não faz sentido quando $x = 7$, o que levaria a uma divisão por 0. Portanto, o domínio de f é o conjunto dos números reais maiores ou iguais a 5 e diferentes de 7. Em outras palavras, o domínio de f é igual a $\{x : x \geq 5$ e $x \neq 7\}$, que também poderia ser escrito como $[5, 7) \cup (7, \infty)$.

37 $f(x) = \sqrt{|x-6|-1}$

SOLUÇÃO   Como não há raiz quadrada de número negativo, devemos ter $|x - 6| - 1 \geq 0$. Essa desigualdade é equivalente a $|x - 6| \geq 1$, o que significa que $x - 6 \geq 1$ ou $x - 6 \leq -1$. Adicionando-se 6 a ambos os lados dessas desigualdades, vemos que a fórmula acima faz sentido apenas quando $x \geq 7$ ou $x \leq 5$. Em outras palavras, o domínio de f é igual a $\{x : x \leq 5$ ou $x \geq 7\}$, que também poderia ser escrito como $(-\infty, 5] \cup [7, \infty)$.

Para os Exercícios 39–44, determine a imagem de h, sendo h definida por

$$h(t) = |t| + 1$$

e o domínio de h, o conjunto indicado.

39 $(1, 4]$

SOLUÇÃO   Para cada número t no intervalo $(1, 4]$, temos $h(t) = t + 1$. Então, a imagem de h é obtida adicionando-se 1 a cada número no intervalo $(1, 4]$. Isto implica que a imagem de h é o intervalo $(2, 5]$.

41 $[-3, 5]$

SOLUÇÃO   Para cada número t no intervalo $[-3, 0)$, temos $h(t) = -t + 1$, e para cada número t no intervalo $[0, 5]$, temos $h(t) = t + 1$. Assim, a imagem de h consiste nos números obtidos pela multiplicação de cada número no intervalo $[-3, 0)$ por -1 e depois a adição de 1 (o que produz o intervalo $(1, 4]$), juntamente com os números obtidos pela adição de 1 a cada número no intervalo $[0, 5]$ (o que produz o intervalo $[1, 6]$). Isto implica que a imagem de h é o intervalo $[1, 6]$.

43 $(0, \infty)$

SOLUÇÃO   Para cada número positivo t, temos $h(t) = t + 1$. Assim, a imagem de h é o conjunto obtido pela adição de 1 a cada número positivo. Portanto, a imagem de h é o intervalo $(1, \infty)$.

Para os Exercícios 45–52, suponha que f e g sejam funções completamente definidas pelas seguintes tabelas:

x	$f(x)$
3	13
4	−5
6	$\frac{3}{5}$
7,3	−5

x	$g(x)$
3	3
8	$\sqrt{7}$
8,4	$\sqrt{7}$
12,1	$-\frac{2}{7}$

45 Calcule o valor de $f(6)$.

SOLUÇÃO

Na tabela, vemos que $f(6) = \frac{3}{5}$.

47 Qual é o domínio de f?

SOLUÇÃO   O domínio de f é o conjunto dos números que estão na primeira coluna da tabela que define f. Assim, o domínio de f é o conjunto $\{3; 4; 6; 7,3\}$.

49 Qual é a imagem de f?

SOLUÇÃO   A imagem de f é o conjunto dos números que estão na segunda coluna da tabela que define f. Quando determinarmos a imagem, os números que aparecerem mais de uma vez na segunda coluna devem ser relacionados apenas uma vez. Assim, o domínio de f é o conjunto $\{13, -5, \frac{3}{5}\}$

51 Determine dois valores distintos de x tais que $f(x) = -5$.

SOLUÇÃO   Da tabela, vemos que $f(4) = -5$ e $f(7,3) = -5$.

53 Determine todas as funções (apresentadas como tabelas) cujo domínio seja o conjunto $\{2, 9\}$ e cuja imagem seja o conjunto $\{4, 6\}$.

SOLUÇÃO   Como procuramos funções f cujo domínio é o conjunto $\{2, 9\}$, a primeira coluna da tabela deve ter o número 2 aparecendo uma vez e o número 9 aparecendo também uma vez. Em outras palavras, a tabela deve iniciar como esta:

x	f(x)
2	
9	

ou esta

x	f(x)
9	
2	

A ordem das linhas, em uma tabela que define uma função, não interessa. Por conveniência, escolhemos a primeira possibilidade acima.

Como a imagem deve ser o conjunto {4, 6}, a segunda coluna deve conter 4 e 6. Há apenas dois lugares para colocar estes números na primeira tabela acima, assim, cada um deverá aparecer exatamente uma vez na segunda coluna. Portanto, existem apenas duas funções cujo domínio seja o conjunto {2, 9} e cuja imagem seja o conjunto {4, 6}, essas funções são apresentadas nas seguintes duas tabelas:

x	f(x)
2	4
9	6

x	f(x)
2	6
9	4

A primeira função acima é a função f definida por $f(2) = 4$ e $f(9) = 6$; a segunda função acima é a função f definida por $f(2) = 6$ e $f(9) = 4$.

55 Determine todas as funções (apresentadas como tabelas) cujo domínio seja {1, 2, 4} e cuja imagem seja {−2, 1, $\sqrt{3}$}.

SOLUÇÃO   Como procuramos funções f cujo domínio seja {1, 2, 4}, a primeira coluna da tabela para qualquer uma dessas funções deve ter o número 1 aparecendo uma vez, o número 2 aparecendo uma vez e o número 4 aparecendo também uma vez. A ordem das linhas, em uma tabela que define uma função, não interessa. Por conveniência, colocamos os números na primeira coluna, em ordem crescente 1, 2, 4.

Como a imagem deve ser {−2, 1, $\sqrt{3}$}, a segunda coluna deve conter −2, 1 e $\sqrt{3}$. Existem apenas três lugares onde podemos dispor estes números, assim, cada um deve aparecer exatamente uma vez na segunda coluna. Há seis maneiras de ordenarem-se esses três números. Portanto, as seis funções cujo domínio é {1, 2, 4} e cuja imagem é {−2, 1, $\sqrt{3}$}, são dadas pelas seguintes tabelas:

x	f(x)
1	−2
2	1
4	$\sqrt{3}$

x	f(x)
1	−2
2	$\sqrt{3}$
4	1

x	f(x)
1	1
2	−2
4	$\sqrt{3}$

x	f(x)
1	1
2	$\sqrt{3}$
4	−2

x	f(x)
1	$\sqrt{3}$
2	−2
4	1

x	f(x)
1	$\sqrt{3}$
2	1
4	−2

57 Determine todas as funções (apresentadas como tabelas) cujo domínio seja {3, 5, 9} e cuja imagem seja {2, 4}.

SOLUÇÃO   Como procuramos funções f cujo domínio seja {3, 5, 9}, a primeira coluna da tabela para qualquer uma dessas funções deve ter o número 3 aparecendo uma vez, o número 5 aparecendo uma vez, e o número 9 aparecendo também uma vez. A ordem das linhas, em uma tabela que define uma função, não interessa. Por conveniência, colocamos os números na primeira coluna, em ordem crescente 3, 5, 9.

Como a imagem deve ser {2, 4}, a segunda coluna deve conter 2 e 4. Há três espaços para colocar esses dois números, portanto, um deles deverá ser repetido. Há seis formas de fazer-se isso. Assim, as seis funções cujo domínio é {3, 5, 9} e cuja imagem é {2, 4} são dadas pelas seguintes tabelas:

x	f(x)
3	2
5	2
9	4

x	f(x)
3	2
5	4
9	2

x	f(x)
3	4
5	2
9	2

x	f(x)
3	4
5	4
9	2

x	f(x)
3	4
5	2
9	4

x	f(x)
3	2
5	4
9	4

1.2 O Plano das Coordenadas e os Gráficos

> **OBJETIVOS DE APRENDIZAGEM**
>
> Ao final desta seção, você deverá ser capaz de
>
> - localizar pontos no plano das coordenadas;
> - esboçar o gráfico de uma função, possivelmente usando tecnologia;
> - estimar valores de uma função a partir do seu gráfico;
> - determinar o domínio e a imagem de uma função a partir do seu gráfico;
> - usar o teste da reta vertical para determinar se uma curva é ou não o gráfico de alguma função.

O Plano das Coordenadas

O plano das coordenadas é construído de forma similar à nossa construção da reta real (veja Seção 0.1), mas usando-se uma reta horizontal e uma reta vertical, em vez de apenas uma reta horizontal.

> *O plano das coordenadas*
>
> - O **plano das coordenadas** é construído iniciando-se com uma reta horizontal e uma reta vertical em um plano. Essas retas são denominadas os **eixos das coordenadas**.
> - O ponto de interseção dos eixos das coordenadas é denominado a **origem**; é identificada por 0 em ambos os eixos.
> - Sobre o eixo horizontal, escolha um ponto à direita da origem e identifique-o como 1. Depois, identifique outros pontos sobre o eixo horizontal usando a escala determinada pela origem e o ponto 1.
> - Similarmente, sobre o eixo vertical, escolha um ponto acima da origem e identifique-o como 1. Depois, identifique outros pontos sobre o eixo vertical usando a escala determinada pela origem e o ponto 1.

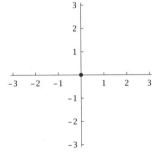

O plano das coordenadas, com um ponto na origem.

Na figura que apresentamos, foi usada a mesma escala em ambos os eixos, mas às vezes pode ser mais conveniente ter escalas distintas nos dois eixos.

Um ponto no plano é identificado por suas coordenadas, que são escritas sob a forma de um par ordenado de números, colocado dentro de parênteses, como descrito abaixo.

> *Coordenadas*
>
> - A primeira coordenada indica a distância horizontal a partir da origem, com números positivos correspondendo a pontos à direita da origem, e números negativos correspondendo a pontos à esquerda da origem.
> - A segunda coordenada indica a distância vertical a partir da origem, com números positivos correspondendo a pontos acima da origem, e números negativos correspondendo a pontos abaixo da origem.

O plano com esse sistema de identificação é frequentemente chamado de **plano Cartesiano**, *em homenagem ao matemático francês René Descartes (1596–1650), que descreveu essa técnica em seu livro* Discurso sobre o Método *em 1637.*

EXEMPLO 1

Localize no plano das coordenadas os seguintes pontos:

(a) $(2, 1)$;   (b) $(-1; 2,5)$;   (c) $(-2,5; -2,5)$;   (d) $(3, -2)$.

SOLUÇÃO

(a) O ponto $(2, 1)$ pode ser localizado movendo-se, a partir da origem, 2 unidades para a direita ao longo do eixo horizontal e, depois, 1 unidade para cima; veja a figura abaixo.

A notação $(-1; 2,5)$ poderia representar tanto o ponto com coordenadas $(-1; 2,5)$ quanto o intervalo aberto $(-1; 2,5)$. Você deve saber reconhecer, a partir do contexto em que ela estiver, qual é o significado pretendido.

(b) O ponto $(-1; 2,5)$ pode ser localizado movendo-se, a partir da origem, 1 unidade para a esquerda ao longo do eixo horizontal e, depois, 2,5 unidades para cima; veja a figura abaixo.

(c) O ponto $(-2,5; -2,5)$ pode ser localizado movendo-se, a partir da origem, 2,5 unidades para a esquerda ao longo do eixo horizontal e, depois, 2,5 unidades para baixo; veja a figura abaixo.

(d) O ponto $(3, -2)$ pode ser localizado movendo-se, a partir da origem, 3 unidades para a direita ao longo do eixo horizontal e, depois, 2 unidades para baixo; veja a figura abaixo.

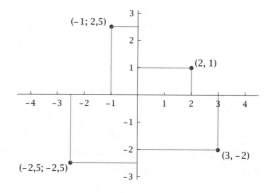

*Essas coordenadas são às vezes chamadas de **coordenadas retangulares**, pois as coordenadas de cada ponto são determinadas por um retângulo, como apresentado nesta figura.*

Os termos eixo horizontal e eixo vertical são frequentemente mais adequados que os termos eixo dos x e eixo dos y.

O eixo horizontal é frequentemente denominado o **eixo dos x**, e o eixo vertical, o **eixo dos y**. Neste caso, o plano das coordenadas pode ser denominado o plano xy. Entretanto, outras variáveis também podem ser usadas, dependendo de cada problema em particular.

Se o eixo horizontal for identificado como eixo dos x, então a primeira coordenada de um ponto é frequentemente chamada de **coordenada x**. Similarmente, se o eixo vertical for identificado como eixo dos y, então a segunda coordenada de um ponto é frequentemente chamada de **coordenada y**.

Similarmente, os termos primeira coordenada e segunda coordenada são frequentemente mais adequados que os termos coordenada x e coordenada y.

A confusão potencial dessa terminologia torna-se aparente quando quisermos considerar um ponto cujas coordenadas são (y, x); aqui, y é a coordenada x e x é a coordenada y. Além disso, se chamarmos sempre a primeira coordenada de coordenada x, isto poderá levar a alguma confusão quando o eixo horizontal for identificado com outra variável, como t ou θ. Independentemente dos nomes dos eixos,

- a primeira coordenada corresponde à distância horizontal a partir da origem;
- a segunda coordenada corresponde à distância vertical a partir da origem.

O Gráfico de uma Função

Uma função pode ser visualizada por seu gráfico, que definiremos a seguir:

> ### O gráfico de uma função
> O **gráfico** de uma função f é o conjunto dos pontos sob a forma $(x, f(x))$, quando x varia no domínio de f.

Assim, no plano xy, o gráfico de uma função f é o conjunto de pontos (x, y) que satisfazem a equação $y = f(x)$, com x no domínio de f.

A figura mostra o gráfico da função f cujo domínio é $[-4, 4]$, com f definida por $f(x) = |x|$. Observe que o gráfico tem um vértice na origem.

No próximo capítulo, aprenderemos a traçar o gráfico de funções lineares e quadráticas; por isso, não analisaremos esses tópicos aqui.

A tarefa de esboçar o gráfico de uma função complicada geralmente requer a ajuda de um computador ou de uma calculadora. Para solução do exemplo a seguir, foi usado o *WolframAlpha*, mas, em vez desse, você pode usar uma calculadora gráfica ou qualquer outra tecnologia.

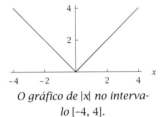

O gráfico de $|x|$ no intervalo $[-4, 4]$.

EXEMPLO 2

Seja f a função definida por

$$f(x) = \frac{4(5x - x^2 - 2)}{x^2 + 2}.$$

(a) Esboce o gráfico de f no intervalo $[1, 4]$.

(b) Esboce o gráfico de f no intervalo $[-4, 4]$.

SOLUÇÃO

(a) Aponte um browser para www.wolframalpha.com. Na caixa de entrada online, digite

   `graph 4(5x - x^2 - 2)/(x^2 + 2) from x=1 to 4`

depois, pressione a tecla `enter` do seu teclado ou clique a caixa `=` do lado direito da caixa de entrada do *WolframAlpha* para obter um gráfico que lhe permitirá esboçar uma figura como a mostrada aqui.

(b) Na caixa de entrada do *WolframAlpha* do item (a), troque 1 por -4, o que produzirá um gráfico como o mostrado aqui.

Neste gráfico, os eixos horizontal e vertical têm escalas distintas. Se tivéssemos usado a mesma escala em ambos os eixos, o gráfico ficaria demasiadamente grande na direção vertical.

Usar escalas distintas nos dois eixos torna o tamanho do gráfico mais apropriado, mas esteja atento para o fato de que isso altera a forma aparente da curva. Especificamente, a parte do gráfico no intervalo $[1, 4]$ parece mais achatada no item (b) do que no gráfico do item (a).

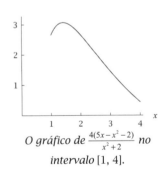

O gráfico de $\frac{4(5x - x^2 - 2)}{x^2 + 2}$ no intervalo $[1, 4]$.

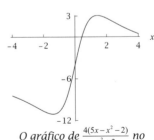

O gráfico de $\frac{4(5x - x^2 - 2)}{x^2 + 2}$ no intervalo $[-4, 4]$.

Às vezes, a única informação que temos sobre uma função é um desenho do seu gráfico. O exemplo seguinte ilustra o procedimento para determinar os valores aproximados de uma função com base em um desenho de seu gráfico.

EXEMPLO 3

O website de uma corrida de quatro milhas* (≈ 6,4 km) na montanha apresenta o gráfico abaixo para a função f, no qual f(x) é a altitude em pés** em dado ponto do percurso da corrida e x, as milhas contadas a partir da linha de largada. Estime a altitude em um ponto do percurso a três milhas da linha de largada.

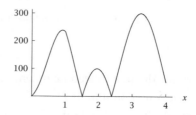

O gráfico da função que informa a altitude.

SOLUÇÃO Precisamos estimar o valor de $f(3)$. Para isso, traçamos um segmento de reta vertical a partir do ponto 3 sobre o eixo dos x, até que ele intercepte o gráfico. O comprimento desse segmento de reta será igual a $f(3)$, como mostrado na figura da esquerda a seguir.

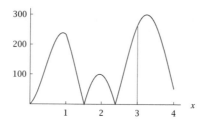 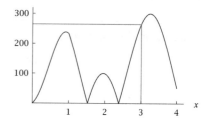

O segmento de reta vertical tem comprimento $f(3)$.   *$f(3)$ é aproximadamente igual a 260.*

Em geral, a forma mais fácil de estimar-se o valor de $f(3)$ é traçar a reta horizontal mostrada na figura da direita. O ponto em que essa reta horizontal intercepta o eixo vertical informa o valor de $f(3)$.

Na figura da direita, vemos que $f(3)$ está um pouco além do meio caminho entre 200 e 300. Assim, 260 é uma boa estimativa de $f(3)$. Em outras palavras, a altitude será de aproximadamente 260 pés quando o percurso da corrida estiver a três milhas da linha de largada.

O procedimento utilizado no exemplo acima pode ser resumido como segue:

Determinando valores de uma função a partir de seu gráfico

Para obter o valor de $f(b)$, dado apenas o gráfico de f no plano xy,

(a) determine o ponto em que a reta vertical $x = b$ intercepta o gráfico de f;

(b) trace uma reta horizontal a partir desse ponto até o eixo dos y;

(c) a interseção dessa reta horizontal com o eixo dos y fornece o valor de $f(b)$.

Esse procedimento fornece apenas uma estimativa do valor de $f(b)$. Se a única informação que você tiver for um desenho do gráfico, você não conseguirá determinar de modo exato os pontos de interseção nos itens (a) e (c).

---

* 1 milha é aproximadamente igual a 1,6 km. (N.T.)

** 1 pé é aproximadamente igual a 30,5 cm. (N.T.)

Determinando o Domínio e a Imagem a Partir de um Gráfico

O exemplo a seguir mostra como se pode determinar o domínio de uma função a partir do seu gráfico.

Suponha que tudo o que você sabe sobre uma função f é o desenho do seu gráfico, mostrado aqui.

EXEMPLO 4

(a) 0,5 está no domínio de f?

(b) 2,5 está no domínio de f?

(c) Estabeleça uma estimativa razoável para o domínio de f.

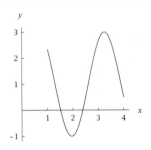

SOLUÇÃO Lembre que o gráfico de f consiste em todos os pontos sob a forma $(b, f(b))$, quando b varia no domínio de f. Assim, a reta $x = b$, no plano xy, intercepta o gráfico de f se e somente se b pertencer ao domínio de f. A figura seguinte contém, além do gráfico de f, as retas $x = 0,5$ e $x = 2,5$:

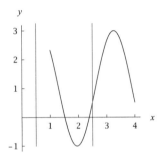

As retas verticais que interceptam o gráfico correspondem a números no domínio.

(a) A figura acima mostra que a reta $x = 0,5$ não intercepta o gráfico de f. Então, 0,5 não pertence ao domínio de f.

(b) A reta $x = 2,5$ intercepta o gráfico de f. Então, 2,5 pertence ao domínio de f.

(c) Uma estimativa razoável para o domínio de f é o intervalo [1, 4]. O intervalo aberto (1, 4) também seria uma estimativa razoável para o domínio de f. Um gráfico pode dar apenas uma boa aproximação do domínio. O verdadeiro domínio de f poderia ser [1; 4,001), ou até mesmo um conjunto não usual, tal como todos os números no intervalo [1, 4] exceto $\sqrt{2}$ e 2,5; nossos olhos não conseguiriam detectar diferenças tão sutis em um desenho do gráfico.

Pouco provável mas possível: Talvez um pequeno buraco nesse gráfico, pequeno demais para que possamos vê-lo, implique que 2,5 não está no domínio dessa função. Assim, devemos tomar cuidado quando trabalharmos com gráficos. No entanto, não tenha receio de tirar conclusões razoáveis que serão válidas a menos que algo muito estranho ocorra.

A técnica utilizada acima pode ser resumida como segue:

Determinando o domínio a partir do gráfico

Um número b pertence ao domínio de uma função f se e somente se a reta $x = b$ no plano xy interceptar o gráfico de f.

Lembre que a imagem de uma função é o conjunto de todos os valores que a função assume. Assim, a imagem de uma função pode ser determinada pelas retas horizontais que interceptam o gráfico da função, como mostrado no próximo exemplo.

EXEMPLO 5

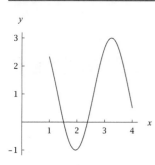

A reta cinza meio-tom inferior mostra que a equação

$$f(x) = 1{,}5$$

possui três soluções x no domínio de f. Para que 1,5 esteja no domínio de f, precisamos que essa equação tenha no mínimo uma solução.

Suponha que f seja a função com domínio [1, 4] cujo gráfico é aqui apresentado.

(a) 1,5 está na imagem de f?

(b) 4 está na imagem de f?

(c) Estabeleça uma estimativa razoável da imagem de f.

SOLUÇÃO

(a) A figura abaixo mostra que a reta $y = 1{,}5$ intercepta o gráfico de f em três pontos. Então, 1,5 pertence à imagem de f.

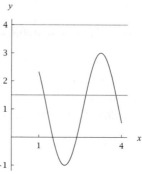

As retas horizontais que interceptam o gráfico correspondem a números na imagem.
A reta cinza meio-tom inferior $y = 1{,}5$ intercepta o gráfico.
A reta cinza meio-tom superior $y = 4$ não intercepta o gráfico.

(b) A figura acima mostra que a reta $y = 4$ não intercepta o gráfico de f. Em outras palavras, a equação $f(x) = 4$ não possui solução x pertencente ao domínio de f. Então, 4 não pertence à imagem de f.

(c) Traçando retas horizontais, podemos ver que a imagem dessa função parece ser o intervalo [−1, 3]. A verdadeira imagem dessa função pode ser levemente diferente disso — não teríamos condições de notar a diferença no desenho desse gráfico se a imagem fosse na verdade igual ao intervalo [−1,02; 3,001].

A técnica utilizada aqui pode ser resumida como segue:

> ### Determinando a imagem a partir do gráfico
> Um número c pertence à imagem de uma função f se e somente se a reta horizontal $y = c$, no plano xy, interceptar o gráfico de f.

Quais Conjuntos São Gráficos de Funções?

Como ilustrado no exemplo a seguir, nem toda curva no plano é o gráfico de alguma função.

EXEMPLO 6

Esta curva é o gráfico de alguma função?

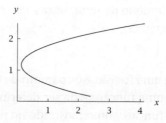

SOLUÇÃO Se essa curva for o gráfico de alguma função f, poderíamos determinar o valor de f(1) olhando para os pontos em que a reta x = 1 intercepta a curva. No entanto, a figura a seguir mostra que a reta x = 1 intercepta a curva em dois pontos. A definição de função requer que f(1) seja um único número, não um par de números. Assim, essa curva não é o gráfico de nenhuma função.

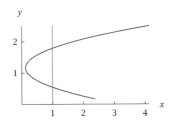

A reta x = 1 intercepta a curva em dois pontos. Assim, esta curva não é o gráfico de uma função.

De modo geral, qualquer conjunto no plano das coordenadas que intercepte alguma reta vertical em mais que um ponto não poderá ser o gráfico de uma função. Por outro lado, um conjunto no plano das coordenadas que intercepte toda reta vertical em no máximo um ponto é o gráfico de alguma função f, cujos valores são determinados como no Exemplo 3 e cujo domínio é determinado como no Exemplo 4.

A condição para que um conjunto no plano das coordenadas seja o gráfico de alguma função pode ser resumido como segue:

> **Teste da reta vertical**
> Um conjunto de pontos no plano das coordenadas é o gráfico de alguma função se e somente se toda reta vertical interceptar o conjunto em no máximo um ponto.

O teste da reta vertical mostra, por exemplo, que nenhuma função tem um gráfico dado por uma circunferência.

EXERCÍCIOS

Para os Exercícios 1–8, escreva as coordenadas do ponto especificado usando a figura abaixo:

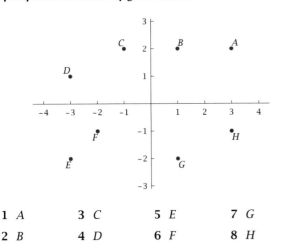

1 A   3 C   5 E   7 G
2 B   4 D   6 F   8 H

9 Esboce um plano das coordenadas mostrando os quatro pontos a seguir, suas coordenadas e os retângulos determinados por cada ponto (como no Exemplo 1): (1, 2), (−2, 2), (−3, −1), (2, −3).

10 Esboce um plano das coordenadas mostrando os quatro pontos a seguir, suas coordenadas e os retângulos determinados por cada ponto (como no Exemplo 1): (2,5; 1), (−1, 3), (−1,5; −1,5), (1, −3).

11 Apresentamos aqui o gráfico de uma função f.
   (a) Qual é o domínio de f?
   (b) Qual é a imagem de f?

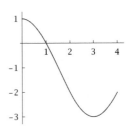

12 Apresentamos aqui o gráfico de uma função f.
  (a) Qual é o domínio de f?
  (b) Qual é a imagem de f?

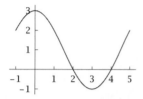

Para os Exercícios 13–24, suponha que f seja a função com domínio $[-4, 4]$, cujo gráfico é apresentado abaixo:

O gráfico de f.

13 Estime o valor de $f(-4)$.

14 Estime o valor de $f(-3)$.

15 Estime o valor de $f(-2)$.

16 Estime o valor de $f(-1)$.

17 Estime o valor de $f(2)$.

18 Estime o valor de $f(0)$.

19 Estime o valor de $f(4)$.

20 Estime o valor de $f(3)$.

21 Estime um número b tal que $f(b) = 4$.

22 Estime um número negativo b tal que $f(b) = 0{,}5$.

23 Quantos valores de x satisfazem a equação $f(x) = \frac{1}{2}$?

24 Quantos valores de x satisfazem a equação $f(x) = -3{,}5$?

Para os Exercícios 25–36, suponha que g seja a função com domínio $[-4, 4]$, cujo gráfico é apresentado abaixo:

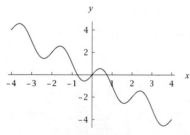

O gráfico de g.

25 Estime o valor de $g(-4)$.

26 Estime o valor de $g(-3)$.

27 Estime o valor de $g(-2)$.

28 Estime o valor de $g(-1)$.

29 Estime o valor de $g(2)$.

30 Estime o valor de $g(1)$.

31 Estime o valor de $g(2{,}5)$.

32 Estime o valor de $g(1{,}5)$.

33 Estime um número b tal que $g(b) = 3{,}5$.

34 Estime um número b tal que $g(b) = -3{,}5$.

35 Quantos valores de x satisfazem a equação $g(x) = -2$?

36 Quantos valores de x satisfazem a equação $g(x) = 0$?

Para os Exercícios 37–40, use a tecnologia apropriada para esboçar o gráfico da função f definida pela fórmula dada, no intervalo dado.

37 $f(x) = 2x^3 - 9x^2 + 12x - 3$
  no intervalo $[\frac{1}{2}, \frac{5}{2}]$

38 $f(x) = 0{,}6x^5 - 7{,}5x^4 + 35x^3 - 75x^2 + 72x - 20$
  no intervalo $[\frac{1}{2}, \frac{9}{2}]$

39 $f(t) = \dfrac{t^2 + 1}{t^5 + 2}$
  no intervalo $[-\frac{1}{2}, 2]$

40 $f(t) = \dfrac{8t^3 - 5}{t^4 + 2}$
  no intervalo $[-1, 3]$

Para os Exercícios 41–46, suponha que g e h sejam as funções completamente definidas pelas tabelas abaixo:

x	$g(x)$
-3	-1
-1	1
1	$2{,}5$
3	-2

x	$h(x)$
-4	2
-2	-3
2	$-1{,}5$
3	1

41 Qual é o domínio de g?

42 Qual é o domínio de h?

43 Qual é a imagem de g?

44 Qual é a imagem de h?

45 Trace o gráfico de g.

46 Trace o gráfico de h.

PROBLEMAS

47 Esboce o gráfico de uma função cujo domínio seja igual ao intervalo [1, 3] e cuja imagem seja igual ao intervalo [−2, 4].

48 Esboce o gráfico de uma função cujo domínio seja igual ao intervalo [0, 4] e cuja imagem seja o conjunto de dois números {2, 3}.

49 Dê um exemplo de uma reta no plano das coordenadas que não seja o gráfico de nenhuma função.

50 Dê um exemplo de um conjunto consistindo em dois pontos no plano das coordenadas que não seja o gráfico de nenhuma função.

SOLUÇÕES DETALHADAS dos Exercícios Ímpares

Para os Exercícios 1–8, escreva as coordenadas do ponto especificado usando a figura abaixo:

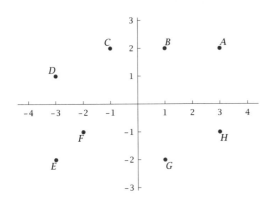

1 A

SOLUÇÃO Para chegar ao ponto A partindo da origem, devemos andar 3 unidades para a direita e 2 unidades para cima. Assim, A tem coordenadas (3, 2).

Números obtidos a partir de uma figura devem ser considerados aproximações. Portanto, as coordenadas exatas de A poderiam ser (3,01; 1,98).

3 C

SOLUÇÃO Para chegar ao ponto C partindo da origem, devemos andar 1 unidade para a esquerda e 2 unidades para cima. Assim, C tem coordenadas (−1, 2).

5 E

SOLUÇÃO Para chegar ao ponto E partindo da origem, devemos andar 3 unidades para a esquerda e 2 unidades para baixo. Assim, E tem coordenadas (−3, −2).

7 G

SOLUÇÃO Para chegar ao ponto G partindo da origem, devemos andar 1 unidade para a direita e 2 unidades para baixo. Então G tem coordenadas (1, −2).

9 Esboce um plano das coordenadas mostrando os quatro pontos a seguir, suas coordenadas e os retângulos determinados por cada ponto (como no Exemplo 1): (1, 2), (−2, 2), (−3, −1), (2, −3).

SOLUÇÃO

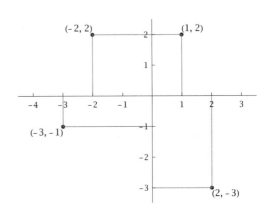

11 Apresentamos aqui o gráfico de uma função f.

(a) Qual é o domínio de f?

(b) Qual é a imagem de f?

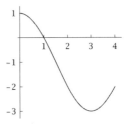

SOLUÇÃO

(a) Pela figura, parece que o domínio de f é [0, 4]. Usamos aqui a palavra "parece" porque uma figura não pode fornecer precisão. O domínio exato de f poderia ser [0; 4,001], ou [0; 3,99], ou (0, 4).

(b) Da figura, parece que a imagem de f é [−3, 1].

Para os Exercícios 13–24, suponha que f seja a função com domínio [−4, 4], cujo gráfico é apresentado a seguir:

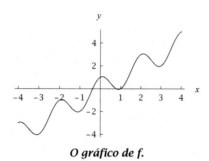

O gráfico de f.

13 Estime o valor de $f(-4)$.

SOLUÇÃO Para estimar o valor de $f(-4)$, traçamos uma reta vertical a partir do ponto -4 sobre o eixo dos x até o gráfico, como mostrado abaixo:

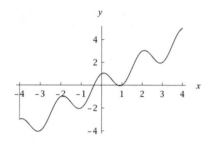

Depois, traçamos uma reta horizontal a partir da interseção entre aquela reta vertical e o gráfico até o eixo dos y:

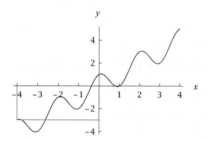

A interseção entre a reta horizontal e o eixo dos y fornece o valor de $f(-4)$. Assim, vemos que $f(-4) \approx -3$ (o símbolo $\approx$ significa "é aproximadamente igual a", que é o melhor que pode ser feito quando usamos um gráfico).

15 Estime o valor de $f(-2)$.

SOLUÇÃO Para estimar o valor de $f(-2)$, traçamos uma reta vertical a partir do ponto -2 sobre o eixo dos x até o gráfico, como mostrado abaixo:

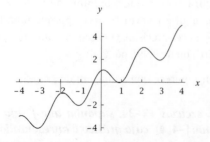

Depois, traçamos uma reta horizontal a partir da interseção entre aquela reta vertical e o gráfico até o eixo dos y:

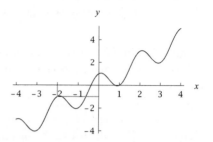

A interseção entre a reta horizontal e o eixo dos y fornece o valor de $f(-2)$. Assim, vemos que $f(-2) \approx -1$.

17 Estime o valor de $f(2)$.

SOLUÇÃO Para estimar o valor de $f(2)$, traçamos uma reta vertical a partir do ponto 2 sobre o eixo dos x até o gráfico, como mostrado abaixo:

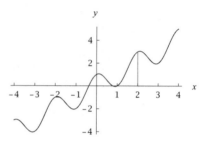

Depois, traçamos uma reta horizontal a partir da interseção entre aquela reta vertical e o gráfico até o eixo dos y:

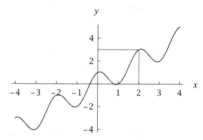

A interseção entre a reta horizontal e o eixo dos y fornece o valor de $f(2)$. Assim, vemos que $f(2) \approx 3$.

19 Estime o valor de $f(4)$.

SOLUÇÃO Para estimar o valor de $f(4)$, traçamos uma reta vertical a partir do ponto 4 sobre o eixo dos x até o gráfico, como mostrado abaixo:

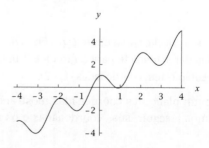

Depois, traçamos uma reta horizontal a partir da interseção entre aquela reta vertical e o gráfico até o eixo dos y:

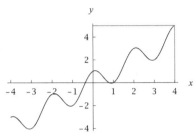

A interseção entre a reta horizontal e o eixo dos y fornece o valor de $f(4)$. Assim, vemos que $f(4) \approx 5$.

21 Estime um número b tal que $f(b) = 4$.

SOLUÇÃO Traçamos a reta horizontal $y = 4$, como mostrado abaixo:

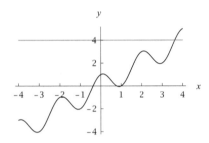

Depois, traçamos uma reta vertical a partir da interseção entre aquela reta horizontal e o gráfico até o eixo dos x:

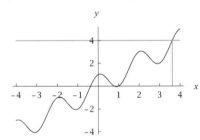

A interseção entre a reta vertical e o eixo dos x fornece o valor de b, tal que $f(b) = 4$. Assim, vemos que $b \approx 3{,}6$.

23 Quantos valores de x satisfazem a equação $f(x) = \frac{1}{2}$?

SOLUÇÃO Traçamos a reta horizontal $y = \frac{1}{2}$, como mostrado abaixo. Essa reta horizontal intercepta o gráfico em três pontos. Portanto existem três valores de x tais que $f(x) = \frac{1}{2}$.

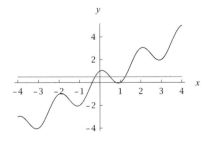

Para os Exercícios 25–36, suponha que g seja a função com domínio [–4, 4], cujo gráfico é apresentado abaixo:

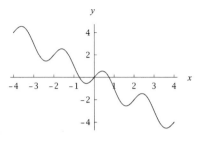

O gráfico de g.

25 Estime o valor de $g(-4)$.

SOLUÇÃO Para estimar o valor de $g(-4)$, traçamos uma reta vertical a partir do ponto -4 sobre o eixo dos x até o gráfico, como mostrado abaixo:

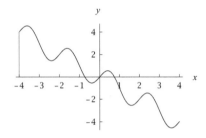

Depois, traçamos uma reta horizontal a partir da interseção entre aquela reta vertical e o gráfico até o eixo dos y:

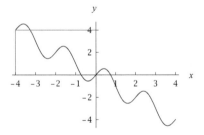

A interseção entre a reta horizontal e o eixo dos y fornece o valor de $g(-4)$. Assim, vemos que $g(-4) \approx 4$.

27 Estime o valor de $g(-2)$.

SOLUÇÃO Para estimar o valor de $g(-2)$, traçamos uma reta vertical a partir do ponto -2 sobre o eixo dos x até o gráfico, como mostrado abaixo:

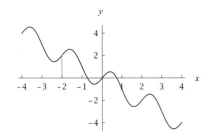

Depois, traçamos uma reta horizontal a partir da interseção entre aquela reta vertical e o gráfico até o eixo dos y:

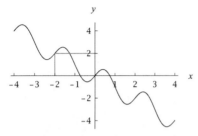

A interseção entre a reta horizontal e o eixo dos y fornece o valor de g(−2). Assim, vemos que g(−2) ≈ 2.

29 Estime o valor de g(2).

SOLUÇÃO Para estimar o valor de g(2), traçamos uma reta vertical a partir do ponto 2 sobre o eixo dos x até o gráfico, como mostrado abaixo:

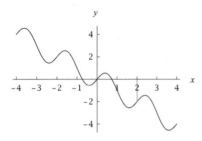

Depois, traçamos uma reta horizontal a partir da interseção entre aquela reta vertical e o gráfico até o eixo dos y:

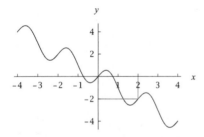

A interseção entre a reta horizontal e o eixo dos y fornece o valor de g(2). Assim, vemos que g(2) ≈ −2.

31 Estime o valor de g(2,5).

SOLUÇÃO Para estimar o valor de g(2,5), traçamos uma reta vertical a partir do ponto 2,5 sobre o eixo dos x até o gráfico, como mostrado abaixo:

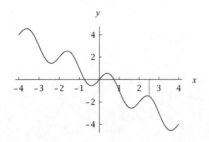

Depois, traçamos uma reta horizontal a partir da interseção entre aquela reta vertical e o gráfico até o eixo dos y:

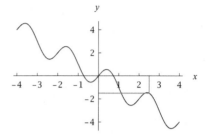

A interseção entre a reta horizontal e o eixo dos y fornece o valor de g(2,5). Assim, vemos que g(2,5) ≈ −1,5.

33 Estime um número b tal que g(b) = 3,5.

SOLUÇÃO Traçamos a reta horizontal y = 3,5, como mostrado abaixo:

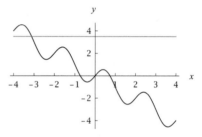

Depois, traçamos uma reta vertical a partir da interseção entre aquela reta horizontal e o gráfico até o eixo dos x:

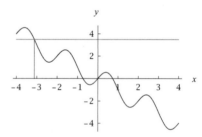

A interseção entre a reta vertical e o eixo dos x fornece o valor de b, tal que g(b) = 3,5. Assim, vemos que b ≈ −3,1.

35 Quantos valores de x satisfazem a equação g(x) = −2?

SOLUÇÃO Traçamos a reta horizontal y = −2, como mostrado a seguir. Essa reta horizontal intercepta o gráfico em três pontos. Portanto, existem três valores de x tais que g(x) = −2.

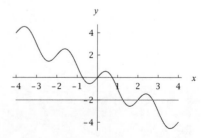

Para os Exercícios 37–40, use a tecnologia apropriada para esboçar o gráfico da função f definida pela fórmula dada, no intervalo dado.

37 $f(x) = 2x^3 - 9x^2 + 12x - 3$
no intervalo $[\frac{1}{2}, \frac{5}{2}]$

SOLUÇÃO Se for usar o *WolframAlpha*, digite

`graph (t^2 + 1)/(t^5 + 2) from t=-1/2 to 2`,

ou use seu software ou sua calculadora gráfica preferidos para produzir um gráfico como o que se mostra a seguir.

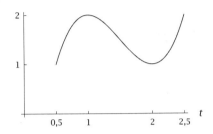

39 $f(t) = \dfrac{t^2 + 1}{t^5 + 2}$
no intervalo $[-\frac{1}{2}, 2]$

SOLUÇÃO Se for usar o *WolframAlpha*, digite

`graph 2x^3 - 9x^2 + 12x - 3 from x=1/2 to 5/2`,

ou use seu software ou sua calculadora gráfica preferidos para produzir um gráfico como o que se mostra a seguir.

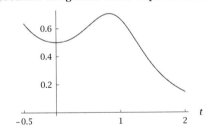

Para os Exercícios 41–46, suponha que g e h sejam as funções completamente definidas pelas tabelas abaixo:

x	g(x)
−3	−1
−1	1
1	2,5
3	−2

x	h(x)
−4	2
−2	−3
2	−1,5
3	1

41 Qual é o domínio de *g*?

SOLUÇÃO O domínio de *g* é o conjunto de números que estão na primeira coluna da tabela que define *g*. Então, o domínio de *g* é o conjunto {−3, −1, 1, 3}.

43 Qual é a imagem de *g*?

SOLUÇÃO A imagem de *g* é o conjunto de números que estão na segunda coluna da tabela que define *g*. Então, a imagem de *g* é o conjunto {−1; 1; 2,5; −2}.

45 Trace o gráfico de *g*.

SOLUÇÃO O gráfico de *g* consiste nos quatro pontos cujas coordenadas são (−3, −1), (−1, 1), (1; 2,5), (3, −2), como mostrado a seguir:

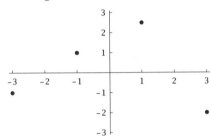

1.3 Transformações de Funções e Seus Gráficos

OBJETIVOS DE APRENDIZAGEM

Ao final desta seção, você deverá ser capaz de

- usar as transformações de funções que deslocam o gráfico para cima ou para baixo, alongam o gráfico verticalmente ou refletem o gráfico sobre o eixo horizontal;
- usar as transformações de funções que deslocam o gráfico para a esquerda ou para a direita, alongam o gráfico horizontalmente ou refletem o gráfico sobre o eixo vertical;
- combinar múltiplas transformações de funções;
- determinar o domínio, a imagem e o gráfico de uma função transformada;
- reconhecer funções pares e funções ímpares.

O gráfico de $f(x) = x^2$, com domínio $[-1, 1]$. A imagem de f é $[0, 1]$.

Nesta seção, investigaremos várias transformações de funções e aprenderemos o efeito dessas transformações no domínio, na imagem e no gráfico de uma função. Para ilustrar essas ideias, ao longo desta seção utilizaremos a função f definida por $f(x) = x^2$, com domínio igual ao intervalo $[-1, 1]$. Assim, o gráfico de f é parte de uma parábola familiar.

Transformações Verticais: Deslocamento, Alongamento e Reflexão

Esta subseção foca nas transformações de funções verticais que mudam a forma ou a localização vertical do gráfico de uma função. Como as transformações de funções verticais afetam o gráfico apenas verticalmente, elas não alteram o domínio da função.

Começamos com um exemplo que mostra o procedimento para deslocar para cima o gráfico de uma função.

EXEMPLO 1

Defina uma função g por

$$g(x) = f(x) + 1,$$

em que f é a função definida por $f(x) = x^2$, com o domínio de f o intervalo $[-1, 1]$.

(a) Determine o domínio de g.

(b) Determine a imagem de g.

(c) Esboce o gráfico de g.

SOLUÇÃO

(a) A fórmula que define g mostra que $g(x)$ é definida precisamente quando $f(x)$ for definida. Em outras palavras, o domínio de g é igual ao domínio de f. Então, o domínio de g é o intervalo $[-1, 1]$.

(b) Lembre que a imagem de g é o conjunto de valores assumidos por g quando x varia no domínio de g. Como $g(x)$ é igual a $f(x) + 1$, a imagem de g é obtida adicionando-se 1 a cada número da imagem de f. Assim, a imagem de g é o intervalo $[1, 2]$.

(c) Um ponto típico no gráfico de f tem a forma (x, x^2), em que x está no intervalo $[-1, 1]$. Como $g(x) = x^2 + 1$, um ponto típico no gráfico de g tem a forma $(x, x^2 + 1)$, em que x está no intervalo $[-1, 1]$. Em outras palavras, cada ponto no gráfico de g é

Os gráficos de $f(x) = x^2$ (cinza-escuro) e $g(x) = x^2 + 1$ (cinza meio-tom), ambas com domínio $[-1, 1]$.

obtido adicionando-se 1 à segunda coordenada de um ponto no gráfico de f. Assim, o gráfico de g é obtido pelo deslocamento do gráfico de f uma unidade para cima, como mostrado aqui.

O deslocamento do gráfico de uma função para baixo segue um padrão similar, substituindo-se o sinal de mais por um sinal de menos, como mostrado no exemplo a seguir.

EXEMPLO 2

Defina uma função h por

$$h(x) = f(x) - 1,$$

em que f é a função definida por $f(x) = x^2$, com o domínio de f o intervalo $[-1, 1]$.

(a) Determine o domínio de h.

(b) Determine a imagem de h.

(c) Esboce o gráfico de h.

SOLUÇÃO

(a) A fórmula acima mostra que $h(x)$ é definida precisamente quando $f(x)$ for definida. Em outras palavras, o domínio de h é igual ao domínio de f. Assim, o domínio de h é o intervalo $[-1, 1]$.

(b) Como $h(x)$ é igual a $f(x) - 1$, a imagem de h é obtida subtraindo-se 1 de cada número da imagem de f. Assim, a imagem de h é o intervalo $[-1, 0]$.

(c) Como $h(x) = x^2 - 1$, um ponto típico no gráfico de h tem a forma $(x, x^2 - 1)$, em que x está no intervalo $[-1, 1]$. Então, o gráfico de h é obtido pelo deslocamento do gráfico de f 1 unidade para baixo, como mostrado aqui.

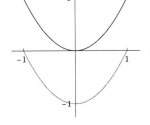

Os gráficos de $f(x) = x^2$ (cinza-escuro) e $h(x) = x^2 - 1$ (cinza meio-tom), ambas com domínio $[-1, 1]$.

Nesses exemplos, ao definir $g(x)$ como $f(x) + 1$ e ao definir $h(x)$ como $f(x) - 1$, poderíamos ter usado qualquer número positivo a em vez de 1. Similarmente, não há nada de especial em relação à função particular f que nós usamos. Assim, valem em geral os seguintes resultados:

Deslocamento de um gráfico para cima ou para baixo

Suponha que f seja uma função e $a > 0$. Defina funções g e h por

$$g(x) = f(x) + a \quad \text{e} \quad h(x) = f(x) - a.$$

Então,

- o gráfico de g é obtido pelo deslocamento do gráfico de f a unidades para cima;
- o gráfico de h é obtido pelo deslocamento do gráfico de f a unidades para baixo.

Em vez de memorizar as conclusões em todos os boxes de resultados desta seção, tente entender como essas conclusões foram obtidas. Depois, você poderá decidir de qual delas vocês necessita, dependendo do problema em questão.

O próximo exemplo mostra como se alonga verticalmente o gráfico de uma função.

EXEMPLO 3

Defina as funções g e h por
$$g(x) = 2f(x) \quad \text{e} \quad h(x) = \tfrac{1}{2}f(x),$$
em que f é a função definida por $f(x) = x^2$, com o domínio de f o intervalo $[-1, 1]$.

(a) Determine o domínio de g e o domínio de h.

(b) Determine a imagem de g.

(c) Determine a imagem de h.

(d) Esboce os gráficos de g e de h.

SOLUÇÃO

(a) As fórmulas que definem g e h mostram que $g(x)$ e $h(x)$ são definidas precisamente quando $f(x)$ for definida. Em outras palavras, o domínio de g e o domínio de h são ambos iguais ao domínio de f. Assim, o domínio de g e o domínio de h são ambos iguais ao intervalo $[-1, 1]$.

(b) Como $g(x)$ é igual a $2f(x)$, a imagem de h é obtida multiplicando-se por 2 cada número da imagem de f. Assim, a imagem de g é o intervalo $[0, 2]$.

(c) Como $h(x)$ é igual a $\tfrac{1}{2}f(x)$, a imagem de h é obtida multiplicando-se por $\tfrac{1}{2}$ cada número da imagem de f. Assim, a imagem de h é o intervalo $[0, \tfrac{1}{2}]$.

(d) Para cada x no intervalo $[-1, 1]$, o ponto $(x, 2x^2)$ está no gráfico de g e o ponto $(x, \tfrac{1}{2}x^2)$ está no gráfico de h. Assim, o gráfico de g é obtido pelo alongamento vertical do gráfico de f por um fator 2, enquanto o gráfico de h é obtido, pelo alongamento vertical do gráfico de f, por um fator $\tfrac{1}{2}$, como mostrado aqui.

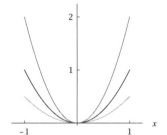

Os gráficos de $f(x) = x^2$ (cinza-escuro) e $g(x) = 2x^2$ (cinza meio-tom) e $h(x) = \tfrac{1}{2}x^2$ (cinza-claro), todas com domínio $[-1, 1]$.

Na última parte do exemplo acima, observamos que o gráfico de h é obtido pelo alongamento vertical do gráfico de f por um fator $\tfrac{1}{2}$. Essa terminologia pode parecer um tanto estranha, pois a palavra "alongar" tem frequentemente a conotação de algo que se torna maior. Entretanto, considera-se conveniente usar a palavra "alongar" em um sentido mais amplo, o de multiplicar por algum número positivo, que poderia ser menor que 1.

Talvez a palavra "encolher" fosse mais apropriada aqui.

Poderíamos ter usado qualquer número positivo c em vez de 2 ou $\tfrac{1}{2}$, no exemplo acima. Similarmente, não há nada de especial a respeito da função particular f que nós usamos. Assim, vale em geral o seguinte resultado:

Alongamento de um gráfico verticalmente

Suponha que f seja uma função e $c > 0$. Defina uma função g por
$$g(x) = cf(x).$$
Então, o gráfico de g é obtido pelo alongamento do gráfico de f verticalmente, por um fator c.

O procedimento para refletir o gráfico de uma função sobre o eixo horizontal é ilustrado pelo exemplo a seguir. Refletir um gráfico sobre o eixo horizontal altera apenas o aspecto vertical do gráfico. Assim, refletir o gráfico de uma função sobre o eixo horizontal é de fato uma transformação de função vertical.

EXEMPLO 4

Defina uma função g por
$$g(x) = -f(x),$$
em que f é a função definida por $f(x) = x^2$, com o domínio de f o intervalo $[-1, 1]$.

(a) Determine o domínio de g.

(b) Determine a imagem de g.

(c) Esboce o gráfico de g.

SOLUÇÃO

(a) A fórmula que define g mostra que $g(x)$ é definida precisamente quando $f(x)$ for definida. Em outras palavras, o domínio de g é igual ao domínio de f. Assim, o domínio de g é o intervalo $[-1, 1]$.

(b) Como $g(x)$ é igual a $-f(x)$, os valores assumidos por g são os negativos dos valores assumidos por f. Assim, a imagem de g é o intervalo $[-1, 0]$.

(c) Note que $g(x) = -x^2$ para todo x no intervalo $[-1, 1]$. Para cada ponto (x, x^2) no gráfico de f, o ponto $(x, -x^2)$ está no gráfico de g. Assim, o gráfico de g é obtido pela reflexão do gráfico de f sobre o eixo horizontal, como mostrado aqui.

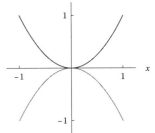

Os gráficos de $f(x) = x^2$ (cinza-escuro) e $g(x) = -x^2$ (cinza meio-tom), ambas com domínio $[-1, 1]$.

O seguinte resultado vale para toda função f:

> ### Reflexão de um gráfico sobre o eixo horizontal
> Suponha f uma função. Defina uma função g por
> $$g(x) = -f(x).$$
> Dessa forma, o gráfico de g é obtido pela reflexão do gráfico de f sobre o eixo horizontal.

*A palavra **reflexão** parece ser uma descrição mais exata de como o gráfico cinza meio-tom acima é obtido a partir do gráfico cinza-escuro.*

Transformações Horizontais: Deslocamento, Alongamento e Reflexão

Agora, focaremos transformações de funções horizontais, que mudam a forma ou a localização horizontal do gráfico de uma função. Como as transformações de funções horizontais afetam o gráfico apenas horizontalmente, elas não alteram a imagem da função.

Começaremos com um exemplo que mostrará o procedimento para deslocar para a esquerda o gráfico de uma função.

Transformações verticais funcionam basicamente como você esperaria. Como você logo verá, as ações das transformações horizontais são menos intuitivas.

EXEMPLO 5

Defina uma função g por
$$g(x) = f(x + 1),$$
em que f é a função definida por $f(x) = x^2$, sendo o domínio de f o intervalo $[-1, 1]$.

(a) Determine o domínio de g.

(b) Determine a imagem de g.

(c) Esboce o gráfico de g.

SOLUÇÃO

(a) A fórmula que define g mostra que $g(x)$ é definida precisamente quando $f(x+1)$ for definida, isto é, $x+1$ deve estar no intervalo $[-1, 1]$, portanto, x deve estar no intervalo $[-2, 0]$. Assim, o domínio de g é o intervalo $[-2, 0]$.

(b) Como $g(x)$ é igual a $f(x+1)$, os valores assumidos por g são os mesmos assumidos por f. Assim, a imagem de g é igual à imagem de f, que é o intervalo $[0, 1]$.

(c) Observe que $g(x) = (x+1)^2$ para todo x no intervalo $[-2, 0]$. Para cada ponto (x, x^2) no gráfico de f, o ponto $(x-1, x^2)$ está no gráfico de g (pois $g(x-1) = x^2$). Então, o gráfico de g é obtido pelo deslocamento do gráfico de f uma unidade para a esquerda, como mostrado aqui.

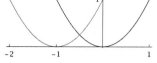

Os gráficos de $f(x) = x^2$ (cinza-escuro, com domínio $[-1, 1]$) e $g(x) = (x+1)^2$ (cinza meio-tom, com domínio $[-2, 0]$). O gráfico de g é obtido pelo deslocamento do gráfico de f para a esquerda uma unidade.

Suponha que definimos uma função h por

$$h(x) = f(x-1),$$

em que f é novamente a função definida por $f(x) = x^2$, com o domínio de f o intervalo $[-1, 1]$. Dessa forma, tudo funciona como no exemplo acima, exceto o domínio e o gráfico de h, que são obtidos pelo deslocamento do domínio e do gráfico de f uma unidade para a direita (em vez de uma unidade para a esquerda, como no exemplo acima).

De um modo mais geral, poderíamos ter usado qualquer número positivo b em vez de 1, nestes exemplos, quando definimos $g(x)$ como $f(x+1)$ e $h(x)$ como $f(x-1)$. Similarmente, não há nada de especial a respeito da função particular f que nós usamos. Assim, valem em geral os seguintes resultados:

Deslocamento de um gráfico para a esquerda ou para a direita

Suponha que f seja uma função e $b > 0$. Defina as funções g e h por

$$g(x) = f(x+b) \quad \text{e} \quad h(x) = f(x-b).$$

Então,

- o gráfico de g é obtido pelo deslocamento do gráfico de f b unidades para a esquerda;
- o gráfico de h é obtido pelo deslocamento do gráfico de f b unidades para a direita.

O próximo exemplo mostra o procedimento para alongar horizontalmente o gráfico de uma função.

EXEMPLO 6 Defina funções g e h por

$$g(x) = f(2x) \quad \text{e} \quad h(x) = f(\tfrac{1}{2}x),$$

em que f é a função definida por $f(x) = x^2$, com o domínio de f o intervalo $[-1, 1]$.

(a) Determine o domínio de g.

(b) Determine a domínio de h.

(c) Determine a imagem de g e a imagem de h.

(c) Esboce os gráficos de g e de h.

SOLUÇÃO

(a) A fórmula que define g mostra que $g(x)$ é definida precisamente quando $f(2x)$ for definida, o que significa que $2x$ deve estar no intervalo $[-1, 1]$, isto é, x deve estar no intervalo $[-\frac{1}{2}, \frac{1}{2}]$. Assim, o domínio de g é o intervalo $[-\frac{1}{2}, \frac{1}{2}]$.

(b) A fórmula que define h mostra que $h(x)$ é definida precisamente quando $f(\frac{1}{2}x)$ for definida, o que significa que $\frac{1}{2}x$ deve estar no intervalo $[-1, 1]$, isto é, x deve estar no intervalo $[-2, 2]$. Assim, o domínio de h é o intervalo $[-2, 2]$.

(c) As fórmulas que definem g e h mostram que os valores que elas assumem são os mesmos valores assumidos por f. Assim, a imagem de g e a imagem de h são ambas iguais à imagem de f, que é o intervalo $[0, 1]$.

(d) Para cada ponto (x, x^2) no gráfico de f, o ponto $(\frac{x}{2}, x^2)$ está no gráfico de g (pois $g(\frac{x}{2}) = x^2$) e o ponto $(2x, x^2)$ está no gráfico de h (pois $h(2x) = x^2$). Assim, o gráfico de g é obtido pelo alongamento horizontal do gráfico de f por um fator $\frac{1}{2}$, e o gráfico de h é obtido pelo alongamento horizontal do gráfico de f por um fator 2, como mostrado aqui.

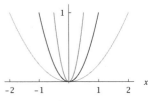

Os gráficos de $f(x) = x^2$ (cinza-escuro, com domínio $[-1, 1]$), $g(x) = (2x)^2$ (cinza meio-tom, com domínio $[-\frac{1}{2}, \frac{1}{2}]$) e $h(x) = (\frac{1}{2}x)^2$ (cinza-claro, com domínio $[-2, 2]$).

Poderíamos ter usado qualquer número positivo c em vez de 2 ou $\frac{1}{2}$, quando definimos $g(x)$ como $f(2x)$ e $h(x)$ como $f(\frac{1}{2}x)$, no exemplo acima. Similarmente, não há nada de especial a respeito da função particular f que nós usamos. Assim, vale em geral o seguinte resultado:

> **Alongamento de um gráfico horizontalmente**
>
> Suponha que f seja uma função e $c > 0$. Definimos uma função g por
>
> $$g(x) = f(cx).$$
>
> Assim, o gráfico de g é obtido pelo alongamento horizontal do gráfico de f por um fator $\frac{1}{c}$.

O procedimento para refletir o gráfico de uma função sobre o eixo vertical será ilustrado pelo exemplo a seguir. Para demonstrar as ideias mais claramente, alteramos o domínio de f para o intervalo $[\frac{1}{2}, 1]$.

EXEMPLO 7

Defina uma função g por

$$g(x) = f(-x),$$

em que f é a função definida por $f(x) = x^2$, com o domínio de f o intervalo $[\frac{1}{2}, 1]$.

(a) Determine o domínio de g.

(b) Determine a imagem de g.

(c) Esboce o gráfico de g.

SOLUÇÃO

(a) A fórmula que define g mostra que $g(x)$ é definida precisamente quando $f(-x)$ for definida, isto é, $-x$ deve estar no intervalo $[\frac{1}{2}, 1]$, portanto, x deve estar no intervalo $[-1, -\frac{1}{2}]$. Assim, o domínio de g é o intervalo $[-1, -\frac{1}{2}]$.

(b) Como $g(x)$ é igual a $f(-x)$, os valores assumidos por g são os mesmos assumidos por f. Assim, a imagem de g é igual à imagem de f, que é o intervalo $[\frac{1}{4}, 1]$.

(c) Observe que $g(x) = (-x)^2 = x^2$ para todo x no intervalo $[-1, -\frac{1}{2}]$. Para cada ponto (x, x^2) no gráfico de f, o ponto $(-x, x^2)$ está no gráfico de g (pois $g(-x) = x^2$). Assim, o gráfico de g é obtido pela reflexão do gráfico de f sobre o eixo vertical:

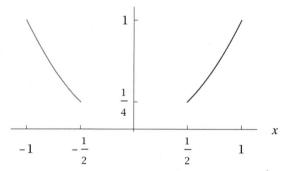

Os gráficos de $f(x) = x^2$ (cinza-escuro, com domínio $[\frac{1}{2}, 1]$)
e $g(x) = (-x)^2 = x^2$ (cinza meio-tom, com domínio $[-1, -\frac{1}{2}]$).
O gráfico de g é obtido pela reflexão do gráfico de f sobre o eixo vertical.

O seguinte resultado vale para toda função f:

O domínio de g é obtido pela multiplicação de cada número no domínio de f por -1.

Reflexão de um gráfico sobre o eixo vertical

Suponha que f seja uma função. Defina uma função g por

$$g(x) = f(-x).$$

Dessa forma, o gráfico de g é obtido pela reflexão do gráfico de f sobre o eixo vertical.

Combinações de Transformações Verticais de Funções

Quando trabalhamos com combinações de transformações verticais de funções, a ordem na qual as transformações serão aplicadas pode ser crucial. Para traçar o gráfico, podemos usar o seguinte procedimento simples.

Combinações de transformações verticais de funções

Para obter o gráfico de uma função definida por combinações de transformações verticais de funções, aplicamos as transformações na mesma ordem que as operações correspondentes quando calculamos o valor da função.

EXEMPLO 8

Defina uma função g por

$$g(x) = -2f(x) + 1,$$

em que f é a função definida por $f(x) = x^2$, com o domínio de f o intervalo $[-1, 1]$.

(a) Registre a ordem das operações usadas para calcular o valor de $g(x)$, depois de já ter calculado o valor de $f(x)$.

(b) Determine o domínio de g.

(c) Determine a imagem de g.

(d) Esboce o gráfico de g.

SOLUÇÃO

(a) Como $g(x) = -2f(x) + 1$, as operações para calcular o valor de $g(x)$ devem ser efetuadas na seguinte ordem:

1. Multiplicar $f(x)$ por 2.
2. Multiplicar por -1 o número obtido no passo anterior.
3. Adicionar 1 ao número obtido nesse último passo.

A ordem entre os passos 1 e 2 poderia ser permutada. Entretanto, a operação de adição do 1 deve ser o último passo.

(b) A fórmula que define g mostra que $g(x)$ é definida precisamente quando $f(x)$ for definida. Em outras palavras, o domínio de g é igual ao domínio de f. Assim, o domínio de g é o intervalo $[-1, 1]$.

(c) A imagem de g é obtida pela aplicação das operações da resposta do item (a), na mesma ordem, para a imagem de f, que é o intervalo $[0, 1]$:

1. Multiplicar cada número em $[0, 1]$ por 2, o que resulta no intervalo $[0, 2]$.
2. Multiplicar cada número em $[0, 2]$ por -1, o que resulta no intervalo $[-2, 0]$.
3. Adicionar 1 a cada número em $[-2, 0]$, o que resulta no intervalo $[-1, 1]$, que é a imagem de g.

(d) Aplicando as transformações de funções na mesma ordem que na resposta do item (a), vemos que o gráfico de g é obtido do gráfico de f, pelo alongamento vertical do gráfico de f por um fator 2, depois pela reflexão do gráfico resultante sobre o eixo horizontal e finalmente pelo deslocamento do gráfico resultante uma unidade para cima, produzindo assim o gráfico aqui mostrado.

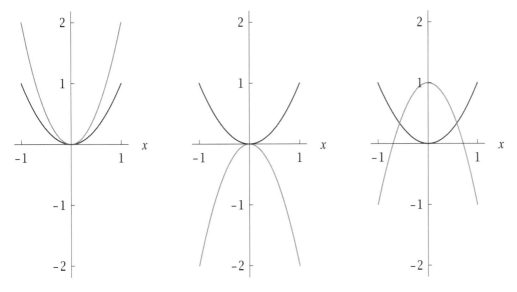

Os gráficos de $f(x) = x^2$ (cinza-escuro), $2f(x)$ (cinza meio-tom, esquerda), $-2f(x)$ (cinza meio-tom, centro) e $-2f(x) + 1$ (cinza meio-tom, direita), todas com domínio $[-1, 1]$.

As operações registradas nas soluções para o item (a) deste e do próximo exemplo são as mesmas, diferindo apenas em sua ordem. Entretanto, ordens diferentes produzem gráficos diferentes.

Comparando o exemplo acima com o próximo exemplo, podemos observar a importância de aplicarem-se as operações na ordem apropriada.

Defina uma função h por
$$h(x) = -2(f(x) + 1),$$
em que f é a função definida por $f(x) = x^2$, com o domínio de f o intervalo $[-1, 1]$.

EXEMPLO 9

(a) Registre a ordem das operações usadas para calcular o valor de h(x), depois de já ter calculado o valor de f(x).

(b) Determine o domínio de h.

(c) Determine a imagem de h.

(d) Esboce o gráfico de h.

SOLUÇÃO

(a) Como $h(x) = -2(f(x) + 1)$, as operações para calcular o valor de h(x) devem ser efetuadas na seguinte ordem:

1. Adicionar 1 a f(x).

2. Multiplicar por 2 o número obtido no passo anterior.

3. Multiplicar por −1 o número obtido nesse último passo.

(b) A fórmula que define h mostra que h(x) é definida precisamente quando f(x) for definida. Em outras palavras, o domínio de h é igual ao domínio de f. Assim, o domínio de h é o intervalo [−1, 1].

(c) A imagem de h é obtida pela aplicação das operações da resposta do item (a), na mesma ordem, para a imagem de f, que é o intervalo [0, 1]:

1. Adicionar 1 a cada número em [0, 1], de que resulta o intervalo [1, 2].

2. Multiplicar por 2 cada número em [1, 2], de que resulta o intervalo [2, 4].

3. Multiplicar por −1 cada número em [2, 4], de que resulta o intervalo [−4, −2], que é a imagem de h.

(d) Aplicando as transformações de funções na mesma ordem que na resposta do item (a), vemos que o gráfico de h é obtido pelo deslocamento do gráfico de f uma unidade para cima, depois pelo alongamento vertical do gráfico resultante por um fator dois, e finalmente pela reflexão do gráfico resultante sobre o eixo horizontal, o que produz o gráfico aqui mostrado.

Observe como o gráfico de −2 (f(x) + 1) deste exemplo é diferente do gráfico de −2 f(x) + 1 do exemplo anterior.

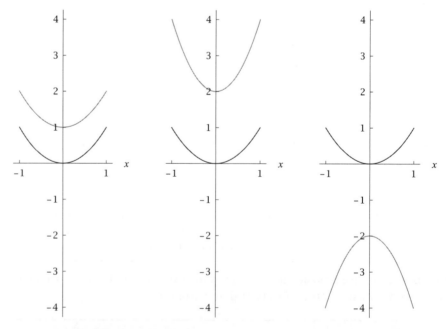

Os gráficos de $f(x) = x^2$ (cinza-escuro), $f(x) + 1$ (cinza meio-tom, esquerda), $2(f(x) + 1)$ (cinza meio-tom, centro) e $-2(f(x) + 1)$ (cinza meio-tom, direita), todas com domínio [−1, 1].

Quando trabalhamos com uma combinação de uma transformação vertical de função e uma transformação horizontal de função, as transformações podem ser aplicadas em qualquer ordem. Para uma combinação de múltiplas transformações verticais com uma única transformação horizontal, certifique-se de aplicar as transformações verticais na ordem apropriada; a transformação horizontal pode ser aplicada antes ou depois das transformações verticais.

Combinações de múltiplas transformações horizontais de funções possivelmente com transformações verticais de funções são mais complicadas. Para aqueles que estiverem interessados nesse tipo de transformações múltiplas de funções, as soluções detalhadas de alguns dos exercícios ímpares ao final desta seção fornecem exemplos da técnica apropriada.

Funções Pares

Suponha $f(x) = x^2$ para todo número real x. Observe que

$$f(-x) = (-x)^2 = x^2 = f(x).$$

Essa propriedade é tão importante que lhe daremos um nome.

> ### *Função par*
> Uma função f é dita **par** se
> $$f(-x) = f(x)$$
> para todo x no domínio de f.

Para que a equação $f(-x) = f(x)$ seja válida para todo x no domínio de f, a expressão $f(-x)$ deve fazer sentido. Assim, $-x$ deve estar no domínio de f para todo x no domínio de f. Por exemplo, não existe possibilidade de que uma função cujo domínio é o intervalo $[-3, 5]$ seja uma função par, mas é possível que uma função cujo domínio é o intervalo $(-4, 4)$ seja ou não uma função par.

Como já observamos anteriormente, x^2 é uma função par. Apresentamos, a seguir, outro exemplo simples:

Mostre que a função f definida por $f(x) = |x|$ para todo número real x é uma função par.

SOLUÇÃO   Essa função é par porque

$$f(-x) = |-x| = |x| = f(x)$$

para todo número real x.

EXEMPLO 10

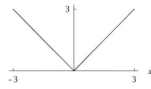

O gráfico de $|x|$ no intervalo $[-3, 3]$.

Suponha que f seja uma função par. Como sabemos, se refletirmos o gráfico de f sobre o eixo vertical, obteremos o gráfico da função h definida por $h(x) = f(-x)$. Como f é par, nós de fato temos $h(x) = f(-x) = f(x)$, o que implica que $h = f$.

Em outras palavras, se refletirmos o gráfico de uma função par f sobre o eixo vertical, obtemos como retorno o gráfico de f. Assim, o gráfico de uma função par é simétrico em relação ao eixo vertical. Essa simetria pode ser vista, por exemplo, no gráfico, mostrado acima, de |x| no intervalo [−3, 3].

> ### O gráfico de uma função par
> Uma função é par se e somente se seu gráfico não for alterado quando refletido sobre o eixo vertical.

Funções Ímpares

Considere agora a função definida por $f(x) = x^3$ para todo número real x. Observe que

$$f(-x) = (-x)^3 = -(x)^3 = -f(x).$$

Essa propriedade é tão importante que lhe daremos um nome.

> ### Função ímpar
> Uma função f é dita **ímpar** se
> $$f(-x) = -f(x)$$
> para todo x no domínio de f.

Assim como para funções pares, para que uma função seja ímpar, $-x$ deve estar no domínio de f para todo x no domínio de f, pois de outra forma não há possibilidade de a equação $f(-x) = -f(x)$ ser válida para todo x no domínio de f.

Como já observamos anteriormente, x^3 é uma função ímpar. Apresentamos, a seguir, outro exemplo simples:

EXEMPLO 11

Mostre que a função f definida por $f(x) = \frac{1}{x}$ para todo número real $x \neq 0$ é uma função ímpar.

SOLUÇÃO

Essa função é ímpar porque

$$f(-x) = \frac{1}{-x} = -\frac{1}{x} = -f(x)$$

para todo número real $x \neq 0$.

Suponha que f seja uma função ímpar. Se x for um número no domínio de f, então $(x, f(x))$ é um ponto do gráfico de f. Como $f(-x) = -f(x)$, o ponto $(-x, -f(x))$ também está no gráfico de f.

Em outras palavras, a reflexão de um ponto $(x, f(x))$ do gráfico de uma função ímpar f sobre a origem fornece o ponto $(-x, -f(x))$, que também está no gráfico de f. Assim, o gráfico de uma função ímpar é simétrico em relação à origem. Essa simetria pode ser vista, por exemplo, no gráfico que apresentamos aqui, de $\frac{1}{x}$ em $[-1, -\frac{1}{2}] \cup [\frac{1}{2}, 1]$.

O gráfico de $\frac{1}{x}$, no intervalo $[-1, -\frac{1}{2}] \cup [\frac{1}{2}, 1]$.

> ### O gráfico de uma função ímpar
> Uma função é ímpar se e somente se seu gráfico não for alterado quando refletido sobre a origem.

EXERCÍCIOS

Para os Exercícios 1–14, seja f a função definida no intervalo [1, 2] pela fórmula $f(x) = \frac{4}{x^2}$. Assim, o domínio de f é o intervalo [1, 2], a imagem de f é o intervalo [1, 4] e o gráfico de f é o aqui apresentado.

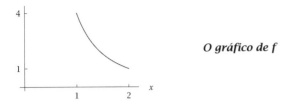

O gráfico de f

Para cada função g descrita abaixo:

(a) Esboce o gráfico de g.
(b) Determine o domínio de g (as extremidades desse intervalo devem ser marcadas sobre o eixo horizontal do seu desenho do gráfico de g).
(c) Escreva uma fórmula para g.
(d) Determine a imagem de g (as extremidades desse intervalo devem ser marcadas sobre o eixo vertical do seu desenho do gráfico de g).

1 O gráfico de g é obtido pelo deslocamento, 1 unidade para cima, do gráfico de f.
2 O gráfico de g é obtido pelo deslocamento, 3 unidades para cima, do gráfico de f.
3 O gráfico de g é obtido pelo deslocamento, 3 unidades para baixo, do gráfico de f.
4 O gráfico de g é obtido pelo deslocamento, 2 unidades para baixo, do gráfico de f.
5 O gráfico de g é obtido pelo alongamento vertical do gráfico de f por um fator 2.
6 O gráfico de g é obtido pelo alongamento vertical do gráfico de f por um fator 3.
7 O gráfico de g é obtido pelo deslocamento, 3 unidades para a esquerda, do gráfico de f.
8 O gráfico de g é obtido pelo deslocamento, 4 unidades para a esquerda, do gráfico de f.
9 O gráfico de g é obtido pelo deslocamento, 1 unidade para a direita, do gráfico de f.
10 O gráfico de g é obtido pelo deslocamento, 3 unidades para a direita, do gráfico de f.
11 O gráfico de g é obtido pelo alongamento horizontal do gráfico de f por um fator 2.
12 O gráfico de g é obtido pelo alongamento horizontal do gráfico de f por um fator $\frac{1}{2}$.

13 O gráfico de g é obtido pela reflexão do gráfico de f sobre o eixo horizontal.
14 O gráfico de g é obtido pela reflexão do gráfico de f sobre o eixo vertical.

Para os Exercícios 15–50, seja f uma função cujo domínio é o intervalo [1, 5], cuja imagem é o intervalo [1, 3] e cujo gráfico é o apresentado na figura abaixo.

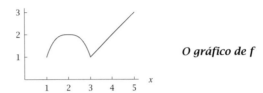

O gráfico de f

Para cada função g descrita abaixo:

(a) Determine o domínio de g.
(b) Determine a imagem de g.
(c) Esboce o gráfico de g.

15 $g(x) = f(x) + 1$
16 $g(x) = f(x) + 3$
17 $g(x) = f(x) - 3$
18 $g(x) = f(x) - 5$
19 $g(x) = 2f(x)$
20 $g(x) = \frac{1}{2}f(x)$
21 $g(x) = f(x + 2)$
22 $g(x) = f(x + 3)$
23 $g(x) = f(x - 1)$
24 $g(x) = f(x - 2)$
25 $g(x) = f(2x)$
26 $g(x) = f(3x)$
27 $g(x) = f(\frac{x}{2})$
28 $g(x) = f(\frac{5x}{8})$
29 $g(x) = 2f(x) + 1$
30 $g(x) = 3f(x) + 2$
31 $g(x) = \frac{1}{2}f(x) - 1$
32 $g(x) = \frac{2}{3}f(x) - 2$

33 $g(x) = 3 - f(x)$
34 $g(x) = 2 - f(x)$
35 $g(x) = -f(x - 1)$
36 $g(x) = -f(x - 3)$
37 $g(x) = f(x + 1) + 2$
38 $g(x) = f(x + 2) + 1$
39 $g(x) = f(2x) + 1$
40 $g(x) = f(3x) + 2$
41 $g(x) = f(2x + 1)$
42 $g(x) = f(3x + 2)$
43 $g(x) = 2f(\frac{x}{2} + 1)$
44 $g(x) = 3f(\frac{2x}{5} + 2)$
45 $g(x) = 2f(\frac{x}{2} + 1) - 3$
46 $g(x) = 3f(\frac{2x}{5} + 2) + 1$
47 $g(x) = 2f(\frac{x}{2} + 3)$
48 $g(x) = 3f(\frac{2x}{5} - 2)$
49 $g(x) = 6 - 2f(\frac{x}{2} + 3)$
50 $g(x) = 1 - 3f(\frac{2x}{5} - 2)$

51 Suponha que g seja uma função par cujo domínio é $[-2, -1] \cup [1, 2]$ e cujo gráfico, no intervalo [1, 2], é o gráfico usado nas instruções dos Exercícios 1–14. Esboce o gráfico de g em $[-2, -1] \cup [1, 2]$.

52 Suponha que g seja uma função par cujo domínio é $[-5, -1] \cup [1, 5]$ e cujo gráfico, no intervalo [1, 5], é o gráfico usado nas instruções dos Exercícios 15–50. Esboce o gráfico de g em $[-5, -1] \cup [1, 5]$.

53 Suponha que h seja uma função ímpar cujo domínio é [−2, −1] ∪ [1, 2] e cujo gráfico, no intervalo [1, 2], é o gráfico usado nas instruções dos Exercícios 1–14. Esboce o gráfico de h em [−2, −1] ∪ [1, 2].

54 Suponha que h seja uma função ímpar cujo domínio é [−5, −1] ∪ [1, 5] e cujo gráfico, no intervalo [1, 5], é o gráfico usado nas instruções dos Exercícios 15–50. Esboce o gráfico de h em [−5, −1] ∪ [1, 5].

Para os Exercícios 55–58, seja f uma função cujo domínio é o intervalo [−5, 5] e

$$f(x) = \frac{x}{x+3}$$

para todo x no intervalo [0, 5].

55 Supondo que f seja uma função par, determine o valor de $f(-2)$.

56 Supondo que f seja uma função par, determine o valor de $f(-3)$.

57 Supondo que f seja uma função ímpar, determine o valor de $f(-2)$.

58 Supondo que f seja uma função ímpar, determine o valor de $f(-3)$.

PROBLEMAS

Para os Problemas 59–62, suponha que, para arrecadar fundos adicionais para a educação superior, o governo federal adote um novo plano de imposto de renda que consista no imposto de renda de 2011 mais um adicional de US$ 100 por contribuinte. Considere g a função tal que g(x) seja o imposto de renda federal de 2011 para uma única pessoa com renda tributável de x dólares, e h a correspondente função para o novo plano de imposto de renda.

59 A função h pode ser obtida a partir de g por uma transformação de função vertical ou por uma transformação de função horizontal?

60 Escreva uma fórmula para $h(x)$ em termos de $g(x)$.

61 Usando a fórmula explícita para $g(x)$ dada no Exemplo 2 da Seção 1.1, escreva uma fórmula explícita para $h(x)$.

62 Sob o novo plano de imposto de renda, qual será o valor do imposto para uma única pessoa cuja renda tributável anual seja de US$ 50.000?

Para os Problemas 63–66, suponha que, para injetar mais dinheiro na economia durante uma recessão, o governo federal adote um novo plano de imposto de renda que reduza o imposto para 90% do imposto de renda de 2011. Considere g a função tal que g(x) seja o imposto de renda federal de 2011 para uma única pessoa com uma renda tributável anual de x dólares, e h a função correspondente para o novo plano de imposto de renda.

63 A função h pode ser obtida a partir de g por uma transformação de função vertical ou por uma transformação de função horizontal?

64 Escreva uma fórmula para $h(x)$ em termos de $g(x)$.

65 Usando a fórmula explícita para $g(x)$ dada no Exemplo 2 da Seção 1.1, escreva uma fórmula explícita para $h(x)$.

66 Sob o novo plano de imposto de renda, qual será o valor do imposto para uma única pessoa cuja renda tributável anual seja de US$ 50.000?

67 Determine a única função cujo domínio seja o conjunto dos números reais e que seja ao mesmo tempo par e ímpar.

68 Demonstre que, sendo f uma função ímpar tal que 0 esteja no domínio de f, então $f(0) = 0$.

69 O boxe de resultados ao final do Exemplo 2 poderia ter sido mais completo se tivéssemos incluído informação mais explícita a respeito do domínio e da imagem das funções g e h. Por exemplo, o boxe de resultados mais completo poderia ser semelhante ao que apresentamos abaixo:

Deslocando um gráfico para cima ou para baixo

Seja f uma função e $a > 0$. Defina funções g e h por

$$g(x) = f(x) + a \quad \text{e} \quad h(x) = f(x) - a.$$

Então,

- g e h têm o mesmo domínio que f;
- a imagem de g é obtida adicionando-se a a todos os números na imagem de f;
- a imagem de h é obtida subtraindo-se a de todos os números na imagem de f;
- o gráfico de g é obtido deslocando-se o gráfico de f a unidades para cima;
- o gráfico de h é obtido deslocando-se o gráfico de f a unidades para baixo.

Construa boxes similares de resultados completos, incluindo informações explícitas a respeito do domínio e da imagem das funções g e h para cada um dos outros cinco boxes de resultados desta seção que lidam com transformações de funções.

70 Verdadeiro ou falso: Sendo *f* uma função ímpar cujo domínio é o conjunto dos números reais e *g* uma função definida por

$$g(x) = \begin{cases} f(x) & \text{se } x \geq 0 \\ -f(x) & \text{se } x < 0, \end{cases}$$

então *g* é uma função par. Justifique sua resposta.

71 Verdadeiro ou falso: Sendo *f* uma função par cujo domínio é o conjunto dos números reais e *g* uma função definida por

$$g(x) = \begin{cases} f(x) & \text{se } x \geq 0 \\ -f(x) & \text{se } x < 0, \end{cases}$$

então *g* é uma função ímpar. Justifique sua resposta.

72 (a) Verdadeiro ou falso: Assim como todo inteiro é ou par ou ímpar, toda função cujo domínio é o conjunto dos inteiros é ou uma função par ou uma função ímpar.

(b) Justifique sua resposta ao item (a). Isto significa que, se a resposta for "verdadeiro", você deve justificar por que toda função cujo domínio é o conjunto dos inteiros é ou uma função par ou uma função ímpar; se a resposta for "falso", você deve dar um exemplo de função cujo domínio é o conjunto dos inteiros, mas não é nem par nem ímpar.

73 Demonstre que a função *f* definida por $f(x) = mx + b$ é uma função ímpar se e somente se $b = 0$.

74 Demonstre que a função *f* definida por $f(x) = mx + b$ é uma função par se e somente se $m = 0$.

75 Demonstre que a função *f* definida por $f(x) = ax^2 + bx + c$ é uma função par se e somente se $b = 0$.

SOLUÇÕES DETALHADAS *dos Exercícios Ímpares*

Para os Exercícios 1–14, seja f a função definida no intervalo [1, 2] pela fórmula $f(x) = \frac{4}{x^2}$. Assim, o domínio de f é o intervalo [1, 2], a imagem de f é o intervalo [1, 4] e o gráfico de f é o aqui apresentado.

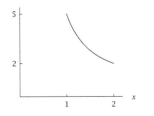

O gráfico de f.

Para cada função g descrita abaixo:

(a) *Esboce o gráfico de g.*

(b) *Determine o domínio de g (as extremidades desse intervalo devem ser marcadas sobre o eixo horizontal do seu desenho do gráfico de g).*

(c) *Escreva uma fórmula para g.*

(d) *Determine a imagem de g (as extremidades desse intervalo devem ser marcadas sobre o eixo vertical do seu desenho do gráfico de g).*

1 O gráfico de *g* é obtido pelo deslocamento, uma unidade para cima, do gráfico de *f*.

SOLUÇÃO

(a)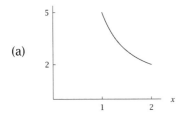

Este é o gráfico que se obtém pelo deslocamento do gráfico de f uma unidade para cima.

(b) O domínio de *g* é o mesmo que o domínio de *f*. Portanto, o domínio de *g* é o intervalo [1, 2].

(c) Como o gráfico de *g* é obtido pelo deslocamento do gráfico de *f* 1 unidade para cima, temos que $g(x) = f(x) + 1$. Assim,

$$g(x) = \frac{4}{x^2} + 1$$

para todo número *x* no intervalo [1, 2].

(d) A imagem de *g* é obtida adicionando-se 1 a todos os números da imagem de *f*. Portanto, a imagem de *g* é o intervalo [2, 5].

3 O gráfico de *g* é obtido pelo deslocamento, 3 unidades para baixo, do gráfico de *f*.

SOLUÇÃO

(a)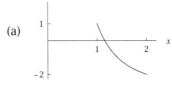

Este é o gráfico que se obtém pelo deslocamento do gráfico de f 3 unidades para baixo.

(b) O domínio de *g* é o mesmo que o domínio de *f*. Portanto, o domínio de *g* é o intervalo [1, 2].

(c) Como o gráfico de *g* é obtido pelo deslocamento do gráfico de *f* 3 unidades para baixo, temos que $g(x) = f(x) - 3$. Assim,

$$g(x) = \frac{4}{x^2} - 3$$

para todo número x no intervalo [1, 2].

(d) A imagem de g é obtida subtraindo-se 3 de todos os números da imagem de f. Portanto, a imagem de g é o intervalo [−2, 1].

5 O gráfico de g é obtido pelo alongamento vertical do gráfico de f por um fator 2.

SOLUÇÃO

(a)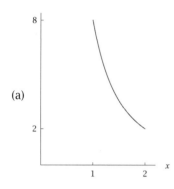

Este é o gráfico que se obtém pelo alongamento vertical do gráfico de f por um fator 2.

(b) O domínio de g é o mesmo que o domínio de f. Portanto, o domínio de g é o intervalo [1, 2].

(c) Como o gráfico de g é obtido pelo alongamento vertical do gráfico de f por um fator 2, temos que $g(x) = 2f(x)$. Assim,
$$g(x) = \frac{8}{x^2}$$
para todo número x no intervalo [1, 2].

(d) A imagem de g é obtida multiplicando-se por 2 todos os números da imagem de f. Portanto, a imagem de g é o intervalo [2, 8].

7 O gráfico de g é obtido pelo deslocamento, 3 unidades para a esquerda, do gráfico de f.

SOLUÇÃO

(a)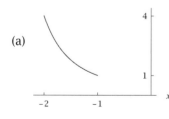

Este é o gráfico que se obtém pelo deslocamento do gráfico de f 3 unidades para a esquerda.

(b) O domínio de g é obtido subtraindo-se 3 de todos os números no domínio de f. Portanto, o domínio de g é o intervalo [−2, −1].

(c) Como o gráfico de g é obtido pelo deslocamento, 3 unidades para a esquerda, do gráfico de f, temos que $g(x) = f(x + 3)$. Então,

$$g(x) = \frac{4}{(x + 3)^2}$$

para todo número x no intervalo [−2, −1].

(d) A imagem de g é a mesma que a imagem de f. Portanto, a imagem de g é o intervalo [1, 4].

9 O gráfico de g é obtido pelo deslocamento, 1 unidade para a direita, do gráfico de f.

SOLUÇÃO

(a)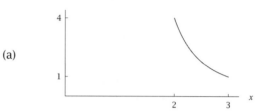

Este é o gráfico que se obtém deslocando o gráfico de f uma unidade para a direita.

(b) O domínio de g é obtido adicionando-se 1 a todos os números no domínio de f. Portanto, o domínio de g é o intervalo [2, 3].

(c) Como o gráfico de g é obtido pelo deslocamento, 1 unidade para a direita, do gráfico de f, temos que $g(x) = f(x − 1)$. Portanto,

$$g(x) = \frac{4}{(x - 1)^2}$$

para todo número x no intervalo [2, 3].

(d) A imagem de g é a mesma que a imagem de f. Portanto, a imagem de g é o intervalo [1, 4].

11 O gráfico de g é obtido pelo alongamento horizontal do gráfico de f por um fator 2.

SOLUÇÃO

(a)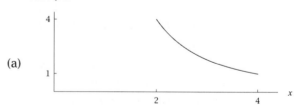

Este é o gráfico que se obtém pelo alongamento horizontal do gráfico de f por um fator 2.

(b) O domínio de g é obtido multiplicando-se por 2 todos os números no domínio de f. Portanto, o domínio de g é o intervalo [2, 4].

(c) Como o gráfico de g é obtido pelo alongamento horizontal do gráfico de f por um fator 2, temos que $g(x) = f(x/2)$. Portanto,

$$g(x) = \frac{4}{(x/2)^2} = \frac{16}{x^2}$$

para todo número x no intervalo [2, 4].

(d) A imagem de g é a mesma que a imagem de f. Portanto, a imagem de g é o intervalo [1, 4].

13 O gráfico de g é obtido pela reflexão do gráfico de f sobre o eixo horizontal.

SOLUÇÃO

(a)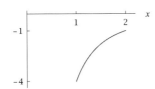

Este é o gráfico que se obtém pela reflexão do gráfico de f sobre o eixo horizontal.

(b) O domínio de g é o mesmo que o domínio de f. Portanto, o domínio de g é o intervalo [1, 2].

(c) Como o gráfico de g é obtido pela reflexão do gráfico de f sobre o eixo horizontal, temos que $g(x) = -f(x)$. Portanto,

$$g(x) = -\frac{4}{x^2}$$

para todo número x no intervalo [1, 2].

(d) A imagem de g é obtida multiplicando-se por -1 todos os números da imagem de f. Então, a imagem de g é o intervalo $[-4, -1]$.

Para os Exercícios 15-50, seja f uma função cujo domínio é o intervalo [1, 5], cuja imagem é o intervalo [1, 3], e cujo gráfico é o apresentado na figura abaixo.

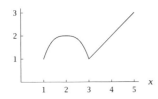

O gráfico de f

Para cada função g descrita abaixo:

(a) Determine o domínio de g.

(b) Determine a imagem de g.

(c) Esboce o gráfico de g.

15 $g(x) = f(x) + 1$

SOLUÇÃO

(a) Observe que $g(x)$ é definida precisamente quando $f(x)$ é definida. Em outras palavras, a função g tem o mesmo domínio que f. Assim, o domínio de g é o intervalo [1, 5].

(b) A imagem de g é obtida adicionando-se 1 a todos os números da imagem de f. Portanto, a imagem de g é o intervalo [2, 4].

(c) O gráfico de g, mostrado abaixo, é obtido pelo deslocamento do gráfico de f 1 unidade para cima.

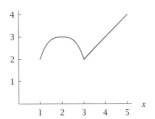

17 $g(x) = f(x) - 3$

SOLUÇÃO

(a) Observe que $g(x)$ é definida precisamente quando $f(x)$ é definida. Em outras palavras, a função g tem o mesmo domínio que f. Assim, o domínio de g é o intervalo [1, 5].

(b) A imagem de g é obtida subtraindo-se 3 de todos os números da imagem de f. Portanto, a imagem de g é o intervalo $[-2, 0]$.

(c) O gráfico de g, mostrado abaixo, é obtido pelo deslocamento do gráfico de f 3 unidades para baixo.

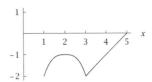

19 $g(x) = 2f(x)$

SOLUÇÃO

(a) Observe que $g(x)$ é definida precisamente quando $f(x)$ é definida. Em outras palavras, a função g tem o mesmo domínio que f. Assim, o domínio de g é o intervalo [1, 5].

(b) A imagem de g é obtida multiplicando-se por 2 todos os números da imagem de f. Assim, a imagem de g é o intervalo [2, 6].

(c) O gráfico de g, mostrado aqui, é obtido pelo alongamento vertical do gráfico de f por um fator 2.

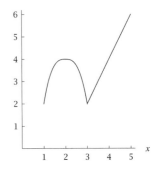

21 $g(x) = f(x+2)$

SOLUÇÃO

(a) Observe que $g(x)$ é definida quando $x+2$ estiver no intervalo $[1, 5]$, isto é, quando x estiver no intervalo $[-1, 3]$. Assim, o domínio de g é o intervalo $[-1, 3]$.

(b) A imagem de g é a mesma que a imagem de f. Portanto, a imagem de g é o intervalo $[1, 3]$.

(c) O gráfico de g, mostrado aqui, é obtido pelo deslocamento do gráfico de f 2 unidades para a esquerda.

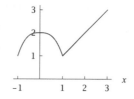

23 $g(x) = f(x-1)$

SOLUÇÃO

(a) Observe que $g(x)$ é definida quando $x-1$ estiver no intervalo $[1, 5]$, isto é, quando x estiver no intervalo $[2, 6]$. Assim, o domínio de g é o intervalo $[2, 6]$.

(b) A imagem de g é a mesma que a imagem de f. Portanto, a imagem de g é o intervalo $[1, 3]$.

(c) O gráfico de g, mostrado aqui, é obtido pelo deslocamento do gráfico de f uma unidade para a direita.

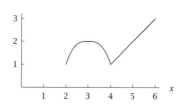

25 $g(x) = f(2x)$

SOLUÇÃO

(a) Observe que $g(x)$ é definida quando $2x$ estiver no intervalo $[1, 5]$, isto é, quando x estiver no intervalo $[\frac{1}{2}, \frac{5}{2}]$. Assim, o domínio de g é o intervalo $[\frac{1}{2}, \frac{5}{2}]$.

(b) A imagem de g é a mesma que a imagem de f. Assim, a imagem de g é o intervalo $[1, 3]$.

(c) O gráfico de g, mostrado aqui, é obtido pelo alongamento horizontal do gráfico de f por um fator $\frac{1}{2}$.

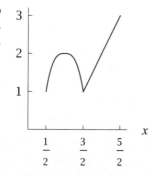

27 $g(x) = f(\frac{x}{2})$

SOLUÇÃO

(a) Observe que $g(x)$ é definida quando $\frac{x}{2}$ estiver no intervalo $[1, 5]$, isto é, quando x estiver no intervalo $[2, 10]$. Assim, o domínio de g é o intervalo $[2, 10]$.

(b) A imagem de g é a mesma que a imagem de f. Assim, a imagem de g é o intervalo $[1, 3]$.

(c) O gráfico de g, mostrado abaixo, é obtido pelo alongamento horizontal do gráfico de f por um fator 2.

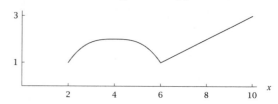

29 $g(x) = 2f(x) + 1$

SOLUÇÃO

(a) Observe que $g(x)$ é definida precisamente quando $f(x)$ é definida. Em outras palavras, a função g tem o mesmo domínio que f. Assim, o domínio de g é o intervalo $[1, 5]$.

(b) A imagem de g é obtida multiplicando-se por 2 todos os números da imagem de f, o que leva ao intervalo $[2, 6]$ e, depois, adicionando-se 1 a todos os números desse intervalo, o que fornece o intervalo $[3, 7]$. Portanto, a imagem de g é o intervalo $[3, 7]$.

(c) Observe que valores para $g(x)$ são obtidos calculando-se o valor de $f(x)$, depois, multiplicando-o por 2 e, finalmente, adicionando-se 1 a esse valor. Aplicando as transformações de funções na mesma ordem, vemos que o gráfico de g, mostrado aqui, é obtido pelo alongamento vertical do gráfico de f por um fator 2 e, depois, por seu deslocamento uma unidade para cima.

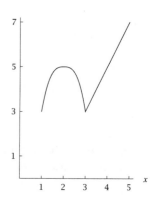

31 $g(x) = \frac{1}{2}f(x) - 1$

SOLUÇÃO

(a) Observe que $g(x)$ é definida precisamente quando $f(x)$ é definida. Em outras palavras, a função g tem o mesmo domínio que f. Assim, o domínio de g é o intervalo $[1, 5]$.

(b) A imagem de g é obtida multiplicando-se por $\frac{1}{2}$ todos os números da imagem de f, o que leva ao intervalo $[\frac{1}{2}, \frac{3}{2}]$ e, depois, subtraindo-se 1 de todos os números desse intervalo, o que fornece o intervalo $[-\frac{1}{2}, \frac{1}{2}]$. Portanto, a imagem de g é o intervalo $[-\frac{1}{2}, \frac{1}{2}]$.

(c) Observe que valores para $g(x)$ são obtidos calculando-se o valor de $f(x)$, depois, multiplicando-o por $\frac{1}{2}$ e, finalmente, subtraindo-se 1 desse valor. Aplicando as transformações de funções na mesma ordem, vemos que o gráfico de g, mostrado aqui, é obtido pelo alongamento vertical do gráfico de f por um fator $\frac{1}{2}$ e, depois, por seu deslocamento 1 unidade para baixo.

33 $g(x) = 3 - f(x)$

SOLUÇÃO

(a) Observe que $g(x)$ é definida precisamente quando $f(x)$ é definida. Em outras palavras, a função g tem o mesmo domínio que f. Assim, o domínio de g é o intervalo $[1, 5]$.

(b) A imagem de g é obtida multiplicando-se por -1 todos os números da imagem de f, o que leva ao intervalo $[-3, -1]$ e, depois, adicionando-se 3 a todos os números desse intervalo, o que fornece o intervalo $[0, 2]$. Portanto, a imagem de g é o intervalo $[0, 2]$.

(c) Observe que valores para $g(x)$ são obtidos calculando-se o valor de $f(x)$, depois, multiplicando-o por -1 e, finalmente, adicionando-se 3 a esse valor. Aplicando as transformações de funções na mesma ordem, vemos que o gráfico de g, mostrado aqui, é obtido pela reflexão do gráfico de f sobre o eixo horizontal e, depois, por seu deslocamento 3 unidades para cima.

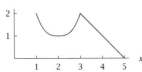

35 $g(x) = -f(x-1)$

SOLUÇÃO

(a) Observe que $g(x)$ é definida quando $x - 1$ estiver no intervalo $[1, 5]$, isto é, quando x estiver no intervalo $[2, 6]$. Assim, o domínio de g é o intervalo $[2, 6]$.

(b) A imagem de g é obtida multiplicando-se por -1 todos os números da imagem de f. Portanto, a imagem de g é o intervalo $[-3, -1]$.

(c) O gráfico de g, mostrado aqui, é obtido pelo deslocamento do gráfico de f uma unidade para a direita e, depois, por sua reflexão sobre o eixo horizontal.

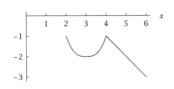

37 $g(x) = f(x+1) + 2$

SOLUÇÃO

(a) Observe que $g(x)$ é definida quando $x + 1$ estiver no intervalo $[1, 5]$, isto é, quando x estiver no intervalo $[0, 4]$. Assim, o domínio de g é o intervalo $[0, 4]$.

(b) A imagem de g é obtida adicionando-se 2 a todos os números da imagem de f. Assim, a imagem de g é o intervalo $[3, 5]$.

(c) O gráfico de g, mostrado aqui, é obtido pelo deslocamento do gráfico de f uma unidade para a esquerda e, depois, por seu deslocamento 2 unidades para cima.

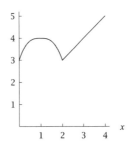

39 $g(x) = f(2x) + 1$

SOLUÇÃO

(a) Observe que $g(x)$ é definida quando $2x$ estiver no intervalo $[1, 5]$, isto é, quando x estiver no intervalo $[\frac{1}{2}, \frac{5}{2}]$. Assim, o domínio de g é o intervalo $[\frac{1}{2}, \frac{5}{2}]$.

(b) A imagem de g é obtida adicionando-se 1 a todos os números da imagem de f. Portanto, a imagem de g é o intervalo $[2, 4]$.

(c) O gráfico de g, mostrado aqui, é obtido pelo alongamento horizontal do gráfico de f por um fator $\frac{1}{2}$ e, depois, por seu deslocamento uma unidade para cima.

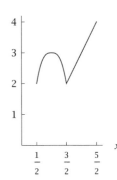

41 $g(x) = f(2x+1)$

SOLUÇÃO

(a) Observe que $g(x)$ é definida quando $2x + 1$ estiver no intervalo $[1, 5]$, isto é, quando

$$1 \leq 2x + 1 \leq 5.$$

Adicionando-se −1 a cada parte da desigualdade acima, obtém-se 0 ≤ 2x ≤ 4 e, depois, dividindo-se cada parte por 2, obtém-se 0 ≤ x ≤ 2. Assim, o domínio de g é o intervalo [0, 2].

(b) A imagem de g é igual à imagem de f. Portanto, a imagem de g é o intervalo [1, 3].

(c) Defina uma função h por h(x) = f(2x). O gráfico de h é obtido pelo alongamento horizontal do gráfico de f por um fator $\frac{1}{2}$. Observe que

$$g(x) = f(2x + 1) = f\left(2(x + \tfrac{1}{2})\right) = h(x + \tfrac{1}{2}).$$

Portanto, o gráfico de g é obtido pelo deslocamento, $\frac{1}{2}$ unidade para a esquerda, do gráfico de h.

Juntando tudo, vemos que o gráfico de g, mostrado aqui, é obtido pelo alongamento horizontal do gráfico de f por um fator $\frac{1}{2}$ e, depois, por seu deslocamento $\frac{1}{2}$ unidade para a esquerda.

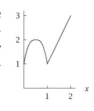

43 $g(x) = 2f(\frac{x}{2} + 1)$

SOLUÇÃO

(a) Observe que g(x) é definida quando $\frac{x}{2} + 1$ estiver no intervalo [1, 5], isto é, quando

$$1 \le \tfrac{x}{2} + 1 \le 5.$$

Adicionando-se −1 a cada parte da desigualdade acima, obtém-se $0 \le \tfrac{x}{2} \le 4$ e, depois, multiplicando-se cada parte por 2, obtém-se 0 ≤ x ≤ 8. Assim, o domínio de g é o intervalo [0, 8].

(b) A imagem de g é obtida multiplicando-se por 2 todos os números da imagem de f. Portanto, a imagem de g é o intervalo [2, 6].

(c) Defina uma função h por

$$h(x) = f(\tfrac{x}{2}).$$

O gráfico de h é obtido pelo alongamento horizontal do gráfico de f por um fator 2. Observe que

$$g(x) = 2f(\tfrac{x}{2} + 1) = 2f(\tfrac{x+2}{2}) = 2h(x + 2).$$

Portanto, o gráfico de g é obtido do gráfico de h, deslocando-o 2 unidades para a esquerda e, depois, alongando-o verticalmente por um fator 2.

Juntando tudo, vemos que o gráfico de g, mostrado a seguir, é obtido pelo alongamento horizontal do gráfico de f por um fator 2, seu deslocamento 2 unidades para a esquerda e, depois, se alongamento vertical por um fator 2.

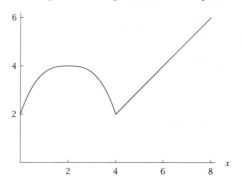

45 $g(x) = 2f(\frac{x}{2} + 1) - 3$

SOLUÇÃO

(a) Observe que g(x) é definida quando $\frac{x}{2} + 1$ estiver no intervalo [1, 5], isto é, quando

$$1 \le \tfrac{x}{2} + 1 \le 5.$$

Adicionando-se −1 a cada parte dessa desigualdade, obtém-se $0 \le \tfrac{x}{2} \le 4$ e, depois, multiplicando-a por 2, obtém-se 0 ≤ x ≤ 8. Então, o domínio de g é o intervalo [0, 8].

(b) A imagem de g é obtida multiplicando-se por 2 todos os números da imagem de f e, depois, subtraindo-se 3 desses valores. Assim, a imagem de g é o intervalo [−1, 3].

(c) O gráfico de g, mostrado abaixo, é obtido pelo deslocamento, 3 unidades para baixo, do gráfico obtido na solução do Exercício 43.

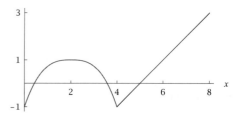

47 $g(x) = 2f(\frac{x}{2} + 3)$

SOLUÇÃO

(a) Observe que g(x) é definida quando $\frac{x}{2} + 3$ estiver no intervalo [1, 5], isto é, quando

$$1 \le \tfrac{x}{2} + 3 \le 5.$$

Adicionando-se −3 a cada parte dessa desigualdade, obtém-se $-2 \le \tfrac{x}{2} \le 2$ e, depois, multiplicando-a por 2, obtém-se −4 ≤ x ≤ 4. Assim, o domínio de g é o intervalo [−4, 4].

(b) Defina uma função h por

$$h(x) = f(\tfrac{x}{2}).$$

O gráfico de h é obtido pelo alongamento horizontal do gráfico de f por um fator 2. Observe que

$$g(x) = 2f(\tfrac{x}{2} + 3) = 2f(\tfrac{x+6}{2}) = 2h(x + 6).$$

Portanto, o gráfico de g é obtido do gráfico de h, deslocando-o 6 unidades para a esquerda e alongando-o verticalmente por um fator 2.

Juntando tudo, vemos que o gráfico de g, mostrado abaixo, é obtido pelo alongamento horizontal do gráfico de f por um fator 2, seu deslocamento 6 unidades para a esquerda e, depois, seu alongamento vertical por um fator 2.

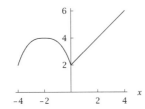

49 $g(x) = 6 - 2f(\tfrac{x}{2} + 3)$

SOLUÇÃO

(a) Observe que $g(x)$ é definida quando $\tfrac{x}{2} + 3$ estiver no intervalo [1, 5], isto é, quando

$$1 \leq \tfrac{x}{2} + 3 \leq 5.$$

Adicionando-se −3 a cada parte dessa desigualdade, obtém-se $-2 \leq \tfrac{x}{2} \leq 2$ e, depois, multiplicando-a por 2, obtém-se $-4 \leq x \leq 4$. Assim, o domínio de g é o intervalo [−4, 4].

(b) A imagem de g é obtida multiplicando-se por −2 todos os números da imagem de f, o que leva ao intervalo [−6, −2] e, depois, adicionando-se 6 a todos os números desse intervalo, o que leva ao intervalo [0, 4].

(c) O gráfico de g, mostrado abaixo, é obtido pela reflexão sobre o eixo horizontal do gráfico obtido na solução do Exercício 47 e, depois, por seu deslocamento 6 unidades para cima.

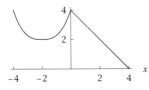

51 Suponha que g seja uma função par cujo domínio é [−2, −1] ∪ [1, 2] e cujo gráfico, no intervalo [1,2], é o gráfico usado nas instruções dos Exercícios 1–14. Esboce o gráfico de g em [−2, −1] ∪ [1, 2].

SOLUÇÃO Como g é uma função par, seu gráfico não é alterado quando refletido sobre o eixo vertical. Assim, podemos determinar o gráfico de g no intervalo [−2, −1] refletindo sobre o eixo vertical o gráfico no intervalo [1, 2], o que leva ao seguinte gráfico de g:

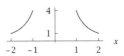

53 Suponha que h seja uma função ímpar cujo domínio é [−2, −1] ∪ [1, 2] e cujo gráfico, no intervalo [1,2], é o gráfico usado nas instruções dos Exercícios 1–14. Esboce o gráfico de h em [−2, −1] ∪ [1, 2].

SOLUÇÃO Como h é uma função ímpar, seu gráfico não é alterado quando refletido sobre a origem. Assim, podemos determinar o gráfico de h no intervalo [−2, −1] refletindo sobre a origem o gráfico no intervalo [1, 2], o que leva ao seguinte gráfico de h:

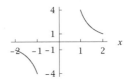

Para os Exercícios 55–58, seja f uma função cujo domínio é o intervalo [−5, 5] *e*

$$f(x) = \frac{x}{x + 3}$$

para todo x no intervalo [0, 5].

55 Supondo que f seja uma função par, determine o valor de $f(-2)$.

SOLUÇÃO Como 2 está no intervalo [0, 5], podemos usar a fórmula acima para calcular o valor de $f(2)$. Temos

$$f(2) = \tfrac{2}{2+3} = \tfrac{2}{5}.$$

Como f é uma função par, temos

$$f(-2) = f(2) = \tfrac{2}{5}.$$

57 Supondo que f seja uma função ímpar. Determine o valor de $f(-2)$.

SOLUÇÃO Como f é uma função ímpar, temos

$$f(-2) = -f(2) = -\tfrac{2}{5}.$$

1.4 Composição de Funções

OBJETIVOS DE APRENDIZAGEM

Ao final desta seção, você deverá ser capaz de

- combinar duas funções usando as operações algébricas usuais;
- calcular a composição de duas funções;
- escrever uma função complicada como uma composição de funções mais simples;
- expressar uma transformação de funções como uma composição de funções.

Combinando Duas Funções

Suponha que f e g sejam funções. Definimos uma nova função, denominada a **soma** de f e g e representada por $f + g$, sendo $f + g$ a função cujo valor em um número x é dado pela equação

$$(f + g)(x) = f(x) + g(x).$$

Para que $f(x) + g(x)$ faça sentido, tanto $f(x)$ quanto $g(x)$ devem fazer sentido. Assim, o domínio de $f + g$ é a interseção dos domínios de f e de g.

Da mesma forma, podemos definir a diferença, o produto e o quociente de duas funções, conforme o esperado. Aqui estão as definições formais:

A adição e a multiplicação de funções são operações comutativas e associativas; a subtração e a divisão de funções não satisfazem nenhuma dessas propriedades.

Álgebra de funções

Suponha que f e g sejam funções. Então, a **soma**, a **diferença**, o **produto** e o **quociente** de f e g são as funções representadas por $f + g$, $f - g$, fg e $\frac{f}{g}$ definidas por

$$(f + g)(x) = f(x) + g(x)$$
$$(f - g)(x) = f(x) - g(x)$$
$$(fg)(x) = f(x)g(x)$$
$$\left(\frac{f}{g}\right)(x) = \frac{f(x)}{g(x)}.$$

O domínio das três primeiras funções acima é a interseção dos domínios de f e de g. Para evitar a divisão por 0, o domínio de $\frac{f}{g}$ é o conjunto de números x tais que x esteja no domínio de f e x esteja no domínio de g e $g(x) \neq 0$.

EXEMPLO 1

Suponha que f e g sejam as funções definidas por

$$f(x) = \sqrt{x - 3} \quad \text{e} \quad g(x) = \sqrt{8 - x}.$$

(a) Calcule o valor de $(f + g)(5)$.

(c) Calcule o valor de $(fg)(5)$.

(b) Determine uma fórmula para $(f + g)(x)$.

(d) Determine uma fórmula para $(fg)(x)$.

SOLUÇÃO

(a) Usando a definição de $f + g$, temos

$$(f+g)(5) = f(5) + g(5)$$
$$= \sqrt{5-3} + \sqrt{8-5}$$
$$= \sqrt{2} + \sqrt{3}.$$

Números negativos não têm raízes quadradas no sistema dos números reais. Assim, o domínio de f é o intervalo [3, ∞) e o domínio de g é o intervalo (−∞, 8]. O domínio de f + g é a interseção desses dois domínios, que é o intervalo [3, 8].

(b) Usando a definição de $f + g$, temos
$$(f+g)(x) = f(x) + g(x)$$
$$= \sqrt{x-3} + \sqrt{8-x}.$$

(c) Usando a definição de fg, temos
$$(fg)(5) = f(5)g(5)$$
$$= \sqrt{5-3}\sqrt{8-5}$$
$$= \sqrt{2}\sqrt{3}.$$

(d) Usando a definição de fg, temos
$$(fg)(x) = f(x)g(x)$$
$$= \sqrt{x-3}\sqrt{8-x}.$$

Definição de Composição

Estudaremos agora uma nova forma de combinar duas funções.

EXEMPLO 2

Considere a função h definida por
$$h(x) = \sqrt{x+3}.$$

O domínio de h é o intervalo [−3, ∞).

O valor de $h(x)$ é calculado pela execução de dois passos: primeiro, adicione 3 a x e, depois, efetue a raiz quadrada dessa soma. Escreva h em termos de duas funções mais simples, que correspondem a esses dois passos.

SOLUÇÃO Defina
$$f(x) = \sqrt{x} \quad \text{e} \quad g(x) = x + 3.$$

Então
$$h(x) = \sqrt{x+3} = \sqrt{g(x)} = f(g(x)).$$

No último termo acima, $f(g(x))$, calculamos f em $g(x)$. Esse tipo de construção ocorre tão frequentemente que lhe foi dado um nome:

Ao calcular o valor de (f ∘ g)(x), começa-se por calcular o valor de g(x) e, depois, o valor de f(g(x)).

Composição

Se f e g forem funções, então a composição de f e g, representada por $f \circ g$, é a função definida por
$$(f \circ g)(x) = f(g(x)).$$

O domínio de $f \circ g$ é o conjunto de números x tais que $f(g(x))$ faça sentido. Portanto, o domínio de $f \circ g$ é o conjunto de números x do domínio de g tais que $g(x)$ esteja no domínio de f.

EXEMPLO 3

Suponha
$$f(x) = \frac{1}{x-4} \quad \text{e} \quad g(x) = x^2.$$

(a) Calcule o valor de $(f \circ g)(3)$.

(b) Determine uma fórmula para a composição $f \circ g$.

(c) Qual é o domínio de $f \circ g$?

SOLUÇÃO

(a) Usando a definição de composição, temos
$$(f \circ g)(3) = f(g(3)) = f(9) = \frac{1}{5}.$$

(b) Usando a definição de composição, temos
$$(f \circ g)(x) = f(g(x)) = f(x^2) = \frac{1}{x^2 - 4}.$$

(c) Os domínios de f e de g não foram especificados, isto significa que vamos supor que cada domínio seja o conjunto de números tais que as fórmulas que definem essas funções façam sentido. Portanto, o domínio de f é igual ao conjunto dos números reais exceto 4, e o domínio de g é igual ao conjunto dos números reais.

Do item (b), vemos que $f(g(x))$ faz sentido contanto que $x^2 \neq 4$. Assim, o domínio de $f \circ g$ é igual ao conjunto de todos os números, exceto -2 e 2.

Na Seção 1.1, vimos que uma função g pode ser pensada como um equipamento que recebe uma entrada x e produz uma saída $g(x)$. A composição $f \circ g$ pode então ser pensada como o equipamento que transfere a saída do equipamento g para a entrada do equipamento f:

Aqui $g(x)$ é a saída do equipamento g, e $g(x)$ é também a entrada do equipamento f.

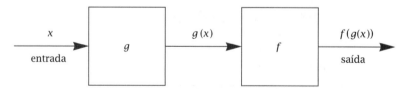

A composição $f \circ g$ como a combinação de dois equipamentos

EXEMPLO 4

(a) Suponha que sua empresa de telefonia celular cobre US$ 0,05 por minuto, mais US$ 0,47 por chamada para a China. Determine uma função p que forneça a quantia cobrada pela sua empresa de telefonia celular por uma chamada para a China como função do número de minutos.

(b) Suponha que o imposto sobre as contas de telefone celular seja de 6% mais US$ 0,01 por chamada. Determine uma função t que forneça seu custo total, incluindo o imposto, para uma chamada para a China como uma função da quantia cobrada pela sua empresa de telefonia celular.

(c) Explique por que a composição $t \circ p$ fornece seu custo total, incluindo o imposto, para fazer uma chamada por telefone celular para a China como uma função do número de minutos.

(d) Calcule uma fórmula para $t \circ p$.

(e) Qual é seu custo total para uma chamada de 10 minutos para a China?

SOLUÇÃO

(a) Para uma chamada de m minutos para a China, a quantia $p(m)$ em dólares cobrada pela sua empresa de telefonia celular, será:

$$p(m) = 0,05m + 0,47,$$

que consiste em: US$ 0,05 multiplicado pelo número de minutos, mais US$ 0,47. A maioria das empresas de telefonia celular arredonda para cima quaisquer segundos extra, passando para o próximo minuto mais alto. Assim, para esta aplicação, serão usados apenas valores inteiros positivos de m.

*Neste exemplo, as funções são denominadas p e t, para ajudá-lo a lembrar que p é a função que fornece a quantia cobrada pela sua empresa de telefonia celular (phone) e t é a função que fornece o custo **total**, incluindo o imposto.*

(b) Para uma quantia de y dólares cobrada por sua empresa de telefonia celular por uma chamada telefônica, seu custo total em dólares, incluindo o imposto, será de

$$t(y) = 1,06y + 0,01.$$

(c) Seu custo total, para uma chamada de m minutos para a China, é calculado como segue: começamos por calcular a quantia $p(m)$ cobrada pela empresa de telefonia e depois calculamos o custo total (incluindo o imposto) $t(p(m))$, que é igual a $(t \circ p)(m)$.

(d) A composição $t \circ p$ é dada pela fórmula

$$(t \circ p)(m) = t(p(m))$$
$$= t(0,05m + 0,47)$$
$$= 1,06(0,05m + 0,47) + 0,01$$
$$= 0,053m + 0,5082.$$

(e) Usando a fórmula obtida no item (d), temos:

$$(t \circ p)(10) = 0,053 \times 10 + 0,5082 = 1,0383.$$

Portanto, seu custo total para uma chamada de 10 minutos para a China é US$ 1,04.

A Ordem Faz Diferença na Composição

A composição não é comutativa. Em outras palavras, não é necessariamente verdadeiro que $f \circ g = g \circ f$, como pode ser demonstrado escolhendo-se quase qualquer par de funções.

EXEMPLO 5

Suponha
$$f(x) = 1 + x \quad \text{e} \quad g(x) = x^2.$$

(a) Calcule o valor de $(f \circ g)(4)$.

(b) Calcule o valor de $(g \circ f)(4)$.

(c) Determine uma fórmula para a composição $f \circ g$.

(d) Determine uma fórmula para a composição $g \circ f$.

SOLUÇÃO

(a) Usando a definição de composição, temos
$$(f \circ g)(4) = f(g(4))$$
$$= f(16)$$
$$= 17.$$

As soluções para (a) e (b) mostram que, para essas funções f e g, $(f \circ g)(4) \neq (g \circ f)(4)$.

(b) Usando a definição de composição, temos
$$(g \circ f)(4) = g(f(4))$$
$$= g(5)$$
$$= 25.$$

(c) Usando a definição de composição, temos
$$(f \circ g)(x) = f(g(x))$$
$$= f(x^2)$$
$$= 1 + x^2.$$

Nunca cometa o erro de pensar que $(1 + x)^2$ é igual a $1 + x^2$.

(d) Usando a definição de composição, temos
$$(g \circ f)(x) = g(f(x))$$
$$= g(1 + x)$$
$$= (1 + x)^2$$
$$= 1 + 2x + x^2.$$

Função Identidade

A **função identidade** é a função I definida por
$$I(x) = x$$
para todo número x.

Se f for qualquer função e x for qualquer número no domínio de f, então
$$(f \circ I)(x) = f(I(x)) = f(x) \quad \text{e} \quad (I \circ f)(x) = I(f(x)) = f(x).$$
Temos, assim, o seguinte resultado:

A função I é a identidade para composição
Se f for qualquer função, então $f \circ I = I \circ f = f$.

Isso explica por que I é denominada a função identidade.

Decomposição de Funções

O exemplo seguinte ilustra o processo de iniciar-se com uma função e escrevê-la sob a forma de uma composição de duas funções mais simples.

EXEMPLO 6

Suponha
$$T(y) = \left| \frac{y^2 - 3}{y^2 - 7} \right|.$$

Escreva T como a composição de duas funções mais simples. Em outras palavras, determine duas funções f e g, cada uma delas mais simples que T, tais que $T = f \circ g$.

SOLUÇÃO Não existe definição rigorosa de "mais simples". Certamente, é fácil escrever T sob a forma de uma composição de duas funções, porque $T = T \circ I$, em que I é a função identidade; entretanto, é improvável que essa decomposição seja útil.

Como a obtenção de um valor absoluto é a última operação realizada ao calcular $T(y)$, uma possibilidade razoável consiste em definir

$$f(y) = |y| \quad \text{e} \quad g(y) = \frac{y^2 - 3}{y^2 - 7}.$$

Você deve verificar que, com essas definições de f e g, temos de fato $T = f \circ g$. Além disso, f e g devem ambas parecer ser funções mais simples que T.

Como na fórmula que define T y aparece apenas na expressão y^2, outra possibilidade razoável consiste em definir

$$f(y) = \left| \frac{y - 3}{y - 7} \right| \quad \text{e} \quad g(y) = y^2.$$

Novamente, você deve verificar que, com essas definições de f e g, temos $T = f \circ g$; tanto f quanto g parecem ser funções mais simples que T.

Tipicamente, uma função pode ser decomposta na composição de outras funções de várias maneiras diferentes.

Ambas as soluções potenciais discutidas aqui estão corretas. Escolher uma ou outra pode depender do contexto ou do gosto de cada um.

Veja o Exemplo 7, em que T é decomposta em três funções mais simples.

Compondo Mais de Duas Funções

Embora a composição não seja comutativa, ela é associativa.

A composição é associativa
Se f, g e h forem funções, então
$$(f \circ g) \circ h = f \circ (g \circ h).$$

Para provar a associatividade da composição, observe que
$$((f \circ g) \circ h)(x) = (f \circ g)(h(x)) = f(g(h(x)))$$

e

$$(f \circ (g \circ h))(x) = f((g \circ h)(x)) = f(g(h(x))).$$

O domínio de f ∘ g ∘ h é o conjunto dos números x, no domínio de h, tais que h(x) está no domínio de g e g(h(x)) está no domínio de f.

As equações acima mostram que as funções $(f \circ g) \circ h$ e $f \circ (g \circ h)$ têm o mesmo valor para todo número x em seu domínio. Então, $(f \circ g) \circ h = f \circ (g \circ h)$.

Como a composição é associativa, podemos dispensar os parênteses e escrever simplesmente $f \circ g \circ h$, que é a função cujo valor em um número x é $f(g(h(x)))$.

EXEMPLO 7

Suponha

$$T(x) = \left| \frac{x^2 - 3}{x^2 - 7} \right|.$$

Escreva T sob a forma de uma composição de três funções mais simples.

SOLUÇÃO Queremos escolher funções f, g e h razoavelmente simples, tais que $T = f \circ g \circ h$. Provavelmente, a melhor escolha aqui é

$$f(x) = |x|, \quad g(x) = \frac{x-3}{x-7}, \quad h(x) = x^2.$$

Com essas escolhas, temos

$$f(g(h(x))) = f(g(x^2))$$
$$= f\left(\frac{x^2 - 3}{x^2 - 7}\right)$$
$$= \left|\frac{x^2 - 3}{x^2 - 7}\right|$$

como desejado.

Mostraremos agora como chegar às escolhas feitas acima para f, g e h: Na fórmula que define T, vemos que x aparece apenas sob a forma x^2; assim, começamos por estabelecer $h(x) = x^2$. A seguir, para que $(g \circ h)(x)$ seja igual a $\frac{x^2-3}{x^2-7}$, escolhemos $g(x) = \frac{x-3}{x-7}$. Por fim, como a última operação efetuada no cálculo de $T(x)$ é o cálculo de um valor absoluto, estabelecemos $f(x) = |x|$.

Transformações de Funções como Composições

Todas as transformações de funções discutidas na Seção 1.3 podem ser consideradas como composições com funções lineares, que definiremos abaixo.

Usa-se aqui o termo função linear pois, como veremos no Capítulo 2, o gráfico dessa função é uma reta.

Função Linear

Uma **função linear** é uma função h sob a forma

$$h(x) = mx + b,$$

em que m e b são números.

Transformações de funções verticais podem ser expressas sob a forma de composições com uma função linear à esquerda, como mostrado no exemplo seguinte.

EXEMPLO 8

Suponha que f seja uma função. Defina uma função g, por

$$g(x) = -2f(x) + 1.$$

(a) Escreva g como a composição de uma função linear com f.

(b) Descreva como o gráfico de g é obtido do gráfico de f.

SOLUÇÃO

(a) Defina uma função linear h por
$$h(x) = -2x + 1.$$
Para x no domínio de f, temos
$$\begin{aligned} g(x) &= -2f(x) + 1 \\ &= h(f(x)) \\ &= (h \circ f)(x). \end{aligned}$$
Portanto, $g = h \circ f$.

(b) Como discutido na solução do Exemplo 8 da Seção 1.3, o gráfico de g é obtido pelo alongamento vertical do gráfico de f por um fator 2, depois, pela reflexão do gráfico resultante sobre o eixo horizontal e, por fim, pelo deslocamento desse gráfico uma unidade para cima.

O Exemplo 8 da Seção 1.3 apresenta uma figura dessa transformação de função.

Transformações de funções horizontais podem ser expressas como composições com uma função linear à direita, como mostrado no próximo exemplo.

EXEMPLO 9

Suponha que f seja uma função. Defina uma função g, por
$$g(x) = f(2x).$$

(a) Escreva g como a composição de uma função linear com f.

(b) Descreva como o gráfico de g é obtido do gráfico de f.

SOLUÇÃO

(a) Defina uma função linear h por
$$h(x) = 2x.$$
Para x no domínio de f, temos
$$\begin{aligned} g(x) &= f(2x) \\ &= f(h(x)) \\ &= (f \circ h)(x). \end{aligned}$$
Portanto, $g = f \circ h$.

(b) Como discutido na solução do Exemplo 6 da Seção 1.3, o gráfico de g é obtido pelo alongamento horizontal do gráfico de f por um fator $\frac{1}{2}$.

O Exemplo 6 da Seção 1.3 apresenta uma figura dessa transformação de função.

Combinações de transformações de funções verticais e transformações de funções horizontais podem ser expressas como composições com uma função linear à esquerda e uma função linear à direita, como mostrado no próximo exemplo.

EXEMPLO 10

Suponha que f seja uma função. Defina uma função g, por

$$g(x) = f(2x) + 1$$

(a) Escreva g como a composição de uma função linear h e outra função linear.

(b) Descreva como o gráfico de g é obtido do gráfico de f.

SOLUÇÃO

(a) Defina funções lineares h e p, por

$$h(x) = x + 1 \quad \text{e} \quad p(x) = 2x.$$

Para x no domínio de g, temos

$$g(x) = f(2x) + 1 = h\bigl(f(2x)\bigr) = h\bigl(f(p(x))\bigr) = (h \circ f \circ p)(x).$$

Portanto, $g = h \circ f \circ p$.

A solução do Exercício 39 da Seção 1.3 apresenta uma figura dessa transformação de função.

(b) Como discutido na solução do Exercício 39 da Seção 1.3, o gráfico de g é obtido pelo alongamento horizontal do gráfico de f por um fator $\frac{1}{2}$ e, depois, pelo deslocamento do gráfico resultante uma unidade para cima.

EXERCÍCIOS

Para os Exercícios 1–10, calcule o valor da expressão indicada, supondo que f, g e h sejam funções completamente definidas pelas seguintes tabelas:

x	$f(x)$
1	4
2	1
3	2
4	2

x	$g(x)$
1	2
2	4
3	1
4	3

x	$h(x)$
1	3
2	3
3	4
4	1

1 $(f \circ g)(1)$
2 $(f \circ g)(3)$
3 $(g \circ f)(1)$
4 $(g \circ f)(3)$
5 $(f \circ f)(2)$
6 $(f \circ f)(4)$
7 $(g \circ g)(4)$
8 $(g \circ g)(2)$
9 $(f \circ g \circ h)(2)$
10 $(h \circ g \circ f)(2)$

Para os Exercícios 17–30, calcule o valor da expressão indicada, supondo que

$$f(x) = \sqrt{x}, \quad g(x) = \frac{x+1}{x+2}, \quad h(x) = |x-1|.$$

11 $(f+g)(3)$
12 $(g+h)(6)$
13 $(gh)(7)$
14 $(fh)(9)$
15 $\left(\dfrac{f}{h}\right)(10)$
16 $\left(\dfrac{h}{g}\right)(11)$
17 $(f \circ g)(4)$
18 $(f \circ g)(5)$
19 $(g \circ f)(4)$
20 $(g \circ f)(5)$
21 $(f \circ h)(-3)$
22 $(f \circ h)(-15)$
23 $(f \circ g \circ h)(0)$
24 $(h \circ g \circ f)(0)$
25 🖩 $(f \circ g)(0{,}23)$
26 🖩 $(f \circ g)(3{,}85)$
27 🖩 $(g \circ f)(0{,}23)$
28 🖩 $(g \circ f)(3{,}85)$
29 🖩 $(h \circ f)(0{,}3)$
30 🖩 $(h \circ f)(0{,}7)$

Nos Exercícios 31–36, dadas as funções f e g, determine fórmulas para (a) $f \circ g$ e (b) $g \circ f$. Simplifique seus resultados tanto quanto possível.

31 $f(x) = x^2 + 1, \quad g(x) = \dfrac{1}{x}$

32 $f(x) = (x+1)^2, \quad g(x) = \dfrac{3}{x}$

33 $f(x) = \dfrac{x-1}{x+1}, \quad g(x) = x^2 + 2$

34 $f(x) = \dfrac{x+2}{x-3}, \quad g(x) = \dfrac{1}{x+1}$

35 $f(t) = \dfrac{t-1}{t^2+1}, \quad g(t) = \dfrac{t+3}{t+4}$

36 $f(t) = \dfrac{t-2}{t+3}, \quad g(t) = \dfrac{1}{(t+2)^2}$

37 Determine um número b tal que $f \circ g = g \circ f$, em que $f(x) = 2x + b$ e $g(x) = 3x + 4$.

38 Determine um número c tal que $f \circ g = g \circ f$, em que $f(x) = 5x - 2$ e $g(x) = cx - 3$.

39 Suponha
$$h(x) = \left(\frac{x^2 + 1}{x - 1} - 1\right)^3.$$

(a) Se $f(x) = x^3$, determine uma função g tal que $h = f \circ g$.

(b) Se $f(x) = (x - 1)^3$, determine uma função g tal que $h = f \circ g$.

40 Suponha
$$h(x) = \sqrt{\frac{1}{x^2 + 1} + 2}.$$

(a) Se $f(x) = \sqrt{x}$, determine uma função g tal que $h = f \circ g$.

(b) Se $f(x) = \sqrt{x + 2}$, determine uma função g tal que $h = f \circ g$.

41 Suponha
$$h(t) = 2 + \sqrt{\frac{1}{t^2 + 1}}.$$

(a) Se $g(t) = \frac{1}{t^2 + 1}$, determine uma função f tal que $h = f \circ g$.

(b) Se $g(t) = t^2$, determine uma função f tal que $h = f \circ g$.

42 Suponha
$$h(t) = \left(\frac{t^2 + 1}{t - 1} - 1\right)^3.$$

(a) Se $g(t) = \frac{t^2+1}{t-1} - 1$, determine uma função f tal que $h = f \circ g$.

(b) Se $g(t) = \frac{t^2+1}{t-1}$, determine uma função f tal que $h = f \circ g$.

Nos Exercícios 43–46, determine funções f e g, cada uma delas mais simples que a função h dada, tal que h = f ∘ g.

43 $h(x) = (x^2 - 1)^2$

44 $h(x) = \sqrt{x^2 - 1}$

45 $h(x) = \dfrac{3}{2 + x^2}$

46 $h(x) = \dfrac{2}{3 + \sqrt{1 + x}}$

Nos Exercícios 47 e 48, determine funções f, g e h, cada uma delas mais simples que a função T dada, tal que T = f ∘ g ∘ h.

47 $T(x) = \dfrac{4}{5 + x^2}$

48 $T(x) = \sqrt{4 + x^2}$

Para os Exercícios 49–54, suponha que f seja uma função e que g seja uma função definida pela expressão dada.

(a) *Escreva g sob a forma de uma composição de f e uma ou duas funções lineares.*

(b) *Descreva como o gráfico de g pode ser obtido do gráfico de f.*

49 $g(x) = 3f(x) - 2$

50 $g(x) = -4f(x) - 7$

51 $g(x) = f(5x)$

52 $g(x) = f\left(-\frac{2}{3}x\right)$

53 $g(x) = 2f(3x) + 4$

54 $g(x) = -5f\left(-\frac{4}{3}x\right) - 8$

PROBLEMAS

Para os Problemas 55–59, suponha que você esteja trocando moeda no aeroporto de Londres. As únicas transações lá efetuadas pelo serviço de troca de moeda são aquelas nas quais uma das moedas é a libra inglesa, mas você quer trocar dólares por euros. Assim, você precisa primeiro trocar os dólares por libras inglesas e depois trocar as libras inglesas por euros. No momento em que você quiser fazer o câmbio, a função f para trocar dólares por libras inglesas é dada pela fórmula

$$f(d) = 0{,}66d - 1$$

e a função g para depois trocar as libras inglesas por euros é dada pela fórmula

$$g(p) = 1{,}23p - 2.$$

A subtração de 1 ou 2 no número de libras inglesas ou de euros que você recebe é a taxa cobrada pelo serviço de troca de moeda para cada transação.

55 A função que descreve o câmbio de dólares para euros é $f \circ g$ ou $g \circ f$? Justifique sua resposta em termos de qual é a função da qual se obtém o valor primeiro quando calculamos um valor para a composição (a função à esquerda ou a função à direita?).

56 Determine uma fórmula para a função indicada em sua resposta ao Problema 55.

57 Quantos euros você receberia ao trocar US$ 100 depois de efetuar esse processo de troca em duas etapas?

58 Quantos euros você receberia ao trocar US$ 200 depois de efetuar esse processo de troca em duas etapas?

59 Qual processo lhe dá mais euros: trocar US$ 100 para euros duas vezes ou trocar US$ 200 para euros uma única vez?

60 Suponha $f(x) = ax + b$ e $g(x) = cx + d$, em que a, b, c e d são números. Demonstre que $f \circ g = g \circ f$ se e somente se $d(a - 1) = b(c - 1)$.

61 Suponha que f e g sejam funções. Demonstre que a composição $f \circ g$ tem o mesmo domínio que g se e somente se a imagem de g estiver contida no domínio de f.

62 Demonstre que a soma de duas funções pares (com o mesmo domínio) é uma função par.

63 Demonstre que o produto de duas funções pares (com o mesmo domínio) é uma função par.

64 Verdadeiro ou falso: O produto de uma função par por uma função ímpar (com o mesmo domínio) é uma função ímpar. Justifique sua resposta.

65 Verdadeiro ou falso: A soma de uma função par com uma função ímpar (com o mesmo domínio) é uma função ímpar. Justifique sua resposta.

66 Suponha que g seja uma função par e f seja uma função qualquer. Demonstre que $f \circ g$ é uma função par.

67 Suponha que f seja uma função par e g seja uma função ímpar. Demonstre que $f \circ g$ é uma função par.

68 Suponha que f e g sejam ambas funções ímpares. A composição $f \circ g$ é uma função par, ímpar ou nenhuma dessas? Justifique.

69 Demonstre que, se f, g e h forem funções, então

$$(f + g) \circ h = f \circ h + g \circ h.$$

70 Determine funções f, g e h tais que

$$f \circ (g + h) \neq f \circ g + f \circ h.$$

SOLUÇÕES DETALHADAS dos Exercícios Ímpares

Para os Exercícios 1–10, calcule o valor da expressão indicada, supondo que f, g e h sejam funções completamente definidas pelas seguintes tabelas:

x	f(x)
1	4
2	1
3	2
4	2

x	g(x)
1	2
2	4
3	1
4	3

x	h(x)
1	3
2	3
3	4
4	1

1 $(f \circ g)(1)$

SOLUÇÃO $\quad (f \circ g)(1) = f(g(1)) = f(2) = 1$

3 $(g \circ f)(1)$

SOLUÇÃO $\quad (g \circ f)(1) = g(f(1)) = g(4) = 3$

5 $(f \circ f)(2)$

SOLUÇÃO $\quad (f \circ f)(2) = f(f(2)) = f(1) = 4$

7 $(g \circ g)(4)$

SOLUÇÃO $\quad (g \circ g)(4) = g(g(4)) = g(3) = 1$

9 $(f \circ g \circ h)(2)$

SOLUÇÃO

$$(f \circ g \circ h)(2) = f(g(h(2)))$$
$$= f(g(3)) = f(1) = 4$$

Para os Exercícios 17–30, calcule o valor da expressão indicada, supondo que

$$f(x) = \sqrt{x}, \quad g(x) = \frac{x+1}{x+2}, \quad h(x) = |x-1|.$$

11 $(f + g)(3)$

SOLUÇÃO $\quad (f + g)(3) = f(3) + g(3) = \sqrt{3} + \dfrac{4}{5}$

13 $(gh)(7)$

SOLUÇÃO $\quad (gh)(7) = g(7)h(7) = \dfrac{8}{9} \cdot 6 = \dfrac{16}{3}$

15 $\left(\dfrac{f}{h}\right)(10)$

SOLUÇÃO $\quad \left(\dfrac{f}{h}\right)(10) = \dfrac{f(10)}{h(10)} = \dfrac{\sqrt{10}}{9}$

17 $(f \circ g)(4)$

SOLUÇÃO $\quad (f \circ g)(4) = f(g(4)) = f\left(\dfrac{5}{6}\right) = \sqrt{\dfrac{5}{6}}$

19 $(g \circ f)(4)$

SOLUÇÃO

$$(g \circ f)(4) = g(f(4))$$
$$= g(\sqrt{4}) = g(2) = \dfrac{2+1}{2+2} = \dfrac{3}{4}$$

21 $(f \circ h)(-3)$

SOLUÇÃO

$$(f \circ h)(-3) = f(h(-3)) = f(|-3-1|)$$
$$= f(|-4|) = f(4) = \sqrt{4} = 2$$

23 $(f \circ g \circ h)(0)$

SOLUÇÃO

$$(f \circ g \circ h)(0) = f(g(h(0)))$$
$$= f(g(1)) = f\left(\frac{2}{3}\right) = \sqrt{\frac{2}{3}}$$

25 $(f \circ g)(0{,}23)$

SOLUÇÃO

$$(f \circ g)(0{,}23) = f(g(0{,}23)) = f\left(\frac{0{,}23+1}{0{,}23+2}\right)$$
$$\approx f(0{,}55157) = \sqrt{0{,}55157} \approx 0{,}74268$$

27 $(g \circ f)(0{,}23)$

SOLUÇÃO

$$(g \circ f)(0{,}23) = g(f(0{,}23)) = g(\sqrt{0{,}23})$$
$$\approx g(0{,}47958) = \frac{0{,}47958+1}{0{,}47958+2}$$
$$\approx 0{,}59671$$

29 $(h \circ f)(0{,}3)$

SOLUÇÃO

$$(h \circ f)(0{,}3) = h(f(0{,}3)) = h(\sqrt{0{,}3})$$
$$\approx h(0{,}547723) = |0{,}547723 - 1|$$
$$= |-0{,}452277| = 0{,}452277$$

Nos Exercícios 31–36, dadas as funções f e g, determine fórmulas para (a) $f \circ g$ e (b) $g \circ f$. Simplifique seus resultados tanto quanto possível.

31 $f(x) = x^2 + 1$, $g(x) = \dfrac{1}{x}$

SOLUÇÃO

(a)
$$(f \circ g)(x) = f(g(x))$$
$$= f\left(\frac{1}{x}\right)$$
$$= \left(\frac{1}{x}\right)^2 + 1$$
$$= \frac{1}{x^2} + 1$$

(b)
$$(g \circ f)(x) = g(f(x))$$
$$= g(x^2 + 1)$$
$$= \frac{1}{x^2+1}$$

33 $f(x) = \dfrac{x-1}{x+1}$, $g(x) = x^2 + 2$

SOLUÇÃO

(a)
$$(f \circ g)(x) = f(g(x))$$
$$= f(x^2 + 2)$$
$$= \frac{(x^2+2)-1}{(x^2+2)+1}$$
$$= \frac{x^2+1}{x^2+3}$$

(b)
$$(g \circ f)(x) = g(f(x))$$
$$= g\left(\frac{x-1}{x+1}\right)$$
$$= \left(\frac{x-1}{x+1}\right)^2 + 2$$

35 $f(t) = \dfrac{t-1}{t^2+1}$, $g(t) = \dfrac{t+3}{t+4}$

SOLUÇÃO

(a) Temos

$$(f \circ g)(t) = f(g(t))$$
$$= f\left(\frac{t+3}{t+4}\right)$$
$$= \frac{\frac{t+3}{t+4} - 1}{\left(\frac{t+3}{t+4}\right)^2 + 1}$$
$$= \frac{(t+3)(t+4) - (t+4)^2}{(t+3)^2 + (t+4)^2}$$
$$= \frac{t^2 + 7t + 12 - t^2 - 8t - 16}{t^2 + 6t + 9 + t^2 + 8t + 16}$$
$$= \frac{-t - 4}{2t^2 + 14t + 25}.$$

Entre a terceira e a quarta linhas acima, multiplicamos numerador e denominador por $(t+4)^2$.

(b) Temos

$$(g \circ f)(t) = g(f(t))$$
$$= g\left(\frac{t-1}{t^2+1}\right)$$
$$= \frac{\frac{t-1}{t^2+1} + 3}{\frac{t-1}{t^2+1} + 4}$$
$$= \frac{t - 1 + 3(t^2+1)}{t - 1 + 4(t^2+1)}$$
$$= \frac{3t^2 + t + 2}{4t^2 + t + 3}.$$

Entre a terceira e a quarta linhas acima, multiplicamos numerador e denominador por $t^2 + 1$.

37 Determine um número b tal que $f \circ g = g \circ f$, em que $f(x) = 2x + b$ e $g(x) = 3x + 4$.

SOLUÇÃO Calculamos $(f \circ g)(x)$ e $(g \circ f)(x)$ e depois igualamos as duas expressões, isolando b. Começamos por $(f \circ g)(x)$:

$$(f \circ g)(x) = f(g(x)) = f(3x + 4)$$
$$= 2(3x + 4) + b = 6x + 8 + b.$$

A seguir, calculamos $(g \circ f)(x)$:

$$(g \circ f)(x) = g(f(x)) = g(2x + b)$$
$$= 3(2x + b) + 4 = 6x + 3b + 4.$$

Olhando para as expressões para $(f \circ g)(x)$ e $(g \circ f)(x)$, vemos que elas são iguais, se

$$8 + b = 3b + 4.$$

Isolando b, obtemos $b = 2$.

39 Suponha

$$h(x) = \left(\frac{x^2 + 1}{x - 1} - 1\right)^3.$$

(a) Se $f(x) = x^3$, determine uma função g tal que $h = f \circ g$.

(b) Se $f(x) = (x - 1)^3$, determine uma função g tal que $h = f \circ g$.

SOLUÇÃO

(a) Queremos que a seguinte equação seja válida: $h(x) = f(g(x))$. Substituindo h e f por suas fórmulas, obtemos:

$$\left(\frac{x^2 + 1}{x - 1} - 1\right)^3 = (g(x))^3.$$

Olhando para a equação acima, vemos que queremos

$$g(x) = \frac{x^2 + 1}{x - 1} - 1.$$

(b) Queremos que a seguinte equação seja válida: $h(x) = f(g(x))$. Substituindo h e f pelas suas fórmulas, obtemos:

$$\left(\frac{x^2 + 1}{x - 1} - 1\right)^3 = (g(x) - 1)^3.$$

Olhando para a equação acima, vemos que queremos

$$g(x) = \frac{x^2 + 1}{x - 1}.$$

41 Suponha

$$h(t) = 2 + \sqrt{\frac{1}{t^2 + 1}}.$$

(a) Se $g(t) = \frac{1}{t^2+1}$, determine uma função f tal que $h = f \circ g$.

(b) Se $g(t) = t^2$, determine uma função f tal que $h = f \circ g$.

SOLUÇÃO

(a) Queremos que a seguinte equação seja válida: $h(t) = f(g(t))$. Substituindo h e g por suas fórmulas, obtemos:

$$2 + \sqrt{\frac{1}{t^2 + 1}} = f\left(\frac{1}{t^2 + 1}\right).$$

Olhando para a equação acima, vemos que queremos escolher $f(t) = 2 + \sqrt{t}$.

(b) Queremos que a seguinte equação seja válida: $h(t) = f(g(t))$. Substituindo h e g por suas fórmulas, obtemos:

$$2 + \sqrt{\frac{1}{t^2 + 1}} = f(t^2).$$

Olhando para a equação acima, vemos que queremos escolher

$$f(t) = 2 + \sqrt{\frac{1}{t + 1}}.$$

Nos Exercícios 43–46, determine funções f e g, cada uma delas mais simples que a função h dada, tal que $h = f \circ g$.

43 $h(x) = (x^2 - 1)^2$

SOLUÇÃO A última operação efetuada no cálculo de $h(x)$ é a elevação ao quadrado. Então, a maneira mais natural de escrever h como uma composição de duas funções f e g é escolher $f(x) = x^2$, que por sua vez sugere que escolhamos $g(x) = x^2 - 1$.

45 $h(x) = \dfrac{3}{2 + x^2}$

SOLUÇÃO A última operação efetuada no cálculo de $h(x)$ é a divisão de 3 por certa expressão. Então, a maneira mais natural de escrever h como uma composição de duas funções f e g é escolher $f(x) = \frac{3}{x}$, que por sua vez requer que escolhamos $g(x) = 2 + x^2$.

Nos Exercícios 47 e 48, determine funções f, g e h, cada uma delas mais simples que a função T dada, tal que $T = f \circ g \circ h$.

47 $T(x) = \dfrac{4}{5 + x^2}$

SOLUÇÃO Uma boa solução é estabelecer

$$f(x) = \frac{4}{x}, \quad g(x) = 5 + x, \quad h(x) = x^2.$$

Para os Exercícios 49–54, suponha que f seja uma função e que g seja uma função definida pela expressão dada.

(a) *Escreva g sob a forma de uma composição de f e uma ou duas funções lineares.*

(b) *Descreva como o gráfico de g pode ser obtido do gráfico de f.*

49 $g(x) = 3f(x) - 2$

SOLUÇÃO

(a) Defina uma função linear h por

$$h(x) = 3x - 2.$$

Portanto, $g = h \circ f$.

(b) O gráfico de g é obtido pelo alongamento vertical do gráfico de f por um fator 3 e, depois, por seu deslocamento 2 unidades para baixo.

51 $g(x) = f(5x)$

SOLUÇÃO

(a) Defina uma função linear h por

$$h(x) = 5x.$$

Portanto, $g = f \circ h$.

(b) O gráfico de g é obtido pelo alongamento horizontal do gráfico de f por um fator $\frac{1}{5}$.

53 $g(x) = 2f(3x) + 4$

SOLUÇÃO

(a) Defina funções lineares h e p por

$$h(x) = 2x + 4 \quad \text{e} \quad p(x) = 3x$$

Portanto, $g = h \circ f \circ p$.

(b) O gráfico de g é obtido pelo alongamento horizontal do gráfico de f por um fator $\frac{1}{3}$, alongando-o depois verticalmente por um fator 2 e, finalmente, deslocando-o 4 unidades para cima.

1.5 Funções Inversas

OBJETIVOS DE APRENDIZAGEM

Ao final desta seção, você deverá ser capaz de

- discernir quais funções possuem inversas;
- determinar uma fórmula para uma função inversa (quando possível);
- usar a composição de uma função e sua inversa para verificar que uma função inversa foi corretamente determinada;
- determinar o domínio e a imagem de uma função inversa.

O Problema Inverso

O conceito de função inversa tem um papel fundamental neste livro na definição de raízes, logaritmos e funções trigonométricas inversas. Para motivar esse conceito, começamos com alguns exemplos simples.

Suponha que f seja a função definida por $f(x) = 3x$. Dado um valor de x, podemos determinar o valor de $f(x)$ usando a fórmula que define f. Por exemplo, para $x = 5$, vemos que $f(5)$ é igual a 15.

No problema inverso, temos o valor de $f(x)$ e queremos determinar o valor de x. O seguinte exemplo ilustra a ideia do problema inverso:

EXEMPLO 1 Suponha que f seja a função definida por

$$f(x) = 3x.$$

(a) Determine x tal que $f(x) = 6$.

(b) Determine x tal que $f(x) = 300$.

(c) Para cada número y, determine um número x tal que $f(x) = y$.

SOLUÇÃO

(a) Resolvendo a equação $3x = 6$ para x, obtemos $x = 2$.

(b) Resolvendo a equação $3x = 300$ para x, obtemos $x = 100$.

(c) Resolvendo a equação $3x = y$ para x, obtemos $x = \dfrac{y}{3}$.

As funções inversas serão definidas mais precisamente depois que trabalharmos alguns exemplos.

Para cada número y, o item (c) do exemplo acima quer saber qual é o número x tal que $f(x) = y$. Esse número x é denominado $f^{-1}(y)$ (que se lê "f inversa de y"). O exemplo acima mostra que, se $f(x) = 3x$, então $f^{-1}(6) = 2$, $f^{-1}(300) = 100$ e, de forma geral, $f^{-1}(y) = \dfrac{y}{3}$ para todo número y.

Para observar como podem originar-se funções inversas com base em problemas do mundo real, suponha que você saiba que uma temperatura de x graus Celsius corresponde a $\frac{9}{5}x + 32$ graus Fahrenheit (deduzimos essa fórmula no Exemplo 5 da Seção 2.1). Em outras palavras, você sabe que a função f que converte a escala de temperaturas Celsius para a escala de temperaturas Fahrenheit é dada pela fórmula

$$f(x) = \tfrac{9}{5}x + 32.$$

Se for dada uma temperatura na escala Fahrenheit e quisermos convertê-la para Celsius, estamos face ao problema de determinar a inversa da função acima, como demonstrado no exemplo a seguir.

Por exemplo, como $f(20) = 68$, a fórmula mostra que uma temperatura de 20° Celsius corresponde a 68° Fahrenheit.

(a) Converta 95° Fahrenheit para a escala Celsius.

(b) Para uma temperatura y qualquer, na escala Fahrenheit, qual é a temperatura correspondente, na escala Celsius?

SOLUÇÃO Seja

$$f(x) = \tfrac{9}{5}x + 32.$$

Portanto, x graus Celsius corresponde a $f(x)$ graus Fahrenheit.

(a) Precisamos determinar x tal que $f(x) = 95$. Resolvendo a equação $\tfrac{9}{5}x + 32 = 95$ para x, obtemos $x = 35$. Então, 35° Celsius corresponde a 95° Fahrenheit.

(b) Para um número y qualquer, precisamos determinar x tal que $f(x) = y$. Resolvendo a equação

$$\tfrac{9}{5}x + 32 = y$$

para x, obtemos

$$x = \tfrac{5}{9}(y - 32).$$

Portanto, $\tfrac{5}{9}(y - 32)$ graus Celsius corresponde a y graus Fahrenheit.

EXEMPLO 3

A escala de temperaturas Fahrenheit foi inventada no século XVIII pelo físico e engenheiro alemão Daniel Gabriel Fahrenheit.

A escala de temperaturas Celsius tem seu nome em homenagem ao astrônomo sueco do século XVIII, Anders Celsius, que originalmente propôs uma escala de temperaturas com 0 no ponto de ebulição da água e 100 no ponto de fusão do gelo. Mais tarde, isso foi revertido, resultando na escala que nos é familiar, na qual números mais altos correspondem a temperaturas mais quentes.

No exemplo acima, temos $f(x) = \tfrac{9}{5}x + 32$. Para qualquer número y, o item (b) do exemplo acima quer saber qual é o valor de x tal que $f(x) = y$. Representamos esse número por $f^{-1}(y)$. O item (a) do exemplo acima mostra que $f^{-1}(95) = 35$; o item (b) mostra de forma mais geral que

$$f^{-1}(y) = \tfrac{5}{9}(y - 32).$$

Neste exemplo, a função f converte de Celsius para Fahrenheit e a função f^{-1} atua em sentido contrário, convertendo de Fahrenheit para Celsius.

Funções Bijetoras

Para observar as dificuldades que podem surgir dos problemas inversos, considere a função f cujo domínio é o conjunto dos números reais, definida pela fórmula

$$f(x) = x^2.$$

Suponha que nos é dado que x é um número tal que $f(x) = 16$ e que nos é solicitado determinar o valor de x. Evidentemente $f(4) = 16$, mas também $f(-4) = 16$. Assim, com a informação dada não existe maneira de determinar um único valor de x tal que $f(x) = 16$. Portanto, não existe função inversa, neste caso.

A dificuldade da falta de uma solução única para o problema inverso pode frequentemente ser resolvida pela alteração do domínio. Por exemplo, considere a função g cujo domínio é o conjunto dos números positivos, definidos pela fórmula

$$g(x) = x^2.$$

Observe que g é definida pela mesma fórmula que f do parágrafo anterior, mas que essas funções não são iguais, pois possuem domínios distintos. Se, agora, for dado que x é um número no domínio de g tal que $g(x) = 16$, e nos for solicitado determinar x, podemos afirmar que $x = 4$. De forma geral, dado um número positivo qualquer y, podemos determinar o número x no domínio de g tal que $g(x) = y$. Este número x, que depende de y, é representado por $g^{-1}(y)$ e dado pela fórmula

$$g^{-1}(y) = \sqrt{y}.$$

Funções bijetoras são precisamente as funções que possuem inversas.

Vimos anteriormente que a função f definida por $f(x) = x^2$ (e com domínio igual ao conjunto dos números reais) não possui inversa porque a equação $f(x) = 16$, em particular, possui mais de uma solução. Uma função é dita **bijetora** se essa situação não ocorrer.

Bijetora

Uma função f é dita **bijetora** se, para cada número y na imagem de f, existir exatamente um número x no domínio de f tal que $f(x) = y$.

Por exemplo, a função f cujo domínio é o conjunto dos números reais, definida por $f(x) = x^2$, não é bijetora, pois existem dois números x distintos, no domínio de f, tais que $f(x) = 16$ (poderíamos ter usado qualquer número positivo, em vez de 16, para mostrar que f não é bijetora). Por outro lado, a função g cujo domínio é o conjunto dos números positivos, definida por $g(x) = x^2$, é bijetora.

A Definição de Função Inversa

Estamos agora prontos para apresentar a definição formal de função inversa.

Definição de f^{-1}

Suponha que f seja uma função bijetora.

- Se y estiver na imagem de f, então $f^{-1}(y)$ é definida como o número x tal que $f(x) = y$.
- A função f^{-1} é denominada a **função inversa** de f.

Versão abreviada:

- $f^{-1}(y) = x$ significa $f(x) = y$.

Suponha $f(x) = 2x + 3$.

EXEMPLO 3

(a) Calcule $f^{-1}(11)$.

(b) Determine uma fórmula para $f^{-1}(y)$.

SOLUÇÃO

(a) Para calcular $f^{-1}(11)$, devemos determinar o número x tal que $f(x) = 11$. Em outras palavras, devemos resolver a equação $2x + 3 = 11$. A solução dessa equação é $x = 4$. Assim, $f(4) = 11$ e, portanto, $f^{-1}(11) = 4$.

(b) Escolha um número y fixo. Para determinar uma fórmula para $f^{-1}(y)$, devemos determinar o número x tal que $f(x) = y$. Em outras palavras, devemos resolver a equação

$$2x + 3 = y$$

para x. A solução dessa equação é $x = \frac{y-3}{2}$. Assim, $f(\frac{y-3}{2}) = y$ e, portanto,

$$f^{-1}(y) = \frac{y-3}{2}.$$

Se f for uma função bijetora, então, para cada y na imagem de f, teremos um número $f^{-1}(y)$ unicamente definido. Assim, f^{-1} é ela própria uma função.

A função inversa não é definida para uma função que não seja bijetora.

Pense em f^{-1} como algo que desfaça qualquer coisa que f fizer. A lista ao lado apresenta alguns exemplos de uma função f e sua inversa f^{-1}.

f	f^{-1}
$f(x) = x + 2$	$f^{-1}(y) = y - 2$
$f(x) = 3x$	$f^{-1}(y) = \frac{y}{3}$
$f(x) = x^2$	$f^{-1}(y) = \sqrt{y}$
$f(x) = \sqrt{x}$	$f^{-1}(y) = y^2$

A primeira entrada na lista acima mostra que se f for a função que adiciona 2 a um número, então f^{-1} subtrai 2 de um número.

A segunda entrada na lista acima mostra que se f for a função que multiplica um número por 3, então f^{-1} divide um número por 3.

Da mesma forma, a terceira entrada na lista acima mostra que se f for a função que eleva um número ao quadrado, então f^{-1} é a função que extrai a raiz quadrada de um número (aqui, supomos que o domínio de f seja o conjunto dos números não negativos, tal que tenhamos uma função bijetora).

Finalmente, a quarta entrada na lista acima mostra que se f for a função que extrai a raiz quadrada de um número, então f^{-1} é a função que eleva um número ao quadrado (aqui, o domínio de f é suposto ser o conjunto dos números não negativos, porque a raiz quadrada de um número negativo não é definida com um número real).

Na Seção 1.1, vimos que uma função f pode ser pensada como um equipamento que recebe uma entrada x e produz uma saída $f(x)$. Da mesma forma, podemos pensar em f^{-1} como um equipamento que recebe uma entrada $f(x)$ e produz uma saída x.

Se a imaginarmos um equipamento, f^{-1} reverte a ação de f.

O procedimento para determinar uma fórmula para uma função inversa pode ser descrito como segue:

> **Determinando uma fórmula para uma função inversa**
>
> Suponha que f seja uma função bijetora. Para determinar uma fórmula para $f^{-1}(y)$, resolvemos a equação $f(x) = y$, para x em termos de y.

EXEMPLO 4   Suponha

$$f(x) = \frac{4x + 5}{2x + 3}$$

para todo $x \neq -\frac{3}{2}$. Determine uma fórmula para f^{-1}.

SOLUÇÃO   Para determinar uma fórmula para $f^{-1}(y)$, precisamos resolver a equação

$$\frac{4x + 5}{2x + 3} = y$$

para x em termos de y. Isto pode ser feito multiplicando-se ambos os lados da equação acima por $2x + 3$, assim

$$4x + 5 = 2xy + 3y,$$

que pode então ser reescrita como

$$(4 - 2y)x = 3y - 5,$$

que pode, por sua vez, ser resolvida para x, obtendo

$$x = \frac{3y - 5}{4 - 2y}.$$

Assim,

$$f^{-1}(y) = \frac{3y - 5}{4 - 2y}$$

para todo $y \neq 2$.

A equação $f(x) = 2$ não tem solução (tente resolvê-la para ver o porquê), portanto, $f^{-1}(2)$ não é definida.

O Domínio e a Imagem de uma Função Inversa

O domínio e a imagem de uma função bijetora são satisfatoriamente relacionados com o domínio e a imagem da sua inversa. Para entender essa relação, considere uma função f bijetora. Observe que $f^{-1}(y)$ é definida precisamente quando y está na imagem de f. Assim, o domínio de f^{-1} é igual à imagem de f.

Da mesma forma, como f^{-1} reverte a ação de f, observamos de imediato que a imagem de f^{-1} é igual ao domínio de f. Podemos resumir a relação entre os domínios e as imagens de funções e suas inversas, como segue:

> **Domínio e imagem de uma função inversa**
>
> Se f é uma função bijetora, então
>
> - o domínio de f^{-1} é igual à imagem de f;
> - a imagem de f^{-1} é igual ao domínio de f.

EXEMPLO 5

Suponha que o domínio de f seja o intervalo [0, 2], com f definida nesse domínio pela equação $f(x) = x^2$.

(a) Qual é a imagem de f?

(b) Determine uma fórmula para a função inversa f^{-1}.

(c) Qual é o domínio da função inversa f^{-1}?

(d) Qual é a imagem da função inversa f^{-1}?

SOLUÇÃO

(a) A imagem de f é o intervalo [0, 4], porque esse intervalo é o conjunto dos quadrados dos números no intervalo [0, 2].

(b) Suponha que y esteja na imagem de f, que é o intervalo [0, 4]. Para determinar uma fórmula para $f^{-1}(y)$, temos que resolver para x a equação $f(x) = y$. Em outras palavras, precisamos resolver a equação $x^2 = y$, para x. A solução x deve estar no domínio de f, que é [0, 2] e, em particular, x deve ser não negativo. Assim, temos $x = \sqrt{y}$. Em outras palavras, $f^{-1}(y) = \sqrt{y}$.

(c) O domínio da função inversa f^{-1} é o intervalo [0, 4], que é a imagem de f.

(d) A imagem da função inversa f^{-1} é o intervalo [0, 2], que é o domínio de f.

Este exemplo ilustra como a função inversa permuta o domínio e a imagem da função original.

A Composição de uma Função e Sua Inversa

O exemplo seguinte ajudará a motivar nosso próximo resultado.

EXEMPLO 6

Suponha que f seja a função cujo domínio é o conjunto dos números reais, com f definida por $f(x) = 2x + 3$.

(a) Determine uma fórmula para $f \circ f^{-1}$. (b) Determine uma fórmula para $f^{-1} \circ f$.

SOLUÇÃO Como vimos no Exemplo 3, $f^{-1}(y) = \frac{y-3}{2}$. Assim, temos o seguinte:

(a) $(f \circ f^{-1})(y) = f(f^{-1}(y)) = f\left(\frac{y-3}{2}\right) = 2\left(\frac{y-3}{2}\right) + 3 = y$

(b) $(f^{-1} \circ f)(x) = f^{-1}(f(x)) = f^{-1}(2x + 3) = \frac{(2x+3)-3}{2} = x$

Equações similares valem para a composição de qualquer função bijetora e sua inversa:

> ### A composição de uma função e sua inversa
>
> Suponha que f seja uma função bijetora. Então,
>
> - $f(f^{-1}(y)) = y$, para todo y na imagem de f;
> - $f^{-1}(f(x)) = x$, para todo x no domínio de f.

Para observar por que esses resultados são válidos, comece por supor y como um número na imagem de f. Seja $x = f^{-1}(y)$. Assim, $f(x) = y$. Portanto,

$$f(f^{-1}(y)) = f(x) = y,$$

como previsto anteriormente.

Para verificar a segunda conclusão do boxe da página anterior, suponha que x seja um número no domínio de f. Seja $y = f(x)$. Assim, $f^{-1}(y) = x$. Portanto,

$$f^{-1}(f(x)) = f^{-1}(y) = x,$$

como previsto.

Lembre que I é a função identidade, definida por $I(x) = x$ (em que deixamos vago o domínio), ou poderíamos da mesma forma ter definido I pela equação $I(y) = y$. Assim, os resultados do boxe da página anterior poderiam ser expressos pelas equações

$$f \circ f^{-1} = I \quad \text{e} \quad f^{-1} \circ f = I.$$

Aqui, começamos com x como entrada e terminamos com x como saída. Esta figura ilustra, portanto, a equação $f^{-1} \circ f = I$.

Aqui, a função I na primeira equação tem domínio igual à imagem de f (que é igual ao domínio de f^{-1}) e a função I na segunda equação tem o mesmo domínio que f. As equações acima justificam o porquê da terminologia "inversa", que é usada para a função inversa: f^{-1} é a inversa de f sob composição no sentido de que a composição de f e f^{-1}, em qualquer ordem, fornece a função identidade.

A figura abaixo ilustra a equação $f^{-1} \circ f = I$, pensando em f e em f^{-1} como equipamentos.

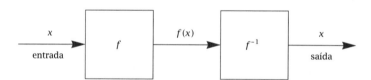

Começamos com x como entrada. O primeiro equipamento produz como saída $f(x)$, que depois se torna entrada para o segundo equipamento; a saída é x, porque o segundo equipamento, que é baseado em f^{-1}, reverte a ação de f.

Suponha que você precise calcular a inversa de uma função f. Como discutido anteriormente, para determinar uma fórmula para f^{-1} você precisa resolver a equação $f(x) = y$, para x em termos de y. Uma vez que você obtém uma fórmula para f^{-1}, uma boa forma de testar se seu resultado está correto é verificar uma ou ambas as equações do boxe da página anterior.

EXEMPLO 7 Suponha

$$f(x) = \tfrac{9}{5}x + 32,$$

que é a fórmula para converter da escala de temperaturas Celsius para a escala Fahrenheit. Já obtivemos anteriormente a inversa para essa função como a fórmula

$$f^{-1}(y) = \tfrac{5}{9}(y - 32).$$

Teste se essa fórmula está correta, verificando que $f(f^{-1}(y)) = y$, para todo número real y.

SOLUÇÃO Para verificar se temos a fórmula correta para f^{-1}, calculamos o que segue:

$$f(f^{-1}(y)) = f\left(\tfrac{5}{9}(y-32)\right)$$
$$= \tfrac{9}{5}\left(\tfrac{5}{9}(y-32)\right) + 32$$
$$= (y-32) + 32$$
$$= y.$$

Para estar duplamente seguros de que não cometemos nenhum erro de manipulação algébrica, poderíamos também verificar que
$$f^{-1}(f(x)) = x$$
para todo número real x. Entretanto, um teste apenas já é considerado suficiente.

Então, $f(f^{-1}(y)) = y$, o que significa que nossa fórmula para f^{-1} está correta. Se nosso cálculo de $f(f^{-1}(y))$ tivesse simplificado para outro resultado que não apenas y, saberíamos que cometemos algum erro ao calcular f^{-1}.

Comentários sobre a Notação

A notação $y = f(x)$ leva naturalmente à notação $f^{-1}(y)$. Lembre-se, entretanto, de que, ao definir uma função, a variável é simplesmente um marcador de espaço. Poderíamos usar outras letras, inclusive x, como a variável para a função inversa. Como exemplo, consideremos a função f, com domínio igual ao conjunto dos números positivos, definida pela equação

$$f(x) = x^2.$$

Como sabemos, a função inversa é dada pela fórmula

$$f^{-1}(y) = \sqrt{y}.$$

Entretanto, a função inversa também poderia ser caracterizada pela fórmula

$$f^{-1}(x) = \sqrt{x}.$$

Outras letras também poderiam ser utilizadas para o marcador de espaço. Por exemplo, poderíamos também caracterizar a função inversa pela fórmula

$$f^{-1}(t) = \sqrt{t}.$$

A notação f^{-1} para a inversa de uma função (que significa a inversa sob composição) não pode ser confundida com o inverso multiplicativo $\tfrac{1}{f}$. Em outras palavras, $f^{-1} \neq \tfrac{1}{f}$. Entretanto, se o expoente -1 for colocado em qualquer outro lugar que não imediatamente após um símbolo de função, então a interpretação deverá provavelmente ser a do inverso multiplicativo.

Não confunda $f^{-1}(y)$ com $[f(y)]^{-1}$.

Suponha $f(x) = x^2 - 1$, sendo o domínio de f o conjunto dos números positivos.

(a) Calcule $f^{-1}(8)$.

(b) Calcule $[f(8)]^{-1}$.

(c) Calcule $f(8^{-1})$.

EXEMPLO 8

SOLUÇÃO

a) Para calcular $f^{-1}(8)$, devemos determinar um número x positivo tal que $f(x) = 8$. Em outras palavras, devemos resolver a equação $x^2 - 1 = 8$. A solução para essa equação é $x = 3$. Então, $f(3) = 8$ e, portanto, $f^{-1}(8) = 3$.

(b)
$$[f(8)]^{-1} = \frac{1}{f(8)} = \frac{1}{8^2 - 1} = \frac{1}{63}$$

(c)
$$f(8^{-1}) = f\left(\frac{1}{8}\right) = \left(\frac{1}{8}\right)^2 - 1 = \frac{1}{64} - 1 = -\frac{63}{64}$$

Quando lidar com problemas do mundo real, você pode querer escolher a notação para refletir o contexto. O exemplo a seguir ilustra essa ideia com o uso da variável d para representar distância e t para representar tempo.

EXEMPLO 9 Suponha que você tenha corrido uma maratona (26,2 milhas ≈ 42 km) em exatamente 4 horas. Seja f a função com domínio [0; 26,2], tal que $f(d)$ seja o número de minutos que você levou desde o início da corrida para alcançar a distância d milhas a partir da linha de partida.

(a) Qual é a imagem de f?

(b) Qual é o domínio da função inversa f^{-1}?

(c) Qual é o significado de $f^{-1}(t)$ para um número t no domínio de f^{-1}?

SOLUÇÃO

(a) Como 4 horas é igual a 240 minutos, a imagem de f é o intervalo [0, 240].

(b) Como sempre, o domínio de f^{-1} é a imagem de f. Assim, o domínio de f^{-1} é o intervalo [0, 240].

(c) A função f^{-1} reverte os papéis da entrada e da saída quando comparada à função f. Portanto, $f^{-1}(t)$ é a distância em milhas que você correu desde a linha de partida no instante t minutos após o início da corrida.

EXERCÍCIOS

Para os Exercícios 1–8, teste sua resposta calculando o valor da função apropriada para sua resposta.

1. Suponha $f(x) = 4x + 6$. Calcule o valor de $f^{-1}(5)$.
2. Suponha $f(x) = 7x - 5$. Calcule o valor de $f^{-1}(-3)$.
3. Suponha $g(x) = \dfrac{x+2}{x+1}$. Calcule o valor de $g^{-1}(3)$.
4. Suponha $g(x) = \dfrac{x-3}{x-4}$. Calcule o valor de $g^{-1}(2)$.
5. Suponha $f(x) = 3x + 2$. Determine uma fórmula para f^{-1}.
6. Suponha $f(x) = 8x - 9$. Determine uma fórmula para f^{-1}.
7. Suponha $h(t) = \dfrac{1+t}{2-t}$. Determine uma fórmula para h^{-1}.
8. Suponha $h(t) = \dfrac{2-3t}{4+5t}$. Determine uma fórmula para h^{-1}.
9. Suponha $f(x) = 2 + \dfrac{x-5}{x+6}$.
   - (a) Calcule o valor de $f^{-1}(4)$.
   - (b) Calcule o valor de $[f(4)]^{-1}$.
   - (c) Calcule o valor de $f(4^{-1})$.
10. Suponha $h(x) = 3 - \dfrac{x+4}{x-7}$.
    - (a) Calcule o valor de $h^{-1}(9)$.
    - (b) Calcule o valor de $[h(9)]^{-1}$.
    - (c) Calcule o valor de $h(9^{-1})$.
11. Suponha $g(x) = x^2 + 4$, sendo o domínio de g o conjunto dos números positivos. Calcule o valor de $g^{-1}(7)$.
12. Suponha $g(x) = 3x^2 - 5$, sendo o domínio de g o conjunto dos números positivos. Calcule o valor de $g^{-1}(8)$.
13. Suponha $h(x) = 5x^2 + 7$, sendo o domínio de h o conjunto dos números positivos. Determine uma fórmula para h^{-1}.
14. Suponha $h(x) = 3x^2 - 4$, sendo o domínio de h o conjunto dos números positivos. Determine uma fórmula para h^{-1}.

Para cada uma das funções f dadas nos Exercícios 15–24:
- (a) *Determine o domínio de f.*
- (b) *Determine a imagem de f.*
- (c) *Determine uma fórmula para f^{-1}.*
- (d) *Determine o domínio de f^{-1}.*
- (e) *Determine a imagem de f^{-1}.*

Você pode testar suas soluções ao item (c) verificando que $f^{-1} \circ f = I$ e $f \circ f^{-1} = I$ (lembre que I é a função definida por $I(x) = x$).

15. $f(x) = 3x + 5$
16. $f(x) = 2x - 7$
17. $f(x) = \dfrac{1}{3x+2}$
18. $f(x) = \dfrac{4}{5x-3}$
19. $f(x) = \dfrac{2x}{x+3}$
20. $f(x) = \dfrac{3x-2}{4x+5}$
21. $f(x) = \begin{cases} 3x & \text{se } x < 0 \\ 4x & \text{se } x \geq 0 \end{cases}$
22. $f(x) = \begin{cases} 2x & \text{se } x < 0 \\ x^2 & \text{se } x \geq 0 \end{cases}$
23. $f(x) = x^2 + 8$, sendo o domínio de f igual a $(0, \infty)$.
24. $f(x) = 2x^2 + 5$, sendo o domínio de f igual a $(0, \infty)$.
25. Suponha $f(x) = x^5 + 2x^3$. Qual dos números listados abaixo é igual a $f^{-1}(8{,}10693)$?

    $$1{,}1; \quad 1{,}2; \quad 1{,}3; \quad 1{,}4$$

    [Para esta função em particular, não é possível determinar uma fórmula para $f^{-1}(y)$.]

26. Suponha $f(x) = 3x^5 + 4x^3$. Qual dos números listados abaixo é igual a $f^{-1}(0{,}28672)$?

    $$0{,}2; \quad 0{,}3; \quad 0{,}4; \quad 0{,}5$$

    [Para esta função em particular, não é possível determinar uma fórmula para $f^{-1}(y)$.]

Para os Exercícios 27 e 28, use a função imposto de renda federal dos EUA em 2011 para uma única pessoa como definida no Exemplo 2 da Seção 1.1.

27. Qual é a renda tributável de uma única pessoa que pagou US$ 10.000 em impostos federais para 2011?
28. Qual é a renda tributável de uma única pessoa que pagou US$ 20.000 em impostos federais para 2011?
29. Suponha $g(x) = x^7 + x^3$. Calcule o valor de
    $$\left(g^{-1}(4)\right)^7 + \left(g^{-1}(4)\right)^3 + 1.$$
30. Suponha $g(x) = 8x^9 + 7x^3$. Calcule o valor de
    $$8\left(g^{-1}(5)\right)^9 + 7\left(g^{-1}(5)\right)^3 - 3.$$

PROBLEMAS

31 O número exato de metros em y jardas é $f(y)$, em que f é a função definida por

$$f(y) = 0{,}9144y.$$

(a) Determine uma fórmula para $f^{-1}(m)$.

(b) Qual é o significado de $f^{-1}(m)$?

32 O número exato de quilômetros em M milhas é $f(M)$, em que f é a função definida por

$$f(M) = 1{,}609344M.$$

(a) Determine uma fórmula para $f^{-1}(k)$.

(b) Qual é o significado de $f^{-1}(k)$?

33 Uma temperatura de F graus Fahrenheit corresponde a $g(F)$ graus na escala de temperaturas Kelvin, em que

$$g(F) = \tfrac{5}{9}F + 255{,}37.$$

(a) Determine uma fórmula para $g^{-1}(K)$.

(b) Qual é o significado de $g^{-1}(K)$?

(c) Calcule o valor de $g^{-1}(0)$. (Este é o zero absoluto, a temperatura mais baixa possível, porque toda a atividade molecular cessa a 0° Kelvin.)

34 Suponha que g seja a função imposto de renda federal definida no Exemplo 2 da Seção 1.1. Qual é o significado da função g^{-1}?

35 Suponha que f seja a função cujo domínio é o conjunto dos números reais, com f definida nesse domínio pela fórmula

$$f(x) = |x + 6|.$$

Explique por que f não é uma função bijetora.

36 Suponha que g seja a função cujo domínio é o intervalo $[-2, 2]$, com g definida nesse domínio pela fórmula

$$g(x) = (5x^2 + 3)^{7777}.$$

Explique por que g não é uma função bijetora.

37 Demonstre que, se f for a função definida por $f(x) = mx + b$, em que $m \neq 0$, então f é uma função bijetora.

38 Demonstre que, se f for a função definida por $f(x) = mx + b$, em que $m \neq 0$, então a função inversa f^{-1} é definida pela fórmula $f^{-1}(y) = \tfrac{1}{m}y - \tfrac{b}{m}$.

39 Considere a função h cujo domínio é o intervalo $[-4, 4]$, com h definida nesse domínio pela fórmula

$$h(x) = (2 + x)^2.$$

A função h possui uma inversa? Em caso afirmativo, determine-a, bem como seu domínio e sua imagem. Em caso negativo, justifique por que não.

40 Considere a função h cujo domínio é o intervalo $[-3, 3]$, com h definida nesse domínio pela fórmula

$$h(x) = (3 + x)^2.$$

A função h possui uma inversa? Em caso afirmativo, determine-a, bem como seu domínio e sua imagem. Em caso negativo, justifique por que não.

41 Suponha que f seja uma função bijetora. Justifique por que a inversa da inversa de f é igual a f. Em outras palavras, justifique por que

$$(f^{-1})^{-1} = f.$$

42 A função f definida por

$$f(x) = x^5 + x^3$$

é bijetora (aqui o domínio de f é o conjunto dos números reais). Calcule $f^{-1}(y)$ para quatro valores distintos de y, a sua escolha.

[*Para esta função em particular, não é possível determinar uma fórmula para $f^{-1}(y)$.*]

43 Suponha que f seja uma função cujo domínio é igual a $\{2, 4, 7, 8, 9\}$ e cuja imagem é igual a $\{-3, 0, 2, 6, 7\}$. Explique por que f é uma função bijetora.

44 Suponha que f seja uma função cujo domínio é igual a $\{2, 4, 7, 8, 9\}$ e cuja imagem é igual a $\{-3, 0, 2, 6\}$. Explique por que f não é uma função bijetora.

45 Demonstre que a composição de duas funções bijetoras é uma função bijetora.

46 Dê um exemplo para mostrar que a soma de duas funções bijetoras não é necessariamente uma função bijetora.

47 Dê um exemplo para mostrar que o produto de duas funções bijetoras não é necessariamente uma função bijetora.

48 Dê um exemplo de uma função f tal que o domínio de f e a imagem de f sejam ambos iguais ao conjunto dos inteiros, mas f não seja uma função bijetora.

49 Dê um exemplo de uma função bijetora cujo domínio é igual ao conjunto dos inteiros e cuja imagem é igual ao conjunto dos inteiros positivos.

SOLUÇÕES DETALHADAS *dos Exercícios Ímpares*

Para os Exercícios 1-8, teste sua resposta calculando o valor da função apropriada para sua resposta.

1 Suponha $f(x) = 4x + 6$. Calcule o valor de $f^{-1}(5)$.

SOLUÇÃO Precisamos determinar um número x tal que $f(x) = 5$. Em outras palavras, precisamos resolver a equação

$$4x + 6 = 5.$$

Essa equação tem solução $x = -\frac{1}{4}$. Então, temos que $f^{-1}(5) = -\frac{1}{4}$.

VERIFICAÇÃO Para verificar que $f^{-1}(5) = -\frac{1}{4}$, precisamos verificar que $f(-\frac{1}{4}) = 5$. Assim, temos

$$f(-\tfrac{1}{4}) = 4(-\tfrac{1}{4}) + 6 = 5,$$

como desejado.

3 Suponha $g(x) = \frac{x+2}{x+1}$. Calcule o valor de $g^{-1}(3)$.

SOLUÇÃO Precisamos determinar um número x tal que $g(x) = 3$. Em outras palavras, precisamos resolver a equação

$$\frac{x+2}{x+1} = 3.$$

Multiplicando ambos os lados dessa equação por $x + 1$, obtemos a equação

$$x + 2 = 3x + 3,$$

que tem solução $x = -\frac{1}{2}$. Assim, temos que $g^{-1}(3) = -\frac{1}{2}$.

VERIFICAÇÃO Para verificar que $g^{-1}(3) = -\frac{1}{2}$, precisamos verificar que $g(-\frac{1}{2}) = 3$. Assim, temos

$$g(-\tfrac{1}{2}) = \frac{-\tfrac{1}{2} + 2}{-\tfrac{1}{2} + 1} = \frac{\tfrac{3}{2}}{\tfrac{1}{2}} = 3,$$

como desejado.

5 Suponha $f(x) = 3x + 2$. Determine uma fórmula para f^{-1}.

SOLUÇÃO Para cada número y, precisamos determinar um número x tal que $f(x) = y$. Em outras palavras, precisamos resolver a equação

$$3x + 2 = y$$

para x em termos de y. Subtraindo-se 2 de ambos os lados da equação acima e depois dividindo-se ambos os lados por 3, obtemos

$$x = \frac{y-2}{3}.$$

Então,

$$f^{-1}(y) = \frac{y-2}{3}$$

para todo número y.

VERIFICAÇÃO Para verificar que $f^{-1}(y) = \frac{y-2}{3}$, precisamos verificar que $f(\frac{y-2}{3}) = y$. Assim, temos

$$f\left(\tfrac{y-2}{3}\right) = 3\left(\frac{y-2}{3}\right) + 2$$
$$= y,$$

como desejado.

7 Suponha $h(t) = \frac{1+t}{2-t}$. Determine uma fórmula para h^{-1}.

SOLUÇÃO Para cada número y, precisamos determinar um número t tal que $h(t) = y$. Em outras palavras, precisamos resolver a equação

$$\frac{1+t}{2-t} = y$$

para t em termos de y. Multiplicando-se ambos os lados da equação por $2 - t$ e depois agrupando de um mesmo lado todos os termos com t, obtemos

$$t + yt = 2y - 1.$$

Reescrevendo o lado esquerdo como $(1 + y)t$ e depois dividindo ambos os lados por $1 + y$, obtemos

$$t = \frac{2y-1}{1+y}.$$

Então,

$$h^{-1}(y) = \frac{2y-1}{1+y}$$

para todo número $y \neq -1$.

VERIFICAÇÃO Para verificar que $h^{-1}(y) = \frac{2y-1}{1+y}$, precisamos verificar que $h(\frac{2y-1}{1+y}) = y$. Assim, temos

$$h\left(\tfrac{2y-1}{1+y}\right) = \frac{1 + \tfrac{2y-1}{1+y}}{2 - \tfrac{2y-1}{1+y}}.$$

Multiplicando-se numerador e denominador da expressão à direita por $1 + y$, obtemos

$$h\left(\tfrac{2y-1}{1+y}\right) = \frac{1 + y + 2y - 1}{2 + 2y - 2y + 1} = \frac{3y}{3} = y,$$

como desejado.

9 Suponha $f(x) = 2 + \frac{x-5}{x+6}$.

(a) Determine o valor de $f^{-1}(4)$.
(b) Determine o valor de $[f(4)]^{-1}$.
(c) Determine o valor de $f(4^{-1})$.

SOLUÇÃO

(a) Precisamos determinar um número x tal que $f(x) = 4$. Em outras palavras, precisamos resolver a equação

$$2 + \frac{x-5}{x+6} = 4.$$

Subtraindo-se 2 de ambos os lados da equação e depois multiplicando-se ambos os lados por $x + 6$, obtemos a equação

$$x - 5 = 2x + 12,$$

que tem como solução $x = -17$. Então, $f^{-1}(4) = -17$.

(b) Observe que
$$f(4) = 2 + \frac{4-5}{4+6} = \frac{20}{10} - \frac{1}{10} = \frac{19}{10}.$$
Então, $[f(4)]^{-1} = \frac{10}{19}$.

(c)
$$f(4^{-1}) = f\left(\tfrac{1}{4}\right) = 2 + \frac{\tfrac{1}{4} - 5}{\tfrac{1}{4} + 6} = \frac{31}{25}$$

11 Suponha $g(x) = x^2 + 4$, sendo o domínio de g o conjunto dos números positivos. Calcule o valor de $g^{-1}(7)$.

SOLUÇÃO Precisamos determinar um número positivo x tal que $g(x) = 7$. Em outras palavras, necessitamos determinar uma solução positiva para a equação

$$x^2 + 4 = 7,$$

que é equivalente à equação

$$x^2 = 3.$$

A equação acima tem as soluções:

$$x = \sqrt{3} \quad \text{e} \quad x = -\sqrt{3}.$$

Como o domínio de g é o conjunto de números positivos, o valor de x que estamos procurando deve ser positivo. A segunda solução acima é negativa e pode, então, ser descartada, levando a $g^{-1}(7) = \sqrt{3}$.

13 Suponha $h(x) = 5x^2 + 7$, sendo o domínio de h o conjunto dos números positivos. Determine uma fórmula para h^{-1}.

SOLUÇÃO Para cada número y, precisamos determinar um número x tal que $h(x) = y$. Em outras palavras, precisamos resolver a equação

$$5x^2 + 7 = y$$

para x em termos de y. Subtraindo-se 7 de ambos os lados da equação acima, depois dividindo-se ambos os lados por 5 e, finalmente, extraindo-se as raízes quadradas, obtemos

$$x = \sqrt{\frac{y-7}{5}},$$

de que escolhemos a raiz quadrada positiva porque x precisa ser um número positivo. Assim,

$$h^{-1}(y) = \sqrt{\frac{y-7}{5}}$$

para todo número $y > 7$. A restrição de $y > 7$ é necessária para garantir que tenhamos um número positivo quando calcularmos o valor da fórmula acima.

Para cada uma das funções f dadas nos Exercícios 15-24:
  (a) Determine o domínio de f.
  (b) Determine a imagem de f.
  (c) Determine uma fórmula para f^{-1}.
  (d) Determine o domínio de f^{-1}.
  (e) Determine a imagem de f^{-1}.

Você pode testar suas soluções ao item (c) verificando que $f^{-1} \circ f = I$ e $f \circ f^{-1} = I$ (lembre que I é a função definida por $I(x) = x$).

15 $f(x) = 3x + 5$

SOLUÇÃO

(a) A expressão $3x + 5$ faz sentido para todos os números reais x. Então, o domínio de f é o conjunto dos números reais.

(b) Para determinar a imagem de f, precisamos determinar os números y tais que

$$y = 3x + 5$$

para algum x no domínio de f. Em outras palavras, precisamos determinar os valores de y tais que a equação acima possa ser resolvida para um número real x. Resolvendo a equação acima para x, obtemos

$$x = \frac{y-5}{3}.$$

A expressão acima, do lado direito, faz sentido para todo número real y. Assim, a imagem de f é o conjunto dos números reais.

(c) A expressão acima mostra que f^{-1} é dada pela fórmula

$$f^{-1}(y) = \frac{y-5}{3}.$$

(d) O domínio de f^{-1} é igual à imagem de f. Portanto, o domínio de f^{-1} é o conjunto dos números reais.

(e) A imagem de f^{-1} é igual ao domínio de f. Portanto, a imagem de f^{-1} é o conjunto dos números reais.

17 $f(x) = \dfrac{1}{3x + 2}$

SOLUÇÃO

(a) A expressão $\frac{1}{3x+2}$ faz sentido para todos os números reais x, exceto quando $3x + 2 = 0$. Resolvendo essa equação para x, obtemos $x = -\frac{2}{3}$. Então, o domínio de f é o conjunto $\{x: x \neq -\frac{2}{3}\}$.

(b) Para determinar a imagem de f, precisamos determinar os números y tais que
$$y = \frac{1}{3x+2}$$
para algum x no domínio de f. Em outras palavras, precisamos determinar os valores de y tais que a equação acima possa ser resolvida para um número real $x \neq -\frac{2}{3}$. Para resolver essa equação para x, multiplicamos ambos os lados por $3x + 2$, de que obtemos
$$3xy + 2y = 1.$$
Agora, subtraímos $2y$ de ambos os lados e depois os dividimos por $3y$, levando a
$$x = \frac{1-2y}{3y}.$$
A expressão acima, do lado direito, faz sentido para todo número real $y \neq 0$ e produz um número $x \neq -\frac{2}{3}$ (porque a equação $-\frac{2}{3} = \frac{1-2y}{3y}$ não faz sentido, como você mesmo pode verificar se tentar resolvê-la para y). Portanto, a imagem de f é o conjunto $\{y: y \neq 0\}$.

(c) A expressão acima mostra que f^{-1} é dada pela fórmula
$$f^{-1}(y) = \frac{1-2y}{3y}.$$

(d) O domínio de f^{-1} é igual à imagem de f. Portanto, o domínio de f^{-1} é o conjunto $\{y: y \neq 0\}$.

(e) A imagem de f^{-1} é igual ao domínio de f. Portanto, a imagem de f^{-1} é o conjunto $\{x: x \neq -\frac{2}{3}\}$.

19 $f(x) = \dfrac{2x}{x+3}$

SOLUÇÃO

(a) A expressão $\frac{2x}{x+3}$ faz sentido para todos os números reais x, exceto quando $x = -3$. Portanto, o domínio de f é o conjunto $\{x: x \neq -3\}$.

(b) Para determinar a imagem de f, precisamos determinar os números y tais que
$$y = \frac{2x}{x+3}$$
para algum x no domínio de f. Em outras palavras, precisamos determinar os valores de y tais que a equação acima possa ser resolvida para um número real $x \neq -3$. Para resolver essa equação para x, multiplicamos ambos os lados por $x + 3$, de que obtemos
$$xy + 3y = 2x.$$

Agora, subtraímos xy de ambos os lados, obtendo
$$3y = 2x - xy = x(2-y).$$
A divisão por $2 - y$ fornece
$$x = \frac{3y}{2-y}.$$
A expressão acima, do lado direito, faz sentido para todo número real $y \neq 2$ e produz um número $x \neq -3$ (porque a equação $-3 = \frac{3y}{2-y}$ não faz sentido, como você mesmo pode verificar se tentar resolvê-la para y). Portanto, a imagem de f é o conjunto $\{y: y \neq 2\}$.

(c) A expressão acima mostra que f^{-1} é dada pela fórmula
$$f^{-1}(y) = \frac{3y}{2-y}.$$

(d) O domínio de f^{-1} é igual à imagem de f. Portanto, o domínio de f^{-1} é o conjunto $\{y: y \neq 2\}$.

(e) A imagem de f^{-1} é igual ao domínio de f. Portanto, a imagem de f^{-1} é o conjunto $\{x: x \neq -3\}$.

21 $f(x) = \begin{cases} 3x & \text{se } x < 0 \\ 4x & \text{se } x \geq 0 \end{cases}$

SOLUÇÃO

(a) A expressão que define $f(x)$ faz sentido para todos os números reais x. Portanto, o domínio de f é o conjunto dos números reais.

(b) Para determinar a imagem de f, precisamos determinar os números y tais que $y = f(x)$ para algum número real x. Da definição de f, vemos que, se $y < 0$, então $y = f(\frac{y}{3})$, e, se $y \geq 0$, então $y = f(\frac{y}{4})$. Assim, todo número real y está na imagem de f. Em outras palavras, a imagem de f é o conjunto de todos os números reais.

(c) Do parágrafo acima, vemos que f^{-1} é dada pela fórmula
$$f^{-1}(y) = \begin{cases} \frac{y}{3} & \text{se } y < 0 \\ \frac{y}{4} & \text{se } y \geq 0 \end{cases}.$$

(d) O domínio de f^{-1} é igual à imagem de f. Portanto, o domínio de f^{-1} é o conjunto dos números reais.

(e) A imagem de f^{-1} é igual ao domínio de f. Portanto, a imagem de f^{-1} é o conjunto dos números reais.

23 $f(x) = x^2 + 8$, sendo o domínio de f igual a $(0, \infty)$.

SOLUÇÃO

(a) Como parte da definição da função f, o domínio foi especificado como o intervalo $(0, \infty)$, que é o conjunto dos números positivos.

(b) Para determinar a imagem de f, precisamos determinar os números y tais que

$$y = x^2 + 8$$

para algum x no domínio de f. Em outras palavras, precisamos determinar os valores de y tais que a equação acima possa ser resolvida para um número x positivo. Para resolver essa equação para x, subtraímos 8 de ambos os lados e depois extraímos raízes quadradas de ambos os lados, obtendo

$$x = \sqrt{y - 8},$$

de que escolhemos a raiz quadrada positiva de $y - 8$, porque x precisa ser um número positivo.

A expressão acima, do lado direito, faz sentido e produz um número positivo x para todo número $y > 8$. Portanto, a imagem de f é o intervalo $(8, \infty)$.

(c) A expressão acima mostra que f^{-1} é dada pela fórmula

$$f^{-1}(y) = \sqrt{y - 8}.$$

(d) O domínio de f^{-1} é igual à imagem de f. Portanto, o domínio de f^{-1} é o intervalo $(8, \infty)$.

(e) A imagem de f^{-1} é igual ao domínio de f. Portanto, a imagem de f^{-1} é o conjunto dos números positivos.

25 Suponha $f(x) = x^5 + 2x^3$. Qual dos números listados abaixo é igual a $f^{-1}(8{,}10693)$?

$$1{,}1; \quad 1{,}2; \quad 1{,}3; \quad 1{,}4$$

SOLUÇÃO Primeiro, testamos se $f^{-1}(8{,}10693)$ é ou não igual a 1,1, verificando se $f(1{,}1)$ é ou não igual a 8,10693. Usando uma calculadora, calculamos que

$$f(1{,}1) = 4{,}27251,$$

o que significa que $f^{-1}(8{,}10693) \neq 1{,}1$.

A seguir, para testar se $f^{-1}(8{,}10693)$ é ou não igual a 1,2, verificamos se $f(1{,}2)$ é ou não igual a 8,10693. Usando uma calculadora, calculamos que

$$f(1{,}2) = 5{,}94432,$$

o que significa que $f^{-1}(8{,}10693) \neq 1{,}2$.

Na sequência, para testar se $f^{-1}(8{,}10693)$ é ou não igual a 1,3, verificamos se $f(1{,}3)$ é ou não igual a 8,10693. Usando uma calculadora, calculamos que

$$f(1{,}3) = 8{,}10693,$$

o que significa que $f^{-1}(8{,}10693) = 1{,}3$.

Para os Exercícios 27 e 28, use a função imposto de renda federal dos EUA em 2011 para uma única pessoa como definida no Exemplo 2 da Seção 1.1.

27 Qual é a renda tributável de uma única pessoa que pagou US$ 10.000 em impostos federais para 2011?

SOLUÇÃO Seja g a função imposto de renda, como definida no Exemplo 2 da Seção 1.1. Precisamos calcular o valor de $g^{-1}(10.000)$. Estabelecendo que $t = g^{-1}(10.000)$, isto significa que precisamos resolver a equação $g(t) = 10.000$ para t. Para determinar qual fórmula aplicar, é necessário ter um pouco de experiência. Usando a definição de g, podemos calcular que $g(8.500) = 850$, $g(34.500) = 4.750$ e $g(83.600) = 17.025$. Como 10.000 está entre 4.750 e 17.025, significa que t está entre 34.500 e 83.600. Portanto, $g(t) = 0{,}25\,t - 3.875$. Resolvendo a equação

$$0{,}25t - 3875 = 10000$$

para t, obtemos $t = 55.500$. Assim, uma única pessoa cuja conta com o imposto federal tenha sido de US$ 10.000 teve uma renda tributável de US$ 55.500.

29 Suponha $g(x) = x^7 + x^3$. Calcule

$$\left(g^{-1}(4)\right)^7 + \left(g^{-1}(4)\right)^3 + 1.$$

SOLUÇÃO É solicitado que calculemos $g(g^{-1}(4)) + 1$. Como $g(g^{-1}(4)) = 4$, a quantidade acima é igual a 5.

1.6 Uma Abordagem Gráfica de Funções Inversas

OBJETIVOS DE APRENDIZAGEM

Ao final desta seção, você deverá ser capaz de

- esboçar o gráfico de f^{-1} com base no gráfico de f;
- aplicar o teste da reta horizontal para discernir se uma função possui inversa;
- reconhecer funções crescentes e funções decrescentes;
- calcular uma função inversa para uma função definida por uma tabela.

O Gráfico de uma Função Inversa

Começaremos com um exemplo que ilustra como o gráfico de uma função inversa é relacionado ao gráfico da função original.

EXEMPLO 1

Suponha que f seja a função com domínio $[0, 2]$ definida por

$$f(x) = x^2.$$

Qual é a relação entre o gráfico de f e o gráfico de f^{-1}?

SOLUÇÃO O gráfico de f é parte da parábola familiar definida pela curva $y = x^2$. A imagem de f é o intervalo $[0, 4]$. A função inversa f^{-1} tem por domínio $[0, 4]$, com

$$f^{-1}(x) = \sqrt{x}.$$

Os gráficos de f e de f^{-1}, mostrados abaixo, são simétricos com relação à reta $y = x$, o que significa que poderíamos obter qualquer um deles refletindo o outro sobre essa reta.

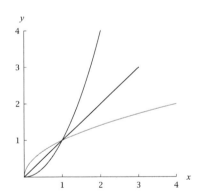

O gráfico de x^2 (cinza-escuro) e o gráfico de sua inversa, $\sqrt{x}$ (cinza meio-tom) são simétricos em relação à reta $y = x$ (preta).

A relação acima entre o gráfico de x^2 e o gráfico da sua inversa $\sqrt{x}$ vale para o gráfico de qualquer função bijetora e de sua inversa. Por exemplo, suponha que o ponto $(2, 1)$ esteja sobre o gráfico de alguma função bijetora f. Isto significa que $f(2) = 1$, o que é equivalente a $f^{-1}(1) = 2$, significando que $(1, 2)$ está sobre o gráfico de f^{-1}. A figura aqui apresentada mostra que o ponto $(1, 2)$ pode ser obtido refletindo-se o ponto $(2, 1)$ sobre a reta $y = x$.

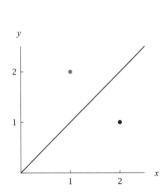

Pela reflexão do ponto $(2, 1)$ (cinza-escuro) sobre a reta $y = x$, obtém-se o ponto $(1, 2)$ (cinza meio-tom).

De forma geral, um ponto (a, b) está sobre o gráfico de uma função bijetora f se e somente se (b, a) estiver sobre o gráfico da sua função inversa f^{-1}. Em outras palavras, o gráfico de f^{-1} pode ser obtido permutando-se a primeira e a segunda coordenadas de cada ponto sobre o gráfico de f. Se estivermos trabalhando no plano xy, permutar a primeira e a segunda coordenadas resulta em fazer uma reflexão sobre a reta y = x.

> ### O gráfico de uma função bijetora e da sua inversa
>
> - Um ponto (a, b) está sobre o gráfico de uma função bijetora se e somente se (b, a) estiver sobre o gráfico da sua função inversa.
>
> - O gráfico de uma função bijetora e o gráfico da sua inversa são simétricos com relação à reta y = x.
>
> - Cada gráfico pode ser obtido a partir do outro por meio de uma reflexão sobre a reta y = x.

Supomos, aqui, que estamos trabalhando no plano xy. Estamos supondo também que a mesma escala esteja sendo usada em ambos os eixos.

Às vezes não é possível obter uma fórmula explícita para f^{-1}, pois a equação f(x) = y não pode ser resolvida para x, ainda que f seja uma função bijetora. No entanto, mesmo em tais casos podemos obter o gráfico de f^{-1}.

EXEMPLO 2

Suponha que f seja a função com domínio [0, 1] e definida por $f(x) = \frac{1}{2}x^5 + \frac{3}{2}x^3$. Esboce o gráfico de f^{-1}.

SOLUÇÃO O gráfico de f mostrado aqui foi produzido por um programa de computador que pode traçar o gráfico de uma função quando é dada uma fórmula para essa função.

Embora f seja uma função bijetora, nem humanos nem computadores conseguem resolver a equação

$$\tfrac{1}{2}x^5 + \tfrac{3}{2}x^3 = y$$

para x em termos de y. Portanto, nesse caso, não existe uma fórmula para f^{-1} que um computador possa utilizar para produzir o gráfico de f^{-1}.

No entanto, podemos traçar o gráfico de f^{-1} pela reflexão do gráfico de f sobre a reta y = x, como mostrado abaixo.

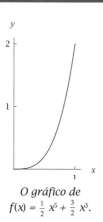

O gráfico de $f(x) = \frac{1}{2}x^5 + \frac{3}{2}x^3$.

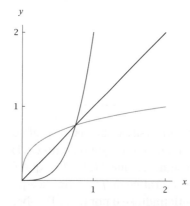

O gráfico de $f(x) = \frac{1}{2}x^5 + \frac{3}{2}x^3$ (cinza-escuro) e o gráfico de sua inversa (cinza meio-tom), obtido pela reflexão sobre a reta y = x (preta).

Interpretação Gráfica de uma Função Bijetora

O gráfico de uma função pode ser usado para determinar se a função é ou não bijetora (e, assim, se a função possui ou não uma inversa).

EXEMPLO 3

Suponha que f seja a função com domínio [1, 4] cujo gráfico é mostrado aqui. A função f é bijetora?

SOLUÇÃO Para que a função f seja bijetora, é necessário que, para todo número y, exista no máximo um número x tal que $f(x) = y$. Desenhe a reta $y = 2$ no mesmo plano de coordenadas que o gráfico, como mostrado abaixo.

A reta $y = 2$ intercepta o gráfico de f em três pontos, como mostrado aqui. Assim, existem três números x no domínio de f tais que $f(x) = 2$.
Portanto, f não é uma função bijetora.

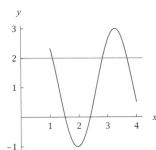

O gráfico de f.

O método apresentado no exemplo acima pode ser usado com o gráfico de qualquer função. Escreveremos aqui o enunciado formal do teste resultante:

> ### Teste da reta horizontal
> Uma função é bijetora se e somente se toda reta horizontal interceptar o gráfico da função em no máximo um ponto.

As funções que possuem inversas são precisamente as funções bijetoras. Assim, o teste da reta horizontal pode ser usado para determinar se uma função possui ou não uma inversa.

Se você determinar ainda que uma única reta horizontal intercepta o gráfico em mais de um ponto, então a função não é bijetora. Por sua vez, determinar uma reta horizontal que intercepte o gráfico em no máximo um ponto não repercute em nada no fato de a função ser ou não bijetora. Para a função ser bijetora, *toda* reta horizontal deve interceptar o gráfico em no máximo um ponto.

EXEMPLO 4

Suponha que f seja a função com domínio [−2, 2] cujo gráfico é mostrado aqui. A função f é bijetora?

SOLUÇÃO Para que a função f seja bijetora, toda reta horizontal deve interceptar o gráfico de f em no máximo um ponto. A figura abaixo mostra o gráfico de f juntamente com as retas horizontais $y = 1$ e $y = 3$.

Como mostrado aqui, a reta $y = 1$ intercepta o gráfico de f em um único ponto, e a reta $y = 3$ não intercepta o gráfico em ponto nenhum. Além disso, a figura mostra que toda reta horizontal intercepta o gráfico em no máximo um ponto. Portanto, f é uma função bijetora.

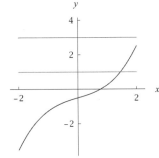

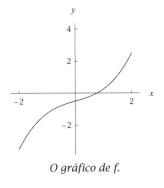

O gráfico de f.

Funções Crescentes e Decrescentes

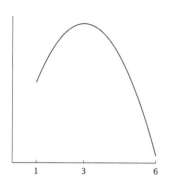

O domínio da função mostrada aqui é o intervalo [1, 6]. No intervalo [1, 3], o gráfico dessa função sobe quando o percorremos da esquerda para a direita. Dizemos, então, que essa função é **crescente** no intervalo [1, 3]. No intervalo [3, 6], o gráfico da função desce, quando o percorremos da esquerda para a direita. Dizemos, então, que essa função é **decrescente** no intervalo [3, 6]. Estabelecemos abaixo as definições formais:

> ### Crescente em um intervalo
> Uma função f é dita **crescente** em um intervalo se, para quaisquer a e b no intervalo, sendo $a < b$, tivermos $f(a) < f(b)$.

> ### Decrescente em um intervalo
> Uma função f é dita **decrescente** em um intervalo se, para quaisquer a e b no intervalo, sendo $a < b$, tivermos $f(a) > f(b)$.

EXEMPLO 5   A função f, cujo gráfico é mostrado aqui, tem domínio $[-1, 6]$.

(a) Determine o maior intervalo no qual f é crescente.

(b) Determine o maior intervalo no qual f é decrescente.

(c) Determine o maior intervalo contendo o número 6 no qual f é decrescente.

SOLUÇÃO

(a) Vemos que [1, 5] é o maior intervalo no qual f é crescente.

(b) Vemos que [-1, 1] é o maior intervalo no qual f é decrescente.

(c) Vemos que [5, 6] é o maior intervalo que contém o número 6, no qual f é decrescente.

Como explicado aqui, os termos "crescente" e "decrescente" são às vezes usados sem referência a nenhum intervalo específico.

Uma função é dita **crescente** se seu gráfico subir ao ser percorrido da esquerda para a direita em todo seu domínio. Abaixo, a definição formal:

> ### Função crescente
> Uma função f é dita **crescente** se $f(a) < f(b)$ sempre que $a < b$, estando a e b no domínio de f.

Da mesma forma, uma função é dita **decrescente** se seu gráfico descer ao ser percorrido da esquerda para a direita em todo seu domínio, como definido abaixo:

> ### Função decrescente
> Uma função f é dita **decrescente** se $f(a) > f(b)$ sempre que $a < b$, estando a e b no domínio de f.

EXEMPLO 6

Mostramos abaixo os gráficos de três funções; o gráfico de cada função está representando todo o seu domínio.

O gráfico de f.   *O gráfico de g.*   *O gráfico de h.*

(a) A função f é crescente, decrescente ou nenhuma delas?

(b) A função g é crescente, decrescente ou nenhuma delas?

(c) A função h é crescente, decrescente ou nenhuma delas?

SOLUÇÃO

(a) Quando percorrido da esquerda para a direita em seu domínio, o gráfico de f desce cada vez mais. Então, f é decrescente.

(b) Quando percorrido da esquerda para a direita em seu domínio, o gráfico de g sobe cada vez mais. Então, g é crescente.

(c) Quando percorrido da esquerda para a direita em seu domínio, tem-se que, em parte do domínio, o gráfico de h desce cada vez mais, e, na outra parte, o gráfico de h sobe cada vez mais. Então, h não é nem crescente nem decrescente.

Toda reta horizontal intercepta o gráfico de uma função crescente em no máximo um ponto e o mesmo ocorre para o gráfico de uma função decrescente. Então, temos:

> ### Funções crescentes e decrescentes são bijetoras
> - Toda função crescente é bijetora.
> - Toda função decrescente é bijetora.

Esse resultado implica que uma função que é ou crescente ou decrescente tem uma inversa.

O resultado acima leva à seguinte questão: será que toda função bijetora deve ser crescente ou decrescente? O gráfico que apresentamos aqui responde essa questão. Especificamente, esta função é bijetora, pois toda reta horizontal intercepta o gráfico em no máximo um ponto. Entretanto, esta função não é nem crescente nem decrescente.

O gráfico, no exemplo aqui apresentado, não é um segmento conectado em uma única parte — você não consegue desenhá-lo sem levantar o seu lápis do papel. Uma função bijetora, cujo gráfico consiste em uma única parte conectada, deve ser ou crescente ou decrescente. Entretanto, uma explicação rigorosa da razão por que esse resultado é válido requer ferramentas estudadas no conteúdo da disciplina de cálculo.

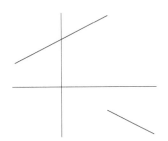

O gráfico de uma função bijetora que não é nem crescente nem decrescente.

Suponha que f seja uma função crescente e que a e b sejam números no domínio de f, com $a < b$. Assim, $f(a) < f(b)$. Lembre que $f(a)$ e $f(b)$ são números no domínio de f^{-1}. Temos

$$f^{-1}(f(a)) < f^{-1}(f(b))$$

pois $f^{-1}(f(a)) = a$ e $f^{-1}(f(b)) = b$. A desigualdade acima mostra que f^{-1} é uma função crescente.

Em outras palavras, acabamos de demonstrar que a inversa de uma função crescente é crescente. No Exemplo 2, apresentamos uma figura com os gráficos de uma função e de sua inversa que ilustra graficamente este resultado. Um resultado similar vale para funções decrescentes.

> ### Inversas de funções crescentes e decrescentes
> - A inversa de uma função crescente é crescente.
> - A inversa de uma função decrescente é decrescente.

Funções Inversas via Tabelas

Para funções cujo domínio consiste em apenas um número finito de números, uma boa visão da ideia de função inversa é fornecida por tabelas.

EXEMPLO 7

Suponha que f seja a função cujo domínio é o conjunto de quatro números $\{\sqrt{2}, 8, 17, 18\}$ e cujos valores correspondentes estão registrados na tabela aqui apresentada.

x	$f(x)$
$\sqrt{2}$	3
8	−5
17	6
18	1

(a) Qual é a imagem de f?

(b) Explique por que f é uma função bijetora.

(c) Qual é a tabela para a função f^{-1}?

SOLUÇÃO

(a) A imagem de f é o conjunto dos números que aparecem na segunda coluna da tabela que define f. Assim, a imagem de f é o conjunto $\{3, -5, 6, 1\}$.

(b) Uma função é bijetora se e somente se todos os números em sua imagem corresponderem a apenas um número em seu domínio. Isto significa que uma função definida por uma tabela é bijetora se e somente se nenhum número estiver repetido na segunda coluna da tabela que definir a função. Como a segunda coluna da tabela acima não contém repetições, concluímos que f é uma função bijetora.

y	$f^{-1}(y)$
3	$\sqrt{2}$
−5	8
6	17
1	18

(c) Suponha que desejamos calcular $f^{-1}(3)$. Isto significa que precisamos determinar um número x tal que $f(x) = 3$. Da tabela acima, vemos que o valor 3 na coluna de $f(x)$ corresponde a $x = \sqrt{2}$, isto é, $f(\sqrt{2}) = 3$. Portanto, $f^{-1}(3) = \sqrt{2}$, o que significa que, na tabela para f^{-1}, as posições de $\sqrt{2}$ e 3 devem ser permutadas em relação à tabela de f.

De forma geral, a tabela para f^{-1} é obtida pela permutação das colunas da tabela de f, produzindo a tabela mostrada aqui.

As ideias usadas no exemplo acima aplicam-se a qualquer função definida por uma tabela, como resumido a seguir.

> ### Funções inversas via tabelas
> Suponha que f seja uma função definida por uma tabela. Então:
> - f é bijetora se e somente se a tabela que a define não tiver repetições na segunda coluna.
> - Se f for bijetora, então a tabela para f^{-1} é obtida pela permutação das colunas da tabela que define f.

EXERCÍCIOS

Para os Exercícios 1–12, utilize os seguintes gráficos:

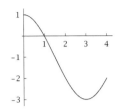
O gráfico de f.

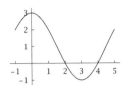
O gráfico de g.

x	f(x)
1	4
2	5
3	2
4	3

x	g(x)
2	3
3	2
4	4
5	1

Aqui, f tem domínio [0, 4] e g tem domínio [−1, 5].

1. Qual é o maior intervalo no domínio de f no qual f é crescente?

2. Qual é o maior intervalo no domínio de g no qual g é crescente?

3. Representemos por F a função obtida de f pela restrição do domínio para o intervalo que você respondeu no Exercício 1. Qual é o domínio de F^{-1}?

4. Representemos por G a função obtida de g pela restrição do domínio para o intervalo que você respondeu no Exercício 2. Qual é o domínio de G^{-1}?

5. Com F do Exercício 3, qual é a imagem de F^{-1}?

6. Com G do Exercício 4, qual é a imagem de G^{-1}?

7. Qual é o maior intervalo no domínio de f no qual f é decrescente?

8. Qual é o maior intervalo no domínio de g no qual g é decrescente?

9. Representemos por H a função obtida de f pela restrição do domínio para o intervalo que você respondeu no Exercício 7. Qual é o domínio de H^{-1}?

10. Representemos por J a função obtida de g pela restrição do domínio para o intervalo que você respondeu no Exercício 8. Qual é o domínio de J^{-1}?

11. Com H do Exercício 9, qual é a imagem de H^{-1}?

12. Com J do Exercício 10, qual é a imagem de J^{-1}?

Para os Exercícios 13–36, suponha que f e g sejam funções, cada uma com domínio de quatro números, sendo f e g definidas pelas tabelas a seguir:

13. Qual é o domínio de f?
14. Qual é o domínio de g?
15. Qual é a imagem de f?
16. Qual é a imagem de g?
17. Esboce o gráfico de f.
18. Esboce o gráfico de g.
19. Escreva a tabela de valores para f^{-1}.
20. Escreva a tabela de valores para g^{-1}.
21. Qual é o domínio de f^{-1}?
22. Qual é o domínio de g^{-1}?
23. Qual é a imagem de f^{-1}?
24. Qual é a imagem de g^{-1}?
25. Esboce o gráfico de f^{-1}.
26. Esboce o gráfico de g^{-1}.
27. Escreva a tabela de valores para $f^{-1} \circ f$.
28. Escreva a tabela de valores para $g^{-1} \circ g$.
29. Escreva a tabela de valores para $f \circ f^{-1}$.
30. Escreva a tabela de valores para $g \circ g^{-1}$.
31. Escreva a tabela de valores para $f \circ g$.
32. Escreva a tabela de valores para $g \circ f$.
33. Escreva a tabela de valores para $(f \circ g)^{-1}$.
34. Escreva a tabela de valores para $(g \circ f)^{-1}$.
35. Escreva a tabela de valores para $g^{-1} \circ f^{-1}$.
36. Escreva a tabela de valores para $f^{-1} \circ g^{-1}$.

PROBLEMAS

37. Suponha que f seja a função cujo domínio é o intervalo [−2, 2], com f definida pela seguinte fórmula:

$$f(x) = \begin{cases} -\frac{x}{3} & \text{se } -2 \leq x < 0 \\ 2x & \text{se } 0 \leq x \leq 2. \end{cases}$$

(a) Esboce o gráfico de f.

(b) Explique por que o gráfico de f mostra que f não é uma função bijetora.

(c) Dê um exemplo explícito de dois números distintos a e b tais que f(a) = f(b).

38 Desenhe o gráfico de uma função que seja crescente no intervalo [−2, 0] e decrescente no intervalo [0, 2].

39 Desenhe o gráfico de uma função que seja decrescente no intervalo [−2, 1] e crescente no intervalo [1, 5].

40 Dê um exemplo de uma função crescente cujo domínio é o intervalo [0, 1], mas cuja imagem não é igual ao intervalo [$f(0)$, $f(1)$].

41 Demonstre que a soma de duas funções crescentes é crescente.

42 Dê um exemplo de duas funções crescentes cujo produto não é crescente.
[*Dica*: Não há exemplos assim quando as funções forem ambas sempre positivas.]

43 Dê um exemplo de duas funções decrescentes cujo produto é crescente.

44 Mostre que a composição de duas funções crescentes é crescente.

45 Explique por que é importante, como uma questão de política social, que a função imposto de renda g do Exemplo 2 da Seção 1.1 seja uma função crescente.

46 Suponha que a função imposto de renda do Exemplo 2 da Seção 1.1 seja alterada de forma que

$$g(x) = 0{,}15x - 450 \quad \text{se } 8500 < x \leq 34500,$$

deixando as outras partes da definição de g sem alteração. Demonstre que, com essa alteração, a função g do imposto de renda não seria mais uma função crescente.

47 Suponha que a função imposto de renda do Exemplo 2 da Seção 1.1 seja alterada de forma que

$$g(x) = 0{,}14x - 425 \quad \text{se } 8500 < x \leq 34500,$$

deixando as outras partes da definição de g sem alteração. Demonstre que, com essa alteração, a função g do imposto de renda não seria mais uma função crescente.

48 Explique por que uma função par cujo domínio contenha um número diferente de zero não pode ser uma função bijetora.

49 As soluções para os Exercícios 33 e 35 são iguais, sugerindo que

$$(f \circ g)^{-1} = g^{-1} \circ f^{-1}.$$

Explique por que a equação acima vale sempre que f e g forem funções bijetoras, de tal forma que a imagem de g seja igual ao domínio de f.

SOLUÇÕES DETALHADAS *dos Exercícios Ímpares*

Para os Exercícios 1–12, utilize os seguintes gráficos:

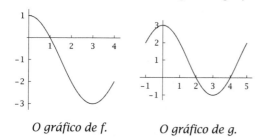

O gráfico de f.   *O gráfico de g.*

Aqui, f tem domínio [0, 4] e g tem domínio [−1, 5].

1 Qual é o maior intervalo no domínio de f no qual f é crescente?

SOLUÇÃO Como pode ser visto no gráfico, [3, 4] é o maior intervalo no qual f é crescente.

Como sempre, quando obtemos informação apenas de gráficos, esta resposta (bem como as respostas aos outros itens deste exercício) devem ser consideradas uma aproximação. Um gráfico expandido para uma escala maior poderia mostrar que [2,99; 4] ou [3,01; 4] seria uma resposta mais precisa do que [3, 4].

3 Representemos por F a função obtida de f pela restrição do domínio para o intervalo que você respondeu no Exercício 1. Qual é o domínio de F^{-1}?

SOLUÇÃO O domínio de F^{-1} é igual à imagem de F. Como F é a função f com domínio restrito ao intervalo [3, 4], vemos no gráfico acima que a imagem de F é o intervalo [−3, −2]. Assim, o domínio de F^{-1} é o intervalo [−3, −2].

5 Com F do Exercício 3, qual é a imagem de F^{-1}?

SOLUÇÃO A imagem de F^{-1} é igual ao domínio de F. Assim, a imagem de F^{-1} é o intervalo [3, 4].

7 Qual é o maior intervalo no domínio de f no qual f é decrescente?

SOLUÇÃO Como pode ser visto no gráfico, [0, 3] é o maior intervalo no qual f é decrescente.

9 Representemos por H a função obtida de f pela restrição do domínio para o intervalo que você respondeu no Exercício 7. Qual é o domínio de H^{-1}?

SOLUÇÃO O domínio de H^{-1} é igual à imagem de H. Como H é a função f com domínio restrito ao intervalo [0, 3], vemos no gráfico acima que a imagem de H é o intervalo [−3, 1]. Assim, o domínio de H^{-1} é o intervalo [−3, 1].

11 Com H do Exercício 9, qual é a imagem de H^{-1}?

SOLUÇÃO A imagem de H^{-1} é igual ao domínio de H. Assim, a imagem de H^{-1} é o intervalo [0, 3].

Para os Exercícios 13–36, suponha que f e g sejam funções, cada uma com domínio de quatro números, sendo f e g definidas pelas tabelas abaixo:

x	f(x)
1	4
2	5
3	2
4	3

x	g(x)
2	3
3	2
4	4
5	1

13 Qual é o domínio de f?

SOLUÇÃO O domínio de f é igual ao conjunto dos números na coluna esquerda da tabela que define f. Portanto, o domínio de f é igual a $\{1, 2, 3, 4\}$.

15 Qual é a imagem de f?

SOLUÇÃO A imagem de f é igual ao conjunto dos números na coluna direita da tabela que define f. Portanto, a imagem de f é igual a $\{2, 3, 4, 5\}$.

17 Esboce o gráfico de f.

SOLUÇÃO O gráfico de f consiste em todos os pontos sob a forma $(x, f(x))$, quando x varia sobre o domínio de f. Assim, o gráfico de f, mostrado abaixo, consiste nos quatro pontos $(1, 4), (2, 5), (3, 2)$ e $(4, 3)$.

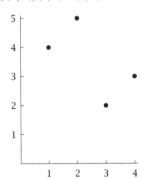

19 Escreva a tabela de valores para f^{-1}.

SOLUÇÃO A tabela para a inversa de uma função é obtida pela permutação das duas colunas da tabela para a função original (depois disso, podem-se reordenar as linhas, como foi feito abaixo):

y	$f^{-1}(y)$
2	3
3	4
4	1
5	2

21 Qual é o domínio de f^{-1}?

SOLUÇÃO O domínio de f^{-1} é igual à imagem de f. Portanto, o domínio de f^{-1} é o conjunto $\{2, 3, 4, 5\}$.

23 Qual é a imagem de f^{-1}?

SOLUÇÃO A imagem de f^{-1} é igual ao domínio de f. Portanto, a imagem de f^{-1} é o conjunto $\{1, 2, 3, 4\}$.

25 Esboce o gráfico de f^{-1}.

SOLUÇÃO O gráfico de f^{-1} consiste em todos os pontos sob a forma $(x, f^{-1}(x))$, quando x varia sobre o domínio de f^{-1}. Assim, o gráfico de f^{-1}, mostrado abaixo, consiste nos quatro pontos $(4, 1), (5, 2), (2, 3)$ e $(3, 4)$.

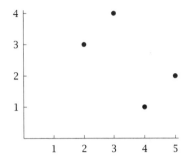

27 Escreva a tabela de valores para $f^{-1} \circ f$.

SOLUÇÃO Sabemos que $f^{-1} \circ f$ é a função identidade no domínio de f; portanto, não precisamos fazer cálculos. No entanto, como essa função f tem apenas quatro números em seu domínio, pode ser instrutivo calcular $(f^{-1} \circ f)(x)$ para cada valor de x no domínio de f. Apresentamos a seguir esse cálculo:

$$(f^{-1} \circ f)(1) = f^{-1}(f(1)) = f^{-1}(4) = 1$$
$$(f^{-1} \circ f)(2) = f^{-1}(f(2)) = f^{-1}(5) = 2$$
$$(f^{-1} \circ f)(3) = f^{-1}(f(3)) = f^{-1}(2) = 3$$
$$(f^{-1} \circ f)(4) = f^{-1}(f(4)) = f^{-1}(3) = 4$$

Assim, como esperado, a tabela de valores para $f^{-1} \circ f$ é a que escrevemos a seguir:

x	$(f^{-1} \circ f)(x)$
1	1
2	2
3	3
4	4

29 Escreva a tabela de valores para $f \circ f^{-1}$.

SOLUÇÃO Sabemos que $f \circ f^{-1}$ é a função identidade na imagem de f (que é igual ao domínio de f^{-1}); portanto, não precisamos fazer cálculos. No entanto, como essa função f tem apenas quatro números em sua imagem, pode ser instrutivo calcular $(f \circ f^{-1})(y)$ para cada valor de y na imagem de f. Apresentamos a seguir esse cálculo:

$$(f \circ f^{-1})(2) = f(f^{-1}(2)) = f(3) = 2$$
$$(f \circ f^{-1})(3) = f(f^{-1}(3)) = f(4) = 3$$
$$(f \circ f^{-1})(4) = f(f^{-1}(4)) = f(1) = 4$$
$$(f \circ f^{-1})(5) = f(f^{-1}(5)) = f(2) = 5$$

Assim, como esperado, a tabela de valores para $f \circ f^{-1}$ é a que escrevemos a seguir:

y	$(f \circ f^{-1})(y)$
2	2
3	3
4	4
5	5

31 Escreva a tabela de valores para $f \circ g$.

SOLUÇÃO   Precisamos calcular $(f \circ g)(x)$ para cada x no domínio de g. Apresentamos a seguir esse cálculo:

$(f \circ g)(2) = f(g(2)) = f(3) = 2$

$(f \circ g)(3) = f(g(3)) = f(2) = 5$

$(f \circ g)(4) = f(g(4)) = f(4) = 3$

$(f \circ g)(5) = f(g(5)) = f(1) = 4$

Assim, a tabela de valores é a apresentada a seguir.

x	$(f \circ g)(x)$
2	2
3	5
4	3
5	4

33 Escreva a tabela de valores para $(f \circ g)^{-1}$.

SOLUÇÃO   A tabela de valores para $(f \circ g)^{-1}$ é obtida pela permutação das duas colunas da tabela para $f \circ g$ (depois disso, podem-se reordenar as linhas, como foi feito abaixo):

Assim, a tabela para $(f \circ g)^{-1}$ é a apresentada a seguir.

y	$(f \circ g)^{-1}(y)$
2	2
3	4
4	5
5	3

35 Escreva a tabela de valores para $g^{-1} \circ f^{-1}$.

SOLUÇÃO   Precisamos calcular $(g^{-1} \circ f^{-1})(y)$ para cada y no domínio de f^{-1}. Apresentamos a seguir esses cálculos:

$(g^{-1} \circ f^{-1})(2) = g^{-1}(f^{-1}(2)) = g^{-1}(3) = 2$

$(g^{-1} \circ f^{-1})(3) = g^{-1}(f^{-1}(3)) = g^{-1}(4) = 4$

$(g^{-1} \circ f^{-1})(4) = g^{-1}(f^{-1}(4)) = g^{-1}(1) = 5$

$(g^{-1} \circ f^{-1})(5) = g^{-1}(f^{-1}(5)) = g^{-1}(2) = 3$

Assim, a tabela de valores para $g^{-1} \circ f^{-1}$ é a apresentada a seguir.

y	$(g^{-1} \circ f^{-1})(y)$
2	2
3	4
4	5
5	3

RESUMO DO CAPÍTULO

Para certificar-se de que você domina os conceitos e as habilidades mais importantes cobertas neste capítulo, assegure-se de que você consegue executar cada um dos itens da seguinte lista:

- Explicar o conceito de função, incluindo o seu domínio.
- Definir a imagem de uma função.
- Localizar pontos no plano de coordenadas.
- Explicar a relação entre uma função e seu gráfico.
- Determinar o domínio e a imagem de uma função, com base em seu gráfico.
- Usar o teste da reta vertical para discernir se uma curva é o gráfico de uma função.
- Discernir se uma transformação de função desloca o gráfico para cima, para baixo, para a esquerda ou para a direita.
- Discernir se uma transformação de função alonga o gráfico verticalmente ou horizontalmente.
- Discernir se uma transformação de função reflete o gráfico verticalmente ou horizontalmente.
- Determinar o domínio, a imagem e o gráfico de uma função transformada.
- Discernir se uma função é par ou ímpar ou nenhum dos dois.
- Calcular a composição de duas funções.
- Escrever uma função complicada como a composição de funções mais simples.
- Explicar o conceito de função inversa.
- Explicar quais funções possuem inversas.
- Determinar uma fórmula para uma função inversa (quando possível).
- Esboçar o gráfico de f^{-1} com base no gráfico de f.
- Usar o teste da reta horizontal para discernir se uma função possui uma inversa.
- Construir uma tabela de valores de f^{-1} com base em uma tabela de valores de f.
- Reconhecer, com base em um gráfico, se uma função é crescente ou decrescente ou nenhum dos dois, em um intervalo.

Para revisar um capítulo, percorra a lista acima procurando identificar itens que você não sabe como executar, depois releia no capítulo o material a respeito desses itens. Em seguida, tente responder as questões de revisão do capítulo, formuladas abaixo, sem olhar outra vez no capítulo.

QUESTÕES DE REVISÃO DO CAPÍTULO

1. Suponha que f seja uma função. Explique o que significa dizer que $\frac{3}{2}$ está no domínio de f.

2. Suponha que f seja uma função. Explique o que significa dizer que $\frac{3}{2}$ está na imagem de f.

3. Escreva o domínio de
$$\frac{x^7 + 4}{(x+2)(x-3)}$$
como uma união de intervalos.

4. Dê um exemplo de uma função cujo domínio consiste em cinco números e cuja imagem consiste em três números.

5. Dê um exemplo de uma função cujo domínio é o conjunto dos números reais e cuja imagem não é um intervalo.

6. Suponha que f seja definida por $f(x) = x^2$.

   (a) Qual é a imagem de f se o domínio de f for o intervalo [1, 3]?

   (b) Qual é a imagem de f se o domínio de f for o intervalo [−2, 3]?

   (c) Qual é a imagem de f se o domínio de f for o conjunto dos números positivos?

   (d) Qual é a imagem de f se o domínio de f for o conjunto dos números negativos?

   (e) Qual é a imagem de f se o domínio de f for o conjunto dos números reais?

7. Explique como determinar o domínio de uma função com base em seu gráfico.

8. Explique como determinar a imagem de uma função com base em seu gráfico.

9. Explique por que nenhuma função tem como gráfico uma circunferência.

10 Explique como usar o teste da reta vertical para discernir se uma curva no plano é ou não o gráfico de uma função.

11 Esboce o gráfico de uma curva no plano de coordenadas que não seja o gráfico de nenhuma função.

Para as Questões 12–19, suponha que f seja a função definida no intervalo [1, 3] pela fórmula

$$f(x) = \frac{1}{x^2 - 3x + 3}.$$

O domínio de f é o intervalo [1, 3], a imagem de f é o intervalo $[\frac{1}{3}, \frac{4}{3}]$ e o gráfico de f é o apresentado a seguir.

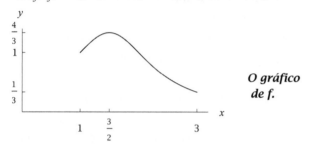

O gráfico de f.

Para cada função g descrita abaixo:

(a) *Esboce o gráfico de g.*

(b) *Determine o domínio de g (as extremidades desse intervalo devem ser mostradas sobre o eixo horizontal do seu desenho do gráfico de g).*

(c) *Escreva uma fórmula para g.*

(d) *Determine a imagem de g (as extremidades desse intervalo devem ser mostradas sobre o eixo vertical do seu desenho do gráfico de g).*

12 O gráfico de g é obtido pelo deslocamento do gráfico de f duas unidades para cima.

13 O gráfico de g é obtido pelo deslocamento do gráfico de f duas unidades para baixo.

14 O gráfico de g é obtido pelo deslocamento do gráfico de f duas unidades para a esquerda.

15 O gráfico de g é obtido pelo deslocamento do gráfico de f duas unidades para a direita.

16 O gráfico de g é obtido pelo alongamento vertical do gráfico de f por um fator 3.

17 O gráfico de g é obtido pelo alongamento horizontal do gráfico de f por um fator 2.

18 O gráfico de g é obtido pela reflexão do gráfico de f sobre o eixo horizontal.

19 O gráfico de g é obtido pela reflexão do gráfico de f sobre o eixo vertical.

20 Suponha que f seja uma função bijetora com domínio [1, 3] e imagem [2, 5]. Defina funções g e h, por

$$g(t) = 3f(t) \quad \text{e} \quad h(t) = f(4t).$$

(a) Qual é o domínio de g?

(b) Qual é a imagem de g?

(c) Qual é o domínio de h?

(d) Qual é a imagem de h?

(e) Qual é o domínio de f^{-1}?

(f) Qual é a imagem de f^{-1}?

21 Suponha que o domínio de f seja o conjunto de quatro números [1, 2, 3, 4], com f definida pela tabela que mostramos aqui. Desenhe o gráfico de f.

x	f(x)
1	2
2	3
3	−1
4	1

22 Demonstre que a soma de duas funções ímpares é uma função ímpar.

23 Explique por que o produto de duas funções ímpares é uma função par.

24 Defina a composição de duas funções.

25 Suponha que f e g sejam funções. Explique por que o domínio de $f \circ g$ está contido no domínio de g.

26 Suponha que f e g sejam funções. Explique por que a imagem de $f \circ g$ está contida na imagem de f.

27 Suponha que f seja uma função e g uma função linear. Explique por que o domínio de $g \circ f$ é igual ao domínio de f.

28 Suponha

$$h(x) = \sqrt{\frac{1 + \sqrt{x}}{2 + \sqrt{x}}} \quad \text{e} \quad g(x) = \sqrt{x}.$$

(a) Determine uma função f tal que $h = f \circ g$.

(b) Determine uma função f tal que $h = g \circ f$.

29 Suponha

$$f(x) = \frac{x^2 + 3}{5x^2 - 9}.$$

Determine duas funções, g e h, ambas mais simples do que f, tais que $f = g \circ h$.

Para as Questões 30-35, suponha

$$h(x) = |2x + 3| + x^2 \quad e \quad f(x) = 3x - 5.$$

30 Calcule o valor de $\left(\dfrac{h}{f}\right)(-2)$.

31 Determine uma fórmula para $(f + h)(4 + t)$.

32 Calcule o valor de $(h \circ f)(3)$.

33 Calcule o valor de $(f \circ h)(-4)$.

34 Determine uma fórmula para $h \circ f$.

35 Determine uma fórmula para $f \circ h$.

36 Determine um número c tal que a função g definida por

$$g(t) = 2t + c$$

satisfaça a propriedade $(g \circ g)(3) = 17$.

37 Explique como usar o teste da reta horizontal para discernir se uma função é ou não bijetora.

38 Suponha

$$f(x) = \dfrac{2x + 1}{3x - 4}.$$

Calcule o valor de $f^{-1}(-5)$.

39 Suponha

$$g(x) = 3 + \dfrac{x}{2x - 3}.$$

Determine uma fórmula para g^{-1}.

40 Suponha que f seja uma função bijetora. Explique a relação entre o gráfico de f e o gráfico de f^{-1}.

41 Suponha que f seja uma função bijetora. Explique a relação entre o domínio e a imagem de f e o domínio e a imagem de f^{-1}.

42 Explique os diferentes significados das notações $f^{-1}(x)$, $[f(x)]^{-1}$ e $f(x^{-1})$.

43 A função f definida por

$$f(x) = x^5 + 2x^3 + 2$$

é uma função crescente e, portanto, bijetora (aqui, o domínio de f é o conjunto dos números reais).

(a) Calcule o valor de $f^{-1}(f(1))$.

(b) Calcule o valor de $f(f^{-1}(4))$.

(c) Calcule $f^{-1}(y)$ para quatro valores distintos de y, a sua escolha.

44 Desenhe o gráfico de uma função decrescente no intervalo [1, 2] e crescente no intervalo [2, 5].

45 Construa uma tabela que defina uma função bijetora g cujo domínio consista em cinco números.

(a) Esboce o gráfico de g.

(b) Escreva a tabela para g^{-1}.

(c) Esboce o gráfico de g^{-1}.

46 O número exato de jardas em c centímetros é $f(c)$, em que f é a função definida por

$$f(c) = \dfrac{c}{91{,}44}.$$

(a) Determine uma fórmula para $f^{-1}(y)$.

(b) Qual é o significado de $f^{-1}(y)$?

47 Uma placa em uma casa de câmbio no aeroporto de Roma anuncia que, se você trocar d dólares, você receberá $f(d)$ euros, em que f é a função definida por

$$f(d) = 0{,}79d - 3.$$

Aqui, 0,79 representa a taxa de câmbio e a subtração de 3 representa a comissão da casa de câmbio. Suponha que você quer receber 200 euros.

(a) Explique por que você deve calcular $f^{-1}(200)$.

(b) Calcule o valor de $f^{-1}(200)$.

CAPÍTULO 2

Estátua do matemático e poeta persa Omar Khayyam, cujo livro de álgebra, escrito em 1070, conteve o primeiro estudo sério sobre polinômios cúbicos.

Funções Lineares, Quadráticas, Polinomiais e Racionais

Neste capítulo nos concentraremos em quatro importantes classes especiais de funções.

Funções lineares constituem nossa primeira classe especial de funções. Embora retas e suas inclinações sejam conceito simples, são de uma importância imensa.

A seguir, estudaremos funções quadráticas, nossa segunda classe especial de funções. Veremos como completar quadrados e como resolver equações quadráticas. Expressões quadráticas vão levar às seções cônicas: parábolas, elipses e hipérboles. Aprenderemos como determinar o vértice de uma parábola e veremos as propriedades geométricas de elipses e hipérboles.

Depois, vamos fazer um pequeno desvio para estudar potências. Veremos por que x^0 é definido como igual a 1, x^{-m} é definido como igual a $\frac{1}{x^m}$ e $x^{1/m}$ é definido como o número cuja m-ésima potência é igual a x.

Nosso trabalho com potências nos permitirá lidar com as funções polinomiais, nossa terceira classe especial de funções. Partindo das funções polinomiais, vamos em direção às funções racionais, nossa quarta classe especial de funções.

2.1 Retas e Funções Lineares

OBJETIVOS DE APRENDIZAGEM

Ao final desta seção, você deverá ser capaz de
- determinar a inclinação de uma reta;
- determinar a equação de uma reta, dada sua inclinação e um ponto da reta;
- determinar a equação de uma reta, dados dois de seus pontos;
- determinar a equação de uma reta paralela a uma reta dada e que contenha um ponto dado;
- determinar a equação de uma reta perpendicular a uma reta dada e que contenha um ponto dado.

Inclinação

Considere uma reta no plano xy, juntamente com quatro pontos, (x_1, y_1), (x_2, y_2), (x_3, y_3) e (x_4, y_4), sobre a reta. Desenhe dois triângulos retângulos com lados horizontais e verticais, como mostrado na figura abaixo:

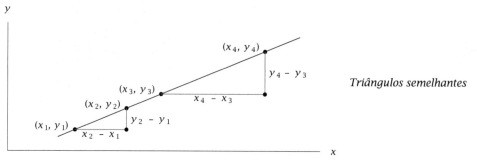

Nesta figura, o comprimento de cada lado do triângulo maior é o dobro do comprimento do lado correspondente do triângulo menor.

Triângulos semelhantes

Os dois triângulos retângulos, na figura acima, são semelhantes porque seus ângulos são iguais. Assim, a razão entre os lados correspondentes dos dois triângulos é igual. Escrevendo a razão entre o lado vertical e o lado horizontal de cada triângulo, temos:

$$\frac{y_2 - y_1}{x_2 - x_1} = \frac{y_4 - y_3}{x_4 - x_3}.$$

Assim, para cada par de pontos (x_1, y_1) e (x_2, y_2) sobre a reta, a razão $\frac{y_2-y_1}{x_2-x_1}$ não depende do par particular de pontos escolhidos sobre a reta. Se escolhermos outro par de pontos sobre a reta, digamos (x_3, y_3) e (x_4, y_4), em vez de (x_1, y_1) e (x_2, y_2), a diferença entre as segundas coordenadas dividida pela diferença entre as primeiras coordenadas permanece a mesma.

Mostramos que a razão $\frac{y_2-y_1}{x_2-x_1}$ é um número que depende apenas da reta e não dos pontos particulares (x_1, y_1) e (x_2, y_2) que escolhemos sobre a reta. Esse número é denominado a **inclinação** da reta.

Inclinação

Se (x_1, y_1) e (x_2, y_2), com $x_1 \neq x_2$, forem dois pontos quaisquer sobre uma reta, então a **inclinação** da reta é

$$\frac{y_2 - y_1}{x_2 - x_1}.$$

Determine a inclinação da reta que contém os pontos (2, 1) e (5, 3).

EXEMPLO 1

SOLUÇÃO Mostramos aqui a reta que contém os pontos (2, 1) e (5, 3). A inclinação dessa reta é $\frac{3-1}{5-2}$, que é igual a $\frac{2}{3}$.

Uma reta com inclinação $\frac{2}{3}$.

Uma reta com inclinação positiva é inclinada para cima, quando percorrida da esquerda para a direita; uma reta com inclinação negativa é inclinada para baixo, quando percorrida da esquerda para a direita. Retas cujas inclinações têm maior valor absoluto são mais íngremes que retas cujas inclinações têm menor valor absoluto. A figura do meio mostra algumas retas e suas inclinações. Em ambos os eixos a escala utilizada foi a mesma.

O eixo horizontal tem inclinação 0, como deve ser para qualquer reta horizontal. Retas verticais, incluindo o eixo vertical, não possuem inclinação, porque uma reta vertical não contém dois pontos (x_1, y_1) e (x_2, y_2) com $x_1 \neq x_2$.

A Equação de uma Reta

Considere uma reta com inclinação m, e suponha que (x_1, y_1) seja um ponto sobre essa reta. Representemos por (x, y) um ponto típico sobre a reta, como mostrado na última figura ao lado.

Como essa reta tem inclinação m, temos

$$\frac{y - y_1}{x - x_1} = m.$$

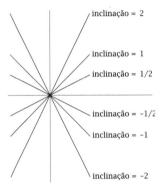

Multiplicamos ambos os lados da equação acima por $x - x_1$, obtemos a seguinte fórmula:

A equação de uma reta, dados sua inclinação e um ponto sobre ela

A reta no plano xy que tem inclinação m e contém o ponto (x_1, y_1) é dada pela equação

$$y - y_1 = m(x - x_1).$$

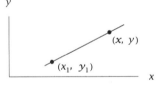

A equação acima pode ser resolvida para y, fornecendo uma equação para a reta sob a forma $y = mx + b$, como mostrado no exemplo a seguir.

Determine a equação da reta no plano xy cuja inclinação seja $\frac{1}{2}$ e que contenha o ponto (4, 1).

EXEMPLO 2

SOLUÇÃO Nesse caso, a equação apresentada acima torna-se

$$y - 1 = \tfrac{1}{2}(x - 4).$$

Adicionando-se 1 a ambos os lados da equação e simplificando-a, obtemos:

$$y = \tfrac{1}{2}x - 1.$$

A reta com inclinação $\frac{1}{2}$ que contém o ponto (4, 1).

VERIFICAÇÃO Se substituirmos x por 4 na equação acima, obtemos $y = 1$. Portanto, o ponto (4, 1) está de fato sobre esta reta.

O ponto em que uma reta intercepta o eixo dos y é frequentemente denominado a **interseção** *y.*

Como caso especial de determinação da equação de uma reta, quando forem dados a inclinação e um ponto sobre ela, suponha que desejamos determinar a equação da reta no plano xy com inclinação m e que intercepta o eixo dos y no ponto $(0, b)$. Nesse caso, a fórmula acima torna-se

$$y - b = m(x - 0).$$

Se resolvermos essa equação para y, obtemos o seguinte resultado:

> ### A equação de uma reta, dadas sua inclinação e sua interseção y
> A reta no plano xy com inclinação m e que intercepta o eixo dos y no ponto $(0, b)$ é dada pela equação
> $$y = mx + b.$$

Suponha agora que desejamos determinar a equação da reta que contém dois pontos específicos. Podemos reduzir esse problema a um problema que já resolvemos, calculando a inclinação da reta e, depois, usando um resultado anterior.

Especificamente, suponha que desejamos determinar a equação da reta que contém os pontos (x_1, y_1) e (x_2, y_2) com $x_1 \neq x_2$. Essa reta tem inclinação

$$\frac{y_2 - y_1}{x_2 - x_1}.$$

Então, nossa fórmula para escrever a equação de uma reta quando forem dados sua inclinação e um ponto sobre ela fornece o seguinte resultado:

> ### A equação de uma reta, dados dois pontos sobre ela
> A reta no plano xy que contém os pontos (x_1, y_1) e (x_2, y_2) com $x_1 \neq x_2$ é dada pela equação
> $$y - y_1 = \left(\frac{y_2 - y_1}{x_2 - x_1}\right)(x - x_1).$$

EXEMPLO 3

Determine a equação da reta no plano xy que contém os pontos $(2, 4)$ e $(5, 1)$.

SOLUÇÃO Nesse caso, a equação acima torna-se

$$y - 4 = \left(\frac{1 - 4}{5 - 2}\right)(x - 2).$$

Resolvendo essa equação para y, obtemos

$$y = -x + 6.$$

VERIFICAÇÃO Se substituirmos x por 2 na equação acima, obtemos $y = 4$, e se substituirmos x por 5, na equação acima, obtemos $y = 1$. Portanto, os pontos $(2, 4)$ e $(5, 1)$ estão de fato sobre essa reta.

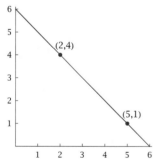

A reta que contém os pontos $(2, 4)$ e $(5, 1)$.

Vimos que uma reta no plano xy com inclinação m é caracterizada pela equação $y = mx + b$, em que b é um número. Para expressar novamente essa conclusão em termos de funções, seja f a função definida por

$$f(x) = mx + b,$$

em que m e b são números. Assim, o gráfico de f é uma reta com inclinação m. Funções sob essa forma são tão importantes que possuem um nome – funções lineares. Embora já tenhamos visto essa definição na Seção 1.4, ela é suficientemente importante a ponto de valer a pena repeti-la aqui.

> **Função linear**
>
> Uma **função linear** é uma função f sob a forma
> $$f(x) = mx + b,$$
> em que m e b são números.

O cálculo diferencial mostra como se pode aproximar uma função arbitrária sobre uma pequena parte de seu domínio por uma função linear.

Como veremos nos próximos dois exemplos, a conversão entre diferentes unidades de medida é usualmente efetuada por meio de uma função linear.

Uma libra é definida oficialmente como exatamente 0,45359237 quilograma.

EXEMPLO 4

(a) Determine uma função f tal que $f(p)$ seja o peso em quilogramas de um objeto que pesa p libras.

(b) Qual é a interpretação da função inversa f^{-1}?

(c) Determine uma fórmula para a função inversa f^{-1}.

SOLUÇÃO

(a) Começamos com a equação
$$1 \text{ libra} = 0{,}45359237 \text{ quilograma}.$$
Multiplicamos ambos seus lados por p, de que obtemos:
$$p \text{ libra} = 0{,}45359237p \text{ quilograma}.$$
Assim, a função desejada é dada pela fórmula
$$f(p) = 0{,}45359237p.$$

(b) A função f converte libras para quilogramas. Portanto, a função inversa f^{-1} converte quilogramas para libras. Especificamente, $f^{-1}(k)$ é o peso em libras de um objeto que pesa k quilogramas.

(c) Isolando-se p na equação $k = 0{,}45359237p$, obtemos $p = \frac{k}{0{,}45359237}$. Assim,
$$f^{-1}(k) = \frac{k}{0{,}45359237}.$$

Frequentemente utiliza-se, em vez da fórmula exata escrita aqui, a fórmula aproximada $p = 2{,}2k$.

A maioria das quantidades como pesos, comprimentos e moedas possuem o mesmo ponto zero, independentemente das unidades utilizadas. Por exemplo, sem conhecer a taxa de conversão, você sabe que 0 centímetro tem o mesmo comprimento que 0 polegada. A conversão entre escalas de temperaturas é não usual porque a temperatura zero em uma escala não corresponde à temperatura zero em outra escala.

O exemplo seguinte mostra como determinar uma fórmula para converterem-se temperaturas Celsius para temperaturas Fahrenheit.

EXEMPLO 5

Este termômetro marca à esquerda graus Celsius e à direita graus Fahrenheit.

Determine a função f tal que $f(x)$ forneça a temperatura na escala Fahrenheit que corresponde à temperatura x na escala Celsius.

SOLUÇÃO   A conversão de um sistema de unidades para outro é modelada por uma função linear. Assim, f tem a forma

$$f(x) = mx + b$$

Para determinar m e b, lembre que a temperatura de congelamento da água é 0° Celsius e 32° Fahrenheit; além disso, a temperatura de ebulição da água é 100° Celsius e 212° Fahrenheit. Assim,

$$f(0) = 32 \quad \text{e} \quad f(100) = 212.$$

Mas $f(0) = b$, e assim $b = 32$. Agora sabemos que $f(x) = mx + 32$. Portanto, $f(100) = 100m + 32$. Estabelecendo que essa última quantidade deve ser igual a 212 e depois resolvendo a equação para m, obtemos $m = \frac{9}{5}$. Assim

$$f(x) = \frac{9}{5}x + 32.$$

Um tipo especial de função linear é obtido quando consideramos funções sob a forma $f(x) = mx + b$ com $m = 0$:

> **Função constante**
>
> Uma **função constante** é uma função f sob a forma
>
> $$f(x) = b,$$
>
> em que b é um número.

O gráfico de uma função constante é uma reta horizontal, que tem inclinação 0.

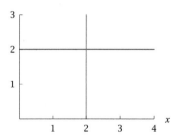

A reta horizontal cinza-escuro é o gráfico da função constante f definida por $f(x) = 2$ no intervalo $[0, 4]$. A reta vertical cinza meio-tom mostra os pontos que satisfazem a equação $x = 2$.

Retas Paralelas

Considere duas retas paralelas no plano de coordenadas, como mostrado aqui. Visto que as duas retas são paralelas, os ângulos correspondentes nos dois triângulos são iguais, assim, os dois triângulos são semelhantes. Isto implica que

$$\frac{b}{a} = \frac{d}{c}.$$

Como $\frac{b}{a}$ é a inclinação da reta de cima e $\frac{d}{c}$ é a inclinação da reta de baixo, concluímos que essas retas paralelas possuem a mesma inclinação.

A lógica utilizada no parágrafo acima é reversível. Especificamente, suponhamos que, em vez de começar com a suposição de que as duas retas na figura ao lado são paralelas, começássemos com a suposição de que as duas retas possuem a mesma inclinação. Assim, $\frac{b}{a} = \frac{d}{c}$, o que implica que os dois triângulos retângulos na figura são

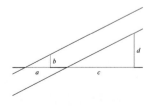

Retas paralelas

semelhantes. Portanto, as duas retas formam ângulos iguais com o eixo horizontal, o que implica que as duas retas são paralelas.

A figura e o raciocínio apresentados não funcionam se ambas as retas forem horizontais ou ambas as retas forem verticais. No entanto, todas as retas horizontais possuem inclinação 0, e a inclinação não é definida para retas verticais. Podemos, então, resumir nossa caracterização de retas paralelas como se segue:

Retas paralelas

Duas retas não verticais no plano de coordenadas são paralelas se e somente se elas possuírem a mesma inclinação.

A expressão "se e somente se" conectando as duas sentenças significa que as duas sentenças são ou ambas verdadeiras ou ambas falsas. Por exemplo, $x + 1 > 6$ se e somente se $x > 5$.

Por exemplo, as retas

$$y = 4x - 5 \quad \text{e} \quad y = 4x + 9$$

são paralelas (ambas possuem inclinação 4). Como outro exemplo, as retas

$$y = 6x + 5 \quad \text{e} \quad y = 7x + 5$$

não são paralelas (a primeira reta possui inclinação 6; a segunda reta possui inclinação 7).

Determine a equação da reta que contém o ponto $(1, 1)$ e que é paralela à reta que contém os pontos $(2, 2)$ e $(4, 1)$.

EXEMPLO 6

SOLUÇÃO A reta que contém os pontos $(2, 2)$ e $(4, 1)$ tem inclinação $\frac{2-1}{2-4}$, que é igual a $-\frac{1}{2}$. Portanto, a equação da reta paralela a esta, que contém o ponto $(1, 1)$, é

$$y - 1 = -\tfrac{1}{2}(x - 1),$$

que pode ser reescrita como

$$y = -\tfrac{1}{2}x + \tfrac{3}{2}.$$

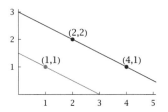

A reta que contém $(2, 2)$ e $(4, 1)$ (cinza-escuro) e a reta paralela a esta, que contém o ponto $(1, 1)$ (cinza meio-tom).

Retas Perpendiculares

Antes de iniciar nosso estudo sobre retas perpendiculares, faremos um pequeno desvio para esclarecer a geometria de uma reta com inclinação negativa. Uma reta com inclinação negativa inclina-se para baixo, quando a percorremos da esquerda para a direita. A figura abaixo mostra uma reta com inclinação negativa; para evitar confusão, não traçamos os eixos das coordenadas.

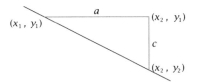

Uma reta com inclinação $-\frac{c}{a}$.

Na figura acima, a é o comprimento do segmento de reta horizontal e c é o comprimento do segmento de reta vertical. Evidentemente, a e c são números positivos, pois os comprimentos são positivos. Como se vê na figura, esses comprimentos podem ser escritos em termos de coordenadas, como $a = x_2 - x_1$ e $c = y_1 - y_2$. A inclinação dessa reta é igual a $(y_2 - y_1)/(x_2 - x_1)$, que é igual a $-c/a$.

O resultado a seguir fornece uma caracterização útil de retas perpendiculares:

> ### Retas perpendiculares
> Duas retas não verticais são perpendiculares se e somente se o produto de suas inclinações for igual a -1.

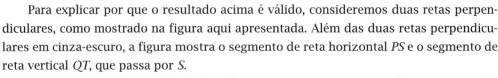

Para explicar por que o resultado acima é válido, consideremos duas retas perpendiculares, como mostrado na figura aqui apresentada. Além das duas retas perpendiculares em cinza-escuro, a figura mostra o segmento de reta horizontal PS e o segmento de reta vertical QT, que passa por S.

Suponhamos que a medida do ângulo PQT seja θ graus. Para verificar que as medidas indicadas para os outros três ângulos da figura estejam corretas, comecemos por observar que os dois ângulos marcados como $90 - \theta$ são, cada um, o terceiro ângulo de um triângulo retângulo (os triângulos retângulos são PSQ e QPT), que possui um dos ângulos igual a θ. Considerando agora o ângulo reto QPT, concluímos que a medida do ângulo TPS é θ graus, como marcado.

Consideremos os triângulos retângulos PSQ e TSP na figura. Esses triângulos têm os mesmos ângulos e são, portanto, semelhantes. Assim, temos que as razões entre lados correspondentes são iguais. Especificamente, temos

$$\frac{b}{a} = \frac{a}{c}.$$

Multiplicando ambos os lados dessa equação por $-c/a$, obtemos

$$\left(\frac{b}{a}\right) \cdot \left(-\frac{c}{a}\right) = -1.$$

A figura mostra que a reta que contém os pontos P e Q tem inclinação $\frac{b}{a}$. Nossa discussão sobre retas com inclinação negativa mostra que a reta que contém os P e T tem inclinação $-\frac{c}{a}$. Assim, a equação acima implica que o produto das inclinações dessas duas retas perpendiculares seja igual a -1, como desejado.

A lógica utilizada acima é reversível. Especificamente, suponhamos que, em vez de começar com a suposição de que as duas retas em cinza-escuro sejam perpendiculares, comecemos com a suposição de que o produto de suas inclinações seja igual a -1. Isto implica que $\frac{b}{a} = \frac{a}{c}$, que por sua vez implica que os dois triângulos retângulos PSQ e TSP são semelhantes; assim, esses dois triângulos possuem os mesmos ângulos. Isto implica que os ângulos estão marcados corretamente na figura acima (supondo que iniciemos declarando que a medida do ângulo PQS seja θ graus). Isto então implica que a medida do ângulo QPT seja de 90°. Assim, as duas retas em cinza-escuro são perpendiculares, como desejado.

 Mostre que as retas dadas pelas seguintes equações são perpendiculares.

$$y = 4x - 5 \quad \text{e} \quad y = -\tfrac{1}{4}x + 18$$

SOLUÇÃO A primeira reta possui inclinação 4; a segunda reta possui inclinação $-\frac{1}{4}$. O produto dessas inclinações é $4 \cdot (-\frac{1}{4})$, que é igual a -1. Como o produto das duas inclinações é -1, concluímos que as duas retas são perpendiculares.

Para mostrar que duas retas são perpendiculares, nós necessitamos conhecer apenas as inclinações das retas, não suas equações completas, como mostraremos no próximo exemplo.

Determine um número t tal que a reta que contém os pontos $(1, -2)$ e $(3, 3)$ seja perpendicular à reta que contém os pontos $(9, -1)$ e $(t, 1)$.

EXEMPLO 8

SOLUÇÃO   A reta que contém os pontos $(1, -2)$ e $(3, 3)$ possui inclinação $\frac{3-(-2)}{3-1}$, que é igual a $\frac{5}{2}$. A reta que contém os pontos $(9, -1)$ e $(t, 1)$ possui inclinação $\frac{1-(-1)}{t-9}$, que é igual a $\frac{2}{t-9}$. Queremos que o produto dessas duas inclinações seja igual a -1. Em outras palavras, queremos

$$\left(\frac{5}{2}\right)\left(\frac{2}{t-9}\right) = -1.$$

Resolvendo a equação acima para t, obtém-se $t = 4$.

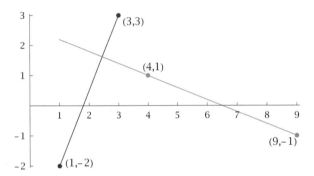

A reta cinza-escuro contendo $(1, -2)$ e $(3, 3)$ é perpendicular à reta cinza meio-tom, que contém $(9, -1)$ e $(4, 1)$.

EXERCÍCIOS

1 Quais são as coordenadas do vértice que não está marcado do menor entre os dois triângulos retângulos na figura apresentada no início desta seção?

2 Quais são as coordenadas do vértice que não está marcado, do maior entre os dois triângulos retângulos na figura apresentada no início desta seção?

3 Determine a inclinação da reta que contém os pontos $(3, 4)$ e $(7, 13)$.

4 Determine a inclinação da reta que contém os pontos $(2, 11)$ e $(6, -5)$.

5 Determine um número w tal que a reta que contém os pontos $(1, w)$ e $(3, 7)$ tenha inclinação 5.

6 Determine um número d tal que a reta que contém os pontos $(d, 4)$ e $(-2, 9)$ tenha inclinação -3.

7 Suponha que as despesas com instrução na Euphoria State University sejam de US$ 525 por semestre mais US$ 200 por crédito cursado.

(a) Quais são as despesas com instrução para um semestre no qual um estudante cursa 10 créditos?

(b) Determine uma função linear t tal que $t(u)$ represente as despesas com ensino, em dólares, para um semestre no qual um estudante cursa u créditos.

(c) Determine a despesa total para um estudante que leva 12 semestres para acumular os 120 créditos necessários para graduar-se.

(d) Determine uma função linear g tal que $g(s)$ seja a despesa total com instrução para um estudante que leva s semestres para acumular os 120 créditos necessários para graduar-se.

8 Suponha que as despesas com instrução na Luxim University sejam de US$ 900 por semestre mais US$ 850 por crédito cursado.

(a) Quais são as despesas com instrução para um semestre no qual um estudante cursa 15 créditos?

(b) Determine uma função linear t tal que $t(u)$ represente as despesas com ensino, em dólares, para um semestre no qual um estudante cursa u créditos.

(c) Determine a despesa total para um estudante que leva 12 semestres para acumular os 120 créditos necessários para graduar-se.

(d) Determine uma função linear g tal que $g(s)$ seja a despesa total com instrução para um estudante que leva s semestres para acumular os 120 créditos necessários para graduar-se.

9 Suponha que a sua empresa de telefonia celular ofereça dois planos de ligações. O plano com pagamento por ligação custa US$ 14 por mês mais 3 centavos de dólar por minuto de ligação. O plano com número ilimitado de ligações custa uma taxa fixa de US$ 29 por mês.

(a) Qual é seu custo mensal, em dólares, se você fizer ligações totalizando 400 minutos por mês no plano com pagamento por ligação?

(b) Determine uma função linear c tal que $c(m)$ seja seu custo mensal em dólares para fazer m minutos de ligações por mês no plano com pagamento por ligação.

(c) Quantos minutos por mês você deve usar para que o plano com número ilimitado de ligações se torne mais barato?

10 Suponha que a sua empresa de telefonia celular ofereça dois planos de ligações. O plano com pagamento por ligação custa US$ 11 por mês mais 4 centavos de dólar por minuto de ligação. O plano com número ilimitado de ligações custa uma taxa fixa de US$ 25 por mês.

(a) Qual é seu custo mensal em dólares se você fizer ligações totalizando 600 minutos por mês no plano com pagamento por ligação?

(b) Determine uma função linear c tal que $c(m)$ seja seu custo mensal em dólares para fazer m minutos de ligações por mês no plano com pagamento por ligação.

(c) Quantos minutos por mês você deve usar para que o plano com número ilimitado de ligações se torne mais barato?

11 Determine a equação da reta no plano xy com inclinação 2 que contém o ponto (7, 3).

12 Determine a equação da reta no plano xy com inclinação −4 que contém o ponto (−5, −2).

13 Determine a equação da reta que contém os pontos (2, −1) e (4, 9).

14 Determine a equação da reta que contém os pontos (−3, 2) e (−5, 7).

15 Determine um número t tal que o ponto (3, t) esteja sobre a reta que contém os pontos (7, 6) e (14, 10).

16 Determine um número t tal que o ponto (−2, t) esteja sobre a reta que contém os pontos (5, −2) e (10, −8).

17 Determine uma função s tal que $s(d)$ seja o número de segundos em d dias.

18 Determine uma função s tal que $s(w)$ seja o número de segundos em w semanas.

19 Determine uma função f tal que $f(m)$ seja o número de polegadas em m milhas.*

20 Determine uma função m tal que $m(f)$ seja o número de milhas em f pés.**

A conversão exata entre o sistema de medidas inglês e o sistema métrico é dada pela equação 1 *polegada* = 2,54 *centímetros.*

21 Determine uma função k tal que $k(m)$ seja o número de quilômetros em m milhas.

22 Determine uma função M tal que $M(m)$ seja o número de milhas em m metros.

23 Determine uma função f tal que $f(c)$ seja o número de polegadas em c centímetros.

24 Determine uma função m tal que $m(f)$ seja o número de metros em f pés.

25 Determine um número c tal que o ponto (c, 13) esteja sobre a reta que contém os pontos (−4, −17) e (6, 33).

26 Determine um número c tal que o ponto (c, −19) esteja sobre a reta que contém os pontos (2, 1) e (4, 9).

27 Determine um número t tal que o ponto (t, 2t) esteja sobre a reta que contém os pontos (3, −7) e (5, −15).

28 Determine um número t tal que o ponto (t, $\frac{t}{2}$) esteja sobre a reta que contém os pontos (2, −4) e (−3, −11).

29 Determine a equação da reta no plano xy que contém o ponto (3, 2) e que é paralela à reta $y = 4x - 1$.

30 Determine a equação da reta no plano xy que contém o ponto (−4, −5) e que é paralela à reta $y = -2x + 3$.

31 Determine a equação da reta que contém o ponto (2, 3) e que é paralela à reta que contém os pontos (7, 1) e (5, 6).

32 Determine a equação da reta que contém o ponto (−4, 3) e que é paralela à reta que contém os pontos (3, −7) e (6, −9).

33 Determine um número t tal que a reta que contém os pontos (t, 2) e (3, 5) seja paralela à reta que contém os pontos (−1, 4) e (−3, −2).

34 Determine um número t tal que a reta que contém os pontos (−3, t) e (2, −4) seja paralela à reta que contém os pontos (5, 6) e (−2, 4).

35 Determine a interseção no plano xy das retas $y = 5x + 3$ e $y = -2x + 1$.

---

* 1 polegada é aproximadamente igual a 25,4 mm e 1 milha é aproximadamente igual a 1,6 km. (N.T.)

** 1 pé é aproximadamente igual a 30,5 cm. (N.T.)

36 Determine a interseção no plano xy das retas $y = -4x + 5$ e $y = 5x - 2$.

37 Determine um número b tal que as três retas no plano xy dadas pelas equações $y = 2x + b$, $y = 3x - 5$ e $y = -4x + 6$ possuam um mesmo ponto de interseção.

38 Determine um número m tal que as três retas no plano xy dadas pelas equações $y = mx + 3$, $y = 4x + 1$ e $y = 5x + 7$ possuam um mesmo ponto de interseção.

39 Determine a equação da reta no plano xy que contém o ponto (4, 1) e que é perpendicular à reta $y = 3x + 5$.

40 Determine a equação da reta no plano xy que contém o ponto (−3, 2) e que é perpendicular à reta $y = -5x + 1$.

41 Determine um número t tal que a reta no plano xy que contém os pontos $(t, 4)$ e $(2, -1)$ seja perpendicular à reta $y = 6x - 7$.

42 Determine um número t tal que a reta no plano xy que contém os pontos $(-3, t)$ e $(4, 3)$ seja perpendicular à reta $y = -5x + 999$.

43 Determine um número t tal que a reta que contém os pontos $(4, t)$ e $(-1, 6)$ seja perpendicular à reta que contém os pontos $(3, 5)$ e $(1, -2)$.

44 Determine um número t tal que a reta que contém os pontos $(t, -2)$ e $(-3, 5)$ seja perpendicular à reta que contém os pontos $(4, 7)$ e $(1, 11)$.

PROBLEMAS

Alguns problemas exigem consideravelmente mais raciocínio que os exercícios.

45 Determine a equação da reta no plano xy que tem inclinação m e intercepta o eixo dos x em $(c, 0)$.

46 Demonstre que a composição de duas funções lineares é uma função linear.

47 Demonstre que, se f e g forem funções lineares, então os gráficos de $f \circ g$ e de $g \circ f$ possuem a mesma inclinação.

48 Demonstre que uma função linear é crescente se e somente se a inclinação de seu gráfico for positiva.

49 Demonstre que uma função linear é decrescente se e somente se a inclinação do seu gráfico for negativa.

50 Demonstre que toda função linear não constante é uma função bijetora.

51 Demonstre que, se f for a função linear definida por $f(x) = mx + b$, em que $m \neq 0$, então a função inversa f^{-1} é definida pela fórmula $f^{-1}(y) = \frac{1}{m}y - \frac{b}{m}$.

52 Demonstre que a função linear definida por $f(x) = mx + b$ é uma função ímpar se e somente se $b = 0$.

53 Demonstre que a função linear definida por $f(x) = mx + b$ é uma função par se e somente se $m = 0$.

54 Para demonstrar que o produto das inclinações de duas retas perpendiculares é igual a −1, fizemos uso de triângulos semelhantes. Os passos discriminados abaixo estabelecem uma prova alternativa que evita o uso de triângulos semelhantes, mas, em compensação, faz mais uso de álgebra. Observe a figura abaixo, que é a mesma desenhada anteriormente, exceto que agora não é necessário identificar os ângulos.

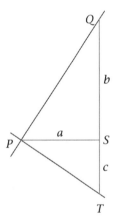

QP é perpendicular a PT.

(a) Aplique o Teorema de Pitágoras ao triângulo PSQ para expressar o comprimento do segmento de reta PQ em termos de a e de b.

(b) Aplique o Teorema de Pitágoras ao triângulo PST para expressar o comprimento do segmento de reta PT em termos de a e de c.

(c) Aplique o Teorema de Pitágoras ao triângulo QPT para expressar o comprimento do segmento de reta QT em termos dos comprimentos dos segmentos de reta PQ e PT, calculados nos itens (a) e (b) deste problema.

(d) Como pode ser visto na figura, o comprimento do segmento de reta QT é igual a $b + c$. Então, iguale a $b + c$ à expressão que você obtém no item (c) deste problema e, a partir daí, escreva uma expressão para c em termos de a e de b.

(e) Use o resultado que você obteve no item (d) deste problema para demonstrar que o produto da inclinação da reta que contém P e Q e da inclinação da reta que contém P e T é igual a -1.

55 Suponha que a e b sejam números não nulos. Em que pontos a reta no plano xy dada pela equação

$$\frac{x}{a} + \frac{y}{b} = 1$$

intercepta o eixo das coordenadas?

56 Demonstre que os pontos $(-84, -14)$, $(21, 1)$ e $(98, 12)$ estão sobre uma mesma reta.

57 Demonstre que os pontos $(-8, -65)$, $(1, 52)$ e $(3, 77)$ não estão sobre uma mesma reta.

58 Altere apenas um dos seis números no problema acima para que os três pontos resultantes passem a estar sobre uma mesma reta.

59 Demonstre que, para qualquer número t, o ponto $(5 - 3t, 7 - 4t)$ está sobre a reta que contém os pontos $(2, 3)$ e $(5, 7)$.

60 Suponha que (x_1, y_1) e (x_2, y_2) sejam as extremidades de um segmento de reta.

(a) Demonstre que a reta que contém o ponto $(\frac{x_1+x_2}{2}, \frac{y_1+y_2}{2})$ e a extremidade (x_1, y_1) tem inclinação $\frac{y_2-y_1}{x_2-x_1}$.

(b) Demonstre que a reta que contém o ponto $(\frac{x_1+x_2}{2}, \frac{y_1+y_2}{2})$ e a extremidade (x_1, y_1) tem inclinação $\frac{y_2-y_1}{x_2-x_1}$.

(c) Explique por que os itens (a) e (b) deste problema implicam que o ponto $(\frac{x_1+x_2}{2}, \frac{y_1+y_2}{2})$ esteja sobre a reta que contém as extremidades (x_1, y_1) e (x_2, y_2).

61 A escala de temperaturas Kelvin é definida por $K = C + 273{,}15$, em que K é a temperatura na escala Kelvin e C é a temperatura na escala Celsius. (Portanto, $-273{,}15$ graus Celsius, que é a temperatura na qual cessa todo movimento atômico e, portanto, é a temperatura mais baixa possível, corresponde a 0 na escala Kelvin.)

(a) Determine uma função F tal que $F(x)$ forneça a temperatura na escala Fahrenheit que corresponda à temperatura x na escala Kelvin.

(b) Explique por que o gráfico da função F no item (a) é paralelo ao gráfico da função f obtida no Exemplo 5.

SOLUÇÕES DETALHADAS dos Exercícios Ímpares

Não leia estas soluções detalhadas antes de tentar resolver você mesmo os exercícios. Caso contrário, você corre o risco de imitar as técnicas demonstradas aqui sem, no entanto, compreender as ideias.

A melhor maneira de aprender: leia cuidadosamente a seção do livro-texto, depois resolva todos os exercícios ímpares e verifique suas respostas aqui. Se você tiver alguma dificuldade para resolver algum exercício, olhe a solução detalhada apresentada aqui.

1 Quais são as coordenadas do vértice que não está marcado do menor entre os dois triângulos retângulos na figura apresentada no início desta seção?

SOLUÇÃO Traçando uma reta vertical e outra horizontal a partir do ponto em questão até os eixos coordenados vê-se que as coordenadas do ponto são (x_2, y_1).

3 Determine a inclinação da reta que contém os pontos $(3, 4)$ e $(7, 13)$.

SOLUÇÃO A reta que contém os pontos $(3, 4)$ e $(7, 13)$ tem inclinação

$$\frac{13-4}{7-3},$$

que é igual a $\frac{9}{4}$.

5 Determine um número w tal que a reta que contém os pontos $(1, w)$ e $(3, 7)$ tenha inclinação 5.

SOLUÇÃO A inclinação da reta que contém os pontos $(1, w)$ e $(3, 7)$ é igual a

$$\frac{7-w}{3-1},$$

que é igual a $\frac{7-w}{2}$. Queremos que essa inclinação seja igual a 5. Então, devemos determinar um número w tal que

$$\frac{7-w}{2} = 5.$$

Resolvendo a equação para w, obtemos $w = -3$.

7 Suponha que as despesas com instrução na Euphoria State University sejam de US$ 525 por semestre mais US$ 200 por crédito cursado.

(a) Quais são as despesas com instrução para um semestre no qual um estudante cursa 10 créditos?

(b) Determine uma função linear t tal que $t(u)$ represente as despesas com ensino, em dólares, para um semestre no qual um estudante cursa u créditos.

(c) Determine a despesa total para um estudante que leva 12 semestres para acumular os 120 créditos necessários para graduar-se.

(d) Determine uma função linear g tal que $g(s)$ seja a despesa total com instrução para um estudante que leva s semestres para acumular os 120 créditos necessários para graduar-se.

SOLUÇÃO

(a) Para um semestre no qual um estudante cursa 10 créditos, a despesa com instrução será de 200 × 10 + 525, que é igual a US$ 2525.

(b) A função t que queremos determinar é definida por

$$t(u) = 200u + 525.$$

(c) Para um estudante que cursa 120 créditos em 12 semestres, a despesa será de 525 × 12 + 200 × 120 dólares, que é igual a US$ 30.300.

(d) A função g que queremos determinar é definida por

$$g(s) = 525s + 24000.$$

9 Suponha que a sua empresa de telefonia celular ofereça dois planos de ligações. O plano com pagamento por ligação custa US$ 14 por mês mais 3 centavos de dólar por minuto de ligação. O plano com número ilimitado de ligações custa uma taxa fixa de US$ 29 por mês.

(a) Qual é o seu custo mensal em dólares se você fizer ligações totalizando 400 minutos por mês no plano com pagamento por ligação?

(b) Determine uma função linear c tal que $c(m)$ seja seu custo mensal em dólares para fazer m minutos de ligações por mês no plano com pagamento por ligação.

(c) Quantos minutos por mês você deve usar para que o plano com número ilimitado de ligações se torne mais barato?

SOLUÇÃO

(a) Convertendo 3 centavos para US$ 0,03, vemos que 400 minutos por mês de ligações custa (0,03)(400) + 14 dólares, que é igual a US$ 26.

(b) A função c que queremos determinar é definida por

$$c(m) = 0,03m + 14.$$

(c) Os dois planos correspondem ao mesmo custo para m minutos se m for tal que $c(m) = 29$. Para determinar esse valor de m, devemos resolver a equação $0,03m + 14 = 29$, que fornece

$$m = \frac{29-14}{0,03} = \frac{15}{0,03} = \frac{1500}{3} = 500.$$

Então, os dois planos correspondem ao mesmo custo se forem usados 500 minutos de ligações por mês. Se forem usados mais de 500 minutos de ligações por mês, então o plano com número ilimitado de ligações é mais barato.

11 Determine a equação da reta no plano xy com inclinação 2 que contém o ponto (7, 3).

SOLUÇÃO Se representarmos por (x, y) um ponto típico sobre a reta com inclinação 2 que contém o ponto (7, 3), então

$$\frac{y-3}{x-7} = 2.$$

Multiplicando-se por $x - 7$ ambos os lados dessa equação e adicionando-se 3 aos dois lados, obtém-se a equação

$$y = 2x - 11.$$

VERIFICAÇÃO A reta $y = 2x - 11$ tem inclinação 2. Devemos também verificar que o ponto (7, 3) está sobre essa reta. Em outras palavras, precisamos verificar a equação abaixo:

$$3 \stackrel{?}{=} 2 \cdot 7 - 11.$$

Por aritmética simples, demonstra-se que de fato essa equação é verdadeira.

13 Determine a equação da reta que contém os pontos (2, −1) e (4, 9).

SOLUÇÃO A reta que contém os pontos (2, −1) e (4, 9) tem inclinação

$$\frac{9-(-1)}{4-2},$$

que é igual a 5. Assim, se representarmos por (x, y) um ponto típico sobre essa reta, então

$$\frac{y-9}{x-4} = 5.$$

Multiplicando-se por $x - 4$ ambos os lados dessa equação e adicionando-se 9 aos dois lados, obtém-se a equação

$$y = 5x - 11.$$

VERIFICAÇÃO Precisamos verificar que tanto o ponto (2, −1) quanto o ponto (4, 9) estão sobre a reta $y = 5x - 11$. Em outras palavras, precisamos verificar as equações adiante:

$-1 \stackrel{?}{=} 5 \cdot 2 - 11$ e $9 \stackrel{?}{=} 5 \cdot 4 - 11$.

Por aritmética simples, demonstra-se que de fato essas equações são ambas verdadeiras.

15 Determine um número t tal que o ponto $(3, t)$ esteja sobre a reta que contém os pontos $(7, 6)$ e $(14, 10)$.

SOLUÇÃO   Começaremos por determinar a equação da reta que contém os pontos $(7, 6)$ e $(14, 10)$. Para isso, observe que a reta que contém esses dois pontos tem inclinação

$$\frac{10-6}{14-7},$$

que é igual a $\frac{4}{7}$. Assim, se representarmos por (x, y) um ponto típico sobre essa reta, então

$$\frac{y-6}{x-7} = \frac{4}{7}.$$

Multiplicando-se por $x - 7$ ambos os lados dessa equação e adicionando-se 6 aos dois lados, obtém-se a equação

$$y = \tfrac{4}{7}x + 2.$$

Podemos agora determinar um número t tal que o ponto $(3, t)$ esteja sobre a reta dada pela equação acima. Para fazer isso, substituiremos, na equação acima, x por 3 e y por t, de que obtemos

$$t = \tfrac{4}{7} \cdot 3 + 2.$$

Efetuando as operações de aritmética necessárias para calcular o lado direito, obtemos $t = \frac{26}{7}$.

VERIFICAÇÃO   Devemos verificar que os três pontos $(7, 6)$, $(14, 10)$ e $(3, \frac{26}{7})$ estão todos sobre a reta $y = \frac{4}{7}x + 2$. Em outras palavras, precisamos verificar as equações abaixo:

$6 \stackrel{?}{=} \tfrac{4}{7} \cdot 7 + 2$, $10 \stackrel{?}{=} \tfrac{4}{7} \cdot 14 + 2$, $\tfrac{26}{7} \stackrel{?}{=} \tfrac{4}{7} \cdot 3 + 2$.

Por aritmética simples, demonstra-se que todas as três equações são de fato verdadeiras.

17 Determine uma função s tal que $s(d)$ seja o número de segundos em d dias.

SOLUÇÃO   Cada minuto tem 60 segundos, e cada hora tem 60 minutos. Então, cada hora tem 60×60 segundos, ou seja, 3600 segundos. Cada dia tem 24 horas; então, cada dia tem 24×3600 segundos, ou seja, 86.400 segundos. Assim,

$$s(d) = 86400d.$$

19 Determine uma função f tal que $f(m)$ seja o número de polegadas em m milhas.

SOLUÇÃO   Cada pé tem 12 polegadas, e cada milha tem 5280 pés. Então, cada milha tem 5280×12 polegadas, ou seja, 63.360 polegadas. Assim,

$$f(m) = 63360m.$$

A conversão exata entre o sistema de medidas inglês e o sistema métrico é dada pela equação: 1 polegada = 2,54 centímetros.

21 Determine uma função k tal que $k(m)$ seja o número de quilômetros em m milhas.

SOLUÇÃO   Multiplicando-se ambos os lados da equação

$$1 \text{ polegadas} = 2{,}54 \text{ centímetros}$$

por 12, obtém-se

$$1 \text{ pé} = 12 \times 2{,}54 \text{ centímetros}$$
$$= 30{,}48 \text{ centímetros}.$$

Multiplicando-se ambos os lados da equação acima por 5280, obtém-se

$$1 \text{ milha} = 5280 \times 30{,}48 \text{ centímetros}$$
$$= 160934{,}4 \text{ centímetros}$$
$$= 1609{,}344 \text{ metros}$$
$$= 1{,}609344 \text{ quilômetro}.$$

Multiplicando-se ambos os lados da equação acima por um número m, conclui-se que m milhas = $1{,}609344m$ quilômetros. Em outras palavras,

$$k(m) = 1{,}609344m.$$

[*A fórmula acima é exata. Entretanto, é frequentemente usada a aproximação $k(m) = 1{,}61\, m$, ou a aproximação levemente menos exata $k(m) = \frac{8}{5} m$.*]

23 Determine uma função f tal que $f(c)$ seja o número de polegadas em c centímetros.

SOLUÇÃO   Dividindo-se ambos os lados da equação 1 polegada = 2,54 centímetros por 2,54, obtém-se

$$1 \text{ centímetro} = \frac{1}{2{,}54} \text{ polegadas}.$$

Multiplicando-se ambos os lados da equação acima por um número c conclui-se que c centímetros = $\frac{c}{2{,}54}$ polegadas. Em outras palavras,

$$f(c) = \frac{c}{2{,}54}.$$

25 Determine um número c tal que o ponto $(c, 13)$ esteja sobre a reta que contém os pontos $(-4, -17)$ e $(6, 33)$.

SOLUÇÃO Começamos por determinar a equação da reta que contém os pontos $(-4, -17)$ e $(6, 33)$. Para isso, observe que a reta que contém esses dois pontos tem inclinação

$$\frac{33 - (-17)}{6 - (-4)},$$

que é igual a 5. Assim, representando por (x, y) um ponto típico sobre essa reta, tem-se que

$$\frac{y - 33}{x - 6} = 5.$$

Multiplicando-se ambos os lados dessa equação por $x - 6$ e adicionando-se 33, obtém-se a equação

$$y = 5x + 3.$$

Podemos agora determinar um número c tal que o ponto $(c, 13)$ esteja sobre a reta dada pela equação acima. Para isso, substituímos na equação acima x por c e y por 13, obtendo

$$13 = 5c + 3.$$

Resolvendo a equação para c, obtemos $c = 2$.

VERIFICAÇÃO Devemos verificar que os três pontos $(-4, -17)$, $(6, 33)$ e $(2, 13)$ estão todos sobre a reta $y = 5x + 3$. Em outras palavras, precisamos verificar as equações abaixo:

$$-17 \stackrel{?}{=} 5 \cdot (-4) + 3, \quad 33 \stackrel{?}{=} 5 \cdot 6 + 3, \quad 13 \stackrel{?}{=} 5 \cdot 2 + 3.$$

Por simples aritmética, demonstra-se que todas as três equações são de fato verdadeiras.

27 Determine um número t tal que o ponto $(t, 2t)$ esteja sobre a reta que contém os pontos $(3, -7)$ e $(5, -15)$.

SOLUÇÃO Comecemos por determinar a equação da reta que contém os pontos $(3, -7)$ e $(5, -15)$. Para isso, observe que a reta que contém esses dois pontos tem inclinação

$$\frac{-7 - (-15)}{3 - 5},$$

que é igual a -4. Assim, representando por (x, y) um ponto típico sobre essa reta, tem-se que

$$\frac{y - (-7)}{x - 3} = -4.$$

Multiplicando-se ambos os lados dessa equação por $x - 3$ e subtraindo-se 7, obtém-se a equação

$$y = -4x + 5.$$

Podemos agora determinar um número t tal que o ponto $(t, 2t)$ esteja sobre a reta dada pela equação acima. Para isso, substituímos na equação acima x por t e y por $2t$, obtendo

$$2t = -4t + 5.$$

Resolvendo a equação para t, obtemos $t = \frac{5}{6}$.

VERIFICAÇÃO Devemos verificar que os três pontos $(3, -7)$, $(5, -15)$ e $(\frac{5}{6}, 2 \cdot \frac{5}{6})$ estão todos sobre a reta $y = -4x + 5$. Em outras palavras, precisamos verificar as equações abaixo:

$$-7 \stackrel{?}{=} -4 \cdot 3 + 5, \quad -15 \stackrel{?}{=} -4 \cdot 5 + 5, \quad \frac{5}{3} \stackrel{?}{=} -4 \cdot \frac{5}{6} + 5.$$

Por simples aritmética, demonstra-se que todas as três equações são de fato verdadeiras.

29 Determine a equação da reta no plano xy que contém o ponto $(3, 2)$ e que é paralela à reta $y = 4x - 1$.

SOLUÇÃO A reta no plano xy cuja equação é $y = 4x - 1$ tem inclinação 4. Assim, toda reta paralela a ela também terá inclinação 4 e, portanto, a forma

$$y = 4x + b$$

para algum número b.

Devemos então determinar um número b tal que o ponto $(3, 2)$ esteja sobre a reta dada pela equação acima. Substituindo-se x por 3 e y por 2 na equação acima, temos

$$2 = 4 \cdot 3 + b.$$

Resolvendo essa equação para b, obtemos $b = -10$. Assim, a reta que estamos procurando é descrita pela equação

$$y = 4x - 10.$$

31 Determine a equação da reta que contém o ponto $(2, 3)$ e que é paralela à reta que contém os pontos $(7, 1)$ e $(5, 6)$.

SOLUÇÃO A reta que contém os pontos $(7, 1)$ e $(5, 6)$ tem inclinação

$$\frac{6 - 1}{5 - 7},$$

que é igual a $-\frac{5}{2}$. Assim, toda reta paralela a ela também terá inclinação $-\frac{5}{2}$ e, portanto, a forma

$$y = -\frac{5}{2}x + b$$

para algum número b.

Devemos então determinar um número b tal que o ponto $(2, 3)$ esteja sobre a reta dada pela equação anterior. Substituindo-se x por 2 e y por 3 na equação acima, temos

$$3 = -\tfrac{5}{2} \cdot 2 + b.$$

Resolvendo essa equação para b, obtemos $b = 8$. Assim, a reta que estamos procurando é descrita pela equação

$$y = -\tfrac{5}{2}x + 8.$$

33 Determine um número t tal que a reta que contém os pontos $(t, 2)$ e $(3, 5)$ seja paralela à reta que contém os pontos $(-1, 4)$ e $(-3, -2)$.

SOLUÇÃO A reta que contém os pontos $(-1, 4)$ e $(-3, -2)$ tem inclinação

$$\frac{4 - (-2)}{-1 - (-3)},$$

que é igual a 3. Assim, toda reta paralela a ela também terá inclinação 3.

A reta que contém os pontos $(t, 2)$ e $(3, 5)$ tem inclinação

$$\frac{5 - 2}{3 - t},$$

que é igual a $\frac{3}{3-t}$. Pelo dado anteriormente, queremos que essa inclinação seja igual a 3. Em outras palavras, precisamos resolver a equação

$$\frac{3}{3 - t} = 3.$$

Dividindo ambos os lados da equação acima por 3 e multiplicando-os por $3 - t$, obtemos a equação $1 = 3 - t$. Portanto, $t = 2$.

35 Determine a interseção no plano xy das retas $y = 5x + 3$ e $y = -2x + 1$.

SOLUÇÃO Igualando entre si os dois lados direitos das equações acima, obtemos

$$5x + 3 = -2x + 1.$$

Para resolver a equação para x, adicionamos $2x$ a ambos os lados e depois subtraímos 3 de ambos os lados, obtendo $7x = -2$. Portanto, $x = -\tfrac{2}{7}$.

Para determinar o valor de y no ponto de interseção, podemos substituir o valor $x = -\tfrac{2}{7}$ em qualquer uma das equações das duas retas. Se escolhermos a primeira equação, temos $y = -5 \cdot \tfrac{2}{7} + 3$, que implica $y = \tfrac{11}{7}$. Portanto, as duas retas interceptam-se no ponto $\left(-\tfrac{2}{7}, \tfrac{11}{7}\right)$.

VERIFICAÇÃO Podemos substituir o valor $x = -\tfrac{2}{7}$ na equação da segunda reta para ver se esta também fornece o valor $y = \tfrac{11}{7}$. Em outras palavras, precisamos verificar se é válida a equação

$$\tfrac{11}{7} \stackrel{?}{=} -2\left(-\tfrac{2}{7}\right) + 1.$$

Por simples aritmética, chega-se a que isto é verdadeiro. Portanto, a solução que apresentamos é de fato a solução correta.

37 Determine um número b tal que as três retas no plano xy dadas pelas equações $y = 2x + b$, $y = 3x - 5$ e $y = -4x + 6$ possuam um mesmo ponto de interseção.

SOLUÇÃO A incógnita b aparece na primeira equação; então, nosso primeiro passo será determinar o ponto de interseção entre as últimas duas retas. Para isso, igualamos entre si os lados direitos das últimas duas equações, o que leva a

$$3x - 5 = -4x + 6.$$

Para resolver a equação para x, adicionamos $4x$ a ambos os lados e depois adicionamos 5 a ambos os lados, obtendo $7x = 11$. Portanto, $x = \tfrac{11}{7}$. Substituindo-se esse valor de x na equação $y = 3x - 5$, obtemos

$$y = 3 \cdot \tfrac{11}{7} - 5.$$

Portanto, $y = -\tfrac{2}{7}$.

Com isto demonstramos que as retas dadas pelas equações $y = 3x - 5$ e $y = -4x + 6$ interceptam-se no ponto $\left(\tfrac{11}{7}, -\tfrac{2}{7}\right)$. Queremos que a reta dada pela equação $y = 2x + b$ também contenha esse ponto. Assim, estabelecemos que $x = \tfrac{11}{7}$ e $y = -\tfrac{2}{7}$ para essa equação, obtendo

$$-\tfrac{2}{7} = 2 \cdot \tfrac{11}{7} + b.$$

Resolvendo a equação para b, obtemos $b = -\tfrac{24}{7}$.

VERIFICAÇÃO Para verificar que a reta dada pela equação $y = -4x + 6$ contém o ponto $\left(\tfrac{11}{7}, -\tfrac{2}{7}\right)$, podemos substituir o valor $x = \tfrac{11}{7}$ na equação para essa reta e ver se ela fornece o valor $y = -\tfrac{2}{7}$. Em outras palavras, precisamos verificar a igualdade abaixo.

$$-\tfrac{2}{7} \stackrel{?}{=} -4 \cdot \tfrac{11}{7} + 6.$$

Por simples aritmética, demonstra-se que a igualdade é verdadeira. Concluímos, portanto, que encontramos corretamente o ponto de interseção.

Escolhemos a reta $y = -4x + 6$ para esta verificação porque as outras duas retas foram utilizadas nos cálculos diretos da nossa solução.

39 Determine a equação da reta no plano xy que contém o ponto $(4, 1)$ e que é perpendicular à reta $y = 3x + 5$.

SOLUÇÃO   A reta no plano xy cuja equação é $y = 3x + 5$ tem inclinação 3. Assim, toda reta perpendicular a ela tem inclinação $-\frac{1}{3}$. Portanto, a equação da reta que estamos procurando tem a forma

$$y = -\tfrac{1}{3}x + b$$

para algum número b. Queremos que o ponto $(4, 1)$ esteja sobre essa reta. Substituindo $x = 4$ e $y = 1$ na equação acima, temos

$$1 = -\tfrac{1}{3} \cdot 4 + b.$$

Resolvendo a equação para b, obtemos $b = \frac{7}{3}$. Assim, a equação da reta que procuramos é

$$y = -\tfrac{1}{3}x + \tfrac{7}{3}.$$

41 Determine um número t tal que a reta no plano xy que contém os pontos $(t, 4)$ e $(2, -1)$ seja perpendicular à reta $y = 6x - 7$.

SOLUÇÃO   A reta no plano xy cuja equação é $y = 6x - 7$ tem inclinação 6. Assim, toda reta perpendicular a ela terá inclinação $-\frac{1}{6}$. Queremos, portanto, que a reta contendo os pontos $(t, 4)$ e $(2, -1)$ tenha inclinação $-\frac{1}{6}$. Em outras palavras, queremos satisfazer

$$\frac{4 - (-1)}{t - 2} = -\frac{1}{6}.$$

Resolvendo a equação para t, obtemos $t = -28$.

43 Determine um número t tal que a reta que contém os pontos $(4, t)$ e $(-1, 6)$ seja perpendicular à reta que contém os pontos $(3, 5)$ e $(1, -2)$.

SOLUÇÃO   A reta que contém os pontos $(3, 5)$ e $(1, -2)$ tem inclinação

$$\frac{5 - (-2)}{3 - 1},$$

que é igual a $\frac{7}{2}$. Assim, toda reta perpendicular a ela terá inclinação $-\frac{2}{7}$. Queremos, portanto, que a reta contendo os pontos $(4, t)$ e $(-1, 6)$ tenha inclinação $-\frac{2}{7}$. Em outras palavras, queremos satisfazer

$$\frac{t - 6}{4 - (-1)} = -\frac{2}{7}.$$

Resolvendo a equação para t, obtemos $t = \frac{32}{7}$.

2.2 Funções Quadráticas e Cônicas

OBJETIVOS DE APRENDIZAGEM
Ao final desta seção, você deverá ser capaz de
- utilizar a técnica de completamento do quadrado;
- utilizar a fórmula quadrática;
- determinar o vértice de uma parábola;
- determinar o centro e o raio de uma circunferência com base em sua equação;
- reconhecer e utilizar equações de elipses e de hipérboles.

Completamento de Quadrado e a Fórmula Quadrática

Considere o problema de determinar os números x tais que

$$x^2 + 6x - 4 = 0.$$

Nada óbvio funciona aqui. Por exemplo, se adicionarmos ou 4 ou $4 - 6x$ a ambos os lados dessa equação e depois tirarmos as raízes quadradas, isto não produzirá uma nova equação que leve à solução.

No entanto, uma técnica denominada **completamento de quadrado** pode ser usada para lidar com equações como a acima. A chave para essa técnica é a identidade

$$\left(x + \frac{b}{2}\right)^2 = x^2 + bx + \left(\frac{b}{2}\right)^2,$$

que pode ser reescrita como a seguinte identidade:

Por exemplo, se b = 6, então $x^2 + 6x = (x + 3)^3 - 9$.

> **Completamento de quadrado**
>
> $$x^2 + bx = \left(x + \frac{b}{2}\right)^2 - \left(\frac{b}{2}\right)^2$$

O exemplo a seguir ilustra a técnica do completamento de quadrado.

EXEMPLO 1

Determine os números x tais que

$$x^2 + 6x - 4 = 0.$$

SOLUÇÃO Substituindo $b = 6$ na identidade do completamento de quadrado, podemos substituir $x^2 + 6x$ na equação acima por $(x + 3)^2 - 9$, o que leva a

$$(x + 3)^2 - 9 - 4 = 0.$$

Agora, adicionando-se 13 a ambos os lados da equação acima, obtemos $(x + 3)^2 = 13$, que implica

Aqui, ± indica que podemos escolher ou o sinal de + ou o sinal de −.

$$x + 3 = \pm\sqrt{13}.$$

Por fim, adicionando-se -3 a ambos os lados, concluímos que $x = -3 \pm \sqrt{13}$.

Você não precisa necessariamente memorizar a identidade do completamento de quadrado. Você só precisa lembrar que o coeficiente de *x* (ou qualquer variável) deve ser dividido por 2 e depois deve-se subtrair o número apropriado para levar à identidade correta.

Por exemplo, suponha que você esteja trabalhando com a expressão $x^2 - 10x$. Como $-\frac{10}{2} = -5$, o termo $(x - 5)^2$ estará envolvido. Expandindo-se $(x - 5)^2$, obtém-se $x^2 - 10x + 25$, e então devemos subtrair 25 para ter uma expressão igual a $x^2 - 10x$. Portanto,

$$x^2 - 10x = (x - 5)^2 - 25.$$

Observe que o termo que deverá ser subtraído é sempre positivo, pois $\left(\frac{b}{2}\right)^2$ é positivo tanto para b positivo quanto para b negativo.

No exemplo a seguir, completaremos o quadrado para deduzir a fórmula quadrática.

Suponha que *a*, *b* e *c* sejam números reais, sendo $a \neq 0$. Determine todos os números reais tais que

$$ax^2 + bx + c = 0.$$

EXEMPLO 2

SOLUÇÃO Colocando *a* em evidência nos dois primeiros termos e completando o quadrado:

$$ax^2 + bx + c = a\left[x^2 + \frac{b}{a}x\right] + c$$

$$= a\left[\left(x + \frac{b}{2a}\right)^2 - \frac{b^2}{4a^2}\right] + c$$

$$= a\left(x + \frac{b}{2a}\right)^2 - \frac{b^2}{4a} + c$$

$$= a\left(x + \frac{b}{2a}\right)^2 - \frac{b^2 - 4ac}{4a}.$$

Igualando a última expressão a zero e dividindo ambos os lados por *a*, obtemos:

$$\left(x + \frac{b}{2a}\right)^2 = \frac{b^2 - 4ac}{4a^2}.$$

Independentemente do valor de *x*, o lado esquerdo dessa última equação é ou um número positivo ou zero. Assim, se o lado direito for negativo, a equação não é válida para nenhum *x* real. Em outras palavras, se $b^2 - 4ac < 0$, então a equação $ax^2 + bx + c = 0$ não tem solução real.

Se $b^2 - 4ac \geq 0$, então podemos extrair a raiz quadrada de ambos os lados da última equação, obtendo

$$x + \frac{b}{2a} = \pm \frac{\sqrt{b^2 - 4ac}}{2a}.$$

Adicionando-se $-\frac{b}{2a}$ a ambos os lados, obtemos

$$x = \frac{-b \pm \sqrt{b^2 - 4ac}}{2a}.$$

Resumindo o resultado do último exemplo, temos o seguinte.

> ### Fórmula Quadrática
> Considere a equação
> $$ax^2 + bx + c = 0,$$
> em que a, b e c são números reais, com $a \neq 0$.
>
> - Se $b^2 - 4ac < 0$, então a equação acima não tem solução (real).
>
> - Se $b^2 - 4ac = 0$, então a equação acima tem uma solução:
> $$x = -\frac{b}{2a}.$$
>
> - Se $b^2 - 4ac > 0$, então a equação acima tem duas soluções:
> $$x = \frac{-b \pm \sqrt{b^2 - 4ac}}{2a}.$$

O exemplo a seguir ilustra o uso da fórmula quadrática.

EXEMPLO 3

Determine dois números cuja soma é igual a 7 e cujo produto é igual a 8.

SOLUÇÃO Representemos esses números por s e t. Queremos

$$s + t = 7 \quad \text{e} \quad st = 8.$$

Isolando-se s da primeira equação, obtemos $s = 7 - t$. Substituindo essa expressão para s na segunda equação, chega-se a $(7 - t)t = 8$, que é equivalente à equação

$$t^2 - 7t + 8 = 0.$$

Usando a fórmula quadrática para resolver a equação para t, obtemos

$$t = \frac{7 \pm \sqrt{7^2 - 4 \cdot 8}}{2} = \frac{7 \pm \sqrt{17}}{2}.$$

Você deve verificar que se tivéssemos escolhido $t = \frac{7-\sqrt{17}}{2}$, teríamos chegado no mesmo par de números.

Escolhamos $t = \frac{7+\sqrt{17}}{2}$. Substituindo esse valor de t na equação $s = 7 - t$, chega-se a $s = \frac{7-\sqrt{17}}{2}$.

Assim, os dois números cuja soma é igual a 7 e cujo produto é igual a 8 são $\frac{7-\sqrt{17}}{2}$ e $\frac{7+\sqrt{17}}{2}$.

VERIFICAÇÃO Para verificar que a solução está correta, observe que

$$\frac{7 - \sqrt{17}}{2} + \frac{7 + \sqrt{17}}{2} = \frac{14}{2} = 7$$

e

$$\frac{7 - \sqrt{17}}{2} \cdot \frac{7 + \sqrt{17}}{2} = \frac{7^2 - \sqrt{17}^2}{4} = \frac{49 - 17}{4} = \frac{32}{4} = 8.$$

Parábolas e Funções Quadráticas

Na Seção 2.1, trabalhamos com funções lineares. Subiremos agora o nível de complexidade para trabalhar com funções quadráticas. Comecemos com a definição:

Função quadrática

Uma **função quadrática** é uma função sob a forma

$$f(x) = ax^2 + bx + c,$$

em que a, b e c são números, com $a \neq 0$.

A função quadrática mais simples é a função f definida por $f(x) = x^2$; essa função é obtida da equação acima, estabelecendo $a = 1$, $b = 0$ e $c = 0$.

Parábolas podem ser definidas geometricamente, mas, para nossos propósitos, é mais simples definir uma parábola algebricamente:

Parábola

Uma **parábola** é o gráfico de uma função quadrática.

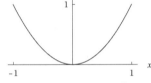

O gráfico de $f(x) = x^2$ no intervalo $[-1, 1]$.

Por exemplo, o gráfico da função quadrática f definida por $f(x) = x^2$ é a familiar parábola mostrada aqui. Essa parábola é simétrica em relação ao eixo vertical, isto é, ela não varia se for refletida sobre o eixo vertical. Observe que a reta de simetria intercepta a parábola na origem, que é seu ponto mais baixo.

Toda parábola é simétrica em relação a alguma reta. O ponto em que a reta de simetria intercepta a parábola é importante o suficiente para merecer um nome:

Vértice

O **vértice** de uma parábola é o ponto em que a reta de simetria da parábola a intercepta.

O vértice da parábola mostrada acima é a origem.

EXEMPLO 4

Suponha $f(x) = x^2 + 6x + 11$.

(a) Para qual valor de x a função $f(x)$ atinge seu valor mínimo?

(b) Qual é o valor mínimo de $f(x)$?

(c) Esboce o gráfico de f.

(d) Determine o vértice do gráfico de f.

SOLUÇÃO

(a) Primeiro, complete o quadrado como se segue:

$$\begin{aligned} f(x) &= x^2 + 6x + 11 \\ &= (x + 3)^2 - 9 + 11 \\ &= (x + 3)^2 + 2 \end{aligned}$$

O gráfico de $f(x) = x^2 + 6x + 11$ no intervalo [-5, -1].

Como $(x + 3)^2$ é igual a zero quando $x = -3$ e é positivo para todos os outros valores de x, essa expressão mostra que $f(x)$ assume seu valor mínimo quando $x = -3$.

(b) Da expressão anterior, vemos que $f(-3) = 2$. Portanto, o valor mínimo de $f(x)$ é 2.

(c) A expressão que estabelecemos para $f(x)$ no item (a) mostra que o gráfico de f é obtido pelo deslocamento do gráfico de x^2 três unidades para a esquerda e duas unidades para cima, levando ao gráfico aqui apresentado. A reta de simetria para esse gráfico é $x = -3$, que está traçada em cinza meio-tom.

(d) O vértice do gráfico de f é o ponto $(-3, 2)$, como pode ser visto no gráfico aqui apresentado.

O procedimento utilizado no exemplo acima pode ser resumido como se segue:

Parábola

Suponha que f seja uma função quadrática. Complete o quadrado para escrever f sob a forma

$$f(x) = a(x - h)^2 + k.$$

- Se $a > 0$, então $f(x)$ atinge seu valor mínimo k quando $x = h$, e o gráfico de f é uma parábola que se abre para cima.

- Se $a < 0$, então $f(x)$ atinge seu valor máximo k quando $x = h$, e o gráfico de f é uma parábola que se abre para baixo.

- O vértice do gráfico de f é o ponto (h, k).

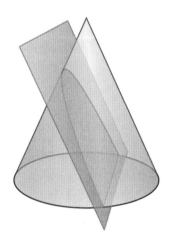

Os antigos gregos descobriram que a interseção entre um cone e um plano adequadamente posicionado é uma parábola.

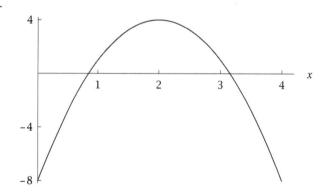

Como exemplo do procedimento acima, para $a < 0$, suponha

$$f(x) = -3x^2 + 12x - 8.$$

Complete o quadrado para escrever

$$\begin{aligned} f(x) &= -3[x^2 - 4x] - 8 \\ &= -3[(x - 2)^2 - 4] - 8 \\ &= -3(x - 2)^2 + 4. \end{aligned}$$

Assim, o gráfico de f é uma parábola que abre para baixo com vértice no ponto $(2, 4)$, como mostrado aqui.

Circunferências

Antes de obter a fórmula para a distância entre dois pontos, começaremos com um exemplo concreto.

Determine a distância entre os pontos (5, 6) e (2, 1). **EXEMPLO 5**

SOLUÇÃO A distância entre os pontos (5, 6) e (2, 1) é o comprimento da hipotenusa no triângulo retângulo desenhado aqui. O lado horizontal desse triângulo tem comprimento 5 - 2, que é igual a 3, e o lado vertical desse triângulo tem comprimento 6 - 1, que é igual a 5. Pelo Teorema de Pitágoras, a hipotenusa tem comprimento igual a $\sqrt{3^2+5^2}$, que é igual a $\sqrt{34}$.

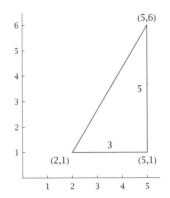

De modo geral, para determinar a fórmula para a distância entre dois pontos (x_1, y_1) e (x_2, y_2), considere o triângulo retângulo na figura abaixo:

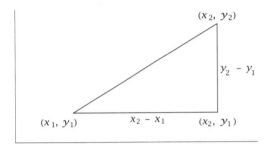

O comprimento da hipotenusa é igual à distância entre os pontos (x_1, y_1) e (x_2, y_2).

Começando com os pontos (x_1, y_1) e (x_2, y_2), na figura acima, certifique-se de que você entendeu por que o terceiro ponto no triângulo (o vértice no ângulo reto) tem as coordenadas (x_2, y_1). Verifique também que o lado horizontal do triângulo tem comprimento $x_2 - x_1$ e o lado vertical do triângulo tem comprimento $y_2 - y_1$, como indicado na figura acima. O Teorema de Pitágoras leva, portanto, à seguinte fórmula para o comprimento da hipotenusa:

Distância entre dois pontos

A distância entre os pontos (x_1, y_1) e (x_2, y_2) é

$$\sqrt{(x_2 - x_1)^2 + (y_2 - y_1)^2}.$$

Como caso especial dessa fórmula, a distância entre um ponto (x, y) e a origem é $\sqrt{x^2+y^2}$.

Usando a fórmula acima, podemos agora determinar a distância entre dois pontos, sem desenhar uma figura.

Determine a distância entre os pontos (3, 1) e (-4, -99). **EXEMPLO 6**

SOLUÇÃO A distância entre esses dois pontos é

$$\sqrt{(3-(-4))^2 + (1-(-99))^2},$$

que é igual a $\sqrt{7^2+100^2}$, que por sua vez é igual a $\sqrt{49+10.000}$, que finalmente é igual a $\sqrt{10.049}$.

O conjunto de pontos que possuem distância 3 em relação à origem em um plano de coordenadas é a circunferência de raio 3, centrada na origem. O próximo exemplo mostra como determinar uma equação que descreve essa circunferência.

EXEMPLO 7

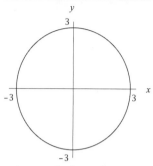

A circunferência de raio 3 centrada na origem.

Determine uma equação que descreve, no plano xy, a circunferência de raio 3 centrada na origem.

SOLUÇÃO Lembre que a distância entre um ponto (x, y) e a origem é $\sqrt{x^2+y^2}$. Assim, um ponto (x, y) está a três unidades de distância da origem se e somente se

$$\sqrt{x^2 + y^2} = 3.$$

Elevando-se ao quadrado ambos os lados, obtemos

$$x^2 + y^2 = 9.$$

De modo geral, suponha que r seja um número positivo. Usando o mesmo raciocínio que o apresentado acima, vemos que

$$x^2 + y^2 = r^2$$

é a equação da circunferência no plano xy de raio r e centrada na origem.

Podemos também considerar circunferências centradas em outros pontos que não a origem.

EXEMPLO 8

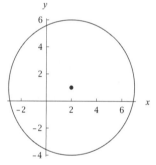

A circunferência de raio 5 centrada em (2, 1).

Determine a equação da circunferência no plano xy centrada em (2, 1) e de raio 5.

SOLUÇÃO Essa circunferência é o conjunto de pontos cuja distância do ponto (2, 1) é igual a 5. Assim, essa circunferência é o conjunto de pontos (x, y) que satisfazem a equação

$$\sqrt{(x-2)^2 + (y-1)^2} = 5.$$

Elevando-se ao quadrado ambos os lados, podemos descrever essa circunferência de forma mais conveniente, como o conjunto de pontos (x, y) tais que

$$(x-2)^2 + (y-1)^2 = 25.$$

Usando o mesmo raciocínio que no exemplo acima, obtemos o seguinte resultado mais geral:

Por exemplo, a equação $(x-3)^2 + (y+5)^2 = 7$ descreve a circunferência no plano xy centrada em $(3, -5)$ e de raio $\sqrt{7}$.

> ### Equação de uma circunferência
> A circunferência centrada em (h, k) e de raio r é o conjunto de pontos (x, y) que satisfazem a equação
> $$(x-h)^2 + (y-k)^2 = r^2.$$

Às vezes a equação de uma circunferência pode estar sob uma forma na qual o raio e o centro não são óbvios. Você pode então precisar completar o quadrado para determinar o raio e o centro. O próximo exemplo ilustra esse procedimento.

EXEMPLO 9

Determine o raio e o centro da circunferência no plano xy descrita por

$$x^2 + 4x + y^2 - 6y = 12.$$

SOLUÇÃO Completando o quadrado, obtemos:

$$\begin{aligned}12 &= x^2 + 4x + y^2 - 6y \\ &= (x+2)^2 - 4 + (y-3)^2 - 9 \\ &= (x+2)^2 + (y-3)^2 - 13.\end{aligned}$$

Aqui, a técnica de completamento do quadrado foi aplicada separadamente às variáveis x e y.

A adição de 13 ao primeiro e ao segundo lados da equação acima mostra que

$$(x+2)^2 + (y-3)^2 = 25.$$

Temos, portanto, uma circunferência centrada em (-2, 3) e de raio 5.

Elipses

> *Elipse*
>
> Se alongarmos uma circunferência, horizontalmente ou verticalmente, estaremos produzindo uma curva denominada **elipse**.

EXEMPLO 10

Determine a equação da elipse produzida alongando-se horizontalmente por um fator 5 e verticalmente por um fator 3 uma circunferência de raio 1 centrada na origem.

SOLUÇÃO A equação de uma circunferência, no plano uv, de raio 1 centrada na origem é $u^2 + v^2 = 1$.

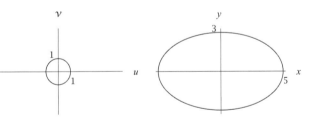

Alongando-se a circunferência horizontalmente por um fator 5 e verticalmente por um fator 3, transforma-se a circunferência à esquerda na elipse à direita.

Alongar a circunferência horizontalmente por um fator 5 e verticalmente por um fator 3 transforma um ponto (u, v) no ponto (x, y), em que $x = 5u$ e $y = 3v$. Assim, $u = \frac{x}{5}$ e $v = \frac{y}{3}$. Reescrevendo a equação $u^2 + v^2 = 1$ em termos de x e y, obtemos

$$\frac{x^2}{25} + \frac{y^2}{9} = 1,$$

que é a equação da elipse apresentada acima à direita.

Os pontos $(\pm 5, 0)$ e $(0, \pm 3)$ satisfazem essa equação e, portanto, pertencem à elipse, como também pode ser visto na figura acima.

O matemático alemão Johannes Kepler, que, em 1609, publicou sua descoberta de que as órbitas dos planetas são elipses e não circunferências ou combinações de circunferências, como se pensava anteriormente.

Ver uma elipse como uma circunferência alongada leva à fórmula para a área dentro de uma elipse, como apresentado no Apêndice A.

De modo geral, suponhamos que a e b sejam números positivos. Suponhamos que a circunferência de raio 1 centrada na origem seja alongada horizontalmente por um fator a e verticalmente por um fator b. Usando o mesmo raciocínio que aquele utilizado acima (apenas substituindo 5 por a e 3 por b), vemos que a equação da elipse resultante no plano xy é

$$\frac{x^2}{a^2} + \frac{y^2}{b^2} = 1.$$

Os pontos $(\pm a, 0)$ e $(0, \pm b)$ satisfazem essa equação e pertencem à elipse.

Planetas têm órbitas que são elipses, mas você pode ficar surpreso ao descobrir que o sol *não* está localizado no centro dessas órbitas. Em vez disso, o sol está localizado no que é denominado um **foco** de cada órbita elíptica, que definiremos como se segue:

Focos de uma elipse

Os **focos** de uma elipse são dois pontos que satisfazem a propriedade de que a soma das distâncias entre cada um dos focos e um ponto da elipse é constante, independentemente do ponto da elipse.

Como veremos no exemplo a seguir, os focos para a elipse $\frac{x^2}{25} + \frac{y^2}{9} = 1$ são os pontos $(-4, 0)$ e $(4, 0)$.

EXEMPLO 11

Isaac Newton mostrou que as equações da gravidade implicam que a órbita de um planeta em torno de uma estrela é uma elipse com a estrela em um dos focos. Por exemplo, se as unidades forem escolhidas de modo tal que a órbita de um planeta seja a elipse $\frac{x^2}{25} + \frac{y^2}{9} = 1$, então a estrela deve estar situada ou em $(4, 0)$ ou em $(-4, 0)$.

(a) Determine uma fórmula em termos de x para a distância entre um ponto típico (x, y) na elipse $\frac{x^2}{25} + \frac{y^2}{9} = 1$ e o ponto $(4, 0)$.

(b) Determine uma fórmula em termos de x para a distância entre um ponto típico (x, y) na elipse $\frac{x^2}{25} + \frac{y^2}{9} = 1$ e o ponto $(-4, 0)$.

(c) Mostre que $(4, 0)$ e $(-4, 0)$ são focos da elipse $\frac{x^2}{25} + \frac{y^2}{9} = 1$.

SOLUÇÃO

(a) A distância entre (x, y) e o ponto $(4, 0)$ é $\sqrt{(x-4)^2 + y^2}$, que é igual a

$$\sqrt{x^2 - 8x + 16 + y^2}.$$

Queremos uma resposta em termos de apenas x, assumindo que (x, y) esteja na elipse $\frac{x^2}{25} + \frac{y^2}{9} = 1$. Resolvendo a equação da elipse para y^2, obtemos

$$y^2 = 9 - \frac{9}{25}x^2.$$

Substituindo essa expressão para y^2 na expressão para a distância entre (x, y) e o ponto $(4, 0)$, obtemos

$$\sqrt{25 - 8x + \frac{16}{25}x^2},$$

que é igual a $\sqrt{\left(5 - \frac{4}{5}x\right)^2}$, que por sua vez é igual a $5 - \frac{4}{5}x$.

(b) A distância entre (x, y) e o ponto $(-4, 0)$ é $\sqrt{(x+4)^2 + y^2}$, que é igual a

$$\sqrt{x^2 + 8x + 16 + y^2}.$$

Procedendo agora como na solução para o item (a), com $-8x$ substituído por $8x$, concluímos que a distância entre (x, y) e o ponto $(-4, 0)$ é $5 + \frac{4}{5}x$.

(c) Como mostrado nas primeiras duas partes deste exemplo, se (x, y) for um ponto da elipse $\frac{x^2}{25} + \frac{y^2}{9} = 1$, então

a distância entre (x, y) e $(4, 0)$ é $5 - \frac{4}{5}x$

e

a distância entre (x, y) e $(-4, 0)$ é $5 + \frac{4}{5}x$.

Somando-se essas distâncias vemos que a soma é igual a 10, que é uma constante independente do ponto (x, y) da elipse. Assim, $(4, 0)$ e $(-4, 0)$ são focos dessa elipse.

Nenhum par de pontos que não seja $(4, 0)$ e $(-4, 0)$ satisfaz a propriedade de que a soma das distâncias até os pontos dessa elipse seja constante.

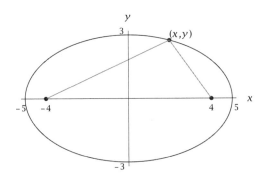

Para todo ponto (x, y) da elipse $\frac{x^2}{25} + \frac{y^2}{9} = 1$, a soma dos comprimentos dos dois segmentos de reta em cinza meio-tom é igual a 10.

O resultado que apresentaremos a seguir generaliza o exemplo acima. A verificação desse resultado está delineada nos Problemas 99-104. Para fazer a verificação, simplesmente utilize as ideias do exemplo acima.

Fórmula para os focos de uma elipse

- Se $a > b > 0$, então os focos da elipse $\frac{x^2}{a^2} + \frac{y^2}{b^2} = 1$ são os pontos

$$(\sqrt{a^2 - b^2}, 0) \quad \text{e} \quad (-\sqrt{a^2 - b^2}, 0).$$

- Se $b > a > 0$, então os focos da elipse $\frac{x^2}{a^2} + \frac{y^2}{b^2} = 1$ são os pontos

$$(0, \sqrt{b^2 - a^2}) \quad \text{e} \quad (0, -\sqrt{b^2 - a^2}).$$

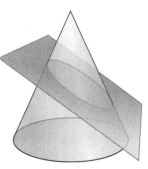

Os antigos gregos descobriram que a interseção entre um cone e um plano adequadamente posicionado é uma elipse.

Hipérboles

Um cometa cuja órbita é uma hipérbole estará próximo da terra no máximo uma vez. Um cometa cuja órbita é uma elipse retornará periodicamente.

Alguns cometas e todos os planetas percorrem órbitas que são elipses. Entretanto, existem muitos cometas cujas órbitas não são elipses, mas sim hipérboles.

Hipérboles podem ser definidas geometricamente, mas restringiremos nossa atenção a hipérboles no plano xy que podem ser definidas da seguinte forma, muito simples:

> ### Hipérbole
> O gráfico de uma equação sob a forma
> $$\frac{y^2}{b^2} - \frac{x^2}{a^2} = c,$$
> em que a, b e c são números não nulos é denominado uma **hipérbole**.

A figura abaixo apresenta o gráfico, em cinza-escuro, da hipérbole $\frac{y^2}{16} - \frac{x^2}{9} = 1$ para $-6 \leq x \leq 6$. Observe que essa hipérbole consiste em dois ramos, diferentemente das elipses e parábolas que consistiam em uma curva única. No próximo exemplo, discutiremos algumas propriedades-chave desse gráfico, que é típico de hipérboles.

EXEMPLO 12

Considere a hipérbole
$$\frac{y^2}{16} - \frac{x^2}{9} = 1.$$

Explique por que, para valores altos de x, os pontos (x, y) da hipérbole estão próximos da reta $y = \frac{4}{3}x$ ou da reta $y = -\frac{4}{3}x$.

SOLUÇÃO   A equação que define essa hipérbole pode ser reescrita para $x \neq 0$ sob a forma
$$\frac{y^2}{x^2} = \frac{16}{9} + \frac{16}{x^2}.$$

Se x for um valor alto, então a equação acima implica que
$$\frac{y^2}{x^2} \approx \frac{16}{9}.$$

Extraindo-se a raiz quadrada de ambos os lados, concluímos que $y \approx \pm \frac{4}{3}x$.

Em cinza-escuro, a hipérbole $\frac{y^2}{16} - \frac{x^2}{9} = 1$ para $-6 \leq x \geq 6$, juntamente com, em cinza meio-tom, as retas $y = \frac{4}{3}x$ e $y = -\frac{4}{3}x$.

Cada ramo de uma hipérbole pode parecer uma parábola, mas essas curvas não são parábolas. Como uma notável diferença, registramos o fato de que uma parábola não apresenta o comportamento descrito no exemplo acima.

Compare a seguinte definição de focos de uma hipérbole com a definição estabelecida anteriormente nesta seção para focos de uma elipse.

> ### Focos de uma hipérbole
> Os **focos** de uma hipérbole são dois pontos que satisfazem a propriedade de que a diferença entre as distâncias de cada um dos focos até um ponto da hipérbole é constante, independentemente do ponto da hipérbole.

Funções Lineares, Quadráticas, Polinomiais e Racionais   157

Como veremos no exemplo a seguir, os focos da hipérbole $\frac{y^2}{16} - \frac{x^2}{9} = 1$ são os pontos (0, −5) e (0, 5).

Os Problemas 108-111 mostram porque o gráfico de $y = \frac{1}{x}$ também é chamado de hipérbole.

EXEMPLO 13

(a) Determine uma fórmula em termos de y para a distância entre um ponto típico (x, y), com $y > 0$ na hipérbole $\frac{y^2}{16} - \frac{x^2}{9} = 1$, e o ponto (0, −5).

(b) Determine uma fórmula em termos de y para a distância entre um ponto típico (x, y), com $y > 0$ na hipérbole $\frac{y^2}{16} - \frac{x^2}{9} = 1$, e o ponto (0, 5).

(c) Mostre que (0, −5) e (0, 5) são focos da hipérbole $\frac{y^2}{16} - \frac{x^2}{9} = 1$.

SOLUÇÃO

(a) A distância entre (x, y) e o ponto (0, −5) $\sqrt{x^2 + (y+5)^2}$ é, que é igual a

$$\sqrt{x^2 + y^2 + 10y + 25}.$$

Queremos uma resposta em termos apenas de y, assumindo que (x, y) esteja na hipérbole $\frac{y^2}{16} - \frac{x^2}{9} = 1$ e que $y > 0$. Resolvendo a equação da hipérbole para x^2, obtemos

$$x^2 = \frac{9}{16}y^2 - 9.$$

Substituindo essa expressão para x^2 na expressão para a distância entre (x, y) e o ponto (0, −5), obtemos

$$\sqrt{\frac{25}{16}y^2 + 10y + 16},$$

que é igual a $\sqrt{\left(\frac{5}{4}y + 4\right)^2}$, que por sua vez é igual a $\frac{5}{4}y + 4$.

(b) A distância entre (x, y) e o ponto (0, 5) é $\sqrt{x^2 + (y-5)^2}$, que é igual a

$$\sqrt{x^2 + y^2 - 10y + 25}.$$

Procedendo agora como na solução para o item (a), com $10y$ substituído por $-10y$, concluímos que a distância entre (x, y) e o ponto (0, 5) é $\frac{5}{4}y - 4$.

(c) Como mostrado nas primeiras duas partes deste exemplo, se (x, y) for um ponto da hipérbole $\frac{y^2}{16} - \frac{x^2}{9} = 1$ e $y > 0$, então

a distância entre (x, y) e o $(0, -5)$ é $\frac{5}{4}y + 4$

e

a distância entre (x, y) e o $(0, 5)$ é $\frac{5}{4}y - 4$.

Subtraindo-se essas distâncias vemos que a diferença é igual a 8, que é uma constante independente do ponto (x, y) da hipérbole. Assim, (0, −5) e (0, 5) são focos dessa hipérbole.

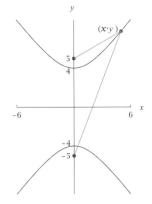

Para todo ponto (x, y) da hipérbole $\frac{y^2}{16} - \frac{x^2}{9} = 1$, a diferença entre os comprimentos dos dois segmentos de reta em cinza meio-tom é igual a 8.

Nenhum par de pontos que não seja (0, −5) e (0, 5) satisfaz a propriedade de que a diferença entre as distâncias até os pontos dessa hipérbole seja constante.

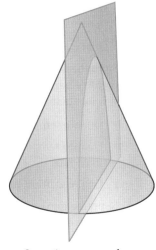

Os antigos gregos descobriram que a interseção entre um cone e um plano adequadamente posicionado é uma hipérbole.

Isaac Newton mostrou que a órbita de um cometa em torno de uma estrela é uma elipse ou uma parábola (raro) ou uma hipérbole com a estrela em um dos focos. Por exemplo, se as unidades forem escolhidas de tal modo que a órbita de um cometa seja o ramo superior da hipérbole $\frac{y^2}{16}-\frac{x^2}{9}=1$, então a estrela deve estar situada em (0, 5).

O resultado que apresentaremos a seguir generaliza o exemplo anterior. A verificação desse resultado está delineada nos Problemas 105-107. Para fazer a verificação, simplesmente utilize as ideias do exemplo anterior.

Fórmula para os focos de uma hipérbole

Se a e b forem números não nulos, então os focos da hipérbole $\frac{y^2}{b^2}-\frac{x^2}{a^2}=1$ são os pontos

$$(0,-\sqrt{a^2+b^2}) \quad \text{e} \quad (0,\sqrt{a^2+b^2}).$$

Às vezes, quando se descobre um novo cometa, não há observações suficientes para determinar se o cometa está em uma órbita elíptica ou hiperbólica. A distinção é importante porque um cometa em uma órbita hiperbólica desaparecerá e nunca mais será visível da terra.

EXERCÍCIOS

Para os Exercícios 1-12, utilize a seguinte informação: Se um objeto for lançado no ar, verticalmente e para cima, no instante 0, de uma altura H pés*, com velocidade inicial V pés por segundo, então, no instante t segundos, a altura do objeto será h(t) pés, em que

$$h(t) = -16{,}1t^2 + Vt + H.$$

Essa fórmula utiliza apenas a força gravitacional, ignorando a resistência do ar. Ela é válida apenas até que o objeto bata no solo ou em qualquer outro objeto.

1. Suponha que uma bola seja arremessada no ar, verticalmente e para cima, de uma altura de 5 pés (≈ 1,52 m), com velocidade inicial 20 pés (≈ 6 m) por segundo.
   (a) Quanto tempo leva a bola até bater no solo?
   (b) Quanto tempo leva a bola até atingir a sua altura máxima?
   (c) Qual é a altura máxima da bola?

2. Suponha que uma bola seja arremessada no ar, verticalmente e para cima, de uma altura de 4 pés (≈ 1,2 m), com velocidade inicial 40 pés (≈ 12 m) por segundo.
   (a) Quanto tempo leva a bola até bater no solo?
   (b) Quanto tempo leva a bola até atingir a sua altura máxima?
   (c) Qual é a altura máxima da bola?

3. Suponha que uma bola seja arremessada no ar, verticalmente e para cima, de uma altura de 5 pés (≈ 1,52 m). Qual deve ser a velocidade inicial da bola para que ela permaneça no ar durante 4 segundos?

4. Suponha que uma bola seja arremessada no ar, verticalmente e para cima, de uma altura de 4 pés (≈ 1,2 m). Qual deve ser a velocidade inicial da bola para que ela permaneça no ar durante 3 segundos?

5. Suponha que uma bola seja arremessada no ar, verticalmente e para cima, de uma altura de 5 pés (≈ 1,52 m). Qual deve ser a velocidade inicial da bola para que ela atinja sua altura máxima após 1 segundo?

6. Suponha que uma bola seja arremessada no ar, verticalmente e para cima, de uma altura de 4 pés (≈ 1,2 m). Qual deve ser a velocidade inicial da bola para que ela atinja sua altura máxima após 2 segundos?

7. Suponha que uma bola seja arremessada no ar, verticalmente e para cima, de uma altura de 5 pés (≈ 1,52 m). Qual deve ser a velocidade inicial da bola para que ela atinja uma altura de 50 pés (≈ 15,2 m)?

8. Suponha que uma bola seja arremessada no ar, verticalmente e para cima, de uma altura de 4 pés (≈ 1,2 m). Qual deve ser a velocidade inicial da bola para que ela atinja uma altura de 70 pés (≈ 21,3 m)?

9. Suponha que um computador do tipo notebook tenha caído acidentalmente de uma prateleira que está a uma altura de 6 pés (≈ 1,8 m). Quanto tempo levará o computador até bater no solo?

10. Suponha que um computador do tipo notebook tenha caído acidentalmente de uma mesa que está a uma altura de 3 pés (≈ 0,9 m). Quanto tempo levará o computador até bater no solo?

Alguns computadores do tipo notebook possuem um sensor que detecta alterações súbitas no movimento e desligam o disco rígido do notebook, protegendo-o de algum dano.

11. Suponha que o mecanismo de detecção/proteção de um computador do tipo notebook leve 0,3 segundo depois que o computador começa a cair para entrar em funcionamento. Qual é a altura mínima da qual o computador

---
* 1 pé é aproximadamente igual a 30,5 cm. (N.T.)

tipo notebook pode cair de modo a funcionar o seu mecanismo de proteção?

12 Suponha que o mecanismo de detecção/proteção de um computador do tipo notebook leve 0,4 segundo depois que o computador começa a cair para entrar em funcionamento. Qual é a altura mínima da qual o computador tipo notebook pode cair de modo a funcionar o seu mecanismo de proteção?

13 Determine todos os números x tais que
$$\frac{x-1}{x+3} = \frac{2x-1}{x+2}.$$

14 Determine todos os números x tais que
$$\frac{3x+2}{x-2} = \frac{2x-1}{x-1}.$$

15 Determine dois números w tais que os pontos $(3, 1)$, $(w, 4)$ e $(5, w)$ estejam todos sobre uma mesma linha reta.

16 Determine dois números r tais que os pontos $(-1, 4)$, $(r, 2r)$ e $(1, r)$ estejam todos sobre uma mesma linha reta.

Para os Exercícios 17–22, determine o vértice do gráfico da função f dada.

17 $f(x) = 7x^2 - 12$
18 $f(x) = -9x^2 - 5$
19 $f(x) = (x-2)^2 - 3$
20 $f(x) = (x+3)^2 + 4$
21 $f(x) = (2x-5)^2 + 6$
22 $f(x) = (7x+3)^2 + 5$

23 Determine os únicos números x e y tais que
$$x^2 - 6x + y^2 + 8y = -25.$$

24 Determine os únicos números x e y tais que
$$x^2 + 5x + y^2 - 3y = -\frac{17}{2}.$$

25 Determine o ponto sobre a reta $y = 3x + 1$ no plano xy mais próximo do ponto $(2, 4)$.

26 Determine o ponto sobre a reta $y = 2x - 3$ no plano xy mais próximo do ponto $(5, 1)$.

27 Determine um número t tal que a distância entre os pontos $(2, 3)$ e $(t, 2t)$ seja a menor possível.

28 Determine um número t tal que a distância entre os pontos $(-2, 1)$ e $(3t, 2t)$ seja a menor possível.

Para os Exercícios 29–32, para cada uma das funções f especificadas:

(a) *Escreva f(x) sob a forma $a(x-h)^2 + k$.*

(b) *Determine o valor de x para o qual f(x) atinge seu valor mínimo ou seu valor máximo.*

(c) *Esboce o gráfico de f em um intervalo de comprimento 2 centrado no número para o qual f atinge seu valor mínimo ou seu valor máximo.*

(d) *Determine o vértice do gráfico de f.*

29 $f(x) = x^2 + 7x + 12$
30 $f(x) = 5x^2 + 2x + 1$
31 $f(x) = -2x^2 + 5x - 2$
32 $f(x) = -3x^2 + 5x - 1$

33 Determine um número c tal que o gráfico de $y = x^2 + 6x + c$, no plano xy, tenha seu vértice sobre o eixo dos x.

34 Determine um número c tal que o gráfico de $y = x^2 + 5x + c$, no plano xy, tenha seu vértice sobre a reta $y = x$.

35 Determine dois números cuja soma seja igual a 10 e cujo produto seja igual a 7.

36 Determine dois números cuja soma seja igual a 6 e cujo produto seja igual a 4.

37 Determine dois números positivos cuja diferença seja igual a 3 e cujo produto seja igual a 20.

38 Determine dois números positivos cuja diferença seja igual a 4 e cujo produto seja igual a 15.

39 Determine o valor mínimo de $x^2 - 6x + 2$.

40 Determine o valor mínimo de $3x^2 + 5x + 1$.

41 Determine o valor máximo de $7 - 2x - x^2$.

42 Determine o valor máximo de $9 + 5x - 4x^2$.

43 Suponha que o gráfico de f seja uma parábola com vértice em $(3, 2)$. Suponha $g(x) = 4x + 5$. Quais são as coordenadas do vértice do gráfico de $f \circ g$?

44 Suponha que o gráfico de f seja uma parábola com vértice em $(-5, 4)$. Suponha $g(x) = 3x - 1$. Quais são as coordenadas do vértice do gráfico de $f \circ g$?

45 Suponha que o gráfico de f seja uma parábola com vértice em $(3, 2)$. Suponha $g(x) = 4x + 5$. Quais são as coordenadas do vértice do gráfico de $g \circ f$?

46 Suponha que o gráfico de f seja uma parábola com vértice em $(-5, 4)$. Suponha $g(x) = 3x - 1$. Quais são as coordenadas do vértice do gráfico de $g \circ f$?

47 Suponha que o gráfico de f seja uma parábola com vértice em (t, s). Suponha $g(x) = ax + b$, em que a e b são números, com $a \neq 0$. Quais são as coordenadas do vértice do gráfico de $f \circ g$?

48 Suponha que o gráfico de f seja uma parábola com vértice em (t, s). Suponha $g(x) = ax + b$, em que a e b são números, com $a \neq 0$. Quais são as coordenadas do vértice do gráfico de $g \circ f$?

49 Suponha $h(x) = x^2 + 3x + 4$ e o domínio de h o conjunto dos números positivos. Calcule $h^{-1}(7)$.

50 Suponha $h(x) = x^2 + 2x - 5$ e o domínio de h o conjunto dos números positivos. Calcule $h^{-1}(4)$.

51 Suponha que f seja a função cujo domínio é o intervalo $[1, \infty)$, com

$$f(x) = x^2 + 3x + 5.$$

(a) Qual é a imagem de f?
(b) Determine uma fórmula para f^{-1}.
(c) Qual é o domínio de f^{-1}?
(d) Qual é a imagem de f^{-1}?

52 Suponha que g seja a função cujo domínio é o intervalo $[1, \infty)$, com

$$g(x) = x^2 + 4x + 7.$$

(a) Qual é a imagem de g?
(b) Determine uma fórmula para g^{-1}.
(c) Qual é o domínio de g^{-1}?
(d) Qual é a imagem de g^{-1}?

53 Suponha

$$f(x) = x^2 - 6x + 11.$$

Determine o menor número b tal que f seja crescente no intervalo $[b, \infty)$.

54 Suponha

$$f(x) = x^2 + 8x + 5.$$

Determine o menor número b tal que f seja crescente no intervalo $[b, \infty)$.

55 Determine a distância entre os pontos $(3, -2)$ e $(-1, 4)$.

56 Determine a distância entre os pontos $(-4, -7)$ e $(-8, -5)$.

57 Determine duas escolhas para t de modo que a distância entre $(2, -1)$ e $(t, 3)$ seja igual a 7.

58 Determine duas escolhas para t de modo que a distância entre $(3, -2)$ e $(1, t)$ seja igual a 5.

59 Determine duas escolhas para b tais que $(4, b)$ esteja a uma distância 5 de $(3, 6)$.

60 Determine duas escolhas para b tais que $(b, -1)$ esteja a uma distância 4 de $(3, 2)$.

61 Determine dois pontos sobre o eixo horizontal cuja distância até $(3, 2)$ seja igual a 7.

62 Determine dois pontos sobre o eixo horizontal cuja distância até $(1, 4)$ seja igual a 6.

63 Determine dois pontos sobre o eixo vertical cuja distância até $(5, -1)$ seja igual a 8.

64 Determine dois pontos sobre o eixo vertical cuja distância até $(2, -4)$ seja igual a 5.

65 Um navio navega 2 milhas ($\approx 3,2$ km) para o norte e depois 5 milhas ($\approx 8,0$ km) para o oeste. A que distância o navio está de seu ponto de partida?

66 Um navio navega 7 milhas ($\approx 11,3$ km) para o leste e depois 3 milhas ($\approx 4,8$ km) para o sul. A que distância o navio está de seu ponto de partida?

67 Determine a equação da circunferência no plano xy centrada em $(3, -2)$ e de raio 7.

68 Determine a equação da circunferência no plano xy centrada em $(-4, 5)$ e de raio 6.

69 Determine duas escolhas para b tais que $(5, b)$ esteja sobre a circunferência de raio 4 centrada em $(3, 6)$.

70 Determine duas escolhas para b tais que $(b, 4)$ esteja sobre a circunferência de raio 3 centrada em $(-1, 6)$.

71 Determine o centro e o raio da circunferência

$$x^2 - 8x + y^2 + 2y = -14.$$

72 Determine o centro e o raio da circunferência

$$x^2 + 5x + y^2 - 6y = 3.$$

73 Determine os dois pontos em que a circunferência de raio 2 centrada na origem intercepta a circunferência de raio 3 centrada em $(3, 0)$.

74 Determine os dois pontos em que a circunferência de raio 3 centrada na origem intercepta a circunferência de raio 4 centrada em $(5, 0)$.

75 Suponha que as unidades sejam escolhidas de modo tal que a órbita de um planeta em torno de uma estrela seja a elipse

$$4x^2 + 5y^2 = 1.$$

Qual é a localização da estrela? (Suponha que a primeira coordenada da estrela seja positiva.)

76 Suponha que as unidades sejam escolhidas de modo tal que a órbita de um planeta em torno de uma estrela seja a elipse

$$3x^2 + 7y^2 = 1.$$

Qual é a localização da estrela? (Suponha que a primeira coordenada da estrela seja positiva.)

77 Suponha que as unidades sejam escolhidas de modo tal que a órbita de um cometa em torno de uma estrela seja o ramo superior da hipérbole

$$3y^2 - 2x^2 = 5.$$

Qual é a localização da estrela?

78 Suponha que as unidades sejam escolhidas de modo tal que a órbita de um cometa em torno de uma estrela seja o ramo superior da hipérbole

$$4y^2 - 5x^2 = 7.$$

Qual é a localização da estrela?

PROBLEMAS

79 Demonstre que
$$(a+b)^2 = a^2 + b^2$$
se e somente se $a = 0$ ou $b = 0$.

80 Explique por que
$$x^2 + 4x + y^2 - 10y \geq -29$$
para todos os números reais x e y.

81 Demonstre que uma função quadrática f definida por $f(x) = ax^2 + bx + c$ é uma função par se e somente se $b = 0$.

82 Demonstre que se f for uma função linear não constante e g for uma função quadrática, então $f \circ g$ e $g \circ f$ serão ambas funções quadráticas.

83 Suponha
$$2x^2 + 3x + c > 0$$
para todo número real x. Demonstre que $c > \frac{9}{8}$.

84 Suponha
$$3x^2 + bx + 7 > 0$$
para todo número real x. Demonstre que $|b| < 2\sqrt{21}$.

85 Suponha
$$at^2 + 5t + 4 > 0$$
para todo número real t. Demonstre que $a > \frac{25}{16}$.

86 Suponha $a \neq 0$ e $b^2 \geq 4ac$. Verifique por substituição direta que, se
$$x = \frac{-b \pm \sqrt{b^2 - 4ac}}{2a},$$
então $ax^2 + bx + c = 0$.

87 Suponha $a \neq 0$ e $b^2 \geq 4ac$. Verifique por substituição direta que
$$ax^2 + bx + c =$$
$$a\left(x - \frac{-b + \sqrt{b^2 - 4ac}}{2a}\right)\left(x - \frac{-b - \sqrt{b^2 - 4ac}}{2a}\right).$$

88 Suponha $f(x) = ax^2 + bx + c$, em que $a \neq 0$. Demonstre que o vértice do gráfico de f é o ponto $\left(-\frac{b}{2a}, \frac{4ac - b^2}{4a}\right)$.

89 Suponha que b e c sejam números tais que a equação
$$x^2 + bx + c = 0$$
não tenha solução real. Explique por que a equação
$$x^2 + bx - c = 0$$
tem duas raízes reais.

90 Determine um número φ tal que, na figura abaixo, o retângulo cinza mais claro seja semelhante ao retângulo grande formado pela união do quadrado cinza-escuro com o retângulo cinza mais claro.

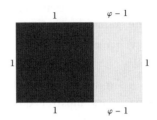

[*O número φ que constitui a solução deste problema é denominado a* **razão áurea** (*o símbolo φ é a letra grega fi*). *Retângulos cuja razão entre o comprimento do maior lado e o comprimento do menor lado é igual a φ são supostamente os retângulos mais agradáveis esteticamente. O retângulo grande, formado pela união do quadrado cinza-escuro com o retângulo cinza mais claro, apresenta a razão áurea, assim como o retângulo cinza mais claro. Muitos trabalhos de arte são caracterizados por retângulos com razão áurea.*]

91 Demonstre que não existem dois números reais cuja soma é 7 e cujo produto é 13.

92 Suponha que f seja uma função quadrática tal que a equação $f(x) = 0$ tenha exatamente uma solução. Demonstre que essa solução é a primeira coordenada do vértice do gráfico de f e que a segunda coordenada do vértice é igual a 0.

93 Suponha que f seja uma função quadrática tal que a equação $f(x) = 0$ tenha duas soluções reais. Demonstre que a média dessas duas soluções é a primeira coordenada do vértice do gráfico de f.

94 Determine dois pontos, um sobre o eixo horizontal e outro sobre o eixo vertical, tais que a distância entre esse dois pontos seja igual a 15.

95 Explique por que não existe nenhum ponto sobre o eixo horizontal cuja distância até o ponto (5, 4) seja igual a 3.

96 Determine a distância entre os pontos (−21, −15) e (17, 28).

[*No WolframAlpha, você pode fazer isso digitando* `distance from (-21, -15) to (17, 28)` *no box de entrada. Observe que, além da distância tanto na forma exata quanto na aproximada, apresenta-se uma figura mostrando os dois pontos. Tente determinar a distância entre outros pares de pontos.*]

97 Determine seis pontos distintos cuja distância até a origem seja igual a 3.

CAPÍTULO 2

98 Determine seis pontos distintos cuja distância até o ponto (3, 1) seja igual a 4.

99 Suponha $a > b > 0$. Determine uma fórmula em termos de x para a distância entre um ponto típico (x, y) na elipse $\frac{x^2}{a^2} + \frac{y^2}{b^2} = 1$ e o ponto $(\sqrt{a^2 - b^2}, 0)$.

100 Suponha $a > b > 0$. Determine uma fórmula em termos de x para a distância entre um ponto típico (x, y) na elipse $\frac{x^2}{a^2} + \frac{y^2}{b^2} = 1$ e o ponto $(-\sqrt{a^2 - b^2}, 0)$.

101 Suponha $a > b > 0$. Use os resultados dos dois últimos problemas para mostrar que $(\sqrt{a^2 - b^2}, 0)$ e $(-\sqrt{a^2 - b^2}, 0)$ são focos da elipse

$$\frac{x^2}{a^2} + \frac{y^2}{b^2} = 1.$$

102 Suponha $b > a > 0$. Determine uma fórmula em termos de y para a distância entre um ponto típico (x, y) na elipse $\frac{x^2}{a^2} + \frac{y^2}{b^2} = 1$ e o ponto $(0, \sqrt{b^2 - a^2})$.

103 Suponha $b > a > 0$. Determine uma fórmula em termos de y para a distância entre um ponto típico (x, y) na elipse $\frac{x^2}{a^2} + \frac{y^2}{b^2} = 1$ e o ponto $(0, -\sqrt{b^2 - a^2})$.

104 Suponha $b > a > 0$. Use os resultados dos dois últimos problemas para mostrar que $(0, \sqrt{b^2 - a^2})$ e $(0, -\sqrt{b^2 - a^2})$ são focos da elipse

$$\frac{x^2}{a^2} + \frac{y^2}{b^2} = 1.$$

105 Suponha que a e b sejam números não nulos. Determine uma fórmula em termos de y para a distância entre um ponto típico (x, y), com $y > 0$, na hipérbole $\frac{x^2}{a^2} + \frac{y^2}{b^2} = 1$ e o ponto $(0, -\sqrt{a^2 + b^2})$.

106 Suponha que a e b sejam números não nulos. Determine uma fórmula em termos de y para a distância entre um ponto típico (x, y) com $y > 0$, na hipérbole $\frac{x^2}{a^2} + \frac{y^2}{b^2} = 1$ e o ponto $(0, \sqrt{a^2 + b^2})$.

107 Suponha que a e b sejam números não nulos. Use os resultados dos dois últimos problemas para mostrar que $(0, -\sqrt{a^2 + b^2})$ e $(0, \sqrt{a^2 + b^2})$ são focos da hipérbole

$$\frac{y^2}{b^2} - \frac{x^2}{a^2} = 1.$$

108 Suponha $x > 0$. Demonstre que a distância entre o ponto $(x, \frac{1}{x})$ e o ponto $(-\sqrt{2}, -\sqrt{2})$ é $x + \frac{1}{x} + \sqrt{2}$.

[Para um gráfico de $y = \frac{1}{x}$, veja o Exemplo 6 da Seção 2.3]

109 Suponha $x > 0$. Demonstre que a distância entre o ponto $(x, \frac{1}{x})$ e o ponto $(\sqrt{2}, \sqrt{2})$ é $x + \frac{1}{x} - \sqrt{2}$.

110 Suponha $x > 0$. Demonstre que a distância entre o ponto $(x, \frac{1}{x})$ e o ponto $(-\sqrt{2}, -\sqrt{2})$, menos a distância entre o ponto $(x, \frac{1}{x})$ e o ponto $(\sqrt{2}, \sqrt{2})$ é igual a $2\sqrt{2}$.

111 Explique por que o resultado desse último problema justifica que a curva $y = \frac{1}{x}$ seja identificada como uma hipérbole com focos em $(-\sqrt{2}, -\sqrt{2})$ e $(\sqrt{2}, \sqrt{2})$.

SOLUÇÕES DETALHADAS dos Exercícios Ímpares

Para os Exercícios 1–12, utilize a seguinte informação: Se um objeto for lançado no ar, verticalmente e para cima, no instante 0, de uma altura H pés, com velocidade inicial V pés por segundo, então, no instante t segundos, a altura do objeto será h(t) pés, em que

$$h(t) = -16{,}1t^2 + Vt + H.$$

Essa fórmula utiliza apenas a força gravitacional, ignorando a resistência do ar. Ela é válida apenas até que o objeto bata no solo ou em qualquer outro objeto.

1 Suponha que uma bola seja arremessada no ar, verticalmente e para cima, de uma altura de 5 pés ($\approx$ 1,5 m), com velocidade inicial 20 pés ($\approx$ 6 m) por segundo.

(a) Quanto tempo leva a bola até bater no solo?

(b) Quanto tempo leva a bola até atingir a sua altura máxima?

(c) Qual é a altura máxima da bola?

SOLUÇÃO

(a) Aqui, temos

$$h(t) = -16{,}1t^2 + 20t + 5.$$

A bola bate no solo quando $h(t) = 0$; a fórmula quadrática mostra que isso ocorre quando $t \approx 1{,}46$ segundo (a outra solução produzida pela fórmula quadrática foi descartada porque é negativa).

(b) Completando o quadrado, temos

$$h(t) = -16{,}1t^2 + 20t + 5$$

$$= -16{,}1\left[t^2 - \frac{20}{16{,}1}t\right] + 5$$

$$= -16{,}1\left[\left(t - \frac{10}{16{,}1}\right)^2 - \left(\frac{10}{16{,}1}\right)^2\right] + 5$$

$$= -16{,}1\left(t - \frac{10}{16{,}1}\right)^2 + \frac{100}{16{,}1} + 5.$$

Então a bola atinge a sua altura máxima quando $t = \frac{10}{16,1} \approx 0{,}62$ segundo.

(c) A solução para o item (b) mostra que a altura máxima da bola é $\frac{100}{16,1} + 5 \approx 11{,}2$ pés ($\approx 3{,}4$ m).

3 Suponha que uma bola seja arremessada no ar, verticalmente e para cima, de uma altura de 5 pés ($\approx 1{,}5$ m). Qual deve ser a velocidade inicial da bola para que ela permaneça no ar durante 4 segundos?

SOLUÇÃO Suponha que a velocidade inicial da bola seja V pés por segundo. Então, a altura $h(t)$ da bola no instante de tempo t é dada pela fórmula

$$h(t) = -16{,}1t^2 + Vt + 5.$$

Queremos $h(4) = 0$, porque a bola bate no solo quando sua altura é 0. Em outras palavras, queremos satisfazer a equação

$$-16{,}1 \times 4^2 + 4V + 5 = 0.$$

Resolvendo a equação para V, obtém-se $V = 63{,}15$ pés ($\approx 19{,}2$ m) por segundo.

5 Suponha que uma bola seja arremessada no ar, verticalmente e para cima, de uma altura de 5 pés ($\approx 1{,}5$ m). Qual deve ser a velocidade inicial da bola para que ela atinja sua altura máxima após 1 segundo?

SOLUÇÃO Suponha que a velocidade inicial da bola seja V pés por segundo. Então, a altura da bola no instante de tempo t é dada por

$$\begin{aligned} h(t) &= -16{,}1t^2 + Vt + 5 \\ &= -16{,}1\left[t^2 - \frac{Vt}{16{,}1}\right] + 5 \\ &= -16{,}1\left[\left(t - \frac{V}{32{,}2}\right)^2 - \left(\frac{V}{32{,}2}\right)^2\right] + 5 \\ &= -16{,}1\left(t - \frac{V}{32{,}2}\right)^2 + \frac{V^2}{64{,}4} + 5. \end{aligned}$$

Assim, a bola atinge sua altura máxima quando $t - \frac{V}{32{,}2} = 0$. Queremos que isso aconteça quanto $t = 1$. Em outras palavras, queremos satisfazer a equação $1 - \frac{V}{32{,}2} = 0$, que implica $V = 32{,}2$ pés por segundo.

7 Suponha que uma bola seja arremessada no ar, verticalmente e para cima, de uma altura de 5 pés ($\approx 1{,}5$ m). Qual deve ser a velocidade inicial da bola para que ela atinja uma altura de 50 pés ($\approx 15{,}2$ m)?

SOLUÇÃO Suponha que a velocidade inicial da bola seja V pés por segundo. Como pode ser visto na resolução do Exercício 5, a altura máxima da bola é $\frac{V^2}{64{,}4} + 5$, que queremos igual a 50. Resolvendo a equação

$$\frac{V^2}{64{,}4} + 5 = 50$$

para V, obtemos $V \approx 53{,}83$ pés ($\approx 16{,}4$ m) por segundo.

9 Suponha que um computador do tipo notebook tenha caído acidentalmente de uma prateleira que está a uma altura de 6 pés ($\approx 1{,}8$ m). Quanto tempo levará o computador até bater no solo?

SOLUÇÃO Nesse caso, temos $V = 0$ e $H = 6$, então a altura $h(t)$ no instante t é dada pela fórmula

$$h(t) = -16{,}1t^2 + 6.$$

Queremos calcular o tempo t para o qual $h(t) = 0$. Em outras palavras, precisamos resolver a equação

$$-16{,}1t^2 + 6 = 0.$$

As soluções da equação acima são $t = \pm\sqrt{\frac{6}{16{,}1}}$. O valor negativo não faz sentido aqui, portanto, $t = \sqrt{\frac{6}{16{,}1}} \approx 0{,}61$ segundo.

Alguns computadores do tipo notebook possuem um sensor que detecta alterações súbitas no movimento e desligam o disco rígido do notebook, protegendo-o de algum dano.

11 Suponha que o mecanismo de detecção/proteção de um computador do tipo notebook leve 0,3 segundo depois que o computador começa a cair para entrar em funcionamento. Qual é a altura mínima da qual o computador tipo notebook pode cair de modo a funcionar o seu mecanismo de proteção?

SOLUÇÃO Queremos determinar a altura inicial H tal que o computador do tipo notebook venha a bater no solo (o que significa estar na altura 0) após 0,3 segundo. Em outras palavras, queremos

$$-16{,}1 \times 0{,}3^2 + H = 0.$$

Então $H = 16{,}1 \times 0{,}3^2 = 1{,}449$ pé.

13 Determine todos os números x tais que

$$\frac{x-1}{x+3} = \frac{2x-1}{x+2}.$$

SOLUÇÃO A equação acima é equivalente à equação
$$(x-1)(x+2) = (2x-1)(x+3).$$

Expandindo-se e, depois, reunindo-se de um mesmo lado todos os termos, obtemos a equação

$$x^2 + 4x - 1 = 0.$$

A fórmula quadrática mostra agora que $x = -2 \pm \sqrt{5}$.

15 Determine dois números w tais que os pontos $(3, 1)$, $(w, 4)$ e $(5, w)$ estejam todos sobre uma mesma linha reta.

SOLUÇÃO A inclinação da reta que contém $(3, 1)$ e $(w, 4)$ é $\frac{3}{w-3}$. A inclinação da reta que contém $(3, 1)$ e $(5, w)$ é $\frac{w-1}{2}$.

Precisamos que essas duas inclinações sejam iguais entre si, o que significa que

$$\frac{3}{w-3} = \frac{w-1}{2}.$$

Assim, $2 \cdot 3 = (w-1)(w-3)$, o que significa que

$$w^2 - 4w - 3 = 0.$$

A fórmula quadrática mostra agora que $w = 2 \pm \sqrt{7}$.

Para os Exercícios 17–22, determine o vértice do gráfico da função f dada.

17 $f(x) = 7x^2 - 12$

SOLUÇÃO O valor de $7x^2 - 12$ é minimizado quando $x = 0$. O valor de $f(0)$ é -12. Portanto, o vértice do gráfico de f é $(0, -12)$.

19 $f(x) = (x-2)^2 - 3$

SOLUÇÃO O valor de $(x-2)^2 - 3$ é minimizado quando $x = 2$. O valor de $f(2)$ é -3. Portanto, o vértice do gráfico de f é $(2, -3)$.

21 $f(x) = (2x-5)^2 + 6$

SOLUÇÃO O valor de $(2x-5)^2 + 6$ é minimizado quando $2x - 5 = 0$. Isto ocorre quando $x = \frac{5}{2}$. O valor de $f(\frac{5}{2})$ é 6. Portanto, o vértice do gráfico de f é $(\frac{5}{2}, 6)$.

23 Determine os únicos números x e y tais que

$$x^2 - 6x + y^2 + 8y = -25.$$

SOLUÇÃO Completamos o quadrado para reescrever a equação acima:

$$-25 = x^2 - 6x + y^2 + 8y$$
$$= (x-3)^2 - 9 + (y+4)^2 - 16$$
$$= (x-3)^2 + (y+4)^2 - 25.$$

Então, a equação original pode ser reescrita como $(x-3)^2 + (y+4)^2 = 0$. A única solução para essa equação é $x = 3$ e $y = -4$. Portanto, $(3, -4)$ é o único ponto no gráfico dessa equação.

25 Determine o ponto sobre a reta $y = 3x + 1$ no plano xy mais próximo do ponto $(2, 4)$.

SOLUÇÃO Um ponto típico na reta $y = 3x + 1$ no plano xy tem coordenadas $(x, 3x + 1)$. A distância entre esse ponto e $(2, 4)$ é igual a

$$\sqrt{(x-2)^2 + (3x+1-4)^2},$$

que, com um pouco de álgebra, pode ser reescrita como

$$\sqrt{10x^2 - 22x + 13}.$$

Queremos tornar essa quantidade tão pequena quanto possível, o que significa que precisamos tornar $10x^2 - 22x$ tão pequeno quanto possível. Isto pode ser feito completando-se o quadrado:

$$10x^2 - 22x = 10\left[x^2 - \frac{11}{5}x\right]$$
$$= 10\left[\left(x - \frac{11}{10}\right)^2 - \frac{121}{100}\right].$$

A última quantidade será a menor possível quando $x = \frac{11}{10}$. Substituindo $x = \frac{11}{10}$ na equação $y = 3x + 1$, chega-se a $y = \frac{43}{10}$. Então, $(\frac{11}{10}, \frac{43}{10})$ é o ponto sobre a reta $y = 3x + 1$ que está mais próximo do ponto $(2, 4)$.

27 Determine um número t tal que a distância entre os pontos $(2, 3)$ e $(t, 2t)$ seja a menor possível.

SOLUÇÃO A distância entre $(2, 3)$ e $(t, 2t)$ é igual a

$$\sqrt{(t-2)^2 + (2t-3)^2}.$$

Queremos tornar essa quantidade a menor possível, e isso ocorre quando

$$(t-2)^2 + (2t-3)^2$$

for o menor possível. Observe que

$$(t-2)^2 + (2t-3)^2 = 5t^2 - 16t + 13.$$

Isto será o menor possível quando $5t^2 - 16t$ for o menor possível. Para determinar quando isso acontece, completamos o quadrado:

$$5t^2 - 16t = 5\left[t^2 - \frac{16}{5}t\right]$$
$$= 5\left[\left(t - \frac{8}{5}\right)^2 - \frac{64}{25}\right].$$

Essa quantidade é minimizada quando $t = \frac{8}{5}$.

Para os Exercícios 29–32, para cada uma das funções f especificadas:

(a) Escreva f(x) sob a forma $a(x - h)^2 + k$.

(b) Determine o valor de x para o qual f(x) atinge seu valor mínimo ou seu valor máximo.

(c) Esboce o gráfico de f em um intervalo de comprimento 2 centrado no número para o qual f atinge seu valor mínimo ou seu valor máximo.

(d) Determine o vértice do gráfico de f.

29 $f(x) = x^2 + 7x + 12$

SOLUÇÃO

(a) Completando-se o quadrado, podemos escrever

$$f(x) = x^2 + 7x + 12$$
$$= \left(x + \frac{7}{2}\right)^2 - \frac{49}{4} + 12$$
$$= \left(x + \frac{7}{2}\right)^2 - \frac{1}{4}.$$

(b) A expressão anterior mostra que o valor de $f(x)$ é minimizado quando $x = -\frac{7}{2}$.

(c) A expressão anterior para f implica que o gráfico de f é obtido do gráfico de x^2, deslocando-o para a esquerda $\frac{7}{2}$ unidades e, depois, deslocando-o para baixo $\frac{1}{4}$ unidade. Isto produz o seguinte gráfico no intervalo $[-\frac{9}{2}, -\frac{5}{2}]$, que é o intervalo de comprimento 2 centrado em $-\frac{7}{2}$.

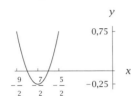

(d) A figura acima mostra que o vértice do gráfico de f é o ponto $(-\frac{7}{2}, -\frac{1}{4})$. Poderíamos ter calculado essas coordenadas mesmo sem olhar para a figura, observando que f tem seu valor mínimo em $-\frac{7}{2}$ e que $f(-\frac{7}{2}) = -\frac{1}{4}$. Ou poderíamos ter observado que o gráfico de f é obtido do gráfico de x^2, deslocando-o para a esquerda $\frac{7}{2}$ unidades e, depois, deslocando-o para baixo $\frac{1}{4}$ unidade, o que move a origem (que é o vértice do gráfico de x^2) para o ponto $(-\frac{7}{2}, -\frac{1}{4})$.

31 $f(x) = -2x^2 + 5x - 2$

SOLUÇÃO

(a) Completando-se o quadrado, podemos escrever

$$\begin{aligned} f(x) &= -2x^2 + 5x - 2 \\ &= -2[x^2 - \tfrac{5}{2}x] - 2 \\ &= -2[(x - \tfrac{5}{4})^2 - \tfrac{25}{16}] - 2 \\ &= -2(x - \tfrac{5}{4})^2 + \tfrac{25}{8} - 2 \\ &= -2(x - \tfrac{5}{4})^2 + \tfrac{9}{8}. \end{aligned}$$

(b) A expressão acima mostra que o valor de $f(x)$ é maximizado quando $x = \frac{5}{4}$.

(c) A expressão acima para f implica que o gráfico de f é obtido do gráfico de x^2, deslocando-o para a direita $\frac{5}{4}$ unidades, depois alongando-o verticalmente por um fator 2, depois refletindo-o sobre o eixo horizontal e, finalmente, deslocando-o para cima $\frac{9}{8}$ unidades. Isto produz o seguinte gráfico no intervalo $[\frac{1}{4}, \frac{9}{4}]$, que é o intervalo de comprimento 2 centrado em $\frac{5}{4}$.

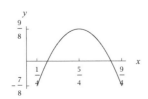

(d) A figura mostra que o vértice do gráfico de f é o ponto $(\frac{5}{4}, \frac{9}{8})$. Poderíamos ter calculado essas coordenadas mesmo sem olhar para a figura, observando que f tem seu valor mínimo em $\frac{5}{4}$ e que $f(\frac{5}{4}) = \frac{9}{8}$. Ou poderíamos ter observado que o gráfico de f é obtido do gráfico de x^2 deslocando-o para a direita $\frac{5}{4}$ unidades, em seguida alongando-o verticalmente por um fator 2, depois refletindo-o sobre o eixo horizontal e, finalmente, deslocando-o para cima $\frac{9}{8}$ unidades, o que move a origem (que é o vértice do gráfico de x^2) para o ponto $(\frac{5}{4}, \frac{9}{8})$.

33 Determine um número c tal que o gráfico de $y = x^2 + 6x + c$ tenha seu vértice sobre o eixo dos x.

SOLUÇÃO Começamos por determinar o vértice do gráfico de $y = x^2 + 6x + c$. Para isso, completamos o quadrado:

$$x^2 + 6x + c = (x + 3)^2 - 9 + c.$$

Assim, o valor de $x^2 + 6x + c$ é minimizado quando $x = -3$. Quando $x = -3$, o valor de $x^2 + 6x + c$ é igual a $-9 + c$. Dessa forma, o vértice de $y = x^2 + 6x + c$ é $(-3, -9 + c)$.

O eixo dos x consiste nos pontos cuja segunda coordenada é igual a 0. Portanto, o vértice do gráfico de $y = x^2 + 6x + c$ estará sobre o eixo dos x quando $-9 + c = 0$, ou equivalentemente quando $c = 9$.

35 Determine dois números cuja soma seja igual a 10 e cujo produto seja igual a 7.

SOLUÇÃO Representemos os dois números por s e t. Queremos

$$s + t = 10 \quad \text{e} \quad st = 7.$$

Resolvendo a primeira equação para s, obtemos $s = 10 - t$. Substituindo, na segunda equação, essa expressão para s, obtemos $(10 - t)t = 7$, que é equivalente à equação

$$t^2 - 10t + 7 = 0.$$

Usando a fórmula quadrática para resolver a equação para t, obtemos

$$t = \frac{10 \pm \sqrt{10^2 - 4 \cdot 7}}{2} = \frac{10 \pm \sqrt{72}}{2}$$
$$= \frac{10 \pm \sqrt{36 \cdot 2}}{2} = 5 \pm 3\sqrt{2}.$$

Escolhemos a solução $t = 5 + 3\sqrt{2}$. Substituindo esse valor de t na equação $s = 10 - t$, obtemos $s = 5 - 3\sqrt{2}$.

Portanto, os dois números cuja soma é igual a 10 e cujo produto é igual a 7 são $5 - 3\sqrt{2}$ e $5 + 3\sqrt{2}$.

VERIFICAÇÃO Para verificar que essa solução está correta, observe que

$$(5 - 3\sqrt{2}) + (5 + 3\sqrt{2}) = 10$$

e

$$(5 - 3\sqrt{2})(5 + 3\sqrt{2}) = 5^2 - 3^2\sqrt{2}^2 = 25 - 9 \cdot 2 = 7.$$

37 Determine dois números positivos cuja diferença seja igual a 3 e cujo produto seja igual a 20.

SOLUÇÃO Representemos os dois números por s e t. Queremos

$$s - t = 3 \quad \text{e} \quad st = 20.$$

Resolvendo a primeira equação para s, obtemos $s = t + 3$. Substituindo, na segunda equação, essa expressão para s, obtemos $(t + 3)t = 20$, que é equivalente à equação

$$t^2 + 3t - 20 = 0.$$

Usando a fórmula quadrática para resolver a equação para t, obtemos

$$t = \frac{-3 \pm \sqrt{3^2 + 4 \cdot 20}}{2} = \frac{-3 \pm \sqrt{89}}{2}.$$

Se escolhermos o sinal de menos na expressão com mais ou menos acima, chegaremos a um valor negativo para t. Como este exercício requer que t seja positivo, escolhemos a solução $t = \frac{-3+\sqrt{89}}{2}$. Substituindo esse valor de t na equação $s = t + 3$, obtemos $s = \frac{3+\sqrt{89}}{2}$.

Então, os dois números cuja diferença é igual a 3 e cujo produto é igual a 20 são $\frac{3+\sqrt{89}}{2}$ e $\frac{-3+\sqrt{89}}{2}$.

VERIFICAÇÃO Para verificar que essa solução está correta, observe que

$$\frac{3+\sqrt{89}}{2} - \frac{-3+\sqrt{89}}{2} = \frac{6}{2} = 3$$

e

$$\frac{3+\sqrt{89}}{2} \cdot \frac{-3+\sqrt{89}}{2} = \frac{\sqrt{89}+3}{2} \cdot \frac{\sqrt{89}-3}{2}$$

$$= \frac{\sqrt{89}^2 - 3^2}{4} = \frac{80}{4} = 20.$$

39 Determine o valor mínimo de $x^2 - 6x + 2$.

SOLUÇÃO Completando o quadrado, podemos escrever

$$x^2 - 6x + 2 = (x - 3)^2 - 9 + 2$$

$$= (x - 3)^2 - 7.$$

A expressão acima mostra que o valor mínimo de $x^2 - 6x + 2$ é -7 (e que esse valor mínimo ocorre quando $x = 3$).

41 Determine o valor máximo de $7 - 2x - x^2$.

SOLUÇÃO Completando o quadrado, podemos escrever

$$7 - 2x - x^2 = -[x^2 + 2x] + 7$$

$$= -[(x + 1)^2 - 1] + 7$$

$$= -(x + 1)^2 + 8.$$

A expressão acima mostra que o valor máximo de $7 - 2x - x^2$ é 8 (e que esse valor máximo ocorre quando $x = -1$).

43 Suponha que o gráfico de f seja uma parábola com vértice em $(3, 2)$. Suponha $g(x) = 4x + 5$. Quais são as coordenadas do vértice do gráfico de $f \circ g$?

SOLUÇÃO Observe que

$$(f \circ g)(x) = f(g(x) = f(4x + 5).$$

Como $f(x)$ atinge seu valor mínimo ou seu valor máximo quando $x = 3$, vemos, na equação acima, que $(f \circ g)(x)$ atinge seu valor mínimo ou seu valor máximo quando $4x + 5 = 3$. Resolvendo a equação para x, vemos que $(f \circ g)(x)$ atinge seu valor mínimo ou seu valor máximo quando $x = -\frac{1}{2}$. A equação apresentada acima mostra que esse valor mínimo ou valor máximo de $(f \circ g)(x)$ é o mesmo que o valor mínimo ou valor máximo de f, que é igual a 2. Portanto, o vértice do gráfico de $f \circ g$ é $(-\frac{1}{2}, 2)$.

45 Suponha que o gráfico de f seja uma parábola com vértice em $(3, 2)$. Suponha $g(x) = 4x + 5$. Quais são as coordenadas do vértice do gráfico de $g \circ f$?

SOLUÇÃO Observe que

$$(g \circ f)(x) = g(f(x)) = 4f(x) + 5.$$

Como $f(x)$ atinge seu valor mínimo ou seu valor máximo (que é igual a 2) quando $x = 3$, vemos, na equação acima, que $(g \circ f)(x)$ também atingirá seu valor mínimo ou seu valor máximo quando $x = 3$. Temos

$$(g \circ f)(3) = g(f(3)) = 4f(3) + 5 = 4 \cdot 2 + 5 = 13.$$

Então o vértice do gráfico de $g \circ f$ é $(3, 13)$.

47 Suponha que o gráfico de f seja uma parábola com vértice em (t, s). Suponha $g(x) = ax + b$, em que a e b são números, com $a \neq 0$. Quais são as coordenadas do vértice do gráfico de $f \circ g$?

SOLUÇÃO Observe que

$$(f \circ g)(x) = f(ax + b).$$

Como $f(x)$ atinge seu valor mínimo ou seu valor máximo quando $x = t$, vemos, na equação acima, que $(f \circ g)(x)$ atingirá seu valor mínimo ou seu valor máximo quando $ax + b = t$. Assim, $(f \circ g)(x)$ atingirá seu valor mínimo ou seu valor máximo quando $x = \frac{t-b}{a}$. A equação mostra que esse valor mínimo ou máximo de $(f \circ g)(x)$ é o mesmo que o valor mínimo ou máximo de *f*, que é igual a *s*. Portanto, o vértice do gráfico é $(\frac{t-b}{a}, s)$.

49 Suponha $h(x) = x^2 + 3x + 4$ e o domínio de *h* seja o conjunto dos números positivos. Calcule $h^{-1}(7)$.

SOLUÇÃO Precisamos determinar um número positivo *x* tal que $h(x) = 7$. Em outras palavras, precisamos determinar uma solução positiva para a equação

$$x^2 + 3x + 4 = 7,$$

que é equivalente à equação

$$x^2 + 3x - 3 = 0.$$

A fórmula quadrática mostra que a equação acima tem soluções

$$x = \frac{-3 + \sqrt{21}}{2} \quad \text{e} \quad x = \frac{-3 - \sqrt{21}}{2}.$$

Como o domínio de *h* é o conjunto de números positivos, o valor de *x* que procuramos deve ser positivo. A segunda solução acima é negativa, portanto, ela pode ser descartada, o que leva a concluir que $h^{-1}(7) = \frac{-3+\sqrt{21}}{2}$.

VERIFICAÇÃO Para verificar que $h^{-1}(7) = \frac{-3+\sqrt{21}}{2}$, devemos verificar que $h(\frac{-3+\sqrt{21}}{2}) = 7$. Temos

$$h\left(\frac{-3+\sqrt{21}}{2}\right) = \left(\frac{-3+\sqrt{21}}{2}\right)^2 + 3\left(\frac{-3+\sqrt{21}}{2}\right) + 4$$

$$= \frac{15 - 3\sqrt{21}}{2} + \frac{-9 + 3\sqrt{21}}{2} + 4$$

$$= 7,$$

como queríamos mostrar.

51 Suponha que *f* seja a função cujo domínio é o intervalo $[1, \infty)$, com

$$f(x) = x^2 + 3x + 5.$$

(a) Qual é a imagem de *f*?

(b) Determine uma fórmula para f^{-1}.

(c) Qual é o domínio de f^{-1}?

(d) Qual é a imagem de f^{-1}?

SOLUÇÃO

(a) Para determinar a imagem de *f*, precisamos determinar os números *y* tais que

$$y = x^2 + 3x + 5$$

para algum *x* no domínio de *f*. Em outras palavras, precisamos determinar os valores de *y* tais que a equação acima possa ser resolvida para um número $x \geq 1$. Para resolver essa equação para *x*, subtraímos *y* de ambos os lados, obtendo a equação

$$x^2 + 3x + (5 - y) = 0.$$

Usando a equação quadrática para resolver a equação para *x*, obtemos

$$x = \frac{-3 \pm \sqrt{3^2 - 4(5-y)}}{2} = \frac{-3 \pm \sqrt{4y - 11}}{2}.$$

Se, na equação acima, escolhermos o sinal negativo, obteríamos um valor negativo para *x*, o que não é possível, pois *x* precisa estar no domínio de *f*, que é o intervalo $[1, \infty)$. Assim, devemos ter

$$x = \frac{-3 + \sqrt{4y - 11}}{2}.$$

Como *x* precisa estar no domínio de *f*, que é o intervalo $[1, \infty)$, devemos ter

$$\frac{-3 + \sqrt{4y-11}}{2} \geq 1.$$

Multiplicando por 2 ambos os lados dessa desigualdade e depois adicionando 3 a ambos os lados, obtemos a desigualdade

$$\sqrt{4y - 11} \geq 5.$$

Assim, $4y - 11 \geq 25$, o que implica $4y \geq 36$, que por sua vez implica $y \geq 9$. Portanto, a imagem de *f* é o intervalo $[9, \infty)$.

(b) A expressão que deduzimos na resolução do item (a) mostra que f^{-1} é dada pela fórmula

$$f^{-1}(y) = \frac{-3 + \sqrt{4y-11}}{2}.$$

(c) O domínio de f^{-1} é igual à imagem de *f*. Portanto, o domínio de f^{-1} é o intervalo $[9, \infty)$.

(d) A imagem de f^{-1} é igual ao domínio de *f*. Portanto, a imagem de f^{-1} é o intervalo $[1, \infty)$.

53 Suponha

$$f(x) = x^2 - 6x + 11.$$

Determine o menor número *b* tal que *f* seja crescente no intervalo $[b, \infty)$.

SOLUÇÃO O gráfico de *f* é uma parábola com o formato apresentado na figura abaixo:

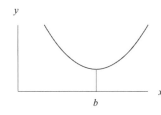

O maior intervalo no qual f é crescente é $[b, \infty)$, *em que b é a primeira coordenada do vértice do gráfico de f.*

Como pode ser visto na figura anterior, o menor número b para o qual f é crescente no intervalo $[b, \infty)$ é a primeira coordenada do vértice do gráfico de f. Para determinar esse número, completamos o quadrado:

$$x^2 - 6x + 11 = (x - 3)^2 - 9 + 11$$
$$= (x - 3)^2 + 2$$

A equação acima mostra que a primeira coordenada do vértice da parábola é 3. Assim, escolhemos $b = 3$.

55 Determine a distância entre os pontos $(3, -2)$ e $(-1, 4)$.

SOLUÇÃO A distância entre os pontos $(3, -2)$ e $(-1, 4)$ é igual a

$$\sqrt{(-1-3)^2 + (4-(-2))^2},$$

que é igual a $\sqrt{(-4)^2 + 6^2}$, que por sua vez é igual a $\sqrt{16+36}$, que finalmente é igual a $\sqrt{52}$, o que pode ser simplificado como se segue:

$$\sqrt{52} = \sqrt{4 \cdot 13} = \sqrt{4} \cdot \sqrt{13} = 2\sqrt{13}.$$

Assim, a distância entre os pontos $(3, -2)$ e $(-1, 4)$ é igual a $2\sqrt{13}$.

57 Determine duas escolhas para t, de modo que a distância entre $(2, -1)$ e $(t, 3)$ seja igual a 7.

SOLUÇÃO A distância entre $(2, -1)$ e $(t, 3)$ é igual a

$$\sqrt{(t-2)^2 + 16}.$$

Queremos que isso seja igual a 7, assim, devemos ter

$$(t-2)^2 + 16 = 49.$$

Subtraindo 16 de ambos os lados da equação acima, obtemos

$$(t-2)^2 = 33,$$

que implica $t - 2 = \pm\sqrt{33}$. Assim, $t = 2 + \sqrt{33}$ ou $t = 2 - \sqrt{33}$.

59 Determine duas escolhas para b tais que $(4, b)$ esteja a uma distância 5 de $(3, 6)$.

SOLUÇÃO A distância entre $(4, b)$ e $(3, 6)$ é igual a

$$\sqrt{1 + (6-b)^2}.$$

Queremos que isso seja igual a 5, assim, devemos ter

$$1 + (6-b)^2 = 25.$$

Subtraindo 1 de ambos os lados da equação acima, obtemos

$$(6-b)^2 = 24.$$

Então, $6 - b = \pm\sqrt{24}$. Portanto, $b = 6 - \sqrt{24} = 6 - 2\sqrt{6}$ ou $b = 6 + \sqrt{24} = 6 + 2\sqrt{6}$.

61 Determine dois pontos sobre o eixo horizontal cuja distância até $(3, 2)$ seja igual a 7.

SOLUÇÃO Um ponto típico sobre o eixo horizontal tem coordenadas $(x, 0)$. A distância desse ponto até $(3, 2)$ é $\sqrt{(x-3)^2 + (0-2)^2}$. Assim, precisamos resolver a equação

$$\sqrt{(x-3)^2 + 4} = 7.$$

Elevando ao quadrado ambos os lados da equação acima e depois subtraindo 4 de ambos os lados, obtemos:

$$(x-3)^2 = 45.$$

Assim, $x - 3 = \pm\sqrt{45} = \pm 3\sqrt{5}$. Portanto, $x = 3 \pm 3\sqrt{5}$. Concluímos, assim, que os dois pontos sobre o eixo horizontal cuja distância até $(3, 2)$ é igual a 7 são $(3 + 3\sqrt{5}, 0)$ e $(3 - 3\sqrt{5}, 0)$.

63 Determine dois pontos sobre o eixo vertical cuja distância até $(5, -1)$ seja igual a 8.

SOLUÇÃO Um ponto típico sobre o eixo vertical tem coordenadas $(0, y)$. A distância desse ponto até $(5, -1)$ é $\sqrt{(0-5)^2 + (y-(-1))^2}$. Assim, precisamos resolver a equação

$$\sqrt{25 + (y+1)^2} = 8.$$

Elevando ao quadrado ambos os lados da equação acima e depois subtraindo 25 de ambos os lados, obtemos:

$$(y+1)^2 = 39.$$

Assim, $y + 1 = \pm\sqrt{39}$. Portanto, $y = -1 \pm\sqrt{39}$. Concluímos, assim, que os dois pontos sobre o eixo vertical cuja distância até $(5, -1)$ é igual a 8 são $(0, -1 + \sqrt{39})$ e $(0, -1 - \sqrt{39})$.

65 Um navio navega 2 milhas ($\approx 3{,}2$ km) para o norte e depois 5 milhas ($\approx 8{,}0$ km) para o oeste. A que distância o navio está de seu ponto de partida?

SOLUÇÃO A figura abaixo mostra o trajeto do navio. O comprimento da reta em cinza meio-tom é a distância do navio até o seu ponto de partida. Pelo Teorema de Pitágoras, essa distância é igual a $\sqrt{2^2 + 5^2}$ milhas, que é igual a $\sqrt{29}$ milhas.

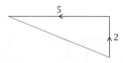

Estamos supondo que a superfície da terra seja parte de um plano em vez de parte de uma esfera. Para distâncias menores que algumas centenas de milhas, essa é uma boa aproximação.

67 Determine a equação da circunferência no plano xy centrada em (3, −2) e com raio 7.

SOLUÇÃO   A equação dessa circunferência é

$$(x - 3)^2 + (y + 2)^2 = 49.$$

69 Determine duas escolhas para b tais que (5, b) esteja sobre a circunferência de raio 4 centrada em (3, 6).

SOLUÇÃO   A equação da circunferência de raio 4 centrada em (3, 6) é

$$(x - 3)^2 + (y - 6)^2 = 16.$$

O ponto (5, b) está sobre essa circunferência se e somente se

$$(5 - 3)^2 + (b - 6)^2 = 16,$$

que é equivalente à equação $(b - 6)^2 = 12$. Assim,

$$b - 6 = \pm\sqrt{12} = \pm\sqrt{4 \cdot 3} = \pm\sqrt{4}\sqrt{3} = \pm 2\sqrt{3}.$$

Portanto, $b = 6 + 2\sqrt{3}$ ou $b = 6 - 2\sqrt{3}$.

71 Determine o centro e o raio da circunferência

$$x^2 - 8x + y^2 + 2y = -14.$$

SOLUÇÃO   Completando o quadrado, podemos reescrever o lado esquerdo da equação acima como se segue:

$$x^2 - 8x + y^2 + 2y = (x - 4)^2 - 16 + (y + 1)^2 - 1$$
$$= (x - 4)^2 + (y + 1)^2 - 17.$$

Substituindo essa expressão no lado esquerdo da equação original e depois adicionando 17 a ambos os lados, chega-se a que a equação original é equivalente à equação

$$(x - 4)^2 + (y + 1)^2 = 3.$$

Portanto, essa circunferência tem centro em (4, −1) e raio $\sqrt{3}$.

73 Determine os dois pontos em que a circunferência de raio 2 centrada na origem intercepta a circunferência de raio 3 centrada em (3, 0).

SOLUÇÃO   As equações dessas duas circunferências são

$$x^2 + y^2 = 4 \quad \text{e} \quad (x - 3)^2 + y^2 = 9.$$

Subtraindo a primeira equação da segunda equação, obtemos

$$(x - 3)^2 - x^2 = 5,$$

que pode ser simplificada para a equação $-6x + 9 = 5$, cuja solução é $x = \frac{2}{3}$. Substituindo esse valor de x em qualquer uma das equações acima e resolvendo-a para y, obtemos $y = \pm\frac{4\sqrt{2}}{3}$. Portanto, as circunferências interceptam-se nos pontos $\left(\frac{2}{3}, \frac{4\sqrt{2}}{3}\right)$ e $\left(\frac{2}{3}, -\frac{4\sqrt{2}}{3}\right)$.

75 Suponha que as unidades sejam escolhidas de tal modo que a órbita de um planeta em torno de uma estrela seja a elipse

$$4x^2 + 5y^2 = 1.$$

Qual é a localização da estrela? (Suponha que a primeira coordenada da estrela seja positiva.)

SOLUÇÃO   Para colocar a equação acima sob a forma padrão para uma elipse, reescrevemos essa equação como:

$$\frac{x^2}{\frac{1}{4}} + \frac{y^2}{\frac{1}{5}} = 1.$$

A estrela está localizada em um foco da elipse. O foco com uma primeira coordenada positiva é $\left(\sqrt{\frac{1}{4} - \frac{1}{5}}, 0\right)$, que é igual a $\left(\sqrt{\frac{1}{20}}, 0\right)$, que por sua vez é igual a $\left(\frac{\sqrt{5}}{10}, 0\right)$.

77 Suponha que as unidades sejam escolhidas de tal modo que a órbita de um cometa em torno de uma estrela seja o ramo superior da hipérbole

$$3y^2 - 2x^2 = 5.$$

Qual é a localização da estrela?

SOLUÇÃO   Para colocar a equação acima sob a forma padrão para uma hipérbole, reescrevemos essa equação como:

$$\frac{y^2}{\frac{5}{3}} - \frac{x^2}{\frac{5}{2}} = 1.$$

A estrela está localizada em um foco da hipérbole. O foco com uma segunda coordenada positiva (o que é necessário porque a órbita está no ramo superior da hipérbole) é $\left(0, \sqrt{\frac{5}{3} + \frac{5}{2}}\right)$, que é igual a $\left(0, \sqrt{\frac{25}{6}}\right)$, que por sua vez é igual a $\left(0, \frac{5\sqrt{6}}{6}\right)$.

2.3 Potências

OBJETIVOS DE APRENDIZAGEM

Ao final desta seção, você deverá ser capaz de
- explicar por que x^0 é definido como igual a 1 (para $x \neq 0$);
- explicar por que x^{-m} é definido como igual a $\frac{1}{x^m}$ (para m um número inteiro positivo e $x \neq 0$);
- explicar por que $x^{1/m}$ é definido como igual ao número cuja m-ésima potência é igual a x;
- explicar por que $x^{n/m}$ é definido como igual a $\left(x^{1/m}\right)^n$;
- manipular e simplificar expressões envolvendo expoentes.

Expoentes Inteiros Positivos

A multiplicação por um inteiro positivo é uma adição repetida, no sentido de que, se x for um número real e m um inteiro positivo, então mx é igual à soma em que x aparece m vezes:

$$mx = \underbrace{x + x + \cdots + x}_{x \text{ aparece } m \text{ vezes}}.$$

Exatamente como a multiplicação por um inteiro positivo é definida como uma adição repetida, uma potência com expoente inteiro positivo representa uma multiplicação repetida:

A próxima seção trata de polinômios. Para entender polinômios, você precisa ter uma boa compreensão do significado de x^m.

Expoente inteiro positivo

Se x for um número real e m um número inteiro positivo, então x^m é definido como o produto no qual x aparece m vezes:

$$x^m = \underbrace{x \cdot x \cdot \cdots \cdot x}_{x \text{ aparece } m \text{ vezes}}.$$

EXEMPLO 1

Calcule o valor de $\left(\frac{1}{2}\right)^3$.

SOLUÇÃO
$$\left(\tfrac{1}{2}\right)^3 = \tfrac{1}{2} \cdot \tfrac{1}{2} \cdot \tfrac{1}{2} = \tfrac{1}{8}$$

Se m for um número inteiro positivo, então podemos definir uma função f por

$$f(x) = x^m.$$

Para $m = 1$, o gráfico da função definida por $f(x) = x$ é uma reta que passa pela origem e que possui inclinação igual a 1. Para $m = 2$, o gráfico da função definida por $f(x) = x^2$ é a parábola familiar com vértice na origem, como mostrado aqui.

A seguir, mostramos os gráficos de x^3, x^4, x^5 e x^6, separados em dois grupos, de acordo com sua forma. Observe que a x^3 e x^5 são funções crescentes, mas x^4 e x^6 são funções decrescentes no intervalo $(-\infty, 0]$ e crescentes no intervalo $[0, \infty)$.

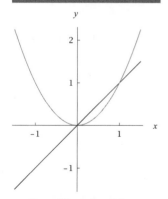

Os gráficos de x (cinza-escuro) e de x^2 (cinza meio-tom) no intervalo $[-1,5; 1,5]$.

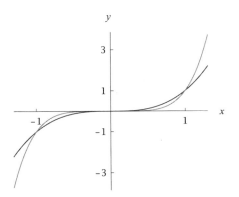
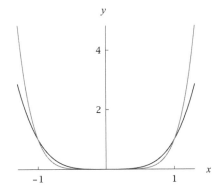

Os gráficos de x^3 (cinza-escuro) e x^5 (cinza meio-tom) no intervalo $[-1,3; 1,3]$.

Os gráficos de x^4 (cinza-escuro) e x^6 (cinza meio-tom) no intervalo $[-1,3; 1,3]$.

Embora os gráficos de x^4 e de x^6 tenham formato do tipo parábola, esses gráficos não são verdadeiras parábolas.

Até agora, vimos os gráficos de x^m para m = 1, 2, 3, 4, 5, 6. Para valores maiores ímpares de m, o gráfico de x^m tem aproximadamente a mesma forma que os gráficos de x^3 e x^5; para valores maiores pares de m, o gráfico de x^m tem aproximadamente a mesma forma que os gráficos de x^2, x^4 e x^6.

As propriedades das potências com expoentes inteiros positivos derivam da definição de x^m como uma multiplicação repetida.

EXEMPLO 2

Suponha que x seja um número real e m e n, inteiros positivos. Explique por que

$$x^m x^n = x^{m+n}.$$

SOLUÇÃO Temos

$$x^m x^n = \underbrace{x \cdot x \cdots x}_{x \text{ aparece } m \text{ vezes}} \cdot \underbrace{x \cdot x \cdots x}_{x \text{ aparece } n \text{ vezes}}.$$

Assim, $x^m x^n = x^{m+n}$ (porque, no produto acima, x aparece ao todo $m + n$ vezes).

Considerando $n = m$ no exemplo acima, vemos que $x^m x^m = x^{m+m}$, o que pode ser escrito como $(x^m)^2 = x^{2m}$. O exemplo seguinte generaliza essa equação, substituindo o número 2 por um inteiro positivo qualquer.

*A expressão x^m é denominada a m-ésima **potência** de x.*

EXEMPLO 3

Suponha que x seja um número real e m e n, inteiros positivos. Explique por que

$$(x^m)^n = x^{mn}.$$

SOLUÇÃO Temos

$$(x^m)^n = \underbrace{x^m \cdot x^m \cdots x^m}_{x^m \text{ aparece } n \text{ vezes}}.$$

Cada x^m no lado direito da equação acima é igual ao produto com x aparecendo m vezes e x^m aparece n vezes. Portanto, x aparece um total de mn vezes no produto acima, o que mostra que $(x^m)^n = x^{mn}$.

O próximo exemplo fornece uma fórmula para elevar o produto de dois números a uma potência.

EXEMPLO 4 Suponha que x e y sejam números reais e que m seja um inteiro positivo. Explique por que
$$(xy)^m = x^m y^m.$$

SOLUÇÃO Temos
$$(xy)^m = \underbrace{(xy) \cdot (xy) \cdot \cdots \cdot (xy)}_{(xy) \text{ aparece } m \text{ vezes}}.$$

Por causa da associatividade e da comutatividade da multiplicação, o produto acima pode ser reordenado de modo a mostrar que
$$(xy)^m = \underbrace{x \cdot x \cdot \cdots \cdot x}_{x \text{ aparece } m \text{ vezes}} \cdot \underbrace{y \cdot y \cdot \cdots \cdot y}_{y \text{ aparece } m \text{ vezes}}.$$

Assim, vemos que $(xy)^m = x^m y^m$.

Os três exemplos anteriores mostram que os expoentes inteiros positivos obedecem às regras expostas a seguir. Depois, vamos estender essas regras para expoentes que não sejam necessariamente inteiros positivos.

Propriedades das potências com expoentes inteiros positivos

Suponha que x e y sejam números e que m e n sejam inteiros positivos. Então,
$$x^m x^n = x^{m+n},$$
$$(x^m)^n = x^{mn},$$
$$x^m y^m = (xy)^m.$$

Definindo x^0

Definimos x^m como o produto com x aparecendo m vezes. Essa definição faz sentido apenas quando m é um inteiro positivo. Para definir x^m para outros valores de m, escolheremos definições tais que as propriedades listadas acima para expoentes inteiros positivos continuem valendo.

Começamos por considerar como poderíamos definir x^0. Lembre que, se x for um número real e m e n forem inteiros positivos, então
$$x^m x^n = x^{m+n}.$$

Queremos escolher uma definição de x^0 tal que a equação acima seja válida mesmo se $m = 0$. Em outras palavras, queremos definir x^0 tal que
$$x^0 x^n = x^{0+n}.$$

Reescrevendo essa equação sob a forma
$$x^0 x^n = x^n,$$

vemos que, se $x \neq 0$, então não temos outra escolha a não ser definir x^0 como igual a 1.

No parágrafo anterior, mostramos como poderíamos definir x^0 para $x \neq 0$, mas o que acontece quando $x = 0$? Infelizmente, é impossível construir uma definição para 0^0 que preserve as propriedades das potências. Duas considerações conflitantes apontam para diferentes definições possíveis para 0^0.

- A equação
$$x^0 = 1,$$
válida para todo $x \neq 0$, sugere que precisamos definir $0^0 = 1$.

- A equação
$$0^m = 0,$$
válida para todos os inteiros positivos m, sugere que precisamos definir $0^0 = 0$.

Se optarmos por definir 0^0 igual a 1, como sugerido pelo primeiro ponto acima, estaremos violando a equação $0^m = 0$ sugerida pelo segundo ponto. Se optarmos por definir 0^0 igual a 0, como sugerido pelo segundo ponto acima, estaremos violando a equação $x^0 = 1$ sugerida pelo primeiro ponto. De qualquer forma, não podemos manter a consistência de nossas propriedades algébricas envolvendo potências.

Para resolver esse dilema, deixamos 0^0 indefinido, em vez de escolher uma definição que violará uma de nossas propriedades algébricas. Existe um posicionamento semelhante, em Matemática, com relação à divisão por zero: As equações $x \cdot \frac{y}{x} = y$ e $0 \cdot \frac{y}{x} = 0$ não podem ser satisfeitas simultaneamente se $x = 0$ e $y = 1$, independentemente de como definimos $\frac{1}{0}$. Dessa forma, deixamos $\frac{1}{0}$ indefinido.

Entender que 0^0 é indefinido será importante quando você estudar conteúdos da disciplina de cálculo.

Em resumo, aqui está nossa definição de x^0:

Definição de x^0

- Se $x \neq 0$, então $x^0 = 1$.

- A expressão 0^0 é indefinida.

Por exemplo, $4^0 = 1$.

Expoentes Inteiros Negativos

Até o momento, definimos x^m sempre que $x \neq 0$ e m é um inteiro positivo ou zero. Vamos agora voltar nossa atenção para definir o significado de potências com expoentes inteiros negativos.

Lembre que, se $x \neq 0$ e m e n forem inteiros não negativos, então
$$x^m x^n = x^{m+n}.$$

Assim como para a definição de potência com expoente zero, buscaremos o significado dos expoentes inteiros negativos de tal modo que haja uma consistência com as propriedades algébricas anteriores.

Queremos escolher o significado das potências com expoentes inteiros negativos de tal forma que a equação acima seja válida sempre que m e n forem inteiros (incluindo a possibilidade de que um ou ambos m e n sejam negativos). Na equação acima, se fizermos $n = -m$, obtemos
$$x^m x^{-m} = x^{m+(-m)}.$$

Como $x^0 = 1$, essa equação pode ser reescrita como
$$x^m x^{-m} = 1.$$

Assim, vemos que não temos outra escolha a não ser definir x^{-m} como o inverso multiplicativo de x^m.

Para evitar a divisão por 0, não nos podemos permitir ter x igual a 0 nessa definição. Assim, se m for um inteiro positivo, deixaremos 0^{-m} indefinido.

> ### Expoente inteiro negativo
> Se $x \neq 0$ e m for um número inteiro positivo, então x^{-m} será definido como igual ao inverso multiplicativo de x^m:
> $$x^{-m} = \frac{1}{x^m}.$$

EXEMPLO 5 Calcule o valor de 3^{-2}.

SOLUÇÃO
$$3^{-2} = \frac{1}{3^2} = \frac{1}{9}$$

Podemos ter alguma ideia sobre o comportamento da função x^m, com m como um inteiro negativo, olhando para seu gráfico.

EXEMPLO 6 Compare o gráfico de x^{-1} com o gráfico de x^{-2}.

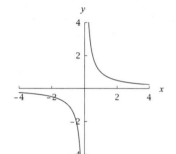

O gráfico de $\frac{1}{x}$ em $[-4, -\frac{1}{4}] \cup [\frac{1}{4}, 4]$.

SOLUÇÃO As figuras ao lado mostram que os valores absolutos de $\frac{1}{x}$ e $\frac{1}{x^2}$ são ambos altos para valores de x próximos de 0. Por sua vez, $\frac{1}{x}$ e $\frac{1}{x^2}$ estão ambos próximos de 0 quando o valor absoluto de x for muito alto.

Tanto a função $\frac{1}{x}$ quanto a $\frac{1}{x^2}$ são decrescentes no intervalo $(0, \infty)$.

Entretanto, no intervalo $(-\infty, 0)$, $\frac{1}{x}$ é decrescente, mas $\frac{1}{x^2}$ é crescente. Outra diferença entre esses gráficos é que o gráfico de $\frac{1}{x^2}$ situa-se inteiramente acima do eixo dos x.

Se m for um inteiro positivo, então o gráfico de $\frac{1}{x^m}$ comporta-se como o gráfico de $\frac{1}{x}$, se m for ímpar, e como o gráfico de $\frac{1}{x^2}$, se m for par. Valores mais altos de m correspondem a funções cujos gráficos se aproximam mais rapidamente do eixo dos x para valores altos do valor absoluto de x, e do eixo vertical para valores de x mais próximos de 0.

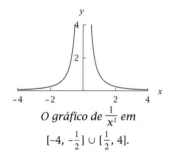

O gráfico de $\frac{1}{x^2}$ em $[-4, -\frac{1}{2}] \cup [\frac{1}{2}, 4]$.

Raízes

Suponha que x seja um número real e que m seja um inteiro positivo. Como devemos definir $x^{1/m}$? Para responder essa pergunta, vamos procurar algo que seja consistente com as propriedades algébricas das potências, assim como fizemos quando definimos o significado dos expoentes inteiros negativos.

Lembre que, se x for um número real e m e n forem inteiros positivos, então
$$(x^n)^m = x^{nm}.$$

Queremos que a equação acima seja válida mesmo quando m e n não forem inteiros positivos. Em particular, se escolhermos n igual a $1/m$, a equação acima torna-se
$$(x^{1/m})^m = x.$$

Vemos, portanto, que devemos definir $x^{1/m}$ como o número que, quando elevado à m-ésima potência, fornece o valor x.

EXEMPLO 7 Como devemos definir $8^{1/3}$?

SOLUÇÃO Escolhendo $x = 8$ e $m = 3$ na equação acima, obtemos
$$(8^{1/3})^3 = 8.$$

*A expressão x^3 é denominada o **cubo** de x.*

Então, $8^{1/3}$ deve ser definido como um número que, elevado ao cubo, dá 8. O único número que satisfaz isso é o número 2; portanto, devemos definir que $8^{1/3}$ é igual a 2.

Da mesma forma, $(-8)^{1/3}$ deve ser definido como igual a -2, pois -2 é o único número que, quando elevado ao cubo, dá -8. O próximo exemplo mostra que devemos ter um cuidado especial quando definirmos $x^{1/m}$ com m como um inteiro par.

EXEMPLO 8

Como devemos definir $9^{1/2}$?

SOLUÇÃO Na equação $(x^{1/m})^m = x$, escolhemos $x = 9$ e $m = 2$ para obter

$$(9^{1/2})^2 = 9.$$

Assim, $9^{1/2}$ deve ser definido como um número que, elevado ao quadrado, dá 9. Tanto 3 quanto -3 têm quadrado igual a 9; assim, temos uma escolha. Quando isso acontece, sempre escolhemos a possibilidade positiva. Portanto, $9^{1/2}$ é definido como igual a 3.

O próximo exemplo mostra o problema que surge quando tentamos definir $x^{1/m}$ com x negativo e m como um inteiro par.

EXEMPLO 9

Como devemos definir $(-9)^{1/2}$?

SOLUÇÃO Na equação $(x^{1/m})^m = x$, escolhemos $x = -9$ e $m = 2$ para obter

$$((-9)^{1/2})^2 = -9.$$

Assim, $(-9)^{1/2}$ deve ser definido como um número que, elevado ao quadrado, dá -9. Mas não existe um número real que satisfaça essa condição, pois o quadrado de um número real nunca é negativo. Portanto, enquanto trabalhamos apenas com números reais, deixamos $(-9)^{1/2}$ indefinido.

Os números complexos foram inventados para dar algum significado a expressões do tipo $(-9)^{1/2}$, mas aqui restringimos nossa atenção a números reais.

Com a experiência dos exemplos anteriores, estamos agora prontos para estabelecer a definição formal de $x^{1/m}$.

> *Raiz m-ésima*
>
> Se m for um inteiro positivo e x um número real, então $x^{1/m}$ é definido como o número real que satisfaz a equação
>
> $$(x^{1/m})^m = x,$$
>
> sujeito às seguintes condições:
>
> - Se $x < 0$ e m um inteiro par, então $x^{1/m}$ é indefinido.
> - Se $x > 0$ e m um inteiro par, então $x^{1/m}$ é definido como o número positivo que satisfaz a equação acima.
>
> O número $x^{1/m}$ é denominado a **raiz** m-ésima de x.

Assim, a raiz m-ésima de x é o número que, quando elevado à m-ésima potência, dá x, com o entendimento que, se m for par e x positivo, então escolhemos o número positivo que satisfaça essa propriedade.

O número $x^{1/2}$ é denominado a **raiz quadrada** de x, e o número $x^{1/3}$ é denominado a **raiz cúbica** de x. Por exemplo, a raiz quadrada de $\frac{16}{9}$ é igual a $\frac{4}{3}$, e a raiz cúbica de 125 é igual a 5. A notação $\sqrt{x}$ representa a raiz quadrada de x, e a notação $\sqrt[3]{x}$ representa a raiz cúbica de x. Por exemplo, $\sqrt{9} = 3$ e $\sqrt[3]{\frac{1}{8}} = \frac{1}{2}$. De um modo mais geral, a notação $\sqrt[m]{x}$ representa a raiz m-ésima de x.

> *Notação para raízes*
>
> $$\sqrt{x} = x^{1/2};$$
> $$\sqrt[m]{x} = x^{1/m}.$$

A expressão $\sqrt{2}$ não pode ser simplificada de nenhuma forma: não existe nenhum número racional cujo quadrado seja igual a 2 (veja a Seção 0.1). Dessa forma, a expressão $\sqrt{2}$ é normalmente deixada simplesmente como $\sqrt{2}$, a menos que seja necessário algum cálculo numérico. A propriedade-chave de $\sqrt{2}$ é que $\left(\sqrt{2}\right)^2 = 2$.

Suponha que x e y sejam números positivos. Então,

$$(\sqrt{x}\sqrt{y})^2 = (\sqrt{x})^2 (\sqrt{y})^2 = xy.$$

Assim, $\sqrt{x}\sqrt{y}$ é um número positivo cujo quadrado é igual a xy. Nossa definição de raiz quadrada agora implica que $\sqrt{xy}$ é igual a $\sqrt{x}\sqrt{y}$, de modo que temos o seguinte resultado.

Nunca cometa o erro de pensar que $\sqrt{x} + \sqrt{y}$ é igual a $\sqrt{x+y}$.

> *Raiz quadrada de um produto*
>
> Se x e y forem números positivos, então
>
> $$\sqrt{x}\sqrt{y} = \sqrt{xy}.$$

No próximo exemplo, o resultado acima será utilizado duas vezes, uma vez em cada direção.

EXEMPLO 10 Simplifique $\sqrt{2}\sqrt{6}$.

SOLUÇÃO
$$\sqrt{2}\sqrt{6} = \sqrt{12}$$
$$= \sqrt{4 \cdot 3}$$
$$= \sqrt{4}\sqrt{3}$$
$$= 2\sqrt{3}$$

O exemplo a seguir deverá ajudar a solidificar sua compreensão sobre raízes quadradas.

EXEMPLO 11 Demonstre que $\sqrt{7+4\sqrt{3}} = 2 + \sqrt{3}$.

SOLUÇÃO Não se conhece um modo simples de simplificar uma expressão sob a forma $\sqrt{a+b\sqrt{c}}$. Assim, não temos como trabalhar com o lado esquerdo da equação acima. No entanto, dizer que a raiz quadrada de $7+4\sqrt{3}$ é igual a $2 + \sqrt{3}$ significa que o quadrado de $2 + \sqrt{3}$ é igual a $7+4\sqrt{3}$. Dessa forma, para verificar a equação acima, elevamos ao quadrado o lado direito e para ver se obtemos $7+4\sqrt{3}$. A seguir apresentamos o cálculo:

$$(2 + \sqrt{3})^2 = 2^2 + 2 \cdot 2 \cdot \sqrt{3} + \sqrt{3}^2$$
$$= 4 + 4\sqrt{3} + 3$$
$$= 7 + 4\sqrt{3}.$$

Portanto, $\sqrt{7+4\sqrt{3}} = 2 + \sqrt{3}$.

O ponto-chave a ser entendido na definição de $x^{1/m}$ é que a função raiz m-ésima é simplesmente a função inversa da função m-ésima potência. Embora não tenhamos usado essa linguagem quando definimos as raízes m-ésimas, podíamos ter feito assim, porque definimos $y^{1/m}$ como o número que satisfaz a equação $\left(y^{1/m}\right)^m = y$, exatamente como foi feito na definição de uma função inversa (veja Seção 1.5). Apresentamos a seguir uma reapresentação das raízes m-ésimas em termos de funções inversas:

Raiz m-ésima como função inversa

Suponha que m seja um inteiro positivo e que f seja a função definida por
$$f(x) = x^m,$$
com o domínio de f o conjunto dos números reais, se m for ímpar, e $[0, \infty)$, se m for par. Assim, a função inversa f^{-1} é dada pela fórmula
$$f^{-1}(y) = y^{1/m}.$$

Se m for par, o domínio de f é restrito a $[0, \infty)$ para obter uma função bijetora.

Como a função $x^{1/m}$ é a função inversa da função x^m, podemos obter o gráfico de $x^{1/m}$ refletindo o gráfico de x^m sobre a reta $y = x$, como ocorre com qualquer função bijetora e sua inversa. No caso em que $m = 2$, já fizemos isso ao obter o gráfico de $\sqrt{x}$ por meio da reflexão do gráfico de x^2 sobre a reta $y = x$ (veja o Exemplo 1 da Seção 1.6). Aqui mostramos o gráfico de x^3 e de sua função inversa, $\sqrt[3]{x}$.

A função inversa de uma função crescente é crescente. Portanto, para todo inteiro positivo m, a função $x^{1/m}$ é crescente.

Expoentes Racionais

Após ter definido o significado de expoentes sob a forma $1/m$ em que m é um inteiro positivo, concluiremos agora que é fácil definir o significado de expoentes racionais.

Lembre, do Exemplo 3, que se n e p forem inteiros positivos, então
$$x^{np} = (x^p)^n$$
para todo x real. Se supusermos que a equação acima deve valer inclusive quando p não é inteiro positivo, isso nos leva ao significado de expoentes racionais. Especificamente, supondo que m seja um inteiro positivo e estabelecendo $p = 1/m$ na equação acima, obtemos
$$x^{n/m} = (x^{1/m})^n.$$

O lado esquerdo da equação acima ainda não faz sentido, porque ainda não vimos o significado de expoente racional. Entretanto o lado direito da equação faz sentido, porque já definimos anteriormente $x^{1/m}$ e também já definimos a n-ésima potência de qualquer número. Podemos, assim, usar o lado direito da equação acima para definir o lado esquerdo, como faremos a seguir.

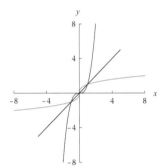

O gráfico de $\sqrt[3]{x}$ (cinza meio-tom) é obtido pela reflexão do gráfico de x^3 (cinza-escuro) sobre a reta $y = x$.

Expoente racional

Se n/m for uma fração sob a forma reduzida, em que m e n são inteiros e $m > 0$, então $x^{n/m}$ é definido pela equação
$$x^{n/m} = (x^{1/m})^n$$
sempre que isso fizer sentido.

A expressão "sempre que isto fizer sentido" exclui o caso em que $x < 0$ e m é par (porque nesse caso $x^{1/m}$ é indefinido) e o caso em que $x = 0$ e $n \leq 0$ (porque nesse caso 0^n é indefinido).

(a) Calcule o valor de $16^{3/2}$.

(b) Calcule o valor de $27^{2/3}$.

(c) Calcule o valor de $16^{-3/4}$.

(d) Calcule o valor de $27^{-4/3}$.

EXEMPLO 12

SOLUÇÃO

(a) $16^{3/2} = (16^{1/2})^3 = 4^3 = 64$

(b) $27^{2/3} = (27^{1/3})^2 = 3^2 = 9$

(c) $16^{-3/4} = (16^{1/4})^{-3} = 2^{-3} = \frac{1}{2^3} = \frac{1}{8}$

(d) $27^{-4/3} = (27^{1/3})^{-4} = 3^{-4} = \frac{1}{3^4} = \frac{1}{81}$

Propriedades de Expoentes

A definição de x^p, quando p é um número racional, foi escolhida de tal modo que as identidades-chave para expoentes inteiros também sejam válidas para expoentes racionais, como mostraremos abaixo.

> ### Propriedades algébricas de expoentes
> Suponha que p e q sejam números racionais e x e y números positivos. Então,
> $$x^p x^q = x^{p+q},$$
> $$x^p y^p = (xy)^p,$$
> $$(x^p)^q = x^{pq},$$
> $$x^0 = 1,$$
> $$x^{-p} = \frac{1}{x^p},$$
> $$\frac{x^p}{x^q} = x^{p-q},$$
> $$\frac{x^p}{y^p} = \left(\frac{x}{y}\right)^p.$$

Como um exemplo de como essas identidades podem não ser válidas se x não for positivo, temos que a equação $(x^2)^{1/2} = x$ não vale se x = -1.

EXEMPLO 13 Simplifique a expressão $\left(\dfrac{(x^{-3}y^4)^2}{x^{-9}y^3}\right)^2$.

SOLUÇÃO Começamos por simplificar o numerador dentro dos parênteses grandes. Temos
$$(x^{-3}y^4)^2 = x^{-6}y^8.$$

A expressão dentro de parênteses grandes é então igual a
$$\frac{x^{-6}y^8}{x^{-9}y^3}.$$

Agora, trazemos os termos do denominador para o numerador, obtendo
$$\frac{x^{-6}y^8}{x^{-9}y^3} = x^{-6}x^9 y^8 y^{-3}$$
$$= x^{-6+9} y^{8-3}$$
$$= x^3 y^5.$$

Para simplificar frações que envolvem expoentes, mantenha em mente que o expoente muda de sinal quando movido do numerador para o denominador ou do denominador para o numerador.

Então, a expressão dentro dos parênteses grandes é igual a $x^3 y^5$. Elevando ao quadrado esse resultado, obtemos
$$\left(\frac{(x^{-3}y^4)^2}{x^{-9}y^3}\right)^2 = x^6 y^{10}.$$

EXERCÍCIOS

Para os Exercícios 1–6, calcule o valor da expressão dada. Não use calculadora.

1. $2^5 - 5^2$
2. $4^3 - 3^4$
3. $\dfrac{3^{-2}}{2^{-3}}$
4. $\dfrac{2^{-6}}{6^{-2}}$
5. $\left(\dfrac{2}{3}\right)^{-4}$
6. $\left(\dfrac{5}{4}\right)^{-3}$

Os números nos Exercícios 7–14 são grandes demais para serem manipulados por uma calculadora. Esses exercícios requerem uma compreensão dos conceitos.

7. Escreva 9^{3000} como uma potência de 3.
8. Escreva 27^{4000} como uma potência de 3.
9. Escreva 5^{4000} como uma potência de 25.
10. Escreva 2^{3000} como uma potência de 8.
11. Escreva $2^5 \cdot 8^{1000}$ como uma potência de 2.
12. Escreva $5^3 \cdot 25^{2000}$ como uma potência de 5.
13. Escreva $2^{100} \cdot 4^{200} \cdot 8^{300}$ como uma potência de 2.
14. Escreva $3^{500} \cdot 9^{200} \cdot 27^{100}$ como uma potência de 3.

Para os Exercícios 15–20, simplifique a expressão dada, escrevendo-a como uma potência de uma única variável.

15. $x^5(x^2)^3$
16. $y^4(y^3)^5$
17. $y^4(y^2(y^5)^2)^{3/5}$
18. $x(x^4(x^3)^2)^{5/3}$
19. $t^4(t^3(t^{-2})^5)^4$
20. $w^3(w^4(w^{-3})^6)^2$

21. Escreva $\dfrac{8^{1000}}{2^5}$ como uma potência de 2.

22. Escreva $\dfrac{25^{2000}}{5^3}$ como uma potência de 5.

23. Determine inteiros m e n tais que $2^m \cdot 5^n = 16000$.
24. Determine inteiros m e n tais que $2^m \cdot 5^n = 0{,}0032$.

Para os Exercícios 25–32, simplifique a expressão dada.

25. $\dfrac{(x^2)^3 y^8}{x^5(y^4)^3}$
26. $\dfrac{x^{11}(y^3)^2}{(x^3)^5(y^2)^4}$
27. $\dfrac{(x^{-2})^3 y^8}{x^{-5}(y^4)^{-3}}$
28. $\dfrac{x^{-11}(y^3)^{-2}}{(x^{-3})^5(y^2)^4}$
29. $\dfrac{(x^2 y^{4/5})^3}{(x^5 y^2)^{-4}}$
30. $\dfrac{(x^4 y^{3/4})^{-3}}{(x^5 y^{-2})^4}$
31. $\left(\dfrac{(x^2 y^{-5})^{-4}}{(x^5 y^{-2})^{-3}}\right)^2$
32. $\left(\dfrac{(x^{-3} y^5)^{-4}}{(x^{-5} y^{-2})^{-3}}\right)^{-2}$

Para os Exercícios 33–44, determine uma fórmula para $f \circ g$ para as funções f e g indicadas.

33. $f(x) = x^2,\ g(x) = x^3$
34. $f(x) = x^5,\ g(x) = x^4$
35. $f(x) = 4x^2,\ g(x) = 5x^3$
36. $f(x) = 3x^5,\ g(x) = 2x^4$
37. $f(x) = 4x^{-2},\ g(x) = 5x^3$
38. $f(x) = 3x^{-5},\ g(x) = 2x^4$
39. $f(x) = 4x^{-2},\ g(x) = -5x^{-3}$
40. $f(x) = 3x^{-5},\ g(x) = -2x^{-4}$
41. $f(x) = x^{1/2},\ g(x) = x^{3/7}$
42. $f(x) = x^{5/3},\ g(x) = x^{4/9}$
43. $f(x) = 3 + x^{5/4},\ g(x) = x^{2/7}$

Para os Exercícios 45–56, expanda a expressão.

45. $(2 + \sqrt{3})^2$
46. $(3 + \sqrt{2})^2$
47. $(2 - 3\sqrt{5})^2$
48. $(3 - 5\sqrt{2})^2$
49. $(2 + \sqrt{3})^4$
50. $(3 + \sqrt{2})^4$
51. $(3 + \sqrt{x})^2$
52. $(5 + \sqrt{x})^2$
53. $(3 - \sqrt{2x})^2$
54. $(5 - \sqrt{3x})^2$
55. $(1 + 2\sqrt{3x})^2$
56. $(3 + 2\sqrt{5x})^2$

Para os Exercícios 57–64, determine todos os números reais x que satisfazem a equação indicada.

57. $x - 5\sqrt{x} + 6 = 0$
58. $x - 7\sqrt{x} + 12 = 0$
59. $x - \sqrt{x} = 6$
60. $x - \sqrt{x} = 12$
61. $x^{2/3} - 6x^{1/3} = -8$
62. $x^{2/3} + 3x^{1/3} = 10$
63. $x^4 - 3x^2 = 10$
64. $x^4 - 8x^2 = -15$

65. Calcule o valor de 3^{-2x} sendo x um número tal que $3^x = 4$.
66. Calcule o valor de 2^{-4x} sendo x um número tal que $2^x = \tfrac{1}{3}$.
67. Calcule o valor de 8^x sendo x um número tal que $2^x = 5$.
68. Calcule o valor de $\left(\tfrac{1}{9}\right)^x$ sendo x um número tal que $3^x = 5$.

Para os Exercícios 69–78, esboce o gráfico da função f dada no intervalo $[-1,3;\ 1,3]$.

69. $f(x) = x^3 + 1$
70. $f(x) = x^4 + 2$
71. $f(x) = x^4 - 1{,}5$
72. $f(x) = x^3 - 0{,}5$
73. $f(x) = 2x^3$
74. $f(x) = 3x^4$
75. $f(x) = -2x^4$
76. $f(x) = -3x^3$
77. $f(x) = -2x^4 + 3$
78. $f(x) = -3x^3 + 4$

180 CAPÍTULO 2

Para os Exercícios 79–86, calcule o valor das quantidades indicadas. Não use calculadora, porque senão você não vai ganhar o entendimento que esses exercícios devem ajudá-lo a atingir.

79 $25^{3/2}$ 81 $32^{3/5}$ 83 $32^{-4/5}$ 85 $(-8)^{7/3}$

80 $8^{5/3}$ 82 $81^{3/4}$ 84 $8^{-5/3}$ 86 $(-27)^{4/3}$

Para os Exercícios 87–98, determine uma fórmula para a função inversa f^{-1} da função f indicada.

87 $f(x) = x^9$

88 $f(x) = x^{12}$

89 $f(x) = x^{1/7}$

90 $f(x) = x^{1/11}$

91 $f(x) = x^{-2/5}$

92 $f(x) = x^{-17/7}$

93 $f(x) = \frac{x^4}{81}$

94 $f(x) = 32x^5$

95 $f(x) = 6 + x^3$

96 $f(x) = x^6 - 5$

97 $f(x) = 4x^{3/7} - 1$

98 $f(x) = 7 + 8x^{5/9}$

Para os Exercícios 99–108, esboce o gráfico da função f dada no domínio $[-3, -\frac{1}{3}] \cup [\frac{1}{3}, 3]$.

99 $f(x) = \frac{1}{x} + 1$

100 $f(x) = \frac{1}{x^2} + 2$

101 $f(x) = \frac{1}{x^2} - 2$

102 $f(x) = \frac{1}{x} - 3$

103 $f(x) = \frac{2}{x}$

104 $f(x) = \frac{3}{x^2}$

105 $f(x) = -\frac{2}{x^2}$

106 $f(x) = -\frac{3}{x}$

107 $f(x) = -\frac{2}{x^2} + 3$

108 $f(x) = -\frac{3}{x} + 4$

109 Determine um inteiro m tal que

$$((3 + 2\sqrt{5})^2 - m)^2$$

seja um inteiro.

110 Determine um inteiro m tal que

$$((5 - 2\sqrt{3})^2 - m)^2$$

seja um inteiro.

PROBLEMAS

111 Suponha que m seja um inteiro positivo. Explique por que 10^m, quando escrito na notação decimal usual, é o dígito 1 seguido de m zeros.

112 Suponha que m seja um número ímpar. Demonstre que a função f definida por $f(x) = x^m$ é uma função ímpar.

113 Suponha que m seja um inteiro par. Demonstre que a função f definida por $f(x) = x^m$ é uma função par.

114 (a) Verifique que $(2^2)^2 = 2^{(2^2)}$.

(b) Demonstre que, se m for um inteiro maior que 2, então

$$(m^m)^m \neq m^{(m^m)}.$$

115 Qual é o domínio da função $(3 + x)^{1/4}$?

116 Qual é o domínio da função $(1 + x^2)^{1/8}$?

117 Suponha que p e q sejam números racionais. Defina funções f e g com base em $f(x) = x^p$ e $g(x) = x^q$. Explique por que

$$(f \circ g)(x) = x^{pq}.$$

118 Suponha que x seja um número real e m, n e p sejam inteiros positivos. Explique por que

$$x^{m+n+p} = x^m x^n x^p.$$

119 Suponha que x seja um número real e m, n e p sejam inteiros positivos. Explique por que

$$((x^m)^n)^p = x^{mnp}.$$

120 Suponha que x, y e z sejam números reais e m seja um inteiro positivo. Explique por que

$$x^m y^m z^m = (xyz)^m.$$

121 Demonstre que, se $x \neq 0$, então

$$|x^n| = |x|^n$$

para todos os inteiros n.

122 Esboce o gráfico das funções $\sqrt{x} + 1$ e $\sqrt{x+1}$ no intervalo $[0, 4]$.

123 Explique por que, quando se diz "a raiz quadrada de x mais um", essa expressão poderia ser interpretada de duas formas distintas que não levariam ao mesmo resultado.

124 Esboce os gráficos das funções $2x^{1/3}$ e $(2x)^{1/3}$ no intervalo $[0, 8]$.

125 Esboce os gráficos das funções $x^{1/4}$ e $x^{1/5}$ no intervalo $[0, 81]$.

126 Demonstre que $\sqrt{5} \cdot 5^{3/2} = 25$.

127 Demonstre que $\sqrt{2}^3 \sqrt{8}^3 = 64$.

128 Demonstre que $3^{3/2} 12^{3/2} = 216$.

129 Demonstre que $\sqrt{2 + \sqrt{3}} = \sqrt{\frac{3}{2}} + \sqrt{\frac{1}{2}}$.

130 Demonstre que $\sqrt{2 - \sqrt{3}} = \sqrt{\frac{3}{2}} - \sqrt{\frac{1}{2}}$.

131 Demonstre que $\sqrt{9 - 4\sqrt{5}} = \sqrt{5} - 2$.

132 Demonstre que $(23 - 8\sqrt{7})^{1/2} = 4 - \sqrt{7}$.

133 Formule um problema com forma similar à do problema anterior sem copiar nada deste livro.

134 Demonstre que $(99 + 70\sqrt{2})^{1/3} = 3 + 2\sqrt{2}$.

135 Demonstre que $(-37 + 30\sqrt{3})^{1/3} = -1 + 2\sqrt{3}$.

136 Demonstre que, se x e y forem números positivos, com $x \neq y$, então
$$\frac{x-y}{\sqrt{x}-\sqrt{y}} = \sqrt{x} + \sqrt{y}.$$

137 Explique por que
$$10^{100}(\sqrt{10^{200}+1} - 10^{100})$$
é aproximadamente igual a $\frac{1}{2}$.

138 Explique por que a equação $\sqrt{x^2} = x$ não é válida para todos os números reais x e deve ser substituída pela equação $\sqrt{x^2} = |x|$.

139 Explique por que a equação $\sqrt{x^8} = x^4$ é válida para todos os números reais x, sem necessidade de usar o valor absoluto.

140 Demonstre que, se x e y forem números positivos, então
$$\sqrt{x+y} < \sqrt{x} + \sqrt{y}.$$
[*Em particular, se x e y forem números positivos, então $\sqrt{x+y} \neq \sqrt{x} + \sqrt{y}$.*]

141 Demonstre que, se $0 < x < y$, então
$$\sqrt{y} - \sqrt{x} < \sqrt{y-x}.$$

142 Explique por que
$$\sqrt{x} < \sqrt[3]{x} \quad \text{se} \quad 0 < x < 1$$
e
$$\sqrt{x} > \sqrt[3]{x} \quad \text{se} \quad x > 1.$$
Esboce os gráficos das funções $\sqrt{x}$ e $\sqrt[3]{x}$ no intervalo $[0, 4]$.

143 Usando o fato de que $\sqrt{2}$ é irracional (demonstrado na Seção 0.1), demonstre que $2^{5/2}$ é irracional.

144 Usando o fato de que $\sqrt{2}$ é irracional, explique por que $2^{1/6}$ é irracional.

145 Dê um exemplo de três números irracionais, x, y e z, tais que xyz seja um número racional.

146 Suponha que sua calculadora calcule apenas raízes quadradas. Explique como você poderia usar essa calculadora para calcular $7^{1/8}$.

147 Suponha que sua calculadora calcule apenas raízes quadradas e possa multiplicar. Explique como você poderia usar essa calculadora para calcular $7^{3/4}$.

O Último Teorema de Fermat estabelece que, se n for um inteiro maior que 2, então não existem inteiros positivos x, y e z tais que
$$x^n + y^n = z^n.$$

O Último Teorema de Fermat não havia sido provado até 1994, embora durante séculos matemáticos tenham tentado obter a sua prova.

148 Use o Último Teorema de Fermat para mostrar que, se n for um inteiro maior que 2, então não existem números racionais positivos x e y tais que
$$x^n + y^n = 1.$$
[*Dica*: Use a prova por contradição: suponha que existam números racionais $x = \frac{m}{p}$ e $y = \frac{q}{r}$ tais que $x^n + y^n = 1$; depois, demonstre que essa suposição leva a uma contradição do Último Teorema de Fermat.]

149 Use o Último Teorema de Fermat para mostrar que, se n for um inteiro maior que 2, então não existem números racionais positivos x, y e z tais que
$$x^n + y^n = z^n.$$
[*A equação $3^2 + 4^2 = 5^2$ mostra a necessidade da hipótese de que $n > 2$.*]

SOLUÇÕES DETALHADAS dos Exercícios Ímpares

Para os Exercícios 1–6, calcule o valor da expressão dada. Não use calculadora.

1 $2^5 - 5^2$

SOLUÇÃO $\quad 2^5 - 5^2 = 32 - 25 = 7$

3 $\dfrac{3^{-2}}{2^{-3}}$

SOLUÇÃO $\quad \dfrac{3^{-2}}{2^{-3}} = \dfrac{2^3}{3^2} = \dfrac{8}{9}$

5 $\left(\dfrac{2}{3}\right)^{-4}$

SOLUÇÃO $\quad \left(\dfrac{2}{3}\right)^{-4} = \left(\dfrac{3}{2}\right)^4 = \dfrac{3^4}{2^4} = \dfrac{81}{16}$

Os números nos Exercícios 7–14 são grandes demais para serem manipulados por uma calculadora. Esses exercícios requerem uma compreensão dos conceitos.

7 Escreva 9^{3000} como uma potência de 3.

SOLUÇÃO $\quad 9^{3000} = (3^2)^{3000} = 3^{6000}$

9 Escreva 5^{4000} como potência de 25.

SOLUÇÃO
$$5^{4000} = 5^{2 \cdot 2000}$$
$$= (5^2)^{2000}$$
$$= 25^{2000}$$

11 Escreva $2^5 \cdot 8^{1000}$ como potência de 2.

SOLUÇÃO
$$2^5 \cdot 8^{1000} = 2^5 \cdot (2^3)^{1000}$$
$$= 2^5 \cdot 2^{3000}$$
$$= 2^{3005}$$

13 Escreva $2^{100} \cdot 4^{200} \cdot 8^{300}$ como potência de 2.

SOLUÇÃO
$$2^{100} \cdot 4^{200} \cdot 8^{300} = 2^{100} \cdot (2^2)^{200} \cdot (2^3)^{300}$$
$$= 2^{100} \cdot 2^{400} \cdot 2^{900}$$
$$= 2^{1400}$$

Para os Exercícios 15-20, simplifique a expressão dada, escrevendo-a como uma potência de uma única variável.

15 $x^5(x^2)^3$

SOLUÇÃO $\quad x^5(x^2)^3 = x^5 x^6 = x^{11}$

17 $y^4\big(y^2(y^5)^2\big)^{3/5}$

SOLUÇÃO
$$y^4\big(y^2(y^5)^2\big)^{3/5} = y^4(y^2 y^{10})^{3/5}$$
$$= y^4(y^{12})^{3/5}$$
$$= y^4 y^{36/5}$$
$$= y^{56/5}$$

19 $t^4\big(t^3(t^{-2})^5\big)^4$

SOLUÇÃO
$$t^4\big(t^3(t^{-2})^5\big)^4 = t^4(t^3 t^{-10})^4$$
$$= t^4(t^{-7})^4$$
$$= t^4 t^{-28}$$
$$= t^{-24}$$

21 Escreva $\dfrac{8^{1000}}{2^5}$ como potência de 2.

SOLUÇÃO
$$\frac{8^{1000}}{2^5} = \frac{(2^3)^{1000}}{2^5}$$
$$= \frac{2^{3000}}{2^5}$$
$$= 2^{2995}$$

23 Determine inteiros m e n tais que $2^m \cdot 5^n = 16000$.

SOLUÇÃO Observe que
$$16000 = 16 \cdot 1000$$
$$= 2^4 \cdot 10^3$$
$$= 2^4 \cdot (2 \cdot 5)^3$$
$$= 2^4 \cdot 2^3 \cdot 5^3$$
$$= 2^7 \cdot 5^3.$$

Portanto, se quisermos determinar inteiros m e n tais que $2^m \cdot 5^n = 16000$, poderíamos escolher $m = 7$ e $n = 3$.

Para os Exercícios 25-32, simplifique a expressão dada.

25 $\dfrac{(x^2)^3 y^8}{x^5(y^4)^3}$

SOLUÇÃO
$$\frac{(x^2)^3 y^8}{x^5(y^4)^3} = \frac{x^6 y^8}{x^5 y^{12}}$$
$$= \frac{x^{6-5}}{y^{12-8}}$$
$$= \frac{x}{y^4}$$

27 $\dfrac{(x^{-2})^3 y^8}{x^{-5}(y^4)^{-3}}$

SOLUÇÃO
$$\frac{(x^{-2})^3 y^8}{x^{-5}(y^4)^{-3}} = \frac{x^{-6} y^8}{x^{-5} y^{-12}}$$
$$= \frac{y^{8+12}}{x^{6-5}}$$
$$= \frac{y^{20}}{x}$$

29 $\dfrac{(x^2 y^{4/5})^3}{(x^5 y^2)^{-4}}$

SOLUÇÃO

$$\frac{(x^2 y^{4/5})^3}{(x^5 y^2)^{-4}} = \frac{x^6 y^{12/5}}{x^{-20} y^{-8}}$$

$$= x^{6+20} y^{12/5+8}$$

$$= x^{26} y^{52/5}$$

31 $\left(\dfrac{(x^2 y^{-5})^{-4}}{(x^5 y^{-2})^{-3}}\right)^2$

SOLUÇÃO

$$\left(\frac{(x^2 y^{-5})^{-4}}{(x^5 y^{-2})^{-3}}\right)^2 = \frac{(x^2 y^{-5})^{-8}}{(x^5 y^{-2})^{-6}}$$

$$= \frac{x^{-16} y^{40}}{x^{-30} y^{12}}$$

$$= x^{30-16} y^{40-12}$$

$$= x^{14} y^{28}$$

Para os Exercícios 33–44, determine uma fórmula para $f \circ g$ para as funções f e g indicadas.

33 $f(x) = x^2$, $g(x) = x^3$

SOLUÇÃO

$$(f \circ g)(x) = f(g(x)) = f(x^3) = (x^3)^2 = x^6$$

35 $f(x) = 4x^2$, $g(x) = 5x^3$

SOLUÇÃO

$$(f \circ g)(x) = f(g(x)) = f(5x^3)$$

$$= 4(5x^3)^2 = 4 \cdot 5^2 (x^3)^2 = 100 x^6$$

37 $f(x) = 4x^{-2}$, $g(x) = 5x^3$

SOLUÇÃO

$$(f \circ g)(x) = f(g(x)) = f(5x^3)$$

$$= 4(5x^3)^{-2} = 4 \cdot 5^{-2}(x^3)^{-2} = \tfrac{4}{25} x^{-6}$$

39 $f(x) = 4x^{-2}$, $g(x) = -5x^{-3}$

SOLUÇÃO

$$(f \circ g)(x) = f(g(x)) = f(-5x^{-3})$$

$$= 4(-5x^{-3})^{-2} = 4(-5)^{-2}(x^{-3})^{-2} = \tfrac{4}{25} x^6$$

41 $f(x) = x^{1/2}$, $g(x) = x^{3/7}$

SOLUÇÃO

$$(f \circ g)(x) = f(g(x)) = f(x^{3/7}) = (x^{3/7})^{1/2}$$

$$= x^{3/14}$$

43 $f(x) = 3 + x^{5/4}$, $g(x) = x^{2/7}$

SOLUÇÃO

$$(f \circ g)(x) = f(g(x)) = f(x^{2/7}) = 3 + (x^{2/7})^{5/4}$$

$$= 3 + x^{5/14}$$

Para os Exercícios 45–56, expanda a expressão.

45 $(2 + \sqrt{3})^2$

SOLUÇÃO

$$(2 + \sqrt{3})^2 = 2^2 + 2 \cdot 2 \sqrt{3} + \sqrt{3}^2$$

$$= 4 + 4\sqrt{3} + 3$$

$$= 7 + 4\sqrt{3}$$

47 $(2 - 3\sqrt{5})^2$

SOLUÇÃO

$$(2 - 3\sqrt{5})^2 = 2^2 - 2 \cdot 2 \cdot 3 \cdot \sqrt{5} + 3^2 \cdot \sqrt{5}^2$$

$$= 4 - 12\sqrt{5} + 9 \cdot 5$$

$$= 49 - 12\sqrt{5}$$

49 $(2 + \sqrt{3})^4$

SOLUÇÃO   Observe que
$$(2 + \sqrt{3})^4 = ((2 + \sqrt{3})^2)^2.$$

Portanto, precisamos começar por calcular $(2+\sqrt{3})^2$. Já fizemos isso no Exercício 45, obtendo

$$(2 + \sqrt{3})^2 = 7 + 4\sqrt{3}.$$

Então

$$(2 + \sqrt{3})^4 = ((2 + \sqrt{3})^2)^2$$

$$= (7 + 4\sqrt{3})^2$$

$$= 7^2 + 2 \cdot 7 \cdot 4 \cdot \sqrt{3} + 4^2 \cdot \sqrt{3}^2$$

$$= 49 + 56\sqrt{3} + 16 \cdot 3$$

$$= 97 + 56\sqrt{3}.$$

51 $(3+\sqrt{x})^2$

SOLUÇÃO
$$(3+\sqrt{x})^2 = 3^2 + 2\cdot 3 \cdot \sqrt{x} + \sqrt{x}^2$$
$$= 9 + 6\sqrt{x} + x$$

53 $(3-\sqrt{2x})^2$

SOLUÇÃO
$$(3-\sqrt{2x})^2 = 3^2 - 2\cdot 3 \cdot \sqrt{2x} + \sqrt{2x}^2$$
$$= 9 - 6\sqrt{2x} + 2x$$

55 $(1+2\sqrt{3x})^2$

SOLUÇÃO
$$(1+2\sqrt{3x})^2 = 1^2 + 2\cdot 2 \cdot \sqrt{3x} + 2^2 \cdot \sqrt{3x}^2$$
$$= 1 + 4\sqrt{3x} + 4\cdot 3x$$
$$= 1 + 4\sqrt{3x} + 12x$$

Para os Exercícios 57–64, determine todos os números reais x que satisfazem a equação indicada.

57 $x - 5\sqrt{x} + 6 = 0$

SOLUÇÃO   Essa equação envolve $\sqrt{x}$; portanto, fazemos a substituição $\sqrt{x} = y$. Elevando ao quadrado ambos os lados da equação $\sqrt{x} = y$, obtemos $x = y^2$. Com estas substituições, a equação acima torna-se

$$y^2 - 5y + 6 = 0.$$

Fatorando o lado esquerdo, obtemos

$$(y-2)(y-3) = 0.$$

Assim, ou $y = 2$, ou $y = 3$ (que também poderiam ter sido obtidos usando a fórmula quadrática).
Substituindo agora $\sqrt{x}$ no lugar de y, vemos que ou $\sqrt{x} = 2$, ou $\sqrt{x} = 3$. Então, ou $x = 4$, ou $x = 9$.

59 $x - \sqrt{x} = 6$

SOLUÇÃO   Essa equação envolve $\sqrt{x}$; portanto, fazemos a substituição $\sqrt{x} = y$. Elevando ao quadrado ambos os lados da equação $\sqrt{x} = y$, obtemos $x = y^2$. Fazendo essas substituições e subtraindo 6 de ambos os lados, temos

$$y^2 - y - 6 = 0.$$

A fórmula quadrática fornece

$$y = \frac{1 \pm \sqrt{1+24}}{2} = \frac{1 \pm 5}{2}.$$

Então, $y = 3$ ou $y = -2$ (o mesmo resultado poderia ser obtido por fatoração).

Substituindo agora y por $\sqrt{x}$, obtemos

$$\sqrt{x} = 3 \quad \text{ou} \quad \sqrt{x} = -2.$$

A primeira possibilidade corresponde a $x = 9$.
Não existe número real tal que $\sqrt{x} = -2$,
Portanto, $x = 9$ é a única solução para essa equação.

61 $x^{2/3} - 6x^{1/3} = -8$

SOLUÇÃO   Essa equação envolve $x^{1/3}$ e $x^{2/3}$; portanto, fazemos a substituição $x^{1/3} = y$. Elevando ao quadrado ambos os lados da equação $x^{1/3} = y$, obtemos $x^{2/3} = y^2$. Fazendo essas substituições e adicionando 8 a ambos os lados, temos

$$y^2 - 6y + 8 = 0.$$

Fatorando o lado esquerdo, obtemos

$$(y-2)(y-4) = 0.$$

Assim, ou $y = 2$, ou $y = 4$ (que também poderiam ter sido obtidos usando a fórmula quadrática).
Substituindo agora $x^{1/3}$ no lugar de y, vemos que

$$x^{1/3} = 2 \quad \text{ou} \quad x^{1/3} = 4.$$

Assim, ou $x = 2^3$, ou $x = 4^3$. Em outras palavras, ou $x = 8$, ou $x = 64$.

63 $x^4 - 3x^2 = 10$

SOLUÇÃO   Essa equação envolve x^2 e x^4; portanto, fazemos a substituição $x^2 = y$. Elevando ao quadrado ambos os lados da equação $x^2 = y$, obtemos $x^4 = y^2$. Fazendo essas substituições e subtraindo 10 de ambos os lados, temos

$$y^2 - 3y - 10 = 0.$$

Fatorando o lado esquerdo, obtemos

$$(y-5)(y+2) = 0.$$

Assim, ou $y = 5$, ou $y = -2$ (que também poderiam ter sido obtidos usando a fórmula quadrática).

Substituindo agora x^2 no lugar de y, vemos que $x^2 = 5$ ou $x^2 = -2$. A primeira dessas equações implica que

$$x = \sqrt{5} \quad \text{ou} \quad x = -\sqrt{5};$$

a segunda equação não é satisfeita por nenhum valor real de x. Em outras palavras, a equação original implica que ou $x = \sqrt{5}$, ou $x = -\sqrt{5}$.

65 Calcule o valor de 3^{-2x} sendo x um número tal que $3^x = 4$.

SOLUÇÃO
$$3^{-2x} = (3^x)^{-2}$$
$$= 4^{-2}$$
$$= \frac{1}{4^2}$$
$$= \frac{1}{16}$$

66 Calcule o valor de 8^x sendo x um número tal que $2^x = 5$.

SOLUÇÃO
$$8^x = (2^3)^x$$
$$= 2^{3x}$$
$$= (2^x)^3$$
$$= 5^3$$
$$= 125$$

Para os Exercícios 69–78, esboce o gráfico da função f dada no intervalo [−1, 3; 1,3].

69 $f(x) = x^3 + 1$

SOLUÇÃO Deslocando o gráfico de x^3 para cima uma unidade, obtemos o seguinte gráfico:

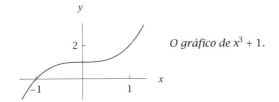

O gráfico de $x^3 + 1$.

71 $f(x) = x^4 - 1,5$

SOLUÇÃO Deslocando o gráfico de x^4 para baixo 1,5 unidade, obtemos o seguinte gráfico:

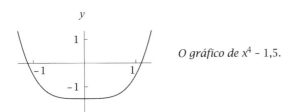

O gráfico de $x^4 - 1,5$.

73 $f(x) = 2x^3$

SOLUÇÃO Alongando verticalmente o gráfico de x^3 por um fator 2, obtemos o seguinte gráfico:

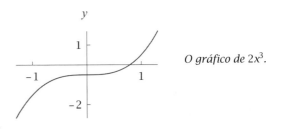

O gráfico de $2x^3$.

75 $f(x) = -2x^4$

SOLUÇÃO Alongando verticalmente o gráfico de x^4 por um fator 2 e depois refletindo-o sobre o eixo dos x, obtemos o seguinte gráfico:

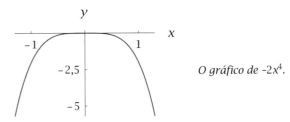

O gráfico de $-2x^4$.

77 $f(x) = -2x^4 + 3$

SOLUÇÃO Alongando verticalmente o gráfico de x^4 por um fator 2, depois refletindo-o sobre o eixo dos x e, finalmente, deslocando-o para cima três unidades, obtemos o seguinte gráfico:

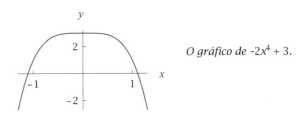

O gráfico de $-2x^4 + 3$.

Para os Exercícios 79–86, calcule o valor das quantidades indicadas. Não use calculadora, porque senão você não vai ganhar o entendimento que esses exercícios devem ajudá-lo a atingir.

79 $25^{3/2}$

SOLUÇÃO $25^{3/2} = (25^{1/2})^3 = 5^3 = 125$

81 $32^{3/5}$

SOLUÇÃO $32^{3/5} = (32^{1/5})^3 = 2^3 = 8$

83 $32^{-4/5}$

SOLUÇÃO $32^{-4/5} = (32^{1/5})^{-4} = 2^{-4} = \frac{1}{2^4} = \frac{1}{16}$

85 $(-8)^{7/3}$

SOLUÇÃO
$$(-8)^{7/3} = ((-8)^{1/3})^7$$
$$= (-2)^7$$
$$= -128$$

Para os Exercícios 87-98, determine uma fórmula para a função inversa f^{-1} da função f indicada.

87 $f(x) = x^9$

SOLUÇÃO Pela definição de raízes, a função inversa de f é a função f^{-1} definida por

$$f^{-1}(y) = y^{1/9}.$$

89 $f(x) = x^{1/7}$

SOLUÇÃO Pela definição de raízes, $f = g^{-1}$, em que g é a função definida por $g(y) = y^7$. Portanto, $f^{-1} = (g^{-1})^{-1} = g$. Em outras palavras,

$$f^{-1}(y) = y^7.$$

91 $f(x) = x^{-2/5}$

SOLUÇÃO Para determinar uma fórmula para f^{-1}, resolvemos a equação $x^{-2/5} = y$ para x. Elevando os dois lados dessa equação à potência $-\frac{5}{2}$, obtemos $x = y^{-5/2}$. Assim,

$$f^{-1}(y) = y^{-5/2}.$$

93 $f(x) = \frac{x^4}{81}$

SOLUÇÃO Para determinar uma fórmula para f^{-1}, resolvemos a equação $\frac{x^4}{81} = y$ para x. Multiplicando ambos os lados da equação por 81 e depois elevando ambos os lados à potência $\frac{1}{4}$, obtemos $x = (81y)^{1/4} = 3y^{1/4}$. Assim,

$$f^{-1}(y) = 3y^{1/4}.$$

95 $f(x) = 6 + x^3$

SOLUÇÃO Para determinar uma fórmula para f^{-1}, resolvemos a equação $6 + x^3 = y$ para x. Subtraindo 6 de ambos os lados da equação e depois elevando ambos os lados à potência $\frac{1}{3}$, obtemos $x = (y - 6)^{1/3}$. Assim,

$$f^{-1}(y) = (y - 6)^{1/3}.$$

97 $f(x) = 4x^{3/7} - 1$

SOLUÇÃO Para determinar uma fórmula para f^{-1}, resolvemos a equação $4x^{3/7} - 1 = y$ para x. Adicionando 1 a ambos os lados da equação, depois dividindo ambos os lados por 4 e, finalmente, elevando ambos os lados à potência $\frac{7}{3}$, obtemos $x = \left(\frac{y+1}{4}\right)^{7/3}$. Assim,

$$f^{-1}(y) = \left(\frac{y+1}{4}\right)^{7/3}.$$

Para os Exercícios 99-108, esboce o gráfico da função f dada no domínio $[-3, -\frac{1}{3}] \cup [\frac{1}{3}, 3]$.

99 $f(x) = \frac{1}{x} + 1$

SOLUÇÃO Deslocando o gráfico de $\frac{1}{x}$ para cima uma unidade, obtemos o seguinte gráfico:

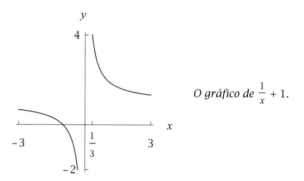

O gráfico de $\frac{1}{x} + 1$.

101 $f(x) = \frac{1}{x^2} - 2$

SOLUÇÃO Deslocando o gráfico de $\frac{1}{x^2}$ para baixo duas unidades, obtemos o seguinte gráfico:

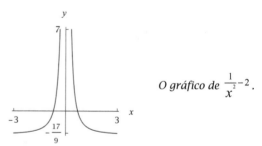

O gráfico de $\frac{1}{x^2} - 2$.

103 $f(x) = \frac{2}{x}$

SOLUÇÃO Alongando verticalmente o gráfico de $\frac{1}{x}$ por um fator 2, obtemos o seguinte gráfico:

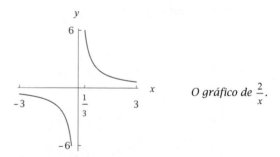

O gráfico de $\frac{2}{x}$.

105 $f(x) = -\frac{2}{x^2}$

SOLUÇÃO Alongando verticalmente o gráfico de $\frac{1}{x^2}$ por um fator 2 e depois refletindo-o sobre o eixo dos x, obtemos o seguinte gráfico:

Funções Lineares, Quadráticas, Polinomiais e Racionais 187

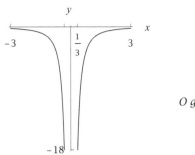

O gráfico de $-\frac{2}{x^2}$.

107 $f(x) = -\frac{2}{x^2} + 3$

SOLUÇÃO Alongando verticalmente o gráfico de $\frac{1}{x^2}$ por um fator 2, depois refletindo-o sobre o eixo dos x e, finalmente, deslocando-o para cima três unidades, obtemos o seguinte gráfico:

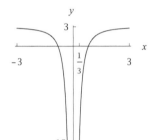

O gráfico de $-\frac{2}{x^2} + 3$.

109 Determine um inteiro m tal que
$$((3 + 2\sqrt{5})^2 - m)^2$$
seja um inteiro.

$$(3 + 2\sqrt{5})^2 = 3^2 + 2 \cdot 3 \cdot 2 \cdot \sqrt{5} + 2^2 \cdot \sqrt{5}^2$$
$$= 9 + 12\sqrt{5} + 4 \cdot 5$$
$$= 29 + 12\sqrt{5}.$$

Então,
$$((3 + 2\sqrt{5})^2 - m)^2 = (29 + 12\sqrt{5} - m)^2.$$

Se escolhermos $m = 29$, então temos
$$((3 + 2\sqrt{5})^2 - m)^2 = (12\sqrt{5})^2$$
$$= 12^2 \cdot \sqrt{5}^2$$
$$= 12^2 \cdot 5,$$

que é um inteiro. Qualquer escolha diferente de $m = 29$ deixará um termo envolvendo $\sqrt{5}$ quando expandirmos $(29 + 12\sqrt{5} - m)^2$. Assim, a única solução para esse exercício é $m = 29$.

Euclides explicando geometria (de A Escola de Atenas, pintado por Raphael em torno de 1510).

2.4 Polinômios

OBJETIVOS DE APRENDIZAGEM

Ao final desta seção, você deverá ser capaz de

- reconhecer o grau de um polinômio;
- manipular polinômios algebricamente;
- explicar a conexão entre a fatoração e os zeros de um polinômio;
- determinar o comportamento de $p(x)$ quando p for um polinômio e $|x|$ for grande.

Anteriormente, vimos funções lineares e funções quadráticas, que estão entre os polinômios mais simples. Nesta seção, trabalharemos com polinômios mais gerais. Começaremos pela definição de um polinômio.

A expressão que define um polinômio faz sentido para todo número real. Assim, supõe-se que o domínio de um polinômio seja o conjunto dos números reais, a menos que outro domínio seja especificado.

Polinômio

Um **polinômio** é uma função p tal que
$$p(x) = a_0 + a_1 x + a_2 x^2 + \cdots + a_n x^n,$$
em que n é um inteiro não negativo e $a_0, a_1, a_2, ..., a_n$ são números.

Um exemplo de polinômio é a função p definida por
$$p(x) = 3 - 7x^5 + 2x^6.$$
Aqui, em termos da definição acima, temos $a_1 = a_2 = a_3 = a_4 = 0$.

O Grau de um Polinômio

O maior expoente na expressão que define um polinômio exerce um papel importante na determinação do comportamento do polinômio. Dessa forma, a seguinte definição é útil.

Grau de um polinômio

Suponha que p seja um polinômio definido por
$$p(x) = a_0 + a_1 x + a_2 x^2 + \cdots + a_n x^n.$$
Se $a_n \neq 0$, então dizemos que p tem grau n. O grau de p é representado por grau p.

*Os números $a_0, a_1, a_2, ..., a_n$ são denominados os **coeficientes** do polinômio p.*

EXEMPLO 1

(a) Apresente um exemplo de polinômio de grau 0. Descreva seu gráfico.

(b) Apresente um exemplo de polinômio de grau 1. Descreva seu gráfico.

(c) Apresente um exemplo de polinômio de grau 2. Descreva seu gráfico.

(d) Apresente um exemplo de polinômio de grau 4. Use tecnologia para traçar o seu gráfico.

SOLUÇÃO

(a) A função p definida por

$$p(x) = 4$$

é um polinômio de grau 0. Seu gráfico é uma reta horizontal.

Polinômios de grau 0 são funções constantes.

(b) A função p definida por

$$p(x) = 2 + \tfrac{1}{2}x$$

é um polinômio de grau 1. Seu gráfico é uma reta não horizontal.

Polinômios de grau 1 são funções lineares.

(c) A função p definida por

$$p(x) = -3 + 5x^2$$

é um polinômio de grau 2. Seu gráfico é uma parábola.

Polinômios de grau 2 são funções quadráticas.

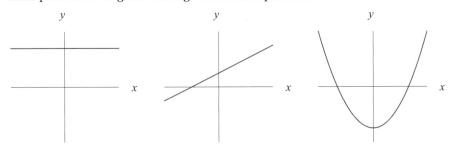

O gráfico de um polinômio de grau 0 (à esquerda), um de um polinômio de grau 1 (no centro) e um de um polinômio de grau 2 (à direita).

(d) A função p definida por

$$p(x) = 4 + 6x - 7x^2 - x^3 + x^4$$

é um polinômio de grau 4. Para obter um gráfico similar ao apresentado aqui, digite
`graph 4 + 6x - 7x^2 - x^3 + x^4` em uma caixa de entrada do *WolframAlpha* ou use a sua tecnologia favorita.

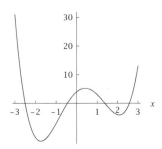

O gráfico de $4 + 6x - 7x^2 - x^3 + x^4$ no intervalo $[-3, 3]$.

A Álgebra dos Polinômios

Vimos, na Seção 1.4, que duas funções podem ser adicionadas, subtraídas ou multiplicadas produzindo outra função. Especificamente, se p e q forem funções, então as funções $p + q$, $p - q$ e pq são definidas por

$$(p + q)(x) = p(x) + q(x);$$

$$(p - q)(x) = p(x) - q(x);$$

$$(pq)(x) = p(x)q(x).$$

Quando as duas funções que estão sendo adicionadas, subtraídas ou multiplicadas forem ambas polinômios, então o resultado é também um polinômio, como ilustrado pelos próximos dois exemplos.

EXEMPLO 2

Suponha que p e q sejam polinômios definidos por

$$p(x) = 2 - 7x^2 + 5x^3 \quad \text{e} \quad q(x) = 1 + 9x + x^2 + 5x^3.$$

(a) Qual é grau de p?

(b) Qual é grau de q?

(c) Determine uma fórmula para $p + q$.

(d) Qual é grau de $(p + q)$?

(e) Determine uma fórmula para $p - q$.

(f) Qual é grau de $(p - q)$?

SOLUÇÃO

(a) O termo com expoente mais alto na expressão que define p é $5x^3$. Assim, grau $p = 3$.

(b) O termo com expoente mais alto na expressão que define q é $5x^3$. Assim, grau $q = 3$.

(c) Adicionando-se as expressões que definem p e q, temos

$$(p + q)(x) = 3 + 9x - 6x^2 + 10x^3.$$

(d) O termo com expoente mais alto na expressão acima para $p + q$ é $10x^3$. Assim, grau $(p + q) = 3$.

(e) Subtraindo a expressão que define q da expressão que define p, temos

$$(p - q)(x) = 1 - 9x - 8x^2.$$

(f) O termo com expoente mais alto na expressão acima para $p - q$ é $-8x^2$. Assim, grau $(p - q) = 2$.

De modo mais geral, temos o seguinte resultado:

O polinômio constante p definido por p(x) = 0, para todo número x, não possui coeficientes não nulos. Assim, o grau desse polinômio é indefinido. Às vezes, é conveniente escrever grau 0 = −∞ para evitar exceções triviais em vários resultados.

> **Grau da soma e da diferença de dois polinômios**
>
> Se p e q forem polinômios não nulos, então
>
> $$\text{grau}\,(p + q) \leq \text{máximo}\,\{\text{grau}\,p, \text{grau}\,q\}$$
>
> e
>
> $$\text{grau}\,(p - q) \leq \text{máximo}\,\{\text{grau}\,p, \text{grau}\,q\}.$$

Esse resultado é válido porque nem $p + q$ nem $p - q$ podem ter um expoente maior que o maior expoente de p ou q.

Devido a cancelamento, o grau de $p + q$ ou o grau de $p - q$ pode ser menor que o máximo entre o grau de p e o grau de q, como mostrado no item (f) do exemplo acima.

Funções Lineares, Quadráticas, Polinomiais e Racionais   191

EXEMPLO 3

Suponha que p e q sejam polinômios definidos por

$$p(x) = 2 - 3x^2 \quad \text{e} \quad q(x) = 4x + 7x^5.$$

(a) Qual é grau de p?

(b) Qual é grau de q?

(c) Determine uma fórmula para pq.

(d) Qual é grau de (pq)?

SOLUÇÃO

(a) O termo com expoente mais alto na expressão que define p é $-3x^2$. Portanto, grau $p = 2$.

(b) O termo com expoente mais alto na expressão que define q é $7x^5$. Portanto, grau $q = 5$.

(c)
$$\begin{aligned}(pq)(x) &= (2 - 3x^2)(4x + 7x^5) \\ &= 8x - 12x^3 + 14x^5 - 21x^7\end{aligned}$$

(d) O termo com expoente mais alto na expressão acima para pq é $-21x^7$. Portanto, grau $(pq) = 7$.

De modo mais geral, temos o seguinte resultado:

> *Grau do produto de dois polinômios*
>
> Se p e q forem polinômios não nulos, então
>
> $$\text{grau}(pq) = \text{grau } p + \text{grau } q.$$

Essa igualdade é válida porque, quando o termo de expoente mais alto em p for multiplicado pelo termo de expoente mais alto em q, os expoentes serão adicionados.

Zeros e Fatoração de Polinômios

> *Zeros de uma função*
>
> Um número t é denominado um **zero** de uma função p se $p(t) = 0$.

*Os zeros de uma função às vezes também são denominados as **raízes** da função.*

Por exemplo, se $p(x) = x^2 - 5x + 6$, então 2 e 3 são zeros de p porque

$$p(2) = 2^2 - 5 \cdot 2 + 6 = 0 \quad \text{e} \quad p(3) = 3^2 - 5 \cdot 3 + 6 = 0.$$

A fórmula quadrática (veja Seção 2.2) pode ser usada para determinar os zeros de um polinômio de grau 2. Existe uma fórmula cúbica para determinar os zeros de um polinômio de grau 3 e uma fórmula quártica para determinar os zeros de um polinômio de grau 4. No entanto, essas fórmulas complicadas não são de grande utilidade prática, e a maioria dos matemáticos não as conhece.

Notavelmente, matemáticos provaram que não existe fórmula para os zeros de polinômios de grau maior ou igual a 5. Mas podem ser usados bons métodos numéricos, em computadores e calculadoras, para obter boas aproximações para os zeros de qualquer polinômio, mesmo quando não for possível determinar zeros exatos. Por exemplo,

A fórmula cúbica, que foi descoberta no século XVI, é apresentada a seguir apenas para que você tome conhecimento. Não a memorize.

Suponha

$p(x) = ax^3 + bx^2 + cx + d$,
em que $a \neq 0$. Seja
$$u = \frac{bc}{6a^2} - \frac{b^3}{27a^3} - \frac{d}{2a}$$
e depois seja
$$v = u^2 + \left(\frac{c}{3a} - \frac{b^2}{9a^2}\right)^3.$$
Suponha $v \geq 0$. Então
$$-\frac{b}{3a} + \sqrt[3]{u + \sqrt{v}} + \sqrt[3]{u - \sqrt{v}}$$
é um zero de p.

ninguém conseguiu escrever uma fórmula exata para calcular um zero do polinômio p definido por

$$p(x) = x^5 - 5x^4 - 6x^3 + 17x^2 + 4x - 7.$$

No entanto, um computador ou uma calculadora simbólica que possam determinar zeros aproximados de polinômios fornecerão, para esse p, os seguintes cinco zeros aproximados:

$$-1{,}87278 \quad -0{,}737226 \quad 0{,}624418 \quad 1{,}47289 \quad 5{,}51270$$

(digite, por exemplo,

> solve x^5 - 5 x^4 - 6 x^3 + 17 x^2 + 4 x - 7 = 0

em uma caixa de entrada do *WolframAlpha*, ou use sua tecnologia favorita, para determinar os zeros deste polinômio).

Os zeros de uma função têm uma interpretação gráfica. Especificamente, suponhamos que p seja uma função e t seja um zero de p. Dessa forma, $p(t) = 0$ e, assim, $(t, 0)$ está no gráfico de p; observe que $(t, 0)$ está também sobre o eixo horizontal. Concluímos que cada zero de p corresponde a um ponto em que o gráfico de p intercepta o eixo horizontal.

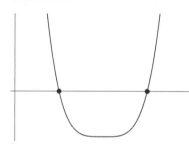

A função cujo gráfico mostramos aqui tem dois zeros, correspondendo aos dois pontos em que o gráfico intercepta o eixo horizontal.

EXEMPLO 4 Explique por que o polinômio p definido por $p(x) = x^2 + 1$ não tem zeros (reais).

SOLUÇÃO Neste caso, a equação $p(x) = 0$ leva à equação $x^2 = -1$, que não tem solução real porque o quadrado de um número real não pode ser negativo. Assim, esse polinômio p não possui zeros (reais).

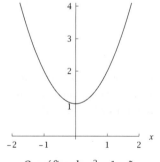

O gráfico de $x^2 + 1$ não intercepta o eixo dos x.

O gráfico também mostra que p não possui zeros (reais), pois o gráfico não intercepta o eixo horizontal.

Os números complexos foram inventados para fornecer soluções para a equação $x^2 = -1$. Este livro trabalha principalmente com números reais, mas, na Seção 6.4, serão apresentados os números complexos e os zeros complexos.

A seguir, estudaremos a íntima conexão entre a determinação dos zeros de um polinômio e a determinação dos fatores do polinômio sob a forma $x - t$.

> *Fator*
>
> Suponha que p seja um polinômio e t um número real. Então $x - t$ é denominado um **fator** de $p(x)$, se existir um polinômio G tal que
>
> $$p(x) = (x - t)G(x)$$
>
> para todo número real x.

Suponha que p seja um polinômio de grau 4 definido por
$$p(x) = (x-2)(x-5)(x^2+1).$$

EXEMPLO 5

(a) Explique por que $x - 2$ é um fator de $p(x)$.

(b) Explique por que $x - 5$ é um fator de $p(x)$.

(c) Demonstre que 2 e 5 são zeros de p.

(d) Demonstre que p não tem zeros (reais) exceto 2 e 5.

SOLUÇÃO

(a) Como
$$p(x) = (x-2)\left((x-5)(x^2+1)\right),$$
vemos que $x - 2$ é um fator de $p(x)$.

(b) Como
$$p(x) = (x-5)\left((x-2)(x^2+1)\right),$$
Vemos que $x - 5$ é um fator de $p(x)$.

(c) Se 2 for substituído no lugar de x na expressão $p(x) = (x - 2)((x - 5)(x^2 + 1))$, vemos de imediato, sem nenhum cálculo, que $p(2) = 0$. Assim, 2 é um zero de p.

Da mesma forma, substituindo x por 5 na expressão $p(x) = (x - 5)((x - 2)(x^2 + 1))$, vemos que $p(5) = 0$. Assim, 5 é um zero de p.

(d) Se x for um número real diferente de 2 e de 5, então nenhum dos números $x - 2$, $x - 5$ ou $x^2 + 1$ será igual a zero, portanto $p(x) \neq 0$. Assim, p não tem zeros (reais), exceto 2 e 5.

O exemplo acima fornece uma boa ilustração do seguinte resultado.

Zeros e fatores de um polinômio

Suponhamos que p seja um polinômio e t um número real. Assim, t é um zero de p se e somente se $x - t$ for um fator de $p(x)$.

Esse resultado mostra que o problema de determinar os zeros de um polinômio é de fato o mesmo problema que determinar fatores do polinômio sob a forma $x - t$.

Para ver por que a parte "se" do resultado é válida, suponha que p seja um polinômio e que t seja um número real tal que $x - t$ seja um fator de $p(x)$. Dessa forma, existe um polinômio G tal que $p(x) = (x - t) G(x)$. Assim, $p(t) = (t - t) G(t) = 0$ e, portanto, t é um zero de p.

A próxima seção apresentará uma explicação de por que a parte "somente se" do resultado acima é válida.

O resultado acima implica que, para determinar os zeros de um polinômio, precisamos apenas fatorar o polinômio. No entanto, não existe um caminho fácil para fatorar um polinômio típico que não seja a determinação de seus zeros.

Sem usar um computador ou uma calculadora, você deve ser capaz de fatorar rapidamente expressões como
$$x^2 + 2x + 1,$$
que é igual a $(x + 1)^2$, e
$$x^2 - 9,$$
que é igual a $(x + 3)(x - 3)$. No entanto, para a maioria dos polinômios quadráticos e de maior grau (não contando os exemplos artificiais frequentemente encontrados nos

livros-texto), será mais fácil usar a fórmula quadrática ou um computador ou uma calculadora para determinar zeros do que tentar reconhecer fatores da forma $x - t$.

Um polinômio de grau 1 tem exatamente um zero porque a equação $ax + b = 0$ tem exatamente uma solução, $x = -\frac{b}{a}$. Da fórmula quadrática, sabemos que um polinômio de grau 2 tem no máximo dois zeros. De um modo mais geral, temos o seguinte resultado:

> ### Número de zeros de um polinômio
> Um polinômio não nulo tem no máximo tantos zeros quanto seu grau.

Então, por exemplo, um polinômio de grau 15 tem no máximo 15 zeros. Esse resultado vale porque cada zero (real) de um polinômio p corresponde a no mínimo um termo $x - t_j$ em uma fatoração sob a forma

$$p(x) = (x - t_1)(x - t_2)\ldots(x - t_m)G(x),$$

em que G é um polinômio sem zeros (reais). Se o polinômio p tem mais zeros que seu grau, então o lado direito da equação acima teria um grau mais alto que o lado esquerdo, o que seria uma contradição.

O Comportamento de um Polinômio Perto de $\pm\infty$

Importante: Lembre sempre que nem ∞ nem $-\infty$ são números reais.

Vamos agora investigar o comportamento de um polinômio perto de ∞ e perto de $-\infty$. Dizer que x está perto de ∞ é apenas uma maneira informal de dizer que x é muito grande. Similarmente, dizer que x está perto de $-\infty$ é apenas uma maneira informal de dizer que x é negativo e $|x|$ é muito grande. A expressão "muito grande" não tem significado preciso; mesmo seu significado informal pode depender do contexto. Nosso foco será determinar se um polinômio assume valores positivos ou negativos perto de ∞ e perto de $-\infty$.

EXEMPLO 6

Seja p o polinômio definido por

$$p(x) = x^5 - 99999x^4 - 9999x^3 - 999x^2 - 99x - 9.$$

Para x perto de ∞, tem-se $p(x)$ positivo ou negativo? Em outras palavras, se x for muito grande, tem-se $p(x) > 0$ ou $p(x) < 0$?

SOLUÇÃO Se x for positivo, então o termo x^5 em $p(x)$ é também positivo, mas os outros termos em $p(x)$ são todos negativos. Se $x > 1$, tem-se $x^5 > x^4$, mas talvez o termo $-99999x^4$, juntamente com os outros termos, ainda mantenham $p(x)$ negativo. Para ter uma ideia do comportamento de p, podemos coletar alguma evidência calculando o valor de $p(x)$ para alguns valores de x, como na tabela abaixo:

x	$p(x)$
1	-111104
10	-1009989899
100	-9999908999909
1000	-99008999999099009
10000	-899999999099900990009

A evidência nessa tabela indica que $p(x)$ é negativo para valores positivos de x.

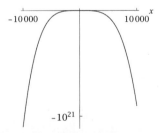

O gráfico de p no intervalo $[-10000, 10000]$.

Da tabela acima, parece que $p(x)$ é negativo quando x é positivo, e mais decisivamente negativo para valores maiores de x, como mostrado neste gráfico.

Funções Lineares, Quadráticas, Polinomiais e Racionais   195

No entanto, se pensarmos um pouquinho, concluímos que essa primeira impressão está errada. Para visualizar isto, colocamos em evidência o fator x^5, que é o termo de mais alto grau na expressão que define p, obtendo

$$p(x) = x^5 \left(1 - \frac{99999}{x} - \frac{9999}{x^2} - \frac{999}{x^3} - \frac{99}{x^4} - \frac{9}{x^5}\right)$$

para todo $x \neq 0$. Se x for um número muito grande, digamos $x > 10^7$, então os cinco termos negativos na expressão acima são todos pequenos. Assim, se $x > 10^7$, a expressão entre parênteses acima é aproximadamente igual a 1. Isto significa que, para muito grandes valores de x, $p(x)$ comporta-se como x^5. Em particular, essa análise implica que $p(x)$ é positivo para valores de x muito grandes, que não é o que esperaríamos da tabela nem do gráfico anterior.

Estendendo a tabela anterior para maiores valores de x, vemos que $p(x)$ é positivo para grandes valores de x, como esperado do parágrafo anterior.

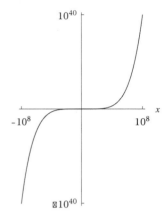

x	$p(x)$
1	-111104
10	-1009989899
100	-9999908999909
1000	-99008999999099009
10000	-899999999099900990009
100000	9000099000990099991
1000000	$90000099000099900099900999991$
10000000	$9900000999000099990009999009999991$
100000000	$999000009990000999900009999990099999991$

O gráfico de p no intervalo [-100.000.000, 100.000.000]. Nesta escala, a diferença entre o gráfico de p e o gráfico de x^5 é demasiadamente pequena para ser vista.

Esboçando o gráfico de p sobre um intervalo 10.000 vezes maior que o intervalo usado no gráfico anterior, vê-se que $p(x)$ é de fato positivo para grandes valores de x.

O procedimento usado no exemplo acima funciona com qualquer polinômio:

Comportamento de um polinômio perto de $\pm\infty$

- Para determinar o comportamento de um polinômio perto de ∞ ou de $-\infty$, coloque em evidência o fator que constituir o termo de mais alto grau.
- Se cx^n for o termo de mais alto grau de um polinômio p, então $p(x)$ vai comportar-se como cx^n quando $|x|$ for muito grande.

O exemplo a seguir mostra como descobrir que um intervalo contém um zero.

Seja p o polinômio definido por

$$p(x) = x^5 + x^2 - 1.$$

Explique por que p tem um zero no intervalo $(0, 1)$.

EXEMPLO 7

SOLUÇÃO Como $p(0) = -1$ e $p(1) = 1$, os pontos $(0, -1)$ e $(1, 1)$ estão sobre o gráfico de p (veja a figura). O gráfico de p é uma curva que conecta esses dois pontos. Como é intuitivamente claro (e pode ser rigorosamente provado usando matemática avançada), essa curva deve cruzar o eixo horizontal em algum ponto cuja primeira coordenada está entre 0 e 1. Assim, p tem um zero no intervalo $(0, 1)$.

Dois pontos no gráfico de $x^5 + x^2 - 1$.

Esse resultado é um caso especial do que é denominado o Teorema do Valor Intermediário.

O raciocínio usado no exemplo anterior leva ao seguinte resultado.

Zero em um intervalo

Suponha que p seja um polinômio e a, b sejam números reais com $a < b$. Suponha que um dos números $p(a)$, $p(b)$ seja negativo e que o outro seja positivo. Assim, p tem um zero no intervalo (a, b).

O resultado acima vale não apenas para polinômios, mas também para o que denominamos funções **contínuas** em um intervalo. Uma função cujo gráfico consiste em apenas uma curva conectada é contínua.

Suponha que p seja um polinômio de grau n. Por simplicidade, suponhamos que x^n seja o termo de maior grau de p (se nosso interesse estiver apenas nos zeros de p, podemos sempre satisfazer essa condição pela divisão de p pelo coeficiente do termo de maior grau). Sabemos que $p(x)$ comporta-se como x^n quando $|x|$ for muito grande. Como n é um inteiro positivo ímpar, isto implica que $p(x)$ é negativo para x perto de $-\infty$ e positivo para x perto de ∞. Assim, existe um número negativo a tal que $p(a)$ seja negativo e um número positivo b tal que $p(b)$ seja positivo. O resultado acima implica agora que p tem um zero no intervalo (a, b).

Após ter examinado o comportamento de um polinômio de grau ímpar perto de ∞ e perto de $-\infty$, somos levados à seguinte conclusão:

Se usarmos números complexos, então todo polinômio não constante tem um zero; veja a Seção 6.4.

Zeros para polinômios de grau ímpar

Todo polinômio de grau ímpar tem no mínimo um zero (real).

Gráficos de Polinômios

Os computadores conseguem traçar gráficos de polinômios melhor do que os humanos. No entanto, é necessária alguma decisão humana na seleção de um intervalo apropriado para traçar o gráfico de um polinômio.

EXEMPLO 8

Seja p o polinômio definido por
$$p(x) = x^4 - 4x^3 - 2x^2 + 13x + 12.$$

Determine um intervalo que seja apropriado para ilustrar as principais características do gráfico de p.

SOLUÇÃO   Se usarmos no computador o comando para traçar o gráfico deste polinômio no intervalo [-2, 2], obtemos o primeiro gráfico mostrado aqui. Como $p(x)$ se comporta como x^4 para valores muito grandes de x, esse primeiro gráfico não apresenta as principais características de p.

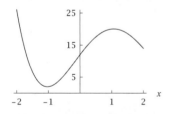

O gráfico de p no intervalo [-2, 2].

Frequentemente é necessário um pouco de experimentação para determinar um intervalo apropriado para ilustrar as características principais do gráfico. Para este polinômio p, o intervalo [-2, 4] funciona bem, como mostrado no segundo gráfico apresentado aqui.

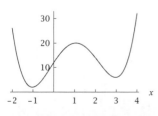

O gráfico de p no intervalo [-2, 4].

O segundo gráfico mostra o gráfico de p começando a parecer-se com o gráfico de x^4 quando $|x|$ é grande. Assim, o intervalo [-2, 4] fornece uma representação mais completa do comportamento de p do que o intervalo [-2, 2], que foi o primeiro intervalo que usamos.

Também vemos que o gráfico de p acima contém três pontos que poderiam ser pensados ou como o topo de um pico (em $x \approx 1$) ou como o fundo de um vale (em $x \approx -1$ e em $x \approx 3$).

Na busca de um comportamento adicional para p, poderíamos tentar fazer o gráfico de p em um intervalo muito maior, como mostrado no terceiro gráfico aqui apresentado.

O terceiro gráfico não mostra picos nem vales, embora nós saibamos que ele contém um total de no mínimo três picos e vales. A escala necessária para mostrar o gráfico no intervalo [-50, 50] torna os picos e vales tão pequenos que não podemos vê-los. Dessa forma, o uso desse grande intervalo esconde algumas características-chave que estavam visíveis quando usamos o intervalo [-2, 4].

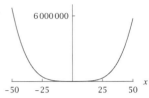

O gráfico de p no intervalo [-50, 50].

EXERCÍCIOS

Suponha

$$p(x) = x^2 + 5x + 2,$$
$$q(x) = 2x^3 - 3x + 1, \quad s(x) = 4x^3 - 2.$$

Nos Exercícios 1–18, escreva a expressão indicada sob a forma de um polinômio.

1. $(p + q)(x)$
2. $(p - q)(x)$
3. $(3p - 2q)(x)$
4. $(4p + 5q)(x)$
5. $(pq)(x)$
6. $(ps)(x)$
7. $(p(x))^2$
8. $(q(x))^2$
9. $(p(x))^2 s(x)$
10. $(q(x))^2 s(x)$
11. $(p \circ q)(x)$
12. $(q \circ p)(x)$
13. $(p \circ s)(x)$
14. $(s \circ p)(x)$
15. $(q \circ (p + s))(x)$
16. $((q + p) \circ s)(x)$
17. $\dfrac{q(2+x) - q(2)}{x}$
18. $\dfrac{s(1+x) - s(1)}{x}$

19. Fatore $x^8 - y^8$ tanto quanto possível.

20. Fatore $x^{16} - y^8$ tanto quanto possível.

21. Determine todos os números reais x tais que
$$x^6 - 8x^3 + 15 = 0.$$

22. Determine todos os números reais x tais que
$$x^6 - 3x^3 - 10 = 0.$$

23. Determine todos os números reais x tais que
$$x^4 - 2x^2 - 15 = 0.$$

24. Determine todos os números reais x tais que
$$x^4 + 5x^2 - 14 = 0.$$

25. Determine um número b tal que 3 seja um zero do polinômio p definido por
$$p(x) = 1 - 4x + bx^2 + 2x^3.$$

26. Determine um número c tal que −2 seja um zero do polinômio p definido por
$$p(x) = 5 - 3x + 4x^2 + cx^3.$$

27. Determine um polinômio p de grau 3 tal que −1, 2 e 3 sejam zeros de p e $p(0) = 1$.

28. Determine um polinômio p de grau 3 tal que −2, −1 e 4 sejam zeros de p e $p(1) = 2$.

29. Determine todas as escolhas de b, c e d tais que 1 e 4 sejam os únicos zeros do polinômio p definido por
$$p(x) = x^3 + bx^2 + cx + d.$$

30. Determine todas as escolhas de b, c e d tais que −3 e 2 sejam os únicos zeros do polinômio p definido por
$$p(x) = x^3 + bx^2 + cx + d.$$

PROBLEMAS

31. Dê um exemplo de dois polinômios de grau 4 cuja soma tem grau 3.

32. Determine um polinômio p de grau 2 com coeficientes inteiros tal 2,1 e 4,1 sejam zeros de p.

33. Determine um polinômio p com coeficientes inteiros tal $2^{3/5}$ seja um zero de p.

34. Demonstre que, se p e q forem polinômios não nulos com grau $p <$ grau q, então grau $(p + q) =$ grau (q).

35 Dê um exemplo de polinômios p e q tais que grau $(pq) = 8$ e grau $(p + q) = 5$.

36 Dê um exemplo de polinômios p e q tais que grau $(pq) = 8$ e grau $(p + q) = 2$.

37 Suponha $q(x) = 2x^3 - 3x + 1$.

(a) Demonstre que o ponto $(2, 11)$ está no gráfico de q.

(b) Demonstre que a inclinação de uma reta contendo $(2, 11)$ e um ponto no gráfico de q muito próximo de $(2, 11)$ é aproximadamente igual a 21.

[*Dica:* Use o resultado do Exercício 17.]

38 Suponha $s(x) = 4x^3 - 2$.

(a) Demonstre que o ponto $(1, 2)$ está no gráfico de s.

(b) Determine uma estimativa para a inclinação de uma reta contendo $(1, 2)$ e um ponto no gráfico de s muito próximo de $(1, 2)$.

[*Dica:* Use o resultado do Exercício 18.]

39 Dê um exemplo de polinômios p e q de grau 3 tais que $p(1) = q(1)$, $p(2) = q(2)$ e $p(3) = q(3)$, mas $p(4) \neq q(4)$.

40 Suponha que p e q sejam polinômios de grau 3 tais que $p(1) = q(1)$, $p(2) = q(2)$, $p(3) = q(3)$ e $p(4) = q(4)$. Explique por que $p = q$.

41 Explique por que o polinômio p definido por

$$p(x) = x^6 + 7x^5 - 2x - 3$$

tem um zero no intervalo $(0, 1)$.

Para os Problemas 42–43, seja p o polinômio definido por

$$p(x) = x^6 - 87x^4 - 92x + 2.$$

42 (a) Use um computador ou uma calculadora para esboçar um gráfico de p no intervalo $[-5, 5]$.

(b) O polinômio $p(x)$ é positivo ou negativo, para x perto de ∞?

(c) O polinômio $p(x)$ é positivo ou negativo, para x perto de $-\infty$?

(d) Explique por que o gráfico do item (a) não mostra com precisão o comportamento de $p(x)$ para grandes valores de x.

43 (a) Calcule $p(-2)$, $p(-1)$, $p(0)$ e $p(1)$.

(b) Explique por que os resultados do item (a) implicam que p tem um zero no intervalo $(-2, -1)$ e p tem um zero no intervalo $(0, 1)$.

(c) Demonstre que p tem no mínimo quatro zeros no intervalo $[-10, 10]$.

[*Dica:* Nós já sabemos do item (b) que p tem no mínimo dois zeros no intervalo $[-10, 10]$. Você pode mostrar a existência de outros zeros determinando inteiros n tais que um dos números $p(n)$, $p(n + 1)$ seja positivo e o outro negativo.]

44 Uma nova lanchonete no campus observa que o número de estudantes que a seguem no *Twitter* no final de cada uma das suas primeiras cinco semanas de funcionamento é 23, 89, 223, 419 e 647. Um empregado esperto descobre que o número de estudantes que seguem a nova lanchonete no *Twitter* após oito semanas é $p(w)$, em que p é definido por

$$p(w) = 7 + 3w + 5w^2 + 9w^3 - w^4.$$

De fato, com p definido acima, temos $p(1) = 23$, $p(2) = 89$, $p(3) = 223$, $p(4) = 419$, $p(5) = 647$. Explique por que o polinômio p definido acima não pode fornecer previsões precisas para o número de seguidores no *Twitter* após dado número de semanas em um futuro distante.

45 Um livro-texto estabelece que a população de coelhos em uma pequena ilha é observada como

$$1000 + 120t - 0{,}4t^4,$$

em que t é o tempo em meses a partir do início da observação na ilha. Explique por que a fórmula acima não pode fornecer corretamente o número de coelhos no ilha para grandes valores de t.

46 Verifique que $(x + y)^3 = x^3 + 3x^2y + 3xy^2 + y^3$.

47 Verifique que $x^3 - y^3 = (x - y)(x^2 + xy + y^2)$.

48 Verifique que $x^3 + y^3 = (x + y)(x^2 - xy + y^2)$.

49 Verifique que $x^4 + 1 = (x^2 + \sqrt{2}x + 1)(x^2 - \sqrt{2}x + 1)$.

50 Escreva o polinômio $x^4 + 16$ como o produto de dois polinômios de grau 2.

[*Dica:* Use o resultado do problema anterior com x substituído por $\frac{x}{2}$.]

51 Demonstre que

$$(a + b)^3 = a^3 + b^3$$

se e somente se $a = 0$ ou $b = 0$ ou $a = -b$.

52 Suponha que d seja um número real. Demonstre que

$$(d + 1)^4 = d^4 + 1$$

se e somente se $d = 0$.

53 Sem fazer nenhum cálculo nem usar calculadora, explique por que

$$x^2 + 87559743x - 787727821$$

não possui zeros inteiros.

[*Dica:* Se x for um inteiro ímpar, a expressão anterior é par ou ímpar? Se x for um inteiro par, a expressão anterior é par ou ímpar?]

54 Suponha que M e N sejam inteiros ímpares. Explique por que

$$x^2 + Mx + N$$

não tem zeros inteiros.

55 Suponha que M e N sejam inteiros ímpares. Explique por que

$$x^2 + Mx + N$$

não tem zeros racionais.

56 Suponha $p(x) = 3x^7 - 5x^3 + 7x - 2$.

(a) Demonstre que, se m for um zero de p, então

$$\frac{2}{m} = 3m^6 - 5m^2 + 7.$$

(b) Demonstre que os únicos zeros inteiros possíveis de p são $-2, -1, 1$ e 2.

(c) Demonstre que nenhum inteiro é zero de p.

57 Suponha que a, b e c sejam inteiros e que

$$p(x) = ax^3 + bx^2 + cx + 9.$$

Explique por que todo zero de p que for inteiro está no conjunto $\{-9, -3, -1, 1, 3, 9\}$.

58 Suponha $p(x) = 2x^5 + 5x^4 + 2x^3 - 1$. Demonstre que -1 é o único zero inteiro de p.

59 Suponha $p(x) = a_0 + a_1 x + \cdots + a_n x^n$, em que $a_0, a_1, ..., a_n$ são inteiros. Suponha que m seja um inteiro não nulo que é um zero de p. Demonstre que a_0/m é um inteiro.

[*Esse resultado mostra que, para determinar zeros inteiros de um polinômio com coeficientes inteiros, necessitamos olhar apenas para os divisores do seu termo constante.*]

60 Suponha $p(x) = 2x^6 + 3x^5 + 5$.

(a) Demonstre que, se $\frac{M}{N}$ for um zero de p, então

$$2M^6 + 3M^5 N + 5N^6 = 0.$$

(b) Demonstre que, se M e N forem inteiros sem fator comum e $\frac{M}{N}$ for um zero de p, então $5/M$ e $2/N$ são inteiros.

(c) Demonstre que os únicos zeros racionais possíveis de p são $-5, -1, -\frac{1}{2}$ e $-\frac{5}{2}$.

(d) Demonstre que nenhum número racional é um zero de p.

61 Suponha $p(x) = 2x^4 + 9x^3 + 1$.

(a) Demonstre que, se $\frac{M}{N}$ for um zero de p, então

$$2M^4 + 9M^3 N + N^4 = 0.$$

(b) Demonstre que, se M e N forem inteiros sem fator comum e $\frac{M}{N}$ for um zero de p, então ou $M = -1$ ou $M = 1$.

(c) Demonstre que se M e N forem inteiros sem fator comum e $\frac{M}{N}$ for um zero de p, então, ou $N = -2$, ou $N = 2$, ou $N = -1$, ou $N = 1$.

(d) Demonstre que $-\frac{1}{2}$ é o único zero racional de p.

62 Suponha $p(x) = a_0 + a_1 x + \cdots + a_n x^n$, em que $a_0, a_1, ..., a_n$ são inteiros. Suponha que M e N sejam inteiros não nulos sem fator comum e que $\frac{M}{N}$ seja um zero de p. Demonstre que a_0/M e a_n/N são inteiros.

[*Assim, para determinar zeros racionais de um polinômio com coeficientes inteiros, precisamos olhar apenas para frações cujo numerador é um divisor do termo constante e cujo denominador é um divisor do coeficiente do termo de maior grau. Esse resultado é denominado o* **Teorema dos Zeros Racionais** *ou o* **Teorema das Raízes Racionais**.]

63 Explique por que o polinômio p definido por

$$p(x) = x^6 + 100x^2 + 5$$

não tem zeros reais.

64 Dê um exemplo de um polinômio de grau 5 que tem exatamente dois zeros.

65 Dê um exemplo de um polinômio de grau 8 que tem exatamente três zeros.

66 Dê um exemplo de um polinômio p de grau 4 tal que $p(7) = 0$ e $p(x) \geq 0$ para todo número real x.

67 Dê um exemplo de um polinômio p de grau 6 tal que $p(0) = 5$ e $p(x) \geq 5$ para todo número real x.

68 Dê um exemplo de um polinômio p de grau 8 tal que $p(2) = 3$ e $p(x) \geq 3$ para todo número real x.

69 Explique por que não existe polinômio p de grau 7 tal que $p(x) \geq -100$ para todo número real x.

70 Explique por que a composição de dois polinômios é um polinômio.

71 Demonstre que, se p e q forem polinômios não nulos, então

$$\text{grau}(p \circ q) = (\text{grau } p)(\text{grau } q).$$

72 Na primeira figura da solução do Exemplo 6, o gráfico do polinômio p situa-se claramente abaixo do eixo dos

x, para x no intervalo [5.000, 10.000]. Já na segunda figura da mesma solução, o gráfico de p parece situar-se ou sobre ou acima do eixo dos x, para todos os valores de x no intervalo [0, 1.000.000]. Explique.

73 Suponha que t seja um zero do polinômio p definido por

$$p(x) = 3x^5 + 7x^4 + 2x + 6.$$

Demonstre que $\frac{1}{t}$ é um zero do polinômio q definido por

$$q(x) = 3 + 7x + 2x^4 + 6x^5.$$

74 Generalize o problema acima.

75 Suponha que q seja um polinômio de grau 4 tal que $q(0) = -1$. Defina p por meio de

$$p(x) = x^5 + q(x).$$

Explique por que p tem um zero no intervalo $(0, \infty)$.

76 Suponha que q seja um polinômio de grau 5 tal que $q(1) = -3$. Defina p por meio de

$$p(x) = x^6 + q(x).$$

Explique por que p tem no mínimo dois zeros.

77 Suponha

$$p(x) = x^5 + 2x^3 + 1.$$

(a) Determine dois pontos distintos no gráfico de p.

(b) Explique por que p é uma função crescente.

(c) Determine dois pontos distintos no gráfico de p^{-1}.

SOLUÇÕES DETALHADAS dos Exercícios Ímpares

Suponha

$$p(x) = x^2 + 5x + 2,$$
$$q(x) = 2x^3 - 3x + 1, \quad s(x) = 4x^3 - 2.$$

Nos Exercícios 1–18, escreva a expressão indicada sob a forma de um polinômio.

1 $(p + q)(x)$

SOLUÇÃO

$$(p + q)(x) = (x^2 + 5x + 2) + (2x^3 - 3x + 1)$$
$$= 2x^3 + x^2 + 2x + 3$$

3 $(3p - 2q)(x)$

SOLUÇÃO

$$(3p - 2q)(x) = 3(x^2 + 5x + 2) - 2(2x^3 - 3x + 1)$$
$$= 3x^2 + 15x + 6 - 4x^3 + 6x - 2$$
$$= -4x^3 + 3x^2 + 21x + 4$$

5 $(pq)(x)$

SOLUÇÃO

$$(pq)(x) = (x^2 + 5x + 2)(2x^3 - 3x + 1)$$
$$= x^2(2x^3 - 3x + 1)$$
$$\quad + 5x(2x^3 - 3x + 1) + 2(2x^3 - 3x + 1)$$
$$= 2x^5 + 10x^4 + x^3 - 14x^2 - x + 2$$

7 $(p(x))^2$

SOLUÇÃO

$$(p(x))^2 = (x^2 + 5x + 2)(x^2 + 5x + 2)$$
$$= x^2(x^2 + 5x + 2) + 5x(x^2 + 5x + 2)$$
$$\quad + 2(x^2 + 5x + 2)$$
$$= x^4 + 5x^3 + 2x^2 + 5x^3 + 25x^2$$
$$\quad + 10x + 2x^2 + 10x + 4$$
$$= x^4 + 10x^3 + 29x^2 + 20x + 4$$

9 $(p(x))^2 s(x)$

SOLUÇÃO Usando a expressão que calculamos para $(p(x))^2$ na solução do Exercício 7, temos

$$(p(x))^2 s(x)$$
$$= (x^4 + 10x^3 + 29x^2 + 20x + 4)(4x^3 - 2)$$
$$= 4x^3(x^4 + 10x^3 + 29x^2 + 20x + 4)$$
$$\quad - 2(x^4 + 10x^3 + 29x^2 + 20x + 4)$$
$$= 4x^7 + 40x^6 + 116x^5 + 80x^4 + 16x^3$$
$$\quad - 2x^4 - 20x^3 - 58x^2 - 40x - 8$$
$$= 4x^7 + 40x^6 + 116x^5 + 78x^4$$
$$\quad - 4x^3 - 58x^2 - 40x - 8.$$

11 $(p \circ q)(x)$

SOLUÇÃO
$$(p \circ q)(x) = p(q(x))$$
$$= p(2x^3 - 3x + 1)$$
$$= (2x^3 - 3x + 1)^2 + 5(2x^3 - 3x + 1) + 2$$
$$= (4x^6 - 12x^4 + 4x^3 + 9x^2 - 6x + 1)$$
$$+ (10x^3 - 15x + 5) + 2$$
$$= 4x^6 - 12x^4 + 14x^3 + 9x^2 - 21x + 8$$

13 $(p \circ s)(x)$

SOLUÇÃO
$$(p \circ s)(x) = p(s(x))$$
$$= p(4x^3 - 2)$$
$$= (4x^3 - 2)^2 + 5(4x^3 - 2) + 2$$
$$= (16x^6 - 16x^3 + 4) + (20x^3 - 10) + 2$$
$$= 16x^6 + 4x^3 - 4$$

15 $(q \circ (p + s))(x)$

SOLUÇÃO
$$(q \circ (p + s))(x) = q((p + s)(x))$$
$$= q(p(x) + s(x))$$
$$= q(4x^3 + x^2 + 5x)$$
$$= 2(4x^3 + x^2 + 5x)^3 - 3(4x^3 + x^2 + 5x) + 1$$
$$= 2(4x^3 + x^2 + 5x)^2(4x^3 + x^2 + 5x)$$
$$- 12x^3 - 3x^2 - 15x + 1$$
$$= 2(16x^6 + 8x^5 + 41x^4 + 10x^3 + 25x^2)$$
$$\times (4x^3 + x^2 + 5x) - 12x^3 - 3x^2 - 15x + 1$$
$$= 128x^9 + 96x^8 + 504x^7 + 242x^6 + 630x^5$$
$$+ 150x^4 + 238x^3 - 3x^2 - 15x + 1$$

17 $\dfrac{q(2+x) - q(2)}{x}$

SOLUÇÃO
$$\frac{q(2+x) - q(2)}{x}$$
$$= \frac{2(2+x)^3 - 3(2+x) + 1 - (2 \cdot 2^3 - 3 \cdot 2 + 1)}{x}$$
$$= \frac{2x^3 + 12x^2 + 21x}{x}$$
$$= 2x^2 + 12x + 21$$

19 Fatore $x^8 - y^8$ tanto quanto possível.

SOLUÇÃO
$$x^8 - y^8 = (x^4 - y^4)(x^4 + y^4)$$
$$= (x^2 - y^2)(x^2 + y^2)(x^4 + y^4)$$
$$= (x - y)(x + y)(x^2 + y^2)(x^4 + y^4)$$

21 Determine todos os números reais x tais que
$$x^6 - 8x^3 + 15 = 0.$$

SOLUÇÃO Essa equação envolve x^3 e x^6; portanto, fazemos a substituição $x^3 = y$. Elevando ao quadrado ambos os lados da equação $x^3 = y$, obtemos $x^6 = y^2$. Com essas substituições, a equação acima torna-se
$$y^2 - 8y + 15 = 0.$$

Essa nova equação pode agora ser resolvida ou fatorando-se o lado esquerdo ou usando-se a fórmula quadrática. Pela fatoração do lado esquerdo, obtemos
$$(y - 3)(y - 5) = 0.$$

Então $y = 3$ ou $y = 5$ (o mesmo resultado poderia ter sido obtido pela fórmula quadrática).

Substituindo agora x^3 no lugar de y, vemos que $x^3 = 3$ ou $x^3 = 5$. Assim, $x = 3^{1/3}$ ou $x = 5^{1/3}$.

23 Determine todos os números reais x tais que
$$x^4 - 2x^2 - 15 = 0.$$

SOLUÇÃO Essa equação envolve x^2 e x^4, portanto, fazemos a substituição $x^2 = y$. Elevando ao quadrado ambos os lados da equação $x^2 = y$, obtemos $x^4 = y^2$. Com essas substituições, a equação acima torna-se
$$y^2 - 2y - 15 = 0.$$

Essa nova equação pode agora ser resolvida ou fatorando-se o lado esquerdo ou usando-se a fórmula quadrática. Com a fórmula quadrática, obtemos
$$y = \frac{2 \pm \sqrt{4 + 60}}{2} = \frac{2 \pm 8}{2}.$$

Então $y = 5$ ou $y = -3$ (o mesmo resultado poderia ter sido obtido pela fatoração).

Substituindo agora x^2 no lugar de y, vemos que $x^2 = 5$ ou $x^2 = -3$. A equação $x^2 = 5$ implica que $x = \sqrt{5}$ ou $x = -\sqrt{5}$. A equação $x^2 = -3$ não tem solução nos números reais. Assim, a única solução para nossa equação original $x^4 - 2x^2 - 15 = 0$ são $x = \sqrt{5}$ ou $x = -\sqrt{5}$.

25 Determine um número b tal que 3 seja um zero do polinômio p definido por

$$p(x) = 1 - 4x + bx^2 + 2x^3.$$

SOLUÇÃO Observe que

$$p(3) = 1 - 4 \cdot 3 + b \cdot 3^2 + 2 \cdot 3^3$$
$$= 43 + 9b.$$

Queremos $p(3)$ igual a 0. Assim, resolvemos a equação $0 = 43 + 9b$, que nos dá $b = -\frac{43}{9}$.

27 Determine um polinômio p de grau 3 tal que -1, 2 e 3 sejam zeros de p e $p(0) = 1$.

SOLUÇÃO Se p for um polinômio p de grau 3 e -1, 2 e 3 forem zeros de p, então

$$p(x) = c(x + 1)(x - 2)(x - 3)$$

para algum número c. Temos $p(0) = c(0+1)(0-2)(0-3) = 6c$. Assim, para satisfazer $p(0) = 1$, devemos escolher $c = \frac{1}{6}$. Dessa forma,

$$p(x) = \frac{(x+1)(x-2)(x-3)}{6},$$

que, efetuando os produtos no numerador, pode também ser escrita sob a forma

$$p(x) = 1 + \frac{x}{6} - \frac{2x^2}{3} + \frac{x^3}{6}.$$

29 Determine todas as escolhas de b, c e d tais que 1 e 4 sejam os únicos zeros do polinômio p definido por

$$p(x) = x^3 + bx^2 + cx + d.$$

SOLUÇÃO Como 1 e 4 são zeros de p, existe um polinômio q tal que

$$p(x) = (x - 1)(x - 4)q(x).$$

Como p tem grau 3, o polinômio q deve ter grau 1. Assim, q tem um zero que deve ser igual a 1 ou a 4, porque aqueles são os únicos zeros de p. Além disso, o coeficiente de x no polinômio q deve ser igual a 1, porque o coeficiente de x^3 no polinômio p é igual a 1.

Dessa forma, $q(x) = x - 1$ ou $q(x) = x - 4$. Em outras palavras, $p(x) = (x-1)^2(x-4)$ ou $p(x) = (x-1)(x-4)^2$. Efetuando-se os produtos nessas expressões, vemos que $p(x) = x^3 - 6x^2 + 9x - 4$ ou $p(x) = x^3 - 9x^2 + 24x - 16$.

Portanto, $b = -6$, $c = 9$, $d = -4$ ou $b = -9$, $c = 24$, $d = -16$.

2.5 Funções Racionais

OBJETIVOS DE APRENDIZAGEM

Ao final desta seção, você deverá ser capaz de
- manipular algebricamente funções racionais;
- decompor uma função racional em um polinômio mais uma função racional cujo numerador tem grau menor que seu denominador;
- determinar o comportamento de uma função racional perto de $\pm\infty$;
- reconhecer as assíntotas do gráfico de uma função racional.

A Álgebra das Funções Racionais

Exatamente como um número racional é a razão entre dois inteiros, uma **função racional** é a razão entre dois polinômios.

> *Função racional*
>
> Uma **função racional** é uma função r tal que
> $$r(x) = \frac{p(x)}{q(x)},$$
> em que p e q são polinômios, como $q \neq 0$.

Todo polinômio é também uma função racional, pois um polinômio pode ser escrito como a razão entre ele próprio e o polinômio constante 1.

A menos que seja especificado outro domínio, assumimos que o domínio de uma função racional seja o conjunto de todos os números reais para os quais a expressão que define a função racional faz sentido. Como a divisão por zero não é definida, o domínio de uma função racional $\frac{p}{q}$ exclui todos os zeros de q, como mostrado no exemplo a seguir.

EXEMPLO 1

Determine o domínio da função racional r definida por
$$r(x) = \frac{3x^5 + x^4 - 6x^3 - 2}{x^2 - 9}.$$

SOLUÇÃO O denominador da expressão acima é 0 se $x = 3$ ou se $x = -3$. Assim, a menos que seja estabelecido de outra forma, assumiremos que o domínio de r é o conjunto de todos os números, exceto 3 e −3.

O procedimento para adicionar ou subtrair funções racionais é o mesmo que para adicionar ou subtrair números racionais — multiplicar numerador e denominador pelo mesmo fator para obter denominadores comuns.

EXEMPLO 2

Suponha
$$r(x) = \frac{2x}{x^2 + 1} \quad \text{e} \quad s(x) = \frac{3x + 2}{x^3 + 5}.$$

Escreva $r + s$ como uma razão entre dois polinômios.

SOLUÇÃO

$$(r+s)(x) = \frac{2x}{x^2+1} + \frac{3x+2}{x^3+5}$$

$$= \frac{(2x)(x^3+5)}{(x^2+1)(x^3+5)} + \frac{(3x+2)(x^2+1)}{(x^2+1)(x^3+5)}$$

$$= \frac{(2x)(x^3+5) + (3x+2)(x^2+1)}{(x^2+1)(x^3+5)}$$

$$= \frac{2x^4 + 3x^3 + 2x^2 + 13x + 2}{x^5 + x^3 + 5x^2 + 5}$$

O procedimento para multiplicar ou dividir funções racionais é o mesmo que para multiplicar ou dividir números racionais. Em particular, dividir por uma função racional $\frac{p}{q}$ é o mesmo que multiplicar por $\frac{q}{p}$.

EXEMPLO 3 Suponha

$$r(x) = \frac{2x}{x^2+1} \quad \text{e} \quad s(x) = \frac{3x+2}{x^3+5}.$$

Escreva $\frac{r}{s}$ como uma razão entre dois polinômios.

SOLUÇÃO

$$\left(\frac{r}{s}\right)(x) = \frac{\dfrac{2x}{x^2+1}}{\dfrac{3x+2}{x^3+5}}$$

Observe que dividir por $\frac{3x+2}{x^3+5}$ é o mesmo que multiplicar por $\frac{x^3+5}{3x+2}$.

$$= \frac{2x}{x^2+1} \cdot \frac{x^3+5}{3x+2}$$

$$= \frac{2x(x^3+5)}{(x^2+1)(3x+2)}$$

$$= \frac{2x^4 + 10x}{3x^3 + 2x^2 + 3x + 2}$$

Divisão de Polinômios

Às vezes é útil expressar um número racional como um inteiro mais um número racional para o qual o numerador é menor que o denominador. Por exemplo, $\frac{17}{3} = 5 + \frac{2}{3}$.

Do mesmo modo, às vezes é útil expressar uma função racional como um polinômio mais uma função racional para a qual o grau do numerador é menor que o grau do denominador. Por exemplo,

$$\frac{x^5 - 7x^4 + 3x^2 + 6x + 4}{x^2} = (x^3 - 7x^2 + 3) + \frac{6x+4}{x^2};$$

aqui, o numerador da função racional $\frac{6x+4}{x^2}$ tem grau 1 e seu denominador tem grau 2.

Para considerar um exemplo mais complicado, suponha que queiramos expressar

$$\frac{x^5 + 6x^3 + 11x + 7}{x^2 + 4}$$

como um polinômio mais uma função racional sob a forma $\frac{ax+b}{x^2+4}$. Digitando

$$\boxed{\text{simplify (x\^{}5 + 6x\^{}3 + 11x + 7) / (x\^{}2 + 4)}}$$

em uma caixa de entrada do *WolframAlpha*, obtém-se o resultado desejado. O próximo exemplo mostra como você poderia obter o resultado a mão, obtendo daí uma boa ideia de como um computador pode chegar ao resultado.

Um procedimento similar ao da divisão entre inteiros pode ser usado para polinômios. O procedimento abaixo, que é exatamente o mesmo da divisão entre inteiros, tem a vantagem de você poder entender como ele funciona.

EXEMPLO 4

Escreva

$$\frac{x^5 + 6x^3 + 11x + 7}{x^2 + 4}$$

sob a forma $G(x) + \frac{ax+b}{x^2+4}$, em que G é um polinômio e a, b são números.

SOLUÇÃO O termo de maior grau no numerador é x^5; o denominador é igual a $x^2 + 4$. Para obter um termo x^5 de $x^2 + 4$, multiplicamos $x^2 + 4$ por x^3, escrevendo

$$x^5 = x^3(x^2 + 4) - 4x^3.$$

A ideia ao longo deste procedimento é concentrar-se no termo de maior grau no numerador.

O termo $-4x^3$ acima cancela o termo $4x^3$ que se originou da expansão de $x^3(x^2 + 4)$ para $x^5 + 4x^3$. Usando a equação acima, escrevemos

$$\frac{x^5 + 6x^3 + 11x + 7}{x^2 + 4} = \frac{x^3(x^2 + 4) - 4x^3 + 6x^3 + 11x + 7}{x^2 + 4}$$

$$= x^3 + \frac{2x^3 + 11x + 7}{x^2 + 4}.$$

O termo de maior grau remanescente no numerador é agora $2x^3$. Para obter um termo $2x^3$ de $x^2 + 4$, multiplicamos $x^2 + 4$ por $2x$, escrevendo

$$2x^3 = 2x(x^2 + 4) - 8x.$$

Novamente nos concentramos no termo de maior grau no numerador.

O termo $-8x$ acima cancela o termo $8x$ que se originou da expansão de $2x(x^2 + 4)$ para $2x^3 + 8x$. Usando as equações acima, escrevemos

$$\frac{x^5 + 6x^3 + 11x + 7}{x^2 + 4} = x^3 + \frac{2x^3 + 11x + 7}{x^2 + 4}$$

$$= x^3 + \frac{(2x)(x^2 + 4) - 8x + 11x + 7}{x^2 + 4}$$

$$= x^3 + 2x + \frac{3x + 7}{x^2 + 4}.$$

Assim, escrevemos $\frac{x^5 + 6x^3 + 11x + 7}{x^2 + 4}$ sob a forma desejada.

O procedimento que seguimos no exemplo acima pode ser aplicado à razão entre quaisquer dois polinômios:

> ### Procedimento para dividir polinômios
>
> (a) Expresse o termo de maior grau no numerador como um único termo vezes o denominador, mais os termos de ajustes que forem necessários.
>
> (b) Simplifique o quociente usando o numerador como reescrito no item (a).
>
> (c) Repita os passos (a) e (b) na função racional remanescente até que o grau do numerador seja menor que o grau do denominador (ou que o numerador seja 0):

O resultado do procedimento acima é a decomposição de uma função racional em um polinômio mais uma função racional cujo grau do numerador é menor do que o grau do denominador (ou o numerador é 0):

> ### Divisão de polinômios
>
> Se p e q forem polinômios, com $q \neq 0$, então existem polinômios G e R tais que
>
> $$\frac{p}{q} = G + \frac{R}{q}$$
>
> e grau R < grau q ou $R = 0$.

O símbolo R é utilizado porque esse termo é análogo ao termo remanescente na divisão de inteiros.

Multiplicando-se por q ambos os lados da equação no quadro acima, obtém-se uma forma alternativa útil para estabelecer a conclusão:

> ### Divisão de polinômios
>
> Se p e q forem polinômios, com $q \neq 0$, então existem polinômios G e R tais que
>
> $$p = qG + R$$
>
> e grau R < grau q ou $R = 0$.

Como um caso especial do resultado acima, fixemos um número real t e seja q o polinômio definido por $q(x) = x - t$. Como grau $q = 1$, teremos, no resultado acima, grau $R = 0$ ou $R = 0$; de qualquer forma, R será um polinômio constante. Em outras palavras, o resultado acima implica que, se p for um polinômio, então existirão um polinômio G e um número c tais que

$$p(x) = (x - t)G(x) + c$$

para todo número real x. Substituindo $x = t$ na equação acima, obtemos $p(t) = c$, então, a equação acima pode ser reescrita como

$$p(x) = (x - t)G(x) + p(t).$$

Lembre que t é denominado um zero de p se e somente se $p(t) = 0$, o que ocorrerá se e somente se a equação acima puder ser reescrita como $p(x) = (x - t) G(x)$. Assim, vemos agora por que o seguinte resultado da seção anterior é válido:

> ### Zeros e fatores de um polinômio
>
> Suponha que p seja um polinômio e t um número real. Assim, t é um zero de p se e somente se $x - t$ for um fator de $p(x)$.

O Comportamento de uma Função Racional Perto de $\pm\infty$

Queremos agora investigar o comportamento de uma função racional perto de ∞ e perto de $-\infty$. Lembre que, para determinar o comportamento de um polinômio perto de ∞ ou perto de $-\infty$, fatoramos o polinômio colocando em evidência o termo de maior grau. Para funções racionais, o procedimento é o mesmo, exceto que o termo de maior grau deve ser fatorado separadamente do numerador e do denominador. O exemplo seguinte ilustra o procedimento.

Nem ∞ nem $-\infty$ são números reais. A expressão informal "x está perto de ∞" significa que x é muito grande. Da mesma forma, "x está perto de $-\infty$" significa que x é negativo e $|x|$ é muito grande.

EXEMPLO 5

Suponha
$$r(x) = \frac{9x^5 - 2x^3 + 1}{x^8 + x + 1}.$$

Discuta o comportamento de $r(x)$ para x perto de ∞ e para x perto de $-\infty$.

SOLUÇÃO O termo de maior grau no numerador é $9x^5$; o termo de maior grau no denominador é x^8. Colocando em evidência cada um desses termos e considerando apenas valores de x perto de ∞ e perto de $-\infty$, temos

$$r(x) = \frac{9x^5\left(1 - \frac{2}{9x^2} + \frac{1}{9x^5}\right)}{x^8\left(1 + \frac{1}{x^7} + \frac{1}{x^8}\right)}$$

$$= \frac{9}{x^3} \cdot \frac{\left(1 - \frac{2}{9x^2} + \frac{1}{9x^5}\right)}{\left(1 + \frac{1}{x^7} + \frac{1}{x^8}\right)}$$

$$\approx \frac{9}{x^3}.$$

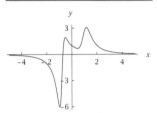

O gráfico de $\frac{9x^5-2x^3+1}{x^8+x+1}$ no intervalo $[-5, 5]$. Os valores desta função são positivos mas próximos de 0 para x perto de ∞, e negativos mas próximos de 0 para x perto de $-\infty$.

Para $|x|$ muito grande, $\left(1 - \frac{2}{9x^2} + \frac{1}{9x^5}\right)$ e $\left(1 + \frac{1}{x^7} + \frac{1}{x^8}\right)$ são ambos próximos de 1, o que explica como obtivemos a aproximação acima.

O cálculo indica que $r(x)$ deve comportar-se como $\frac{9}{x^3}$ para x perto de ∞ ou perto de $-\infty$. Em particular, se x estiver perto de ∞, então $\frac{9}{x^3}$ é positivo, mas muito próximo de 0; então, $r(x)$ tem o mesmo comportamento. Como mostrado no gráfico aqui apresentado, para essa função nós nem precisamos procurar um $|x|$ particularmente grande para observar esse comportamento.

Como pode ser visto acima, o gráfico de uma função racional pode ser inesperadamente bonito e complexo.

De modo geral, o mesmo procedimento usado no exemplo acima funciona bem com qualquer função racional:

Comportamento de uma Função Racional Perto de $\pm\infty$

Para determinar o comportamento de uma função racional perto de ∞ ou perto de $-\infty$, fatore separadamente, colocando em evidência o termo de maior grau do numerador e do denominador.

EXEMPLO 6

A taxa percentual de sobrevivência de uma plântula de dada árvore tropical pode ser modelada pela equação

$$s(d) = \frac{15d^2}{d^2 + 40},$$

em que uma plântula tem uma chance percentual $s(d)$ de sobrevivência se ela estiver a d metros de distância da sua árvore-mãe.

(a) A qual distância, aproximadamente, tem-se uma plântula com taxa de sobrevivência de 10%?

(b) Qual taxa de sobrevivência esse modelo prevê para plântulas crescendo muito longe da sua árvore-mãe?

SOLUÇÃO

(a) Precisamos determinar d tal que $\frac{15d^2}{d^2+40} = 10$. Multiplicando ambos os lados dessa equação por $d^2 + 40$ e depois subtraindo $10d^2$ de ambos os lados, chega-se à equação $5d^2 = 400$. Assim, $d^2 = 80$, o que significa $d = \sqrt{80} \approx 9$. Portanto, uma plântula deve estar a uma distância de aproximadamente 9 metros da sua árvore-mãe para ter uma chance de sobrevivência de 10%.

(b) Precisamos estimar $s(d)$ para grandes valores de d. Se d for um número grande, então

$$s(d) = \frac{15d^2}{d^2 + 40}$$

$$= \frac{15d^2}{d^2(1 + \frac{40}{d^2})}$$

$$= \frac{15}{1 + \frac{40}{d^2}}$$

$$\approx 15.$$

Assim, o modelo prevê que plântulas que se desenvolvem muito longe da sua árvore-mãe têm aproximadamente 15% de chance de sobrevivência.

O gráfico de $\frac{15d^2}{d^2+40}$ (cinza-escuro) e a reta $y = 15$ (cinza meio-tom) no intervalo [0, 50]. Como pode ser visto aqui, se d for grande, então $s(d) \approx 15$.

A reta $y = 15$ exerce um papel especial na compreensão do comportamento do gráfico acima. Tais retas são suficientemente importantes para ter um nome. Embora a definição a seguir não seja precisa (porque "arbitrariamente perto" é vago), seu significado deve ficar claro para você.

Assíntota

Uma reta é denominada uma **assíntota** de um gráfico se o gráfico aproximar-se e permanecer arbitrariamente perto da reta em no mínimo um sentido ao longo dessa reta.

Assim, a reta $y = 15$ é uma assíntota do gráfico de $y = \frac{15d^2}{d^2+40}$, como pode ser visto no gráfico no Exemplo 6. Como outro exemplo, temos que o eixo dos x (que é a reta $y = 0$) é uma assíntota do gráfico de $y = \frac{9x^5 - 2x^3 + 1}{x^8 + x + 1}$, como vimos no Exemplo 5.

EXEMPLO 7 Suponha

$$r(x) = \frac{3x^6 - 9x^4 + 5}{2x^6 + 4x + 3}.$$

Determine uma assíntota do gráfico de r.

SOLUÇÃO O gráfico a seguir mostra que a reta $y = \frac{3}{2}$ parece ser uma assíntota do gráfico de r.

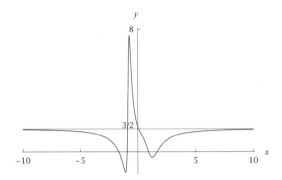

O gráfico de $\frac{3x^6-9x^4+5}{2x^6+4x+3}$ (cinza-escuro) e a reta $y = \frac{3}{2}$ (cinza meio-tom) no intervalo $[-10, 10]$.

Aqui novamente vemos que o gráfico de uma função racional pode ser inesperadamente bonito e complexo.

Para verificar que temos aqui de fato uma assíntota, investigaremos o comportamento de $r(x)$ para x perto de $\pm\infty$. O termo de maior grau no numerador é $3x^6$; o termo de maior grau no denominador é $2x^6$. Fatorando esses termos e considerando apenas valores de x perto de ∞ ou perto de $-\infty$, temos

$$r(x) = \frac{3x^6\left(1 - \frac{3}{x^2} + \frac{5}{3x^6}\right)}{2x^6\left(1 + \frac{2}{x^5} + \frac{3}{2x^6}\right)}$$

$$= \frac{3}{2} \cdot \frac{\left(1 - \frac{3}{x^2} + \frac{5}{3x^6}\right)}{\left(1 + \frac{2}{x^5} + \frac{3}{2x^6}\right)}$$

$$\approx \frac{3}{2}.$$

Para $|x|$ muito grande, $\left(1 - \frac{3}{x^2} + \frac{5}{3x^6}\right)$ e $\left(1 + \frac{2}{x^5} + \frac{3}{2x^6}\right)$ são ambos muito próximos de 1, o que explica como obtivemos a aproximação acima.

O cálculo acima indica que $r(x)$ deve ser aproximadamente igual a $\frac{3}{2}$ para x perto de ∞ ou $-\infty$. Como mostra o gráfico acima, para essa função nem precisamos nos fixar em um $|x|$ particularmente grande para observar tal comportamento.

Até agora, estudamos o comportamento de uma função racional cujo numerador tem grau menor que seu denominador, e também observamos funções racionais cujo numerador e denominador possuem grau igual. O próximo exemplo ilustra o comportamento perto de $\pm\infty$ de uma função racional cujo numerador tem grau maior que seu denominador.

Suponha

EXEMPLO 8

$$r(x) = \frac{4x^{10} - 2x^3 + 3x + 15}{2x^6 + x^5 + 1}.$$

Discuta o comportamento de $r(x)$ para x perto de ∞ e para x perto de $-\infty$.

SOLUÇÃO O termo de maior grau no numerador é $4x^{10}$; o termo de maior grau no denominador é $2x^6$. Colocando em evidência cada um desses termos e considerando apenas valores de x perto de ∞ ou perto de $-\infty$, temos

$$r(x) = \frac{4x^{10}\left(1 - \frac{1}{2x^7} + \frac{3}{4x^9} + \frac{15}{4x^{10}}\right)}{2x^6\left(1 + \frac{1}{2x} + \frac{1}{2x^6}\right)}$$

$$= 2x^4 \cdot \frac{\left(1 - \frac{1}{2x^7} + \frac{3}{4x^9} + \frac{15}{4x^{10}}\right)}{\left(1 + \frac{1}{2x} + \frac{1}{2x^6}\right)}$$

$$\approx 2x^4.$$

Para $|x|$ muito grande, $\left(1 - \frac{1}{2x^7} + \frac{3}{4x^9} + \frac{15}{4x^{10}}\right)$ e $\left(1 + \frac{1}{2x} + \frac{1}{2x^6}\right)$ são ambas muito próximas de 1, o que explica como obtivemos a aproximação acima.

O cálculo acima indica que $r(x)$ deve comportar-se como $2x^4$, para x perto de ∞ ou perto de $-\infty$. Em particular, $r(x)$ deve ser positiva e grande para x perto de ∞ ou $-\infty$. Como mostra o gráfico a seguir, para essa função nem precisamos nos fixar em um $|x|$ particularmente grande para observar tal comportamento.

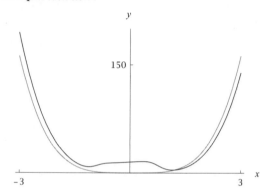

O gráfico de r parece o gráfico de $2x^4$ para grandes valores de x.

Os gráficos de $\frac{4x^{10} - 2x^3 + 3x + 15}{2x^6 + x^5 + 1}$ (cinza-escuro) e $2x^4$ (cinza meio-tom) no intervalo [-3, 3].

Gráficos de Funções Racionais

Exatamente como com polinômios, a tarefa de traçar o gráfico de uma função racional pode ser mais bem executada por computadores do que por humanos. Nós já vimos os gráficos de várias funções racionais e discutimos o comportamento de funções racionais perto de $\pm\infty$.

O gráfico de uma função racional pode parecer bastante diferente do gráfico de um polinômio em um aspecto importante que ainda não discutimos, como mostrado no seguinte exemplo.

EXEMPLO 9   Discuta as assíntotas do gráfico da função racional r definida por

$$r(x) = \frac{x^2 + 5}{x^3 - 2x^2 - x + 2}.$$

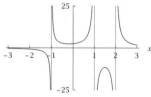

O gráfico de r no intervalo [-3, 3], sendo o eixo vertical truncado para o intervalo [-25, 25].

As retas em cinza meio-tom acima são as assíntotas verticais do gráfico de r. O eixo dos x também é uma assíntota desse gráfico.

SOLUÇÃO   Como o numerador de $r(x)$ tem grau menor que o denominador, $r(x)$ está perto de 0 para x próximo de ∞ ou $-\infty$. Assim, o eixo dos x é uma assíntota do gráfico de r, como pode ser visto no gráfico ao lado.

O comportamento bastante diferente desse gráfico, quando comparado com os gráficos anteriores, ocorre aqui perto de $x = -1$, $x = 1$ e $x = 2$; essas três retas estão desenhadas em cinza meio-tom no gráfico. Para entender o que está acontecendo aqui, verificamos que o denominador de $r(x)$ é anulado se $x = -1$, $x = 1$ ou $x = 2$. Assim, os números -1, 1 e 2 não pertencem ao domínio de r, pois a divisão por 0 não está definida.

Para valores de x muito próximos de $x = -1$, $x = 1$ ou $x = 2$, o denominador de $r(x)$ está muito próximo de 0, mas o numerador é sempre no mínimo 5. A divisão de um número maior que 5 por um número muito próximo de 0 produz um número cujo valor absoluto é muito grande, o que explica o comportamento do gráfico de r perto de $x = -1$, $x = 1$ e $x = 2$. Em outras palavras, as retas $x = -1$, $x = 1$ e $x = 2$ são assíntotas do gráfico de r.

EXERCÍCIOS

Para os Exercícios 1–4, escreva o domínio da função r dada sob a forma de uma união de intervalos.

1. $r(x) = \dfrac{5x^3 - 12x^2 + 13}{x^2 - 7}$

2. $r(x) = \dfrac{x^5 + 3x^4 - 6}{2x^2 - 5}$

3. $r(x) = \dfrac{4x^7 + 8x^2 - 1}{x^2 - 2x - 6}$

4. $r(x) = \dfrac{6x^9 + x^5 + 8}{x^2 + 4x + 1}$

Para os Exercícios 5–8, determine as assíntotas do gráfico da função r dada:

5. $r(x) = \dfrac{6x^4 + 4x^3 - 7}{2x^4 + 3x^2 + 5}$

6. $r(x) = \dfrac{6x^6 - 7x^3 + 3}{3x^6 + 5x^4 + x^2 + 1}$

7. $r(x) = \dfrac{3x + 1}{x^2 + x - 2}$

8. $r(x) = \dfrac{9x + 5}{x^2 - x - 6}$

Nos Exercícios 9–26, escreva a expressão indicada sob a forma de uma razão entre polinômios, sendo

$$r(x) = \dfrac{3x + 4}{x^2 + 1}, \quad s(x) = \dfrac{x^2 + 2}{2x - 1}, \quad t(x) = \dfrac{5}{4x^3 + 3}.$$

9. $(r + s)(x)$
10. $(r - s)(x)$
11. $(s - t)(x)$
12. $(s + t)(x)$
13. $(3r - 2s)(x)$
14. $(4r + 5s)(x)$
15. $(rs)(x)$
16. $(rt)(x)$
17. $(r(x))^2$
18. $(s(x))^2$
19. $(r(x))^2 t(x)$
20. $(s(x))^2 t(x)$
21. $(r \circ s)(x)$
22. $(s \circ r)(x)$
23. $(r \circ t)(x)$
24. $(t \circ r)(x)$
25. $\dfrac{s(1+x) - s(1)}{x}$
26. $\dfrac{t(x-1) - t(-1)}{x}$

Para os Exercícios 27–32, suponha

$$r(x) = \dfrac{x + 1}{x^2 + 3} \quad e \quad s(x) = \dfrac{x + 2}{x^2 + 5}.$$

27. Qual é o domínio de r?
28. Qual é o domínio de s?
29. Determine dois números x distintos tais que $r(x) = \dfrac{1}{4}$.
30. Determine dois números x distintos tais que $s(x) = \dfrac{1}{8}$.
31. Qual é a imagem de r?
32. Qual é a imagem de s?

Nos Exercícios 33–38, escreva cada expressão como a soma de um polinômio e de uma função racional cujo numerador tem grau menor que seu denominador.

33. $\dfrac{2x + 1}{x - 3}$

34. $\dfrac{4x - 5}{x + 7}$

35. $\dfrac{x^2}{3x - 1}$

36. $\dfrac{x^2}{4x + 3}$

37. $\dfrac{x^6 + 3x^3 + 1}{x^2 + 2x + 5}$

38. $\dfrac{x^6 - 4x^2 + 5}{x^2 - 3x + 1}$

39. Determine um número c tal que $r(10^{100}) \approx 6$, em que
$$r(x) = \dfrac{cx^3 + 20x^2 - 15x + 17}{5x^3 + 4x^2 + 18x + 7}.$$

40. Determine um número c tal que $r(2^{1000}) \approx 5$, em que
$$r(x) = \dfrac{3x^4 - 2x^3 + 8x + 7}{cx^4 - 9x + 2}.$$

41. O custo médio por bicicleta quando uma fábrica de bicicletas produz n mil bicicletas é $a(n)$ dólares, em que
$$a(n) = 700\dfrac{4n^2 + 3n + 50}{16n^2 + 3n + 35}.$$
Qual será o custo aproximado por bicicleta quando a fábrica estiver produzindo um grande número de bicicletas?

42. O custo médio por bicicleta quando uma fábrica de bicicletas produz n mil bicicletas é $a(n)$ dólares, em que
$$a(n) = 800\dfrac{3n^2 + n + 40}{16n^2 + 2n + 45}.$$
Qual será o custo aproximado por bicicleta quando a fábrica estiver produzindo um grande número de bicicletas?

43. Suponha que você começa a dirigir um carro em um dia frio de outono. Enquanto você dirige, o aquecedor no carro mantém a temperatura dentro do carro em $F(t)$ graus Fahrenheit*, em que t é o número de minutos após você começar a dirigir, sendo
$$F(t) = 40 + \dfrac{30t^3}{t^3 + 100}.$$

   (a) Qual era a temperatura no carro quando você começou a dirigir?

   (b) Qual era a temperatura aproximada no carro dez minutos depois que você começou a dirigir?

   (c) Qual será a temperatura aproximada no carro depois que você estiver dirigindo durante muito tempo?

44. Suponha que você começa a dirigir um carro em um dia quente de verão. Enquanto você dirige, o condicionador

---

* 103° Fahrenheit é aproximadamente igual a 39,4° Celsius. (N.T.)

212 CAPÍTULO 2

de ar no carro mantém a temperatura dentro do carro em $F(t)$ graus Fahrenheit, em que t é o número de minutos após você começar a dirigir, sendo

$$F(t) = 90 - \frac{18t^2}{t^2 + 65}.$$

(a) Qual era a temperatura no carro quando você começou a dirigir?

(b) Qual era a temperatura aproximada no carro 15 minutos depois que você começou a dirigir?

(c) Qual será a temperatura aproximada no carro depois que você estiver dirigindo durante muito tempo?

PROBLEMAS

45 Suponha que $s(x) = \frac{x^2+2}{2x-1}$.

(a) Demonstre que o ponto $(1, 3)$ está no gráfico de s.

(b) Demonstre que a inclinação da reta que contém $(1, 3)$ e um ponto no gráfico de s muito perto de $(1, 3)$ é aproximadamente -4.

[*Dica:* Use o resultado do Exercício 25.]

46 Suponha que $t(x) = \frac{5}{4x^3+3}$.

(a) Demonstre que o ponto $(-1, -5)$ está no gráfico de t.

(b) Dê uma estimativa para a inclinação de uma reta que contém $(-1, -5)$ e um ponto no gráfico de t muito perto de $(-1, -5)$.

[*Dica:* Use o resultado do Exercício 26.]

47 Explique por que a composição de um polinômio com uma função racional (em qualquer ordem) é uma função racional.

48 Explique por que a composição de duas funções racionais é uma função racional.

49 Suponha que p seja um polinômio e t seja um número. Explique por que existe um polinômio G tal que

$$\frac{p(x) - p(t)}{x - t} = G(x)$$

para todo número $x \neq t$.

50 Suponha que r seja a função com domínio $(0, \infty)$ definida por

$$r(x) = \frac{1}{x^4 + 2x^3 + 3x^2}$$

para todo número positivo x.

(a) Determine dois pontos distintos no gráfico de r.

(b) Explique por que r é uma função decrescente em $(0, \infty)$.

(c) Determine dois pontos distintos no gráfico de r^{-1}.

51 Suponha que p seja um polinômio não nulo com no mínimo um zero (real). Explique por que

- existem números reais $t_1, t_2, ..., t_m$ e um polinômio G tais que G não tem zeros (reais) e

$$p(x) = (x - t_1)(x - t_2)...(x - t_m)G(x)$$

para todo número real x;

- cada um dos números $t_1, t_2, ..., t_m$ é um zero de p;

- p não tem zeros diferentes de $t_1, t_2, ..., t_m$.

52 Suponha que p e q sejam polinômios e que o eixo horizontal seja uma assíntota do gráfico de $\frac{p}{q}$. Explique por que

$$\text{grau } p < \text{grau } q.$$

SOLUÇÕES DETALHADAS *dos Exercícios Ímpares*

Para os Exercícios 1–4, escreva o domínio da função r dada sob a forma de uma união de intervalos.

1 $r(x) = \dfrac{5x^3 - 12x^2 + 13}{x^2 - 7}$

SOLUÇÃO Como não temos outra informação a respeito do domínio de r, supomos que o domínio de r seja o conjunto de números em que a expressão que define r faz sentido, isto é, em que o denominador não é 0. O denominador da expressão que define r é 0 se $x = -\sqrt{7}$ ou $x = \sqrt{7}$. Assim, o domínio de r é o conjunto de números diferentes de $-\sqrt{7}$ e $\sqrt{7}$. Em outras palavras, o domínio de r é $(-\infty, -\sqrt{7}) \cup (-\sqrt{7}, \sqrt{7}) \cup (\sqrt{7}, \infty)$.

3 $r(x) = \dfrac{4x^7 + 8x^2 - 1}{x^2 - 2x - 6}$

SOLUÇÃO Para determinar quando é que a expressão que define r não faz sentido, aplicamos a fórmula quadrática à equação $x^2 - 2x - 6 = 0$, obtendo $x = 1 - \sqrt{7}$ ou $x = 1 + \sqrt{7}$. Em outras palavras, o domínio de r é $(-\infty, 1 - \sqrt{7}) \cup (1 - \sqrt{7}, 1 + \sqrt{7}) \cup (1 + \sqrt{7}, \infty)$.

Para os Exercícios 5–8, determine as assíntotas do gráfico da função r dada:

5 $r(x) = \dfrac{6x^4 + 4x^3 - 7}{2x^4 + 3x^2 + 5}$

SOLUÇÃO O denominador dessa função racional nunca é 0; assim, precisamos nos preocupar apenas com o comportamento de r perto de $\pm\infty$. Para um $|x|$ muito grande, temos

$$r(x) = \dfrac{6x^4 + 4x^3 - 7}{2x^4 + 3x^2 + 5}$$

$$= \dfrac{6x^4\left(1 + \frac{2}{3x} - \frac{7}{6x^4}\right)}{2x^4\left(1 + \frac{3}{2x^2} + \frac{5}{2x^4}\right)}$$

$$\approx 3.$$

Então, a reta $y = 3$ é uma assíntota do gráfico de r, como mostrado a seguir:

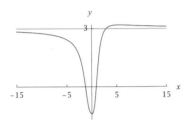

O gráfico de $\dfrac{6x^4 + 4x^3 - 7}{2x^4 + 3x^2 + 5}$
no intervalo $[-15, 15]$.

7 $r(x) = \dfrac{3x + 1}{x^2 + x - 2}$

SOLUÇÃO O denominador dessa função racional é 0 quando

$$x^2 + x - 2 = 0.$$

Resolvendo essa equação, por fatoração ou usando a fórmula quadrática, obtemos $x = -2$ ou $x = 1$. Como o grau do numerador é menor que o grau do denominador, o valor dessa função está perto de 0 quando $|x|$ é grande. Assim, as assíntotas do gráfico de r são as retas $x = -2$, $x = 1$ e $y = 0$, como mostrado abaixo:

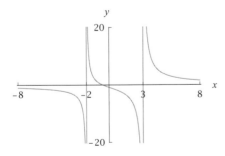

O gráfico de $\dfrac{3x + 1}{x^2 + x - 2}$ no intervalo $[-6, 6]$, com o eixo vertical truncado para o intervalo $[-20, 20]$.

Nos Exercícios 9–26, escreva a expressão indicada sob a forma de uma razão entre polinômios, sendo

$$r(x) = \dfrac{3x + 4}{x^2 + 1}, \quad s(x) = \dfrac{x^2 + 2}{2x - 1}, \quad t(x) = \dfrac{5}{4x^3 + 3}.$$

9 $(r + s)(x)$

SOLUÇÃO

$$(r + s)(x) = \dfrac{3x + 4}{x^2 + 1} + \dfrac{x^2 + 2}{2x - 1}$$

$$= \dfrac{(3x + 4)(2x - 1)}{(x^2 + 1)(2x - 1)} + \dfrac{(x^2 + 2)(x^2 + 1)}{(x^2 + 1)(2x - 1)}$$

$$= \dfrac{(3x + 4)(2x - 1) + (x^2 + 2)(x^2 + 1)}{(x^2 + 1)(2x - 1)}$$

$$= \dfrac{6x^2 - 3x + 8x - 4 + x^4 + x^2 + 2x^2 + 2}{2x^3 - x^2 + 2x - 1}$$

$$= \dfrac{x^4 + 9x^2 + 5x - 2}{2x^3 - x^2 + 2x - 1}$$

11 $(s - t)(x)$

SOLUÇÃO

$$(s - t)(x) = \dfrac{x^2 + 2}{2x - 1} - \dfrac{5}{4x^3 + 3}$$

$$= \dfrac{(x^2 + 2)(4x^3 + 3)}{(2x - 1)(4x^3 + 3)} - \dfrac{5(2x - 1)}{(2x - 1)(4x^3 + 3)}$$

$$= \dfrac{(x^2 + 2)(4x^3 + 3) - 5(2x - 1)}{(2x - 1)(4x^3 + 3)}$$

$$= \dfrac{4x^5 + 8x^3 + 3x^2 - 10x + 11}{8x^4 - 4x^3 + 6x - 3}$$

13 $(3r - 2s)(x)$

SOLUÇÃO

$$(3r - 2s)(x) = 3\left(\dfrac{3x + 4}{x^2 + 1}\right) - 2\left(\dfrac{x^2 + 2}{2x - 1}\right)$$

$$= \dfrac{9x + 12}{x^2 + 1} - \dfrac{2x^2 + 4}{2x - 1}$$

$$= \dfrac{(9x + 12)(2x - 1)}{(x^2 + 1)(2x - 1)} - \dfrac{(2x^2 + 4)(x^2 + 1)}{(x^2 + 1)(2x - 1)}$$

$$= \dfrac{(9x + 12)(2x - 1) - (2x^2 + 4)(x^2 + 1)}{(x^2 + 1)(2x - 1)}$$

$$= \dfrac{18x^2 - 9x + 24x - 12 - 2x^4 - 6x^2 - 4}{2x^3 - x^2 + 2x - 1}$$

$$= \dfrac{-2x^4 + 12x^2 + 15x - 16}{2x^3 - x^2 + 2x - 1}$$

15 $(rs)(x)$

SOLUÇÃO

$$(rs)(x) = \frac{3x+4}{x^2+1} \cdot \frac{x^2+2}{2x-1}$$

$$= \frac{(3x+4)(x^2+2)}{(x^2+1)(2x-1)}$$

$$= \frac{3x^3+4x^2+6x+8}{2x^3-x^2+2x-1}$$

17 $(r(x))^2$

SOLUÇÃO

$$(r(x))^2 = \left(\frac{3x+4}{x^2+1}\right)^2$$

$$= \frac{(3x+4)^2}{(x^2+1)^2}$$

$$= \frac{9x^2+24x+16}{x^4+2x^2+1}$$

19 $(r(x))^2 t(x)$

SOLUÇÃO Usando a expressão que calculamos para $(r(x))^2$ na solução do Exercício 17, temos

$$(r(x))^2 t(x) = \frac{9x^2+24x+16}{x^4+2x^2+1} \cdot \frac{5}{4x^3+3}$$

$$= \frac{5(9x^2+24x+16)}{(x^4+2x^2+1)(4x^3+3)}$$

$$= \frac{45x^2+120x+80}{4x^7+8x^5+3x^4+4x^3+6x^2+3}$$

21 $(r \circ s)(x)$

SOLUÇÃO Temos

$$(r \circ s)(x) = r(s(x))$$

$$= r\left(\frac{x^2+2}{2x-1}\right)$$

$$= \frac{3\left(\frac{x^2+2}{2x-1}\right)+4}{\left(\frac{x^2+2}{2x-1}\right)^2+1}$$

$$= \frac{3\frac{(x^2+2)}{(2x-1)}+4}{\frac{(x^2+2)^2}{(2x-1)^2}+1}.$$

Multiplicando o numerador e o denominador da expressão acima por $(2x-1)^2$, obtemos

$$(r \circ s)(x) = \frac{3(x^2+2)(2x-1)+4(2x-1)^2}{(x^2+2)^2+(2x-1)^2}$$

$$= \frac{6x^3+13x^2-4x-2}{x^4+8x^2-4x+5}.$$

23 $(r \circ t)(x)$

SOLUÇÃO Temos

$$(r \circ t)(x) = r(t(x))$$

$$= r\left(\frac{5}{4x^3+3}\right)$$

$$= \frac{3\left(\frac{5}{4x^3+3}\right)+4}{\left(\frac{5}{4x^3+3}\right)^2+1}$$

$$= \frac{\frac{15}{4x^3+3}+4}{\frac{25}{(4x^3+3)^2}+1}.$$

Multiplicando o numerador e o denominador da expressão acima por $(4x^3+3)^2$, obtemos

$$(r \circ t)(x) = \frac{15(4x^3+3)+4(4x^3+3)^2}{25+(4x^3+3)^2}$$

$$= \frac{64x^6+156x^3+81}{16x^6+24x^3+34}.$$

25 $\frac{s(1+x)-s(1)}{x}$

SOLUÇÃO Observe que $s(1) = 3$. Assim,

$$\frac{s(1+x)-s(1)}{x} = \frac{\frac{(1+x)^2+2}{2(1+x)-1}-3}{x}$$

$$= \frac{\frac{x^2+2x+3}{2x+1}-3}{x}.$$

Multiplicando o numerador e o denominador da expressão acima por $2x+1$, obtemos

$$\frac{s(1+x)-s(1)}{x} = \frac{x^2+2x+3-6x-3}{x(2x+1)}$$

$$= \frac{x^2-4x}{x(2x+1)}$$

$$= \frac{x-4}{2x+1}.$$

Para os Exercícios 27–32, suponha

$$r(x) = \frac{x+1}{x^2+3} \quad e \quad s(x) = \frac{x+2}{x^2+5}.$$

27 Qual é o domínio de r?

SOLUÇÃO O denominador da expressão que define r é um número diferente de zero para todo número real x; dessa forma, a expressão que define r faz sentido para todo número x real. Como não temos nenhuma outra indicação a respeito do domínio de r, assumimos que o domínio de r seja o conjunto dos números reais.

29 Determine dois números x distintos tais que $r(x) = \frac{1}{4}$.

SOLUÇÃO   Precisamos resolver a equação
$$\frac{x+1}{x^2+3} = \frac{1}{4}$$
para x. Multiplicando ambos os lados da equação por $x^2 + 3$, depois multiplicando ambos os lados por 4 e reunindo todos os termos em um mesmo lado, obtemos
$$x^2 - 4x - 1 = 0.$$
Usando a fórmula quadrática, obtemos as soluções $x = 2 - \sqrt{5}$ e $x = 2 + \sqrt{5}$.

31 Qual é a imagem de r?

SOLUÇÃO   Para determinar a imagem de r, devemos determinar todos os números y tais que
$$\frac{x+1}{x^2+3} = y$$
para no mínimo um número x. Para isso, resolvemos a equação acima para x e depois determinamos para quais números y obtém-se uma expressão para x que faça sentido. Multiplicando ambos os lados da equação acima por $x^2 + 3$ e reunindo os termos, obtemos
$$yx^2 - x + (3y - 1) = 0.$$
Se $y = 0$, a equação tem a solução $x = -1$.

Se $y \neq 0$, usamos a fórmula quadrática para resolver a equação para x, obtendo
$$x = \frac{1 + \sqrt{1 + 4y - 12y^2}}{2y}$$
ou
$$x = \frac{1 - \sqrt{1 + 4y - 12y^2}}{2y}.$$

Essas expressões para x fazem sentido precisamente quando $1 + 4y - 12y^2 \geq 0$. Completando o quadrado, podemos reescrever a inequação como
$$-12\left(\left(y - \tfrac{1}{6}\right)^2 - \tfrac{1}{9}\right) \geq 0.$$
Assim, devemos ter $(y - \tfrac{1}{6})^2 \leq \tfrac{1}{9}$, que é equivalente a $-\tfrac{1}{3} \leq y - \tfrac{1}{6} \leq \tfrac{1}{3}$. Adicionando-se $\tfrac{1}{6}$ de cada lado dessas desigualdades, obtemos $-\tfrac{1}{6} \leq y \leq \tfrac{1}{2}$.

Portanto, a imagem de r é o intervalo $[-\tfrac{1}{6}, \tfrac{1}{2}]$.

Nos Exercícios 33–38, escreva cada expressão como a soma de um polinômio e de uma função racional cujo numerador tem grau menor que seu denominador.

33 $\dfrac{2x+1}{x-3}$

SOLUÇÃO
$$\frac{2x+1}{x-3} = \frac{2(x-3)+6+1}{x-3}$$
$$= 2 + \frac{7}{x-3}$$

35 $\dfrac{x^2}{3x-1}$

SOLUÇÃO
$$\frac{x^2}{3x-1} = \frac{\frac{x}{3}(3x-1) + \frac{x}{3}}{3x-1}$$
$$= \frac{x}{3} + \frac{\frac{x}{3}}{3x-1}$$
$$= \frac{x}{3} + \frac{\frac{1}{9}(3x-1) + \frac{1}{9}}{3x-1}$$
$$= \frac{x}{3} + \frac{1}{9} + \frac{1}{9(3x-1)}$$

37 $\dfrac{x^6 + 3x^3 + 1}{x^2 + 2x + 5}$

SOLUÇÃO
$$\frac{x^6 + 3x^3 + 1}{x^2 + 2x + 5}$$
$$= \frac{x^4(x^2 + 2x + 5) - 2x^5 - 5x^4 + 3x^3 + 1}{x^2 + 2x + 5}$$
$$= x^4 + \frac{-2x^5 - 5x^4 + 3x^3 + 1}{x^2 + 2x + 5}$$
$$= x^4 + \frac{(-2x^3)(x^2 + 2x + 5)}{x^2 + 2x + 5}$$
$$\quad + \frac{4x^4 + 10x^3 - 5x^4 + 3x^3 + 1}{x^2 + 2x + 5}$$
$$= x^4 - 2x^3 + \frac{-x^4 + 13x^3 + 1}{x^2 + 2x + 5}$$
$$= x^4 - 2x^3 + \frac{(-x^2)(x^2 + 2x + 5)}{x^2 + 2x + 5}$$
$$\quad + \frac{2x^3 + 5x^2 + 13x^3 + 1}{x^2 + 2x + 5}$$
$$= x^4 - 2x^3 - x^2 + \frac{15x^3 + 5x^2 + 1}{x^2 + 2x + 5}$$
$$= x^4 - 2x^3 - x^2$$
$$\quad + \frac{15x(x^2 + 2x + 5) - 30x^2 - 75x + 5x^2 + 1}{x^2 + 2x + 5}$$
$$= x^4 - 2x^3 - x^2 + 15x + \frac{-25x^2 - 75x + 1}{x^2 + 2x + 5}$$

$$= x^4 - 2x^3 - x^2 + 15x$$

$$+ \frac{-25(x^2 + 2x + 5) + 50x + 125 - 75x + 1}{x^2 + 2x + 5}$$

$$= x^4 - 2x^3 - x^2 + 15x - 25 + \frac{-25x + 126}{x^2 + 2x + 5}$$

39 Determine um número c tal que $r(10^{100}) \approx 6$, em que
$$r(x) = \frac{cx^3 + 20x^2 - 15x + 17}{5x^3 + 4x^2 + 18x + 7}.$$

SOLUÇÃO   Como 10^{100} é um número muito grande, precisamos estimar o valor de $r(x)$ para valores muito grandes de x. O termo de maior grau no numerador de r é cx^3 (a menos que escolhamos $c = 0$); o termo de maior grau no denominador de r é $5x^3$. Fatorando esses termos e considerando apenas valores muito grandes de x, temos

$$r(x) = \frac{cx^3(1 + \frac{20}{cx} - \frac{15}{cx^2} + \frac{17}{cx^3})}{5x^3(1 + \frac{4}{5x} + \frac{18}{5x^2} + \frac{7}{5x^3})}$$

$$= \frac{c}{5} \cdot \frac{(1 + \frac{20}{cx} - \frac{15}{cx^2} + \frac{17}{cx^3})}{(1 + \frac{4}{5x} + \frac{18}{5x^2} + \frac{7}{5x^3})}$$

$$\approx \frac{c}{5}.$$

Para x muito grande, $(1 + \frac{20}{cx} - \frac{15}{cx^2} + \frac{17}{cx^3})$ e $(1 + \frac{4}{5x} + \frac{18}{5x^2} + \frac{7}{5x^3})$ são ambos muito próximos de 1, o que explica como obtivemos a aproximação acima.

Essa aproximação mostra que $r(10^{100}) \approx \frac{c}{5}$. Assim, queremos escolher c tal que $\frac{c}{5} = 6$. Portanto, escolhemos $c = 30$.

41 O custo médio por bicicleta quando uma fábrica de bicicletas produz n mil bicicletas é $a(n)$ dólares, em que
$$a(n) = 700 \frac{4n^2 + 3n + 50}{16n^2 + 3n + 35}.$$

Qual será o custo aproximado por bicicleta quando a fábrica estiver produzindo um grande número de bicicletas?

SOLUÇÃO   Para n grande, temos

$$a(n) = 700 \frac{4n^2 + 3n + 50}{16n^2 + 3n + 35}$$

$$= 700 \frac{4n^2(1 + \frac{3}{4n} + \frac{25}{2n^2})}{16n^2(1 + \frac{3}{16n} + \frac{35}{16n^2})}$$

$$= 700 \frac{4(1 + \frac{3}{4n} + \frac{25}{2n^2})}{16(1 + \frac{3}{16n} + \frac{35}{16n^2})}$$

$$\approx 700 \cdot \frac{4}{16}$$

$$= 175.$$

Assim, o custo médio para produzir cada bicicleta será em torno de US$ 175, quando a fábrica estiver produzindo muitas bicicletas.

43 Suponha que você começa a dirigir um carro em um dia frio de outono. Enquanto você dirige, o aquecedor no carro mantém a temperatura dentro do carro em $F(t)$ graus Fahrenheit, em que t é o número de minutos após você começar a dirigir, sendo

$$F(t) = 40 + \frac{30t^3}{t^3 + 100}.$$

(a) Qual era a temperatura no carro quando você começou a dirigir?

(b) Qual era a temperatura aproximada no carro dez minutos depois que você começou a dirigir?

(c) Qual será a temperatura aproximada no carro depois que você estiver dirigindo durante muito tempo?

SOLUÇÃO

(a) Como $F(0) = 40$, a temperatura no carro era de 40° Fahrenheit quando você começou a dirigir.

(b) Como $F(10) \approx 67,3$, a temperatura no carro era de 67,3° Fahrenheit dez minutos depois que você começou a dirigir.

(c) Suponha que t seja um número grande. Então,

$$F(t) = 40 + \frac{30t^3}{t^3 + 100}$$

$$= 40 + \frac{30t^3}{t^3(1 + \frac{100}{t^3})}$$

$$\approx 40 + 30$$

$$= 70.$$

Assim, depois que você estiver dirigindo durante muito tempo, a temperatura no carro será de aproximadamente 70° Fahrenheit.

RESUMO DO CAPÍTULO

Para certificar-se de que você domina os conceitos e as habilidades mais importantes cobertos neste capítulo, assegure-se de que você consegue executar cada um dos itens da seguinte lista:

- Determinar a equação de uma reta dados sua inclinação e um ponto sobre ela.
- Determinar a equação de uma reta dados dois pontos sobre ela.
- Determinar a equação de uma reta paralela a uma reta dada que contém um ponto dado.
- Determinar a equação de uma reta perpendicular a uma reta dada que contém um ponto dado.
- Usar a técnica de completamento do quadrado com expressões quadráticas.
- Resolver equações quadráticas.
- Calcular a distância entre dois pontos.
- Determinar a equação de uma circunferência dados seu centro e seu raio.
- Determinar o vértice de uma parábola.

- Manipular e simplificar expressões envolvendo expoentes.
- Explicar como são definidas x^0, x^{-m} e $x^{1/m}$.
- Explicar a conexão entre os fatores lineares de um polinômio e seus zeros.
- Determinar o comportamento de um polinômio perto de $-\infty$ e perto de ∞.
- Calcular a soma, a diferença, o produto e o quociente de duas funções racionais (e também de dois polinômios).
- Escrever uma função racional como a soma de um polinômio com uma função racional cujo numerador tem grau menor que seu denominador.
- Determinar o comportamento de uma função racional perto de $-\infty$ e perto de ∞.

Para revisar um capítulo, percorra a lista acima procurando identificar itens que você não sabe como executar, depois releia no capítulo o material a respeito desses itens. Em seguida, tente responder as questões de revisão do capítulo, formuladas abaixo, sem olhar outra vez no capítulo.

QUESTÕES DE REVISÃO DO CAPÍTULO

1. Explique como se determina a inclinação de uma reta se forem dadas as coordenadas de dois pontos sobre a reta.

2. Dadas as inclinações de duas retas, como pode você determinar se as retas são ou não paralelas?

3. Dadas as inclinações de duas retas, como pode você determinar se as retas são ou não perpendiculares?

4. Determine um número t tal que a reta que contém os pontos $(3, -5)$ e $(-4, t)$ tenha inclinação -6.

5. Determine a equação da reta no plano xy que tem inclinação -4 e contém o ponto $(3, -7)$.

6. Determine a equação da reta no plano xy que contém os pontos $(-6, 1)$ e $(-1, -8)$.

7. Determine a equação da reta no plano xy que é perpendicular à reta $y = 6x - 7$ e que contém o ponto $(-2, 9)$.

8. Suponha que f seja uma função e g seja uma função linear não constante. Explique por que a imagem de $f \circ g$ é a mesma que a imagem de f.

9. Determine o vértice do gráfico da equação
$$y = 5x^2 + 2x + 3.$$

10. Dê um exemplo de números a, b e c tais que o gráfico de $y = ax^2 + bx + c$ tenha seu vértice no ponto $(-4, 7)$.

11. Determine um número c tal que a equação
$$x^2 + cx + 3 = 0$$
tenha exatamente uma solução.

12. Determine um número x tal que
$$\frac{x+1}{x-2} = 3x.$$

13. Determine a distância entre os pontos $(5, -6)$ e $(-2, -4)$.

14. Determine dois pontos, um sobre o eixo horizontal e outro sobre o eixo vertical, tais que a distância entre esses dois pontos seja igual a 21.

15. Determine a equação da circunferência no plano xy centrada em $(-4, 3)$ que tenha raio igual a 6.

16 Suponha que tenha sido recém-descoberto um planeta que orbita em torno de uma estrela e que tenha sido escolhido um sistema de coordenadas e unidades tais que a órbita do planeta seja descrita pela equação

$$\frac{x^2}{29} + \frac{y^2}{20} = 1.$$

Quais são as duas localizações possíveis da estrela?

17 Determine o centro e o raio da circunferência no plano xy descrita por $x^2 - 8x + y^2 + 10y = 2$.

18 Qual é o número maior: 10^{100} ou 100^{10}?

19 Escreva $\dfrac{3^{800} \cdot 9^{30}}{27^7}$ como uma potência de 3.

20 Escreva $y^{-5}(y^6(y^3)^4)^2$ como uma potência de y.

21 Simplifique as expressão $\dfrac{(t^3 w^5)^{-3}}{(t^{-3} w^2)^4}$.

22 Explique por que 3^0 é definido como igual a 1.

23 Explique por que 3^{-44} é definido como igual a $\dfrac{1}{3^{44}}$.

24 Explique por que $\sqrt{5}^2 = 5$.

25 Dê um exemplo de um número t tal que $\sqrt{t^2} \neq t$.

26 Demonstre que $(29 + 12\sqrt{5})^{1/2} = 3 + 2\sqrt{5}$.

27 Calcule o valor de $32^{7/5}$.

28 Expanda $(4 - 3\sqrt{5x})^2$.

29 Qual é o domínio da função f definida por $f(x) = x^{3/5}$?

30 Qual é o domínio da função f definida por $f(x) = (x - 5)^{3/4}$?

31 Determine a inversa da função f definida por $f(x) = 3 + 2x^{4/5}$.

32 Esboce o gráfico da função f definida por $f(x) = -5x^4 + 7$, no intervalo $[-1, 1]$.

33 Esboce o gráfico da função f definida por

$$f(x) = -\frac{4}{x} + 6$$

em $[-2, -\frac{1}{2}] \cup [\frac{1}{2}, 2]$.

34 Dê um exemplo de dois polinômios de grau 9 cuja soma tem grau 4.

35 Determine um polinômio cujos zeros são -3, 2 e 5.

36 Determine um polinômio p tal que $p(-1) = 0$, $p(4) = 0$ e $p(2) = 3$.

37 Explique por que $x^7 + 9999x^6 - 88x^5 + 77x^4 - 6x^3 + 55$ é negativo para valores negativos de x com valor absoluto muito grande.

38 Explique por que existe um número positivo x tal que

$$x^7 - 5x^4 - 1 = 0.$$

39 Explique por que o polinômio $x^6 - 5x^5 - 2$ tem no mínimo um zero positivo e no mínimo um zero negativo.

40 Determine um polinômio p de grau 3 com coeficientes inteiros tais que 2,1; 3,1 e 4,1 sejam zeros de p.

41 Escreva

$$\frac{3x^{80} + 2}{x^6 - 5} + \frac{x^7 + 10}{x^2 + 9}$$

como uma razão entre dois polinômios.

42 Escreva

$$\frac{3x^{80} + 2}{x^6 - 5} \bigg/ \frac{x^7 + 10}{x^2 + 9}$$

como uma razão entre dois polinômios.

43 Suponha

$$r(x) = \frac{300x^{80} + 299}{x^{76} - 101} \quad \text{e} \quad s(x) = \frac{x^7 + 1}{x^2 + 9}.$$

Qual é o maior: $r(10^{100})$ ou $s(10^{100})$?

44 Escreva o domínio de $\dfrac{x^5 + 2}{x^2 + 7x - 1}$ como uma união de intervalos.

45 Suponha que p seja um polinômio. Explique por que existe um polinômio G tal que

$$p(x) - p(2) = (x - 2)G(x).$$

46 Escreva

$$\frac{4x^5 - 2x^4 + 3x^2 + 1}{2x^2 - 1}$$

sob a forma $G(x) + \dfrac{R(x)}{2x^2 - 1}$, em que G é um polinômio e R é uma função linear.

47 Determine as assíntotas do gráfico da função f definida por

$$f(x) = \frac{3x^2 + 5x + 1}{x^2 + 7x + 10}.$$

48 Dê um exemplo de uma função racional cujo gráfico no plano xy tem como assíntotas as retas $x = 2$ e $x = 5$.

49 Dê um exemplo de uma função racional cujo gráfico no plano xy tem como assíntotas as retas $x = 2$, $x = 5$ e $y = 3$.

50 Suponha que p e q sejam polinômios com

$$\text{grau } p < \text{grau } q.$$

Explique por que o eixo horizontal é uma assíntota do gráfico de $\dfrac{p}{q}$.

CAPÍTULO 3

Noite Estrelada, *pintado por Vincent Van Gogh em 1889. O brilho de uma estrela como visto da Terra é medido usando uma escala logarítmica.*

Funções Exponenciais, Logaritmos e o Número e

Neste capítulo, estudaremos potências e logaritmos, juntamente com as aplicações destes importantes conceitos.

Cada número $b \neq 1$ e positivo leva a uma função exponencial b^x. A inversa dessa função é o logaritmo na base b. Assim, $\log_b y = x$ significa $b^x = y$. Veremos que as importantes propriedades algébricas dos logaritmos decorrem diretamente das propriedades algébricas das potências.

Usaremos potências e logaritmos para modelar o decaimento radioativo, a intensidade de terremoto, a intensidade do som e o brilho de uma estrela. Também veremos como é que funções com crescimento exponencial descrevem o crescimento populacional e os juros compostos.

Nosso enfoque para o número mágico e e para o logaritmo natural levarão a várias importantes aproximações, que mostrarão as propriedades especiais do e. Essas aproximações demonstram por que o logaritmo natural faz jus a seu nome.

Concluiremos este capítulo com uma revisão sobre crescimento exponencial através da lente do nosso conhecimento a respeito do número e. Veremos como o número e é usado para modelar juros compostos continuamente e taxas de crescimento contínuo.

3.1 Logaritmos como Inversas de Funções Exponenciais

> **OBJETIVOS DE APRENDIZAGEM**
>
> Ao final desta seção, você deverá ser capaz de
> - usar funções exponenciais;
> - calcular logaritmos em casos simples;
> - usar logaritmos para determinar inversas de funções envolvendo b^x;
> - calcular o número de dígitos em um inteiro positivo com base em seu logaritmo comum.

Funções Exponenciais

O significado de expoente racional será definido na Seção 2.3, mas uma expressão do tipo $7^{\sqrt{2}}$ ainda não foi definida. Apesar disso, o exemplo seguinte deverá fazer sentido para você como a única forma razoável (racional?) de pensar-se em expoentes irracionais.

EXEMPLO 1 Determine uma aproximação para $7^{\sqrt{2}}$.

SOLUÇÃO Como $\sqrt{2}$ é aproximadamente igual a 1,414, esperamos que $7^{\sqrt{2}}$ seja aproximadamente igual a $7^{1,414}$ (que foi definido, porque 1,414 é um número racional). Uma calculadora mostra que $7^{1,414} \approx 15{,}6638$.

Se usarmos uma aproximação melhor para $\sqrt{2}$, então vamos obter uma aproximação melhor para $7^{\sqrt{2}}$. Por exemplo, 1,41421356 é uma melhor aproximação racional para $\sqrt{2}$ do que 1,414. Uma calculadora mostra que

$$7^{1,41421356} \approx 15{,}67289,$$

que está correto até os primeiros cinco dígitos depois da vírgula decimal na expansão de $7^{\sqrt{2}}$.

Poderíamos continuar esse processo, usando aproximações racionais tão próximas quanto desejarmos para $\sqrt{2}$, o que nos levará a aproximações tão precisas quanto desejarmos para $7^{\sqrt{2}}$.

Queremos definir funções f tais como $f(x) = 2^x$ cujo domínio é o conjunto de todos os números reais. Para isso, precisamos definir o significado de expoentes irracionais.

O exemplo acima sugere a definição do significado de um expoente irracional:

> **Expoente irracional**
>
> Suponha $b > 0$ e seja x um número irracional. Assim, b^x é o número que é aproximado por números sob a forma b^r, em que r assume valores racionais que são aproximações para x.

A definição de b^x acima não possui o nível de rigor esperado para uma definição matemática, mas a ideia deve estar clara a partir do exemplo acima. Uma abordagem rigorosa dessa questão vai levar-nos além do material apropriado para um curso de pré-cálculo. Dessa forma, confiaremos no sentido intuitivo da definição vaga dada acima.

O boxe abaixo resume as propriedades algébricas chave das potências. São as mesmas propriedades que vimos antes, mas agora estendemos o significado dos expoentes para uma classe maior de números.

Propriedades algébricas das potências

Sejam a e b números positivos, e sejam x e y números reais. Então,

$$b^x b^y = b^{x+y}, \qquad b^{-x} = \frac{1}{b^x},$$

$$(b^x)^y = b^{xy},$$

$$a^x b^x = (ab)^x, \qquad \frac{a^x}{a^y} = a^{x-y},$$

$$b^0 = 1, \qquad \frac{a^x}{b^x} = \left(\frac{a}{b}\right)^x.$$

Agora que já definimos b^x para todo número b positivo e todo número real x, podemos definir uma função f por meio de $f(x) = b^x$. Essas funções (uma para cada número b) são tão importantes que fazem jus a ter seu próprio nome:

Função exponencial

Suponha que b seja um número positivo, com $b \ne 1$. Portanto, a **função exponencial** com base b é a função f definida por

$$f(x) = b^x.$$

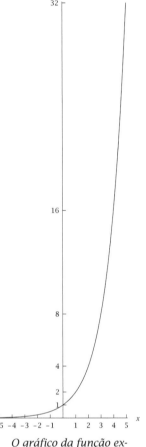

O gráfico da função exponencial 2^x no intervalo $[-5, 5]$. Aqui, usamos a mesma escala em ambos os eixos para enfatizar o crescimento rápido dessa função.

Por exemplo, escolhendo $b = 2$, temos a função exponencial f com base 2 definida por $f(x) = 2^x$. O domínio dessa função é o conjunto dos números reais, e sua imagem é o conjunto dos números positivos.

A base potencial $b = 1$ é excluída da definição de função exponencial porque não queremos fazer exceções para essa base. Por exemplo, é conveniente (e verdadeiro) dizer que a imagem de toda função exponencial é o conjunto de todos os números positivos. Mas a função f definida por $f(x) = 1^x$ satisfaz a propriedade de que $f(x) = 1$ para todo número real x; então a imagem desta função é o conjunto $\{1\}$, e não o conjunto dos números positivos. Para excluir esse tipo de exceção, nós não chamaremos essa função de função exponencial.

Seja cuidadoso ao distinguir entre a função 2^x e a função x^2. Os gráficos dessas funções têm formas diferentes. A função g definida por $g(x) = x^2$ não é uma função exponencial. Para ser uma função exponencial, como $f(x) = 2^x$, a variável precisa aparecer no expoente.

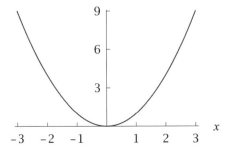

O gráfico de x^2 no intervalo $[-3, 3]$. Diferentemente do gráfico de 2^x, o gráfico de x^2 é simétrico em relação ao eixo vertical.

Logaritmos na Base 2

Considere a função exponencial f definida por $f(x) = 2^x$. A tabela aqui apresentada registra o valor de 2^x para algumas escolhas de x. A seguir, definiremos uma nova função, denominada logaritmo na base 2, isto é, a inversa da função exponencial 2^x.

x	2^x
-3	$\frac{1}{8}$
-2	$\frac{1}{4}$
-1	$\frac{1}{2}$
0	1
1	2
2	4
3	8

A cada aumento de 1 em x, o valor de 2^x duplica; isso ocorre porque $2^{x+1} = 2 \cdot 2^x$.

> ### Logaritmo na base 2
>
> Suponha que y é um número positivo.
>
> - O **logaritmo** de y na base 2, representado por $\log_2 y$, é definido como o número x tal que $2^x = y$.
>
> Versão compacta:
>
> - $\log_2 y = x$ significa $2^x = y$.

Por exemplo, $\log_2 8 = 3$, pois $2^3 = 8$. Da mesma forma, $\log_2 \frac{1}{32} = -5$, pois $2^{-5} = \frac{1}{32}$.

EXEMPLO 2

Determine um número t tal que $2^{1/(t-8)} = 5$.

SOLUÇÃO A equação acima é equivalente à equação $\log_2 5 = \frac{1}{t-8}$. Resolvendo a equação para t, obtemos $t = \frac{1}{\log_2 5} + 8$.

y	$\log_2 y$
$\frac{1}{8}$	-3
$\frac{1}{4}$	-2
$\frac{1}{2}$	-1
1	0
2	1
4	2
8	3

A definição de $\log_2 y$ como o número x tal que

$$2^x = y$$

significa que, se f for a função definida por $f(x) = 2^x$, então a função inversa de f será dada pela fórmula $f^{-1}(y) = \log_2 y$. Assim, a tabela aqui apresentada mostrando alguns valores de $\log_2 y$ é obtida pela permutação das duas colunas da tabela anterior, que fornecia os valores de 2^x, como sempre acontece com uma função e sua inversa.

Expressões tais como $\log_2 0$ e $\log_2(-1)$ não fazem sentido, pois não existe número x tal que $2^x = 0$ nem tal que $2^x = -1$.

A figura aqui apresentada mostra parte do gráfico de $\log_2 x$. Como a função $\log_2 x$ é a inversa da função 2^x, concluímos que o gráfico de $\log_2 x$ é obtido pela reflexão do gráfico de 2^x sobre a reta $y = x$.

Observe que $\log_2$ é uma função; assim, $\log_2(y)$ poderia ser uma notação melhor do que $\log_2 y$. Em uma expressão tal como

$$\frac{\log_2 15}{\log_2 5},$$

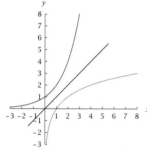

O gráfico de $\log_2 x$ (à direita) no intervalo $[\frac{1}{8}, 8]$ é obtido pela reflexão do gráfico de 2^x (à esquerda), no intervalo $[-3, 3]$, sobre a reta $y = x$.

não podemos cancelar $\log_2$ no numerador e no denominador, da mesma forma como não podemos cancelar uma função f no numerador e no denominador de $\frac{f(15)}{f(5)}$. Da mesma forma, a expressão acima não é igual a $\log_2 3$, exatamente como $\frac{f(15)}{f(5)}$ não é em geral igual a $f(3)$.

Logaritmo em Qualquer Base

A seguir, vamos definir logaritmos com outras bases além do 2. Para essa situação mais geral, não são necessárias novas ideias — simplesmente substituiremos 2 por um número positivo $b \neq 1$. Eis a definição formal:

Logaritmo

Suponha que b e y sejam números positivos, com $b \neq 1$.

- O **logaritmo** de y na base b, representado por $\log_b y$, é definido como o número x tal que $b^x = y$.

Versão compacta:

- $\log_b y = x$ significa $b^x = y$.

A base $b = 1$ é excluída porque $1^x = 1$ para todo número real x

---

(a) Calcule o valor de $\log_{10} 1000$.

(b) Calcule o valor de $\log_7 49$.

(c) Calcule o valor de $\log_3 \frac{1}{81}$.

EXEMPLO 3

SOLUÇÃO

(a) Como $10^3 = 1000$, temos que $\log_{10} 1000 = 3$.

(b) Como $7^2 = 49$, temos que $\log_7 49 = 2$.

(c) Como $3^{-4} = \frac{1}{81}$, temos que $\log_3 \frac{1}{81} = -4$.

Duas identidades importantes decorrem imediatamente da definição:

O logaritmo de 1 e o logaritmo da base

Se b for um número positivo, com $b \neq 1$, então

- $\log_b 1 = 0$;
- $\log_b b = 1$.

A primeira identidade é válida porque $b^0 = 1$; a segunda identidade é válida porque $b^1 = b$.

A definição de $\log_b y$ como o número x tal que $b^x = y$ tem a seguinte consequência:

Logaritmo como uma função inversa

Suponha que b seja um número positivo, com $b \neq 1$, e que f seja a função exponencial definida por $f(x) = b^x$. Assim, a função inversa de f é dada pela fórmula

$$f^{-1}(y) = \log_b y.$$

Logs têm muitos usos, e a palavra "log", em inglês, tem mais de um significado, entre os quais tora, como essas da figura.

Como uma função e sua inversa permutam domínios e imagens entre si, o domínio da função f^{-1} definida por $f^{-1}(y) = \log_b y$ é o conjunto dos números positivos e a imagem dessa função é o conjunto dos números reais.

Se $y \leq 0$, então $\log_b y$ não é definido.

EXEMPLO 4 Suponha que f seja a função definida por $f(x) = 3 \cdot 5^{x-7}$. Determine uma fórmula para f^{-1}.

SOLUÇÃO Para determinar uma fórmula para $f^{-1}(y)$, resolvemos a equação $3 \cdot 5^{x-7} = y$ para x. Dividindo-a por 3, temos $5^{x-7} = \frac{y}{3}$. Assim, $x - 7 = \log_5 \frac{y}{3}$, o que implica que $x = 7 + \log_5 \frac{y}{3}$. Portanto,

$$f^{-1}(y) = 7 + \log_5 \frac{y}{3}.$$

A maioria das aplicações dos logaritmos envolve bases maiores que 1.

Como a função $\log_b x$ é a inversa da função b^x, se refletirmos o gráfico de b^x sobre a reta $y = x$, obtemos o gráfico de $\log_b x$. Se $b > 1$, então $\log_b x$ é uma função crescente (porque b^x é uma função crescente). Como veremos na próxima seção, a forma do gráfico de $\log_b x$ é semelhante à forma do gráfico de $\log_2 x$ obtido anteriormente.

A definição de logaritmo implica as duas equações apresentadas a seguir. Assegure-se de que você esteja familiarizado com essas equações e compreenda por que elas são válidas. Observe que se f for definida por $f(x) = b^x$, então $f^{-1}(y) = \log_b y$. As equações abaixo poderiam então ser escritas sob a forma $(f \circ f^{-1})(y) = y$ e $(f^{-1} \circ f)(x) = x$, equações essas que são sempre válidas para uma função e sua inversa.

> **Propriedades inversas dos logaritmos**
>
> Se b e y forem números positivos, com $b \neq 1$, e se x for um número real, então
>
> - $b^{\log_b y} = y$;
> - $\log_b b^x = x$.

Logaritmos Comuns e o Número de Dígitos

Nas aplicações dos logaritmos, os valores mais comumente usados como base são 10, 2 e o número e (que discutiremos na Seção 3.5). O uso de um logaritmo com base 10 é tão frequente que ele tem um nome especial:

> **Logaritmo comum**
>
> - O logaritmo na base 10 é denominado **logaritmo comum**.
> - Para simplificar a notação, algumas vezes logaritmos na base 10 são escritos sem a base. Se não for especificada nenhuma base, fica subentendido que a base seja 10. Em outras palavras,
>
> $$\log y = \log_{10} y.$$

John Napier, o matemático escocês que inventou os logaritmos, por volta de 1614.

Assim, por exemplo, $\log 10.000 = 4$ (porque $10^4 = 10.000$) e $\log \frac{1}{100} = -2$ (porque $10^{-2} = \frac{1}{100}$). Se sua calculadora tiver uma tecla "log", então ela calculará o logaritmo na base 10, que é frequentemente denominado apenas logaritmo.

Observe que 10^1 é um número de dois dígitos, 10^2 é um número de três dígitos, 10^3 é um número de quatro dígitos e, de maneira geral, 10^{n-1} é um número de n dígitos. Então, os inteiros com n dígitos são os inteiros no intervalo $[10^{n-1}, 10^n)$. Como $\log 10^{n-1} = n - 1$ e $\log 10^n = n$, isso implica que um inteiro positivo de n dígitos tem um logaritmo no intervalo $[n - 1, n)$.

Funções Exponenciais, Logaritmos e o Número *e* 225

Dígitos e logaritmos

O logaritmo de um inteiro de *n* dígitos está no intervalo [*n* −1, *n*).

Sentença alternativa: Se M for um inteiro positivo com n dígitos, então

$n - 1 \leq \log M < n.$

A conclusão acima é frequentemente útil para fazer estimativas. Por exemplo, sem usar calculadora, podemos ver que o número 12.3456.789, que tem nove dígitos, tem um logaritmo entre 8 e 9 (o valor exato é em torno de 8,09).

O próximo exemplo mostra como usar a conclusão acima para determinar o número de dígitos em um número com base em seu logaritmo.

Suponha que *M* seja um inteiro positivo tal que $\log M \approx 73{,}1$. Quantos dígitos tem *M*?

EXEMPLO 5

SOLUÇÃO Como 73,1 está no intervalo [73, 74), podemos concluir que *M* é um número de 74 dígitos.

Sempre arredonde para cima o logaritmo de um número, para determinar o número de dígitos. Aqui $\log M \approx 73{,}1$ é arredondado para cima para mostrar que M tem 74 dígitos.

EXERCÍCIOS

Para os Exercícios 1-6, calcule o valor das quantidades indicadas, supondo que f e g sejam as funções definidas por

$$f(x) = 2^x \quad e \quad g(x) = \frac{x+1}{x+2}.$$

1 $(f \circ g)(-1)$
2 $(g \circ f)(0)$
3 $(f \circ g)(0)$
4 $(g \circ f)(\frac{3}{2})$
5 $(f \circ f)(\frac{1}{2})$
6 $(f \circ f)(\frac{3}{5})$

Para os Exercícios 7-8, determine uma fórmula para $f \circ g$, dadas as funções indicadas f e g.

7 $f(x) = 5x^{\sqrt{2}}$, $g(x) = x^{\sqrt{8}}$
8 $f(x) = 7x^{\sqrt{12}}$, $g(x) = x^{\sqrt{3}}$

Para os Exercícios 9-24, calcule o valor da expressão indicada. Para esses exercícios, não use calculadora.

9 $\log_2 64$
10 $\log_2 1024$
11 $\log_2 \frac{1}{128}$
12 $\log_2 \frac{1}{256}$
13 $\log_4 2$
14 $\log_8 2$
15 $\log_4 8$
16 $\log_8 128$
17 $\log 10000$
18 $\log \frac{1}{1000}$
19 $\log \sqrt{1000}$
20 $\log \frac{1}{\sqrt{10000}}$
21 $\log_2 8^{3{,}1}$
22 $\log_8 2^{6{,}3}$
23 $\log_{16} 32$
24 $\log_{27} 81$

25 Determine um número *y* tal que $\log_2 y = 7$.
26 Determine um número *t* tal que $\log_2 t = 8$.
27 Determine um número *y* tal que $\log_2 y = -5$.
28 Determine um número *t* tal que $\log_2 t = -9$.

Para os Exercícios 29-36, determine um número b tal que seja satisfeita a igualdade indicada.

29 $\log_b 64 = 1$
30 $\log_b 64 = 2$
31 $\log_b 64 = 3$
32 $\log_b 64 = 6$
33 $\log_b 64 = 12$
34 $\log_b 64 = 18$
35 $\log_b 64 = \frac{3}{2}$
36 $\log_b 64 = \frac{6}{5}$

Para os Exercícios 37-48, determine todos os números x tais que a equação indicada seja satisfeita.

37 $\log |x| = 2$
38 $\log |x| = 3$
39 $|\log x| = 2$
40 $|\log x| = 3$
41 $\log_3(5x+1) = 2$
42 $\log_4(3x+1) = -2$
43 $13 = 10^{2x}$
44 $59 = 10^{3x}$
45 $\dfrac{10^x + 1}{10^x + 2} = 0{,}8$
46 $\dfrac{10^x + 3{,}8}{10^x + 3} = 1{,}1$
47 $10^{2x} + 10^x = 12$
48 $10^{2x} - 3 \cdot 10^x = 18$

Para os Exercícios 49-66, determine uma fórmula para a função inversa f^{-1} da função f indicada.

49 $f(x) = 3^x$
50 $f(x) = 4{,}7^x$
51 $f(x) = 2^{x-5}$
52 $f(x) = 9^{x+6}$
53 $f(x) = 6^x + 7$
54 $f(x) = 5^x - 3$
55 $f(x) = 4 \cdot 5^x$
56 $f(x) = 8 \cdot 7^x$
57 $f(x) = 2 \cdot 9^x + 1$

58 $f(x) = 3 \cdot 4^x - 5$
59 $f(x) = \log_8 x$
60 $f(x) = \log_3 x$
61 $f(x) = \log_4(3x+1)$
62 $f(x) = \log_7(2x-9)$
63 $f(x) = 5 + 3\log_6(2x+1)$
64 $f(x) = 8 + 9\log_2(4x-7)$
65 $f(x) = \log_x 13$
66 $f(x) = \log_{5x} 6$

Para os Exercícios 67-74, determine uma fórmula para $(f \circ g)(x)$, supondo que f e g sejam as funções indicadas.

67 $f(x) = \log_6 x$ e $g(x) = 6^{3x}$
68 $f(x) = \log_5 x$ e $g(x) = 5^{3+2x}$
69 $f(x) = 6^{3x}$ e $g(x) = \log_6 x$
70 $f(x) = 5^{3+2x}$ e $g(x) = \log_5 x$
71 $f(x) = \log_x 4$ e $g(x) = 10^x$
72 $f(x) = \log_{2x} 7$ e $g(x) = 10^x$
73 $f(x) = \log_x 4$ e $g(x) = 100^x$
74 $f(x) = \log_{2x} 7$ e $g(x) = 100^x$

75 Determine um número n tal que $\log_3(\log_5 n) = 1$.
76 Determine um número n tal que $\log_3(\log_2 n) = 2$.
77 Determine um número m tal que $\log_7(\log_8 m) = 2$.
78 Determine um número m tal que $\log_5(\log_6 m) = 3$.
79 Suponha que N seja um inteiro positivo tal que $\log N \approx 35{,}4$. Quantos dígitos tem N?
80 Suponha que k seja um inteiro positivo tal que $\log k \approx 83{,}2$. Quantos dígitos tem k?

PROBLEMAS

Alguns problemas exigem consideravelmente mais raciocínio que os exercícios.

81 Demonstre que $(3^{\sqrt{2}})^{\sqrt{2}} = 9$.

82 Dê um exemplo de três números irracionais x, y e z tais que $(x^y)^z$ seja um número racional.

83 A função f definida por $f(x) = 2^x$ para todo número real x é uma função par, ímpar, ou nenhuma das duas?

84 Suponha $f(x) = 8^x$ e $g(x) = 2^x$. Explique por que o gráfico de g pode ser obtido alongando-se horizontalmente o gráfico de f por um fator 3.

85 Suponha $f(x) = 2^x$. Explique por que, deslocando-o 3 unidades para a esquerda, o gráfico de f produz o mesmo gráfico que o alongamento vertical do gráfico de f por um fator 8.

86 Explique por que não existe polinômio p tal que $p(x) = 2^x$ para todo número real x.
[*Dica:* Considere o comportamento de $p(x)$ e de 2^x para x perto de $-\infty$.]

87 Explique por que não existe função racional r tal que $r(x) = 2^x$ para todo número real x.
[*Dica:* Considere o comportamento de $r(x)$ e de 2^x para x perto de $\pm\infty$.]

88 Explique por que $\log_5 \sqrt{5} = \frac{1}{2}$.

89 Explique por que $\log_3 100$ está entre 4 e 5.

90 Explique por que $\log_{40} 3$ está entre $\frac{1}{4}$ e $\frac{1}{3}$.

91 Mostre que $\log_2 3$ é um número irracional.
[*Dica:* Use prova por contradição: Suponha que $\log_2 3$ seja igual a um número racional $\frac{m}{n}$; escreva o que isto significa, e pense em números pares e ímpares.]

92 Mostre que $\log 2$ é irracional.

93 Explique por que logaritmos com base negativa não são definidos.

94 Escreva as coordenadas de três pontos distintos do gráfico da função f definida por $f(x) = \log_3 x$.

95 Escreva as coordenadas de três pontos distintos do gráfico da função g definida por $g(b) = \log_b 4$.

96 Suponha $g(b) = \log_b 5$, em que o domínio de g é o intervalo $(1, \infty)$. A função g é uma função crescente ou decrescente?

SOLUÇÕES DETALHADAS *dos Exercícios Ímpares*

Não leia estas soluções detalhadas antes de tentar resolver você mesmo os exercícios. Caso contrário, você corre o risco de imitar as técnicas demonstradas aqui, sem, no entanto, compreender as ideias.

Melhor caminho para aprender: Leia cuidadosamente a seção do livro-texto, depois resolva todos os exercícios ímpares e verifique suas respostas aqui. Se você tiver alguma dificuldade para resolver algum exercício, olhe a solução detalhada apresentada aqui.

Para os Exercícios 1–6, calcule o valor das quantidades indicadas, supondo que f e g sejam as funções definidas por

$$f(x) = 2^x \quad e \quad g(x) = \frac{x+1}{x+2}.$$

1 $(f \circ g)(-1)$

SOLUÇÃO
$$(f \circ g)(-1) = f(g(-1)) = f(0) = 2^0 = 1$$

3 $(f \circ g)(0)$

SOLUÇÃO
$$(f \circ g)(0) = f(g(0)) = f(\tfrac{1}{2}) = 2^{1/2} \approx 1{,}414$$

5 $(f \circ f)(\tfrac{1}{2})$

SOLUÇÃO
$$(f \circ f)(\tfrac{1}{2}) = f(f(\tfrac{1}{2})) = f(2^{1/2})$$
$$\approx f(1{,}41421)$$
$$= 2^{1{,}41421}$$
$$\approx 2{,}66514$$

Para os Exercícios 7 e 8, determine uma fórmula para $f \circ g$, dadas as funções indicadas f e g.

7 $f(x) = 5x^{\sqrt{2}}$, $g(x) = x^{\sqrt{8}}$

SOLUÇÃO
$$(f \circ g)(x) = f(g(x)) = f(x^{\sqrt{8}})$$
$$= 5(x^{\sqrt{8}})^{\sqrt{2}} = 5x^{\sqrt{16}} = 5x^4$$

Para os Exercícios 9–24, calcule o valor da expressão indicada. Para esses exercícios, não use calculadora.

9 $\log_2 64$

SOLUÇÃO Sendo $x = \log_2 64$, então x é o número tal que
$$64 = 2^x.$$
Como $64 = 2^6$, concluímos que $x = 6$. Portanto, $\log_2 64 = 6$.

11 $\log_2 \frac{1}{128}$

SOLUÇÃO Sendo $x = \log_2 \frac{1}{128}$, então x é o número tal que
$$\tfrac{1}{128} = 2^x.$$
Como $\frac{1}{128} = \frac{1}{2^7} = 2^{-7}$, concluímos que $x = -7$. Portanto, $\log_2 \frac{1}{128} = -7$.

13 $\log_4 2$

SOLUÇÃO Como $2 = 4^{1/2}$, temos $\log_4 2 = \tfrac{1}{2}$.

15 $\log_4 8$

SOLUÇÃO Como $8 = 2 \cdot 4 = 4^{1/2} \cdot 4 = 4^{3/2}$, temos que $\log_4 8 = \tfrac{3}{2}$.

17 $\log 10.000$

SOLUÇÃO
$$\log 10000 = \log 10^4$$
$$= 4$$

19 $\log \sqrt{1000}$

SOLUÇÃO
$$\log \sqrt{1000} = \log 1000^{1/2}$$
$$= \log(10^3)^{1/2}$$
$$= \log 10^{3/2}$$
$$= \tfrac{3}{2}$$

21 $\log_2 8^{3,1}$

SOLUÇÃO
$$\log_2 8^{3,1} = \log_2 (2^3)^{3,1}$$
$$= \log_2 2^{9,3}$$
$$= 9{,}3$$

23 $\log_{16} 32$

SOLUÇÃO
$$\log_{16} 32 = \log_{16} 2^5$$
$$= \log_{16} (2^4)^{5/4}$$
$$= \log_{16} 16^{5/4}$$
$$= \tfrac{5}{4}$$

25 Determine um número y tal que $\log_2 y = 7$.

SOLUÇÃO A equação $\log_2 y = 7$ implica que
$$y = 2^7 = 128.$$

27 Determine um número y tal que $\log_2 y = -5$.

SOLUÇÃO A equação $\log_2 y = -5$ implica que

$$y = 2^{-5} = \tfrac{1}{32}.$$

Para os Exercícios 29-36, determine um número b tal que seja satisfeita a igualdade indicada.

29 $\log_b 64 = 1$

SOLUÇÃO A equação $\log_b 64 = 1$ implica que

$$b^1 = 64.$$

Então, $b = 64$.

31 $\log_b 64 = 3$

SOLUÇÃO A equação $\log_b 64 = 3$ implica que

$$b^3 = 64.$$

Como $4^3 = 64$, isto implica que $b = 4$.

33 $\log_b 64 = 12$

SOLUÇÃO A equação $\log_b 64 = 12$ implica que

$$b^{12} = 64.$$

Então

$$\begin{aligned}b &= 64^{1/12}\\&= (2^6)^{1/12}\\&= 2^{6/12}\\&= 2^{1/2}\\&= \sqrt{2}.\end{aligned}$$

35 $\log_b 64 = \dfrac{3}{2}$

SOLUÇÃO A equação $\log_b 64 = \dfrac{3}{2}$ implica que

$$b^{3/2} = 64.$$

Elevando-se ambos os lados dessa equação à potência $2/3$, obtemos

$$\begin{aligned}b &= 64^{2/3}\\&= (2^6)^{2/3}\\&= 2^4\\&= 16.\end{aligned}$$

Para os Exercícios 37-48, determine todos os números x tais que a equação indicada seja satisfeita.

37 $\log|x| = 2$

SOLUÇÃO A equação $\log|x| = 2$ é equivalente à equação

$$|x| = 10^2 = 100.$$

Portanto, os dois valores de x que satisfazem a equação são $x = 100$ e $x = -100$.

39 $|\log x| = 2$

SOLUÇÃO A equação $|\log x| = 2$ significa que $\log x = 2$ ou $\log x = -2$, assim, $x = 10^2 = 100$ ou $x = 10^{-2} = \tfrac{1}{100}$.

41 $\log_3(5x + 1) = 2$

SOLUÇÃO A equação $\log_3(5x + 1) = 2$ implica que $5x + 1 = 3^2 = 9$. Assim, $5x = 8$, que implica que $x = \tfrac{8}{5}$.

43 📱 $13 = 10^{2x}$

SOLUÇÃO A equação $13 = 10^{2x}$ implica que $2x = \log 13$. Assim, $x = \dfrac{\log 13}{2}$, que é aproximadamente igual a $0{,}557$.

45 📱 $\dfrac{10^x + 1}{10^x + 2} = 0{,}8$

SOLUÇÃO Multiplicando-se ambos os lados da equação acima por $10^x + 2$, obtemos

$$10^x + 1 = 0{,}8 \cdot 10^x + 1{,}6.$$

Resolvendo a equação para 10^x, obtemos $10^x = 3$, o que significa que $x = \log 3 \approx 0{,}477121$.

47 📱 $10^{2x} + 10^x = 12$

SOLUÇÃO Observe que $10^{2x} = (10^x)^2$. Isto sugere estabelecer $y = 10^x$. Assim, a equação acima pode ser reescrita como

$$y^2 + y - 12 = 0.$$

As soluções da equação (que podem ser obtidas ou usando a fórmula quadrática ou por fatoração) são $y = -4$ ou $y = 3$. Assim, $10^x = -4$ ou $10^x = 3$. Todavia, não existe número real x tal que $10^x = -4$ (porque para todo número real x tem-se 10^x positivo), dessa forma, devemos ter $10^x = 3$. Portanto, $x = \log 3 \approx 0{,}477121$.

Para os Exercícios 49-66, determine uma fórmula para a função inversa f^{-1} da função f indicada.

49 $f(x) = 3^x$

SOLUÇÃO Pela definição de logaritmo, a inversa de f é a função f^{-1} definida por

$$f^{-1}(y) = \log_3 y.$$

51 $f(x) = 2^{x-5}$

SOLUÇÃO Para determinar uma fórmula para $f^{-1}(y)$, resolvemos a equação $2^{x-5} = y$ para x. Essa equação significa que $x - 5 = \log_2 y$. Assim, $x = 5 + \log_2 y$. Portanto,

$$f^{-1}(y) = 5 + \log_2 y.$$

53 $f(x) = 6^x + 7$

SOLUÇÃO Para determinar uma fórmula para $f^{-1}(y)$, resolvemos a equação $6^x + 7 = y$ para x. Subtraindo-se 7 de ambos os lados, obtemos $6^x = y - 7$. Essa equação significa que $x = \log_6(y-7)$. Portanto,
$$f^{-1}(y) = \log_6(y-7).$$

55 $f(x) = 4 \cdot 5^x$

SOLUÇÃO Para determinar uma fórmula para $f^{-1}(y)$, resolvemos a equação $4 \cdot 5^x = y$ para x. Dividindo-se ambos os lados por 4, obtemos $5^x = \frac{y}{4}$. Essa equação significa que $x = \log_5 \frac{y}{4}$. Portanto,
$$f^{-1}(y) = \log_5 \frac{y}{4}.$$

57 $f(x) = 2 \cdot 9^x + 1$

SOLUÇÃO Para determinar uma fórmula para $f^{-1}(y)$, resolvemos a equação $2 \cdot 9^x + 1 = y$ para x. Subtraindo-se 1 de ambos os lados e depois dividindo-os por 2, obtemos $9^x = \frac{y-1}{2}$. Essa equação significa que $x = \log_9 \frac{y-1}{2}$. Portanto,
$$f^{-1}(y) = \log_9 \frac{y-1}{2}.$$

59 $f(x) = \log_8 x$

SOLUÇÃO Pela definição de logaritmo, a inversa de f é a função f^{-1} definida por
$$f^{-1}(y) = 8^y.$$

61 $f(x) = \log_4(3x+1)$

SOLUÇÃO Para determinar uma fórmula para $f^{-1}(y)$, resolvemos a equação
$$\log_4(3x+1) = y$$
para x. Esta equação significa que $3x + 1 = 4^y$. Resolvendo-a para x, obtemos $x = \frac{4^y - 1}{3}$. Portanto,
$$f^{-1}(y) = \frac{4^y - 1}{3}.$$

63 $f(x) = 5 + 3\log_6(2x+1)$

SOLUÇÃO Para determinar uma fórmula para $f^{-1}(y)$, resolvemos a equação
$$5 + 3\log_6(2x+1) = y$$
para x. Subtraindo-se 5 de ambos os lados e depois dividindo-os por 3, obtemos
$$\log_6(2x+1) = \frac{y-5}{3}.$$
Essa equação significa que $2x + 1 = 6^{(y-5)/3}$. Resolvendo-a para x, obtemos $x = \frac{6^{(y-5)/3} - 1}{2}$. Portanto,

$$f^{-1}(y) = \frac{6^{(y-5)/3} - 1}{2}.$$

65 $f(x) = \log_x 13$

SOLUÇÃO Para determinar uma fórmula para $f^{-1}(y)$, resolvemos a equação $\log_x 13 = y$ para x. Essa equação significa que $x^y = 13$. Elevando-se ambos os lados à potência $\frac{1}{y}$, obtemos $x = 13^{1/y}$. Portanto,
$$f^{-1}(y) = 13^{1/y}.$$

Para os Exercícios 67–74, determine uma fórmula para $(f \circ g)(x)$, supondo que f e g sejam as funções indicadas.

67 $f(x) = \log_6 x$ e $g(x) = 6^{3x}$

SOLUÇÃO
$$(f \circ g)(x) = f(g(x)) = f(6^{3x}) = \log_6 6^{3x} = 3x$$

69 $f(x) = 6^{3x}$ e $g(x) = \log_6 x$

SOLUÇÃO
$$(f \circ g)(x) = f(g(x)) = f(\log_6 x)$$
$$= 6^{3\log_6 x} = (6^{\log_6 x})^3 = x^3$$

71 $f(x) = \log_x 4$ e $g(x) = 10^x$

SOLUÇÃO
$$(f \circ g)(x) = f(g(x)) = f(10^x)$$
$$= \log_{10^x} 4$$
$$= \frac{\log 4}{\log 10^x}$$
$$= \frac{\log 4}{x}$$

73 $f(x) = \log_x 4$ e $g(x) = 100^x$

SOLUÇÃO
$$(f \circ g)(x) = f(g(x)) = f(100^x)$$
$$= \log_{100^x} 4$$
$$= \frac{\log 4}{\log 100^x}$$
$$= \frac{\log 4}{\log 10^{2x}}$$
$$= \frac{\log 4}{2x}$$

75 Determine um número n tal que $\log_3(\log_5 n) = 1$.

SOLUÇÃO A equação $\log_3(\log_5 n) = 1$ implica que $\log_5 n = 3$ e, portanto, que $n = 5^3 = 125$.

77 Determine um número m tal que $\log_7 (\log_8 m) = 2$.

SOLUÇÃO   A equação $\log_7 (\log_8 m) = 2$ implica que
$$\log_8 m = 7^2 = 49.$$
A equação acima agora implica que
$$m = 8^{49}.$$

79 Suponha que N seja um inteiro positivo tal que $\log N \approx 35{,}4$.

Quantos dígitos tem N?

SOLUÇÃO   Como 35,4 está no intervalo [35, 36), podemos concluir que N é um número de 36 dígitos.

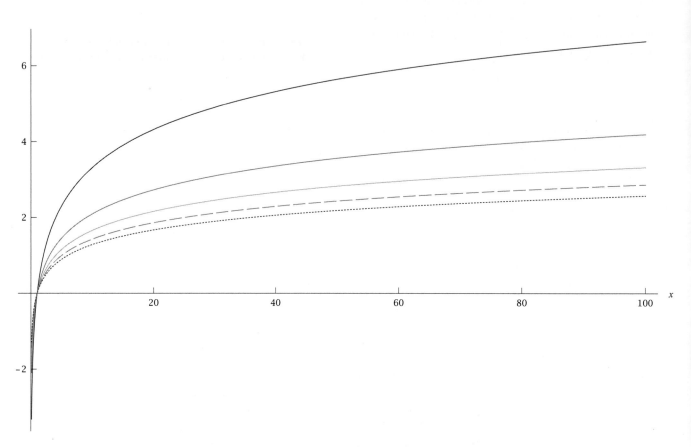

Os gráficos de $\log_2 x$ (cinza-escuro), $\log_3 x$ (cinza meio-tom), $\log_4 x$ (cinza-claro), $\log_5 x$ (tracejado) e $\log_6 x$ (pontilhado) no intervalo [0,1; 100].

3.2 Aplicações da Regra da Potência para Logaritmos

OBJETIVOS DE APRENDIZAGEM

Ao final desta seção, você deverá ser capaz de
- aplicar a fórmula para o logaritmo de uma potência;
- modelar o decaimento radioativo usando meia-vida;
- aplicar a fórmula da mudança de base para logaritmos.

Logaritmo de uma Potência

Logaritmos convertem potências em produtos. Para visualizar isto, suponha que b e y sejam números positivos, com $b \neq 1$, e que t seja um número real. Seja

$$x = \log_b y.$$

Assim, a definição de logaritmo implica que

$$b^x = y.$$

Elevando ambos os lados dessa equação à potência t e usando a identidade $(b^x)^t = b^{tx}$, obtemos

$$b^{tx} = y^t.$$

Usando novamente a definição de logaritmo na base b, a equação acima implica que

$$\log_b(y^t) = tx$$
$$= t \log_b y.$$

Assim, temos a seguinte fórmula para o logaritmo de uma potência:

Logaritmo de uma potência

Se b e y forem números positivos, com $b \neq 1$, e se t for um número real, então

$$\log_b(y^t) = t \log_b y.$$

Uma expressão sem parênteses sob a forma $\log_b y^t$ deve ser interpretada como tendo o significado de $\log_b(y^t)$ e não de $(\log_b y)^t$.

O exemplo seguinte mostra uma bonita aplicação da fórmula acima.

EXEMPLO 1

Quantos dígitos tem o número 3^{5000}?

SOLUÇÃO
Podemos responder a essa pergunta calculando o logaritmo comum de 3^{5000}. Usando a fórmula para o logaritmo de uma potência e uma calculadora, vemos que

$$\log(3^{5000}) = 5000 \log 3 \approx 2385{,}61.$$

Assim, o número 3^{5000} tem 2386 dígitos.

A sua calculadora não consegue calcular o valor de 3^{5000}. Assim, a fórmula para o logaritmo de uma potência faz-se necessária, embora também seja usada uma calculadora.

Antes de existirem as calculadoras e os computadores, os livros traziam tábuas de logaritmos que eram frequentemente usadas para calcular potências de números. Como um exemplo de como isso funciona, considere o problema de calcular o valor de $1{,}7^{3{,}7}$. A chave para efetuar este cálculo está na fórmula

$$\log(1{,}7^{3{,}7}) = 3{,}7 \log 1{,}7.$$

Atualmente, a maioria dos livros de logaritmos desapareceu do mercado. No entanto, sua calculadora usa a fórmula $\log_b(y^t) = t \log_b y$ quando você solicita que ela calcule o valor de uma expressão como $1{,}7^{3{,}7}$.

Suponhamos que temos um livro que apresente os logaritmos dos números de 1 a 10, em incrementos de 0,001, isto é, que o livro forneça os logaritmos de 1,001; 1,002; 1,003; e assim por diante.

A ideia é começar por calcular o lado direito da equação acima. Para fazer isso, nós olharíamos no livro de logaritmos, e encontraríamos $\log 1{,}7 \approx 0{,}230449$. Multiplicando o último número por 3,7, concluiríamos que o valor do lado direito da equação acima é aproximadamente 0,852661. Assim, de acordo com a equação acima,

$$\log(1{,}7^{3{,}7}) \approx 0{,}852661.$$

Portanto, podemos calcular o valor de $1{,}7^{3{,}7}$ determinando um número cujo logaritmo seja igual a 0,852661. Para isso, procuraríamos na nossa tábua de logaritmos e encontraríamos que o mais próximo corresponde ao $\log 7{,}123 \approx 0{,}852663$. Portanto,

$$1{,}7^{3{,}7} \approx 7{,}123.$$

Hoje em dia, as pessoas raramente usam logaritmos para efetuar cálculos diretos, como o de $1{,}7^{3{,}7}$. Contudo, sua calculadora usa logaritmos para efetuar esses cálculos. Em tópicos da disciplina de Cálculo, e também em outros ramos da Matemática, os logaritmos têm usos importantes. Além disso, como veremos a seguir, os logaritmos possuem vários usos práticos.

Decaimento Radioativo e Meia-Vida

Marie Curie, a única pessoa a ganhar Prêmios Nobel tanto em Física (1903) quanto em Química (1911), foi pioneira nos estudos sobre decaimento radioativo.

Cientistas observaram que, iniciando-se com uma grande amostra de átomos de radônio, depois de 92 horas a metade dos átomos de radônio decairá para polônio. Depois de outras 92 horas, metade dos átomos de radônio remanescentes também decairão para polônio. Em outras palavras, depois de 184 horas restarão apenas um quarto dos átomos originais de radônio. Depois de outras 92 horas, metade do quarto remanescente dos átomos originais decairá para polônio, deixando apenas um oitavo dos átomos de radônio originais, após 276 horas.

Depois de t horas, o número de átomos de radônio será reduzido pela metade $t/92$ vezes. Assim, depois de t horas, o número de átomos de radônio restantes será igual ao número original de átomos de radônio dividido por $2^{t/92}$. Aqui, t não precisa ser um múltiplo inteiro de 92. Por exemplo, após cinco horas, o número original de átomos de radônio será dividido por $2^{5/92}$. Como

$$\frac{1}{2^{5/92}} \approx 0{,}963,$$

isto significa que, depois de cinco horas, uma amostra de radônio irá conter 96,3% do número original de átomos de radônio.

Como em qualquer amostra de radônio a metade do número de átomos decairá para polônio em 92 horas, dizemos que o radônio tem uma **meia-vida** de 92 horas. Alguns átomos de radônio existem durante menos de 92 horas e alguns átomos de radônio existem por muito mais que 92 horas.

A meia-vida de qualquer isótopo radioativo é o intervalo de tempo durante o qual, em uma grande amostra do isótopo, metade dos seus átomos decai. Na tabela a seguir, estão apresentados valores aproximados para as meias-vidas de vários isótopos radioativos (o número do isótopo registrado após o nome de cada elemento informa o número total de prótons e nêutrons em cada átomo do isótopo).

isótopo	meia-vida
neônio-18	2 segundos
nitrogênio-13	10 minutos
radônio-222	92 horas
polônio-210	138 dias
césio-137	30 anos
carbono-14	5730 anos
plutônio-239	24,110 anos

Meia-vida de alguns isótopos radioativos.

Alguns dos isótopos nesta tabela são criações humanas, que não existem na natureza. Por exemplo, o nitrogênio na Terra é quase inteiramente nitrogênio-14 (7 prótons e 7 nêutrons), que não é radioativo e não decai. O nitrogênio-13, listado aqui, tem 7 prótons e 6 nêutrons; ele pode ser criado em laboratório, mas é radioativo e metade dele decairá em 10 minutos.

Se um isótopo radioativo tiver meia-vida de h unidades de tempo (que poderia ser segundos, minutos, horas, dias ou anos), então, depois de t unidades de tempo, o número de átomos do isótopo terá sido, por t/h vezes, reduzido pela metade. Portanto, depois de t unidades de tempo, o número de átomos remanescente do isótopo será igual ao número original de átomos dividido por $2^{t/h}$. Como $\frac{1}{2^{t/h}} = 2^{-t/h}$, temos o seguinte resultado:

Decaimento Radioativo

Se um isótopo radioativo tiver meia-vida h, então a função que modela o número de átomos em uma amostra desse isótopo é

$$a(t) = a_0 \cdot 2^{-t/h},$$

em que a_0 é o número de átomos do isótopo na amostra quando $t = 0$.

O decaimento radioativo do carbono-14 levou a uma maneira interessante de se determinar a idade de fósseis, florestas e outros resíduos de plantas e animais. O carbono-12, sem dúvida a forma mais comum de carbono na Terra, não é radioativo e não decai. O carbono-14 radioativo é produzido regularmente quando raios cósmicos atingem a atmosfera superior. O carbono-14 radioativo então desce, inserindo-se nas plantas por meio da fotossíntese, depois nos animais que comem as plantas e depois nos animais que comem os animais que comem as plantas, e assim por diante. O carbono-14 é responsável por aproximadamente $10^{-10}\%$ dos átomos de carbono em plantas e animais vivos.

Quando uma planta ou um animal morre, ele para de absorver novo carbono porque não estará mais envolvido em fotossíntese ou comendo. Então, não há novo carbono-14 absorvido. O carbono-14 radioativo na planta ou no animal decai, sendo que metade dele se perde após 5730 anos, como mostrado na tabela acima. Assim, se medirmos a quantidade de carbono-14 como uma porcentagem da quantidade total de

O Prêmio Nobel de Química em 1960 foi concedido a Willard Libby pela invenção desse método de datação com o carbono-14.

carbono nos restos de uma planta ou de um animal, poderemos determinar há quanto tempo ele morreu.

| EXEMPLO 2 | Suponha que um esqueleto de gato tenha sido encontrado em um velho poço, e que a razão de carbono-14 para carbono-12 seja de 61% da correspondente razão para organismos vivos. Há aproximadamente quanto tempo morreu esse gato?

SOLUÇÃO   Representando por t o número de anos desde a morte do gato, temos
$$0{,}61 = 2^{-t/5730}.$$

Para resolver a equação para t, calculamos o logaritmo de ambos os lados, obtendo
$$\log 0{,}61 = -\frac{t}{5730} \log 2.$$

Resolvendo a equação para t, obtemos
$$t = -5730 \frac{\log 0{,}61}{\log 2} \approx 4086.$$

Como começamos com precisão de apenas dois dígitos (61%), nós não produziríamos uma estimativa tão exata. Assim, poderíamos estimar que o esqueleto tenha aproximadamente 4100 anos.

O primeiro gato do autor.

Mudança de Base

Sua calculadora provavelmente calcula o valor de logaritmos em apenas duas bases. Uma delas é provavelmente o logaritmo na base 10 (o logaritmo comum, provavelmente representado por log na sua calculadora). O outro é provavelmente o logaritmo na base e (este é o logaritmo natural, que discutiremos na Seção 3.5; ele é provavelmente representado por ln na sua calculadora).

Se você quiser usar uma calculadora para calcular o valor de alguma coisa como $\log_2 73{,}9$, provavelmente precisará de uma fórmula para converter logaritmos de uma base para outra. Para deduzir essa fórmula, suponha que a, b e y sejam números positivos, com $a \neq 1$ e $b \neq 1$. Seja
$$x = \log_b y.$$

Então a definição de logaritmo na base b implica que
$$b^x = y.$$

Calculando o logaritmo de ambos os lados da equação acima na base a, escrevemos
$$x \log_a b = \log_a y.$$

Então
$$x = \frac{\log_a y}{\log_a b}.$$

Substituindo x da equação acima por seu valor $\log_b y$, obtemos a seguinte fórmula para converter logaritmos de uma base para outra:

> *Mudança de base para logaritmos*
>
> Se a, b e y forem números positivos, com $a \neq 1$ e $b \neq 1$, então
> $$\log_b y = \frac{\log_a y}{\log_a b}.$$

Um caso especial dessa fórmula, conveniente para uso em calculadoras, é usar $a = 10$ e, assim, usando logaritmos comuns, obtemos a seguinte fórmula:

> **Mudança de base com logaritmos comuns**
>
> Se b e y forem números positivos, com $b \neq 1$, então
> $$\log_b y = \frac{\log y}{\log b}.$$

Cuidado: No WolframAlpha e em outros softwares avançados, log *sem especificar a base significa logaritmo na base e. Use, então,* $\boxed{\text{log\_10 6.8}}$ *para calcular o valor do logaritmo comum de 6,8 no WolframAlpha; o underscore _ representa um subscrito.*

Calcule o valor de $\log_2 73{,}9$.

EXEMPLO 3

SOLUÇÃO Use uma calculadora com $b = 2$ e $y = 73{,}9$ na fórmula acima para obter

$$\log_2 73{,}9 = \frac{\log 73{,}9}{\log 2} \approx 6{,}2075.$$

A fórmula da mudança de base para logaritmos implica que o gráfico do logaritmo usando qualquer base pode ser obtido por meio de um alongamento vertical do gráfico do logaritmo usando qualquer outra base (supondo que ambas as bases sejam maiores que 1), como mostrado no seguinte exemplo.

Esboce os gráficos de $\log_2 x$ e de $\log x$, no intervalo $[\frac{1}{8}, 8]$. Como se relacionam esses dois gráficos?

EXEMPLO 4

SOLUÇÃO A fórmula da mudança de base implica que $\log_2 x = (\log x)/(\log 2)$. Como $1/(\log 2) \approx 3{,}32$, isso significa que o gráfico de $\log_2 x$ é obtido do gráfico de $\log x$ por seu alongamento vertical por um fator de aproximadamente 3,32.

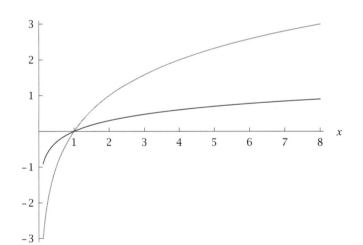

Os gráficos de $\log_2 x$ *(cinza meio-tom) e de* $\log x$ *(cinza-escuro) no intervalo* $[\frac{1}{8}, 8]$.

De modo geral, para números positivos fixos a e b, nenhum dos quais igual a 1, a fórmula da mudança de base

$$\log_a x = (\log_a b) \log_b x$$

implica que o gráfico de $\log_a x$ pode ser obtido do gráfico de $\log_b x$ por seu alongamento vertical por um fator de $\log_a b$.

EXERCÍCIOS

Os próximos dois exercícios enfatizam que $\log(x^y)$ *não é igual a* $(\log x)^y$.

1. Para $x = 5$ e $y = 2$, calcule o valor de cada um dos seguintes:
   (a) $\log(x^y)$
   (b) $(\log x)^y$

2. Para $x = 2$ e $y = 3$, calcule o valor de cada um dos seguintes:
   (a) $\log(x^y)$
   (b) $(\log x)^y$

3. Suponha que y seja tal que $\log_2 y = 17{,}67$. Calcule o valor de $\log_2(y^{100})$.

4. Suponha que x seja tal que $\log_6 x = 23{,}41$. Calcule o valor de $\log_6(x^{10})$.

Para os Exercícios 5–8, determine todos os números x *que satisfazem a equação indicada.*

5. $3^x = 8$
6. $7^x = 5$
7. $6^{\sqrt{x}} = 2$
8. $5^{\sqrt{x}} = 9$

9. Suponha que m seja um inteiro positivo tal que $\log m \approx 13{,}2$. Quantos dígitos tem m^3?

10. Suponha que M seja um inteiro positivo tal que $\log M \approx 50{,}3$. Quantos dígitos tem M^4?

11. Quantos dígitos tem 7^{4000}?

12. Quantos dígitos tem 8^{4444}?

13. Determine um inteiro k tal que 18^k tenha 357 dígitos.

14. Determine um inteiro n tal que 22^n tenha 222 dígitos.

15. Determine um inteiro m tal que m^{1234} tenha 1991 dígitos.

16. Determine um inteiro N tal que N^{4321} tenha 6041 dígitos.

17. Determine o menor inteiro n tal que $7^n > 10^{100}$.

18. Determine o menor inteiro k tal que $9^k > 10^{1000}$.

19. Determine o menor inteiro M tal que $5^{1/M} < 1{,}01$.

20. Determine o menor inteiro m tal que $8^{1/m} < 1{,}001$.

21. Suponha que $\log_8(\log_7 m) = 5$. Quantos dígitos deve ter m?

22. Suponha que $\log_5(\log_9 m) = 6$. Quantos dígitos deve ter m?

Um número primo é um inteiro maior que 1 *que não tem divisores outros além dele próprio e de* 1.

23. Quando este livro foi escrito, o terceiro maior número primo conhecido era $2^{37.156.667} - 1$. Quantos dígitos tem esse número primo?

24. Quando este livro foi escrito, o segundo maior número primo conhecido era $2^{42.643.801} - 1$. Quantos dígitos tem esse número primo?

25. Aproximadamente quantas horas levará para que uma amostra de radônio-222 tenha apenas um oitavo da quantidade existente na amostra original?

26. Aproximadamente quantos minutos levará para que uma amostra de nitrogênio-13 tenha apenas um sessenta e quatro avos da quantidade existente na amostra original?

27. Aproximadamente quantos anos levará para que uma amostra de césio-137 tenha apenas dois terços da quantidade existente na amostra original?

28. Aproximadamente quantos anos levará para que uma amostra de plutônio-239 tenha apenas 1% da quantidade existente na amostra original?

29. Suponha que um isótopo radioativo seja tal que um quinto dos átomos em uma amostra decaia após três anos. Determine a meia-vida desse isótopo.

30. Suponha que um isótopo radioativo seja tal que cinco sextos dos átomos em uma amostra decaia após quatro dias. Determine a meia-vida desse isótopo.

31. Suponha que a razão de carbono-14 para carbono-12 em um gato mumificado seja de 64% da razão correspondente para organismos vivos. Há aproximadamente quanto tempo morreu o gato?

32. Suponha que a razão de carbono-14 para carbono-12 em um instrumento de madeira fossilizada seja de 20% da razão correspondente para organismos vivos. Qual é a idade aproximada desse instrumento de madeira?

Para os Exercícios 33–40, calcule o valor das quantidades indicadas. Sua calculadora provavelmente não consegue calcular o valor dos logaritmos em nenhuma das bases envolvidas nestes exercícios, por isso você precisará usar a fórmula de mudança de base apropriada.

33. $\log_2 13$
34. $\log_4 27$
35. $\log_{13} 9{,}72$
36. $\log_{17} 12{,}31$
37. $\log_9 0{,}23$
38. $\log_7 0{,}58$
39. $\log_{4{,}38} 7{,}1$
40. $\log_{5{,}06} 99{,}2$

PROBLEMAS

41 Explique por que não existe nenhum inteiro m tal que 67^m tenha 9236 dígitos.

42 Faça uma pesquisa na Internet para encontrar o maior número primo atualmente conhecido. Depois, calcule o número de dígitos desse número.

[*Geralmente a descoberta de um novo maior número primo recebe alguma cobertura jornalística, incluindo a informação sobre o número de dígitos correspondente. Assim, você provavelmente pode encontrar na Internet o número de dígitos do maior número primo atualmente conhecido; aqui, solicita-se que você efetue o cálculo para verificar que o número de dígitos relatado está correto.*]

43 Suponha que $f(x) = \log x$ e $g(x) = \log(x^4)$, sendo que o domínio tanto de f quanto de g é o conjunto dos números positivos. Explique por que o gráfico de g pode ser obtido alongando-se verticalmente o gráfico de f por um fator 4.

44 Explique por que

$$\frac{\log_b \sqrt{27}}{3} = \log_b \frac{\sqrt{27}}{3}.$$

para todo número positivo $b \neq 1$.

45 Suponha que x e b sejam números positivos, com $b \neq 1$. Demonstre que, se $x \neq \sqrt{27}$, então

$$\frac{\log_b x}{3} \neq \log_b \frac{x}{3}.$$

46 Determine um número positivo x tal que

$$\frac{\log_b x}{4} = \log_b \frac{x}{4}$$

para todo número positivo $b \neq 1$.

47 Explique por que o número de dígitos quando se escreve um grande inteiro positivo em notação binária (base 2) deve ser de aproximadamente 3,3 vezes o número de dígitos quando se escreve o mesmo inteiro positivo em notação decimal padrão (base 10).

[*Por exemplo, este problema prevê que o número 5 trilhões, que requer 13 dígitos, 5.000.000.000.000, para expressá-lo em notação decimal, deve requerer aproximadamente 13 × 3,3 dígitos (que é igual a 42,9 dígitos) para expressá-lo em notação binária. Na verdade, expressar 5 trilhões em notação binária requer 43 dígitos.*]

48 Suponha que a e b sejam números positivos, com $a \neq 1$ e $b \neq 1$. Demonstre que

$$\log_a b = \frac{1}{\log_b a}.$$

SOLUÇÕES DETALHADAS dos Exercícios Ímpares

Os próximos dois exercícios enfatizam que $\log(x^y)$ não é igual a $(\log x)^y$.

1 Para $x = 5$ e $y = 2$, calcule o valor de cada um dos seguintes:

(a) $\log(x^y)$ (b) $(\log x)^y$

SOLUÇÃO

(a) $\log(5^2) = \log 25 \approx 1{,}39794$

(b) $(\log 5)^2 \approx (0{,}69897)^2 \approx 0{,}48856$

3 Suponha que y seja tal que $\log_2 y = 17{,}67$. Calcule o valor de $\log_2(y^{100})$.

SOLUÇÃO
$$\log_2(y^{100}) = 100 \log_2 y$$
$$= 100 \cdot 17{,}67$$
$$= 1767$$

Para os Exercícios 5-8, determine todos os números x que satisfazem a equação indicada.

5 $3^x = 8$

SOLUÇÃO Calculando-se o logaritmo comum de ambos os lados, escrevemos $\log(3^x) = \log 8$, que pode ser reescrita como $x \log 3 = \log 8$. Assim

$$x = \frac{\log 8}{\log 3} \approx 1{,}89279.$$

7 $6^{\sqrt{x}} = 2$

SOLUÇÃO Calculando-se o logaritmo comum de ambos os lados, escrevemos $\log(6^{\sqrt{x}}) = \log 2$, que pode ser reescrita como $\sqrt{x} \log 6 = \log 2$. Assim

$$\sqrt{x} = \frac{\log 2}{\log 6}.$$

Portanto,

$$x = \left(\frac{\log 2}{\log 6}\right)^2 \approx 0{,}149655.$$

9 Suponha que m seja um inteiro positivo tal que $\log m \approx 13{,}2$. Quantos dígitos tem m^3?

SOLUÇÃO Observe que

$$\log(m^3) = 3\log m \approx 3 \times 13{,}2 = 39{,}6.$$

Como 39,6 está no intervalo [39, 40), podemos concluir que m^3 é um número de 40 dígitos.

11 Quantos dígitos tem 7^{4000}?

SOLUÇÃO Usando a fórmula para o logaritmo de uma potência, juntamente com uma calculadora, obtemos

$$\log(7^{4000}) = 4000\log 7 \approx 3380{,}39.$$

Então, 7^{4000} tem 3381 dígitos.

13 Determine um inteiro k tal que 18^k tenha 357 dígitos.

SOLUÇÃO

Queremos determinar um inteiro k tal que

$$356 \leq \log(18^k) < 357.$$

Usando a fórmula para o logaritmo de uma potência, podemos reescrever as desigualdades acima sob a forma

$$356 \leq k\log 18 < 357.$$

Pela divisão por log 18, obtemos

$$\tfrac{356}{\log 18} \leq k < \tfrac{357}{\log 18}.$$

Usando uma calculadora, vemos que $\tfrac{356}{\log 18} \approx 283{,}6$ e $\tfrac{357}{\log 18} \approx 284{,}54$. Portanto, a única escolha possível é $k = 284$.

Usando novamente uma calculadora, vemos que

$$\log(18^{284}) = 284\log 18 \approx 356{,}5.$$

Assim, 18^{284} tem de fato 357 dígitos.

15 Determine um inteiro m tal que m^{1234} tenha 1991 dígitos.

SOLUÇÃO Queremos determinar um inteiro m tal que

$$1990 \leq \log(m^{1234}) < 1991.$$

Usando a fórmula para o logaritmo de uma potência, podemos reescrever as desigualdades acima sob a forma

$$1990 \leq 1234\log m < 1991.$$

Pela divisão por 1234, obtemos

$$\tfrac{1990}{1234} \leq \log m < \tfrac{1991}{1234}.$$

Então

$$10^{1990/1234} \leq m < 10^{1991/1234}.$$

Usando uma calculadora, vemos que $10^{1990/1234} \approx 40{,}99$ e $10^{1991/1234} \approx 41{,}06$. Portanto, a única escolha possível é $m = 41$.

Usando novamente uma calculadora, vemos que

$$\log(41^{1234}) = 1234\log 41 \approx 1990{,}18.$$

Assim, 41^{1234} tem de fato 1991 dígitos.

17 Determine o menor inteiro n tal que $7^n > 10^{100}$.

SOLUÇÃO Suponha $7^n > 10^{100}$. Efetuando o logaritmo comum de ambos os lados, obtemos

$$\log(7^n) > \log(10^{100}),$$

que pode ser reescrita como

$$n\log 7 > 100.$$

Isso implica que

$$n > \frac{100}{\log 7} \approx 118{,}33.$$

O menor inteiro maior que 118,33 é 119. Assim, temos que $n = 119$.

19 Determine o menor inteiro M tal que $5^{1/M} < 1{,}01$.

SOLUÇÃO Suponha $5^{1/M} < 1{,}01$. Efetuando o logaritmo comum de ambos os lados, obtemos

$$\log(5^{1/M}) < \log 1{,}01,$$

que pode ser reescrita como

$$\frac{\log 5}{M} < \log 1{,}01.$$

Isso implica que

$$M > \frac{\log 5}{\log 1{,}01} \approx 161{,}7.$$

O menor inteiro maior que 161,7 é 162. Assim, temos que $M = 162$.

21 Suponha que $\log_8(\log_7 m) = 5$. Quantos dígitos deve ter m?

SOLUÇÃO A equação $\log_8(\log_7 m) = 5$ implica que

$$\log_7 m = 8^5 = 32768.$$

A equação acima implica agora que

$$m = 7^{32768}.$$

Para calcular o número de dígitos que m possui, observe que

$$\log m = \log(7^{32768}) = 32768\log 7 \approx 27692{,}2.$$

Assim, m tem 27693 dígitos.

Um número primo é um inteiro maior que 1 que não tem divisores outros além dele próprio e de 1.

23 Quando este livro foi escrito, o terceiro maior número primo conhecido era $2^{37.156.667} - 1$. Quantos dígitos tem esse número primo?

SOLUÇÃO Para calcular o número de dígitos em $2^{37.156.667} - 1$, precisamos calcular $\log(2^{37.156.667} - 1)$. Entretanto, $2^{37.156.667} - 1$ é grande demais para ser calculado diretamente em uma calculadora, e não existe fórmula para o logaritmo da diferença entre dois números.

O artifício aqui consiste em observar que $2^{37.156.667}$ e $2^{37.156.667} - 1$ têm o mesmo número de dígitos, como veremos a seguir. Embora seja possível que um número e esse mesmo número menos 1 tenham um número de dígitos diferente (por exemplo, 100 e 99 não têm o mesmo número de dígitos), isso ocorre apenas se o maior dos dois números consistir em um dígito 1 seguido por uma sequência de zeros e o menor dos dois números consistir apenas em noves. Existem três caminhos distintos que levam a ver que essa situação não se aplica a $2^{37.156.667}$ e $2^{37.156.667} - 1$ (escolha a explicação que lhe parecer mais fácil): (a) $2^{37.156.667}$ não pode terminar em 0 porque todas as potências inteiras positivas de 2 terminam ou em 2, 4, 6 ou 8; (b) $2^{37.156.667}$ não pode terminar em 0 porque então seria divisível por 5, mas $2^{37.156.667}$ é divisível apenas por potências inteiras de 2; (c) $2^{37.156.667} - 1$ não pode consistir apenas em noves porque então seria divisível por 9, o que não é possível para um número primo.

Agora que sabemos que $2^{37.156.667}$ e $2^{37.156.667} - 1$ possuem o mesmo número de dígitos, podemos calcular esse número tomando o logaritmo de $2^{37.156.667}$ e aplicando a ele a fórmula do logaritmo de potência. Temos

$$\log(2^{37156667}) = 37156667 \log 2 \approx 11185271{,}3.$$

Então, $2^{37.156.667}$ tem 11.185.272 dígitos; portanto, $2^{37.156.667} - 1$ também tem 11.185.272 dígitos.

25 Aproximadamente quantas horas levará para que uma amostra de radônio-222 tenha apenas um oitavo da quantidade existente na amostra original?

SOLUÇÃO A meia-vida do radônio-222 é de aproximadamente 92 horas, como mostrado na tabela desta seção. Para reduzir o número de átomos de radônio-222 para um oitavo do número original, precisamos de 3 meias-vidas (porque $2^3 = 8$). Assim, levará 276 horas (porque $92 \times 3 = 276$) para que se encontre apenas um oitavo da quantidade de radônio-222 existente na amostra original.

27 Aproximadamente quantos anos levará para que uma amostra de césio-137 tenha apenas dois terços da quantidade existente na amostra original?

SOLUÇÃO A meia-vida do césio-137 é de aproximadamente 30 anos, como mostrado na tabela desta seção. Se iniciarmos no tempo 0 com a átomos de césio-137, então, após t anos, restarão

$$a \cdot 2^{-t/30}$$

átomos. Queremos que isso seja igual a $\frac{2}{3}a$. Para isso, devemos resolver a equação

$$a \cdot 2^{-t/30} = \frac{2}{3}a.$$

Para resolver a equação para t, dividimos ambos os lados por a e depois efetuamos o logaritmo de ambos os lados, obtendo

$$-\frac{t}{30} \log 2 = \log \frac{2}{3}.$$

Agora, multiplicamos ambos os lados por -1, substituímos $-\log \frac{2}{3}$ por $\log \frac{3}{2}$ e depois resolvemos a equação para t, obtendo

$$t = 30 \frac{\log \frac{3}{2}}{\log 2} \approx 17{,}5.$$

Portanto, remanescerão dois terços da amostra original após aproximadamente 17,5 anos.

29 Suponha que um isótopo radioativo seja tal que um quinto dos átomos em uma amostra decaia após três anos. Determine a meia-vida desse isótopo.

SOLUÇÃO Representemos por h a meia-vida desse isótopo, medida em anos. Se iniciarmos no tempo 0 com a átomos desse isótopo, então, após 3 anos, restarão

$$a \cdot 2^{-3/h}$$

átomos. Queremos que isso seja igual a $\frac{4}{5}a$. Para isso, devemos resolver a equação

$$a \cdot 2^{-3/h} = \frac{4}{5}a.$$

Para resolver a equação para h, dividimos ambos os lados por a e depois efetuamos o logaritmo de ambos os lados, obtendo

$$-\frac{3}{h} \log 2 = \log \frac{4}{5}.$$

Agora, multiplicamos ambos os lados por -1, substituímos $-\log \frac{4}{5}$ por $\log \frac{5}{4}$ e depois resolvemos a equação para h, obtendo

$$h = 3 \frac{\log 2}{\log \frac{5}{4}} \approx 9{,}3.$$

Portanto, a meia-vida desse isótopo é de aproximadamente 9,3 anos.

31 Suponha que a razão de carbono-14 para carbono-12 em um gato mumificado seja de 64% da razão correspondente para organismos vivos. Há aproximadamente quanto tempo morreu o gato?

SOLUÇÃO A meia-vida do carbono-14 é de 5730 anos. Se iniciarmos no tempo 0 com a átomos de carbono-14, então, após t anos, restarão

$$a \cdot 2^{-t/5730}$$

átomos. Queremos determinar t de forma que seja igual a $0{,}64a$. Para isso, devemos resolver a equação

$$a \cdot 2^{-t/5730} = 0{,}64a.$$

Para resolver a equação para t, dividimos ambos os lados por a e depois efetuamos o logaritmo de ambos os lados, obtendo

$$-\tfrac{t}{5730} \log 2 = \log 0{,}64.$$

Resolvendo agora a equação para t, obtemos

$$t = -5730 \tfrac{\log 0{,}64}{\log 2} \approx 3689.$$

Portanto, o gato morreu há aproximadamente 3689 anos. O carbono-14 não pode ser medido com muita precisão. Dessa forma, é melhor estimar que o gato tenha morrido há aproximadamente 3700 anos (porque um número como 3689 carrega mais precisão do que estará presente nas medidas).

Para os Exercícios 33–40, calcule o valor das quantidades indicadas. Sua calculadora provavelmente não consiga calcular o valor dos logaritmos em nenhuma das bases envolvidas nestes exercícios, por isso você precisará usar a fórmula de mudança de base apropriada.

33 $\log_2 13$

SOLUÇÃO $\quad \log_2 13 = \dfrac{\log 13}{\log 2} \approx 3{,}70044$

35 $\log_{13} 9{,}72$

SOLUÇÃO $\quad \log_{13} 9{,}72 = \dfrac{\log 9{,}72}{\log 13} \approx 0{,}88664$

37 $\log_9 0{,}23$

SOLUÇÃO $\quad \log_9 0{,}23 = \dfrac{\log 0{,}23}{\log 9} \approx -0{,}668878$

39 $\log_{4{,}38} 7{,}1$

SOLUÇÃO $\quad \log_{4{,}38} 7{,}1 = \dfrac{\log 7{,}1}{\log 4{,}38} \approx 1{,}32703$

O segundo gato do autor, revisando o manuscrito.

3.3 Aplicações das Regras do Produto e do Quociente para Logaritmos

OBJETIVOS DE APRENDIZAGEM

Ao final desta seção, você deverá ser capaz de
- aplicar a fórmula do logaritmo de um produto;
- aplicar a fórmula do logaritmo de um quociente;
- modelar a intensidade de um terremoto com a escala de magnitude Richter logarítmica;
- modelar a intensidade sonora com a escala de decibéis logarítmica;
- modelar o brilho das estrelas com a escala de magnitude aparente logarítmica.

Logaritmo de um Produto

Logaritmos convertem produtos em somas. Para visualizar isso, suponha que b, x e y sejam números positivos, com $b \neq 1$. Seja

$$u = \log_b x \quad \text{e} \quad v = \log_b y.$$

Assim, a definição de logaritmo na base b implica

$$b^u = x \quad \text{e} \quad b^v = y.$$

Multiplicando essas duas equações uma pela outra e usando a identidade $b^u b^v = b^{u+v}$, obtemos

$$b^{u+v} = xy.$$

Usando novamente a definição de logaritmo na base b, a equação acima implica

$$\log_b(xy) = u + v$$
$$= \log_b x + \log_b y.$$

Então, temos a seguinte fórmula para o logaritmo de um produto:

Logaritmo de um produto

Se b, x e y forem números positivos, com $b \neq 1$, então
$$\log_b(xy) = \log_b x + \log_b y.$$

Em geral, $\log_b(x + y)$ não é igual a $\log_b x + \log_b y$. Não existe fórmula simples para $\log_b(x + y)$.

Use a informação de que $\log 6 \approx 0{,}778$, para calcular o valor de $\log 60.000$.

EXEMPLO 1

SOLUÇÃO
$$\log 60000 = \log(10^4 \cdot 6)$$
$$= \log(10^4) + \log 6$$
$$= 4 + \log 6$$
$$\approx 4{,}778.$$

Logaritmo de um Quociente

Logaritmos convertem quocientes em diferenças. Para visualizar isto, suponha que b, x e y sejam números positivos, com $b \neq 1$. Seja

$$u = \log_b x \quad \text{e} \quad v = \log_b y.$$

Então, a definição de logaritmo na base b implica

$$b^u = x \quad \text{e} \quad b^v = y.$$

Dividindo a primeira equação pela segunda equação e usando a identidade $\dfrac{b^u}{b^v} = b^{u-v}$, obtemos

$$b^{u-v} = \frac{x}{y}.$$

Usando novamente a definição de logaritmo na base b, a equação acima implica

$$\log_b \frac{x}{y} = u - v$$
$$= \log_b x - \log_b y.$$

Assim, temos a seguinte fórmula para o logaritmo de um quociente:

Aqui, e no boxe ao lado, supomos que b, x e y sejam números positivos, com b ≠ 1.

Logaritmo de um quociente

$$\log_b \frac{x}{y} = \log_b x - \log_b y.$$

EXEMPLO 2 Suponha $\log_4 x = 8{,}9$ e $\log_4 y = 2{,}2$. Calcule o valor de $\log_4 \dfrac{4x}{y}$.

SOLUÇÃO Usando as regras do quociente e do produto, temos

$$\log_4 \frac{4x}{y} = \log_4(4x) - \log_4 y$$
$$= \log_4 4 + \log_4 x - \log_4 y$$
$$= 1 + 8{,}9 - 2{,}2$$
$$= 7{,}7.$$

Como caso especial da fórmula para o logaritmo de um quociente, use $x = 1$ na fórmula acima para o logaritmo de um quociente, obtendo

$$\log_b \frac{1}{y} = \log_b 1 - \log_b y.$$

Lembrando que $\log_b 1 = 0$, temos o seguinte resultado:

Logaritmo de um inverso multiplicativo

$$\log_b \frac{1}{y} = -\log_b y.$$

Terremotos e a Escala Richter

A intensidade de um terremoto é medida pelo tamanho das ondas sísmicas gerada pelo terremoto. Esses números variam ao longo de uma escala tão grande que os terremotos são normalmente registrados usando a escala de magnitude Richter, que é uma escala logarítmica que utiliza logaritmos comuns (base 10).

> *Escala de magnitude Richter*
>
> Um terremoto com ondas sísmicas de tamanho S tem **magnitude Richter**
>
> $$\log \frac{S}{S_0},$$
>
> em que S_0 é o tamanho das ondas sísmicas que correspondem ao que tem sido declarado como um terremoto com magnitude Richter 0.

Alguns pontos vão ajudar a esclarecer essa definição:

- O valor de S_0 foi estabelecido em 1935 pelo sismólogo americano Charles Richter, como aproximadamente o tamanho das menores ondas sísmicas que poderiam ser medidas naquela época.

- A unidade usada para medir S e S_0 não interessa, pois qualquer variação na escala dessa unidade desaparecerá na razão $\frac{S}{S_0}$.

- Um aumento por um fator 10 na intensidade de um terremoto corresponde a um aumento de 1 unidade em magnitude Richter, como pode ser visto na equação

$$\log \frac{10S}{S_0} = \log 10 + \log \frac{S}{S_0} = 1 + \log \frac{S}{S_0}.$$

O tamanho de uma onda sísmica é, grosso modo, proporcional à quantidade de agitação do solo.

EXEMPLO 3

O terremoto mais intenso registrado no mundo atingiu o Chile em 1960, com magnitude Richter 9,5. O terremoto mais intenso registrado nos Estados Unidos atingiu o Alasca em 1964, com magnitude Richter 9,2. Quantas vezes aproximadamente o terremoto no Chile em 1960 foi mais intenso que o do Alasca em 1964?

SOLUÇÃO Seja S_C o tamanho das ondas sísmicas do terremoto no Chile em 1960 e S_A o tamanho das ondas sísmicas do terremoto no Alasca em 1964. Assim,

$$9{,}5 = \log \frac{S_C}{S_0} \quad \text{e} \quad 9{,}2 = \log \frac{S_A}{S_0}.$$

Subtraindo a segunda equação da primeira, obtemos:

$$0{,}3 = \log \frac{S_C}{S_0} - \log \frac{S_A}{S_0} = \log \left(\frac{S_C}{S_0} \Big/ \frac{S_A}{S_0} \right) = \log \frac{S_C}{S_A}.$$

Então

$$\frac{S_C}{S_A} = 10^{0{,}3} \approx 2.$$

Em outras palavras, o terremoto no Chile em 1960 foi aproximadamente duas vezes mais intenso que o do Alasca em 1964.

Como mostrado neste exemplo, mesmo pequenas diferenças na magnitude Richter podem corresponder a grandes diferenças em intensidade.

Intensidade Sonora e Decibéis

A intensidade de um som é a quantidade de energia carregada pelo som através de cada unidade de área.

A razão da intensidade do som que causa dor pela intensidade do menor ruído que podemos ouvir é mais de um trilhão. Trabalhar com números tão grandes pode ser inconveniente. Dessa forma, o som é medido em uma escala logarítmica denominada decibéis.

> *Escala de decibéis para o som*
>
> Um som com intensidade E tem
>
> $$10 \log \frac{E}{E_0}$$
>
> **decibéis**, em que E_0 é a intensidade do som de um ruído extremamente baixo, no limiar de percepção do ouvido humano.

O fator 10 na definição da escala de decibéis é um pequeno contrassenso. A parte "deci" da palavra "decibel" vem desse fator 10.

Alguns pontos vão ajudar a esclarecer essa definição:

- O valor de E_0 é 10^{-12} watts por metro quadrado.

- A intensidade do som é usualmente medida em watts por metro quadrado, mas a unidade utilizada para medir E e E_0 não interessa, pois qualquer variação na escala dessa unidade desaparecerá na razão $\frac{E}{E_0}$.

- Multiplicar a intensidade sonora por um fator 10 corresponde a adicionar 10 à medida em decibéis, como pode ser visto na equação

$$10 \log \frac{10E}{E_0} = 10 \log 10 + 10 \log \frac{E}{E_0} = 10 + 10 \log \frac{E}{E_0}.$$

EXEMPLO 4   A legislação francesa limita os iPods e os leitores de MP3 a um volume máximo de 100 decibéis. Uma conversa normal tem um nível sonoro de 65 decibéis. Quantas vezes é um som de 100 decibéis mais intenso que uma conversa normal?

SOLUÇÃO   Seja E_F a intensidade sonora de 100 decibéis permitidos na França e seja E_C a intensidade sonora de uma conversa normal. Então,

$$100 = 10 \log \frac{E_F}{E_0} \quad \text{e} \quad 65 = 10 \log \frac{E_C}{E_0}.$$

Subtraindo a segunda equação da primeira, obtemos:

$$35 = 10 \log \frac{E_F}{E_0} - 10 \log \frac{E_C}{E_0}.$$

Então

$$3,5 = \log \frac{E_F}{E_0} - \log \frac{E_C}{E_0} = \log \left(\frac{E_F}{E_0} \Big/ \frac{E_C}{E_0} \right) = \log \frac{E_F}{E_C}.$$

Então

$$\frac{E_F}{E_C} = 10^{3,5} \approx 3162.$$

Portanto, um iPod operando no máximo volume legal na França de 100 decibéis produz um som em torno de três mil vezes mais intenso que uma conversa normal.

Funções Exponenciais, Logaritmos e o Número *e*   245

O aumento em intensidade sonora por um fator de mais de 3000 no último exemplo não é tão drástico quanto parece, devido ao modo como percebemos o volume:

> *Volume*
>
> O ouvido humano percebe cada aumento de 10 decibéis como uma duplicação no volume (embora a intensidade sonora tenha realmente aumentado por um fator 10).

EXEMPLO 5

Por qual fator aumentou o volume, indo de uma fala normal de 65 decibéis para um iPod de 100 decibéis?

SOLUÇÃO   temos aqui um aumento de 35 decibéis, assim, tivemos um aumento de 3,5 vezes 10 decibéis. Portanto, o volume percebido duplicou 3,5 vezes, o que significa que ele aumentou por um fator de $2^{3,5}$. Como $2^{3,5} \approx 11$, concluímos que um iPod operando em 100 decibéis parece ter um volume aproximadamente 11 vezes mais alto que uma conversa normal.

Brilho de uma Estrela e Magnitude Aparente

Os antigos gregos dividiram as estrelas visíveis em seis grupos, de acordo com seu brilho. As estrelas mais brilhantes foram denominadas estrelas de primeira magnitude. O próximo grupo de estrelas mais brilhantes foram denominadas estrelas de segunda magnitude e assim por diante até as estrelas de sexta magnitude, que consistiam em estrelas quase invisíveis.

Cerca de dois mil anos mais tarde, astrônomos tornaram mais precisa a escala de magnitude das estrelas dos antigos gregos. As estrelas típicas de primeira magnitude eram em torno de 100 vezes mais brilhantes que as estrelas típicas de sexta magnitude; isso significa que a cada magnitude o brilho deve decrescer por um fator $100^{1/5}$.

Originalmente, a escala foi definida de tal forma que a Polaris (Estrela do Norte) tivesse magnitude 2. Representando por b_2 o brilho da Polaris, isso significaria que uma estrela de terceira magnitude teria brilho $b_2/100^{1/5}$, uma estrela de quarta magnitude teria brilho $b_2/(100^{1/5})^2$, uma estrela de quinta magnitude teria brilho $b_2/(100^{1/5})^3$ e assim por diante. Assim, o brilho b de uma estrela com magnitude m deve ser dado pela equação

Como $100^{1/5} \approx 2,512$, cada magnitude é aproximadamente 2,512 vezes mais fraca que a magnitude anterior.

$$b = \frac{b_2}{(100^{1/5})^{(m-2)}} = b_2 100^{(2-m)/5} = b_2 100^{2/5} 100^{-m/5} = b_0 100^{-m/5},$$

em que $b_0 = b_2 100^{2/5}$. Se dividirmos ambos os lados da equação acima por b_0 e depois efetuarmos os logaritmos, obtemos

$$\log \frac{b}{b_0} = \log(100^{-m/5}) = -\frac{m}{5} \log 100 = -\frac{2m}{5}.$$

Resolvendo a equação para m, chega-se à seguinte definição:

> **Magnitude Aparente**
>
> Um objeto com brilho b tem **magnitude aparente**
>
> $$\frac{5}{2} \log \frac{b_0}{b},$$
>
> em que b_0 é o brilho de um objeto com magnitude 0.

Alguns pontos vão ajudar a esclarecer essa definição:

- O termo "magnitude aparente" é mais preciso que "magnitude", pois estamos medindo quão brilhante uma estrela parece ser da Terra. Uma estrela brilhante luminosa pode parecer fraca observando-se da Terra porque ela está muito longe.

- Embora essa escala de magnitude aparente tenha sido originalmente estabelecida para estrelas, ela pode ser aplicada a outros objetos, tais como a lua cheia.

- Embora o valor de b_0 tenha sido originalmente estabelecido de modo tal que a Polaris (Estrela do Norte) tivesse magnitude 2, a definição mudou levemente. Com a definição atual de b_0, a Polaris tem magnitude aproximadamente 2, mas não exatamente igual a 2.

- A unidade utilizada para medir o brilho não interessa, pois qualquer variação na escala dessa unidade desaparecerá na razão $\frac{b_0}{b}$.

EXEMPLO 6

Devido à falta de interferência atmosférica, o telescópio Hubble pode ver estrelas mais fracas que os telescópios de mesmo tamanho baseados na Terra.

Com bons binóculos, você pode ver estrelas com magnitude aparente 9. O telescópio Hubble, que está em órbita em torno da Terra, pode detectar estrelas com magnitude aparente 30. Quão melhor é o telescópio Hubble do que os bons binóculos, em termos da razão entre os brilhos das estrelas que eles podem detectar?

SOLUÇÃO Seja b_9 o brilho de uma estrela com magnitude aparente 9 e seja b_{30} o brilho de uma estrela com magnitude aparente 30. Então,

$$9 = \frac{5}{2} \log \frac{b_0}{b_9} \quad \text{e} \quad 30 = \frac{5}{2} \log \frac{b_0}{b_{30}}.$$

Subtraindo a primeira equação da segunda, obtemos

$$21 = \frac{5}{2} \log \frac{b_0}{b_{30}} - \frac{5}{2} \log \frac{b_0}{b_9}.$$

Multiplicando-se ambos os lados da equação por $\frac{2}{5}$, chega-se a

$$\frac{42}{5} = \log \frac{b_0}{b_{30}} - \log \frac{b_0}{b_9} = \log \left(\frac{b_0}{b_{30}} \Big/ \frac{b_0}{b_9} \right) = \log \frac{b_9}{b_{30}}.$$

Então

$$\frac{b_9}{b_{30}} = 10^{42/5} = 10^{8,4} \approx 250.000.000.$$

Portanto, o telescópio Hubble pode detectar estrelas 250 milhões de vezes mais fracas que as estrelas visíveis com bons binóculos.

EXERCÍCIOS

Os próximos dois exercícios enfatizam que $\log(x+y)$ *não é igual a* $\log x + \log y$.

1. Para $x = 7$ e $y = 13$, calcule o valor de:
   (a) $\log(x+y)$ (b) $\log x + \log y$

2. Para $x = 0{,}4$ e $y = 3{,}5$, calcule o valor de:
   (a) $\log(x+y)$ (b) $\log x + \log y$

Os próximos dois exercícios enfatizam que $\log(xy)$ *não é igual a* $(\log x)(\log y)$.

3. Para $x = 3$ e $y = 8$, calcule o valor de:
   (a) $\log(xy)$ (b) $(\log x)(\log y)$

4. Para $x = 1{,}1$ e $y = 5$, calcule o valor de:
   (a) $\log(xy)$ (b) $(\log x)(\log y)$

Os próximos dois exercícios enfatizam que $\log \frac{x}{y}$ *não é igual a* $\frac{\log x}{\log y}$.

5. Para $x = 12$ e $y = 2$, calcule o valor de:
   (a) $\log \frac{x}{y}$ (b) $\frac{\log x}{\log y}$

6. Para $x = 18$ e $y = 0{,}3$, calcule o valor de:
   (a) $\log \frac{x}{y}$ (b) $\frac{\log x}{\log y}$

7. Quantos dígitos tem $6^{700} \cdot 23^{1000}$?

8. Quantos dígitos tem $5^{999} \cdot 17^{2222}$?

9. Suponha que m e n sejam inteiros positivos tais que $\log m \approx 32{,}1$ e $\log n \approx 7{,}3$. Quantos dígitos tem mn?

10. Suponha que m e n sejam inteiros positivos tais que $\log m \approx 41{,}3$ e $\log n \approx 12{,}8$. Quantos dígitos tem mn?

11. Suponha que $\log a = 118{,}7$ e $\log b = 119{,}7$. Calcule o valor de $\frac{b}{a}$.

12. Suponha que $\log a = 203{,}4$ e $\log b = 205{,}4$. Calcule o valor de $\frac{b}{a}$.

Para os Exercícios 13-26, calcule o valor das quantidades dadas supondo que

$$\log_3 x = 5{,}3 \quad e \quad \log_3 y = 2{,}1,$$
$$\log_4 u = 3{,}2 \quad e \quad \log_4 v = 1{,}3.$$

13. $\log_3(9xy)$
14. $\log_4(2uv)$
15. $\log_3 \frac{x}{3y}$
16. $\log_4 \frac{u}{8v}$
17. $\log_3 \sqrt{x}$
18. $\log_4 \sqrt{u}$
19. $\log_3 \frac{1}{\sqrt{y}}$
20. $\log_4 \frac{1}{\sqrt{v}}$
21. $\log_3(x^2 y^3)$
22. $\log_4(u^3 v^4)$
23. $\log_3 \frac{x^3}{y^2}$
24. $\log_4 \frac{u^2}{v^3}$
25. $\log_9(x^{10})$
26. $\log_2(u^{100})$

Para os Exercícios 27-34, determine todos os números x que satisfazem a equação dada.

27. $\log_7(x+5) - \log_7(x-1) = 2$
28. $\log_4(x+4) - \log_4(x-2) = 3$
29. $\log_3(x+5) + \log_3(x-1) = 2$
30. $\log_5(x+4) + \log_5(x+2) = 2$
31. $\dfrac{\log_6(15x)}{\log_6(5x)} = 2$
32. $\dfrac{\log_9(13x)}{\log_9(4x)} = 2$
33. $(\log(3x)) \log x = 4$
34. $(\log(6x)) \log x = 5$

35. Quantas vezes um terremoto com magnitude Richter 7 é mais intenso que um terremoto com magnitude Richter 5?

36. Quantas vezes um terremoto com magnitude Richter 6 é mais intenso que um terremoto com magnitude Richter 3?

37. O terremoto de Northridge em 1994, no sul da Califórnia, que matou várias dezenas de pessoas, teve magnitude Richter 6,7. Qual seria a magnitude Richter de um terremoto 100 vezes mais intenso que o terremoto de Northridge?

38. O terremoto de Kobe (Japão), em 1995, que matou mais de 6 mil pessoas, teve magnitude Richter 7,2. Qual seria a magnitude Richter de um terremoto 1000 vezes menos intenso que o terremoto de Kobe?

39. O terremoto mais intenso registrado em Nova York foi em 1944; ele teve magnitude Richter 5,8. O terremoto mais intenso registrado em Minnesota foi em 1975; ele teve magnitude Richter 5,0. Quantas vezes o terremoto de 1944 em Nova York foi mais intenso que o terremoto de 1975 em Minnesota?

40. O terremoto mais intenso registrado em Wyoming foi em 1959; ele teve magnitude Richter 6,5. O terremoto mais intenso registrado em Illinois foi em 1968; ele teve magnitude Richter 5,3. Quantas vezes o terremoto de 1959 em Wyoming foi mais intenso que o terremoto de 1968 em Illinois?

41. O terremoto mais intenso registrado no Texas ocorreu em 1931; ele teve magnitude Richter 5,8. Se um terremoto estivesse por atacar o Texas no próximo ano que fosse três vezes mais intenso que o recorde atual no Texas, qual seria sua magnitude Richter?

42. O terremoto mais intenso registrado em Ohio ocorreu em 1937; ele teve magnitude Richter 5,4. Se um terremoto estivesse por atacar Ohio no próximo ano que fosse 1,6 vez mais intenso que o recorde atual em Ohio, qual seria sua magnitude Richter?

43. Suponha que você sussurre em 20 decibéis e que você converse normalmente em 60 decibéis.

    (a) Determine a razão entre a intensidade do som da sua conversa normal e a intensidade do som do seu sussurro.

    (b) Quantas vezes sua conversa normal parece mais alta que seu sussurro?

44. Suponha que seu aspirador de pó produza um som de 80 decibéis e que você converse normalmente em 60 decibéis.

    (a) Determine a razão entre a intensidade do som do seu aspirador de pó e a intensidade do som da sua conversa normal.

    (b) Quantas vezes seu aspirador de pó parece mais alto que sua conversa normal?

45. Suponha que uma aeronave decolando faça um ruído de 117 decibéis e que você converse normalmente em 63 decibéis.

    (a) Determine a razão entre a intensidade do som da aeronave e a intensidade do som da sua conversa normal.

    (b) Quantas vezes a aeronave parece mais alta que sua conversa normal?

46. Suponha que o seu telefone celular toque em um nível de ruído de 74 decibéis e que você normalmente converse em 61 decibéis.

    (a) Determine a razão entre a intensidade do som do toque do seu telefone celular e a intensidade do som da sua conversa normal.

    (b) Quantas vezes o toque do seu telefone celular parece mais alto que sua conversa normal?

47. Suponha que uma televisão esteja tocando suavemente em um nível sonoro de 50 decibéis. Qual nível de decibéis corresponderia a um som da televisão oito vezes mais alto?

48. Suponha que um rádio esteja tocando alto em um nível sonoro de 80 decibéis. Qual nível de decibéis reduziria o som do radio a um quarto da sua altura?

49. Suponha que uma motocicleta produza um nível sonoro de 90 decibéis. Qual nível de decibéis reduziria o som da motocicleta a um terço da sua altura?

50. Suponha que uma banda de rock esteja tocando alto em um nível sonoro de 100 decibéis. Qual nível de decibéis reduziria o som da banda a três quintos da sua altura?

51. Quantas vezes uma estrela com magnitude aparente 2 tem mais brilho que uma estrela com magnitude aparente 17?

52. Quantas vezes uma estrela com magnitude aparente 3 tem mais brilho que uma estrela com magnitude aparente 23?

53. Sirius, a estrela mais brilhante que pode ser vista da Terra (sem contar o sol), tem uma magnitude aparente de −1,4. Vega, que foi a Estrela do Norte há aproximadamente 12 mil anos (pequenas alterações na órbita da Terra levam à troca das Estrelas do Norte a cada vários mil anos) tem uma magnitude aparente de 0,03. Quantas vezes Sirius é mais brilhante que Vega?

54. A lua cheia tem uma magnitude aparente de aproximadamente −12,6. Quantas vezes a lua cheia é mais brilhante que Sirius?

55. Netuno tem uma magnitude aparente de aproximadamente 7,8. Qual é a magnitude aparente de uma estrela 20 vezes mais brilhante que Netuno?

56. Qual é a magnitude aparente de uma estrela oito vezes mais brilhante que Netuno?

PROBLEMAS

57. Explique por que
$$\log 500 = 3 - \log 2.$$

58. Explique por que
$$\log \sqrt{0{,}07} = \frac{\log 7}{2} - 1.$$

59. Explique por que
$$1 + \log x = \log(10x)$$
para todo número x positivo.

60. Explique por que
$$2 - \log x = \log \frac{100}{x}$$
para todo número x positivo.

61. Explique por que
$$(1 + \log x)^2 = \log(10x^2) + (\log x)^2$$
para todo número x positivo.

62. Explique por que
$$\frac{1 + \log x}{2} = \log \sqrt{10x}$$
para todo número x positivo.

Funções Exponenciais, Logaritmos e o Número *e*   249

63 Suponha $f(x) = \log x$ e $g(x) = \log(1000x)$. Explique por que o gráfico de g pode ser obtido pelo deslocamento do gráfico de f 3 unidades para cima.

64 Suponha $f(x) = \log_6 x$ e $g(x) = \log_6 \frac{36}{x}$. Explique por que o gráfico de g pode ser obtido pela reflexão do gráfico de f sobre o eixo horizontal e depois por seu deslocamento 2 unidades para cima.

65 Suponha $f(x) = \log x$ e $g(x) = \log(100x^3)$. Explique por que o gráfico de g pode ser obtido pelo alongamento vertical do gráfico de f por um fator 3 e depois por seu deslocamento 2 unidades para cima.

66 Demonstre que um terremoto com magnitude Richter R tem ondas sísmicas de tamanho $S_0 10^R$, em que S_0 é o tamanho das ondas sísmicas de um terremoto com magnitude Richter 0.

67 Faça uma pesquisa na Internet para identificar o terremoto mais intenso nos Estados Unidos no último ano e o terremoto mais intenso no Japão no último ano. Aproximadamente quantas vezes o maior desses dois foi mais intenso que o menor dos dois?

68 Demonstre que um som com d decibéis tem intensidade $E_0 10^{d/10}$, em que E_0 é a intensidade de um som com 0 decibéis.

69 Identifique pelo menos três sites diferentes que informem a magnitude aparente da Polaris (a Estrela do Norte) com precisão de no mínimo dois dígitos após a vírgula decimal. Se você encontrar valores distintos em sites diferentes (como aconteceu com o autor), tente explicar o que poderia justificar a discrepância (e faça disso uma boa lição quanto ao cuidado necessário ao usar a Internet como fonte de informação científica).

70 Escreva uma descrição da escala logarítmica usada para a escala pH, que mede acidez (isto vai provavelmente requerer o uso da biblioteca ou da Internet).

71 Sem fazer cálculos, explique por que as soluções das equações nos Exercícios 31 e 32 não se alteram se mudarmos a base de todos os logaritmos naqueles exercícios para qualquer número positivo $b \neq 1$.

72 Explique por que a equação
$$\log \frac{x-3}{x-2} = 2$$
tem uma solução, mas a equação
$$\log(x-3) - \log(x-2) = 2$$
não tem solução.

73 Faça de conta que você está vivendo na época anterior à existência das calculadoras e dos computadores e que você tem um livro contendo uma tabela com os logaritmos de 1,001; 1,002; 1,003, e assim por diante, até o logaritmo de 9,999. Explique de que modo você poderia determinar o logaritmo de 457,2, que está fora do intervalo de seu livro.

74 Explique por que livros de tabelas de logaritmos, que eram frequentemente usados antes da era das calculadoras e dos computadores, apresentam logaritmos apenas para números entre 1 e 10.

75 Suponha que b e y sejam números positivos, com $b \neq 1$ e $b \neq \frac{1}{2}$. Demonstre que
$$\log_{2b} y = \frac{\log_b y}{1 + \log_b 2}.$$

SOLUÇÕES DETALHADAS *dos Exercícios Ímpares*

Os próximos dois exercícios enfatizam que $\log(x+y)$ não é igual a $\log x + \log y$.

1   Para $x = 7$ e $y = 13$, calcule o valor de:

(a) $\log(x+y)$ (b) $\log x + \log y$

SOLUÇÃO

(a) $\log(7+13) = \log 20 \approx 1{,}30103$

(b) $\log 7 + \log 13 \approx 0{,}845098 + 1{,}113943$

$= 1{,}959041$

Os próximos dois exercícios enfatizam que $\log(xy)$ não é igual a $(\log x)(\log y)$.

3   Para $x = 3$ e $y = 8$, calcule o valor de

(a) $\log(xy)$ (b) $(\log x)(\log y)$

SOLUÇÃO

(a) $\log(3 \cdot 8) = \log 24 \approx 1{,}38021$

(b) $(\log 3)(\log 8) \approx (0{,}477121)(0{,}903090)$

$\approx 0{,}430883$

Os próximos dois exercícios enfatizam que $\log \frac{x}{y}$ não é igual a $\frac{\log x}{\log y}$.

5   Para $x = 12$ e $y = 2$, calcule o valor de

(a) $\log \frac{x}{y}$ (b) $\frac{\log x}{\log y}$

SOLUÇÃO

(a) $\log \frac{12}{2} = \log 6 \approx 0{,}778151$

(b) $\frac{\log 12}{\log 2} \approx \frac{1{,}079181}{0{,}301030} \approx 3{,}58496$

7 Quantos dígitos tem $6^{700} \cdot 23^{1000}$?

SOLUÇÃO Usando as fórmulas do logaritmo de um produto e do logaritmo de uma potência, temos

$$\log(6^{700} \cdot 23^{1000}) = \log(6^{700}) + \log(23^{1000})$$
$$= 700 \log 6 + 1000 \log 23$$
$$\approx 1906{,}43.$$

Portanto, $6^{700} \cdot 23^{1000}$ tem 1907 dígitos.

9 Suponha que m e n sejam inteiros positivos tais que $\log m \approx 32{,}1$ e $\log n \approx 7{,}3$. Quantos dígitos tem mn?

SOLUÇÃO Observe que

$$\log(mn) = \log m + \log n \approx 32{,}1 + 7{,}3 = 39{,}4.$$

Portanto, mn tem 40 dígitos.

11 Suponha que $\log a = 118{,}7$ e $\log b = 119{,}7$. Calcule o valor de $\frac{b}{a}$.

SOLUÇÃO Observe que

$$\log \tfrac{b}{a} = \log b - \log a = 119{,}7 - 118{,}7 = 1.$$

Portanto, $\frac{b}{a} = 10$.

Para os Exercícios 13-26, calcule o valor das quantidades dadas supondo que

$$\log_3 x = 5{,}3 \quad e \quad \log_3 y = 2{,}1,$$
$$\log_4 u = 3{,}2 \quad e \quad \log_4 v = 1{,}3.$$

13 $\log_3(9xy)$

SOLUÇÃO

$$\log_3(9xy) = \log_3 9 + \log_3 x + \log_3 y$$
$$= 2 + 5{,}3 + 2{,}1$$
$$= 9{,}4$$

15 $\log_3 \frac{x}{3y}$

SOLUÇÃO

$$\log_3 \tfrac{x}{3y} = \log_3 x - \log_3(3y)$$
$$= \log_3 x - \log_3 3 - \log_3 y$$
$$= 5{,}3 - 1 - 2{,}1$$
$$= 2{,}2$$

17 $\log_3 \sqrt{x}$

SOLUÇÃO

$$\log_3 \sqrt{x} = \log_3(x^{1/2})$$
$$= \tfrac{1}{2} \log_3 x$$
$$= \tfrac{1}{2} \times 5{,}3$$
$$= 2{,}65$$

19 $\log_3 \frac{1}{\sqrt{y}}$

SOLUÇÃO

$$\log_3 \tfrac{1}{\sqrt{y}} = \log_3(y^{-1/2})$$
$$= -\tfrac{1}{2} \log_3 y$$
$$= -\tfrac{1}{2} \times 2{,}1$$
$$= -1{,}05$$

21 $\log_3(x^2 y^3)$

SOLUÇÃO

$$\log_3(x^2 y^3) = \log_3(x^2) + \log_3(y^3)$$
$$= 2 \log_3 x + 3 \log_3 y$$
$$= 2 \cdot 5{,}3 + 3 \cdot 2{,}1$$
$$= 16{,}9$$

23 $\log_3 \frac{x^3}{y^2}$

SOLUÇÃO

$$\log_3 \tfrac{x^3}{y^2} = \log_3(x^3) - \log_3(y^2)$$
$$= 3 \log_3 x - 2 \log_3 y$$
$$= 3 \cdot 5{,}3 - 2 \cdot 2{,}1$$
$$= 11{,}7$$

25 $\log_9(x^{10})$

SOLUÇÃO Como $\log_3 x = 5{,}3$, vemos que $3^{5,3} = x$. Essa equação pode ser reescrita como $(9^{1/2})^{5,3} = x$, que pode então ser reescrita como $9^{2,65} = x$. Em outras palavras, $\log_9 x = 2{,}65$. Assim

$$\log_9(x^{10}) = 10 \log_9 x = 26{,}5.$$

Para os Exercícios 27-34, determine todos os números x que satisfazem a equação dada.

27 $\log_7(x+5) - \log_7(x-1) = 2$

SOLUÇÃO Reescreva a equação como se segue:

$$2 = \log_7(x+5) - \log_7(x-1)$$
$$= \log_7 \frac{x+5}{x-1}.$$

Portanto,
$$\frac{x+5}{x-1} = 7^2 = 49.$$

Podemos resolver a equação acima para x, obtendo $x = \frac{9}{8}$.

29 $\log_3(x+5) + \log_3(x-1) = 2$

SOLUÇÃO   Reescreva a equação como se segue:
$$2 = \log_3(x+5) + \log_3(x-1)$$
$$= \log_3((x+5)(x-1))$$
$$= \log_3(x^2 + 4x - 5).$$

Então
$$x^2 + 4x - 5 = 3^2 = 9,$$
que implica
$$x^2 + 4x - 14 = 0.$$

Podemos resolver a equação acima usando a fórmula quadrática, obtendo $x = 3\sqrt{2} - 2$ ou $x = -3\sqrt{2} - 2$. Contudo, tanto $x+5$ quanto $x-1$ serão negativos se $x = -3\sqrt{2} - 2$; como o logaritmo de um número negativo é indefinido, devemos descartar essa raiz da equação acima. Concluímos que o único valor de x que satisfaz a equação $\log_3(x+5) + \log_3(x-1) = 2$ é $x = 3\sqrt{2} - 2$.

31 $\dfrac{\log_6(15x)}{\log_6(5x)} = 2$

SOLUÇÃO   Reescreva a equação como se segue:
$$2 = \frac{\log_6(15x)}{\log_6(5x)}$$
$$= \frac{\log_6 15 + \log_6 x}{\log_6 5 + \log_6 x}.$$

Resolvendo a equação para $\log_6 x$ (o primeiro passo para fazer isso é multiplicar ambos os lados pelo denominador $\log_6 5 + \log_6 x$), obtemos
$$\log_6 x = \log_6 15 - 2\log_6 5$$
$$= \log_6 15 - \log_6 25$$
$$= \log_6 \tfrac{15}{25}$$
$$= \log_6 \tfrac{3}{5}.$$

Então $x = \frac{3}{5}$.

33 $(\log(3x))\log x = 4$

SOLUÇÃO   Reescreva a equação como se segue:

$$4 = (\log(3x))\log x$$
$$= (\log x + \log 3)\log x$$
$$= (\log x)^2 + (\log 3)(\log x).$$

Estabelecendo $y = \log x$, podemos reescrever a equação acima como
$$y^2 + (\log 3)y - 4 = 0.$$

Use a fórmula quadrática para resolver a equação acima para y, obtendo
$$y \approx -2{,}25274 \quad \text{ou} \quad y \approx 1{,}77562.$$

Então
$$\log x \approx -2{,}25274 \quad \text{ou} \quad \log x \approx 1{,}77562,$$
o que significa que
$$x \approx 10^{-2{,}25274} \approx 0{,}00558807$$
ou
$$x \approx 10^{1{,}77562} \approx 59{,}6509.$$

35 Quantas vezes um terremoto com magnitude Richter 7 é mais intenso que um terremoto com magnitude Richter 5?

SOLUÇÃO   Aqui está uma solução informal, mas precisa: Cada aumento de uma unidade na magnitude Richter corresponde a um aumento no tamanho da onda sísmica por um fator 10. Assim, um aumento de duas unidades na magnitude Richter corresponde a um aumento no tamanho da onda sísmica por um fator 10^2. Portanto, um terremoto com magnitude Richter 7 é 100 vezes mais intenso que um terremoto com magnitude Richter 5.

Aqui está uma explicação mais formal, usando logaritmos: Seja S_7 o tamanho das ondas sísmicas de um terremoto com magnitude Richter 7, e seja S_5 o tamanho das ondas sísmicas de um terremoto com magnitude Richter 5. Então,
$$7 = \log \frac{S_7}{S_0} \quad \text{e} \quad 5 = \log \frac{S_5}{S_0}.$$

Subtraindo a segunda equação da primeira equação, obtemos
$$2 = \log \frac{S_7}{S_0} - \log \frac{S_5}{S_0} = \log\left(\frac{S_7}{S_0} \Big/ \frac{S_5}{S_0}\right) = \log \frac{S_7}{S_5}.$$

Então
$$\frac{S_7}{S_5} = 10^2 = 100.$$

Portanto, um terremoto com magnitude Richter 7 é 100 vezes mais intenso que um terremoto com magnitude Richter 5.

37 O terremoto de Northridge em 1994, no sul da Califórnia, que matou várias dezenas de pessoas, teve magnitude Richter 6,7. Qual seria a magnitude Richter de um terremoto 100 vezes mais intenso que o terremoto de Northridge?

SOLUÇÃO Cada aumento de uma unidade na magnitude Richter corresponde a um aumento na intensidade do terremoto por um fator 10. Assim, um aumento na intensidade por um fator 100 (que é igual por 10^2) corresponde a um aumento de 2 na magnitude Richter. Portanto, um terremoto 100 vezes mais intenso que o terremoto de Northridge teria magnitude Richter 6,7 + 2, que é igual a 8,7.

39 O terremoto mais intenso registrado em Nova York foi em 1944; ele teve magnitude Richter 5,8. O terremoto mais intenso registrado em Minnesota foi em 1975; ele teve magnitude Richter 5,0. Quantas vezes o terremoto de 1944 em Nova York foi mais intenso que o terremoto de 1975 em Minnesota?

SOLUÇÃO Representemos por S_N o tamanho das ondas sísmicas provenientes do terremoto de 1944 em Nova York e por S_M o tamanho das ondas sísmicas provenientes do terremoto de 1975 em Minnesota. Assim,

$$5{,}8 = \log \frac{S_N}{S_0} \quad e \quad 5{,}0 = \log \frac{S_M}{S_0}.$$

Subtraindo a segunda equação da primeira, obtemos

$$0{,}8 = \log \frac{S_N}{S_0} - \log \frac{S_M}{S_0} = \log \left(\frac{S_N}{S_0} \bigg/ \frac{S_M}{S_0} \right) = \log \frac{S_N}{S_M}.$$

Portanto

$$\frac{S_N}{S_M} = 10^{0{,}8} \approx 6{,}3.$$

Em outras palavras, o terremoto de 1944 em Nova York foi aproximadamente 6,3 vezes mais intenso que o terremoto de 1975 em Minnesota.

41 O terremoto mais intenso registrado no Texas ocorreu em 1931; ele teve magnitude Richter 5,8. Se um terremoto estivesse por atacar o Texas no próximo ano que fosse três vezes mais intenso que o recorde atual no Texas, qual seria sua magnitude Richter?

SOLUÇÃO Representemos por S_T o tamanho das ondas sísmicas provenientes do terremoto de 1931 no Texas. Assim,

$$5{,}8 = \log \frac{S_T}{S_0}.$$

Um terremoto três vezes mais intenso teria magnitude Richter

$$\log \frac{3 S_T}{S_0} = \log 3 + \log \frac{S_T}{S_0} \approx 0{,}477 + 5{,}8 = 6{,}277.$$

Devido à dificuldade de obter medidas precisas, as magnitudes Richter são usualmente registradas com um único dígito depois da vírgula decimal. Arredondando os resultados, diríamos então que um terremoto no Texas que fosse três vezes mais intenso que o recorde atual teria magnitude Richter 6,3.

43 Suponha que você sussurre em 20 decibéis e que você converse normalmente em 60 decibéis.

(a) Determine a razão entre a intensidade do som da sua conversa normal e a intensidade do som do seu sussurro.

(b) Quantas vezes sua conversa normal é mais alta que seu sussurro?

SOLUÇÃO

(a) Cada aumento de 10 decibéis corresponde à multiplicação da intensidade do som por um fator 10. Indo de um sussurro de 20 decibéis para uma conversa normal de 60 decibéis, isto significa que a intensidade do som aumentou, por um fator 10, quatro vezes. Como $10^4 = 10.000$, isto significa que a razão entre a intensidade do som da sua conversa normal e a intensidade do som de seu sussurro é 10.000.

(b) Cada aumento de 10 decibéis resulta em uma duplicação de volume. Temos aqui um aumento de 40 decibéis, portanto, um aumento de 10 decibéis, quatro vezes. Dessa forma, o volume percebido aumentou por um fator 2^4. Como $2^4 = 16$, isso significa que a sua conversa normal parece 16 vezes mais alta que o seu sussurro.

45 Suponha que uma aeronave decolando faça um ruído de 117 decibéis e que você converse normalmente em 63 decibéis.

(a) Determine a razão entre a intensidade do som da aeronave e a intensidade do som da sua conversa normal.

(b) Quantas vezes a aeronave parece mais alta que sua conversa normal?

SOLUÇÃO

(a) Representemos por E_A a intensidade do som da aeronave decolando e por E_S a intensidade do som da sua conversa normal. Assim,

$$117 = 10 \log \frac{E_A}{E_0} \quad e \quad 63 = 10 \log \frac{E_S}{E_0}.$$

Subtraindo a segunda equação da primeira, obtemos

$$54 = 10 \log \frac{E_A}{E_0} - 10 \log \frac{E_S}{E_0}.$$

Portanto,

$$5{,}4 = \log\frac{E_A}{E_0} - \log\frac{E_S}{E_0} = \log\left(\frac{E_A}{E_0}\Big/\frac{E_S}{E_0}\right) = \log\frac{E_A}{E_S}.$$

Então,
$$\frac{E_A}{E_S} = 10^{5{,}4} \approx 251{,}189.$$

Em outras palavras, a aeronave decolando produz som aproximadamente 250 mil vezes mais intenso que sua conversa normal.

(b) Cada aumento de 10 decibéis resulta em uma duplicação de volume. Temos aqui um aumento de 54 decibéis, portanto, um aumento de 10 decibéis, 5,4 vezes. Dessa forma, o volume percebido aumentou por um fator $2^{5{,}4}$. Como $2^{5{,}4} \approx 42$, isso significa que a aeronave decolando parece aproximadamente 42 vezes mais alta que sua conversa normal.

47 Suponha que uma televisão esteja tocando suavemente em um nível sonoro de 50 decibéis. Qual nível de decibéis corresponderia a um som da televisão oito vezes mais alto?

SOLUÇÃO Cada aumento de 10 decibéis resulta em uma duplicação de volume do som da televisão. Como $8 = 2^3$, o som deve ser duplicado 3 vezes para que o volume da televisão seja 8 vezes mais alto. Portanto, devem ser adicionados 30 decibéis ao nível sonoro para que este aumente para 80 decibéis.

49 Suponha que uma motocicleta produza um nível sonoro de 90 decibéis. Qual nível de decibéis reduziria o som da motocicleta a um terço de sua altura?

SOLUÇÃO Cada decréscimo de dez decibéis reduz pela metade o volume do som da motocicleta. Então, para que o volume do som da motocicleta seja reduzido a um terço de seu valor, queremos reduzir pela metade x vezes, em que $\frac{1}{3} = \left(\frac{1}{2}\right)^x$. Essa equação pode ser reescrita como $2^x = 3$. Efetuando o logaritmo comum de ambos os lados, tem-se que $x \log 2 = \log 3$, o que implica

$$x = \frac{\log 3}{\log 2} \approx 1{,}585.$$

Dessa forma, o nível sonoro deve ser decrescido 1,585 vez, em dez decibéis, e assim o nível sonoro será reduzido em 15,85 decibéis. Como $90 - 15{,}85 = 74{,}15$, concluímos que um nível sonoro de 74,15 decibéis reduziria o som da motocicleta a um terço de sua altura.

51 Quantas vezes uma estrela com magnitude aparente 2 tem mais brilho que uma estrela com magnitude aparente 17?

SOLUÇÃO Cada cinco magnitudes correspondem a uma alteração no brilho por um fator 100. Assim, uma alteração em 15 magnitudes corresponde a uma alteração no brilho por um fator de 100^3 (porque $15 = 5 \times 3$). Como $100^3 = \left(10^2\right)^3 = 10^6$, concluímos que uma estrela com magnitude aparente 2 é um milhão de vezes mais brilhante que uma estrela com magnitude aparente 17.

53 Sirius, a estrela mais brilhante que pode ser vista da Terra (sem contar o sol), tem uma magnitude aparente de $-1{,}4$. Vega, que foi a Estrela do Norte há aproximadamente 12 mil anos (pequenas alterações na órbita da Terra levam à troca das Estrelas do Norte a cada vários mil anos) tem uma magnitude aparente de 0,03. Quantas vezes Sirius é mais brilhante que Vega?

SOLUÇÃO Representemos por b_V o brilho de Vega e por b_S o brilho de Sirius. Assim,

$$0{,}03 = \frac{5}{2}\log\frac{b_0}{b_V} \quad\text{e}\quad -1{,}4 = \frac{5}{2}\log\frac{b_0}{b_S}.$$

Subtraindo a segunda equação da primeira, obtemos

$$1{,}43 = \frac{5}{2}\log\frac{b_0}{b_V} - \frac{5}{2}\log\frac{b_0}{b_S}.$$

Multiplicando ambos os lados por $-$, obtemos

$$0{,}572 = \log\frac{b_0}{b_V} - \log\frac{b_0}{b_S} = \log\left(\frac{b_0}{b_V}\Big/\frac{b_0}{b_S}\right) = \log\frac{b_S}{b_V}.$$

Então,
$$\frac{b_S}{b_V} = 10^{0{,}572} \approx 3{,}7.$$

Portanto, Sirius é aproximadamente 3,7 vezes mais brilhante que Vega.

55 Netuno tem uma magnitude aparente de aproximadamente 7,8. Qual é a magnitude aparente de uma estrela 20 vezes mais brilhante que Netuno?

SOLUÇÃO Cada decréscimo de uma unidade na magnitude aparente corresponde a um acréscimo no brilho por um fator de $100^{1/5}$. Se a magnitude decrescer por x, então o brilho crescerá por um fator de $\left(100^{1/5}\right)^x$. Neste exercício, queremos $20 = \left(100^{1/5}\right)^x$. Para resolver a equação para x, efetuamos o logaritmo de ambos os lados, obtendo

$$\log 20 = x \log(100^{1/5}) = \frac{2x}{5}.$$

Então,
$$x = \frac{5}{2}\log 20 \approx 3{,}25.$$

Como $7{,}8 - 3{,}25 = 4{,}55$, concluímos que uma estrela 20 vezes mais brilhante que Netuno tem magnitude aparente de aproximadamente 4,55.

3.4 Crescimento Exponencial

> **OBJETIVOS DE APRENDIZAGEM**
> Ao final desta seção, você deverá ser capaz de
> - descrever o comportamento de funções com crescimento exponencial;
> - modelar crescimento populacional;
> - calcular juros compostos.

Começaremos esta seção com uma história.

Uma fábula de duplicação

Um matemático na antiga Índia inventou o jogo de xadrez. Com muita gratidão pelo notável entretenimento desse jogo, o Rei ofereceu ao matemático qualquer coisa que ele quisesse. O rei esperava que o matemático fosse pedir joias raras ou um majestoso palácio.

Mas o matemático pediu apenas que lhe fosse dado um grão de arroz para o primeiro quadrado no tabuleiro de xadrez, mais dois grãos de arroz para o próximo quadrado, mais quatro grãos de arroz para o próximo quadrado, e assim por diante, duplicando a quantidade para cada quadrado, até o 64º quadrado em um tabuleiro oito por oito. O Rei ficou agradavelmente surpreso que o matemático tenha pedido uma recompensa tão modesta.

Foi aberto um saco de arroz, e primeiro grão foi colocado de lado, depois dois, depois quatro, depois oito e assim por diante. Chegando ao oitavo quadrado (o final da primeira fila do tabuleiro), foram contados 128 grãos. O rei estava secretamente encantado por estar pagando uma recompensa tão pequena, e também perguntava-se a respeito da loucura do matemático.

Quando chegaram no 16º quadrado, foram contados 32.768 grãos de arroz, mas isso ainda era uma pequena parte do saco de arroz. Entretanto, para o 21º quadrado, foi necessário um saco inteiro de arroz, e para o 24º quadrado, oito sacos de arroz. Isso foi mais do que o Rei estava esperando, mas ainda foi uma quantidade trivial, pois o celeiro real continha em torno de 200 mil sacos de arroz para alimentar a realeza durante o inverno seguinte.

No 31º quadrado foram necessários mais de mil sacos de arroz, que foram tirados celeiro real. Nesse momento, o Rei estava preocupado. No 37º quadrado, o celeiro real estava dois terços vazio. O 38º quadrado teria exigido mais sacos de arroz do que ainda restava no celeiro, então o Rei parou o processo e ordenou que a cabeça do matemático fosse decepada, como uma advertência sobre a ganância induzida pelo crescimento exponencial.

n	2^n
10	1024
20	1048576
30	1073741824
40	1099511627776
50	1125899906842624
60	1152921504606846976

Para entender por que o pedido aparentemente modesto do matemático acabou sendo tão extravagante, observe que o n-ésimo quadrado do tabuleiro de xadrez requer 2^{n-1} grãos de arroz. Esses números começam lentamente, mas crescem rapidamente, como mostrado na tabela ao lado.

O 64º quadrado do tabuleiro de xadrez teria requerido 2^{63} grãos de arroz. Para estimar a magnitude desse número, observe que $2^{10} = 1024 \approx 10^3$. Assim,

$$2^{63} = 2^3 \cdot 2^{60} = 8 \cdot (2^{10})^6 \approx 8 \cdot (10^3)^6 = 8 \cdot 10^{18} \approx 10^{19}.$$

Se cada grande saco contiver um milhão (que é igual a 10^6) de grãos de arroz, então os aproximadamente 10^{19} grãos de arroz necessários para o 64º quadrado teriam requerido aproximadamente $10^{19}/10^6$ sacos de arroz, ou aproximadamente 10^{13} sacos de arroz. Se supusermos que a antiga Índia tinha uma população de aproximadamente dez milhões (10^7), então cada residente teria que ter produzido $10^{13}/10^7$ sacos de arroz para satisfazer o que o matemático pediu para o 64º quadrado do tabuleiro de xadrez. Teria sido impossível para cada residente na Índia produzir um milhão ($10^{13}/10^7$) de sacos de arroz. Assim, o matemático não deve ter-se surpreendido com a perda de sua cabeça.

A aproximação
$$2^{10} \approx 1000$$
é útil quando se estima grandes potências de 2.

Quando x torna-se grande, 2^x cresce muito mais rapidamente que x^2. Por exemplo, 2^{63} é igual a 9.223.372.036.854.775.808, mas 63^2 é igual a apenas 3969.

Funções com Crescimento Exponencial

A função f definida por $f(x) = 2^x$ é um exemplo do que é denominado função com crescimento exponencial. Outros exemplos de funções com crescimento exponencial são as funções g e h definidas por $g(x) = 3 \cdot 5^x$ e $h(x) = 5 \cdot 7^{3x}$. De um modo geral, temos a seguinte definição:

> ### Crescimento Exponencial
> Uma função f é dita ter **crescimento exponencial** se f tiver a forma
> $$f(x) = cb^{kx},$$
> em que c e k são números positivos e $b > 1$.

A condição $b > 1$ assegura que f seja uma função crescente.

Funções com crescimento exponencial crescem rapidamente. De fato, toda função com crescimento exponencial cresce mais rapidamente que todo polinômio, no sentido de que, se f for uma função com crescimento exponencial e p for qualquer polinômio, então $f(x) > p(x)$ para todo x suficientemente grande. Por exemplo, $2^x > x^{1000}$ para todo $x > 13.747$ (o Problema 35 mostra que o número 13.747 não poderia ser substituído por 13.746).

Funções com crescimento exponencial crescem tão rapidamente que traçar seu gráfico da maneira usual pode prover muito pouca informação, como mostrado no seguinte exemplo.

Discuta o gráfico da função 9^x no intervalo $[0, 8]$.

EXEMPLO 1

SOLUÇÃO Na figura ao lado, mostramos o gráfico da função 9^x no intervalo $[0, 8]$. Nesse gráfico, não podemos usar a mesma escala nos eixos horizontal e vertical, porque 9^8 é maior que quarenta milhões.

Devido à escala, é difícil distinguir o gráfico de 9^x do eixo horizontal no intervalo $[0, 5]$. Assim, esse gráfico informa pouco a respeito do comportamento dessa função. Por exemplo, o gráfico não distingue adequadamente entre os valores 9^2 (que é igual a 81) e 9^5 (que é igual a 59.049).

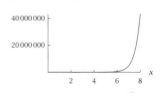

O gráfico da função 9^x no intervalo $[0, 8]$.

Como os gráficos de funções com crescimento exponencial frequentemente não fornecem informação visual suficiente, o gráfico de dados que se sabe ter crescimento

Aqui nós calculamos o logaritmo na base 10, mas a conclusão a respeito da linearidade do logaritmo de f continua valendo seja qual for a base utilizada.

exponencial é frequentemente feito com base no logaritmo desses dados. A vantagem desse procedimento é que, se f for uma função com crescimento exponencial, então o logaritmo de f é uma função linear. Por exemplo, se

$$f(x) = 2 \cdot 3^{5x},$$

então

$$\log f(x) = 5(\log 3)x + \log 2;$$

assim, o gráfico de $\log f$ é a reta cuja equação é $y = 5(\log 3)x + \log 2$ (que é a reta com declividade $5\log 3$).

De um modo geral, se $f(x) = cb^{kx}$, então

$$\log f(x) = \log c + \log(b^{kx})$$
$$= k(\log b)x + \log c.$$

Aqui k, $\log b$ e $\log c$ são todos números que não dependem de x; dessa forma, a função $\log f$ é de fato linear. Se $k > 0$ e $b > 1$, como requerido na definição de crescimento exponencial, então $k \log b > 0$, o que implica que a reta $y = \log f(x)$ tem declividade positiva.

> ### Logaritmo de uma função com crescimento exponencial
> Uma função f tem crescimento exponencial se e somente se o gráfico de $\log f(x)$ for uma reta com declividade positiva.

EXEMPLO 2

A Lei de Moore tem esse nome em homenagem a Gordon Moore, cofundador da Intel, que previu, em 1965, que o poder de processamento seguiria um padrão de crescimento exponencial.

Lei de Moore é a expressão usada para descrever a observação de que o poder de processamento computacional segue um crescimento exponencial, duplicando a cada 18 meses. Uma medida padrão de poder de processamento é o número de transistores usados por circuito integrado. O logaritmo dessa quantidade (para chips de computador comum fabricado pela Intel) é mostrado no gráfico abaixo para certos anos entre 1972 e 2010, com segmentos de reta conectando os pontos dos dados:

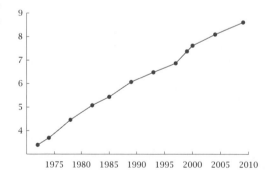

O logaritmo do número de transistores por circuito integrado. A Lei de Moore prevê crescimento exponencial do poder de processamento, o que tornaria esse gráfico uma reta.

Esse gráfico indica que o poder de processamento teve crescimento exponencial?

SOLUÇÃO O gráfico do logaritmo do número de transistores é aproximadamente uma reta, como seria de se esperar para uma função com crescimento aproximadamente exponencial. Assim, o gráfico indica que de fato o poder de processamento teve crescimento exponencial.

Os dados verdadeiros, como mostrado no gráfico deste exemplo, raramente se ajustam perfeitamente a modelos matemáticos teóricos. O gráfico acima não é exatamente uma reta, portanto, não temos um comportamento exatamente exponencial. No entanto, o gráfico acima está suficientemente próximo de uma reta para que um modelo de crescimento exponencial possa ajudar a explicar o que ocorreu com o poder de processamento durante várias décadas.

Considere a função f com crescimento exponencial definido por

$$f(x) = 5 \cdot 3^{2x}.$$

Como $3^{2x} = \left(3^2\right)^x = 9^x$, podemos reescrever f sob a forma

$$f(x) = 5 \cdot 9^x.$$

De modo geral, suponha que f seja uma função com crescimento exponencial definido por

$$f(x) = cB^{kx}.$$

Como $B^{kx} = \left(B^k\right)^x$, se fizermos $b = B^k$, então podemos reescrever f sob a forma

$$f(x) = cb^x.$$

Em outras palavras, variando b podemos, se quisermos, estabelecer sempre $k = 1$ na definição dada anteriormente de uma função com crescimento exponencial.

> ### *Crescimento exponencial, forma mais simples*
> Toda função f com crescimento exponencial pode ser escrita sob a forma
>
> $$f(x) = cb^x,$$
>
> em que $c > 0$ e $b > 1$.

A forma mais simples de crescimento exponencial usa apenas duas constantes (b e c) em vez das três constantes (b, c e k) envolvidas na nossa definição original.

Considere agora a função f de crescimento exponencial definida por

$$f(x) = 3 \cdot 5^{7x}.$$

Como $5^{7x} = \left(2^{\log_2 5}\right)^{7x} = 2^{7(\log_2 5)x}$, podemos reescrever f sob a forma

$$f(x) = 3 \cdot 2^{kx},$$

em que $k = 7(\log_2 5)$.

Não há nada especial em relação aos números 5 e 7 que aparecem no parágrafo acima. O mesmo procedimento poderia ser aplicado a qualquer função f de crescimento exponencial definida por $f(x) = cb^{kx}$. Temos, então, o seguinte resultado, que mostra que, variando k, podemos, se desejarmos, fazer sempre $b = 2$ na definição dada anteriormente de uma função com crescimento exponencial.

> **Crescimento exponencial, base 2**
>
> Toda função f com crescimento exponencial pode ser escrita sob a forma
>
> $$f(x) = c2^{kx},$$
>
> em que c e k são números positivos.

Para algumas aplicações, a escolha mais natural de base é o número e, que investigaremos na próxima seção.

No resultado acima, não há nada especial em relação ao número 2. O mesmo resultado vale se 2 for substituído por 3, ou por 4, ou qualquer número maior que 1. Em outras palavras, podemos escolher que a base para uma função com crescimento exponencial seja o que quisermos (de forma que k precisa ser convenientemente ajustada). Você frequentemente vai escolher um valor para a base que seja relacionado ao tópico em consideração. Logo, vamos considerar modelos de duplicação de população em que 2 é a escolha mais natural para a base.

EXEMPLO 3

Suponha que f seja uma função de crescimento exponencial, tal que $f(2) = 3$ e $f(5) = 7$.

(a) Determine uma fórmula para $f(x)$.

(b) Calcule o valor de $f(17)$.

SOLUÇÃO

(a) Usaremos a mais simples das formas que deduzimos acima. Em outras palavras, podemos assumir

$$f(x) = cb^x.$$

Precisamos determinar c e b. Temos

$$3 = f(2) = cb^2 \quad \text{e} \quad 7 = f(5) = cb^5.$$

Dividindo a segunda equação pela primeira, obtemos $b^3 = \frac{7}{3}$. Assim, $b = \left(\frac{7}{3}\right)^{1/3}$. Substituindo esse valor para b na primeira equação acima, chegamos a

$$3 = c\left(\frac{7}{3}\right)^{2/3},$$

o que implica $c = 3\left(\frac{3}{7}\right)^{2/3}$. Assim,

$$f(x) = 3\left(\frac{3}{7}\right)^{2/3}\left(\frac{7}{3}\right)^{x/3}.$$

(b) Usando a fórmula acima, temos

$$f(17) = 3\left(\frac{3}{7}\right)^{2/3}\left(\frac{7}{3}\right)^{17/3} \approx 207{,}494.$$

Crescimento Populacional

Populações de vários organismos, variando desde bactérias até humanos, frequentemente exibem crescimento exponencial. Para ilustrar esse comportamento, começaremos considerando bactérias. Bactérias são criaturas unicelulares que se reproduzem quando absorvem alguns nutrientes, crescem e depois partem-se ao meio – uma célula de bactéria torna-se duas células de bactéria.

EXEMPLO 4

Suponha que uma colônia de bactérias em uma placa de Petri tenha 700 células às 13 horas. Sabendo que essas bactérias se reproduzem a uma taxa que leva a colônia a se duplicar a cada três horas, quantas bactérias estarão na placa de Petri às 21 horas do mesmo dia?

SOLUÇÃO Como o número de células de bactéria duplica a cada três horas, às 16 horas haverá 1400 células, às 19 horas haverá 2800 células, e assim por diante. Em outras palavras, em três horas o número de células aumenta por um fator 2, em seis horas o número de células aumenta por um fator 4, em nove horas o número de células aumenta por um fator 8, e assim por diante.

De modo geral, em t horas haverá $t/3$ períodos de duplicação. Assim, em t horas, o número de células aumentará por um fator $2^{t/3}$, de forma que deveremos ter

$$700 \cdot 2^{t/3}$$

células de bactéria.

Portanto, às 21 horas, que são oito horas após as 13 horas, nossa colônia de bactérias deverá ter $700 \cdot 2^{8/3}$ células. No entanto, esse resultado deve ser pensado como uma estimativa e não como um resultado exato. Na verdade, $700 \cdot 2^{8/3}$ é um número irracional (aproximadamente 4444,7), que não faz sentido quando contamos células de bactéria. Dessa forma, poderíamos prever que às 21 horas haverá aproximadamente 4445 células. Melhor ainda, como o mundo real raramente adere estritamente a fórmulas, poderíamos esperar entre 4400 e 4500 células às 21 horas.

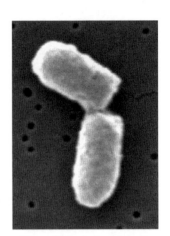

Uma célula de bactéria dividindo-se, como fotografado por um microscópio eletrônico.

Embora uma função com crescimento exponencial leve frequentemente ao melhor modelo para crescimento populacional em certo intervalo de tempo, os dados de populações reais podem não exibir crescimento exponencial por intervalos de tempo excessivamente longos. Por exemplo, a fórmula $700 \cdot 2^{t/3}$, que deduzimos acima para nossa colônia de bactérias, prevê que após 10 dias, que é igual a 240 horas, teríamos aproximadamente 10^{27} células, que é muito mais do que poderia conter até mesmo uma placa de Petri gigantesca. As bactérias teriam ficado sem espaço e sem nutrientes muito antes de atingir esse nível populacional.

Agora, estenderemos nosso exemplo com bactérias para uma situação mais geral. Suponha que uma população duplique a cada d unidades de tempo (aqui, as unidades de tempo podem ser horas, dias, anos ou qualquer outra unidade apropriada). Suponha também que em um momento específico t_0 saibamos que a população é p_0. No instante t, terão transcorrido $t - t_0$ unidades de tempo a partir do instante t_0. Assim, no instante t, vai-se ter passado $(t - t_0)/d$ períodos de duplicação, portanto, a população terá crescido por um fator

$$2^{(t-t_0)/d}.$$

Esse fator deve ser multiplicado pela população no instante inicial t_0. Em outras palavras, no instante t poderíamos esperar uma população $p_0 \cdot 2^{(t-t_0)/d}$.

Como as funções com crescimento exponencial crescem muito rapidamente, elas podem ser usadas para modelar dados reais apenas por intervalos de tempo limitados.

Crescimento exponencial e duplicação

Se uma população duplicar a cada d unidades de tempo, então a função p que modela esse crescimento populacional é dada pela fórmula

$$p(t) = p_0 \cdot 2^{(t-t_0)/d},$$

em que p_0 é a população no instante t_0.

O gráfico do logaritmo da população mundial parece muito com uma linha reta, mostrando que a população mundial teve um crescimento exponencial durante esse período.

A função p tem crescimento exponencial porque poderíamos reescrever p sob a forma

$$p(t) = (2^{-t_0/d} p_0) 2^{(1/d)t},$$

que corresponde a nossa definição de função com crescimento exponencial, fazendo $c = 2^{-t_0/d} p_0$, $b = 2$ e $k = 1/d$.

Os dados de populações humanas frequentemente seguem padrões de crescimento exponencial por décadas ou séculos. O gráfico a seguir mostra o logaritmo da população mundial, ano a ano, desde 1950 até 2000.

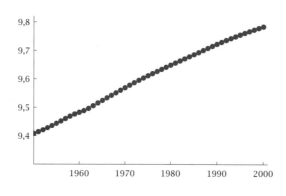

O logaritmo da população mundial, ano a ano, de 1950 a 2000, como estimado pelo Departamento de Recenseamento dos EUA.

EXEMPLO 5

Agora, a população mundial está crescendo a uma taxa mais lenta, duplicando a aproximadamente cada 69 anos.

A população mundial no meio do ano de 1950 era de aproximadamente 2,56 bilhões de habitantes. Durante o período 1950-2000, a população mundial cresceu a uma taxa tal que a população duplicava a aproximadamente cada 40 anos.

(a) Determine uma fórmula que estime a população mundial, no meio do ano, para o período 1950-2000.

(b) Usando a fórmula obtida no item (a), estime a população mundial no meio do ano de 1955.

SOLUÇÃO

Aqui usamos y, e não t, para a variável tempo.

(a) Usando a fórmula e os dados acima, vemos que a população mundial no meio do ano y, expressa em bilhões, foi de aproximadamente

$$2{,}56 \cdot 2^{(y-1950)/40}.$$

(b) Estabelecendo $y = 1955$ para a fórmula acima, obtém-se a estimativa de que a população mundial no meio do ano de 1955 foi de $2{,}56 \cdot 2^{(1955-1950)/40}$ bilhões, que é igual a aproximadamente 2,79 bilhões. O valor observado foi de 2,78 bilhões; então, a fórmula tem boa precisão neste caso.

Juros Compostos

Esse quadrinho do Dilbert ilustra o poder dos juros compostos. Veja a solução do Exercício 13 para verificar se esse plano vai funcionar.

O cálculo dos juros compostos envolve funções com crescimento exponencial. Começaremos com um exemplo simples.

EXEMPLO 6

Suponha que você deposite US$ 8000 em um banco que remunere 5% de juros anuais. Suponha que o banco pague juros uma vez por ano no final do ano e que a cada ano você coloque os juros em um pote de biscoitos para guardar em segurança.

(a) Quanto você terá (quantia original mais juros) no final de dois anos?

(b) Quanto você terá (quantia original mais juros) no final de t anos?

SOLUÇÃO

(a) Como 5% de US$ 8000 é US$ 400, você receberá, ao final de cada ano, US$ 400 de juros. Assim, depois de dois anos, você terá US$ 800 no pote de biscoitos, levando ao montante total de US$ 8800.

(b) Como você recebe US$ 400 de juros a cada ano, no final de t anos o pote de biscoitos vai conter $400t$ dólares. Assim, o montante total que você terá no final de t anos é $800 + 400t$ dólares.

No exemplo acima, a situação na qual os juros são pagos apenas sobre a quantia original é denominada **juros simples**. Para generalizar o exemplo acima, podemos substituir os US$ 8000 por qualquer quantia inicial P. Além disso, podemos substituir os juros anuais de 5% por qualquer taxa de juros anuais r, expressa por um número em vez de uma porcentagem (assim, juros de 5% corresponderia a $r = 0{,}05$). A cada ano, o valor dos juros recebidos será rP. Portanto, após t anos, o total de juros recebidos será rPt, e o montante total após t anos será $P + rPt$. Colocando P em evidência, obtemos o seguinte resultado:

*O símbolo P vem de **principal**, que é uma palavra formal para a quantia inicial.*

> **Juros simples**
>
> Se os juros forem pagos uma vez ao ano, a uma taxa de juros anual r, sem juros pagos sobre os juros, então, após t anos uma quantia inicial P cresce para
> $$P(1 + rt).$$

A expressão $P(1 + rt)$ é uma função linear de t (supondo que o principal P e a taxa de juros r sejam fixos). Assim, quando o dinheiro cresce com juros simples, originam-se naturalmente funções lineares. Voltemos nossa atenção, agora, para a situação mais realística de **juros compostos**, significando que são pagos juros sobre os juros.

EXEMPLO 7

Suponha que você deposite US$ 8000 em um banco que remunere 5% de juros anuais. Suponha que o banco pague juros uma vez por ano no final do ano, e que a cada ano os juros sejam depositados na conta bancária.

(a) Quanto você terá no final de um ano?

(b) Quanto você terá no final de dois anos?

(c) Quanto você terá no final de t anos?

SOLUÇÃO

(a) Como 5% de US$ 8000 é US$ 400, você receberá, ao final do primeiro ano, US$ 400 de juros. Assim, ao final do primeiro ano, a conta bancária conterá US$ 8400.

Os juros no segundo ano são de US$ 20 a mais que os juros no primeiro ano, devido ao pagamento de juros sobre os juros anteriores.

(b) No final do segundo ano, você receberá como juros 5% de US$ 8400, que é igual a US$ 420, o que leva a um total de US$ 8820 na conta bancária.

(c) Observe que a cada ano o montante no banco aumenta por um fator 1,05. No final do primeiro ano, você terá

$$8000 \times 1{,}05$$

dólares (que é igual a US$ 8400). No final de dois anos, você terá o montante acima multiplicado por 1,05, que é igual a

$$8000 \times 1{,}05^2$$

dólares (que é igual a US$ 8820). No final de três anos, você terá o montante acima multiplicado por 1,05, que é igual a

$$8000 \times 1{,}05^3$$

dólares (que é igual a US$ 9261). No final de t anos, a quantia inicial US$ 8000 terá aumentado para

$$8000 \times 1{,}05^t$$

dólares.

A tabela abaixo apresenta uma síntese dos dados para os dois métodos de cálculo de juros que consideramos nos dois últimos exemplos.

Após o primeiro ano, os juros compostos produzem um total maior que os juros simples. Isso ocorre porque, com juros compostos, são pagos juros sobre os juros.

ano	juros simples juros	juros simples total	juros compostos juros	juros compostos total
quantia inicial		US$8000		US$8000
1	US$40	US$8400	US$40	US$8400
2	US$40	US$8800	US$42	US$8820
3	US$40	US$9200	US$44	US$9261

Juros simples e compostos, pagos uma vez ao ano, a 5%, sobre US$ 8000.

Para generalizar o exemplo acima, podemos substituir os US$ 8000 usados acima por uma quantia inicial qualquer P. Além disso, podemos substituir os juros anuais de 5% por uma taxa de juros anual qualquer r, expressa como um número em vez de uma porcentagem. A cada ano, o montante na conta bancária aumenta por um fator $1 + r$. Assim, ao final do primeiro ano a quantia inicial P aumentará para $P(1 + r)$. Ao final de dois anos, ela terá aumentado para $P(1 + r)^2$. Ao final de três anos, ela terá aumentado para $P(1 + r)^3$. De um modo geral, temos o seguinte resultado:

Juros compostos, uma vez por ano

Se os juros compostos forem pagos uma vez por ano a uma taxa de juros anual r, então, após t anos, uma quantia inicial P aumenta para

$$P(1 + r)^t.$$

A variável t está sendo usada como um lembrete de que ela representa um intervalo de tempo.

A expressão $P(1 + r)^t$ acima tem um crescimento exponencial como uma função de t. Como funções com crescimento exponencial crescem rapidamente, os juros compostos podem levar a grandes quantias de dinheiro após longos intervalos de tempo.

EXEMPLO 8

Em 1626, colonizadores holandeses supostamente compraram a ilha de Manhattan dos nativos americanos por US$ 24. Para determinar se foi ou não uma barganha, considere um ganho de 7% ao ano (uma taxa razoável para um investimento imobiliário) sobre os US$ 24, pagos de maneira composta uma vez por ano a partir de 1626. Quanto valeria esse investimento em 2012?

Existe pouca evidência histórica relacionada à alegada venda de Manhattan. A maioria das histórias sobre esse evento deve ser considerada lenda.

SOLUÇÃO
Como $2012 - 1626 = 386$, a fórmula acima mostra que uma quantia inicial de US$ 24, ganhando 7% ao ano, compostos e pagos uma vez por ano, valeria

$$24(1{,}07)^{386}$$

dólares em 2012. Usando uma calculadora, veremos que esse valor é mais que 5 trilhões de dólares, o que é mais que o valor da avaliação atual da Manhattan inteira.

Hoje Manhattan tem pontos de referência bem conhecidos, como o Times Square, o Empire State Building, a Wall Street e a sede das Nações Unidas.

Os juros compostos são frequentemente pagos mais de uma vez por ano. Para ver como isso funciona, nós agora modificaremos o Exemplo 7 acima. No nosso novo exemplo, os juros compostos serão pagos duas vezes por ano, em vez de apenas uma vez. Isto significa que, em vez de pagar 5% de juros ao final de cada ano, os juros virão em dois pagamentos de 2,5% por ano, com o pagamento de 2,5% de juros efetuado ao final de cada seis meses.

EXEMPLO 9

Suponha que você deposite US$ 8000 em uma conta bancária que paga 5% de juros anuais, compostos, duas vezes por ano. Quanto você terá no final de um ano?

SOLUÇÃO Como 2,5% de US$ 8000 é igual a US$ 200, serão depositados US$200 no final dos primeiros seis meses na conta bancária; a conta bancária terá então um total de US$ 8200.

No final dos seis meses seguintes (em outras palavras, no final do primeiro ano), 2,5% de juros serão pagos sobre os US$ 8200 que estavam na conta bancária após os seis meses anteriores. Como 2,5% de US$ 8200 é igual a US$205, a conta bancária terá US$ 8405 no final do primeiro ano.

No exemplo acima, devemos agora comparar os US$ 8405 que estarão na conta bancária no final do primeiro ano com os US$ 8400 que estariam na conta bancária se os juros tivessem sido pagos ao final do ano. Os US$ 5 a mais são devidos aos juros pagos durante o segundo período de seis meses sobre os juros que haviam sido ganhos ao final do primeiro período de seis meses.

Em vez de compor os juros duas vezes por ano, como no exemplo anterior, os juros poderiam ser compostos quatro vezes por ano. Para juros anuais de 5%, isso significa que seriam pagos juros de 1,25% ao final de cada três meses. Também poderíamos compor os juros 12 vezes por ano, com $\frac{5}{12}$% de juros pagos ao final de cada mês. A tabela abaixo mostra o crescimento de US$ 8000 com juros de 5%, durante três anos, compostos, pagos uma, duas, quatro ou 12 vezes por ano.

Quanto maior a frequência dos pagamentos, maior será a quantia total, pois os pagamentos de juros serão mais frequentes e haverá juros ganhos sobre juros mais vezes.

ano	\multicolumn{4}{c}{vezes por ano, compostos}
	1	2	4	12
quantia inicial	US$8000	US$8000	US$8000	US$8000
1	US$8400	US$8400	US$8408	US$8409
2	US$8820	US$8831	US$8836	US$8840
3	US$9261	US$9278	US$9286	US$9292

O crescimento de US$ 8000 a juros de 5%, arredondado para o dólar mais próximo.

Para determinar uma fórmula que descreva como cresce o dinheiro quando pagos juros compostos mais de uma vez por ano, considere uma conta bancária com taxa de juros anual r, pagos de forma composta duas vezes por ano. Assim, a cada seis meses a quantia na conta bancária cresce por um fator $1 + \frac{r}{2}$. Após t anos, isso acontecerá $2t$ vezes. Portanto, em t anos, uma quantia inicial P terá crescido para $P(1 + \frac{r}{2})^{2t}$.

De modo geral, suponha agora que uma taxa de juros anual r é paga de maneira composta n vezes por ano. Assim, n vezes por ano, a quantia na conta bancária cresce por um fator $1 + \frac{r}{n}$. Após t anos, isso terá ocorrido nt vezes, levando ao seguinte resultado:

Se a taxa de juros r e o número n de vezes do pagamento de juros compostos por ano forem fixos, então a função f definida por $f(t) = P(1 + \frac{r}{n})^{nt}$ é uma função com crescimento exponencial.

Juros compostos, n vezes por ano

Se os juros forem pagos de forma composta n vezes por ano a uma taxa de juros anual r, após t anos a quantia inicial P terá crescido para

$$P\left(1 + \frac{r}{n}\right)^{nt}.$$

EXEMPLO 10

Considere uma conta bancária que inicie com US$ 8000 e que receba 5% de juros anuais, compostos, doze vezes por ano. Quanto haverá na conta bancária após três anos?

SOLUÇÃO Substituindo $r = 0{,}05$; $n = 12$; $t = 3$ e $p = 8000$ na fórmula acima, vemos que após três anos o montante na conta bancária será de

$$8000\left(1 + \frac{0{,}05}{12}\right)^{12 \cdot 3}$$

dólares. Com uma calculadora, chegamos a um valor de aproximadamente US$ 9292 (que é a última entrada na tabela anterior).

Em anúncios de instituições financeiras, frequentemente informa-se o "APY" que você receberá sobre seu dinheiro em vez da taxa de juros. A abreviação "APY" vem de "*annual percentage yield*", em inglês, que quer dizer rendimento anual percentual e significa a taxa de juros real que você receberia ao final de um ano, após a composição.

Por exemplo, se um banco remunerar 5% de juros anuais, pagos de forma composta uma vez por mês (como é bastante comum), então o banco pode legalmente anunciar que ele remunera um APY de 5,116%. Aqui o APY é igual a 5,116% porque

$$\left(1 + \tfrac{0,05}{12}\right)^{12} \approx 1,05116.$$

Em outras palavras, a juros anuais de 5%, pagos de forma composta 12 vezes por ano, US$ 1000 crescerão para US$ 1051,16. No período de um ano, isso corresponde a juros anuais simples de 5,116%.

Na Seção 3.7, discutiremos o que acontece quando os juros compostos são pagos um número muito grande de vezes por ano.

EXERCÍCIOS

1 Sem usar calculadora ou computador, dê uma estimativa preliminar de 2^{83}.

2 Sem usar calculadora ou computador, dê uma estimativa preliminar de 2^{103}.

3 Sem usar calculadora ou computador, determine qual dos dois números, 2^{125} ou $32 \cdot 10^{36}$, é maior.

4 Sem usar calculadora ou computador, determine qual dos dois números, 2^{400} ou 17^{100}, é maior. [*Dica*: Observe que $2^4 = 16$.]

Para os Exercícios 5-8, suponha que você deposite um centavo em uma caderneta de poupança no dia 1º de janeiro, dois centavos no dia 2 de janeiro, quatro centavos no dia 3 de janeiro e assim por diante, duplicando a cada dia a quantia do seu depósito (supondo que você use um banco eletrônico que abra todos os dias do ano).

5 Quanto você depositará em 7 de janeiro?

6 Quanto você depositará em 11 de janeiro?

7 Qual é o primeiro dia em que seu depósito excederá US$ 10.000?

8 Qual é o primeiro dia em que seu depósito excederá US$ 100.000?

Para os Exercícios 9-12, suponha que você deposite um centavo em uma caderneta de poupança no dia 1º de janeiro, três centavos no dia 2 de janeiro, nove centavos no dia 3 de janeiro e assim por diante, triplicando a cada dia a quantia do seu depósito (supondo que você use um banco eletrônico que abra todos os dias do ano).

9 Quanto você depositará em 7 de janeiro?

10 Quanto você depositará em 11 de janeiro?

11 Qual é o primeiro dia em que seu depósito excederá US$ 10.000?

12 Qual é o primeiro dia em que seu depósito excederá US$ 100.000?

13 Suponha $f(x) = 7 \cdot 2^{3x}$. Determine um número b tal que o gráfico de $\log_b f$ tenha declividade 1.

14 Suponha $f(x) = 4 \cdot 2^{5x}$. Determine um número b tal que o gráfico de $\log_b f$ tenha declividade 1.

15 Uma colônia de bactérias está crescendo exponencialmente, duplicando de tamanho a cada 100 minutos. Quantos minutos levará para que a colônia de bactérias triplique de tamanho?

16 Uma colônia de bactérias está crescendo exponencialmente, duplicando de tamanho a cada 140 minutos. Quantos minutos levará para que a colônia de bactérias se torne cinco vezes o seu tamanho atual?

17 Pelas taxas de crescimento atuais, a população da Terra está duplicando a aproximadamente cada 69 anos. Se essa taxa de crescimento continuar, em torno de quantos anos levará para que a população da Terra cresça 50% do nível atual?

18 Pelas taxas de crescimento atuais, a população da Terra está duplicando a aproximadamente cada 69 anos. Se essa taxa de crescimento continuar, em torno de quantos anos levará para que a população da Terra cresça um quarto do nível atual?

19. Suponha que uma colônia de bactérias comece com 200 células e triplique de tamanho a cada quatro horas.

    (a) Determine uma função que modele o crescimento populacional dessa colônia de bactérias.
    (b) Aproximadamente quantas células estarão na colônia após seis horas?

20. Suponha que uma colônia de bactérias comece com 100 células e que triplique de tamanho a cada duas horas.

    (a) Determine uma função que modele o crescimento populacional dessa colônia de bactérias.
    (b) Aproximadamente quantas células estarão na colônia após uma hora?

21. Suponha que US$ 700 sejam depositados em uma conta bancária que remunera 6% de juros por ano, compostos, pagos 52 vezes em um ano. Quanto haverá na conta bancária ao final de 10 anos?

22. Suponha que US$ 8000 sejam depositados em uma conta bancária que remunera 7% de juros por ano, compostos, pagos 12 vezes em um ano. Quanto haverá na conta bancária ao final de 100 anos?

23. Suponha que uma conta bancária remunerando 4% de juros ao ano, compostos, pagos 12 vezes por ano, contenha US$ 10.555 ao final de 10 anos. Qual foi a quantia inicialmente depositada na conta bancária?

24. Suponha que uma conta bancária remunerando 6% de juros ao ano, compostos, pagos quatro vezes por ano, contenha US$ 27.707 ao final de 20 anos. Qual foi a quantia inicialmente depositada na conta bancária?

25. Suponha que uma caderneta de poupança remunere 6% de juros por ano, compostos, pagos uma vez no ano. Se a caderneta de poupança começar com US$ 500, quanto tempo levará para que o saldo ultrapasse US$ 2000?

26. Suponha que uma caderneta de poupança remunere 5% de juros por ano, compostos, pagos quatro vezes no ano. Se a caderneta de poupança começar com US$ 600, quanto tempo levará para que o saldo ultrapasse US$ 1400?

27. Suponha que um banco queira anunciar que US$ 1000 depositados em sua caderneta de poupança crescerá para US$ 1040 em um ano. Esse banco paga os juros compostos 12 vezes por ano. Qual taxa anual de juros deve o banco pagar?

28. Suponha que um banco queira anunciar que US$ 1000 depositados na sua caderneta de poupança crescerá para US$1.050 em um ano. Este banco compõe os juros 365 vezes por ano. Qual taxa anual de juros deve o banco pagar?

29. Um anúncio para o setor imobiliário, publicado no *The New York Times* de 28 de julho de 2004, estabeleceu:

    > Você sabia que o crescimento percentual do valor de uma casa em Manhattan, entre os anos 1950 e 2000, foi de 721%? Compre uma casa em Manhattan e invista em seu futuro.

    Suponha que, em vez de comprar uma casa em Manhattan em 1950, alguém investiu o dinheiro em uma conta bancária que paga juros compostos quatro vezes por ano. Qual taxa anual de juros o banco teria que pagar para igualar o crescimento indicado no anúncio?

30. Suponha que, em vez de comprar uma casa em Manhattan em 1950, alguém investiu o dinheiro em uma conta bancária que paga juros compostos uma vez por mês. Qual taxa anual de juros o banco teria que pagar para igualar o crescimento indicado no anúncio do exercício anterior?

31. Suponha que f seja uma função com crescimento exponencial tal que

    $$f(1) = 3 \quad \text{e} \quad f(3) = 5.$$

    Determine o valor de $f(8)$.

32. Suponha que f seja uma função com crescimento exponencial tal que

    $$f(2) = 3 \quad \text{e} \quad f(5) = 8.$$

    Determine o valor de $f(10)$.

Os Exercícios 33 e 34 ajudarão você a determinar se a história em quadrinhos do Dilbert apresentada anteriormente nesta seção fornece ou não um método razoável para transformar cem dólares em um milhão de dólares.

33. A uma taxa de juros de 5%, compostos, pagos uma vez por ano, quantos anos levará para transformar cem dólares em um milhão de dólares?

34. A uma taxa de juros de 5%, compostos, pagos mensalmente, quanto tempo levará para transformar cem dólares em um milhão de dólares?

PROBLEMAS

35 Explique como você usaria uma calculadora, para verificar que
$$2^{13746} < 13746^{1000}$$
mas
$$2^{13747} > 13747^{1000},$$
e depois use de fato a calculadora para verificar ambas as desigualdades.

[*Os números envolvidos nessas desigualdades possuem mais de 4 mil dígitos. Assim, será necessária alguma esperteza quando você for usar sua calculadora.*]

36 Mostre que
$$2^{10n} = (1{,}024)^n 10^{3n}.$$
[*Essa igualdade leva à aproximação $2^{10n} \approx 10^{3n}$.*]

37 Demonstre que, se f for uma função com crescimento exponencial, também o será a raiz quadrada de f. Mais precisamente, demonstre que, se f for uma função com crescimento exponencial, também o será a função g definida por $g(x) = \sqrt{f(x)}$.

38 Suponha que f seja uma função com crescimento exponencial e que $f(0) = 1$. Explique por que f pode ser representada por uma fórmula do tipo $f(x) = b^x$ para $b > 1$.

39 Explique por que toda função f com crescimento exponencial pode ser representada por uma fórmula do tipo $f(x) = c \cdot 3^{kx}$, para escolhas apropriadas de c e de k.

40 Encontre três artigos de jornal que façam uso da palavra "exponencialmente" (um caminho para isso é usar o site de um jornal que permita pesquisas). Para cada uso da palavra "exponencialmente" que você encontrar em um artigo de jornal, discuta se a palavra está ou não sendo usada em seu significado matemático correto.

41 Suponha que um banco remunere a uma taxa de juros anual r, compostos, pagos n vezes por ano. Explique por que o banco pode anunciar que o seu APY (rendimento anual percentual) é igual a
$$\left(1 + \frac{r}{n}\right)^n - 1.$$

42 Encontre um anúncio de jornal, ou da Internet, que indique a taxa de juros (antes da composição), a frequência do pagamento dos juros compostos e o APY. Determine se o APY foi ou não calculado corretamente.

43 Suponha que f seja uma função com crescimento exponencial. Demonstre que existe um número $b > 1$ tal que
$$f(x + 1) = bf(x)$$
para todo x.

44 O que há de errado no seguinte paradoxo aparente: Você tem dois pais, quatro avôs, oito bisavôs e assim por diante. Retrocedendo n gerações, você deve ter 2^n ancestrais. Supondo três gerações em cada século, se retrocedermos 2000 anos (que é igual a 20 séculos e, portanto, 60 gerações), você deverá ter $2^{60} = \left(2^{10}\right)^6 \approx \left(10^3\right)^6 = 10^{18}$, que é igual a um bilhão de bilhões, que é muito mais que o número total de pessoas que já viveram.

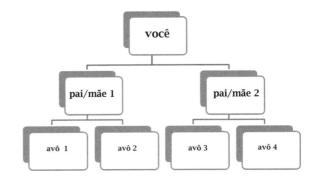

SOLUÇÕES DETALHADAS dos Exercícios Ímpares

1 Sem usar calculadora ou computador, dê uma estimativa preliminar de 2^{83}.

SOLUÇÃO
$$2^{83} = 2^3 \cdot 2^{80} = 8 \cdot 2^{10 \cdot 8} = 8 \cdot (2^{10})^8$$
$$\approx 8 \cdot (10^3)^8 = 8 \cdot 10^{24} \approx 10^{25}$$

3 Sem usar calculadora ou computador, determine qual dos dois números, 2^{125} ou $32 \cdot 10^{36}$, é maior.

SOLUÇÃO Observe que
$$2^{125} = 2^5 \cdot 2^{120}$$
$$= 32 \cdot (2^{10})^{12}$$
$$> 32 \cdot (10^3)^{12}$$
$$= 32 \cdot 10^{36}.$$

Portanto, 2^{125} é maior que $32 \cdot 10^{36}$.

Para os Exercícios 5-8, suponha que você deposite um centavo em uma caderneta de poupança no dia 1º de janeiro, dois centavos no dia 2 de janeiro, quatro centavos no dia 3 de janeiro e assim por diante, duplicando a cada dia a quantia do seu depósito (supondo que você use um banco eletrônico que abra todos os dias do ano).

5 Quanto você depositará em 7 de janeiro?

SOLUÇÃO No n-ésimo dia, serão depositados 2^{n-1} centavos. Assim, no dia 7 de janeiro, a quantia depositada será 2^6 centavos. Em outras palavras, serão depositados US$ 0,64 no dia 7 de janeiro.

7 Qual é o primeiro dia em que seu depósito excederá US$ 10.000?

SOLUÇÃO No n-ésimo dia, serão depositados 2^{n-1} centavos. Como US$ 10.000 é igual a 10^6 centavos, precisamos determinar o menor inteiro n, tal que

$$2^{n-1} > 10^6.$$

Podemos fazer uma rápida estimativa observando que

$$10^6 = (10^3)^2 < (2^{10})^2 = 2^{20}.$$

Assim, estabelecendo $n - 1 = 20$, que é equivalente a $n = 21$, devemos estar próximos da resposta exata.

Para ser mais preciso, observe que a desigualdade $2^{n-1} > 10^6$ é equivalente à desigualdade

$$\log(2^{n-1}) > \log(10^6),$$

que pode ser reescrita como

$$(n - 1) \log 2 > 6.$$

Dividindo ambos os lados por log 2 e depois adicionando 1 a ambos os lados, vemos que a equação é equivalente a

$$n > 1 + \frac{6}{\log 2}.$$

Com uma calculadora, obtemos que $1 + \frac{6}{\log 2} \approx 20,9$. Como 21 é o menor inteiro maior que 20,9, o primeiro dia em que o depósito ultrapassará US$ 10.000 será o dia 21 de janeiro.

Para os Exercícios 9-12, suponha que você deposite um centavo em uma caderneta de poupança no dia 1º de janeiro, três centavos no dia 2 de janeiro, nove centavos no dia 3 de janeiro e assim por diante, triplicando a cada dia a quantia do seu depósito (supondo que você use um banco eletrônico que abra todos os dias do ano).

9 Quanto você depositará em 7 de janeiro?

SOLUÇÃO No n-ésimo dia, serão depositados 3^{n-1} centavos. Assim, no dia 7 de janeiro, a quantia depositada será 3^6 centavos. Como $3^6 = 729$, concluímos que US$ 7,29 serão depositados no dia 7 de janeiro.

11 Qual é o primeiro dia em que seu depósito excederá US$ 10.000?

SOLUÇÃO No n-ésimo dia, serão depositados 3^{n-1} centavos. Como US$ 10.000 é igual a 10^6 centavos, precisamos determinar o menor inteiro n, tal que

$$3^{n-1} > 10^6.$$

Isto é equivalente à desigualdade

$$\log(3^{n-1}) > \log(10^6),$$

que pode ser reescrita como

$$(n - 1) \log 3 > 6.$$

Dividindo ambos os lados por log 3 e depois adicionando 1 a ambos os lados, vemos que a equação é equivalente a

$$n > 1 + \frac{6}{\log 3}.$$

Com uma calculadora, obtemos que $1 + \frac{6}{\log 3} \approx 13,6$. Como 14 é o menor inteiro maior que 13,6, o primeiro dia em que o depósito ultrapassará US$ 10.000 será o dia 14 de janeiro.

13 Suponha $f(x) = 7 \cdot 2^{3x}$. Determine um número b tal que o gráfico de $\log_b f$ tenha declividade 1.

SOLUÇÃO Observe que

$$\log_b f(x) = \log_b 7 + \log_b(2^{3x})$$
$$= \log_b 7 + 3(\log_b 2)x.$$

Assim, a declividade do gráfico de $\log_b f$ é igual a $3 \log_b 2$, que é igual a 1 quando $\log_b 2 = \frac{1}{3}$. Assim, $b^{1/3} = 2$, de que $b = 2^3 = 8$.

15 Uma colônia de bactérias está crescendo exponencialmente, duplicando de tamanho a cada 100 minutos. Quantos minutos levará para que a colônia de bactérias triplique de tamanho?

SOLUÇÃO Seja $p(t)$ o número de células na colônia de bactérias no instante t, sendo t medido em minutos. Assim,

$$p(t) = p_0 2^{t/100},$$

em que p_0 é o número p de células no instante 0. Precisamos determinar t tal que $p(t) = 3\,p_0$. Em outras palavras, precisamos determinar t tal que

$$p_0 2^{t/100} = 3p_0.$$

Dividindo ambos os lados da equação por p_0 e depois efetuando o logaritmo de ambos os lados, obtemos

$$\tfrac{t}{100} \log 2 = \log 3.$$

Assim, $t = 100\,\tfrac{\log 3}{\log 2}$, que é aproximadamente 158,496. Portanto, a colônia de bactérias triplicará de tamanho a aproximadamente cada 158 minutos.

17 Pelas taxas de crescimento atuais, a população da Terra está duplicando a aproximadamente cada 69 anos. Se essa taxa de crescimento continuar, em torno de quantos anos levará para que a população da Terra cresça 50% do nível atual?

SOLUÇÃO Seja $p(t)$ a população da Terra no instante t, sendo t medido em anos a partir do presente. Assim,

$$p(t) = p_0 2^{t/69},$$

em que p_0 é a população da Terra no presente. Precisamos determinar t tal que $p(t) = 1{,}5\,p_0$. Em outras palavras, precisamos determinar t tal que

$$p_0 2^{t/69} = 1{,}5 p_0.$$

Dividindo ambos os lados da equação acima por p_0 e depois efetuando o logaritmo de ambos os lados, obtemos

$$\tfrac{t}{69} \log 2 = \log 1{,}5.$$

Assim, $t = 69\,\tfrac{\log 1{,}5}{\log 2}$, que é aproximadamente 40,4. Portanto, pelas taxas de crescimento atuais, a população da Terra crescerá 50% em aproximadamente 40,4 anos.

19 Suponha que uma colônia de bactérias comece com 200 células e triplique de tamanho a cada quatro horas.

(a) Determine uma função que modele o crescimento populacional dessa colônia de bactérias.

(b) Aproximadamente quantas células estarão na colônia após seis horas?

SOLUÇÃO

(a) Seja $p(t)$ o número de células na colônia de bactérias no instante t, sendo t medido em horas. Sabemos que $p(0) = 200$. Em t horas, ocorrem $t/4$ períodos de triplicação; assim, o número de células cresce por um fator $3^{t/4}$. Portanto,

$$p(t) = 200 \cdot 3^{t/4}.$$

(b) Após seis horas, poderíamos esperar que houvesse $p(6)$ células de bactérias. Usando a equação acima, temos

$$p(6) = 200 \cdot 3^{6/4} = 200 \cdot 3^{3/2} \approx 1039.$$

21 Suponha que US$ 700 sejam depositados em uma conta bancária que remunera 6% de juros por ano, compostos, pagos 52 vezes em um ano. Quanto haverá na conta bancária ao final de 10 anos?

SOLUÇÃO Após 10 anos, com juros compostos pagos 52 vezes por ano, a uma taxa de 6% ao ano, a quantia de US$ 700 crescerá para

$$\text{US\$}700\left(1 + \tfrac{0{,}06}{52}\right)^{52 \cdot 10} \approx \text{US\$}1275.$$

23 Suponha que uma conta bancária remunerando 4% de juros ao ano, compostos, pagos 12 vezes por ano, contenha US$ 10.555 ao final de 10 anos. Qual foi a quantia inicialmente depositada na conta bancária?

SOLUÇÃO Seja P a quantia inicial depositada na conta bancária. Após 10 anos, com juros compostos pagos 12 vezes por ano, a uma taxa de 4% ao ano, a quantia de P dólares crescerá para

$$P\left(1 + \tfrac{0{,}04}{12}\right)^{12 \cdot 10}$$

dólares, que é dado como igual a US$ 10.555. Dessa forma, precisaremos resolver a equação

$$P\left(1 + \tfrac{0{,}04}{12}\right)^{120} = \text{US\$}10.555$$

A solução para essa equação é

$$P = \text{US\$}10.555 / \left(1 + \tfrac{0{,}04}{12}\right)^{120} \approx \text{US\$}7080.$$

25 Suponha que uma caderneta de poupança remunere 6% de juros por ano, compostos, pagos uma vez no ano. Se a caderneta de poupança começar com US$ 500, quanto tempo levará para que o saldo ultrapasse US$ 2000?

SOLUÇÃO Com uma taxa de 6% de juros, pagos de forma composta uma vez por ano, uma caderneta de poupança inicialmente com US$ 500 teria

$$500(1{,}06)^t$$

dólares após t anos. Queremos que esse montante ultrapasse US$ 2000, o que significa ter

$$500(1{,}06)^t > 2000.$$

Dividindo ambos os lados por 500 e depois efetuando o logaritmo de ambos os lados, obtemos

$$t \log 1{,}06 > \log 4.$$

Então

$$t > \frac{\log 4}{\log 1{,}06} \approx 23{,}8.$$

Como os juros compostos são pagos apenas uma vez por ano, t precisa ser um número inteiro. O menor número inteiro maior que 23,8 é 24. Assim, levará 24 anos para que o montante na caderneta de poupança ultrapasse US$ 2000.

27. Suponha que um banco queira anunciar que US$ 1000 depositados em sua caderneta de poupança crescerá para US$1040 em um ano. Esse banco paga os juros compostos 12 vezes por ano. Qual taxa anual de juros deve o banco pagar?

SOLUÇÃO Seja r a taxa anual de juros a serem pagos pelo banco. Em um ano, a essa taxa de juros, pagos de maneira composta 12 vezes por ano, US$1000 crescerá para

$$1000\left(1 + \tfrac{r}{12}\right)^{12}$$

dólares. Queremos que isto seja igual a US$1040, o que significa que precisamos resolver a equação

$$1000\left(1 + \tfrac{r}{12}\right)^{12} = 1040.$$

Para resolver essa equação, dividimos ambos os lados por 1000 e depois elevamos ambos os lados à potência 1/12, obtendo

$$1 + \tfrac{r}{12} = 1{,}04^{1/12}.$$

Agora, subtraímos 1 de cada um dos lados e depois multiplicamos ambos os lados por 12, obtendo

$$r = 12(1{,}04^{1/12} - 1) \approx 0{,}0393.$$

Portanto, os juros anuais devem ser de aproximadamente 3,93%.

29. Um anúncio para o setor imobiliário, publicado no *The New York Times* de 28 de julho de 2004, estabeleceu:

> Você sabia que o crescimento percentual do valor de uma casa em Manhattan, entre os anos 1950 e 2000, foi de 721%? Compre uma casa em Manhattan e invista em seu futuro.

Suponha que, em vez de comprar uma casa em Manhattan em 1950, alguém investiu o dinheiro em uma conta bancária que paga juros compostos quatro vezes por ano. Qual taxa anual de juros o banco teria que pagar para igualar o crescimento indicado no anúncio?

SOLUÇÃO Um crescimento de 721% significa que o valor final é 821% do valor inicial. Seja r a taxa de juros que o banco teria que pagar ao longo dos 50 anos, de 1950 até 2000, para aumentar a quantia de dinheiro para 821% do valor inicial. Em 50 anos, a essa taxa de juros, pagos de forma composta quatro vezes por ano, uma quantia inicial de P dólares cresce para

$$P\left(1 + \tfrac{r}{4}\right)^{4 \times 50}$$

dólares. Queremos que isto seja igual a 8,21 vezes a quantia inicial, o que significa que precisamos resolver a equação

$$P\left(1 + \tfrac{r}{4}\right)^{200} = 8{,}21 P.$$

Para resolver essa equação, dividimos ambos os lados por P e depois elevamos ambos os lados à potência 1/200, obtendo

$$1 + \tfrac{r}{4} = 8{,}21^{1/200}.$$

Agora, subtraímos 1 de ambos os lados e depois multiplicamos ambos os lados por 4, obtendo

$$r = 4(8{,}21^{1/200} - 1) \approx 0{,}0423.$$

Portanto, a taxa anual de juros precisaria ser de aproximadamente 4,23% para igualar o crescimento indicado no anúncio.

[*Observe que 4,23% não é um retorno particularmente alto para um investimento a longo prazo, contrariamente à insinuação do anúncio.*]

31. Suponha que f seja uma função com crescimento exponencial tal que

$$f(1) = 3 \quad \text{e} \quad f(3) = 5.$$

Determine o valor de $f(8)$.

SOLUÇÃO Podemos supor

$$f(x) = cb^x.$$

Precisamos determinar c e b. Temos

$$3 = f(1) = cb \quad \text{e} \quad 5 = f(3) = cb^3.$$

Dividindo a segunda equação pela primeira equação, vemos que $b^2 = \frac{5}{3}$. Assim, $b = \left(\frac{5}{3}\right)^{1/2}$. Substituindo esse valor para b na primeira equação acima, obtemos

$$3 = c\left(\frac{5}{3}\right)^{1/2},$$

que implica $c = 3\left(\frac{5}{3}\right)^{1/2}$. Portanto,

$$f(x) = 3\left(\frac{3}{5}\right)^{1/2}\left(\frac{5}{3}\right)^{x/2}.$$

Usando a fórmula acima, temos

$$f(8) = 3\left(\frac{3}{5}\right)^{1/2}\left(\frac{5}{3}\right)^{4} = \frac{625}{27}\left(\frac{3}{5}\right)^{1/2} \approx 17{,}93.$$

Os Exercícios 33 e 34 ajudarão você a determinar se a história em quadrinhos do Dilbert apresentada anteriormente nesta seção fornece ou não um método razoável para transformar cem dólares em um milhão de dólares.

33 A uma taxa de juros de 5%, pagos de forma composta uma vez no ano, quantos anos levará para transformar cem dólares em um milhão de dólares?

SOLUÇÃO Queremos determinar t tal que

$$10^6 = 100 \times 1{,}05^t.$$

Assim, $1{,}05^t = 10^4$. Efetuando o logaritmo de ambos os lados, obtemos $t \log 1{,}05 = 4$. Portanto, $t = \frac{4}{\log 1{,}05} \approx 188{,}8$. Como os juros são pagos apenas uma vez por ano, arredondamos o resultado para o ano seguinte, concluindo que levará 189 anos para transformar cem dólares em um milhão de dólares a juros compostos anuais de 5% pagos uma vez por ano. Portanto, o quadrinho estava correto ao estabelecer que, após 190 anos, haverá no mínimo um milhão de dólares na conta de investimento. Na verdade, o quadrinho poderia ter usado 189 anos em vez de 190 anos.

$$P\left(1 + \frac{r}{n}\right)^{nt}$$

3.5 O Número e e o Logaritmo Natural

OBJETIVOS DE APRENDIZAGEM

Ao final desta seção, você deverá ser capaz de

- aproximar a área sob a curva usando retângulos;
- explicar a definição de e;
- explicar a definição do logaritmo natural e sua conexão com a área;
- fazer uso da função exponencial e da função logaritmo natural.

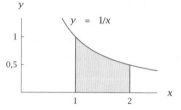

A área da região cinza mais claro é representada por área $(\frac{1}{x}, 1, 2)$.

Estimativa de Áreas Usando Retângulos

A ideia básica para o cálculo da área de uma região limitada por uma curva é aproximar a área com o uso de retângulos. Ilustraremos essa ideia usando a curva $y = \frac{1}{x}$, pois essa curva leva ao e, um dos números mais úteis na matemática, e ao logaritmo natural.

Começaremos por considerar a região cinza mais claro mostrada aqui, cuja área é representada pela área $(\frac{1}{x}, 1, 2)$. Em outras palavras, área $(\frac{1}{x}, 1, 2)$ significa a área da região no plano xy sob a curva $y = \frac{1}{x}$, acima do eixo dos x e entre as retas $x = 1$ e $x = 2$.

O exemplo que se segue mostra como obter uma estimativa preliminar da área da forma mais rudimentar possível, usando apenas um retângulo.

EXEMPLO 1   Demonstre que

$$\text{área}(\tfrac{1}{x}, 1, 2) < 1$$

limitando a região cinza mais claro acima em um único retângulo.

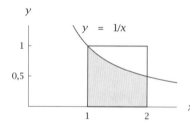

SOLUÇÃO   O menor retângulo (com lados paralelos aos eixos coordenados) que contém a região cinza mais claro é o quadrado 1 por 1 mostrado aqui.

Como a região cinza mais claro se situa dentro do quadrado 1 por 1, a figura aqui apresentada nos permite concluir que a área da região cinza mais claro é menor que 1. Em outras palavras,

$$\text{área}(\tfrac{1}{x}, 1, 2) < 1.$$

Considere agora a região cinza mais claro mostrada a seguir:

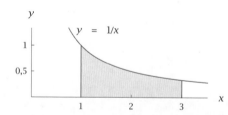

A área dessa região cinza mais claro é representada por área $(\frac{1}{x}, 1, 3)$.

A área da região cinza mais claro acima é representada por área $(\frac{1}{x}, 1, 3)$. Em outras palavras, área $(\frac{1}{x}, 1, 3)$ significa a área da região no plano xy sob a curva $y = \frac{1}{x}$, acima do eixo dos x e entre as retas $x = 1$ e $x = 3$.

O próximo exemplo ilustra o procedimento para aproximar a área de uma região colocando retângulos dentro da região.

EXEMPLO 2

Demonstre que área($\frac{1}{x}$, 1, 3) > 1 posicionando oito retângulos, todos de mesmo tamanho de base, dentro da região amarela acima.

SOLUÇÃO Posicionamos oito retângulos sob a curva, como mostrado na figura a seguir:

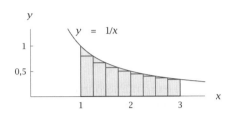

Diferentemente do rudimentar exemplo anterior, desta vez usamos oito retângulos para obter uma estimativa mais acurada.

Dividimos o intervalo [1, 3] em oito intervalos de igual tamanho. O intervalo [1, 3] tem comprimento 2. Então a base de cada retângulo terá comprimento $\frac{2}{8}$, que é igual a $\frac{1}{4}$.

A base do primeiro retângulo é o intervalo $[1, \frac{5}{4}]$. A figura acima mostra que a altura desse primeiro retângulo é $1 / \frac{5}{4}$, que é igual a $\frac{4}{5}$. Como o primeiro retângulo tem base $\frac{1}{4}$ e altura $\frac{4}{5}$, a área do primeiro retângulo é igual a $\frac{1}{4} \cdot \frac{4}{5}$, que é igual a $\frac{1}{5}$.

A base do segundo retângulo é o intervalo $[\frac{5}{4}, \frac{3}{2}]$. A altura do segundo retângulo é $1 / \frac{5}{4}$, que é igual a $\frac{2}{3}$. Portanto, a área do segundo retângulo é igual a $\frac{1}{4} \cdot \frac{2}{3}$, que é igual a $\frac{1}{6}$.

A área do terceiro retângulo é calculada da mesma maneira. Especificamente, o terceiro retângulo tem base $\frac{1}{4}$ e altura $1 / \frac{7}{4}$, que é igual a $\frac{4}{7}$. Portanto, a área do terceiro retângulo é igual a $\frac{1}{4} \cdot \frac{4}{7}$, que é igual a $\frac{1}{7}$.

Os primeiros três retângulos têm área $\frac{1}{5}$, $\frac{1}{6}$ e $\frac{1}{7}$, como acabamos de calcular. Com base nesses dados, você poderia conjecturar que os oito retângulos tivessem área $\frac{1}{5}, \frac{1}{6}, \frac{1}{7}, \frac{1}{8}, \frac{1}{9}, \frac{1}{10}, \frac{1}{11}$ e $\frac{1}{12}$. Essa conjectura está correta, e você deve verificá-la usando o mesmo procedimento que adotamos acima.

Dessa forma, a soma das áreas de todos os oito retângulos é

$$\frac{1}{5} + \frac{1}{6} + \frac{1}{7} + \frac{1}{8} + \frac{1}{9} + \frac{1}{10} + \frac{1}{11} + \frac{1}{12},$$

que é igual a $\frac{28271}{27720}$. Como esses oito retângulos se situam dentro da região cinza mais claro, a área da região é maior que a soma das áreas dos retângulos. Portanto,

$$\text{área}(\tfrac{1}{x}, 1, 3) > \tfrac{28271}{27720}.$$

A desigualdade aqui apresentada tem sentido oposto àquela do exemplo anterior. Agora estamos posicionando os retângulos sob a curva e não acima dela.

A fração à direita tem um numerador maior que o denominador, e assim essa fração é maior que 1. Portanto, sem mais cálculos, a desigualdade acima mostra que

$$\text{área}(\tfrac{1}{x}, 1, 3) > 1.$$

No exemplo acima, $\frac{28271}{27720}$ fornece-nos uma estimativa para área($\frac{1}{x}$, 1, 3). Se quisermos uma estimativa mais acurada, poderíamos usar sob a curva um número maior de retângulos mais estreitos.

A tabela a seguir mostra a soma das áreas dos retângulos sob a curva para diferentes escolhas de número de retângulos. Aqui, supomos que todos os retângulos têm o mesmo tamanho de base, como no exemplo acima. As somas foram arredondadas até cinco dígitos.

274   CAPÍTULO 3

A soma das áreas desses retângulos foi calculada com a ajuda de um computador.

número de retângulos	soma das áreas dos retângulos
10	1,0349
100	1,0920
1000	1,0979
10000	1,0985
100000	1,0986

Estimativas de área$(\frac{1}{x}, 1, 3)$.

O valor exato de área$(\frac{1}{x}, 1, 3)$ é um número irracional cujos primeiros cinco dígitos são 1,0986, o que está de acordo com a última entrada na tabela acima.

Em resumo, podemos obter uma estimativa acurada da área na região cinza mais claro dividindo o intervalo [1, 3] em vários intervalos pequenos e depois calculando a soma das áreas dos correspondentes retângulos posicionados sob a curva.

Definindo e

A área sob partes da curva $y = \frac{1}{x}$ tem propriedades notáveis. Para discutir essas propriedades, introduzimos a seguinte notação, que já usamos para $c = 2$ e $c = 3$:

área$(\frac{1}{x}, 1, c)$

Para $c > 1$, representemos por área$(\frac{1}{x}, 1, c)$ a área da região cinza mais claro da figura a seguir:

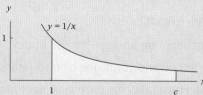

Em outras palavras, área$(\frac{1}{x}, 1, c)$ é a área da região sob a curva $y = \frac{1}{x}$, acima do eixo dos x e entre as retas $x = 1$ e $x = c$.

Para ter uma ideia de como área$(\frac{1}{x}, 1, c)$ depende de c, consideremos a seguinte tabela:

Aqui, os valores de área $(\frac{1}{x}, 1, c)$ foram arredondados até seis dígitos depois da vírgula decimal.

c	área$(\frac{1}{x}, 1, c)$
2	0,693147
3	1,098612
4	1,386294
5	1,609438
6	1,791759
7	1,945910
8	2,079442
9	2,197225

A tabela acima está de acordo com as desigualdades que derivamos anteriormente nesta seção: área$(\frac{1}{x}, 1, 2) < 1$ e área$(\frac{1}{x}, 1, 3) > 1$.

Antes de ler o próximo parágrafo, pare por um momento para ver se você consegue descobrir uma relação entre quaisquer entradas na tabela acima.

Se você procurar uma relação entre entradas na tabela acima, provavelmente a primeira coisa que você observará é que

$$\text{área}(\tfrac{1}{x}, 1, 4) = 2\,\text{área}(\tfrac{1}{x}, 1, 2).$$

Para ver se alguma outra relação está oculta na tabela, acrescentaremos agora uma terceira coluna, mostrando a razão de área($\tfrac{1}{x}$, 1, c) para área($\tfrac{1}{x}$, 1, 2), e uma quarta coluna, mostrando a razão de área($\tfrac{1}{x}$, 1, c) para área($\tfrac{1}{x}$, 1, 3):

c	área($\tfrac{1}{x}$, 1, c)	$\dfrac{\text{área}(\tfrac{1}{x},1,c)}{\text{área}(\tfrac{1}{x},1,2)}$	$\dfrac{\text{área}(\tfrac{1}{x},1,c)}{\text{área}(\tfrac{1}{x},1,3)}$
2	0,693147	1,00000	0,63093
3	1,098612	1,58496	1,00000
4	1,386294	2,00000	1,26186
5	1,609438	2,32193	1,46497
6	1,791759	2,58496	1,63093
7	1,945910	2,80735	1,77124
8	2,079442	3,00000	1,89279
9	2,197225	3,16993	2,00000

As entradas inteiras das últimas duas colunas destacam-se. Nós já observamos que área($\tfrac{1}{x}$, 1, 4) = 2 área($\tfrac{1}{x}$, 1, 2); a tabela acima mostra agora as interessantes relações:

$$\text{área}(\tfrac{1}{x}, 1, 8) = 3\,\text{área}(\tfrac{1}{x}, 1, 2) \quad \text{e} \quad \text{área}(\tfrac{1}{x}, 1, 9) = 2\,\text{área}(\tfrac{1}{x}, 1, 3).$$

Como $4 = 2^2$ e $8 = 2^3$ e $9 = 3^2$, escrevemos essas equações de modo mais sugestivo, como:

$$\text{área}(\tfrac{1}{x}, 1, 2^2) = 2\,\text{área}(\tfrac{1}{x}, 1, 2);$$

$$\text{área}(\tfrac{1}{x}, 1, 2^3) = 3\,\text{área}(\tfrac{1}{x}, 1, 2);$$

$$\text{área}(\tfrac{1}{x}, 1, 3^2) = 2\,\text{área}(\tfrac{1}{x}, 1, 3).$$

As equações acima sugerem a seguinte fórmula notável:

> **Uma fórmula para a área**
>
> $$\text{área}(\tfrac{1}{x}, 1, c^t) = t\,\text{área}(\tfrac{1}{x}, 1, c)$$

para todo $c > 1$ e para todo $t > 0$.

Nós já sabemos que a fórmula acima vale em três casos especiais. Essa fórmula será deduzida em uma situação mais geral, na próxima seção. Por enquanto, vamos assumir que a evidência observada na tabela acima é suficientemente convincente para aceitar essa fórmula.

O lado direito da equação acima seria simplificado se c fosse tal que área($\tfrac{1}{x}$, 1, c) = 1. Assim, estabelecemos a seguinte definição:

> *Definição de e*
>
> e é o número tal que
>
> $$\text{área}(\tfrac{1}{x}, 1, e) = 1.$$

Anteriormente nesta seção, mostramos que área$(\frac{1}{x}, 1, 2)$ é menor que 1 e que área$(\frac{1}{x}, 1, 3)$ é maior que 1. Assim, para algum número entre 2 e 3 a área da região que estamos considerando deve ser igual a 1. Esse número se chama e.

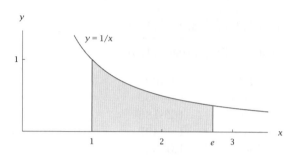

Definimos e como o número tal que a região cinza mais claro tenha área 1.

Para atrair profissionais com habilidades matemáticas, o Google certa vez distribuiu cartazes pela cidade perguntando pelo primeiro número primo de 10 dígitos que pudesse ser encontrado em dígitos consecutivos de e. A solução, encontrada com a ajuda de um computador, foi 7427466391. Esses dez dígitos iniciam-se no 99º dígito após o ponto decimal na representação de e.

O número e tem um nome especial porque ele é muito útil em várias partes da matemática. Veremos alguns usos do e nas próximas duas seções.

O número e é irracional. O valor aproximado de e, até 40 dígitos, é o seguinte:

$$e \approx 2{,}7182818284590452353602874713526624977757$$

Para vários propósitos, 2,718 é uma boa aproximação para e — o erro é da ordem de 0,01%.

A fração $\frac{19}{7}$ é uma aproximação bastante boa para e — o erro é da ordem de 0,1%. A fração $\frac{2721}{1001}$ aproxima melhor ainda — o erro é da ordem de 0,000004%.

Tenha em mente que e não é igual nem a 2,718, nem a $\frac{19}{7}$, nem a $\frac{2721}{1001}$. Todos esses valores são aproximações úteis, mas e é um número irracional que não pode ser representado exatamente nem como um número decimal nem como uma fração.

Definindo o Logaritmo Natural

A fórmula

$$\text{área}(\tfrac{1}{x}, 1, c^t) = t\,\text{área}(\tfrac{1}{x}, 1, c)$$

foi apresentada acima. Essa fórmula deve fazê-lo lembrar do comportamento dos logaritmos em relação a potências. Veremos agora que a área sob a curva $y = \frac{1}{x}$ é de fato intimamente conectada a um logaritmo.

Na fórmula acima, estabelecemos c igual a e e utilizamos a equação área$(\frac{1}{x}, 1, e) = 1$ para observar que

$$\text{área}(\tfrac{1}{x}, 1, e^t) = t.$$

para todo número positivo t.

Consideremos agora um número $c > 1$. Podemos escrever c sob a forma de uma potência de e da maneira usual: $c = e^{\log_e c}$. Assim,

$$\text{área}(\tfrac{1}{x}, 1, c) = \text{área}(\tfrac{1}{x}, 1, e^{\log_e c})$$
$$= \log_e c,$$

em que a última igualdade decorre do estabelecimento de $t = \log_e c$ na equação apresentada no parágrafo anterior.

O logaritmo na base e, que apareceu acima, é tão útil que ele tem um nome e uma notação especiais.

Logaritmo natural

Para $c > 0$, o **logaritmo natural** de c, representado por $\ln c$, é definido por

$$\ln c = \log_e c.$$

Com essa nova notação, a igualdade $\text{área}(\tfrac{1}{x}, 1, c) = \log_e c$, que deduzimos acima, pode ser reescrita como segue:

Como uma indicação da utilidade de e e do logaritmo natural, dê uma olhada na sua calculadora. Ela provavelmente tem teclas para e^x e para $\ln x$.

Logaritmos naturais como áreas

Para $c > 1$, o logaritmo natural de c é a área da região abaixo:

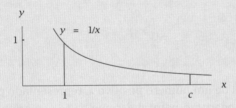

Em outras palavras,

$$\ln c = \text{área}(\tfrac{1}{x}, 1, c).$$

Propriedades da Função Exponencial e do ln

A função cujo valor em um número x é igual a e^x é tão importante que também tem um nome especial.

A função exponencial

A **função exponencial** é a função f definida por

$$f(x) = e^x$$

para todo número real x.

Na Seção 3.1 definimos a função exponencial com base b como a função cujo valor em x é b^x. Assim, a função exponencial definida acima nada mais é do que a função exponencial com base e. Em outras palavras, se nenhuma base for mencionada, assuma que a base é e.

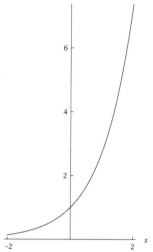

O gráfico da função exponencial e^x em $[-2, 2]$. A mesma escala foi usada em ambos os eixos para evidenciar o quão rápido é o crescimento de e^x quando x aumenta.

O gráfico da função exponencial e^x assemelha-se aos gráficos das funções exponenciais 2^x e 3^x ou qualquer outra função exponencial com base $b > 1$. Especificamente, e^x cresce rapidamente quando x é grande e aproxima-se de 0 para valores negativos de x com grande valor absoluto.

O domínio da função exponencial é o conjunto dos números reais e a imagem da função exponencial é o conjunto dos números positivos. Além disso, a função exponencial é uma função crescente, assim como toda função do tipo b^x com $b > 1$.

Potências de e satisfazem as mesmas propriedades algébricas que as potências de qualquer número. Dessa forma, as identidades listadas abaixo já devem ser familiares para você. Elas foram incluídas aqui como uma revisão das propriedades algébricas chave no caso específico de potências de e.

Propriedades de potências de e

$$e^0 = 1$$
$$e^1 = e$$
$$e^x e^y = e^{x+y}$$
$$e^{-x} = \frac{1}{e^x}$$
$$\frac{e^x}{e^y} = e^{x-y}$$
$$(e^x)^y = e^{xy}$$

O logaritmo natural de um número positivo x, representado por $\ln x$, é igual a $\log_e x$. Portanto, o gráfico do logaritmo natural assemelha-se aos gráficos das funções $\log_2 x$, $\log x$ ou $\log_b x$ para qualquer número $b > 1$. Especificamente, $\ln x$ cresce lentamente quando x aumenta. Além disso, se x for um número positivo pequeno, então $\ln x$ é um número negativo com grande valor absoluto, como apresentado na figura a seguir:

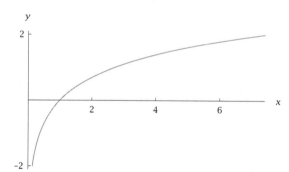

O gráfico de $\ln x$ no intervalo $[e^{-2}, e^2]$. A mesma escala foi usada em ambos os eixos para mostrar o lento crescimento de $\ln x$ e sua rápida descida perto de 0 e em direção aos números negativos com grande valor absoluto.

O domínio de $\ln x$ é o conjunto dos números positivos e a imagem de $\ln x$ é o conjunto dos números reais. Além disso, $\ln x$ é uma função crescente, porque é a função inversa da função crescente e^x.

Como o logaritmo natural é o logaritmo com base e, ele satisfaz todas as propriedades que vimos anteriormente para os logaritmos com qualquer base. Para revisar, resumimos aqui suas propriedades chave. No quadro a seguir, supomos que x e y sejam números positivos.

Funções Exponenciais, Logaritmos e o Número *e* 279

Propriedades do logaritmo natural

$$\ln 1 = 0$$

$$\ln e = 1$$

$$\ln(xy) = \ln x + \ln y$$

$$\ln \tfrac{1}{x} = -\ln x$$

$$\ln \tfrac{x}{y} = \ln x - \ln y$$

$$\ln(x^t) = t \ln x$$

Lembre-se de que, neste livro, como na maioria dos livros de pré-cálculo, log x significa $\log_{10} x$. Entretanto, o logaritmo natural é tão importante que vários matemáticos usam log x para representar o logaritmo natural em vez do logaritmo com base 10.

A função exponencial e^x e o logaritmo natural $\ln x$ (que é igual a $\log_e x$) são funções inversas uma da outra, exatamente como as funções 2^x e $\log_2 x$ são funções inversas uma da outra. Assim, a função exponencial e a função logaritmo natural exibem o mesmo comportamento que quaisquer duas funções que sejam inversas uma da outra. Para revisar, resumimos aqui as propriedades chave que conectam a função exponencial e a função logaritmo natural:

Conexões entre a função exponencial e a função logaritmo natural

- $\ln y = x$ significa $e^x = y$.
- $\ln(e^x) = x$ para todo número real x.
- $e^{\ln y} = y$ para todo número positivo y.

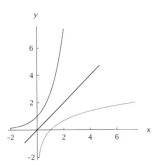

O gráfico de $\ln x$ (cinza meio-tom) é obtido pela reflexão do gráfico de e^x (cinza-escuro) sobre a reta $y = x$.

EXERCÍCIOS

Os próximos dois exercícios enfatizam que $\ln(x + y)$ não é igual a $\ln x + \ln y$.

1 Para $x = 7$ e $y = 13$, calcule o valor de cada um dos seguintes:

(a) $\ln(x + y)$ (b) $\ln x + \ln y$

2 Para $x = 0{,}4$ e $y = 3{,}5$, calcule o valor de cada um dos seguintes:

(a) $\ln(x + y)$ (b) $\ln x + \ln y$

Os próximos dois exercícios enfatizam que $\ln(xy)$ não é igual a $(\ln x) + (\ln y)$.

3 Para $x = 3$ e $y = 8$, calcule o valor de cada um dos seguintes:

(a) $\ln(xy)$ (b) $(\ln x)(\ln y)$

4 Para $x = 1{,}1$ e $y = 5$, calcule o valor de cada um dos seguintes:

(a) $\ln(xy)$ (b) $(\ln x)(\ln y)$

Os próximos dois exercícios enfatizam que $\ln \tfrac{x}{y}$ não é igual a $\tfrac{\ln x}{\ln y}$.

5 Para $x = 12$ e $y = 2$, calcule o valor de cada um dos seguintes:

(a) $\ln \tfrac{x}{y}$ (b) $\tfrac{\ln x}{\ln y}$

6 Para $x = 18$ e $y = 0{,}3$, calcule o valor de cada um dos seguintes:

(a) $\ln \tfrac{x}{y}$ (b) $\tfrac{\ln x}{\ln y}$

7 Determine um número y tal que $\ln y = 4$.

8 Determine um número c tal que $\ln c = 5$.

9 Determine um número x tal que $\ln x = -2$.

10 Determine um número x tal que $\ln x = -3$.

11 Determine um número t tal que $\ln(2t + 1) = -4$.

12 Determine um número w tal que $\ln(3w - 2) = 5$.

13 Determine todos os números y tais que $\ln(y^2 + 1) = 3$.

14 Determine todos os números r tais que $\ln(2r^2 - 3) = -1$.

15 Determine um número x tal que $e^{3x-1} = 2$.

16 Determine um número y tal que $e^{4y-3} = 5$.

Para os Exercícios 17-28, determine todos os números x que satisfazem a equação dada.

17 $\ln(x + 5) - \ln(x - 1) = 2$

18 $\ln(x + 4) - \ln(x - 2) = 3$

19 $\ln(x + 5) + \ln(x - 1) = 2$

20 $\ln(x + 4) + \ln(x + 2) = 2$

21 $\dfrac{\ln(12x)}{\ln(5x)} = 2$

22 $\dfrac{\ln(11x)}{\ln(4x)} = 2$

23 $e^{2x} + e^x = 6$

24 $e^{2x} - 4e^x = 12$

25 $e^x + e^{-x} = 6$

26 $e^x + e^{-x} = 8$

27 📱 $(\ln(3x))\ln x = 4$

28 📱 $(\ln(6x))\ln x = 5$

29 Determine o número c tal que área$(\frac{1}{x}, 1, c) = 2$.

30 Determine o número c tal que área$(\frac{1}{x}, 1, c) = 3$.

31 Determine o número t que torna e^{t^2+6t} o menor possível.

[Aqui, e^{t^2+6t} significa $e^{(t^2+6t)}$.]

32 Determine o número t que torna e^{t^2+8t+3} o menor possível.

33 📱 Determine um número y tal que

$$\dfrac{1 + \ln y}{2 + \ln y} = 0{,}9.$$

34 📱 Determine um número w tal que

$$\dfrac{4 - \ln w}{3 - 5\ln w} = 3{,}6.$$

Para os Exercícios 35-38, determine uma fórmula para $(f \circ g)(x)$, supondo que f e g sejam as funções indicadas.

35 $f(x) = \ln x$ e $g(x) = e^{5x}$

36 $f(x) = \ln x$ e $g(x) = e^{4-7x}$

37 $f(x) = e^{2x}$ e $g(x) = \ln x$

38 $f(x) = e^{8-5x}$ e $g(x) = \ln x$

Para cada uma das funções f dadas nos Exercícios 39-48:

(a) Determine o domínio de f.

(b) Determine a imagem de f.

(c) Determine uma fórmula para f^{-1}.

(d) Determine o domínio de f^{-1}.

(e) Determine a imagem de f^{-1}.

Você pode checar suas soluções para o item (c) verificando que $f^{-1} \circ f = I$ e $f \circ f^{-1} = I$. (Lembre que I é a função definida por $I(x) = x$.)

39 $f(x) = 2 + \ln x$

40 $f(x) = 3 - \ln x$

41 $f(x) = 4 - 5\ln x$

42 $f(x) = -6 + 7\ln x$

43 $f(x) = 3e^{2x}$

44 $f(x) = 5e^{9x}$

45 $f(x) = 4 + \ln(x - 2)$

46 $f(x) = 3 + \ln(x + 5)$

47 $f(x) = 5 + 6e^{7x}$

48 $f(x) = 4 - 2e^{8x}$

49 Qual é a área da região sob a curva $y = \frac{1}{x}$ acima do eixo dos x e entre as retas $x = 1$ e $x = e^2$?

50 Qual é a área da região sob a curva $y = \frac{1}{x}$ acima do eixo dos x e entre as retas $x = 1$ e $x = e^5$?

PROBLEMAS

51 Verifique que os últimos cinco retângulos na figura do Exemplo 2 têm área $\frac{1}{8}, \frac{1}{9}, \frac{1}{10}, \frac{1}{11}$ e $\frac{1}{12}$.

52 📱 Considere a figura:

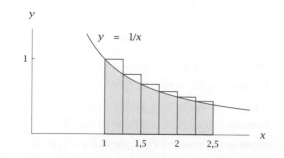

A região sob a curva $y = \frac{1}{x}$, acima do eixo dos x e entre as retas $x = 1$ e $x = 2{,}5$.

(a) Calcule a soma das áreas de todos os seis retângulos mostrados na figura acima.

(b) Explique por que o cálculo que você efetuou no item (a) mostra que

$$\text{área}(\tfrac{1}{x}, 1, 2{,}5) < 1.$$

(c) Explique por que a desigualdade acima mostra que $e > 2{,}5$.

A seguinte notação é usada nos Problemas 53-56: área$(x^2, 1, 2)$ é a área da região sob a curva $y = x^2$, acima do eixo dos x e entre as retas $x = 1$ e $x = 2$, como mostrado a seguir.

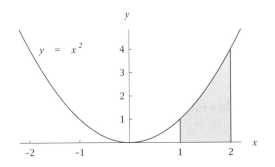

53 Usando um retângulo, demonstre que
$$1 < \text{área}(x^2, 1, 2).$$

54 Usando um retângulo, demonstre que
$$\text{área}(x^2, 1, 2) < 4.$$

55 Usando quatro retângulos, demonstre que
$$1{,}96 < \text{área}(x^2, 1, 2).$$

56 Usando quatro retângulos, demonstre que
$$\text{área}(x^2, 1, 2) < 2{,}72.$$

[Os dois problemas acima mostram que área(x^2, 1, 2) está no intervalo [1,96; 2,72]. Se usarmos, como estimativa, o ponto médio desse intervalo, obtemos área(x^2, 1, 2) $\approx \frac{1{,}96+2{,}72}{2} = 2{,}34$. Esta é uma estimativa muito boa — o valor exato de área(x^2, 1, 2) é $\frac{7}{3}$, que é aproximadamente 2,33.]

57 Explique por que
$$\ln x \approx 2{,}302585 \log x$$
para todo número positivo x.

58 Explique por que a solução do item (b) do Exercício 5 desta seção é a mesma solução do item (b) do Exercício 5 da Seção 3.3

59 Suponha que c seja um número tal que área($\frac{1}{x}$, 1, c) > 1000. Explique por que $c > 2^{1000}$.

As funções **cosh** *e* **senh** *são definidas por*
$$\cosh x = \frac{e^x + e^{-x}}{2} \quad e \quad \operatorname{senh} x = \frac{e^x - e^{-x}}{2}$$

para todo número real x. Essas funções são denominadas **cosseno hiperbólico** *e* **seno hiperbólico***; são funções úteis na engenharia.*

60 Demonstre que cosh é uma função par.

61 Demonstre que senh é uma função ímpar.

62 Demonstre que
$$(\cosh x)^2 - (\operatorname{senh} x)^2 = 1$$
para todo número real x.

63 Demonstre que $\cosh x \geq 1$, para todo número real x.

64 Demonstre que
$$\cosh(x+y) = \cosh x \cosh y + \operatorname{senh} x \operatorname{senh} y$$
para todos os números reais x e y.

65 Demonstre que
$$\operatorname{senh}(x+y) = \operatorname{senh} x \cosh y + \cosh x \operatorname{senh} y$$
para todos os números reais x e y.

66 Demonstre que
$$(\cosh x + \operatorname{senh} x)^t = \cosh(tx) + \operatorname{senh}(tx)$$
para todos os números reais x e t.

67 Demonstre que, se x for muito grande, então
$$\cosh x \approx \operatorname{senh} x \approx \frac{e^x}{2}.$$

68 Demonstre que a imagem de senh é o conjunto dos números reais.

69 Demonstre que senh é uma função bijetora e que sua inversa é dada pela fórmula
$$(\operatorname{senh})^{-1}(y) = \ln(y + \sqrt{y^2 + 1})$$
para todo número real y.

70 Demonstre que a imagem de cosh é o intervalo [1, ∞).

71 Suponha que f seja a função definida por
$$f(x) = \cosh x$$
para todo $x \geq 0$. Em outras palavras, f é definida pela mesma fórmula do cosh, mas o domínio de f é o intervalo [0, ∞), enquanto o domínio do cosh é o conjunto dos números reais. Demonstre que f é uma função bijetora e que sua inversa é dada pela fórmula
$$f^{-1}(y) = \ln(y + \sqrt{y^2 - 1})$$
para todo $y \geq 1$.

72 Escreva uma descrição de como a forma do arco de entrada de St. Louis é relacionada com o gráfico de cosh x. Você deve conseguir encontrar a informação necessária usando um site de busca na Internet.

O arco de entrada de St. Louis, o mais alto monumento nacional dos Estados Unidos.

SOLUÇÕES DETALHADAS *dos Exercícios Ímpares*

Os próximos dois exercícios enfatizam que $\ln(x + y)$ *não é igual a* $\ln x + \ln y$.

1 Para $x = 7$ e $y = 13$, calcule o valor de cada um dos seguintes:

(a) $\ln(x + y)$ (b) $\ln x + \ln y$

SOLUÇÃO

(a) $\ln(7 + 13) = \ln 20 \approx 2{,}99573$

(b) $\ln 7 + \ln 13 \approx 1{,}94591 + 2{,}56495$
$= 4{,}51086$

Os próximos dois exercícios enfatizam que $\ln(xy)$ *não é igual a* $(\ln x) + (\ln y)$.

3 Para $x = 3$ e $y = 8$, calcule o valor de cada um dos seguintes:

(a) $\ln(xy)$ (b) $(\ln x)(\ln y)$

SOLUÇÃO

(a) $\ln(3 \cdot 8) = \ln 24 \approx 3{,}17805$

(b) $(\ln 3)(\ln 8) \approx (1{,}09861)(2{,}07944)$
$\approx 2{,}2845$

Os próximos dois exercícios enfatizam que $\ln \frac{x}{y}$ *não é igual a* $\frac{\ln x}{\ln y}$.

5 Para $x = 12$ e $y = 2$, calcule o valor de cada um dos seguintes:

(a) $\ln \frac{x}{y}$ (b) $\frac{\ln x}{\ln y}$

SOLUÇÃO

(a) $\ln \frac{12}{2} = \ln 6 \approx 1{,}79176$

(b) $\frac{\ln 12}{\ln 2} \approx \frac{2{,}48490665}{0{,}6931472} \approx 3{,}58496$

7 Determine um número y tal que $\ln y = 4$.

SOLUÇÃO

Lembre que $\ln y$ é simplesmente uma abreviação para $\log_e y$. Assim, a equação $\ln y = 4$ pode ser reescrita sob a forma $\log_e y = 4$. A definição de logaritmo agora implica que $y = e^4$.

9 Determine um número x tal que $\ln x = -2$.

SOLUÇÃO Lembre que $\ln x$ é simplesmente uma abreviação para $\log_e x$. Assim, a equação $\ln x = -2$ pode ser reescrita sob a forma $\log_e x = -2$. A definição de logaritmo agora implica que $x = e^{-2}$.

11 Determine um número t tal que $\ln(2t + 1) = -4$.

SOLUÇÃO A equação $\ln(2t + 1) = -4$ implica que

$$e^{-4} = 2t + 1.$$

Resolvendo a equação para t, obtemos

$$t = \frac{e^{-4} - 1}{2}.$$

13 Determine todos os números y tais que $\ln(y^2 + 1) = 3$.

SOLUÇÃO A equação $\ln(y^2 + 1) = 3$ implica que

$$e^3 = y^2 + 1.$$

Assim, $y^2 = e^3 - 1$, o que significa que ou $y = \sqrt{e^3 - 1}$ ou $y = -\sqrt{e^3 - 1}$.

15 Determine um número x tal que $e^{3x-1} = 2$.

SOLUÇÃO A equação $e^{3x-1} = 2$ implica que

$$3x - 1 = \ln 2.$$

Resolvendo a equação para x, obtemos

$$x = \frac{1 + \ln 2}{3}.$$

Para os Exercícios 17-28, determine todos os números x que satisfazem a equação dada.

17 $\ln(x + 5) - \ln(x - 1) = 2$

SOLUÇÃO Nossa equação pode ser reescrita como segue:

$$2 = \ln(x + 5) - \ln(x - 1)$$
$$= \ln \frac{x + 5}{x - 1}.$$

Então

$$\frac{x + 5}{x - 1} = e^2.$$

Podemos resolver a equação acima para x, obtendo

$$x = \frac{e^2 + 5}{e^2 - 1}.$$

19 $\ln(x + 5) + \ln(x - 1) = 2$

SOLUÇÃO Nossa equação pode ser reescrita como segue:

$$2 = \ln(x + 5) + \ln(x - 1)$$
$$= \ln((x + 5)(x - 1))$$
$$= \ln(x^2 + 4x - 5).$$

Então
$$x^2 + 4x - 5 = e^2,$$
que implica
$$x^2 + 4x - (e^2 + 5) = 0.$$

Podemos resolver a equação acima usando a fórmula quadrática, de que obtemos $x = -2 + \sqrt{9 + e^2}$ ou $x = -2 - \sqrt{9 + e^2}$. No entanto, tanto $x + 5$ quanto $x - 1$ são negativos se $x = -2 - \sqrt{9 + e^2}$; como o logaritmo de um número negativo não é definido, devemos descartar essa raiz da equação acima. Concluímos que o único valor de x que satisfaz a equação $\ln(x+5) + \ln(x-1) = 2$ é $x = -2 + \sqrt{9 + e^2}$.

21 $\dfrac{\ln(12x)}{\ln(5x)} = 2$

SOLUÇÃO Nossa equação pode ser reescrita como segue:
$$2 = \frac{\ln(12x)}{\ln(5x)}$$
$$= \frac{\ln 12 + \ln x}{\ln 5 + \ln x}.$$

Resolvendo esta equação para $\ln x$ (o primeiro passo para isso é multiplicar ambos os lados pelo denominador $\ln 5 + \ln x$), obtemos
$$\ln x = \ln 12 - 2 \ln 5$$
$$= \ln 12 - \ln 25$$
$$= \ln \tfrac{12}{25}.$$

Então $x = \tfrac{12}{25}$.

23 $e^{2x} + e^x = 6$

SOLUÇÃO Observe que $e^{2x} = (e^x)^2$. Isso sugere estabelecer $t = e^x$. Assim, a equação acima pode ser reescrita como
$$t^2 + t - 6 = 0.$$

As soluções para essa equação (que podem ser obtidas usando ou a fórmula quadrática ou a fatoração) são $t = -3$ e $t = 2$. Assim, $e^x = -3$ ou $e^x = 2$. No entanto, não existe número real x tal que $e^x = -3$ (porque e^x é positivo para todo número real x), portanto, devemos ter $e^x = 2$. Dessa forma, $x = \ln 2 \approx 0{,}693147$.

25 $e^x + e^{-x} = 6$

SOLUÇÃO Seja $t = e^x$. Assim, a equação acima pode ser reescrita como
$$t + \frac{1}{t} - 6 = 0.$$

Multiplicando ambos os lados por t, obtemos a equação

$$t^2 - 6t + 1 = 0.$$

As soluções para essa equação (que podem ser obtidas usando a fórmula quadrática) são $t = 3 - 2\sqrt{2}$ e $t = 3 + 2\sqrt{2}$. Assim, ou $e^x = 3 - 2\sqrt{2}$ ou $e^x = 3 + 2\sqrt{2}$. Portanto, as soluções da equação original são $x = \ln(3 - 2\sqrt{2})$ e $x = \ln(3 + 2\sqrt{2})$.

27 $(\ln(3x)) \ln x = 4$

SOLUÇÃO Nossa equação pode ser reescrita como segue:
$$4 = (\ln(3x)) \ln x$$
$$= (\ln x + \ln 3) \ln x$$
$$= (\ln x)^2 + (\ln 3)(\ln x).$$

Fazendo $y = \ln x$, podemos reescrever a equação acima como
$$y^2 + (\ln 3)y - 4 = 0.$$

Usando a fórmula quadrática, resolvemos a equação acima para y, obtendo
$$y \approx -2{,}62337 \quad \text{ou} \quad y \approx 1{,}52476.$$

Então
$$\ln x \approx -2{,}62337 \quad \text{ou} \quad \ln x \approx 1{,}52476,$$
que significa
$$x \approx e^{-2{,}62337} \approx 0{,}072558$$
ou
$$x \approx e^{1{,}52476} \approx 4{,}59403.$$

29 Determine o número c tal que área$(\tfrac{1}{x}, 1, c) = 2$.

SOLUÇÃO Como $2 = $ área$(\tfrac{1}{x}, 1, c) = \ln c$, vemos que $c = e^2$.

31 Determine o número t que torna e^{t^2+6t} o menor possível.

SOLUÇÃO Como e^x é uma função crescente de x, o número e^{t^2+6t} será o menor possível quando $t^2 + 6t$ for o menor possível. Para determinar quando é que $t^2 + 6t$ é o menor possível, completamos o quadrado:
$$t^2 + 6t = (t + 3)^2 - 9.$$

A equação acima mostra que $t^2 + 6t$ é o menor possível quando $t = -3$.

33 Determine um número y tal que
$$\frac{1 + \ln y}{2 + \ln y} = 0{,}9.$$

SOLUÇÃO Multiplicando ambos os lados da equação acima por $2 + \ln y$ e depois resolvendo para $\ln y$, obtemos $\ln y = 8$. Assim, $y = e^8 \approx 2980{,}96$.

Para os Exercícios 35–38, determine uma fórmula para $(f \circ g)(x)$, supondo que f e g sejam as funções indicadas.

35 $f(x) = \ln x$ e $g(x) = e^{5x}$

SOLUÇÃO

$$(f \circ g)(x) = f(g(x)) = f(e^{5x}) = \ln(e^{5x}) = 5x$$

37 $f(x) = e^{2x}$ e $g(x) = \ln x$

SOLUÇÃO

$$(f \circ g)(x) = f(g(x)) = f(\ln x)$$
$$= e^{2\ln x} = (e^{\ln x})^2 = x^2$$

Para cada uma das funções f dadas nos Exercícios 39–48:
(a) Determine o domínio de f.
(b) Determine a imagem de f.
(c) Determine uma fórmula para f^{-1}.
(d) Determine o domínio de f^{-1}.
(e) Determine a imagem de f^{-1}.

Você pode checar suas soluções para o item (c) verificando que $f^{-1} \circ f = I$ e $f \circ f^{-1} = I$. (Lembre que I é a função definida por $I(x) = x$.)

39 $f(x) = 2 + \ln x$

SOLUÇÃO

(a) A expressão $2 + \ln x$ faz sentido para todos os números x positivos. Portanto, o domínio de f é o conjunto dos números positivos.

(b) A imagem de f é obtida adicionando-se 2 a todo número na imagem de $\ln x$. Como a imagem de $\ln x$ é o conjunto dos números reais, a imagem de f também é o conjunto dos números reais.

(c) A expressão acima mostra que f^{-1} é dada pela expressão

$$f^{-1}(y) = e^{y-2}.$$

(d) O domínio de f^{-1} é igual à imagem de f. Portanto, o domínio de f^{-1} é o conjunto dos números reais.

(e) A imagem de f^{-1} é igual ao domínio de f. Portanto, a imagem de f^{-1} é o conjunto dos números positivos.

41 $f(x) = 4 - 5\ln x$

SOLUÇÃO

(a) A expressão $4 - 5\ln x$ faz sentido para todos os números x positivos. Portanto, o domínio de f é o conjunto dos números positivos.

(b) A imagem de f é obtida multiplicando-se por -5 todo número na imagem de $\ln x$ e depois adicionando-se 4. Como a imagem de $\ln x$ é o conjunto dos números reais, a imagem de f também é o conjunto dos números reais.

(c) A expressão acima mostra que f^{-1} é dada pela expressão

$$f^{-1}(y) = e^{(4-y)/5}.$$

(d) O domínio de f^{-1} é igual à imagem de f. Portanto, o domínio de f^{-1} é o conjunto dos números reais.

(e) A imagem de f^{-1} é igual ao domínio de f. Portanto, a imagem de f^{-1} é o conjunto dos números positivos.

43 $f(x) = 3e^{2x}$

SOLUÇÃO (a) A expressão $3e^{2x}$ faz sentido para todos os números reais x. Portanto, o domínio de f é o conjunto dos números reais.

(b) Para determinar a imagem de f, precisamos determinar os números y tais que

$$y = 3e^{2x}$$

para algum x no domínio de f. Em outras palavras, precisamos determinar os valores de y tais que a equação acima possa ser resolvida para um número real x. Para resolver a equação para x, dividimos ambos os lados por 3, obtendo $\frac{y}{3} = e^{2x}$, que implica $2x = \ln \frac{y}{3}$. Assim,

$$x = \frac{\ln \frac{y}{3}}{2}.$$

A expressão acima, do lado direito, faz sentido para todo número positivo y e produz um número real x. Portanto, a imagem de f é o conjunto dos números positivos.

(c) A expressão acima mostra que f^{-1} é dada pela expressão

$$f^{-1}(y) = \frac{\ln \frac{y}{3}}{2}.$$

(d) O domínio de f^{-1} é igual à imagem de f. Portanto, o domínio de f^{-1} é o conjunto dos números positivos.

(e) A imagem de f^{-1} é igual ao domínio de f. Portanto, a imagem de f^{-1} é o conjunto dos números reais.

45 $f(x) = 4 + \ln(x - 2)$

SOLUÇÃO

(a) A expressão $4 + \ln(x - 2)$ faz sentido quando $x > 2$. Portanto, o domínio de f é o intervalo $(2, \infty)$.

(b) Para determinar a imagem de f, precisamos determinar os números y tais que

$$y = 4 + \ln(x - 2)$$

para algum x no domínio de f. Em outras palavras, precisamos determinar os valores de y tais que a equação acima possa ser resolvida para um número $x > 2$. Para resolver a equação para x, subtraímos 4 de ambos os lados da equação, obtendo $y - 4 = \ln(x - 2)$, que implica $x - 2 = e^{y-4}$. Assim,

$$x = 2 + e^{y-4}.$$

A expressão acima, do lado direito, faz sentido para todo número real y e produz um número $x > 2$ (porque e elevado a qualquer potência é positivo). Portanto, a imagem de f é o conjunto dos números reais.

(c) A expressão acima mostra que f^{-1} é dada pela expressão

$$f^{-1}(y) = 2 + e^{y-4}.$$

(d) O domínio de f^{-1} é igual à imagem de f. Portanto, o domínio de f^{-1} é o conjunto dos números reais.

(e) A imagem de f^{-1} é igual ao domínio de f. Portanto, a imagem de f^{-1} é o intervalo $(2, \infty)$.

47 $f(x) = 5 + 6e^{7x}$

SOLUÇÃO

(a) A expressão $5 + 6e^{7x}$ faz sentido para todos os números reais x. Portanto, o domínio de f é o conjunto dos números reais.

(b) Para determinar a imagem de f, precisamos determinar os números y tais que

$$y = 5 + 6e^{7x}$$

para algum x no domínio de f. Em outras palavras, precisamos determinar os valores de y tais que a equação acima possa ser resolvida para um número real x. Para resolver a equação para x, subtraímos 5 de ambos os lados e depois dividimos ambos os lados por 6, obtendo $\frac{y-5}{6} = e^{7x}$, que implica $7x = \ln \frac{y-5}{6}$. Assim,

$$x = \frac{\ln \frac{y-5}{6}}{7}.$$

A expressão acima, do lado direito, faz sentido para todo $y > 5$ e produz um número real x. Portanto, a imagem de f é o intervalo $(5, \infty)$.

(c) A expressão acima mostra que f^{-1} é dada pela expressão

$$f^{-1}(y) = \frac{\ln \frac{y-5}{6}}{7}.$$

(d) O domínio de f^{-1} é igual à imagem de f. Portanto, o domínio de f^{-1} é o intervalo $(5, \infty)$.

(e) A imagem de f^{-1} é igual ao domínio de f. Portanto, a imagem de f^{-1} é o conjunto dos números reais.

49 Qual é a área da região sob a curva $y = \frac{1}{x}$, acima do eixo dos x e entre as retas $x = 1$ e $x = e^2$?

SOLUÇÃO A área dessa região é $\ln(e^2)$, que é igual a 2.

3.6 Aproximações e Área com e e com ln

OBJETIVOS DE APRENDIZAGEM
Ao final desta seção, você deverá ser capaz de
- aproximar $\ln(1 + t)$ para pequenos valores de $|t|$;
- aproximar e^t para pequenos valores de $|t|$;
- aproximar $(1 + \frac{r}{x})^x$ quando $|x|$ for muito maior que $|r|$;
- explicar a fórmula da área que levou a e e ao logaritmo natural.

Aproximação do Logaritmo Natural

O exemplo a seguir leva a um importante resultado.

EXEMPLO 1 Discuta o comportamento de $\ln(1 + t)$, sendo $|t|$ um número pequeno.

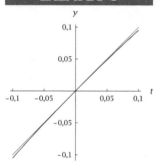

Os gráficos de $y = \ln(1 + t)$ (em cinza-escuro) e $y = t$ (em cinza meio-tom) em $[-0,1; 0,1]$.

SOLUÇÃO A tabela mostra o valor de $\ln(1 + t)$, arredondado até seis dígitos significativos depois do zero, para pequenos valores de $|t|$. Essa tabela nos leva a conjecturar que $\ln(1 + t) \approx t$ se $|t|$ for um número pequeno, enquanto essa aproximação torna-se mais acurada à medida que $|t|$ se torna menor. O gráfico aqui confirma que

$$\ln(1 + t) \approx t$$

se $|t|$ for pequeno. Nesta escala, não conseguimos ver a diferença entre $\ln(1 + t)$ e t, para t no intervalo $[-0,05; 0,05]$.

t	$\ln(1 + t)$
0,05	0,0487902
0,005	0,00498754
0,0005	0,000499875
0,00005	0,0000499988
$-0,05$	$-0,0512933$
$-0,005$	$-0,00501254$
$-0,0005$	$-0,000500125$
$-0,00005$	$-0,0000500013$

Neste contexto, a palavra "pequeno" não tem um significado rigoroso, mas pense em números para t tais como os da tabela acima. Para propósitos de visibilidade, t, como mostrado na figura, é maior do que imaginamos.

Para explicar o comportamento da igualdade no exemplo acima, suponha $t > 0$. Lembre, da seção anterior, que $\ln(1 + t)$ é a área da região cinza mais claro abaixo. Se t for um número positivo pequeno, então a área dessa região será aproximadamente igual à área do retângulo abaixo. Esse retângulo tem base t e altura 1; assim, o retângulo tem área t. Concluímos que $\ln(1 + t) \approx t$.

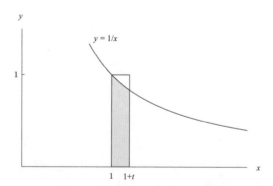

A região cinza mais claro tem área $\ln(1 + t)$.
O retângulo tem área t. Portanto, $\ln(1 + t) \approx t$.

O resultado a seguir ilustra novamente porque o logaritmo natural faz jus ao nome *natural*. Nenhuma outra base de logaritmo que não seja e produz uma aproximação tão boa.

Aproximação do logaritmo natural

Se |t| for pequeno, então ln(1 + t) ≈ t.

Para lembrar se ln(1 + t) ou ln t é aproximadamente igual a t quando |t| for pequeno, estabeleça t = 0 e lembre que ln 1 = 0; isto levará você à aproximação correta ln(1 + t) ≈ t.

Considere agora a figura abaixo, em que assumimos *t* positivo, mas não necessariamente pequeno. Nessa figura, ln(1 + *t*) é igual à área da região cinza mais claro.

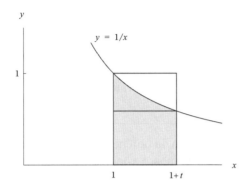

A área do retângulo de baixo é menor que a área da região cinza mais claro.
A área da região cinza mais claro é menor que a área do retângulo grande.

A região cinza mais claro acima contém o retângulo de baixo; assim, o retângulo de baixo tem uma área menor. O retângulo de baixo tem base *t* e altura $\frac{1}{1+t}$, portanto, tem área igual a $\frac{t}{1+t}$. Assim,

$$\frac{t}{1 + t} < \ln(1 + t).$$

O retângulo grande na figura acima tem base *t* e altura 1, portanto, tem área igual a *t*. A região cinza mais claro acima está contida no retângulo grande; portanto, o retângulo grande tem uma área maior. Em outras palavras,

$$\ln(1 + t) < t.$$

Juntando as desigualdades dos dois parágrafos anteriores, obtemos o resultado abaixo.

Desigualdades com o logaritmo natural

Se $t > 0$, então $\frac{t}{1+t} < \ln(1 + t) < t$.

Esse resultado é válido para todos os números positivos t, indiferentemente de t ser pequeno ou grande.

Se *t* for pequeno, então $\frac{t}{1+t}$ e *t* estão próximos um do outro, mostrando que qualquer um deles é uma boa estimativa para ln(1 + *t*). Para pequenos *t*, a estimativa ln(1 + *t*) ≈ *t* é geralmente mais fácil de usar do que a estimativa ln(1 + *t*) ≈ $\frac{t}{1+t}$. Contudo, se necessitarmos de uma estimativa que seja um pouco maior ou um pouco menor, então o resultado acima mostra qual delas usar.

Aproximações com a Função Exponencial

Em seguida, voltaremos nossa atenção para aproximações de e^x. Na próxima seção, veremos importantes aplicações dessas aproximações envolvendo *e*.

EXEMPLO 2

Discuta o comportamento de e^x, sendo $|x|$ um número pequeno.

SOLUÇÃO A tabela mostra o valor de e^x, arredondado apropriadamente, para alguns valores pequenos de $|x|$. Essa tabela nos leva a conjecturar que $e^x \approx 1 + x$, se $|x|$ for um número pequeno, enquanto essa aproximação torna-se tanto mais acurada quanto menor se torna o $|x|$.

O gráfico aqui confirma que
$$e^x \approx 1 + x$$
se $|x|$ for pequeno. Nesta escala, não conseguimos ver diferença entre e^x e $1 + x$, para x no intervalo $[-0,05;\ 0,05]$.

x	e^x
0,05	1,051
0,005	1,00501
0,0005	1,0005001
0,00005	1,000050001
$-0,05$	0,951
$-0,005$	0,99501
$-0,0005$	0,9995001
$-0,00005$	0,999950001

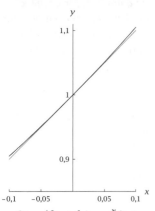

Os gráficos de $y = e^x$ (em cinza-escuro) e $y = 1 + x$ (em cinza meio-tom), em $[-0,1;\ 0,1]$. Para poupar espaço, o eixo horizontal foi traçado em $y = 0,85$ em vez da localização habitual em $y = 0$.

Para explicar o comportamento da potência no exemplo acima, suponha que $|x|$ seja pequeno. Neste caso, como já sabemos, $x \approx \ln(1 + x)$. Assim,

$$e^x \approx e^{\ln(1+x)}$$
$$= 1 + x.$$

Obtivemos, portanto, o seguinte resultado:

Aproximação da função exponencial

Se $|x|$ for pequeno, então
$$e^x \approx 1 + x.$$

Outra aproximação útil fornece boas estimativas para e^r mesmo quando r não é pequeno. Por exemplo, consideremos a seguinte tabela de valores de para $\left(1 + \frac{1}{x}\right)^x$ grandes valores de x:

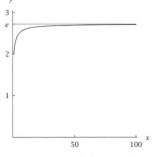

Os gráficos de $y = (1 + \frac{1}{x})^x$ (em cinza-escuro) e $y = e$ (em cinza meio-tom) em $[1,\ 100]$.

x	$(1 + \frac{1}{x})^x$
100	2,70481
1000	2,71692
10000	2,71815
100000	2,71827
1000000	2,71828

Valores de $(1 + \frac{1}{x})^x$, arredondados até seis dígitos.

Você pode reconhecer a última entrada na tabela acima como o valor de e, arredondado até seis dígitos. Em outras palavras, parece que $(1 + \frac{1}{x})^x \approx e$, para grandes valores de x. Veremos agora que uma aproximação ainda mais geral também é válida.

Seja r um número qualquer, supondo que x seja um número com $|x|$ muito maior que $|r|$. Assim, $|\frac{r}{x}|$ é pequeno. Portanto, como já sabemos, $e^{r/x} \approx 1 + \frac{r}{x}$. Então,

$$e^r = (e^{r/x})^x$$
$$\approx (1 + \frac{r}{x})^x.$$

Temos, portanto, o seguinte resultado:

Aproximação da função exponencial

Se $|x|$ for muito maior que $|r|$, então

$$\left(1 + \frac{r}{x}\right)^x \approx e^r.$$

Observe como o número e aparece naturalmente em fórmulas que parecem não ter nada a ver com e. Por exemplo, $\left(1+\frac{1}{1000000}\right)^{1000000}$ é aproximadamente igual a e.

Por exemplo, estabelecendo $r = 1$, essa aproximação mostra que

$$\left(1 + \frac{1}{x}\right)^x \approx e$$

Se não tivéssemos descoberto o número e por outros meios, nós provavelmente o teríamos descoberto ao investigar $\left(1+\frac{1}{x}\right)^x$ para grandes valores de x.

para grandes valores de x, confirmando os resultados indicados pela tabela da página anterior.

Estime o valor de $1{,}00002^{40}$.

EXEMPLO 3

SOLUÇÃO Temos

$$1{,}00002^{40} = (1 + 0{,}00002)^{40} = \left(1 + \frac{40 \times 0{,}00002}{40}\right)^{40} = \left(1 + \frac{0{,}0008}{40}\right)^{40}$$

$$\approx e^{0{,}0008}$$

$$\approx 1 + 0{,}0008$$

$$= 1{,}0008,$$

em que a primeira aproximação vem do quadro acima (40 é de fato muito maior que 0,0008) e a segunda aproximação vem do quadro anterior (0,0008 é de fato pequeno).

Essa estimativa é bastante acurada – os primeiros oito dígitos do valor exato de $1{,}00002^{40}$ são $1{,}0008003$.

O mesmo raciocínio que usamos no exemplo acima leva ao seguinte resultado.

Potenciação da soma de 1 com um número pequeno

Suponhamos que t e n sejam números tais que $|t|$ e $|nt|$ sejam pequenos. Assim,

$$(1 + t)^n \approx 1 + nt.$$

A estimativa no boxe acima é válida porque

$$(1 + t)^n = \left(1 + \frac{nt}{n}\right)^n \approx e^{nt} \approx 1 + nt.$$

Uma Fórmula para a Área

A fórmula para a área

$$\text{área}(\tfrac{1}{x}, 1, c^t) = t\,\text{área}(\tfrac{1}{x}, 1, c)$$

exerceu um papel crucial na seção anterior, levando às definições do número e e do logaritmo natural. Explicaremos agora por que essa fórmula é verdadeira.

Começaremos por introduzir uma notação um pouco mais geral.

área($\frac{1}{x}$, b, c)

Para números positivos b e c, com $b < c$, representamos por área($\frac{1}{x}$, b, c) a área da região cinza mais claro abaixo:

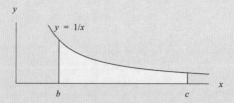

Em outras palavras, área($\frac{1}{x}$, b, c) é a área da região sob a curva $y = \frac{1}{x}$, acima do eixo dos x e entre as retas $x = b$ e $x = c$.

A solução para o próximo exemplo contém a ideia chave que nos ajudará a deduzir a fórmula da área. Neste exemplo, e nos outros resultados no restante desta seção, não podemos usar a equação área($\frac{1}{x}$, 1, c) = ln c. Usar essa equação seria um raciocínio circular, porque estamos agora tentando demonstrar que área($\frac{1}{x}$, 1, c^t) = t área($\frac{1}{x}$, 1, c), que foi usada para demonstrar que área($\frac{1}{x}$, 1, c) = ln c.

EXEMPLO 4   Explique por que área($\frac{1}{x}$, 1, 2) = área($\frac{1}{x}$, 2, 4) = área($\frac{1}{x}$, 4, 8).

SOLUÇÃO   Precisamos explicar por que as três regiões abaixo têm a mesma área.

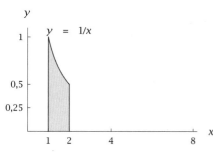 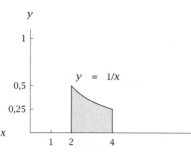 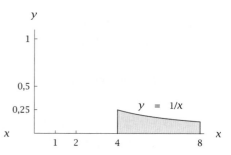

Definimos uma função f com domínio $[1, 2]$ por

$$f(x) = \frac{1}{x}$$

Alongando a região à esquerda horizontalmente por um fator 2 e verticalmente por um fator $\frac{1}{2}$, obtemos a região do meio. Portanto, essas duas regiões têm a mesma área.

e definimos uma função g com domínio $[2, 4]$ por

$$g(x) = \tfrac{1}{2}f(\tfrac{x}{2}) = \tfrac{1}{2}\frac{1}{\frac{x}{2}} = \frac{1}{x}.$$

Nossos resultados em transformações de função (veja Seção 1.3) mostram que o gráfico de g é obtido do gráfico de f por seu alongamento horizontal por um fator 2 e vertical por um fator $\frac{1}{2}$. Em outras palavras, a região do meio, na figura anterior, é obtida da região à esquerda por seu alongamento horizontal por um fator 2 e vertical por um fator $\frac{1}{2}$. O Teorema da Dilatação da Área (veja Apêndice A) implica, agora, que a área da região no meio é $2 \cdot \frac{1}{2}$ vezes a área da região à esquerda. Como $2 \cdot \frac{1}{2} = 1$, isto implica que as duas regiões têm a mesma área.

Para mostrar que a região à direita da figura acima tem a mesma área que a região à esquerda, seguimos o mesmo procedimento, mas agora definindo uma função h com domínio $[4, 8]$ por

$$h(x) = \tfrac{1}{4} f(\tfrac{x}{4}) = \tfrac{1}{4} \frac{1}{\frac{x}{4}} = \frac{1}{x}.$$

Alongando-se a região à esquerda horizontalmente por um fator 4 e verticalmente por um fator $\frac{1}{4}$, obtemos a região à direita. Portanto, essas duas regiões têm a mesma área.

O gráfico de h é obtido do gráfico de f por seu alongamento horizontal por um fator 4 e vertical por um fator $\frac{1}{4}$. O Teorema da Dilatação da Área agora implica que a região à direita tem a mesma área que a região à esquerda.

Da tabela de números apresentada na seção anterior, observamos que

$$\text{área}(\tfrac{1}{x}, 1, 2^3) = 3\,\text{área}(\tfrac{1}{x}, 1, 2).$$

O próximo resultado mostra por que isso é verdadeiro.

EXEMPLO 5

Explique por que $\text{área}(\tfrac{1}{x}, 1, 2^3) = 3\,\text{área}(\tfrac{1}{x}, 1, 2)$.

SOLUÇÃO Como $2^3 = 8$, vamos dividir a região sob a curva $y = \tfrac{1}{x}$, acima do eixo dos x e entre as retas $x = 1$ e $x = 8$, em três regiões, como mostrado aqui.

O exemplo anterior mostra que cada uma dessas três regiões tem a mesma área. Assim, $\text{área}(\tfrac{1}{x}, 1, 2^3) = 3\,\text{área}(\tfrac{1}{x}, 1, 2)$.

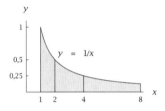

No exemplo acima, não há nada de especial a respeito do número 2. Podemos substituir o 2 por um número qualquer $c > 1$ e, usando o mesmo raciocínio que nos dois exemplos anteriores, concluir que

$$\text{área}(\tfrac{1}{x}, 1, c^3) = 3\,\text{área}(\tfrac{1}{x}, 1, c).$$

Além disso, não há nada de especial a respeito do número 3 na equação acima. Podemos substituir o 3 por um inteiro positivo qualquer t e, usando o mesmo raciocínio que acima, mostrar que

$$\text{área}(\tfrac{1}{x}, 1, c^t) = t\,\text{área}(\tfrac{1}{x}, 1, c).$$

Se você for estudar a disciplina de Cálculo, você encontrará várias das ideias que temos discutido envolvendo a área. A parte do Cálculo denominada Cálculo Integral trabalha com áreas.

Neste momento, acabamos de deduzir a desejada fórmula da área, com a restrição de que t seja um inteiro positivo. Se você entendeu tudo até este ponto, esse é um excelente resultado e um bom ponto para parar. Se você quiser entender a fórmula da área completa, trabalhe com o exemplo a seguir, que remove a restrição de que t seja um inteiro.

EXEMPLO 6

Explique por que

$$\text{área}(\tfrac{1}{x}, 1, c^t) = t\,\text{área}(\tfrac{1}{x}, 1, c)$$

para todo $c > 1$ e todo $t > 0$.

SOLUÇÃO Começaremos por verificar a equação desejada, quando t for um número racional positivo. Assim, suponha $t = \tfrac{m}{n}$, em que m e n são inteiros positivos. Usando a fórmula da área restrita que já deduzimos anteriormente, substituímos nela c por $c^{n/m}$ e t por m, obtendo

$$\text{área}(\tfrac{1}{x}, 1, (c^{n/m})^m) = m\,\text{área}(\tfrac{1}{x}, 1, c^{n/m}).$$

Como $\left(c^{n/m}\right)^m = c^n$, podemos reescrever a equação acima como

$$\text{área}(\tfrac{1}{x}, 1, c^n) = m\,\text{área}(\tfrac{1}{x}, 1, c^{n/m}).$$

Pela fórmula da área restrita que já deduzimos anteriormente, o lado esquerdo da equação acima é igual a $n\,\text{área}(\tfrac{1}{x}, 1, c)$. Assim,

$$n\,\text{área}(\tfrac{1}{x}, 1, c) = m\,\text{área}(\tfrac{1}{x}, 1, c^{n/m}).$$

Dividindo ambos os lados da equação acima por m e permutando os dois lados, obtemos

$$\text{área}(\tfrac{1}{x}, 1, c^{n/m}) = \frac{n}{m}\,\text{área}(\tfrac{1}{x}, 1, c).$$

Em outras palavras, acabamos de demonstrar que

$$\text{área}(\tfrac{1}{x}, 1, c^t) = t\,\text{área}(\tfrac{1}{x}, 1, c)$$

sempre que t for um número racional positivo. Como todo número positivo pode ser aproximado, tanto quanto quisermos, por um número racional positivo, isto implica que a equação acima vale sempre que t for um número positivo.

EXERCÍCIOS

Para os Exercícios 1-16, estime o valor indicado sem usar calculadora.

1 $\ln 1{,}003$
2 $\ln 1{,}0007$
3 $\ln 0{,}993$
4 $\ln 0{,}9996$
5 $\ln 3{,}0012 - \ln 3$
6 $\ln 4{,}001 - \ln 4$
7 $e^{0{,}0013}$
8 $e^{0{,}00092}$
9 $e^{-0{,}0083}$
10 $e^{-0{,}00046}$
11 $\dfrac{e^9}{e^{8{,}997}}$
12 $\dfrac{e^5}{e^{4{,}984}}$
13 $\left(\dfrac{e^{7{,}001}}{e^7}\right)^2$
14 $\left(\dfrac{e^{8{,}0002}}{e^8}\right)^3$
15 $1{,}00001^{34{,}5}$
16 $1{,}0002^{7{,}3}$

Para os Exercícios 17-22, estime o número dado. Sua calculadora não conseguirá calcular diretamente as expressões indicadas nesses exercícios. Então, para estes exercícios, você precisará fazer mais do que simplesmente pressionar uma tecla.

17 $\left(1 + \dfrac{3}{10^{100}}\right)^{(10^{100})}$

18 $\left(1 + \dfrac{5}{10^{90}}\right)^{(10^{90})}$

19 $\left(1 - \dfrac{4}{9^{80}}\right)^{(9^{80})}$

20 $\left(1 - \dfrac{2}{8^{99}}\right)^{(8^{99})}$

21 $\left(1 + 10^{-1000}\right)^{2\cdot 10^{1000}}$

22 $\left(1 + 10^{-100}\right)^{3\cdot 10^{100}}$

23 Estime a declividade da reta que contém os pontos
$(5, \ln 5)$ e $(5 + 10^{-100}, \ln(5 + 10^{-100}))$.

24 Estime a declividade da reta que contém os pontos
$(4, \ln 4)$ e $(4 + 10^{-1000}, \ln(4 + 10^{-1000}))$.

25 Suponha que t seja um número positivo pequeno. Estime a declividade da reta que contém os pontos $(4, e^4)$ e $(4 + t, e^{4+t})$.

26. Suponha que r seja um número positivo pequeno. Estime a declividade da reta que contém os pontos $(7, e^7)$ e $(7 + r, e^{7+r})$.

27. Suponha que r seja um número positivo pequeno. Estime a declividade da reta que contém os pontos $(e^2, 6)$ e $(e^{2+r}, 6 + r)$.

28. Suponha que b seja um número positivo pequeno. Estime a declividade da reta que contém os pontos $(e^3, 5 + b)$ e $(e^{3+b}, 5)$.

29. Determine um número r tal que

$$\left(1 + \frac{r}{10^{90}}\right)^{(10^{90})} \approx 5.$$

30. Determine um número r tal que

$$\left(1 + \frac{r}{10^{75}}\right)^{(10^{75})} \approx 4.$$

31. Determine um número c tal que

$$\text{área}(\tfrac{1}{x}, 2, c) = 3.$$

32. Determine um número c tal que

$$\text{área}(\tfrac{1}{x}, 5, c) = 4.$$

PROBLEMAS

33. Demonstre que

$$\frac{1}{10^{20} + 1} < \ln(1 + 10^{-20}) < \frac{1}{10^{20}}.$$

34. Estime o valor de

$$10^{50}\bigl(\ln(10^{50} + 1) - \ln(10^{50})\bigr).$$

35. (a) Usando uma calculadora, verifique que

$$\log(1 + t) \approx 0{,}434294 t$$

para alguns números t pequenos (por exemplo, tente $t = 0{,}001$ e depois valores ainda menores de t).

(b) Explique por que a aproximação acima decorre da aproximação $\ln(1 + t) \approx t$.

36. (a) Usando uma calculadora ou um computador, verifique que

$$2^t - 1 \approx 0{,}693147 t$$

para alguns números t pequenos (por exemplo, tente $t = 0{,}001$ e depois valores ainda menores de t).

(b) Explique porque $2^t = e^{t \ln 2}$ para todo número t.

(c) Explique por que a aproximação no item (a) decorre da aproximação $e^t \approx 1 + t$.

*O item (b) do problema a seguir fornece outro motivo pelo qual o logaritmo natural faz jus ao nome **natural**.*

37. Suponha que x seja um número positivo.

(a) Explique por que $x^t = e^{t \ln x}$ para todo número t.

(b) Explique por que

$$\frac{x^t - 1}{t} \approx \ln x$$

se t estiver próximo de 0.

38. (a) Usando uma calculadora ou um computador, verifique que

$$\left(1 + \frac{\ln 10}{x}\right)^x \approx 10$$

para valores grandes de x (por exemplo, tente $x = 1000$ e depois valores ainda maiores de x).

(b) Explique por que a aproximação acima decorre da aproximação $\left(1 + \frac{r}{x}\right)^x \approx e^r$.

39. Usando uma calculadora, determine uma fórmula para uma boa aproximação de

$$\ln(2 + t) - \ln 2$$

para valores pequenos de t (por exemplo, tente $t = 0{,}04$; $t = 0{,}02$; $t = 0{,}01$ e depois valores ainda menores de t). Depois, explique por que sua fórmula é de fato uma boa aproximação.

40. Demonstre que, para todo número positivo c, temos

$$\ln(c + t) - \ln c \approx \frac{t}{c}$$

para pequenos valores de t.

41. Demonstre que, para todo número c, temos

$$e^{c+t} - e^c \approx t e^c$$

para pequenos valores de t.

Os próximos dois problemas, juntos, demonstram que

$$\mathbf{1 + t < e^{\,t} < (1 + t)^{1+t}}$$

se $t > 0$.

42. Demonstre que, se $t > 0$, então $1 + t < e^t$.

43. Demonstre que, se $t > 0$, então $e^t < (1 + t)^{1 + t}$.

Os próximos dois problemas, juntos, demonstram que

$$(1 + \tfrac{1}{x})^x < e < (1 + \tfrac{1}{x})^{x+1}$$

se x > 0.

44 Demonstre que, se $x > 0$, então $(1 + \tfrac{1}{x})^x < e$.

45 Demonstre que, se $x > 0$, então $e < (1 + \tfrac{1}{x})^{x+1}$.

46 (a) Demonstre que

$$1{,}01^{100} < e < 1{,}01^{101}.$$

(b) Explique por que

$$\frac{1{,}01^{100} + 1{,}01^{101}}{2}$$

é uma estimativa razoável para e.

47 Demonstre que

$$\text{área}(\tfrac{1}{x}, \tfrac{1}{b}, 1) = \text{área}(\tfrac{1}{x}, 1, b)$$

para todo número $b > 1$.

48 Demonstre que, se $0 < a < 1$, então

$$\text{área}(\tfrac{1}{x}, a, 1) = -\ln a.$$

49 Demonstre que

$$\text{área}(\tfrac{1}{x}, a, b) = \text{área}(\tfrac{1}{x}, 1, \tfrac{b}{a})$$

sempre que $0 < a < b$.

50 Demonstre que

$$\text{área}(\tfrac{1}{x}, a, b) = \ln \frac{b}{a}$$

sempre que $0 < a < b$.

51 Demonstre que senh $x \approx x$, se x estiver próximo de 0.

[*A definição de* senh *foi dada antes do Problema 60 na Seção 3.5.*]

52 Suponha que x seja um número positivo e n um número qualquer. Demonstre que, se $|t|$ for um número não nulo suficientemente pequeno, então

$$\frac{(x+t)^n - x^n}{t} \approx n x^{n-1}.$$

SOLUÇÕES DETALHADAS *dos Exercícios Ímpares*

Para os Exercícios 1-16, estime o valor indicado sem usar calculadora.

1 $\ln 1{,}003$

SOLUÇÃO

$$\ln 1{,}003 = \ln(1 + 0{,}003) \approx 0{,}003$$

3 $\ln 0{,}993$

SOLUÇÃO

$$\ln 0{,}993 = \ln(1 + (-0{,}007)) \approx -0{,}007$$

5 $\ln 3{,}0012 - \ln 3$

SOLUÇÃO

$$\ln 3{,}0012 - \ln 3 = \ln \frac{3{,}0012}{3} = \ln 1{,}0004$$

$$= \ln(1 + 0{,}0004)$$

$$\approx 0{,}0004$$

7 $e^{0{,}0013}$

SOLUÇÃO

$$e^{0{,}0013} \approx 1 + 0{,}0013 = 1{,}0013$$

9 $e^{-0{,}0083}$

SOLUÇÃO

$$e^{-0{,}0083} \approx 1 + (-0{,}0083) = 0{,}9917$$

11 $\dfrac{e^9}{e^{8{,}997}}$

SOLUÇÃO

$$\frac{e^9}{e^{8{,}997}} = e^{9-8{,}997} = e^{0{,}003} \approx 1 + 0{,}003 = 1{,}003$$

13 $\left(\dfrac{e^{7{,}001}}{e^7}\right)^2$

SOLUÇÃO

$$\left(\frac{e^{7{,}001}}{e^7}\right)^2 = (e^{7{,}001-7})^2 = (e^{0{,}001})^2$$

$$= e^{0{,}002}$$

$$\approx 1 + 0{,}002 = 1{,}002$$

15 $1{,}00001^{34{,}5}$

SOLUÇÃO Como $0{,}00001$ e $34{,}5 \times 0{,}00001$ são ambos pequenos, temos

$$1{,}00001^{34{,}5} \approx 1 + 34{,}5 \times 0{,}00001$$

$$= 1{,}000345.$$

Para os Exercícios 17-22, estime o número dado. Sua calculadora não conseguirá calcular diretamente as expressões indicadas nesses exercícios. Então, para estes exercícios, você precisará fazer mais do que simplesmente pressionar uma tecla.

17 $\left(1 + \dfrac{3}{10^{100}}\right)^{(10^{100})}$

SOLUÇÃO $\left(1 + \dfrac{3}{10^{100}}\right)^{(10^{100})} \approx e^3 \approx 20{,}09$

19 $\left(1 - \dfrac{4}{9^{80}}\right)^{(9^{80})}$

SOLUÇÃO $\left(1 - \dfrac{4}{9^{80}}\right)^{(9^{80})} \approx e^{-4} \approx 0{,}01832$

21 $\left(1 + 10^{-1000}\right)^{2 \cdot 10^{1000}}$

SOLUÇÃO

$$(1 + 10^{-1000})^{2 \cdot 10^{1000}} = \left((1 + 10^{-1000})^{10^{1000}}\right)^2$$
$$= \left(\left(1 + \dfrac{1}{10^{1000}}\right)^{10^{1000}}\right)^2$$
$$\approx e^2$$
$$\approx 7{,}389$$

23 Estime a declividade da reta que contém os pontos

$$(5, \ln 5) \quad \text{e} \quad (5 + 10^{-100}, \ln(5 + 10^{-100})).$$

SOLUÇÃO A declividade da reta que contém os pontos

$$(5, \ln 5) \quad \text{e} \quad (5 + 10^{-100}, \ln(5 + 10^{-100}))$$

é obtida da maneira usual, pela razão entre a diferença do segundo par de coordenadas e a diferença do primeiro par de coordenadas:

$$\dfrac{\ln(5 + 10^{-100}) - \ln 5}{5 + 10^{-100} - 5} = \dfrac{\ln(1 + \tfrac{1}{5} \cdot 10^{-100})}{10^{-100}}$$
$$\approx \dfrac{\tfrac{1}{5} \cdot 10^{-100}}{10^{-100}}$$
$$= \tfrac{1}{5}.$$

Assim, a declividade da reta em questão é aproximadamente $\tfrac{1}{5}$.

25 Suponha que t seja um número positivo pequeno. Estime a declividade da reta que contém os pontos $(4, e^4)$ e $(4 + t, e^{4+t})$.

SOLUÇÃO A declividade da reta que contém os pontos $(4, e^4)$ e $(4 + t, e^{4+t})$ é obtida da maneira usual, pela razão entre a diferença do segundo par de coordenadas e a diferença do primeiro par de coordenadas:

$$\dfrac{e^{4+t} - e^4}{4 + t - 4} = \dfrac{e^4(e^t - 1)}{t}$$
$$\approx \dfrac{e^4(1 + t - 1)}{t}$$
$$= e^4$$
$$\approx 54{,}598$$

Assim, a declividade da reta em questão é aproximadamente 54,598.

27 Suponha que r seja um número positivo pequeno. Estime a declividade da reta que contém os pontos $(e^2, 6)$ e $(e^{2+r}, 6 + r)$.

SOLUÇÃO A declividade da reta que contém os pontos $(e^2, 6)$ e $(e^{2+r}, 6 + r)$ é obtida da maneira usual, pela razão entre a diferença do segundo par de coordenadas e a diferença do primeiro par de coordenadas:

$$\dfrac{6 + r - 6}{e^{2+r} - e^2} = \dfrac{r}{e^2(e^r - 1)}$$
$$\approx \dfrac{r}{e^2(1 + r - 1)}$$
$$= \dfrac{1}{e^2}$$
$$\approx 0{,}135$$

Assim, a declividade da reta em questão é aproximadamente 0,135.

29 Determine um número r tal que

$$\left(1 + \dfrac{r}{10^{90}}\right)^{(10^{90})} \approx 5.$$

SOLUÇÃO Se r não for um número muito grande, então

$$\left(1 + \dfrac{r}{10^{90}}\right)^{(10^{90})} \approx e^r.$$

Assim, precisamos determinar um número r tal que $e^r \approx 5$. Isto implica que $r \approx \ln 5 \approx 1{,}60944$.

31 Determine um número c tal que

$$\text{área}(\tfrac{1}{x}, 2, c) = 3.$$

SOLUÇÃO Temos

$$3 = \text{área}(\tfrac{1}{x}, 2, c)$$
$$= \text{área}(\tfrac{1}{x}, 1, c) - \text{área}(\tfrac{1}{x}, 1, 2)$$
$$= \ln c - \ln 2$$
$$= \ln \tfrac{c}{2}.$$

Então, $\tfrac{c}{2} = e^3$, que implica que $c = 2\,e^3 \approx 40{,}171$.

3.7 Crescimento Exponencial Revisitado

OBJETIVOS DE APRENDIZAGEM
Ao final desta seção, você deverá ser capaz de
- explicar a conexão entre composição contínua e o número e;
- efetuar cálculos envolvendo composição contínua;
- efetuar cálculos envolvendo taxas de crescimento contínuas;
- estimar o tempo de duplicação sob composição contínua.

Juros Continuamente Compostos

Lembre que, se os juros compostos forem pagos n vezes por ano, a uma taxa de juros anual r, após t anos a quantia inicial P cresce para

$$P\left(1 + \frac{r}{n}\right)^{nt};$$

veja a Seção 3.4 para revisar a dedução dessa fórmula.

O montante ficará tanto maior quanto mais frequente for o pagamento dos juros compostos, porque serão contados juros sobre os juros com mais frequência. Poderíamos imaginar juros compostos pagos uma vez por mês ($n = 12$), ou uma vez por dia ($n = 365$), ou uma vez por hora ($n = 365 \times 24 = 8760$), ou uma vez por minuto ($n = 365 \times 24 \times 60 = 525600$), ou uma vez por segundo ($n = 365 \times 24 \times 60 \times 60 = 31536000$), ou até mais frequentemente.

Para ver o que acontece quando os juros são compostos muito frequentemente, precisamos considerar o que acontece com a fórmula acima quando n for muito grande. Lembre, da seção anterior, que se n for muito maior que r, então $\left(1 + \frac{r}{n}\right)^n \approx e^r$. Portanto,

$$P\left(1 + \frac{r}{n}\right)^{nt} = P\left(\left(1 + \frac{r}{n}\right)^n\right)^t$$
$$\approx P(e^r)^t$$
$$= Pe^{rt}.$$

Durante muitos anos, este banco pagou juros continuamente compostos.

Em outras palavras, se os juros forem compostos muitas vezes no ano, a uma taxa de juros anuais r, após t anos a quantia inicial P cresce para aproximadamente Pe^{rt}. Podemos pensar em Pe^{rt} como o montante que teríamos se os juros fossem compostos continuamente. Essa fórmula é realmente mais compacta e mais clara que a fórmula que envolve a composição n vezes por ano.

Muitos bancos e outras instituições financeiras usam composição contínua em vez de compor um número específico de vezes no ano. Para isso, eles usam a fórmula deduzida acima envolvendo o número e, que agora estabelecemos como segue:

Essa fórmula é outro exemplo de como o número e origina-se naturalmente.

Composição contínua

Se os juros forem pagos de forma continuamente composta, a uma taxa de juros anuais r, após t anos a quantia inicial P cresce para

$$Pe^{rt}.$$

A composição contínua sempre produz um montante maior que qualquer composição com um número específico de vezes por ano. No entanto, para quantias iniciais moderadas, a taxas de juros moderadas e moderados períodos de tempo, a diferença não é grande, como mostrado no exemplo a seguir.

EXEMPLO 1

Suponha que US$ 10.000 sejam depositados em um banco que remunera a uma taxa anual de 5% de juros.

(a) Se os juros forem pagos de maneira continuamente composta, quanto haverá na conta bancária após dez anos?

(b) Se os juros compostos forem pagos quatro vezes por ano, quanto haverá na conta bancária após dez anos?

SOLUÇÃO

(a) A fórmula da composição contínua mostra que US$ 10.000 pagos de maneira continuamente composta durante dez anos, a uma taxa anual de 5% de juros, torna-se

$$US\$10.000 e^{0,05 \times 10} \approx US\$16.487.$$

(b) A fórmula de juros compostos mostra que US$ 10.000 pagos quatro vezes por ano durante dez anos, a uma taxa anual de 5% de juros, torna-se

$$US\$10.000 \left(1 + \frac{0,05}{4}\right)^{4 \times 10} \approx US\$16.436.$$

A composição contínua de fato rende mais, neste exemplo, como o esperado, mas a diferença é de apenas aproximadamente US$ 51 após dez anos.

Veja o Exercício 25 para um exemplo da diferença dramática que a composição contínua pode apresentar em um período de tempo muito longo.

Taxas de Crescimento Contínuo

O modelo apresentado acima para a composição contínua de juros pode ser aplicado a qualquer situação com crescimento contínuo a uma porcentagem fixa. As unidades de tempo não precisam ser necessariamente anos, mas, como sempre, as mesmas unidades de tempo devem ser usadas em todos os aspectos do modelo. Similarmente, a quantidade que está sendo medida não precisa ser dinheiro; por exemplo, este modelo funciona bem para crescimento populacional sobre intervalos de tempo que não são demasiadamente grandes.

Como o crescimento contínuo em uma porcentagem fixa comporta-se da mesma forma que a composição contínua com dinheiro, as fórmulas são as mesmas. Em vez de referir-nos a uma taxa de juros anual que é composta continuamente, usamos o termo **taxa de crescimento contínuo**. Em outras palavras, a taxa de crescimento contínuo opera como uma taxa de juros que é paga de maneira continuamente composta.

A taxa de crescimento contínuo é um bom indicador para medir o quão rápido alguma coisa está crescendo. Novamente, o número mágico e exerce um papel especial. Nosso resultado acima a respeito de composição contínua pode ser reapresentado de modo a ser aplicado a situações mais gerais, como se segue:

Taxas de crescimento contínuo

Se uma quantidade tiver um crescimento contínuo a uma taxa r por unidade de tempo, após t unidades de tempo a quantia inicial P cresce para

$$Pe^{rt}.$$

EXEMPLO 2

Considere uma colônia de bactérias que tem uma taxa de crescimento contínuo de 10% por hora.

(a) Quantos por cento a colônia cresceu após cinco horas?

(b) Quanto tempo levará para que a colônia cresça para 250% do seu tamanho inicial?

SOLUÇÃO

Uma taxa de crescimento contínuo de 10% por hora não implica que a colônia cresça 10% depois de uma hora. Em uma hora, a colônia cresce em tamanho por um fator de $e^{0,1}$, que é aproximadamente 1,105, portanto, um crescimento de 10,5%.

(a) Uma taxa de crescimento contínuo de 10% por hora significa que devemos fazer $r = 0,1$. Se a colônia iniciar com tamanho P no instante 0, então no tempo t (medido em horas), seu tamanho será $Pe^{0,1t}$.

Assim, após cinco horas, o tamanho da colônia será $Pe^{0,5}$, que é um crescimento por um fator de $e^{0,5}$ sobre o tamanho inicial P. Como $e^{0,5} \approx 1,65$, isso significa que, após cinco horas, a colônia crescerá em torno de 65%.

(b) Queremos determinar t tal que

$$Pe^{0,1t} = 2,5P.$$

Dividindo ambos os lados por P, vemos que $0,1\ t = \ln 2,5$. Assim,

$$t = \frac{\ln 2,5}{0,1} \approx 9,16.$$

Como $0,16 \approx \frac{1}{6}$, e como um sexto de uma hora são 10 minutos, concluímos que levará em torno de 9 horas e 10 minutos para a colônia crescer para 250% do seu tamanho inicial.

Duplicando Seu Dinheiro

O exemplo que segue mostra como calcular o tempo que leva para duplicar seu dinheiro com composição contínua.

EXEMPLO 3

Quantos anos levará para duplicar uma quantia que aumenta com juros anuais de 5% pagos de forma continuamente composta?

SOLUÇÃO Após t anos, uma quantia inicial P com juros anuais de 5%, pagos de forma continuamente composta, aumenta para $Pe^{0,05t}$. Queremos que isso seja igual a duas vezes a quantia inicial. Dessa forma, devemos resolver a equação

$$Pe^{0,05t} = 2P,$$

que é equivalente à equação $e^{0,05t} = 2$, que resulta em $0,05t = \ln 2$. Assim,

$$t = \frac{\ln 2}{0,05} \approx \frac{0,693}{0,05} = \frac{69,3}{5} \approx 13,9.$$

Portanto, a quantia inicial de dinheiro duplicará após aproximadamente 13,9 anos.

Suponha que queiramos saber quanto tempo levará para uma quantia de dinheiro duplicar com juros anuais de 4%, pagos de maneira continuamente composta, em vez de 5%. Se repetirmos o cálculo acima, mas com 0,04 no lugar de 0,05, vemos que, com juros anuais de 4% pagos de maneira continuamente composta, a quantia de dinheiro duplicará em aproximadamente $\frac{69,3}{4}$ anos. De um modo mais geral, com juros anuais de

R por cento pagos de maneira continuamente composta, a quantia de dinheiro duplicará em aproximadamente $\frac{69,3}{R}$ anos. Aqui, R é expresso como uma porcentagem, não como um número. Em outras palavras, 5% de juros correspondem a $R = 5$.

Para rápidas estimativas, é normalmente melhor arredondar o 69,3, que aparece na expressão $\frac{69,3}{R}$, para 70. Usar 70 em vez de 69 é mais fácil porque 70 é divisível por mais números que 69 (algumas pessoas até usam 72 em vez de 70, mas usar 70 leva a resultados mais precisos do que 72). Assim, temos a seguinte fórmula de aproximação útil:

Tempo de Duplicação

Com juros anuais de R por cento pagos de maneira continuamente composta, a quantia de dinheiro duplicará em aproximadamente

$$\frac{70}{R}$$

anos.

Essa fórmula de aproximação mostra novamente a utilidade do logaritmo natural.
O número 70 aqui é realmente uma aproximação de 69,3, que é uma aproximação de 100 ln 2.

Por exemplo, essa fórmula mostra que, com juros anuais de 5% pagos de forma continuamente composta, a quantia de dinheiro duplicará em aproximadamente $\frac{70}{5}$ anos, que é igual a 14 anos. Essa estimativa de 14 anos é próxima da estimativa mais precisa de 13,9 anos que obtivemos acima. Além disso, o cálculo que utiliza a estimativa $\frac{70}{R}$ é suficientemente fácil para efetuar sem calculadora.

Em vez de focar no tempo que leva para que uma quantia de dinheiro duplique a uma taxa de juros especificada, podemos perguntar qual é a taxa de juros necessária para que o dinheiro duplique em um período de tempo especificado. A seguir, ilustramos com um exemplo.

Qual taxa de juros anuais é necessária para que uma quantia de dinheiro duplique em sete anos, sendo os juros pagos de forma continuamente composta?

EXEMPLO 4

SOLUÇÃO Após sete anos, uma quantia inicial P, a uma taxa de juros anuais de $R\%$, pagos de forma continuamente composta, cresce para $Pe^{7R/100}$. Queremos que isso seja igual a duas vezes a quantia inicial. Assim, devemos resolver a equação

$$Pe^{7R/100} = 2P,$$

que é equivalente à equação $e^{7R/100} = 2$, que implica

$$\frac{7R}{100} = \ln 2.$$

Então

$$R = \frac{100 \ln 2}{7} \approx \frac{69,3}{7} \approx 9,9.$$

Portanto, juros anuais de aproximadamente 9,9% farão o dinheiro duplicar em sete anos.

Suponha que queiramos saber qual taxa de juros anuais, pagos de forma continuamente composta, é necessária para duplicar uma quantia de dinheiro em 11 anos. Repetindo o cálculo acima, mas com 11 no lugar de 7, vemos que serão necessários aproximadamente $\frac{69,3}{11}\%$ de juros anuais. De um modo geral, vemos que, para duplicar a quantia de dinheiro em t anos, são necessários $\frac{69,3}{t}\%$ de juros.

Para estimativas rápidas, geralmente é melhor arredondar o 69,3, que aparece na expressão $\frac{69,3}{t}$, para 70. Assim, temos a seguinte fórmula de aproximação útil:

> *Taxa de duplicação*
>
> A taxa anual de juros, pagos de forma continuamente composta, necessária para duplicar uma quantia de dinheiro em t anos é de aproximadamente
>
> $$\frac{70}{t}$$
>
> por cento.

Por exemplo, essa fórmula mostra que para duplicar uma quantia em sete anos, com juros pagos de forma continuamente composta, são necessários aproximadamente $\frac{70}{7}$% de juros anuais, que é igual a 10%. Essa estimativa de 10% está próxima da estimativa mais precisa de 9,9% que obtivemos acima.

EXERCÍCIOS

1. Quanto se tornará, após 25 anos, uma quantia inicial de US$ 2000 a uma taxa de juros anuais de 6% pagos de forma continuamente composta?

2. Quanto se tornará, após 15 anos, uma quantia inicial de US$ 3000 a uma taxa de juros anuais de 7% pagos de forma continuamente composta?

3. Quanto você precisaria depositar em uma conta bancária que remunere a uma taxa de juros anuais de 4%, pagos de forma continuamente composta, para que ao final de 10 anos você tenha US$ 10.000?

4. Quanto você precisaria depositar em uma conta bancária que remunere a uma taxa de juros anuais de 5%, pagos de forma continuamente composta, para que ao final de 15 anos você tenha US$ 20.000?

5. Considere uma conta bancária que paga juros de forma continuamente composta e suponha que seu saldo aumente de US$ 100 para US$ 110 em dois anos. Qual taxa anual de juros o banco está pagando?

6. Considere uma conta bancária que paga juros de forma continuamente composta e suponha que seu saldo aumente de US$ 200 para US$ 224 em três anos. Qual taxa anual de juros o banco está pagando?

7. Considere uma colônia de bactérias que tem uma taxa de crescimento contínuo de 15% por hora. Em que porcentagem terá a colônia aumentado após oito horas?

8. Considere uma colônia de bactérias que tem uma taxa de crescimento contínuo de 20% por hora. Em que porcentagem terá a colônia aumentado após sete horas?

9. Considere a população de um país que aumenta ao todo 3% durante um período de dois anos. Qual é a taxa de crescimento contínuo desse país?

10. Considere a população de um país que aumenta ao todo 6% durante um período de três anos. Qual é a taxa de crescimento contínuo desse país?

11. Suponha que a quantidade de armazenamento em disco rígido dos computadores no mundo aumente um total de 200% durante um período de quatro anos. Qual é a taxa de crescimento contínuo da quantidade de armazenamento em disco rígido no mundo?

12. Suponha que o número de telefones celulares no mundo aumente um total de 150% durante um período de cinco anos. Qual é a taxa de crescimento contínuo do número de telefones celulares no mundo?

13. Considere uma colônia de bactérias que tem uma taxa de crescimento contínuo de 30% por hora. Se a colônia contiver agora 8000 células, quantas células ela continha cinco horas atrás?

14. Considere uma colônia de bactérias que tem uma taxa de crescimento contínuo de 40% por hora. Se a colônia contiver agora 7500 células, quantas células ela continha três horas atrás?

15. Considere uma colônia de bactérias que tem uma taxa de crescimento contínuo de 35% por hora. Quanto tempo levará para que a colônia tenha seu tamanho triplicado?

16. Considere uma colônia de bactérias que tem uma taxa de crescimento contínuo de 70% por hora. Quanto tempo levará para que a colônia tenha seu tamanho quadruplicado?

17 Quantos anos levará aproximadamente para duplicar uma quantia de dinheiro a 2% de juros anuais pagos de forma continuamente composta?

18 Quantos anos levará aproximadamente para duplicar uma quantia de dinheiro a 10% de juros anuais pagos de forma continuamente composta?

19 Quantos anos levará aproximadamente para que US$ 200 se tornem US$ 800 a juros anuais de 2% pagos de forma continuamente composta?

20 Quantos anos levará aproximadamente para que US$ 300 se tornem US$ 2.400 a juros anuais de 5% pagos de forma continuamente composta?

21 Quanto tempo levará para que uma quantia de dinheiro triplique a uma taxa de juros anuais de 5% pagos de forma continuamente composta?

22 Quanto tempo levará para que uma quantia de dinheiro cresça por um fator 5 a uma taxa de juros anuais de 7% pagos de forma continuamente composta?

23 Determine uma fórmula para estimar o tempo que levará para triplicar uma quantia de dinheiro que remunere a uma taxa de juros anuais de R% pagos de forma continuamente composta.

24 Determine uma fórmula para estimar o tempo que levará para aumentar por um fator 10 uma quantia de dinheiro que remunere a uma taxa de juros anuais de R% pagos de forma continuamente composta.

25 Considere uma conta bancária que remunere a uma taxa de 5% de juros anuais, compostos, pagos uma vez no ano, e uma segunda conta bancária que remunere a uma taxa de 5% de juros anuais, pagos de forma continuamente composta. Se ambas as contas bancárias começarem com a mesma quantia inicial, quanto tempo levará para que a segunda conta bancária contenha um montante igual a duas vezes o montante que estiver na primeira conta bancária?

26 Considere uma conta bancária que remunere a uma taxa de 3% de juros anuais, pagos uma vez no ano, e uma segunda conta bancária que remunere a uma taxa de 4% de juros anuais, pagos de forma continuamente composta. Se ambas as contas bancárias começarem com a mesma quantia inicial, quanto tempo levará para que a segunda conta bancária contenha um montante 50% maior que a primeira conta bancária?

27 Suponha que uma colônia de 100 células de bactérias tenha uma taxa de crescimento contínuo de 30% por hora. Suponha que uma segunda colônia de 200 células de bactérias tenha uma taxa de crescimento contínuo de 20% por hora. Quanto tempo levará para que as duas colônias tenham o mesmo número de células de bactérias?

28 Suponha que uma colônia de 50 células de bactérias tenha uma taxa de crescimento contínuo de 35% por hora. Suponha que uma segunda colônia de 300 células de bactérias tenha uma taxa de crescimento contínuo de 15% por hora. Quanto tempo levará para que as duas colônias tenham o mesmo número de células de bactérias?

29 Suponha que uma colônia de bactérias tenha duplicado em cinco horas. Qual é a taxa aproximada de crescimento contínuo dessa colônia de bactérias?

30 Suponha que uma colônia de bactérias tenha duplicado em duas horas. Qual é a taxa aproximada de crescimento contínuo dessa colônia de bactérias?

31 Suponha que uma colônia de bactérias tenha triplicado em cinco horas. Qual é a taxa de crescimento contínuo dessa colônia de bactérias?

32 Suponha que uma colônia de bactérias tenha triplicado em duas horas. Qual é a taxa de crescimento contínuo dessa colônia de bactérias?

PROBLEMAS

33 Usando juros compostos, explique por que

$$\left(1 + \frac{0,05}{n}\right)^n < e^{0,05}$$

para todo inteiro positivo n.

34 Suponha que, no Exercício 9, nós tivéssemos simplesmente dividido por 2 os 3% de crescimento durante dois anos, obtendo 1,5% por ano. Explique por que esse número está próximo da resposta mais precisa de aproximadamente 1,48% por ano.

35 Suponha que, no Exercício 11, nós tivéssemos simplesmente dividido por 4 os 200% de crescimento durante quatro anos, obtendo 50% por ano. Explique por que nós não devemos nos surpreender com o fato de que esse número não está próximo da resposta mais precisa de aproximadamente 27,5% por ano.

36 Explique por que toda função f com crescimento exponencial (veja a definição na Seção 3.4) pode ser escrita sob a forma

$$f(x) = ce^{kx},$$

em que c e k são constantes positivas.

37 Na Seção 3.4 vimos que, se uma população duplicar a cada d unidades de tempo, então a função p que modela esse crescimento populacional é dada pela fórmula

$$p(t) = p_0 \cdot 2^{t/d},$$

em que p_0 é a população no tempo 0. Alguns livros não usam a fórmula acima, mas em vez dela usam a fórmula

$$p(t) = p_0 e^{(t \ln 2)/d}.$$

Demonstre que as duas fórmulas acima são de fato iguais. [*Qual das duas fórmulas neste problema lhe parece mais clara e mais fácil de entender?*]

38 Na Seção 3.2 vimos que, se um isótopo radioativo tiver uma meia-vida h, então a função que modela o número de átomos em uma amostra desse isótopo é

$$a(t) = a_0 \cdot 2^{-t/h},$$

em que a_0 é o número de átomos do isótopo na amostra no tempo 0. Muitos livros não usam a fórmula acima, mas em vez dela usam a fórmula

$$a(t) = a_0 e^{-(t \ln 2)/h}.$$

Demonstre que as duas fórmulas acima são de fato iguais. [*Qual das duas fórmulas neste problema lhe parece mais clara e mais fácil de entender?*]

SOLUÇÕES DETALHADAS *dos Exercícios Ímpares*

1 Quanto se tornará, após 25 anos, uma quantia inicial de US$ 2000 a uma taxa de juros anuais de 6% pagos de forma continuamente composta?

SOLUÇÃO Após 25 anos, US$ 2000, a uma taxa de juros anuais de 6% pagos de forma continuamente composta, crescerá para $2000e^{0,06 \times 25}$ dólares, que é igual a $2000e^{1,5}$ dólares, que é aproximadamente igual a US$ 8963.

3 Quanto você precisaria depositar em uma conta bancária que remunere a uma taxa de juros anuais de 4%, pagos de forma continuamente composta, para que ao final de 10 anos você tenha US$ 10.000?

SOLUÇÃO Precisamos determinar P tal que

$$10000 = Pe^{0,04 \times 10} = Pe^{0,4}.$$

Então

$$P = \frac{10000}{e^{0,4}} \approx 6703.$$

Em outras palavras, a quantia inicial na conta bancária deve ser de $\frac{10000}{e^{0,4}}$ dólares, que é aproximadamente igual a US$ 6703.

5 Considere uma conta bancária que paga juros de forma continuamente composta e suponha que seu saldo aumente de US$ 100 para US$ 110 em dois anos. Qual taxa anual de juros o banco está pagando?

SOLUÇÃO Representemos por r a taxa anual de juros paga pelo banco. Assim,

$$110 = 100e^{2r}.$$

Dividindo ambos os lados da equação por 100, obtemos $1,1 = e^{2r}$, que implica $2r = \ln 1,1$, que é equivalente a

$$r = \frac{\ln 1,1}{2} \approx 0,0477.$$

Portanto, a taxa anual de juros é de aproximadamente 4,77%.

7 Considere uma colônia de bactérias que tem uma taxa de crescimento contínuo de 15% por hora. Em que porcentagem terá a colônia aumentado após oito horas?

SOLUÇÃO Uma taxa de crescimento contínuo de 15% por hora significa que $r = 0,15$. Se, no tempo 0, o tamanho inicial da colônia for P, então no tempo t (medido em horas) seu tamanho será $Pe^{0,15t}$.

Como $0,15 \times 8 = 1,2$, o tamanho da colônia após 8 horas será de $Pe^{1,2}$, que é um crescimento por um fator de $e^{1,2}$ sobre o tamanho inicial P. Como $e^{1,2} \approx 3,32$, isto significa que, após 8 horas, o tamanho da colônia será de aproximadamente 332% do seu tamanho original. Portanto, após 8 horas, a colônia terá aumentado em aproximadamente 232% do seu tamanho original.

9 Considere a população de um país que aumenta ao todo 3% durante um período de dois anos. Qual é a taxa de crescimento contínuo desse país?

SOLUÇÃO Um aumento de 3% significa que temos 1,03 vez o tamanho inicial. Assim, $1,03P = Pe^{2r}$, em que P é a população do país no início do período e r é a taxa de crescimento contínuo do país. Dessa forma, $e^{2r} = 1,03$, o que significa $2r = \ln 1,03$. Assim, $r = \frac{\ln 1,03}{2} \approx 0,0148$. Portanto, a taxa de crescimento contínuo do país é de aproximadamente 1,48% por ano.

11 Suponha que a quantidade de armazenamento em disco rígido dos computadores no mundo aumente um total de 200% durante um período de quatro anos. Qual é a taxa de crescimento contínuo da quantidade de armazenamento em disco rígido no mundo?

SOLUÇÃO Um aumento de 200% significa que temos 3 vezes a quantidade inicial. Portanto, $3P = Pe^{4r}$, em que P é a quantidade de armazenamento em disco rígido no mundo no início do período e r é a taxa de crescimento contínuo. Dessa forma, $e^{4r} = 3$, o que significa $4r = \ln 3$. Assim, $r = \frac{\ln 3}{4} \approx 0{,}275$. Portanto, a taxa de crescimento contínuo do país é de aproximadamente 27,5%.

13 Considere uma colônia de bactérias que tem uma taxa de crescimento contínuo de 30% por hora. Se a colônia contiver agora 8000 células, quantas células ela continha cinco horas atrás?

SOLUÇÃO Representemos por P o número de células no instante inicial, cinco horas atrás. Assim, temos $8000 = Pe^{0,3 \times 5}$ ou $8000 = Pe^{1,5}$. Portanto,

$$P = 8000/e^{1,5} \approx 1785.$$

15 Considere uma colônia de bactérias que tem uma taxa de crescimento contínuo de 35% por hora. Quanto tempo levará para que a colônia tenha seu tamanho triplicado?

SOLUÇÃO Representemos por P o tamanho inicial da colônia, e seja t o tempo que leva para que a colônia tenha seu tamanho triplicado. Assim, $3P = Pe^{0,35t}$, o que significa $e^{0,35t} = 3$. Assim, $0{,}35\,t = \ln 3$, que implica $t = \frac{\ln 3}{0,35} \approx 3{,}14$. Portanto, o tamanho da colônia triplica em aproximadamente 3,14 horas.

17 Quantos anos levará aproximadamente para duplicar uma quantia de dinheiro a 2% de juros anuais pagos de forma continuamente composta?

SOLUÇÃO A uma taxa de 2% de juros anuais pagos de forma continuamente composta, a quantia em dinheiro duplicará em aproximadamente $\frac{70}{2}$ anos, que é igual a 35 anos.

19 Quantos anos levará aproximadamente para que US$ 200 se tornem US$ 800 a juros anuais de 2% pagos de forma continuamente composta?

SOLUÇÃO A uma taxa de 2% de juros anuais pagos de forma continuamente composta, a quantia em dinheiro duplicará em aproximadamente 35 anos. Para que US$ 200 se tornem US$ 800, a quantia deve duplicar duas vezes. Portanto, o aumento levará aproximadamente 70 anos.

21 Quanto tempo levará para que uma quantia de dinheiro triplique a uma taxa de juros anuais de 5% pagos de forma continuamente composta?

SOLUÇÃO Para que, em t anos, a uma taxa de juros anuais de 5% pagos de forma continuamente composta, uma quantia inicial de dinheiro P triplique, deve valer a seguinte equação:

$$Pe^{0,05t} = 3P.$$

Dividindo ambos os lados por P e depois efetuando o logaritmo natural de ambos os lados, obtemos $0{,}05\,t = \ln 3$. Assim, $t = \frac{\ln 3}{0,05}$. Portanto, o aumento levará $\frac{\ln 3}{0,05}$ anos, que é igual a aproximadamente 22 anos.

23 Determine uma fórmula para estimar o tempo que levará para triplicar uma quantia de dinheiro que remunere a uma taxa de juros anuais de $R\%$ pagos de forma continuamente composta.

SOLUÇÃO Para que, em t anos, a uma taxa de juros anuais de $R\%$ pagos de forma continuamente composta, uma quantia inicial de dinheiro P triplique, deve valer a seguinte equação:

$$Pe^{Rt/100} = 3P.$$

Dividindo ambos os lados por P e depois efetuando o logaritmo natural de ambos os lados, obtemos $Rt/100 = \ln 3$. Assim, $t = \frac{100 \ln 3}{R}$. Como $\ln 3 \approx 1{,}10$, isto mostra que a quantia de dinheiro triplicará em aproximadamente $\frac{110}{R}$ anos.

25 Considere uma conta bancária que remunere a uma taxa de 5% de juros anuais, compostos, pagos uma vez no ano, e uma segunda conta bancária que remunere a uma taxa de 5% de juros anuais, pagos de forma continuamente composta. Se ambas as contas bancárias começarem com a mesma quantia inicial, quanto tempo levará para que a segunda conta bancária contenha um montante igual a duas vezes o montante que estiver na primeira conta bancária?

SOLUÇÃO Suponha que ambas as contas bancárias iniciem com P dólares. Após t anos, a primeira conta bancária terá $P(1{,}05)^t$ dólares e a segunda conta bancária terá $Pe^{0,05t}$ dólares. Portanto, precisamos resolver a equação

$$\frac{Pe^{0,05t}}{P(1,05)^t} = 2.$$

A quantia inicial P é cancelada na equação (como esperado) e podemos reescrever a equação como segue:

$$2 = \frac{e^{0,05t}}{1,05^t} = \frac{(e^{0,05})^t}{1,05^t} = \left(\frac{e^{0,05}}{1,05}\right)^t.$$

Efetuando o logaritmo natural do primeiro e do último termos acima, obtemos

$$\ln 2 = t \ln \frac{e^{0,05}}{1,05} = t(\ln e^{0,05} - \ln 1{,}05)$$
$$= t(0{,}05 - \ln 1{,}05),$$

que podemos resolver para t, levando a

$$t = \frac{\ln 2}{0{,}05 - \ln 1{,}05}.$$

Usando uma calculadora para calcular o valor da expressão acima, vemos que t é aproximadamente igual a 573 anos.

27. Suponha que uma colônia de 100 células de bactérias tenha uma taxa de crescimento contínuo de 30% por hora. Suponha que uma segunda colônia de 200 células de bactérias tenha uma taxa de crescimento contínuo de 20% por hora. Quanto tempo levará para que as duas colônias tenham o mesmo número de células de bactérias?

SOLUÇÃO   Após t horas, a primeira colônia terá $100e^{0{,}3t}$ células de bactérias e a segunda colônia terá $200e^{0{,}2t}$ células de bactérias. Portanto, precisamos resolver a equação

$$100e^{0{,}3t} = 200e^{0{,}2t}.$$

Dividindo ambos os lados por 100 e depois dividindo ambos os lados por $e^{0{,}2t}$, obtemos a equação:

$$e^{0{,}1t} = 2.$$

Assim, $0{,}1\,t = \ln 2$, que implica

$$t = \frac{\ln 2}{0{,}1} \approx 6{,}93.$$

Portanto, as duas colônias terão o mesmo número de células de bactérias em pouco menos de 7 horas.

29. Suponha que uma colônia de bactérias tenha duplicado em cinco horas. Qual é a taxa aproximada de crescimento contínuo dessa colônia de bactérias?

SOLUÇÃO   A fórmula aproximada para duplicar o número de bactérias é a mesma que para duplicar uma quantia de dinheiro. Assim, se uma colônia de bactérias duplicar em cinco horas, então ela tem uma taxa de crescimento contínuo de aproximadamente (70/5)% por hora. Em outras palavras, a colônia de bactérias tem uma taxa de crescimento contínuo de aproximadamente 14% por hora.

31. Suponha que uma colônia de bactérias tenha triplicado em cinco horas. Qual é a taxa de crescimento contínuo dessa colônia de bactérias?

SOLUÇÃO   Representemos por r a taxa de crescimento contínuo dessa colônia de bactérias. Se a colônia tinha inicialmente P células de bactérias, então após cinco horas ela terá Pe^{5r} células de bactérias. Dessa forma, precisamos resolver a equação

$$Pe^{5r} = 3P.$$

Dividindo ambos os lados por P, obtemos a equação $e^{5r} = 3$, que implica $5r = \ln 3$. Assim,

$$r = \frac{\ln 3}{5} \approx 0{,}2197.$$

Portanto, a taxa de crescimento contínuo dessa colônia de bactérias é aproximadamente igual a 22% por hora.

RESUMO DO CAPÍTULO

Para certificar-se de que você domina os conceitos e as habilidades mais importantes cobertas neste capítulo, assegure-se de que você consegue executar cada um dos itens da seguinte lista:

- Definir logaritmos.
- Usar logaritmos comuns para determinar quantos dígitos tem um número.
- Usar a fórmula para o logaritmo de uma potência.
- Modelar o decaimento radioativo usando meia-vida.
- Usar a fórmula da mudança de base para logaritmos.
- Usar as fórmulas para o logaritmo de um produto e de um quociente.
- Usar escalas logarítmicas para medir terremotos, som e brilho de estrelas.

- Modelar crescimento populacional usando funções com crescimento exponencial.
- Calcular juros compostos.
- Aproximar a área sob uma curva usando retângulos.
- Explicar a definição de e.
- Explicar a definição do logaritmo natural.
- Aproximar e^x e $\ln(1 + x)$ para $|x|$ pequeno.
- Calcular juros continuamente compostos.
- Estimar o tempo que leva para duplicar uma quantia de dinheiro a uma dada taxa de juros.

Para revisar um capítulo, percorra a lista acima procurando identificar itens que você não sabe como executar, depois releia no capítulo o material a respeito desses itens. Em seguida, tente responder as questões de revisão do capítulo, formuladas abaixo, sem olhar outra vez no capítulo.

QUESTÕES DE REVISÃO DO CAPÍTULO

1 Determine uma fórmula para $(f \circ g)(x)$, em que $f(x) = 3x^{\sqrt{32}}$ e $g(x) = x^{\sqrt{2}}$.

2 Explique como são definidos os logaritmos.

3 Explique por que não são definidos logaritmos com base 0.

4 Qual é o domínio da função f definida por $f(x) = \log_2(5x + 1)$?

5 Qual é a imagem da função f definida por $f(x) = \log_7 x$?

6 Explique por que $3^{\log_3 7} = 7$.

7 Explique por que $\log_5 (5^{444}) = 444$.

8 Sem usar calculadora nem computador, estime o número de dígitos em 2^{1000}.

9 Determine um número x tal que $\log_3(4^x + 1) = 2$.

10 Determine todos os números x tais que

$$\log x + \log(x + 2) = 1.$$

11 Calcule o valor de $\log_5 \sqrt{125}$.

12 Determine um número b tal que $\log_b 9 = -2$.

13 Quantos dígitos tem 4^{7000}?

14 Quando este livro foi escrito, o maior número primo conhecido que não tem a forma $2^n - 1$ era $19249 \cdot 2^{13018586} + 1$. Quantos dígitos tem esse número primo?

15 Determine o menor inteiro m tal que $8^m > 10^{500}$.

16 Determine o maior inteiro k tal que $15^k < 11^{900}$.

17 Explique por que $\log 200 = 2 + \log 2$.

18 Explique por que $\log \sqrt{300} = 1 + \frac{\log 3}{2}$.

19 Qual das expressões

$$\log x - \log y \quad \text{e} \quad \frac{\log x}{\log y}$$

pode ser reescrita usando apenas um log?

20 Determine uma fórmula para o inverso da função f definida por $f(x) = 4 + 5 \log_3 (7x + 2)$.

21 Determine uma fórmula para $(f \circ g)(x)$, em que $f(x) = 7^{4x}$ e $g(x) = \log_7 x$.

22 Determine uma fórmula para $(f \circ g)(x)$, em que $f(x) = \log_2 x$ e $g(x) = 2^{5x-9}$.

23 Calcule o valor de $\log_{3,2} 456$.

24 Suponha $\log_6 t = 4,3$. Calcule o valor de $\log_6 (t^{200})$.

25 Suponha $\log_7 w = 3,1$ e $\log_7 z = 2,2$. Calcule o valor de

$$\log_7 \frac{49w^2}{z^3}.$$

26 Suponha que US$ 7000 sejam depositados em uma conta bancária que remunera 4% de juros anuais

compostos pagos 12 vezes por ano. Quanto dinheiro haverá nessa conta bancária após 50 anos?

27. Suponha que US$ 5000 sejam depositados em uma conta bancária que paga juros compostos quatro vezes por ano. Após 13 anos, a conta bancária tem US$ 9900. Qual é a taxa de juros anuais dessa conta bancária?

28. Uma colônia que contém inicialmente 100 células de bactérias está crescendo exponencialmente, duplicando de tamanho a cada 75 minutos. Quantas células de bactérias haverá aproximadamente nessa colônia após 6 horas?

29. Uma colônia de bactérias está crescendo exponencialmente, duplicando de tamanho a cada 50 minutos. Quantos minutos levará para que a colônia tenha seis vezes o tamanho atual?

30. Uma colônia de bactérias está crescendo exponencialmente, aumentando seu tamanho de 200 para 500 células em 100 minutos. Quantos minutos levará para que a colônia duplique de tamanho?

31. Explique por que uma população não pode ter crescimento exponencial indefinido.

32. Quantos anos levará para que uma amostra de césio-137 (meia-vida de 30 anos) tenha apenas 3% da quantidade original de césio-137?

33. Quantas vezes um terremoto com magnitude Richter 6,8 é mais intenso que um terremoto com magnitude Richter 6,1?

34. Explique por que, ao adicionarem-se dez decibéis a um nível sonoro, multiplica-se a intensidade do som por um fator 10.

35. A maioria das estrelas tem uma magnitude aparente que é um número positivo. Entretanto, quatro estrelas (sem contar o Sol) têm uma magnitude aparente que é um número negativo. Explique como uma estrela pode ter uma magnitude aparente negativa.

36. Qual é a definição do número e?

37. Quais são o domínio e a imagem da função f definida por $f(x) = e^x$?

38. Qual é a definição do logaritmo natural?

39. Quais são o domínio e a imagem da função g definida por $g(y) = \ln y$?

40. Determine um número t tal que $\ln(4t + 3) = 5$.

41. Que número t torna $(e^{t+8})^t$ o menor possível?

42. Determine um número w tal que $e^{2w-7} = 6$.

43. Determine uma fórmula para a função inversa da função g definida por $g(x) = 8 - 3e^{5x}$.

44. Determine uma fórmula para a função inversa da função h definida por $h(x) = 1 - 5 \ln(x + 4)$.

45. Determine a área da região sob a curva $y = \frac{1}{x}$, acima do eixo dos x e entre as retas $x = 1$ e $x = e^2$.

46. Determine um número c tal que a área da região sob a curva $y = \frac{1}{x}$, acima do eixo dos x e entre as retas $x = 1$ e $x = c$, seja igual a 45.

47. Qual é a área da região sob a curva $y = \frac{1}{x}$, acima do eixo dos x e entre as retas $x = 3$ e $x = 5$?

48. Desenhe uma figura apropriada e use-a para explicar por que $\ln(1,0001) \approx 0,0001$.

49. Estime a declividade da reta que contém os pontos $(2, \ln(6 + 10^{-500}))$ e $(6, \ln 6)$.

50. Estime o valor de $\dfrac{e^{1000,002}}{e^{1000}}$.

51. Estime a declividade da reta que contém os pontos $(6, e^{0,0002})$ e $(2, 1)$.

52. Estime o valor de $\left(1 - \dfrac{6}{7^{88}}\right)^{(7^{88})}$.

53. Quanto se tornará, após 20 anos, uma quantia inicial de US$ 12.000, a juros anuais de 6% pagos de forma continuamente composta?

54. Quanto você necessitaria depositar em uma conta bancária que remunera 6% de juros anuais pagos de forma continuamente composta para que, após 20 anos, você tenha US$ 100.000?

55. Uma conta bancária que paga juros de forma continuamente composta cresce de US$ 2000 para US$ 2878,15 em sete anos. Qual é a taxa de juros anuais que o banco remunera?

56. Aproximadamente quantos anos levará para que uma quantia em dinheiro duplique a uma taxa de juros anuais de 5% pagos de forma continuamente composta?

57. Suponha que uma colônia de bactérias tenha duplicado em 10 horas. Qual é a taxa de crescimento contínuo aproximada dessa colônia de bactérias?

58. Quanto tempo levará para que cem dólares se tornem um milhão de dólares a uma taxa de juros de 5% pagos de forma continuamente composta, mas mensalmente (como muito bancos fazem)? (Veja o quadrinho do Dilbert na Seção 3.4.)

CAPÍTULO 4

O prédio Transamerica Pyramid, em São Francisco. Arquitetos usaram trigonometria para projetar as faces triangulares incomuns desse edifício.

Funções Trigonométricas

Este capítulo apresenta as funções trigonométricas. Tais funções são notavelmente úteis e aparecem em várias partes da matemática.

As funções trigonométricas ocorrem de forma mais confortável no contexto da circunferência unitária. Portanto, este capítulo inicia com uma investigação cuidadosa sobre a circunferência unitária, incluindo uma discussão sobre ângulos negativos e ângulos maiores que 360°.

Muitas fórmulas tornam-se mais simples se os ângulos forem medidos em radianos em vez de graus. Assim, vamos familiarizar-nos com radianos antes de definirmos as funções trigonométricas básicas — o cosseno, o seno e a tangente.

Depois de definir as funções trigonométricas no contexto da circunferência unitária, veremos como essas funções nos permitem calcular as medidas de triângulos retângulos. Também mergulharemos no vasto oceano das identidades trigonométricas.

4.1 A Circunferência Unitária

> **OBJETIVOS DE APRENDIZAGEM**
> Ao final desta seção, você deverá ser capaz de
> - marcar pontos sobre a circunferência unitária;
> - determinar o raio da circunferência unitária correspondente a qualquer ângulo, incluindo ângulos negativos e ângulos maiores que 360°;
> - calcular o comprimento de um arco circular;
> - determinar as coordenadas da extremidade do raio da circunferência unitária correspondente a qualquer múltiplo de 30° ou de 45°.

A Equação da Circunferência Unitária

A trigonometria ocorre de forma mais conveniente no contexto da circunferência unitária. Assim, iniciaremos este capítulo nos familiarizando com esse objeto crucial.

> *A circunferência unitária*
>
> A **circunferência unitária** é a circunferência de raio 1 com centro na origem.

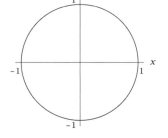

A circunferência unitária.

A circunferência unitária intercepta o eixo horizontal nos pontos (1, 0) e (−1, 0) e o eixo vertical nos pontos (0, 1) e (0, −1), como mostrado na figura ao lado.

A circunferência unitária no plano xy é descrita pela equação a seguir. Você deve tornar-se completamente familiarizado com essa equação.

> *Equação da circunferência unitária*
>
> A circunferência unitária no plano xy é o conjunto de pontos (x, y) tais que
> $$x^2 + y^2 = 1.$$

EXEMPLO 1 Determine os pontos sobre a circunferência unitária cuja primeira coordenada é igual a $\frac{2}{3}$.

SOLUÇÃO Precisamos determinar a interseção da circunferência unitária com a reta no plano xy cuja equação é $x = \frac{2}{3}$, como mostrado aqui. Para determinar essa interseção, considere x igual a $\frac{2}{3}$ na equação $x^2 + y^2 = 1$ e depois resolva a equação para y. Em outras palavras, precisamos resolver a equação

$$\left(\tfrac{2}{3}\right)^2 + y^2 = 1.$$

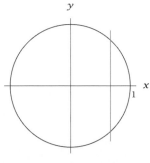

A circunferência unitária e a reta $x = \frac{2}{3}$.

Esta pode ser simplificada para a equação $y^2 = \frac{5}{9}$, a qual implica $y = \frac{\sqrt{5}}{3}$ ou $y = -\frac{\sqrt{5}}{3}$. Portanto, os pontos sobre a circunferência unitária cuja primeira coordenada é igual a $\frac{2}{3}$ são $\left(\frac{2}{3}, \frac{\sqrt{5}}{3}\right)$ e $\left(\frac{2}{3}, -\frac{\sqrt{5}}{3}\right)$.

O próximo exemplo mostra como determinar as coordenadas dos pontos em que a circunferência unitária intercepta a reta que passa pela origem com inclinação igual a 1 (a qual, no plano *xy*, é descrita pela equação $y = x$).

Uma função não precisa estar definida por uma única expressão algébrica, como mostrado no exemplo a seguir.

Determine os pontos na circunferência unitária cujas duas coordenadas são iguais.

EXEMPLO 2

SOLUÇÃO   Precisamos determinar a interseção da circunferência unitária com a reta no plano *xy* cuja equação é $y = x$. Para determinar essa interseção, estabeleça *y* igual a *x* na equação $x^2 + y^2 = 1$ e depois resolva a equação para *x*. Em outras palavras, precisamos resolver a equação

$$x^2 + x^2 = 1.$$

Esta pode ser simplificada para a equação $2x^2 = 1$, que implica $x = \pm \frac{1}{\sqrt{2}} = \pm \frac{\sqrt{2}}{2}$. Portanto, $\left(\frac{\sqrt{2}}{2}, \frac{\sqrt{2}}{2}\right)$ e $\left(-\frac{\sqrt{2}}{2}, -\frac{\sqrt{2}}{2}\right)$ são os pontos na circunferência unitária cujas coordenadas são iguais.

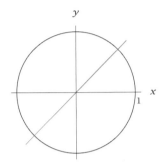

A circunferência unitária e a reta que passa pela origem com inclinação igual a 1.

Ângulos na Circunferência Unitária

O **eixo horizontal positivo**, que desempenha um papel especial na trigonometria, é o conjunto de pontos no eixo horizontal que estão à direita da origem. Quando queremos chamar a atenção para o eixo positivo horizontal, algumas vezes o desenhamos mais espesso que o normal, como mostrado aqui.

Ocasionalmente também nos referimos ao eixo horizontal negativo, ao eixo vertical positivo e ao eixo vertical negativo. Esses termos são suficientemente descritivos, tornando suas definições praticamente desnecessárias, mas aqui estão as definições formais:

> *Eixos horizontal e vertical positivos e negativos*
>
> - O **eixo horizontal positivo** é o conjunto de pontos no plano coordenado sob a forma $(x, 0)$ em que $x > 0$.
> - O **eixo horizontal negativo** é o conjunto de pontos no plano coordenado sob a forma $(x, 0)$ em que $x < 0$.
> - O **eixo vertical positivo** é o conjunto de pontos no plano coordenado sob a forma $(0, y)$ em que $y > 0$.
> - O **eixo vertical negativo** é o conjunto de pontos no plano coordenado sob a forma $(0, y)$ em que $y < 0$.

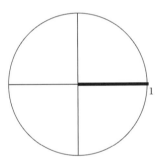

A circunferência unitária com o eixo horizontal positivo mais espesso.

Vamos lidar com o ângulo entre um raio da circunferência unitária e o eixo horizontal positivo, fazendo medições no sentido anti-horário a partir do eixo horizontal positivo. Sentido anti-horário refere-se ao sentido oposto ao do movimento dos ponteiros de um relógio. Por exemplo, a figura ao lado mostra o raio da circunferência unitária cuja extremidade está em $\left(\frac{\sqrt{2}}{2}, \frac{\sqrt{2}}{2}\right)$. Esse raio forma um ângulo de 45° com o eixo horizontal positivo.

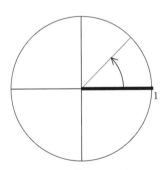

O raio que forma um ângulo de 45° com o eixo horizontal positivo. A seta indica o sentido anti-horário.

O raio correspondente a um ângulo

Para $\theta > 0$, o **raio da circunferência unitária correspondente a θ graus** é o raio que forma um ângulo de θ graus com o eixo horizontal positivo, medido no sentido anti-horário a partir do eixo horizontal positivo.

EXEMPLO 3

Represente o raio da circunferência unitária para cada um dos seguintes ângulos: 90°, 180° e 360°.

solução   O raio com extremidade em (0, 1) no eixo vertical positivo forma um ângulo de 90° com o eixo horizontal positivo.

De maneira similar, o raio com extremidade em (−1, 0) no eixo horizontal negativo forma um ângulo de 180° com o eixo horizontal positivo.

Contornar toda a circunferência corresponde a um ângulo de 360°, levando-nos de volta ao ponto do qual partimos, com a extremidade do raio em (1, 0) no eixo horizontal positivo.

A figura a seguir mostra cada um desses ângulos-chave e seus raios correspondentes:

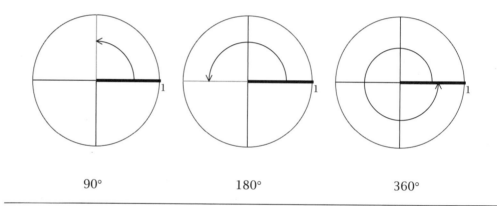

EXEMPLO 4

Represente o raio da circunferência unitária correspondente a cada um dos seguintes ângulos: 20°, 100° e 200°.

solução   A figura a seguir mostra cada ângulo e, em cinza meio-tom, seu raio correspondente:

O raio correspondente a 100° está levemente à esquerda do eixo vertical positivo porque 100° é levemente maior que 90°.

O raio correspondente a 200° está um pouco abaixo do eixo horizontal negativo porque 200° é um pouco maior que 180°.

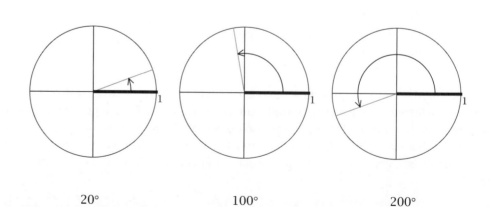

Ângulos Negativos

Algumas vezes é útil considerar o raio da circunferência unitária correspondente a um ângulo negativo. Ângulo negativo simplesmente significa um ângulo que é medido no sentido horário a partir do eixo horizontal positivo.

> *O raio correspondente a um ângulo negativo*
>
> Para $\theta < 0$, o **raio da circunferência unitária que corresponde a θ graus** é o raio que forma um ângulo de $|\theta|$ graus com o eixo horizontal positivo, medido no sentido horário a partir do eixo horizontal positivo.

Sentido horário *refere-se ao sentido do movimento dos ponteiros do relógio, como mostrado pelas setas no exemplo a seguir.*

Represente o raio da circunferência unitária correspondente a cada um dos seguintes ângulos: −30°, −60° e −90°.

EXEMPLO 5

SOLUÇÃO

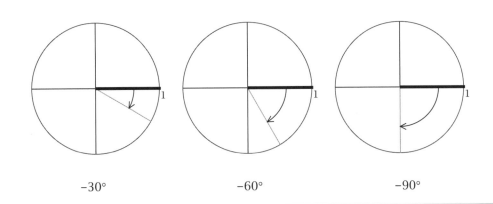

Um raio pode corresponder a mais de um ângulo. Por exemplo, considere o raio abaixo à esquerda. Medido no sentido horário a partir do eixo horizontal positivo, o raio à esquerda corresponde a −60°. Alternativamente, medido no sentido anti-horário a partir do eixo horizontal positivo, o mesmo raio corresponde a 300°.

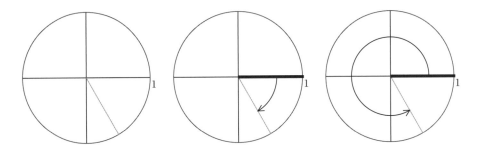

Esse raio vai corresponder a −60° (como no centro) ou a 300° (como à direita)?

Cada uma dessas interpretações pode estar correta. Cada ângulo (positivo ou negativo) corresponde a um único raio da circunferência unitária, mas dado raio corresponde a mais de um ângulo. Informando apenas o raio, como na figura à esquerda, com nenhuma outra informação, não é possível determinar se ele corresponde a um ângulo positivo ou a um ângulo negativo.

Em resumo, o raio de uma circunferência unitária correspondente a um ângulo é determinado da seguinte maneira:

> *Ângulos positivos e negativos*
>
> - Medidas de ângulos para um raio na circunferência unitária são feitas a partir do eixo horizontal positivo.
>
> - Ângulos positivos correspondem ao movimento no sentido anti-horário a partir do eixo horizontal positivo.
>
> - Ângulos negativos correspondem ao movimento no sentido horário a partir do eixo horizontal positivo.

Ângulos Maiores que 360°

Algumas vezes precisamos considerar ângulos com valor absoluto maior que 360°. Tais ângulos iniciam-se no eixo horizontal positivo e giram por uma ou mais voltas na circunferência. O próximo exemplo mostra esse procedimento.

EXEMPLO 6 Considere o raio da circunferência correspondente a 40°. Discuta outros ângulos que correspondem a esse raio.

SOLUÇÃO Iniciando no eixo horizontal positivo e movendo no sentido anti-horário, podemos acabar no mesmo raio, dando uma volta completa na circunferência (360°), e continuar por mais 40°, totalizando 400°, como mostrado na figura do meio. Ou podemos dar duas voltas completas na circunferência (720°) e continuar por mais 40°, totalizando 760°, como mostrado na figura à direita.

O mesmo raio corresponde a 40°, 400°, 760°, e assim por diante.

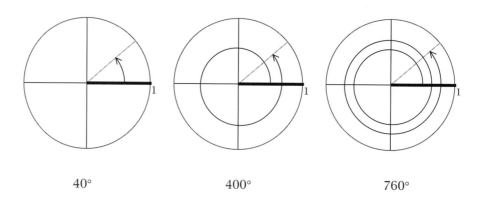

40°   400°   760°

Podemos obter outro conjunto de ângulos para o mesmo raio medindo no sentido horário a partir do eixo horizontal positivo. A parte debaixo da figura do meio mostra que o raio correspondente a 40° também corresponde a −320°. Alternativamente, podemos dar uma volta completa na circunferência no sentido horário (−360°)

e continuar no sentido horário até o raio (outros −320°), totalizando −680°, como mostra a figura à direita.

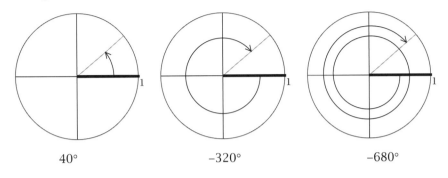

O mesmo raio corresponde a 40°, −320°, −680°, e assim por diante.

Já definimos o raio da circunferência unitária correspondente a qualquer ângulo positivo ou negativo. Por completude, também devemos estabelecer explicitamente que o raio correspondente a 0° é o raio ao longo do eixo horizontal positivo. De maneira geral, se n for qualquer inteiro, então o raio correspondente a $360n$ graus é o raio ao longo do eixo horizontal positivo.

Para cada número real θ, há um raio da circunferência unitária correspondente a θ graus. No entanto, para cada raio da circunferência unitária, há infinitos ângulos correspondentes a esse raio. Eis aqui o resultado preciso:

> *Múltiplas escolhas para o ângulo correspondente a um raio*
>
> Um raio da circunferência unitária correspondente a θ graus também corresponde a $\theta + 360n$ graus para todo número inteiro n.

Comprimento de um Arco de Circunferência

Aqui está uma definição intuitiva do comprimento de uma curva: Coloque uma fita ao longo da curva, depois estique a fita em um segmento de reta e declare que seu comprimento é o comprimento da curva.

Determinaremos agora uma fórmula para o comprimento de um arco de circunferência, iniciando com um exemplo simples.

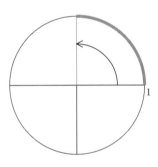

O arco da circunferência correspondente a 90°.

Qual é o comprimento do arco da circunferência unitária correspondente a 90°?

EXEMPLO 7

SOLUÇÃO O arco da circunferência unitária correspondente a 90° está representado na figura como a parte mais espessa da circunferência unitária.

Para determinar o comprimento desse arco de circunferência, lembre que o comprimento (a circunferência) de uma circunferência unitária completa é igual a 2π (da expressão familiar $2\pi r$ com $r = 1$). Aqui, o arco de circunferência corresponde a um quarto da circunferência unitária. Portanto, seu comprimento é igual a $\frac{2\pi}{4}$, que é igual a $\frac{\pi}{2}$.

De maneira geral, suponha $0 < \theta \leq 360$ e considere um arco de circunferência correspondente a θ graus em uma circunferência de raio r, como mostrado na parte mais espessa da circunferência. O comprimento desse arco de circunferência é igual à fração da circunferência inteira correspondente a esse arco vezes o comprimento da circunferência completa. Em outras palavras, o comprimento do arco de circunferência é igual a $\frac{\theta}{360} \cdot 2\pi r$, que é igual a $\frac{\theta \pi r}{180}$.

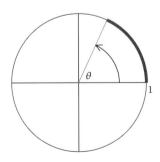

O arco de circunferência mais espesso tem comprimento $\frac{\theta \pi r}{180}$.

No resumo a seguir do resultado que deduzido anterior, assumimos $0 < \theta \le 360$:

> **Comprimento de um arco de circunferência**
>
> Um arco correspondente a θ graus em uma circunferência de raio r tem comprimento igual a $\frac{\theta \pi r}{180}$.

No caso especial em que $\theta = 360$, a fórmula anterior diz que uma circunferência de raio r tem comprimento $2\pi r$, como esperado.

EXEMPLO 8

A London Eye.

A *London Eye* é uma enorme roda-gigante na Inglaterra com um diâmetro de 394 pés. Considere que ela gire aproximadamente 12,3° a cada minuto. Qual é a rapidez, em milhas por hora, dos passageiros na borda externa dessa roda gigante?

SOLUÇÃO   O raio da *London Eye* é de $\frac{394}{2}$ pés, que é igual a 197 pés. A fórmula anterior nos diz que os passageiros viajam

$$\frac{(12{,}3)\pi(197)}{180}$$

pés por minuto, o que corresponde a aproximadamente 42,29 pés por minuto. Multiplicando por 60, vemos que os passageiros viajam aproximadamente 2537 pés por hora. Dividindo por 5280 (o número de pés em uma milha), concluímos que os passageiros viajam a aproximadamente 0,48 milha por hora.

Pontos Especiais na Circunferência Unitária

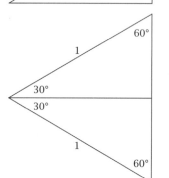

Como o triângulo grande é um triângulo equilátero, o lado vertical não identificado desse triângulo tem comprimento igual a 1. Portanto, no triângulo de cima, o lado vertical tem comprimento igual a $\frac{1}{2}$.

O raio da circunferência unitária que corresponde a 45° tem sua extremidade em $\left(\frac{\sqrt{2}}{2}, \frac{\sqrt{2}}{2}\right)$; veja o Exemplo 2. As coordenadas da extremidade também podem ser determinadas para o raio correspondente a 30° e para o raio correspondente a 60°. Para fazer isso, primeiro precisamos analisar as dimensões de um triângulo retângulo com esses ângulos.

Considere um triângulo retângulo com um de seus ângulos igual a 30°. Como a soma dos ângulos de um triângulo é 180°, o outro ângulo do triângulo é 60°. Considere que esse triângulo tenha hipotenusa de comprimento igual a 1, como mostrado na primeira figura ao lado. Nosso objetivo é determinar o comprimento dos outros dois lados do triângulo.

Inverta o triângulo em torno da base adjacente ao ângulo de 30°, criando a segunda figura mostrada aqui. Observe que todos os três ângulos no triângulo maior são de 60°. Assim, o triângulo maior é um triângulo equilátero. Já sabemos que dois dos lados desse triângulo maior tem comprimento igual a 1, como indicado na figura; agora sabemos que o terceiro lado também tem comprimento 1.

Em cada um dos triângulos menores, o lado oposto ao ângulo de 30° tem metade do comprimento do lado vertical do triângulo maior. Logo, o lado vertical no triângulo superior tem comprimento $\frac{1}{2}$. O Teorema de Pitágoras, dessa forma, implica que o lado horizontal tenha comprimento $\frac{\sqrt{3}}{2}$ (você deve verificar isso). Portanto, as dimensões desse triângulo são as apresentadas na figura a seguir:

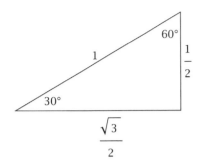

Em um triângulo com ângulos de 30°, 60° e 90°, o lado oposto ao ângulo de 30° tem metade do comprimento da hipotenusa.

Dimensões de um triângulo com ângulos de 30°, 60° e 90°

Em um triângulo com ângulos de 30°, 60° e 90° e hipotenusa de comprimento 1,

- o lado oposto ao ângulo de 30° tem comprimento $\frac{1}{2}$,
- o lado oposto ao ângulo de 60° tem comprimento $\frac{\sqrt{3}}{2}$.

(a) Determine as coordenadas da extremidade do raio da circunferência unitária correspondente a 30°.

(b) Determine as coordenadas da extremidade do raio da circunferência unitária correspondente a 60°.

EXEMPLO 9

SOLUÇÃO

(a) O raio correspondente a 30° é mostrado abaixo, à esquerda. Se desenharmos um segmento de reta perpendicular, a partir da extremidade do raio até o eixo horizontal, como mostrado na figura, obtemos um triângulo de 30° – 60° – 90°. A hipotenusa desse triângulo é um raio da circunferência unitária e, portanto, tem comprimento 1. Logo, o lado oposto ao ângulo de 60° tem comprimento $\frac{\sqrt{3}}{2}$ e o lado oposto ao ângulo de 30° tem comprimento $\frac{1}{2}$. Assim, o raio correspondente ao ângulo de 30° tem sua extremidade em $(\frac{\sqrt{3}}{2}, \frac{1}{2})$.

A tabela abaixo mostra a extremidade do raio da circunferência unitária correspondente a alguns ângulos especiais.

ângulo	extremidade do raio
0°	$(1, 0)$
30°	$(\frac{\sqrt{3}}{2}, \frac{1}{2})$
45°	$(\frac{\sqrt{2}}{2}, \frac{\sqrt{2}}{2})$
60°	$(\frac{1}{2}, \frac{\sqrt{3}}{2})$
90°	$(0, 1)$
180°	$(-1, 0)$

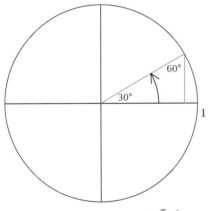

Este raio tem extremidade $(\frac{\sqrt{3}}{2}, \frac{1}{2})$. *Este raio tem extremidade $(\frac{1}{2}, \frac{\sqrt{3}}{2})$.*

(b) O raio correspondente a 60° é mostrado na figura acima, à direita. O mesmo raciocínio utilizado na parte (a) deste exemplo mostra que esse raio tem sua extremidade em $(\frac{1}{2}, \frac{\sqrt{3}}{2})$.

Os Exercícios 35–40 pedem para você expandir a tabela para alguns outros ângulos especiais. Como veremos em breve, as funções trigonométricas foram inventadas para expandir essa tabela para todos os ângulos.

EXERCÍCIOS

1. Determine todos os números t tais que $\left(\frac{1}{3}, t\right)$ seja um ponto sobre a circunferência unitária.

2. Determine todos os números t tais que $\left(\frac{3}{5}, t\right)$ seja um ponto sobre a circunferência unitária.

3. Determine todos os números t tais que $\left(t, -\frac{2}{5}\right)$ seja um ponto sobre a circunferência unitária.

4. Determine todos os números t tais que $\left(t, -\frac{3}{7}\right)$ seja um ponto sobre a circunferência unitária.

5. Determine os pontos em que a reta que passa pela origem com inclinação 3 intercepta a circunferência unitária.

6. Determine os pontos em que a reta que passa pela origem com inclinação 4 intercepta a circunferência unitária.

Para os Exercícios 7-14, desenhe a circunferência unitária e o raio correspondente ao ângulo dado. Inclua uma seta para mostrar o sentido no qual o ângulo é medido a partir do eixo horizontal positivo.

7. 20°
8. 80°
9. 160°
10. 330°
11. 460°
12. −10°
13. −75°
14. −170°

15. Qual é o ângulo entre o ponteiro das horas e o ponteiro dos minutos em um relógio marcando 4 horas?

16. Qual é o ângulo entre o ponteiro das horas e o ponteiro dos minutos em um relógio marcando 5 horas?

17. Qual é o ângulo entre o ponteiro das horas e o ponteiro dos minutos em um relógio marcando 4 horas e 30 minutos?

18. Qual é o ângulo entre o ponteiro das horas e o ponteiro dos minutos em um relógio marcando 7 horas e 15 minutos?

19. Qual é o ângulo entre o ponteiro das horas e o ponteiro dos minutos em um relógio marcando 1 hora e 23 minutos?

20. Qual é o ângulo entre o ponteiro das horas e o ponteiro dos minutos em um relógio marcando 11 horas e 17 minutos?

Para os Exercícios 21-24, dê as respostas até o segundo mais próximo.

21. Em que momento entre 1 hora e 2 horas os ponteiros que marcam a hora e os minutos em um relógio apontam na mesma direção?

22. Em que momento entre 4 horas e 5 horas os ponteiros que marcam a hora e os minutos em um relógio apontam na mesma direção?

23. Determine dois momentos entre 1 hora e 2 horas nos quais os ponteiros que marcam as horas e os minutos em um relógio estejam perpendiculares.

24. Determine dois momentos entre 4 horas e 5 horas nos quais os ponteiros que marcam as horas e os minutos em um relógio estejam perpendiculares.

25. Considere uma formiga andando no sentido anti-horário sobre uma circunferência unitária partindo do ponto (1, 0) até a extremidade do raio correspondente a 70°. Qual a distância percorrida pela formiga?

26. Considere uma formiga andando no sentido anti-horário sobre uma circunferência unitária partindo do ponto (1, 0) até a extremidade do raio correspondente a 130°. Qual a distância percorrida pela formiga?

27. A que ângulo corresponde um arco de circunferência com comprimento $\frac{\pi}{5}$ na circunferência unitária?

28. A que ângulo corresponde um arco de circunferência com comprimento $\frac{\pi}{6}$ na circunferência unitária?

29. A que ângulo corresponde um arco de circunferência com comprimento $\frac{5}{2}$ na circunferência unitária?

30. A que ângulo corresponde um arco de circunferência com comprimento 1 na circunferência unitária?

Para os Exercícios 31-32, suponha que a superfície da Terra seja uma esfera com diâmetro de 7926 milhas.*

31. Qual é, aproximadamente, a distância percorrida por um navio que navega ao longo do Equador, no Oceano Atlântico, da longitude 20° oeste para a longitude 30° oeste?

32. Qual é, aproximadamente, a distância percorrida por um navio que navega ao longo do Equador, no Oceano Pacífico, da longitude 170° oeste para a longitude 120° oeste?

33. Determine os comprimentos de ambos os arcos de circunferência na circunferência unitária conectando os pontos (1, 0) e $\left(\frac{\sqrt{2}}{2}, \frac{\sqrt{2}}{2}\right)$.

34. Determine os comprimentos de ambos os arcos de circunferência na circunferência unitária conectando os pontos (1, 0) e $\left(-\frac{\sqrt{2}}{2}, \frac{\sqrt{2}}{2}\right)$.

Para os Exercícios 35-40, determine a extremidade do raio da circunferência unitária correspondente ao ângulo dado.

35. 120°
36. 240°
37. −30°
38. −150°
39. 390°
40. 510°

Para os Exercícios 41-46, determine o ângulo correspondente ao raio da circunferência unitária cuja extremidade é o ponto dado. Dentre as infinitas soluções corretas possíveis, escolha aquela com o menor valor absoluto.

---

* 1 milha é aproximadamente igual a 1,6 km. (N.T.)

41 $\left(-\frac{1}{2}, \frac{\sqrt{3}}{2}\right)$

42 $\left(-\frac{\sqrt{3}}{2}, \frac{1}{2}\right)$

43 $\left(\frac{\sqrt{2}}{2}, -\frac{\sqrt{2}}{2}\right)$

44 $\left(\frac{1}{2}, -\frac{\sqrt{3}}{2}\right)$

45 $\left(-\frac{\sqrt{2}}{2}, -\frac{\sqrt{2}}{2}\right)$

46 $\left(-\frac{1}{2}, -\frac{\sqrt{3}}{2}\right)$

47 Determine os comprimentos de ambos os arcos de circunferência na circunferência unitária conectando o ponto $\left(\frac{1}{2}, \frac{\sqrt{3}}{2}\right)$ e a extremidade do raio correspondente a 130°.

48 Determine os comprimentos de ambos os arcos de circunferência na circunferência unitária conectando o ponto $\left(\frac{\sqrt{3}}{2}, -\frac{1}{2}\right)$ e a extremidade do raio correspondente a 50°.

49 Determine os comprimentos de ambos os arcos de circunferência na circunferência unitária conectando o ponto $\left(-\frac{\sqrt{2}}{2}, -\frac{\sqrt{2}}{2}\right)$ e a extremidade do raio correspondente a 125°.

50 Determine os comprimentos de ambos os arcos de circunferência na circunferência unitária conectando o ponto $\left(-\frac{\sqrt{3}}{2}, -\frac{1}{2}\right)$ e a extremidade do raio correspondente a 20°.

51 Qual é a inclinação do raio da circunferência unitária correspondente a 30°?

52 Qual é a inclinação do raio da circunferência unitária correspondente a 60°?

PROBLEMAS

Alguns problemas exigem consideravelmente mais raciocínio que os exercícios.

53 Suponha que m seja um número real. Determine os pontos nos quais a reta que passa pela origem com inclinação m intercepta a circunferência unitária.

Para os Problemas 54–56, considere que uma aranha se mova ao longo da borda de uma teia circular a uma distância de 3 cm do centro.

54 Se a aranha começar no lado direito distante da teia e seguir no sentido anti-horário até encontrar o topo da teia, qual a distância aproximada que ela percorre?

55 Se a aranha se deslocar ao longo da borda da teia por uma distância de 2 cm, qual é aproximadamente o ângulo formado entre o segmento de reta do centro da teia até o ponto inicial do movimento da aranha e o segmento de reta do centro da teia até o ponto final do movimento da aranha?

56 Coloque a origem do plano coordenado no centro da teia. Quais são as coordenadas da aranha quando ela atinge o ponto diretamente a sudoeste do centro?

Use a seguinte informação para os Problemas 57–62: Um grado é uma unidade de medida para ângulos que é utilizada, algumas vezes, em levantamentos, especialmente em países europeus. Uma revolução completa ao longo da circunferência corresponde a 400 grados.

[Estes problemas podem ajudá-lo a trabalhar confortavelmente com ângulos em unidades diferentes de graus.

Na próxima seção introduziremos radianos, as mais importantes unidades usadas para ângulos.]

57 Quantos graus correspondem a um ângulo reto?

58 Os ângulos de um triângulo somam quantos graus?

59 Quantos graus existem em cada ângulo de um triângulo equilátero?

60 Converta 37° em grados.

61 Converta 37 grados em graus.

62 Comente sobre vantagens e desvantagens de usarem-se grados em comparação a graus.

63 Verifique que cada um dos pontos abaixo está na circunferência unitária:

   (a) $\left(\frac{3}{5}, \frac{4}{5}\right)$ (b) $\left(\frac{5}{13}, \frac{12}{13}\right)$ (c) $\left(\frac{8}{17}, \frac{15}{17}\right)$

O problema a seguir mostra que a circunferência unitária contém um número infinito de pontos para os quais ambas as coordenadas são racionais.

64 Demonstre que se m e n são inteiros simultaneamente não nulos, então

$$\left(\frac{m^2 - n^2}{m^2 + n^2}, \frac{2mn}{m^2 + n^2}\right)$$

é um ponto na circunferência unitária.

SOLUÇÕES DETALHADAS dos Exercícios Ímpares

Não leia estas soluções detalhadas antes de tentar resolver você mesmo os exercícios. Caso contrário, você corre o risco de imitar as técnicas demonstradas aqui, sem, no entanto, compreender as ideias.

Melhor caminho para aprender: Leia cuidadosamente a seção do livro-texto, depois resolva todos os exercícios ímpares e verifique suas respostas aqui. Se você tiver alguma dificuldade para resolver algum exercício, olhe a solução detalhada apresentada aqui.

1 Determine todos os números t tais que $\left(\frac{1}{3}, t\right)$ seja um ponto sobre a circunferência unitária.

SOLUÇÃO Para que $\left(\frac{1}{3}, t\right)$ seja um ponto sobre a circunferência unitária, a soma dos quadrados das coordenadas deve ser igual 1. Em outras palavras,

$$\left(\tfrac{1}{3}\right)^2 + t^2 = 1.$$

Isto pode ser simplificado para a equação $t^2 = \frac{8}{9}$, que implica $t = \frac{\sqrt{8}}{3}$ ou $t = -\frac{\sqrt{8}}{3}$. Como $\sqrt{8} = \sqrt{4 \cdot 2} = \sqrt{4} \cdot \sqrt{2} = 2 \cdot \sqrt{2}$, podemos reescrever a equação como $t = \frac{2\sqrt{2}}{3}$ ou $t = -\frac{2\sqrt{2}}{3}$.

3 Determine todos os números t tais que $\left(t, -\frac{2}{5}\right)$ seja um ponto sobre a circunferência unitária.

SOLUÇÃO Para que $\left(t, -\frac{2}{5}\right)$ seja um ponto sobre a circunferência unitária, a soma dos quadrados das coordenadas deve ser igual 1. Em outras palavras,

$$t^2 + \left(-\tfrac{2}{5}\right)^2 = 1.$$

Isto pode ser simplificado para a equação $t^2 = \frac{21}{25}$, que implica $t = \frac{\sqrt{21}}{5}$ ou $t = -\frac{\sqrt{21}}{5}$.

5 Determine os pontos em que a reta que passa pela origem com inclinação 3 intercepta a circunferência unitária.

SOLUÇÃO A reta que passa pela origem com inclinação 3 é caracterizada pela equação $y = 3x$. Substituindo esse valor para y na equação para a circunferência unitária ($x^2 + y^2 = 1$), obtemos

$$x^2 + (3x)^2 = 1,$$

a qual pode ser simplificada para a equação $10x^2 = 1$. Portanto, $x = \frac{\sqrt{10}}{10}$ ou $x = -\frac{\sqrt{10}}{10}$. Usando cada um desses valores de x na equação $y = 3x$, obtemos os pontos $\left(\frac{\sqrt{10}}{10}, \frac{3\sqrt{10}}{10}\right)$ e $\left(-\frac{\sqrt{10}}{10}, -\frac{3\sqrt{10}}{10}\right)$, que são os pontos de interseção entre a reta $y = 3x$ e a circunferência unitária.

Para os Exercícios 7-14, desenhe a circunferência unitária e o raio correspondente ao ângulo dado. Inclua uma seta para mostrar o sentido no qual o ângulo é medido a partir do eixo horizontal positivo.

7 20°

SOLUÇÃO

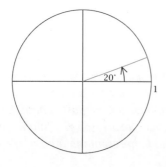

9 160°

SOLUÇÃO

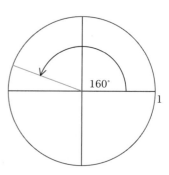

11 460°

SOLUÇÃO

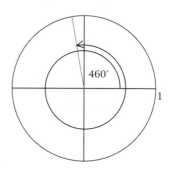

13 −75°

SOLUÇÃO

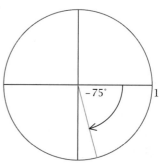

15 Qual é o ângulo entre o ponteiro das horas e o ponteiro dos minutos em um relógio marcando 4 horas?

SOLUÇÃO Às 4 horas, o ponteiro dos minutos está em 12 e o ponteiro das horas está em 4. O ângulo entre esses dois ponteiros corresponde a um terço de uma circunferência. Como percorrer a circunferência completa representa um ângulo de 360°, um terço da circunferência, entre o 12 e o 4, forma um ângulo de 120° ($120 = \frac{1}{3} \cdot 360$).

17 Qual é o ângulo entre o ponteiro das horas e o ponteiro dos minutos em um relógio marcando 4 horas e 30 minutos?

SOLUÇÃO Às 4h30, os ponteiros das horas e dos minutos estão separados por 1,5 número no relógio (porque o ponteiro dos minutos está em 6 e o das horas está na metade da distância entre 4 e 5). Como percorrer a circunferência inteira representa um ângulo de 360° e a face do relógio tem 12 números, o ângulo entre dois números consecutivos é de 30° ($30 = \frac{1}{12} \cdot 360$). Assim, o ângulo entre os ponteiros da hora e dos minutos às 4h30 é de 45° ($45 = 1,5 \times 30$).

19 Qual é o ângulo entre o ponteiro das horas e o ponteiro dos minutos em um relógio marcando 1 hora e 23 minutos?

SOLUÇÃO À 1h23, o ponteiro das horas está na posição $1+\frac{23}{60}$, que é igual a $\frac{83}{60}$.

Em cinco minutos, o ponteiro dos minutos move-se um número na face do relógio (por exemplo, de uma hora e cinco minutos para uma hora e dez minutos, o ponteiro dos minutos moveu-se de 1 para 2). Portanto, em um minuto o ponteiro dos minutos move-se $\frac{1}{5}$ de número na face do relógio. Assim, aos 23 minutos depois da hora cheia, o ponteiro dos minutos está na altura $\frac{23}{5}$ da face do relógio (porque $\frac{23}{5}=4+\frac{3}{5}$, o ponteiro dos minutos está a $\frac{3}{5}$ do caminho entre 4 e 5).

Assim, à 1h23, o ponteiro das horas e o ponteiro dos minutos diferem $\frac{23}{5}-\frac{83}{60}$, que é igual a $\frac{193}{60}$. Cada número no relógio representa um ângulo de 30° e, assim, o ângulo entre o ponteiro das horas e o ponteiro dos minutos à 1h23 é $\frac{193}{60}\cdot 30°$, que é igual a $\frac{193°}{2}$, que por sua vez é igual a 96,5°.

Para os Exercícios 21–24, dê as respostas até o segundo mais próximo.

21 Em que momento entre 1 e 2 horas os ponteiros que marcam a hora e os minutos em um relógio apontam na mesma direção?

SOLUÇÃO A m minutos depois da 1 hora, o ponteiro dos minutos estará na altura $\frac{m}{5}$ e o ponteiro das horas estará na altura $1+\frac{m}{60}$ no relógio (veja a solução do Exercício 19 para uma explicação do caso quando $m = 23$). Queremos que o ponteiro das horas e o ponteiro dos minutos estejam na mesma posição, o que significa que

$$\frac{m}{5} = 1 + \frac{m}{60}.$$

Resolvendo a equação acima para m, obtemos $m=\frac{60}{11}$. Como $\frac{60}{11}=5+\frac{5}{11}$, os ponteiros das horas e dos minutos apontam na mesma direção à 1h05 mais $\frac{5}{11}$ de um minuto. Agora, $\frac{5}{11}$ de um minuto é igual a $60\cdot\frac{5}{11}$ segundos, que é aproximadamente igual a 27,3 segundos. Logo, o instante entre 1 e 2 horas no qual o ponteiro das horas e o ponteiro dos minutos apontam na mesma direção é aproximadamente 1h05min27s.

23 Determine dois momentos entre 1 e 2 horas nos quais os ponteiros que marcam as horas e os minutos em um relógio estejam perpendiculares.

SOLUÇÃO Em m minutos depois da 1 hora, o ponteiro dos minutos estará na altura $\frac{m}{5}$ e o ponteiro das horas estará na altura $1+\frac{m}{5}$ no relógio (veja a solução do Exercício 19 para uma explicação do caso quando $m = 23$).

O ponteiro dos minutos formará um ângulo de 90° com o ponteiro das horas (medido no sentido horário do ponteiro das horas) se

$$\frac{m}{5} = \left(1 + \frac{m}{60}\right) + 3,$$

em que a adição de 3 números no relógio representa um quarto de uma rotação completa no relógio (porque $\frac{3}{12}=\frac{1}{4}$). Resolvendo a equação para m, obtemos $m=\frac{240}{11}$. Como $\frac{240}{11}=21+\frac{9}{11}$, o ponteiro das horas e o ponteiro dos minutos estarão perpendiculares entre si à 1h21 mais $\frac{9}{11}$ de um minuto. Agora, $\frac{9}{11}$ de um minuto é igual a $60\cdot\frac{9}{11}$ segundos, que é aproximadamente 49,1 segundos. Portanto, o instante entre 1 e 2 horas no qual o ponteiro das horas e o ponteiro dos minutos estão perpendiculares é aproximadamente 1h21min49s.

O ponteiro dos minutos fará um ângulo de 270° com o ponteiro das horas (medido no sentido horário a partir do ponteiro das horas) se

$$\frac{m}{5} = \left(1 + \frac{m}{60}\right) + 9,$$

em que a adição de 9 números no relógio representa três quartos de uma rotação completa no relógio (porque $\frac{9}{12}=\frac{3}{4}$). Resolvendo a equação para m, obtemos $m=\frac{600}{11}$. Como $\frac{600}{11}=54+\frac{6}{11}$, o ponteiro das horas e o ponteiro dos minutos estarão perpendiculares entre si à 1h54 mais $\frac{6}{11}$ de um minuto. Agora, $\frac{6}{11}$ de um minuto é igual a $60\cdot\frac{6}{11}$ segundos, que é aproximadamente 32,7 segundos. Portanto, o segundo instante entre 1 e 2 horas no qual o ponteiro das horas e o ponteiro dos minutos estão perpendiculares é aproximadamente 1h54min33s.

25 Considere uma formiga andando no sentido anti-horário em uma circunferência unitária partindo do ponto (1, 0) até a extremidade do raio correspondente a 70°. Qual a distância percorrida pela formiga?

SOLUÇÃO Precisamos determinar o comprimento do arco de circunferência na circunferência unitária correspondente a 70°. Esse comprimento é igual a $\frac{70\pi}{180}$, que é igual a $\frac{7\pi}{18}$.

27 A que ângulo corresponde um arco de circunferência com comprimento $\frac{\pi}{5}$ na circunferência unitária?

SOLUÇÃO Suponha que θ graus corresponda a um arco de circunferência com comprimento $\frac{\pi}{5}$. Assim, $\frac{\theta\pi}{180}=\frac{\pi}{5}$. Resolvendo essa equação para θ, obtemos $\theta = 36$. Portanto, o ângulo em questão é de 36°.

29 A que ângulo corresponde um arco de circunferência com comprimento $\frac{5}{2}$ na circunferência unitária?

SOLUÇÃO Suponha que θ graus corresponda a um arco de circunferência com comprimento $\frac{5}{2}$. Assim, $\frac{\theta\pi}{180}=\frac{5}{2}$. Resolvendo essa equação para θ, obtemos $\theta=\frac{450}{\pi}$. Portanto, o ângulo em questão é de $\frac{450°}{\pi}$, que é aproximadamente 143,2°.

Para os Exercícios 31–32, suponha que a superfície da Terra seja uma esfera com diâmetro de 7926 milhas.*

---

* 1 milha é aproximadamente igual a 1,6 km. (N.T.)

31 Qual é, aproximadamente, a distância percorrida por um navio que navega ao longo do Equador, no Oceano Atlântico, da longitude 20° oeste para a longitude 30° oeste?

SOLUÇÃO Como o diâmetro da Terra é aproximadamente 7926 milhas, o raio da Terra é aproximadamente 3963 milhas. O arco ao longo do qual o navio viajou corresponde a 10°. Portanto, o comprimento desse arco é aproximadamente $\frac{10\pi \cdot 3963}{180}$ milhas, que é aproximadamente 692 milhas.

33 Determine os comprimentos de ambos os arcos de circunferência na circunferência unitária conectando os pontos $(1, 0)$ e $\left(\frac{\sqrt{2}}{2}, \frac{\sqrt{2}}{2}\right)$.

SOLUÇÃO O raio da circunferência unitária com extremidade no ponto $\left(\frac{\sqrt{2}}{2}, \frac{\sqrt{2}}{2}\right)$ corresponde a 45°. Um dos arcos de circunferência conectando $(1, 0)$ e $\left(\frac{\sqrt{2}}{2}, \frac{\sqrt{2}}{2}\right)$ é mostrado na figura a seguir como o arco de circunferência mais espesso; o outro arco de circunferência conectando $(1, 0)$ e $\left(\frac{\sqrt{2}}{2}, \frac{\sqrt{2}}{2}\right)$ é a parte não espessa da circunferência unitária.

O comprimento do arco espesso abaixo é $\frac{45\pi}{180}$, que é igual a $\frac{\pi}{4}$. A circunferência unitária inteira tem comprimento 2π. Portanto, o comprimento do outro arco de circunferência abaixo é $2\pi - \frac{\pi}{4}$, que é igual a $\frac{7\pi}{4}$.

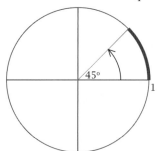

O arco de circunferência mais espesso tem comprimento $\frac{\pi}{4}$.
O outro arco de circunferência tem comprimento $\frac{7\pi}{4}$.

Para os Exercícios 35–40, determine a extremidade do raio da circunferência unitária correspondente ao ângulo dado.

35 120°

SOLUÇÃO O raio correspondente a 120° é mostrado na figura a seguir. O ângulo desse raio até o eixo horizontal negativo é igual a 180° – 120°, que é igual a 60°, como mostrado na figura. Desenhamos um segmento de reta perpendicular desde a extremidade do raio até o eixo horizontal, formando um triângulo retângulo, como mostrado na figura. Já sabemos que um dos ângulos desse triângulo retângulo é 60°; portanto, o outro ângulo deve ser 30°, como indicado a seguir:

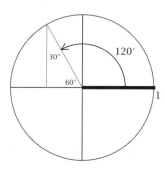

O lado do triângulo retângulo oposto ao ângulo de 30° tem comprimento $\frac{1}{2}$; o lado do triângulo retângulo oposto ao ângulo de 60° tem comprimento $\frac{\sqrt{3}}{2}$. Olhando para a figura anterior, vemos que a primeira coordenada da extremidade do raio é o negativo do comprimento do lado oposto ao ângulo de 30°, e a segunda coordenada da extremidade do raio é o comprimento do lado oposto ao ângulo de 60°. Assim, a extremidade do raio é $\left(-\frac{1}{2}, \frac{\sqrt{3}}{2}\right)$.

37 –30°

SOLUÇÃO O raio correspondente a –30° é mostrado na figura a seguir. Desenhamos um segmento de reta da extremidade do raio até o eixo horizontal, formando um triângulo retângulo, como mostrado na figura. Já sabemos que um dos ângulos desse triângulo retângulo é 30°; logo, o outro ângulo deve ser 60°, como indicado abaixo.

O lado do triângulo retângulo oposto ao ângulo de 30° tem comprimento $\frac{1}{2}$; o lado do triângulo retângulo oposto ao ângulo de 60° tem comprimento $\frac{\sqrt{3}}{2}$. Olhando para a figura a seguir vemos que a primeira coordenada da extremidade do raio é o comprimento do lado oposto ao ângulo de 60°, e a segunda coordenada da extremidade do raio é o negativo do comprimento do lado oposto ao ângulo de 30°. Assim, a extremidade do raio é $\left(\frac{\sqrt{3}}{2}, -\frac{1}{2}\right)$.

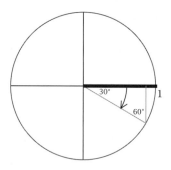

39 390°

SOLUÇÃO O raio correspondente a 390° é obtido partindo-se do eixo horizontal, fazendo uma rotação completa no sentido anti-horário e continuando por mais 30°. O raio resultante é mostrado a seguir. Desenhamos um segmento de reta perpendicular da extremidade do raio até o eixo horizontal, formando um triângulo retângulo, como mostrado na figura a seguir. Já sabemos que um dos ângulos desse triângulo retângulo é 30°; logo, o outro ângulo deve ser 60°, como indicado a seguir.

O lado do triângulo retângulo oposto ao ângulo de 30° tem comprimento $\frac{1}{2}$; o lado do triângulo retângulo oposto ao ângulo de 60° tem comprimento $\frac{\sqrt{3}}{2}$. Olhando para a figura a seguir vemos que a primeira coordenada da extremidade do raio é o comprimento do lado oposto ao ângulo de 60°, e a segunda coordenada da extremidade do raio é o comprimento do lado oposto ao ângulo de 30°. Assim, a extremidade do raio é $\left(\frac{\sqrt{3}}{2}, \frac{1}{2}\right)$.

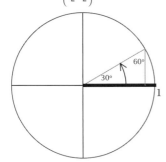

Para os Exercícios 41–46, determine o ângulo correspondente ao raio da circunferência unitária cuja extremidade é o ponto dado. Dentre as infinitas soluções corretas possíveis, escolha aquela com o menor valor absoluto.

41 $\left(-\frac{1}{2}, \frac{\sqrt{3}}{2}\right)$

SOLUÇÃO Desenhamos o raio cuja extremidade é $\left(-\frac{1}{2}, \frac{\sqrt{3}}{2}\right)$. Desenhamos também um segmento de reta perpendicular da extremidade do raio até o eixo horizontal, formando um triângulo retângulo. A hipotenusa desse triângulo retângulo é o raio da circunferência unitária, portanto, tem comprimento 1. O lado horizontal desse triângulo tem comprimento $\frac{1}{2}$ e o lado vertical, comprimento $\frac{\sqrt{3}}{2}$, porque a extremidade do raio é $\left(-\frac{1}{2}, \frac{\sqrt{3}}{2}\right)$.

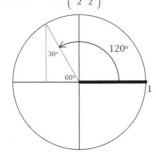

Temos assim um triângulo 30° – 60° – 90°, com o ângulo de 30° oposto ao lado horizontal de comprimento $\frac{1}{2}$, como indicado acima. Como 180 – 60 = 120, o raio corresponde a 120°, como mostrado acima.

Além de corresponder a 120°, esse raio também corresponde a 480°, 840°, e assim por diante. O raio corresponde ainda a –240°, –600°, e assim por diante. No entanto, entre todas as possíveis escolhas para esse ângulo, aquela com menor valor absoluto é 120°.

43 $\left(\frac{\sqrt{2}}{2}, -\frac{\sqrt{2}}{2}\right)$

SOLUÇÃO Desenhamos o raio cuja extremidade é $\left(\frac{\sqrt{2}}{2}, -\frac{\sqrt{2}}{2}\right)$. Desenhamos também um segmento de reta perpendicular da extremidade do raio até o eixo horizontal, formando um triângulo retângulo. A hipotenusa desse triângulo retângulo é o raio da circunferência unitária, portanto, tem comprimento 1. O lado horizontal desse triângulo tem comprimento $\frac{\sqrt{2}}{2}$ e o lado vertical, comprimento $\frac{\sqrt{2}}{2}$, porque a extremidade do raio é $\left(\frac{\sqrt{2}}{2}, -\frac{\sqrt{2}}{2}\right)$.

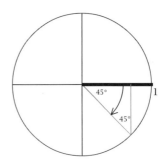

Portanto, temos um triângulo retângulo isósceles, com dois ângulos de 45°, como indicado acima. Como podemos observar na figura, o raio corresponde, dessa forma, a –45°.

Além de corresponder a –45°, esse raio também corresponde a 315°, 675°, e assim por diante. O raio corresponde ainda a –405°, –765°, e assim por diante. No entanto, entre todas as possíveis escolhas para esse ângulo, aquela com menor valor absoluto é –45°.

45 $\left(-\frac{\sqrt{2}}{2}, -\frac{\sqrt{2}}{2}\right)$

SOLUÇÃO Desenhamos o raio cuja extremidade é $\left(-\frac{\sqrt{2}}{2}, -\frac{\sqrt{2}}{2}\right)$. Desenhamos também um segmento de reta perpendicular da extremidade do raio até o eixo horizontal, formando um triângulo retângulo. A hipotenusa desse triângulo retângulo é o raio da circunferência unitária, portanto, tem comprimento 1. O lado horizontal desse triângulo tem comprimento $\frac{\sqrt{2}}{2}$ e o lado vertical, comprimento $\frac{\sqrt{2}}{2}$, porque a extremidade do raio é $\left(-\frac{\sqrt{2}}{2}, -\frac{\sqrt{2}}{2}\right)$.

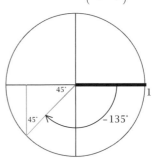

Portanto, temos um triângulo retângulo isósceles, com dois ângulos de 45°, como indicado anteriormente. Como o raio faz um ângulo de 45° com o eixo horizontal negativo, ele corresponde a −135°, como mostrado aqui (porque 135° = 180° − 45°).

Além de corresponder a −135°, esse raio também corresponde a 225°, 585°, e assim por diante. O raio corresponde ainda a −495°, −855°, e assim por diante. No entanto, entre todas as possíveis escolhas para esse ângulo, aquela com menor valor absoluto é −135°.

47 Determine os comprimentos de ambos os arcos de circunferência na circunferência unitária conectando o ponto $\left(\frac{1}{2}, \frac{\sqrt{3}}{2}\right)$ e a extremidade do raio correspondente a 130°.

SOLUÇÃO O raio da circunferência unitária que termina no ponto $\left(\frac{1}{2}, \frac{\sqrt{3}}{2}\right)$ corresponde a 60°. Um dos arcos da circunferência que conecta $\left(\frac{1}{2}, \frac{\sqrt{3}}{2}\right)$ e a extremidade do raio correspondente a 130° e é mostrado na figura a seguir como o arco mais espesso; o outro arco da circunferência que conecta esses dois pontos é a parte mais fina da circunferência unitária.

O arco mais espesso abaixo corresponde a 70° (porque 70° = 130° − 60°). Portanto, o comprimento do arco mais espesso abaixo é $\frac{70\pi}{180}$, que é igual a $\frac{7\pi}{18}$. A circunferência inteira tem comprimento 2π. Logo, o comprimento do outro arco da circunferência abaixo é $2\pi - \frac{7\pi}{18}$, que é igual a $\frac{29\pi}{18}$.

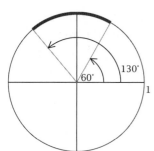

O arco de circunferência mais espesso tem comprimento $\frac{7\pi}{18}$. O outro arco de circunferência tem comprimento $\frac{29\pi}{18}$.

49 Determine os comprimentos de ambos os arcos de circunferência na circunferência unitária conectando o ponto $\left(-\frac{\sqrt{2}}{2}, -\frac{\sqrt{2}}{2}\right)$ e a extremidade do raio correspondente a 125°.

SOLUÇÃO O raio da circunferência unitária que termina no ponto $\left(-\frac{\sqrt{2}}{2}, -\frac{\sqrt{2}}{2}\right)$ corresponde a 225° (porque 225° = 180° + 45°). Um dos arcos da circunferência conectando $\left(-\frac{\sqrt{2}}{2}, -\frac{\sqrt{2}}{2}\right)$ e a extremidade do raio correspondente a 125° é mostrado na figura a seguir como o arco mais espesso; o outro arco da circunferência que conecta esses dois pontos é a parte mais fina da circunferência unitária.

O arco mais espesso abaixo corresponde a 100° (porque 100° = 225° − 125°). Portanto, o comprimento do arco mais espesso abaixo é $\frac{100\pi}{180}$, que é igual a $\frac{5\pi}{9}$. A circunferência inteira tem comprimento 2π. Logo, o comprimento do outro arco da circunferência abaixo é $2\pi - \frac{5\pi}{9}$, que é igual a $\frac{13\pi}{9}$.

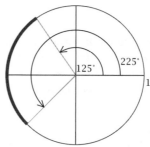

O arco de circunferência mais espesso tem comprimento $\frac{5\pi}{9}$. O outro arco de circunferência tem comprimento $\frac{13\pi}{9}$.

51 Qual é a inclinação do raio da circunferência unitária correspondente a 30°?

SOLUÇÃO O raio da circunferência unitária correspondente a 30° tem seu ponto inicial em (0, 0) e sua extremidade em $\left(\frac{\sqrt{3}}{2}, \frac{1}{2}\right)$. Assim, a inclinação desse raio é $\left(\frac{1}{2} - 0\right) / \left(\frac{\sqrt{3}}{2} - 0\right)$, que é igual a $\frac{1}{\sqrt{3}}$, que por sua vez é igual a $\frac{\sqrt{3}}{3}$.

4.2 Radianos

OBJETIVOS DE APRENDIZAGEM

Ao final desta seção, você deverá ser capaz de
- converter de radianos para graus e converter de graus para radianos;
- determinar o comprimento de um arco de circunferência descrito por radianos;
- determinar a área de uma fatia circular;
- determinar as coordenadas da extremidade do raio de uma circunferência unitária correspondente a qualquer múltiplo de $\frac{\pi}{6}$ radianos ou $\frac{\pi}{4}$ radianos.

Uma Unidade Natural para Medidas de Ângulos

Temos medido ângulos em graus, com 360° correspondendo a uma rotação completa na circunferência. Assim, 180° correspondem a uma rotação em metade da circunferência (gerando, assim, uma reta) e 90° correspondem a uma rotação em um quarto da circunferência (gerando, assim, um ângulo reto).

Não há nada natural a respeito da escolha de 360 como o número de graus de uma circunferência completa. Os matemáticos também introduziram outra unidade de medida para ângulos, chamada **radianos**. Radianos são geralmente mais usados do que graus porque trabalhar com radianos conduz a fórmulas visualmente melhores do que trabalhar com graus.

A circunferência unitária tem comprimento 2π. Em outras palavras, uma formiga caminhando ao longo da circunferência unitária andaria uma distância total de 2π. Como dar uma volta na circunferência corresponde a percorrer uma distância de 2π, a definição a seguir é a escolha natural para uma unidade de medida de ângulos. Como veremos, essa definição faz com que o comprimento de um arco na circunferência unitária seja igual ao ângulo correspondente medido em radianos.

O uso de 360° para denotar uma rotação completa em torno da circunferência provavelmente surgiu da tentativa de fazer a rotação de um dia da Terra em torno do Sol (ou do Sol em torno da Terra) corresponder a 1°, como se o ano tivesse 360 dias, em vez de 365 dias.

Radianos

Radianos são uma unidade de medida para ângulos tal que 2π radianos corresponde a uma rotação ao longo de toda a circunferência.

Radianos e graus são duas unidades diferentes para medida de ângulos, assim como pés e metros são duas unidades diferentes para medida de comprimentos.

Converta cada um dos ângulos a seguir para graus. Depois, desenhe o raio da circunferência unitária correspondente a cada ângulo.

EXEMPLO 1

(a) 2π radianos; (b) π radianos; (c) $\frac{\pi}{2}$ radianos.

SOLUÇÃO

(a) Para fazer a conversão entre radianos e graus, observe que uma rotação ao longo da circunferência inteira é igual a 2π radianos e também é igual a 360°. Assim

$$2\pi \text{ radianos} = 360°.$$

Tente pensar na geometria dos ângulos-chave diretamente em termos de radianos em vez de graus:
- *Uma rotação completa ao longo da circunferência é 2π radianos.*
- *Os ângulos de um triângulo somam π radianos.*
- *Um ângulo reto é $\frac{\pi}{2}$ radianos.*

(b) A rotação ao longo de metade da circunferência é igual a π radianos (porque a rotação ao longo da circunferência inteira é igual a 2π radianos). A rotação ao longo de metade da circunferência também é igual a 180°. Assim

$$\pi \text{ radianos} = 180°.$$

(c) Como a rotação ao longo da circunferência inteira é igual a 2π radianos, um ângulo reto (que vale um quarto da circunferência) é igual a $\frac{2\pi}{4}$ radianos, que é igual a $\frac{\pi}{2}$ radianos. Um ângulo reto também é igual a 90°. Assim

$$\pi \text{ radianos} = 90°.$$

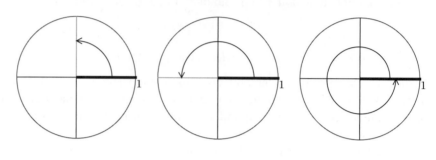

$\frac{\pi}{2}$ radianos $\qquad$ π radianos $\qquad$ 2π radianos

---

EXEMPLO 2

Aqui estão mais exemplos de ângulos diretamente em termos de radianos, em vez de traduzidos para graus:
- *Cada ângulo de um triângulo equilátero é $\frac{\pi}{3}$ radianos.*
- *A reta $y = x$ no plano xy faz um ângulo de $\frac{\pi}{4}$ radianos com o eixo x positivo.*
- *Em um triângulo retângulo com hipotenusa com comprimento igual a 1 e outro lado com comprimento $\frac{1}{2}$, o ângulo oposto ao lado de comprimento $\frac{1}{2}$ é $\frac{\pi}{6}$ radianos.*

Converta cada um dos ângulos a seguir para radianos. Depois, desenhe o raio da circunferência unitária correspondente a cada ângulo.

(a) 30°; $\qquad$ (b) 45°; $\qquad$ (c) 60°.

SOLUÇÃO

(a) Se ambos os lados da equação 180° = π radianos forem divididos por 6, obtemos
$$30° = \tfrac{\pi}{6} \text{ radianos}.$$

(b) Se ambos os lados da equação 90° = $\frac{\pi}{2}$ radianos forem divididos por 2, obtemos
$$45° = \tfrac{\pi}{4} \text{ radianos}$$

(c) Se ambos os lados da equação 180° = π radianos forem divididos por 3, obtemos
$$60° = \tfrac{\pi}{3} \text{ radianos}$$

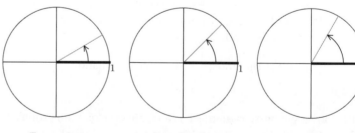

$\frac{\pi}{6}$ radianos $\qquad$ $\frac{\pi}{4}$ radianos $\qquad$ $\frac{\pi}{3}$ radianos

---

A tabela a seguir apresenta um resumo das conversões entre graus e radianos para alguns ângulos-chave. Depois que você começar a trabalhar frequentemente com radianos, você usará esta tabela com menor frequência, uma vez que essas conversões farão parte de seu vocabulário automático:

graus	radianos
30°	$\frac{\pi}{6}$ radianos
45°	$\frac{\pi}{4}$ radianos
60°	$\frac{\pi}{3}$ radianos
90°	$\frac{\pi}{2}$ radianos
180°	π radianos
360°	2π radianos

Conversão entre graus e radianos para ângulos comumente usados.

Para determinar uma fórmula para converter qualquer número de radianos para graus, inicie com a equação 2π radianos = 360° e divida ambos os lados por 2π, obtendo

$$1 \text{ radiano} = \left(\frac{180}{\pi}\right)°.$$

Como $\frac{180}{\pi} \approx 57,3$, um radiano $\approx 57,3°$.

Multiplique ambos os lados da equação acima por qualquer número θ para obter uma fórmula para converter radianos para graus:

Convertendo radianos para graus

$$\theta \text{ radianos} = \left(\frac{180\theta}{\pi}\right)°$$

Para converter no outro sentido (de graus para radianos), inicie com a equação 360° = 2π radianos e divida ambos os lados por 360, obtendo

$$1° = \frac{\pi}{180} \text{ radianos}.$$

Multiplique ambos os lados da equação acima por qualquer número θ para obter a fórmula para converter graus para radianos:

Convertendo graus para radianos

$$\theta° = \frac{\theta\pi}{180} \text{ radianos}$$

Você não precisa memorizar as duas fórmulas apresentadas acima em destaque para conversão entre radianos e graus. Você precisa lembrar, apenas, da equação básica 2π radianos = 360°, a partir da qual você pode derivar as outras fórmulas, conforme necessário. Os dois exemplos a seguir ilustram esse procedimento (sem utilizar as duas fórmulas em destaque acima).

Converta $\frac{7\pi}{90}$ radianos para graus.

EXEMPLO 3

SOLUÇÃO   Inicie com a equação

$$2\pi \text{ radianos} = 360°.$$

Divida ambos os lados por 2 para obter

$$\pi \text{ radianos} = 180°.$$

Agora multiplique ambos os lados por $\frac{7}{90}$, obtendo

$$\frac{7\pi}{90} \text{ radianos} = \frac{7}{90} \cdot 180° = 14°.$$

O próximo exemplo ilustra o procedimento para converter de graus para radianos.

EXEMPLO 4

Converta 10° para radianos.

SOLUÇÃO Inicie com a equação

$$360° = 2\pi \text{ radianos}.$$

Divida ambos os lados por 360 para obter

$$1° = \frac{\pi}{180} \text{ radianos}.$$

Agora multiplique ambos os lados por 10, obtendo

$$10° = \frac{10\pi}{180} \text{ radianos} = \frac{\pi}{18} \text{ radianos}.$$

Como $\frac{\pi}{18} \approx 0{,}1745$, este exemplo mostra que $10° \approx 0{,}1745$ radiano.

O Raio Correspondente a um Ângulo

O raio correspondente a θ graus foi definido na Seção 4.1. A definição é a mesma quando usamos radianos, exceto que o ângulo com o eixo horizontal positivo deve ser medido em radianos, em vez de graus. Portanto, aqui está a definição para um número positivo em radianos:

> **O raio correspondente a um ângulo**
>
> Para $\theta > 0$, o **raio da circunferência unitária correspondente a θ radianos** é o raio que forma um ângulo θ radianos com o eixo horizontal positivo, medido no sentido anti-horário em relação ao eixo horizontal positivo.

Por exemplo, o raio correspondente a $\frac{\pi}{2}$ radianos, o raio correspondente a π radianos e o raio correspondente a 2π radianos são mostrados na solução do Exemplo 1. Além disso, a solução do Exemplo 2 mostra o raio correspondente a $\frac{\pi}{6}$ radianos, o raio correspondente a $\frac{\pi}{4}$ radianos e o raio correspondente a $\frac{\pi}{3}$ radianos.

Na Seção 4.1, introduzimos ângulos negativos, os quais são medidos no sentido horário a partir do eixo horizontal positivo. Podemos, agora, pensar nesses ângulos medidos em radianos, em vez de graus. Portanto, temos a seguinte definição para o raio correspondente a um número negativo em radianos:

> **O raio correspondente a um ângulo negativo**
>
> Para $\theta < 0$, o **raio da circunferência unitária correspondente a θ radianos** é o raio que forma um ângulo $|\theta|$ radianos com o eixo horizontal positivo, medido no sentido horário em relação ao eixo horizontal positivo.

EXEMPLO 5

Desenhe o raio da circunferência unitária para cada um dos ângulos a seguir: $-\frac{\pi}{4}$ radianos, $-\frac{\pi}{2}$ radianos, $-\pi$ radianos.

SOLUÇÃO

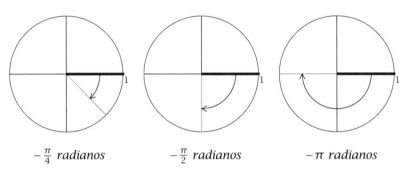

$-\frac{\pi}{4}$ *radianos* $-\frac{\pi}{2}$ *radianos* $-\pi$ *radianos*

Ângulos negativos são medidos no sentido horário a partir do eixo horizontal positivo.

Definimos o raio da circunferência unitária correspondente a qualquer ângulo positivo ou negativo medido em radianos. Por completude, também afirmamos explicitamente que o raio correspondente a 0 radianos é o raio ao longo do eixo horizontal positivo.

Na seção anterior, vimos que poderíamos obter ângulos maiores que 360° iniciando no eixo horizontal positivo e movendo-nos no sentido anti-horário ao longo da circunferência por mais de uma volta completa. O mesmo princípio aplica-se quando trabalhamos com radianos, exceto que uma rotação completa no sentido anti-horário na circunferência é medida em 2π radianos em vez de 360°. O próximo exemplo ilustra essa ideia.

EXEMPLO 6

Esboce o raio da circunferência unitária correspondente a cada um dos seguintes ângulos: π radianos, 3π radianos, 5π radianos.

SOLUÇÃO O raio correspondente a π radianos é mostrado abaixo à esquerda.

Como mostrado abaixo na figura ao centro, acabamos no mesmo raio, ao dar uma volta completa ao longo da circunferência no sentido anti-horário (2π radianos), e continuamos por mais π radianos para um total de 3π radianos.

A figura abaixo à direita mostra que também acabamos no mesmo raio, ao dar duas voltas completas ao longo da circunferência (4π radianos), e continuamos por mais π radianos para um total de 5π radianos.

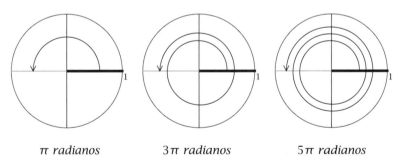

π *radianos* 3π *radianos* 5π *radianos*

O mesmo raio corresponde a π radianos, 3π radianos, 5π radianos, e assim por diante.

Na figura acima, podemos continuar a somar múltiplos de 2π, mostrando que o mesmo raio corresponde a $\pi + 2\pi n$ radianos para cada inteiro positivo n.

A soma de múltiplos inteiros negativos de 2π também conduz ao mesmo raio, como ilustrado no próximo exemplo.

EXEMPLO 7

Esboce o raio da circunferência unitária correspondente a cada um dos seguintes ângulos: π radianos, $-\pi$ radianos, -3π radianos.

SOLUÇÃO   O raio correspondente a π radianos é mostrado abaixo à esquerda.

A figura do centro abaixo mostra que o raio correspondente a π radianos também corresponde a $-\pi$ radianos.

Ou podemos dar uma volta completa na circunferência no sentido horário (-2π radianos) e continuar, sempre no sentido horário, até chegar ao mesmo raio (outros $-\pi$ radianos) para um total de -3π radianos, como mostrado abaixo à direita.

O mesmo raio corresponde a π radianos, $-\pi$ radianos, -3π radianos, e assim por diante.

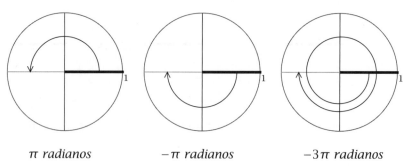

π radianos $-\pi$ radianos -3π radianos

Na figura acima, podemos continuar a subtrair múltiplos de 2π radianos para mostrar que o mesmo raio corresponde a $\pi + 2\pi n$ radianos para cada inteiro positivo n, positivo ou negativo.

Se, nos dois exemplos anteriores, tivéssemos iniciado em um ângulo θ qualquer em vez de em π radianos, poderíamos obter o seguinte resultado:

> **Múltiplas escolhas para o ângulo correspondente a um raio**
>
> Um raio da circunferência unitária correspondente a θ radianos também corresponde a $\theta + 2\pi n$ radianos para cada inteiro n.

Comprimento de um Arco de Circunferência

Na seção anterior determinamos uma fórmula para o comprimento de um arco de circunferência correspondente a um ângulo medido em graus. Vamos, agora, determinar uma fórmula para ser usada quando os ângulos são medidos em radianos.

Iniciamos por considerar um arco da circunferência unitária correspondente a um radiano (que é um pouco maior que 57°), como mostrado ao lado. A circunferência completa corresponde a 2π radianos; logo, a fração da circunferência contida nesse arco de circunferência é $\frac{1}{2\pi}$. Portanto, o comprimento desse arco de circunferência é igual a $\frac{1}{2\pi}$ vezes o comprimento da circunferência inteira. Em outras palavras, o comprimento desse arco de circunferência é igual a $\frac{1}{2\pi} \cdot 2\pi$, que é igual a 1.

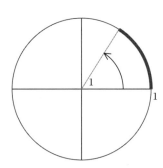

O arco da circunferência unitária correspondente a 1 radiano tem comprimento 1.

Da mesma maneira, considere $0 < \theta \leq 2\pi$. A fração da circunferência contida em um arco de circunferência correspondente a θ radianos é $\frac{\theta}{2\pi}$. Assim, o comprimento de um arco de circunferência unitária correspondente a θ radianos é $\frac{\theta}{2\pi} \cdot 2\pi$. Temos, portanto, o seguinte resultado:

> **Comprimento de um arco de circunferência**
>
> Se $0 < \theta \leq 2\pi$, então um arco da circunferência unitária correspondente a θ radianos tem comprimento θ.

A fórmula acima usando radianos é muito mais clara que a fórmula correspondente usando graus (veja a Seção 4.1). Essa fórmula não deveria ser uma surpresa, pois definimos radianos de forma tal que 2π radianos é igual à circunferência completa, que tem comprimento 2π para a circunferência unitária. De fato, a definição de radianos foi escolhida precisamente para fazer com que essa fórmula fosse deduzida de forma tão clara.

Considere que a distância do centro de um relógio até a extremidade do ponteiro dos minutos seja de 1 pé.*

EXEMPLO 8

(a) Qual será o horário, a partir das 10 horas, em que a extremidade do ponteiro dos minutos vai ter percorrido uma distância de $\frac{\pi}{2}$ pés?

(b) Qual será o horário, a partir das 10 horas, em que a extremidade do ponteiro dos minutos vai ter percorrido uma distância de 2π pés?

(c) Qual será o horário, a partir das 10 horas, em que a extremidade do ponteiro dos minutos vai ter percorrido uma distância de 3π pés?

SOLUÇÃO

(a) Com pés como unidade de comprimento, a extremidade do ponteiro dos minutos viaja ao longo da circunferência unitária. Assim, quando o ponteiro dos minutos tiver viajado $\frac{\pi}{2}$ pés, ele fará um ângulo de $\frac{\pi}{2}$ radianos em relação a sua posição inicial. Como $\frac{\pi}{2}$ radianos é um ângulo reto, quando a extremidade do ponteiro dos minutos tiver viajado uma distância de $\frac{\pi}{2}$ pés, a partir das 10 horas, o horário será 10h15.

(b) Viajar ao longo da circunferência unitária (na qual as unidades são em pés) por uma distância de 2π pés corresponde, exatamente, a uma volta completa na circunferência. Assim, quando a extremidade do ponteiro dos minutos tiver viajado uma distância de 2π pés a partir das 10 horas, o horário será 11 horas.

(c) Viajar na circunferência unitária (na qual as unidades são em pés) por uma distância de 3 pés corresponde a 1,5 volta completa na circunferência. Assim, quando a extremidade do ponteiro dos minutos tiver percorrido uma distância de 3π pés a partir das 10 horas, o horário será 11h30.

Área de uma Fatia

O exemplo a seguir vai ajudar-nos a determinar uma fórmula para a área de uma fatia contida em um círculo.

Se uma pizza de 14 polegadas** for cortada em oito fatias de mesmo tamanho, qual é a área de uma fatia? (Os tamanhos das pizzas são medidos em termos do diâmetro da pizza.)

EXEMPLO 9

SOLUÇÃO O diâmetro da pizza é 14 polegadas; logo, o raio da pizza é 7 polegadas. Usando a fórmula familiar πr^2 para a área de um círculo de área r, vemos que a pizza inteira tem uma área de 49 polegadas quadradas. Uma fatia é um oitavo da pizza inteira. Logo, uma fatia de pizza tem uma área de $\frac{49\pi}{8}$ polegadas quadradas, que é aproximadamente 19,2 polegadas quadradas.

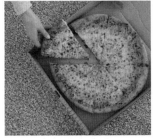

Para determinar a fórmula geral para a área de uma fatia contida em um círculo, considere um círculo de raio r. A área no interior do círculo é πr^2. A área de uma fatia com ângulo θ radianos é igual à fração do círculo inteiro ocupada pela fatia vezes πr^2. A circunferência completa corresponde a 2π radianos, portanto, a fração ocupada pela fatia com ângulo θ é $\frac{\theta}{2\pi}$. Considerando tudo isso, vemos que a área da fatia com ângulo θ radianos é $\left(\frac{\theta}{2\pi}\right)\cdot(\pi r^2)$, que é igual a $\frac{1}{2}\theta r^2$. Temos, assim, a seguinte fórmula:

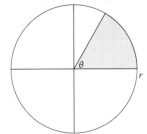

> ### Área de uma fatia
> Uma fatia com ângulo θ radianos no interior de um círculo de raio r tem área $\frac{1}{2}\theta r^2$.

A região em cinza mais claro tem área $\frac{1}{2}\theta r^2$. Essa fórmula não seria tão simples se o ângulo θ fosse medido em graus em vez de radianos.

---
* 1 pé é aproximadamente igual a 30,5 cm. (N.T.)

** 1 polegada é aproximadamente igual a 25,4 mm. (N.T.)

Para mostrar que a fórmula anterior está correta, podemos escolher θ igual a 2 radianos, o que significa que a fatia é o círculo inteiro. A fórmula anterior nos diz que a área deveria ser igual a $\frac{1}{2}(2\pi)r^2$, que é igual a πr^2, que é, de fato, a área de um círculo de raio r.

Pontos Especiais na Circunferência Unitária

A tabela abaixo mostra a extremidade do raio da circunferência unitária correspondente a alguns ângulos especiais. Ela é a mesma tabela mostrada na Seção 4.1, exceto que agora usamos radianos em vez de graus.

ângulo	extremidade do raio
0 radianos	$(1, 0)$
$\frac{\pi}{6}$ radianos	$(\frac{\sqrt{3}}{2}, \frac{1}{2})$
$\frac{\pi}{4}$ radianos	$(\frac{\sqrt{2}}{2}, \frac{\sqrt{2}}{2})$
$\frac{\pi}{3}$ radianos	$(\frac{1}{2}, \frac{\sqrt{3}}{2})$
$\frac{\pi}{2}$ radianos	$(0, 1)$
π radianos	$(-1, 0)$

Coordenadas das extremidades dos raios da circunferência unitária correspondentes a alguns ângulos especiais.

O exemplo a seguir mostra como determinar as extremidades do raio da circunferência unitária associada a outros ângulos especiais.

EXEMPLO 10

Determine as coordenadas da extremidade do raio da circunferência unitária correspondente a $\frac{14\pi}{3}$ radianos.

SOLUÇÃO Lembre que múltiplos inteiros de 2π radianos não interferem na determinação do raio correspondente a um ângulo. Portanto, escrevemos

$$\frac{14\pi}{3} = \frac{12\pi + 2\pi}{3} = 4\pi + \frac{2\pi}{3},$$

e usaremos $\frac{2\pi}{3}$ radianos em vez de $\frac{14\pi}{3}$ radianos para este problema.

Neste momento você pode se sentir mais confortável fazendo a conversão para graus. Observe que $\frac{2\pi}{3}$ radianos é igual a 120°. Assim, precisamos determinar as coordenadas da extremidade do raio da circunferência unitária que corresponde a 120°.

O raio correspondente a 120° é mostrado na figura ao lado. O ângulo desse raio até o eixo horizontal negativo é igual a 180° − 120°, que é igual a 60°, como mostrado na figura. Desenhamos um segmento de reta da extremidade do raio até o eixo horizontal, formando um triângulo retângulo. Já sabemos que um dos ângulos deste triângulo retângulo é 60°; assim, o outro ângulo deve ser 30°, como indicado na figura.

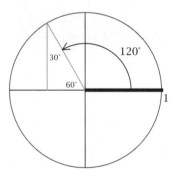

O lado do triângulo retângulo oposto ao ângulo de 30° tem comprimento $\frac{1}{2}$; o lado do triângulo retângulo oposto ao ângulo de 60° tem comprimento $\frac{\sqrt{3}}{2}$. Olhando para a figura, vemos que a primeira coordenada da extremidade do raio é o negativo do comprimento do lado oposto ao ângulo de 30°, e a segunda coordenada da extremidade do raio é o comprimento do lado oposto ao ângulo de 60°. Portanto, a extremidade do raio é $\left(-\frac{1}{2}, \frac{\sqrt{3}}{2}\right)$.

EXERCÍCIOS

Nos Exercícios 1-8, converta cada ângulo para radianos.

1. 15°
2. 40°
3. −45°
4. −60°
5. 270°
6. 240°
7. 1080°
8. 1440°

Nos Exercícios 9-16, converta cada ângulo para graus.

9. 4π radianos
10. 6π radianos
11. $\frac{\pi}{9}$ radianos
12. $\frac{\pi}{10}$ radianos
13. 3 radianos
14. 5 radianos
15. $-\frac{2\pi}{3}$ radianos
16. $-\frac{3\pi}{4}$ radianos

Para os Exercícios 17-24, desenhe a circunferência unitária e o raio correspondente ao ângulo dado. Inclua uma seta para mostrar o sentido no qual o ângulo é medido a partir do eixo horizontal positivo.

17. $\frac{5\pi}{18}$ radianos
18. $\frac{1}{2}$ radiano
19. 2 radianos
20. 5 radianos
21. $\frac{11\pi}{5}$ radianos
22. $-\frac{\pi}{12}$ radianos
23. −1 radiano
24. $-\frac{8\pi}{9}$ radianos

25. Considere uma formiga caminhando no sentido anti-horário em uma circunferência unitária desde o ponto (0,1) até a extremidade do raio correspondente a $\frac{5\pi}{4}$ radianos. Qual a distância percorrida pela formiga?

26. Considere uma formiga caminhando no sentido anti-horário em uma circunferência unitária desde o ponto (−1, 0) até a extremidade do raio correspondente a 6 radianos. Qual a distância percorrida pela formiga?

27. 📱 Determine os comprimentos de ambos os arcos da circunferência unitária conectando o ponto (1, 0) e a extremidade do raio correspondente a 4 radianos.

28. 📱 Determine os comprimentos de ambos os arcos da circunferência unitária conectando o ponto (1, 0) e a extremidade do raio correspondente a 3 radianos.

29. 📱 Determine os comprimentos de ambos os arcos da circunferência unitária conectando o ponto $\left(\frac{\sqrt{2}}{2}, -\frac{\sqrt{2}}{2}\right)$ e a extremidade do raio correspondente a 1 radiano.

30. 📱 Determine os comprimentos de ambos os arcos da circunferência unitária conectando o ponto $\left(-\frac{\sqrt{2}}{2}, \frac{\sqrt{2}}{2}\right)$ e a extremidade do raio correspondente a 2 radianos.

31. Considerando uma pizza de 16 polegadas,* determine a área de uma fatia com ângulo de $\frac{3}{4}$ radianos.

32. Considerando uma pizza de 14 polegadas, determine a área de uma fatia com ângulo de $\frac{4}{5}$ radianos.

33. Considere que uma fatia de uma pizza de 12 polegadas tenha uma área de 20 polegadas quadradas. Qual é o ângulo dessa fatia?

34. Considere que uma fatia de uma pizza de 10 polegadas tenha uma área de 15 polegadas quadradas. Qual é o ângulo dessa fatia?

35. 📱 Considere que uma fatia de uma pizza tenha um ângulo de $\frac{5}{6}$ radianos e uma área de 21 polegadas quadradas. Qual é o diâmetro dessa pizza?

36. 📱 Considere que uma fatia de uma pizza tenha um ângulo de 1,1 radiano e uma área de 25 polegadas quadradas. Qual é o diâmetro dessa pizza?

Para cada um dos ângulos nos Exercícios 37-42, determine a extremidade do raio da circunferência unitária que corresponde ao ângulo dado.

37. $\frac{5\pi}{6}$ radianos
38. $\frac{7\pi}{6}$ radianos
39. $-\frac{\pi}{4}$ radianos
40. $-\frac{3\pi}{4}$ radianos
41. $\frac{5\pi}{2}$ radianos
42. $\frac{11\pi}{2}$ radianos

Para cada um dos ângulos nos Exercícios 43-46, determine a inclinação do raio da circunferência unitária que corresponde ao dado ângulo.

43. $\frac{5\pi}{6}$ radianos
44. $\frac{7\pi}{6}$ radianos
45. $-\frac{\pi}{4}$ radianos
46. $-\frac{3\pi}{4}$ radianos

---

* 1 polegada é aproximadamente igual a 25,4 mm. (N.T.)

PROBLEMAS

47 Determine a fórmula para o comprimento de um arco de circunferência correspondente a θ radianos em uma circunferência de raio r.

48 A maioria dos dicionários definem ângulos agudos e ângulos obtusos em termos de graus. Reescreva essas definições em termos de radianos.

49 Determine a fórmula para converter radianos para graus. [Veja a nota antes do Problema 57 na Seção 4.1 para a definição de graus.]

50 Determine a fórmula para converter graus para radianos.

51 Suponha que a região limitada pelos raios espessos no arco de circunferência mostrado aqui seja removida. Determine a fórmula (em termos de θ) para o perímetro da região remanescente na circunferência unitária.

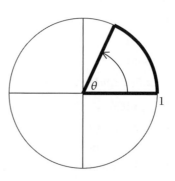

Considere $0 < \theta < 2\pi$.

SOLUÇÕES DETALHADAS dos Exercícios Ímpares

Nos Exercícios 1-8, converta cada ângulo para radianos.

1 15°

SOLUÇÃO   Inicie com a equação
$$360° = 2\pi \text{ radianos}.$$
Divida ambos os lados por 360° para obter
$$1° = \frac{\pi}{180} \text{ radianos}.$$
Agora multiplique ambos os lados por 15, obtendo
$$15° = \frac{15\pi}{180} \text{ radianos} = \frac{\pi}{12} \text{ radianos}.$$

3 −45°

SOLUÇÃO   Inicie com a equação
$$360° = 2\pi \text{ radianos}.$$
Divida ambos os lados por 360° para obter
$$1° = \frac{\pi}{180} \text{ radianos}.$$
Agora multiplique ambos os lados por −45, obtendo
$$-45° = -\frac{45\pi}{180} \text{ radianos} = -\frac{\pi}{4} \text{ radianos}.$$

5 270°

SOLUÇÃO   Inicie com a equação
$$360° = 2\pi \text{ radianos}.$$
Divida ambos os lados por 360° para obter
$$1° = \frac{\pi}{180} \text{ radianos}.$$
Agora multiplique ambos os lados por 270, obtendo
$$270° = \frac{270\pi}{180} \text{ radianos} = \frac{3\pi}{2} \text{ radianos}.$$

7 1080°

SOLUÇÃO   Inicie com a equação
$$360° = 2\pi \text{ radianos}.$$
Divida ambos os lados por 360° para obter
$$1° = \frac{\pi}{180} \text{ radianos}.$$
Agora multiplique ambos os lados por 1080, obtendo
$$1080° = \frac{1080\pi}{180} \text{ radianos} = 6\pi \text{ radianos}.$$

Nos Exercícios 9-16, converta cada ângulo para graus.

9 4π radianos

SOLUÇÃO   Inicie com a equação
$$2\pi \text{ radianos} = 360°.$$
Divida ambos os lados por 2, obtendo
$$4\pi \text{ radianos} = 2 \cdot 360° = 720°.$$

11 $\frac{\pi}{9}$ radianos

SOLUÇÃO   Inicie com a equação
$$2\pi \text{ radianos} = 360°.$$
Divida ambos os lados por 2 para obter
$$\pi \text{ radianos} = 180°.$$
Agora divida ambos os lados por 9, obtendo
$$\frac{\pi}{9} \text{ radianos} = \frac{180°}{9} = 20°.$$

13 3 radianos

SOLUÇÃO Inicie com a equação
$$2\pi \text{ radianos} = 360°.$$
Divida ambos os lados por 2π para obter
$$1 \text{ radiano} = \frac{180°}{\pi}.$$
Agora multiplique ambos os lados por 3, obtendo
$$3 \text{ radianos} = 3 \cdot \frac{180°}{\pi} = \frac{540°}{\pi}.$$

15 $-\frac{2\pi}{3}$ radianos

SOLUÇÃO Inicie com a equação
$$2\pi \text{ radianos} = 360°.$$
Divida ambos os lados por 2 para obter
$$\pi \text{ radianos} = 180°.$$
Agora multiplique ambos os lados por $-\frac{2}{3}$, obtendo
$$-\frac{2\pi}{3} \text{ radianos} = -\frac{2}{3} \cdot 180° = -120°.$$

Para os Exercícios 17-24, desenhe a circunferência unitária e o raio correspondente ao ângulo dado. Inclua uma seta para mostrar o sentido no qual o ângulo é medido a partir do eixo horizontal positivo.

17 $\frac{5\pi}{18}$ radianos

SOLUÇÃO

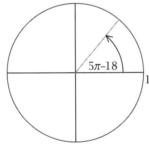

O raio correspondente a $\frac{5\pi}{18}$ radianos, que é igual a 50°.

19 2 radianos

SOLUÇÃO

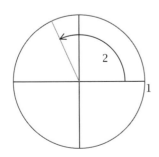

O raio correspondente a 2 radianos, que é aproximadamente 114,6°.

21 $\frac{11\pi}{5}$ radianos

SOLUÇÃO

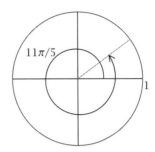

O raio correspondente a $\frac{11\pi}{5}$ radianos, que é igual a 396°.

23 −1 radiano

SOLUÇÃO

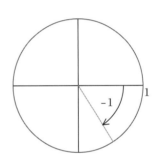

O raio correspondente a −1 radiano, que é aproximadamente −57,3°.

25 Considere uma formiga caminhando no sentido anti-horário em uma circunferência unitária desde o ponto (0, 1) até a extremidade do raio correspondente a $\frac{5\pi}{4}$ radianos. Qual a distância percorrida pela formiga?

SOLUÇÃO O raio cuja extremidade é igual a (0, 1) corresponde a $\frac{\pi}{2}$ radianos, que é o menor ângulo mostrado abaixo.

Como $\frac{5\pi}{4} = \pi + \frac{\pi}{4}$, o raio correspondente a $\frac{5\pi}{4}$ radianos fica $\frac{\pi}{4}$ radianos além do eixo horizontal negativo (na metade do caminho entre o eixo horizontal negativo e o eixo vertical negativo). Assim, a formiga termina sua caminhada na extremidade do raio correspondente ao maior ângulo mostrado abaixo:

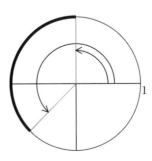

A formiga caminha ao longo do arco de circunferência mais espesso mostrado anteriormente. Esse arco de circunferência corresponde a $\frac{5\pi}{4} - \frac{\pi}{2}$ radianos, que é igual a $\frac{3\pi}{4}$ radianos. Portanto, a distância percorrida pela formiga é $\frac{3\pi}{4}$.

27 Determine os comprimentos de ambos os arcos da circunferência unitária conectando o ponto (1, 0) e a extremidade do raio correspondente a 3 radianos.

SOLUÇÃO Como 3 é um pouco menor que, o raio correspondente a 3 radianos está um pouco acima do eixo horizontal negativo, como mostrado abaixo. O arco de circunferência mais espesso corresponde a 3 radianos, portanto, tem comprimento 3. A circunferência inteira tem comprimento 2π. Assim, o comprimento do outro arco de circunferência é $2\pi - 3$, que é aproximadamente 3,28.

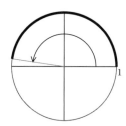

29 Determine os comprimentos de ambos os arcos da circunferência unitária conectando o ponto $\left(\frac{\sqrt{2}}{2}, -\frac{\sqrt{2}}{2}\right)$ e a extremidade do raio correspondente a 1 radiano.

SOLUÇÃO O raio da circunferência unitária cuja extremidade é igual a $\left(\frac{\sqrt{2}}{2}, -\frac{\sqrt{2}}{2}\right)$ corresponde a $-\frac{\pi}{4}$ radianos, como mostrado com a seta no sentido horário abaixo. O raio correspondente a 1 radiano é mostrado com a seta no sentido anti-horário.

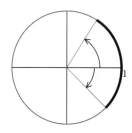

Assim o arco de circunferência mais espesso na figura acima corresponde na $1 + \frac{\pi}{4}$ radianos, portanto, tem comprimento $1 + \frac{\pi}{4}$, que é aproximadamente 1,79. A circunferência unitária inteira tem comprimento 2π. Assim, o comprimento do outro arco de circunferência é $2\pi - (1 + \frac{\pi}{4})$ que é igual $\frac{7\pi}{4} - 1$ a , que é aproximadamente 4,50.

31 Considerando uma pizza de 16 polegadas,* determine a área de uma fatia com ângulo de $\frac{3}{4}$ radianos.

SOLUÇÃO Pizzas são medidas em seus diâmetros; logo, essa pizza tem um raio de 8 polegadas. Assim a área da fatia é $\frac{1}{2} \cdot \frac{3}{4} \cdot 8^2$, que é igual a 24 polegadas quadradas.

33 Considere que uma fatia de uma pizza de 12 polegadas tenha uma área de 20 polegadas quadradas. Qual é o ângulo dessa fatia?

SOLUÇÃO A pizza tem um raio de 6 polegadas. Seja θ o ângulo dessa fatia, medido em radianos. Assim

$$20 = \tfrac{1}{2} \theta \cdot 6^2.$$

Resolvendo a equação para θ, obtemos $\theta = \frac{10}{9}$ radianos.

35 Considere que uma fatia de uma pizza tenha um ângulo de $\frac{5}{6}$ radianos e uma área de 21 polegadas quadradas. Qual é o diâmetro dessa pizza?

SOLUÇÃO Seja r o raio dessa pizza. Assim

$$21 = \tfrac{1}{2} \cdot \tfrac{5}{6} r^2.$$

Resolvendo a equação para r, obtemos $r = \sqrt{\frac{252}{5}} \approx 7,1$. Assim, o diâmetro da pizza é aproximadamente 14,2 polegadas.

Para cada um dos ângulos nos Exercícios 37-42, determine a extremidade do raio da circunferência unitária que corresponde ao ângulo dado.

37 $\frac{5\pi}{6}$ radianos

SOLUÇÃO Observe que $\frac{5\pi}{6}$ radianos é igual a 150°.

O raio correspondente a 150° é mostrado na figura a seguir. O ângulo desse raio com o eixo horizontal negativo 180° − 150°, que é igual a 30°, como mostrado na figura. Desenhamos um segmento de reta perpendicular, partindo da extremidade do raio até o eixo horizontal, formando um triângulo retângulo, como mostrado a seguir. Já sabemos que um dos ângulos desse triângulo retângulo é 30°; logo, o outro ângulo deve ser 60°, como indicado na figura.

O lado do triângulo retângulo oposto ao ângulo de 30° tem comprimento $\frac{1}{2}$; o lado do triângulo retângulo oposto ao ângulo de 60° tem comprimento $\frac{\sqrt{3}}{2}$. Olhando

---

* 1 polegada é aproximadamente igual a 25,4 mm. (N.T.)

para a figura, vemos que a primeira coordenada da extremidade do raio é o negativo do comprimento do lado oposto ao ângulo de 60°, e a segunda coordenada da extremidade do raio é o comprimento do lado oposto ao ângulo de 30°. Assim, a extremidade do raio é $\left(-\frac{\sqrt{3}}{2}, \frac{1}{2}\right)$.

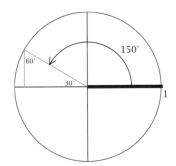

39 $-\frac{\pi}{4}$ radianos

SOLUÇÃO   Observe que $-\frac{\pi}{4}$ radianos é igual a −45°.

O raio correspondente a −45° é mostrado na figura a seguir. Desenhamos um segmento de reta perpendicular, partindo da extremidade do raio até o eixo horizontal, formando um triângulo retângulo, como mostrado na figura. Já sabemos que um dos ângulos desse triângulo retângulo é 45°; logo, o outro ângulo deve ser 45°, como indicado abaixo.

A hipotenusa desse triângulo retângulo é o raio da circunferência unitária, portanto, tem comprimento 1. Os outros dois lados tem comprimento $\frac{\sqrt{2}}{2}$. Olhando a figura, vemos que a primeira coordenada da extremidade do raio é $\frac{\sqrt{2}}{2}$, e a segunda coordenada da extremidade do raio é $-\frac{\sqrt{2}}{2}$. Portanto, a extremidade do raio é $\left(\frac{\sqrt{2}}{2}, -\frac{\sqrt{2}}{2}\right)$.

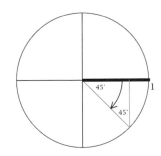

41 $\frac{5\pi}{2}$ radianos

SOLUÇÃO   Observe que $\frac{5\pi}{2} = 2\pi + \frac{\pi}{2}$. Logo, o raio correspondente a $\frac{5\pi}{2}$ radianos é obtido partindo do eixo horizontal, completando uma volta no sentido anti-horário (que é igual a 2 radianos) e continuando por mais $\frac{\pi}{2}$ radianos. O raio resultante é mostrado abaixo. Sua extremidade é (0, 1).

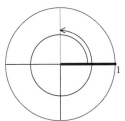

Para cada um dos ângulos nos Exercícios 43-46, determine a inclinação do raio da circunferência unitária que corresponde ao dado ângulo.

43 $\frac{5\pi}{6}$ radianos

SOLUÇÃO   Como vimos na solução do Exercício 37, a extremidade do raio correspondente a $\frac{5\pi}{6}$ radianos é $\left(-\frac{\sqrt{3}}{2}, \frac{1}{2}\right)$. Assim, a inclinação desse raio é

$$\frac{\frac{1}{2}}{-\frac{\sqrt{3}}{2}},$$

que é igual a $-\frac{1}{\sqrt{3}}$, que por sua vez é igual a $-\frac{\sqrt{3}}{3}$.

45 $-\frac{\pi}{4}$ radianos

SOLUÇÃO   Como vimos na solução do Exercício 39, a extremidade do raio correspondente a $-\frac{\pi}{4}$ radianos é $\left(\frac{\sqrt{2}}{2}, -\frac{\sqrt{2}}{2}\right)$. Assim, a inclinação desse raio é

$$\frac{-\frac{\sqrt{2}}{2}}{\frac{\sqrt{2}}{2}},$$

que é igual a −1.

4.3 Cosseno e Seno

OBJETIVOS DE APRENDIZAGEM

Ao final desta seção, você deverá ser capaz de
- calcular o cosseno e o seno de qualquer múltiplo de 30° ou 45° ($\frac{\pi}{6}$ radianos ou $\frac{\pi}{4}$ radianos);
- determinar se o cosseno (ou seno) de um ângulo é positivo ou negativo com base na localização do raio correspondente;
- desenhar o raio correspondente a qualquer θ se forem dados o valor de cos θ ou de sen θ e o sinal da outra quantidade;
- calcular cos θ e sen θ se forem dados uma dessas quantidades e o quadrante do raio correspondente.

Definição de Cosseno e Seno

A tabela a seguir mostra a extremidade do raio da circunferência unitária correspondente a alguns ângulos especiais. Essa tabela foi tirada das tabelas das Seções 4.1 e 4.2.

θ (radianos)	θ (graus)	extremidade do raio correspondente a θ
0	0°	$(1, 0)$
$\frac{\pi}{6}$	30°	$(\frac{\sqrt{3}}{2}, \frac{1}{2})$
$\frac{\pi}{4}$	45°	$(\frac{\sqrt{2}}{2}, \frac{\sqrt{2}}{2})$
$\frac{\pi}{3}$	60°	$(\frac{1}{2}, \frac{\sqrt{3}}{2})$
$\frac{\pi}{2}$	90°	$(0, 1)$
π	180°	$(-1, 0)$
2π	360°	$(1, 0)$

Coordenadas da extremidade do raio da circunferência unitária para alguns ângulos especiais.

$\frac{\pi}{18}$ *radianos é igual a 10°.*

Podemos querer estender a tabela acima para outros ângulos. Por exemplo, suponha que queiramos saber a extremidade do raio correspondente a $\frac{\pi}{18}$ radianos. Infelizmente, as coordenadas da extremidade desse raio não têm uma forma simples – nenhuma coordenada é um número racional, nem sequer a raiz quadrada de um número racional. As funções cosseno e seno, que vamos introduzir agora, foram inventadas para ajudar a estender a tabela acima para todos os ângulos.

Antes de introduzir as funções cosseno e seno, apresentamos um pressuposto comum sobre notação em trigonometria:

Ângulos sem unidades

Se nenhuma unidade for dada para um ângulo, considere que a unidade é radianos.

A figura a seguir mostra um raio da circunferência unitária correspondente a θ (aqui, θ pode ser medido em radianos ou graus):

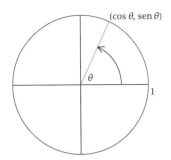

Esta figura define o cosseno e o seno.

A extremidade desse raio é usada para definir o cosseno e o seno, como se segue:

Cosseno

O **cosseno** de θ, escrito como cos θ, é a primeira coordenada da extremidade do raio da circunferência unitária correspondente a θ.

Seno

O **seno** de θ, escrito como sen θ, é a segunda coordenada da extremidade do raio da circunferência unitária correspondente a θ.

As duas definições acima podem ser combinadas em uma única afirmação, como se segue:

Cosseno e seno

A extremidade do raio da circunferência unitária correspondente a θ tem coordenadas (cos θ, sen θ).

Calcule $\cos \frac{\pi}{2}$ e sen $\frac{\pi}{2}$.

SOLUÇÃO O raio correspondente a $\frac{\pi}{2}$ radianos tem extremidade (0, 1). Logo

$$\cos \frac{\pi}{2} = 0 \quad \text{e} \quad \text{sen} \frac{\pi}{2} = 1.$$

Usando graus em vez de radianos, poderíamos escrever

$$\cos 90° = 0 \quad \text{e} \quad \text{sen} 90° = 1.$$

EXEMPLO 1

Aqui as unidades não são especificadas para o ângulo $\frac{\pi}{2}$. Assim, consideramos estar tratando de $\frac{\pi}{2}$ radianos.

A tabela a seguir dá os valores de cosseno e seno para alguns ângulos especiais. Essa tabela foi obtida da tabela na primeira página desta seção, pela separação da última coluna da primeira tabela em duas colunas, com a primeira coordenada indicada como cosseno e a segunda coordenada indicada como seno. Observe ambas as tabelas e certifique-se de que você entendeu o que está acontecendo.

A maioria das calculadoras pode trabalhar com radianos ou com graus. Quando você usar uma calculadora para calcular valores de cosseno ou seno, certifique-se de que sua calculadora esteja configurada para trabalhar nas unidades apropriadas.

θ (radianos)	θ (graus)	$\cos \theta$	$\sen \theta$
0	0°	1	0
$\frac{\pi}{6}$	30°	$\frac{\sqrt{3}}{2}$	$\frac{1}{2}$
$\frac{\pi}{4}$	45°	$\frac{\sqrt{2}}{2}$	$\frac{\sqrt{2}}{2}$
$\frac{\pi}{3}$	60°	$\frac{1}{2}$	$\frac{\sqrt{3}}{2}$
$\frac{\pi}{2}$	90°	0	1
π	180°	-1	0
2π	360°	1	0

Cosseno e seno de alguns ângulos especiais.

A tabela acima pode ser estendida para outros ângulos especiais, como mostrado no exemplo a seguir.

EXEMPLO 2

Calcule $\cos\left(-\frac{\pi}{2}\right)$ e $\sen\left(-\frac{\pi}{2}\right)$.

SOLUÇÃO O raio correspondente a $-\frac{\pi}{2}$ radianos tem extremidade $(0, -1)$, como mostrado aqui. Então

$$\cos(-\tfrac{\pi}{2}) = 0 \quad e \quad \sen(-\tfrac{\pi}{2}) = -1.$$

Usando graus em vez de radianos, podemos escrever também

$$\cos(-90°) = 0 \quad e \quad \sen(-90°) = -1.$$

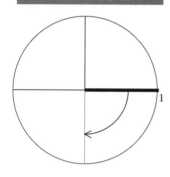

O raio correspondente a $-\frac{\pi}{2}$ radianos tem extremidade $(0, -1)$.

Para lembrar que $\cos \theta$ é a primeira coordenada da extremidade do raio correspondente a θ e que $\sen \theta$ é a segunda coordenada, mantenha cosseno e seno em ordem alfabética.

Assim como incluímos uma nova linha na tabela para $-\frac{\pi}{2}$ radianos (que é igual a $-90°$), poderíamos acrescentar muitas outras entradas na tabela para cossenos e senos de ângulos especiais. Possibilidades incluiriam $\frac{2\pi}{3}$ radianos (que é igual a 120°), $\frac{5\pi}{6}$ radianos (que é igual a 150°), os valores negativos de todos os ângulos que já estão na tabela, e assim por diante. Rapidamente teríamos informação demais para ser memorizada. Assim, em vez de memorizar a tabela acima, concentre-se em entender as definições de cosseno e seno. Você será, então, capaz de descobrir o cosseno e o seno de qualquer ângulo especial, conforme necessário.

Da mesma forma, não se torne dependente de uma calculadora para calcular o cosseno e o seno de ângulos especiais. Se você precisar valores numéricos para cos 2 ou sen 17°, você vai precisar usar uma calculadora, mas se você se habituar ao uso da calculadora para calcular expressões tais como cos 0 ou sen (−180°), então cosseno e seno vão tornar-se simples botões em sua calculadora e você não será capaz de utilizar os significados dessas funções.

Observe que cos e sen são funções; portanto, cos (θ) e sen (θ) são notações mais apropriadas que $\cos \theta$ e $\sen \theta$. Em uma expressão como

$$\frac{\cos 10}{\cos 5},$$

não podemos cancelar cos no numerador e denominador, assim como não podemos cancelar uma função f no numerador e denominador de $\frac{f(10)}{f(5)}$. Da mesma forma, a expressão acima não é igual a cos 2, assim como $\frac{f(10)}{f(5)}$ não é igual a $f(2)$.

Os Sinais de Cosseno ou Seno

Os eixos de coordenadas dividem o plano de coordenadas em quatro regiões, geralmente chamadas de **quadrantes**. O quadrante no qual um raio se encontra determina se o cosseno e o seno do ângulo correspondente serão positivos ou negativos. A figura a seguir mostra o sinal do cosseno e o sinal do seno em cada um dos quatro quadrantes. Assim, por exemplo, um ângulo correspondente a um raio que está na região marcada "cos $\theta < 0$, sen $\theta > 0$" terá um cosseno negativo e um seno positivo.

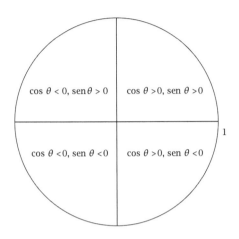

O quadrante no qual um raio está determina se o cosseno e o seno do ângulo correspondente são positivos ou negativos.

Não há necessidade de memorizar esta figura, pois você pode reconstruí-la quando quiser se entender as definições de cosseno e seno.

Lembre que o cosseno de um ângulo é a primeira coordenada da extremidade do raio correspondente. Assim, o cosseno é positivo nos dois quadrantes em que a primeira coordenada é positiva, e o cosseno é negativo nos dois quadrantes em que a primeira coordenada é negativa.

Da maneira semelhante, o seno de um ângulo é a segunda coordenada da extremidade do raio correspondente. Assim, o seno é positivo nos dois quadrantes em que a segunda coordenada é positiva, e o seno é negativo nos dois quadrantes em que a segunda coordenada é negativa.

O exemplo a seguir deve ajudá-lo a entender como o quadrante determina o sinal do cosseno e do seno.

EXEMPLO 3

(a) Calcule $\cos \frac{\pi}{4}$ e sen $\frac{\pi}{4}$.

(b) Calcule $\cos \frac{3\pi}{4}$ e sen $\frac{3\pi}{4}$.

(c) Calcule $\cos(-\frac{\pi}{4})$ e sen $(-\frac{\pi}{4})$.

(d) Calcule $\cos(-\frac{3\pi}{4})$ e sen $(-\frac{3\pi}{4})$.

SOLUÇÃO Os quatro ângulos, $\frac{\pi}{4}$, $\frac{3\pi}{4}$, $-\frac{\pi}{4}$, e $-\frac{3\pi}{4}$ radianos (ou, de forma equivalente, 45°, 135°, −45° e −135°), são mostrados abaixo. Cada coordenada do raio correspondente a cada um desses ângulos é $\frac{\sqrt{2}}{2}$ ou $-\frac{\sqrt{2}}{2}$; o único detalhe com que se preocupar ao calcular o cosseno e o seno desses ângulos é o sinal.

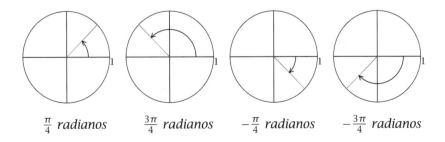

Quadrantes podem ser identificados pelos termos descritivos superior/inferior e direita/esquerda. Por exemplo, o raio correspondente a $\frac{3\pi}{4}$ radianos (que é igual a 135°) está no quadrante superior à esquerda.

(a) Ambas as coordenadas da extremidade do raio correspondente a $\frac{\pi}{4}$ radianos são positivas. Portanto
$$\cos \frac{\pi}{4} = \frac{\sqrt{2}}{2} \quad \text{e} \quad \text{sen} \frac{\pi}{4} = \frac{\sqrt{2}}{2}.$$

(b) A primeira coordenada da extremidade do raio correspondente a $\frac{3\pi}{4}$ radianos é negativa e a segunda coordenada é positiva. Portanto
$$\cos \frac{3\pi}{4} = -\frac{\sqrt{2}}{2} \quad \text{e} \quad \text{sen} \frac{3\pi}{4} = \frac{\sqrt{2}}{2}.$$

(c) A primeira coordenada da extremidade do raio correspondente a $-\frac{\pi}{4}$ radianos é positiva e a segunda coordenada é negativa. Portanto
$$\cos(-\frac{\pi}{4}) = \frac{\sqrt{2}}{2} \quad \text{e} \quad \text{sen}(-\frac{\pi}{4}) = -\frac{\sqrt{2}}{2}.$$

(d) Ambas as coordenadas da extremidade do raio correspondente a $-\frac{3\pi}{4}$ radianos são negativas. Portanto
$$\cos(-\frac{3\pi}{4}) = -\frac{\sqrt{2}}{2} \quad \text{e} \quad \text{sen}(-\frac{3\pi}{4}) = -\frac{\sqrt{2}}{2}.$$

O próximo exemplo mostra como usar informação sobre os sinais do cosseno e do seno para localizar o raio correspondente.

EXEMPLO 4

Desenhe o raio da circunferência unitária correspondente a um ângulo θ tal que
$$\cos \theta = 0{,}4 \quad \text{e} \quad \text{sen} \, \theta < 0.$$

SOLUÇÃO   Como $\cos \theta$ é positivo e sen θ é negativo, o raio correspondente a θ está no quadrante inferior à direita. Para determinar a extremidade desse raio, cuja primeira coordenada é 0,4, comece no ponto 0,4 no eixo horizontal e siga verticalmente para baixo até encontrar um ponto na circunferência unitária. Então desenhe o raio desde a origem até esse ponto, como mostrado aqui.

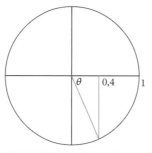

O raio correspondente a um ângulo θ tal que cos θ = 0,4 e sen θ < 0.

O raio correspondente a um ângulo θ tal que cos θ = 0,4 e sen θ < 0.

A Equação-Chave Conectando Cosseno e Seno

A figura que define cosseno e seno é tão importante que devemos olhar para ela novamente:

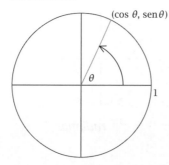

O ponto (cos θ, sen θ) está na circunferência unitária.

Pela definição de cosseno e seno, o ponto (cos θ, sen θ) está na circunferência unitária, a qual é o conjunto de pontos no plano coordenado tal que a soma dos quadrados das coordenadas é igual a 1. No plano xy, a circunferência unitária é descrita pela equação

$$x^2 + y^2 = 1.$$

Portanto, a seguinte equação crucial é válida:

Relação entre cosseno e seno

$$(\cos\theta)^2 + (\operatorname{sen}\theta)^2 = 1$$

para qualquer ângulo θ.

Conhecendo cos θ ou sen θ, a equação acima pode ser usada para determinar o valor da outra quantidade, desde que tenhamos informação adicional suficiente para determinar o sinal. O exemplo a seguir ilustra esse procedimento.

Suponha que θ seja um ângulo tal que sen $\theta = 0{,}6$ e considere, ainda, que $\frac{\pi}{2} < \theta < \pi$. Calcule cos θ.

EXEMPLO 5

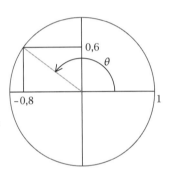

SOLUÇÃO   A equação acima implica que

$$(\cos\theta)^2 + (0{,}6)^2 = 1.$$

Como $(0{,}6)^2 = 0{,}36$, temos que

$$(\cos\theta)^2 = 0{,}64.$$

Assim, cos $\theta = 0{,}8$ ou cos $\theta = -0{,}8$. A informação adicional $\frac{\pi}{2} < \theta < \pi$ implica que cos θ é negativo, como pode ser visto na figura. Portanto

$$\cos\theta = -0{,}8.$$

Os Gráficos de Cosseno e Seno

Antes de fazer os gráficos das funções cosseno e seno, precisamos pensar com atenção sobre o domínio e imagem dessas funções. Lembre-se de que para cada número real θ, há um raio na circunferência unitária correspondente a θ.

Lembre-se, também, de que as coordenadas das extremidades do raio correspondente ao ângulo θ são identificadas por (cos θ, sen θ), definindo, portanto, as funções cosseno e seno. Essas funções são definidas para cada número real θ. Logo, o domínio das funções cosseno e seno é o conjunto dos números reais.

Como já observamos, uma consequência de (cos θ, sen θ) pertencer à circunferência unitária é a equação

$$(\cos\theta)^2 + (\operatorname{sen}\theta)^2 = 1.$$

Como $(\cos\theta)^2$ e $(\operatorname{sen}\theta)^2$ são ambos não negativos, a equação acima implica que

$$(\cos\theta)^2 \leq 1 \quad\text{e}\quad (\operatorname{sen}\theta)^2 \leq 1.$$

Assim, cos θ e sen θ devem estar, ambos, entre -1 e 1:

Cosseno e seno estão entre -1 e 1

$$-1 \leq \cos\theta \leq 1 \quad\text{e}\quad -1 \leq \operatorname{sen}\theta \leq 1$$

para qualquer ângulo θ.

Essas desigualdades podem ser usadas como um teste rudimentar para a plausibilidade de um resultado. Por exemplo, suponha que você faça um cálculo e determine que cos $\theta = 2$. Como o cosseno de qualquer ângulo está entre -1 e 1, isto é impossível. Portanto, você deve ter cometido um erro em seu cálculo.

Essas desigualdades também podem ser escritas da seguinte forma:

$$|\cos\theta| \leq 1 \quad \text{e} \quad |\operatorname{sen}\theta| \leq 1.$$

As primeiras coordenadas dos pontos na circunferência unitária são precisamente os valores da função cosseno. Cada número no intervalo [−1, 1] é a primeira coordenada de algum ponto na circunferência unitária. Logo, podemos concluir que a imagem da função cosseno é o intervalo [−1, 1]. Uma conclusão semelhante vale para a função seno (use as segundas coordenadas em vez das primeiras coordenadas).

Podemos resumir nossos resultados a respeito do domínio e da imagem do cosseno e do seno da seguinte forma:

> *Domínio e imagem do cosseno e seno*
>
> - O domínio do cosseno e do seno é o conjunto dos números reais.
> - A imagem do cosseno e do seno é o intervalo [−1, 1].

Como o domínio do cosseno e do seno é o conjunto dos números reais, não podemos mostrar o gráfico dessas funções no domínio inteiro. Para compreender a forma dos gráficos dessas funções, começamos pela observação do gráfico do cosseno no intervalo [−6π, 6π]:

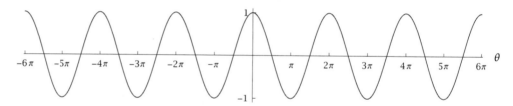

O gráfico do cosseno no intervalo [−6π, 6π].

Vamos começar a análise do gráfico acima notando que o ponto (0, 1) está no gráfico, como esperado da equação cos 0 = 1. Observe que o eixo horizontal está sendo chamado de eixo θ.

Seguindo para a direita ao longo do eixo θ a partir da origem, vemos que o gráfico cruza o eixo θ no ponto $\left(\frac{\pi}{2}, 0\right)$ como esperado da equação $\cos\frac{\pi}{2} = 0$. Continuando mais para a direita, vemos que o gráfico atinge seu valor mínimo quando $\theta = \pi$, como esperado da equação cos π = −1. O gráfico, então, cruza novamente o eixo θ no ponto $\left(\frac{3\pi}{2}, 0\right)$, como esperado da equação $\cos\frac{3\pi}{2} = 0$. A seguir, o gráfico atinge seu valor máximo novamente quando $\theta = 2\pi$, como esperado da equação cos (2π) = 1.

A primeira tabela de valores das funções trigonométricas conhecida foi compilada pelo astrônomo grego Hiparco há mais de 2 mil anos.

A característica mais marcante do gráfico acima é sua natureza periódica — o gráfico repete-se. Para entender por que o gráfico do cosseno exibe tal comportamento periódico, considere um raio da circunferência unitária partindo do eixo horizontal positivo e movendo-se no sentido anti-horário. Enquanto o raio se move, a primeira coordenada da sua extremidade fornece o valor do cosseno do ângulo correspondente. Depois que o raio se moveu ao longo de um ângulo de 2π radianos, ele volta à sua posição original. A seguir, ele começa o ciclo novamente, retornando a sua posição original depois de ter-se movido um ângulo total de 4π radianos, e assim por diante. Portanto, vemos o comportamento periódico do gráfico do cosseno.

Na Seção 4.6 veremos as propriedades do cosseno e de seu gráfico de maneira mais aprofundada. Agora, vamos olhar o gráfico do seno. Eis aqui o gráfico do seno no intervalo [−6π, 6π]:

O gráfico do seno no intervalo [-6π, 6π].

Este gráfico passa pela origem, como esperado, porque sen 0 = 0. Seguindo para a direita ao longo do eixo θ a partir da origem, vemos que o gráfico atinge seu valor máximo quando $\theta = \frac{\pi}{2}$, como esperado, pois sen $\frac{\pi}{2} = 1$. Continuando para a direita, vemos que o gráfico cruza o eixo θ no ponto (π, 0), como esperado, pois sen π = 0. O gráfico, então, atinge seu valor mínimo quando $\theta = \frac{3\pi}{2}$, como esperado, pois sen $\frac{3\pi}{2} = -1$. A seguir, o gráfico cruza o eixo θ novamente em (2π, 0), como esperado, pois sen (2π) = 0.

Certamente você notou que o gráfico do seno é muito parecido como o gráfico do cosseno. Parece que o deslocamento de um gráfico um pouco para a esquerda ou para a direita reproduz o outro gráfico. Veremos que esse é de fato o caso quando estudarmos de forma mais aprofundada as propriedades do cosseno e do seno na Seção 4.6.

A palavra seno vem da palavra em latim sinus, *que significa curva.*

EXERCÍCIOS

Forneça valores exatos para as quantidades nos Exercícios 1-10. Não use calculadora para nenhum destes exercícios – caso contrário, você provavelmente obterá aproximações decimais para algumas soluções em vez de respostas exatas. O mais importante é que uma boa compreensão virá da solução destes exercícios à mão.

1 (a) cos(3π)   (b) sen(3π)

2 (a) $\cos(-\frac{3\pi}{2})$ (b) $\operatorname{sen}(-\frac{3\pi}{2})$

3 (a) $\cos \frac{11\pi}{4}$ (b) $\operatorname{sen} \frac{11\pi}{4}$

4 (a) $\cos \frac{15\pi}{4}$ (b) $\operatorname{sen} \frac{15\pi}{4}$

5 (a) $\cos \frac{2\pi}{3}$ (b) $\operatorname{sen} \frac{2\pi}{3}$

6 (a) $\cos \frac{4\pi}{3}$ (b) $\operatorname{sen} \frac{4\pi}{3}$

7 (a) cos 210°   (b) sen 210°

8 (a) cos 300°   (b) sen 300°

9 (a) cos 360045°   (b) sen 360045°

10 (a) cos(-360030°)   (b) sen(-360030°)

11 Determine o menor número θ maior que 4π tal que cos θ = 0.

12 Determine o menor número θ maior que 6π tal que sen $\theta = \frac{\sqrt{2}}{2}$.

13 Determine os quatro menores números positivos θ tais que cos θ = 0.

14 Determine os quatro menores números positivos θ tais que sen θ = 0.

15 Determine os quatro menores números positivos θ tais que sen θ = 1.

16 Determine os quatro menores números positivos θ tais que cos θ = 1.

17 Determine os quatro menores números positivos θ tais que cos θ = -1.

18 Determine os quatro menores números positivos θ tais que sen θ = -1.

19 Determine os quatro menores números positivos θ tais que sen $\theta = \frac{1}{2}$.

20 Determine os quatro menores números positivos θ tais que cos $\theta = \frac{1}{2}$.

21 Considere $0 < \theta < \frac{\pi}{2}$ e cos $\theta = \frac{2}{5}$. Calcule sen θ.

22 Considere $0 < \theta < \frac{\pi}{2}$ e sen $\theta = \frac{3}{7}$. Calcule cos θ.

23 Considere $\frac{\pi}{2} < \theta < \pi$ e sen $\theta = \frac{2}{9}$. Calcule cos θ.

24 Considere $\frac{\pi}{2} < \theta < \pi$ e sen $\theta = \frac{3}{8}$. Calcule cos θ.

25 Considere $-\frac{\pi}{2} < \theta < 0$ e cos θ = 0,1. Calcule sen θ.

26 Considere $-\frac{\pi}{2} < \theta < 0$ e cos θ = 0,3. Calcule sen θ.

27 Determine o menor número x tal que

$$\text{sen}(e^x) = 0.$$

28 Determine o menor número x tal que
$$\cos(e^x + 1) = 0.$$

29 📱 Determine o menor número positivo x tal que
$$\text{sen}(x^2 + x + 4) = 0.$$

30 📱 Determine o menor número positivo x tal que
$$\cos(x^2 + 2x + 6) = 0.$$

31 Seja θ um ângulo agudo entre o eixo horizontal positivo e a reta com inclinação 3 que passa pela origem. Calcule $\cos\theta$ e $\text{sen}\,\theta$.

32 Seja θ um ângulo agudo entre o eixo horizontal positivo e a reta com inclinação 4 que passa pela origem. Calcule $\cos\theta$ e $\text{sen}\,\theta$.

PROBLEMAS

33 (a) Desenhe um raio na circunferência unitária correspondente a um ângulo θ tal que $\cos\theta = \frac{6}{7}$.

(b) Desenhe outro raio, diferente daquele da parte (a), que também ilustre $\cos\theta = \frac{6}{7}$.

34 (a) Desenhe um raio na circunferência unitária correspondente a um ângulo θ tal que $\text{sen}\,\theta = -0,8$.

(b) Desenhe outro raio, diferente daquele da parte (a), que também ilustre $\text{sen}\,\theta = -0,8$.

35 Determine ângulos u e v tais que $\cos u = \cos v$, porém $\text{sen}\, u \neq \text{sen}\, v$.

36 Determine ângulos u e v tais que $\text{sen}\, u = \text{sen}\, v$, porém $\cos u \neq \cos v$.

37 Demonstre que $\ln(\cos\theta)$ é a média de $\ln(1 - \text{sen}\,\theta)$ e $\ln(1 + \text{sen}\,\theta)$ para qualquer θ no intervalo $\left(-\frac{\pi}{2}, \frac{\pi}{2}\right)$.

38 Suponha que você tenha pegado emprestadas duas calculadoras de amigos, mas você não sabe dizer se elas estão ajustadas para trabalhar em radianos ou em graus. Então você decide calcular $\cos 3,14$ em cada calculadora. Uma calculadora dá como resposta $-0,999999$; a outra calculadora dá como resposta $0,998499$. Sem utilizar mais calculadoras, como você poderia decidir qual calculadora está usando radianos e qual calculadora está usando graus? Explique sua resposta.

39 Suponha que você tenha pegado emprestadas duas calculadoras de amigos, mas você não sabe dizer se elas estão ajustadas para trabalhar em radianos ou em graus. Então você decide calcular $\text{sen}\, 1$. Uma calculadora dá como resposta $0,017452$ e a outra calculadora dá como resposta $0,841471$. Sem utilizar mais calculadoras, como você poderia decidir qual calculadora está usando radianos e qual calculadora está usando graus? Explique sua resposta.

40 Considere que m seja um número real. Seja θ um ângulo agudo entre o eixo horizontal positivo e a reta com inclinação m que passa pela origem. Calcule $\cos\theta$ e $\text{sen}\,\theta$.

41 Explique por que não existe um número real x tal que $2^{\text{sen}\,x} = \frac{3}{7}$.

42 Explique por que $\pi^{\cos x} < 4$ para qualquer número real x.

43 Explique por que $\frac{1}{3} < e^{\text{sen}\,x}$ para qualquer número real x.

44 Explique por que a equação
$$(\text{sen}\,x)^2 - 4\,\text{sen}\,x + 4 = 0$$
não tem soluções.

45 Explique por que a equação
$$(\cos x)^{99} + 4\cos x - 6 = 0$$
não tem soluções.

46 Explique por que não existe um número θ tal que $\log\cos\theta = 0,1$.

SOLUÇÕES DETALHADAS dos Exercícios Ímpares

Forneça valores exatos para as quantidades nos Exercícios 1-10. Não use calculadora para nenhum destes exercícios – caso contrário, você provavelmente obterá aproximações decimais para algumas soluções em vez de respostas exatas. O mais importante é que uma boa compreensão virá da solução destes exercícios à mão.

1 (a) $\cos(3\pi)$ (b) $\text{sen}(3\pi)$

SOLUÇÃO Como $3\pi = 2\pi + \pi$, um ângulo de 3π radianos (medido no sentido anti-horário a partir do eixo horizontal positivo) consiste em uma revolução completa em torno da circunferência (2π radianos) seguida de mais π radianos (180°), como mostrado na figura a seguir. A extremidade do raio correspondente é $(-1, 0)$. Assim, $\cos(3\pi) = -1$ e $\text{sen}(3\pi) = 0$.

3 (a) $\cos \frac{11\pi}{4}$ (b) $\operatorname{sen} \frac{11\pi}{4}$

SOLUÇÃO Como $\frac{11\pi}{4} = 2\pi + \frac{\pi}{2} + \frac{\pi}{4}$, um ângulo de $\frac{11\pi}{4}$ radianos (medido no sentido anti-horário a partir do eixo horizontal positivo) consiste em uma revolução completa em torno da circunferência (2π radianos), seguida de mais $\frac{\pi}{2}$ radianos (90°) e mais $\frac{\pi}{4}$ radianos (45°), como mostrado na figura a seguir. Portanto, a extremidade do raio correspondente é $\left(-\frac{\sqrt{2}}{2}, \frac{\sqrt{2}}{2}\right)$. Assim, $\cos\frac{11\pi}{4} = -\frac{\sqrt{2}}{2}$ e $\operatorname{sen}\frac{11\pi}{4} = \frac{\sqrt{2}}{2}$.

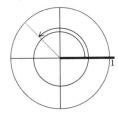

5 (a) $\cos \frac{2\pi}{3}$ (b) $\operatorname{sen} \frac{2\pi}{3}$

SOLUÇÃO Como $\frac{2\pi}{3} = \frac{\pi}{2} + \frac{\pi}{6}$, um ângulo de $\frac{2\pi}{3}$ radianos (medido no sentido anti-horário a partir do eixo horizontal positivo) consiste em uma rotação de $\frac{\pi}{2}$ radianos (90°), seguida de mais $\frac{\pi}{6}$ radianos (30°), como mostrado na figura a seguir. A extremidade do raio correspondente é $\left(-\frac{1}{2}, \frac{\sqrt{3}}{2}\right)$. Assim, $\cos\frac{2\pi}{3} = -\frac{1}{2}$ e $\operatorname{sen}\frac{2\pi}{3} = \frac{\sqrt{3}}{2}$.

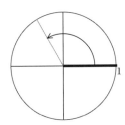

7 (a) $\cos 210°$ (b) $\operatorname{sen} 210°$

SOLUÇÃO Como $210 = 180 + 30$, um ângulo de 210° (medido no sentido anti-horário a partir do eixo horizontal positivo) consiste em 180° seguidos de mais 30°, como mostrado na figura a seguir. A extremidade do raio correspondente é $\left(-\frac{\sqrt{3}}{2}, -\frac{1}{2}\right)$. Assim, $\cos 210° = -\frac{\sqrt{3}}{2}$ e $\operatorname{sen} 210° = -\frac{1}{2}$.

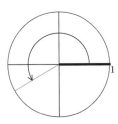

9 (a) $\cos 360045°$ (b) $\operatorname{sen} 360045°$

SOLUÇÃO Como $360045 = 360 \times 1000 + 45$, um ângulo de 360045° (medido no sentido anti-horário a partir do eixo horizontal positivo) consiste em 1000 revoluções completas em torno da circunferência seguidas de mais 45°. A extremidade do raio correspondente é $\left(\frac{\sqrt{2}}{2}, \frac{\sqrt{2}}{2}\right)$. Assim

$$\cos 360045° = \frac{\sqrt{2}}{2} \quad \text{e} \quad \operatorname{sen} 360045° = \frac{\sqrt{2}}{2}.$$

11 Determine o menor número θ maior que 4π tal que $\cos \theta = 0$.

SOLUÇÃO Observe que

$$0 = \cos\frac{\pi}{2} = \cos\frac{3\pi}{2} = \cos\frac{5\pi}{2} = \ldots$$

e que os únicos números para os quais o valor do cosseno é igual a 0 são os que têm forma $\frac{(2n+1)\pi}{2}$, em que n é um inteiro. O menor número dessa forma e maior que 4π é $\frac{9\pi}{2}$. Portanto, $\frac{9\pi}{2}$ é o menor número maior que 4π para o qual o cosseno é igual a 0.

13 Determine os quatro menores números positivos θ tais que $\cos \theta = 0$.

SOLUÇÃO Pense em um raio da circunferência unitária cuja extremidade seja (1, 0). Se o raio se move no sentido anti-horário, formando um ângulo θ radianos com o eixo horizontal positivo, a primeira vez que a primeira coordenada dessa extremidade é 0 é quando θ é igual a $\frac{\pi}{2}$ (90°), depois novamente quando θ é igual a $\frac{3\pi}{2}$ (270°), e mais uma vez quando θ é igual a $\frac{5\pi}{2}$ (360° + 90°, ou 450°), e de novo quando θ é igual a $\frac{7\pi}{2}$ (360°+ 270°, ou 630°), e assim por diante. Portanto, os quatro menores números positivos θ para os quais $\cos \theta = 0$ são $\frac{\pi}{2}$, $\frac{3\pi}{2}$, $\frac{5\pi}{2}$ e $\frac{7\pi}{2}$.

15 Determine os quatro menores números positivos θ tais que $\operatorname{sen} \theta = 1$.

SOLUÇÃO Pense em um raio da circunferência unitária cuja extremidade seja (1, 0). Se o raio se move no sentido anti-horário, formando um ângulo θ radianos com o eixo horizontal positivo, então a segunda coordenada da sua extremidade torna-se 1 quando θ é igual a $\frac{\pi}{2}$

(90°), depois novamente quando θ é igual a $\frac{5\pi}{2}$ (360° + 90°, ou 450°), e mais uma vez quando θ é igual a $\frac{9\pi}{2}$ (2 × 360° + 90°, ou 810°), e de novo quando θ é igual a $\frac{13\pi}{2}$ (3 × 360° + 90°, ou 1170°), e assim por diante. Portanto, os quatro menores números positivos θ para os quais sen $\theta = 1$ são $\frac{\pi}{2}, \frac{5\pi}{2}, \frac{9\pi}{2}$ e $\frac{13\pi}{2}$.

17 Determine os quatro menores números positivos θ tais que cos $\theta = -1$.

SOLUÇÃO Pense em um raio da circunferência unitária cuja extremidade seja (1, 0). Se o raio se move no sentido anti-horário, formando um ângulo θ radianos com o eixo horizontal positivo, a primeira vez que a primeira coordenada dessa extremidade se torna -1 é quando θ é igual a π (180°), depois novamente quando θ é igual a 3π (360° + 180°, ou 540°), e mais uma vez quando θ é igual a 5π (2 × 360° + 180°, ou 900°), e de novo quando θ é igual a 7π (3 × 360° + 180°, ou 1260°), e assim por diante. Portanto, os quatro menores números positivos θ para os quais cos $\theta = -1$ são π, 3π, 5π e 7π.

19 Determine os quatro menores números positivos θ tais que sen $\theta = \frac{1}{2}$.

SOLUÇÃO Pense em um raio da circunferência unitária cuja extremidade seja (1, 0). Se o raio se move no sentido anti-horário, formando um ângulo θ radianos com o eixo horizontal positivo, a primeira vez que a segunda coordenada dessa extremidade se torna $\frac{1}{2}$ é quando θ é igual a $\frac{\pi}{6}$ (30°), depois novamente quando θ é igual a $\frac{5\pi}{6}$ (150°), e mais uma vez quando θ é igual a $\frac{13\pi}{6}$ (360° + 30°, ou 390°), e de novo quando θ é igual a $\frac{17\pi}{6}$ (360° + 150°, ou 510°), e assim por diante. Portanto, os quatro menores números positivos θ para os quais sen $\theta = \frac{1}{2}$ são $\frac{\pi}{6}, \frac{5\pi}{6}, \frac{13\pi}{6}$ e $\frac{17\pi}{6}$.

21 Considere $0 < \theta < \frac{\pi}{2}$ e $\cos \theta = \frac{2}{5}$. Calcule sen θ.

SOLUÇÃO Sabemos que
$$(\cos \theta)^2 + (\text{sen } \theta)^2 = 1.$$
Então
$$(\text{sen } \theta)^2 = 1 - (\cos \theta)^2$$
$$= 1 - \left(\frac{2}{5}\right)^2$$
$$= \frac{21}{25}.$$

Como $0 < \theta < \frac{\pi}{2}$, sabemos que sen $\theta > 0$. Assim, aplicando a raiz quadrada a ambos os lados da equação acima, obtemos

$$\text{sen } \theta = \frac{\sqrt{21}}{5}.$$

23 Considere $\frac{\pi}{2} < \theta < \pi$ e sen $\theta = \frac{2}{9}$. Calcule cos θ.

SOLUÇÃO Sabemos que
$$(\cos \theta)^2 + (\text{sen } \theta)^2 = 1.$$
Então
$$(\cos \theta)^2 = 1 - (\text{sen } \theta)^2$$
$$= 1 - \left(\frac{2}{9}\right)^2$$
$$= \frac{77}{81}.$$

Como $\frac{\pi}{2} < \theta < \pi$, sabemos que cos $\theta < 0$. Assim, aplicando a raiz quadrada a ambos os lados da equação acima, obtemos

$$\cos \theta = -\frac{\sqrt{77}}{9}.$$

25 Considere $-\frac{\pi}{2} < \theta < 0$ e cos $\theta = 0{,}1$. Calcule sen θ.

SOLUÇÃO
$$(\cos \theta)^2 + (\text{sen } \theta)^2 = 1.$$
Então
$$(\text{sen } \theta)^2 = 1 - (\cos \theta)^2$$
$$= 1 - (0{,}1)^2$$
$$= 0{,}99.$$

Como $-\frac{\pi}{2} < \theta < 0$, sabemos que sen $\theta < 0$. Assim, aplicando a raiz quadrada a ambos os lados da equação acima, obtemos

$$\text{sen } \theta = -\sqrt{0{,}99} \approx -0{,}995.$$

27 Determine o menor número x tal que
$$\text{sen}(e^x) = 0.$$

SOLUÇÃO Observe que e^x é uma função crescente. Como e^x é positiva para qualquer número real x, e como π é o menor número positivo par o qual o seno é igual a 0, queremos escolher x tal que $e^x = \pi$. Assim, $x = \ln \pi$.

29 Determine o menor número positivo x tal que
$$\text{sen}(x^2 + x + 4) = 0.$$

SOLUÇÃO Observe que $x^2 + x + 4$ é uma função crescente no intervalo $[0, \infty)$. Se x é positivo, então $x^2 + x + 4 > 4$. Como 4 é maior que π, mas menor que 2π, o menor número maior que 4 para o qual o seno é igual a 0 é 2π. Assim, queremos escolher x tal que $x^2 + x + 4 = 2\pi$. Em outras palavras, precisamos resolver a equação

$$x^2 + x + (4 - 2\pi) = 0.$$

Usando a fórmula quadrática, vemos que as soluções para essa equação são

$$x = \frac{-1 \pm \sqrt{8\pi - 15}}{2}.$$

Uma calculadora mostra que a escolha do sinal positivo para a equação acima fornece $x \approx 1{,}0916$, e a escolha do sinal negativo fornece $x \approx -2{,}0916$. Procuramos apenas valores positivos de x, portanto, escolhemos o sinal positivo na equação acima, chegando a $x \approx 1{,}0916$.

31 Seja θ um ângulo agudo entre o eixo horizontal positivo e a reta com inclinação 3 que passa pela origem. Calcule $\cos \theta$ e sen θ.

SOLUÇÃO Da solução do Exercício 5 na Seção 4.1, vemos que a extremidade do raio relevante na circunferência unitária tem coordenadas $\left(\frac{\sqrt{10}}{10}, \frac{3\sqrt{10}}{10}\right)$. Logo

$$\cos \theta = \frac{\sqrt{10}}{10} \quad \text{e} \quad \text{sen } \theta = \frac{3\sqrt{10}}{10}.$$

4.4 Mais Funções Trigonométricas

OBJETIVOS DE APRENDIZAGEM

Ao final desta seção, você deverá ser capaz de

- calcular a tangente de qualquer múltiplo de 30° ou 45° ($\frac{\pi}{6}$ radianos ou $\frac{\pi}{4}$ radianos);
- determinar a equação da reta que forma dado ângulo com o eixo horizontal positivo e que contém dado ponto;
- esboçar um raio na circunferência unitária para dado valor da função tangente;
- calcular $\cos\theta$, $\operatorname{sen}\theta$ e $\tan\theta$ quando for dada apenas uma dessas quantidades e a localização do raio correspondente;
- calcular $\sec\theta$, $\operatorname{cosec}\theta$ e $\cotan\theta$ como recíprocas de alguma das outras funções trigonométricas.

A seção anterior introduziu o cosseno e o seno, as duas funções trigonométricas mais importantes. Esta seção introduz a tangente, outra função trigonométrica chave, juntamente com outras três funções trigonométricas.

Definição de Tangente

Lembre-se de que $\cos\theta$ e $\operatorname{sen}\theta$ são definidos como a primeira e a segunda coordenadas da extremidade do raio da circunferência unitária correspondente a θ. A razão entre esses dois números, com o cosseno no denominador, acabou sendo tão útil que mereceu um nome próprio.

Tangente

A **tangente** de um ângulo θ, representada por $\tan\theta$, é definida por

$$\tan\theta = \frac{\operatorname{sen}\theta}{\cos\theta}$$

desde que $\cos\theta \neq 0$.

Lembre que a inclinação de um segmento de reta que conecta dois pontos é a diferença das segundas coordenadas dividida pela diferença das primeiras coordenadas.

O raio da circunferência unitária correspondente a θ tem seu ponto inicial em (0, 0) e sua extremidade em $(\cos\theta, \operatorname{sen}\theta)$. Assim, a inclinação desse segmento de reta é $\frac{\operatorname{sen}\theta - 0}{\cos\theta - 0}$, que é igual a $\frac{\operatorname{sen}\theta}{\cos\theta}$, que por sua vez é igual a $\tan\theta$. Em outras palavras, temos a seguinte interpretação para a tangente de um ângulo:

Tangente como inclinação

$\tan\theta$ é a inclinação do raio da circunferência unitária correspondente a θ.

A figura a seguir ilustra como o cosseno, o seno e a tangente de um ângulo são definidos:

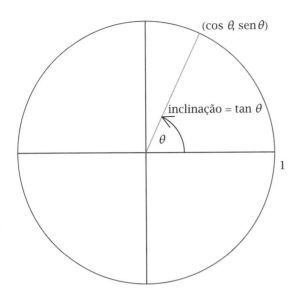

O raio correspondente a θ tem inclinação tan θ.

A maior parte do que você precisa saber sobre trigonometria pode ser aprendido da consideração cuidadosa desta figura.

EXEMPLO 1

Calcule $\tan\frac{\pi}{4}$.

SOLUÇÃO O raio correspondente a $\frac{\pi}{4}$ radianos (que é igual a 45°) tem sua extremidade em $\left(\frac{\sqrt{2}}{2}, \frac{\sqrt{2}}{2}\right)$. Para esse ponto, a segunda coordenada dividida pela primeira coordenada é igual a 1. Portanto

$$\tan\frac{\pi}{4} = \tan 45° = 1.$$

A equação acima não é surpreendente, pois a reta que passa pela origem e faz um ângulo de 45° com o eixo horizontal positivo tem declividade 1.

A tabela abaixo fornece a tangente de alguns ângulos. Essa tabela foi obtida da tabela dos cossenos e dos senos dos ângulos especiais da Seção 4.3, simplesmente pela divisão do seno de cada ângulo por seu cosseno.

θ (radianos)	θ (graus)	tan θ
0	0°	0
$\frac{\pi}{6}$	30°	$\frac{\sqrt{3}}{3}$
$\frac{\pi}{4}$	45°	1
$\frac{\pi}{3}$	60°	$\sqrt{3}$
$\frac{\pi}{2}$	90°	indefinido
π	180°	0

Tangente de alguns ângulos especiais.

Se você tiver problemas para lembrar se tan θ é igual a $\frac{\text{sen}\,\theta}{\cos\theta}$ ou $\frac{\cos\theta}{\text{sen}\,\theta}$, observe que a escolha errada conduziria a tan 0, que é indefinida.

A tabela acima mostra que a tangente de $\frac{\pi}{2}$ radianos (ou, de forma equivalente, a tangente de 90°) não está definida. A razão para isto é que $\cos\frac{\pi}{2} = 0$, e divisão por 0 não é definida.

Da mesma forma, tan θ não está definida para todos os ângulos θ tais que cos θ = 0. Em outras palavras, tan θ não está definida para $\theta = \pm\frac{\pi}{2}, \pm\frac{3\pi}{2}, \pm\frac{5\pi}{2}, \cdots$.

A função tangente permite-nos determinar a equação de uma reta que forma dado ângulo com o eixo horizontal positivo e contém dado ponto.

EXEMPLO 2

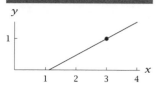

Esta reta forma um ângulo de 28° com o eixo x positivo e contém (3, 1).

Determine a equação da reta no plano xy que contém o ponto $(3, 1)$ e faz um ângulo de 28° com o eixo x positivo.

SOLUÇÃO Uma reta que faz um ângulo de 28° com o eixo x positivo tem inclinação $\tan 28°$. Assim, a equação da reta é $y - 1 = (\tan 28°)(x - 3)$. Como $\tan 28° \approx 0{,}531709$, podemos reescrevê-la como

$$y \approx 0{,}531709x - 0{,}59513.$$

O Sinal da Tangente

O quadrante no qual um raio está determina se a tangente correspondente é positiva ou negativa. A figura abaixo mostra o sinal da tangente em cada um dos quatro quadrantes:

Não é necessário memorizar esta figura. Você pode reconstruí-la quando quiser se entender a definição de tangente.

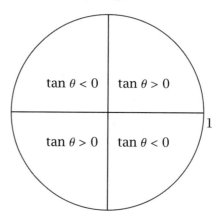

A tangente de um ângulo é a razão entre a segunda e a primeira coordenadas da extremidade do raio correspondente. Portanto, a tangente é positiva no quadrante em que ambas as coordenadas são positivas e também no quadrante em que ambas as coordenadas são negativas. A tangente é negativa nos quadrantes em que uma das coordenadas é positiva e a outra coordenada é negativa.

EXEMPLO 3

Esboce o raio da circunferência unitária para um ângulo θ tal que

$$\tan \theta = \frac{1}{2}.$$

SOLUÇÃO Como $\tan \theta$ é a inclinação do raio na circunferência unitária correspondente a θ, procuramos um raio com inclinação $\frac{1}{2}$. Como $\frac{1}{2} > 0$, qualquer raio com inclinação $\frac{1}{2}$ deve estar ou no quadrante superior direito ou no quadrante inferior esquerdo.

Um desses raios é mostrado na figura a seguir à esquerda e o outro na figura à direita.

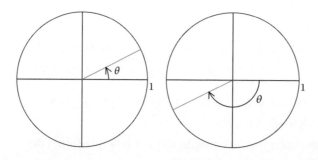

Dois raios correspondentes a dois valores diferentes de θ tal que $\tan \theta = \frac{1}{2}$. Cada um destes raios tem inclinação $\frac{1}{2}$.

Conexões entre Cosseno, Seno e Tangente

Quando for dado cos θ, sen θ ou tan θ, as equações

$$(\cos\theta)^2 + (\text{sen }\theta)^2 = 1 \quad \text{e} \quad \tan\theta = \frac{\text{sen }\theta}{\cos\theta}$$

podem ser usadas para descobrir as outras duas quantidades, desde que tenhamos informação adicional suficiente para determinar o sinal. Considere, por exemplo, que seja conhecido o cos θ (e o quadrante no qual está o ângulo θ). Conhecendo cos θ, podemos usar a primeira equação acima para calcular sen θ (como fizemos na seção anterior) e, em seguida, podemos usar a segunda equação para calcular tan θ.

O exemplo abaixo mostra como calcular cos θ e sen θ com base na tan θ e na informação sobre o quadrante do ângulo.

Considere $\pi < \theta < \frac{3\pi}{2}$ e tan $\theta = 4$. Calcule cos θ e sen θ.

EXEMPLO 4

SOLUÇÃO Para resolver esse tipo de problema, um desenho pode ajudar-nos a entender o que está acontecendo. Nesse caso, o ângulo θ está entre π radianos (que é igual a 180°) e $\frac{3\pi}{2}$ radianos (que é igual a 270°). Além disso, o raio correspondente tem uma inclinação bastante forte, igual a 4. Assim, o desenho aqui apresentado dá uma boa descrição da situação.

Para resolver esse problema, reescreva o dado tan $\theta = 4$ sob a forma

$$\frac{\text{sen }\theta}{\cos\theta} = 4.$$

Multiplicando ambos os lados dessa equação por cos θ, obtemos

$$\text{sen }\theta = 4\cos\theta.$$

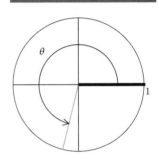

O ângulo entre π e $\frac{3\pi}{2}$, cuja tangente é igual a 4.

Na equação $(\cos\theta)^2 + (\text{sen }\theta)^2 = 1$, substitua a expressão acima para sen θ, obtendo

$$(\cos\theta)^2 + (4\cos\theta)^2 = 1,$$

o que implica que $17(\cos\theta)^2 = 1$. Portanto, $\cos\theta = \frac{1}{\sqrt{17}}$ ou $\cos\theta = -\frac{1}{\sqrt{17}}$. Olhando a figura acima, vemos que cos θ é negativo. Logo

$$\cos\theta = -\frac{1}{\sqrt{17}}.$$

A equação sen $\theta = 4\cos\theta$ agora implica que

$$\text{sen }\theta = -\frac{4}{\sqrt{17}}.$$

Se quisermos remover as raízes quadradas dos denominadores, nossa solução pode ser escrita da seguinte forma

$$\cos\theta = -\frac{\sqrt{17}}{17} \quad \text{e} \quad \text{sen }\theta = -\frac{4\sqrt{17}}{17}.$$

O Gráfico da Tangente

Antes de fazer o gráfico da função tangente, devemos pensar sobre seu domínio e imagem. Já vimos que a tangente é definida para todos os números reais exceto múltiplos ímpares de $\frac{\pi}{2}$.

A tangente de um ângulo é a inclinação do raio correspondente na circunferência unitária. Como cada número real é a inclinação de algum raio na circunferência unitária, vemos que cada número é a tangente de algum ângulo. Em outras palavras, a imagem da função tangente é igual ao conjunto dos números reais.

A tabela abaixo dá o domínio e a imagem de três funções trigonométricas. Aqui, o conjunto dos números reais é representado utilizando-se a notação de intervalo $(-\infty, \infty)$.

Domínio e imagem das funções trigonométricas

	domínio	imagem
cosseno	$(-\infty, \infty)$	$[-1, 1]$
sen	$(-\infty, \infty)$	$[-1, 1]$
tangente	números reais que não são múltiplos ímpares de $\frac{\pi}{2}$	$(-\infty, \infty)$

A figura a seguir mostra que o gráfico da função tangente passa pela origem, como esperado da equação $\tan 0 = 0$. Seguindo para a direita ao longo do eixo θ (o eixo horizontal) a partir da origem, vemos que o ponto $\left(\frac{\pi}{4}, 1\right)$ está no gráfico, como esperado da equação $\tan \frac{\pi}{4} = 1$.

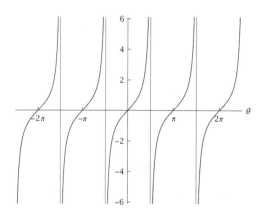

O gráfico da tangente no intervalo $\left(-\frac{5}{2}\pi, \frac{5}{2}\pi\right)$.

O gráfico foi truncado verticalmente para mostrar apenas os valores da tangente que têm valor absoluto menor que 6. As retas em cinza meio-tom são assíntotas do gráfico.

Continuando mais para a direita ao longo do eixo θ em direção ao ponto em que $\theta = \frac{\pi}{2}$, vemos que à medida que θ se aproxima de $\frac{\pi}{2}$, o valor de $\tan \theta$ rapidamente se torna muito grande. De fato, os valores de $\tan \theta$ tornam-se grandes demais para serem mostrados na figura acima.

Para entender por que $\tan \theta$ é grande quando θ é um pouco menor que o ângulo reto, considere a figura aqui apresentada, que mostra um ângulo um pouco menor que $\frac{\pi}{2}$ radianos. Sabemos que o segmento de reta cinza meio-tom tem inclinação $\tan \theta$. Assim, o segmento de reta cinza meio-tom está na reta $y = (\tan \theta)\, x$. Portanto, o ponto no segmento de reta cinza meio-tom com $x = 1$ tem $y = \tan \theta$. Em outras palavras, o segmento de reta cinza-escuro tem comprimento $\tan \theta$.

O segmento de reta cinza-escuro torna-se muito longo quando o segmento de reta cinza meio-tom se aproxima para formar um ângulo reto com o eixo horizontal positivo. Portanto, $\tan \theta$ torna-se grande quando θ é um pouco menor que o ângulo reto.

Esse comportamento também pode ser visto numericamente, assim como graficamente. Por exemplo,

$$\operatorname{sen}(\tfrac{\pi}{2} - 0{,}01) \approx 0{,}99995 \quad \text{e} \quad \cos(\tfrac{\pi}{2} - 0{,}01) \approx 0{,}0099998.$$

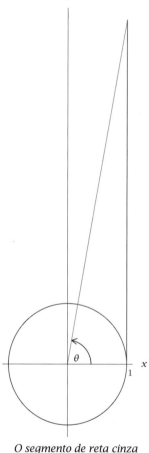

O segmento de reta cinza meio-tom tem inclinação $\tan \theta$. O segmento de reta cinza-escuro tem comprimento $\tan \theta$.

Portanto, $\tan\left(\frac{\pi}{2} - 0{,}01\right)$, que é a razão dos dois números acima, é aproximadamente 100.

O que está acontecendo aqui é que, se θ for um número um pouco menor que $\frac{\pi}{2}$ (por exemplo, θ pode ser $\frac{\pi}{2} - 0{,}01$, como no exemplo anterior), então sen θ será um pouco menor que 1 enquanto cos θ será um pouco maior que 0. Logo, a razão $\frac{\text{sen}\,\theta}{\cos\theta}$, que é igual à tan θ, será grande.

Além do comportamento do gráfico quando próximo às retas em que θ é um múltiplo ímpar de $\frac{\pi}{2}$, outra característica impressionante do gráfico acima é sua natureza periódica. Discutiremos essa propriedade do gráfico da tangente na Seção 4.6, quando examinarmos as propriedades da tangente com maior profundidade.

Mais Três Funções Trigonométricas

As três funções trigonométricas mais importantes são cosseno, seno e tangente. Outras três funções trigonométricas são usadas algumas vezes. Tais funções são, simplesmente, os inversos multiplicativos das funções que já definimos. Aqui estão as definições formais:

Secante

A **secante** de um ângulo θ, representada por sec θ, é definida por

$$\sec\theta = \frac{1}{\cos\theta}.$$

As funções secante, cossecante e cotangente não existem na França, significando que os estudantes de lá não aprendem sobre essas funções.

Cossecante

A **cossecante** de um ângulo θ, representada por cosec θ, é definida por

$$\text{cosec}\,\theta = \frac{1}{\text{sen}\,\theta}.$$

Cotangente

A **cotangente** de um ângulo θ, representada por cotan θ, é definida por

$$\text{cotan}\,\theta = \frac{\cos\theta}{\text{sen}\,\theta}.$$

Em todas as três definições, a função não é definida para valores de θ tais que resultariam na divisão por 0.

Como a cotangente é definida como o cosseno dividido pelo seno e a tangente é definida como o seno dividido pelo cosseno, temos a seguinte consequência de definições:

Tangente e cotangente são inversos multiplicativos.

Se θ for um ângulo tal que tanto tan θ quanto cotan θ forem definidas, então

$$\text{cotan}\,\theta = \frac{1}{\tan\theta}.$$

A calculadora científica de um iPhone (obtida girando a calculadora padrão para o lado) tem botões para cos, sen *e* tan, *mas omite botões para* sec, cosec *e* cotan.

Muitos livros colocam ênfase demais em secante, cossecante e cotangente. Raramente você precisará saber alguma coisa sobre essas funções, além de suas definições. Sempre que você determinar uma dessas funções, simplesmente faça a substituição pela definição em termos de cosseno, seno e tangente e, então, use seu conhecimento sobre essas funções mais familiares. Focando em cosseno, seno e tangente, ao invés de todas as seis funções trigonométricas, você conseguirá uma melhor compreensão, com menos desordem em sua mente.

EXEMPLO 5

Para que você se sinta confortável com essas funções, caso você precise determiná-las, alguns dos exercícios nesta seção requerem que você use secante, cossecante ou cotangente. Depois desta seção você raramente usará essas funções neste livro.

(a) Calcule $\sec 60°$.   (b) Calcule $\csc \frac{\pi}{4}$.   (c) Calcule $\cot \frac{\pi}{3}$.

SOLUÇÃO

(a)
$$\sec 60° = \frac{1}{\cos 60°}$$
$$= \frac{1}{\frac{1}{2}}$$
$$= 2$$

Observe que $|\sec \theta| \geq 1$ para qualquer θ para o qual a $\sec \theta$ esteja definida.

(b)
$$\csc \frac{\pi}{4} = \frac{1}{\sen \frac{\pi}{4}}$$
$$= \frac{1}{\frac{1}{\sqrt{2}}}$$
$$= \sqrt{2}$$
$$\approx 1{,}414$$

Observe que $|\csc \theta| \geq 1$ para qualquer θ para o qual a $\csc \theta$ esteja definida.

(c)
$$\cot \frac{\pi}{3} = \frac{\cos \frac{\pi}{3}}{\sen \frac{\pi}{3}}$$
$$= \frac{\frac{1}{2}}{\frac{\sqrt{3}}{2}}$$
$$= \frac{1}{\sqrt{3}}$$
$$\approx 0{,}577$$

EXERCÍCIOS

1. Determine a equação da reta no plano xy que passa pela origem e faz um ângulo de 0,7 radiano com o eixo x positivo.

2. Determine a equação da reta no plano xy que passa pela origem e faz um ângulo de 1,2 radiano com o eixo x positivo.

3. Determine a equação da reta no plano xy que contém o ponto (3, 2) e faz um ângulo de 41° com o eixo x positivo.

4. Determine a equação da reta no plano xy que contém o ponto (2, 5) e faz um ângulo de 73° com o eixo x positivo.

5. Determine um número t tal que a reta que passa pela origem e contém o ponto (4, t) faça um ângulo de 22° com o eixo horizontal positivo.

6. Determine um número w tal que a reta que passa pela origem e contém o ponto (7, w) faça um ângulo de 17° com o eixo horizontal positivo.

7. Determine os quatro menores números positivos θ tal que $\tan \theta = 1$.

8. Determine os quatro menores números positivos θ tal que $\tan \theta = -1$.

9. Suponha $0 < \theta < \frac{\pi}{2}$ e $\cos \theta = \frac{1}{5}$. Calcule:
   (a) $\text{sen}\, \theta$ (b) $\tan \theta$

10. Suponha $0 < \theta < \frac{\pi}{2}$ e $\text{sen}\, \theta = \frac{1}{4}$. Calcule:
    (a) $\cos \theta$ (b) $\tan \theta$

11. Suponha $\frac{\pi}{2} < \theta < \pi$ e $\text{sen}\, \theta = \frac{2}{3}$. Calcule:
    (a) $\cos \theta$ (b) $\tan \theta$

12. Suponha $\frac{\pi}{2} < \theta < \pi$ e $\text{sen}\, \theta = \frac{3}{4}$. Calcule:
    (a) $\cos \theta$ (b) $\tan \theta$

13. Suponha $-\frac{\pi}{2} < \theta < 0$ e $\cos \theta = \frac{4}{5}$. Calcule:
    (a) $\text{sen}\, \theta$ (b) $\tan \theta$

14. Suponha $-\frac{\pi}{2} < \theta < 0$ e $\cos \theta = \frac{1}{5}$. Calcule:
    (a) $\text{sen}\, \theta$ (b) $\tan \theta$

15. Suponha $0 < \theta < \frac{\pi}{2}$ e $\tan \theta = \frac{1}{4}$. Calcule:
    (a) $\cos \theta$ (b) $\text{sen}\, \theta$

16. Suponha $0 < \theta < \frac{\pi}{2}$ e $\tan \theta = \frac{2}{3}$. Calcule:
    (a) $\cos \theta$ (b) $\text{sen}\, \theta$

17. Suponha $-\frac{\pi}{2} < \theta < 0$ e $\tan \theta = -3$. Calcule:
    (a) $\cos \theta$ (b) $\text{sen}\, \theta$

18. Suponha $-\frac{\pi}{2} < \theta < 0$ e $\tan \theta = -2$. Calcule:
    (a) $\cos \theta$ (b) $\text{sen}\, \theta$

Dado

$$\cos 15° = \frac{\sqrt{2 + \sqrt{3}}}{2} \quad e \quad \text{sen}\, 22,5° = \frac{\sqrt{2 - \sqrt{2}}}{2},$$

para os Exercícios 19–28 determine expressões exatas para as quantidades indicadas.

Esses valores de $\cos 15°$ *e* $\text{sen}\, 22,5°$ *serão derivados nos Exemplos 3 e 4 na Seção 5.5.*

19. $\text{sen}\, 15°$
20. $\cos 22,5°$
21. $\tan 15°$
22. $\tan 22,5°$
23. $\cotan 15°$
24. $\cotan 22,5°$
25. $\cosec 15°$
26. $\cosec 22,5°$
27. $\sec 15°$
28. $\sec 22,5°$

Considere que u e v estejam no intervalo $\left(0, \frac{\pi}{2}\right)$, com

$$\tan u = 2 \quad e \quad \tan v = 3.$$

Para os Exercícios 29–38, determine expressões exatas para as quantidades indicadas.

29. $\cotan u$
30. $\cotan v$
31. $\cos u$
32. $\cos v$
33. $\text{sen}\, u$
34. $\text{sen}\, v$
35. $\cosec u$
36. $\cosec v$
37. $\sec u$
38. $\sec v$

39. Determine o menor número x tal que $\tan e^x = 0$.

40. Determine o menor número x tal que $\tan e^x$ seja indefinida.

PROBLEMAS

41. (a) Desenhe um raio na circunferência unitária para um ângulo θ tal que $\tan \theta = \frac{1}{7}$.
    (b) Desenhe outro raio, diferente daquele do item (a), também ilustrando $\tan \theta = \frac{1}{7}$.

42. (a) Desenhe um raio na circunferência unitária para um ângulo θ tal que $\tan \theta = 7$.
    (b) Desenhe outro raio, diferente daquele do item (a), também ilustrando $\tan \theta = 7$.

43. Considere um raio da circunferência unitária correspondente a um ângulo cuja tangente é igual a 5, e outro raio da circunferência unitária correspondente a um ângulo cuja tangente é igual a $-\frac{1}{5}$. Explique por que esses dois raios são perpendiculares um ao outro.

44 Explique por que

$$\tan(\theta + \tfrac{\pi}{2}) = -\frac{1}{\tan\theta}$$

para cada número θ que não seja um múltiplo inteiro de $\tfrac{\pi}{2}$.

45 Explique por que o problema anterior exclui inteiros múltiplos de $\tfrac{\pi}{2}$ dos valores permitidos para θ.

46 Determine um número θ tal que a tangente de θ graus seja maior que 50.000.

47 Determine um número positivo θ tal que a tangente de θ graus seja menor que −90.000.

48 Suponha que você tenha pegado emprestadas duas calculadoras de amigos, mas você não sabe se elas estão ajustadas para trabalhar em radianos ou em graus. Você calcula tan 89,9 em cada calculadora. Uma calculadora dá como resposta −2,62 e a outra calculadora dá como resposta 572,96. Sem utilizar mais calculadoras, como você decidiria qual calculadora está usando radianos e qual calculadora está usando graus? Explique sua resposta.

49 Suponha que você tenha pegado emprestadas duas calculadoras de amigos, mas você não sabe se elas estão ajustadas para trabalhar em radianos ou em graus. Você calcula tan 1 em cada calculadora. Uma calculadora dá como resposta 0,017455 e a outra calculadora responde dá como resposta 1,557408. Sem utilizar mais calculadoras, como você decidiria qual calculadora está usando radianos e qual calculadora está usando graus? Explique sua resposta.

50 Explique por que

$$|\operatorname{sen}\theta| \leq |\tan\theta|$$

para todos os valores de θ tais que $\tan\theta$ seja definida.

51 Suponha que θ não seja um múltiplo ímpar de $\tfrac{\pi}{2}$. Explique por que o ponto $(\tan\theta, 1)$ está na reta que contém o ponto $(\operatorname{sen}\theta, \cos\theta)$ e a origem.

52 Explique por que $\log(\cotan\theta) = -\log(\tan\theta)$ para todo θ no intervalo $\left(0, \tfrac{\pi}{2}\right)$.

53 Em 1768 o matemático suíço Johann Lambert provou que, se θ é um número racional no intervalo $\left(0, \tfrac{\pi}{2}\right)$, então $\tan\theta$ é irracional. Use a equação $\tan\tfrac{\pi}{4} = 1$ para explicar por que esse resultado implica que π é irracional.
[*Essa foi a primeira prova de que π é irracional.*]

SOLUÇÕES DETALHADAS *dos Exercícios Ímpares*

1 Determine a equação da reta no plano xy que passa pela origem e faz um ângulo de 0,7 radiano com o eixo x positivo.

SOLUÇÃO Uma reta que faz um ângulo de 0,7 radiano com o eixo positivo x tem inclinação tan 0,7. Logo, a equação da reta é $y = (\tan 0{,}7)x$. Como $\tan 0{,}7 \approx 0{,}842288$, podemos reescrevê-la como $y \approx 0{,}842288x$.

3 Determine a equação da reta no plano xy que contém o ponto $(3, 2)$ e faz um ângulo de 41° com o eixo x positivo.

SOLUÇÃO Uma reta que faz um ângulo de 41° com o eixo positivo x tem inclinação tan 41°. Logo, a equação da reta é $y - 2 = (\tan 41°)(x - 3)$. Como $\tan 41° \approx 0{,}869287$, podemos reescrevê-la como $y \approx 0{,}869287x - 0{,}60786$.

5 Determine um número t tal que a reta que passa pela origem e contém o ponto $(4, t)$ faça um ângulo de 22° com o eixo horizontal positivo.

SOLUÇÃO A reta que passa pela origem que contém o ponto $(4, t)$ tem inclinação $\tfrac{t}{4}$. Assim, queremos $\tan 22° = \tfrac{t}{4}$. Portanto

$$t = 4\tan 22° \approx 1{,}6161.$$

7 Determine os quatro menores números positivos θ tal que $\tan\theta = 1$.

SOLUÇÃO Pense em um raio da circunferência unitária cuja extremidade seja $(1, 0)$. Se o raio se move no sentido anti-horário, formando um ângulo θ radianos com o eixo horizontal positivo, então a primeira vez que a primeira e a segunda coordenadas dessa extremidade se igualam (o que é equivalente a ter $\tan\theta = 1$) é quando θ é igual a $\tfrac{\pi}{4}$ (que é igual a 45°), e novamente quando θ é igual a $\tfrac{5\pi}{4}$ (que é igual a 225°), e mais um vez quando θ é igual a $\tfrac{9\pi}{4}$ (que é igual a 360° + 45°, ou 405°), e de novo quando θ é igual a $\tfrac{13\pi}{4}$ (que é igual a 360° + 225°, ou 585°), e assim por diante.

Portanto, os quatro menores números positivos θ tais que $\tan\theta = 1$ são $\tfrac{\pi}{4}, \tfrac{5\pi}{4}, \tfrac{9\pi}{4}$ e $\tfrac{13\pi}{4}$.

9 Suponha que $0 < \theta < \tfrac{\pi}{2}$ e $\cos\theta = \tfrac{1}{5}$. Calcule:

(a) sen θ (b) tan θ

SOLUÇÃO A figura a seguir mostra um desenho do ângulo envolvido neste exercício:

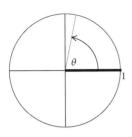

O ângulo entre 0 e $\frac{\pi}{2}$ cujo cosseno é igual a $\frac{1}{5}$.

(a) Sabemos que
$$(\cos \theta)^2 + (\sin \theta)^2 = 1.$$

Portanto $\left(\frac{1}{5}\right)^2 + (\sin \theta)^2 = 1$. Resolvendo a equação para $(\sin \theta)^2$, obtemos
$$(\sin \theta)^2 = \frac{24}{25}.$$

O desenho acima mostra que $\sin \theta > 0$. Assim, aplicando a raiz quadrada a ambos os lados da equação acima, obtemos
$$\sin \theta = \frac{\sqrt{24}}{5} = \frac{\sqrt{4 \cdot 6}}{5} = \frac{2\sqrt{6}}{5}.$$

(b)
$$\tan \theta = \frac{\sin \theta}{\cos \theta} = \frac{\frac{2\sqrt{6}}{5}}{\frac{1}{5}} = 2\sqrt{6}.$$

11 Suponha que $\frac{\pi}{2} < \theta < \pi$ e $\sin \theta = \frac{2}{3}$. Calcule:

(a) $\cos \theta$ (b) $\tan \theta$

SOLUÇÃO A figura a seguir mostra um desenho do ângulo envolvido neste exercício:

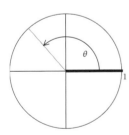

O ângulo entre $\frac{\pi}{2}$ e π cujo seno é igual a $\frac{2}{3}$.

(a) Sabemos que
$$(\cos \theta)^2 + (\sin \theta)^2 = 1.$$

Portanto $(\cos \theta)^2 + \left(\frac{2}{3}\right)^2 = 1$. Resolvendo a equação para $(\cos \theta)^2$, obtemos
$$(\cos \theta)^2 = \frac{5}{9}.$$

O desenho anterior mostra que $\cos \theta < 0$. Assim, aplicando a raiz quadrada a ambos os lados da equação acima, obtemos
$$\cos \theta = -\frac{\sqrt{5}}{3}.$$

(b)
$$\tan \theta = \frac{\sin \theta}{\cos \theta} = -\frac{\frac{2}{3}}{\frac{\sqrt{5}}{3}} = -\frac{2}{\sqrt{5}} = -\frac{2\sqrt{5}}{5}.$$

13 Suponha que $-\frac{\pi}{2} < \theta < 0$ e $\cos \theta = -\frac{4}{5}$. Calcule:

(a) $\sin \theta$ (b) $\tan \theta$

SOLUÇÃO A figura a seguir mostra um desenho do ângulo envolvido neste exercício:

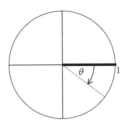

O ângulo entre $-\frac{\pi}{2}$ e 0 cujo cosseno é igual a $\frac{4}{5}$.

(a) Sabemos que
$$(\cos \theta)^2 + (\sin \theta)^2 = 1.$$

Portanto $\left(\frac{4}{5}\right)^2 + (\sin \theta)^2 = 1$. Resolvendo a equação para $(\sin \theta)^2$, obtemos
$$(\sin \theta)^2 = \frac{9}{25}.$$

O desenho acima mostra que $\sin \theta < 0$. Assim, aplicando a raiz quadrada a ambos os lados da equação acima, obtemos
$$\sin \theta = -\frac{3}{5}.$$

(b)
$$\tan \theta = \frac{\sin \theta}{\cos \theta} = -\frac{\frac{3}{5}}{\frac{4}{5}} = -\frac{3}{4}.$$

15 Suponha que $0 < \theta < \frac{\pi}{2}$ e $\tan \theta = \frac{1}{4}$. Calcule:

(a) $\cos \theta$ (b) $\sin \theta$

SOLUÇÃO A figura a seguir mostra um desenho do ângulo envolvido neste exercício:

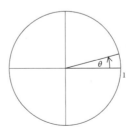

O ângulo entre 0 e $\frac{\pi}{2}$ cuja tangente é igual a $\frac{1}{4}$.

(a) Reescreva a equação $\tan \theta = \frac{1}{4}$ na forma $\frac{\sin \theta}{\cos \theta} = \frac{1}{4}$. Multiplicando ambos os lados da equação por $\cos \theta$, obtemos
$$\sin \theta = \tfrac{1}{4} \cos \theta.$$

Substituindo essa expressão para sen θ na equação $(\cos \theta)^2 + (\text{sen } \theta)^2 = 1$, obtemos

$$(\cos \theta)^2 + \tfrac{1}{16}(\cos \theta)^2 = 1,$$

que é equivalente a

$$(\cos \theta)^2 = \frac{16}{17}.$$

O desenho anterior mostra que $\cos \theta > 0$. Assim, aplicando a raiz quadrada a ambos os lados da equação acima, obtemos

$$\cos \theta = \frac{4}{\sqrt{17}} = \frac{4\sqrt{17}}{17}.$$

(b) Já observamos que $\text{sen } \theta = \tfrac{1}{4}\cos \theta$. Portanto

$$\text{sen } \theta = \frac{\sqrt{17}}{17}.$$

17 Suponha que $-\frac{\pi}{2} < \theta < 0$ e $\tan \theta = -3$. Calcule:

(a) $\cos \theta$ (b) $\text{sen } \theta$

SOLUÇÃO   A figura a seguir mostra um desenho do ângulo envolvido neste exercício:

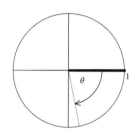

O ângulo entre $-\frac{\pi}{2}$ e 0 cuja tangente é igual a -3.

(a) Reescreva a equação $\tan \theta = -3$ na forma $\frac{\text{sen}\,\theta}{\cos\,\theta} = -3$. Multiplicando ambos os lados dessa equação por $\cos \theta$, obtemos

$$\text{sen } \theta = -3 \cos \theta.$$

Substituindo essa expressão para sen θ na equação $(\cos \theta)^2 + (\text{sen } \theta)^2 = 1$, obtemos

$$(\cos \theta)^2 + 9(\cos \theta)^2 = 1,$$

que é equivalente a

$$(\cos \theta)^2 = \frac{1}{10}.$$

O desenho acima mostra que $\cos \theta > 0$. Assim, aplicando a raiz quadrada a ambos os lados da equação acima, obtemos

$$\cos \theta = \frac{1}{\sqrt{10}} = \frac{\sqrt{10}}{10}.$$

(b) Já observamos que $\text{sen } \theta = -3 \cos \theta$. Portanto

$$\text{sen } \theta = -\frac{3\sqrt{10}}{10}.$$

Dado

$$\cos 15° = \frac{\sqrt{2+\sqrt{3}}}{2} \quad e \quad \text{sen } 22{,}5° = \frac{\sqrt{2-\sqrt{2}}}{2},$$

para os Exercícios 19-28 determine expressões exatas para as quantidades indicadas.

19 sen 15°

SOLUÇÃO   Sabemos que

$$(\cos 15°)^2 + (\text{sen } 15°)^2 = 1.$$

Portanto

$$(\text{sen } 15°)^2 = 1 - (\cos 15°)^2$$
$$= 1 - \left(\frac{\sqrt{2+\sqrt{3}}}{2}\right)^2$$
$$= 1 - \frac{2+\sqrt{3}}{4}$$
$$= \frac{2-\sqrt{3}}{4}.$$

Como sen 15° > 0, aplicando a raiz quadrada a ambos os lados da equação acima, obtemos $\text{sen }15° = \frac{\sqrt{2-\sqrt{3}}}{2}$.

21 tan 15°

SOLUÇÃO $\tan 15° = \dfrac{\text{sen } 15°}{\cos 15°}$

$$= \frac{\sqrt{2-\sqrt{3}}}{\sqrt{2+\sqrt{3}}}$$
$$= \frac{\sqrt{2-\sqrt{3}}}{\sqrt{2+\sqrt{3}}} \cdot \frac{\sqrt{2-\sqrt{3}}}{\sqrt{2-\sqrt{3}}}$$
$$= \frac{2-\sqrt{3}}{\sqrt{4-3}}$$
$$= 2-\sqrt{3}$$

23 cotan 15°

SOLUÇÃO $\text{cotan } 15° = \dfrac{1}{\tan 15°}$

$$= \frac{1}{2-\sqrt{3}}$$
$$= \frac{1}{2-\sqrt{3}} \cdot \frac{2+\sqrt{3}}{2+\sqrt{3}}$$
$$= \frac{2+\sqrt{3}}{4-3}$$
$$= 2+\sqrt{3}$$

25 cosec 15°

SOLUÇÃO

$$\operatorname{cosec} 15° = \frac{1}{\operatorname{sen} 15°}$$

$$= \frac{2}{\sqrt{2-\sqrt{3}}}$$

$$= \frac{2}{\sqrt{2-\sqrt{3}}} \cdot \frac{\sqrt{2+\sqrt{3}}}{\sqrt{2+\sqrt{3}}}$$

$$= \frac{2\sqrt{2+\sqrt{3}}}{\sqrt{4-3}}$$

$$= 2\sqrt{2+\sqrt{3}}$$

27 $\sec 15°$

SOLUÇÃO

$$\sec 15° = \frac{1}{\cos 15°}$$

$$= \frac{2}{\sqrt{2+\sqrt{3}}}$$

$$= \frac{2}{\sqrt{2+\sqrt{3}}} \cdot \frac{\sqrt{2-\sqrt{3}}}{\sqrt{2-\sqrt{3}}}$$

$$= \frac{2\sqrt{2-\sqrt{3}}}{\sqrt{4-3}}$$

$$= 2\sqrt{2-\sqrt{3}}$$

Considere que u e v estejam no intervalo $\left(0, \frac{\pi}{2}\right)$, com

$$\tan u = 2 \quad e \quad \tan v = 3.$$

Para os Exercícios 29–38, determine expressões exatas para as quantidades indicadas.

29 $\cotan u$

SOLUÇÃO

$$\cotan u = \frac{1}{\tan u}$$

$$= \frac{1}{2}$$

31 $\cos u$

SOLUÇÃO   Sabemos que

$$2 = \tan u$$

$$= \frac{\operatorname{sen} u}{\cos u}.$$

Para determinar cos u, faça a substituição sen $u = \sqrt{1-(\cos u)^2}$ na equação anterior (essa substituição é válida porque sabemos que $0 < u < \frac{\pi}{2}$, portanto, sen $u > 0$), obtendo

$$2 = \frac{\sqrt{1-(\cos u)^2}}{\cos u}.$$

Agora eleve ao quadrado ambos os lados da equação acima e, em seguida, multiplique ambos os lados por $(\cos u)^2$, rearranjando os termos para obter a equação

$$5(\cos u)^2 = 1.$$

Como $0 < u < \frac{\pi}{2}$, vemos que cos $u > 0$. Assim, aplicando a raiz quadrada a ambos os lados da equação acima, obtemos $\cos u = \frac{1}{\sqrt{5}}$, que pode ser reescrita como $\cos u = \frac{\sqrt{5}}{5}$.

33 sen u

SOLUÇÃO

$$\operatorname{sen} u = \sqrt{1-(\cos u)^2}$$

$$= \sqrt{1-\frac{1}{5}}$$

$$= \sqrt{\frac{4}{5}}$$

$$= \frac{2}{\sqrt{5}}$$

$$= \frac{2\sqrt{5}}{5}$$

35 cosec u

SOLUÇÃO

$$\operatorname{cosec} u = \frac{1}{\operatorname{sen} u}$$

$$= \frac{\sqrt{5}}{2}$$

37 sec u

SOLUÇÃO

$$\sec u = \frac{1}{\cos u}$$

$$= \sqrt{5}$$

39 Determine o menor número x tal que $\tan e^x = 0$.

SOLUÇÃO   Observe que e^x é uma função crescente. Como e^x é positiva para qualquer número real x, e como π é o menor número positivo cuja tangente é igual a 0, queremos escolher x tal que $e^x = \pi$. Assim, $x = \ln \pi \approx 1{,}14473$.

4.5 Trigonometria em Triângulos Retângulos

OBJETIVOS DE APRENDIZAGEM

Ao final desta seção, você deverá ser capaz de
- calcular o cosseno, o seno e a tangente de qualquer ângulo de um triângulo retângulo, se forem dados os comprimentos de quaisquer dois lados do triângulo;
- calcular os comprimentos dos três lados de um triângulo retângulo, se forem dados qualquer ângulo (além do ângulo reto) e o comprimento de qualquer lado.

A palavra trigonometria em inglês apareceu pela primeira vez em 1614, na tradução para o inglês de um livro escrito em latim pelo matemático alemão Bartholomeo Pitiscus. Uma cratera proeminente na Lua tem o nome dele.

A trigonometria teve origem no estudo de triângulos. Nesta seção nós estudamos trigonometria no contexto de triângulos retângulos. No próximo capítulo, veremos triângulos em geral.

Funções Trigonométricas via Triângulos Retângulos

Seja $0 < \theta < \frac{\pi}{2}$ (ou $0° < \theta < 90°$, se usarmos graus) e considere o raio da circunferência unitária correspondente a θ radianos, como mostrado a seguir:

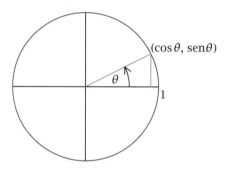

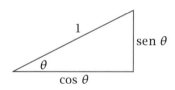

Na figura acima, um segmento vertical de reta foi desenhado da extremidade do raio até o eixo horizontal, produzindo um triângulo retângulo. A hipotenusa desse triângulo retângulo é o raio da circunferência unitária, portanto, tem comprimento 1. Como a extremidade do raio tem extremidade ($\cos \theta$, $\sin \theta$), o lado horizontal do triângulo tem comprimento $\cos \theta$ e o lado vertical do triângulo tem comprimento $\sin \theta$. Para termos uma ideia mais clara do que está acontecendo, esse triângulo é mostrado aqui, sem a circunferência unitária ou os eixos coordenados atrapalhando a figura (e, para maior clareza, a escala foi ampliada).

Se aplicarmos o Teorema de Pitágoras ao triângulo acima, vamos obter

$$(\cos \theta)^2 + (\sin \theta)^2 = 1,$$

que é uma equação familiar.

Usando o mesmo ângulo θ acima, considere agora um triângulo retângulo no qual um dos ângulos é θ, mas cuja hipotenusa não necessariamente tem comprimento 1. Seja c o comprimento da hipotenusa desse triângulo, a o comprimento do lado do triângulo adjacente ao ângulo θ e b o comprimento do lado oposto ao ângulo θ, como mostrado aqui.

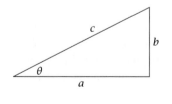

Os dois triângulos mostrados acima têm os mesmos ângulos. Logo, esses dois triângulos são semelhantes. Tal semelhança implica que a razão dos comprimentos de quaisquer dois lados de um dos triângulos é igual à razão dos comprimentos dos lados correspondentes do outro triângulo.

Por exemplo, em nosso primeiro triângulo consideramos o lado horizontal e a hipotenusa. Esses dois lados têm comprimentos $\cos\theta$ e 1. Assim, a razão entre seus comprimentos é $\frac{\cos\theta}{1}$, que é igual a $\cos\theta$. Em nosso segundo triângulo, os lados correspondentes têm comprimentos a e c. A razão entre eles (na mesma ordem que a usada para o primeiro triângulo) é $\frac{a}{c}$. Considerando que as razões para os dois triângulos semelhantes sejam iguais entre si, obtemos

$$\cos\theta = \frac{a}{c}.$$

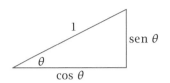

De forma semelhante, em nosso primeiro triângulo acima considere o lado vertical e a hipotenusa. Esses dois lados têm comprimentos $\mathrm{sen}\,\theta$ e 1. Assim, a razão entre seus comprimentos é $\frac{\mathrm{sen}\,\theta}{1}$, que é igual a $\mathrm{sen}\,\theta$. Em nosso segundo triângulo, os lados correspondentes têm comprimentos b e c. A razão entre eles (na mesma ordem que a usada para o primeiro triângulo) é $\frac{b}{c}$. Considerando que as razões para os dois triângulos semelhantes sejam iguais entre si, obtemos

$$\mathrm{sen}\,\theta = \frac{b}{c}.$$

Esses dois triângulos são semelhantes, portanto, as razões entre os lados correspondentes são iguais.

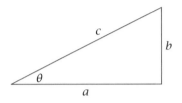

Finalmente, em nosso primeiro triângulo, considere o lado vertical e o lado horizontal. Esses dois lados têm comprimentos $\mathrm{sen}\,\theta$ e $\cos\theta$. Assim, a razão entre seus comprimentos é $\frac{\mathrm{sen}\,\theta}{\cos\theta}$, que é igual a $\tan\theta$. Em nosso segundo triângulo, os lados correspondentes têm comprimentos b e a. A razão entre eles (na mesma ordem que a usada para o primeiro triângulo) é $\frac{b}{a}$. Considerando que as razões para os dois triângulos semelhantes sejam iguais entre si, obtemos

$$\tan\theta = \frac{b}{a}.$$

As três últimas equações apresentadas acima formam a base para o que é chamado de trigonometria do triângulo retângulo. O quadro a seguir reapresenta essas três equações usando palavras em vez de símbolos.

Caracterização de cosseno, seno e tangente em triângulos retângulos

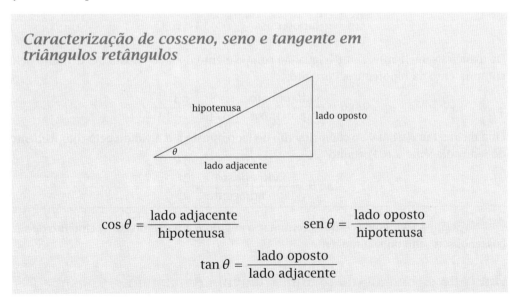

$$\cos\theta = \frac{\text{lado adjacente}}{\text{hipotenusa}} \qquad \mathrm{sen}\,\theta = \frac{\text{lado oposto}}{\text{hipotenusa}}$$

$$\tan\theta = \frac{\text{lado oposto}}{\text{lado adjacente}}$$

Aqui a palavra "hipotenusa" está sendo usada como abreviatura de "o comprimento da hipotenusa".

De maneira semelhante, "lado adjacente" é a abreviatura para "o comprimento do lado adjacente ao ângulo θ que não é a hipotenusa".

Igualmente, "lado oposto" é a abreviatura para "o comprimento do lado oposto ao ângulo θ".

A figura e as equações no quadro acima capturam os fundamentos da trigonometria de triângulos retângulos. Certifique-se de que você realmente internalizou os conteúdos do quadro acima e que você pode usar confortavelmente essas caracterizações das funções trigonométricas.

As fórmulas para $\cos\theta$, $\mathrm{sen}\,\theta$ e $\tan\theta$ no quadro ao lado são válidas apenas para triângulos retângulos e não para todos os triângulos.

Alguns livros usam as equações do quadro acima como definições de cosseno, seno e tangente. Essa abordagem faz sentido apenas quando θ está entre 0 radiano e $\frac{\pi}{2}$ radianos (ou entre 0° e 90°), pois não existem triângulos retângulos com ângulos maiores que $\frac{\pi}{2}$ radianos (ou 90°), assim como não existem triângulos retângulos com ângulos negativos. As caracterizações de cosseno, seno e tangente dadas no quadro anterior são muito úteis, mas lembre-se de que esse quadro é válido apenas quando θ é um ângulo positivo menor que $\frac{\pi}{2}$ radianos (ou 90°).

Dois Lados de um Triângulo Retângulo

Dados os comprimentos de quaisquer dois lados de um triângulo retângulo, o Teorema de Pitágoras permite-nos determinar o comprimento do terceiro lado. Uma vez conhecidos os comprimentos dos três lados de um triângulo retângulo, podemos determinar o cosseno, o seno e a tangente de qualquer ângulo do triângulo. O exemplo a seguir ilustra esse procedimento.

EXEMPLO 1

Neste exemplo, o lado oposto ao ângulo θ é o lado horizontal do triângulo, em vez de o lado vertical. Isto ilustra a utilidade de pensar-se em termos de lados oposto e adjacente ao invés de letras específicas, como a, b e c.

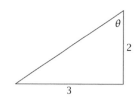

Determine o comprimento da hipotenusa e calcule $\cos\theta$, $\operatorname{sen}\theta$ e $\tan\theta$ do triângulo.

SOLUÇÃO Seja c o comprimento da hipotenusa do triângulo acima. Pelo Teorema de Pitágoras, temos

$$c^2 = 3^2 + 2^2.$$

Assim, $c = \sqrt{13}$.

Agora, o $\cos\theta$ é o comprimento do lado adjacente a θ dividido pelo comprimento da hipotenusa. Portanto

$$\cos\theta = \frac{\text{lado adjacente}}{\text{hipotenusa}} = \frac{3}{\sqrt{13}} = \frac{2\sqrt{13}}{13}.$$

De maneira semelhante, $\operatorname{sen}\theta$ é igual ao comprimento do lado oposto a θ dividido pelo comprimento da hipotenusa. Portanto

$$\operatorname{sen}\theta = \frac{\text{lado oposto}}{\text{hipotenusa}} = \frac{3}{\sqrt{13}} = \frac{3\sqrt{13}}{13}.$$

Finalmente, $\tan\theta$ é igual ao comprimento do lado oposto a θ dividido pelo comprimento do lado adjacente a θ. Portanto

$$\tan\theta = \frac{\text{lado oposto}}{\text{lado adjacente}} = \frac{3}{2}.$$

Na Seção 5.1 veremos como determinar o ângulo θ a partir do conhecimento de seu cosseno, seu seno ou sua tangente.

Um Lado e Um Ângulo de um Triângulo Retângulo

Dado o comprimento de qualquer lado e de qualquer ângulo de um triângulo retângulo (além do ângulo reto), podemos determinar os comprimentos dos outros dois lados do triângulo.

EXEMPLO 2

Determine os comprimentos dos outros dois lados do triângulo mostrado aqui.

SOLUÇÃO Os outros dois lados do triângulo não estão identificados. Portanto, seja a o comprimento do lado adjacente ao ângulo de 28° e c o comprimento da hipotenusa.

Como sabemos o comprimento do lado oposto ao ângulo de 28°, começaremos com o seno. Temos

$$\operatorname{sen} 28° = \frac{\text{lado oposto}}{\text{hipotenusa}} = \frac{4}{c}.$$

Resolvendo para c, obtemos

$$c = \frac{4}{\operatorname{sen} 28°} \approx 8{,}52,$$

em que a aproximação foi obtida com o auxílio de uma calculadora.

A seguir, determinamos o comprimento do lado adjacente o ângulo de 28°. Temos

$$\tan 28° = \frac{\text{lado oposto}}{\text{lado adjacente}} = \frac{4}{a}.$$

Resolvendo a equação para a, obtemos

$$a = \frac{4}{\tan 28°} \approx 7{,}52,$$

em que a aproximação foi obtida com o auxílio de uma calculadora.

Problemas do mundo real raramente vêm com as legendas indicadas. Assim, algumas vezes o primeiro passo para a solução do problema é a apropriada identificação das legendas.

A trigonometria tem um número imenso de aplicações práticas. O próximo exemplo mostra como a trigonometria pode ser usada para determinar a altura de um edifício.

EXEMPLO 3

Estando parado a 30 pés* da base de um edifício alto, você mira um apontador laser para a parte mais próxima do topo do edifício. Você mede que o apontador laser está inclinado 5° em relação à posição vertical. O apontador laser é mantido a 6 pés acima do chão. Qual é a altura do edifício?

SOLUÇÃO No desenho aqui apresentado, a reta vertical mais à direita representa o edifício e a hipotenusa representa o caminho do feixe de laser. Como o laser está inclinado 5° em relação à vertical, o ângulo formado pelo feixe laser e uma reta paralela ao chão é 85°, como indicado no desenho (que não está em escala).

O lado do triângulo retângulo oposto ao ângulo de 85° foi marcado como b. Assim, a altura do edifício é $b + 6$.

Temos que $\tan 85° = \dfrac{\text{lado oposto}}{\text{lado adjacente}} = \dfrac{b}{30}$. Resolvendo a equação para b, temos

$$b = 30 \tan 85° \approx 343.$$

Somando-se 6, vemos que a altura do edifício é de aproximadamente 349 pés.

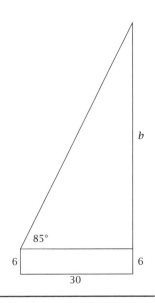

O próximo exemplo ilustra outra aplicação prática das ideias desta seção.

EXEMPLO 4

Um agrimensor deseja medir a distância entre os pontos A e B, porém, um desfiladeiro impede uma medida direta. Assim, o agrimensor move-se 500 metros perpendicularmente à reta AB até o ponto C e mede o que ângulo BCA tem 78° (tais ângulos podem ser medidos com um instrumento chamado *nível de trânsito*). Qual é a distância entre os pontos A e B?

---

* 1 pé é aproximadamente igual a 30,5 cm. (N.T.)

SOLUÇÃO Seja d a distância de A até B. Da figura (que não está em escala), temos

$$\tan 78° = \frac{\text{lado oposto}}{\text{lado adjacente}} = \frac{d}{500}.$$

Resolvendo a equação para d, obtemos

$$d = 500 \tan 78° \approx 2352.$$

Assim, a distância entre A e B é de aproximadamente 2352 metros.

EXERCÍCIOS

Use o triângulo retângulo abaixo para os Exercícios 1–20. Esse triângulo não está desenhado na escala correspondente aos dados nos exercícios.

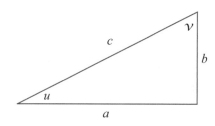

1 Considere $a = 2$ e $b = 7$. Calcule:

(a) c (d) $\tan u$ (g) $\tan v$.

(b) $\cos u$ (e) $\cos v$

(c) sen u (f) sen v

2 Considere $a = 3$ e $b = 5$. Calcule:

(a) c (d) $\tan u$ (g) $\tan v$.

(b) $\cos u$ (e) $\cos v$

(c) sen u (f) sen v

3 Considere $b = 2$ e $c = 7$. Calcule:

(a) a (d) $\tan u$ (g) $\tan v$.

(b) $\cos u$ (e) $\cos v$

(c) sen u (f) sen v

4 Considere $b = 4$ e $c = 6$. Calcule:

(a) a (d) $\tan u$ (g) $\tan v$.

(b) $\cos u$ (e) $\cos v$

(c) sen u (f) sen v

5 Considere $a = 5$ e $u = 17°$. Calcule:

(a) b (b) c

6 Considere $b = 3$ e $v = 38°$. Calcule:

(a) a (b) c.

7 Considere $u = 27°$. Calcule:

(a) $\cos v$ (b) sen v (c) $\tan v$.

8 Considere $v = 48°$. Calcule:

(a) $\cos u$ (b) sen u (c) $\tan u$.

9 Considere $c = 8$ e $u = 1$ radiano. Calcule:

(a) a (b) b

10 Considere $c = 3$ e $v = 0{,}2$ radiano. Calcule:

(a) a (b) b

11 Considere $u = 0{,}7$ radiano. Calcule:

(a) $\cos v$ (b) sen v (c) $\tan v$.

12 Considere $v = 0{,}1$ radiano. Calcule:

(a) $\cos u$ (b) sen u (c) $\tan u$.

13 Considere $c = 4$ e $\cos u = \frac{3}{5}$. Calcule:

(a) a (b) b

14 Considere $c = 5$ e $\cos u = \frac{1}{4}$. Calcule:

(a) a (b) b

15 Considere $\cos u = \frac{1}{5}$. Calcule:

(a) sen v (c) $\cos v$ (e) $\tan v$.

(b) $\tan u$ (d) sen v

16 Considere $\cos u = \frac{2}{3}$. Calcule:

(a) sen u (c) $\cos v$ (e) $\tan v$.

(b) $\tan u$ (d) sen v

17 Considere $b = 4$ e sen $v = \frac{1}{6}$. Calcule:

(a) a (b) c

18 Considere $b = 2$ e sen $v = \frac{5}{7}$. Calcule:

(a) a (b) c

19 Considere sen $v = \frac{1}{3}$. Calcule:

(a) cos u (c) tan u (e) tan v.

(b) sen u (d) cos v

20 Considere sen $v = \frac{3}{7}$. Calcule:

(a) cos u (c) tan u (e) tan v.

(b) sen u (d) cos v

21 Determine o perímetro de um triângulo retângulo que tem hipotenusa de comprimento 6 e um ângulo de 40°.

22 Determine o perímetro de um triângulo retângulo que tem hipotenusa de comprimento 8 e um ângulo de 35°.

23 Considere que uma escada de 25 pés esteja encostada em uma parede formando um ângulo de 63° com o chão (medido a partir de uma reta perpendicular à base da escada até a parede). Qual a altura da extremidade da escada na parede?

24 Considere que uma escada de 19 pés esteja encostada em uma parede formando um ângulo de 71° com o chão (medido a partir de uma reta perpendicular à base da escada até a parede). Qual a altura da extremidade da escada na parede?

25 Suponha que você precise determinar a altura de um edifício alto. Parado a 20 metros da base do edifício, você mira um apontador laser para a parte mais alta do edifício. Você mede que o apontador laser está inclinado 4° em relação à vertical. O apontador laser é mantido a 2 metros acima do chão. Qual a altura do edifício?

26 Suponha que você precise determinar a altura de um edifício alto. Parado a 15 metros da base do edifício, você mira um apontador laser para a parte mais alta do edifício. Você mede que o apontador laser está inclinado 7° em relação à vertical. O apontador laser é mantido a 2 metros acima do chão. Qual a altura do edifício?

27 Um agrimensor deseja medir a distância entre pontos A e B, mas construções entre A e B impedem uma medida direta. Então, o agrimensor move-se 50 metros perpendicularmente à reta AB até o ponto C e mede que o ângulo BCA é 87°. Qual é a distância entre os pontos A e B?

28 Um agrimensor deseja medir a distância entre pontos A e B, mas um rio entre A e B impede uma medida direta. Então, o agrimensor move-se 200 pés* perpendicularmente à reta AB até o ponto C e mede que o ângulo BCA é 81°. Qual é a distância entre os pontos A e B?

Para os Exercícios 29–34, considere que a superfície da Terra seja uma esfera com raio de 3963 milhas.* A latitude de um ponto P na superfície da Terra é o ângulo entre a reta que vai do centro da Terra até P e a reta que vai do centro da Terra até o ponto no Equador mais próximo a P, como mostrado na figura a seguir para a latitude 40°.

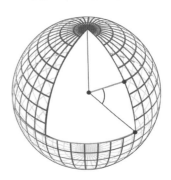

29 Dallas tem latitude 32,8° norte. Determine o raio da circunferência formada pelos pontos com a mesma latitude de Dallas.

30 Cleveland tem latitude 41,5° norte. Determine o raio da circunferência formada pelos pontos com a mesma latitude de Cleveland.

31 Suponha que você viaje para o leste na superfície da Terra saindo de Dallas (latitude 32,8° norte, longitude 96,8° oeste), permanecendo sempre na mesma latitude que Dallas. Você para quando encontra a latitude 32,8° norte, longitude 84,4° oeste (diretamente ao sul de Atlanta). Qual a distância que você viajou?

32 Suponha que você viaje para o leste na superfície da Terra saindo de Cleveland (latitude 41,5° norte, longitude 81,7° oeste), permanecendo sempre na mesma latitude que Cleveland. Você para quando encontra a latitude 41,5° norte, longitude 71,5° oeste (diretamente ao norte de Filadélfia). Qual a distância que você viajou?

33 Com que rapidez Dallas se move devido à rotação diária da Terra em torno de seu eixo?

34 Com que rapidez Cleveland se move devido à rotação diária da Terra em torno de seu eixo?

35 Determine o perímetro de um triângulo isósceles que tem dois lados de comprimento 6 e um ângulo de 80° entre esses dois lados.

36 Determine o perímetro de um triângulo isósceles que tem dois lados de comprimento 8 e um ângulo de 130° entre esses dois lados.

---

* 1 pé é aproximadamente igual a 30,5 cm. (N.T.)

* 1 milha é aproximadamente igual a 1,6 km. (N.T.)

PROBLEMAS

37 Ao fazer vários dos exercícios nesta seção você deve ter observado uma relação entre cos u e sen v, juntamente com uma relação entre sen u e cos v. Quais são essas relações? Explique por que elas são válidas.

38 Ao fazer vários dos exercícios nesta seção você deve ter observado uma relação entre tan u e tan v. Qual é esta relação? Explique por que ela é válida.

39 Determine os comprimentos dos três lados de um triângulo retângulo que tem perímetro 29 e um ângulo de 42°.

40 Determine a latitude de sua posição e, em seguida, calcule a rapidez com que você se move devido à rotação diária da Terra em torno de seu eixo.

41 Determine a fórmula para o perímetro de um triângulo isósceles que tem dois lados de comprimento c com ângulo θ entre eles.

SOLUÇÕES DETALHADAS dos Exercícios Ímpares

Use o triângulo retângulo abaixo para os Exercícios 1–20. Esse triângulo não está desenhado na escala correspondente aos dados nos exercícios.

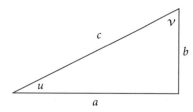

1 Considere $a = 2$ e $b = 7$. Calcule:

(a) c (d) tan u (g) tan v
(b) cos u (e) cos v
(c) sen u (f) sen v

SOLUÇÃO

(a) O Teorema de Pitágoras implica que $c^2 = 2^2 + 7^2$. Então
$$c = \sqrt{2^2 + 7^2} = \sqrt{53}.$$

(b) $\cos u = \dfrac{\text{lado adjacente}}{\text{hipotenusa}} = \dfrac{a}{c} = \dfrac{2}{\sqrt{53}} = \dfrac{2\sqrt{53}}{53}$

(c) $\text{sen } u = \dfrac{\text{lado oposto}}{\text{hipotenusa}} = \dfrac{b}{c} = \dfrac{7}{\sqrt{53}} = \dfrac{7\sqrt{53}}{53}$

(d) $\tan u = \dfrac{\text{lado oposto}}{\text{lado adjacente}} = \dfrac{b}{a} = \dfrac{7}{2}$

(e) $\cos v = \dfrac{\text{lado adjacente}}{\text{hipotenusa}} = \dfrac{b}{c} = \dfrac{7}{\sqrt{53}} = \dfrac{7\sqrt{53}}{53}$

(f) $\text{sen } v = \dfrac{\text{lado oposto}}{\text{hipotenusa}} = \dfrac{a}{c} = \dfrac{2}{\sqrt{53}} = \dfrac{2\sqrt{53}}{53}$

(g) $\tan v = \dfrac{\text{lado oposto}}{\text{lado adjacente}} = \dfrac{a}{b} = \dfrac{2}{7}$

3 Considere $b = 2$ e $c = 7$. Calcule:

(a) a (d) tan u (g) tan v.
(b) cos u (e) cos v
(c) sen u (f) sen v

SOLUÇÃO

(a) O Teorema de Pitágoras implica que $c^2 = 2^2 + 7^2$. Então
$$a = \sqrt{7^2 - 2^2} = \sqrt{45} = \sqrt{9 \cdot 5} = \sqrt{9} \cdot \sqrt{5} = 3\sqrt{5}.$$

(b) $\cos u = \dfrac{\text{lado adjacente}}{\text{hipotenusa}} = \dfrac{a}{c} = \dfrac{3\sqrt{5}}{7}$

(c) $\text{sen } u = \dfrac{\text{lado oposto}}{\text{hipotenusa}} = \dfrac{b}{c} = \dfrac{2}{7}$

(d) $\tan u = \dfrac{\text{lado oposto}}{\text{lado adjacente}} = \dfrac{b}{a} = \dfrac{2}{3\sqrt{5}} = \dfrac{2\sqrt{5}}{15}$

(e) $\cos v = \dfrac{\text{lado adjacente}}{\text{hipotenusa}} = \dfrac{b}{c} = \dfrac{2}{7}$

(f) $\text{sen } v = \dfrac{\text{lado oposto}}{\text{hipotenusa}} = \dfrac{a}{c} = \dfrac{3\sqrt{5}}{7}$

(g) $\tan v = \dfrac{\text{lado oposto}}{\text{lado adjacente}} = \dfrac{a}{b} = \dfrac{3\sqrt{5}}{2}$

5 Considere $a = 5$ e $u = 17°$. Calcule:

(a) b (b) c

SOLUÇÃO

(a) Temos
$$\tan 17° = \dfrac{\text{lado oposto}}{\text{lado adjacente}} = \dfrac{b}{5}.$$

Resolvendo a equação para b, obtemos $b = 5 \tan 17° \approx 1{,}53$.

(b) Temos
$$\cos 17° = \dfrac{\text{lado adjacente}}{\text{hipotenusa}} = \dfrac{5}{c}.$$

Resolvendo a equação para c, obtemos
$$c = \dfrac{5}{\cos 17°} \approx 5{,}23.$$

7 Considere $u = 27°$. Calcule:

(a) cos v (b) sen v (c) tan v.

SOLUÇÃO

(a) Como $v = 90° - u$, temos $v = 63°$. Logo, cos v = cos 63° ≈ 0,454.

(b) sen v = sen 63° ≈ 0,891

(c) tan v = tan 63° ≈ 1,96

9 Considere $c = 8$ e $u = 1$ radiano. Calcule:

(a) a (b) b.

SOLUÇÃO

(a) Temos
$$\cos 1 = \frac{\text{lado adjacente}}{\text{hipotenusa}} = \frac{a}{8}.$$

Resolvendo a equação para a, obtemos
$$a = 8 \cos 1 \approx 4{,}32.$$

Ao usar uma calculadora para fazer a aproximação acima, certifique-se de que ela esteja ajustada para uso no modo radiano.

(b) Temos
$$\text{sen } 1 = \frac{\text{lado oposto}}{\text{hipotenusa}} = \frac{b}{8}.$$

Resolvendo a equação para b, obtemos
$$b = 8 \text{ sen } 1 \approx 6{,}73.$$

11 Considere $u = 0{,}7$ radiano. Calcule:

(a) cos v (b) sen v (c) tan v

SOLUÇÃO

(a) Como $v = \frac{\pi}{2} - u$, temos $v = \frac{\pi}{2} - 0{,}7$. Portanto
$$\cos v = \cos(\tfrac{\pi}{2} - 0{,}7) \approx 0{,}6442.$$

(b) sen v = sen$\left(\frac{\pi}{2} - 0{,}7\right) \approx 0{,}7648$

(c) tan v = tan$\left(\frac{\pi}{2} - 0{,}7\right) \approx 1{,}187$

13 Considere $c = 4$ e cos $u = \frac{3}{5}$. Calcule:

(a) a (b) b

SOLUÇÃO

(a) Temos
$$\frac{3}{5} = \cos u = \frac{\text{lado adjacente}}{\text{hipotenusa}} = \frac{a}{4}.$$

Resolvendo a equação para a, obtemos

$$a = \frac{12}{5}.$$

(b) O Teorema de Pitágoras implica que $\left(\frac{12}{5}\right)^2 + b^2 = 4^2$. Portanto
$$b = \sqrt{16 - \frac{144}{25}} = 4\sqrt{1 - \frac{9}{25}} = 4\sqrt{\frac{16}{25}} = \frac{16}{5}.$$

15 Considere cos $u = \frac{1}{5}$. Calcule:

(a) sen v (c) cos v (e) tan v.

(b) tan u (d) sen v

SOLUÇÃO

(a) $\text{sen } u = \sqrt{1 - (\cos u)^2} = \sqrt{1 - \frac{1}{25}} = \sqrt{\frac{24}{25}} = \frac{2\sqrt{6}}{5}$

(b) $\tan u = \frac{\text{sen } u}{\cos u} = \frac{\frac{2\sqrt{6}}{5}}{\frac{1}{5}} = 2\sqrt{6}$

(c) $\cos v = \frac{b}{c} = \text{sen } u = \frac{2\sqrt{6}}{5}$

(d) $\text{sen } v = \frac{a}{c} = \cos u = \frac{1}{5}$

(e) $\tan v = \frac{\text{sen } v}{\cos v} = \frac{\frac{1}{5}}{\frac{2\sqrt{6}}{5}} = \frac{1}{2\sqrt{6}} = \frac{\sqrt{6}}{12}$

17 Considere $b = 4$ e sen $v = \frac{1}{6}$. Calcule:

(a) a (b) c.

SOLUÇÃO

(a) Temos
$$\frac{1}{6} = \text{sen } v = \frac{\text{lado oposto}}{\text{hipotenusa}} = \frac{a}{c}.$$

Portanto
$$c = 6a.$$

Pelo Teorema de Pitágoras, também concluímos que
$$c^2 = a^2 + 16.$$

Substituindo $6a$ por c nessa equação, obtemos
$$36a^2 = a^2 + 16.$$

Resolvendo a equação acima para a chega-se a
$$a = \sqrt{\frac{16}{35}} = \frac{4\sqrt{35}}{35}.$$

(b) Temos
$$\frac{1}{6} = \text{sen } v = \frac{a}{c}.$$

Logo
$$c = 6a = \frac{24\sqrt{35}}{35}.$$

19 Considere sen $v = \frac{1}{3}$. Calcule:

(a) cos u (c) tan u (e) tan v.

(b) sen u (d) cos v

SOLUÇÃO

(a) $\cos u = \dfrac{a}{c} = \operatorname{sen} v = \dfrac{1}{3}$

(b) $\operatorname{sen} u = \sqrt{1 - (\cos u)^2} = \sqrt{1 - \left(\dfrac{1}{3}\right)^2} = \sqrt{\dfrac{8}{9}} = \dfrac{2\sqrt{2}}{3}$

(c) $\tan u = \dfrac{\operatorname{sen} u}{\cos u} = \dfrac{\frac{2\sqrt{2}}{3}}{\frac{1}{3}} = 2\sqrt{2}$

(d) $\cos v = \sqrt{1 - (\operatorname{sen} v)^2} = \sqrt{1 - \left(\dfrac{1}{3}\right)^2} = \sqrt{\dfrac{8}{9}} = \dfrac{2\sqrt{2}}{3}$

(e) $\tan v = \dfrac{\operatorname{sen} v}{\cos v} = \dfrac{\frac{1}{3}}{\frac{2\sqrt{2}}{3}} = \dfrac{1}{2\sqrt{2}} = \dfrac{\sqrt{2}}{4}$

21 Determine o perímetro de um triângulo retângulo que tem hipotenusa de comprimento 6 e um ângulo de 40°.

SOLUÇÃO   O lado adjacente ao ângulo de 40° tem comprimento 6 cos 40°. O lado oposto ao ângulo de 40° tem comprimento 6 sen 40°. Logo, o perímetro do triângulo é

$$6 + 6\cos 40° + 6\operatorname{sen} 40°,$$

que é, aproximadamente, 14,453.

23 Considere que uma escada de 25 pés* esteja encostada em uma parede formando um ângulo de 63° com o chão (medido a partir de uma reta perpendicular à base da escada até a parede). Qual a altura da extremidade da escada na parede?

SOLUÇÃO

No desenho aqui apresentado, a reta vertical representa a parede e a hipotenusa representa a escada. Conforme indicado, a escada encosta na parede na altura b; portanto precisamos determinar b.

Temos $\operatorname{sen} 63° = \dfrac{b}{25}$. Resolvendo a equação para b, obtemos

$$b = 25 \operatorname{sen} 63° \approx 22{,}28.$$

Portanto, a escada encosta na parede a uma altura de, aproximadamente, 22,28 pés. Como 0,28 × 12 = 3,36, isto equivale a aproximadamente 22 pés e 3 polegadas.

---

* 1 pé é aproximadamente igual a 30,5 cm e 1 polegada é aproximadamente igual a 25,4 mm. (N.T.)

25 Suponha que você precise determinar a altura de um edifício alto. Parado a 20 metros da base do edifício, você mira um apontador laser para a parte mais alta do edifício. Você mede que o apontador laser está inclinado 4° em relação à vertical. O apontador laser é mantido a 2 metros acima do chão. Qual a altura do edifício?

SOLUÇÃO

No desenho aqui, a reta vertical mais à direita representa o edifício e a hipotenusa representa o caminho do feixe de laser. Como o apontador laser está inclinado 4° em relação à vertical, o ângulo formado pelo feixe de laser com uma reta paralela ao chão é de 86°, como indicado na figura (que não está em escala).

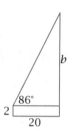

O lado do triângulo retângulo oposto ao ângulo de 86° é identificado como b. Assim, a altura do edifício é $b + 2$.

Temos $\tan 86° = \dfrac{b}{20}$. Resolvendo a equação para b, obtemos

$$b = 20 \tan 86° \approx 286.$$

Somando-se 2, vemos que a altura do edifício é aproximadamente, 288 metros.

27 Um agrimensor deseja medir a distância entre pontos A e B, mas construções entre A e B impedem uma medida direta. Então, o agrimensor move-se 50 metros perpendicularmente à reta AB até o ponto C e mede que o ângulo BCA é 87°. Qual é a distância entre os pontos A e B?

SOLUÇÃO   Seja d a distância entre A e B. Da figura (que não está em escala), temos

$$\tan 87° = \dfrac{\text{lado oposto}}{\text{lado adjacente}} = \dfrac{d}{50}.$$

Resolvendo a equação para d, obtemos $d = 50 \tan 87° \approx 954$. Assim, a distância entre A e B é de aproximadamente 954 metros.

Para os Exercícios 29–34, considere que a superfície da Terra seja uma esfera com raio de 3963 milhas.* A latitude de um ponto P na superfície da Terra é o ângulo entre a reta que vai do centro da Terra até P e a reta que vai do centro da Terra até o ponto no Equador mais próximo a P, como mostrado na figura a seguir para a latitude 40°.

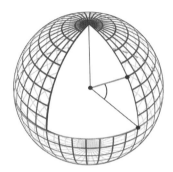

29 Dallas tem latitude 32,8° norte. Determine o raio da circunferência formada pelos pontos com a mesma latitude de Dallas.

SOLUÇÃO A figura abaixo mostra uma seção transversal da Terra. O raio cinza-escuro é o segmento de reta do centro da Terra até Dallas, formando um ângulo de 32,8° com o segmento de reta do centro da Terra até o ponto no Equador mais próximo de Dallas.

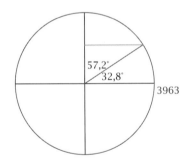

O segmento de reta cinza meio-tom acima mostra o raio da circunferência formada pelos pontos com a mesma latitude de Dallas. O ângulo oposto ao segmento de reta cinza meio-tom no triângulo retângulo é 57,2° (pois 90° − 32,8° = 57,2°). Assim, vemos da figura que o comprimento do segmento de reta cinza meio-tom é 3963 sen 57,2° milhas, que é aproximadamente 3331,2 milhas.

31 Suponha que você viaje para o leste na superfície da Terra saindo de Dallas (latitude 32,8° norte, longitude 96,8° oeste), permanecendo sempre na mesma latitude que Dallas. Você para quando encontra a latitude 32,8° norte, longitude 84,4° oeste (diretamente ao sul de Atlanta). Qual a distância que você viajou?

SOLUÇÃO Usando a fórmula para o comprimento de um arco de circunferência da Seção 4.1, vemos que a distância percorrida na superfície da Terra é de $\frac{12,4\pi \cdot 3331,2}{180}$ milhas (o número 12,4 é usado porque 12,4 = 96,8 − 84,4, e o raio de 3331,2 milhas vem da solução do Exercício 29). Como $\frac{12,4\pi \cdot 3331,2}{180} \approx 721$, você teria viajado aproximadamente 721 milhas.

33 Com que rapidez Dallas se move devido à rotação diária da Terra em torno de seu eixo?

SOLUÇÃO Da solução do Exercício 29, vemos que Dallas percorre $2\pi \cdot 3331,2$ milhas, que é aproximadamente 20.931 milhas a cada 24 horas, devido à rotação da Terra em torno de seu eixo. Logo, a velocidade de Dallas devido à rotação da Terra é de aproximadamente $\frac{20931}{24}$ milhas por hora, que é aproximadamente 872 milhas por hora.

35 Determine o perímetro de um triângulo isósceles que tem dois lados de comprimento 6 e um ângulo de 80° entre esses dois lados.

SOLUÇÃO A figura a seguir mostra um triângulo isósceles que tem dois lados de comprimento 6 e um ângulo de 80° entre eles. A reta cinza meio-tom divide o ângulo de 80° em dois ângulos de 40° e forma um dos lados de um triângulo retângulo cuja hipotenusa tem comprimento 6; o comprimento do lado oposto ao ângulo de 40° é identificado como a.

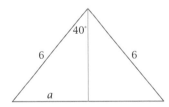

Vemos que

$$\operatorname{sen} 40° = \frac{a}{6}.$$

Logo, $a = 6$ sen 40°. Portanto, o lado do triângulo isósceles oposto ao ângulo de 80° tem comprimento 12 sen 40°. Assim, o perímetro do triângulo é 6 + 6 + 12 sen 40°, que é igual a 12 + 12 sen 40°, que é aproximadamente 19,71.

---

* 1 milha é aproximadamente igual a 1,6 km. (N.T.)

4.6 Identidades Trigonométricas

OBJETIVOS DE APRENDIZAGEM

Ao final desta seção, você deverá ser capaz de
- derivar identidades trigonométricas e simplificar expressões trigonométricas;
- usar identidades trigonométricas para $-\theta$;
- usar identidades trigonométricas para $\frac{\pi}{2} - \theta$;
- usar identidades trigonométricas para $\theta + \pi$ e para $\theta + 2\pi$.

Há dois tipos de equação. Um dos tipos é uma equação tal como

$$x^2 = 4x - 3,$$

a qual é válida para apenas certos valores da variável x. Podemos falar em resolver essas equações, o que significa determinar os valores da variável (ou variáveis) que validam as equações. Por exemplo, a equação acima é válida apenas se $x = 1$ ou $x = 3$.

Um segundo tipo é uma equação tal como

$$(x + 3)^2 = x^2 + 6x + 9,$$

a qual é válida para todos os números x. Uma equação como esta é chamada de **identidade** porque ela é identicamente verdadeira, independentemente do valor de quaisquer das variáveis. Como outro exemplo, a identidade logarítmica

$$\log(xy) = \log x + \log y$$

vale para todos os números positivos x e y.

Nesta seção vamos focar nas identidades trigonométricas básicas, que são identidades que envolvem funções trigonométricas. Tais identidades geralmente são úteis na simplificação de expressões trigonométricas e na conversão de informação sobre uma função trigonométrica em informação sobre outra função trigonométrica. Trataremos de identidades trigonométricas adicionais mais tarde, particularmente nas Seções 5.5 e 5.6.

Não memorize as várias identidades trigonométricas. Concentre-se em entender por que essas identidades são válidas. Então você será capaz de derivar aquelas que você precisa em qualquer situação particular.

A Relação entre Cosseno, Seno e Tangente

Já usamos a mais importante identidade trigonométrica, que é $(\cos \theta)^2 + (\sen \theta)^2 = 1$. Lembre que essa identidade surge da definição de $(\cos \theta, \sen \theta)$ como um ponto na circunferência unitária cuja equação é $x^2 + y^2 = 1$.

Geralmente, a notação $\cos^2 \theta$ é usada em vez de $(\cos \theta)^2$ e $\sen^2 \theta$ é usada em vez de $(\sen \theta)^2$. Temos usado a notação $(\cos \theta)^2$ e $(\sen \theta)^2$ para enfatizar o significado desses termos. Vamos, agora, usar a notação mais comum. No entanto, lembre que uma expressão como $\cos^2 \theta$ significa $(\cos \theta)^2$.

Notação para potências de cosseno, seno e tangente

Se n é um inteiro positivo, então
- $\cos^n \theta$ significa $(\cos \theta)^n$;
- $\sen^n \theta$ significa $(\sen \theta)^n$;
- $\tan^n \theta$ significa $(\tan \theta)^n$.

Com nossa nova notação, a identidade trigonométrica mais importante pode ser reescrita como segue:

Relação entre cosseno e seno

$$\cos^2\theta + \text{sen}^2\theta = 1$$

A identidade trigonométrica acima implica que

$$\cos\theta = \pm\sqrt{1 - \text{sen}^2\theta}$$

e

$$\text{sen}\,\theta = \pm\sqrt{1 - \cos^2\theta},$$

com as escolhas entre os sinais de mais e de menos dependendo do quadrante no qual o raio correspondente a θ está.

As equações acima podem ser usadas, por exemplo, para escrever $\tan\theta$ somente em termos de $\cos\theta$, como se segue:

Dado ou o $\cos\theta$ ou o $\text{sen}\,\theta$, podemos usar estas equações para calcular a outra quantidade, desde que tenhamos, também, informação suficiente para escolher entre valores positivos ou negativos.

EXEMPLO 1

Escreva $\tan\theta$ somente em termos de $\cos\theta$.

SOLUÇÃO

$$\tan\theta = \frac{\text{sen}\,\theta}{\cos\theta} = \pm\frac{\sqrt{1 - \cos^2\theta}}{\cos\theta}$$

Se ambos os lados da identidade trigonométrica chave $\cos^2\theta + \text{sen}^2\theta = 1$ são divididos por $\cos^2\theta$, reescreveremos $\frac{\text{sen}^2\theta}{\cos^2\theta}$ como $\tan^2\theta$, obtendo outra identidade útil:

$$1 + \tan^2\theta = \frac{1}{\cos^2\theta}.$$

Usando uma das três funções trigonométricas menos comuns, também podemos escrever essa identidade na forma

$$1 + \tan^2\theta = \sec^2\theta,$$

em que $\sec^2\theta$ representa, obviamente, $(\sec\theta)^2$.

Simplificar uma expressão trigonométrica muitas vezes envolve um pouco de manipulação algébrica e o uso de uma identidade trigonométrica apropriada, como no exemplo a seguir.

EXEMPLO 2

Simplifique a expressão

$$(\tan^2\theta)\left(\frac{1}{1 - \cos\theta} + \frac{1}{1 + \cos\theta}\right).$$

SOLUÇÃO

$$(\tan^2\theta)\left(\frac{1}{1 - \cos\theta} + \frac{1}{1 + \cos\theta}\right) = (\tan^2\theta)\left(\frac{(1 + \cos\theta) + (1 - \cos\theta)}{(1 - \cos\theta)(1 + \cos\theta)}\right)$$

$$= (\tan^2\theta)\left(\frac{2}{1 - \cos^2\theta}\right)$$

$$= (\tan^2\theta)\left(\frac{2}{\text{sen}^2\theta}\right)$$

$$= \left(\frac{\text{sen}^2\theta}{\cos^2\theta}\right)\left(\frac{2}{\text{sen}^2\theta}\right)$$

$$= \frac{2}{\cos^2\theta}$$

Identidades Trigonométricas para o Negativo de um Ângulo

Pelas definições de cosseno e seno, a extremidade do raio da circunferência unitária correspondente a θ tem coordenadas ($\cos\theta$, sen θ). De forma semelhante, a extremidade do raio da circunferência unitária correspondente a $-\theta$ tem coordenadas ($\cos(-\theta)$, sen$(-\theta)$), como mostrado na figura abaixo:

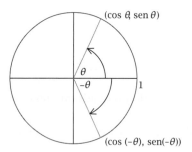

A inversão do raio correspondente a θ em relação ao eixo horizontal conduz ao raio correspondente a $-\theta$.

Uma identidade envolvendo a tangente pode muitas vezes ser derivada das identidades correspondentes para cosseno e seno.

Cada um dos dois raios na figura acima pode ser obtido pela inversão do outro raio em relação ao eixo horizontal. Assim, as extremidades dos dois raios na figura têm as mesmas primeiras coordenadas e suas segundas coordenadas são o negativo uma da outra. Em outras palavras, a figura acima mostra que

$$\cos(-\theta) = \cos\theta \quad \text{e} \quad \text{sen}(-\theta) = -\text{sen}\,\theta.$$

Usando essas equações e a definição da tangente, vemos que

$$\tan(-\theta) = \frac{\text{sen}(-\theta)}{\cos(-\theta)} = \frac{-\text{sen}\,\theta}{\cos\theta} = -\tan\theta.$$

Coletando as três identidades que acabamos de derivar, obtemos o seguinte:

Identidades trigonométricas com $-\theta$

$$\cos(-\theta) = \cos\theta$$
$$\text{sen}(-\theta) = -\text{sen}\,\theta$$
$$\tan(-\theta) = -\tan\theta$$

Como acabamos de ver, o cosseno do negativo de um ângulo é igual ao cosseno do ângulo. Em outras palavras, cosseno é uma função par (veja Seção 1.3 para revisar as funções pares). Isto explica porque o gráfico do cosseno é simétrico em relação ao eixo vertical. Especificamente, juntamente com o ponto típico (θ, $\cos\theta$) no gráfico do cosseno, também temos o ponto ($-\theta$, $\cos(-\theta)$), que é igual a ($-\theta$, $\cos\theta$).

Já vimos esses gráficos anteriormente. Agora os estamos observando do ponto de vista da simetria associada a funções pares e ímpares.

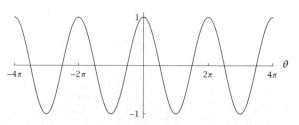

O gráfico da função par cosseno é simétrico em torno do eixo vertical.

Em contraste com o comportamento do cosseno, o seno do negativo de um ângulo é o negativo do seno do ângulo. Em outras palavras, seno é uma função ímpar (veja a Seção 1.3 para revisar as funções ímpares). Isto explica porque o gráfico do seno é simétrico em torno da origem. Especificamente, juntamente com o ponto típico (θ, sen θ) no gráfico do seno, vemos também o ponto ($-\theta$, sen ($-\theta$)), que é igual a ($-\theta$, $-$sen θ).

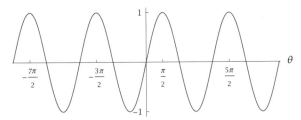

O gráfico da função ímpar seno é simétrico em torno da origem.

De forma semelhante, o gráfico da tangente também é simétrico em torno da origem porque a tangente do negativo de um ângulo é o negativo da tangente do ângulo. Em outras palavras, tangente é uma função ímpar.

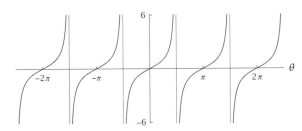

O gráfico da função ímpar tangente é simétrico em torno da origem.

Identidades Trigonométricas com $\frac{\pi}{2}$

Suponha $0 < \theta < \frac{\pi}{2}$ e considere um triângulo retângulo com um ângulo de θ radianos. Como a soma dos ângulos de um triângulo é π radianos, o outro ângulo agudo do triângulo é $\frac{\pi}{2} - \theta$ radianos, como mostrado na figura a seguir. Se estivéssemos trabalhando com graus ao invés de radianos, poderíamos dizer que um triângulo retângulo com um ângulo de $\theta°$ também tem um ângulo de $(90 - \theta)°$.

Um ângulo positivo é chamado de agudo se ele é menor que o ângulo reto, o que significa ser menor que $\frac{\pi}{2}$ radianos ou, equivalentemente, menor que $90°$.

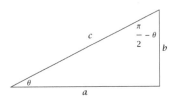

Em um triângulo retângulo com um ângulo de θ radianos, o outro ângulo agudo é $\frac{\pi}{2} - \theta$ radianos.

No triângulo acima, seja c o comprimento da hipotenusa, a o comprimento do lado adjacente ao ângulo θ e b o comprimento do lado oposto ao ângulo θ. Focando o ângulo θ, nossa caracterização da seção anterior para o cosseno, o seno e a tangente em termos de triângulos retângulos mostra que

$$\cos \theta = \frac{a}{c} \quad \text{e} \quad \text{sen}\, \theta = \frac{b}{c} \quad \text{e} \quad \tan \theta = \frac{b}{a}.$$

Agora focando o ângulo $\frac{\pi}{2} - \theta$ no triângulo acima, nossa caracterização do triângulo retângulo das funções trigonométricas mostra que

$$\cos(\tfrac{\pi}{2} - \theta) = \tfrac{b}{c} \quad \text{e} \quad \operatorname{sen}(\tfrac{\pi}{2} - \theta) = \tfrac{a}{c} \quad \text{e} \quad \tan(\tfrac{\pi}{2} - \theta) = \tfrac{a}{b}.$$

Comparando os dois últimos conjuntos de equações apresentadas, obtemos as seguintes identidades:

Identidades trigonométricas com $\tfrac{\pi}{2} - \theta$

$$\cos(\tfrac{\pi}{2} - \theta) = \operatorname{sen}\theta$$

$$\operatorname{sen}(\tfrac{\pi}{2} - \theta) = \cos\theta$$

$$\tan(\tfrac{\pi}{2} - \theta) = \frac{1}{\tan\theta}$$

Se θ for um múltiplo inteiro de $\tfrac{\pi}{2}$, então tanto a $\tan\theta$ quanto a $\tan(\tfrac{\pi}{2}-\theta)$ são indefinidas.

Derivamos as identidades acima para a hipótese de que $0 < \theta < \tfrac{\pi}{2}$, mas as duas primeiras identidades são válidas para qualquer valor de θ. A terceira identidade vale para todos os valores de θ exceto os múltiplos inteiros de $\tfrac{\pi}{2}$.

Reescrever as identidades acima em termos de graus conduz ao seguinte:

Identidades trigonométricas com $(90 - \theta)°$

$$\cos(90 - \theta)° = \operatorname{sen}\theta°$$

$$\operatorname{sen}(90 - \theta)° = \cos\theta°$$

$$\tan(90 - \theta)° = \frac{1}{\tan\theta°}$$

Estas identidades implicam, por exemplo, que
$\cos 81° = \operatorname{sen} 9°$,
$\operatorname{sen} 81° = \cos 9°$,
$\tan 81° = \tfrac{1}{\tan 9°}$.

A combinação de duas ou mais identidades trigonométricas geralmente conduz a novas identidades úteis, como mostrado no exemplo a seguir.

EXEMPLO 3

Demonstre que $\cos\left(\theta - \tfrac{\pi}{2}\right) = \operatorname{sen}\theta$.

SOLUÇÃO Suponha que θ seja qualquer número real. Então
$$\cos(\theta - \tfrac{\pi}{2}) = \cos(\tfrac{\pi}{2} - \theta)$$
$$= \operatorname{sen}\theta,$$

em que a primeira igualdade vem da identidade $\cos(-\theta) = \cos\theta$ (com θ substituído por $\tfrac{\pi}{2}-\theta$) e a segunda igualdade vem de uma das identidades derivadas acima.

A equação $\cos\left(\theta - \tfrac{\pi}{2}\right) = \operatorname{sen}\theta$ implica que o gráfico do seno é obtido pelo deslocamento do gráfico do cosseno para a direita $\tfrac{\pi}{2}$ unidades, como mostrado abaixo:

Os gráficos do cosseno e seno têm a mesma forma, diferindo apenas por um deslocamento de $\tfrac{\pi}{2}$ unidades.

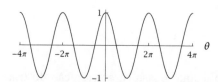

O gráfico do cosseno.

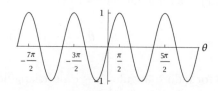

O gráfico do seno.

Veja a Seção 1.3 para revisar sobre transformações horizontais de uma função.

Identidades Trigonométricas Envolvendo um Múltiplo de π

Considere um ângulo típico θ radianos eo ângulo $\theta + \pi$ radianos. Como π radianos (que é igual a 180°) é metade de uma rotação em torno da circunferência, o raio da circunferência unitária correspondente a $\theta + \pi$ radianos forma uma reta com o raio correspondente a θ radianos, como mostrado abaixo:

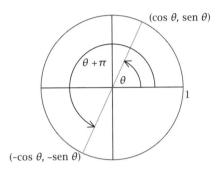

A extremidade do raio da circunferência unitária correspondente a θ tem coordenadas (cos θ, sen θ), como mostrado acima. O raio correspondente a $\theta + \pi$ está diretamente oposto ao raio correspondente a θ. Assim, a extremidade do raio correspondente a $\theta + \pi$ tem coordenadas (–cos θ, –sen θ), como mostrado acima.

Pela definição de cosseno e seno, a extremidade do raio da circunferência unitária correspondente a $\theta + \pi$ tem coordenadas (cos ($\theta + \pi$), sen ($\theta + \pi$)). Portanto, a figura mostra que (cos ($\theta + \pi$), sen ($\theta + \pi$)) = (–cos θ, –sen θ). Isto implica que

$$\cos(\theta + \pi) = -\cos\theta \quad \text{e} \quad \text{sen}(\theta + \pi) = -\text{sen}\,\theta.$$

Lembre que tan θ é igual à inclinação do raio da circunferência unitária correspondente a θ. De maneira semelhante, tan ($\theta + \pi$) é igual à inclinação do raio correspondente a $\theta + \pi$. No entanto, esses dois raios estão na mesma reta, como mostrado na figura acima. Portanto, os dois raios têm a mesma inclinação. Assim

$$\tan(\theta + \pi) = \tan\theta.$$

Outra maneira de chegar-se à mesma conclusão é usar a definição de tangente como a razão entre o seno e cosseno, juntamente com as identidades acima:

$$\tan(\theta + \pi) = \frac{\text{sen}\,(\theta + \pi)}{\cos(\theta + \pi)} = \frac{-\text{sen}\,\theta}{-\cos\theta} = \frac{\text{sen}\,\theta}{\cos\theta} = \tan\theta.$$

Coletando as identidades trigonométricas que envolvem $\theta + \pi$, temos:

Identidades trigonométricas com $\theta + \pi$

$$\cos(\theta + \pi) = -\cos\theta$$

$$\text{sen}(\theta + \pi) = -\text{sen}\,\theta$$

$$\tan(\theta + \pi) = \tan\theta$$

As duas primeiras identidades valem para todos os valores de θ. A terceira identidade vale para todos os valores de θ exceto múltiplos ímpares de $\frac{\pi}{2}$, os quais devem ser excluídos porque tan ($\theta + \pi$) e tan θ são indefinidos para tais ângulos.

EXEMPLO 4   Usando o seguinte resultado (que será derivado no Problema 102 na Seção 5.5)

$$\operatorname{sen} \frac{\pi}{10} = \frac{\sqrt{5} - 1}{4},$$

determine uma expressão exata para $\operatorname{sen} \frac{11\pi}{10}$.

SOLUÇÃO
$$\operatorname{sen} \frac{11\pi}{10} = \operatorname{sen}\left(\frac{\pi}{10} + \pi\right)$$
$$= -\operatorname{sen} \frac{\pi}{10}$$
$$= -\left(\frac{\sqrt{5} - 1}{4}\right)$$
$$= \frac{1 - \sqrt{5}}{4}$$

A identidade trigonométrica $\tan(\theta + \pi) = \tan\theta$ explica a natureza periódica do gráfico da tangente, com o gráfico repetindo a mesma forma depois de cada intervalo de comprimento π. Esse comportamento é demonstrado no gráfico abaixo:

O gráfico foi truncado verticalmente para mostrar apenas os valores da tangente que tenham valor absoluto menor que 6.

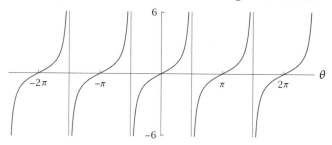

O gráfico da função tangente. Como $\tan(\theta + \pi) = \tan\theta$, o gráfico repete a mesma forma depois de cada intervalo de comprimento π.

Agora considere um ângulo típico θ radianos e o ângulo $\theta + 2\pi$. Como 2π radianos (que é igual a 360°) é uma rotação completa ao longo da circunferência, o raio da circunferência unitária correspondente a $\theta + 2\pi$ radianos é o mesmo raio que corresponde a θ radianos, como mostrado na figura ao lado.

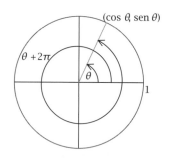

Pela definição de cosseno e seno, a extremidade do raio da circunferência unitária correspondente a θ tem coordenadas $(\cos\theta, \operatorname{sen}\theta)$, como mostrado na figura. Como o raio correspondente a $\theta + 2\pi$ é o mesmo raio que corresponde a θ, vemos que $(\cos(\theta + 2\pi), \operatorname{sen}(\theta + 2\pi)) = (\cos\theta, \operatorname{sen}\theta)$. Isto implica que

$$\cos(\theta + 2\pi) = \cos\theta \quad \text{e} \quad \operatorname{sen}(\theta + 2\pi) = \operatorname{sen}\theta.$$

Lembre que $\tan\theta$ é igual à inclinação do raio da circunferência unitária correspondente a θ. De forma similar, $\tan(\theta + 2\pi)$ é igual à inclinação do raio correspondente a $\theta + 2\pi$. Contudo, esses dois raios são os mesmos. Portanto,

$$\tan(\theta + 2\pi) = \tan\theta.$$

Outra forma de chegar-se à mesma conclusão é usar a definição de tangente como a razão entre seno e cosseno, juntamente com as identidades acima:

$$\tan(\theta + 2\pi) = \frac{\operatorname{sen}(\theta + 2\pi)}{\cos(\theta + 2\pi)} = \frac{\operatorname{sen}\theta}{\cos\theta} = \tan\theta.$$

Coletando as identidades trigonométricas que envolvem $\theta + 2\pi$, temos:

Identidades trigonométricas com $\theta + 2\pi$

$$\cos(\theta + 2\pi) = \cos\theta$$
$$\text{sen}(\theta + 2\pi) = \text{sen}\,\theta$$
$$\tan(\theta + 2\pi) = \tan\theta$$

As duas primeiras identidades valem para qualquer valor de θ. A terceira identidade vale para qualquer valor de θ exceto múltiplos ímpares de $\frac{\pi}{2}$, os quais são excluídos porque $\tan(\theta + 2\pi)$ e $\tan\theta$ são indefinidos para tais ângulos.

As identidades trigonométricas $\cos(\theta + 2\pi) = \cos\theta$ e $\text{sen}(\theta + 2\pi) = \text{sen}\,\theta$ explicam a natureza periódica dos gráficos do cosseno e do seno, com os gráficos repetindo a mesma forma depois de cada intervalo de comprimento 2π.

No quadro acima, 2π pode ser substituído por qualquer múltiplo par de π. Por exemplo, o raio correspondente a $\theta + 6\pi$ é obtido iniciando no raio correspondente a θ e, em seguida, fazendo três rotações completas ao longo da circunferência, terminando no mesmo raio. Assim, $\cos(\theta + 6\pi) = \cos\theta$, $\text{sen}(\theta + 6\pi) = \text{sen}\,\theta$ e $\tan(\theta + 6\pi) = \tan\theta$.

Da mesma maneira, em nossas fórmulas trigonométricas para $\theta + \pi$ podemos substituir π por qualquer múltiplo ímpar de π. Por exemplo, o raio correspondente a $\theta + 5\pi$ é obtido iniciando no raio correspondente a θ e, em seguida, fazendo duas rotações e meia ao longo da circunferência, terminando no raio oposto. Assim, $\cos(\theta + 5\pi) = -\cos\theta$, $\text{sen}(\theta + 5\pi) = -\text{sen}\,\theta$ e $\tan(\theta + 5\pi) = \tan\theta$.

As identidades trigonométricas envolvendo um múltiplo inteiro de π podem ser resumidas como se segue:

Identidades trigonométricas com $\theta + n\pi$

$$\cos(\theta + n\pi) = \begin{cases} \cos\theta & \text{se } n \text{ é um inteiro par} \\ -\cos\theta & \text{se } n \text{ é um inteiro ímpar} \end{cases}$$

$$\text{sen}(\theta + n\pi) = \begin{cases} \text{sen}\,\theta & \text{se } n \text{ é um inteiro par} \\ -\text{sen}\,\theta & \text{se } n \text{ é um inteiro ímpar} \end{cases}$$

$$\tan(\theta + n\pi) = \tan\theta \text{ se } n \text{ é um inteiro}$$

As duas primeiras identidades valem para qualquer valor de θ. A terceira identidade vale para qualquer valor de θ exceto múltiplos ímpares de $\frac{\pi}{2}$, os quais são excluídos porque $\tan(\theta + n\pi)$ e $\tan\theta$ são indefinidos para tais ângulos.

EXERCÍCIOS

Os dois próximos exercícios enfatizam que $\cos^2\theta$ não é igual a $\cos(\theta^2)$.

1. Para $\theta = 7°$, calcule o seguinte:
   (a) $\cos^2\theta$ (b) $\cos(\theta^2)$

2. Para $\theta = 5$ radianos, calcule o seguinte:
   (a) $\cos^2\theta$ (b) $\cos(\theta^2)$

Os dois próximos exercícios enfatizam que $\text{sen}^2\theta$ não é igual a $\text{sen}(\theta^2)$.

3. Para $\theta = 4$ radianos, calcule o seguinte:
   (a) $\text{sen}^2\theta$ (b) $\text{sen}(\theta^2)$

4. Para $\theta = -8°$, calcule o seguinte:
   (a) $\text{sen}^2\theta$ (b) $\text{sen}(\theta^2)$

Nos Exercícios 5–38, determine expressões exatas para as quantidades indicadas dado

$$\cos\frac{\pi}{12} = \frac{\sqrt{2+\sqrt{3}}}{2} \quad e \quad \text{sen}\,\frac{\pi}{8} = \frac{\sqrt{2-\sqrt{2}}}{2}.$$

[*Esses valores de $\cos\frac{\pi}{12}$ e $\text{sen}\,\frac{\pi}{8}$ serão derivados nos Exemplos 3 e 4 na Seção 5.5.*]

5. $\cos(-\frac{\pi}{12})$
6. $\text{sen}(-\frac{\pi}{8})$
7. $\text{sen}\,\frac{\pi}{12}$
8. $\cos\frac{\pi}{8}$
9. $\text{sen}(-\frac{\pi}{12})$
10. $\cos(-\frac{\pi}{8})$
11. $\tan\frac{\pi}{12}$
12. $\tan\frac{\pi}{8}$

13. $\tan(-\frac{\pi}{12})$
14. $\tan(-\frac{\pi}{8})$
15. $\cos\frac{25\pi}{12}$
16. $\cos\frac{17\pi}{8}$
17. $\operatorname{sen}\frac{25\pi}{12}$
18. $\operatorname{sen}\frac{17\pi}{8}$
19. $\tan\frac{25\pi}{12}$
20. $\tan\frac{17\pi}{8}$
21. $\cos\frac{13\pi}{12}$
22. $\cos\frac{9\pi}{8}$
23. $\operatorname{sen}\frac{13\pi}{12}$
24. $\operatorname{sen}\frac{9\pi}{8}$
25. $\tan\frac{13\pi}{12}$
26. $\tan\frac{9\pi}{8}$
27. $\cos\frac{5\pi}{12}$
28. $\cos\frac{3\pi}{8}$
29. $\cos(-\frac{5\pi}{12})$
30. $\cos(-\frac{3\pi}{8})$
31. $\operatorname{sen}\frac{5\pi}{12}$
32. $\operatorname{sen}\frac{3\pi}{8}$
33. $\operatorname{sen}(-\frac{5\pi}{12})$
34. $\operatorname{sen}(-\frac{3\pi}{8})$
35. $\tan\frac{5\pi}{12}$
36. $\tan\frac{3\pi}{8}$
37. $\tan(-\frac{5\pi}{12})$
38. $\tan(-\frac{3\pi}{8})$

39. Determine o menor número positivo x tal que
$$(\cos(x+\pi))(\cos x) + \frac{1}{2} = 0.$$

40. Determine o menor número positivo x tal que
$$\operatorname{sen}(x+\pi) - \operatorname{sen} x = 1.$$

41. Determine o menor número positivo x tal que
$$\tan x = 3\tan(\frac{\pi}{2} - x).$$

42. Determine o menor número positivo x tal que
$$(\tan x)(1 + 2\tan(\frac{\pi}{2} - x)) = 2 - \sqrt{3}.$$

Considere que u e v estejam no intervalo $(\frac{\pi}{2}, \pi)$, com

$$\tan u = -2 \quad e \quad \tan v = -3$$

Para os Exercícios 43-70, determine expressões exatas para as quantidades indicadas.

43. $\tan(-u)$
44. $\tan(-v)$
45. $\cos u$
46. $\cos v$
47. $\cos(-u)$
48. $\cos(-v)$
49. $\operatorname{sen} u$
50. $\operatorname{sen} v$
51. $\operatorname{sen}(-u)$
52. $\operatorname{sen}(-v)$
53. $\cos(u+4\pi)$
54. $\cos(v-6\pi)$
55. $\operatorname{sen}(u-6\pi)$
56. $\operatorname{sen}(v+10\pi)$
57. $\tan(u+8\pi)$
58. $\tan(v-4\pi)$
59. $\cos(u-3\pi)$
60. $\cos(v+5\pi)$
61. $\operatorname{sen}(u+5\pi)$
62. $\operatorname{sen}(v-7\pi)$
63. $\tan(u-9\pi)$
64. $\tan(v+3\pi)$
65. $\cos(\frac{\pi}{2}-u)$
66. $\cos(\frac{\pi}{2}-v)$
67. $\operatorname{sen}(\frac{\pi}{2}-u)$
68. $\operatorname{sen}(\frac{\pi}{2}-v)$
69. $\tan(\frac{\pi}{2}-u)$
70. $\tan(\frac{\pi}{2}-v)$

PROBLEMAS

71. Demonstre que
$$(\cos\theta + \operatorname{sen}\theta)^2 = 1 + 2\cos\theta \operatorname{sen}\theta$$
para todo número θ.

[*Expressões como $\cos\theta \operatorname{sen}\theta$ significam $(\cos\theta)(\operatorname{sen}\theta)$ e não $\cos(\theta \operatorname{sen}\theta)$.*]

72. Demonstre que
$$\frac{\operatorname{sen} x}{1 - \cos x} = \frac{1 + \cos x}{\operatorname{sen} x}$$
para todo número x diferente de um múltiplo inteiro de π.

73. (a) Demonstre que
$$x^3 + x^2 y + xy^2 + y^3 = (x^2 + y^2)(x+y)$$
para todo número x e y.

(b) Demonstre que
$$\cos^3\theta + \cos^2\theta \operatorname{sen}\theta + \cos\theta \operatorname{sen}^2\theta + \operatorname{sen}^3\theta$$
$$= \cos\theta + \operatorname{sen}\theta$$
para todo número θ.

74. Demonstre que
$$\cos^4 u + 2\cos^2 u \operatorname{sen}^2 u + \operatorname{sen}^4 u = 1$$
para todo número u.

75. Simplifique a expressão
$$(\tan\theta)\left(\frac{1}{1-\cos\theta} - \frac{1}{1+\cos\theta}\right).$$

76. Demonstre que
$$\operatorname{sen}^2\theta = \frac{\tan^2\theta}{1 + \tan^2\theta}$$
para todos os valores de θ exceto múltiplos ímpares de $\frac{\pi}{2}$.

77. Determine uma fórmula para $\cos^2\theta$ somente em termos de $\tan^2\theta$.

78. Determine uma fórmula para $\tan^2\theta$ somente em termos de $\operatorname{sen}^2\theta$.

79. Explique por que $\operatorname{sen} 3° + \operatorname{sen} 357° = 0$.

80. Explique por que $\cos 85° + \cos 95° = 0$.

81 Imagine que você vivesse em uma época antes da existência de calculadoras e computadores e que você tivesse uma tabela mostrando os valores de cosseno e seno de 1°, 2°, 3°, e assim por diante até cosseno e seno de 45°. Explique como você determinaria o cosseno e o seno de 71°, que está fora do intervalo da tabela.

82 Suponha que n seja um inteiro. Determine fórmulas para $\sec(\theta + n\pi)$, $\csc(\theta + n\pi)$ e $\cot(\theta + n\pi)$ em termos de $\sec\theta$, $\csc\theta$ e $\cot\theta$.

83 Reapresente todos os resultados do quadro da subseção *Identidades Trigonométricas Envolvendo um Múltiplo de π* em termos de graus em vez de radianos.

84 Demonstre que
$$\cos(\pi - \theta) = -\cos\theta$$
para todo ângulo θ.

85 Demonstre que
$$\tan(\theta + \tfrac{\pi}{2}) = -\frac{1}{\tan\theta}$$
para todo ângulo θ diferente de múltiplos inteiros de $\tfrac{\pi}{2}$. Interprete o resultado em termos da caracterização da inclinação das retas perpendiculares.

86 Demonstre que
$$\operatorname{sen}(\pi - \theta) = \operatorname{sen}\theta$$
para todo ângulo θ.

87 Demonstre que
$$\cos(x + \tfrac{\pi}{2}) = -\operatorname{sen} x$$
para todo número x.

88 Demonstre que
$$\operatorname{sen}(t + \tfrac{\pi}{2}) = \cos t$$
para todo número t.

89 Explique por que
$$|\cos(x + n\pi)| = |\cos x|$$
para todo número x e todo inteiro n.

SOLUÇÕES DETALHADAS *dos Exercícios Ímpares*

Os dois próximos exercícios enfatizam que $\cos^2\theta$ *não é igual a* $\cos(\theta^2)$.

1 Para $\theta = 7°$, calcule o seguinte:

(a) $\cos^2\theta$ (b) $\cos(\theta^2)$

SOLUÇÃO

(a) Usando uma calculadora ajustada para graus, obtemos
$$\cos^2 7° = (\cos 7°)^2 \approx (0{,}992546)^2 \approx 0{,}985148.$$

(b) Observe que $7^2 = 49$. Usando uma calculadora ajustada para graus, obtemos
$$\cos 49° \approx 0{,}656059.$$

Os dois próximos exercícios enfatizam que $\operatorname{sen}^2\theta$ *não é igual a* $\operatorname{sen}(\theta^2)$.

3 Para $\theta = 4$ radianos, calcule o seguinte:

(a) $\operatorname{sen}^2\theta$ (b) $\operatorname{sen}(\theta^2)$

SOLUÇÃO

(a) Usando uma calculadora ajustada para radianos, obtemos
$$\operatorname{sen}^2 4 = (\operatorname{sen} 4)^2 \approx (-0{,}756802)^2 \approx 0{,}57275.$$

(b) Observe que $4^2 = 16$. Usando uma calculadora ajustada para radianos, obtemos
$$\operatorname{sen} 16 \approx -0{,}287903.$$

Para os Exercícios 5-38, determine expressões exatas para as quantidades indicadas dado
$$\cos\tfrac{\pi}{12} = \frac{\sqrt{2+\sqrt{3}}}{2} \quad e \quad \operatorname{sen}\tfrac{\pi}{8} = \frac{\sqrt{2-\sqrt{2}}}{2}.$$

5 $\cos(-\tfrac{\pi}{12})$

SOLUÇÃO
$$\cos(-\tfrac{\pi}{12}) = \cos\tfrac{\pi}{12} = \frac{\sqrt{2+\sqrt{3}}}{2}$$

7 $\operatorname{sen}\tfrac{\pi}{12}$

SOLUÇÃO Sabemos que
$$\cos^2\tfrac{\pi}{12} + \operatorname{sen}^2\tfrac{\pi}{12} = 1.$$

Portanto,
$$\operatorname{sen}^2\tfrac{\pi}{12} = 1 - \cos^2\tfrac{\pi}{12}$$
$$= 1 - \left(\frac{\sqrt{2+\sqrt{3}}}{2}\right)^2$$
$$= 1 - \frac{2+\sqrt{3}}{4}$$
$$= \frac{2-\sqrt{3}}{4}.$$

Como $\operatorname{sen}\tfrac{\pi}{12} > 0$, a aplicação da raiz quadrada a ambos os lados na equação acima conduz a

$$\operatorname{sen}\tfrac{\pi}{12} = \frac{\sqrt{2-\sqrt{3}}}{2}.$$

9 $\operatorname{sen}(-\tfrac{\pi}{12})$

SOLUÇÃO

$$\operatorname{sen}(-\tfrac{\pi}{12}) = -\operatorname{sen}\tfrac{\pi}{12} = -\frac{\sqrt{2-\sqrt{3}}}{2}$$

11 $\tan\tfrac{\pi}{12}$

SOLUÇÃO

$$\tan\tfrac{\pi}{12} = \frac{\operatorname{sen}\tfrac{\pi}{12}}{\cos\tfrac{\pi}{12}}$$
$$= \frac{\sqrt{2-\sqrt{3}}}{\sqrt{2+\sqrt{3}}}$$
$$= \frac{\sqrt{2-\sqrt{3}}}{\sqrt{2+\sqrt{3}}} \cdot \frac{\sqrt{2-\sqrt{3}}}{\sqrt{2-\sqrt{3}}}$$
$$= \frac{2-\sqrt{3}}{\sqrt{4-3}}$$
$$= 2-\sqrt{3}$$

13 $\tan(-\tfrac{\pi}{12})$

SOLUÇÃO

$$\tan(-\tfrac{\pi}{12}) = -\tan\tfrac{\pi}{12} = -(2-\sqrt{3}) = \sqrt{3}-2$$

15 $\cos\tfrac{25\pi}{12}$

SOLUÇÃO Como $\tfrac{25\pi}{12} = \tfrac{\pi}{12} + 2\pi$, temos

$$\cos\tfrac{25\pi}{12} = \cos(\tfrac{\pi}{12} + 2\pi)$$
$$= \cos\tfrac{\pi}{12}$$
$$= \frac{\sqrt{2+\sqrt{3}}}{2}.$$

17 $\operatorname{sen}\tfrac{25\pi}{12}$

SOLUÇÃO Como $\tfrac{25\pi}{12} = \tfrac{\pi}{12} + 2\pi$, temos

$$\operatorname{sen}\tfrac{25\pi}{12} = \operatorname{sen}(\tfrac{\pi}{12} + 2\pi)$$
$$= \operatorname{sen}\tfrac{\pi}{12}$$
$$= \frac{\sqrt{2-\sqrt{3}}}{2}.$$

19 $\tan\tfrac{25\pi}{12}$

SOLUÇÃO Como $\tfrac{25\pi}{12} = \tfrac{\pi}{12} + 2\pi$, temos

$$\tan\tfrac{25\pi}{12} = \tan(\tfrac{\pi}{12} + 2\pi)$$
$$= \tan\tfrac{\pi}{12}$$
$$= 2-\sqrt{3}.$$

21 $\cos\tfrac{13\pi}{12}$

SOLUÇÃO Como $\tfrac{13\pi}{12} = \tfrac{\pi}{12} + \pi$, temos

$$\cos\tfrac{13\pi}{12} = \cos(\tfrac{\pi}{12} + \pi)$$
$$= -\cos\tfrac{\pi}{12}$$
$$= -\frac{\sqrt{2+\sqrt{3}}}{2}.$$

23 $\operatorname{sen}\tfrac{13\pi}{12}$

SOLUÇÃO Como $\tfrac{13\pi}{12} = \tfrac{\pi}{12} + \pi$, temos

$$\operatorname{sen}\tfrac{13\pi}{12} = \operatorname{sen}(\tfrac{\pi}{12} + \pi)$$
$$= -\operatorname{sen}\tfrac{\pi}{12}$$
$$= -\frac{\sqrt{2-\sqrt{3}}}{2}.$$

25 $\tan\tfrac{13\pi}{12}$

SOLUÇÃO Como $\tfrac{13\pi}{12} = \tfrac{\pi}{12} + \pi$, temos

$$\tan\tfrac{13\pi}{12} = \tan(\tfrac{\pi}{12} + \pi)$$
$$= \tan\tfrac{\pi}{12}$$
$$= 2-\sqrt{3}.$$

27 $\cos\tfrac{5\pi}{12}$

SOLUÇÃO

$$\cos\tfrac{5\pi}{12} = \operatorname{sen}(\tfrac{\pi}{2} - \tfrac{5\pi}{12}) = \operatorname{sen}\tfrac{\pi}{12} = \frac{\sqrt{2-\sqrt{3}}}{2}$$

29 $\cos(-\tfrac{5\pi}{12})$

SOLUÇÃO

$$\cos(-\tfrac{5\pi}{12}) = \cos\tfrac{5\pi}{12} = \frac{\sqrt{2-\sqrt{3}}}{2}$$

31 $\operatorname{sen}\tfrac{5\pi}{12}$

SOLUÇÃO

$$\operatorname{sen}\tfrac{5\pi}{12} = \cos(\tfrac{\pi}{2} - \tfrac{5\pi}{12}) = \cos\tfrac{\pi}{12} = \frac{\sqrt{2+\sqrt{3}}}{2}$$

33 $\operatorname{sen}(-\tfrac{5\pi}{12})$

SOLUÇÃO

$$\operatorname{sen}(-\tfrac{5\pi}{12}) = -\operatorname{sen}\tfrac{5\pi}{12} = -\dfrac{\sqrt{2+\sqrt{3}}}{2}$$

35 $\tan\tfrac{5\pi}{12}$

SOLUÇÃO

$$\begin{aligned}\tan\tfrac{5\pi}{12} &= \dfrac{1}{\tan(\tfrac{\pi}{2}-\tfrac{5\pi}{12})}\\ &= \dfrac{1}{\tan\tfrac{\pi}{12}}\\ &= \dfrac{1}{2-\sqrt{3}}\\ &= \dfrac{1}{2-\sqrt{3}}\cdot\dfrac{2+\sqrt{3}}{2+\sqrt{3}}\\ &= \dfrac{2+\sqrt{3}}{4-3}\\ &= 2+\sqrt{3}\end{aligned}$$

37 $\tan(-\tfrac{5\pi}{12})$

SOLUÇÃO

$$\tan(-\tfrac{5\pi}{12}) = -\tan\tfrac{5\pi}{12} = -2-\sqrt{3}$$

39 Determine o menor número positivo x tal que

$$(\cos(x+\pi))(\cos x) + \tfrac{1}{2} = 0.$$

SOLUÇÃO

Usando a identidade para $\cos(x+\pi)$, temos

$$-\cos^2 x + \tfrac{1}{2} = 0.$$

Logo, estamos procurando o menor número positivo x tal que $\cos x = \pm\dfrac{1}{\sqrt{2}}$. Portanto, $x = \dfrac{\pi}{4}$.

41 Determine o menor número positivo x tal que

$$\tan x = 3\tan(\tfrac{\pi}{2} - x).$$

SOLUÇÃO

Usando a identidade para $\tan(\tfrac{\pi}{2}-x)$, reescrevemos a equação acima como

$$\tan x = \dfrac{3}{\tan x},$$

que pode ser reescrita como $\tan^2 x = 3$. Portanto, $\tan x = \pm\sqrt{3}$. O menor número positivo x que satisfaz esta equação é $x = \dfrac{\pi}{3}$.

Considere que u e v estejam no intervalo $(\tfrac{\pi}{2}, \pi)$, com

$$\tan u = -2 \quad e \quad \tan v = -3.$$

Para os Exercícios 43–70, determine expressões exatas para as quantidades indicadas.

43 $\tan(-u)$

SOLUÇÃO

$$\tan(-u) = -\tan u = -(-2) = 2$$

45 $\cos u$

SOLUÇÃO Sabemos que

$$-2 = \tan u$$
$$= \dfrac{\operatorname{sen} u}{\cos u}.$$

Para determinar $\cos u$, faça a substituição $\operatorname{sen} u = \sqrt{1-\cos^2 u}$ na equação acima (essa substituição é válida porque $\tfrac{\pi}{2} < u < \pi$, que implica $\operatorname{sen} u > 0$), obtendo

$$-2 = \dfrac{\sqrt{1-\cos^2 u}}{\cos u}.$$

Agora, eleve ambos os lados ao quadrado, depois multiplique ambos os lados da equação por $\cos^2 u$ e rearranje os termos para obter a equação

$$5\cos^2 u = 1.$$

Portanto, $\cos u = -\dfrac{1}{\sqrt{5}}$ (a possibilidade de $\cos u$ ser igual a $\dfrac{1}{\sqrt{5}}$ é eliminada porque $\tfrac{\pi}{2} < u < \pi$, o que implica que $\cos u < 0$). Isto pode ser reescrito como $\cos u = -\dfrac{\sqrt{5}}{5}$.

47 $\cos(-u)$

SOLUÇÃO $\cos(-u) = \cos u = -\dfrac{\sqrt{5}}{5}.$

49 $\operatorname{sen} u$

SOLUÇÃO

$$\begin{aligned}\operatorname{sen} u &= \sqrt{1-\cos^2 u}\\ &= \sqrt{1-\tfrac{1}{5}}\\ &= \sqrt{\tfrac{4}{5}}\\ &= \dfrac{2}{\sqrt{5}}\\ &= \dfrac{2\sqrt{5}}{5}\end{aligned}$$

51 sen $(-u)$

  SOLUÇÃO   sen $(-u) = -$sen $u = -\dfrac{2\sqrt{5}}{5}$

53 cos $(u + 4\pi)$

  SOLUÇÃO   cos $(u + 4\pi) = $ cos $u = -\dfrac{\sqrt{5}}{5}$

55 sen $(u - 6\pi)$

  SOLUÇÃO   sen $(u - 6\pi) = $ sen $u = \dfrac{2\sqrt{5}}{5}$

57 tan $(u + 8\pi)$

  SOLUÇÃO   tan $(u + 8\pi) = $ tan $u = -2$

59 cos $(u - 3\pi)$

  SOLUÇÃO   cos $(u - 3\pi) = -$cos $u = \dfrac{\sqrt{5}}{5}$

61 sen $(u + 5\pi)$

  SOLUÇÃO   sen $(u + 5\pi) = -$sen $u = -\dfrac{2\sqrt{5}}{5}$

63 tan $(u - 9\pi)$

  SOLUÇÃO   tan $(u - 9\pi) = $ tan $u = -2$

65 cos $(\dfrac{\pi}{2} - u)$

  SOLUÇÃO   cos $(\dfrac{\pi}{2} - u) = $ sen $u = \dfrac{2\sqrt{5}}{5}$

67 sen $(\dfrac{\pi}{2} - u)$

  SOLUÇÃO   sen $(\dfrac{\pi}{2} - u) = $ cos $u = -\dfrac{\sqrt{5}}{5}$

69 tan $(\dfrac{\pi}{2} - u)$

  SOLUÇÃO $\tan\left(\dfrac{\pi}{2} - u\right) = \dfrac{1}{\tan u} = -\dfrac{1}{2}$

RESUMO DO CAPÍTULO

Para certificar-se de que você domina os conceitos e as habilidades mais importantes cobertos neste capítulo, assegure-se de que você consegue executar cada um dos itens da seguinte lista:

- Explicar o que significa um ângulo ser negativo.
- Explicar como um ângulo pode ser maior que 360°.
- Converter ângulos de radianos para graus.
- Converter ângulos de graus para radianos.
- Calcular o comprimento de um arco de circunferência.
- Calcular o cosseno, o seno e a tangente de qualquer múltiplo de 30° ou 45° ($\frac{\pi}{6}$ radianos ou $\frac{\pi}{4}$ radianos).
- Explicar por que $\cos^2\theta + \sen^2\theta = 1$ para qualquer ângulo θ.
- Dar o domínio e a imagem das funções trigonométricas.
- Calcular $\cos\theta$, $\sen\theta$ e $\tan\theta$ quando apenas uma dessas quantidades e a localização do raio correspondente forem dados.
- Calcular $\cos\theta$, $\sen\theta$ e $\tan\theta$ de qualquer ângulo de um triângulo retângulo se forem dados os comprimentos de dois lados do triângulo.
- Calcular os comprimentos dos três lados de um triângulo retângulo se for dado qualquer ângulo (além do ângulo reto) e o comprimento de qualquer lado.
- Usar as identidades trigonométricas básicas envolvendo $-\theta$, $\frac{\pi}{2} - \theta$, $\theta + \pi$ e $\theta + 2\pi$.

Para revisar um capítulo, percorra a lista acima procurando identificar itens que você não sabe como executar, depois releia no capítulo o material a respeito desses itens. Em seguida, tente responder as questões de revisão do capítulo, formuladas abaixo, sem olhar outra vez no capítulo.

QUESTÕES DE REVISÃO DO CAPÍTULO

1 Determine todos os pontos em que a reta que passa na origem com inclinação 5 intercepta a circunferência unitária.

2 Desenhe uma circunferência unitária e o raio dessa circunferência correspondente a –70°.

3 Desenhe uma circunferência unitária e o raio dessa circunferência correspondente a 440°.

4 Explique como se converte um ângulo de graus para radianos.

5 Converta 27° para radianos.

6 Explique como se converte um ângulo de radianos para graus.

7 Converta $\frac{7\pi}{9}$ radianos para graus.

8 Dê o domínio e a imagem de cada uma das seguintes funções: cosseno, seno e tangente.

9 Determine três ângulos distintos, expressos em graus, cujo cosseno é igual a $\frac{1}{2}$.

10 Determine três ângulos distintos, expressos em radianos, cujo seno é igual $-\frac{1}{2}$.

Para as Questões 11–13, considere que a Terra tenha uma órbita circular em torno do Sol e que a distância entre a Terra e o Sol seja 92,956 milhões de milhas* (a órbita real é uma elipse ao invés de uma circunferência, mas ela é muito próxima a uma circunferência). Considere também que a Terra orbita em torno do Sol uma vez a cada 365,24 dias.

11 Qual a distância percorrida pela Terra em uma semana?

12 Qual a distância percorrida pela Terra no mês de julho?

13 Qual é a velocidade da Terra devido a sua rotação em torno do Sol?

14 Determine três ângulos distintos, expressos em radianos, para os quais a tangente é igual a 1.

15 Explique por que $\cos^2\theta + \sen^2\theta = 1$ para qualquer ângulo θ.

16 Explique por que $\cos(\theta + 2\pi) = \cos\theta$ para qualquer ângulo θ.

17 Considere $\frac{\pi}{2} < x < \pi$ e $\tan x = -4$. Calcule $\cos x$ e $\sen x$.

18 Determine o menor número t tal que
$$\cos(2^t) = 0.$$

---

* 1 milha é aproximadamente igual a 1,6 km. (N.T.)

Use o triângulo retângulo da figura a seguir para as Questões 19-22. Esse triângulo não está desenhado na escala correspondente aos dados nas questões.

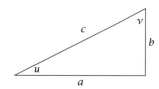

19 Considere $a = 4$ e $b = 9$. Calcule

(a) c (d) $\tan u$ (g) $\tan v$.

(b) $\cos u$ (e) $\cos v$

(c) $\text{sen } u$ (f) $\text{sen } v$

20 Considere $a = 3$ e $c = 8$. Calcule

(a) b (d) $\tan u$ (g) $\tan v$.

(b) $\cos u$ (e) $\cos v$

(c) $\text{sen } u$ (f) $\text{sen } v$

21 Considere $b = 4$ e $u = 51°$. Calcule

(a) a (b) b.

22 Considere $u = 28°$. Calcule

(a) $\cos v$ (b) $\text{sen } v$ (c) $\tan v$.

23 Considere que θ seja um ângulo tal que $\cos \theta = \frac{3}{8}$. Calcule $\cos(-\theta)$.

24 Considere que x seja um número tal que $\text{sen } x = \frac{4}{7}$. Calcule $\text{sen}(-x)$.

25 Considere que y seja um número tal que $\tan y = -\frac{2}{9}$. Calcule $\tan(-y)$.

26 Considere que u seja um número tal que $\cos u = -\frac{2}{5}$. Calcule $\cos(u + \pi)$.

27 Considere que θ seja um ângulo tal que $\tan \theta = \frac{5}{6}$. Calcule $\tan(\frac{\pi}{2} - \theta)$.

28 Determine uma fórmula para $\text{sen } \theta$ somente em termos de $\tan \theta$.

29 Suponha que $-\frac{\pi}{2} < x < 0$ e $\cos x = \frac{5}{13}$. Calcule $\text{sen } x$ e $\tan x$.

30 Demonstre que

$$\frac{\text{sen } x + \text{sen } y}{\cos x + \cos y} = \frac{\cos x - \cos y}{\text{sen } y - \text{sen } x}$$

para quaisquer números x e y tais que nenhum denominador seja igual a 0.

31 Explique por que $\tan 20° + \tan 340° = 0$.

32 Explique por que

$$\log(\cos \theta) < 0$$

para quaisquer números θ no intervalo $(0, \frac{\pi}{2})$.

33 Explique por que a equação

$$(\cos(x + \pi))\cos x = \frac{1}{5}$$

não apresenta solução.

34 Explique por que o triângulo retângulo da figura a seguir tem área $50(\cos \theta)(\text{sen } \theta)$.

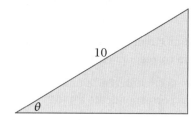

CAPÍTULO 5

Um loonie, *a moeda de um dólar canadense de 11 lados. Neste capítulo você aprenderá como usar a trigonometria para calcular a área da face de um* loonie *(veja o Exemplo 5 na Seção 5.3).*

Álgebra Trigonométrica e Geometria

Este capítulo começa introduzindo as funções trigonométricas inversas. Essas funções tremendamente úteis permitem-nos determinar ângulos com base nas medidas dos comprimentos. Daremos alguma atenção às identidades trigonométricas inversas, que reforçarão nossa compreensão sobre essas funções.

A seguir, voltaremos nossa atenção para a área, mostrando como a trigonometria pode ser usada para calcular a área de várias regiões. Também deduziremos algumas aproximações importantes das funções trigonométricas.

Nosso assunto seguinte será a lei dos senos e a lei dos cossenos. Esses resultados permitem-nos usar a trigonometria para calcular todos os ângulos e comprimentos dos lados de um triângulo, quando são dadas apenas algumas dessas informações. Veremos aplicações espetaculares, na medida em que esses resultados nos permitem calcular a distância de objetos muito distantes, os quais não podemos tocar fisicamente.

As fórmulas para as funções trigonométricas de ângulos duplos e da metade de ângulos vão permitir que nós calculemos expressões exatas para quantidades como sen 18° e cos $\frac{\pi}{32}$ (veja os Problemas 102 e 105 da Seção 5.5 para essas belas expressões). O capítulo encerra-se com as fórmulas de adição e subtração para funções trigonométricas, fornecendo outro grupo de identidades úteis.

5.1 Funções Trigonométricas Inversas

OBJETIVOS DE APRENDIZAGEM

Ao final desta seção, você deverá ser capaz de

- calcular os valores de $\cos^{-1}$, sen^{-1} e $\tan^{-1}$;
- desenhar o raio da circunferência unitária correspondente ao arco seno, ao arco cosseno e ao arco tangente de um número;
- usar as funções trigonométricas inversas para determinar ângulos em um triângulo retângulo, dados os comprimentos de dois lados;
- determinar os ângulos em um triângulo isósceles, dados os comprimentos dos lados;
- usar $\tan^{-1}$ para determinar o ângulo que uma reta com dada inclinação faz com o eixo horizontal.

Várias das funções mais importantes em matemática são definidas como funções inversas de funções familiares. Por exemplo, a raiz cúbica é definida como a função inversa de x^3, e o logaritmo na base 3 é definido como a função inversa de 3^x.

As funções trigonométricas inversas fornecem uma ferramenta notavelmente útil para resolver muitos problemas.

Nesta seção definiremos as funções inversas de cosseno, seno e tangente. Essas funções inversas são chamadas de arco cosseno, arco seno e arco tangente. Nem cosseno, nem seno, nem tangente são funções bijetoras quando definidas em seus domínios usuais. Portanto, precisaremos restringir os domínios dessas funções para obter funções bijetoras, que possuem inversas.

A Função Arco Cosseno

Como sempre, vamos considerar, ao longo desta seção, que todos os ângulos são medidos em radianos, a menos que seja dito explicitamente o contrário.

Lembre-se de que uma função é dita bijetora se a cada número distinto em seu domínio ela resultar um valor distinto. Assim, a função cosseno, cujo domínio é toda a reta dos reais, não é bijetora, porque, por exemplo, $\cos 0 = \cos 2\pi$.

Lembre-se, também, de que apenas as funções unívocas têm inversas (veja a Seção 1.5 para revisar funções unívocas e suas inversas). Portano, a função cosseno não tem uma inversa.

Se nos restringirmos à parte cinza-escuro do gráfico, obtemos uma função bijetora, que tem, portanto, uma função inversa.

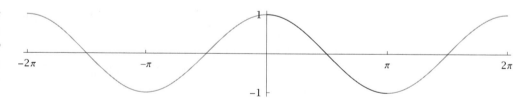

O gráfico do cosseno no intervalo $[-2\pi, 2\pi]$. Esse gráfico não satisfaz o teste da reta horizontal — há retas horizontais que interceptam o gráfico em mais de um ponto. Portanto, a função cosseno não é bijetora.

Deparamo-nos com o mesmo dilema quando quisemos definir a função raiz quadrada como a função inversa de x^2. O domínio da função x^2 é toda a reta real. Essa função não é bijetora, portanto, não possui uma inversa. Resolvemos o problema restringindo o domínio de x^2 para $[0, \infty)$; a função resultante é bijetora e sua inversa é denominada função raiz quadrada. Grosseiramente falando, dizemos que a função raiz quadrada é a inversa de x^2.

Seguiremos um processo similar com o cosseno. Para decidir como restringir o domínio do cosseno, começamos por declarar que 0 deve estar no domínio da função restrita. Olhando para o gráfico do cosseno acima, vemos que, partindo de 0 e seguindo para a direita, π é o mais longe que podemos ir enquanto estivermos em um intervalo no qual o cosseno é uma função bijetora. Se $[0, \pi]$ estiver no domínio da nossa função cosseno restrita, então não podemos nos mover para a esquerda de 0 e manter a condição de função bijetora. Portanto, $[0, \pi]$ é o domínio natural a escolher.

Se restringirmos o domínio do cosseno para $[0, \pi]$, obtemos a função bijetora cujo gráfico é mostrado aqui. A inversa dessa função é denominada arco cosseno e é abreviada como $\cos^{-1}$. Aqui está a definição formal:

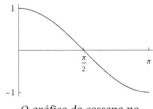

O gráfico do cosseno no intervalo $[0, \pi]$.

Arco cosseno

Considere que $-1 \leq t \leq 1$.

- O **arco cosseno** de t, representado por $\cos^{-1} t$, é o ângulo em $[0, \pi]$ cujo cosseno é igual a t.

Versão abreviada:

- $\cos^{-1} t = \theta$ significa que $\cos \theta = t$ e $0 \leq \theta \leq \pi$.

Ao definir $\cos^{-1} t$, precisamos restringir t ao intervalo $[-1, 1]$, pois, do contrário, não existirá ângulo cujo cosseno seja igual a t.

(a) Calcule $\cos^{-1} 0$.

EXEMPLO 1

(b) Calcule $\cos^{-1} 1$.

(c) Explique por que a expressão $\cos^{-1} 2$ não faz sentido.

SOLUÇÃO

(a) Temos $\cos^{-1} 0 = \frac{\pi}{2}$, pois $\cos \frac{\pi}{2} = 0$ e $\frac{\pi}{2}$ está no intervalo $[0, \pi]$.

(b) Temos $\cos^{-1} 1 = 0$, pois $\cos 0 = 1$ e 0 está no intervalo $[0, \pi]$.

(c) A expressão $\cos^{-1} 2$ não faz sentido, pois não existe ângulo cujo cosseno seja igual a 2.

Não confunda $\cos^{-1} t$ com $(\cos t)^{-1}$. Pode surgir confusão devido à inconsistência da notação comum. Por exemplo, $\cos^2 t$ é, de fato, igual a $(\cos t)^2$. Entretanto, definimos $\cos^n t$ como igual a $(\cos t)^n$ apenas quando n for um inteiro positivo (veja a Seção 4.6). Essa restrição referente a $\cos^n t$ foi feita precisamente para que $\cos^{-1} t$ pudesse ser definida com a interpretação de $\cos^{-1}$ como uma função inversa.

$\cos^{-1} t$ não é igual a $\frac{1}{\cos t}$.

A notação $\cos^{-1}$ para representar a função arco cosseno é consistente com nossa notação f^{-1} para representar a função inversa de f. Mesmo neste ponto uma pequena explicação ajuda. O domínio usual da função cosseno é a reta dos reais. No entanto, quando escrevemos $\cos^{-1}$ não estamos nos referindo à função inversa da função cosseno usual (a qual não possui inversa porque não é bijetora). Em vez disso, $\cos^{-1}$ representa a inversa daquela função cosseno cujo domínio é restrito ao intervalo $[0, \pi]$.

Alguns livros usam a notação arccos t em vez de $\cos^{-1} t$.

As três soluções diferentes para cada parte do próximo exemplo mostram porque você precisa prestar cuidadosa atenção ao significado da notação.

EXEMPLO 2

Para $x = 0{,}2$, calcule o seguinte:

(a) $\cos^{-1} x$ (b) $(\cos x)^{-1}$ (c) $\cos(x^{-1})$

SOLUÇÃO Os cálculos a seguir foram efetuados com uma calculadora. Ao conferi-los em sua calculadora, certifique-se de que ela está ajustada para trabalhar em radianos em vez de graus. Lembre que a função $\cos^{-1}$ é a função inversa da função cosseno, em que se espera que a entrada represente radianos (e o domínio é restrito ao intervalo $[0, \pi]$).

(a) $\cos^{-1} 0{,}2 \approx 1{,}36944$ (observe que $\cos 1{,}36944 \approx 0{,}2$ e $1{,}36944$ está em $[0, \pi]$)

(b) $(\cos 0{,}2)^{-1} = \frac{1}{\cos 0{,}2} \approx 1{,}02034$

(c) $\cos(0{,}2^{-1}) = \cos \frac{1}{0{,}2} = \cos 5 \approx 0{,}283662$

O próximo exemplo deve auxiliar a solidificar seu entendimento da função arco cosseno.

EXEMPLO 3

Desenhe o raio da circunferência unitária correspondente ao ângulo $\cos^{-1} 0{,}3$.

SOLUÇÃO Queremos determinar um ângulo em $[0, \pi]$ cujo cosseno seja igual a $0{,}3$. Isto significa que a primeira coordenada da extremidade do raio correspondente será igual a $0{,}3$. Portanto, iniciamos com $0{,}3$ no eixo horizontal, como mostrado aqui, e estendemos uma reta para cima até interceptar a circunferência unitária. Esse ponto de interseção é a extremidade do raio correspondente a $\cos^{-1} 0{,}3$, como mostrado aqui.

Uma calculadora mostra que

$$\cos^{-1} 0{,}3 \approx 1{,}266.$$

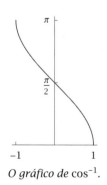

Aqui $\theta = \cos^{-1} 0{,}3$, ou, de forma equivalente, $\cos \theta = 0{,}3$.

Assim, o ângulo θ mostrado na figura é de aproximadamente $1{,}266$ radiano, que é aproximadamente $72{,}5°$.

Lembre que a função inversa de uma função permuta o domínio e a imagem da função original. Portanto, temos o seguinte:

> ### Domínio e imagem do arco cosseno
>
> - O domínio de $\cos^{-1}$ é $[-1, 1]$.
> - A imagem de $\cos^{-1}$ é $[0, \pi]$.

O gráfico de $\cos^{-1}$ pode ser obtido da maneira que comumente usamos quando lidamos com funções inversas. Especificamente, pela reflexão do gráfico do cosseno (restrito ao intervalo $[0, \pi]$) sobre a reta com inclinação 1 que contém a origem, obtendo o gráfico mostrado aqui.

As funções trigonométricas inversas são espetacularmente úteis para determinar os ângulos de um triângulo retângulo quando forem dados os comprimentos de dois lados. O próximo exemplo dá nossa primeira ilustração desse procedimento.

O gráfico de $\cos^{-1}$.

EXEMPLO 4

Considere que uma escada de 13 pés (aproximadamente 4 m) está encostada na parede de um edifício, atingindo a base de uma janela do segundo andar que está a 12 pés (aproximadamente 3,7 m) acima do chão. Que ângulo a escada faz com a parede do edifício?

SOLUÇÃO Seja θ o ângulo que a escada faz com o edifício. Como o cosseno de um ângulo em um triângulo retângulo é igual ao comprimento do lado adjacente dividido pelo comprimento da hipotenusa, a figura mostra que

$$\cos\theta = \tfrac{12}{13}.$$

Portanto

$$\theta = \cos^{-1}\tfrac{12}{13} \approx 0{,}3948.$$

Assim, θ é aproximadamente 0,3948 radiano, que é aproximadamente 22,6°.

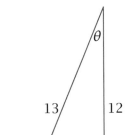

A Função Arco Seno

Agora considere a função seno, cujo gráfico é mostrado a seguir:

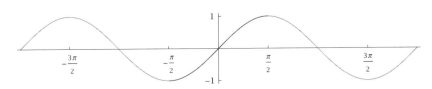

O gráfico do seno no intervalo $[-2\pi, 2\pi]$

Se nos restringirmos à parte cinza-escuro do gráfico, temos uma função que é bijetora e, portanto, tem uma função inversa.

Novamente, temos que restringir o domínio para obter uma função bijetora. Iniciamos, mais uma vez, declarando que 0 deve estar no domínio da função restrita. Observando o gráfico do seno, acima apresentado, vemos que $\left[-\tfrac{\pi}{2},\tfrac{\pi}{2}\right]$ é o maior intervalo contendo 0 no qual o seno é função bijetora.

Se restringirmos o domínio do seno para $\left[-\tfrac{\pi}{2},\tfrac{\pi}{2}\right]$, obtemos uma função bijetora cujo gráfico é mostrado aqui. A função inversa dessa função é denominada arco seno, que é abreviado como sen^{-1}. Aqui está a definição formal:

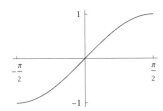

O gráfico do seno no intervalo $\left[-\tfrac{\pi}{2},\tfrac{\pi}{2}\right]$.

Arco seno

Considere $-1 \leq t \leq 1$.

- O **arco seno** de t, representado por $\text{sen}^{-1} t$, é o ângulo em $\left[-\tfrac{\pi}{2},\tfrac{\pi}{2}\right]$ cujo seno é igual a t.

Versão abreviada:

- $\text{sen}^{-1} t = \theta$ significa $\text{sen}\,\theta = t$ e $-\tfrac{\pi}{2} \leq \theta \leq \tfrac{\pi}{2}$.

Ao definir $\text{sen}^{-1} t$, devemos restringir t ao intervalo $[-1, 1]$, pois, do contrário, não existirá ângulo cujo seno seja igual a t.

EXEMPLO 5

(a) Calcule $\text{sen}^{-1} 0$.

(b) Calcule $\text{sen}^{-1} (-1)$.

(c) Explique por que a expressão $\text{sen}^{-1} (-3)$ não faz sentido.

SOLUÇÃO

(a) Temos sen⁻¹ 0 = 0, pois sen 0 = 0 e 0 está no intervalo $\left[-\frac{\pi}{2},\frac{\pi}{2}\right]$.

(b) Temos sen⁻¹(−1) = $-\frac{\pi}{2}$, pois sen$\left(-\frac{\pi}{2}\right)$ = −1 e $-\frac{\pi}{2}$ está no intervalo $\left[-\frac{\pi}{2},\frac{\pi}{2}\right]$.

(c) A expressão sen⁻¹ (−3) não faz sentido, pois não existe ângulo cujo seno seja igual a −3.

---

sen⁻¹ t *não é igual a* $\frac{1}{\operatorname{sen} t}$.

Não confunda sen⁻¹ t com (sen t)⁻¹. Os mesmos comentários que fizemos antes sobre a notação do cos⁻¹ aplicam-se ao sen⁻¹. Especificamente, sen² t significa (sen t)², mas sen⁻¹ t envolve uma função inversa.

O próximo exemplo deve auxiliar a solidificar seu entendimento da função arco seno.

EXEMPLO 6

Desenhe o raio da circunferência unitária correspondente ao ângulo sen⁻¹ 0,3.

SOLUÇÃO Procuramos um ângulo em $\left[-\frac{\pi}{2},\frac{\pi}{2}\right]$ cujo seno seja igual a 0,3. Isto significa que a segunda coordenada da extremidade do raio correspondente será igual a 0,3. Assim, iniciamos com 0,3 no eixo vertical, como mostrado aqui, e estendemos uma reta para a direita até interceptar a circunferência unitária. Esse ponto de interseção é a extremidade do raio correspondente ao ângulo sen⁻¹ 0,3, como mostrado aqui.

Uma calculadora mostra que

$$\operatorname{sen}^{-1} 0{,}3 \approx 0{,}3047.$$

Portanto, o ângulo θ mostrado na figura é de aproximadamente 0,3047 radiano, que é aproximadamente 17,5°.

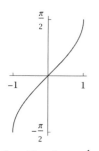

Aqui θ = sen⁻¹ 0,3, *ou, equivalentemente,* sen θ = 0,3.

Como a função inversa de uma função permuta o domínio e a imagem da função original, temos o seguinte:

> **Domínio e imagem de arco seno**
>
> - O domínio de sen⁻¹ é [−1, 1].
> - A imagem de sen⁻¹ é $\left[-\frac{\pi}{2},\frac{\pi}{2}\right]$.

O gráfico de sen⁻¹ pode ser obtido da maneira que normalmente usamos quando lidamos com funções inversas. Especificamente, pela reflexão do gráfico do seno (restrito ao intervalo $\left[-\frac{\pi}{2},\frac{\pi}{2}\right]$) sobre a reta com inclinação 1 que contém a origem, obtendo o gráfico mostrado aqui.

Dados o comprimento da hipotenusa e o de outro lado de um triângulo retângulo, você pode usar a função arco seno para determinar o ângulo oposto ao lado que não é a hipotenusa. O próximo exemplo ilustra o procedimento.

O gráfico de sen⁻¹.

EXEMPLO 7

Suponha que sua altitude aumente 150 pés (aproximadamente 46 m) enquanto você dirige um trecho de meia milha (aproximadamente 0,8 km) em uma estrada reta. Qual é o ângulo de inclinação da estrada?

O desenho não está em escala.

SOLUÇÃO O primeiro passo para resolver um problema desse tipo é desenhar a situação. Assim, começamos por construir o desenho mostrado aqui, que não está em escala. Queremos determinar o ângulo de elevação da estrada; esse ângulo foi identificado por θ no desenho.

Como sempre, devemos usar unidades consistentes ao longo do problema. A informação que nos foi dada usa tanto pés (m) quanto milhas (km). Portanto, convertemos meia milha (0,8 km) em pés: como uma milha (1,6 km) é igual a 5280 pés (1.600 m), meia milha é igual a 2640 pés (800 m).

Como o seno de um ângulo em um triângulo retângulo é igual ao comprimento do lado oposto dividido pelo comprimento da hipotenusa, o desenho mostra que

$$\operatorname{sen}\theta = \tfrac{150}{2640}.$$

Portanto

$$\theta = \operatorname{sen}^{-1} \tfrac{150}{2640} \approx 0{,}057.$$

Assim, θ é de aproximadamente 0,057 radiano, que é aproximadamente 3,3°.

O próximo exemplo mostra como determinar os ângulos em um triângulo isósceles, dados os comprimentos dos lados.

EXEMPLO 8

Determine o ângulo entre os dois lados de comprimento 7 em um triângulo isósceles que tem um lado de comprimento 8 e dois lados de comprimento 7.

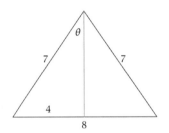

SOLUÇÃO Crie um triângulo retângulo desenhando uma perpendicular do vértice à base, como mostrado na figura aqui.

Seja θ o ângulo entre a perpendicular e um dos lados de comprimento 7. Como a base do triângulo isósceles tem comprimento 8, o lado do triângulo retângulo oposto ao ângulo θ tem comprimento 4. Assim

$$\operatorname{sen}\theta = \tfrac{4}{7}$$

portanto

$$\theta = \operatorname{sen}^{-1}\tfrac{4}{7}.$$

O ângulo entre os dois lados de comprimento 7 é 2θ, que é igual a $2\operatorname{sen}^{-1}\tfrac{4}{7}$, que é aproximadamente 1,2165 radiano, ou aproximadamente 69,7°.

A Função Arco Tangente

Agora considere a função tangente, cujo gráfico é mostrado a seguir:

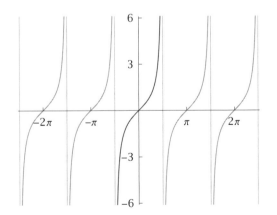

O gráfico da tangente na maior parte do intervalo $(-\tfrac{5}{2}\pi, \tfrac{5}{2}\pi)$. As retas cinza-claro são assíntotas desse gráfico.

Como |tan θ| torna-se muito grande nas proximidades de múltiplos ímpares de $\tfrac{\pi}{2}$, não é possível mostrar o gráfico inteiro para o intervalo.

Se nos restringirmos à parte cinza-escuro do gráfico, temos uma função que é bijetora e, portanto, tem uma função inversa.

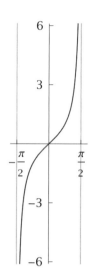

O gráfico da tangente na maior parte do intervalo $\left(-\frac{\pi}{2}, \frac{\pi}{2}\right)$. As retas cinza-claro são assíntotas.

Novamente, precisamos restringir o domínio para obter uma função bijetora. Assim, começamos outra vez declarando que 0 deve estar no domínio da função restrita. Olhando para o gráfico da tangente acima, vemos que $\left(-\frac{\pi}{2}, \frac{\pi}{2}\right)$ é o maior intervalo contendo 0 no qual a tangente é bijetora. Esse é um intervalo aberto que exclui as duas extremidades $\frac{\pi}{2}$ e $-\frac{\pi}{2}$. Lembre que a função tangente não está definida para $\frac{\pi}{2}$ nem para $-\frac{\pi}{2}$; portanto, esses números não podem ser incluídos no domínio.

Se restringirmos o domínio da tangente para $\left(-\frac{\pi}{2}, \frac{\pi}{2}\right)$, obtemos uma função bijetora cujo gráfico é mostrado aqui para a maior parte do intervalo. A inversa dessa função é denominada arco tangente, que é abreviada por $\tan^{-1}$. Aqui está sua definição formal:

Arco tangente

Considere que t seja um número real.

- O **arco tangente** de t, representado por $\tan^{-1} t$, é o ângulo em $\left(-\frac{\pi}{2}, \frac{\pi}{2}\right)$ cuja tangente é igual a t.

Versão abreviada:

- $\tan^{-1} t = \theta$ significa $\tan \theta = t$ e $-\frac{\pi}{2} < \theta < \frac{\pi}{2}$.

EXEMPLO 9

(a) Calcule $\tan^{-1} 0$.

(b) Calcule $\tan^{-1} 1$.

(c) Calcule $\tan^{-1} \sqrt{3}$.

SOLUÇÃO

(a) Temos $\tan^{-1} 0 = 0$, pois $\tan 0 = 0$ e 0 está no intervalo $\left(-\frac{\pi}{2}, \frac{\pi}{2}\right)$.

(b) Temos $\tan^{-1} 1 = \frac{\pi}{4}$, pois $\tan \frac{\pi}{4} = 1$ e $\frac{\pi}{4}$ está no intervalo $\left(-\frac{\pi}{2}, \frac{\pi}{2}\right)$.

(c) Temos $\tan^{-1} \sqrt{3} = \frac{\pi}{3}$, pois $\tan \frac{\pi}{3} = \sqrt{3}$ e $\frac{\pi}{3}$ está no intervalo $\left(-\frac{\pi}{2}, \frac{\pi}{2}\right)$.

$\tan^{-1} t$ não é igual a $\frac{1}{\tan t}$.

Não confunda $\tan^{-1} t$ com $(\tan t)^{-1}$. Os mesmos comentários que fizemos anteriormente sobre a notação $\cos^{-1}$ e $\sen^{-1}$ aplicam-se a $\tan^{-1}$. Especificamente, $\tan^2 t$ significa $(\tan t)^2$, mas $\tan^{-1} t$ envolve uma função inversa.

EXEMPLO 10

Desenhe o raio da circunferência unitária correspondente ao ângulo $\tan^{-1}(-3)$.

SOLUÇÃO Procuramos por um ângulo em $\left(-\frac{\pi}{2}, \frac{\pi}{2}\right)$ cuja tangente é igual a -3. Isto significa que a inclinação do raio correspondente é igual a -3. A circunferência unitária tem dois raios com inclinação -3; um deles é o raio mostrado aqui e o outro é o raio no sentido oposto. No entanto, desses dois raios apenas aquele mostrado aqui tem um ângulo correspondente no intervalo $\left(-\frac{\pi}{2}, \frac{\pi}{2}\right)$. Observe que o ângulo indicado é negativo devido ao sentido anti-horário da seta.

Uma calculadora mostra que

$$\tan^{-1}(-3) \approx -1{,}249.$$

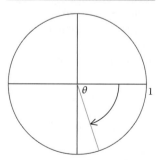

Este raio tem inclinação -3 e, portanto, corresponde a $\tan^{-1}(-3)$.

Portanto, o ângulo θ mostrado aqui é de aproximadamente 1,249 radiano, que é aproximadamente $-71{,}6°$.

Diferentemente de $\cos^{-1} t$ e $\operatorname{sen}^{-1} t$, que fazem sentido apenas quando t está em $[-1, 1]$, $\tan^{-1} t$ faz sentido para todo número real t (porque para cada número real t há um ângulo cuja tangente é igual a t). Como a função inversa de uma função permuta o domínio e a imagem da função original, o domínio do arco tangente é o conjunto de números reais e a imagem do arco tangente é o intervalo $\left(-\frac{\pi}{2}, \frac{\pi}{2}\right)$.

A tabela abaixo dá o domínio e a imagem das três funções trigonométricas inversas. Aqui o conjunto dos números reais é representado usando a notação de intervalo $(-\infty, \infty)$.

Domínio e imagem das funções trigonométricas inversas

	domínio	imagem
$\cos^{-1}$	$[-1, 1]$	$[0, \pi]$
sen^{-1}	$[-1, 1]$	$[-\frac{\pi}{2}, \frac{\pi}{2}]$
$\tan^{-1}$	$(-\infty, \infty)$	$(-\frac{\pi}{2}, \frac{\pi}{2})$

O gráfico de $\tan^{-1}$ pode ser obtido da maneira que normalmente o usamos quando lidamos com funções inversas. Especificamente, pela inversão do gráfico da tangente (restrito a um intervalo levemente menor que $\left(-\frac{\pi}{2}, \frac{\pi}{2}\right)$) ao longo da reta de inclinação 1 que contém a origem, obtendo o gráfico mostrado a seguir.

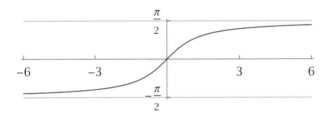

O gráfico de $\tan^{-1}$ no intervalo $[-6, 6]$.
As retas cinza-claro são assíntotas desse gráfico.

Dados os comprimentos dos dois lados que não são a hipotenusa de um triângulo retângulo, você pode usar a função arco tangente para determinar os ângulos do triângulo. O próximo exemplo ilustra o procedimento.

EXEMPLO 11

(a) Para este triângulo retângulo, use a função arco tangente para determinar o ângulo u.

(b) Para este triângulo retângulo, use a função arco tangente para determinar o ângulo v.

(c) Como teste, calcule a soma dos ângulos u e v obtidos nas partes (a) e (b). Essa soma dá o valor esperado?

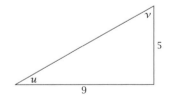

SOLUÇÃO

(a) Como a tangente de um ângulo em um triângulo retângulo é igual ao comprimento do lado oposto dividido pelo comprimento do lado adjacente, temos $\tan u = \frac{5}{9}$. Portanto

$$u = \tan^{-1} \frac{5}{9} \approx 0{,}5071.$$

Assim, u é de aproximadamente $0{,}5071$ radiano, que é aproximadamente $29{,}1°$.

(b) Como a tangente de um ângulo em um triângulo retângulo é igual ao comprimento do lado oposto dividido pelo comprimento do lado adjacente, temos $\tan v = \frac{9}{5}$. Portanto

$$v = \tan^{-1}\frac{9}{5} \approx 1{,}0637.$$

Assim, v é de aproximadamente 1,0637 radiano, que é aproximadamente 60,9°.

(c) Temos

$$u + v \approx 29{,}1° + 60{,}9° = 90°.$$

Portanto, a soma dos dois ângulos agudos deste triângulo é 90°, como esperado.

Dada a inclinação de uma reta, a função arco tangente permite-nos calcular o ângulo que a reta faz com o eixo horizontal positivo, como mostrado no próximo exemplo.

EXEMPLO 12

Qual é o ângulo que a reta $y=\frac{2}{3}x$ no plano xy faz com o eixo x positivo?

SOLUÇÃO Procuramos o ângulo θ mostrado na figura aqui apresentada. Como a reta $y=\frac{2}{3}x$ tem inclinação $\frac{2}{3}$, temos

$$\tan\theta = \tfrac{2}{3}.$$

Assim

$$\theta = \tan^{-1}\tfrac{2}{3} \approx 0{,}588.$$

Portanto, θ é de aproximadamente 0,588 radiano, que é aproximadamente 33,7°.

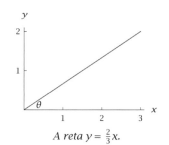

A reta $y = \frac{2}{3}x$.

EXERCÍCIOS

Você deve ser capaz de resolver os Exercícios 1-4 sem usar calculadora.

1 Calcule $\cos^{-1}\frac{1}{2}$.

2 Calcule $\text{sen}^{-1}\frac{1}{2}$.

3 Calcule $\tan^{-1}(-1)$.

4 Calcule $\tan^{-1}\left(-\sqrt{3}\right)$.

Os Exercícios 5-16 enfatizam a importância da compreensão da notação inversa, bem como a importância dos parênteses para determinar a ordem das operações.

5 Para $x = 0{,}3$, calcule cada um dos itens a seguir:

(a) $\cos^{-1} x$ (c) $\cos(x^{-1})$
(b) $(\cos x)^{-1}$ (d) $(\cos^{-1} x)^{-1}$

6 Para $x = 0{,}4$, calcule cada um dos itens a seguir:

(a) $\cos^{-1} x$ (c) $\cos(x^{-1})$
(b) $(\cos x)^{-1}$ (d) $(\cos^{-1} x)^{-1}$

7 Para $x = \frac{1}{7}$, calcule cada um dos itens a seguir:

(a) $\text{sen}^{-1} x$ (c) $\text{sen}(x^{-1})$
(b) $(\text{sen } x)^{-1}$ (d) $(\text{sen}^{-1} x)^{-1}$

8 Para $x = \frac{1}{8}$, calcule cada um dos itens a seguir:

(a) $\text{sen}^{-1} x$ (c) $\text{sen}(x^{-1})$
(b) $(\text{sen } x)^{-1}$ (d) $(\text{sen}^{-1} x)^{-1}$

9 Para $x = 2$, calcule cada um dos itens a seguir:

(a) $\tan^{-1} x$ (c) $\tan(x^{-1})$
(b) $(\tan x)^{-1}$ (d) $(\tan^{-1} x)^{-1}$

10 Para $x = 3$, calcule cada um dos itens a seguir:

(a) $\tan^{-1} x$ (c) $\tan(x^{-1})$
(b) $(\tan x)^{-1}$ (d) $(\tan^{-1} x)^{-1}$

11 Para $x = 4$, calcule cada um dos itens a seguir:

(a) $(\cos(x^{-1}))^{-1}$ (c) $(\cos^{-1}(x^{-1}))^{-1}$
(b) $\cos^{-1}(x^{-1})$

Álgebra Trigonométrica e Geometria 395

12 Para $x = 5$, calcule cada um dos itens a seguir:
(a) $(\cos(x^{-1}))^{-1}$
(b) $\cos^{-1}(x^{-1})$
(c) $(\cos^{-1}(x^{-1}))^{-1}$

13 Para $x = 6$, calcule cada um dos itens a seguir:
(a) $(\text{sen}(x^{-1}))^{-1}$
(b) $\text{sen}^{-1}(x^{-1})$
(c) $(\text{sen}^{-1}(x^{-1}))^{-1}$

14 Para $x = 9$, calcule cada um dos itens a seguir:
(a) $(\text{sen}(x^{-1}))^{-1}$
(b) $\text{sen}^{-1}(x^{-1})$
(c) $(\text{sen}^{-1}(x^{-1}))^{-1}$

15 Para $x = 0{,}1$, calcule cada um dos itens a seguir:
(a) $(\tan(x^{-1}))^{-1}$
(b) $\tan^{-1}(x^{-1})$
(c) $(\tan^{-1}(x^{-1}))^{-1}$

16 Para $x = 0{,}2$, calcule cada um dos itens a seguir:
(a) $(\tan(x^{-1}))^{-1}$
(b) $\tan^{-1}(x^{-1})$
(c) $(\tan^{-1}(x^{-1}))^{-1}$

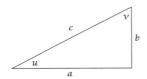

Use o triângulo retângulo acima para os Exercícios 17-24. Esse triângulo não está desenhado na escala correspondente aos dados dos exercícios.

17 Considere $a = 2$ e $c = 3$. Calcule u em radianos.
18 Considere $a = 3$ e $c = 4$. Calcule u em radianos.
19 Considere $a = 2$ e $c = 5$. Calcule v em radianos.
20 Considere $a = 3$ e $c = 5$. Calcule v em radianos.
21 Considere $a = 5$ e $b = 4$. Calcule u em graus.
22 Considere $a = 5$ e $b = 6$. Calcule u em graus.
23 Considere $a = 5$ e $b = 7$. Calcule v em graus.
24 Considere $a = 7$ e $b = 6$. Calcule v em graus.
25 Determine o ângulo entre os dois lados de comprimento 9 em um triângulo isósceles que tem um lado de comprimento 14 e dois lados de comprimento 9.
26 Determine o ângulo entre os dois lados de comprimento 8 em um triângulo isósceles que tem um lado de comprimento 7 e dois lados de comprimento 8.
27 Determine o ângulo entre um dos lados de comprimento 6 e o lado de comprimento 10 em um triângulo isósceles que tem um lado de comprimento 10 e dois lados de comprimento 6.
28 Determine o ângulo entre um lado de comprimento 5 e o lado de comprimento 9 em um triângulo isósceles que tem um lado de comprimento 9 e dois lados de comprimento 5.

29 Determine o menor número positivo θ tal que $10^{\cos\theta} = 6$.

30 Determine o menor número positivo θ tal que $10^{\text{sen}\,\theta} = 7$.

31 Determine o menor número positivo θ tal que $e^{\tan\theta} = 15$.

32 Determine o menor número positivo θ tal que $e^{\tan\theta} = 500$.

33 Determine o menor número positivo y tal que $\cos(\tan y) = 0{,}2$.

34 Determine o menor número positivo y tal que $\text{sen}(\tan y) = 0{,}6$.

35 Determine o menor número positivo x tal que
$$\text{sen}^2 x - 3\,\text{sen}\,x + 1 = 0.$$

36 Determine o menor número positivo x tal que
$$\text{sen}^2 x - 4\,\text{sen}\,x + 2 = 0.$$

37 Determine o menor número positivo x tal que
$$\cos^2 x - 0{,}5\cos x + 0{,}06 = 0.$$

38 Determine o menor número positivo x tal que
$$\cos^2 x - 0{,}7\cos x + 0{,}12 = 0.$$

39 Determine o menor número positivo θ tal que $\text{sen}\,\theta = -0{,}4$.

[*Dica:* Cuidado, a resposta não é $\text{sen}^{-1}(-0{,}4)$.]

40 Determine o menor número positivo θ tal que $\tan\theta = -5$.

[*Dica:* Cuidado, a resposta não é $\tan^{-1}(-5)$.]

41 Qual é o ângulo que a reta $y = \frac{2}{3}x$ no plano xy faz com o eixo x positivo?

42 Qual é o ângulo que a reta $y = 4x$ no plano xy faz com o eixo x positivo?

43 Qual é o ângulo entre o eixo horizontal positivo e a reta que contém os pontos $(3, 1)$ e $(5, 4)$?

44 Qual é o ângulo entre o eixo horizontal positivo e a reta que contém os pontos $(2, 5)$ e $(6, 2)$?

Para os Exercícios 45-48: Áreas montanhosas geralmente têm placas informando a inclinação percentual da rodovia. Uma inclinação de 5%, por exemplo, significa que a altitude varia 5 pés (1,5 m) para cada 100 pés (30 m) de distância horizontal.

45. Que inclinação percentual deve ser colocada em uma placa quando o ângulo de elevação da rodovia for 3°?

46. Que inclinação percentual deve ser colocada em uma placa quando o ângulo de elevação da rodovia for 4°?

47. Considere que uma placa em uma subida indique uma inclinação percentual de 6% na rodovia. Qual é o ângulo de inclinação da rodovia?

48. Considere que uma placa em uma subida indique uma inclinação percentual de 8% na rodovia. Qual é o ângulo de inclinação da rodovia?

PROBLEMAS

Alguns problemas exigem consideravelmente mais raciocínio que os exercícios.

49. Explique por que

$$\cos^{-1} \tfrac{3}{5} = \operatorname{sen}^{-1} \tfrac{4}{5} = \tan^{-1} \tfrac{4}{3}.$$

[*Dica*: Suponha $a = 3$ e $b = 4$ no triângulo usado para os Exercícios 17-24. Em seguida, determine c e considere várias maneiras de expressar u.]

50. Explique por que

$$\cos^{-1} \tfrac{5}{13} = \operatorname{sen}^{-1} \tfrac{12}{13} = \tan^{-1} \tfrac{12}{5}.$$

51. Considere que a e b sejam números tais que

$$\cos^{-1} a = \tfrac{\pi}{7} \quad \text{e} \quad \operatorname{sen}^{-1} b = \tfrac{\pi}{7}.$$

Explique por que $a^2 + b^2 = 1$.

52. Sem usar calculadora, desenhe a circunferência unitária e o raio correspondente a $\cos^{-1} 0{,}1$.

53. Sem usar calculadora, desenhe a circunferência unitária e o raio correspondente a $\operatorname{sen}^{-1}(-0{,}1)$.

54. Sem usar calculadora, desenhe a circunferência unitária e o raio correspondente a $\tan^{-1} 4$.

55. Determine todos os números t tais que

$$\cos^{-1} t = \operatorname{sen}^{-1} t.$$

56. Existem ângulos θ tais que $\cos \theta = -\operatorname{sen} \theta$ (por exemplo, $-\tfrac{\pi}{4}$ e $\tfrac{3\pi}{4}$ são dois ângulos desse tipo). Entretanto, explique por que não existe nenhum número t tal que

$$\cos^{-1} t = -\operatorname{sen}^{-1} t.$$

57. Demonstre que em um triângulo isósceles com dois lados de comprimento b e um lado de comprimento c, o ângulo entre os dois lados de comprimento b é

$$2 \operatorname{sen}^{-1} \tfrac{c}{2b}.$$

58. Demonstre que em um triângulo isósceles com dois lados de comprimento b e um lado de comprimento c, o ângulo entre o lado de comprimento b e o lado de comprimento c é

$$\cos^{-1} \tfrac{c}{2b}.$$

59. Considere que pediram para você determinar os ângulos de um triângulo isósceles que tem dois lados de comprimento 5 e um lado de comprimento 11. Usando os dois problemas anteriores, você precisaria calcular $\operatorname{sen}^{-1} \tfrac{11}{10}$ e $\cos^{-1} \tfrac{11}{10}$, nenhum deles fazendo sentido. O que está errado aqui?

SOLUÇÕES DETALHADAS *dos Exercícios Ímpares*

Não leia estas soluções detalhadas antes de tentar resolver você mesmo os exercícios. Caso contrário, você corre o risco de imitar as técnicas demonstradas aqui, sem, no entanto, compreender as ideias.

Melhor caminho para aprender: Leia cuidadosamente a seção do livro-texto, depois resolva todos os exercícios ímpares e verifique suas respostas aqui. Se você tiver alguma dificuldade para resolver algum exercício, olhe a solução detalhada apresentada aqui.

Você deve ser capaz de resolver os Exercícios 1-4 sem usar calculadora.

1. Calcule $\cos^{-1} \tfrac{1}{2}$.

    SOLUÇÃO $\cos \tfrac{\pi}{3} = \tfrac{1}{2}$; portanto, $\cos^{-1} \tfrac{1}{2} = \tfrac{\pi}{3}$

3. Calcule $\tan^{-1}(-1)$.

    SOLUÇÃO $\tan\left(-\tfrac{\pi}{4}\right) = -1$; portanto

    $$\tan^{-1}(-1) = -\tfrac{\pi}{4}.$$

Os Exercícios 5-16 enfatizam a importância da compreensão da notação inversa, bem como a importância dos parênteses para determinar a ordem das operações.

Álgebra Trigonométrica e Geometria 397

5 Para $x = 0{,}3$, calcule cada um dos itens a seguir:
(a) $\cos^{-1} x$
(b) $(\cos x)^{-1}$
(c) $\cos(x^{-1})$
(d) $(\cos^{-1} x)^{-1}$

SOLUÇÃO

(a) $\cos^{-1} 0{,}3 \approx 1{,}2661$
(b) $(\cos 0{,}3)^{-1} = \frac{1}{\cos 0{,}3} \approx 1{,}04675$
(c) $\cos(0{,}3^{-1}) = \cos \frac{1}{0{,}3} \approx -0{,}981674$
(d) $(\cos^{-1} 0{,}3)^{-1} = \frac{1}{\cos^{-1} 0{,}3} \approx 0{,}789825$

7 Para $x = \frac{1}{7}$, calcule cada um dos itens a seguir:
(a) $\text{sen}^{-1} x$
(b) $(\text{sen } x)^{-1}$
(c) $\text{sen}(x^{-1})$
(d) $(\text{sen}^{-1} x)^{-1}$

SOLUÇÃO

(a) $\text{sen}^{-1} \frac{1}{7} \approx 0{,}143348$
(b) $(\text{sen } \frac{1}{7})^{-1} = \frac{1}{\text{sen } \frac{1}{7}} \approx 7{,}02387$
(c) $\text{sen}\left(\left(\frac{1}{7}\right)^{-1}\right) = \text{sen } 7 \approx 0{,}656987$
(d) $(\text{sen}^{-1} \frac{1}{7})^{-1} = \frac{1}{\text{sen}^{-1} \frac{1}{7}} \approx 6{,}97605$

9 Para $x = 2$, calcule cada um dos itens a seguir:
(a) $\tan^{-1} x$
(b) $(\tan x)^{-1}$
(c) $\tan(x^{-1})$
(d) $(\tan^{-1} x)^{-1}$

SOLUÇÃO

(a) $\tan^{-1} 2 \approx 1{,}10715$
(b) $(\tan 2)^{-1} = \frac{1}{\tan 2} \approx -0{,}457658$
(c) $\tan(2^{-1}) = \tan \frac{1}{2} \approx 0{,}546302$
(d) $(\tan^{-1} 2)^{-1} = \frac{1}{\tan^{-1} 2} \approx 0{,}903221$

11 Para $x = 4$, calcule cada um dos itens a seguir:
(a) $(\cos(x^{-1}))^{-1}$
(b) $\cos^{-1}(x^{-1})$
(c) $(\cos^{-1}(x^{-1}))^{-1}$

SOLUÇÃO

(a) $(\cos(4^{-1}))^{-1} = (\cos \frac{1}{4})^{-1} = \frac{1}{\cos \frac{1}{4}} \approx 1{,}03209$
(b) $\cos^{-1}(4^{-1}) = \cos^{-1} \frac{1}{4} \approx 1{,}31812$
(c) $(\cos^{-1}(4^{-1}))^{-1} = (\cos^{-1} \frac{1}{4})^{-1} = \frac{1}{\cos^{-1} \frac{1}{4}} \approx 0{,}758659$

13 Para $x = 6$, calcule cada um dos itens a seguir:
(a) $(\text{sen}(x^{-1}))^{-1}$
(b) $\text{sen}^{-1}(x^{-1})$
(c) $(\text{sen}^{-1}(x^{-1}))^{-1}$

SOLUÇÃO

(a) $(\text{sen}(6^{-1}))^{-1} = (\text{sen } \frac{1}{6})^{-1} = \frac{1}{\text{sen } \frac{1}{6}} \approx 6{,}02787$
(b) $\text{sen}^{-1}(6^{-1}) = \text{sen}^{-1} \frac{1}{6} \approx 0{,}167448$
(c) $(\text{sen}^{-1}(6^{-1}))^{-1} = (\text{sen}^{-1} \frac{1}{6})^{-1} = \frac{1}{\text{sen}^{-1} \frac{1}{6}} \approx 5{,}972$

15 Para $x = 0{,}1$, calcule cada um dos itens a seguir:
(a) $(\tan(x^{-1}))^{-1}$
(b) $\tan^{-1}(x^{-1})$
(c) $(\tan^{-1}(x^{-1}))^{-1}$

SOLUÇÃO

(a) $(\tan(0{,}1^{-1}))^{-1} = (\tan 10)^{-1} = \frac{1}{\tan 10} \approx 1{,}54235$
(b) $\tan^{-1}(0{,}1^{-1}) = \tan^{-1} 10 \approx 1{,}47113$
(c) $(\tan^{-1}(0{,}1^{-1}))^{-1} = (\tan^{-1} 10)^{-1}$
$$= \frac{1}{\tan^{-1} 10}$$
$$\approx 0{,}679751$$

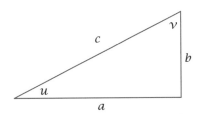

Use o triângulo retângulo acima para os Exercícios 17-24. Esse triângulo não está desenhado na escala correspondente aos dados dos exercícios.

17 Considere $a = 2$ e $c = 3$. Calcule u em radianos.

SOLUÇÃO Como o cosseno de um ângulo em um triângulo retângulo é igual ao comprimento do lado adjacente dividido pelo comprimento da hipotenusa, temos $\cos u = \frac{2}{3}$. Usando uma calculadora ajustada para radianos, temos
$$u = \cos^{-1} \frac{2}{3} \approx 0{,}841 \text{ radiano}.$$

19 Considere $a = 2$ e $c = 5$. Calcule v em radianos.

SOLUÇÃO Como o seno de um ângulo em um triângulo retângulo é igual ao comprimento do lado oposto dividido pelo comprimento da hipotenusa, temos $\text{sen } v = \frac{2}{5}$. Usando uma calculadora ajustada para radianos, temos
$$v = \text{sen}^{-1} \frac{2}{5} \approx 0{,}412 \text{ radiano}.$$

21 Considere $a = 5$ e $b = 4$. Calcule u em graus.

SOLUÇÃO Como a tangente de um ângulo em um triângulo retângulo é igual ao comprimento do lado oposto dividido pelo comprimento do lado adjacente, temos tan $u = \frac{4}{5}$. Usando uma calculadora ajustada para graus, temos, então

$$u = \tan^{-1} \frac{4}{5} \approx 38{,}7°.$$

23 Considere $a = 5$ e $b = 7$. Calcule v em graus.

Como a tangente de um ângulo em um triângulo retângulo é igual ao comprimento do lado oposto dividido pelo comprimento do lado adjacente, temos tan $v = \frac{5}{7}$. Usando uma calculadora ajustada para graus, temos

$$v = \tan^{-1} \frac{5}{7} \approx 35{,}5°.$$

25 Determine o ângulo entre os dois lados de comprimento 9 em um triângulo isósceles que tem um lado de comprimento 14 e dois lados de comprimento 9.

SOLUÇÃO Crie um triângulo retângulo desenhando uma reta perpendicular ao vértice até a base, como mostrado na figura a seguir.

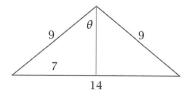

Seja θ o ângulo entre a perpendicular e um lado com comprimento 9. Como a base do triângulo isósceles tem comprimento 14, o lado do triângulo retângulo oposto ao ângulo θ tem comprimento 7. Assim, sen $\theta = \frac{7}{9}$. Assim

$$\theta = \text{sen}^{-1} \frac{7}{9} \approx 0{,}8911.$$

Portanto, o ângulo entre os dois lados de comprimento 9 é de aproximadamente 1,7822 radiano (1,7822 = 2 × 0,8911), que é aproximadamente 102,1°.

27 Determine o ângulo entre um dos lados de comprimento 6 e o lado de comprimento 10 em um triângulo isósceles que tem um lado de comprimento 10 e dois lados de comprimento 6.

SOLUÇÃO Crie um triângulo retângulo desenhando uma reta perpendicular do vértice até a base, como mostrado na figura a seguir.

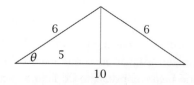

Seja θ o ângulo entre o lado com comprimento 10 e um dos lados de comprimento 6. Como a base do triângulo isósceles tem comprimento 10, o lado do triângulo retângulo adjacente ao ângulo θ tem comprimento 5. Assim, cos $\theta = \frac{5}{6}$. Portanto

$$\theta = \cos^{-1} \frac{5}{6} \approx 0{,}58569.$$

Portanto, o ângulo entre um lado de comprimento 6 e o lado com comprimento 10 é de aproximadamente 0,58569 radiano, que é aproximadamente 33,6°.

29 Determine o menor número positivo θ tal que $10^{\cos \theta} = 6$.

SOLUÇÃO A equação acima implica que cos $\theta = \log 6$. Portanto, temos $\theta = \cos^{-1}(\log 6) \approx 0{,}67908$.

31 Determine o menor número positivo θ tal que $e^{\tan \theta} = 15$.

SOLUÇÃO A equação acima implica que tan $\theta = \ln 15$. Portanto, temos $\theta = \tan^{-1}(\ln 15) \approx 1{,}21706$.

33 Determine o menor número positivo y tal que cos (tan y) = 0,2.

SOLUÇÃO A equação acima implica que devemos escolher tan $y = \cos^{-1} 0{,}2 \approx 1{,}36944$. Portanto, devemos escolher $y \approx \tan^{-1} 1{,}36944 \approx 0{,}94007$.

35 Determine o menor número positivo x tal que

$$\text{sen}^2 x - 3 \text{ sen } x + 1 = 0.$$

SOLUÇÃO Escreva $y = $ sen x. Dessa forma, a equação acima pode ser reescrita como

$$y^2 - 3y + 1 = 0.$$

Usando a fórmula quadrática, encontramos que as soluções para essa equação são

$$y = \frac{3 + \sqrt{5}}{2} \approx 2{,}61803$$

e

$$y = \frac{3 - \sqrt{5}}{2} \approx 0{,}38197.$$

Portanto, sen $x \approx 2{,}61803$ ou sen $x \approx 0{,}381966$. Entretanto, não existe número real x tal que sen $x \approx 2{,}61803$ (pois sen x é no máximo 1 para qualquer número real x), portanto, devemos ter sen $x \approx 0{,}381966$. Assim, $x \approx \text{sen}^{-1} 0{,}381966 \approx 0{,}39192$.

37 Determine o menor número positivo x tal que

$$\cos^2 x - 0{,}5 \cos x + 0{,}06 = 0.$$

SOLUÇÃO   Escreva $y = \cos x$. Dessa forma, a equação acima pode ser reescrita como

$$y^2 - 0{,}5y + 0{,}06 = 0.$$

Usando a fórmula quadrática ou a fatoração, encontramos que as soluções para a equação acima são

$$y = 0{,}2 \quad \text{e} \quad y = 0{,}3.$$

Portanto, $\cos x = 0{,}2$ ou $\cos x = 0{,}3$, o que sugere que devemos escolher $x = \cos^{-1} 0{,}2$ ou $x = \cos^{-1} 0{,}3$. Como o arco cosseno é uma função decrescente, $\cos^{-1} 0{,}3$ é menor que $\cos^{-1} 0{,}2$. Como queremos determinar o menor valor positivo x que satisfaz a equação original, escolhemos $x = \cos^{-1} 0{,}3 \approx 1{,}2661$.

39 Determine o menor número positivo θ tal que $\operatorname{sen} \theta = -0{,}4$.

[*Dica:* Cuidado, a resposta não é $\operatorname{sen}^{-1}(-0{,}4)$.]

SOLUÇÃO   A resposta não é $\operatorname{sen}^{-1}(-0{,}4)$ porque $\operatorname{sen}^{-1}(-0{,}4)$ é um número negativo e nós precisamos determinar o menor número positivo θ tal que $\operatorname{sen} \theta = -0{,}4$. Na figura a seguir, o raio cinza-escuro corresponde ao ângulo negativo $\operatorname{sen}^{-1}(-0{,}4)$. A seta e o raio em cinza meio-tom mostram o ângulo que procuramos, que é o $\pi + \operatorname{sen}^{-1} 0{,}4$, que é aproximadamente 3,55311 radianos (ou aproximadamente 203,6°).

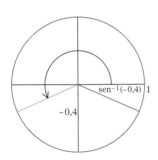

41 Qual é o ângulo que a reta $y = \dfrac{2}{3}x$ no plano xy faz com o eixo x positivo?

SOLUÇÃO   Procuramos o ângulo θ mostrado na figura aqui apresentada. Como a reta $y = \dfrac{2}{5}x$ tem inclinação $\dfrac{2}{5}$, temos $\tan \theta = \dfrac{2}{5}$. Portanto, $\theta = \tan^{-1} \dfrac{2}{5} \approx 0{,}3805$.

A reta $y = \dfrac{2}{5}x$

Portanto, θ é de aproximadamente 0,3805 radiano, que é aproximadamente 21,8°.

43 Qual é o ângulo entre o eixo horizontal positivo e a reta que contém os pontos $(3, 1)$ e $(5, 4)$?

SOLUÇÃO   Seja θ o ângulo entre o eixo horizontal positivo e a reta que contém os pontos $(3, 1)$ e $(5, 4)$. A reta contendo $(3, 1)$ e $(5, 4)$ tem inclinação $\dfrac{4-1}{5-3}$, que é igual a $\dfrac{3}{2}$. Portanto, $\tan \theta = \dfrac{3}{2}$. Assim, $\theta = \tan^{-1} \dfrac{3}{2} \approx 0{,}982794$. Finalmente, θ é de aproximadamente 0,982794 radiano, que é aproximadamente 56,3°.

Para os Exercícios 45-48: Áreas montanhosas geralmente têm placas informando a inclinação percentual da rodovia. Uma inclinação de 5%, por exemplo, significa que a altitude varia 5 pés (1,5 m) para cada 100 pés (30 m) de distância horizontal.

45 Que inclinação percentual deve ser colocada em uma placa quando o ângulo de elevação da rodovia for 3°?

SOLUÇÃO   A inclinação percentual de uma porção da rodovia é a variação na altitude dividida pela variação na distância horizontal. Assim, a inclinação percentual é a inclinação da rodovia. Uma rodovia com um ângulo de 3° de elevação tem inclinação $\tan 3°$, que é, aproximadamente, 0,052. Assim a placa deveria indicar um grau de 5%.

47 Considere que uma placa em uma subida indique uma inclinação percentual de 6% na rodovia. Qual é o ângulo de inclinação da rodovia?

SOLUÇÃO   Seja θ o ângulo de elevação da rodovia. Um grau de 6% significa que $\tan \theta = 0{,}06$. Portanto, $\theta = \tan^{-1} 0{,}06 \approx 0{,}0599$. Assim, θ é de aproximadamente 0,0599 radiano, que é aproximadamente 3,4°.

400 CAPÍTULO 5

5.2 Identidades Trigonométricas Inversas

Identidades trigonométricas inversas são identidades que envolvem funções trigonométricas inversas.

OBJETIVOS DE APRENDIZAGEM

Ao final desta seção, você deverá ser capaz de

- calcular a composição, em qualquer ordem, de uma função trigonométrica e de sua função inversa;
- calcular a composição de uma função trigonométrica com a inversa de uma função trigonométrica diferente;
- usar as identidades trigonométricas inversas para $-t$;
- usar a identidade para arco cosseno mais arco seno.

Composição de Funções Trigonométricas e Suas Inversas

Lembre que, se f for uma função bijetora, então $f \circ f^{-1}$ é a função identidade na imagem de f, o que significa que $f(f^{-1}(t)) = t$ para todo t na imagem de f. No caso de funções trigonométricas (ou, mais precisamente, de funções trigonométricas restritas ao domínio apropriado) e suas inversas, isso conduz ao seguinte conjunto de equações:

Por exemplo, $\cos(\cos^{-1} 0{,}29) = 0{,}29.$

Funções trigonométricas compostas com suas inversas

$$\cos(\cos^{-1} t) = t \text{ para qualquer } t \text{ em } [-1, 1]$$

$$\operatorname{sen}(\operatorname{sen}^{-1} t) = t \text{ para qualquer } t \text{ em } [-1, 1]$$

$$\tan(\tan^{-1} t) = t \text{ para todo número real } t$$

O lado esquerdo das duas primeiras equações acima não faz sentido a menos que t esteja em $[-1, 1]$, pois $\cos^{-1}$ e sen^{-1} são definidas, apenas, para o intervalo $[-1, 1]$.

Lembre-se também de que, se f é uma função bijetora, então $f^{-1} \circ f$ é a função identidade no domínio de f, o que significa que $f^{-1}(f(\theta)) = \theta$ para todo θ no domínio de f. No caso de funções trigonométricas (ou, mais precisamente, de funções trigonométricas restritas ao domínio apropriado) e suas inversas, isso conduz ao seguinte conjunto de equações:

Por exemplo, $\cos^{-1}(\cos \frac{\pi}{17}) = \frac{\pi}{17}.$

Funções trigonométricas inversas compostas com suas inversas

$$\cos^{-1}(\cos \theta) = \theta \text{ para todo } \theta \text{ em } [0, \pi]$$

$$\operatorname{sen}^{-1}(\operatorname{sen} \theta) = \theta \text{ para todo } \theta \text{ em } \left[-\frac{\pi}{2}, \frac{\pi}{2}\right]$$

$$\tan^{-1}(\tan \theta) = \theta \text{ para todo } \theta \text{ em } \left(-\frac{\pi}{2}, \frac{\pi}{2}\right)$$

O lado esquerdo das duas primeiras equações acima faz sentido para todos os números reais θ e o lado esquerdo da última equação acima faz sentido para todos os valores de θ exceto múltiplos ímpares de $\frac{\pi}{2}$. No entanto, o próximo exemplo mostra por que as restrições sobre θ acima são necessárias.

EXEMPLO 1

Calcule $\cos^{-1}(\cos(2\pi))$.

SOLUÇÃO   O ponto chave neste caso é que a equação $\cos^{-1}(\cos\theta) = \theta$ não é válida aqui porque 2π não está no intervalo $[0, \pi]$. Entretanto, podemos calcular essa expressão diretamente. Como $\cos(2\pi) = 1$, temos

$$\cos^{-1}(\cos(2\pi)) = \cos^{-1} 1 = 0.$$

O exemplo acima ilustra o fato que $\cos^{-1}(\cos\theta)$ não é igual a θ se θ não está no intervalo $[0, \pi]$. O próximo exemplo mostra como lidar com essas composições quando θ não está no intervalo requerido.

EXEMPLO 2

Calcule $\text{sen}^{-1}(\text{sen } 380°)$.

SOLUÇÃO   Observe que $\text{sen } 380° = \text{sen } 20° = \text{sen } \frac{\pi}{9}$. Portanto

$$\text{sen}^{-1}(\text{sen } 380°) = \text{sen}^{-1}(\text{sen } \tfrac{\pi}{9}) = \tfrac{\pi}{9}.$$

OBSERVAÇÃO   Aqui está o porquê de a solução ser $\frac{\pi}{9}$ em vez de 20°: A entrada para uma função trigonométrica tem unidades de graus ou radianos; se nenhuma unidade for especificada, então assumimos que as unidades são radianos. Entretanto, a saída de uma função trigonométrica é um número sem unidades. Portanto, $\text{sen } 380°$, que é igual a $\text{sen } \frac{\pi}{9}$, é um número sem unidades. Quando esse número é a entrada da função sen^{-1}, essa função não sabe se o número surgiu de um cálculo envolvendo graus ou de um cálculo envolvendo radianos. A função sen^{-1} produz o ângulo (em radianos!) cujo seno é igual à entrada dada.

Aqui, sen 380° é reescrito como sen $\frac{\pi}{9}$ porque precisamos trabalhar em radianos e precisamos de um ângulo no intervalo $\left[-\frac{\pi}{2}, \frac{\pi}{2}\right]$ para que possamos aplicar a identidade que envolve a composição de sen^{-1} e sen.

Mais Composições de Funções Trigonométricas Inversas

Na subseção anterior, discutimos a composição de uma função trigonométrica com sua função inversa. Nesta subseção discutiremos a composição de uma função trigonométrica com a inversa de uma função trigonométrica diferente.

Por exemplo, considere o problema de calcular $\cos\left(\text{sen}^{-1} \frac{2}{3}\right)$. Uma maneira de abordar esse problema seria calcular $\text{sen}^{-1} \frac{2}{3}$ e depois calcular o cosseno daquele ângulo. Entretanto, ninguém sabe como determinar uma expressão exata para $\text{sen}^{-1} \frac{2}{3}$.

Uma calculadora poderia dar uma resposta aproximada, primeiro mostrando que

$$\text{sen}^{-1} \tfrac{2}{3} \approx 0{,}729728.$$

Usando novamente uma calculadora para calcular o cosseno do número acima, vemos que

$$\cos(\text{sen}^{-1} \tfrac{2}{3}) \approx 0{,}745356.$$

Ao trabalharmos com funções trigonométricas, uma aproximação numérica precisa, como a calculada acima, é muitas vezes o melhor que pode ser feito. No entanto, para composições do tipo da discutida acima, podemos obter respostas exatas. O próximo exemplo mostra como fazer isso.

A resposta exata que obtemos nos dois próximos exemplos é mais satisfatória que essa aproximação.

EXEMPLO 3

Calcule $\cos\left(\operatorname{sen}^{-1}\frac{2}{3}\right)$.

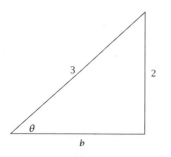

Um triângulo retângulo com $\operatorname{sen}\theta = \frac{2}{3}$.

SOLUÇÃO Seja $\theta = \operatorname{sen}^{-1}\frac{2}{3}$; portanto, $\operatorname{sen}\theta = \frac{2}{3}$. Lembre que

$$\operatorname{sen}\theta = \frac{\text{lado oposto}}{\text{hipotenusa}}$$

em um triângulo retângulo com um ângulo θ, em que *lado oposto* significa o comprimento do lado oposto ao ângulo θ. As escolhas mais simples para que os comprimentos dos lados tenham $\operatorname{sen}\theta = \frac{2}{3}$ são mostradas no triângulo aqui. Aplicando o Teorema de Pitágoras a esse triângulo, temos $b^2 + 4 = 9$, o que implica $b = \sqrt{5}$.

Agora

$$\cos(\operatorname{sen}^{-1}\tfrac{2}{3}) = \cos\theta$$
$$= \frac{\text{lado adjacente}}{\text{hipotenusa}}$$
$$= \frac{b}{3}$$
$$= \frac{\sqrt{5}}{3}.$$

Uma calculadora mostra que $\frac{\sqrt{5}}{3} \approx 0{,}745356$. Portanto, o valor exato que acabamos de obter para $\cos\left(\operatorname{sen}^{-1}\frac{2}{3}\right)$ é consistente com o valor aproximado obtido anteriormente.

O método usado no exemplo acima pode ser chamado de aproximação geométrica. Os próximos exemplos ilustram uma abordagem um pouco mais algébrica para essas questões de composição. Use a abordagem que for mais fácil para você.

EXEMPLO 4

Determine uma fórmula para $\tan(\cos^{-1} t)$.

SOLUÇÃO Suponha $-1 \leq t \leq 1$ com $t \neq 0$ (excluímos $t = 0$ porque nesse caso teríamos $\cos^{-1} t = \frac{\pi}{2}$, mas $\tan\frac{\pi}{2}$ é indefinida). Seja $\theta = \cos^{-1} t$. Portanto $\cos\theta = t$ e $0 \leq \theta \leq \pi$. Agora

$$\tan(\cos^{-1} t) = \tan\theta$$
$$= \frac{\operatorname{sen}\theta}{\cos\theta}$$
$$= \frac{\sqrt{1 - \cos^2\theta}}{\cos\theta}$$
$$= \frac{\sqrt{1 - t^2}}{t}.$$

Em geral, sabemos que $\operatorname{sen}\theta = \pm\sqrt{1-\cos^2\theta}$. Neste caso podemos escolher o sinal positivo porque $0 \leq \theta \leq \pi$, o que implica que $\operatorname{sen}\theta \geq 0$.

Portanto, a fórmula que buscamos é

$$\tan(\cos^{-1} t) = \frac{\sqrt{1 - t^2}}{t}.$$

Há mais cinco identidades como a deduzida no exemplo acima que envolvem a composição de uma função trigonométrica com a inversa de outra função trigonométrica. Os problemas nesta seção vão pedir que você deduza as cinco identidades adicionais, o que pode ser feito usando os mesmos métodos usados para a identidade acima. Memorizar essas identidades não é um bom uso de sua energia mental, ao contrário, certifique-se de que você entende como deduzi-las.

O Arco Cosseno, o Arco Seno e o Arco Tangente de $-t$

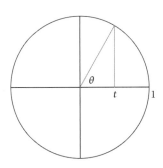

O raio correspondente a $\cos^{-1} t$.

Começamos encontrando uma fórmula para $\cos^{-1}(-t)$ em termos de $\cos^{-1} t$. Para fazer isso, suponha que $0 < t < 1$. Seja $\theta = \cos^{-1} t$, o que implica que $\cos \theta = t$. Considere o raio da circunferência unitária correspondente a θ. A primeira coordenada da extremidade desse raio será igual a t, como mostrado na primeira figura aqui apresentada.

Para determinar $\cos^{-1}(-t)$, precisamos determinar um raio cuja primeira coordenada seja igual a $-t$. Para fazer isso, inverta o raio acima ao longo do eixo vertical, gerando a segunda figura aqui apresentada.

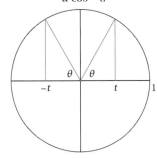

Da segunda figura vemos que o raio cuja extremidade tem a primeira coordenada igual a $-t$ forma um ângulo θ com o eixo horizontal negativo; portanto, esse raio corresponde a $\pi - \theta$. Em outras palavras, temos $\cos^{-1}(-t) = \pi - \theta$, o que pode ser reescrito como

$$\cos^{-1}(-t) = \pi - \cos^{-1} t.$$

Observe que $\pi - \theta$ está em $[0, \pi]$ sempre que θ estiver em $[0, \pi]$. Portanto, $\pi - \cos^{-1} t$ está no intervalo correto para ser o arco cosseno de algum número.

Calcule $\cos^{-1}\left(-\cos\dfrac{\pi}{7}\right)$.

EXEMPLO 5

SOLUÇÃO Usando a fórmula acima com $t = \cos\dfrac{\pi}{7}$, temos

$$\cos^{-1}(-\cos\tfrac{\pi}{7}) = \pi - \cos^{-1}(\cos\tfrac{\pi}{7})$$
$$= \pi - \tfrac{\pi}{7}$$
$$= \tfrac{6\pi}{7}.$$

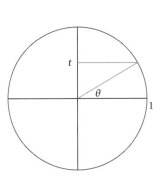

O raio correspondente a $\sen^{-1} t$.

Vamos, agora, voltar-nos para o problema de determinar uma fórmula para $\sen^{-1}(-t)$ em termos de $\sen^{-1} t$. Para fazer isso, considere $0 < t < 1$. Seja $\theta = \sen^{-1} t$, o que implica que $\sen \theta = t$. Considere o raio da circunferência unitária correspondente a θ. A segunda coordenada da extremidade desse raio será igual a t, como mostrado acima.

Para determinar $\sen^{-1}(-t)$, precisamos determinar um raio cuja segunda coordenada seja igual a $-t$. Para fazer isso, inverta o raio acima ao longo do eixo horizontal, gerando a figura aqui apresentada. Da figura, vemos que o raio cuja extremidade tem a segunda coordenada igual a $-t$ corresponde a $-\theta$.

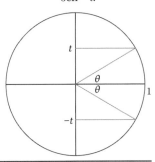

Em outras palavras, temos $\sen^{-1}(-t) = -\theta$, o que pode ser reescrito como

$$\sen^{-1}(-t) = -\sen^{-1} t.$$

Observe que $-\theta$ está em $\left[-\dfrac{\pi}{2}, \dfrac{\pi}{2}\right]$ sempre que θ estiver em $\left[-\dfrac{\pi}{2}, \dfrac{\pi}{2}\right]$. Portanto, $-\sen^{-1} t$ está no intervalo correto para ser o arco seno de algum número.

Calcule $\sen^{-1}\left(-\sen\dfrac{\pi}{7}\right)$.

EXEMPLO 6

SOLUÇÃO Usando a fórmula acima com $t = \sen\dfrac{\pi}{7}$, temos

$$\sen^{-1}(-\sen\tfrac{\pi}{7}) = -\sen^{-1}(\sen\tfrac{\pi}{7})$$
$$= -\tfrac{\pi}{7}.$$

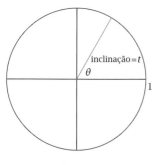

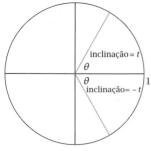

Derivamos as duas primeiras identidades considerando que $0 < t < 1$; para a última identidade, consideramos $t > 0$. No entanto, as duas primeiras identidades são válidas sempre que $-1 \leq t \leq 1$, ao passo que a última identidade é válida para todos os valores de t.

Vamos, agora, voltar-nos ao problema de determinar uma fórmula para $\tan^{-1}(-t)$ em termos de $\tan^{-1} t$. Para fazer isso, considere $t > 0$. Seja $\theta = \tan^{-1} t$, o que implica que $\tan \theta = t$. Considere o raio da circunferência unitária correspondente a θ. Esse raio, mostrado acima, tem inclinação t.

Para determinar $\tan^{-1}(-t)$, precisamos determinar um raio cuja inclinação é igual a $-t$. Para fazer isso, inverta o raio com inclinação t ao longo do eixo horizontal, o que mantém inalterada a primeira coordenada da extremidade e multiplica a segunda coordenada por -1, como mostrado aqui.

Da figura, vemos que o raio com inclinação $-t$ corresponde a $-\theta$. Em outras palavras, temos $\tan^{-1}(-t) = -\theta$, o que pode ser reescrito como

$$\tan^{-1}(-t) = -\tan^{-1} t.$$

Observe que $-\theta$ está em $\left(-\frac{\pi}{2}, \frac{\pi}{2}\right)$ sempre que θ estiver em $\left(-\frac{\pi}{2}, \frac{\pi}{2}\right)$. Portanto, $-\tan^{-1} t$ está no intervalo correto para ser o arco tangente de algum número.

Em resumo, encontramos as seguintes identidades para calcular as funções trigonométricas inversas de $-t$:

Identidades trigonométricas inversas para $-t$

$$\cos^{-1}(-t) = \pi - \cos^{-1} t$$
$$\text{sen}^{-1}(-t) = -\text{sen}^{-1} t$$
$$\tan^{-1}(-t) = -\tan^{-1} t$$

Arco Cosseno Mais Arco Seno

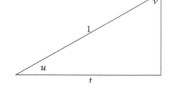

Suponha $0 < t < 1$. Considere o triângulo retângulo mostrado aqui, em que u representa o ângulo adjacente ao lado de comprimento t e v representa o ângulo oposto ao lado de comprimento t. Temos $\cos u = t$ e $\text{sen } v = t$, o que pode ser reescrito como

$$u = \cos^{-1} t \quad \text{e} \quad v = \text{sen}^{-1} t.$$

Como pode ser visto na figura, $u + v = \frac{\pi}{2}$, o que pode ser reescrito como

$$\cos^{-1} t + \text{sen}^{-1} t = \frac{\pi}{2}.$$

Derivamos a equação acima considerando $0 < t < 1$, mas a equação é válida para todos os valores de t no intervalo $[-1, 1]$. Assim, temos o resultado a seguir:

Arco cosseno mais arco seno

$$\cos^{-1} t + \text{sen}^{-1} t = \frac{\pi}{2}$$

para todos os valores de t em $[-1, 1]$.

Verifique a identidade acima quando $t = \frac{1}{2}$.

EXEMPLO 7

SOLUÇÃO Temos $\cos^{-1} \frac{1}{2} = \frac{\pi}{3}$ e $\text{sen}^{-1} \frac{1}{2} = \frac{\pi}{6}$. Somando-os, temos

$$\cos^{-1} \tfrac{1}{2} + \text{sen}^{-1} \tfrac{1}{2} = \tfrac{\pi}{3} + \tfrac{\pi}{6} = \tfrac{\pi}{2},$$

como esperado da identidade.

EXERCÍCIOS

1. Calcule $\cos(\cos^{-1} \frac{1}{4})$.
2. Calcule $\tan(\tan^{-1} 5)$.
3. Calcule $\tan(\tan^{-1}(e + \pi))$.
4. Calcule $\text{sen}(\text{sen}^{-1}(\frac{1}{e} - \frac{1}{\pi}))$.
5. Calcule $\text{sen}^{-1}(\text{sen} \frac{2\pi}{7})$.
6. Calcule $\cos^{-1}(\cos \frac{1}{2})$.
7. Calcule $\cos^{-1}(\cos 3\pi)$.
8. Calcule $\text{sen}^{-1}(\text{sen} \frac{9\pi}{4})$.
9. Calcule $\tan^{-1}(\tan \frac{11\pi}{5})$.
10. Calcule $\tan^{-1}(\tan \frac{17\pi}{5})$.
11. Calcule $\text{sen}^{-1}(\text{sen} \frac{6\pi}{7})$.
12. Calcule $\cos^{-1}(\cos \frac{10\pi}{9})$.
13. Calcule $\cos^{-1}(\cos 40°)$.
14. Calcule $\text{sen}^{-1}(\text{sen} 70°)$.
15. Calcule $\tan^{-1}(\tan 340°)$.
16. Calcule $\tan^{-1}(\tan 310°)$.
17. Calcule $\text{sen}(-\text{sen}^{-1} \frac{3}{13})$.
18. Calcule $\tan(-\tan^{-1} \frac{7}{11})$.
19. Considere que t seja tal que $\cos^{-1} t = 2$. Calcule:
    (a) $\cos^{-1}(-t)$ (c) $\text{sen}^{-1}(-t)$
    (b) $\text{sen}^{-1} t$
20. Considere que t seja tal que $\cos^{-1} t = \frac{3}{2}$. Calcule:
    (a) $\cos^{-1}(-t)$ (c) $\text{sen}^{-1}(-t)$
    (b) $\text{sen}^{-1} t$
21. Considere que t seja tal que $\text{sen}^{-1} t = \frac{3\pi}{8}$. Calcule:
    (a) $\text{sen}^{-1}(-t)$ (c) $\cos^{-1}(-t)$
    (b) $\cos^{-1} t$
22. Considere que t seja tal que $\text{sen}^{-1} t = -\frac{2\pi}{7}$. Calcule:
    (a) $\text{sen}^{-1}(-t)$ (c) $\cos^{-1}(-t)$
    (b) $\cos^{-1} t$
23. Calcule $\text{sen}(\cos^{-1} \frac{1}{3})$.
24. Calcule $\cos(\text{sen}^{-1} \frac{2}{5})$.
25. Calcule $\tan(\cos^{-1} \frac{1}{3})$.
26. Calcule $\tan(\text{sen}^{-1} \frac{2}{5})$.
27. Calcule $\text{sen}^{-1}(\cos \frac{2\pi}{5})$.
28. Calcule $\cos^{-1}(\text{sen} \frac{4\pi}{9})$.
29. Calcule $\cos^{-1}(\text{sen} \frac{6\pi}{7})$.
30. Calcule $\text{sen}^{-1}(\cos \frac{10\pi}{9})$.
31. Calcule $\cos(\tan^{-1}(-4))$.
32. Calcule $\text{sen}(\tan^{-1}(-9))$.

PROBLEMAS

33. A função arco cosseno é uma função par, uma função ímpar ou nenhuma das duas opções?
34. A função arco seno é uma função par, uma função ímpar ou nenhuma das duas opções?
35. A função arco tangente é uma função par, uma função ímpar ou nenhuma das duas opções?
36. Demonstre que
    $$\cos(\text{sen}^{-1} t) = \sqrt{1 - t^2}$$
    sempre que $-1 \leq t \leq 1$.
37. Determine uma identidade que expresse $\text{sen}(\cos^{-1} t)$ como uma função algébrica de t.
38. Determine uma identidade que expresse $\tan(\text{sen}^{-1} t)$ como uma função algébrica de t.
39. Demonstre que
    $$\cos(\tan^{-1} t) = \frac{1}{\sqrt{1 + t^2}}$$
    para todo número t.

40 Determine uma identidade que expresse sen $(\tan^{-1} t)$ como uma função algébrica de t.

41 Explique por que
$$\cos^{-1} t = \sen^{-1}\sqrt{1-t^2}$$
sempre que $0 \le t \le 1$.

42 Explique por que
$$\cos^{-1} t = \tan^{-1} \frac{\sqrt{1-t^2}}{t}$$
sempre que $0 < t \le 1$.

43 Explique por que
$$\sen^{-1} t = \tan^{-1} \frac{t}{\sqrt{1-t^2}}$$
sempre que $-1 < t < 1$.

44 Demonstre que, se $t > 0$, então
$$\tan^{-1}\tfrac{1}{t} = \tfrac{\pi}{2} - \tan^{-1} t.$$

45 Demonstre que, se $t < 0$, então
$$\tan^{-1}\tfrac{1}{t} = -\tfrac{\pi}{2} - \tan^{-1} t.$$

46 Explique o que está errado com a "prova" a seguir de que $\theta = -\theta$:

Seja θ um ângulo qualquer. Então
$$\cos\theta = \cos(-\theta).$$
Aplique $\cos^{-1}$ a ambos os lados da equação acima, obtendo
$$\cos^{-1}(\cos\theta) = \cos^{-1}(\cos(-\theta)).$$
Como $\cos^{-1}$ é a inversa de cos, a equação acima implica que
$$\theta = -\theta.$$

SOLUÇÕES DETALHADAS *dos Exercícios Ímpares*

1 Calcule $\cos(\cos^{-1}\tfrac{1}{4})$.

SOLUÇÃO Seja $\theta = \cos^{-1}\tfrac{1}{4}$. Assim, θ é o ângulo em $[0, \pi]$ tal que $\cos\theta = \tfrac{1}{4}$. Portanto, $\cos(\cos^{-1}\tfrac{1}{4}) = \cos\theta = \tfrac{1}{4}$.

3 Calcule $\tan(\tan^{-1}(e + \pi))$.

SOLUÇÃO Seja $\theta = \tan^{-1}(e + \pi)$. Assim, θ é o ângulo em $\left(-\tfrac{\pi}{2}, \tfrac{\pi}{2}\right)$ tal que $\tan\theta = e + \pi$. Portanto, $\tan(\tan^{-1}(e + \pi)) = \tan\theta = e + \pi$.

5 Calcule $\sen^{-1}\left(\sen\tfrac{2\pi}{7}\right)$.

SOLUÇÃO Seja $\theta = \tan^{-1}(e + \pi)$. Assim, θ é o ângulo no intervalo $\left[-\tfrac{\pi}{2}, \tfrac{\pi}{2}\right]$ tal que
$$\sen\theta = \sen\tfrac{2\pi}{7}.$$
Como $-\tfrac{1}{2} \le \tfrac{2}{7} \le \tfrac{1}{2}$, vemos que $\tfrac{2\pi}{7}$ está em $\left[-\tfrac{\pi}{2}, \tfrac{\pi}{2}\right]$. Portanto, a equação acima implica que $\theta = \tfrac{2\pi}{7}$.

7 Calcule $\cos^{-1}(\cos 3\pi)$.

SOLUÇÃO Como $\cos 3\pi = -1$, vemos que
$$\cos^{-1}(\cos 3\pi) = \cos^{-1}(-1).$$
Como $\cos\pi = -1$, temos $\cos^{-1}(-1) = \pi$ (cos 3π também é igual a -1, mas $\cos^{-1}(-1)$ deve estar no intervalo $[0, \pi]$. Portanto, $\cos^{-1}(\cos 3\pi) = \pi$.

9 Calcule $\tan^{-1}(\tan\tfrac{11\pi}{5})$.

SOLUÇÃO Como $\tan^{-1}$ é a inversa de tan, pode ser tentador pensar que $\tan^{-1}(\tan\tfrac{11\pi}{5})$ seja igual a $\tfrac{11\pi}{5}$. No entanto, os valores de $\tan^{-1}$ devem estar entre $-\tfrac{\pi}{2}$ e $\tfrac{\pi}{2}$. Como $\tfrac{11\pi}{5} > \tfrac{\pi}{2}$, concluímos que $\tan^{-1}(\tan\tfrac{11\pi}{5})$ não pode ser igual a $\tfrac{11\pi}{5}$.

Observe que
$$\tan\tfrac{11\pi}{5} = \tan(2\pi + \tfrac{\pi}{5}) = \tan\tfrac{\pi}{5}.$$
Como $\tfrac{\pi}{5}$ está em $(-\tfrac{\pi}{2}, \tfrac{\pi}{2})$, temos $\tan^{-1}(\tan\tfrac{\pi}{5}) = \tfrac{\pi}{5}$. Portanto
$$\tan^{-1}(\tan\tfrac{11\pi}{5}) = \tan^{-1}(\tan\tfrac{\pi}{5}) = \tfrac{\pi}{5}.$$

11 Calcule $\sen^{-1}(\sen\tfrac{6\pi}{7})$.

SOLUÇÃO Como $\sen^{-1}$ é a inversa de sen, pode ser tentador pensar que $\sen^{-1}(\sen\tfrac{6\pi}{7})$ seja igual a $\tfrac{6\pi}{7}$. No entanto, os valores de $\sen^{-1}$ estão no intervalo $\left[-\tfrac{\pi}{2}, \tfrac{\pi}{2}\right]$. Como $\tfrac{6\pi}{7} > \tfrac{\pi}{2}$, concluímos que $\sen^{-1}(\sen\tfrac{6\pi}{7})$ não pode ser igual a $\tfrac{6\pi}{7}$.

Observe que
$$\sen\tfrac{6\pi}{7} = \sen(\pi - \tfrac{6\pi}{7}) = \sen\tfrac{\pi}{7}.$$
Como $\tfrac{\pi}{7}$ está em $\left[-\tfrac{\pi}{2}, \tfrac{\pi}{2}\right]$, temos $\sen^{-1}(\sen\tfrac{\pi}{7}) = \tfrac{\pi}{7}$. Portanto
$$\sen^{-1}(\sen\tfrac{6\pi}{7}) = \sen^{-1}(\sen\tfrac{\pi}{7}) = \tfrac{\pi}{7}.$$

13 Calcule $\cos^{-1}(\cos 40°)$.

SOLUÇÃO
$$\cos^{-1}(\cos 40°) = \cos^{-1}(\cos\tfrac{2\pi}{9}) = \tfrac{2\pi}{9}$$

Álgebra Trigonométrica e Geometria 407

15 Calcule $\tan^{-1}(\tan 340°)$.

SOLUÇÃO Observe que

$$\tan 340° = \tan(-20°) = \tan(-\tfrac{\pi}{9}).$$

Portanto

$$\tan^{-1}(\tan 340°) = \tan^{-1}(\tan(-\tfrac{\pi}{9})) = -\tfrac{\pi}{9}.$$

OBSERVAÇÃO A expressão tan 340° é reescrita acima como $\tan\left(-\tfrac{\pi}{9}\right)$ porque (1) precisamos trabalhar em radianos e (2) precisamos um ângulo no intervalo $\left(-\tfrac{\pi}{2},\tfrac{\pi}{2}\right)$ para que possamos aplicar a identidade que envolve a composição de $\tan^{-1}$ e tan.

17 Calcule $\operatorname{sen}(-\operatorname{sen}^{-1}\tfrac{3}{13})$.

SOLUÇÃO

$$\operatorname{sen}(-\operatorname{sen}^{-1}\tfrac{3}{13}) = -\operatorname{sen}(\operatorname{sen}^{-1}\tfrac{3}{13})$$
$$= -\tfrac{3}{13}$$

19 Considere que t seja tal que $\cos^{-1} t = 2$. Calcule:

(a) $\cos^{-1}(-t)$ (c) $\operatorname{sen}^{-1}(-t)$
(b) $\operatorname{sen}^{-1} t$

SOLUÇÃO

(a) $\cos^{-1}(-t) = \pi - \cos^{-1} t = \pi - 2$
(b) $\operatorname{sen}^{-1} t = \tfrac{\pi}{2} - \cos^{-1} t = \tfrac{\pi}{2} - 2$
(c) $\operatorname{sen}^{-1}(-t) = -\operatorname{sen}^{-1} t = 2 - \tfrac{\pi}{2}$

21 Considere que t seja tal que $\operatorname{sen}^{-1} t = \tfrac{3\pi}{8}$. Calcule:

(a) $\operatorname{sen}^{-1}(-t)$ (c) $\cos^{-1}(-t)$
(b) $\cos^{-1} t$

SOLUÇÃO

(a) $\operatorname{sen}^{-1}(-t) = -\operatorname{sen}^{-1} t = -\tfrac{3\pi}{8}$
(b) $\cos^{-1} t = \tfrac{\pi}{2} - \operatorname{sen}^{-1} t = \tfrac{\pi}{2} - \tfrac{3\pi}{8} = \tfrac{\pi}{8}$
(c) $\cos^{-1}(-t) = \pi - \cos^{-1} t = \pi - \tfrac{\pi}{8} = \tfrac{7\pi}{8}$

23 Calcule $\operatorname{sen}(\cos^{-1}\tfrac{1}{3})$.

SOLUÇÃO Apresentamos duas maneiras de resolver este exercício: a abordagem algébrica e a abordagem do triângulo retângulo.

Abordagem algébrica: Seja $\theta = \cos^{-1}\tfrac{1}{3}$. Assim, θ é o ângulo em $[0, \pi]$ tal que $\cos \theta = \tfrac{1}{3}$. Observe que $\operatorname{sen}\theta > 0$, pois θ está em $[0, \pi]$. Portanto

$$\operatorname{sen}(\cos^{-1}\tfrac{1}{3}) = \operatorname{sen}\theta$$
$$= \sqrt{1 - \cos^2\theta}$$
$$= \sqrt{1 - \tfrac{1}{9}}$$
$$= \sqrt{\tfrac{8}{9}}$$
$$= \tfrac{2\sqrt{2}}{3}.$$

Abordagem de triângulo retângulo: Seja $\theta = \cos^{-1}\tfrac{1}{3}$; portanto, $\cos\theta = \tfrac{1}{3}$. Como

$$\cos\theta = \frac{\text{lado adjacente}}{\text{hipotenusa}}$$

em um triângulo retângulo com um ângulo θ, a figura a seguir (que não está desenhada em escala) ilustra a situação:

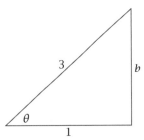

Precisamos calcular $\operatorname{sen}\theta$. Em termos da figura acima, temos

$$\operatorname{sen}\theta = \frac{\text{lado oposto}}{\text{hipotenusa}} = \frac{b}{3}.$$

Aplicando o Teorema de Pitágoras ao triângulo acima, temos $b^2 + 1 = 9$, o que implica que $b = \sqrt{8} = 2\sqrt{2}$. Assim, $\operatorname{sen}\theta = \tfrac{2\sqrt{2}}{3}$. Em outras palavras, $\operatorname{sen}(\cos^{-1}\tfrac{1}{3}) = \tfrac{2\sqrt{2}}{3}$.

25 Calcule $\tan(\cos^{-1}\tfrac{1}{3})$.

SOLUÇÃO Apresentamos duas maneiras de resolver este exercício: a abordagem algébrica e a abordagem do triângulo retângulo.

Abordagem algébrica: Do Exercício 23, já sabemos que

$$\operatorname{sen}(\cos^{-1}\tfrac{1}{3}) = \tfrac{2\sqrt{2}}{3}.$$

Portanto

$$\tan(\cos^{-1}\tfrac{1}{3}) = \frac{\operatorname{sen}(\cos^{-1}\tfrac{1}{3})}{\cos(\cos^{-1}\tfrac{1}{3})}$$
$$= \frac{\tfrac{2\sqrt{2}}{3}}{\tfrac{1}{3}}$$
$$= 2\sqrt{2}.$$

Abordagem de triângulo retângulo: Seja $\theta = \cos^{-1}\frac{1}{3}$; portanto, $\cos\theta = \frac{1}{3}$. Como

$$\cos\theta = \frac{\text{lado adjacente}}{\text{hipotenusa}}$$

em um triângulo retângulo com um ângulo θ, a figura a seguir (que não está desenhada em escala), ilustra a situação:

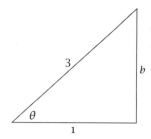

Precisamos calcular $\tan\theta$. Em termos da figura acima, temos

$$\tan\theta = \frac{\text{lado oposto}}{\text{lado adjacente}} = b.$$

Aplicando o Teorema de Pitágoras ao triângulo acima, temos $b^2 + 1 = 9$, o que implica que $b = \sqrt{8} = 2\sqrt{2}$. Assim, $\tan\theta = 2\sqrt{2}$. Em outras palavras, $\tan(\cos^{-1}\frac{1}{3}) = 2\sqrt{2}$.

27 Calcule $\operatorname{sen}^{-1}(\operatorname{sen}\frac{6\pi}{7})$.

SOLUÇÃO

$$\operatorname{sen}^{-1}(\cos\tfrac{2\pi}{5}) = \tfrac{\pi}{2} - \cos^{-1}(\cos\tfrac{2\pi}{5})$$
$$= \tfrac{\pi}{2} - \tfrac{2\pi}{5} = \tfrac{\pi}{10}$$

29 Calcule $\cos^{-1}(\operatorname{sen}\frac{6\pi}{7})$.

SOLUÇÃO

$$\cos^{-1}(\operatorname{sen}\tfrac{6\pi}{7}) = \tfrac{\pi}{2} - \operatorname{sen}^{-1}(\operatorname{sen}\tfrac{6\pi}{7})$$
$$= \tfrac{\pi}{2} - \tfrac{\pi}{7}$$
$$= \tfrac{5\pi}{14},$$

em que o valor de $\operatorname{sen}^{-1}(\operatorname{sen}\frac{6\pi}{7})$ vem da solução do Exercício 11.

31 Calcule $\cos(\tan^{-1}(-4))$.

SOLUÇÃO Apresentamos duas maneiras de resolver este exercício: a abordagem algébrica e a abordagem do triângulo retângulo.

Abordagem algébrica: Seja $\theta = \tan^{-1}(-4)$. Então θ é o ângulo em $\left(-\frac{\pi}{2}, \frac{\pi}{2}\right)$ tal que $\tan\theta = -4$. Observe que $\cos\theta > 0$, pois θ está em $\left(-\frac{\pi}{2}, \frac{\pi}{2}\right)$.

Lembre que a divisão de ambos os lados da identidade $\cos^2\theta + \operatorname{sen}^2\theta = 1$ por $\cos^2\theta$ produz a equação $1 + \tan^2\theta = \frac{1}{\cos^2\theta}$. Resolvendo a equação para $\cos\theta$, obtemos o seguinte:

$$\cos(\tan^{-1}(-4)) = \cos\theta$$
$$= \frac{1}{\sqrt{1 + \tan^2\theta}}$$
$$= \frac{1}{\sqrt{1 + (-4)^2}}$$
$$= \tfrac{1}{\sqrt{17}} = \tfrac{\sqrt{17}}{17}.$$

Abordagem de triângulo retângulo: Lados com comprimentos negativos não fazem sentido em triângulos retângulos. Portanto, primeiro usamos algumas identidades para eliminar o sinal negativo, como segue:

$$\cos(\tan^{-1}(-4)) = \cos(-\tan^{-1}4)$$
$$= \cos(\tan^{-1}4).$$

Assim, precisamos calcular $\cos(\tan^{-1}4)$.

Agora, seja $\theta = \tan^{-1}4$; portanto, $\tan\theta = 4$. Como

$$\tan\theta = \frac{\text{lado oposto}}{\text{lado adjacente}}$$

em um triângulo retângulo com um ângulo θ, a figura a seguir (que não está desenhada em escala), ilustra a situação:

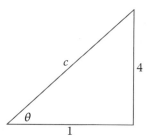

Precisamos calcular $\cos\theta$. Em termos da figura acima, temos

$$\tan\theta = \frac{\text{lado oposto}}{\text{lado adjacente}}$$

Aplicando o Teorema de Pitágoras ao triângulo acima, temos $c^2 = 1 + 16$, o que implica que $c = \sqrt{17}$. Assim, $\cos\theta = \frac{1}{\sqrt{17}} = \frac{\sqrt{17}}{17}$. Em outras palavras, $\cos(\tan^{-1}(-4)) = \frac{\sqrt{17}}{17}$.

Álgebra Trigonométrica e Geometria   409

5.3 Usando Trigonometria para Calcular Área

OBJETIVOS DE APRENDIZAGEM

Ao final desta seção, você deverá ser capaz de

- calcular a área de um triângulo dados os comprimentos de dois lados e o ângulo entre eles;
- lidar com o problema do ângulo ambíguo que surge às vezes quando se tenta determinar o ângulo entre dois lados de um triângulo ou de um paralelogramo;
- calcular a área de um paralelogramo dados os comprimentos de dois lados adjacentes e o ângulo entre eles;
- calcular a área de um polígono regular;
- usar aproximações trigonométricas.

A Área de um Triângulo via Trigonometria

Suponha que conheçamos os comprimentos de dois lados de um triângulo e o ângulo entre esses dois lados. Como podemos determinar a área do triângulo? O exemplo a seguir mostra como o conhecimento de trigonometria ajuda a resolver esse problema.

Determine a área de um triângulo que tem lados de comprimento 4 e 7 e um ângulo de 49° entre esses dois lados.

EXEMPLO 1

SOLUÇÃO   Consideremos o lado de comprimento 7 como a base do triângulo. Seja h a altura correspondente do triângulo, como mostrado aqui.

Olhando para a figura ao lado, vemos que $\operatorname{sen} 49° = \frac{h}{4}$. Resolvendo a equação para h, temos $h = 4 \operatorname{sen} 49°$. Assim, o triângulo tem área

$$\tfrac{1}{2} \cdot 7h = \tfrac{1}{2} \cdot 7 \cdot 4 \operatorname{sen} 49° = 14 \operatorname{sen} 49° \approx 10{,}566.$$

Para determinar uma fórmula para a área de um triângulo dados os comprimentos de dois lados e o ângulo entre esses dois lados, repetimos o procedimento usado no exemplo acima. Assim, considere um triângulo com lados de comprimentos b e c e ângulo θ entre esses dois lados. Consideramos que b seja a base do triângulo. Seja h a altura correspondente desse triângulo.

Olhando para a figura ao lado, vemos que $\operatorname{sen} \theta = \frac{h}{c}$. Resolvendo a equação para h, temos

$$h = c \operatorname{sen} \theta.$$

um triângulo com base b e altura h

A área do triângulo acima é $\frac{1}{2}bh$. A substituição de $c \operatorname{sen} \theta$ por h mostra que a área do triângulo é igual a $\frac{1}{2} bc \operatorname{sen} \theta$. Portanto, encontramos a fórmula que fornece a área de um triângulo em termos dos comprimentos de dois lados e do ângulo entre esses dois lados:

Área de um triângulo

Um triângulo com lados de comprimento b e c e com um ângulo θ entre estes dois lados tem área $\frac{1}{2} bc \operatorname{sen} \theta$.

Ângulos Ambíguos

Considere um triângulo com lados de comprimentos b e c, um ângulo θ entre esses lados e área A. Dados quaisquer três valores dentre b, c, θ e A, podemos usar a equação

$$A = \tfrac{1}{2} bc \operatorname{sen} \theta$$

para determinar a outra quantidade. Esse processo é, na maior parte dos casos, direto — os exercícios ao final desta seção fornecem alguma prática para esse procedimento. No entanto, uma sutileza surge quando conhecemos os comprimentos b, c e a área A e precisamos determinar o ângulo θ. Resolvendo a equação acima para sen θ, obtemos

$$\operatorname{sen} \theta = \frac{2A}{bc}.$$

Portanto, θ é um ângulo cujo seno é igual a $\frac{2A}{bc}$, o que pode fazer parecer que devemos calcular $\theta = \operatorname{sen}^{-1} \frac{2A}{bc}$. Algumas vezes isto está correto, mas nem sempre. Vamos olhar um exemplo para ver o que pode acontecer.

EXEMPLO 2 Suponha que um triângulo com área 6 tenha lados de comprimentos 3 e 8. Determine o ângulo entre esses dois lados.

SOLUÇÃO   Resolvendo a equação para sen θ como acima, temos

$$\operatorname{sen} \theta = \frac{2A}{bc} = \frac{2 \cdot 6}{3 \cdot 8} = \frac{1}{2}.$$

Agora $\operatorname{sen}^{-1} \frac{1}{2}$ é igual a $\frac{\pi}{6}$ radianos, que é igual a 30°. Portanto, nosso triângulo deveria parecer-se como esse:

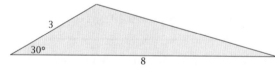

Este triângulo tem área 6.

Ambos os triângulos têm área 6 e lados de comprimento 3 e 8.

No entanto, o seno de 150° também é igual a $\frac{1}{2}$. Portanto, o triângulo a seguir com lados de comprimentos 3 e 8 também tem área 6:

Este triângulo tem área 6.

Se a única informação disponível é que o triângulo tem área 6 e lados de comprimento 3 e 8, então não há como decidir quais das duas possibilidades acima realmente representa o triângulo.

Não pense, enganosamente, que porque $\operatorname{sen}^{-1} \frac{1}{2}$ é definido como igual a $\frac{\pi}{6}$ radianos (que é igual a 30°) a solução preferencial no exemplo acima seria $\theta = 30°$. Foi definido que o arco seno de um número deve estar no intervalo $\left[-\frac{\pi}{2}, \frac{\pi}{2}\right]$ porque alguma escolha precisou ser feita para obtermos uma inversa bem definida para o seno. No entanto, lembre que, dado um número t em $[-1, 1]$, há outros ângulos além de $\operatorname{sen}^{-1} t$ cujo seno é igual a t (apesar de haver apenas um desses ângulos no intervalo $\left[-\frac{\pi}{2}, \frac{\pi}{2}\right]$).

Álgebra Trigonométrica e Geometria   411

No Exemplo 2, temos 30° e 150° como dois ângulos cujo seno é igual a $\frac{1}{2}$. De forma geral, dado qualquer número t em $[-1, 1]$ e um ângulo θ tal que sen $\theta = t$, também temos sen $(\pi - \theta) = t$. Isto decore da identidade sen $(\pi - \theta)$ = sen θ, que pode ser deduzida como segue:

$$\operatorname{sen}(\pi - \theta) = -(\operatorname{sen}(\theta - \pi))$$

$$= -(-\operatorname{sen}\theta)$$

$$= \operatorname{sen}\theta,$$

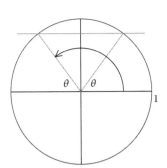

A seta mostra o ângulo $\pi - \theta$. Esta imagem dá outra prova que sen $(\pi - \theta)$ = sen θ. Os dois raios têm extremidades com a mesma segunda coordenada; logo, os ângulos correspondentes têm o mesmo seno.

em que a primeira identidade decorre de nossa identidade para o seno do negativo de um ângulo (Seção 4.6) e a segunda identidade decorre de nossa fórmula para o seno de $\theta + n\pi$, com $n = -1$ (também visto na Seção 4.6).

Trabalhando com graus em vez de radianos, o resultado do parágrafo acima deveria ser reescrito para dizer que os ângulos $\theta°$ e $(180 - \theta)°$ têm o mesmo seno.

Voltando ao exemplo acima, observe que, além de 30° e 150°, há outros ângulos cujo seno é igual a $\frac{1}{2}$. Por exemplo, $-330°$ e 390° são dois desses ângulos. Contudo, um triângulo não pode ter um ângulo negativo, e um triângulo não pode ter um ângulo maior que 180°. Portanto, nem $-330°$ nem 390° são possibilidades viáveis para o ângulo θ no triângulo em questão.

A Área de um Paralelogramo via Trigonometria

O procedimento para determinar a área de um paralelogramo, dados um ângulo do paralelogramo e os comprimentos de dois lados adjacentes, é o mesmo procedimento seguido para um triângulo. Considere um paralelogramo com lados de comprimento b e c e um ângulo θ entre esses dois lados, como mostrado aqui. Consideramos que b seja a base do paralelogramo e que h seja a altura do paralelogramo.

Olhando para a figura acima, vemos que sen $\theta = \frac{h}{c}$. Resolvendo a equação para h, temos

$$h = c \operatorname{sen} \theta.$$

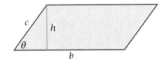

Um paralelogramo com base b e altura h.

A área do paralelogramo acima é bh. A substituição de h por c sen θ mostra que a área dessa figura é igual a bc sen θ. Assim, temos a seguinte fórmula:

Área de um paralelogramo

Um paralelogramo com lados adjacentes de comprimento b e c e ângulo θ entre esses dois lados tem área bc sen θ.

Suponha que um paralelogramo tenha lados adjacentes com comprimento b e c, um ângulo θ entre esses lados e área A. Dados quaisquer três valores dentre b, c, θ e A, podemos usar a equação

$$A = bc \operatorname{sen} \theta$$

para determinar a outra quantidade. Assim como no caso do triângulo, se conhecermos os comprimentos b e c e a área A, então existem duas possíveis escolhas para θ. Para um paralelogramo, ambas as escolhas estão corretas, como ilustrado no exemplo abaixo.

EXEMPLO 3

Um paralelogramo tem área 40 e pares de lados com comprimentos 5 e 10, como mostrado aqui. Determine o ângulo entre os lados de comprimento 5 e 10.

SOLUÇÃO   Resolvendo a fórmula acima para sen θ, temos

$$\operatorname{sen}\theta = \frac{A}{bc} = \frac{40}{5\cdot 10} = \frac{4}{5}.$$

Uma calculadora mostra que $\operatorname{sen}^{-1}\frac{4}{5} \approx 0{,}927$ radiano, que é aproximadamente $53{,}1°$. Um ângulo de $\pi - \operatorname{sen}^{-1}\frac{4}{5}$, que é aproximadamente $126{,}9°$, também tem um seno igual a $\frac{4}{5}$.

Para determinar se $\theta \approx 53{,}1°$ ou se $\theta \approx 126{,}9°$, precisamos olhar a figura aqui apresentada. Como você pode ver, dois ângulos foram identificados como θ – ambos os ângulos estão entre os lados de comprimento 5 e 10, refletindo a ambiguidade na definição do problema. Apesar de a ambiguidade fazer com que esse problema seja apresentado de maneira pouco precisa, nossa fórmula encontrou ambas as respostas possíveis.

Especificamente, se o que estava sendo buscado era o ângulo agudo θ acima (o ângulo mais à esquerda, identificado como θ), então $\theta \approx 53{,}1°$; se o que estava sendo buscado era o ângulo obtuso θ acima (o ângulo identificado como θ mais à direita), então $\theta \approx 126{,}9°$.

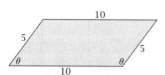

*Um ângulo θ medido em graus é **obtuso** se $90° < \theta < 180°$.*

A Área de um Polígono

Uma maneira de determinar a área de um polígono é decompor o polígono em triângulos e então calcular a soma das áreas dos triângulos. Esse procedimento funciona particularmente bem para um **polígono regular**, que é um polígono cujos lados têm, todos, o mesmo comprimento e cujos ângulos são, todos, iguais. Por exemplo, um polígono regular com quatro lados é um quadrado. Como outro exemplo, a figura abaixo mostra um octógono regular.

Um octógono regular, o qual tem 8 lados.

O exemplo a seguir ilustra o procedimento para determinar a área de um polígono regular.

EXEMPLO 4 Determine a área de um octógono regular cujos vértices são oito pontos igualmente espaçados em uma circunferência unitária.

SOLUÇÃO A figura aqui mostra como o octógono pode ser decomposto em triângulos, desenhando segmentos de reta do centro da circunferência até os vértices.

Cada triângulo mostrado aqui tem dois lados que são os raios da circunferência unitária; portanto, esses dois lados do triângulo têm, cada um, comprimento 1. O ângulo entre esses dois raios é $\frac{2\pi}{8}$ radianos (pois uma rotação em torno da circunferência unitária inteira é um ângulo de 2π radianos, e cada um dos oito triângulos tem um ângulo que ocupa um oitavo do total). Agora $\frac{2\pi}{8}$ radianos é igual a $\frac{\pi}{4}$ radianos (ou $45°$). Portanto, cada um dois oito triângulos tem área

$$\tfrac{1}{2}\cdot 1\cdot 1\cdot \operatorname{sen}\tfrac{\pi}{4},$$

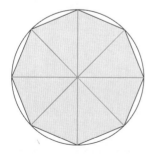

Um octógono regular inscrito em uma circunferência unitária e decomposto em 8 triângulos.

que é igual a $\frac{\sqrt{2}}{4}$. Assim, a soma das áreas dos oito triângulos é igual a $8\cdot \frac{\sqrt{2}}{4}$, que é igual a $2\sqrt{2}$. Em outras palavras, o octógono tem área $2\sqrt{2}$.

O próximo exemplo mostra como calcular a área de um polígono regular que não está inscrito na circunferência unitária.

EXEMPLO 5

Considere que a face de um *loonie*, a moeda de um dólar canadense de 11 lados, mostrada aqui e na página de abertura deste capítulo, é um polígono regular de 11 lados (isto não é totalmente verdade, pois os lados de um *loonie* são levemente curvos). A distância do centro de um *loonie* até um de seus vértices é 1,325 centímetro. Determine a área da face de um *loonie*.

SOLUÇÃO   Decomponha o polígono regular de 11 lados que representa um *loonie* em triângulos, desenhando segmentos de reta do centro até os vértices, como mostrado aqui. Cada triângulo tem dois lados de 1,325 centímetro. O ângulo entre estes dois lados é $\frac{2\pi}{11}$ radianos (porque uma rotação completa é um ângulo de 2π radianos e cada um dos 11 triângulos tem um ângulo que ocupa um onze-avos do total). Assim, cada um dos 11 triângulos tem área

$$\tfrac{1}{2} \cdot 1{,}325 \cdot 1{,}325 \cdot \operatorname{sen} \tfrac{2\pi}{11}$$

centímetros quadrados. A área do polígono com 11 lados é a soma das áreas dos 11 triângulos, que é igual a

$$11 \cdot \tfrac{1}{2} \cdot 1{,}325 \cdot 1{,}325 \cdot \operatorname{sen} \tfrac{2\pi}{11}$$

centímetros quadrados, que é aproximadamente 5,22 centímetros quadrados.

Um polígono regular de 11 lados decomposto em 11 triângulos.

A técnica para determinar a área de um polígono regular é ligeiramente diferente quando conhecemos o comprimento de cada lado em vez da distância do centro ao vértice. O próximo exemplo ilustra esse procedimento.

EXEMPLO 6

Cada lado do Pentágono, que abriga o Departamento de Defesa dos Estados Unidos, tem comprimento de 921 pés (aproximadamente 281 m). Determine a área do Pentágono.

SOLUÇÃO   Decomponha um pentágono regular que representa o Pentágono em triângulos, desenhando segmentos de reta do centro até os vértices, como mostrado aqui. Em cada triângulo, há um ângulo de $\frac{2\pi}{5}$ radianos entre os dois lados de mesmo comprimento (porque dividimos a circunferência em cinco ângulos iguais), com o lado oposto a esse ângulo tendo comprimento de 921 pés (aproximadamente 281 m).

Não sabemos a distância do centro do pentágono até um vértice. Portanto, para determinarmos a área de cada triângulo, considere o triângulo da parte de baixo do pentágono, como mostrado na figura a seguir (com uma escala diferente daquela no pentágono).

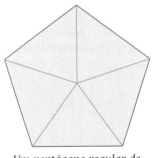

Um pentágono regular decomposto em 5 triângulos.

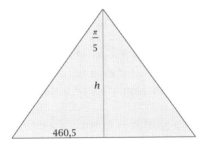

Uma perpendicular foi desenhada desde o vértice até a base. O comprimento dessa perpendicular foi identificado como h, a altura do triângulo. Como o ângulo do vértice é $\frac{2\pi}{5}$ radianos, o ângulo superior no triângulo retângulo é $\frac{\pi}{5}$ radianos, como mostrado na figura acima. Como cada lado do Pentágono tem comprimento de 921 pés (aproximadamente 281 m), o lado do triângulo retângulo oposto a este ângulo tem comprimento $\frac{921}{2}$, que é igual a 460,5, como mostrado anteriormente.

A figura anterior mostra que $\tan \frac{\pi}{5} = \frac{460,5}{h}$. Portanto

$$h = \frac{460,5}{\tan \frac{\pi}{5}}.$$

Portanto, a área (metade da base vezes altura) do triângulo maior é

$$\frac{1}{2} \cdot 921 \cdot \frac{460,5}{\tan \frac{\pi}{5}}$$

pés quadrados, que é igual a

$$\frac{212060,25}{\tan \frac{\pi}{5}}$$

pés quadrados. Assim, a área total do Pentágono é

$$5 \cdot \frac{212060,25}{\tan \frac{\pi}{5}}$$

pés quadrados, que é aproximadamente 1,46 milhão de pés quadrados (aproximadamente 0,14 milhão de metros quadrados).

Aproximações Trigonométricas

Considere a tabela a seguir que mostra sen θ e tan θ (arredondados para um número aproximado de dígitos) para alguns valores pequenos de θ:

Aqui, sen θ e tan θ são calculados considerando que θ seja um ângulo medido em radianos.

θ	sen θ	tan θ
0,5	0,48	0,55
0,05	0,04998	0,05004
0,005	0,00499998	0,00500004
0,0005	0,00049999998	0,00050000004
0,00005	0,00004999999998	0,00005000000004

Observe que sen $\theta \approx$ tan θ para os valores pequenos de θ desta tabela, com a proximidade entre sen θ e tan θ tornando-se cada vez maior à medida que θ se torna menor. Tal aproximação acontece porque $\tan \theta = \frac{\text{sen } \theta}{\cos \theta}$ e, com cos θ tornando-se próximo de 1 quando θ se aproxima de 0, temos tan $\theta \approx$ sen θ quando θ é pequeno.

A tabela acima também mostra as aproximações mais surpreendentes sen $\theta \approx \theta$ e tan $\theta \approx \theta$, novamente com tais aproximações se tornando menores à medida que θ se torna menor.

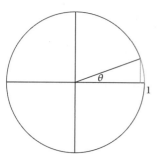

O segmento de reta vertical em cinza meio-tom tem comprimento sen θ; o arco de circunferência em cinza meio-tom tem comprimento θ. Logo, sen $\theta \approx \theta$ se θ for pequeno.

Para enxergar por que essas últimas aproximações são válidas, considere a figura aqui apresentada. Você pode querer revisar a fórmula para o comprimento de um arco circular dada na Seção 4.2. Suponha que θ é ainda menor do que o mostrado na figura. Assim, o segmento de reta em cinza meio-tom e o arco circular em cinza meio-tom têm, aproximadamente, o mesmo comprimento. Assim, sen $\theta \approx \theta$ se θ for pequeno.

As aproximações tan θ ≈ sen θ e sen θ ≈ θ, ambas válidas se θ for pequeno, agora mostram que tan θ ≈ θ se θ for pequeno. Em resumo, o parágrafo acima explica o comportamento que observamos na tabela acima. Temos o seguinte resultado:

Aproximações para sen θ e tan θ

Se |θ| é pequeno, então
$$\operatorname{sen} \theta \approx \theta \quad \text{e} \quad \tan \theta \approx \theta.$$

A interessante aproximação acima é válida apenas quando θ for medido em radianos. Esse resultado mostra, novamente, por que radianos são a unidade natural para ângulos.

Na figura usada acima, o segmento de reta vertical em cinza meio-tom é menor que o arco circular em cinza meio-tom. Assim, concluímos que sen θ < θ.

Para obter uma desigualdade envolvendo tan θ, considere a figura mostrada aqui. A região em cinza mais claro tem área $\frac{\theta}{2}$ (porque a área no interior do círculo inteiro é π e a fração da área ocupada pela região em cinza mais claro é $\frac{\theta}{2\pi}$; veja o material intitulado "Área de uma Fatia" na Seção 4.2). O segmento de reta vertical em cinza meio-tom tem comprimento tan θ. Assim, o triângulo retângulo, que tem base 1 e altura tan θ, tem área $\frac{\tan \theta}{2}$. Como a região em cinza mais claro está no interior do triângulo, $\frac{\theta}{2} < \frac{\tan \theta}{2}$. Portanto, θ < tan θ.

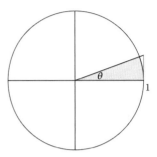

O segmento de reta vertical em cinza meio-tom tem comprimento tan θ. *A região em cinza mais claro tem área* $\frac{\theta}{2}$; *o triângulo tem área* $\frac{\tan \theta}{2}$. *Portanto,* θ < tan θ.

Reunindo as desigualdades deduzidas nos dois parágrafos anteriores, obtemos o seguinte belo resultado:

θ está entre sen θ e tan θ

Se $0 < \theta < \frac{\pi}{2}$, então
$$\operatorname{sen} \theta < \theta < \tan \theta.$$

As desigualdades acima concordam com a tabela do início desta subseção, em que vimos que sen θ é levemente menor que θ e que tan θ é levemente maior que θ para pequenos valores de θ.

Algumas vezes, o resultado do quadro acima é mais útil se for reescrito em um formato ligeiramente diferente. Para fazer isso, inicie com a desigualdade $\theta < \frac{\operatorname{sen} \theta}{\cos \theta}$, que decorre do quadro acima, pois a expressão é igual a tan θ. Multiplique ambos os lados da desigualdade por cos θ e em seguida divida ambos os lados por θ para produzir a desigualdade $\cos \theta < \frac{\operatorname{sen} \theta}{\theta}$.

A seguir, divida ambos os lados da desigualdade sen θ < θ do quadro acima por θ para produzir a desigualdade $\frac{\operatorname{sen} \theta}{\theta} < 1$.

A reunião das desigualdades dos dois parágrafos anteriores mostra que $\cos \theta < \frac{\operatorname{sen} \theta}{\theta} < 1$. Esse resultado foi obtido considerando que $0 < \theta < \frac{\pi}{2}$, mas a substituição de θ por −θ não altera cos θ nem $\frac{\operatorname{sen} \theta}{\theta}$. Portanto, temos o resultado a seguir:

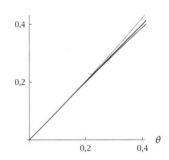

Os gráficos de sen θ *(cinza-escuro),* θ *(preto) e* tan θ *(cinza meio-tom) no intervalo* [0; 0,4]. *Essas funções são tão próximas na primeira metade desse intervalo que seus gráficos não podem ser distinguidos aqui.*

As desigualdades desta subseção valem apenas se estivermos trabalhando com radianos.

Desigualdade para $\frac{\operatorname{sen} \theta}{\theta}$

Se $0 < |\theta| < \frac{\pi}{2}$, então
$$\cos \theta < \frac{\operatorname{sen} \theta}{\theta} < 1.$$

Por exemplo, $\frac{\text{sen } 0,001}{0,001}$, *arredondado até a sétima casa decimal, é igual a* 0,9999998.

Suponha que $|\theta|$ seja pequeno. Logo, $\cos \theta$ é próximo a 1. Assim, a desigualdade no quadro acima coloca $\frac{\text{sen }\theta}{\theta}$ entre 1 e um número muito próximo de 1. Isto implica o seguinte resultado:

Aproximação de $\frac{\text{sen } \theta}{\theta}$

Se $|\theta|$ for pequeno, porém diferente de zero, então
$$\frac{\text{sen } \theta}{\theta} \approx 1.$$

Agora veremos como aproximar $\cos \theta$ para pequenos valores de θ. A chave para esse resultado é a manipulação a seguir, que nos permite usar a aproximação para $\text{sen } \theta$ que já derivamos.

Suponha que $|\theta|$ seja pequeno. Então

$$\begin{aligned}1 - \cos \theta &= (1 - \cos \theta) \cdot \frac{1 + \cos \theta}{1 + \cos \theta} \\ &= \frac{1 - \cos^2 \theta}{1 + \cos \theta} \\ &= \frac{\text{sen}^2 \theta}{1 + \cos \theta} \\ &\approx \frac{\theta^2}{1 + \cos \theta} \\ &\approx \frac{\theta^2}{2}.\end{aligned}$$

Os gráficos de $1 - \cos \theta$ *(cinza-escuro) e* $\frac{\theta^2}{2}$ *(cinza meio-tom) no intervalo* $[-0,8; 0,8]$. *Esses gráficos são tão próximos que eles mal podem ser distinguidos.*

Acabamos de mostrar que, se $|\theta|$ for pequeno, então $1 - \cos \theta \approx \frac{\theta^2}{2}$. Resolvendo a equação para $\cos \theta$, obtemos o seguinte resultado:

Aproximação de $\cos \theta$

Se $|\theta|$ for pequeno, então
$$\cos \theta \approx 1 - \frac{\theta^2}{2}.$$

Por exemplo, $\cos 0,01$, *arredondado até a décima casa decimal, é igual a* 0,9999500004. *Como* $1 - \frac{0,01^2}{2}$ *é igual a exatamente* 0,99995, *a aproximação é muito boa.*

Concluímos esta seção com um truque divertido.

EXEMPLO 7

Considere o seguinte truque:

Com uma audiência contendo pelo menos uma pessoa com uma calculadora científica, peça para todos ajustarem suas calculadoras para trabalhar em graus. Peça um número com dois dígitos antes da vírgula e dois dígitos depois da vírgula. Vamos supor que o número dado para você pela audiência tenha sido 69,23. Agora peça para o pessoal com calculadora calcular

$$\tan(\cos(\text{sen } 69{,}23°))$$

Você pode pedir para quatro pessoas diferentes informarem os quatro dígitos diferentes para que a audiência veja que não se trata de conluio.

mas para eles não dizerem o resultado. Enquanto isso, você (finge que) calcula essa quantidade de cabeça. Depois que as pessoas com calculadoras tenham tido tempo suficiente para obter a resposta, anuncie que o resultado é 0,01745 mais alguns dígitos adicionais. Peça para as pessoas com calculadora confirmarem se isso está correto e aceite aplausos por ter sido capaz de fazer este cálculo de cabeça.

(a) Como você faz esse truque?

(b) Por que esse truque funciona?

SOLUÇÃO

(a) A resposta será sempre 0,01745 mais alguns dígitos adicionais, independente da entrada original.

(b) Chame a entrada original de θ. O primeiro passo deste cálculo é obter sen θ, produzindo um número no intervalo $[-1, 1]$.

O próximo passo deste cálculo é obter cos (sen θ). No entanto, lembre que você pediu para que as calculadoras fossem ajustadas para graus. Logo, estamos avaliando o cosseno de um ângulo entre $-1°$ e $1°$. Em termos de radianos, este é um ângulo entre $-\frac{\pi}{180}$ radianos e $\frac{\pi}{180}$ radianos, os quais são números pequenos. Portanto, de acordo com nossa estimativa para cos θ quando θ é pequeno, cos (sen θ) deve diferir de 1 por, no máximo, $\frac{1}{2} \cdot \left(\frac{\pi}{180}\right)^2$, que é aproximadamente 0,00015. Como 0,00015 é um número pequeno, temos cos (sen θ) ≈ 1.

O último passo neste cálculo consiste em obter tan (cos (sen θ)). Novamente, lembre que as calculadoras estão trabalhando em graus. Portanto, o parágrafo acima mostra que o número que estamos calculando é, aproximadamente, tan $1°$. Fazendo a conversão para radianos, vemos que o número que estamos calculando é, aproximadamente, $\tan\frac{\pi}{180}$. Agora, $\frac{\pi}{180}$ é aproximadamente 0,01745, que é um número razoavelmente pequeno. Nossa estimativa para a tangente de um número pequeno agora mostra que

$$\tan(\cos(\operatorname{sen}\theta)) \approx \tan 1°$$
$$= \tan\frac{\pi}{180}$$
$$\approx \tan 0,01745$$
$$\approx 0,01745.$$

Um pouco de experimentação mostra que as estimativas acima são boas o suficiente para produzir um resultado de 0,01745 mais alguns dígitos adicionais, independentemente do ângulo original.

Algumas pessoas em sua audiência podem experimentar e descobrir que o resultado é sempre 0,01745 mais alguns dígitos adicionais. Você pode pedir a eles para tentarem descobrir por que isso acontece. Uma boa dica para dar para eles é que $\frac{\pi}{180} \approx 0,01745$.

EXERCÍCIOS

1. Determine a área de um triângulo que tem lados de comprimento 3 e 4, com um ângulo de $37°$ entre esses lados.

2. Determine a área de um triângulo que tem lados de comprimento 4 e 5, com um ângulo de $41°$ entre esses lados.

3. Determine a área de um triângulo que tem lados de comprimento 2 e 7, com um ângulo de 3 radianos entre esses lados.

4. Determine a área de um triângulo que tem lados de comprimento 5 e 6, com um ângulo de 2 radianos entre esses lados.

Para os Exercícios 5-12, use a figura a seguir (que não está desenhada em escala):

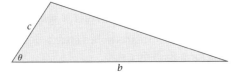

5. Determine o valor de b se $c = 3$, $\theta = 30°$ e a área do triângulo for igual a 5.

6. Determine o valor de c se $b = 5$, $\theta = 45°$ e a área do triângulo for igual a 8.

7. Determine o valor de c se $b = 7$, $\theta = \frac{\pi}{4}$ e a área do triângulo for igual a 10.

8. Determine o valor de b se $c = 9$, $\theta = \frac{\pi}{3}$ e a área do triângulo for igual a 4.

9. Determine o valor de θ (em radianos) se $b = 6$, $c = 7$, a área do triângulo for igual a 15 e $\theta < \frac{\pi}{2}$.

10. Determine o valor de θ (em radianos) se $b = 4$, $c = 5$, a área do triângulo for igual a 3 e $\theta < \frac{\pi}{2}$.

11. Determine o valor de θ (em graus) se $b = 3$, $c = 6$, a área do triângulo for igual a 5 e $\theta > 90°$.

12. Determine o valor de θ (em graus) se $b = 5$, $c = 8$, a área do triângulo for igual a 12 e $\theta > 90°$.

13. Determine a área do paralelogramo que tem pares de lados de comprimento 6 e 9, com um ângulo de 81° entre dois desses lados.

14. Determine a área do paralelogramo que tem pares de lados de comprimento 5 e 11, com um ângulo de 28° entre dois desses lados.

15. Determine a área do paralelogramo que tem pares de lados de comprimento 4 e 10, com um ângulo de $\frac{\pi}{6}$ entre dois desses lados.

16. Determine a área do paralelogramo que tem pares de lados de comprimentos 3 e 12, com um ângulo de $\frac{\pi}{3}$ entre dois desses lados.

Para os Exercícios 17-24, use a figura a seguir (que não está desenhada em escala, exceto que u é de fato um ângulo agudo e v é de fato um ângulo obtuso).

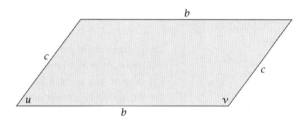

17. Determine o valor de b se $c = 4$, $v = 135°$ e a área do paralelogramo for igual a 7.

18. Determine o valor de c se $b = 6$, $v = 120°$ e a área do paralelogramo for igual a 11.

19. Determine o valor de c se $b = 10$, $u = \frac{\pi}{3}$ e a área do paralelogramo for igual a 7.

20. Determine o valor de b se $c = 5$, $u = \frac{\pi}{4}$ e a área do paralelogramo for igual a 9.

21. Determine o valor de u (em radianos) se $b = 4$, $c = 3$ e a área do paralelogramo for igual a 10.

22. Determine o valor de u (em radianos) se $b = 6$, $c = 4$ e a área do paralelogramo for igual a 19.

23. Determine o valor de v (em graus) se $b = 7$, $c = 6$ e a área do paralelogramo for igual a 31.

24. Determine o valor de v (em graus) se $b = 5$, $c = 8$ e a área do paralelogramo for igual a 12.

25. Qual é a maior área possível para um triângulo que tenha um lado de comprimento 4 e um lado de comprimento 7?

26. Qual é a maior área possível para um paralelogramo que tenha pares de lados com comprimento 5 e 9?

27. Esboce o hexágono regular cujos vértices estão na circunferência unitária, com um dos vértices no ponto (1, 0).

Um dodecágono *é um polígono de doze lados.*

28. Esboce o dodecágono regular cujos vértices estão na circunferência unitária, com um dos vértices no ponto (1, 0).

29. Determine as coordenadas de todos os seis vértices no hexágono regular cujos vértices estão na circunferência unitária, com (1, 0) como um dos vértices. Liste os vértices em ordem anti-horária começando em (1, 0).

30. Determine as coordenadas de todos os doze vértices do dodecágono regular cujos vértices estão na circunferência unitária, com (1, 0) como um dos vértices. Liste os vértices em ordem anti-horária começando em (1, 0).

31. Determine a área de um hexágono regular cujos vértices estão na circunferência unitária.

32. Determine a área de um dodecágono regular cujos vértices estão na circunferência unitária.

33. Determine o perímetro de um hexágono regular cujos vértices estão na circunferência unitária.

34. Determine o perímetro de um dodecágono regular cujos vértices estão na circunferência unitária.

35. Determine a área de um hexágono regular com lados de comprimento s.

36. Determine a área de um dodecágono regular com lados de comprimento s.

37. Determine a área de um polígono regular de 13 lados cujos vértices estão em uma circunferência de raio 4.

38. Determine a área de um polígono regular de 15 lados cujos vértices estão em uma circunferência de raio 7.

39. A moeda de um dólar na ilha do Pacífico Tuvalu é um polígono regular de 9 lados. A distância do centro da face dessa moeda até o vértice é 1,65 centímetro. Determine a área da face da moeda de um dólar de Tuvalu.

40. A moeda de 50 centavos da Grã-Bretanha é um polígono regular de 7 lados (as bordas são, na verdade, ligeiramente curvas, mas ignore essa pequena curvatura para este exercício). A distância do centro da face dessa moeda até um vértice é 1,4 centímetro. Determine a área da face de uma moeda britânica de 50 centavos.

PROBLEMAS

41. Qual é a área de um triângulo com todos os lados de comprimento r?

42. Explique por que não existe um triângulo de área 15 tendo um lado de comprimento 4 e um lado de comprimento 7.

43. Demonstre que, se um triângulo tem área A, lados de comprimento b, c e d e ângulos B, C e D, então

$$A^3 = \tfrac{1}{8} b^2 c^2 d^2 (\operatorname{sen} B)(\operatorname{sen} C)(\operatorname{sen} D).$$

[*Dica:* Escreva três fórmulas para a área A, depois multiplique essas fórmulas entre si.]

44 Considere um trapézio com bases b_1 e b_2, outro lado de comprimento c e um ângulo θ entre o lado de comprimento c e a base de comprimento b_1. Demonstre que a área do trapézio é

$$\tfrac{1}{2}(b_1 + b_2)c \operatorname{sen} \theta.$$

45 Explique por que a solução do Exercício 32 é próxima a π.

46 Use uma calculadora para avaliar numericamente a solução exata que você obteve no Exercício 34. A seguir, explique por que esse número é próximo a 2π.

47 Explique por que um polígono regular com n lados cujos vértices são n pontos igualmente espaçados na circunferência unitária tem área $\dfrac{n}{2}\operatorname{sen}\dfrac{2\pi}{n}$.

48 Explique por que o resultado apresentado no problema anterior implica

$$\operatorname{sen}\tfrac{2\pi}{n} \approx \tfrac{2\pi}{n}$$

para n inteiros positivos grandes.

49 Demonstre que cada lado de um polígono regular com n lados cujos vértices são n pontos igualmente espaçados na circunferência unitária tem comprimento

$$\sqrt{2 - 2\cos\tfrac{2\pi}{n}}.$$

50 Explique por que um polígono regular com n lados, cada um com comprimento s, tem área

$$\dfrac{n \operatorname{sen}\tfrac{2\pi}{n}}{4(1 - \cos\tfrac{2\pi}{n})} s^2.$$

51 Verifique que, para $n = 4$, a fórmula dada no problema anterior se reduz à fórmula usual para a área de um quadrado.

52 Explique por que um polígono regular com n lados cujos vértices são n pontos igualmente espaçados na circunferência unitária tem perímetro

$$n\sqrt{2 - 2\cos\tfrac{2\pi}{n}}.$$

53 Explique por que o resultado apresentado no problema anterior implica que

$$n\sqrt{2 - 2\cos\tfrac{2\pi}{n}} \approx 2\pi$$

para n inteiros positivos grandes.

54 Escolha três valores grandes para n e use uma calculadora para verificar que $n\sqrt{2 - 2\cos\tfrac{2\pi}{n}} \approx 2\pi$ para cada um desses três valores grandes de n.

55 Determine números b e c tais que um triângulo isósceles com lados de comprimento b, b e c tenha perímetro e área que sejam ambos inteiros.

56 Derivamos a desigualdade $\operatorname{sen}\theta < \theta$ usando uma figura para a qual se considerou $0 < \theta < \tfrac{\pi}{2}$. A desigualdade $\operatorname{sen}\theta < \theta$ vale para todos os valores positivos de θ?

57 Derivamos a desigualdade $\theta < \tan\theta$ usando uma figura para a qual se considerou $0 < \theta < \tfrac{\pi}{2}$. A desigualdade $\theta < \tan\theta$ vale para todos os valores positivos de θ?

58 Demonstre que, se $\theta \approx \tfrac{\pi}{2}$, então $\cos\theta \approx \tfrac{\pi}{2} - \theta$.

59 Demonstre que, se $\theta \approx \tfrac{\pi}{2}$, então $\operatorname{sen}\theta \approx 1 - \tfrac{1}{2}(\tfrac{\pi}{2} - \theta)^2$.

60 Demonstre que, se $\theta \approx \tfrac{\pi}{2}$, então $\tan\theta \approx \dfrac{1}{\tfrac{\pi}{2} - \theta}$.

61 Considere $|x|$ pequeno, porém diferente de zero. Explique por que a inclinação da reta contendo o ponto $(x, \operatorname{sen} x)$ e a origem é aproximadamente 1.

SOLUÇÕES DETALHADAS dos Exercícios Ímpares

1 Determine a área de um triângulo que tem lados de comprimento 3 e 4, com um ângulo de 37° entre esses lados.

SOLUÇÃO A área deste triângulo é igual a $\dfrac{3 \cdot 4 \cdot \operatorname{sen} 37°}{2}$, que é igual a $6 \operatorname{sen} 37°$. Uma calculadora mostra que isto é aproximadamente 3,61 (certifique-se de que sua calculadora esteja ajustada para graus, ou faça antes a conversão para radianos para fazer este cálculo).

3 Determine a área de um triângulo que tem lados de comprimento 2 e 7, com um ângulo de 3 radianos entre esses lados.

SOLUÇÃO A área desse triângulo é igual a $\dfrac{2 \cdot 7 \cdot \operatorname{sen} 3}{2}$, que é igual a $7 \operatorname{sen} 3$. Uma calculadora mostra que isto é aproximadamente 0,988 (certifique-se de que sua calculadora esteja ajustada para radianos, ou faça antes a conversão para graus para fazer este cálculo).

Para os Exercícios 5-12, use a figura a seguir (que não está desenhada em escala):

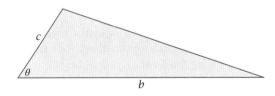

5 Determine o valor de b se $c = 3$, $\theta = 30°$ e a área do triângulo for igual a 5.

SOLUÇÃO Como a área do triângulo é igual a 5, temos

$$5 = \dfrac{bc \operatorname{sen}\theta}{2} = \dfrac{3b \operatorname{sen} 30°}{2} = \dfrac{3b}{4}.$$

Resolvendo a equação acima para b, obtemos $b = \dfrac{20}{3}$.

7 Determine o valor de c se $b = 7$, $\theta = \frac{\pi}{4}$ e a área do triângulo for igual a 10.

SOLUÇÃO Como a área do triângulo é igual a 10, temos
$$10 = \frac{bc \operatorname{sen} \theta}{2} = \frac{7c \operatorname{sen} \frac{\pi}{4}}{2} = \frac{7c}{2\sqrt{2}}.$$
Resolvendo a equação acima para c, obtemos $c = \frac{20\sqrt{2}}{7}$.

9 Determine o valor de θ (em radianos) se $b = 6$, $c = 7$, a área do triângulo for igual a 15 e $\theta < \frac{\pi}{2}$.

SOLUÇÃO Como a área do triângulo é igual a 15, temos
$$15 = \frac{bc \operatorname{sen} \theta}{2} = \frac{6 \cdot 7 \cdot \operatorname{sen} \theta}{2} = 21 \operatorname{sen} \theta.$$
Resolvendo a equação acima para sen θ, obtemos $\operatorname{sen} \theta = \frac{5}{7}$. Portanto, $\theta = \operatorname{sen}^{-1} \frac{5}{7} \approx 0{,}7956$.

11 Determine o valor de θ (em graus) se $b = 3$, $c = 6$, a área do triângulo for igual a 5 e $\theta > 90°$.

SOLUÇÃO Como a área do triângulo é igual a 5, temos
$$5 = \frac{bc \operatorname{sen} \theta}{2} = \frac{3 \cdot 6 \cdot \operatorname{sen} \theta}{2} = 9 \operatorname{sen} \theta.$$
Resolvendo a equação acima para sen θ, obtemos $\operatorname{sen} \theta = \frac{5}{9}$. Portanto, θ é igual a $\pi - \operatorname{sen}^{-1} \frac{5}{9}$ radianos. Fazendo a conversão para graus, temos
$$\theta = 180° - (\operatorname{sen}^{-1} \tfrac{5}{9}) \tfrac{180°}{\pi} \approx 146{,}25°.$$

13 Determine a área do paralelogramo que tem pares de lados de comprimento 6 e 9, com um ângulo de 81° entre dois desses lados.

SOLUÇÃO A área desse paralelogramo é igual a $6 \cdot 9 \cdot \operatorname{sen} 81°$. Uma calculadora mostra que isso é aproximadamente 53,34.

15 Determine a área do paralelogramo que tem pares de lados de comprimento 4 e 10, com um ângulo de $\frac{\pi}{6}$ entre dois desses lados.

SOLUÇÃO A área desse paralelogramo é igual a $4 \cdot 10 \cdot \operatorname{sen} \frac{\pi}{6}$, que é igual a 20.

Para os Exercícios 17-24, use a figura a seguir (que não está desenhada em escala, exceto que u é de fato um ângulo agudo e v é de fato, um ângulo obtuso).

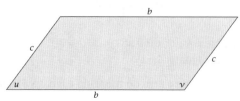

17 Determine o valor de b se $c = 4$, $v = 135°$ e a área do paralelogramo for igual a 7.

SOLUÇÃO Como a área do paralelogramo é igual a 7, temos
$$7 = bc \operatorname{sen} v = 4b \operatorname{sen} 135° = 2\sqrt{2} b.$$
Resolvendo a equação acima para b, obtemos $b = \frac{7}{2\sqrt{2}} = \frac{7\sqrt{2}}{4}$.

19 Determine o valor de c se $b = 10$, $u = \frac{\pi}{3}$ e a área do paralelogramo for igual a 7.

SOLUÇÃO Como a área do paralelogramo é igual a 7, temos
$$7 = bc \operatorname{sen} u = 10c \operatorname{sen} \tfrac{\pi}{3} = 5c\sqrt{3}.$$
Resolvendo a equação acima para d, obtemos $c = \frac{7}{5\sqrt{3}} = \frac{7\sqrt{3}}{15}$.

21 Determine o valor de u (em radianos) se $b = 4$, $c = 3$ e a área do paralelogramo for igual a 10.

SOLUÇÃO Como a área do paralelogramo é igual a 10, temos
$$10 = bc \operatorname{sen} u = 4 \cdot 3 \cdot \operatorname{sen} u = 12 \operatorname{sen} u.$$
Resolvendo a equação acima para sen u, obtemos sen $u = \frac{5}{6}$. Portanto
$$u = \operatorname{sen}^{-1} \tfrac{5}{6} \approx 0{,}9851.$$

23 Determine o valor de v (em graus) se $b = 7$, $c = 6$ e a área do paralelogramo for igual a 31.

SOLUÇÃO Como a área do paralelogramo é igual a 31, temos
$$31 = bc \operatorname{sen} v = 6 \cdot 7 \cdot \operatorname{sen} v = 42 \operatorname{sen} v.$$
Resolvendo a equação acima para sen v, obtemos sen $v = \frac{31}{42}$. Como v é um ângulo obtuso, temos $v = \pi - \operatorname{sen}^{-1} \frac{31}{42}$. Fazendo a conversão para graus, chegamos a $v = 180° - (\operatorname{sen}^{-1} \frac{31}{42}) \frac{180°}{\pi} \approx 132{.}43°$.

25 Qual é a maior área possível para um triângulo que tenha um lado de comprimento 4 e um lado de comprimento 7?

SOLUÇÃO Em um triângulo com um lado de comprimento 4 e um lado de comprimento 7, seja θ o ângulo entre esses dois lados. Portanto, a área do triângulo será igual a
$$14 \operatorname{sen} \theta.$$
Precisamos escolher θ para tornar essa área o maior possível. O maior valor possível de sen θ é 1, que ocorre quando $\theta = \frac{\pi}{2}$ (ou $\theta = 90°$, se estivermos trabalhando com graus). Portanto, escolhemos $\theta = \frac{\pi}{2}$, o que nos dá um triângulo retângulo com lados de comprimento 4 e 7 em torno do ângulo reto.

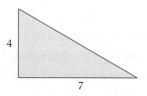

Este triângulo retângulo tem área 14, que é a maior área de qualquer triângulo com lados de comprimentos 4 e 7.

27 Esboce o hexágono regular cujos vértices estão na circunferência unitária, com um dos vértices no ponto (1, 0).

SOLUÇÃO

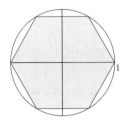

Um dodecágono é um polígono de doze lados.

29 Determine as coordenadas de todos os seis vértices no hexágono regular cujos vértices estão na circunferência unitária, com (1, 0) como um dos vértices. Liste os vértices em ordem anti-horária começando em (1, 0).

SOLUÇÃO As coordenadas dos seis vértices, listados em ordem anti-horária, iniciando em (1, 0), são $\left(\cos\frac{2\pi m}{6}, \sen\frac{2\pi m}{6}\right)$, com m variando de 0 a 5. Calculando as funções trigonométricas, obtemos a seguinte lista de coordenadas dos vértices: (1, 0), $\left(\frac{1}{2}, \frac{\sqrt{3}}{2}\right)$, $\left(-\frac{1}{2}, \frac{\sqrt{3}}{2}\right)$, (−1, 0), $\left(-\frac{1}{2}, -\frac{\sqrt{3}}{2}\right)$, $\left(\frac{1}{2}, -\frac{\sqrt{3}}{2}\right)$.

31 Determine a área de um hexágono regular cujos vértices estão na circunferência unitária.

SOLUÇÃO Decomponha o hexágono em triângulos, desenhando segmentos de reta do centro da circunferência (a origem) até os vértices. Cada triângulo tem dois lados que são raios da circunferência unitária; assim, esses dois lados do triângulo têm, cada um, comprimento 1. O ângulo entre esses dois raios é $\frac{2\pi}{6}$ radianos (porque uma rotação ao longo da circunferência inteira é um ângulo de 2π radianos e cada um dos seis triângulos tem um ângulo que ocupa um sexto do total). Agora $\frac{2\pi}{6}$ radianos é igual a $\frac{\pi}{3}$ radianos (ou 60°). Assim, cada um dos seis triângulos tem área

$$\tfrac{1}{2} \cdot 1 \cdot 1 \cdot \sen\tfrac{\pi}{3},$$

que é igual a $\frac{\sqrt{3}}{4}$. Logo, a soma das áreas dos seis triângulos é igual a $6 \cdot \frac{\sqrt{3}}{4}$, que é igual a $\frac{3\sqrt{3}}{2}$. Em outras palavras, o hexágono tem área $\frac{3\sqrt{3}}{2}$.

33 Determine o perímetro de um hexágono regular cujos vértices estão na circunferência unitária.

SOLUÇÃO Se considerarmos que um dos vértices do hexágono está no ponto (1, 0), então o próximo vértice no sentido anti-horário é o ponto $\left(\frac{1}{2}, \frac{\sqrt{3}}{2}\right)$. Portanto, o comprimento de cada lado do hexágono é igual à distância entre (1, 0) e $\left(\frac{1}{2}, \frac{\sqrt{3}}{2}\right)$, que é igual a

$$\sqrt{\left(1-\tfrac{1}{2}\right)^2 + \left(\tfrac{\sqrt{3}}{2}\right)^2},$$

que é igual a 1. O perímetro do hexágono é igual a $6 \cdot 1$, que é igual a 6.

35 Determine a área de um hexágono regular com lados de comprimento s.

SOLUÇÃO Este cálculo poderia ser feito usando a técnica mostrada no Exemplo 6. Por variedade, no entanto, outro método será demonstrado aqui.

Pelo Teorema da Dilatação da Área (Apêndice A), existe uma constante c tal que um hexágono regular com lados de comprimento s tem área cs^2. Dos Exercícios 31 e 33, sabemos que a área é igual a $\frac{3\sqrt{3}}{2}$ se $s = 1$. Assim,

$$\tfrac{3\sqrt{3}}{2} = c \cdot 1^2 = c.$$

Portanto, um hexágono regular com lados de comprimento s tem área $\frac{3\sqrt{3}}{2}s^2$.

37 Determine a área de um polígono regular de 13 lados cujos vértices estão em uma circunferência de raio 4.

SOLUÇÃO Decomponha o polígono de 13 lados em triângulos, desenhando segmentos de reta do centro da circunferência até os vértices. Cada triângulo tem dois lados que são raios da circunferência de raio 4; portanto, esses dois lados do triângulo têm, cada um, comprimento 4. O ângulo entre esses dois raios é $\frac{2\pi}{13}$ radianos (porque uma volta completa em torno da circunferência é um ângulo de 2π radianos e cada um dos 13 triângulos tem um ângulo que ocupa um treze avos do total). Portanto, cada um dos 13 triângulos tem área

$$\tfrac{1}{2} \cdot 4 \cdot 4 \cdot \sen\tfrac{2\pi}{13},$$

que é igual a $8\sen\frac{2\pi}{13}$. A área do polígono de 13 lados é a soma das áreas dos 13 triângulos, que é igual a $13 \cdot 8\sen\frac{2\pi}{13}$ que é aproximadamente 48,3.

39 A moeda de um dólar na ilha do Pacífico Tuvalu é um polígono regular de 9 lados. A distância do centro da face dessa moeda até o vértice é 1,65 centímetro. Determine a área da face da moeda de um dólar de Tuvalu.

SOLUÇÃO decomponha um polígono regular de 9 lados que representa a moeda de um dólar de Tuvalu em triângulos, desenhando segmentos de reta do centro até os vértices. Cada triângulo tem dois lados de comprimento 1,65 centímetro. O ângulo entre esses dois lados é 40° (porque uma rotação completa é um ângulo de 360° e cada um dos 9 triângulos tem um ângulo que ocupa um nono do total). Assim, cada um dos 9 triângulos tem área

$$\tfrac{1}{2} \cdot 1{,}65 \cdot 1{,}65 \cdot \sen 40°$$

centímetros quadrados. A área do polígono de 9 lados é a soma das áreas dos 9 triângulos, que é igual a $9 \cdot \tfrac{1}{2} \cdot 1{,}65 \cdot 1{,}65 \cdot \sen 40°$ centímetros quadrados, que é aproximadamente 7,875 centímetros quadrados.

5.4 A Lei dos Senos e a Lei dos Cossenos

OBJETIVOS DE APRENDIZAGEM
Ao final desta seção, você deverá ser capaz de
- determinar ângulos ou comprimentos dos lados em um triângulo usando a lei dos senos;
- determinar ângulos ou comprimentos dos lados em um triângulo usando a lei dos cossenos;
- determinar quando usar cada uma destas duas leis.

Nesta seção aprenderemos como determinar todos os ângulos e comprimentos de todos os lados de um triângulo dados apenas alguns destes dados.

A Lei dos Senos

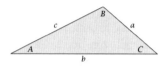

Os comprimentos dos lados do triângulo mostrado aqui são identificados como a, b e c. O ângulo oposto ao lado com comprimento a é identificado como A, o ângulo oposto ao lado com comprimento b é identificado como B e o ângulo oposto ao lado com comprimento c é identificado como C.

Sabemos da seção anterior que a área de um triângulo é igual à metade do produto dos comprimentos de quaisquer dois lados vezes o seno do ângulo entre esses dois lados. Escolhas diferentes de dois lados do triângulo conduzirão a fórmulas diferentes para a área do triângulo. Como estamos prestes a ver, igualar essas fórmulas diferentes para a área conduz a um resultado interessante.

Usando os lados de comprimento b e c, vemos que a área do triângulo é igual a

$$\tfrac{1}{2}bc \operatorname{sen} A.$$

Usando os lados com comprimento a e c, vemos que a área do triângulo é igual a

$$\tfrac{1}{2}ac \operatorname{sen} B.$$

Usando os lados com comprimento a e b, vemos que a área do triângulo é igual a

$$\tfrac{1}{2}ab \operatorname{sen} C.$$

Igualando as três fórmulas para a área do triângulo encontradas acima, obtemos

$$\tfrac{1}{2}bc \operatorname{sen} A = \tfrac{1}{2}ac \operatorname{sen} B = \tfrac{1}{2}ab \operatorname{sen} C.$$

Multiplicando todas as três expressões acima por 2 e em seguida dividindo todas as expressões por abc, chegamos ao resultado chamado de **lei dos senos**:

Lei dos senos

$$\frac{\operatorname{sen} A}{a} = \frac{\operatorname{sen} B}{b} = \frac{\operatorname{sen} C}{c}$$

em um triângulo com lados cujos comprimentos são a, b e c, com ângulos correspondentes A, B e C opostos a esses lados.

Usando a Lei dos Senos

O exemplo a seguir mostra como a lei dos senos pode ser usada para determinar os comprimentos de todos os três lados de um triângulo, dados apenas dois ângulos do triângulo e o comprimento de um lado.

EXEMPLO 1

Determine o comprimento de todos os três lados do triângulo mostrado aqui.

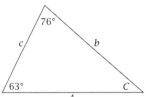

SOLUÇÃO   Aplicando a lei dos senos a esse triângulo, temos

$$\frac{\operatorname{sen} 76°}{4} = \frac{\operatorname{sen} 63°}{b}.$$

Resolvendo a equação para b, temos

$$b = 4\frac{\operatorname{sen} 63°}{\operatorname{sen} 76°} \approx 3{,}67,$$

em que o valor aproximado foi obtido com o uso de uma calculadora.

Para determinar o comprimento c, queremos aplicar a lei dos senos. Portanto, primeiro devemos encontrar o ângulo C. Temos

$$C = 180° - 63° - 76° = 41°.$$

Agora, aplicando a lei dos senos novamente ao triângulo acima, temos

$$\frac{\operatorname{sen} 76°}{4} = \frac{\operatorname{sen} 41°}{c}.$$

Resolvendo a equação para c, temos

$$c = 4\frac{\operatorname{sen} 41°}{\operatorname{sen} 76°} \approx 2{,}70.$$

Quando usamos a lei dos senos, algumas vezes surge a mesma ambiguidade que encontramos na seção anterior, como ilustrado no exemplo a seguir.

EXEMPLO 2

Determine todos os ângulos em um triângulo que tem um lado de comprimento 8, um lado de comprimento 5 e um ângulo de 30° oposto ao lado de comprimento 5.

SOLUÇÃO   Identificando o triângulo como na primeira página desta seção, temos $b = 8$, $c = 5$ e $C = 30°$. Aplicando a lei dos senos, temos

$$\frac{\operatorname{sen} B}{8} = \frac{\operatorname{sen} 30°}{5}.$$

Usando a informação que $\operatorname{sen} 30° = \frac{1}{2}$, podemos resolver a equação acima para sen B, obtendo

$$\operatorname{sen} B = \tfrac{4}{5}.$$

Agora $\operatorname{sen}^{-1} \frac{4}{5}$, quando convertido de radianos para graus, é aproximadamente 53°, o que sugere que $B \approx 53°$. No entanto, 180° menos esse ângulo também tem um seno igual a $\frac{4}{5}$, o que sugere que $B \approx 127°$.

Não há como distinguir entre essas duas escolhas, como mostrado abaixo, a menos que tenhamos alguma informação adicional (por exemplo, podemos saber que B é um ângulo obtuso e, nesse caso, escolheríamos $B \approx 127°$).

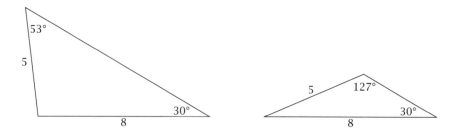

Ambos os triângulos têm um lado de comprimento 8, um lado de comprimento 5 e um ângulo de 30° oposto ao lado de comprimento 5.

Uma vez que decidimos entre as duas escolhas possíveis de aproximadamente 53° ou aproximadamente 127° para o ângulo oposto ao lado de comprimento 8, o outro ângulo no triângulo é determinado pela condição de que a soma dos ângulos em um triângulo seja igual a 180°. Portanto, se fizermos a escolha à esquerda acima, então o ângulo não identificado é de aproximadamente 97°, mas se fizermos a escolha à direita, então o ângulo não identificado é de aproximadamente 23°.

A lei dos senos não conduz a uma ambiguidade se o ângulo dado for maior que 90° (ou $\frac{\pi}{2}$ radianos), como mostrado no exemplo a seguir. Não há ambiguidade nesses casos porque um triângulo não pode ter dois ângulos maiores que 90° (ou $\frac{\pi}{2}$ radianos).

EXEMPLO 3

Determine todos os ângulos em um triângulo que tem um lado de comprimento 5, um lado de comprimento 7 e um ângulo de 100° oposto ao lado de comprimento 7.

SOLUÇÃO Identificando os ângulos do triângulo como mostrado aqui e aplicando a lei dos senos, temos

$$\frac{\operatorname{sen} B}{5} = \frac{\operatorname{sen} 100°}{7}.$$

Assim

$$\operatorname{sen} B = \frac{5 \operatorname{sen} 100°}{7} \approx 0{,}703.$$

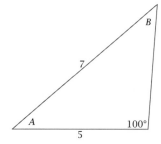

Um triângulo que tem um lado de comprimento 5, um lado de comprimento 7 e um ângulo de 100° oposto ao lado de comprimento 7 deve parecer-se com este, em que $A \approx 35{,}3°$ e $B \approx 44{,}7°$.

Agora $\operatorname{sen}^{-1} 0{,}703$, quando convertido de radianos para graus, é aproximadamente 44,7°, o que sugere que $B \approx 44{,}7°$. Observe que 180° menos esse ângulo também tem seno igual a 0,703, o que sugere que $B \approx 135{,}3°$ poderia ser outra escolha possível para B. Entretanto, essa escolha nos daria um triângulo com ângulos de 100° e 135,3°, os quais somariam mais do que 180°. Portanto, a segunda escolha não é possível. Assim, não há ambiguidade aqui – temos que ter $B \approx 44{,}7°$.

Como $180° - 100° - 44{,}7° = 35{,}3°$, o ângulo A no triângulo é aproximadamente 35,3°. Agora que conhecemos todos os três ângulos do triângulo, podemos usar a lei dos senos para determinar o comprimento do lado oposto a A.

A Lei dos Cossenos

A lei dos senos é uma ferramenta maravilhosa para determinar os comprimentos de todos os três lados de um triângulo quando conhecemos dois ângulos do triângulo (o que significa que conhecemos todos os três ângulos) e o comprimento de, pelo menos, um lado do triângulo. Além disso, se conhecermos os comprimentos de dois lados de um triângulo e um dos ângulos além do ângulo entre esses dois lados, então a lei dos senos permite-nos determinar os outros ângulos e o comprimento do outro lado, apesar de poder produzir duas escolhas possíveis em vez de uma solução única.

Entretanto, a lei dos senos não é útil se conhecermos os comprimentos de todos os três lados de um triângulo e quisermos determinar os ângulos do triângulo. De maneira semelhante, a lei dos senos não nos pode ajudar se a única informação que dispomos sobre um triângulo for o comprimento de dois lados e o ângulo entre esses lados. Felizmente, a lei dos cossenos, nosso próximo assunto, fornece as ferramentas necessárias para essas tarefas.

Considere um triângulo com lados de comprimento a, b e c e um ângulo C oposto ao lado de comprimento c, como mostrado aqui.

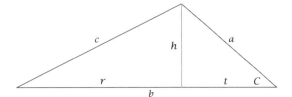

O Teorema de Pitágoras aplica-se apenas a triângulos retângulos. A lei dos cossenos é válida para todos os triângulos.

Desenhe um segmento de reta perpendicular desde o vértice oposto ao lado de comprimento b até interceptar o lado de comprimento b, como mostrado na figura acima. O comprimento desse segmento de reta é a altura do triângulo; vamos identificá-la como h. A extremidade desse segmento de reta de comprimento h divide o lado do triângulo de comprimento b em dois segmentos de reta menores, os quais foram identificados na figura acima como r e t.

O segmento de reta de comprimento h mostrado acima divide o triângulo maior original em dois triângulos retângulos menores. Olhando para o triângulo retângulo à direita, vemos que $\operatorname{sen} C = \frac{h}{a}$. Portanto

$$h = a \operatorname{sen} C.$$

Além disso, olhando para o mesmo triângulo retângulo, vemos que $\cos C = \frac{t}{a}$. Assim

$$t = a \cos C.$$

A figura acima também mostra que $r = b - t$. Usando a equação acima para t, temos que

$$r = b - a \cos C.$$

Por conveniência, redesenhamos agora a figura acima substituindo h, t e r pelos valores que acabamos de determinar para eles.

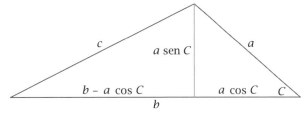

Na figura acima, considere o triângulo retângulo à esquerda. Esse triângulo retângulo tem uma hipotenusa de comprimento c e lados de comprimento $a \operatorname{sen} C$ e $b \cos C$. Pelo Teorema de Pitágoras, temos

$$c^2 = (a \operatorname{sen} C)^2 + (b - a \cos C)^2$$
$$= a^2 \operatorname{sen}^2 C + b^2 - 2ab \cos C + a^2 \cos^2 C$$
$$= a^2(\operatorname{sen}^2 C + \cos^2 C) + b^2 - 2ab \cos C$$
$$= a^2 + b^2 - 2ab \cos C.$$

Assim, acabamos de demonstrar que

$$c^2 = a^2 + b^2 - 2ab \cos C.$$

Esse resultado é chamado de **lei dos cossenos.**

> *Lei dos cossenos*
>
> $$c^2 = a^2 + b^2 - 2ab \cos C$$
>
> em um triângulo com lados cujos comprimentos sejam *a*, *b* e *c*, com um ângulo *C* oposto ao lado de comprimento *c*.

Esta reformulação nos permite usar a lei dos cossenos independentemente da identificação usada para lados e ângulos.

A lei dos cossenos pode ser reapresentada sem símbolos da seguinte forma: Em qualquer triângulo, o comprimento ao quadrado de um dos lados é igual à soma dos quadrados dos comprimentos dos outros dois lados menos duas vezes o produto desses dois comprimentos vezes o cosseno do ângulo oposto ao primeiro lado.

Considere que temos um triângulo retângulo, com hipotenusa de comprimento *c* e lados de comprimentos *a* e *b*. Nesse caso, temos $C = \frac{\pi}{2}$ (ou $C = 90°$, se quisermos trabalhar com graus). Portanto, $\cos C = 0$. Assim, a lei dos cossenos nesse caso torna-se

$$c^2 = a^2 + b^2,$$

a qual é o familiar Teorema de Pitágoras.

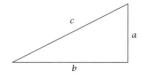

Para um triângulo retângulo, a lei dos cossenos reduz-se ao Teorema de Pitágoras.

Usando a Lei dos Cossenos

O exemplo a seguir mostra como a lei dos cossenos pode ser usada para determinar todos os três ângulos de um triângulo, dados apenas os comprimentos dos três lados. A ideia é resolver a lei dos cossenos para o cosseno de cada ângulo do triângulo. Diferentemente da situação que por vezes acontece com a lei dos senos, não haverá ambiguidade, pois não há dois ângulos entre 0 radianos e π radiano (ou entre 0° e 180°, se trabalhamos em graus) com o mesmo cosseno.

EXEMPLO 4

Determine todos os três ângulos do triângulo mostrado aqui.

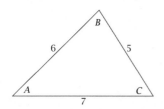

SOLUÇÃO Aqui sabemos que o triângulo tem lados de comprimentos 5, 6 e 7, mas não conhecemos nenhum dos ângulos. Os ângulos foram identificados na figura. Aplicando a lei dos cossenos, temos

$$6^2 = 5^2 + 7^2 - 2 \cdot 5 \cdot 7 \cos C.$$

Resolvendo a equação acima para $\cos C$, obtemos

$$\cos C = \tfrac{19}{35}.$$

Portanto, $C = \cos^{-1}\frac{19}{35}$, que é aproximadamente 0,997 radiano (ou, de forma equivalente, aproximadamente 57,1°).

Agora aplicamos a lei dos cossenos novamente, focando no ângulo B, obtendo

$$7^2 = 5^2 + 6^2 - 2 \cdot 5 \cdot 6 \cos B.$$

Resolvendo a equação acima para $\cos B$, temos

$$\cos B = \tfrac{1}{5}.$$

Portanto, $B = \cos^{-1}\frac{1}{5}$, que é aproximadamente 1,37 radiano (ou, de forma equivalente, aproximadamente 78,5°).

Para determinar o terceiro ângulo, A, poderíamos simplesmente subtrair de π (ou de 180°, se estivermos usando graus) a soma dos outros dois ângulos. No entanto, como um teste, para ver se não cometemos nenhum erro, vamos, em vez disso, usar novamente a lei dos cossenos, agora focando no ângulo A. Temos

$$5^2 = 7^2 + 6^2 - 2 \cdot 7 \cdot 6 \cos A.$$

Resolvendo a equação acima para $\cos A$, temos

$$\cos A = \tfrac{5}{7}.$$

Portanto, $A = \cos^{-1}\frac{5}{7}$, que é aproximadamente 0,775 radiano (ou, de forma equivalente, aproximadamente 44,4°).

Como um teste, podemos somar nossas soluções aproximadas para os ângulos (em graus). Como

$$78,5 + 57,1 + 44,4 = 180,$$

tudo deu certo.

O próximo exemplo mostra como a lei dos cossenos pode ser usada para determinar o comprimento de todos os lados de um triângulo, dados os comprimentos de dois lados e o ângulo entre eles.

Um triângulo tem lados de comprimento 5 e 3 e um ângulo de 40° entre esses dois lados. Determine o comprimento do terceiro lado do triângulo.

EXEMPLO 5

SOLUÇÃO O terceiro lado do triângulo é oposto ao ângulo de 40°. Na figura aqui apresentada, o comprimento do terceiro lado foi identificado como c.

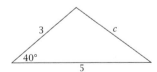

Pela lei dos cossenos, temos

$$c^2 = 3^2 + 5^2 - 2 \cdot 3 \cdot 5 \cos 40°.$$

Assim

$$c = \sqrt{34 - 30\cos 40°} \approx 3,32.$$

Quando Usar Cada Lei

Um triângulo tem três ângulos e três comprimentos de lados. Se você conhece alguns desses dados, você pode muitas vezes usar ou a lei dos senos ou a lei dos cossenos para determinar o restante dos dados sobre o triângulo. Para determinar qual das leis usar, pense em como determinar uma equação que tenha apenas uma incógnita:

- Se você conhece apenas os comprimentos dos três lados de um triângulo, então a lei dos senos não é útil porque ela envolve dois ângulos, ambos desconhecidos. Assim, se você conhece apenas os comprimentos de três lados de um triângulo, use a lei dos cossenos.

- Se você conhece apenas os comprimentos de dois lados de um triângulo e o ângulo entre eles, então qualquer uso da lei dos senos conduz a uma equação ou com um lado desconhecido ou com um ângulo desconhecido, ou então a uma equação com dois ângulos desconhecidos. De qualquer forma, com duas incógnitas você não será capaz de resolver a equação; portanto, usar a lei dos senos não é recomendável. Logo, use a lei dos cossenos, se você conhece os comprimentos de dois lados de um triângulo e o ângulo entre eles.

O termo lei *não é comum em matemática. A lei dos senos e a lei dos cossenos poderiam ter sido chamadas de* teorema dos senos *e* teorema dos cossenos.

Algumas vezes você tem dados suficientes, de forma que pode usar tanto a lei dos senos quanto a lei dos cossenos, como discutido abaixo:

- Suponha que você inicie conhecendo os comprimentos dos três lados de um triângulo. A única possibilidade, nesta situação, é usar primeiramente a lei dos cossenos para determinar um dos ângulos. Em seguida, conhecendo os comprimentos dos três lados do triângulo e um ângulo, você poderia usar ou a lei dos cossenos ou a lei dos senos para determinar outro ângulo. Contudo, a lei dos senos pode conduzir a duas escolhas para o ângulo, em vez de uma única escolha; portanto, é melhor usar a lei dos cossenos nessa situação.

- Outro caso em que você pode usar qualquer uma das leis é quando você conhece o comprimento de dois lados de um triângulo e um ângulo que não aquele entre esses dois lados. Com a notação usada no início desta seção, suponha que você conheça a, c e C. Você poderia usar ou a lei dos senos ou a lei dos cossenos para obter uma equação com apenas uma incógnita:

$$\frac{\operatorname{sen} A}{a} = \frac{\operatorname{sen} C}{c} \quad \text{ou} \quad c^2 = a^2 + b^2 - 2ab \cos C.$$

A primeira equação acima, em que A é a incógnita, pode conduzir a duas possíveis escolhas para A. De forma semelhante, para a segunda equação acima, em que b é a incógnita, precisamos usar uma fórmula quadrática para determinar b, o que pode conduzir a duas escolhas possíveis para b. Assim, ambas as leis podem resultar duas escolhas. A lei dos senos é, provavelmente, um pouco mais simples de aplicar.

O quadro adiante resume quando usar cada lei. Como sempre, é melhor que você entenda de onde essas diretrizes surgem (você poderá, então, reconstruí-las quando quiser) em vez de memorizá-las.

Quando usar cada lei

Use a lei dos cossenos se você conhece

- o comprimento de todos os lados de um triângulo;
- o comprimento de dois lados de um triângulo e o ângulo entre eles.

Use a lei dos senos se você conhece

- dois ângulos de um triângulo e o comprimento de um lado;
- o comprimento de dois lados de um triângulo e o ângulo que não aquele entre esses dois lados.

Se você conhece dois ângulos de um triângulo, então determinar o terceiro ângulo é fácil, pois a soma dos ângulos de um triângulo é igual a π radianos ou 180°.

EXEMPLO 6

Um agrimensor precisa medir a distância até um ponto de referência L no lado inacessível de um grande desfiladeiro. Postes de observação D e E, no lado acessível do desfiladeiro, estão separados por 563 metros. Do poste de observação D, o agrimensor usa um instrumento para determinar que o ângulo entre o ponto de referência – poste de observação D – poste de observação E é 84°. Do poste de observação E, o agrimensor encontra que o ângulo ponto de referência – poste de observação E – poste de observação D é 87°.

(a) Qual é a distância entre o poste de observação D e o ponto de referência L?

(b) Qual é a distância entre o poste de observação E e o ponto de referência L?

SOLUÇÃO

(a) No desenho aqui apresentado, a distância do poste de observação D até o ponto de referência L foi identificado como a. Precisamos de uma equação na qual a seja a única incógnita. A lei dos cossenos envolve todos os três comprimentos em triângulo; aqui conhecemos apenas um desses comprimentos, portanto, a lei dos cossenos terá pelo menos duas incógnitas.

Assim, precisamos usar a lei dos senos. Seja b a distância do poste de observação E até o ponto de referência L. A lei dos senos nos diz que $\frac{\operatorname{sen} 87°}{a} = \frac{\operatorname{sen} 84°}{b}$, mas essa equação tem duas incógnitas. Portanto, notamos que o terceiro ângulo no triângulo é 9° (pois 180° − 84° − 87° = 9°), como mostrado na figura. Usando a lei dos senos, temos

$$\frac{\operatorname{sen} 87°}{a} = \frac{\operatorname{sen} 9°}{563},$$

o que implica que

$$a = 563 \frac{\operatorname{sen} 87°}{\operatorname{sen} 9°} \approx 3594.$$

Assim, a distância do poste de observação D até o ponto de referência L é de aproximadamente 3594 metros.

(b) Usando o mesmo raciocínio utilizado na solução da parte (a), temos

$$b = 563 \frac{\operatorname{sen} 84°}{\operatorname{sen} 9°} \approx 3579.$$

Assim, a distância do poste de observação E até o ponto de referência L é de aproximadamente 3579 metros.

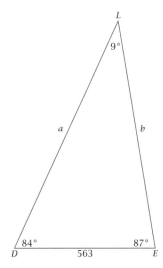

Esta figura não está desenhada em escala.

A trigonometria pode ser usada para determinar a distância entre dois objetos distantes, como mostrado no próximo exemplo.

EXEMPLO 7

Um radar em uma torre de controle de tráfego aéreo mostra que a distância de um avião que se aproxima é de 5 milhas (aproximadamente 8 km), que a distância de um avião que se afasta é de 10 milhas (aproximadamente 16 km) e que o ângulo entre o avião que se aproxima – torre – avião que se afasta é 42°. Qual a distância entre os aviões?

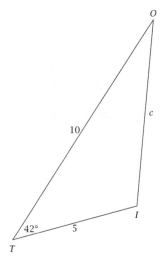

SOLUÇÃO Na figura aqui, T indica a torre de controle de tráfego aéreo, I representa o avião que se aproxima, O representa o avião que se afasta e c representa a distância entre as duas aeronaves. Usando a lei dos cossenos, temos

$$c^2 = 5^2 + 10^2 - 2 \cdot 5 \cdot 10 \cos 42°$$
$$\approx 50{,}69.$$

Dessa forma, $c \approx \sqrt{50{,}69} \approx 7{,}1$. Em outras palavras, os dois aviões estão aproximadamente 7,1 milhas distantes entre si.

EXERCÍCIOS

Nos Exercícios 1–16, use a figura a seguir (que não está desenhada em escala). Quando um exercício solicitar que você calcule um ângulo, dê respostas em radianos e em graus.

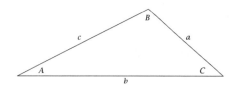

1 Suponha que $a = 6$, $B = 25°$ e $C = 40°$. Calcule:
(a) A (b) b (c) c

2 Suponha que $a = 7$, $B = 50°$ e $C = 35°$. Calcule:
(a) A (b) b (c) c

3 Suponha que $a = 6$, $A = \frac{\pi}{7}$ radianos e $B = \frac{4\pi}{7}$ radianos. Calcule:
(a) C (b) b (c) c

4 Suponha que $a = 4$, $B = \frac{2\pi}{11}$ radianos e $C = \frac{3\pi}{11}$ radianos. Calcule:
(a) A (b) b (c) c

5 Suponha que $a = 3$, $b = 5$ e $c = 6$. Calcule:
(a) A (b) B (c) C

6 Suponha que $a = 6$, $b = 6$ e $c = 7$. Calcule:
(a) A (b) B (c) C

7 Suponha que $a = 5$, $b = 6$ e $c = 9$. Calcule:
(a) A (b) B (c) C

8 Suponha que $a = 6$, $b = 7$ e $c = 8$. Calcule:
(a) A (b) B (c) C

9 Suponha que $a = 2$, $b = 3$ e $C = 37°$. Calcule:
(a) c (b) A (c) B

10 Suponha que $a = 5$, $b = 7$ e $C = 23°$. Calcule:
(a) c (b) A (c) B

11 Suponha que $a = 3$, $b = 4$ e $C = 1$ radiano. Calcule:
(a) c (b) A (c) B

12 Suponha que $a = 4$, $b = 5$ e $C = 2$ radianos. Calcule:
(a) c (b) A (c) B

13 Suponha que $a = 4$, $b = 3$ e $B = 30°$. Calcule:
(a) A (considere $A < 90°$)
(b) C
(c) c

14 Suponha que $a = 14$, $b = 13$ e $B = 60°$. Calcule:
(a) A (considere $A < 90°$)
(b) C
(c) c

15 Suponha que $a = 4$, $b = 3$ e $B = 30°$. Calcule:
(a) A (considere $A < 90°$)
(b) C
(c) c

16 Suponha que $a = 14$, $b = 13$ e $B = 60°$. Calcule:
(a) A (considere $A > 90°$)
(b) C
(c) c

17 Determine o comprimento de ambas as diagonais em um paralelogramo que tem dois lados de comprimento 4, dois lados de comprimento 7 e dois ângulos de 38°.

18 Determine o comprimento de ambas as diagonais em um paralelogramo que tem dois lados de comprimento 5, dois lados de comprimento 11 e dois ângulos de 41°.

19 Determine o ângulo entre a diagonal menor do paralelogramo no Exercício 17 e um dos lados de comprimento 4.

20 Determine o ângulo entre a diagonal menor do paralelogramo no Exercício 18 e um dos lados de comprimento 5.

21 Um agrimensor na margem sul de um rio precisa medir a distância entre um rochedo na margem sul do rio até uma árvore na margem norte. O agrimensor mede que a distância do rochedo até uma pequena colina na margem sul do rio é 413 pés (126 m). Do rochedo, o agrimensor usa um instrumento para determinar que o ângulo árvore – rochedo – colina é de 71°. Da colina, o agrimensor encontra que o ângulo árvore – colina – rochedo é de 93°.
(a) Qual é a distância do rochedo até a árvore?
(b) Qual é a distância da colina até a árvore?

22 Dois turistas com uma ferramenta de mapeamento desejam medir a distância entre o hotel deles, o Monumento de Washington e o Memorial Lincoln. Do topo do Monumento de Washington, eles encontram que o ângulo hotel – Monumento de Washington – Memorial Lincoln é de 64°. Dos degraus superiores do Memorial Lincoln, eles encontram que o ângulo hotel – Memorial Lincoln – Monumento de Washington é de 106°. Em um panfleto eles leem que a distância entre o Monumento de Washington e o Memorial Lincoln é de 1,3 quilômetro.
(a) Qual é a distância do Monumento de Washington até o hotel?
(b) Qual é a distância do Memorial Lincoln até o hotel?

23 Sirius, a estrela mais brilhante visível da Terra com exceção do nosso Sol, está a 8,6 anos-luz da Terra. Alfa Centauro, a estrela mais próxima da Terra com exceção do nosso Sol, está a 4,4 anos-luz da Terra. Se o ângulo Sirius – Terra – Alfa Centauro é de 49°, então qual a distância entre Sirius e Alfa Centauro?

24 Transmissões de rádio mostram a observadores em Houston que a Estação Espacial Internacional está a 323 milhas (aproximadamente 517 km) de distância, que a estação espacial chinesa Tiangong está a 462 milhas (aproximadamente 739 km) de distância e que o ângulo Estação Espacial Internacional – Houston – Tiangong é de 109°. Qual é a distância entre as duas estações espaciais?

PROBLEMAS

25 O famoso Edifício Flatiron, em Nova York, frequentemente aparece na cultura popular (por exemplo, no filme do *Homem-Aranha*) devido a sua forma triangular incomum. A base do Edifício Flatiron é um triângulo cujos lados têm comprimentos 190 pés (aproximadamente 58 m), 173 pés (aproximadamente 53 m) e 87 pés (aproximadamente 27 m). Determine os ângulos do Edifício Flatiron.

26 Considere um triângulo com lados de comprimento a, b e c satisfazendo a equação
$$a^2 + b^2 = c^2.$$
Demonstre que esse triângulo é um triângulo retângulo.

27 Demonstre que, em um triângulo cujos lados têm comprimentos a, b e c, o ângulo entre os lados de comprimento a e b é um ângulo agudo se e somente se
$$a^2 + b^2 > c^2.$$

28 Demonstre que
$$b = \frac{c}{\sqrt{2}\sqrt{1 - \cos\theta}}$$
em um triângulo isósceles que tem dois lados de comprimento b, um ângulo θ entre esses dois lados e um terceiro lado de comprimento c.

29 Escreva a lei dos senos no caso especial de um triângulo retângulo.

30 Demonstre como o problema anterior dá a caracterização familiar do seno de um ângulo em um triângulo retângulo como o comprimento do lado oposto dividido pelo comprimento da hipotenusa.

31 Demonstre como o Problema 29 dá a caracterização familiar da tangente de um ângulo em um triângulo retângulo como o comprimento do lado oposto dividido pelo comprimento do lado adjacente.

32 Suponha que o ponteiro dos minutos em um relógio tenha 5 polegadas de comprimento e que o ponteiro das horas tenha 3 polegadas de comprimento. Considere que o ângulo formado entre o ponteiro dos minutos e o ponteiro das horas seja de 68°.

(a) Determine a distância entre a extremidade do ponteiro dos minutos e a extremidade do ponteiro das horas usando a lei dos cossenos.

(b) Determine a distância entre a extremidade do ponteiro dos minutos e a extremidade do ponteiro das horas considerando que o centro do relógio está localizado na origem, escolhendo uma posição conveniente para o ponteiro dos minutos, e determine as coordenadas de sua extremidade, encontrando, então, as coordenadas da extremidade do ponteiro das horas em uma posição que faz um ângulo de 68° com o ponteiro dos minutos e, finalmente, usando a fórmula usual da distância para determinar a distância entre a extremidade do ponteiro dos minutos e a extremidade do ponteiro das horas.

(c) Confirme se suas respostas para as partes (a) e (b) são iguais. Qual método você achou mais fácil?

33 Em um triângulo cujos lados e ângulos são identificados como nas instruções dadas para os Exercícios 1-16, seja h a altura medida do vértice do ângulo B até o lado de comprimento b.

(a) Expresse h em termos de A e c.

(b) Expresse h em termos de C e a.

(c) Igualar os dois valores para h obtidos nas partes (a) e (b) conduz a uma equação. Qual resultado desta seção conduz à mesma equação?

34 Use a lei dos cossenos para demonstrar que, se a, b e c são o comprimento dos três lados de um triângulo, então
$$c^2 > a^2 + b^2 - 2ab.$$

35 Use o problema anterior para demonstrar que para qualquer triângulo a soma dos comprimentos de quaisquer dois lados é maior que o comprimento do terceiro lado.

36 Considere que um dos lados de um triângulo tem comprimento 5 e outro dos lados tem comprimento 8. Seja c o comprimento do terceiro lado do triângulo. Demonstre que $3 < c < 13$.

37 Suponha que você precise caminhar de um ponto P até um ponto Q. Você pode caminhar em uma reta de P até Q, ou você pode caminhar em uma reta de P até outro ponto R e depois de R até Q. Use o problema anterior para determinar qual desses caminhos é o mais curto.

38 Considere que pediram para você determinar o ângulo formado pelos lados de comprimento 2 e 3 em um triângulo cujos lados têm comprimento 2, 3 e 7.

(a) Demonstre que, nesta situação, a lei dos cossenos conduz à equação $\cos C = -3$.

(b) Não há nenhum ângulo para o qual o cosseno seja igual a -3. Portanto, a parte (a) parece conduzir a um contraexemplo da lei dos cossenos. Explique por que isso acontece aqui.

39 A lei dos cossenos é apresentada nesta seção usando o ângulo C. Usando as identificações nas instruções dadas para os Exercícios 1-16, escreva duas outras versões para a lei dos cossenos, uma envolvendo o ângulo A e outra envolvendo o ângulo B.

40 Use um dos exemplos desta seção para demonstrar que

$$\cos^{-1}\tfrac{1}{5} + \cos^{-1}\tfrac{5}{7} + \cos^{-1}\tfrac{19}{35} = \pi.$$

41 Descubra outra equação similar à dada no problema anterior escolhendo um triângulo cujos comprimentos dos lados sejam todos inteiros e usando a lei dos cossenos.

42 Demonstre que

$$a(\operatorname{sen} B - \operatorname{sen} C) + b(\operatorname{sen} C - \operatorname{sen} A) + c(\operatorname{sen} A - \operatorname{sen} B) = 0$$

em um triângulo com lados cujos comprimentos são a, b e c, com os ângulos correspondentes A, B e C opostos a esses lados.

43 Demonstre que

$$a^2 + b^2 + c^2 = 2(bc \cos A + ac \cos B + ab \cos C)$$

em um triângulo com lados cujos comprimentos são a, b e c, com os ângulos correspondentes A, B e C opostos a esses lados.

44 Demonstre que

$$c = b \cos A + a \cos B$$

em um triângulo com lados cujos comprimentos são a, b e c, com os ângulos correspondentes A, B e C opostos a esses lados.

[*Dica*: Some as equações $a^2 = b^2 + c^2 - 2bc \cos A$ e $b^2 = a^2 + c^2 - 2ac \cos B$.]

SOLUÇÕES DETALHADAS *dos Exercícios Ímpares*

Nos Exercícios 1-16, use a figura a seguir (que não está desenhada em escala). Quando um exercício solicitar que você calcule um ângulo, dê respostas em radianos e em graus.

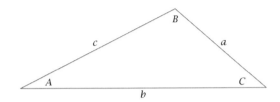

1 Suponha que $a = 6$, $B = 25°$ e $C = 40°$. Calcule:

(a) A \qquad (b) b \qquad (c) c

SOLUÇÃO

(a) Os ângulos em um triângulo somam $180°$. Portanto, $A + B + C = 180°$. Resolvendo a equação para A, temos

$$A = 180° - B - C = 180° - 25° - 40° = 115°.$$

Multiplicando isto por $\frac{\pi}{180°}$ para converter para radianos, temos

$$A = 115° = \frac{23\pi}{36} \text{ radianos} \approx 2{,}007 \text{ radianos}.$$

(b) Use a lei dos senos na forma

$$\frac{\operatorname{sen} A}{a} = \frac{\operatorname{sen} B}{b},$$

a qual, neste caso, se transforma na equação

$$\frac{\operatorname{sen} 115°}{6} = \frac{\operatorname{sen} 25°}{b}.$$

Resolva a equação acima para b, obtendo

$$b = \frac{6 \operatorname{sen} 25°}{\operatorname{sen} 115°} \approx 2{,}80.$$

(c) Use a lei dos senos na forma

$$\frac{\operatorname{sen} A}{a} = \frac{\operatorname{sen} C}{c},$$

a qual, neste caso, se transforma na equação

$$\frac{\operatorname{sen} 115°}{6} = \frac{\operatorname{sen} 40°}{c}.$$

Resolva a equação acima para c, obtendo

$$c = \frac{6 \operatorname{sen} 40°}{\operatorname{sen} 115°} \approx 4{,}26.$$

3 Suponha que $a = 6$, $A = \frac{\pi}{7}$ radianos e $B = \frac{4\pi}{7}$ radianos. Calcule:

(a) C \qquad (b) b \qquad (c) c

SOLUÇÃO

(a) Os ângulos em um triângulo somam π radianos. Assim, $A + B + C = \pi$. Resolvendo a equação para C, temos

$$C = \pi - A - B = \pi - \frac{\pi}{7} - \frac{4\pi}{7} = \frac{2\pi}{7}.$$

Multiplicando isto por $\frac{180°}{\pi}$ para converter para radianos, temos

$$C = \frac{2\pi}{7} \text{ radianos} = \frac{360°}{7}.$$

Usando uma calculadora para obter aproximações decimais, temos

$$C \approx 0{,}8976 \text{ radiano} \approx 51{,}429°.$$

(b) Use a lei dos senos na forma

$$\frac{\operatorname{sen} A}{a} = \frac{\operatorname{sen} B}{b},$$

a qual, nesta situação, se transforma na equação

$$\frac{\operatorname{sen} \frac{\pi}{7}}{6} = \frac{\operatorname{sen} \frac{4\pi}{7}}{b}.$$

Resolva a equação acima para b, obtendo

$$b = \frac{6 \operatorname{sen} \frac{4\pi}{7}}{\operatorname{sen} \frac{\pi}{7}} \approx 13{,}48.$$

(c) Use a lei dos senos na forma

$$\frac{\operatorname{sen} A}{a} = \frac{\operatorname{sen} C}{c},$$

a qual, nesta situação, se transforma na equação

$$\frac{\operatorname{sen} \frac{\pi}{7}}{6} = \frac{\operatorname{sen} \frac{2\pi}{7}}{c}.$$

Resolva a equação acima para c, obtendo

$$c = \frac{6 \operatorname{sen} \frac{2\pi}{7}}{\operatorname{sen} \frac{\pi}{7}} \approx 10{,}81.$$

5 Suponha que $a = 3$, $b = 5$ e $c = 6$. Calcule:

(a) A \qquad (b) B \qquad (c) C

SOLUÇÃO   A lei dos cossenos permite-nos encontrar os ângulos do triângulo quando conhecemos os comprimentos de todos os lados. Observe o teste feito a seguir, depois da parte (c).

(a) Para determinar A, use a lei dos cossenos na forma

$$a^2 = b^2 + c^2 - 2bc \cos A,$$

a qual, nesta situação, se transforma na equação

$$3^2 = 5^2 + 6^2 - 2 \cdot 5 \cdot 6 \cdot \cos A,$$

a qual pode ser reescrita como

$$9 = 61 - 60 \cos A.$$

Resolva a equação acima para $\cos A$, obtendo

$$\cos A = \tfrac{13}{15}.$$

Portanto, $A = \cos^{-1} \tfrac{13}{15}$. Use uma calculadora para calcular $\cos^{-1} \tfrac{13}{15}$ em radianos e, em seguida, multiplique o resultado por $\tfrac{180°}{\pi}$ para converter para graus, obtendo

$$A = \cos^{-1} \tfrac{13}{15} \approx 0{,}522 \text{ radiano} \approx 29{,}9°.$$

(b) Para determinar B, use a lei dos cossenos na forma

$$b^2 = a^2 + c^2 - 2ac \cos B,$$

a qual, nesta situação, se transforma na equação

$$25 = 45 - 36 \cos B.$$

Resolva a equação acima para $\cos B$, obtendo

$$\cos B = \tfrac{5}{9}.$$

Portanto, $B = \cos^{-1} \tfrac{5}{9}$. Use uma calculadora para calcular $\cos^{-1} \tfrac{5}{9}$ em radianos e, em seguida, multiplique o resultado por $\tfrac{180°}{\pi}$ para converter para graus, obtendo

$$B = \cos^{-1} \tfrac{5}{9} \approx 0{,}982 \text{ radiano} \approx 56{,}3°.$$

(c) Para determinar C, use a lei dos cossenos na forma

$$c^2 = a^2 + b^2 - 2ab \cos C,$$

a qual, nesta situação, se transforma na equação

$$36 = 34 - 30 \cos C.$$

Resolva a equação acima para $\cos C$, obtendo

$$\cos C = -\tfrac{1}{15}.$$

Portanto, $C = \cos^{-1}(-\tfrac{1}{15})$. Use uma calculadora para calcular $\cos^{-1}(-\tfrac{1}{15})$ em radianos e, em seguida, multiplique o resultado por $\tfrac{180°}{\pi}$ para converter para graus, obtendo

$$C = \cos^{-1}(-\tfrac{1}{15}) \approx 1{,}638 \text{ radiano} \approx 93{,}8°.$$

TESTE Os ângulos em um triângulo somam 180°. Portanto, podemos testar para ver se cometemos algum erro, conferindo se nossos valores para A, B e C somam 180°:

$$A + B + C \approx 29{,}9° + 56{,}3° + 93{,}8° = 180{,}0°.$$

Como a soma acima é igual a 180,0°, este teste não revelou nenhum problema. Se a soma tivesse diferido de 180,0° por mais do que 0,1° (uma pequena diferença pode surgir devido aos valores aproximados utilizados em vez de valores exatos), então saberíamos que cometemos algum erro.

7 Suponha que $a = 5$, $b = 6$ e $c = 9$. Calcule:

(a) A (b) B (c) C

SOLUÇÃO A lei dos cossenos permite-nos encontrar os ângulos do triângulo quando conhecemos os comprimentos de todos os lados. Observe o teste feito a seguir, depois da parte (c).

(a) Para determinar A, use a lei dos cossenos na forma

$$a^2 = b^2 + c^2 - 2bc \cos A,$$

a qual, nesta situação, se transforma na equação

$$5^2 = 6^2 + 9^2 - 2 \cdot 6 \cdot 9 \cdot \cos A,$$

que pode ser reescrita como

$$25 = 117 - 108 \cos A.$$

Resolva a equação acima para $\cos A$, obtendo

$$\cos A = \tfrac{23}{27}.$$

Portanto, $A = \cos^{-1} \tfrac{23}{27}$. Use uma calculadora para calcular $\cos^{-1} \tfrac{23}{27}$ em radianos e, em seguida, multiplique o resultado por $\tfrac{180°}{\pi}$ para converter para graus, obtendo

$$A = \cos^{-1} \tfrac{23}{27} \approx 0{,}551 \text{ radiano} \approx 31{,}6°.$$

(b) Para determinar B, use a lei dos cossenos na forma

$$b^2 = a^2 + c^2 - 2ac \cos B,$$

a qual, nesta situação, se transforma na equação

$$36 = 106 - 90 \cos B.$$

Resolva a equação acima para $\cos B$, obtendo

$$\cos B = \tfrac{7}{9}.$$

Portanto, $B = \cos^{-1} \tfrac{7}{9}$. Use uma calculadora para calcular $\cos^{-1} \tfrac{7}{9}$ em radianos e, em seguida, multiplique o resultado por $\tfrac{180°}{\pi}$ para converter para graus, obtendo

$$B = \cos^{-1} \tfrac{7}{9} \approx 0{,}680 \text{ radiano} \approx 38{,}9°.$$

(c) Para determinar C, use a lei dos cossenos na forma

$$c^2 = a^2 + b^2 - 2ab \cos C,$$

a qual, nesta situação, se transforma na equação

$$81 = 61 - 60 \cos C.$$

Resolva a equação acima para $\cos C$, obtendo

$$\cos C = -\tfrac{1}{3}.$$

Portanto, $C = \cos^{-1}(-\tfrac{1}{3})$. Use uma calculadora para calcular $\cos^{-1}(-\tfrac{1}{3})$ em radianos e, em seguida, multiplique o resultado por $\tfrac{180°}{\pi}$ para converter para graus, obtendo

$$C = \cos^{-1}(-\tfrac{1}{3}) \approx 1{,}911 \text{ radiano} \approx 109{,}5°.$$

TESTE Os ângulos em um triângulo somam 180°. Portanto, podemos testar para ver se cometemos algum erro, conferindo se nossos valores para A, B e C somam 180°:

$$A + B + C \approx 31{,}6° + 38{,}9° + 109{,}5° = 180{,}0°.$$

Como a soma acima é igual a 180,0°, este teste não revelou nenhum problema. Se a soma tivesse diferido de 180,0° por mais do que 0,1° (uma pequena diferença pode surgir devido aos valores aproximados utilizados em vez de valores exatos), então saberíamos que cometemos algum erro.

9 Suponha que $a = 2$, $b = 3$ e $C = 37°$. Calcule:

(a) c   (b) A   (c) B

SOLUÇÃO Observe o teste feito depois da parte (c).

(a) Para determinar c, use a lei dos cossenos na forma

$$c^2 = a^2 + b^2 - 2ab \cos C,$$

a qual, nesta situação, se transforma na equação

$$c^2 = 2^2 + 3^2 - 2 \cdot 2 \cdot 3 \cdot \cos 37°,$$

que pode ser reescrita como

$$c^2 = 13 - 12 \cos 37°.$$

Assim

$$c = \sqrt{13 - 12 \cos 37°} \approx 1{,}848.$$

(b) Para determinar A, use a lei dos cossenos na forma

$$a^2 = b^2 + c^2 - 2bc \cos A,$$

a qual, nesta situação, se transforma na equação aproximada

$$4 \approx 12{,}415 - 11{,}088 \cos A,$$

em que temos uma aproximação, em vez de uma igualdade exata, porque usamos um valor aproximado para c. Resolva a equação acima para $\cos A$, obtendo

$$\cos A \approx 0{,}7589.$$

Portanto, $A \approx \cos^{-1} 0{,}7589$. Use uma calculadora para calcular $\cos^{-1} 0{,}7589$ em radianos e, em seguida, multiplique o resultado por $\tfrac{180°}{\pi}$ para converter para graus, obtendo

$$A \approx \cos^{-1} 0{,}7589 \approx 0{,}7092 \text{ radiano} \approx 40{,}6°.$$

(c) Os ângulos em um triângulo somam 180°. Portanto, $A + B + C = 180°$. Resolvendo a equação para B, temos

$$B = 180° - A - C \approx 180° - 40{,}6° - 37° = 102{,}4°.$$

Multiplicando isto por $\tfrac{\pi}{180°}$ para converter para radianos, temos

$$B \approx 102{,}4° \approx 1{,}787 \text{ radiano}.$$

TESTE Verificaremos nossos resultados calculando B com um método diferente. Especificamente, usaremos a lei dos cossenos em vez do método simples usado na parte (c).

Usamos a lei dos cossenos na forma

$$b^2 = a^2 + c^2 - 2ac \cos B,$$

a qual, nesta situação, se transforma na equação aproximada

$$9 \approx 7{,}4151 - 7{,}392 \cos B,$$

em que temos uma aproximação, em vez de uma igualdade exata, porque usamos o valor aproximado de 1,848 para c. Resolva a equação acima para $\cos B$, obtendo

$$\cos B \approx -0{,}2144.$$

Portanto, $B \approx \cos^{-1}(-0{,}2144)$. Use uma calculadora para calcular $\cos^{-1}(-0{,}2144)$ em radianos e, em seguida, multiplique o resultado por $\tfrac{180°}{\pi}$ para converter para graus, obtendo

$$B \approx \cos^{-1}(-0{,}2144) \approx 1{,}787 \text{ radiano} \approx 102{,}4°.$$

Na parte (c) acima, também obtemos um valor de 102,4° para B. Assim, este teste não revelou nenhum problema. Se os dois métodos para calcular B tivessem produzido resultados diferentes por mais de 0,1° (uma pequena diferença pode surgir devido ao uso de valores aproximados em vez de valores exatos), então saberíamos que cometemos algum erro.

11 Suponha que $a = 3$, $b = 4$ e $C = 1$ radiano. Calcule:

(a) c   (b) A   (c) B

SOLUÇÃO Observe o teste feito depois da parte (c).

(a) Para determinar c, use a lei dos cossenos na forma

$$c^2 = a^2 + b^2 - 2ab \cos C,$$

a qual, nesta situação, se transforma na equação

$$c^2 = 3^2 + 4^2 - 2 \cdot 3 \cdot 4 \cdot \cos 1,$$

a qual pode ser reescrita como

$$c^2 = 25 - 24 \cos 1.$$

Assim

$$c = \sqrt{25 - 24 \cos 1} \approx 3{,}469.$$

(b) Para determinar A, use a lei dos cossenos na forma

$$a^2 = b^2 + c^2 - 2bc \cos A,$$

a qual, nesta situação, se transforma na equação aproximada

$$9 \approx 28{,}034 - 27{,}752 \cos A,$$

em que temos uma aproximação em vez de uma igualdade exata porque usamos um valor aproximado para c. Resolva a equação acima para cos A, obtendo

$$\cos A \approx 0{,}6859.$$

Portanto, $A \approx \cos^{-1} 0{,}6859$. Use uma calculadora para calcular $\cos^{-1} 0{,}6859$ em radianos e, em seguida, multiplique o resultado por $\frac{180°}{\pi}$ para converter para graus, obtendo

$$A \approx \cos^{-1} 0{,}6859 \approx 0{,}8150 \text{ radiano} \approx 46{,}7°.$$

(c) Os ângulos em um triângulo somam π radianos. Portanto, $A + B + C = \pi$. Resolvendo a equação para B, temos

$$B = \pi - A - C \approx \pi - 0{,}8150 - 1 \approx 1{,}3266.$$

Multiplicando isto por $\frac{180°}{\pi}$ para converter para radianos, chega-se a

$$B \approx 1{,}3266 \text{ radiano} \approx 76{,}0°.$$

TESTE Verificaremos nossos resultados calculando B com um método diferente. Especificamente, usaremos a lei dos cossenos em vez do método simples usado na parte (c).

Usamos a lei dos cossenos na forma

$$b^2 = a^2 + c^2 - 2ac \cos B,$$

a qual, nesta situação, se transforma na equação aproximada

$$16 \approx 21{,}034 - 20{,}814 \cos B,$$

em que temos uma aproximação, em vez de uma igualdade exata, porque usamos o valor aproximado de 3,469 para c. Resolva a equação acima para cos B, obtendo

$$\cos B \approx 0{,}2419.$$

Portanto, $B \approx \cos^{-1} 0{,}2419$. Use uma calculadora para calcular $\cos^{-1} 0{,}2419$ em radianos, obtendo

$$B \approx \cos^{-1} 0{,}2419 \approx 1{,}3265 \text{ radiano}.$$

Na parte (c) acima, também obtemos um valor de 1,3266 radiano para B. Portanto, os dois métodos para calcular B diferem por, apenas, 0,0001 radiano. Essa pequena diferença é muito provavelmente devida ao uso de valores aproximados em vez de valores exatos. Assim, este teste não revelou nenhum problema.

13 Suponha que $a = 4$, $b = 3$ e $B = 30°$. Calcule:

(a) A (considere $A < 90°$)

(b) C

(c) c

SOLUÇÃO

(a) Use a lei dos senos na forma

$$\frac{\operatorname{sen} A}{a} = \frac{\operatorname{sen} B}{b},$$

a qual, nesta situação, se transforma na equação

$$\frac{\operatorname{sen} A}{4} = \frac{\frac{1}{2}}{3}.$$

Resolva a equação acima para sen A, obtendo

$$\operatorname{sen} A = \frac{2}{3}.$$

A condição de que $A < 90°$ agora implica que

$$A = \operatorname{sen}^{-1} \tfrac{2}{3} \approx 0{,}7297 \text{ radiano} \approx 41{,}8°.$$

(b) Os ângulos em um triângulo somam 180°. Portanto, $A + B + C = 180°$. Resolvendo a equação para C, temos

$$C = 180° - A - B \approx 180° - 41{,}8° - 30° = 108{,}2°.$$

Multiplicando isto por $\frac{\pi}{180°}$ para converter para radianos, chega-se a

$$C \approx 108{,}2° \approx 1{,}888 \text{ radiano}.$$

(c) Use a lei dos senos na forma

$$\frac{\operatorname{sen} A}{a} = \frac{\operatorname{sen} C}{c},$$

a qual, nesta situação, se transforma na equação

$$\frac{\frac{2}{3}}{4} \approx \frac{\operatorname{sen} 108{,}2°}{c},$$

em que temos uma aproximação, em vez de uma igualdade exata, porque usamos um valor aproximado de 108,2° para C (nossa solução na parte (a) mostrou que sen A tem o valor exato $\frac{2}{3}$; assim, o lado esquerdo acima não é uma aproximação). Resolvendo a equação acima para c, obtemos

$$c \approx 5{,}70.$$

15 Suponha que $a = 4$, $b = 3$ e $B = 30°$. Calcule:

(a) A (considere $A < 90°$)

(b) C

(c) c

SOLUÇÃO

(a) Use a lei dos senos na forma

$$\frac{\operatorname{sen} A}{a} = \frac{\operatorname{sen} B}{b},$$

a qual, nesta situação, se transforma na equação

$$\frac{\operatorname{sen} A}{4} = \frac{\frac{1}{2}}{3}.$$

Resolva a equação acima para sen A, obtendo

$$\operatorname{sen} A = \tfrac{2}{3}.$$

A condição que $A > 90°$ agora implica que

$$A = \pi - \operatorname{sen}^{-1} \tfrac{2}{3} \approx 2{,}4119 \text{ radianos} \approx 138{,}2°.$$

(b) Os ângulos em um triângulo somam 180°. Portanto, $A + B + C = 180°$. Resolvendo a equação para C, temos

$$C = 180° - A - B \approx 180° - 138{,}2° - 30° = 11{,}8°.$$

Multiplicando isto por $\frac{\pi}{180°}$ para converter para radianos conduz a

$$C \approx 11{,}8° \approx 0{,}206 \text{ radiano}.$$

(c) Use a lei dos senos na forma

$$\frac{\operatorname{sen} A}{a} = \frac{\operatorname{sen} C}{c},$$

a qual, nesta situação, se transforma na equação

$$\frac{\frac{2}{3}}{4} \approx \frac{\operatorname{sen} 11{,}8°}{c},$$

em que temos uma aproximação, em vez de uma igualdade exata, porque usamos um valor aproximado de 11,8° para C (nossa solução na parte (a) mostrou que sen A tem o valor exato $\tfrac{2}{3}$; assim, o lado esquerdo acima não é uma aproximação). Resolvendo a equação acima para c, obtemos

$$c \approx 1{,}23.$$

17 Determine os comprimentos de ambas as diagonais em um paralelogramo que tem dois lados de comprimento 4, dois lados de comprimento 7 e dois ângulos de 38°.

SOLUÇÃO A diagonal oposta aos ângulos de 38° é o terceiro lado de um triângulo que tem um lado de comprimento 4, um lado de comprimento 7 e um ângulo de 38° entre esses dois lados. Seja c o comprimento dessa diagonal. Assim, pela lei dos cossenos, temos

$$c^2 = 4^2 + 7^2 - 2 \cdot 4 \cdot 7 \cos 38°$$
$$= 65 - 56 \cos 38°$$
$$\approx 20{,}87.$$

Portanto, $c \approx \sqrt{20{,}87} \approx 4{,}57$.

O paralelogramo tem dois ângulos de 38°; assim, os outros dois ângulos do paralelogramo devem ter 142° (porque todos os quatro ângulos do paralelogramo somam 360°). A diagonal oposta aos ângulos de 142° é o terceiro lado de um triângulo que tem um lado de comprimento 4, um lado de comprimento 7 e um ângulo de 142° entre esses dois lados. Seja d o comprimento dessa diagonal. Assim, pela lei dos cossenos, temos

$$d^2 = 4^2 + 7^2 - 2 \cdot 4 \cdot 7 \cos 142°$$
$$= 65 - 56 \cos 142°$$
$$\approx 109{,}13.$$

Portanto, $d \approx \sqrt{109{,}13} \approx 10{,}45$.

19 Determine o ângulo entre a diagonal menor do paralelogramo no Exercício 17 e um dos lados de comprimento 4.

SOLUÇÃO Temos informação suficiente para usar tanto a lei dos senos quanto a lei dos cossenos. Entretanto, para evitar a ambiguidade que pode surgir do uso da lei dos senos para calcular um ângulo, usaremos a lei dos cossenos.

Seja A o ângulo entre a diagonal menor (que tem comprimento de, aproximadamente, 4,57) e o lado do paralelogramo de comprimento 4. Pela lei dos cossenos, temos

$$\cos A \approx \frac{4^2 + 4{,}57^2 - 7^2}{2 \cdot 4 \cdot 4{,}57}$$
$$\approx -0{,}331.$$

Portanto, $A \approx \cos^{-1}(-0{,}331) \approx 1{,}91$. Assim, o ângulo em questão é de aproximadamente 1,91 radiano, que é aproximadamente 109°.

21 Um agrimensor na margem sul de um rio precisa medir a distância entre um rochedo na margem sul do rio até uma árvore na margem norte. O agrimensor mede que a distância do rochedo até uma pequena colina na margem sul do rio é 413 pés (aproximadamente 126 m). Do rochedo, o agrimensor usa um instrumento para determinar que o ângulo árvore - rochedo - colina é de 71°. Da colina, o agrimensor encontra que o ângulo árvore - colina - rochedo é de 93°.

(a) Qual é a distância do rochedo até a árvore?

(b) Qual é a distância da colina até a árvore?

SOLUÇÃO

Seja B o rochedo, T a árvore e H a colina. Seja a a distância do rochedo até a árvore e c a distância da colina até a árvore. Assim, temos a figura aqui apresentada. Como os ângulos em um triângulo somam 180°, o ângulo do triângulo no vértice T é 180° − (71° + 93°), que é igual a 16°.

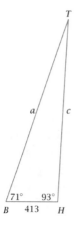

(a) Usando a lei dos senos, temos

$$\frac{\text{sen } 93°}{a} = \frac{\text{sen } 16°}{413}.$$

Assim

$$a = 413 \frac{\text{sen } 93°}{\text{sen } 16°}$$

pés, que é aproximadamente 1496,3 pés (aproximadamente 456,4 m).

(b) Usando a lei dos senos, temos

$$\frac{\text{sen } 71°}{c} = \frac{\text{sen } 16°}{413}$$

Assim

$$c = 413 \frac{\text{sen } 71°}{\text{sen } 16°}$$

pés, que é aproximadamente 1416,7 pés (aproximadamente 432,1 m).

23 Sirius, a estrela mais brilhante visível da Terra com exceção do nosso Sol, está a 8,6 anos-luz da Terra. Alfa Centauro, a estrela mais próxima da Terra com exceção do nosso Sol, está a 4,4 anos-luz da Terra. Se o ângulo Sirius - Terra - Alfa Centauro é de 49°, então qual a distância entre Sirius e Alfa Centauro?

SOLUÇÃO Na figura aqui apresentada, E representa a Terra, S representa Sirius, A representa Alfa Centauro e c representa a distância entre as duas estrelas.

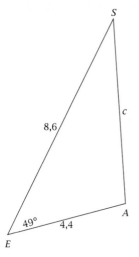

Usando a lei dos cossenos, temos

$$c^2 = 4{,}4^2 + 8{,}6^2 - 2 \cdot 4{,}4 \cdot 8{,}6 \cos 49°$$

$$\approx 43{,}67.$$

Portanto, $c \approx \sqrt{40{,}67} \approx 6{,}6$. Em outras palavras, as duas estrelas estão separadas por aproximadamente 6,6 anos-luz.

5.5 Fórmulas para o Dobro do Ângulo e a Metade do Ângulo

OBJETIVOS DE APRENDIZAGEM

Ao final desta seção, você deverá ser capaz de

- calcular cos (2θ), sen (2θ) e tan (2θ) com base nos valores de cos θ, sen θ e tan θ;
- calcular cos $\frac{\theta}{2}$, sen $\frac{\theta}{2}$ e tan $\frac{\theta}{2}$ com base nos valores de cos θ, sen θ e tan θ.

Como os valores de cos (2θ), sen (2θ) e tan (2θ) estão relacionados com os valores de cos θ, sen θ e tan θ? E os valores de cos $\frac{\theta}{2}$, sen $\frac{\theta}{2}$ e tan $\frac{\theta}{2}$? Nesta seção, veremos como responder a essas questões. Começamos com as fórmulas para o dobro do ângulo envolvendo 2θ, em seguida, usamos essas fórmulas para determinar as fórmulas para a metade do ângulo, envolvendo $\frac{\theta}{2}$.

O Cosseno de 2θ

Considere que $0 < \theta < \frac{\pi}{2}$ e considere um triângulo retângulo com uma hipotenusa de comprimento 1 e um ângulo de θ radianos. O outro ângulo nesse triângulo será $\frac{\pi}{2} - \theta$ radianos. O lado oposto ao ângulo θ tem comprimento sen θ, como mostrado a seguir (o lado não identificado do triângulo tem comprimento cos θ, mas esse lado não nos interessa agora):

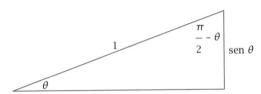

Gire o triângulo acima em torno do lado horizontal, produzindo outro triângulo com uma hipotenusa de comprimento 1 e ângulos de θ e $\frac{\pi}{2} - \theta$ radianos, como mostrado a seguir:

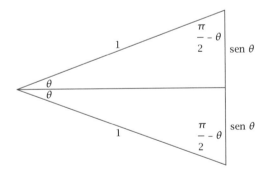

O triângulo formado pelos lados externos é um triângulo isósceles com dois lados de comprimento 1 e um ângulo de 2θ entre esses dois lados.

Agora, considere o triângulo isósceles formado pela união dos dois triângulos retângulos. Dois lados desse triângulo têm comprimento 1. Como pode ser visto na figura acima, o ângulo entre esses dois lados é 2θ. Como também pode ser visto na figura acima, o lado oposto a esse ângulo tem comprimento 2 sen θ. Portanto, a aplicação da lei dos cossenos a esse triângulo isósceles conduz a

$$(2 \operatorname{sen} \theta)^2 = 1^2 + 1^2 - 2 \cdot 1 \cdot 1 \cdot \cos(2\theta).$$

Reescreva a última equação como

$$4\operatorname{sen}^2\theta = 2 - 2\cos(2\theta).$$

Resolvendo a equação para $\cos(2\theta)$, chega-se à equação

$$\cos(2\theta) = 1 - 2\operatorname{sen}^2\theta.$$

Acabamos de determinar uma fórmula para $\cos(2\theta)$ em termos de $\operatorname{sen}\theta$. Às vezes precisamos de uma fórmula expressando $\cos(2\theta)$ em termos de $\cos\theta$. Para obter tal fórmula, substitua $\operatorname{sen}^2\theta$ por $1 - \cos^2\theta$ na equação acima, obtendo

$$\cos(2\theta) = 2\cos^2\theta - 1.$$

Ainda outra fórmula para $\cos(2\theta)$ surge se substituímos 1, na fórmula acima, por $\cos^2\theta + \operatorname{sen}^2\theta$, obtendo

$$\cos(2\theta) = \cos^2\theta - \operatorname{sen}^2\theta.$$

Assim, encontramos três fórmulas para $\cos(2\theta)$, as quais são reunidas abaixo:

Nunca cometa o erro de pensar que $\cos(2\theta)$ é igual a $2\cos\theta$.

Fórmulas para o dobro do ângulo para cosseno

$$\cos(2\theta) = 1 - 2\operatorname{sen}^2\theta = 2\cos^2\theta - 1 = \cos^2\theta - \operatorname{sen}^2\theta$$

Na prática, use a mais conveniente dessas três fórmulas, como mostrado no próximo exemplo.

EXEMPLO 1   Considere que θ seja um ângulo tal que $\cos\theta = \frac{3}{4}$. Calcule $\cos(2\theta)$.

SOLUÇÃO   Como sabemos o valor de $\cos\theta$, usamos a segunda das fórmulas dadas acima para $\cos(2\theta)$.

$$\cos(2\theta) = 2\cos^2\theta - 1 = 2\left(\tfrac{3}{4}\right)^2 - 1 = 2\cdot\tfrac{9}{16} - 1 = \tfrac{9}{8} - 1 = \tfrac{1}{8}.$$

O Seno de 2θ

Para determinar uma fórmula para $\operatorname{sen}(2\theta)$, aplicaremos a lei dos senos ao triângulo isósceles na última figura acima. Como já observamos, esse triângulo tem um ângulo de 2θ, com um lado de comprimento $2\operatorname{sen}\theta$ oposto a esse ângulo. O ângulo superior no triângulo isósceles é $\frac{\pi}{2}-\theta$ radianos, com um lado de comprimento 1 oposto a esse ângulo. A lei dos senos agora nos diz que

$$\frac{\operatorname{sen}(2\theta)}{2\operatorname{sen}\theta} = \frac{\operatorname{sen}(\frac{\pi}{2} - \theta)}{1}.$$

Lembre-se de que $\operatorname{sen}\left(\frac{\pi}{2} - \theta\right) = \cos\theta$ (veja a Seção 4.6). Assim, a equação acima pode ser reescrita como

$$\frac{\operatorname{sen}(2\theta)}{2\operatorname{sen}\theta} = \cos\theta.$$

Resolvendo a equação para sen (2θ), chega-se à seguinte fórmula:

> **Fórmula para o dobro do ângulo para seno**
>
> $$\operatorname{sen}(2\theta) = 2\cos\theta \operatorname{sen}\theta$$

Expressões como cos θ sen θ devem ser interpretadas como (cos θ)(sen θ), não cos(θ sen θ).

A Tangente de 2θ

Agora que já encontramos fórmulas para cos (2θ) e sen (2θ), podemos determinar uma fórmula para tan (2θ) da maneira que comumente escrevemos a tangente, como a razão entre um seno e um cosseno. Ao fazer isso, achamos mais conveniente usar a última das três fórmulas que encontramos para cos (2θ). Especificamente, temos

$$\tan(2\theta) = \frac{\operatorname{sen}(2\theta)}{\cos(2\theta)}$$
$$= \frac{2\cos\theta \operatorname{sen}\theta}{\cos^2\theta - \operatorname{sen}^2\theta}.$$

Na última expressão, divida o numerador e o denominador por $\cos^2\theta$, obtendo

$$\tan(2\theta) = \frac{2\frac{\operatorname{sen}\theta}{\cos\theta}}{1 - \frac{\operatorname{sen}^2\theta}{\cos^2\theta}}.$$

Agora substitua $\frac{\operatorname{sen}\theta}{\cos\theta}$ acima por $\tan\theta$, obtendo a bela fórmula a seguir:

> **Fórmula para o dobro do ângulo para tangente**
>
> $$\tan(2\theta) = \frac{2\tan\theta}{1 - \tan^2\theta}$$

Considere que θ seja um ângulo tal que tan θ = 5. Calcule tan (2θ).

EXEMPLO 2

SOLUÇÃO   Como tan θ = 5, a fórmula acima diz que

$$\tan(2\theta) = \frac{2 \cdot 5}{1 - 5^2} = -\frac{10}{24} = -\frac{5}{12}.$$

Derivamos fórmulas para o dobro do ângulo para o cosseno, o seno e a tangente, iniciando com a figura na primeira página desta seção. Aquela figura considera que θ está entre 0 e $\frac{\pi}{2}$. Na verdade, essas fórmulas para o dobro do ângulo são válidas para todos os valores de θ, exceto que, na fórmula para tan (2θ), devemos excluir os valores de θ para os quais tan θ ou tan (2θ) sejam indefinidas.

O Cosseno e o Seno de $\frac{\theta}{2}$

Agora estamos prontos para determinar fórmulas para a metade de um ângulo, de forma a calcular $\cos \frac{\theta}{2}$ e $\operatorname{sen} \frac{\theta}{2}$. Começamos com a fórmula para o dobro do ângulo:

$$\cos(2\theta) = 2\cos^2\theta - 1.$$

Essa fórmula nos permite determinar o valor de cos (2θ), se conhecemos o valor de cos θ. Se, ao contrário, iniciarmos conhecendo o valor de cos (2θ), então a equação acima poderia ser resolvida para cos θ. O exemplo a seguir ilustra esse procedimento.

EXEMPLO 3

Determine uma expressão exata para cos 15°.

SOLUÇÃO Sabemos que $\cos 30° = \frac{\sqrt{3}}{2}$. Queremos determinar o cosseno da metade de 30°. Assim, escolhemos θ = 15° na identidade acima, obtendo

$$\cos 30° = 2\cos^2 15° - 1.$$

Nessa equação, substitua cos 30° por esse valor, obtendo

$$\tfrac{\sqrt{3}}{2} = 2\cos^2 15° - 1.$$

Esse valor de cos 15° (ou $\cos \frac{\pi}{12}$, se usarmos radianos) foi usado nos exercícios nas Seções 4.4 e 4.6.

Agora, resolva a equação acima para cos 15°, obtendo

$$\cos 15° = \sqrt{\frac{1 + \frac{\sqrt{3}}{2}}{2}} = \sqrt{\frac{(1 + \frac{\sqrt{3}}{2}) \cdot 2}{2 \cdot 2}} = \frac{\sqrt{2 + \sqrt{3}}}{2}.$$

OBSERVAÇÃO Na primeira igualdade da última linha acima, escolhemos a raiz positiva porque sabemos que cos 15° é positivo.

Para determinar uma fórmula geral para $\cos \frac{\theta}{2}$ em termos de cos θ, vamos desenvolver o procedimento seguido no exemplo acima. A ideia chave é que podemos substituir qualquer valor de θ na identidade

$$\cos(2\theta) = 2\cos^2\theta - 1,$$

desde que façamos a mesma substituição em ambos os lados da equação. Queremos determinar uma fórmula para $\cos \frac{\theta}{2}$. Assim, substituímos θ por $\frac{\theta}{2}$ em ambos os lados da equação acima, obtendo

$$\cos\theta = 2\cos^2\tfrac{\theta}{2} - 1.$$

Agora, resolva a equação para $\cos \frac{\theta}{2}$, obtendo a seguinte fórmula para a metade do ângulo:

Nunca cometa o erro de pensar que $\cos \frac{\theta}{2}$ é igual a $\frac{\cos \theta}{2}$.

Fórmula para o cosseno da metade do ângulo

$$\cos \tfrac{\theta}{2} = \pm\sqrt{\frac{1 + \cos\theta}{2}}$$

A escolha do sinal de mais ou de menos na fórmula acima depende do conhecimento sobre o sinal de $\cos\frac{\theta}{2}$. Por exemplo, se $0 < \theta < \pi$, então $0 < \frac{\theta}{2} < \frac{\pi}{2}$, o que implica que $\cos\frac{\theta}{2}$ é positivo (então escolheríamos o sinal de mais na fórmula acima). Como outro exemplo, se $\pi < \theta < 3\pi$, então $\frac{\pi}{2} < \frac{\theta}{2} < \frac{3\pi}{2}$, o que implica que $\cos\frac{\theta}{2}$ é negativo (então escolheríamos o sinal de menos na fórmula acima).

Para determinar uma fórmula para $\text{sen}\frac{\theta}{2}$, começamos com a fórmula para o dobro do ângulo

$$\cos(2\theta) = 1 - 2\,\text{sen}^2\theta.$$

Na identidade acima, substitua θ por $\frac{\theta}{2}$ em ambos os lados da equação, obtendo

$$\cos\theta = 1 - 2\,\text{sen}^2\tfrac{\theta}{2}.$$

Agora resolva a equação para $\text{sen}\frac{\theta}{2}$, obtendo a seguinte fórmula para a metade do ângulo:

Fórmula para o seno da metade do ângulo

$$\text{sen}\tfrac{\theta}{2} = \pm\sqrt{\frac{1-\cos\theta}{2}}$$

A escolha do sinal de mais ou de menos na fórmula acima depende do conhecimento sobre o sinal de $\text{sen}\frac{\theta}{2}$. Os exemplos a seguir ilustram esse procedimento.

EXEMPLO 4

Determine uma expressão exata para $\text{sen}\frac{\pi}{8}$.

SOLUÇÃO   Já sabemos como calcular $\text{sen}\frac{\pi}{4}$. Assim, escolhemos $\theta = \frac{\pi}{4}$ na fórmula para o seno da metade do ângulo, obtendo

$$\text{sen}\tfrac{\pi}{8} = \sqrt{\frac{1-\cos\frac{\pi}{4}}{2}} = \sqrt{\frac{1-\frac{\sqrt{2}}{2}}{2}} = \sqrt{\frac{2-\sqrt{2}}{4}} = \frac{\sqrt{2-\sqrt{2}}}{2}.$$

Na primeira igualdade acima, escolhemos o sinal de mais na fórmula para a metade do ângulo porque sabemos que $\text{sen}\frac{\pi}{8}$ é positivo.

Esse valor de $\text{sen}\frac{\pi}{8}$ (ou sen 22,5°, se trabalharmos em graus) foi usado nos exercícios nas Seções 4.4 e 4.6.

O próximo exemplo mostra que às vezes o sinal de menos deve ser escolhido quando usamos a fórmula para a metade do ângulo.

EXEMPLO 5

Considere $-\frac{\pi}{2} < \theta < 0$ e $\cos\theta = \frac{2}{3}$. Calcule $\text{sen}\frac{\theta}{2}$.

SOLUÇÃO   Como $-\frac{\pi}{4} < \frac{\theta}{2} < 0$, vemos que $\text{sen}\frac{\theta}{2} < 0$. Portanto, precisamos escolher o sinal negativo na identidade acima. Assim, temos

$$\text{sen}\tfrac{\theta}{2} = -\sqrt{\frac{1-\cos\theta}{2}} = -\sqrt{\frac{1-\frac{2}{3}}{2}} = -\sqrt{\frac{1}{6}} = -\frac{\sqrt{6}}{6}.$$

A Tangente de $\frac{\theta}{2}$

Começamos com a equação

$$\tan\theta = \frac{\operatorname{sen}\theta}{\cos\theta}.$$

uma fórmula para $\tan\frac{\theta}{2}$ poderia ser encontrada escrevendo $\tan\frac{\theta}{2}$ como a razão entre $\operatorname{sen}\frac{\theta}{2}$ e $\cos\frac{\theta}{2}$ e, então, usando a fórmula para cosseno e seno da metade de um ângulo. Entretanto, o processo utilizado aqui conduz a uma fórmula mais simples.

Como procuramos por uma fórmula envolvendo sen (2θ), multiplicamos o numerador e o denominador acima por $2\cos\theta$, obtendo

$$\tan\theta = \frac{\operatorname{sen}\theta}{\cos\theta} = \frac{2\cos\theta\operatorname{sen}\theta}{2\cos^2\theta}.$$

O numerador do último termo acima é igual a sen (2θ). Além disso, a identidade cos $(2\theta) = 2\cos^2\theta - 1$ mostra que o denominador do último termo acima é igual a $1 + \cos(2\theta)$. Fazendo essas substituições na equação acima, obtemos

$$\tan\theta = \frac{\operatorname{sen}(2\theta)}{1+\cos(2\theta)}.$$

Na equação acima, substitua θ por $\frac{\theta}{2}$ em ambos os lados da equação, obtendo a fórmula para a metade do ângulo

$$\tan\tfrac{\theta}{2} = \frac{\operatorname{sen}\theta}{1+\cos\theta}.$$

Essa fórmula é válida para todos os valores de θ, exceto múltiplos ímpares de π (pois precisamos excluir os casos em que $\cos\theta = -1$ para evitar a divisão por 0).

Para determinar outra fórmula para $\tan\frac{\theta}{2}$, observe que

$$\frac{\operatorname{sen}\theta}{1+\cos\theta} = \frac{\operatorname{sen}\theta}{1+\cos\theta} \cdot \frac{1-\cos\theta}{1-\cos\theta}$$

$$= \frac{(\operatorname{sen}\theta)(1-\cos\theta)}{1-\cos^2\theta}$$

$$= \frac{(\operatorname{sen}\theta)(1-\cos\theta)}{\operatorname{sen}^2\theta}$$

$$= \frac{1-\cos\theta}{\operatorname{sen}\theta}.$$

Assim, nossa identidade acima para $\tan\frac{\theta}{2}$ pode ser reescrita para dar a fórmula para a metade do ângulo

Essa fórmula é válida sempre que $\operatorname{sen}\theta \neq 0$.

$$\tan\tfrac{\theta}{2} = \frac{1-\cos\theta}{\operatorname{sen}\theta}.$$

Por conveniência, coletamos agora as fórmulas para a tangente da metade do ângulo.

Fórmulas para a tangente da metade do ângulo

$$\tan\tfrac{\theta}{2} = \frac{1-\cos\theta}{\operatorname{sen}\theta} = \frac{\operatorname{sen}\theta}{1+\cos\theta}$$

Demonstre que $\tan \frac{\pi}{8} = \sqrt{2} - 1$.

EXEMPLO 6

SOLUÇÃO Usando a fórmula para a metade do ângulo para $\tan \frac{\theta}{2}$ com $\theta = \frac{\pi}{4}$, temos

$$\tan \frac{\pi}{8} = \frac{1 - \cos \frac{\pi}{4}}{\operatorname{sen} \frac{\pi}{4}}$$

$$= \frac{1 - \frac{\sqrt{2}}{2}}{\frac{\sqrt{2}}{2}}$$

$$= \left(1 - \frac{\sqrt{2}}{2}\right) \frac{2}{\sqrt{2}}$$

$$= \frac{2}{\sqrt{2}} - 1$$

$$= \sqrt{2} - 1.$$

EXERCÍCIOS

Os próximos dois exercícios enfatizam que $\cos(2\theta)$ não é igual a $2\cos\theta$.

1 Para $\theta = 23°$, calcule o seguinte:
  (a) $\cos(2\theta)$ (b) $2\cos\theta$

2 Para $\theta = 7$ radianos, calcule o seguinte:
  (a) $\cos(2\theta)$ (b) $2\cos\theta$

Os próximos dois exercícios enfatizam que $\operatorname{sen}(2\theta)$ não é igual a $2\operatorname{sen}\theta$.

3 Para $\theta = -5$ radianos, calcule o seguinte:
  (a) $\operatorname{sen}(2\theta)$ (b) $2\operatorname{sen}\theta$

4 Para $\theta = 100°$, calcule o seguinte:
  (a) $\operatorname{sen}(2\theta)$ (b) $2\operatorname{sen}\theta$

Os próximos dois exercícios enfatizam que $\cos\frac{\theta}{2}$ não é igual a $\frac{\cos\theta}{2}$.

5 Para $\theta = 6$ radianos, calcule o seguinte:
  (a) $\cos\frac{\theta}{2}$ (b) $\frac{\cos\theta}{2}$

6 Para $\theta = -80°$, calcule o seguinte:
  (a) $\cos\frac{\theta}{2}$ (b) $\frac{\cos\theta}{2}$

Os próximos dois exercícios enfatizam que $\operatorname{sen}\frac{\theta}{2}$ não é igual a $\frac{\operatorname{sen}\theta}{2}$.

7 Para $\theta = 65°$, calcule o seguinte:
  (a) $\operatorname{sen}\frac{\theta}{2}$ (b) $\frac{\operatorname{sen}\theta}{2}$

8 Para $\theta = 9$ radianos, calcule o seguinte:
  (a) $\operatorname{sen}\frac{\theta}{2}$ (b) $\frac{\operatorname{sen}\theta}{2}$

9 Dado $\operatorname{sen} 18° = \frac{\sqrt{5}-1}{4}$, determine uma expressão exata para $\cos 36°$.

[*O valor usado aqui para* $\operatorname{sen} 18°$ *é deduzido no Problema 102 desta seção.*]

10 Dado $\operatorname{sen} \frac{3\pi}{10} = \frac{\sqrt{5}+1}{4}$, determine uma expressão exata para $\cos \frac{3\pi}{5}$.

[*O Problema 71 pede para você explicar como o valor para* $\operatorname{sen} \frac{3\pi}{10}$ *usado aqui decorre da solução do Exercício 9.*]

Para os Exercícios 11-26, calcule as quantidades dadas considerando que u e v estão, ambos, no intervalo $\left(0, \frac{\pi}{2}\right)$ e

$$\cos u = \frac{1}{3} \quad e \quad \operatorname{sen} v = \frac{1}{4}.$$

11 $\operatorname{sen} u$ **17** $\operatorname{sen}(2u)$ **23** $\operatorname{sen}\frac{u}{2}$
12 $\cos v$ **18** $\operatorname{sen}(2v)$ **24** $\operatorname{sen}\frac{v}{2}$
13 $\tan u$ **19** $\tan(2u)$ **25** $\tan\frac{u}{2}$
14 $\tan v$ **20** $\tan(2v)$ **26** $\tan\frac{v}{2}$
15 $\cos(2u)$ **21** $\cos\frac{u}{2}$
16 $\cos(2v)$ **22** $\cos\frac{v}{2}$

Para os Exercícios 27-42, calcule as quantidades dadas considerando que u e v estão, ambos, no intervalo $\left(\frac{\pi}{2}, \pi\right)$ e

$$\operatorname{sen} u = \frac{1}{5} \quad e \quad \operatorname{sen} v = \frac{1}{6}.$$

27 $\cos u$ **33** $\operatorname{sen}(2u)$ **39** $\operatorname{sen}\frac{u}{2}$
28 $\cos v$ **34** $\operatorname{sen}(2v)$ **40** $\operatorname{sen}\frac{v}{2}$
29 $\tan u$ **35** $\tan(2u)$ **41** $\tan\frac{u}{2}$
30 $\tan v$ **36** $\tan(2v)$ **42** $\tan\frac{v}{2}$
31 $\cos(2u)$ **37** $\cos\frac{u}{2}$
32 $\cos(2v)$ **38** $\cos\frac{v}{2}$

Para os Exercícios 43-58, calcule as quantidades dadas considerando que u e v estão, ambos, no intervalo $\left(-\frac{\pi}{2}, 0\right)$ e

$$\tan u = -\frac{1}{7} \quad e \quad \tan v = -\frac{1}{8}.$$

43 $\cos u$
44 $\cos v$
45 $\operatorname{sen} u$
46 $\operatorname{sen} v$
47 $\cos(2u)$
48 $\cos(2v)$
49 $\operatorname{sen}(2u)$
50 $\operatorname{sen}(2v)$
51 $\tan(2u)$
52 $\tan(2v)$
53 $\cos \frac{u}{2}$
54 $\cos \frac{v}{2}$
55 $\operatorname{sen} \frac{u}{2}$
56 $\operatorname{sen} \frac{v}{2}$
57 $\tan \frac{u}{2}$
58 $\tan \frac{v}{2}$

59 Considere $0 < \theta < \frac{\pi}{2}$ e sen $\theta = 0{,}4$.

(a) Sem usar a fórmula para o dobro do ângulo, calcule sen (2θ), encontrando θ por meio de uma função trigonométrica inversa.

(b) Sem usar uma função trigonométrica inversa, calcule sen (2θ) novamente, usando uma fórmula para o dobro do ângulo.

[*Suas soluções para (a) e (b), que foram obtidas por métodos diferentes, devem ser as mesmas, apesar de poderem diferir por uma pequena quantidade devido ao uso de aproximações em vez de quantidades exatas.*]

60 Considere $0 < \theta < \frac{\pi}{2}$ e sen $\theta = 0{,}2$.

(a) Sem usar a fórmula para o dobro do ângulo, calcule sen (2θ), encontrando θ por meio de uma função trigonométrica inversa.

(b) Sem usar uma função trigonométrica inversa, calcule sen (2θ) novamente, usando uma fórmula para o dobro do ângulo.

61 Considere $-\frac{\pi}{2} < \theta < 0$ e cos $\theta = 0{,}3$.

(a) Sem usar a fórmula para o dobro do ângulo, calcule cos (2θ), encontrando θ por meio de uma função trigonométrica inversa.

(b) Sem usar uma função trigonométrica inversa, calcule cos (2θ) novamente, usando uma fórmula para o dobro do ângulo.

62 Considere $-\frac{\pi}{2} < \theta < 0$ e cos $\theta = 0{,}8$.

(a) Sem usar a fórmula para o dobro do ângulo, calcule cos (2θ), encontrando θ por meio de uma função trigonométrica inversa.

(b) Sem usar uma função trigonométrica inversa, calcule cos (2θ) novamente, usando uma fórmula para o dobro do ângulo.

63 Determine uma expressão exata para sen $15°$.

64 Determine uma expressão exata para cos $22{,}5°$.

65 Determine uma expressão exata para sen $\frac{\pi}{24}$.

66 Determine uma expressão exata para cos $\frac{\pi}{16}$.

67 Determine uma fórmula para sen (4θ) em termos de cos θ e sen θ.

68 Determine uma fórmula para cos (4θ) em termos de cos θ.

69 Determine constantes a, b e c tais que

$$\cos^4 \theta = a + b\cos(2\theta) + c\cos(4\theta)$$

para todo θ.

70 Determine constantes a, b e c tais que

$$\operatorname{sen}^4 \theta = a + b\cos(2\theta) + c\cos(4\theta)$$

para todo θ.

PROBLEMAS

71 Explique como a equação sen $\frac{3\pi}{10} = \frac{\sqrt{5}+1}{4}$ decorre da solução do Exercício 9.

72 Demonstre que

$$(\cos x + \operatorname{sen} x)^2 = 1 + \operatorname{sen}(2x)$$

para todo número x.

73 Demonstre que

$$|\cos x + \operatorname{sen} x| \leq \sqrt{2}$$

para todo número x.
[*Dica:* Use o resultado do problema anterior.]

74 Demonstre que

$$\cos(2\theta) \leq \cos^2 \theta$$

para todo ângulo θ.

75 Demonstre que

$$|\operatorname{sen}(2\theta)| \leq 2|\operatorname{sen} \theta|$$

para todo ângulo θ.

76 Não cometa o erro de pensar que

$$\frac{\operatorname{sen}(2\theta)}{2} = \operatorname{sen} \theta$$

é uma identidade válida. Apesar de a equação acima ser falsa em geral, ela é verdadeira para alguns valores especiais de θ. Determine todos os valores de θ que satisfazem a equação acima.

77. Explique por que não existe um ângulo θ tal que $\cos\theta\,\text{sen}\,\theta = \frac{2}{3}$.

78. Demonstre que
$$|\cos\theta\,\text{sen}\,\theta| \leq \tfrac{1}{2}$$
para todo ângulo θ.

79. Não cometa o erro de pensar que
$$\frac{\cos(2\theta)}{2} = \cos\theta$$
é uma identidade válida.
   (a) Demonstre que a equação acima é falsa sempre que $0 < \theta < \frac{\pi}{2}$.
   (b) Demonstre que existe um ângulo θ no intervalo $\left(\frac{\pi}{2}, \pi\right)$ que satisfaz a equação acima.

80. Sem fazer nenhuma manipulação algébrica, explique por que
$$(2\cos^2\theta - 1)^2 + (2\cos\theta\,\text{sen}\,\theta)^2 = 1$$
para todo ângulo θ.

81. Determine ângulos u e v tais que $\cos(2u) = \cos(2v)$, mas $\cos u \neq \cos v$.

82. Demonstre que, se $\cos(2u) = \cos(2v)$, então $|\cos u| = |\cos v|$.

83. Determine ângulos u e v tais que $\text{sen}(2u) = \text{sen}(2v)$, mas $|\text{sen}\,u| = |\text{sen}\,v|$.

84. Demonstre que
$$\text{sen}^2(2\theta) = 4(\text{sen}^2\theta - \text{sen}^4\theta)$$
para todo θ.

85. Determine uma fórmula que expresse $\text{sen}^2(2\theta)$ apenas em termos de $\cos\theta$.

86. Demonstre que
$$(\cos\theta + \text{sen}\,\theta)^2(\cos\theta - \text{sen}\,\theta)^2 + \text{sen}^2(2\theta) = 1$$
para todos os ângulos θ.

87. Considere que θ não seja um inteiro múltiplo de π. Explique por que o ponto $(1, 2\cos\theta)$ está na reta que contém o ponto $(\text{sen}\,\theta, \text{sen}(2\theta))$ e a origem.

88. Demonstre que
$$\tan^2(2x) = \frac{4(\cos^2 x - \cos^4 x)}{(2\cos^2 x - 1)^2}$$
para todos os números x exceto os múltiplos ímpares de $\frac{\pi}{4}$.

89. Determine uma fórmula que expresse $\tan^2(2\theta)$ apenas em termos de $\text{sen}\,\theta$.

90. Determine todos os números t tais que
$$\frac{\cos^{-1} t}{2} = \text{sen}^{-1} t.$$

91. Determine todos os números t tais que
$$\cos^{-1} t = \frac{\text{sen}^{-1} t}{2}.$$

92. Demonstre que
$$\tan\tfrac{\theta}{2} = \pm\sqrt{\frac{1 - \cos\theta}{1 + \cos\theta}}$$
para todo θ, exceto múltiplos ímpares de π.

93. Determine uma fórmula que expresse $\tan\frac{\theta}{2}$ apenas em termos de $\tan\theta$.

94. Considere que θ seja um ângulo tal que $\cos\theta$ é racional. Explique por que $\cos(2\theta)$ é racional.

95. Dê um exemplo de um ângulo θ tal que $\text{sen}\,\theta$ seja racional, mas $\text{sen}(2\theta)$ seja irracional.

96. Dê um exemplo de um ângulo θ tal que $\text{sen}\,\theta$ e $\text{sen}(2\theta)$ sejam racionais

Os problemas 97-102 conduzirão você a descobrir uma expressão exata para o valor de sen 18°. *Por conveniência, ao longo desses problemas seja*
$$t = \text{sen}\,18°.$$

97. Usando uma fórmula para o dobro do ângulo, demonstre que $\cos 36° = 1 - 2t^2$.

98. Usando uma fórmula para o dobro do ângulo e o problema anterior, demonstre que
$$\cos 72° = 8t^4 - 8t^2 + 1.$$

99. Explique por que $\text{sen}\,18° = \cos 72°$. Em seguida, usando o problema anterior, explique por que
$$8t^4 - 8t^2 - t + 1 = 0.$$

100. Verifique que
$$8t^4 - 8t^2 - t + 1 = (t - 1)(2t + 1)(4t^2 + 2t - 1).$$

101. Explique por que os dois problemas anteriores implicam que
$$t = 1, \quad t = -\frac{1}{2}, \quad t = \frac{-\sqrt{5} - 1}{4} \quad \text{ou} \quad t = \frac{\sqrt{5} - 1}{4}.$$

102. Explique por que os primeiros três valores no problema anterior não são possíveis para sen 18°. Conclua que
$$\text{sen}\,18° = \frac{\sqrt{5} - 1}{4}.$$

[*Esse valor para* sen 18° (*ou* sen $\frac{\pi}{10}$, *se trabalharmos em radianos*) *foi usado no Exercício 9*.]

103 Use o resultado do problema anterior para mostrar que

$$\cos 18° = \sqrt{\frac{\sqrt{5}+5}{8}}.$$

104 Demonstre que

$$\tan \frac{x}{4} = \frac{\sqrt{2-2\cos x} - \sen x}{1-\cos x}$$

para todo x no intervalo $(0, 2\pi)$.

[*Dica:* Comece com uma fórmula para a tangente da metade do ângulo para expressar $\tan \frac{x}{4}$ em termos de sen $\frac{x}{2}$ e cos $\frac{x}{2}$. Em seguida, use fórmulas para o cosseno e o seno da metade do ângulo, juntamente com manipulações algébricas.]

105 Demonstre que

$$\cos \tfrac{\pi}{32} = \frac{\sqrt{2+\sqrt{2+\sqrt{2+\sqrt{2}}}}}{2}.$$

[*Dica:* Resolva, primeiro, o Exercício 66.]

106 Demonstre que

$$\sen \tfrac{\pi}{32} = \frac{\sqrt{2-\sqrt{2+\sqrt{2+\sqrt{2}}}}}{2}.$$

SOLUÇÕES DETALHADAS *dos Exercícios Ímpares*

Os próximos dois exercícios enfatizam que cos (2θ) *não é igual a* 2 cos θ.

1 Para θ = 23°, calcule o seguinte:
(a) cos (2θ)   (b) 2 cos θ

SOLUÇÃO

(a) Observe que 2 × 23 = 46. Usando uma calculadora ajustada para graus, temos

$$\cos 46° \approx 0{,}694658.$$

(b) Usando uma calculadora ajustada para graus, temos

$$2\cos 23° \approx 2 \times 0{,}920505 = 1{,}841010.$$

Os dois próximos exercícios enfatizam que sen (2θ) *não é igual a* 2 sen θ.

3 Para θ = −5 radianos, calcule o seguinte:
(a) sen (2θ)   (b) 2 sen θ

SOLUÇÃO

(a) Observe que 2 × (−5) = −10. Usando uma calculadora ajustada para radianos, temos

$$\sen(-10) \approx 0{,}544021.$$

(b) Usando uma calculadora ajustada para radianos, temos

$$2\sen(-5) \approx 2 \times 0{,}9589 = 1{,}9178.$$

Os dois próximos exercícios enfatizam que $\cos \frac{\theta}{2}$ *não é igual a* $\frac{\cos \theta}{2}$.

5 Para θ = 6 radianos, calcule o seguinte:

(a) $\cos \frac{\theta}{2}$ (b) $\frac{\cos \theta}{2}$

SOLUÇÃO

(a) Usando uma calculadora ajustada para radianos, temos

$$\cos \tfrac{6}{2} = \cos 3 \approx -0{,}989992.$$

(b) Usando uma calculadora ajustada para radianos, temos

$$\frac{\cos 6}{2} \approx \frac{0{,}96017}{2} = 0{,}480085.$$

Os dois próximos exercícios enfatizam que sen $\frac{\theta}{2}$ *não é igual a* $\frac{\sen \theta}{2}$.

7 Para θ = 65°, calcule o seguinte:
(a) $\sen \frac{\theta}{2}$ (b) $\frac{\sen \theta}{2}$

SOLUÇÃO

(a) Usando uma calculadora ajustada para graus, temos

$$\sen \tfrac{65°}{2} = \sen 32{,}5° \approx 0{,}537300.$$

(b) Usando uma calculadora ajustada para graus, temos

$$\frac{\sen 65°}{2} \approx \frac{0{,}906308}{2} = 0{,}453154.$$

9 Dado $\sen 18° = \frac{\sqrt{5}-1}{4}$, determine uma expressão exata para cos 36°.

[*O valor usado aqui para* sen 18° *é deduzido no Problema 102 desta seção.*]

SOLUÇÃO Para calcular cos 36°, use uma das fórmulas para o dobro do ângulo para cos (2θ) com θ = 18°:

$$\cos 36° = 1 - 2\,\text{sen}^2 18°$$
$$= 1 - 2\left(\tfrac{\sqrt{5}-1}{4}\right)^2 = 1 - 2\left(\tfrac{3-\sqrt{5}}{8}\right) = \tfrac{\sqrt{5}+1}{4}.$$

Para os Exercícios 11-26, calcule as quantidades dadas considerando que u e v estão, ambos, no intervalo $\left(0, \tfrac{\pi}{2}\right)$ e

$$\cos u = \tfrac{1}{3} \quad e \quad \text{sen}\, v = \tfrac{1}{4}.$$

11 sen u

SOLUÇÃO Como $0 < u < \tfrac{\pi}{2}$, sabemos que sen $u > 0$. Assim

$$\text{sen}\, u = \sqrt{1 - \cos^2 u} = \sqrt{1 - \tfrac{1}{9}} = \sqrt{\tfrac{8}{9}} = \tfrac{2\sqrt{2}}{3}.$$

13 tan u

SOLUÇÃO Para calcular tan u, use sua definição como uma razão:

$$\tan u = \frac{\text{sen}\, u}{\cos u} = \frac{\tfrac{2\sqrt{2}}{3}}{\tfrac{1}{3}} = 2\sqrt{2}.$$

15 cos $(2u)$

SOLUÇÃO Para calcular cos $(2u)$, use uma das fórmulas do cosseno para o dobro do ângulo:

$$\cos(2u) = 2\cos^2 u - 1 = \tfrac{2}{9} - 1 = -\tfrac{7}{9}.$$

17 sen $(2u)$

SOLUÇÃO Para calcular sen $(2u)$, use a fórmula do seno para o dobro do ângulo:

$$\text{sen}\,(2u) = 2\cos u\,\text{sen}\, u = 2 \cdot \tfrac{1}{3} \cdot \tfrac{2\sqrt{2}}{3} = \tfrac{4\sqrt{2}}{9}.$$

19 tan $(2u)$

SOLUÇÃO Para calcular tan $(2u)$, use sua definição como uma razão:

$$\tan(2u) = \frac{\text{sen}\,(2u)}{\cos\,(2u)} = \frac{\tfrac{4\sqrt{2}}{9}}{-\tfrac{7}{9}} = -\tfrac{4\sqrt{2}}{7}.$$

Alternativamente, você poderia ter usado a fórmula da tangente para o dobro do ângulo, que produziria a mesma resposta.

21 $\cos \tfrac{u}{2}$

SOLUÇÃO Como $0 < \tfrac{u}{2} < \tfrac{\pi}{4}$, sabemos que $\cos \tfrac{u}{2} > 0$. Assim

$$\cos \tfrac{u}{2} = \sqrt{\tfrac{1 + \cos u}{2}}$$
$$= \sqrt{\tfrac{1 + \tfrac{1}{3}}{2}} = \sqrt{\tfrac{\tfrac{4}{3}}{2}} = \sqrt{\tfrac{2}{3}} = \tfrac{\sqrt{6}}{3}.$$

23 sen $\tfrac{u}{2}$

SOLUÇÃO Como $0 < \tfrac{u}{2} < \tfrac{\pi}{4}$, sabemos que sen $\tfrac{u}{2} > 0$. Assim

$$\text{sen}\, \tfrac{u}{2} = \sqrt{\tfrac{1 - \cos u}{2}}$$
$$= \sqrt{\tfrac{1 - \tfrac{1}{3}}{2}} = \sqrt{\tfrac{\tfrac{2}{3}}{2}} = \sqrt{\tfrac{1}{3}} = \tfrac{1}{\sqrt{3}} = \tfrac{\sqrt{3}}{3}.$$

25 tan $\tfrac{u}{2}$

SOLUÇÃO Para calcular tan $\tfrac{u}{2}$, use sua definição como uma razão:

$$\tan \tfrac{u}{2} = \frac{\text{sen}\, \tfrac{u}{2}}{\cos \tfrac{u}{2}} = \frac{\tfrac{\sqrt{3}}{3}}{\tfrac{\sqrt{6}}{3}} = \tfrac{\sqrt{3}}{\sqrt{6}} = \tfrac{1}{\sqrt{2}} = \tfrac{\sqrt{2}}{2}.$$

Alternativamente, você poderia ter usado a fórmula da tangente para o dobro do ângulo, que produziria a mesma resposta.

Para os Exercícios 27-42, calcule as quantidades dadas considerando que u e v estão, ambos, no intervalo $\left(\tfrac{\pi}{2}, \pi\right)$ e

$$\text{sen}\, u = \tfrac{1}{5} \quad e \quad \text{sen}\, v = \tfrac{1}{6}.$$

27 cos u

SOLUÇÃO Como $\tfrac{\pi}{2} < u < \pi$, sabemos que cos $u < 0$. Assim

$$\cos u = -\sqrt{1 - \text{sen}^2 u} = -\sqrt{1 - \tfrac{1}{25}} = -\sqrt{\tfrac{24}{25}}$$
$$= -\tfrac{2\sqrt{6}}{5}.$$

29 tan u

SOLUÇÃO Para calcular tan u, use sua definição como uma razão:

$$\tan u = \frac{\text{sen}\, u}{\cos u} = \frac{\tfrac{1}{5}}{-\tfrac{2\sqrt{6}}{5}} = -\tfrac{1}{2\sqrt{6}} = -\tfrac{\sqrt{6}}{12}.$$

31 cos $(2u)$

SOLUÇÃO Para calcular cos $(2u)$, use uma das fórmulas do cosseno para o dobro do ângulo:

$$\cos(2u) = 1 - 2\,\text{sen}^2 u = 1 - \tfrac{2}{25} = \tfrac{23}{25}.$$

33 sen $(2u)$

SOLUÇÃO Para calcular sen $(2u)$, use uma das fórmulas do seno para o dobro do ângulo:

$$\text{sen}(2u) = 2\cos u \operatorname{sen} u = 2 \cdot \left(-\tfrac{2\sqrt{6}}{5}\right) \cdot \tfrac{1}{5} = -\tfrac{4\sqrt{6}}{25}.$$

35 $\tan(2u)$

SOLUÇÃO Para calcular $\tan(2u)$, use sua definição como uma razão:

$$\tan(2u) = \frac{\text{sen}(2u)}{\cos(2u)} = \frac{-\tfrac{4\sqrt{6}}{25}}{\tfrac{23}{25}} = -\tfrac{4\sqrt{6}}{23}.$$

Alternativamente, você poderia ter usado a fórmula da tangente para o dobro do ângulo, que produziria a mesma resposta.

37 $\cos \tfrac{u}{2}$

SOLUÇÃO Como $\tfrac{\pi}{4} < \tfrac{u}{2} < \tfrac{\pi}{2}$, sabemos que $\cos \tfrac{u}{2} > 0$. Assim

$$\cos \tfrac{u}{2} = \sqrt{\frac{1+\cos u}{2}}$$

$$= \sqrt{\frac{1 - \tfrac{2\sqrt{6}}{5}}{2}} = \sqrt{\frac{\tfrac{5 - 2\sqrt{6}}{5}}{2}} = \sqrt{\frac{5 - 2\sqrt{6}}{10}}.$$

39 $\operatorname{sen} \tfrac{u}{2}$

SOLUÇÃO Como $\tfrac{\pi}{4} < \tfrac{u}{2} < \tfrac{\pi}{2}$, sabemos que $\operatorname{sen} \tfrac{u}{2} > 0$. Assim

$$\operatorname{sen} \tfrac{u}{2} = \sqrt{\frac{1-\cos u}{2}}$$

$$= \sqrt{\frac{1 + \tfrac{2\sqrt{6}}{5}}{2}} = \sqrt{\frac{\tfrac{5 + 2\sqrt{6}}{5}}{2}} = \sqrt{\frac{5 + 2\sqrt{6}}{10}}.$$

41 $\tan \tfrac{u}{2}$

SOLUÇÃO Para calcular $\tan \tfrac{u}{2}$, use uma das fórmulas da tangente para o dobro do ângulo:

$$\tan \tfrac{u}{2} = \frac{1 - \cos u}{\operatorname{sen} u} = \frac{1 + \tfrac{2\sqrt{6}}{5}}{\tfrac{1}{5}} = 5 + 2\sqrt{6}.$$

Poderíamos ter calculado $\tan \tfrac{u}{2}$ usando sua definição como a razão de $\operatorname{sen} \tfrac{u}{2}$ e $\cos \tfrac{u}{2}$, mas nesse caso o procedimento teria conduzido a uma expressão algébrica mais complicada.

Para os Exercícios 43-58, calcule as quantidades dadas considerando que u e v estão, ambos, no intervalo $\left(-\tfrac{\pi}{2}, 0\right)$ e

$$\tan u = -\tfrac{1}{7} \quad e \quad \tan v = -\tfrac{1}{8}.$$

43 $\cos u$

SOLUÇÃO Como $-\tfrac{\pi}{2} < u < 0$, sabemos que $\cos u > 0$ e $\operatorname{sen} u < 0$. Portanto

$$-\tfrac{1}{7} = \tan u = \frac{\operatorname{sen} u}{\cos u} = \frac{-\sqrt{1 - \cos^2 u}}{\cos u}.$$

Elevando ao quadrado a primeira e a última parte acima, obtemos

$$\tfrac{1}{49} = \frac{1 - \cos^2 u}{\cos^2 u}.$$

Multiplicando ambos os lados por $\cos^2 u$ e depois por 49, obtemos

$$\cos^2 u = 49 - 49\cos^2 u.$$

Assim, $50\cos^2 u = 49$, o que implica que

$$\cos u = \sqrt{\tfrac{49}{50}} = \tfrac{7}{5\sqrt{2}} = \tfrac{7\sqrt{2}}{10}.$$

45 $\operatorname{sen} u$

SOLUÇÃO Resolva a equação $\tan u = \tfrac{\operatorname{sen} u}{\cos u}$ para $\operatorname{sen} u$:

$$\operatorname{sen} u = \cos u \tan u = \tfrac{7\sqrt{2}}{10} \cdot \left(-\tfrac{1}{7}\right) = -\tfrac{\sqrt{2}}{10}.$$

47 $\cos(2u)$

SOLUÇÃO Para calcular $\cos(2u)$, use uma das fórmulas do cosseno para o dobro do ângulo:

$$\cos(2u) = 2\cos^2 u - 1 = 2 \cdot \tfrac{49}{50} - 1 = \tfrac{24}{25}.$$

49 $\operatorname{sen}(2u)$

SOLUÇÃO Para calcular $\operatorname{sen}(2u)$, use a fórmula do seno para o dobro do ângulo:

$$\operatorname{sen}(2u) = 2\cos u \operatorname{sen} u = 2 \cdot \tfrac{7\sqrt{2}}{10} \cdot \left(-\tfrac{\sqrt{2}}{10}\right) = -\tfrac{7}{25}.$$

51 $\tan(2u)$

SOLUÇÃO Para calcular $\tan(2u)$, use a fórmula da tangente para o dobro do ângulo:

$$\tan(2u) = \frac{2\tan u}{1 - \tan^2 u} = \frac{-\tfrac{2}{7}}{\tfrac{48}{49}} = -\tfrac{7}{24}.$$

Alternativamente, você poderia ter calculado $\tan(2u)$ usando sua definição como a razão de $\operatorname{sen}(2u)$ e $\cos(2u)$, que produziria a mesma resposta.

Álgebra Trigonométrica e Geometria   451

53 $\cos \frac{u}{2}$

SOLUÇÃO   Como $-\frac{\pi}{4} < \frac{u}{2} < 0$, sabemos que $\cos \frac{u}{2} > 0$. Portanto

$$\cos \frac{u}{2} = \sqrt{\frac{1 + \cos u}{2}}$$

$$= \sqrt{\frac{1 + \frac{7\sqrt{2}}{10}}{2}} = \sqrt{\frac{\frac{10 + 7\sqrt{2}}{10}}{2}} = \sqrt{\frac{10 + 7\sqrt{2}}{20}}.$$

55 $\sin \frac{u}{2}$

SOLUÇÃO   Como $-\frac{\pi}{4} < \frac{u}{2} < 0$, sabemos que $\sin \frac{u}{2} < 0$. Portanto

$$\sin \frac{u}{2} = -\sqrt{\frac{1 - \cos u}{2}}$$

$$= -\sqrt{\frac{1 - \frac{7\sqrt{2}}{10}}{2}} = -\sqrt{\frac{\frac{10 - 7\sqrt{2}}{10}}{2}} = -\sqrt{\frac{10 - 7\sqrt{2}}{20}}.$$

57 $\tan \frac{u}{2}$

SOLUÇÃO   Para calcular $\tan \frac{u}{2}$, use uma das fórmulas da tangente para a metade do ângulo:

$$\tan \frac{u}{2} = \frac{1 - \cos u}{\operatorname{sen} u} = \frac{1 - \frac{7\sqrt{2}}{10}}{-\frac{\sqrt{2}}{10}} = 7 - \frac{10}{\sqrt{2}} = 7 - 5\sqrt{2}.$$

Poderíamos ter calculado $\tan \frac{u}{2}$ usando sua definição como a razão de $\operatorname{sen} \frac{u}{2}$ e $\cos \frac{u}{2}$, mas nesse caso o procedimento teria conduzido a uma expressão algébrica mais complicada.

59 Considere $0 < \theta < \frac{\pi}{2}$ e $\operatorname{sen} \theta = 0{,}4$.

(a) Sem usar a fórmula para o dobro do ângulo, calcule $\operatorname{sen}(2\theta)$, encontrando θ por meio de uma função trigonométrica inversa.

(b) Sem usar uma função trigonométrica inversa, calcule $\operatorname{sen}(2\theta)$ novamente, usando uma fórmula para o dobro do ângulo.

SOLUÇÃO

(a) Como $0 < \theta < \frac{\pi}{2}$ e $\operatorname{sen} \theta = 0{,}4$, vemos que

$$\theta = \operatorname{sen}^{-1} 0{,}4 \approx 0{,}411517 \text{ radiano.}$$

Portanto
$$2\theta \approx 0{,}823034 \text{ radiano.}$$

Assim
$$\operatorname{sen}(2\theta) \approx \operatorname{sen}(0{,}823034) \approx 0{,}733212.$$

(b) Para usar a fórmula para o dobro do ângulo com o objetivo de calcular $\operatorname{sen}(2\theta)$, precisamos primeiro calcular $\cos \theta$. Como $0 < \theta < \frac{\pi}{2}$, sabemos que $\cos \theta > 0$. Portanto

$$\cos \theta = \sqrt{1 - \operatorname{sen}^2 \theta} = \sqrt{1 - 0{,}16} = \sqrt{0{,}84}$$
$$\approx 0{,}916515.$$

Agora
$$\operatorname{sen}(2\theta) = 2 \cos \theta \operatorname{sen} \theta \approx 2(0{,}916515)(0{,}4)$$
$$= 0{,}733212.$$

61 Considere $-\frac{\pi}{2} < \theta < 0$ e $\cos \theta = 0{,}3$.

(a) Sem usar a fórmula para o dobro do ângulo, calcule $\cos(2\theta)$, encontrando θ por meio de uma função trigonométrica inversa.

(b) Sem usar uma função trigonométrica inversa, calcule $\cos(2\theta)$ novamente, usando uma fórmula para o dobro do ângulo.

SOLUÇÃO

(a) Como $-\frac{\pi}{2} < \theta < 0$ e $\cos \theta = 0{,}3$, vemos que

$$\theta = -\cos^{-1} 0{,}3 \approx -1{,}2661 \text{ radiano.}$$

Portanto
$$2\theta \approx -2{,}5322 \text{ radianos.}$$

Assim
$$\cos(2\theta) \approx \cos(-2{,}5322) \approx -0{,}82.$$

(b) Usando a fórmula para o dobro do ângulo, temos
$$\cos(2\theta) = 2\cos^2 \theta - 1 = 2(0{,}3)^2 - 1$$
$$= -0{,}82.$$

63 Determine uma expressão exata para $\operatorname{sen} 15°$.

SOLUÇÃO   Usando a fórmula para a metade do ângulo para $\operatorname{sen} \frac{\theta}{2}$ com $\theta = 30°$ (e escolhendo o sinal de mais associado à raiz quadrada, pois $\operatorname{sen} 15°$ é positivo), temos

$$\operatorname{sen} 15° = \sqrt{\frac{1 - \cos 30°}{2}}$$

$$= \sqrt{\frac{1 - \frac{\sqrt{3}}{2}}{2}} = \sqrt{\frac{(1 - \frac{\sqrt{3}}{2}) \cdot 2}{2 \cdot 2}} = \frac{\sqrt{2 - \sqrt{3}}}{2}.$$

65 Determine uma expressão exata para $\operatorname{sen} \frac{\pi}{24}$.

SOLUÇÃO   Usando a fórmula para a metade do ângulo para $\operatorname{sen} \frac{\theta}{2}$ com $\theta = \frac{\pi}{12}$ (e escolhendo o sinal de mais associado à raiz quadrada, pois $\operatorname{sen} \frac{\pi}{24}$ é positivo), temos

$$\operatorname{sen} \frac{\pi}{24} = \sqrt{\frac{1 - \cos \frac{\pi}{12}}{2}}.$$

Observe que $\frac{\pi}{12}$ radianos é igual a $15°$. A substituição de $\cos \frac{\pi}{12}$ pelo valor de $\cos 15°$ do Exemplo 3 resulta em

$$\operatorname{sen}\tfrac{\pi}{24} = \sqrt{\frac{1 - \frac{\sqrt{2+\sqrt{3}}}{2}}{2}} = \frac{\sqrt{2 - \sqrt{2+\sqrt{3}}}}{2}.$$

67 Determine uma fórmula para sen(4θ) em termos de cos θ e sen θ.

SOLUÇÃO Usando a fórmula do seno para o dobro do ângulo, com θ substituído por 2θ, temos

$$\operatorname{sen}(4\theta) = 2\cos(2\theta)\operatorname{sen}(2\theta).$$

Agora, aplicando as fórmulas para o dobro do ângulo às expressões no lado direito, obtemos

$$\operatorname{sen}(4\theta) = 2(2\cos^2\theta - 1)(2\cos\theta \operatorname{sen}\theta)$$
$$= 4(2\cos^2\theta - 1)\cos\theta \operatorname{sen}\theta.$$

Há, também, outras maneiras corretas de expressar uma solução. Por exemplo, a substituição de $\cos^2\theta$ por $1 - \operatorname{sen}^2\theta$ na expressão acima conduz a

$$\operatorname{sen}(4\theta) = 4(1 - 2\operatorname{sen}^2\theta)\cos\theta \operatorname{sen}\theta.$$

69 Determine constantes a, b e c tais que

$$\cos^4\theta = a + b\cos(2\theta) + c\cos(4\theta)$$

para todo θ.

SOLUÇÃO Uma das fórmulas para o dobro do ângulo para $\cos(2\theta)$ pode ser escrita na forma

$$\cos^2\theta = \frac{1 + \cos(2\theta)}{2}.$$

Elevando os dois lados da equação ao quadrado, obtemos

$$\cos^4\theta = \frac{1 + 2\cos(2\theta) + \cos^2(2\theta)}{4}.$$

Vemos, agora, que precisamos de uma expressão para $\cos^2(2\theta)$, que pode ser obtida pela substituição de θ por 2θ na fórmula acima para $\cos^2\theta$:

$$\cos^2(2\theta) = \frac{1 + \cos(4\theta)}{2}.$$

Substituindo essa expressão na expressão acima para $\cos^4\theta$, obtemos

$$\cos^4\theta = \frac{1 + 2\cos(2\theta) + \frac{1+\cos(4\theta)}{2}}{4}$$
$$= \tfrac{3}{8} + \tfrac{1}{2}\cos(2\theta) + \tfrac{1}{8}\cos(4\theta).$$

Assim $a = \tfrac{3}{8}$, $b = \tfrac{1}{2}$, e $c = \tfrac{1}{8}$.

5.6 Fórmulas para Adição e Subtração

OBJETIVOS DE APRENDIZAGEM

Ao final desta seção, você deverá ser capaz de
- determinar o cosseno da soma e da diferença de dois ângulos;
- determinar o seno da soma e da diferença de dois ângulos;
- determinar a tangente da soma e da diferença de dois ângulos.

O Cosseno da Soma e da Diferença

Considere a figura a seguir, que mostra a circunferência unitária juntamente com o raio correspondente a u e o raio correspondente a $-v$.

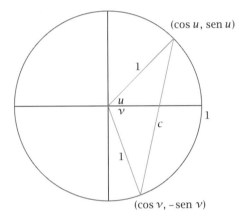

Essa figura conduz a uma dedução fácil da fórmula para $\cos(u + v)$.

Definimos o cosseno e o seno de tal forma que a extremidade do raio correspondente a u tem coordenadas $(\cos u, \operatorname{sen} u)$. A extremidade do raio correspondente a $-v$ tem coordenadas $(\cos(-v), \operatorname{sen}(-v))$, que sabemos ser igual a $(\cos v, -\operatorname{sen} v)$, como mostrado acima.

O triângulo maior na figura acima tem dois lados que são os raios da circunferência unitária e, portanto, têm comprimento 1. O ângulo entre esses dois lados é $u + v$. O comprimento do terceiro lado desse triângulo foi identificado como c. A ideia, agora, é que possamos calcular c^2 de duas maneiras diferentes: a primeira é usando a fórmula para a distância entre dois pontos e a segunda, usando a lei dos cossenos. Assim, vamos igualar esses dois valores calculados para c^2, obtendo uma fórmula para $\cos(u + v)$.

Para executar o plano discutido no parágrafo acima, observe que uma extremidade do segmento de reta acima com comprimento c tem coordenadas $(\cos u, \operatorname{sen} u)$ e a outra extremidade tem coordenadas $(\cos v, -\operatorname{sen} v)$. Lembre que a distância entre dois pontos é a raiz quadrada da soma dos quadrados das diferenças entre as coordenadas. Assim

$$c = \sqrt{(\cos u - \cos v)^2 + (\operatorname{sen} u + \operatorname{sen} v)^2}.$$

Elevando ao quadrado ambos os lados dessa equação, temos

$$c^2 = (\cos u - \cos v)^2 + (\operatorname{sen} u + \operatorname{sen} v)^2$$
$$= \cos^2 u - 2\cos u \cos v + \cos^2 v$$
$$+ \operatorname{sen}^2 u + 2\operatorname{sen} u \operatorname{sen} v + \operatorname{sen}^2 v$$
$$= (\cos^2 u + \operatorname{sen}^2 u) + (\cos^2 v + \operatorname{sen}^2 v)$$
$$- 2\cos u \cos v + 2\operatorname{sen} u \operatorname{sen} v$$
$$= 2 - 2\cos u \cos v + 2\operatorname{sen} u \operatorname{sen} v.$$

Para calcular c^2 por outro método, aplicamos a lei dos cossenos para o triângulo maior na figura acima, obtendo a equação $c^2 = 1^2 + 1^2 - 1 \cdot 1 \cdot 1 \cos(u + v)$, que pode ser escrita como

$$c^2 = 2 - 2\cos(u + v).$$

Encontramos, agora, duas expressões que são iguais a c^2. Igualando-as entre si, temos

$$2 - 2\cos(u + v) = 2 - 2\cos u \cos v + 2\operatorname{sen} u \operatorname{sen} v.$$

Subtraindo 2 de ambos os lados da equação acima e dividindo ambos os lados por −2, obtemos o seguinte resultado:

Nunca cometa o erro de pensar que $\cos(u + v)$ *é igual a* $\cos u + \cos v$.

Fórmula da adição para o cosseno

$$\cos(u + v) = \cos u \cos v - \operatorname{sen} u \operatorname{sen} v$$

Derivamos essa fórmula usando a figura acima, que considera que u e v estão entre 0 e $\frac{\pi}{2}$. No entanto, a fórmula acima é válida para todos os valores de u e v.

EXEMPLO 1

Determine uma expressão exata para $\cos 75°$.

SOLUÇÃO Observe que $75° = 45° + 30°$, e que já sabemos como calcular o cosseno e o seno de 45° e de 30°. Usando a fórmula da adição para o cosseno, temos

$$\cos 75° = \cos(45° + 30°)$$
$$= \cos 45° \cos 30° - \operatorname{sen} 45° \operatorname{sen} 30°$$
$$= \frac{\sqrt{2}}{2} \cdot \frac{\sqrt{3}}{2} - \frac{\sqrt{2}}{2} \cdot \frac{1}{2}$$
$$= \frac{\sqrt{6} - \sqrt{2}}{4}.$$

Observe que, se $v = u$, a fórmula da adição para o cosseno torna-se

$$\cos(2u) = \cos^2 u - \operatorname{sen}^2 u,$$

a qual concorda com uma das fórmulas anteriores para o dobro do ângulo.

Podemos, agora, determinar uma fórmula para o cosseno da diferença de dois ângulos. Na fórmula para cos $(u + v)$, substitua v por $-v$ em ambos os lados da equação e use as identidades cos $(-v)$ = cos v e sen $(-v)$ = $-$sen (v) para obter o seguinte:

Fórmula da subtração para o cosseno

$$\cos(u - v) = \cos u \, \cos v + \operatorname{sen} u \, \operatorname{sen} v$$

Determine uma expressão exata para cos 15°.

EXEMPLO 2

SOLUÇÃO Observe que 15° = 45° − 30°, e que já sabemos como calcular o cosseno e o seno de 45° e de 30°. Usando a fórmula da subtração para o cosseno, temos

$$\cos 15° = \cos(45° - 30°)$$
$$= \cos 45° \cos 30° + \operatorname{sen} 45° \operatorname{sen} 30°$$
$$= \frac{\sqrt{2}}{2} \cdot \frac{\sqrt{3}}{2} + \frac{\sqrt{2}}{2} \cdot \frac{1}{2}$$
$$= \frac{\sqrt{6} + \sqrt{2}}{4}.$$

OBSERVAÇÃO Usando uma fórmula para a metade do ângulo no Exemplo 3 na Seção 5.5, encontramos uma expressão diferente para cos 15°. Portanto, temos duas expressões exatas aparentemente diferentes para cos 15°, uma produzida pela fórmula da subtração para o cosseno e a outra produzida pela fórmula para a metade do ângulo para o cosseno. O Problema 39 nesta seção pede que você verifique que essas duas expressões para cos 15° são iguais.

O Seno da Soma e da Diferença

Para determinar a fórmula para o seno da soma de dois ângulos, usaremos as identidades

$$\operatorname{sen} \theta = \cos(\tfrac{\pi}{2} - \theta) \quad \text{e} \quad \operatorname{sen}(\tfrac{\pi}{2} - \theta) = \cos \theta,$$

as quais você pode revisar na Seção 4.6. Começamos pela conversão do seno em cosseno e, em seguida, usamos a identidade que acabamos de deduzir acima:

$$\operatorname{sen}(u + v) = \cos(\tfrac{\pi}{2} - u - v)$$
$$= \cos((\tfrac{\pi}{2} - u) - v)$$
$$= \cos(\tfrac{\pi}{2} - u) \cos v + \operatorname{sen}(\tfrac{\pi}{2} - u) \operatorname{sen} v.$$

A equação e as identidades acima implicam, agora, o seguinte resultado:

Fórmula da adição para o seno

$$\operatorname{sen}(u + v) = \operatorname{sen} u \, \cos v + \cos u \, \operatorname{sen} v$$

Nunca cometa o erro de pensar que sen $(u + v)$ *é igual a* sen u + sen v.

Podíamos ter suprimido a dedução das fórmulas para o dobro do ângulo na seção anterior e, ao invés disso, ter obtido as fórmulas para o dobro do ângulo como consequência das fórmulas da adição. No entanto, algumas vezes, uma compreensão adicional surge da dedução de uma fórmula por diferentes maneiras.

Observe que, se $v = u$, a fórmula da adição para o seno torna-se

$$\text{sen}(2u) = 2\cos u \,\text{sen}\, u,$$

a qual está de acordo com nossa fórmula anterior para o seno do dobro do ângulo.

Podemos, agora, determinar uma fórmula para o seno da diferença de dois ângulos. Na fórmula sen $(u + v)$, substitua v por $-v$ em ambos os lados da equação e use as identidades $\cos(-v) = \cos v$ e $\text{sen}(-v) = -\text{sen}(v)$ para obter o seguinte:

Fórmula da subtração para o seno

$$\text{sen}(u - v) = \text{sen}\, u \cos v - \cos u \,\text{sen}\, v$$

EXEMPLO 3 Verifique que a fórmula da subtração para seno fornece a identidade esperada para $\text{sen}\left(\dfrac{\pi}{2} - \theta\right)$.

SOLUÇÃO   Usando a fórmula da subtração para o seno, temos

$$\begin{aligned}\text{sen}\left(\tfrac{\pi}{2} - \theta\right) &= \text{sen}\,\tfrac{\pi}{2}\cos\theta - \cos\tfrac{\pi}{2}\,\text{sen}\,\theta \\ &= 1\cdot\cos\theta - 0\cdot\text{sen}\,\theta \\ &= \cos\theta.\end{aligned}$$

A Tangente da Soma e da Diferença

Agora que encontramos fórmulas para o cosseno e o seno da soma de dois ângulos, podemos determinar uma fórmula para a tangente da soma de dois ângulos, escrevendo a tangente como uma razão de um seno e cosseno. Especificamente, temos

$$\begin{aligned}\tan(u + v) &= \frac{\text{sen}(u + v)}{\cos(u + v)} \\ &= \frac{\text{sen}\, u\cos v + \cos u\,\text{sen}\, v}{\cos u\cos v - \text{sen}\, u\,\text{sen}\, v} \\ &= \frac{\dfrac{\text{sen}\, u}{\cos u} + \dfrac{\text{sen}\, v}{\cos v}}{1 - \dfrac{\text{sen}\, u\,\text{sen}\, v}{\cos u\cos v}}.\end{aligned}$$

A última igualdade é obtida pela divisão do numerador e do denominador da expressão anterior por $\cos u$ e $\cos v$.

Usando a definição de tangente, reescreva a equação acima como segue:

Fórmula da adição para a tangente

$$\tan(u + v) = \frac{\tan u + \tan v}{1 - \tan u \tan v}$$

A identidade mostrada na página anterior é válida para quaisquer u, v tal que $\tan u$, $\tan v$ e $\tan(u+v)$ sejam definidos (em outras palavras, evite múltiplos ímpares de $\frac{\pi}{2}$).
Observe que, se $v = u$, a fórmula da adição para tangente se torna

$$\tan(2u) = \frac{2\tan u}{1 - \tan^2 u},$$

a qual está de acordo com nossa fórmula anterior para a tangente do dobro do ângulo.

Podemos, agora, determinar uma fórmula para a tangente da diferença de dois ângulos. Na fórmula para $\tan(u+v)$, substitua v por $-v$ em ambos os lados da equação e use a identidade $\tan(-v) = -\tan v$ para obter o seguinte resultado:

Fórmula da subtração para a tangente

$$\tan(u - v) = \frac{\tan u - \tan v}{1 + \tan u \tan v}$$

Nesta seção, derivamos seis fórmulas de adição e subtração. Memorizar todas as seis não é um bom uso de seu tempo e energia mental. Em vez disso, concentre-se em aprender as fórmulas para $\cos(u+v)$ e $\mathrm{sen}(u+v)$ e em entender como as outras fórmulas decorrem dessas duas.

Use a fórmula da subtração para tangente para determinar uma fórmula para $\tan(\pi - \theta)$.

EXEMPLO 4

SOLUÇÃO Usando a fórmula da subtração para tangente, temos

$$\tan(\pi - \theta) = \frac{\tan \pi - \tan \theta}{1 + \tan \pi \tan \theta}$$

$$= \frac{0 - \tan \theta}{1 + 0 \cdot \tan \theta}$$

$$= -\tan \theta.$$

Produtos de Funções Trigonométricas

As fórmulas de adição e subtração conduzem a fórmulas de produto. O próximo exemplo mostra como as fórmulas de produto podem ser deduzidas.

Demonstre que

$$\cos u \, \cos v = \frac{\cos(u+v) + \cos(u-v)}{2}$$

para quaisquer u, v.

EXEMPLO 5

Fórmulas similares para produtos existem para $\mathrm{sen}\, u \,\mathrm{sen}\, v$ e $\cos u \,\mathrm{sen}\, v$. Os Problemas 46 e 47 pedem que você deduza essas fórmulas de produtos.

SOLUÇÃO Considere as fórmulas da adição e subtração para cosseno:

$$\cos(u+v) = \cos u \cos v - \mathrm{sen}\, u \,\mathrm{sen}\, v;$$

$$\cos(u-v) = \cos u \cos v + \mathrm{sen}\, u \,\mathrm{sen}\, v.$$

Somando as duas equações acima, chega-se a

$$\cos(u+v) + \cos(u-v) = 2\cos u \cos v.$$

Agora, dividindo a equação por 2 e em seguida escrevendo a equação resultante na outra ordem, temos

$$\cos u \, \cos v = \frac{\cos(u+v) + \cos(u-v)}{2}.$$

EXERCÍCIOS

Os dois próximos exercícios enfatizam que cos (x + y) *não é igual a* cos x + cos y.

1. Para $x = 19°$ e $y = 13°$, calcule o seguinte:
   (a) $\cos(x+y)$
   (b) $\cos x + \cos y$

2. Para $x = 1,2$ radianos e $y = 3,4$ radianos, calcule o seguinte:
   (a) $\cos(x+y)$
   (b) $\cos x + \cos y$

Os dois próximos exercícios enfatizam que sen (x - y) *não é igual a* sen x - sen y.

3. Para $x = 5,7$ radianos e $y = 2,5$ radianos, calcule o seguinte:
   (a) $\operatorname{sen}(x-y)$
   (b) $\operatorname{sen} x - \operatorname{sen} y$

4. Para $x = 79°$ e $y = 33°$, calcule o seguinte:
   (a) $\operatorname{sen}(x-y)$
   (b) $\operatorname{sen} x - \operatorname{sen} y$

Para os Exercícios 5-12, determine expressões exatas para as quantidades indicadas. A informação a seguir será útil:

$$\cos 22,5° = \frac{\sqrt{2+\sqrt{2}}}{2} \quad e \quad \operatorname{sen} 22,5° = \frac{\sqrt{2-\sqrt{2}}}{2};$$

$$\cos 18° = \sqrt{\frac{\sqrt{5}+5}{8}} \quad e \quad \operatorname{sen} 18° = \frac{\sqrt{5}-1}{4}.$$

[*O valor para* sen 22,5° *usado aqui foi deduzido no Exemplo 4 da Seção 5.5; os outros valores foram deduzidos no Exercício 64 e Problemas 102 e 103 da Seção 5.5.*]

5. $\cos 82,5°$
6. $\cos 48°$ [*Dica:* 48 = 30 + 18]
7. $\operatorname{sen} 82,5°$
8. $\operatorname{sen} 48°$
9. $\cos 37,5°$
10. $\cos 12°$ [*Dica:* 12 = 30 - 18]
11. $\operatorname{sen} 37,5°$
12. $\operatorname{sen} 12°$

Para os Exercícios 13-24, calcule as expressões indicadas considerando que

$$\cos x = \tfrac{1}{3} \quad e \quad \operatorname{sen} y = \tfrac{1}{4},$$
$$\operatorname{sen} u = \tfrac{2}{3} \quad e \quad \cos v = \tfrac{1}{5}.$$

Considere, também, que x *e* u *estão no intervalo* $\left(0, \tfrac{\pi}{2}\right)$, y *está no intervalo* $\left(\tfrac{\pi}{2}, \pi\right)$ *e* v *está no intervalo* $\left(-\tfrac{\pi}{2}, 0\right)$.

13. $\cos(x+y)$
14. $\cos(u+v)$
15. $\cos(x-y)$
16. $\cos(u-v)$
17. $\operatorname{sen}(x+y)$
18. $\operatorname{sen}(u+v)$
19. $\operatorname{sen}(x-y)$
20. $\operatorname{sen}(u-v)$
21. $\tan(x+y)$
22. $\tan(u+v)$
23. $\tan(x-y)$
24. $\tan(u-v)$
25. Calcule $\cos\left(\tfrac{\pi}{6} + \cos^{-1}\tfrac{3}{4}\right)$.
26. Calcule $\operatorname{sen}\left(\tfrac{\pi}{3} + \operatorname{sen}^{-1}\tfrac{2}{5}\right)$.
27. Calcule $\operatorname{sen}\left(\cos^{-1}\tfrac{1}{4} + \tan^{-1} 2\right)$.
28. Calcule $\cos\left(\cos^{-1}\tfrac{2}{3} + \tan^{-1} 3\right)$.
29. Determine uma fórmula para $\cos\left(\theta + \tfrac{\pi}{2}\right)$.
30. Determine uma fórmula para $\operatorname{sen}\left(\theta + \tfrac{\pi}{2}\right)$.
31. Determine uma fórmula para $\cos\left(\theta + \tfrac{\pi}{4}\right)$.
32. Determine uma fórmula para $\operatorname{sen}\left(\theta - \tfrac{\pi}{4}\right)$.
33. Determine uma fórmula para $\tan\left(\theta + \tfrac{\pi}{4}\right)$.
34. Determine uma fórmula para $\tan\left(\theta - \tfrac{\pi}{4}\right)$.
35. Determine uma fórmula para $\tan\left(\theta + \tfrac{\pi}{2}\right)$.
36. Determine uma fórmula para $\tan\left(\theta - \tfrac{\pi}{2}\right)$.

PROBLEMAS

37. Demonstre (sem usar calculadora) que

$$\operatorname{sen} 10° \cos 20° + \cos 10° \operatorname{sen} 20° = \tfrac{1}{2}.$$

38. Demonstre (sem usar calculadora) que

$$\operatorname{sen} \tfrac{\pi}{7} \cos \tfrac{4\pi}{21} + \cos \tfrac{\pi}{7} \operatorname{sen} \tfrac{4\pi}{21} = \tfrac{\sqrt{3}}{2}.$$

39. Demonstre que

$$\frac{\sqrt{6}+\sqrt{2}}{4} = \frac{\sqrt{2+\sqrt{3}}}{2}.$$

Faça isso sem usar calculadora e sem usar o conhecimento de que ambas as expressões acima são iguais a cos 15° (veja o Exemplo 2 desta seção e o Exemplo 3 da Seção 5.5).

40. Demonstre que

$$\cos(3\theta) = 4\cos^3\theta - 3\cos\theta$$

para todo θ.
[*Dica:* $\cos(3\theta) = \cos(2\theta + \theta)$.]

41 Demonstre que cos 20° é um zero do polinômio $8x^3 - 6x - 1$.

[*Dica:* Use $\theta = 20°$ na identidade do problema anterior.]

42 Demonstre que
$$\operatorname{sen}(3\theta) = 3\operatorname{sen}\theta - 4\operatorname{sen}^3\theta$$
para todo θ.

43 Demonstre que sen $\frac{\pi}{18}$ é um zero do polinômio $8x^3 - 6x - 1$.

[*Dica:* Use a identidade do problema anterior.]

44 Demonstre que
$$\cos(5\theta) = 16\cos^5\theta - 20\cos^3\theta + 5\cos\theta$$
para todo θ.

45 Determine uma fórmula elegante para sen (5θ) em termos de sen θ.

46 Demonstre que
$$\operatorname{sen} u \operatorname{sen} v = \frac{\cos(u-v) - \cos(u+v)}{2}$$
para todo u, v.

47 Demonstre que
$$\cos u \operatorname{sen} v = \frac{\operatorname{sen}(u+v) - \operatorname{sen}(u-v)}{2}$$
para todo u, v.

48 Demonstre que
$$\cos x + \cos y = 2\cos\tfrac{x+y}{2}\cos\tfrac{x-y}{2}$$
para todo x, y.
[*Dica:* Tome $u = \frac{x+y}{2}$ e $v = \frac{x-y}{2}$ da fórmula dada no Exemplo 5.]

49 Demonstre que
$$\cos x - \cos y = 2\operatorname{sen}\tfrac{x+y}{2}\operatorname{sen}\tfrac{y-x}{2}$$
para todo x, y.

50 Demonstre que
$$\operatorname{sen} x - \operatorname{sen} y = 2\cos\tfrac{x+y}{2}\operatorname{sen}\tfrac{x-y}{2}$$
para todo x, y.

51 Determine uma fórmula para sen x + sen y análoga à fórmula do problema anterior.

52 Demonstre que
$$\tan\tfrac{x+y}{2} = \frac{\cos x - \cos y}{\operatorname{sen} y - \operatorname{sen} x}$$
para todos os números x e y tais que ambos os lados façam sentido.
[*Dica:* Divida o resultado do Exercício 49 pelo resultado do Exercício 50.]

53 Demonstre que, se $|t|$ é pequeno, porém diferente de zero, então
$$\frac{\operatorname{sen}(x+t) - \operatorname{sen} x}{t} \approx \cos x.$$

54 Demonstre que, se $|t|$ é pequeno, porém diferente de zero, então
$$\frac{\cos(x+t) - \cos x}{t} \approx -\operatorname{sen} x.$$

55 Demonstre que se $|t|$ é pequeno, porém diferente de zero e x não é um múltiplo ímpar de $\frac{\pi}{2}$, então
$$\frac{\tan(x+t) - \tan x}{t} \approx 1 + \tan^2 x.$$

56 Considere $u = \tan^{-1} 2$ e $v = \tan^{-1} 3$. Demonstre que $\tan(u+v) = -1$.

57 Considere $u = \tan^{-1} 2$ e $v = \tan^{-1} 3$. Usando o problema anterior, explique por que $u + v = \frac{3\pi}{4}$.

58 Use o problema anterior para deduzir a bonita equação
$$\tan^{-1} 1 + \tan^{-1} 2 + \tan^{-1} 3 = \pi.$$

[*O Problema 34 da Seção 6.3 dá outra dedução da equação acima.*]

SOLUÇÕES DETALHADAS *dos Exercícios Ímpares*

Os dois próximos exercícios enfatizam que cos $(x + y)$ *não é igual a* cos x + cos y.

1 Para $x = 19°$ e $y = 13°$, calcule o seguinte:

(a) cos $(x + y)$ (b) cos x + cos y

SOLUÇÃO

(a) Usando uma calculadora ajustada para graus, temos
$$\cos(19° + 13°) = \cos 32° \approx 0{,}84805.$$

(b) Usando uma calculadora ajustada para graus, temos
$$\cos 19° + \cos 13° \approx 0{,}94552 + 0{,}97437$$
$$= 1{,}91989.$$

Os dois próximos exercícios enfatizam que sen $(x - y)$ *não é igual a* sen x - sen y.

3 Para $x = 5{,}7$ radianos e $y = 2{,}5$ radianos, calcule o seguinte:

(a) sen $(x - y)$ (b) sen x - sen y

SOLUÇÃO

(a) Usando uma calculadora ajustada para radianos, temos
$$\text{sen}(5{,}7 - 2{,}5) = \text{sen } 3{,}2 \approx -0{,}05837.$$

(b) Usando uma calculadora ajustada para radianos, temos
$$\text{sen } 5{,}7 - \text{sen } 2{,}5 \approx -0{,}55069 - 0{,}59847$$
$$= -1{,}14916.$$

Para os Exercícios 5-12, determine expressões exatas para as quantidades indicadas. A informação a seguir será útil:

$$\cos 22{,}5° = \frac{\sqrt{2+\sqrt{2}}}{2} \quad e \quad \text{sen } 22{,}5° = \frac{\sqrt{2-\sqrt{2}}}{2};$$

$$\cos 18° = \sqrt{\frac{\sqrt{5}+5}{8}} \quad e \quad \text{sen } 18° = \frac{\sqrt{5}-1}{4}.$$

5 $\cos 82{,}5°$

SOLUÇÃO

$$\cos 82{,}5° = \cos(60° + 22{,}5°)$$
$$= \cos 60° \cos 22{,}5° - \text{sen } 60° \text{ sen } 22{,}5°$$
$$= \frac{1}{2} \cdot \frac{\sqrt{2+\sqrt{2}}}{2} - \frac{\sqrt{3}}{2} \cdot \frac{\sqrt{2-\sqrt{2}}}{2}$$
$$= \frac{\sqrt{2+\sqrt{2}} - \sqrt{3}\sqrt{2-\sqrt{2}}}{4}$$

7 sen $82{,}5°$

SOLUÇÃO

$$\text{sen } 82{,}5° = \text{sen}(60° + 22{,}5°)$$
$$= \text{sen } 60° \cos 22{,}5° + \cos 60° \text{ sen } 22{,}5°$$
$$= \frac{\sqrt{3}}{2} \cdot \frac{\sqrt{2+\sqrt{2}}}{2} + \frac{1}{2} \cdot \frac{\sqrt{2-\sqrt{2}}}{2}$$
$$= \frac{\sqrt{3}\sqrt{2+\sqrt{2}} + \sqrt{2-\sqrt{2}}}{4}$$

9 $\cos 37{,}5°$

SOLUÇÃO

$$\cos 37{,}5° = \cos(60° - 22{,}5°)$$
$$= \cos 60° \cos 22{,}5° + \text{sen } 60° \text{ sen } 22{,}5°$$
$$= \frac{1}{2} \cdot \frac{\sqrt{2+\sqrt{2}}}{2} + \frac{\sqrt{3}}{2} \cdot \frac{\sqrt{2-\sqrt{2}}}{2}$$
$$= \frac{\sqrt{2+\sqrt{2}} + \sqrt{3}\sqrt{2-\sqrt{2}}}{4}$$

11 sen $37{,}5°$

SOLUÇÃO

$$\text{sen } 37{,}5° = \text{sen}(60° - 22{,}5°)$$
$$= \text{sen } 60° \cos 22{,}5° - \cos 60° \text{ sen } 22{,}5°$$
$$= \frac{\sqrt{3}}{2} \cdot \frac{\sqrt{2+\sqrt{2}}}{2} - \frac{1}{2} \cdot \frac{\sqrt{2-\sqrt{2}}}{2}$$
$$= \frac{\sqrt{3}\sqrt{2+\sqrt{2}} - \sqrt{2-\sqrt{2}}}{4}$$

Para os Exercícios 13-24, calcule as expressões indicadas considerando que

$$\cos x = \tfrac{1}{3} \quad e \quad \text{sen } y = \tfrac{1}{4},$$
$$\text{sen } u = \tfrac{2}{3} \quad e \quad \cos v = \tfrac{1}{5}.$$

Considere, também, que x e u estão no intervalo $\left(0, \tfrac{\pi}{2}\right)$, y está no intervalo $\left(\tfrac{\pi}{2}, \pi\right)$ e v está no intervalo $\left(-\tfrac{\pi}{2}, 0\right)$.

13 $\cos(x+y)$

SOLUÇÃO   Para usar a fórmula da adição para $\cos(x+y)$, precisaremos conhecer o cosseno e o seno de x e de y. Portanto, primeiro encontramos esses valores, começando com sen x. Como $0 < x < \tfrac{\pi}{2}$, sabemos que sen $x > 0$. Portanto

$$\text{sen } x = \sqrt{1 - \cos^2 x} = \sqrt{1 - \tfrac{1}{9}} = \sqrt{\tfrac{8}{9}} = \tfrac{\sqrt{4}\sqrt{2}}{\sqrt{9}}$$
$$= \tfrac{2\sqrt{2}}{3}.$$

Como $\tfrac{\pi}{2} < y < \pi$, sabemos que $\cos y < 0$. Portanto

$$\cos y = -\sqrt{1 - \text{sen}^2 y} = -\sqrt{1 - \tfrac{1}{16}} = -\sqrt{\tfrac{15}{16}}$$
$$= -\tfrac{\sqrt{15}}{4}.$$

Assim

$$\cos(x+y) = \cos x \cos y - \text{sen } x \text{ sen } y$$
$$= \tfrac{1}{3} \cdot \left(-\tfrac{\sqrt{15}}{4}\right) - \tfrac{2\sqrt{2}}{3} \cdot \tfrac{1}{4}$$
$$= \tfrac{-\sqrt{15} - 2\sqrt{2}}{12}.$$

15 $\cos(x - y)$

SOLUÇÃO
$$\cos(x - y) = \cos x \cos y + \text{sen}\, x\, \text{sen}\, y$$
$$= \tfrac{1}{3} \cdot \left(-\tfrac{\sqrt{15}}{4}\right) + \tfrac{2\sqrt{2}}{3} \cdot \tfrac{1}{4}$$
$$= \tfrac{2\sqrt{2}-\sqrt{15}}{12}$$

17 $\text{sen}(x + y)$

SOLUÇÃO
$$\text{sen}(x + y) = \text{sen}\, x \cos y + \cos x\, \text{sen}\, y$$
$$= \tfrac{2\sqrt{2}}{3} \cdot \left(-\tfrac{\sqrt{15}}{4}\right) + \tfrac{1}{3} \cdot \tfrac{1}{4}$$
$$= \tfrac{1-2\sqrt{30}}{12}$$

19 $\text{sen}(x - y)$

SOLUÇÃO
$$\text{sen}(x - y) = \text{sen}\, x \cos y - \cos x\, \text{sen}\, y$$
$$= \tfrac{2\sqrt{2}}{3} \cdot \left(-\tfrac{\sqrt{15}}{4}\right) - \tfrac{1}{3} \cdot \tfrac{1}{4}$$
$$= \tfrac{-1-2\sqrt{30}}{12}$$

21 $\tan(x + y)$

SOLUÇÃO Para usar a fórmula da adição para $\tan(x + y)$, precisaremos conhecer a tangente de x e a de y. Portanto, primeiro encontramos esses valores, começando com $\tan x$:

$$\tan x = \frac{\text{sen}\, x}{\cos x} = \frac{\frac{2\sqrt{2}}{3}}{\frac{1}{3}} = 2\sqrt{2}.$$

Também,

$$\tan y = \frac{\text{sen}\, y}{\cos y} = \frac{\frac{1}{4}}{-\frac{\sqrt{15}}{4}} = -\frac{1}{\sqrt{15}} = -\frac{\sqrt{15}}{15}.$$

Assim

$$\tan(x + y) = \frac{\tan x + \tan y}{1 - \tan x \tan y}$$
$$= \frac{2\sqrt{2} - \frac{\sqrt{15}}{15}}{1 + 2\sqrt{2} \cdot \frac{\sqrt{15}}{15}}$$
$$= \frac{30\sqrt{2} - \sqrt{15}}{15 + 2\sqrt{30}},$$

em que a última expressão é obtida multiplicando o numerador e o denominador da expressão anterior por 15.

23 $\tan(x - y)$

SOLUÇÃO
$$\tan(x - y) = \frac{\tan x - \tan y}{1 + \tan x \tan y}$$
$$= \frac{2\sqrt{2} + \frac{\sqrt{15}}{15}}{1 - 2\sqrt{2} \cdot \frac{\sqrt{15}}{15}}$$
$$= \frac{30\sqrt{2} + \sqrt{15}}{15 - 2\sqrt{30}},$$

em que a última expressão é obtida multiplicando o numerador e o denominador da expressão do meio por 15.

25 Calcule $\cos\left(\tfrac{\pi}{6} + \cos^{-1}\tfrac{3}{4}\right)$.

SOLUÇÃO Para usar a fórmula da adição para cosseno, precisamos calcular o cosseno e o seno de $\cos^{-1}\tfrac{3}{4}$. Portanto, começamos calculando esses valores.

A definição de $\cos^{-1}$ implica que

$$\cos(\cos^{-1}\tfrac{3}{4}) = \tfrac{3}{4}.$$

O cálculo de $\text{sen}\left(\cos^{-1}\tfrac{3}{4}\right)$ exige um pouco mais de trabalho. Seja $v \cos^{-1}\tfrac{3}{4}$. Assim, v é o ângulo em $[0, \pi]$ tal que $\cos v = \tfrac{3}{4}$. Observe que $\text{sen}\, v \geq 0$, pois v está em $[0, \pi]$. Portanto

$$\text{sen}(\cos^{-1}\tfrac{3}{4}) = \text{sen}\, v = \sqrt{1 - \cos^2 v}$$
$$= \sqrt{1 - \tfrac{9}{16}} = \sqrt{\tfrac{7}{16}} = \tfrac{\sqrt{7}}{4}.$$

Usando a fórmula da adição para cosseno, temos agora

$$\cos(\tfrac{\pi}{6} + \cos^{-1}\tfrac{3}{4})$$
$$= \cos\tfrac{\pi}{6}\cos(\cos^{-1}\tfrac{3}{4}) - \text{sen}\,\tfrac{\pi}{6}\,\text{sen}(\cos^{-1}\tfrac{3}{4})$$
$$= \tfrac{\sqrt{3}}{2} \cdot \tfrac{3}{4} - \tfrac{1}{2} \cdot \tfrac{\sqrt{7}}{4}$$
$$= \tfrac{3\sqrt{3}-\sqrt{7}}{8}.$$

27 Calcule $\text{sen}\left(\cos^{-1}\tfrac{1}{4} + \tan^{-1} 2\right)$.

SOLUÇÃO Para usar a fórmula da adição para seno, precisamos calcular o cosseno e o seno de $\cos^{-1}\tfrac{1}{4}$ e de $\tan^{-1} 2$. Portanto, começamos calculando esses valores.

A definição de $\cos^{-1}$ implica que

$$\cos(\cos^{-1}\tfrac{1}{4}) = \tfrac{1}{4}.$$

O cálculo de $\text{sen}\left(\cos^{-1}\tfrac{1}{4}\right)$ exige um pouco mais de trabalho. Seja $u = \cos^{-1}\tfrac{1}{4}$. Assim, u é o ângulo em $[0, \pi]$ tal que $\cos v = \tfrac{1}{4}$. Observe que $\text{sen}\, u \geq 0$, pois u está em $[0, \pi]$. Portanto

$$\operatorname{sen}(\cos^{-1} \tfrac{1}{4}) = \operatorname{sen} u = \sqrt{1 - \cos^2 u}$$
$$= \sqrt{1 - \tfrac{1}{16}} = \sqrt{\tfrac{15}{16}} = \tfrac{\sqrt{15}}{4}.$$

Agora, seja $v = \tan^{-1} 2$. Então v é o ângulo em $(0, \tfrac{\pi}{2})$ tal que $\tan v = 2$ (o intervalo de $\tan^{-1}$ é o intervalo $(-\tfrac{\pi}{2}, \tfrac{\pi}{2})$, mas, para este v em particular, sabemos que $\tan v$ é positiva, o que exclui o intervalo $(-\tfrac{\pi}{2}, 0)$ de consideração). Temos

$$2 = \tan v = \frac{\operatorname{sen} v}{\cos v} = \frac{\sqrt{1 - \cos^2 v}}{\cos v}.$$

Elevando ao quadrado o primeiro e o último termos acima, temos

$$4 = \frac{1 - \cos^2 v}{\cos^2 v}.$$

Resolvendo a equação acima para $\cos v$, chega-se a

$$\cos(\tan^{-1} 2) = \cos v = \tfrac{\sqrt{5}}{5}.$$

A identidade $\operatorname{sen} v = \sqrt{1 - \cos^2 v}$ implica que

$$\operatorname{sen}(\tan^{-1} 2) = \operatorname{sen} v = \tfrac{2\sqrt{5}}{5}.$$

Usando a fórmula da adição para seno, temos agora

$$\operatorname{sen}(\cos^{-1} \tfrac{1}{4} + \tan^{-1} 2)$$
$$= \operatorname{sen}(\cos^{-1} \tfrac{1}{4}) \cos(\tan^{-1} 2)$$
$$\quad + \cos(\cos^{-1} \tfrac{1}{4}) \operatorname{sen}(\tan^{-1} 2)$$
$$= \tfrac{\sqrt{15}}{4} \cdot \tfrac{\sqrt{5}}{5} + \tfrac{1}{4} \cdot \tfrac{2\sqrt{5}}{5}$$
$$= \tfrac{5\sqrt{3} + 2\sqrt{5}}{20}.$$

29 Determine uma fórmula para $\cos(\theta + \tfrac{\pi}{2})$.

SOLUÇÃO
$$\cos(\theta + \tfrac{\pi}{2}) = \cos\theta \cos\tfrac{\pi}{2} - \operatorname{sen}\theta \operatorname{sen}\tfrac{\pi}{2}$$
$$= -\operatorname{sen}\theta.$$

31 Determine uma fórmula para $\cos(\theta + \tfrac{\pi}{4})$.

SOLUÇÃO
$$\cos(\theta + \tfrac{\pi}{4}) = \cos\theta \cos\tfrac{\pi}{4} - \operatorname{sen}\theta \operatorname{sen}\tfrac{\pi}{4}$$
$$= \tfrac{\sqrt{2}}{2}(\cos\theta - \operatorname{sen}\theta)$$

33 Determine uma fórmula para $\tan(\theta + \tfrac{\pi}{4})$.

SOLUÇÃO
$$\tan(\theta + \tfrac{\pi}{4}) = \frac{\tan\theta + \tan\tfrac{\pi}{4}}{1 - \tan\theta \tan\tfrac{\pi}{4}}$$
$$= \frac{\tan\theta + 1}{1 - \tan\theta}$$

35 Determine uma fórmula para $\tan(\theta + \tfrac{\pi}{2})$.

SOLUÇÃO Como $\tan\tfrac{\pi}{2}$ é indefinida, não podemos usar a fórmula para a tangente da soma de dois ângulos. Mas o cálculo a seguir funciona:

$$\tan(\theta + \tfrac{\pi}{2}) = \frac{\operatorname{sen}(\theta + \tfrac{\pi}{2})}{\cos(\theta + \tfrac{\pi}{2})}$$
$$= \frac{\operatorname{sen}\theta \cos\tfrac{\pi}{2} + \cos\theta \operatorname{sen}\tfrac{\pi}{2}}{\cos\theta \cos\tfrac{\pi}{2} - \operatorname{sen}\theta \operatorname{sen}\tfrac{\pi}{2}}$$
$$= \frac{\cos\theta}{-\operatorname{sen}\theta}$$
$$= -\frac{1}{\tan\theta}.$$

RESUMO DO CAPÍTULO

Para certificar-se de que você domina os conceitos e as habilidades mais importantes cobertas neste capítulo, assegure-se de que você consegue executar cada um dos itens da seguinte lista:

- Dar o domínio e a imagem de $\cos^{-1}$, sen^{-1} e $\tan^{-1}$.
- Determinar o ângulo que uma reta com dada inclinação faz com o eixo horizontal.
- Calcular a composição de uma função trigonométrica e uma função trigonométrica inversa.
- Calcular a área de um triângulo ou de um paralelogramo dados os comprimentos de dois lados adjacentes e o ângulo entre eles.
- Calcular a área de um polígono regular.
- Explicar por que o conhecimento do seno do ângulo de um triângulo às vezes não é informação suficiente para determinar o ângulo.
- Determinar todos os ângulos e comprimentos dos lados de um triângulo, dados apenas alguns desses dados.
- Usar as fórmulas para o dobro do ângulo e para a metade do ângulo para cosseno, seno e tangente.
- Usar as fórmulas da adição e subtração para cosseno, seno e tangente.

Para revisar um capítulo, percorra a lista acima procurando identificar itens que você não sabe como executar, depois releia no capítulo o material a respeito desses itens. Em seguida, tente responder as questões de revisão do capítulo, formuladas abaixo, sem olhar outra vez no capítulo.

QUESTÕES DE REVISÃO DO CAPÍTULO

1. Determine os ângulos (em radianos) de um triângulo retângulo com hipotenusa de comprimento 7 e um outro lado com comprimento 4.

2. Determine os ângulos (em graus) em um triângulo retângulo cujos lados que não são a hipotenusa têm comprimentos 6 e 7.

3. Determine os comprimentos de ambos os arcos da circunferência unitária conectando os pontos $\left(\frac{3}{5}, \frac{4}{5}\right)$ e $\left(\frac{5}{13}, \frac{12}{13}\right)$.

4. Dê o domínio e a imagem de cada uma das seguintes funções: $\cos^{-1}$, sen^{-1} e $\tan^{-1}$.

5. Calcule $\cos^{-1}\frac{\sqrt{3}}{2}$.

6. Calcule $\text{sen}^{-1}\frac{\sqrt{3}}{2}$.

7. Calcule $\cos\left(\cos^{-1}\frac{2}{5}\right)$.

8. Sem usar calculadora, desenhe o raio da circunferência unitária correspondente a $\cos^{-1}(-80)$.

9. Explique por que sua calculadora provavelmente ficaria infeliz se você pedisse para ela calcular $\cos^{-1} 3$.

10. Determine o menor número positivo x tal que
$$3\,\text{sen}^2 x - 4\,\text{sen}\,x + 1 = 0.$$

11. Calcule $\text{sen}^{-1}\left(\text{sen}\,\frac{19\pi}{8}\right)$.

12. Calcule $\cos\left(\tan^{-1} 5\right)$.

13. Calcule a área de um triângulo que tem lados de comprimento 7 e 10, com um ângulo de 29° entre esses lados.

14. Determine a área de um polígono regular de 9 lados cujos vértices são nove pontos igualmente espaçados em uma circunferência de raio 2.

15. Determine os ângulos em um losango (um paralelogramo cujos quatro lados tem o mesmo comprimento) que tem área 19 e lados de comprimento 5.

16. Determine o perímetro de um polígono regular de 13 lados cujos vértices são 13 pontos igualmente espaçados em uma circunferência de raio 5.

17. Suponha $\text{sen}\,u = \frac{3}{7}$. Calcule $\cos(2u)$.

18. Suponha que θ seja um ângulo tal que $\text{sen}\,\theta$ é um número racional. Explique por que $\cos(2\theta)$ é um número racional.

19. Suponha que θ seja um ângulo tal que $\text{sen}\,\theta$ é um número racional diferente de 1 ou −1. Explique por que $\tan(2\theta)$ é um número racional.

20. Suponha que θ seja um ângulo tal que $\cos\theta$ e $\text{sen}\,\theta$ são, ambos, números racionais, com $\cos\theta \neq -1$. Explique por que $\tan\frac{\theta}{2}$ é um número racional.

Nas Questões 21-27 use a figura a seguir (que não está desenhada em escala). Quando uma questão pedir para calcular um ângulo, dê respostas em radianos e em graus.

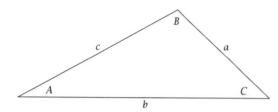

21. Suponha $a = 7$, $B = 35°$ e $C = 25°$. Calcule:
    (a) A (b) b (c) c

22. Suponha $a = 6$, $A = \frac{3\pi}{11}$ radianos e $B = \frac{5\pi}{11}$ radianos. Calcule:
    (a) C (b) b (c) c

23. Suponha $a = 5$, $b = 7$ e $c = 11$. Calcule:
    (a) A (b) B (c) C

24. Suponha $a = 4$, $b = 7$ e $C = 41°$. Calcule:
    (a) c (b) A (c) B

25. Suponha $a = 3$, $b = 4$ e $C = 1,5$ radianos. Calcule:
    (a) c (b) A (c) B

26. Suponha $a = 5$, $b = 4$ e $B = 30°$. Calcule:
    (a) A (considere $A < 90°$)
    (b) C
    (c) c

27. Suponha $a = 5$, $b = 4$ e $B = 30°$. Calcule:
    (a) A (considere $A > 90°$)
    (b) C
    (c) c

Para as Questões 28-33, calcule a expressão dada, assumindo que $\cos v = -\frac{3}{7}$, com $\pi < v < \frac{3}{2}\pi$.

28. $\cos(2v)$
29. $\text{sen}(2v)$
30. $\tan(2v)$
31. $\cos \frac{v}{2}$
32. $\text{sen} \frac{v}{2}$
33. $\tan \frac{v}{2}$

34. Iniciando pela fórmula da soma de dois ângulos para o cosseno, derive a fórmula da diferença de dois ângulos para o cosseno.

Para as Questões 35-40, calcule a expressão dada assumindo que $\cos u = \frac{2}{5}$ e $\text{sen } v = \frac{2}{3}$, com $-\frac{\pi}{2} < u < 0$ e $0 < v < \frac{\pi}{2}$.

35. $\cos(u + v)$
36. $\cos(u - v)$
37. $\text{sen}(u + v)$
38. $\text{sen}(u - v)$
39. $\tan(u + v)$
40. $\tan(u - v)$

41. Determine uma expressão exata para sen 75°.

42. Determine um número b tal que
$$\cos x + \text{sen } x = b \, \text{sen}(x + \tfrac{\pi}{4})$$
para cada número x.

43. Determine uma fórmula para $\cos\left(\theta + \frac{\pi}{3}\right)$ em termos de $\cos \theta$ e $\text{sen } \theta$.

44. Demonstre que, se $|x|$ é pequeno, porém diferente de zero, então
$$x \tan(\tfrac{\pi}{2} - x) \approx 1.$$

45. Explique por que o triângulo retângulo a seguir tem área $9 \, \text{sen}(2\theta)$.

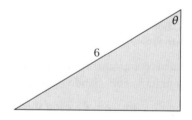

Apenas por diversão, aqui está a fórmula exata para $\cos \frac{\pi}{17}$ que o matemático alemão Carl Friedrich Gauss descobriu em 1796, quando ele tinha 19 anos:

$$\cos \tfrac{\pi}{17} = \frac{\sqrt{15 + \sqrt{17} + \sqrt{34 - 2\sqrt{17}} + 2\sqrt{17 + 3\sqrt{17} - \sqrt{170 + 38\sqrt{17}}}}}{4\sqrt{2}}.$$

CAPÍTULO 6

Um avião voando nos ventos fortes, comuns em altas altitudes. A velocidade do avião e a direção em relação ao solo são calculadas pela soma do vetor velocidade do vento com o vetor velocidade do ar.

Aplicações da Trigonometria

Este capítulo começa com uma investigação de transformações de funções trigonométricas. Tais transformações são usadas para modelar eventos periódicos. Revisar transformações de funções no contexto de funções trigonométricas também nos ajudará a rever os conceitos-chave de transformações de funções do Capítulo 1.

Nosso assunto seguinte será coordenadas polares, que fornecem um método alternativo para a localização de pontos no plano das coordenadas. Como veremos, a conversão entre coordenadas polares e coordenadas retangulares requer uma boa compreensão de funções trigonométricas.

Vetores podem ser usados para modelar objetos que têm magnitude, direção e sentido, tais como o vento. Na terceira seção deste capítulo, a trigonometria vai ajudar-nos a entender os vetores. Veremos como o produto escalar fornece uma ferramenta útil para determinar o ângulo entre dois vetores.

As duas últimas seções deste capítulo lidam com números complexos e sua representação no plano complexo. Aprenderemos como o Teorema de De Moivre usa a trigonometria para calcular potências elevadas e raízes de números complexos.

6.1 Transformações de Funções Trigonométricas

OBJETIVOS DE APRENDIZAGEM

Ao final desta seção, você deverá ser capaz de
- calcular a amplitude de uma função;
- calcular o período de uma função;
- fazer o gráfico de um deslocamento de fase;
- determinar transformações de funções trigonométricas que ajustem amplitude, período e/ou deslocamento de fase para valores desejados.

Alguns eventos têm padrões que se repetem praticamente periodicamente, como as marés (aproximadamente a cada dia), o número total diário nacional de passageiros que utilizam o transporte público (aproximadamente a cada semana, com decréscimo nos finais de semana em comparação com dias de semana), as fases da lua (aproximadamente a cada mês) e a temperatura ao meio-dia em Chicago (aproximadamente a cada ano, como a mudança das estações).

As funções cosseno e seno são funções periódicas, portanto, são particularmente adequadas para modelar tais eventos. Entretanto, os valores do cosseno e do seno, os quais estão entre −1 e 1, e o período do cosseno e do seno, que é 2π, raramente se ajustam aos eventos que estão sendo modelados. Portanto, transformações nessas funções são necessárias.

Na Seção 1.3, discutimos várias transformações de funções, que podem alongar o gráfico da função verticalmente ou horizontalmente, deslocar o gráfico para a esquerda ou para a direita ou refletir o gráfico sobre o eixo vertical ou sobre o eixo horizontal. Nesta seção, revisitaremos as transformações de funções, desta vez usando funções trigonométricas. Assim, esta seção ajudará você a revisar e solidificar os conceitos de transformações de funções introduzidos na Seção 1.3 e também a aprofundar sua compreensão sobre o comportamento das funções trigonométricas chave.

As fases da lua, que se repetem aproximadamente a cada mês, fornecem um excelente exemplo de comportamento periódico.

Amplitude

Lembre que, se f for uma função, c um número positivo e g uma função definida por $g(x) = cf(x)$, então o gráfico de g é obtido pelo alongamento vertical do gráfico de f por um fator c (veja a Seção 1.3).

EXEMPLO 1

Estamos aqui informalmente usando cos x como uma abreviatura para a função cujo valor em um número x é igual a cos x.

Por conveniência, ao longo desta seção são usadas escalas diferentes nos eixos horizontal e vertical.

(a) Esboce os gráficos de cos x e 3 cos x no intervalo $[-4\pi, 4\pi]$.

(b) Qual é a imagem da função 3 cos x?

SOLUÇÃO

(a) O gráfico de 3 cos x é obtido pelo alongamento vertical do gráfico de cos x por um fator 3:

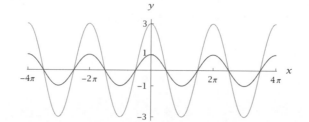

Os gráficos de cos x (cinza-escuro) e 3 cos x (cinza meio-tom) no intervalo $[-4\pi, 4\pi]$.

(b) A imagem de 3 cos x é obtida pela multiplicação de cada número na imagem de cos x por 3. Portanto, a imagem de 3 cos x é o intervalo [−3, 3].

Dizemos que 3 cos x tem amplitude 3. Aqui está a definição formal:

Amplitude

A **amplitude** de uma função é a metade da diferença entre os valores máximo e mínimo da função.

Nem toda função tem uma amplitude. Por exemplo, a função tangente definida no intervalo $\left[0, \frac{\pi}{2}\right)$ não tem um valor máximo e, portanto, não tem uma amplitude.

Por exemplo, a função 3 cos x tem um valor máximo de 3 e um valor mínimo de −3. Assim, a diferença entre os valores máximo e mínimo de 3 cos x é 6. Metade de 6 é 3, portanto, a função 3 cos x tem amplitude 3.

O próximo exemplo ilustra o efeito da multiplicação de uma função trigonométrica por um número negativo.

EXEMPLO 2

(a) Esboce os gráficos de sen x e −3 sen x no intervalo [−4π, 4π].

(b) Qual é a imagem da função −3 sen x?

(c) Qual é a amplitude da função −3 sen x?

SOLUÇÃO

(a) O gráfico de −3 sen x é obtido pelo alongamento vertical do gráfico de sen x por um fator 3 e, em seguida, por sua reflexão sobre o eixo horizontal:

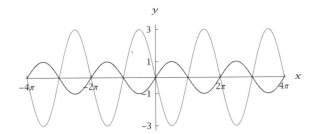

Os gráficos de sen x (cinza-escuro) e −3 sen x (cinza meio-tom) no intervalo [−4π, 4π].

(b) A imagem de −3 sen x é obtida pela multiplicação de cada número na imagem de sen x por 3. Assim, a imagem de −3 sen x está no intervalo [−3, 3].

(c) A função −3 sen x tem um valor máximo de 3 e um valor mínimo de −3. Assim, a diferença entre os valores máximo e mínimo de −3 sen x é 6. Metade de 6 é 3 e, portanto, a função −3 sen x tem amplitude 3.

Lembre que, se f for uma função, a um número positivo e g uma função definida por g(x) = f(x) + a, então o gráfico de g é obtido pelo deslocamento do gráfico de f para cima a unidades (veja a Seção 1.3). O próximo exemplo ilustra uma função cujo gráfico é obtido do gráfico da função cosseno alongado verticalmente e deslocado para cima.

EXEMPLO 3

(a) Esboce os gráficos de cos x e 2 + 0,3 cos x no intervalo [−4π, 4π].

(b) Qual é a imagem da função 2 + 0,3 cos x?

(c) Qual é a amplitude da função 2 + 0,3 cos x?

SOLUÇÃO

(a) O gráfico de 2 + 0,3 cos x é obtido pelo alongamento vertical do gráfico de cos x por um fator 0,3 e, em seguida, por seu deslocamento para cima 2 unidades:

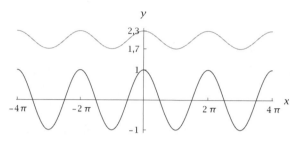

Os gráficos de cos *x (cinza-escuro) e* 2 + 0,3 cos *x (cinza meio-tom) no intervalo* [−4π, 4π].

Mesmo considerando que 2 + 0,3 cos x é maior que cos x para todo número real x, a função 2 + 0,3 cos x tem amplitude menor que a de cos x.

(b) A imagem de 2 + 0,3 cos x é obtida pela multiplicação de cada número na imagem de cos x por 0,3, o que produz o intervalo [−0,3; 0,3], e, em seguida, pela soma de 2 a cada número. Portanto, a imagem de 2 + 0,3 cos x é o intervalo [1,7; 2,3], como mostrado no gráfico acima.

(c) A função 2 + 0,3 cos x tem um valor máximo de 2,3 e um valor mínimo de 1,7. Assim, a diferença entre os valores máximo e mínimo de 2 + 0,3 cos x é 0,6. Metade de 0,6 é 0,3, portanto, a função 2 + 0,3 cos x tem amplitude 0,3.

Período

Os gráficos das funções cosseno e seno são periódicos, o que significa que elas repetem seu comportamento em intervalos regulares. Mais especificamente,

$$\cos(x + 2\pi) = \cos x \quad \text{e} \quad \text{sen}\,(x + 2\pi) = \text{sen}\,x$$

para todo número x. Nas equações acima, podíamos ter substituído 2π por 4π, ou 6π, ou 8π, e assim por diante, mas nenhum número positivo menor que 2π tornaria válidas essas equações para todos os valores de x. Assim, dizemos que as funções cosseno e seno têm **período** 2π. Aqui está a definição formal:

As funções cosseno e seno têm período 2π; a função tangente tem período π (veja a Seção 4.6).

Período

Suponha que f seja uma função e p > 0. Dizemos que f tem **período** p se p for o menor número positivo tal que

$$f(x + p) = f(x)$$

para todo número real x no domínio de f.

Algumas funções não repetem seu comportamento em intervalos regulares, portanto, não têm um período. Por exemplo, a função f definida por $f(x) = x^2$ não tem um período. Uma função é denominada **periódica** se ela tiver algum período.

Lembre que, se f for uma função, c um número positivo e h uma função definida por $h(x) = f(cx)$, então o gráfico de h é obtido pelo alongamento horizontal do gráfico de f por um fator $\frac{1}{c}$ (veja a Seção 1.3). Isto implica que, se f tiver período p, então h terá período $\frac{p}{c}$, como ilustrado no próximo exemplo.

(a) Esboce os gráficos de 3 + cos x e cos (2x) no intervalo [−4π, 4π].

EXEMPLO 4

(b) Qual é a imagem da função cos (2x)?

(c) Qual é a amplitude da função cos (2x)?

(d) Qual é o período da função cos (2x)?

SOLUÇÃO

(a) O gráfico de 3 + cos x é obtido pelo deslocamento do gráfico de cos x para cima 3 unidades. O gráfico de cos (2x) é obtido pelo alongamento horizontal do gráfico de cos x por um fator $\frac{1}{2}$:

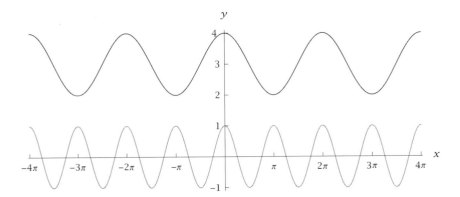

Os gráficos de 3 + cos x (cinza-escuro) e cos (2x) (cinza meio-tom) no intervalo [−4π, 4π].

(b) Como x varia nos números reais, cos x e cos (2x) usam os mesmos valores. Assim, a imagem de cos (2x) está no intervalo [−1, 1].

(c) A função cos (2x) tem um valor máximo de 1 e um valor mínimo de −1. Assim, a diferença entre os valores máximo e mínimo de cos (2x) é 2. Metade de 2 é 1, portanto, a função cos (2x) tem amplitude 1.

(d) Para determinar o período de cos (2x), lembre que o gráfico de cos (2x) é obtido pelo alongamento horizontal do gráfico de cos x por um fator $\frac{1}{2}$, como discutido na solução da parte (a) acima. Como o gráfico de cos x repete seu comportamento em intervalos de tamanho 2π (e em nenhum outro intervalo de tamanho menor), isto significa que o gráfico de cos (2x) repete seu comportamento em intervalos de tamanho $\frac{1}{2}(2\pi)$ (e em nenhum outro intervalo de tamanho menor); veja a figura acima. Assim, cos (2x) tem período π.

Se pensarmos sobre o eixo horizontal no gráfico da parte (a) como representando o tempo, então o gráfico de cos (2x) oscila duas vezes mais rápido que o gráfico de cos x.

O exemplo seguinte ilustra uma transformação da função seno que altera tanto a amplitude quanto o período.

(a) Esboce o gráfico da função 7 sen (2πx) no intervalo [−3, 3].

EXEMPLO 5

(b) Qual é a imagem da função 7 sen (2πx)?

(c) Qual é a amplitude da função 7 sen (2πx)?

(d) Qual é o período da função 7 sen (2πx)?

SOLUÇÃO

(a) O gráfico de 7 sen (2πx) é obtido do gráfico de sen x por seu alongamento horizontal por um fator $\frac{1}{2\pi}$ e um alongamento vertical por um fator 7:

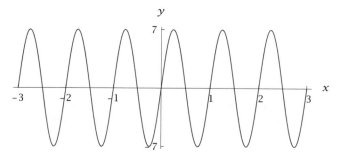

O gráfico de 7 sen (2πx) no intervalo [−3, 3].

(b) Como x varia nos números reais, sen (2πx) varia nos mesmos valores que sen x. Assim, a imagem da função sen (2πx) é o intervalo [−1, 1]. A imagem de 7 sen (2πx) é obtida pela multiplicação de cada número na imagem de sen (2πx) por 7. Portanto, a imagem de 7 sen (2πx) é o intervalo [−7, 7].

(c) A função 7 sen (2πx) tem um valor máximo 7 e um valor mínimo −7. Assim, a diferença entre os valores máximo e mínimo de 7 sen (2πx) é 14. Metade de 14 é 7, portanto, a função 7 sen (2πx) tem amplitude 7.

Como mostra este exemplo, multiplicar uma função por uma constante (neste caso, 7) muda sua amplitude, mas não tem nenhum efeito sobre o período.

(d) Para determinar o período de 7 sen (2πx), lembre que o gráfico de 7 sen (2πx) é obtido do gráfico de sen x por seu alongamento horizontal por um fator $\frac{1}{2\pi}$ e um alongamento vertical por um fator 7, como discutido na solução da parte (a) acima. Como o gráfico de sen x repete seu comportamento em intervalos de tamanho 2π (e em nenhum intervalo de tamanho menor), isto significa que o gráfico de 7 sen (2πx) repete seu comportamento em intervalos de tamanho $\frac{1}{2\pi}(2\pi)$ (e em nenhum intervalo de tamanho menor); veja a figura acima. Portanto, 7 sen (2πx) tem período 1.

Deslocamento de Fase

Lembre que, se f for uma função, b um número positivo e g uma função definida por g(x) = f(x − b), então o gráfico de g é obtido pelo deslocamento do gráfico de f para a direita b unidades (veja a Seção 1.3).

EXEMPLO 6

(a) Esboce os gráficos de cos x e $\cos(x - \frac{\pi}{3})$ no intervalo [−4π, 4π].

(b) Qual é a imagem da função $\cos(x - \frac{\pi}{3})$?

(c) Qual é a amplitude da função $\cos(x - \frac{\pi}{3})$?

(d) Qual é o período da função $\cos(x - \frac{\pi}{3})$?

(e) Por que fração do período de cos x o gráfico foi deslocado para a direita para obter-se o gráfico de $\cos(x - \frac{\pi}{3})$?

SOLUÇÃO

(a) O gráfico de $\cos(x - \frac{\pi}{3})$ é obtido pelo deslocamento do gráfico de cos x para a direita $\frac{\pi}{3}$ unidades:

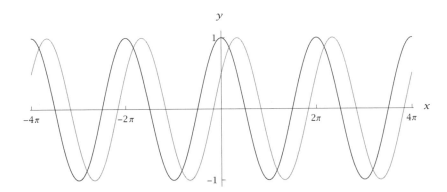

Os gráficos de cos *x (cinza-escuro) e* $\cos(x-\frac{\pi}{3})$ *(cinza meio-tom) no intervalo* $[-4\pi, 4\pi]$.

(b) Como x varia nos números reais, cos x e $\cos(x-\frac{\pi}{3})$ variam nos mesmos valores. Portanto, a imagem de $\cos(x-\frac{\pi}{3})$ é o intervalo $[-1, 1]$.

(c) A função $\cos(x-\frac{\pi}{3})$ tem um valor máximo de 1 e um valor mínimo de -1. Portanto, a diferença entre os valores máximo e mínimo de $\cos(x-\frac{\pi}{3})$ é 2. Metade de 2 é 1, portanto, a função $\cos(x-\frac{\pi}{3})$ tem amplitude 1.

(d) Como o gráfico de $\cos(x-\frac{\pi}{3})$ é obtido pelo deslocamento do gráfico de cos x para a direita $\frac{\pi}{3}$ unidades, o gráfico de $\cos(x-\frac{\pi}{3})$ repete seu comportamento em intervalos do mesmo tamanho que o gráfico de cos x. Como cos x tem período 2π, isto implica que $\cos(x-\frac{\pi}{3})$ também tem período 2π.

(e) O gráfico da função cos x é deslocado para a direita $\frac{\pi}{3}$ unidades para obter-se o gráfico de $\cos(x-\frac{\pi}{3})$. O período de cos x é 2π. Assim, a fração do período de cos x pela qual o gráfico foi deslocado é $\frac{\pi/3}{2\pi}$, que é igual a $\frac{1}{6}$.

Como mostra este exemplo, deslocar o gráfico de uma função para a direita ou para a esquerda não faz variar nem sua imagem, nem sua amplitude, nem seu período.

Na solução para a parte (e) acima, vemos que o gráfico de cos x é deslocado para a direita um sexto de período para obter-se o gráfico de $\cos(x-\frac{\pi}{3})$. Deslocar o gráfico de uma função periódica para a direita ou para a esquerda é, geralmente, denominado **deslocamento de fase**, pois a função original e a nova função têm o mesmo período e o mesmo comportamento, apesar de estarem fora de fase.

Eis aqui como cos x se comporta com deslocamentos de fase de um quarto de seu período, metade de seu período e todo o seu período:

- Se o gráfico de cos x for deslocado para a direita $\frac{\pi}{2}$ unidades, que é um quarto de seu período, então obtemos o gráfico de sen x; isso acontece porque $\cos(x-\frac{\pi}{2}) = \text{sen } x$ (veja o Exemplo 3 da Seção 4.6).

- Se o gráfico de cos x for deslocado para a direita por π unidades, que é metade de seu período, então obtemos o gráfico de $-\cos x$; isso acontece porque $\cos(x - \pi) = -\cos x$ (usando a fórmula da Seção 4.6 para $\cos(x + n\pi)$, com $n = -1$).

- Se o gráfico de cos x for deslocado para a direita 2π unidades, que é o seu período, então obtemos o gráfico de cos x; isso acontece porque $\cos(x - 2\pi) = \cos x$.

O exemplo a seguir mostra como lidar com uma mudança na amplitude, uma mudança no período e um deslocamento de fase.

EXEMPLO 7

(a) Esboce os gráficos de $5\,\text{sen}\,\frac{x}{2}$ e $5\,\text{sen}\left(\frac{x}{2}-\frac{\pi}{3}\right)$ no intervalo $[-4\pi, 4\pi]$.

(b) Qual é a imagem da função $5\,\text{sen}\left(\frac{x}{2}-\frac{\pi}{3}\right)$?

(c) Qual é a amplitude da função $5\,\text{sen}\left(\frac{x}{2}-\frac{\pi}{3}\right)$?

(d) Qual é o período da função $5\,\text{sen}\left(\frac{x}{2}-\frac{\pi}{3}\right)$?

(e) Por que fração do período de $5\,\text{sen}\,\frac{x}{2}$ o gráfico foi deslocado para a direita para obter-se o gráfico de $5\,\text{sen}\left(\frac{x}{2}-\frac{\pi}{3}\right)$?

SOLUÇÃO

(a) O gráfico de $5\,\text{sen}\,\frac{x}{2}$ é obtido do gráfico de sen x por seu alongamento vertical por um fator 5 e seu alongamento horizontal por um fator 2, como mostrado na figura a seguir.

Para ver como construir o gráfico de $5\,\text{sen}\left(\frac{x}{2}-\frac{\pi}{3}\right)$, defina uma função f por

$$f(x) = 5\,\text{sen}\,\frac{x}{2}.$$

Agora

$$5\,\text{sen}\left(\frac{x}{2}-\frac{\pi}{3}\right) = 5\,\text{sen}\,\frac{x-\frac{2\pi}{3}}{2} = f\left(x-\frac{2\pi}{3}\right).$$

Portanto, o gráfico de $5\,\text{sen}\left(\frac{x}{2}-\frac{\pi}{3}\right)$ é obtido pelo deslocamento do gráfico de $5\,\text{sen}\,\frac{x}{2}$ para a direita $\frac{2\pi}{3}$ unidades:

Você pode ficar surpreso, porque o gráfico está deslocado para a direita em $\frac{2\pi}{3}$ unidades, e não em $\frac{\pi}{3}$ unidades. Tenha cuidado redobrado em problemas que envolvem uma alteração de período e também um deslocamento de fase.

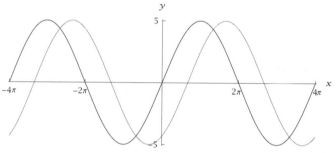

Os gráficos de $5\,\text{sen}\,\frac{x}{2}$ (cinza-escuro) e $5\,\text{sen}\left(\frac{x}{2}-\frac{\pi}{3}\right)$ (cinza meio-tom) no intervalo $[-4\pi, 4\pi]$.

(b) A imagem de $5\,\text{sen}\left(\frac{x}{2}-\frac{\pi}{3}\right)$ é obtida pela multiplicação de cada número na imagem de $5\,\text{sen}\left(\frac{x}{2}-\frac{\pi}{3}\right)$ por 5. Portanto, a imagem de $5\,\text{sen}\left(\frac{x}{2}-\frac{\pi}{3}\right)$ é o intervalo $[-5, 5]$.

(c) A função $5\,\text{sen}\left(\frac{x}{2}-\frac{\pi}{3}\right)$ tem um valor máximo de 5 e um valor mínimo de -5. Assim, a diferença entre os valores máximo e mínimo de $5\,\text{sen}\left(\frac{x}{2}-\frac{\pi}{3}\right)$ é 10. Metade de 10 é 5, portanto, a função $5\,\text{sen}\left(\frac{x}{2}-\frac{\pi}{3}\right)$ tem amplitude 5.

(d) Como o gráfico de $5\,\text{sen}\left(\frac{x}{2}-\frac{\pi}{3}\right)$ é obtido pelo deslocamento do gráfico de $5\,\text{sen}\,\frac{x}{2}$ para a direita $\frac{2\pi}{3}$ unidades, o gráfico de $5\,\text{sen}\left(\frac{x}{2}-\frac{\pi}{3}\right)$ repete seu comportamento em intervalos de mesmo tamanho que o gráfico de $5\,\text{sen}\,\frac{x}{2}$. Portanto, o período de $5\,\text{sen}\left(\frac{x}{2}-\frac{\pi}{3}\right)$ é igual ao período de $5\,\text{sen}\,\frac{x}{2}$, que é igual ao período de $\text{sen}\,\frac{x}{2}$ (porque alterar a amplitude não altera o período). A função $\text{sen}\,\frac{x}{2}$ tem período 4π, pois seu gráfico é obtido pelo alongamento horizontal do gráfico de sen x (que tem período 2π) por um fator 2. Assim, $5\,\text{sen}\left(\frac{x}{2}-\frac{\pi}{3}\right)$ tem período 4π.

(e) O gráfico da função $5\,\text{sen}\,\frac{x}{2}$ é deslocado para a direita $\frac{2\pi}{3}$ unidades para obter-se o gráfico de $5\,\text{sen}\left(\frac{x}{2}-\frac{\pi}{3}\right)$. O período de $5\,\text{sen}\,\frac{x}{2}$ é 4π. Assim, a fração do período de $5\,\text{sen}\,\frac{x}{2}$ pela qual o gráfico foi deslocado é

$$\frac{2\pi/3}{4\pi},$$

que é igual a $\frac{1}{6}$.

Ajustando Transformações de Funções Trigonométricas a Dados

Agora sabemos como modificar uma função trigonométrica para modificar sua amplitude, período e/ou fase. Essas ferramentas nos dão flexibilidade suficiente para modelar eventos periódicos usando transformações de funções trigonométricas. O próximo exemplo ilustra essas ideias e técnicas.

Apesar de usarmos uma transformação do cosseno no próximo exemplo, poderíamos facilmente ter usado o seno com uma fase diferente. As identidades $\text{sen}\,x = \cos\left(x-\frac{\pi}{2}\right)$ e $\cos x = \text{sen}\left(\frac{\pi}{2}-x\right)$ permitem-nos permutar facilmente cosseno e seno.

O próximo exemplo mostra um retorno típico do mundo real quando se pensa em amplitude, período e fase.

EXEMPLO 8

O gráfico a seguir mostra a temperatura mensal média em Chicago para o período de cinco anos que se encerra em janeiro de 2011 (os doze pontos de dados para cada ano foram unidos por segmentos de reta). Não surpreendentemente, o gráfico parece periódico. Determine uma função da forma

$$a\cos(bx + c) + d$$

que modele a temperatura em Chicago, em que x é medido em anos (portanto $x = 2010{,}5$ corresponderia à metade do ano de 2010).

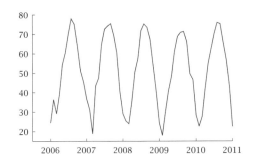

Temperatura mensal média em Chicago.

SOLUÇÃO Como vimos nos exemplos, o período da função acima é $\frac{2\pi}{b}$ (planejamos escolher $b > 0$). Como esses são dados de temperatura, é razoável considerar que o período seja de um ano, como sugerido pelo gráfico acima. Então queremos $\frac{2\pi}{b} = 1$, o que significa que $b = 2\pi$.

Como vimos, a amplitude da função acima é a (planejamos escolher $a > 0$). A temperatura* máxima anual nesse gráfico parece ter um valor médio de aproximadamente 75; a temperatura mínima anual parece ter um valor médio de aproximadamente 21. Assim, nossa função deve ter amplitude $\frac{75-21}{2}$, que é igual a 27. Então tomamos $a = 27$.

Aqui não temos dados, mas apenas um gráfico com base no qual fazemos aproximações.

Como vimos, d deve ser escolhido como a metade dos valores mínimo e máximo de nossa função. Então devemos escolher $d = \frac{21+75}{2} = 48$.

---

* Para transformar de graus Fahrenheit para graus Celsius, subtraia 32 e divida por 1,8. (N.T.)

No gráfico anterior, vimos que o valor mínimo anual dessa função parece ocorrer em aproximadamente um doze avos do ano (que é o final de janeiro, tipicamente a época mais fria do ano no hemisfério norte). Assim, queremos escolher c de tal forma que $\cos(2\pi x + c) = -1$ quando $x = \frac{1}{12}$. Assim, escolhemos c tal que $\frac{2\pi}{12} + c = \pi$. Em outras palavras, consideramos $c = \frac{5\pi}{6}$.

Agrupando tudo isso, nossa função que modela a temperatura em Chicago é

$$27\cos\left(2\pi x + \frac{5\pi}{6}\right) + 48,$$

cujo gráfico é mostrado abaixo.

Dados reais são uma confusão. Um modelo matemático não coincidirá com os dados reais exatamente. O gráfico aqui não reproduz perfeitamente os dados reais, mas fornece uma boa aproximação para o gráfico anterior.

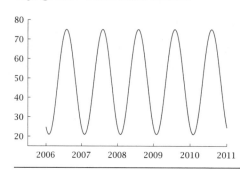

O gráfico de $27\cos\left(2\pi x + \frac{5\pi}{6}\right) + 48$ no intervalo $[2006, 2011]$.

EXERCÍCIOS

1 Seja $f(x) = 4\operatorname{sen} x$.

(a) Esboce o gráfico de f no intervalo $[-\pi, \pi]$.

(b) Qual é a imagem de f?

(c) Qual é a amplitude de f?

(d) Qual é o período de f?

2 Seja $f(x) = 5\operatorname{sen} x$.

(a) Esboce o gráfico de f no intervalo $[-\pi, \pi]$.

(b) Qual é a imagem de f?

(c) Qual é a amplitude de f?

(d) Qual é o período de f?

3 Seja $g(x) = \operatorname{sen}(4x)$.

(a) Esboce o gráfico de g no intervalo $[-\pi, \pi]$.

(b) Qual é a imagem de g?

(c) Qual é a amplitude de g?

(d) Qual é o período de g?

4 Seja $g(x) = \operatorname{sen}(-5x)$.

(a) Esboce o gráfico de g no intervalo $[-\pi, \pi]$.

(b) Qual é a imagem de g?

(c) Qual é a amplitude de g?

(d) Qual é o período de g?

Use o gráfico a seguir para os Exercícios 5–12:

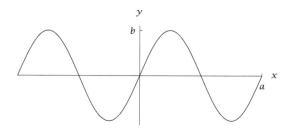

5 Suponha que a figura acima seja parte do gráfico da função $3\operatorname{sen} x$. Qual é o valor de b?

6 Suponha que a figura acima seja parte do gráfico da função $4\operatorname{sen}(5x)$. Qual é o valor de b?

7 Suponha que a figura acima seja parte do gráfico da função $\operatorname{sen}(7x)$. Qual é o valor de a?

8 Suponha que a figura acima seja parte do gráfico da função $9\operatorname{sen}(6x)$. Qual é o valor de a?

9 Determine o menor número positivo c tal que a figura acima seja parte do gráfico da função $\operatorname{sen}(x + c)$.

10 Determine o menor número positivo c tal que a figura acima seja parte do gráfico da função $\operatorname{sen}(x - c)$.

11 Determine o menor número positivo c tal que a figura acima seja parte do gráfico da função $\cos(x - c)$.

12 Determine o menor número positivo c tal que a figura anterior seja parte do gráfico da função cos (x + c).

[*Dica:* A resposta correta não é $\frac{\pi}{2}$.]

13 Seja f(x) = 2 + cos x.

(a) Esboce o gráfico de f no intervalo [−3π, 3π].

(b) Qual é a imagem de f?

(c) Qual é a amplitude de f?

(d) Qual é o período de f?

14 Seja f(x) = 4 − cos x.

(a) Esboce o gráfico de f no intervalo [−3π, 3π].

(b) Qual é a imagem de f?

(c) Qual é a amplitude de f?

(d) Qual é o período de f?

15 Seja g(x) = cos (2 + x).

(a) Esboce o gráfico de g no intervalo [−3π, 3π].

(b) Qual é a imagem de g?

(c) Qual é a amplitude de g?

(d) Qual é o período de g?

16 Seja g(x) = cos (4 − x).

(a) Esboce o gráfico de g no intervalo [−3π, 3π].

(b) Qual é a imagem de g?

(c) Qual é a amplitude de g?

(d) Qual é o período de g?

17 Seja h(x) = 5 cos(πx).

(a) Esboce o gráfico de h no intervalo [−4, 4].

(b) Qual é a imagem de h?

(c) Qual é a amplitude de h?

(d) Qual é o período de h?

18 Seja h(x) = 4 cos (3πx).

(a) Esboce o gráfico de h no intervalo [−2, 2].

(b) Qual é a imagem de h?

(c) Qual é a amplitude de h?

(d) Qual é o período de h?

19 Seja $f(x) = 7\cos(\frac{\pi}{2}x + \frac{6\pi}{5})$.

(a) Qual é a imagem de f ?

(b) Qual é a amplitude de f ?

(c) Qual é o período de f ?

(d) Por qual fração do período de $7\cos(\frac{\pi}{2}x)$ deve o gráfico de $7\cos(\frac{\pi}{2}x)$ ser deslocado para a esquerda para obter-se o gráfico de f?

(e) Esboce o gráfico de f no intervalo [−8, 8].

(f) Esboce o gráfico de $7\cos(\frac{\pi}{2}x + \frac{6\pi}{5}) + 3$ no intervalo [−8, 8].

20 Seja $f(x) = 6\cos(\frac{\pi}{3}x + \frac{8\pi}{5})$.

(a) Qual é a imagem de f?

(b) Qual é a amplitude de f?

(c) Qual é o período de f?

(d) Por qual fração do período de $6\cos(\frac{\pi}{3}x)$ deve o gráfico de $6\cos(\frac{\pi}{3}x)$ ser deslocado para a esquerda para obter-se o gráfico de f?

(e) Esboce o gráfico de f no intervalo [−9, 9].

(f) Esboce o gráfico de $6\cos(\frac{\pi}{3}x + \frac{8\pi}{5}) + 7$ no intervalo [−9, 9].

Para os Exercícios 21–30, considere a função definida por
$$f(x) = a\cos(bx + c) + d,$$
em que a, b, c e d são constantes.

21 Determine dois valores distintos de a para os quais a amplitude de f seja 3.

22 Determine dois valores distintos de a para os quais a amplitude de f seja $\frac{17}{5}$.

23 Determine dois valores distintos de b para os quais f tenha período 4.

24 Determine dois valores distintos de b para os quais f tenha período $\frac{7}{3}$.

25 Determine valores para a e d, com a > 0, tais que f tenha imagem [3, 11].

26 Determine valores para a e d, com a > 0, tais que f tenha imagem [−8, 6].

27 Determine valores para a, d e c, com a > 0 e 0 ≤ c ≤ π, tais que f tenha imagem [3, 11] e f(0) = 10.

28 Determine valores para a, d e c, com a > 0 e 0 ≤ c ≤ π, tais que f tenha imagem [−8, 6] e f(0) = −2.

29 Determine valores para a, d, c e b, com a > 0 e b > 0 e 0 ≤ c ≤ π, tais que f tenha imagem [3, 11], f(0) = 10 e f tenha período 7.

30 Determine valores para a, d, c e b, com a > 0 e b > 0 e 0 ≤ c ≤ π, tais que f tenha imagem [−8, 6], f(0) = −2 e f tenha período 8.

31 Seja g(x) = sen² x.

(a) Qual é a imagem de g?

(b) Qual é a amplitude de g?

(c) Qual é o período de g?

(d) Esboce o gráfico de g no intervalo [−3π, 3π].

32 Seja $g(x) = \cos^2(3x)$.

  (a) Qual é a imagem de g?
  (b) Qual é a amplitude de g?
  (c) Qual é o período de g?
  (d) Esboce o gráfico de g no intervalo $[-2\pi, 2\pi]$.

Para os Exercícios 33 e 34, use a seguinte informação: *No hemisfério norte, o dia com a maior duração de luz do dia é 21 de junho. Além disso, "o dia x do ano" significa que $x = 1$ em 1 de janeiro, $x = 2$ em 2 de janeiro, $x = 32$ em 1 de fevereiro etc.*

33 A cidade de *Anchorage*, no Alasca, recebe 19,37 horas de luz do dia em 21 de junho. Seis meses mais tarde, no dia com a menor duração de luz do dia, Anchorage recebe apenas 5,45 horas de luz. Determine uma função sob a forma

$$a\cos(bx + c) + d$$

que modele o número de horas de luz do dia em *Anchorage* no dia x do ano.

34 Fênix, no Arizona, recebe 14,37 horas de luz do dia em 21 de junho. Seis meses mais tarde, no dia com a menor duração de luz do dia, Fênix recebe apenas 9,93 horas de luz. Determine uma função sob a forma

$$a\cos(bx + c) + d$$

que modele o número de horas de luz do dia em Fênix no dia x do ano.

PROBLEMAS

Alguns problemas exigem consideravelmente mais raciocínio que os exercícios.

Use o gráfico a seguir para os Problemas 35–37. *Observe que não se apresentou nenhuma escala nos eixos coordenados. Não considere que a escala seja a mesma nos dois eixos coordenados.*

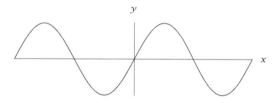

35 Explique por que, sem escala em nenhum dos eixos, não é possível determinar se a figura acima é um gráfico de sen x, 3 sen x, sen $(5x)$ ou 3 sen $(5x)$.

36 Suponha que lhe disseram que a função do gráfico acima é sen x ou 3 sen x. Para focalizar a escolha em uma dessas duas funções, de qual dos eixos você gostaria de conhecer a escala?

37 Suponha que lhe disseram que a função do gráfico acima é sen x ou sen $(5x)$. Para focalizar a escolha em uma dessas duas funções, de qual dos eixos você gostaria de conhecer a escala?

38 Considere que f seja a função cujo valor em x é o cosseno de x graus. Explique como o gráfico de f é obtido do gráfico de cos x.

39 Explique por que uma função sob a forma

$$-5\cos(bx + c),$$

em que b e c são constantes, pode ser reescrita sob a forma

$$5\cos(bx + \tilde{c}),$$

em que $\tilde{c}$ é uma constante. Qual é a relação entre $\tilde{c}$ e c?

40 Explique por que uma função sob a forma

$$a\cos(-7x + c),$$

em que a e c são constantes, pode ser reescrita sob a forma

$$a\cos(7x + \tilde{c}),$$

em que $\tilde{c}$ é uma constante. Qual é a relação entre $\tilde{c}$ e c?

41 Explique por que uma função sob a forma

$$a\cos(bx - 4),$$

em que a e b são constantes, pode ser reescrita sob a forma

$$a\cos(bx + \tilde{c}),$$

em que $\tilde{c}$ é uma constante positiva.

42 Explique por que uma função sob a forma

$$a\cos(bx + c),$$

em que a, b e c são constantes, pode ser reescrita sob a forma

$$\tilde{a}\cos(\tilde{b}x + \tilde{c}),$$

em que $\tilde{a}$, $\tilde{b}$ e $\tilde{c}$ são constantes não negativas. Qual é a relação entre $\tilde{c}$ e c?

43 Explique por que uma função sob a forma

$$a\,\text{sen}(bx + c),$$

em que a, b e c são constantes, pode ser reescrita na forma

$$a\cos(bx + \tilde{c}),$$

em que $\tilde{c}$ é uma constante. Qual é a relação entre $\tilde{c}$ e c?

44 Explique por que uma função sob a forma

$$a \,\text{sen}(bx + c),$$

em que a, b e c são constantes, pode ser reescrita na forma

$$\tilde{a} \cos(\tilde{b}x + \tilde{c}),$$

em que $\tilde{a}$, $\tilde{b}$ e $\tilde{c}$ são constantes não negativas.

45 Suponha que f seja uma função com período p. Explique por que

$$f(x + 2p) = f(x)$$

para todo número x no domínio de f.

46 Suponha que f seja uma função com período p. Explique por que

$$f(x - p) = f(x)$$

para todo número x tal que $x - p$ esteja no domínio de f.

47 Suponha que f seja uma função definida por $f(x) = \text{sen}^4 x$. A função f é periódica? Explique.

48 Suponha que g seja uma função definida por $g(x) = \text{sen}(x^4)$. A função g é periódica? Explique.

49 Explique como o seno se comporta com deslocamentos de fase de um quarto de seu período, de metade de seu período e de todo o seu período, de forma semelhante ao que foi feito para o cosseno na lista de itens entre os Exemplos 6 e 7.

50 Determine um gráfico de dados reais que sugira um comportamento periódico, em seguida, determine uma função que modele esse comportamento (como no Exemplo 8).

51 Determine alguns dados reais que envolvam comportamento periódico, em seguida, determine uma função que modele esse comportamento (como no Exercício 33).

SOLUÇÕES DETALHADAS dos Exercícios Ímpares

Não leia estas soluções detalhadas antes de tentar resolver você mesmo os exercícios. Caso contrário, você corre o risco de imitar as técnicas demonstradas aqui, sem, no entanto, compreender as ideias.

*Melhor caminho para aprender: Leia cuidadosamente a seção do livro-texto, depois resolva todos os exercícios **ímpares** e verifique suas respostas aqui. Se você tiver alguma dificuldade para resolver algum exercício, olhe a solução detalhada apresentada aqui.*

1 Seja $f(x) = 4 \,\text{sen}\, x$.

(a) Esboce o gráfico de f no intervalo $[-\pi, \pi]$.

(b) Qual é a imagem de f?

(c) Qual é a amplitude de f?

(d) Qual é o período de f?

SOLUÇÃO

(a) O gráfico de $4 \,\text{sen}\, x$ é obtido pelo alongamento vertical do gráfico de $\text{sen}\, x$ por um fator 4:

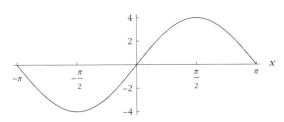

O gráfico de $4 \,\text{sen}\, x$ no intervalo $[-\pi, \pi]$.

(b) A imagem de $4 \,\text{sen}\, x$ é obtida pela multiplicação de cada número na imagem de $\text{sen}\, x$ por 4. Portanto, a imagem de $4 \,\text{sen}\, x$ é o intervalo $[-4, 4]$.

(c) A função $4 \,\text{sen}\, x$ tem um valor máximo de 4 e um valor mínimo de -4. Assim, a diferença entre os valores máximo e mínimo de $4 \,\text{sen}\, x$ é 8. Metade de 8 é 4, portanto, a função $4 \,\text{sen}\, x$ tem amplitude 4.

(d) O período de $4 \,\text{sen}\, x$ é o mesmo período de $\text{sen}\, x$. Portanto, $4 \,\text{sen}\, x$ tem período 2π.

3 Seja $g(x) = \text{sen}(4x)$.

(a) Esboce o gráfico de g no intervalo $[-\pi, \pi]$.

(b) Qual é a imagem de g?

(c) Qual é a amplitude de g?

(d) Qual é o período de g?

SOLUÇÃO

(a) O gráfico de $\text{sen}(4x)$ é obtido pelo alongamento horizontal do gráfico de $\text{sen}\, x$ por um fator $\frac{1}{4}$:

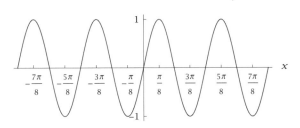

O gráfico de $\text{sen}(4x)$ no intervalo $[-\pi, \pi]$.

(b) Como x varia sobre todos os números reais, $\text{sen}\, x$ e $\text{sen}(4x)$ também correm os mesmos valores. Portanto, a imagem de $\text{sen}(4x)$ é o intervalo $[-1, 1]$.

(c) A função sen (4x) tem um valor máximo de 1 e um valor mínimo de −1. Assim, a diferença entre os valores máximo e mínimo de sen (4x) é 2. Metade de 2 é 1, portanto, a função sen (4x) tem amplitude 1.

(d) O período de sen (4x) é o mesmo período de sen x dividido por 4. Portanto, sen (4x) tem período $\frac{2\pi}{4}$, que é igual a $\frac{\pi}{2}$. A figura anterior mostra que sen (4x), de fato, tem período $\frac{\pi}{2}$.

Use o gráfico a seguir para os Exercícios 5–12:

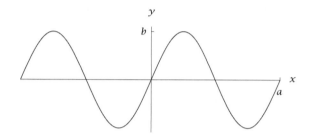

5 Suponha que a figura acima seja parte do gráfico da função 3 sen x. Qual é o valor de b?

SOLUÇÃO   A função mostrada no gráfico tem um valor máximo de b. A função 3 sen x tem um valor máximo de 3. Portanto, b = 3.

7 Suponha que a figura acima seja parte do gráfico da função sen (7x). Qual é o valor de a?

SOLUÇÃO   A função sen x tem período 2π; assim, a função sen (7x) tem período $\frac{2\pi}{7}$. A função mostrada no gráfico acima tem período a. Logo, $a = \frac{2\pi}{7}$.

9 Determine o menor número positivo c tal que a figura acima seja parte do gráfico da função sen (x + c).

SOLUÇÃO   O gráfico de sen (x + c) é obtido pelo deslocamento do gráfico de sen x para a esquerda c unidades. O gráfico acima é parecido com o gráfico de sen x (por exemplo, o gráfico passa pela origem e apresenta-se como uma função crescente no intervalo centrado em 0).
O gráfico acima é, de fato, o gráfico de sen x, se tomarmos a = 2π e b = 1. Como sen x tem período 2π, c = 2π fornece o menor número positivo tal que a figura acima seja parte do gráfico da função sen (x + c).

11 Determine o menor número positivo c tal que a figura acima seja parte do gráfico da função sen (x − c).

SOLUÇÃO   O gráfico de sen (x + c) é obtido pelo deslocamento do gráfico de cos x para a direita c unidades. Deslocar o gráfico de cos x para a direita $\frac{\pi}{2}$ unidades leva-nos ao gráfico de sen x; em outras palavras, $\cos(x - \frac{\pi}{2}) = \text{sen } x$, como pode ser verificado pela fórmula da subtração para cosseno.
O gráfico acima é, de fato, o gráfico de sen x se tomarmos a = 2π e b = 1. Nenhum número positivo menor que $\frac{\pi}{2}$ produz um gráfico de sen (x + c) que passe pela origem. Portanto, devemos ter $c = \frac{\pi}{2}$.

13 Seja f(x) = 2 + cos x.

(a) Esboce o gráfico de f no intervalo [−3π, 3π].

(b) Qual é a imagem de f?

(c) Qual é a amplitude de f?

(d) Qual é o período de f?

SOLUÇÃO

(a) O gráfico de 2 + cos x é obtido pelo deslocamento do gráfico de cos x para cima 2 unidades:

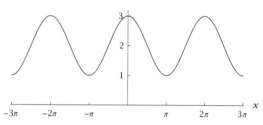

O gráfico de 2 + cos x *no intervalo* [−3π, 3π].

(b) A imagem de 2 + cos x é obtida pela soma de 2 a cada número na imagem de cos x. Portanto, a imagem de 2 + cos x é o intervalo [1, 3].

(c) A função 2 + cos x tem um valor máximo de 3 e um valor mínimo de 1. Assim, a diferença entre os valores máximo e mínimo de 2 + cos x é 2. Metade de 2 é 1, portanto, a função 2 + cos x tem amplitude 1.

(d) O período de 2 + cos x é o mesmo período de cos x. Portanto, 2 + cos x tem período 2π.

15 Seja g(x) = cos (2 + x).

(a) Esboce o gráfico de g no intervalo [−3π, 3π].

(b) Qual é a imagem de g?

(c) Qual é a amplitude de g?

(d) Qual é o período de g?

SOLUÇÃO

(a) O gráfico de cos (2 + x) é obtido pelo deslocamento do gráfico de cos x para a esquerda 2 unidades:

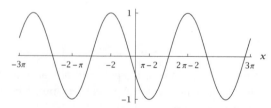

O gráfico de cos (2 + x) *no intervalo* [−3π, 3π].

(b) Como x varia sobre todos os números reais, cos (2 + x) e cos x cobrem os mesmos valores. Logo, a imagem de cos (2 + x) é o intervalo [−1, 1].

(c) A função cos (2 + x) tem um valor máximo de 1 e um valor mínimo de −1. Assim, a diferença entre os valores máximo e mínimo de cos (2 + x) é 2. Metade de 2 é 1, portanto, a função cos (2 + x) tem amplitude 1.

(d) O período de cos (2 + x) é o mesmo período de cos x. Portanto, cos (2 + x) tem período 2π.

17 Seja $h(x) = 5 \cos(\pi x)$.

(a) Esboce o gráfico de h no intervalo [−4, 4].

(b) Qual é a imagem de h?

(c) Qual é a amplitude de h?

(d) Qual é o período de h?

SOLUÇÃO

(a) O gráfico de $5 \cos(\pi x)$ é obtido pelo alongamento vertical do gráfico de cos x por um fator 5 e um alongamento horizontal por um fator $\frac{1}{\pi}$.

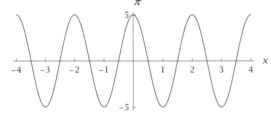

O gráfico de $5 \cos(\pi x)$ no intervalo [−4, 4].

(b) A imagem de $5 \cos(\pi x)$ é obtida pela multiplicação de cada número na imagem de $5 \cos(\pi x)$ por 5. Portanto, a imagem de $5 \cos(\pi x)$ é o intervalo [−5, 5].

(c) A função $5 \cos(\pi x)$ tem um valor máximo de 5 e um valor mínimo de −5. Assim, a diferença entre os valores máximo e mínimo de $5 \cos(\pi x)$ é 10. Metade de 10 é 5, portanto, a função $5 \cos(\pi x)$ tem amplitude 5.

(d) O período de $5 \cos(\pi x)$ é o período de cos x dividido por π. Assim, $5 \cos(\pi x)$ tem período $\frac{2\pi}{\pi}$, que é igual a 2. A figura acima mostra que $5 \cos(\pi x)$, de fato, tem período 2.

19 Seja $f(x) = 7\cos(\frac{\pi}{2}x + \frac{6\pi}{5})$.

(a) Qual é a imagem de f?

(b) Qual é a amplitude de f?

(c) Qual é o período de f?

(d) Por qual fração do período de $7\cos(\frac{\pi}{2}x)$ o gráfico de $7\cos(\frac{\pi}{2}x)$ deve ser deslocado para a esquerda para obter-se o gráfico de f?

(e) Esboce o gráfico de f no intervalo [−8, 8].

(f) Esboce o gráfico de $7\cos(\frac{\pi}{2}x + \frac{6\pi}{5}) + 3$ no intervalo [−8, 8].

SOLUÇÃO

(a) A imagem da função $7\cos(\frac{\pi}{2}x + \frac{6\pi}{5})$ é obtida pela multiplicação de cada número na imagem de $\cos(\frac{\pi}{2}x + \frac{6\pi}{5})$ por 7. Assim, a imagem da função $7\cos(\frac{\pi}{2}x + \frac{6\pi}{5})$ é o intervalo [−7, 7].

(b) A função $7\cos(\frac{\pi}{2}x + \frac{6\pi}{5})$ tem um valor máximo de 7 e um valor mínimo de −7. Assim, a diferença entre os valores máximo e mínimo de $7\cos(\frac{\pi}{2}x + \frac{6\pi}{5})$ é 14. Metade de 14 é 7, portanto, a função $7\cos(\frac{\pi}{2}x + \frac{6\pi}{5})$ tem amplitude 7.

(c) O período de $7\cos(\frac{\pi}{2}x + \frac{6\pi}{5})$ é o período de cos x dividido por $\frac{\pi}{2}$. Assim, $7\cos(\frac{\pi}{2}x + \frac{6\pi}{5})$ tem período $(2\pi)/(\frac{\pi}{2})$, que é igual a 4. A figura abaixo mostra que $7\cos(\frac{\pi}{2}x + \frac{6\pi}{5})$ tem, de fato, período 4.

(d) O gráfico de $7\cos(\frac{\pi}{2}x)$ é deslocado para a esquerda $\frac{12}{5}$ unidades para obter o gráfico de $7\cos(\frac{\pi}{2}x + \frac{6\pi}{5})$. O período de $7\cos(\frac{\pi}{2}x)$ é 4. Assim, a fração do período de $7\cos(\frac{\pi}{2}x)$ pela qual o gráfico foi deslocado é $\frac{12}{5}/4$, que é igual a $\frac{3}{5}$.

(e) O gráfico de $7\cos(\frac{\pi}{2}x)$ é obtido pelo alongamento vertical do gráfico de cos x por um fator 7 e um alongamento horizontal por um fator $\frac{2}{\pi}$.

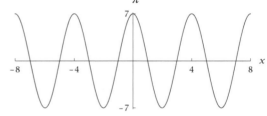

O gráfico de $7\cos(\frac{\pi}{2}x)$ no intervalo [−8, 8].

Para observar como construir o gráfico de $7\cos(\frac{\pi}{2}x + \frac{6\pi}{5})$, defina uma função f por

$$f(x) = 7\cos(\frac{\pi}{2}x).$$

Agora

$$7\cos(\frac{\pi}{2}x + \frac{6\pi}{5}) = 7\cos(\frac{\pi}{2}(x + \frac{12}{5})) = f(x + \frac{12}{5}).$$

Assim, o gráfico de $7\cos(\frac{\pi}{2}x + \frac{6\pi}{5})$ é obtido pelo deslocamento do gráfico de $7\cos(\frac{\pi}{2}x)$ por $\frac{12}{5}$ unidades:

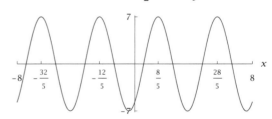

O gráfico de $7\cos(\frac{\pi}{2}x + \frac{6\pi}{5})$ no intervalo [−8, 8].

Observe que os picos do gráfico da função $7\cos(\frac{\pi}{2}x)$, que ocorrem em $x = -4$, $x = 0$, $x = 4$ e $x = 8$, foram deslocados $\frac{12}{5}$ unidades para a esquerda, ocorrendo, agora, no gráfico em $x = -4 - \frac{12}{5}$ (que é igual a $-\frac{32}{5}$), $x = 0 - \frac{12}{5}$ (que é igual a $-\frac{12}{5}$), $x = 4 - \frac{12}{5}$ (que é igual a $\frac{8}{5}$) e $x = 8 - \frac{12}{5}$ (que é igual a $\frac{28}{5}$).

(f) O gráfico de $7\cos(\frac{\pi}{2}x + \frac{6\pi}{5}) + 3$ é obtido pelo deslocamento do gráfico de $7\cos(\frac{\pi}{2}x + \frac{6\pi}{5})$ 3 unidades para cima. Deslocando o gráfico obtido na parte (e) 3 unidades para cima, obtemos o gráfico a seguir:

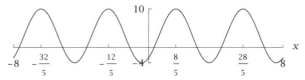

O gráfico de $7\cos(\frac{\pi}{2}x + \frac{6\pi}{5}) + 3$ no intervalo $[-8, 8]$.

Para os Exercícios 21–30, considere a função definida por
$$f(x) = a\cos(bx + c) + d,$$

em que a, b, c e d são constantes.

21 Determine dois valores distintos para a para os quais a amplitude de f seja 3.

SOLUÇÃO A amplitude de uma função é metade da diferença entre os seus valores máximo e mínimo. A função $\cos(bx + c)$ tem um valor máximo de 1 e um valor mínimo de -1 (independente dos valores de b e de c).

Portanto, a função $\cos(bx + c)$ tem um valor máximo de $|a|$ e um valor mínimo de $-|a|$. Assim, a função $a\cos(bx + c) + d$ tem um valor máximo de $|a| + d$ e um valor mínimo de $-|a| + d$. A diferença entre esses valores máximo e mínimo é $2|a|$. Logo, a amplitude de $a\cos(bx + c) + d$ é $|a|$ (observe que o valor de d não afeta a amplitude).

Dessa forma, a função f tem amplitude 3, se $|a| = 3$. Portanto, podemos tomar $a = 3$ ou $a = -3$.

23 Determine dois valores distintos para b para os quais f tenha período 4.

SOLUÇÃO A função $\cos x$ tem período 2π. Se $b > 0$, então o gráfico de $\cos(bx)$ é obtido pelo alongamento horizontal do gráfico de $\cos x$ por um fator de $\frac{1}{b}$. Portanto, $\cos(bx)$ tem período $\frac{2\pi}{b}$.
O gráfico de $\cos(bx + c)$ difere do gráfico de $\cos(bx)$ apenas por um deslocamento de fase, que não altera o período. Portanto, $\cos(bx + c)$ também tem período $\frac{2\pi}{b}$.
O gráfico de $a\cos(bx + c)$ é obtido do gráfico de $\cos(bx + c)$ por seu alongamento vertical, o que varia sua amplitude, mas não o período. Portanto, $a\cos(bx + c)$ também tem período $\frac{2\pi}{b}$.
O gráfico de $a\cos(bx + c) + d$ é obtido pelo deslocamento do gráfico de $a\cos(bx + c)$ para cima ou para baixo (dependendo de d ser positivo ou negativo). Somar d não altera nem o período nem a amplitude. Assim, $a\cos(bx + c) + d$ também tem período $\frac{2\pi}{b}$.
Queremos que $a\cos(bx + c) + d$ tenha período 4. Para isso, resolvemos a equação $\frac{2\pi}{b} = 4$, obtendo $b = \frac{\pi}{2}$. Em outras palavras, $a\cos(\frac{\pi}{2}x + c) + d$ tem período 4, independentemente dos valores de a, c e d.

Observe que
$$a\cos(-\tfrac{\pi}{2}x + c) + d = a\cos(\tfrac{\pi}{2}x - c) + d,$$
portanto, $a\cos(-\frac{\pi}{2}x + c) + d$ também tem período 4. Assim, para que f tenha período 4, tomamos $b = \frac{\pi}{2}$ ou $b = -\frac{\pi}{2}$.

25 Determine valores para a e d, com $a > 0$, tais que f tenha imagem $[3, 11]$.

SOLUÇÃO Como f tem imagem $[3, 11]$, o valor máximo de f é 11 e o valor mínimo de f é 3. Portanto, a diferença entre os valores máximo e mínimo é 8. Logo, a amplitude de f é a metade de 8, que é igual a 4. Raciocinando como na resolução do Exercício 21, vemos que isso implica que $a = 4$ ou $a = -4$. Este exercício requer que $a > 0$, portanto, tomamos $a = 4$.
A função $4\cos(bx + c)$ tem imagem $[-4, 4]$ (independentemente dos valores de b e c). Observe que $[-4, 4]$ é um intervalo de comprimento 8, assim como $[3, 11]$ é um intervalo de comprimento 8. Queremos determinar um número d tal que cada número no intervalo $[3, 11]$ seja obtido pela soma de d a um número no intervalo $[-4, 4]$. Para determinar d, podemos subtrair ou os pontos à esquerda ou os pontos à direita desses dois intervalos. Em outras palavras, podemos determinar d calculando $3 - (-4)$ ou $11 - 4$. De qualquer forma, obtemos $d = 7$.
Assim, a função $4\cos(bx + c) + 7$ tem imagem $[3, 11]$ (independentemente dos valores de b e c).

27 Determine valores para a, d e c, com $a > 0$ e $0 \le c \le \pi$, tais que f tenha imagem $[3, 11]$ e $f(0) = 10$.

SOLUÇÃO Da resolução do Exercício 25, vemos que precisamos escolher $a = 4$ e $d = 7$. Assim, temos
$$f(x) = 4\cos(bx + c) + 7,$$
precisamos ainda escolher c tal que $0 \le c \le \pi$ e $f(0) = 10$. Para isso, precisamos escolher c tal que $0 \le c \le \pi$ e
$$4\cos c + 7 = 10.$$
Portanto, $\cos c = \frac{3}{4}$. Como $0 \le c \le \pi$, isto significa que $c = \cos^{-1}\frac{3}{4}$.
A função $4\cos(bx + \cos^{-1}\frac{3}{4}) + 7$ tem imagem $[3, 11]$ e $f(0) = 10$ (independentemente do valor de b).

29 Determine valores para a, d, c e b, com $a > 0$ e $b > 0$ e $0 \le c \le \pi$, tais que f tenha imagem $[3, 11]$, $f(0) = 10$ e f tenha período 7.

SOLUÇÃO Da resolução para o Exercício 27, vemos que precisamos escolher $a = 4$, $c = \cos^{-1}\frac{3}{4}$ e $d = 7$. Temos, então
$$f(x) = 4\cos(bx + \cos^{-1}\tfrac{3}{4}) + 7,$$

e precisamos escolher $b > 0$ tal que f tenha período 7. Como a função cosseno tem período 2π, isso significa que precisamos escolher $b = \frac{2\pi}{7}$.

Portanto, a função $4\cos(\frac{2\pi}{7}x + \cos^{-1}\frac{3}{4}) + 7$ tem imagem $[3, 11]$, é igual a 10 quando $x = 0$ e tem período 7.

31 Seja $g(x) = \text{sen}^2 x$.

(a) Qual é a imagem de g?

(b) Qual é a amplitude de g?

(c) Qual é o período de g?

(d) Esboce o gráfico de g no intervalo $[-3\pi, 3\pi]$.

SOLUÇÃO

(a) A função seno cobre todos os valores no intervalo $[-1, 1]$; elevando ao quadrado os números desse intervalo, obtemos os números do intervalo $[0, 1]$. Assim, a imagem de $\text{sen}^2 x$ é o intervalo $[0, 1]$.

(b) A função $\text{sen}^2 x$ tem um valor máximo de 1 e um valor mínimo de 0. A diferença entre o valor máximo e o valor mínimo é 1. Portanto, a amplitude de $\text{sen}^2 x$ é $\frac{1}{2}$.

(c) Sabemos que $\text{sen}(x + \pi) = -\text{sen}\, x$ para qualquer número x (veja a Seção 4.6). Elevando ambos os lados dessa equação ao quadrado, obtemos

$$\text{sen}^2(x + \pi) = \text{sen}^2 x.$$

Nenhum número positivo p menor do que π pode produzir a identidade

$$\text{sen}^2(x + p) = \text{sen}^2 x,$$

como pode ser visto tomando $x = 0$, caso no qual a equação acima se torna $\text{sen}^2 p = 0$. O menor número positivo p que satisfaz essa última equação é π.

Reunindo tudo isso, concluímos que a função $\text{sen}^2 x$ tem período π.

(d) A função $\text{sen}^2 x$ cobre os valores entre 0 e 1, tem período π, é igual a 0 quando x é um inteiro múltiplo de π e é igual a 1 quando x está entre dois zeros consecutivos dessa função. Assim, um esboço do gráfico de $\text{sen}^2 x$ deve lembrar a figura abaixo:

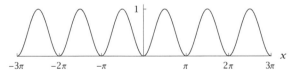

O gráfico de $\text{sen}^2 x$ no intervalo $[-3\pi, 3\pi]$

Para os Exercícios 33 e 34, use a seguinte informação: No hemisfério norte, o dia com a maior duração de luz do dia é 21 de junho. Além disso, "o dia x do ano" significa que x = 1 em 1 de janeiro, x = 2 em 2 de janeiro, x = 32 em 1 de fevereiro etc.

33 A cidade de *Anchorage*, no Alasca, recebe 19,37 horas de luz do dia em 21 de junho. Seis meses mais tarde, no dia com a menor duração de luz do dia, *Anchorage* recebe apenas 5,45 horas de luz. Determine uma função sob a forma

$$a \cos(bx + c) + d$$

que modele o número de horas de luz do dia em *Anchorage* no dia x do ano.

SOLUÇÃO O período da função acima é $\frac{2\pi}{b}$ (aqui estamos considerando que $b > 0$, o que podemos fazer porque, se $b < 0$, então poderíamos substituir b e c por $-b$ e $-c$ e continuaríamos com a mesma função). Como um ano tem 365 dias (vamos ignorar anos bissextos), queremos que o período de nossa função seja 365. Em outras palavras, queremos que $\frac{2\pi}{b} = 365$, o que significa que $b = \frac{2\pi}{365}$. Como vimos nos exemplos, a amplitude da função acima é a (aqui estamos considerando que $a > 0$, o que podemos fazer porque, se $a < 0$, poderíamos substituir a por $-a$ e c por $c + \pi$ e continuaríamos com a mesma função). A duração máxima da luz do dia em *Anchorage* é 19,37 horas, e a duração mínima da luz do dia é 5,45 horas. Dessa forma, nossa função deve ter amplitude $\frac{19,37 - 5,45}{2}$, que é igual a 6,96. Em outras palavras, tomamos $a = 6,96$. Como temos visto, d deve ser escolhido como a metade entre os valores máximo e mínimo de nossa função. Portanto, devemos tomar $d = \frac{19,37 + 5,45}{2} = 12,41$. O dia 21 de junho é o dia 172 do ano. Assim, queremos escolher c tal que $\cos(bx + c)$ seja máximo quando $x = 172$. Sabemos que $b = \frac{2\pi}{365}$, então queremos escolher c tal que $\cos(\frac{2\pi}{365} 172 + c)$ seja o maior possível. O maior valor do cosseno é 1, e $\cos 0 = 1$. Assim, escolhemos c tal que $\frac{2\pi}{365} 172 + c = 0$. Finalmente, tomamos $c = -\frac{2\pi}{365} 172$.

Portanto, nossa função que modela o número de horas de luz do dia em *Anchorage* no dia x do ano é

$$6,96 \cos\left(2\pi \frac{x - 172}{365}\right) + 12,41.$$

Quão bem essa função modela o comportamento real? Para o dia 21 de janeiro ($x = 21$), a função acima prevê 6,45 horas de luz do dia em *Anchorage*. O número exato é 6,87. Logo, o modelo tem um desvio de aproximadamente 6%, um desempenho decente, porém não espetacular.

Para o dia 21 de março ($x = 80$), o modelo acima prevê 12,32 horas de luz do dia em *Anchorage*. A quantidade real é 12,33 horas. Neste caso, o modelo é extremamente preciso.

6.2 Coordenadas Polares

OBJETIVOS DE APRENDIZAGEM
Ao final desta seção, você deverá ser capaz de
- localizar um ponto com base em suas coordenadas polares;
- converter de coordenadas polares para retangulares;
- converter de coordenadas retangulares para polares;
- fazer o gráfico de uma função dada em coordenadas polares.

As coordenadas retangulares (x, y) de um ponto no plano das coordenadas informam-nos sobre os deslocamentos horizontal e vertical do ponto até a origem. Nesta seção, vamos discutir outro sistema de coordenadas útil, denominado coordenadas polares, focando mais diretamente o segmento de reta da origem até um ponto. A primeira coordenada polar informa-nos sobre o comprimento do segmento de reta; a segunda coordenada, o ângulo que esse segmento de reta faz com o eixo horizontal positivo.

Definindo Coordenadas Polares

As duas coordenadas polares de um ponto são tradicionalmente denominadas r e θ. Essas coordenadas têm uma descrição geométrica simples em termos do segmento de reta da origem até o ponto.

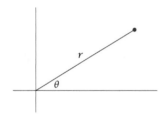

> **Coordenadas polares**
>
> As **coordenadas polares** (r, θ) de um ponto no plano das coordenadas são caracterizadas como a seguir:
> - A primeira coordenada polar, r, é a distância da origem até o ponto.
> - A segunda coordenada polar, θ, é o ângulo entre o eixo horizontal positivo e o segmento de reta da origem até o ponto.

Como sempre, ângulos positivos são medidos no sentido anti-horário, iniciando sobre o eixo horizontal positivo, e ângulos negativos são medidos no sentido horário.

EXEMPLO 1 Desenhe o segmento de reta da origem até o ponto com coordenadas polares $\left(3, \frac{\pi}{4}\right)$.

SOLUÇÃO O segmento de reta é mostrado na figura ao lado. O comprimento do segmento de reta é 3 e o segmento de reta faz um ângulo de $\frac{\pi}{4}$ radianos (que é igual a 45°) com o eixo horizontal positivo.

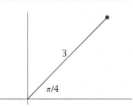

A extremidade desse segmento de reta tem a primeira coordenada polar $r = 3$ e a segunda coordenada polar $\theta = \frac{\pi}{4}$.

Como outro exemplo, um ponto cuja segunda coordenada polar é igual a $\frac{\pi}{2}$ está sobre o eixo vertical positivo (porque o eixo vertical positivo faz um ângulo de $\frac{\pi}{2}$ com o eixo horizontal positivo). Um ponto cuja segunda coordenada polar é igual a $-\frac{\pi}{2}$ está sobre o eixo vertical negativo (porque o eixo vertical negativo faz um ângulo de $-\frac{\pi}{2}$ com o eixo horizontal positivo).

Convertendo de Coordenadas Polares para Retangulares

Para obter uma fórmula para converter coordenadas polares para retangulares, no plano xy, desenhe o segmento de reta da origem até o ponto em questão e, em seguida, forme o triângulo retângulo mostrado na figura aqui.

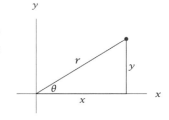

Olhando para este triângulo retângulo, vemos que

$$\cos\theta = \frac{x}{r} \quad \text{e} \quad \text{sen}\,\theta = \frac{y}{r}.$$

Resolvendo a equação para x e y, temos as seguintes fórmulas:

Convertendo de coordenadas polares para retangulares

Um ponto com coordenadas polares (r, θ) tem coordenadas retangulares

$$(r\cos\theta, r\,\text{sen}\,\theta).$$

No plano xy, essa conversão é expressa pelas seguintes equações:

$$x = r\cos\theta \quad \text{e} \quad y = r\,\text{sen}\,\theta.$$

O termo coordenadas, *sem nenhum adjetivo, refere-se a coordenadas retangulares. Use a expressão* coordenadas polares *quando um par ordenado tiver que ser interpretado como coordenadas polares.*

Determine as coordenadas retangulares do ponto com coordenadas polares $\left(5, \frac{\pi}{3}\right)$.

EXEMPLO 2

SOLUÇÃO Esse ponto tem coordenadas retangulares $\left(5\cos\frac{\pi}{3}, 5\,\text{sen}\,\frac{\pi}{3}\right)$, o que é igual a $\left(\frac{5}{2}, \frac{5\sqrt{3}}{2}\right)$.

O ponto com coordenadas polares $(6, 0)$ tem coordenadas retangulares $(6, 0)$. O ponto com coordenadas polares $(6, 2\pi)$ também tem coordenadas retangulares $(6, 0)$. De maneira geral, somar qualquer múltiplo inteiro de 2π a um ângulo não altera o cosseno nem o seno do ângulo. Portanto, as coordenadas polares de um ponto não são únicas.

Convertendo de Coordenadas Retangulares para Polares

Sabemos como converter de coordenadas polares para coordenadas retangulares. Agora, vamos ver a questão da conversão no sentido contrário. Em outras palavras, dadas as coordenadas retangulares (x, y), como determinamos as coordenadas polares (r, θ)?

Lembre que a primeira coordenada polar r é a distância da origem até o ponto (x, y). Portanto

$$r = \sqrt{x^2 + y^2}.$$

Para ver como escolher a segunda coordenada polar θ, dadas as coordenadas retangulares (x, y), olhe novamente para a figura padrão acima que mostra a relação entre as coordenadas polares e retangulares. A figura acima mostra que $\tan\theta = \frac{y}{x}$. Portanto, é tentador escolher $\theta = \tan^{-1}\frac{y}{x}$. No entanto, há dois problemas com a fórmula $\theta = \tan^{-1}\frac{y}{x}$. Vamos, agora, discutir esses problemas.

O primeiro problema envolve a falta de unicidade para a coordenada polar θ, como mostrado no exemplo a seguir.

EXEMPLO 3

Determine as coordenadas polares para o ponto com coordenadas retangulares (1, 1).

SOLUÇÃO Não há escolha sobre a primeira coordenada polar r para esse ponto – devemos tomar

$$r = \sqrt{1^2 + 1^2} = \sqrt{2}.$$

Se usarmos a fórmula $\theta = \tan^{-1}\frac{y}{x}$ para obter a segunda coordenada polar θ para o ponto com coordenadas retangulares (1, 1), obtemos

$$\theta = \tan^{-1}\tfrac{1}{1} = \tan^{-1} 1 = \tfrac{\pi}{4}.$$

O ponto com coordenadas polares $\left(\sqrt{2}, \tfrac{\pi}{4}\right)$ tem, de fato, coordenadas retangulares (1, 1), então parece que tudo está correto.

Contudo, o ponto com coordenadas polares $\left(\sqrt{2}, \tfrac{\pi}{4}+2\pi\right)$ também tem coordenadas retangulares (1, 1), como mostrado aqui, assim como o ponto com coordenadas polares $\left(\sqrt{2}, \tfrac{\pi}{4}+4\pi\right)$. Poderíamos escolher a segunda coordenada polar como $\tfrac{\pi}{4}+2\pi n$ para qualquer inteiro n. Assim, usar a fórmula para o arco tangente para a segunda coordenada polar θ produz uma resposta correta para este caso, mas, se estivéssemos procurando por uma das outras escolhas corretas para θ, a fórmula para o arco tangente não nos teria fornecido tal resposta.

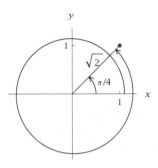

O ponto com coordenadas retangulares (1, 1) *tem coordenadas polares $r = \sqrt{2}$ e $\theta = \tfrac{\pi}{4}$, mas $\theta = \tfrac{\pi}{4}+2\pi$ também é uma escolha válida.*

O segundo problema com a fórmula $\theta = \tan^{-1}\frac{y}{x}$ é mais sério. Para ver como esse problema surge, vamos analisar mais dois exemplos.

EXEMPLO 4

Determine as coordenadas polares para o ponto com coordenadas retangulares (1, −1).

SOLUÇÃO Usando a fórmula para a primeira coordenada polar r, obtemos

$$r = \sqrt{1^2 + (-1)^2} = \sqrt{2}.$$

Se usamos a fórmula $\theta = \tan^{-1}\frac{y}{x}$ para obter a segunda coordenada polar θ para o ponto com coordenadas retangulares (1, −1), obtemos

$$\theta = \tan^{-1}\left(\tfrac{-1}{1}\right) = \tan^{-1}(-1) = -\tfrac{\pi}{4}.$$

O ponto com coordenadas polares $\left(\sqrt{2}, -\tfrac{\pi}{4}\right)$ tem, de fato, coordenadas retangulares (1, −1). Assim, nesse caso a fórmula $\theta = \tan^{-1}\frac{y}{x}$ funcionou (apesar de ter ignorado outras possibilidades corretas para θ).

Ao converter de coordenadas retangulares para coordenadas polares, há mais do que uma escolha correta para a segunda coordenada polar θ. No entanto, há apenas uma escolha correta em cada intervalo semiaberto de comprimento 2π. O intervalo $(-\pi, \pi)$ ou o intervalo $(0, 2\pi)$ são geralmente selecionados como intervalos semiabertos que contêm θ.

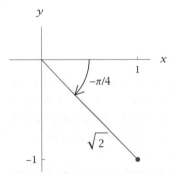

O ponto com coordenadas retangulares (1, −1) tem coordenadas polares $\left(\sqrt{2}, -\tfrac{\pi}{4}\right)$ (juntamente com outras escolhas corretas possíveis para a segunda coordenada polar).

A fórmula $\theta = \tan^{-1}\frac{y}{x}$ pode estar errada, como mostrado no próximo exemplo.

Determine as coordenadas polares para o ponto com coordenadas retangulares –1, 1.

EXEMPLO 5

SOLUÇÃO   Usando a fórmula para a primeira coordenada polar r, obtemos

$$r = \sqrt{(-1)^2 + 1^2} = \sqrt{2}.$$

Se usamos a fórmula $\theta = \tan^{-1}\frac{y}{x}$ para obter a segunda coordenada polar θ, obtemos

$$\theta = \tan^{-1}\left(\frac{1}{-1}\right) = \tan^{-1}(-1) = -\frac{\pi}{4}.$$

Contudo, o ponto com coordenadas polares $\left(\sqrt{2}, -\frac{\pi}{4}\right)$ tem coordenadas retangulares (1, –1), não (–1, 1). A figura aqui apresentada mostra que a escolha correta para a segunda coordenada polar θ para o ponto (–1, 1) é $\theta = \frac{3\pi}{4}$ (ou $\theta = \frac{3\pi}{4} + 2\pi n$ para qualquer inteiro n).

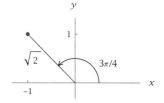

O ponto com coordenadas retangulares (–1, 1) tem coordenadas polares $\left(\sqrt{2}, \frac{3\pi}{4}\right)$ (além de outras escolhas corretas possíveis para θ).

A fórmula $\theta = \tan^{-1}\frac{y}{x}$ produziu uma resposta incorreta quando aplicada ao ponto (–1, 1) no exemplo acima. Para entender por que isso aconteceu, lembre que $\tan^{-1}\frac{y}{x}$ é o ângulo no intervalo $\left(-\frac{\pi}{2}, \frac{\pi}{2}\right)$ cuja tangente é igual a $\frac{y}{x}$. Para o ponto com coordenadas retangulares (–1, 1), a fórmula $\theta = \tan^{-1}\frac{y}{x} = \tan^{-1}(-1)$ produz o ângulo $-\frac{\pi}{4}$, o qual, de fato, tem tangente igual a –1. No entanto, o ângulo $-\frac{\pi}{4}$ é uma escolha incorreta para a segunda coordenada polar de (–1, 1), como mostrado acima.

Para determinar uma maneira correta de determinar a segunda coordenada polar θ, observe que, apesar de haver muitos ângulos θ que satisfazem

$$\tan \theta = \frac{y}{x},$$

precisamos ter

$$x = r \cos \theta \quad \text{e} \quad y = r \operatorname{sen} \theta.$$

O Exemplo 5 ajuda a reforçar a ideia de que a equação $\tan \theta = t$ não é equivalente à equação $\theta = \tan^{-1} t$.

Como r é positivo, isto significa que $\cos \theta$ deverá ter o mesmo sinal que x e $\operatorname{sen} \theta$ deverá ter o mesmo sinal que y. Se escolhemos θ adequadamente, dentre os ângulos cuja tangente é igual a $\frac{y}{x}$, então teremos a escolha correta para as coordenadas polares.

Convertendo de coordenadas retangulares para polares

Um ponto com coordenadas retangulares (x, y), com $x \neq 0$, tem coordenadas polares (r, θ) que satisfazem as equações

$$r = \sqrt{x^2 + y^2} \quad \text{e} \quad \tan \theta = \frac{y}{x},$$

em que θ deve ser escolhido de tal forma que $\cos \theta$ tenha o mesmo sinal que x e $\operatorname{sen} \theta$ tenha o mesmo sinal que y.

No quadro acima, excluímos o caso em que $x = 0$ (em outras palavras, pontos sobre o eixo vertical) para evitar a divisão por 0 na fórmula $\tan \theta = \frac{y}{x}$. Para converter $(0, y)$ para coordenadas polares, você pode escolher $\theta = \frac{\pi}{2}$, se $y > 0$, ou você pode escolher $\theta = -\frac{\pi}{2}$ se $y < 0$.

Por exemplo, o ponto com coordenadas retangulares (0, 5) tem coordenadas polares $\left(5, \frac{\pi}{2}\right)$. O ponto com coordenadas retangulares (0, −5) tem coordenadas polares $\left(5, -\frac{\pi}{2}\right)$.

O quadro abaixo contém um resumo conveniente de como escolher a segunda coordenada polar θ, de tal modo que ela esteja no intervalo $(-\pi, \pi]$:

Escolhendo a coordenada polar θ em $(-\pi, \pi]$

A segunda coordenada polar θ correspondente a um ponto com coordenadas retangulares (x, y) pode ser escolhida como a seguir:

- Se $x > 0$, então $\theta = \tan^{-1} \frac{y}{x}$.
- Se $x < 0$ e $y \geq 0$, então $\theta = \tan^{-1} \frac{y}{x} + \pi$.
- Se $x < 0$ e $y < 0$, então $\theta = \tan^{-1} \frac{y}{x} - \pi$.
- Se $x < 0$ e $y > 0$, então $\theta = \frac{\pi}{2}$.
- Se $x = 0$ e $y < 0$, então $\theta = -\frac{\pi}{2}$.

Não decore esse procedimento. Em vez disso, preocupe-se em entender o significado das coordenadas polares. Com essa compreensão, o procedimento estará claro.

No quadro acima, nenhum dos casos cobre a origem, cujas coordenadas retangulares são (0, 0). A origem tem coordenadas polares (0, θ), em que θ pode ser escolhido como qualquer número.

EXEMPLO 6 Determine as coordenadas polares para o ponto com coordenadas retangulares (−4, 3). Para a segunda coordenada polar θ, use radianos e escolha θ pertencente ao intervalo $(-\pi, \pi]$.

SOLUÇÃO Usando a fórmula para a primeira coordenada polar r, temos

$$r = \sqrt{(-4)^2 + 3^2} = \sqrt{16 + 9} = \sqrt{25} = 5.$$

Como a primeira coordenada de (−4, 3) é negativa e a segunda coordenada é positiva, para a segunda coordenada polar θ temos

$$\theta = \tan^{-1}\left(\tfrac{3}{-4}\right) + \pi \approx 2{,}498.$$

Portanto (−4, 3) tem coordenadas polares de aproximadamente (5; 2,498).

Gráficos de Equações Polares

Algumas curvas ou regiões no plano das coordenadas podem ser descritas de forma mais simples, usando coordenadas polares em vez de coordenadas retangulares, como mostrado no exemplo a seguir.

EXEMPLO 7
(a) Determine uma equação em coordenadas retangulares para a circunferência de raio 3 centrada na origem.

(b) Determine uma equação em coordenadas polares para a circunferência de raio 3 centrada na origem.

SOLUÇÃO

(a) Em coordenadas retangulares no plano xy, essa circunferência pode ser descrita pela equação

$$x^2 + y^2 = 9.$$

(b) A primeira coordenada polar r mede a distância até a origem. Como a circunferência de raio 3 centrada na origem é igual ao conjunto de pontos cuja distância à origem é igual a 3, essa circunferência pode ser descrita em coordenadas polares (r, θ) pela equação mais simples

$$r = 3.$$

De maneira geral, temos o seguinte resultado.

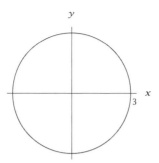

A circunferência descrita pela equação $r = 3$ em coordenadas polares.

Equação polar de uma circunferência

Se c é um número positivo, então a equação polar $r = c$ descreve uma circunferência de raio c centrada na origem.

EXEMPLO 8

(a) Determine desigualdades em coordenadas retangulares descrevendo a região entre as circunferências de raios 2 e 5, ambas centradas na origem.

(b) Determine desigualdades em coordenadas polares descrevendo a região entre as circunferências de raios 2 e 5, ambas centradas na origem.

SOLUÇÃO

(a) Em coordenadas retangulares no plano xy, essa região pode ser descrita pelas desigualdades

$$4 < x^2 + y^2 < 25.$$

(b) Em coordenadas polares (r, θ), essa região pode ser descrita pelas desigualdades

$$2 < r < 5.$$

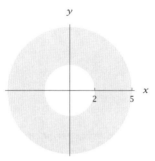

A região descrita pelas desigualdades $2 < r < 5$ em coordenadas polares.

Como vimos, o conjunto de pontos para quais a primeira coordenada polar r é igual a alguma constante é uma circunferência. Vamos olhar agora para o conjunto de pontos nos quais a segunda coordenada polar θ é igual a alguma constante.

Descreva o conjunto de pontos cuja segunda coordenada polar θ seja igual a $\frac{\pi}{4}$.

EXEMPLO 9

SOLUÇÃO Um ponto no plano das coordenadas tem segunda coordenada polar θ igual a $\frac{\pi}{4}$ se e somente se o segmento de reta da origem ao ponto formar um ângulo de $\frac{\pi}{4}$ radianos (ou 45°) com o eixo horizontal positivo. Portanto a equação

$$\theta = \frac{\pi}{4}$$

descreve o raio mostrado aqui.

De maneira geral, temos o seguinte resultado; aqui, c é uma constante arbitrária.

Equação polar de um raio

A equação polar $\theta = c$ descreve o raio que inicia na origem e forma um ângulo c com o eixo horizontal positivo.

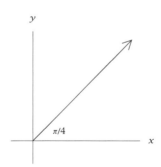

O raio descrito pela equação polar $\theta = \frac{\pi}{4}$. O raio estende-se sem fim; apenas parte dele está sendo mostrada.

Até agora, nossos exemplos de equações em coordenadas polares envolveram apenas uma das duas coordenadas polares. Agora veremos um exemplo de uma equação polar usando ambas as coordenadas polares.

EXEMPLO 10

Converta a equação polar
$$r = \operatorname{sen} \theta$$
para uma equação em coordenadas retangulares e descreva seu gráfico.

SOLUÇÃO Como $y = r \operatorname{sen} \theta$, multiplicamos ambos os lados da equação $r = \operatorname{sen} \theta$ por r para obter $r \operatorname{sen} \theta$ à direita:
$$r^2 = r \operatorname{sen} \theta.$$

A conversão dessa equação para coordenadas retangulares no plano xy resulta em
$$x^2 + y^2 = y.$$

Subtraia y de ambos os lados, obtendo
$$x^2 + y^2 - y = 0.$$

Completando os quadrados, podemos reescrever a equação como
$$x^2 + (y - \tfrac{1}{2})^2 = \tfrac{1}{4}.$$

Vemos, portanto, que a equação polar $r = \operatorname{sen} \theta$ descreve uma circunferência centrada em $\left(0, \tfrac{1}{2}\right)$ com raio $\tfrac{1}{2}$, como mostrado aqui.

O gráfico da equação polar $r = \operatorname{sen} \theta$.

Como a primeira coordenada polar r é a distância da origem até o ponto, r não pode ser negativo. Por exemplo, a equação $r = \operatorname{sen} \theta$ do exemplo acima não faz sentido quando $\pi < \theta < 2\pi$, pois $\operatorname{sen} \theta$ é negativo nesse intervalo. Assim, o gráfico de $r = \operatorname{sen} \theta$ não contém nenhum ponto correspondente aos valores de θ entre π e 2π (em outras palavras, o gráfico não contém nenhum ponto abaixo do eixo horizontal, como pode ser visto na figura acima).

Alguns livros permitem que r seja negativo, o que é contrário à noção de que r é a distância até a origem.

A restrição de θ para corresponder a valores não negativos de r é semelhante ao que acontece quando desenhamos o gráfico da equação
$$y = \sqrt{x - 3}.$$
Ao fazer o gráfico dessa equação, não consideramos valores de x menores que 3, pois a equação $y = \sqrt{x-3}$ não tem sentido quando $x < 3$. De forma similar, a equação
$$r = \operatorname{sen} \theta$$
não tem sentido quando $\pi < \theta < 2\pi$.

Gráficos de equações polares muitas vezes conduzem a formas não esperadas, como mostrado nos próximos dois exemplos.

EXEMPLO 11

Considere a equação polar
$$r = 1 - \cos \theta.$$

(a) Para cada ângulo θ, quais são as coordenadas retangulares correspondentes ao ponto na curva?

(b) Use tecnologia para esboçar a curva.

SOLUÇÃO

(a) Como sempre, um ponto com coordenadas polares (r, θ) tem coordenadas retangulares $(r \cos \theta, r \operatorname{sen} \theta)$. Para pontos da equação polar descrita acima, substituímos r por $1 - \cos \theta$ em $(r \cos \theta, r \operatorname{sen} \theta)$. Essa substituição mostra que o ponto da curva correspondente ao ângulo θ é
$$((1 - \cos \theta) \cos \theta, (1 - \cos \theta) \operatorname{sen} \theta).$$

Observe que a inclinação da reta que vai desse ponto até a origem é $\frac{(1-\cos\theta)\operatorname{sen}\theta}{(1-\cos\theta)\cos\theta}$, que é igual a $\tan \theta$, o que mostra que a reta do ponto até a origem forma um ângulo θ com o eixo horizontal positivo, como esperado.

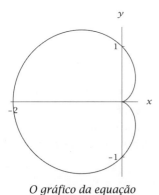

O gráfico da equação polar $r = 1 - \cos \theta$.

(b) Uma calculadora gráfica, ou um *software* capaz de fazer gráficos usando coordenadas polares, pode produzir o gráfico. Por exemplo, o gráfico mostrado aqui resulta da inserção de

> polar plot r = 1 - cos theta

na caixa de entrada do *WolframAlpha*.

No exemplo acima, somar 2π a um número θ produz o mesmo ponto em coordenadas polares porque $\cos(\theta + 2\pi) = \cos\theta$. Portanto a curva para θ no intervalo $[0, 2\pi]$ é a mesma curva que para θ no intervalo $[2\pi, 4\pi]$, ou $[4\pi, 6\pi]$, e assim por diante. O próximo exemplo mostra uma curva que não se repete.

Faça o gráfico da equação polar $r = \theta$, para θ em $[0, 6\pi]$.

EXEMPLO 12

SOLUÇÃO O gráfico dessa equação polar pode ser obtido inserindo-se

> polar plot r = theta for theta=0 to 6pi

na caixa de entrada do *WolframAlpha*, ou usando a entrada apropriada em outro *software* ou calculadora gráfica capaz de lidar com equações polares. Ao fazer isso, o resultado deve ser o gráfico de uma espiral, como mostrado aqui.

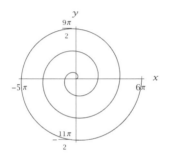

O gráfico da equação polar $r = \theta$, para θ em $[0, 6\pi]$.

Equações polares podem levar a curvas bonitas, como mostrado nos dois exemplos anteriores. Você deve usar uma calculadora gráfica ou outra tecnologia, ou o *WolframAlpha*, para experimentar. Curvas surpreendentemente complexas podem resultar de equações polares simples, como mostrado nas figuras abaixo:

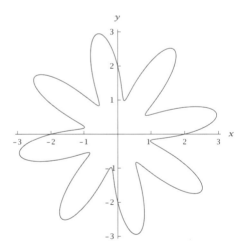

O gráfico da equação polar $r = 2 + \text{sen}(8\theta)$ para θ em $[0, 2\pi]$.

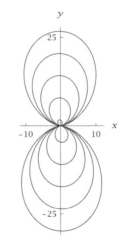

O gráfico da equação polar $r = \theta \, \text{sen}^2 \theta$ para θ em $[0, 10\pi]$.

Se o seu software permitir que a primeira coordenada polar r seja negativa, então ele interpretará um ponto com coordenadas polares (r, θ) como o ponto com coordenadas retangulares (r cos θ, r sen θ) independentemente de r ser positivo ou negativo. Se r < 0, então o ponto com coordenadas polares (r, θ) também tem coordenadas polares (|r|, $\theta + \pi$). Em outras palavras, uma primeira coordenada polar negativa causa uma reflexão sobre a origem.

EXERCÍCIOS

Nos Exercícios 1–12, converta o ponto com as coordenadas polares dadas para coordenadas retangulares (x, y).

1 coordenadas polares $(\sqrt{19}, 5\pi)$.

2 coordenadas polares $(3, 2^{1000}\pi)$.

3 coordenadas polares $\left(4, \frac{\pi}{2}\right)$.

4 coordenadas polares $\left(5, -\frac{\pi}{2}\right)$.

5 coordenadas polares $\left(6, -\frac{\pi}{4}\right)$.

6 coordenadas polares $\left(7, \frac{\pi}{4}\right)$.

7 coordenadas polares $\left(8, \frac{\pi}{3}\right)$.

8 coordenadas polares $\left(9, -\frac{\pi}{3}\right)$.

9 coordenadas polares $\left(10, \frac{\pi}{6}\right)$.

10 coordenadas polares $\left(11, -\frac{\pi}{6}\right)$.

11 coordenadas polares $\left(12, \frac{11\pi}{4}\right)$.

12 coordenadas polares $\left(13, \frac{8\pi}{3}\right)$.

Nos Exercícios 13–28, converta o ponto com as coordenadas retangulares dadas para coordenadas polares (r, θ). Use radianos e escolha sempre o ângulo θ no intervalo (−π, π].

13 $(2, 0)$

14 $(-\sqrt{3}, 0)$

15 $(0, -\pi)$

16 $(0, 2\pi)$

17 $(3, 3)$

18 $(4, -4)$

19 $(-5, 5)$

20 $(-6, -6)$

21 $(3, 2)$

22 $(4, 7)$

23 $(3, -7)$

24 $(6, -5)$

25 $(-4, 1)$

26 $(-2, 5)$

27 $(-5, -2)$

28 $(-3, -6)$

29 Determine o centro e o raio da circunferência cuja equação em coordenadas polares é $r = 3 \cos \theta$.

30 Determine o centro e o raio da circunferência cuja equação em coordenadas polares é $r = 10 \operatorname{sen} \theta$.

PROBLEMAS

31 Desenhe o gráfico da equação polar $r = 4$.

32 Desenhe o gráfico da equação polar $\theta = \frac{\pi}{4}$.

33 Desenhe o gráfico da equação polar $r = \cos \theta + \operatorname{sen} \theta$.

34 Desenhe o gráfico da equação polar $r = 1 + \operatorname{sen}(15\theta)$.

35 Use a lei dos cossenos para determinar uma fórmula para a distância (no plano de coordenadas retangulares normal) entre o ponto com coordenadas polares (r_1, q_1) e o ponto com coordenadas polares (r_2, q_2).

36 Qual é a relação entre o ponto com coordenadas polares (5; 0,2) e o ponto com coordenadas polares (5; −0,2)?

37 Qual é a relação entre o ponto com coordenadas polares (5; 0,2) e o ponto com coordenadas polares (5; 0,2 + π)?

38 Escreva uma fórmula para a segunda coordenada polar θ correspondente a um ponto com coordenadas retangulares (x, y), de natureza similar à fórmula dada antes do Exemplo 6, que sempre conduza a uma escolha para θ no intervalo [0, 2π).

39 Descreva o conjunto de pontos cujas coordenadas polares são iguais às suas coordenadas retangulares.

40 Demonstre que o gráfico da equação polar

$$r = \frac{1}{1 - \operatorname{sen} \theta}$$

é uma parábola com vértice em $\left(0, -\frac{1}{2}\right)$.

SOLUÇÕES DETALHADAS *dos Exercícios Ímpares*

Nos Exercícios 1–12, converta o ponto com as coordenadas polares dadas para coordenadas retangulares (x, y).

1 coordenadas polares $\left(\sqrt{19}, 5\pi\right)$.

SOLUÇÃO Temos

$$x = \sqrt{19} \cos(5\pi) \quad \text{e} \quad y = \sqrt{19} \operatorname{sen}(5\pi).$$

A subtração de múltiplos pares de π não altera o valor do cosseno e do seno. Como 5π − 4π = π, temos cos (5π) = cos π = −1 e sen (5π) = sen π = 0. Portanto, o ponto em questão tem coordenadas retangulares $\left(-\sqrt{19}, 0\right)$.

3 coordenadas polares $\left(4, \frac{\pi}{2}\right)$.

SOLUÇÃO Temos

$$x = 4 \cos \frac{\pi}{2} \quad \text{e} \quad y = 4 \operatorname{sen} \frac{\pi}{2}.$$

Como $\cos \frac{\pi}{2} = 0$ e $\operatorname{sen} \frac{\pi}{2} = 1$, o ponto em questão tem coordenadas retangulares (0, 4).

5 coordenadas polares $\left(6, -\frac{\pi}{4}\right)$.

SOLUÇÃO Temos

$$x = 6 \cos\left(-\frac{\pi}{4}\right) \quad \text{e} \quad y = 6 \operatorname{sen}\left(-\frac{\pi}{4}\right).$$

Como $\cos\left(-\frac{\pi}{4}\right) = \frac{\sqrt{2}}{2}$ e $\operatorname{sen}\left(-\frac{\pi}{4}\right) = -\frac{\sqrt{2}}{2}$, o ponto em questão tem coordenadas retangulares $\left(3\sqrt{2}, -3\sqrt{2}\right)$.

7 coordenadas polares $\left(8, \frac{\pi}{3}\right)$.

SOLUÇÃO Temos

$$x = 8 \cos \frac{\pi}{3} \quad \text{e} \quad y = 8 \operatorname{sen} \frac{\pi}{3}.$$

Como $\cos \frac{\pi}{3} = \frac{1}{2}$ e $\operatorname{sen} \frac{\pi}{3} = \frac{\sqrt{3}}{2}$, o ponto em questão tem coordenadas retangulares $\left(4, 4\sqrt{3}\right)$.

9 coordenadas polares $\left(10, \frac{\pi}{6}\right)$.

SOLUÇÃO Temos

$$x = 10 \cos \frac{\pi}{6} \quad \text{e} \quad y = 10 \operatorname{sen} \frac{\pi}{6}.$$

Como $\cos\frac{\pi}{6} = \frac{\sqrt{3}}{2}$ e sen $\frac{\pi}{6} = \frac{1}{2}$, o ponto em questão tem coordenadas retangulares $(5\sqrt{3}, 5)$.

11 coordenadas polares $\left(12, \frac{11\pi}{4}\right)$.

SOLUÇÃO Temos

$$x = 12\cos\tfrac{11\pi}{4} \quad \text{e} \quad y = 12\operatorname{sen}\tfrac{11\pi}{4}.$$

Como $\cos\frac{11\pi}{4} = -\frac{\sqrt{2}}{2}$ e sen $\frac{11\pi}{4} = \frac{\sqrt{2}}{2}$, o ponto em questão tem coordenadas retangulares $\left(-6\sqrt{2}, 6\sqrt{2}\right)$.

Nos Exercícios 13–28, converta o ponto com as coordenadas retangulares dadas para coordenadas polares (r, θ). Use radianos e escolha sempre o ângulo θ no intervalo $(-\pi, \pi]$.

13 $(2, 0)$

SOLUÇÃO O ponto $(2, 0)$ está sobre o eixo x positivo, a 2 unidades da origem. Portanto, esse ponto tem coordenadas polares $(2, 0)$.

15 $(0, -\pi)$

SOLUÇÃO O ponto $(0, -\pi)$ está sobre o eixo y negativo, a π unidades da origem. Portanto, esse ponto tem coordenadas polares $\left(\pi, -\frac{\pi}{2}\right)$.

17 $(3, 3)$

SOLUÇÃO Temos

$$r = \sqrt{3^2 + 3^2} = \sqrt{3^2 \cdot 2} = \sqrt{3^2}\sqrt{2} = 3\sqrt{2}.$$

O ponto $(3, 3)$ está na porção da reta $y = x$ que forma um ângulo de 45° com o eixo x positivo. Portanto, $\theta = \frac{\pi}{4}$.

Assim, esse ponto tem coordenadas polares $\left(3\sqrt{2}, \frac{\pi}{4}\right)$.

19 $(-5, 5)$

SOLUÇÃO Temos

$$r = \sqrt{5^2 + (-5)^2} = \sqrt{5^2 \cdot 2} = \sqrt{5^2}\sqrt{2} = 5\sqrt{2}.$$

O ponto $(-5, 5)$ está na porção da reta $y = -x$ que forma um ângulo de 135° com o eixo x positivo. Portanto, $\theta = \frac{3\pi}{4}$.

Assim, esse ponto tem coordenadas polares $\left(5\sqrt{2}, \frac{3\pi}{4}\right)$.

21 $(3, 2)$

SOLUÇÃO Temos

$$r = \sqrt{3^2 + 2^2} = \sqrt{13} \approx 3{,}61.$$

Como ambas as coordenadas $(3, 2)$ são positivas, temos

$$\theta = \tan^{-1}\tfrac{2}{3} \approx 0{,}588 \text{ radiano}.$$

Assim, esse ponto tem coordenadas polares aproximadamente iguais a $(3{,}61; 0{,}588)$.

23 $(3, -7)$

SOLUÇÃO Temos

$$r = \sqrt{3^2 + (-7)^2} = \sqrt{58} \approx 7{,}62.$$

Como a primeira coordenada de $(3, -7)$ é positiva, temos

$$\theta = \tan^{-1}\left(\tfrac{-7}{3}\right) \approx -1{,}166 \text{ radiano}.$$

Assim, esse ponto tem coordenadas polares aproximadamente iguais a $(7{,}62; -1{,}166)$.

25 $(-4, 1)$

SOLUÇÃO Temos

$$r = \sqrt{(-4)^2 + 1^2} = \sqrt{17} \approx 4{,}12.$$

Como a primeira coordenada de $(-4, 1)$ é negativa e a segunda coordenada é positiva, temos

$$\theta = \tan^{-1}\left(\tfrac{1}{-4}\right) + \pi = \tan^{-1}\left(-\tfrac{1}{4}\right) + \pi$$

$$\approx 2{,}897 \text{ radianos}.$$

Assim, esse ponto tem coordenadas polares aproximadamente iguais a $(4{,}12; 2{,}897)$.

27 $(-5, -2)$

SOLUÇÃO Temos

$$r = \sqrt{(-5)^2 + (-2)^2} = \sqrt{29} \approx 5{,}39.$$

Como ambas as coordenadas $(-5, -2)$ são negativa, temos

$$\theta = \tan^{-1}\left(\tfrac{-2}{-5}\right) - \pi = \tan^{-1}\tfrac{2}{5} - \pi$$

$$\approx -2{,}761 \text{ radianos}.$$

Assim, esse ponto tem coordenadas polares aproximadamente iguais a $(5{,}39; -2{,}761)$.

29 Determine o centro e o raio da circunferência cuja equação em coordenadas polares é $r = 3\cos\theta$.

SOLUÇÃO

Multiplique ambos os lados por r, obtendo

$$r^2 = 3r\cos\theta.$$

Converta para coordenadas retangulares, obtendo

$$x^2 + y^2 = 3x.$$

Subtraia $3x$ de ambos os lados, obtendo

$$x^2 - 3x + y^2 = 0.$$

Complete os quadrados para reescrever a equação como

$$\left(x - \tfrac{3}{2}\right)^2 + y^2 = \tfrac{9}{4}.$$

Portanto, a equação polar $r = 3\cos\theta$ descreve uma circunferência centrada em $\left(\frac{3}{2}, 0\right)$ com raio $\frac{3}{2}$.

6.3 Vetores

OBJETIVOS DE APRENDIZAGEM

Ao final desta seção, você deverá ser capaz de

- determinar se dois vetores são iguais;
- determinar o módulo, a direção e o sentido de um vetor com base em suas coordenadas;
- somar e subtrair dois vetores, algebricamente e geometricamente;
- calcular o produto entre um número e um vetor, algebricamente e geometricamente;
- calcular o produto escalar entre dois vetores;
- calcular o ângulo entre dois vetores.

Uma Introdução Algébrica e Geométrica para Vetores

Para ver como vetores surgem naturalmente, considere dados meteorológicos em uma posição específica e em um instante específico. Um item-chave para dados meteorológicos é a temperatura, que é um número que pode ser positivo ou negativo (por exemplo, 14 graus Fahrenheit ou −10 graus Celsius, dependendo das unidades usadas). Outro item-chave para dados meteorológicos é a velocidade do vento, que consiste em um valor que deve ser um número não negativo (por exemplo, 10 milhas por hora) e uma direção (por exemplo, noroeste).

Medidas que têm magnitude e direção são comuns o bastante para merecerem sua própria terminologia:

> **Vetor**
>
> Um **vetor** é caracterizado por seu módulo e sua direção e sentido. Normalmente, um vetor é desenhado como uma seta:
>
> - o comprimento da seta é o **módulo** do vetor;
> - a direção da ponta da seta indica a **direção** e o **sentido** do vetor;
> - dois vetores são iguais se e somente se eles tiverem o mesmo módulo, a mesma direção e o mesmo sentido.

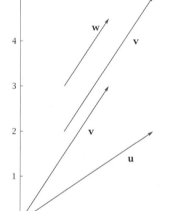

EXEMPLO 1

Símbolos representando vetores aparecem em negrito neste livro para enfatizar que eles são vetores, não números.

A figura acima mostra vetores **u**, **v** e **w**.

(a) Explique por que os dois vetores identificados por **v** são iguais entre si.

(b) Explique por que **u** ≠ **v**.

(c) Explique por que **v** ≠ **w**.

SOLUÇÃO

(a) Os dois vetores identificados por **v** têm o mesmo comprimento e suas setas são paralelas e apontam no mesmo sentido. Como esses dois vetores têm o mesmo módulo, a mesma direção e o mesmo sentido, eles são vetores iguais e, portanto, é apropriado atribuir a eles a mesma identificação **v**.

(b) O vetor **u** mostrado anteriormente tem o mesmo módulo que **v**, mas aponta em uma direção diferente (as setas não são paralelas); portanto **u** ≠ **v**.

(c) O vetor **v** mostrado anteriormente tem a mesma direção que **w** (setas paralelas apontando no mesmo sentido), mas tem módulo diferente; portanto **v** ≠ **w**.

Um vetor é determinado por seu ponto inicial e por sua extremidade. Por exemplo, o vetor **u** mostrado anteriormente tem ponto inicial na origem (0, 0) e tem extremidade em (3, 2). Uma versão do vetor **v** mostrada anteriormente tem ponto inicial na origem (0, 0) e extremidade em (2, 3); a outra versão do vetor **v** mostrado anteriormente tem ponto inicial (1, 2) e extremidade (3, 5).

Algumas vezes, um vetor é especificado indicando apenas a extremidade, assumindo que seu ponto inicial seja a origem. Por exemplo, o vetor **u** mostrado anteriormente pode ser identificado como (3, 2), entendendo que a origem é seu ponto inicial. Em outras palavras, algumas vezes pensamos em (3, 2) como um ponto no plano das coordenadas, e algumas vezes pensamos em (3, 2) como o vetor que parte da origem e vai até esse ponto.

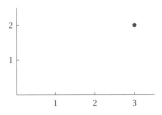

A notação (3, 2) pode ser usada para representar o ponto mostrado acima.

Notação para vetores com ponto inicial na origem

Se a e b são números reais, então (a, b) pode representar ou um ponto ou um vetor, dependendo do contexto. Em outras palavras, (a, b) pode ser usado como notação para qualquer um dos seguintes objetos:

- o ponto no plano das coordenadas cuja primeira coordenada é a e cuja segunda coordenada é b;
- o vetor cujo ponto inicial está na origem e cuja extremidade tem primeira coordenada a e segunda coordenada b.

As coordenadas polares permitem-nos ser mais precisos sobre o que significam o módulo, a direção e o sentido de um vetor:

Módulo, direção e sentido de um vetor

Suponha que um vetor **u** está posicionado com seu ponto inicial na origem. Se a extremidade de **u** tem coordenadas polares (r, θ), então

- o **módulo** de **u**, representado por |**u**|, é definido como igual a r;
- a **direção** de **u** é determinada por θ, que é o ângulo que **u** forma com o eixo horizontal positivo.

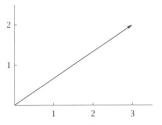

A notação (3, 2) também pode ser usada para representar o vetor mostrado acima.

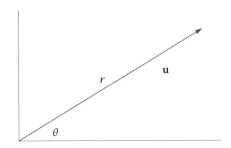

*A extremidade deste vetor **u** tem coordenadas polares (r, θ).*

O resultado a seguir simplesmente repete a conversão de coordenadas retangulares para polares que vimos na seção anterior:

> **Calculando o módulo e a direção de um vetor**
>
> Se **u** = (a, b), então
>
> - $|\mathbf{u}| = \sqrt{a^2 + b^2}$;
>
> - um ângulo θ que determina a direção de **u** satisfaz a equação $\tan \theta = \frac{b}{a}$, em que θ deve ser escolhido de tal forma que $\cos \theta$ tenha o mesmo sinal que a e $\sin \theta$ tenha o mesmo sinal de b.

No último item acima, como de costume, excluímos o caso em que $a = 0$ para evitar a divisão por 0.

EXEMPLO 2 Suponha que **u** seja o vetor (3, 2) mostrado acima. Determine o módulo de **u** e um ângulo que determine a direção de **u**.

SOLUÇÃO Temos

$$|\mathbf{u}| = \sqrt{3^2 + 2^2} = \sqrt{13} \approx 3{,}6$$

e

$$\theta = \tan^{-1} \tfrac{2}{3} \approx 0{,}59.$$

Como a segunda coordenada polar θ não é única, poderíamos, também, somar qualquer múltiplo inteiro de 2π ao valor de θ escolhido acima.

Adição Vetorial

Dois vetores podem ser adicionados, produzindo outro vetor. A definição a seguir apresenta a soma de vetores do ponto de vista de um vetor como uma seta e também do ponto de vista da identificação de um vetor por sua extremidade (assumindo que seu ponto inicial esteja na origem):

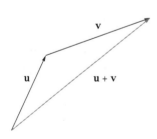

> **Adição vetorial**
>
> - Se a extremidade de um vetor **u** coincidir com o ponto inicial de um vetor **v**, então o vetor **u** + **v** tem o mesmo ponto inicial que **u** e a mesma extremidade que **v**.
>
> - Se **u** = (a, b) e **v** = (c, d), então **u** + **v** = (a + c, b + d).

EXEMPLO 3 Suponha **u** = (1, 2) e **v** = (3, 1).

(a) Desenhe uma figura ilustrando a soma de **u** e **v** como setas.

(b) Calcule a soma **u** + **v** usando coordenadas.

SOLUÇÃO

(a) A figura a seguir à esquerda mostra os dois vetores, **u** e **v**, ambos com seu ponto inicial na origem. Na figura a seguir ao centro, o vetor **v** foi movido paralelamente à sua posição original até que seu ponto inicial coincidisse com a extremidade de **u**. A figura a seguir à direita mostra que o vetor **u** + **v** é o vetor com o mesmo ponto inicial que **u** e a mesma extremidade que a segunda versão de **v**.

Para somar dois vetores como setas, mova um vetor paralelamente a ele mesmo até que sua posição inicial coincida com a extremidade do outro vetor.

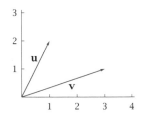 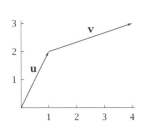 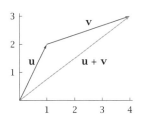

*Aqui, **v** é movido paralelamente a ele mesmo até que o ponto inicial de **v** coincida com a extremidade de **u**.*

(b) As coordenadas de **u** + **v** são obtidas pela soma das coordenadas correspondentes de **u** e **v**. Assim, **u** + **v** = (1, 2) + (3, 1) = (4, 3). Observe que (4, 3) é a extremidade do vetor cinza meio-tom acima à direita.

A adição de vetores satisfaz as propriedades comutativa e associativa normalmente esperadas para uma operação de adição:

$$\mathbf{u} + \mathbf{v} = \mathbf{v} + \mathbf{u} \quad \text{e} \quad (\mathbf{u} + \mathbf{v}) + \mathbf{w} = \mathbf{u} + (\mathbf{v} + \mathbf{w})$$

para todos os vetores **u**, **v** e **w**. Em outras palavras, ordem e parênteses não importam na adição vetorial. A figura aqui apresentada mostra por que a adição de vetores é comutativa.

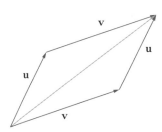

*O vetor mostrado aqui como a diagonal em cinza meio-tom do paralelogramo é igual a **u** + **v** e também é igual a **v** + **u**.*

O vetor zero, representado por **0** em negrito, é o vetor cujo módulo é 0. A direção do vetor zero pode ser escolhida como qualquer uma conveniente e é irrelevante, pois esse vetor tem módulo 0. Em termos de coordenadas, o vetor zero é igual a (0, 0). Para todo vetor **u**, temos

$$\mathbf{u} + \mathbf{0} = \mathbf{0} + \mathbf{u} = \mathbf{u}.$$

Uma aplicação importante da adição vetorial é o cálculo do efeito do vento em um avião. Considere, por exemplo, um avião cujos motores permitem que ele viaje a 500 milhas (800 km) por hora quando não há vento. Com um vento frontal de 50 milhas (80 km) por hora (ventos são muito mais fortes na altitude dos aviões do que no nível do solo), o avião consegue viajar apenas a 450 milhas (720 km) por hora em relação ao solo. Com um vento de cauda a 50 milhas (80 km) por hora, o avião pode viajar a 550 milhas (880 km) por hora em relação ao solo.

Se o sentido da direção do vento não for exatamente o mesmo da trajetória do avião, nem exatamente o sentido oposto, então a adição vetorial é usada para determinar o efeito do vento no avião. Especificamente, o vetor vento é somado ao vetor velocidade no ar (o vetor que dá a velocidade do avião e sua direção se não houver vento) para produzir o vetor velocidade em relação ao solo (o vetor que indica a velocidade do avião bem como sua orientação em relação ao solo).

O vento, na altitude do avião é, geralmente, de oeste para leste. Portanto, voar, por exemplo, de Miami para Los Angeles geralmente leva uma hora a mais do que voar de Los Angeles para Miami.

EXEMPLO 4

Suponha que o vento na altitude do avião seja de 50 milhas (80 km) por hora (em relação ao solo), movendo-se a 20° para o sudeste. Relativamente ao vento, um avião está voando a 300 milhas (480 km) por hora em direção a 35° para o norte em relação ao vento. Determine a rapidez e a orientação do avião em relação ao solo.

SOLUÇÃO Represente por **w** a velocidade do vento. Portanto, **w** tem módulo 50 e orientação −20°. Isto implica que o vetor vento **w** tem coordenadas (50 cos (−20°), 50 sen (−20°)).

*Aqui **w** forma um ângulo de −20°, medido a partir do eixo horizontal positivo, e **a** forma um ângulo de 15°, medido a partir do eixo horizontal positivo.*

Seja **a** o vetor indicando o movimento do avião se não houver vento; esse vetor é denominado **vetor velocidade no ar**. Em relação ao vento, o avião está apontando 35° para o norte, o que significa que **a** tem módulo 300 e direção 15°. Então o vetor velocidade no ar **a** tem coordenadas (300 cos 15°, 300 sen 15°).

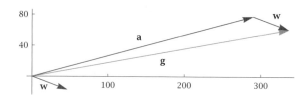

*A versão inferior de **w** tem seu ponto inicial no mesmo local que o ponto inicial de **a** (pense nesse ponto como a origem). A segunda versão de **w** tem seu ponto inicial na extremidade de **a**, de tal forma que podemos visualizar a soma **g** = **a** + **w**.*

Seja **g** o vetor indicando o movimento do avião em relação ao solo; esse vetor é denominado **vetor velocidade em relação ao solo**. As propriedades do movimento implicam que a velocidade em relação ao solo é igual ao vetor velocidade em relação ao ar adicionado do vetor velocidade do vento. Em outras palavras, **g** = **a** + **w**.

Em termos de coordenadas, temos

$$\begin{aligned}\mathbf{g} &= \mathbf{a} + \mathbf{w} \\ &= (300\cos 15°, 300\,\text{sen}\,15°) + (50\cos 20°, -50\,\text{sen}\,20°) \\ &= (300\cos 15° + 50\cos 20°, 300\,\text{sen}\,15° - 50\,\text{sen}\,20°) \\ &\approx (336{,}762, 60{,}5447).\end{aligned}$$

Agora, a rapidez do avião em relação ao solo é o módulo de **g**:

$$|\mathbf{g}| \approx \sqrt{336{,}762^2 + 60{,}5447^2}$$
$$\approx 342{,}2.$$

A direção do avião em relação ao solo é a direção de **g**, que é aproximadamente $\tan^{-1}\frac{60{,}5447}{336{,}762}$, que por sua vez é aproximadamente 0,178 radiano, que, finalmente, é aproximadamente 10,2°.

Conclusão: Relativamente ao solo, o avião está viajando a aproximadamente 342,2 milhas (547,52 km) por hora em uma direção 10,2° para o nordeste.

Subtração Vetorial

Vetores possuem inversos aditivos, assim como os números. A definição a seguir apresenta o inverso aditivo do ponto de vista de um vetor como uma seta e do ponto de vista da identificação de um vetor por suas coordenadas:

Inverso aditivo

- Se **u** for um vetor, então –**u** tem o mesmo módulo que **u** e sentido oposto, na mesma direção, que **u**.
- Se **u** tiver como coordenadas polares (r, θ), então –**u** tem coordenadas polares $(r, \theta + \pi)$.
- Se **u** = (a, b), então –**u** = $(-a, -b)$.

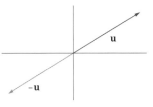

*Um vetor **u** e seu inverso aditivo –**u**.*

Certifique-se de que você entendeu por que a definição acima implica que

$$\mathbf{u} + (-\mathbf{u}) = \mathbf{0}$$

para qualquer vetor **u**.

Dois vetores podem ser subtraídos, produzindo outro vetor. A definição a seguir apresenta a subtração de vetores do ponto de vista de um vetor como uma seta e do ponto de vista da identificação de um vetor por sua extremidade (considerando que seu ponto inicial esteja na origem):

Subtração vetorial

- Se **u** e **v** forem vetores, então a diferença **u** – **v** é definida por

$$\mathbf{u} - \mathbf{v} = \mathbf{u} + (-\mathbf{v}).$$

- Se **u** e **v** estiverem posicionados de forma tal que tenham o mesmo ponto inicial, então **u** – **v** é o vetor cujo ponto inicial é a extremidade de **v** e cuja extremidade é a extremidade de **u**.
- Se **u** = (a, b) e **v** = (c, d) então **u** – **v** = $(a - c, b - d)$.

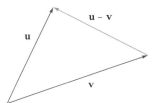

*Para descobrir em qual direção aponta a seta de **u** – **v**, escolha a direção que torna **v** + (**u** – **v**) igual a **u**.*

Suponha **u** = $(1, 2)$ e **v** = $(3, 1)$.

EXEMPLO 5

(a) Desenhe uma figura, usando setas, ilustrando a diferença **u** – **v**.

(b) Calcule a diferença **u** – **v** usando coordenadas.

SOLUÇÃO

(a) A figura a seguir à esquerda mostra os dois vetores **u** e **v**, ambos com suas posições iniciais na origem. A figura a seguir ao centro, mostra que o vetor **u** – **v** é o vetor cujo ponto inicial é a extremidade de **v** e cuja extremidade é a extremidade de **u**.

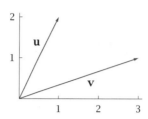 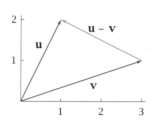 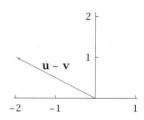

Para subtrair dois vetores, posicione-os de forma que tenham o mesmo ponto inicial.

(b) As coordenadas de **u** − **v** são obtidas pela subtração das coordenadas correspondentes de **u** e **v**. Assim **u** − **v** = (1, 2) − (3, 1) = (−2, 1). A figura acima à direita mostra **u** − **v** com sua posição inicial na origem e sua extremidade em (−2, 1).

O próximo exemplo mostra uma aplicação prática da subtração vetorial.

EXEMPLO 6 Considere que a velocidade do vento na altitude do avião seja de 60 milhas (96 km) por hora (relativa ao solo), movendo-se 25° ao sul do leste. Um avião deseja voar para o noroeste a 400 milhas (640 km) por hora em relação ao solo. Determine a velocidade e a orientação que o avião deve voar em relação ao vento.

SOLUÇÃO   O vetor velocidade do vento **w** tem coordenadas (60 cos (−25°), 60 sen (−25°)).

A direção noroeste está na metade do caminho entre o norte (90°, medidos a partir do eixo horizontal positivo) e oeste (180°, medidos a partir do eixo horizontal positivo). Portanto, a direção noroeste é a média $\frac{90° + 180°}{2}$, que é igual a 135°, medidos a partir do eixo horizontal positivo. Assim, desejamos que o vetor velocidade em relação ao solo **g** tenha coordenadas (400 cos 135°, 400 sen 135°).

Seja **a** o vetor velocidade em relação ao ar, que mostra o movimento do avião se não houvesse vento. Dessa forma, **g** = **a** + **w**. Resolvendo para o vetor velocidade em relação ao ar **a**, temos

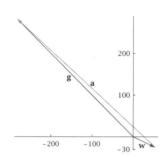

*Aqui, **w** forma um ângulo de −20° medido a partir do eixo horizontal positivo e **g** forma um ângulo de 135° medido a partir do eixo horizontal positivo.*

$$\mathbf{a} = \mathbf{g} - \mathbf{w}$$
$$= (400\cos 135°, 400\sen 135°) - (60\cos(-25°), 60\sen(-25°))$$
$$= (400\cos 135° - 60\cos 25°, 400\sen 135° + 60\sen 25°)$$
$$\approx (-337{,}2, 308{,}2).$$

A rapidez do avião em relação ao vento é o módulo de **a**:

$$|\mathbf{a}| \approx \sqrt{(-337{,}2)^2 + 308{,}2^2} \approx 456{,}8.$$

O ângulo $\tan^{-1}\frac{308,2}{-337,2}$ está no intervalo $\left(-\frac{\pi}{2}, 0\right)$. Portanto, somamos π a ele para obter um ângulo no intervalo $\left(\frac{\pi}{2}, \pi\right)$ com a mesma tangente.

Como pode ser visto na figura, o ângulo que **a** forma com o eixo horizontal positivo está no intervalo $\left(\frac{\pi}{2}, \pi\right)$. Portanto, esse ângulo é aproximadamente $\pi + \tan^{-1}\frac{308,2}{-337,2}$, que por sua vez é aproximadamente 2,401 radianos, que é aproximadamente 137,6°, que, finalmente, é 42,4° para o noroeste.

Conclusão: Em relação ao vento, o avião deve voar a aproximadamente 456,8 milhas (730,88 km) por hora em uma direção que forme um ângulo de 162,6° com a direção do vento (porque 25° + 137,6° = 162,6°), medido no sentido anti-horário em relação ao vetor velocidade do vento.

Multiplicação por Escalar

A palavra **escalar** é uma palavra sofisticada para *número*. O termo **multiplicação por escalar** refere-se à operação definida a seguir como multiplicação de um vetor por um escalar, produzindo um vetor.

Muitas vezes a palavra escalar é usada para enfatizar que uma quantidade é um número e não um vetor.

Multiplicação por escalar

Suponha que t seja um número real e que **u** seja um vetor.

- O vetor $t\mathbf{u}$ tem o módulo $|t|$ vezes o módulo de **u**; assim $|t\mathbf{u}| = |t|\,|\mathbf{u}|$.
  * Se $t > 0$, então $t\mathbf{u}$ tem a mesma direção e sentido que **u**.
  * Se $t < 0$, então $t\mathbf{u}$ tem a mesma direção e sentido oposto ao de **u**.

- Suponha que **u** tenha coordenadas polares (r, θ).
  * Se $t > 0$, então $t\mathbf{u}$ tem coordenadas polares (tr, θ).
  * Se $t < 0$, então $t\mathbf{u}$ tem coordenadas polares $(|t|r, \theta + \pi)$.

- Se $\mathbf{u} = (a, b)$, então $t\mathbf{u} = (ta, tb)$.

Somar π à segunda coordenada polar inverte o sentido do vetor.

EXEMPLO 7

Suponha que $\mathbf{u} = (2, 1)$.

(a) Desenhe uma figura mostrando **u**, $2\mathbf{u}$ e $-2\mathbf{u}$.

(b) Calcule $2\mathbf{u}$ e $-2\mathbf{u}$ usando coordenadas.

SOLUÇÃO

(a) A figura a seguir à esquerda mostra **u**. A figura a seguir ao centro mostra que $2\mathbf{u}$ é o vetor que tem o dobro do módulo de **u** e a mesma direção que **u**. A figura a seguir à direita mostra que $-2\mathbf{u}$ é o vetor que tem o dobro do módulo de **u** e a mesma direção que **u**, porém no sentido oposto.

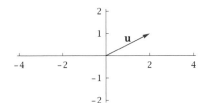 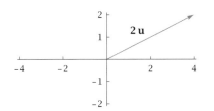 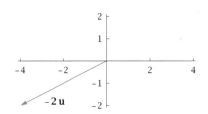

(b) As coordenadas de $2\mathbf{u}$ são obtidas pela multiplicação das coordenadas correspondentes de **u** por 2, e as coordenadas de $-2\mathbf{u}$ são obtidas pela multiplicação das coordenadas correspondentes de **u** por -2. Portanto, temos $2\mathbf{u} = (4, 2)$ e $-2\mathbf{u} = (-4, -2)$.

A divisão de um vetor por um escalar c diferente de zero é o mesmo que sua multiplicação por $\frac{1}{c}$. Por exemplo, $\frac{\mathbf{u}}{2}$ deve ser interpretado como $\frac{1}{2}\mathbf{u}$. Note que a divisão por um vetor não é definida.

O Produto Escalar

Definimos a soma e a diferença entre dois vetores e o produto entre um número e um vetor. Cada uma dessas operações produz outro vetor. Agora, vamos ver outra operação, denominada produto escalar, que produz um número a partir de dois vetores.

Começamos com a definição em termos de coordenadas e, a seguir, veremos também uma fórmula do ponto de vista de vetores como setas.

Lembre-se sempre de que o produto escalar entre dois vetores é um número, não um vetor.

Produto escalar

Suponha $\mathbf{u} = (a, b)$ e $\mathbf{v} = (c, d)$. Assim, o **produto escalar** de $\mathbf{u}$ e $\mathbf{v}$, representado por $\mathbf{u} \cdot \mathbf{v}$, é definido como

$$\mathbf{u} \cdot \mathbf{v} = ac + bd.$$

Portanto, para calcular o produto escalar entre dois vetores, multiplique as primeiras coordenadas entre si, depois multiplique as segundas coordenadas entre si e, em seguida, some os dois produtos.

EXEMPLO 8 Suponha $\mathbf{u} = (2, 3)$ e $\mathbf{v} = (5, 4)$. Calcule $\mathbf{u} \cdot \mathbf{v}$.

SOLUÇÃO Usando a fórmula acima, temos

$$\mathbf{u} \cdot \mathbf{v} = 2 \cdot 5 + 3 \cdot 4 = 10 + 12 = 22.$$

O produto escalar tem as seguintes propriedades algébricas interessantes:

Propriedades algébricas do produto escalar

Suponha que $\mathbf{u}$, $\mathbf{v}$ e $\mathbf{w}$ sejam vetores e que t seja um número real. Assim

- $\mathbf{u} \cdot \mathbf{v} = \mathbf{v} \cdot \mathbf{u}$ (comutatividade);
- $\mathbf{u} \cdot (\mathbf{v} + \mathbf{w}) = \mathbf{u} \cdot \mathbf{v} + \mathbf{u} \cdot \mathbf{w}$ (propriedade distributiva);
- $(t\mathbf{u}) \cdot \mathbf{v} = \mathbf{u} \cdot (t\mathbf{v}) = t(\mathbf{u} \cdot \mathbf{v})$;
- $\mathbf{u} \cdot \mathbf{u} = |\mathbf{u}|^2$.

Para verificar a última propriedade acima, suponha $\mathbf{u} = (a, b)$. Assim

$$\mathbf{u} \cdot \mathbf{u} = a^2 + b^2 = \left(\sqrt{a^2 + b^2}\right)^2 = |\mathbf{u}|^2,$$

como desejado. As verificações das três primeiras propriedades são deixadas como problemas para o leitor.

O resultado a seguir fornece uma fórmula extremamente útil para calcular $\mathbf{u} \cdot \mathbf{v}$ em termos do módulo de $\mathbf{u}$, do módulo de $\mathbf{v}$ e do ângulo entre esses dois vetores.

Calculando o produto escalar geometricamente

Se $\mathbf{u}$ e $\mathbf{v}$ forem vetores com o mesmo ponto inicial, então

$$\mathbf{u} \cdot \mathbf{v} = |\mathbf{u}|\,|\mathbf{v}| \cos\theta,$$

em que θ é o ângulo entre $\mathbf{u}$ e $\mathbf{v}$.

Para verificar a fórmula anterior, primeiro desenhe o vetor **u** − **v**, cujo ponto inicial é a extremidade de **v** e cuja extremidade é a extremidade de **u**, como mostrado aqui. Depois, use propriedades algébricas do produto escalar para calcular a fórmula para $|\mathbf{u} - \mathbf{v}|^2$ como a seguir:

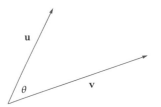

$$|\mathbf{u} - \mathbf{v}|^2 = (\mathbf{u} - \mathbf{v}) \cdot (\mathbf{u} - \mathbf{v})$$
$$= \mathbf{u} \cdot (\mathbf{u} - \mathbf{v}) - \mathbf{v} \cdot (\mathbf{u} - \mathbf{v})$$
$$= \mathbf{u} \cdot \mathbf{u} - \mathbf{u} \cdot \mathbf{v} - \mathbf{v} \cdot \mathbf{u} + \mathbf{v} \cdot \mathbf{v}$$
$$= |\mathbf{u}|^2 - 2\mathbf{u} \cdot \mathbf{v} + |\mathbf{v}|^2.$$

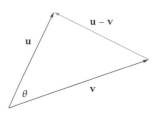

Agora, aplique a lei dos cossenos ao triângulo acima, obtendo

$$|\mathbf{u} - \mathbf{v}|^2 = |\mathbf{u}|^2 + |\mathbf{v}|^2 - 2|\mathbf{u}|\,|\mathbf{v}| \cos \theta.$$

Finalmente, iguale as duas expressões que obtivemos para $|\mathbf{u} - \mathbf{v}|^2$, obtendo

$$|\mathbf{u}|^2 - 2\mathbf{u} \cdot \mathbf{v} + |\mathbf{v}|^2 = |\mathbf{u}|^2 + |\mathbf{v}|^2 - 2|\mathbf{u}|\,|\mathbf{v}| \cos \theta.$$

Subtraia $|\mathbf{u}|^2 + |\mathbf{v}|^2$ de ambos os lados da equação acima e, em seguida, divida ambos os lados por −2, obtendo $\mathbf{u} \cdot \mathbf{v} = |\mathbf{u}||\mathbf{v}| \cos \theta$, o que completa nossa dedução para esta notável fórmula.

Determine o ângulo entre os vetores (1, 2) e (3, 1).

EXEMPLO 9

SOLUÇÃO Seja **u** = (1, 2), **v** = (3, 1) e θ o ângulo entre esses dois vetores, como mostrado aqui.

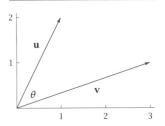

Poderíamos resolver este problema sem usar o produto escalar, observando que o ângulo entre o eixo horizontal positivo e **u** é igual a $\tan^{-1} 2$ e que o ângulo entre o eixo horizontal positivo e **v** é $\tan^{-1} \frac{1}{3}$; portanto, $\theta = \tan^{-1} 2 - \tan^{-1} \frac{1}{3}$. Contudo, nem $\tan^{-1} 2$ nem $\tan^{-1} \frac{1}{3}$ podem ser calculados exatamente, portanto, parece que esta expressão para θ não pode ser simplificada.

No entanto, temos outra maneira para calcular θ. Especificamente, da fórmula acima temos

$$\cos \theta = \frac{\mathbf{u} \cdot \mathbf{v}}{|\mathbf{u}|\,|\mathbf{v}|} = \frac{5}{\sqrt{5}\sqrt{10}} = \frac{5}{\sqrt{5}\sqrt{5}\sqrt{2}} = \frac{1}{\sqrt{2}} = \frac{\sqrt{2}}{2}.$$

O Problema 34 fornece uma bela aplicação deste exemplo.

A equação acima agora implica que $\theta = \frac{\pi}{4}$.

Suponha que θ seja o ângulo entre dois vetores não nulos, **u** e **v**, com o mesmo ponto inicial. Os vetores **u** e **v** são perpendiculares se e somente se θ for igual a $\frac{\pi}{2}$ radianos, o que ocorre se e somente se $\cos \theta = 0$, o que acontece (de acordo com nossa fórmula para calcular o produto escalar geometricamente) se e somente se $\mathbf{u} \cdot \mathbf{v} = 0$. Portanto, temos o seguinte resultado.

A fórmula para calcular o produto escalar geometricamente fornece-nos um método fácil de determinar se dois vetores são perpendiculares.

Vetores perpendiculares

Dois vetores não nulos com o mesmo ponto inicial são perpendiculares se e somente se o produto escalar entre eles for igual a 0.

EXEMPLO 10

Determine um número t tal que os vetores $(3, -5)$ e $(4, 2^t)$ sejam perpendiculares.

SOLUÇÃO Para que os vetores sejam perpendiculares, o produto escalar entre eles deve ser igual a 0. Portanto, precisamos resolver a equação $12 - 5 \cdot 2^t = 0$, que é equivalente à equação $2^t = \frac{12}{5}$. Aplicando o logaritmo a ambos os lados, obtemos $t \log 2 = \log \frac{12}{5}$. Portanto

$$t = \frac{\log \frac{12}{5}}{\log 2} \approx 1{,}26303.$$

EXERCÍCIOS

1 Determine o módulo do vetor $(-3, 2)$.

2 Determine o módulo do vetor $(-5, -2)$.

3 Determine um ângulo que determine a direção do vetor $(-3, 2)$.

4 Determine um ângulo que determine a direção do vetor $(-5, -2)$.

5 Determine dois números distintos t tais que $|t(1, 4)| = 5$.

6 Determine dois números distintos b tais que $|b(3, -7)| = 4$.

7 Suponha que $\mathbf{u} = (2, 1)$ e $\mathbf{v} = (3, 1)$.
  (a) Desenhe uma figura ilustrando a soma entre $\mathbf{u}$ e $\mathbf{v}$ usando setas.
  (b) Calcule a soma $\mathbf{u} + \mathbf{v}$ usando coordenadas.

8 Suponha que $\mathbf{u} = (-3, 2)$ e $\mathbf{v} = (-2, -1)$.
  (a) Desenhe uma figura ilustrando a soma entre $\mathbf{u}$ e $\mathbf{v}$ usando setas.
  (b) Calcule a soma $\mathbf{u} + \mathbf{v}$ usando coordenadas.

9 Suponha que $\mathbf{u} = (2, 1)$ e $\mathbf{v} = (3, 1)$.
  (a) Desenhe uma figura ilustrando a diferença $\mathbf{u} - \mathbf{v}$ usando setas.
  (b) Calcule a diferença $\mathbf{u} - \mathbf{v}$ usando coordenadas.

10 Suponha que $\mathbf{u} = (-3, 2)$ e $\mathbf{v} = (-2, -1)$.
  (a) Desenhe uma figura ilustrando a diferença $\mathbf{u} - \mathbf{v}$ usando setas.
  (b) Calcule a diferença $\mathbf{u} - \mathbf{v}$ usando coordenadas.

11 Suponha que o vento na altitude de um avião esteja a 40 milhas (64 km) por hora (em relação ao solo), movendo-se na direção 15° ao norte do leste. Em relação ao vento, um avião está voando a 450 milhas (720 km) por hora a 20° para o sul. Determine a rapidez e a direção do avião em relação ao solo.

12 Suponha que o vento na altitude de um avião esteja a 70 milhas (112 km) por hora (em relação ao solo), movendo-se na direção 17° ao sul do leste. Em relação ao vento, um avião está voando a 500 milhas (800 km) por hora na direção que forma um ângulo de 200°, medidos no sentido anti-horário em relação ao vento. Determine a rapidez e a direção do avião em relação ao solo.

13 Suponha que $\mathbf{u} = (3, 2)$ e $\mathbf{v} = (4, 5)$. Calcule $\mathbf{u} \cdot \mathbf{v}$.

14 Suponha que $\mathbf{u} = (-4, 5)$ e $\mathbf{v} = (2, -6)$. Calcule $\mathbf{u} \cdot \mathbf{v}$.

15 Utilize o produto escalar para determinar o ângulo entre os vetores $(2, 3)$ e $(3, 4)$.

16 Utilize o produto escalar para determinar o ângulo entre os vetores $(3, -5)$ e $(-4, 3)$.

17 Determine um número t tal que os vetores $(6, -7)$ e $(2, \tan t)$ sejam perpendiculares.

18 Determine um número t tal que os vetores $(2 \cos t, 4)$ e $(10, 3)$ sejam perpendiculares.

19 Suponha que o vento na altitude de um avião esteja a 55 milhas (88 km) por hora (em relação ao solo), movendo-se a 22° ao sul do leste. Um avião deseja voar diretamente para o norte a 400 milhas (640 km) por hora em relação ao solo. Determine a rapidez e a direção em que o avião deve voar em relação ao vento.

20 Suponha que o vento na altitude de um avião esteja a 60 milhas (96 km) por hora (em relação ao solo), movendo-se a 16° a leste do norte. Um avião deseja voar diretamente para o oeste a 500 milhas (800 km) por hora em relação ao solo. Determine a rapidez e a direção em que o avião deve voar em relação ao vento.

PROBLEMAS

21 Determine coordenadas para cinco vetores $\mathbf{u}$ diferentes, cada um dos quais tendo módulo 5.

22 Determine coordenadas para cinco vetores $\mathbf{u}$ diferentes, cada um dos quais tendo a direção determinada por um ângulo de $\frac{\pi}{6}$.

23. Suponha que **u** e **v** sejam vetores com o mesmo ponto inicial. Explique por que |u − v| é igual à distância entre a extremidade de **u** e a extremidade de **v**.

24. Usando coordenadas, demonstre que, se *t* é um escalar e **u** e **v** são vetores, então

    $$t(\mathbf{u} + \mathbf{v}) = t\mathbf{u} + t\mathbf{v}.$$

25. Usando coordenadas, demonstre que, se *s* e *t* são escalares e **u** é um vetor, então

    $$(s + t)\mathbf{u} = s\mathbf{u} + t\mathbf{u}.$$

26. Usando coordenadas, demonstre que, se *s* e *t* são escalares e **u** é um vetor, então

    $$(st)\mathbf{u} = s(t\mathbf{u}).$$

27. Demonstre que, se **u** e **v** são vetores, então

    $$2(|\mathbf{u}|^2 + |\mathbf{v}|^2) = |\mathbf{u} + \mathbf{v}|^2 + |\mathbf{u} - \mathbf{v}|^2.$$

    [*A equação acima é geralmente denominada Igualdade do Paralelogramo, por motivos que são explicados pelo próximo problema.*]

28. Desenhe uma figura apropriada e explique por que o resultado do problema acima implica o seguinte resultado: Em qualquer paralelogramo, a soma dos quadrados dos comprimentos dos quatro lados é igual à soma dos quadrados dos comprimentos das duas diagonais.

29. Suponha que **v** seja um vetor diferente de 0. Explique por que o vetor $\frac{\mathbf{v}}{|\mathbf{v}|}$ tem módulo 1.

30. Demonstre que, se **u** e **v** são vetores, então

    $$\mathbf{u} \cdot \mathbf{v} = \mathbf{v} \cdot \mathbf{u}.$$

31. Demonstre que, se **u**, **v** e **w** são vetores, então

    $$\mathbf{u} \cdot (\mathbf{v} + \mathbf{w}) = \mathbf{u} \cdot \mathbf{v} + \mathbf{u} \cdot \mathbf{w}.$$

32. Demonstre que, se **u** e **v** são vetores e *t* é um número real, então

    $$(t\mathbf{u}) \cdot \mathbf{v} = \mathbf{u} \cdot (t\mathbf{v}) = t(\mathbf{u} \cdot \mathbf{v}).$$

33. Suponha que se **u** e **v** sejam vetores, nenhum dos quais igual a 0. Demonstre que $\mathbf{u} \cdot \mathbf{v} = |\mathbf{u}||\mathbf{v}|$ se e somente se **u** e **v** tiverem a mesma direção e sentido.

34. No Exemplo 9, determinamos que o ângulo θ é igual a $\tan^{-1} 2 - \tan^{-1} \frac{1}{3}$ e que também é igual a $\frac{\pi}{4}$. Portanto

    $$\tan^{-1} 2 - \tan^{-1} \tfrac{1}{3} = \tfrac{\pi}{4}.$$

    (a) Use uma das identidades trigonométricas inversas da Seção 5.2 para mostrar que a equação acima pode ser reescrita como

    $$\tan^{-1} 2 + \tan^{-1} 3 = \tfrac{3\pi}{4}.$$

    (b) Explique como a soma de $\frac{\pi}{4}$ a ambos os lados da equação acima conduz à bela equação

    $$\tan^{-1} 1 + \tan^{-1} 2 + \tan^{-1} 3 = \pi.$$

    [*O Problema 58 na Seção 5.6 fornece outra dedução da equação acima.*]

35. Suponha que **u** e **v** sejam vetores. Demonstre que

    $$|\mathbf{u} \cdot \mathbf{v}| \leq |\mathbf{u}||\mathbf{v}|.$$

    [*Esse resultado é denominado Desigualdade de Cauchy-Schwarz. Embora o problema solicite dedução apenas quanto à configuração de vetores em um plano, uma desigualdade similar é verdadeira em várias outras configurações e tem importante uso em toda a matemática.*]

36. Demonstre que, se **u** e **v** são vetores, então

    $$|\mathbf{u} + \mathbf{v}|^2 = |\mathbf{u}|^2 + 2\mathbf{u} \cdot \mathbf{v} + |\mathbf{v}|^2.$$

37. Demonstre que, se **u** e **v** são vetores, então

    $$|\mathbf{u} + \mathbf{v}| \leq |\mathbf{u}| + |\mathbf{v}|.$$

    [*Dica: Eleve ambos os lados ao quadrado e use os dois problemas anteriores.*]

38. Interprete a desigualdade no problema anterior (a qual é geralmente denominada Desigualdade Triangular) como dizendo algo interessante sobre triângulos.

39. No Exemplo 9, desenhe o vetor da extremidade de **v** até a extremidade de **u**. Demonstre que o triângulo resultante (cujos lados são **u**, **v** e **u** − **v**) é um triângulo retângulo.

40. Explique por que não existe um número *t* tal que os vetores (2, *t*) e (3, *t*) sejam perpendiculares.

SOLUÇÕES DETALHADAS *dos Exercícios Ímpares*

1 Determine o módulo do vetor (−3, 2).

   SOLUÇÃO $\quad |(-3, 2)| = \sqrt{(-3)^2 + 2^2} = \sqrt{13}$

3 Determine um ângulo que determine a direção do vetor (−3, 2).

   SOLUÇÃO $\quad$ Queremos um ângulo θ tal que $\tan \theta = -\frac{2}{3}$ e também que cos θ seja negativo e sen θ seja positivo. O ângulo $\tan^{-1}\left(-\frac{2}{3}\right)$ tem a tangente correta, mas seu cosseno e seno têm o sinal errado. Portanto, o ângulo que procuramos é $\tan^{-1}\left(-\frac{2}{3}\right) + \pi$.

5 Determine dois números distintos *t* tais que |*t*(1, 4)| = 5.

   SOLUÇÃO $\quad$ Como *t*(1, 4) = (*t*, 4*t*), temos

   $$|t(1, 4)| = |(t, 4t)| = \sqrt{t^2 + 16t^2} = \sqrt{17t^2}.$$

Queremos que isso seja igual a 5, o que significa $17t^2 = 25$. Portanto, $t^2 = \frac{25}{17}$, o que implica que $t = \pm\frac{5}{\sqrt{17}}$, que pode ser rescrita como $t = \pm\frac{5\sqrt{17}}{17}$.

7 Suponha que $\mathbf{u} = (2, 1)$ e $\mathbf{v} = (3, 1)$.

(a) Desenhe uma figura ilustrando a soma entre $\mathbf{u}$ e $\mathbf{v}$ usando setas.

(b) Calcule a soma $\mathbf{u} + \mathbf{v}$ usando coordenadas.

SOLUÇÃO

(a) A figura a seguir à esquerda mostra $\mathbf{u}$ e $\mathbf{v}$ com seus pontos iniciais na origem. Na figura à direita, $\mathbf{v}$ foi movido paralelamente da sua posição original de forma tal que seu ponto inicial agora coincide com a extremidade de $\mathbf{u}$. A última figura a seguir mostra que o vetor $\mathbf{u} + \mathbf{v}$ é o vetor com o mesmo ponto inicial que $\mathbf{u}$ e a mesma extremidade que a segunda versão de $\mathbf{v}$.

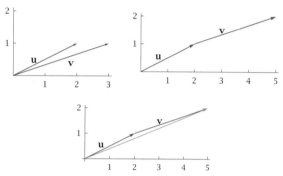

(b) As coordenadas de $\mathbf{u} + \mathbf{v}$ são obtidas pela soma das coordenadas correspondentes de $\mathbf{u}$ e $\mathbf{v}$. Portanto

$$\mathbf{u} + \mathbf{v} = (2, 1) + (3, 1) = (5, 2).$$

9 Suponha que $\mathbf{u} = (2, 1)$ e $\mathbf{v} = (3, 1)$.

(a) Desenhe uma figura ilustrando a diferença $\mathbf{u} - \mathbf{v}$ usando setas.

(b) Calcule a diferença $\mathbf{u} - \mathbf{v}$ usando coordenadas.

SOLUÇÃO

(a) A figura a seguir mostra os dois vetores $\mathbf{u}$ e $\mathbf{v}$, ambos com sua posição inicial na origem. O vetor $\mathbf{u} - \mathbf{v}$ é o vetor cujo ponto inicial é a extremidade de $\mathbf{v}$ e cuja extremidade é a extremidade de $\mathbf{u}$.

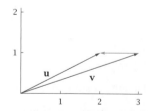

(b) As coordenadas de $\mathbf{u} - \mathbf{v}$ são obtidas pela subtração das coordenadas correspondentes de $\mathbf{u}$ e $\mathbf{v}$. Portanto

$$\mathbf{u} - \mathbf{v} = (2, 1) - (3, 1) = (-1, 0).$$

11 Suponha que o vento na altitude de um avião esteja a 40 milhas por hora (em relação ao solo), movendo-se na direção 15° ao norte do leste. Em relação ao vento, um avião está voando a 450 milhas por hora a 20° para o sul. Determine a rapidez e a orientação do avião em relação ao solo.

SOLUÇÃO Seja $\mathbf{w}$ o vetor vento. Como $\mathbf{w}$ tem módulo 40 e direção 15°, o vetor vento $\mathbf{w}$ tem coordenadas (40 cos 15°, 40 sen 15°).

Seja $\mathbf{a}$ o vetor velocidade no ar, o qual mostra o movimento do avião caso não houvesse vento. O vetor velocidade no ar $\mathbf{a}$ tem coordenadas (450 cos (−5°), 450 sen (−5°)).

Seja $\mathbf{g}$ o vetor velocidade em relação ao solo indicando o movimento do avião em relação ao solo. As propriedades do movimento implicam que o vetor velocidade em relação ao solo é igual ao vetor velocidade em relação ao ar adicionado ao vetor vento. Em outras palavras, $\mathbf{g} = \mathbf{a} + \mathbf{w}$.

Em termos de coordenadas, temos

$$\begin{aligned}\mathbf{g} &= \mathbf{a} + \mathbf{w} \\ &= (450\cos(-5°), 450\,\text{sen}\,(-5°)) \\ &\quad + (40\cos 15°, 40\,\text{sen}\,15°) \\ &\approx (486{,}925, -28{,}8673).\end{aligned}$$

Agora, a rapidez do avião em relação ao solo é o módulo de $\mathbf{g}$:

$$|\mathbf{g}| \approx \sqrt{486{,}925^2 + (-28{,}8673)^2}$$
$$\approx 487{,}8.$$

A direção do avião em relação ao solo é a direção de g, que é aproximadamente $\tan^{-1}\frac{-28{,}8673}{486{,}925}$, que por sua vez é aproximadamente −0,0592 radiano, que, finalmente, é aproximadamente −3,4°.

Portanto, em relação ao solo, o avião está viajando a aproximadamente 487,8 milhas (780,48 km) por hora na direção 3,4° ao sul do leste.

13 Suponha que $\mathbf{u} = (3, 2)$ e $\mathbf{v} = (4, 5)$. Calcule $\mathbf{u} \cdot \mathbf{v}$.

SOLUÇÃO $\mathbf{u} \cdot \mathbf{v} = 3 \cdot 4 + 2 \cdot 5 = 12 + 10 = 22$

15 Utilize o produto escalar para determinar o ângulo entre os vetores (2, 3) e (3, 4).

SOLUÇÃO Observe que $|(2,3)| = \sqrt{13}$, $|(3, 4)| = 5$ e $(2, 3) \cdot (3, 4) = 18$. Portanto, o ângulo entre (2, 3) e (3, 4) é

$$\cos^{-1}\frac{(2,3)\cdot(3,4)}{|(2,3)||(3,4)|} = \cos^{-1}\frac{18}{5\sqrt{13}} \approx 0{,}0555.$$

17 Determine um número t tal que os vetores $(6, -7)$ e $(2, \tan t)$ sejam perpendiculares.

SOLUÇÃO O produto escalar dos dois vetores é $12 - 7 \tan t$. Para tornar esses vetores perpendiculares, queremos $12 - 7 \tan t = 0$, o que implica que queremos $\tan t = \frac{12}{7}$. Portanto, tomamos $t = \tan^{-1} \frac{12}{7}$.

Há ainda outras respostas corretas além de $\tan^{-1} \frac{12}{7}$, porque há outros ângulos cuja tangente é igual a $\frac{12}{7}$. Especificamente, poderíamos escolher $t = (\tan^{-1} \frac{12}{7}) + n\pi$ para qualquer inteiro n.

19 Suponha que o vento na altitude de um avião esteja a 55 milhas por hora (em relação ao solo), movendo-se a 22° ao sul do leste. Um avião deseja voar diretamente para o norte a 400 milhas por hora em relação ao solo. Determine a rapidez e a orientação em que o avião deve voar em relação ao vento.

SOLUÇÃO O vetor vento **w** tem coordenadas $(55 \cos(-22°), 55 \sen(-22°))$, que é igual a $(55 \cos 22°, -55 \sen 22°)$.

Queremos que o vetor velocidade em relação ao solo **g** tenha coordenadas $(0, 400)$.

Seja **a** o vetor velocidade em relação ao ar, que mostra o movimento do avião caso não houvesse vento. Como de costume, $\mathbf{g} = \mathbf{a} + \mathbf{w}$. Resolvendo a equação para o vetor velocidade em relação ao ar **a**, temos

$$\mathbf{a} = \mathbf{g} - \mathbf{w}$$
$$= (0, 400) - (55 \cos 22°, -55 \sen 22°)$$
$$= (-55 \cos 22°, 400 + 55 \sen 22°)$$
$$\approx (-50{,}9951, 420{,}603).$$

A rapidez do avião em relação ao vento é o módulo de **a**:

$$|\mathbf{a}| \approx \sqrt{(-50{,}9951)^2 + 420{,}603^2}$$
$$\approx 423{,}7.$$

Uma figura mostra que o ângulo formado por **a** com o eixo horizontal positivo está no intervalo $\left(\frac{\pi}{2}, \pi\right)$. Portanto, o ângulo formado por **a** com o eixo horizontal positivo é $\pi + \tan^{-1} \frac{420,603}{-50,9951}$, que é aproximadamente 1,69145 radiano, que é aproximadamente 96,9°, que por sua vez é 6,9° a oeste do norte.

Conclusão: Em relação ao vento, o avião deve voar a aproximadamente 423,7 milhas (677,92 km) por hora na direção que forma um ângulo de 118,9° com a direção do vento (porque 22° + 96,9° = 118,9°), medido no sentido anti-horário em relação ao vetor vento.

6.4 Números Complexos

OBJETIVOS DE APRENDIZAGEM

Ao final desta seção, você deverá ser capaz de
- somar, subtrair, multiplicar e dividir números complexos;
- calcular o complexo conjugado de um número complexo;
- resolver equações quadráticas usando números complexos;
- explicar por que raízes não reais de polinômios reais vêm aos pares;
- explicar o Teorema Fundamental da Álgebra.

O Sistema de Números Complexos

O sistema de números reais fornece um contexto poderoso para solução de um amplo conjunto de problemas. O cálculo ocorre principalmente dentro do sistema de números reais. No entanto, alguns problemas matemáticos importantes não podem ser resolvidos no contexto do sistema de números reais. Esta seção fornece uma introdução ao sistema de números complexos, o qual é uma extensão notavelmente útil do sistema de números reais.

Considere a equação

$$x^2 = -1.$$

A equação acima não tem soluções no contexto do sistema de números reais porque o quadrado de um número real ou é positivo ou é zero. Não há nenhum número real cujo quadrado seja igual a −1.

O símbolo i foi inicialmente usado para representar $\sqrt{-1}$ pelo matemático suíço Leonard Euler em 1777.

Portanto, os matemáticos inventaram um "número", denominado *i*, que fornece uma solução para a equação acima. Você pode pensar em *i* como um símbolo com a propriedade $i^2 = -1$. Números como $2 + 3i$ são denominados **números complexos**. Dizemos que 2 é a **parte real** de $2 + 3i$ e que 3 é a **parte imaginária** de $2 + 3i$. De maneira geral, temos as seguintes definições:

Números complexos

- O símbolo *i* tem a propriedade

$$i^2 = -1.$$

- Um **número complexo** é um número na forma $a + bi$, em que *a* e *b* são números reais.

- Se $z = a + bi$, em que *a* e *b* são números reais, então *a* é denominado **parte real** de *z* e *b* é denominado **parte imaginária** de *z*.

O número complexo $4 + 0i$ é considerado como o mesmo que o número real 4. De forma geral, se *a* for um número real, então o número complexo $a + 0i$ é considerado como o mesmo que o número real *a*. Portanto, cada número real também é um número complexo.

Aritmética com Números Complexos

A soma e a diferença de dois números complexos são definidas como a seguir:

> **Adição e subtração de números complexos**
>
> Suponha que a, b, c e d sejam números reais. Assim
>
> - $(a + bi) + (c + di) = (a + c) + (b + d)i$;
> - $(a + bi) - (c + di) = (a - c) + (b - d)i$.

A definição da adição complexa em palavras em vez de símbolos: A parte real da soma é a soma das partes reais, e a parte imaginária da soma é a soma das partes imaginárias.

EXEMPLO 1

(a) Calcule $(2 + 3i) + (4 + 5i)$.

(b) Calcule $(6 + 3i) - (2 + 8i)$.

SOLUÇÃO

(a)
$$(2 + 3i) + (4 + 5i) = (2 + 4) + (3 + 5)i$$
$$= 6 + 8i$$

(b)
$$(6 + 3i) - (2 + 8i) = (6 - 2) + (3 - 8)i$$
$$= 4 - 5i$$

Na última solução acima, observe que escrevemos $4 + (-5)i$ na forma equivalente $4 - 5i$.

O produto de dois números complexos é calculado usando a propriedade $i^2 = -1$ e assumindo a possibilidade de aplicar as propriedades normais da aritmética (comutatividade, associatividade e propriedade distributiva). O exemplo a seguir ilustra a ideia.

EXEMPLO 2

Calcule $(3i)(5i)$.

SOLUÇÃO As propriedades comutativa e associativa da multiplicação dizem que a ordem e o agrupamento não importam. Portanto, podemos reescrever $(3i)(5i)$ como $(3 \cdot 5)(i \cdot i)$ e, em seguida, completar o cálculo como a seguir:

$$(3i)(5i) = (3 \cdot 5)(i \cdot i)$$
$$= 15i^2$$
$$= 15(-1)$$
$$= -15.$$

Depois que você se acostumar a trabalhar com números complexos, você efetuará cálculos como o acima mais rapidamente, sem etapas intermediárias:

$$(3i)(5i) = 15i^2 = -15.$$

O próximo exemplo mostra como calcular um produto mais complicado de números complexos. Novamente, a ideia é usar a propriedade $i^2 = -1$ e as regras normais da aritmética, começando pela propriedade distributiva.

EXEMPLO 3

Calcule $(2 + 3i)(4 + 5i)$.

SOLUÇÃO
$$\begin{aligned}(2 + 3i)(4 + 5i) &= 2(4 + 5i) + (3i)(4 + 5i)\\ &= 2 \cdot 4 + 2 \cdot (5i) + (3i) \cdot 4 + (3i) \cdot (5i)\\ &= 8 + 10i + 12i - 15\\ &= -7 + 22i\end{aligned}$$

Temos a seguinte fórmula para a multiplicação de números complexos:

Não memorize essa fórmula. Em vez disso, quando você precisar calcular o produto de números complexos, apenas use a propriedade $i^2 = -1$ e as regras normais da aritmética.

Multiplicação de números complexos

Suponha que a, b, c e d são números reais. Assim

$$(a + bi)(c + di) = (ac - bd) + (ad + bc)i.$$

Não cometa o erro de pensar que a parte real do produto de dois números complexos é igual ao produto das partes reais (veja o Problema 49). Neste contexto, produtos não são como somas.

Complexos Conjugados e Divisão de Números Complexos

A divisão de um número complexo por um número real comporta-se da maneira que você espera. Mantendo a filosofia de que a aritmética com números complexos deve obedecer às mesmas regras algébricas que a aritmética com números reais, a divisão por (por exemplo) 3 deve ser o mesmo que a multiplicação por $\frac{1}{3}$, e nós já sabemos como fazer multiplicação envolvendo números complexos. O exemplo simples a seguir ilustra essa ideia.

EXEMPLO 4

Calcule $\dfrac{5 + 6i}{3}$.

Para dividir um número complexo por um número real, divida a parte real e a parte imaginária do número complexo pelo número real.

SOLUÇÃO
$$\begin{aligned}\frac{5 + 6i}{3} &= \frac{1}{3}(5 + 6i)\\ &= \frac{1}{3} \cdot 5 + \frac{1}{3}(6i)\\ &= \frac{5}{3} + 2i\end{aligned}$$

A divisão por um número complexo não real é mais complicada. Considere, por exemplo, como dividir por $2 + 3i$. Isso deve ser o mesmo que multiplicar por $\frac{1}{2+3i}$, mas o que é $\frac{1}{2+3i}$? Novamente, usando o princípio que a aritmética complexa deve obedecer às mesmas regras que a aritmética real, $\frac{1}{2+3i}$ é o número tal que

$$(2+3i)\left(\frac{1}{2+3i}\right) = 1.$$

Se você estiver começando a tomar conhecimento de números complexos agora, você pode ter um palpite de que $\frac{1}{2} + \frac{1}{3}i$ é igual a $\frac{1}{2} + \frac{1}{3}i$, ou talvez $\frac{1}{2} - \frac{1}{3}i$. No entanto, nenhum desses palpites está correto, porque nem $(2+3i)(\frac{1}{2} + \frac{1}{3}i)$ nem $(2+3i)(\frac{1}{2} - \frac{1}{3}i)$ são iguais a 1 (como você deve verificar efetuando diretamente a multiplicação).

Então, faremos um pequeno desvio, para discutir o complexo conjugado, que será útil no cálculo do quociente entre dois números complexos.

Números complexos foram usados pela primeira vez no século XVI pelos matemáticos italianos que estavam tentando resolver equações cúbicas. Muitos séculos passaram-se antes que a maioria dos matemáticos se sentisse confortável com o uso de números complexos.

Complexo conjugado

Suponha que a e b sejam números reais. O complexo conjugado de $a + bi$, representado por $\overline{a + bi}$, é definido por

$$\overline{a + bi} = a - bi.$$

Por exemplo,

$$\overline{2 + 3i} = 2 - 3i \quad \text{e} \quad \overline{2 - 3i} = 2 + 3i.$$

O próximo exemplo ilustra a utilidade dos complexos conjugados. Observe o uso da identidade chave $(x + y)(x - y) = x^2 + y^2$.

EXEMPLO 5

Calcule $(2+3i)(\overline{2+3i})$.

SOLUÇÃO
$$(2+3i)(\overline{2+3i}) = (2+3i)(2-3i)$$
$$= 2^2 - (3i)^2$$
$$= 4 - (-9)$$
$$= 13$$

Agora podemos determinar o inverso multiplicativo de $2 + 3i$:

EXEMPLO 6

Demonstre que $\frac{1}{2+3i} = \frac{2}{13} - \frac{3}{13}i$.

SOLUÇÃO O exemplo anterior mostra que $(2+3i)(2-3i) = 13$. Dividindo ambos os lados dessa equação por 13, vemos que

$$(2+3i)\left(\frac{2}{13} - \frac{3}{13}i\right) = 1.$$

Portanto $\frac{2}{13} - \frac{3}{13}i$ é o número complexo que, quando multiplicado por $2 + 3i$, dá 1. Isto significa que

$$\frac{1}{2+3i} = \frac{2}{13} - \frac{3}{13}i.$$

Interpretações geométricas do sistema de números complexos e de adição, subtração, multiplicação, divisão e conjugação complexas serão apresentadas na próxima seção.

O exemplo seguinte mostra o procedimento para dividir por números complexos.

EXEMPLO 7

A ideia é multiplicar por 1, expresso como o complexo conjugado do denominador dividido por ele mesmo.

Calcule $\dfrac{3 + 4i}{2 - 5i}$.

SOLUÇÃO

$$\dfrac{3 + 4i}{2 - 5i} = \dfrac{3 + 4i}{2 - 5i} \cdot \dfrac{2 + 5i}{2 + 5i}$$

$$= \dfrac{(3 + 4i)(2 + 5i)}{(2 - 5i)(2 + 5i)}$$

$$= \dfrac{(6 - 20) + (15 + 8)i}{2^2 + 5^2}$$

$$= \dfrac{-14 + 23i}{29}$$

$$= -\dfrac{14}{29} + \dfrac{23}{29}i$$

Temos a fórmula a seguir para a divisão de números complexos:

Não memorize essa fórmula. Para calcular o quociente de números complexos, simplesmente multiplique o numerador e o denominador pelo complexo conjugado do denominador e depois faça o cálculo como no exemplo acima.

Divisão por números complexos

Suponha que a, b, c e d são números reais, com $c + di \neq 0$. Assim

$$\dfrac{a + bi}{c + di} = \dfrac{ac + bd}{c^2 + d^2} + \dfrac{bc - ad}{c^2 + d^2}i.$$

A conjugação complexa interage bem com as operações algébricas. Especificamente, são válidas as seguintes propriedades:

Propriedades de conjugação complexa

Suponha que w e z sejam números complexos. Assim

- $\overline{\overline{z}} = z$;
- $\overline{w + z} = \overline{w} + \overline{z}$;
- $\overline{w - z} = \overline{w} - \overline{z}$;
- $\overline{w \cdot z} = \overline{w} \cdot \overline{z}$;
- $\overline{z^n} = (\overline{z})^n$ para todo número inteiro positivo n;
- $\overline{\left(\dfrac{w}{z}\right)} = \dfrac{\overline{w}}{\overline{z}}$ se $z \neq 0$;
- $\dfrac{z + \overline{z}}{2}$ igual à parte real de z;
- $\dfrac{z - \overline{z}}{2i}$ igual à parte imaginária de z.

Verifique as duas últimas propriedades para $z = 5 + 3i$.

EXEMPLO 8

SOLUÇÃO   Temos $\overline{z} = 5 - 3i$. Portanto
$$\frac{z + \overline{z}}{2} = \frac{(5 + 3i) + (5 - 3i)}{2} = \frac{10}{2} = 5 = \text{a parte real de } z.$$

De maneira similar, temos
$$\frac{z - \overline{z}}{2i} = \frac{(5 + 3i) - (5 - 3i)}{2i} = \frac{6i}{2i} = 3 = \text{a parte imaginária de } z.$$

A expressão $\overline{z}$ é pronunciada "z barra".

Para verificar as propriedades acima em geral, escreva números complexos w e z em termos das suas partes real e imaginária e depois faça o cálculo como mostrado no próximo exemplo.

Demonstre que se w e z forem números complexos, então $\overline{w + z} = \overline{w} + \overline{z}$.

EXEMPLO 9

SOLUÇÃO   Suponha que $w = a + bi$ e $z = c + di$, em que a, b, c e d são números reais. Assim
$$\overline{w + z} = \overline{(a + bi) + (c + di)}$$
$$= \overline{(a + c) + (b + d)i}$$
$$= (a + c) - (b + d)i$$
$$= (a - bi) + (c - di)$$
$$= \overline{w} + \overline{z}.$$

Zeros e Fatoração de Polinômios Revisitados

Na Seção 2.2, vimos que a equação
$$ax^2 + bx + c = 0$$

tem soluções
$$x = \frac{-b \pm \sqrt{b^2 - 4ac}}{2a}$$

desde que $b^2 - 4ac \geq 0$. Se estivermos dispostos a considerar soluções que sejam números complexos, então a fórmula acima é válida (com a mesma dedução) sem a restrição de que $b^2 - 4ac \geq 0$.

O exemplo a seguir ilustra como a fórmula quadrática pode ser usada para determinar zeros complexos de funções quadráticas.

Determine os números complexos z tais que $z^2 - 2z + 5 = 0$.

EXEMPLO 10

SOLUÇÃO   Usando a fórmula quadrática, temos
$$z = \frac{2 \pm \sqrt{4 - 4 \cdot 5}}{2}$$
$$= \frac{2 \pm \sqrt{-16}}{2}$$
$$= \frac{2 \pm 4i}{2}$$
$$= 1 \pm 2i.$$

Observe que $\sqrt{-16}$ é simplificada como $\pm 4i$, o que está correto porque $(\pm 4i)^2 = 16$.

No Exemplo 10, o polinômio quadrático tem dois zeros, a saber $-1 + 2i$ e $-1 - 2i$, que são complexos conjugados um do outro. Esse comportamento não é uma coincidência, mesmo para polinômios de ordem mais elevada, em que a fórmula quadrática não desempenha nenhum papel, como mostrado no exemplo a seguir.

EXEMPLO 11

Seja p o polinômio definido por

$$p(z) = z^{12} - 6z^{11} + 13z^{10} + 2z^2 - 12z + 26.$$

Suponha que alguém lhe dissesse (precisamente) que $3 + 2i$ é um zero de p. Demonstre que $3 - 2i$ é um zero de p.

SOLUÇÃO Ficamos sabendo que $p(3 + 2i) = 0$, o que pode ser reescrito como

$$0 = (3 + 2i)^{12} - 6(3 + 2i)^{11} + 13(3 + 2i)^{10} + 2(3 + 2i)^2 - 12(3 + 2i) + 26.$$

Precisamos verificar que $p(3 - 2i) = 0$. Isto poderia ser feito por um longo cálculo que envolveria resolver $(3 - 2i)^{12}$ e os outros termos de $p(3 - 2i)$. Todavia, podemos obter o resultado desejado sem maiores cálculos efetuando o complexo conjugado de ambos os lados da equação acima e, em seguida, usando as propriedades da conjugação complexa, obtendo

$$\begin{aligned}0 &= \overline{(3 + 2i)^{12} - 6(3 + 2i)^{11} + 13(3 + 2i)^{10} + 2(3 + 2i)^2 - 12(3 + 2i) + 26}\\ &= \overline{(3 + 2i)^{12}} - \overline{6(3 + 2i)^{11}} + \overline{13(3 + 2i)^{10}} + \overline{2(3 + 2i)^2} - \overline{12(3 + 2i)} + \overline{26}\\ &= (3 - 2i)^{12} - 6(3 - 2i)^{11} + 13(3 - 2i)^{10} + 2(3 - 2i)^2 - 12(3 - 2i) + 26\\ &= p(3 - 2i).\end{aligned}$$

Esse resultado nos diz que zeros não reais de um polinômio p com coeficientes reais vêm aos pares. Em outras palavras, se a e b são números reais e a + bi é um zero de p, então a − bi também o é.

A técnica usada no exemplo acima pode ser usada de maneira mais geral para fornecer o seguinte resultado:

Teorema dos zeros conjugados

Suponha que p seja um polinômio com coeficientes reais. Se z for um número complexo que seja um zero de p, então $\overline{z}$ também será um zero de p.

Podemos pensar em cinco sistemas numéricos progressivamente maiores – os inteiros positivos, os inteiros, os números racionais, os números reais, os números complexos – com cada sistema sucessivo de números visto como uma extensão do sistema anterior de modo a permitir que novos tipos de equações sejam resolvidos:

- A equação $x + 2 = 0$ leva ao número negativo $x = -2$. De forma mais geral, a equação $x + m = 0$, em que m é um inteiro não negativo, leva ao conjunto dos inteiros.

- A equação $5x = 3$ leva à fração $x = \frac{3}{5}$. De forma mais geral, a equação $nx = m$, em que m e n são inteiros com $n \neq 0$, leva ao conjunto dos números racionais.

- A equação $x^2 = 2$ leva ao número irracional $x = \pm\sqrt{2}$. De forma mais geral, a noção de que a reta real não contém buracos conduz ao conjunto dos números reais.

- A equação $x^2 = -1$ leva ao número complexo $x = \pm i$. De forma mais geral, a equação quadrática $x^2 + bx + c = 0$, em que b e c são números reais, leva ao conjunto dos números complexos.

Aplicações da Trigonometria 513

A progressão anterior torna razoável presumir que precisamos adicionar novos tipos de números para resolver equações polinomiais de grau mais alto. Por exemplo, não existe solução óbvia dentro do sistema de números complexos para a equação $x^4 = -1$. Precisamos inventar, ainda, outro novo tipo de número para resolver essa equação? E, depois, outro novo tipo de número para resolver equações de grau 6 e assim por diante?

Já sabemos que cada polinômio com grau ímpar tem um zero; veja a Seção 2.4.

De forma um tanto surpreendente, em vez de continuar uma sequência de novos tipos de números, podemos permanecer dentro dos números complexos e, ainda assim, garantir que equações polinomiais de qualquer grau possuam soluções. Em breve apresentaremos esse resultado de forma mais precisa. Entretanto, primeiro vamos ver o exemplo a seguir, que mostra que a solução da equação $x^4 = -1$ de fato existe dentro do sistema de números complexos.

Verifique que

EXEMPLO 12

$$\left(\frac{\sqrt{2}}{2} + \frac{\sqrt{2}}{2}i\right)^4 = -1.$$

SOLUÇÃO Temos

$$\left(\frac{\sqrt{2}}{2} + \frac{\sqrt{2}}{2}i\right)^2 = \left(\frac{\sqrt{2}}{2}\right)^2 + 2 \cdot \frac{\sqrt{2}}{2} \cdot \frac{\sqrt{2}}{2}i - \left(\frac{\sqrt{2}}{2}\right)^2$$

$$= i.$$

Então

$$\left(\frac{\sqrt{2}}{2} + \frac{\sqrt{2}}{2}i\right)^4 = \left(\left(\frac{\sqrt{2}}{2} + \frac{\sqrt{2}}{2}i\right)^2\right)^2$$

$$= i^2$$

$$= -1.$$

O próximo resultado é tão importante que é denominado **Teorema Fundamental da Álgebra**. A prova desse resultado requer técnicas de matemática avançada que, portanto, não podem ser apresentadas aqui.

O matemático alemão Carl Friedrich Gauss provou o Teorema Fundamental da Álgebra em 1799, quando ele tinha 22 anos.

Teorema fundamental da álgebra

Suponha que p seja um polinômio de grau $n \geq 1$. Assim, existem números complexos $t_1, t_2, \ldots, t_n$ e uma constante c tais que

$$p(z) = c(z - t_1)(z - t_2)\ldots(z - t_n)$$

para todo número complexo z.

As observações a seguir podem ajudar a entender melhor o Teorema Fundamental da Álgebra:

- A fatoração acima mostra que $p(t_1) = p(t_2) = \ldots = p(t_n) = 0$. Portanto cada um dos números $t_1, t_2, \ldots, t_n$ é um zero de p. Além disso, p não tem outros zeros, como pode ser visto na fatoração acima.

- A constante c é o coeficiente de z^n na expressão $p(z)$. Portanto, se z^n tiver coeficiente 1, então $c = 1$.

Os números complexos $t_1, t_2, \ldots, t_n$, na fatoração acima, não são necessariamente distintos. Por exemplo, se $p(z) = z^2 - 2z + 1$, então $c = 1$, $t_1 = 1$ e $t_2 = 1$.

- Na apresentação do Teorema Fundamental da Álgebra, não especificamos se o polinômio p tem coeficientes reais ou coeficientes complexos. O resultado é verdadeiro para ambos os casos. No entanto, mesmo que todos os coeficientes sejam reais, os números $t_1, t_2, \ldots, t_n$ não podem, necessariamente, ser assumidos como números reais. Por exemplo, se $p(z) = z^2 + 1$, então a fatoração prometida pelo Teorema Fundamental da Álgebra é $p(z) = (z - i)(z + i)$.

A próxima seção mostra como calcular as potências de frações usando números complexos.

- O Teorema Fundamental da Álgebra é um teorema de existência. Ele não nos diz como determinar os zeros de p ou como fatorar p. Portanto, por exemplo, apesar de garantirmos que a equação $z^6 = -1$ tenha uma solução no sistema de números complexos (porque o polinômio $z^6 + 1$ deve ter um zero complexo), o Teorema Fundamental da Álgebra não nos diz como determinar uma solução (mas, para esse polinômio específico, veja o Problema 43).

EXERCÍCIOS

Para os Exercícios 1–34, escreva cada expressão na forma $a + bi$, em que a e b são números reais.

1. $(4 + 2i) + (3 + 8i)$
2. $(5 + 7i) + (4 + 6i)$
3. $(5 + 3i) - (2 + 9i)$
4. $(9 + 2i) - (6 + 7i)$
5. $(6 + 2i) - (9 - 7i)$
6. $(1 + 3i) - (6 - 5i)$
7. $(2 + 3i)(4 + 5i)$
8. $(5 + 6i)(2 + 7i)$
9. $(2 + 3i)(4 - 5i)$
10. $(5 + 6i)(2 - 7i)$
11. $(4 - 3i)(2 - 6i)$
12. $(8 - 4i)(2 - 3i)$
13. $(3 + 4i)^2$
14. $(6 + 5i)^2$
15. $(5 - 2i)^2$
16. $(4 - 7i)^2$
17. $(4 + \sqrt{3}i)^2$
18. $(5 + \sqrt{6}i)^2$
19. $(\sqrt{5} - \sqrt{7}i)^2$
20. $(\sqrt{11} - \sqrt{3}i)^2$
21. $(2 + 3i)^3$
22. $(4 + 3i)^3$
23. $(1 + \sqrt{3}i)^3$
24. $(\frac{1}{2} - \frac{\sqrt{3}}{2}i)^3$
25. i^{8001}
26. i^{1003}
27. $\overline{8 + 3i}$
28. $\overline{-7 + \frac{2}{3}i}$
29. $\overline{-5 - 6i}$
30. $\overline{\frac{5}{3} - 9i}$
31. $\dfrac{1 + 2i}{3 + 4i}$
32. $\dfrac{5 + 6i}{2 + 3i}$
33. $\dfrac{4 + 3i}{5 - 2i}$
34. $\dfrac{3 - 4i}{6 - 5i}$

35. Determine dois números complexos z que satisfaçam a equação $z^2 + 4z + 6 = 0$.

36. Determine dois números complexos z que satisfaçam a equação $2z^2 + 4z + 5 = 0$.

37. Determine um número complexo cujo quadrado seja igual a $5 + 12i$.

38. Determine um número complexo cujo quadrado seja igual a $21 - 20i$.

39. Determine dois números complexos cuja soma seja igual a 7 e cujo produto seja igual a 13.

   [*Compare com o Problema 91 da Seção 2.2.*]

40. Determine dois números complexos cuja soma seja igual a 5 e cujo produto seja igual a 11.

PROBLEMAS

41. Escreva uma tabela mostrando os valores de i^n, com n variando sobre os inteiros de 1 a 12. Descreva o padrão que emerge.

42. Verifique que
$$(\sqrt{3} + i)^6 = -64.$$

43. Explique por que o problema anterior implica que
$$\left(\frac{\sqrt{3}}{2} + \frac{1}{2}i\right)^6 = -1.$$

44. Demonstre que a adição de números complexos é comutativa, significando que
$$w + z = z + w$$
para todos os números complexos w e z.

[*Dica:* Demonstre que
$$(a + bi) + (c + di) = (c + di) + (a + bi)$$
para todos os números reais a, b, c e d.]

45 Demonstre que a adição de números complexos é associativa, significando que

$$u + (w + z) = (u + w) + z$$

para todos os números complexos u, w e z.

46 Demonstre que a multiplicação de números complexos é comutativa, significando que

$$wz = zw$$

para todos os números complexos w e z.

47 Demonstre que a multiplicação de números complexos é associativa, significando que

$$u(wz) = (u\,w)z$$

para todos os números complexos u, w e z.

48 Demonstre que a adição e a multiplicação de números complexos satisfazem a propriedade distributiva, significando que

$$u(w + z) = uw + uz$$

para todos os números complexos u, w e z.

49 Suponha que w e z sejam números complexos tais que a parte real de wz seja igual à parte real de w vezes a parte real de z. Explique por que ou w ou z precisa ser um número real.

50 Suponha que z seja um número complexo. Demonstre que z é um número real se e somente se $z = \bar{z}$.

51 Suponha que z seja um número complexo. Demonstre que $\bar{z} = -z$ se e somente se a parte real de z for igual a 0.

52 Demonstre que $\bar{\bar{z}} = z$ para qualquer número complexo z.

53 Demonstre que $\overline{w - z} = \bar{w} - \bar{z}$ para quaisquer números complexos w e z.

54 Demonstre que $\overline{w \cdot z} = \bar{w} \cdot \bar{z}$ para quaisquer números complexos w e z.

55 Demonstre que $\overline{z^n} = (\bar{z})^n$ para qualquer número complexo z e para todo número inteiro positivo n.

56 Demonstre que, se $a + bi \neq 0$, então

$$\frac{1}{a + bi} = \frac{a - bi}{a^2 + b^2}.$$

57 Suponha que w e z sejam números complexos, com $z \neq 0$. Demonstre que $\overline{\left(\frac{w}{z}\right)} = \frac{\bar{w}}{\bar{z}}$.

58 Suponha que z seja um número complexo. Demonstre que $\frac{z + \bar{z}}{2}$ é igual à parte real de z.

59 Suponha que z seja um número complexo. Demonstre que $\frac{z - \bar{z}}{2i}$ é igual à parte imaginária de z.

60 Demonstre que se p for um polinômio com coeficientes reais, então

$$p(\bar{z}) = \overline{p(z)}$$

para todo número complexo z.

61 Explique por que o resultado no problema anterior implica que, se p for um polinômio com coeficientes reais e z for um número complexo que é um zero de p, então $\bar{z}$ também é um zero de p.

62 Suponha que f seja uma função quadrática com coeficientes reais e nenhum zero real. Demonstre que a média de dois zeros complexos de f é a primeira coordenada do vértice do gráfico de f.

63 Suponha

$$f(x) = ax^2 + bx + c,$$

em que $a \neq 0$ e $b^2 < 4ac$. Verifique por substituição direta na fórmula acima que

$$f\left(\frac{-b + \sqrt{4ac - b^2}\,i}{2a}\right) = 0$$

e

$$f\left(\frac{-b - \sqrt{4ac - b^2}\,i}{2a}\right) = 0.$$

64 Suponha que $a \neq 0$ e $b^2 < 4ac$. Verifique por cálculo direto que

$$ax^2 + bx + c =$$
$$a\left(x - \frac{-b + \sqrt{4ac - b^2}\,i}{2a}\right)\left(x - \frac{-b - \sqrt{4ac - b^2}\,i}{2a}\right).$$

SOLUÇÕES DETALHADAS *dos Exercícios Ímpares*

Para os Exercícios 1–34, escreva cada expressão na forma a + bi, em que a e b são números reais.

1 $(4 + 2i) + (3 + 8i)$

SOLUÇÃO

$$(4 + 2i) + (3 + 8i) = (4 + 3) + (2 + 8)i$$
$$= 7 + 10i$$

3 $(5 + 3i) - (2 + 9i)$

SOLUÇÃO

$$(5 + 3i) - (2 + 9i) = (5 - 2) + (3 - 9)i$$
$$= 3 - 6i$$

5 $(6 + 2i) - (9 - 7i)$

SOLUÇÃO

$$(6 + 2i) - (9 - 7i) = (6 - 9) + (2 + 7)i$$
$$= -3 + 9i$$

7 $(2 + 3i)(4 + 5i)$

SOLUÇÃO

$$(2 + 3i)(4 + 5i) = (2 \cdot 4 - 3 \cdot 5) + (2 \cdot 5 + 3 \cdot 4)i$$
$$= -7 + 22i$$

9 $(2 + 3i)(4 - 5i)$

SOLUÇÃO

$$(2 + 3i)(4 - 5i) = (2 \cdot 4 + 3 \cdot 5) + (2 \cdot (-5) + 3 \cdot 4)i$$
$$= 23 + 2i$$

11 $(4 - 3i)(2 - 6i)$

SOLUÇÃO

$$(4 - 3i)(2 - 6i)$$
$$= (4 \cdot 2 - 3 \cdot 6) + (4 \cdot (-6) + (-3) \cdot 2)i$$
$$= -10 - 30i$$

13 $(3 + 4i)^2$

SOLUÇÃO

$$(3 + 4i)^2 = 3^2 + 2 \cdot 3 \cdot 4i + (4i)^2$$
$$= 9 + 24i - 16$$
$$= -7 + 24i$$

15 $(5 - 2i)^2$

SOLUÇÃO

$$(5 - 2i)^2 = 5^2 - 2 \cdot 5 \cdot 2i + (2i)^2$$
$$= 25 - 20i - 4$$
$$= 21 - 20i$$

17 $(4 + \sqrt{3}i)^2$

SOLUÇÃO

$$(4 + \sqrt{3}i)^2 = 4^2 + 2 \cdot 4 \cdot \sqrt{3}i + (\sqrt{3}i)^2$$
$$= 16 + 8\sqrt{3}i - 3$$
$$= 13 + 8\sqrt{3}i$$

19 $(\sqrt{5} - \sqrt{7}i)^2$

SOLUÇÃO

$$(\sqrt{5} - \sqrt{7}i)^2 = \sqrt{5}^2 - 2 \cdot \sqrt{5} \cdot \sqrt{7}i + (\sqrt{7}i)^2$$
$$= 5 - 2\sqrt{35}i - 7$$
$$= -2 - 2\sqrt{35}i$$

21 $(2 + 3i)^3$

SOLUÇÃO Primeiro calculamos $(2 + 3i)^2$:

$$(2 + 3i)^2 = 2^2 + 2 \cdot 2 \cdot 3i + (3i)^2$$
$$= 4 + 12i - 9$$
$$= -5 + 12i.$$

Agora

$$(2 + 3i)^3 = (2 + 3i)^2(2 + 3i)$$
$$= (-5 + 12i)(2 + 3i)$$
$$= (-10 - 36) + (-15 + 24)i$$
$$= -46 + 9i.$$

23 $(1 + \sqrt{3}i)^3$

SOLUÇÃO Primeiro calculamos $(1 + \sqrt{3}i)^2$:

$$(1 + \sqrt{3}i)^2 = 1^2 + 2 \cdot 1 \cdot \sqrt{3}i + (\sqrt{3}i)^2$$
$$= 1 + 2\sqrt{3}i - 3$$
$$= -2 + 2\sqrt{3}i.$$

Agora

$$(1 + \sqrt{3}i)^3 = (1 + \sqrt{3}i)^2(1 + \sqrt{3}i)$$
$$= (-2 + 2\sqrt{3}i)(1 + \sqrt{3}i)$$
$$= (-2 - 2\sqrt{3}^2) + (-2\sqrt{3} + 2\sqrt{3})i$$
$$= -8.$$

25 i^{8001}

SOLUÇÃO
$$i^{8001} = i^{8000}i = (i^2)^{4000}i$$
$$= (-1)^{4000}i = i$$

27 $\overline{8 + 3i}$

SOLUÇÃO $\overline{8 + 3i} = 8 - 3i$

29 $\overline{-5 - 6i}$

SOLUÇÃO $\overline{-5 - 6i} = -5 + 6i$

31 $\dfrac{1 + 2i}{3 + 4i}$

SOLUÇÃO
$$\frac{1 + 2i}{3 + 4i} = \frac{1 + 2i}{3 + 4i} \cdot \frac{3 - 4i}{3 - 4i}$$
$$= \frac{(1 + 2i)(3 - 4i)}{(3 + 4i)(3 - 4i)}$$
$$= \frac{(3 + 8) + (-4 + 6)i}{3^2 + 4^2}$$
$$= \frac{11 + 2i}{25}$$
$$= \frac{11}{25} + \frac{2}{25}i$$

33 $\dfrac{4 + 3i}{5 - 2i}$

SOLUÇÃO
$$\frac{4 + 3i}{5 - 2i} = \frac{4 + 3i}{5 - 2i} \cdot \frac{5 + 2i}{5 + 2i}$$
$$= \frac{(4 + 3i)(5 + 2i)}{(5 - 2i)(5 + 2i)}$$
$$= \frac{(20 - 6) + (8 + 15)i}{5^2 + 2^2}$$
$$= \frac{14 + 23i}{29} = \frac{14}{29} + \frac{23}{29}i$$

35 Determine dois números complexos z que satisfazem a equação $z^2 + 4z + 6 = 0$.

SOLUÇÃO Pela fórmula quadrática, temos

$$z = \frac{-4 \pm \sqrt{4^2 - 4 \cdot 6}}{2}$$
$$= \frac{-4 \pm \sqrt{-8}}{2}$$
$$= \frac{-4 \pm \sqrt{8}i}{2}$$
$$= \frac{-4 \pm \sqrt{4 \cdot 2}i}{2}$$
$$= \frac{-4 \pm 2\sqrt{2}i}{2}$$
$$= -2 \pm \sqrt{2}i.$$

37 Determine um número complexo cujo quadrado seja igual a $5 + 12i$.

SOLUÇÃO Procuramos por números reais a e b tais que

$$5 + 12i = (a + bi)^2 = (a^2 - b^2) + 2abi.$$

A equação acima implica que

$$a^2 - b^2 = 5 \quad \text{e} \quad 2ab = 12.$$

Resolvendo a última equação para b, temos $b = \frac{6}{a}$. A substituição desse valor de b na primeira equação fornece

$$a^2 - \frac{36}{a^2} = 5.$$

Multiplicando ambos os lados da equação acima por a^2 e, em seguida, movendo todos os termos para um lado, chega-se à equação

$$0 = (a^2)^2 - 5a^2 - 36.$$

Pense em a^2 como uma incógnita na equação acima. Podemos resolver a equação para a^2 por fatoração ou usando a fórmula quadrática. Para essa equação em particular, a fatoração é simples; temos

$$0 = (a^2)^2 - 5a^2 - 36 = (a^2 - 9)(a^2 + 4).$$

A equação acima mostra que precisamos escolher $a^2 = 9$ ou $a^2 = -4$. No entanto, a equação $a^2 = -4$ não é satisfeita por nenhum número real a, portanto, temos que escolher $a^2 = 9$, o que significa que $a = 3$ ou $a = -3$. Escolhendo $a = 3$, podemos, agora, resolver para b a equação original $2ab = 12$, obtendo $b = 2$.

Assim, $3 + 2i$ é nossa candidata para uma solução. Conferindo, temos

$$(3 + 2i)^2 = 3^2 + 2 \cdot 3 \cdot 2i - 2^2 = 5 + 12i,$$

como desejado.

A outra solução correta é $-3 - 2i$, a qual teríamos obtido escolhendo $a = -3$.

39 Determine dois números complexos cuja soma seja igual a 7 e cujo produto seja igual a 13.

SOLUÇÃO Vamos chamar os dois números de w e z. Queremos

$$w + z = 7 \quad \text{e} \quad wz = 13.$$

Resolvendo a primeira equação para w, temos $w = 7 - z$. Substituindo essa expressão para w na segunda equação, chega-se a $(7 - z)z = 13$, que é equivalente à equação

$$z^2 - 7z + 13 = 0.$$

Usando a fórmula quadrática para resolver a equação para z, chega-se a

$$z = \frac{7 \pm \sqrt{7^2 - 4 \cdot 13}}{2} = \frac{7 \pm \sqrt{-3}}{2} = \frac{7 \pm \sqrt{3}i}{2}.$$

Vamos escolher a solução $z = \frac{7+\sqrt{3}i}{2}$. Colocando esse valor de z na equação $w = 7 - z$ chega-se, então, a $w = \frac{7-\sqrt{3}i}{2}$.

Portanto, os dois números complexos cuja soma é igual a 7 e cujo produto é igual a 13 são $w = \frac{7-\sqrt{3}i}{2}$ e $z = \frac{7+\sqrt{3}i}{2}$.

TESTE Para testar que essa solução está correta, observe que

$$\frac{7 - \sqrt{3}i}{2} + \frac{7 + \sqrt{3}i}{2} = \frac{14}{2} = 7$$

e

$$\frac{7 - \sqrt{3}i}{2} \cdot \frac{7 + \sqrt{3}i}{2} = \frac{7^2 + \sqrt{3}^2}{4}$$
$$= \frac{49 + 3}{4} = \frac{52}{4} = 13.$$

6.5 O Plano Complexo

OBJETIVOS DE APRENDIZAGEM
Ao final desta seção, você deverá ser capaz de
- calcular o valor absoluto de um número complexo;
- escrever um número complexo na forma polar;
- calcular grandes potências de números complexos usando o Teorema de De Moivre;
- calcular raízes de números complexos usando o Teorema de De Moivre.

Números Complexos como Pontos no Plano

Lembre que um número complexo tem a forma $a + bi$, em que a e b são números reais e $i^2 = -1$. Vamos agora ver uma interpretação do plano das coordenadas que nos ajudará a entender melhor o sistema de números complexos.

> *O plano complexo*
>
> - Defina o eixo horizontal de um plano das coordenadas da forma normal, mas defina o eixo vertical em múltiplos de i, como mostrado na figura.
>
> - Identifique o número complexo $a + bi$, em que a e b são números reais, com o ponto (a, b).
>
> - O plano das coordenadas com essa interpretação de pontos como números complexos é denominado **plano complexo**.

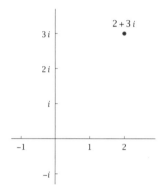

O número complexo $2 + 3i$ como um ponto no plano complexo.

Podemos pensar no sistema de números complexos como representado pelo plano complexo, da mesma forma como pensamos no sistema de números reais como representado pela reta dos números reais.

Cada número real é também um número complexo. Por exemplo, o número real 3 é também o número complexo $3 + 0i$, que é escrito normalmente apenas como 3.

Quando pensamos em números reais como também números complexos, os números reais correspondem ao eixo horizontal no plano complexo. Assim o eixo horizontal do plano complexo às vezes é denominado **eixo real**, e o eixo vertical às vezes é denominado **eixo imaginário**.

Algumas vezes identificamos um número complexo $a + bi$ como um vetor cujo ponto inicial é a origem e cuja extremidade está localizada no ponto correspondente a $a + bi$ no plano complexo, como mostrado aqui. Como números complexos são somados e subtraídos por meio da soma e da subtração de suas partes real e imaginária separadamente, a adição e a subtração complexas têm a mesma interpretação geométrica que a soma e a subtração de vetores.

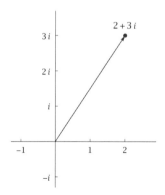

O número complexo $2 + 3i$ como um vetor no plano complexo.

Lembre que o valor absoluto de um número real é a distância de 0 até o número (quando pensamos em números como pontos na reta dos números reais). De maneira similar, o valor absoluto de um número complexo é definido como a distância da origem até o número complexo (quando pensamos em números complexos como pontos no plano complexo). Aqui está a definição formal:

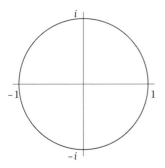

A circunferência unitária no plano complexo é descrita pela equação |z| = 1.

Valor absoluto de um número complexo

Se $z = a + bi$, em que a e b são números reais, então o **valor absoluto** de z, representado por $|z|$, é definido por

$$|z| = \sqrt{a^2 + b^2}.$$

Quando pensamos em números complexos como vetores no plano complexo, o valor absoluto de um número complexo é simplesmente o módulo do vetor correspondente.

EXEMPLO 1 Calcule $|2 + 3i|$.

SOLUÇÃO $|2 + 3i| = \sqrt{2^2 + 3^2} = \sqrt{13} \approx 3{,}60555$

EXEMPLO 2 Demonstre que

$$|\cos\theta + i\,\text{sen}\,\theta| = 1$$

para qualquer número real θ.

SOLUÇÃO $|\cos\theta + i\,\text{sen}\,\theta| = \sqrt{\cos^2\theta + \text{sen}^2\theta} = \sqrt{1} = 1$

Lembre que o complexo conjugado de um número complexo $a + bi$, em que a e b são números reais, é representado por $\overline{a + bi}$ e é definido por

$$\overline{a + bi} = a - bi.$$

Em termos do plano complexo, a operação de conjugação complexa é o mesmo que fazer uma inversão em torno do eixo real. A figura aqui apresentada mostra um número complexo e seu complexo conjugado.

2 + i e seu complexo conjugado 2 − i.

Uma bela fórmula conecta o complexo conjugado e o valor absoluto de um número complexo. Para deduzir essa fórmula, suponha que $z = a + bi$, em que a e b são números reais. Assim

$$\begin{aligned}z\overline{z} &= (a + bi)(a - bi) \\ &= a^2 - b^2 i^2 \\ &= a^2 + b^2 \\ &= |z|^2.\end{aligned}$$

Registramos esse resultado como a seguir:

Complexos conjugados e valores absolutos

Se z for um número complexo, então

$$z\overline{z} = |z|^2.$$

Interpretação Geométrica da Multiplicação e da Divisão Complexas

Como veremos em breve aqui, o uso de coordenadas polares com números complexos pode ampliar a compreensão sobre as operações de multiplicação, divisão e elevação de um número complexo a uma potência.

Suponha que $z = x + yi$, em que x e y são números reais. Identificamos z com o ponto (x, y) no plano complexo. Se (x, y) tem coordenadas polares (r, θ), então $x = r \cos \theta$ e $y = r \,\text{sen}\, \theta$. Portanto

$$z = x + yi$$
$$= r \cos \theta + ir \,\text{sen}\, \theta$$
$$= r(\cos \theta + i \,\text{sen}\, \theta).$$

Aqui pensamos em um número complexo como um ponto no plano complexo e, em seguida, usamos as coordenadas polares que foram desenvolvidas na Seção 6.2.

A equação acima conduz à seguinte definição

Forma polar de um número complexo

A **forma polar** de um número complexo z é uma expressão da forma

$$z = r(\cos \theta + i \,\text{sen}\, \theta),$$

em que $r = |z|$ e θ, que é denominado **argumento** de z, é o ângulo que z (pensado como um vetor) faz com o eixo horizontal positivo.

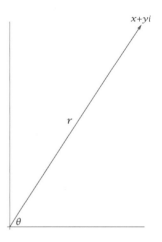

Quando escrevemos um número complexo z na forma polar, há apenas uma escolha correta para o número $r \geq 0$ na expressão acima: devemos escolher $r = |z|$. No entanto, dada qualquer escolha correta para o argumento θ, outra escolha correta pode ser determinada somando-se um múltiplo inteiro de 2π.

Escreva os seguintes números complexos na forma polar:

EXEMPLO 3

(a) 2   (d) $\sqrt{3} - i$

(b) $3i$ (e) $-\sqrt{3} + i$

(c) $1 + i$

SOLUÇÃO

(a) Temos $|2| = 2$. Além disso, como 2 está sobre o eixo horizontal positivo, o argumento de 2 é 0. Portanto, a fórmula polar de 2 é

$$2 = 2(\cos 0 + i \,\text{sen}\, 0).$$

Poderíamos, também, escrever

$$2 = 2(\cos(2\pi) + i \,\text{sen}(2\pi)) \quad \text{ou} \quad 2 = 2(\cos(4\pi) + i \,\text{sen}(4\pi))$$

ou usar qualquer múltiplo inteiro de 2π como o argumento.

(b) Temos $|3i| = 3$. Além disso, como $3i$ está sobre o eixo vertical positivo, o argumento de $3i$ é $\frac{\pi}{2}$. Portanto, a fórmula polar de $3i$ é

$$3i = 3(\cos \tfrac{\pi}{2} + i \,\text{sen}\, \tfrac{\pi}{2}).$$

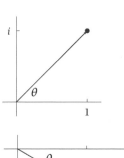

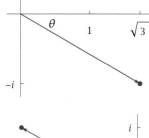

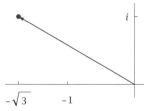

Como sempre, poderíamos somar qualquer múltiplo inteiro de 2π ao argumento $\frac{\pi}{2}$ para obter outros argumentos.

(c) Temos
$$|1 + i| = \sqrt{1^2 + 1^2} = \sqrt{2}.$$
Além disso, a figura aqui apresentada mostra que o argumento θ de $1 + i$ é $\frac{\pi}{4}$. Portanto, a forma polar de $1 + i$ é
$$1 + i = \sqrt{2}(\cos \tfrac{\pi}{4} + i \operatorname{sen} \tfrac{\pi}{4}).$$

(d) Temos $|\sqrt{3} - i| = \sqrt{\sqrt{3}^2 + (-1)^2} = \sqrt{3 + 1} = 2$. Observe que $\tan^{-1}(\frac{-1}{\sqrt{3}}) = -\frac{\pi}{6}$. Portanto, a figura aqui apresentada mostra que o argumento θ de $\sqrt{3} - i$ é igual a $-\frac{\pi}{6}$. Portanto, a forma polar de $\sqrt{3} - i$ é
$$\sqrt{3} - i = 2(\cos(-\tfrac{\pi}{6}) + i \operatorname{sen}(-\tfrac{\pi}{6})).$$

(e) Temos $|-\sqrt{3} + i| = \sqrt{(-\sqrt{3})^2 + 1^2} = \sqrt{3 + 1} = 2$. Observe que $\tan^{-1}(\frac{1}{-\sqrt{3}}) = -\frac{\pi}{6}$. Apesar de o ângulo $-\frac{\pi}{6}$ ter a tangente correta, seu cosseno e seno têm o sinal errado. Como pode ser visto na figura, o ângulo que procuramos é $-\frac{\pi}{6} + \pi$, que é igual a $\frac{5\pi}{6}$. Portanto, a forma polar de $-\sqrt{3} + i$ é
$$-\sqrt{3} + i = 2(\cos \tfrac{5\pi}{6} + i \operatorname{sen} \tfrac{5\pi}{6}).$$

Esse exemplo mostra que uma atenção especial deve ser usada para determinar o argumento de um número complexo cuja parte real é negativa.

O inverso multiplicativo de um número complexo tem uma bela interpretação na forma polar. Suponha que $z = r(\cos \theta + i \operatorname{sen} \theta)$ seja um número complexo não nulo (de agora em diante, sempre que escrevermos uma expressão como essa, consideraremos que $r = |z|$ e que θ é um número real). Sabemos que $|z|^2 = z\bar{z}$. A divisão de ambos os lados dessa equação por $z|z|^2$ mostra que
$$\frac{1}{z} = \frac{\bar{z}}{|z|^2} = \frac{r(\cos \theta - i \operatorname{sen} \theta)}{r^2} = \frac{\cos \theta - i \operatorname{sen} \theta}{r}.$$
Registramos esse resultado como a seguir:

Esse resultado diz que a forma polar de $\frac{1}{z}$ é obtida da forma polar de $r(\cos \theta + i \operatorname{sen} \theta)$ de z, substituindo r por $\frac{1}{r}$ e θ por $-\theta$.

Inverso multiplicativo de um número complexo na forma polar

Se $z = r(\cos \theta + i \operatorname{sen} \theta)$ é um número complexo não nulo, então
$$\frac{1}{z} = \frac{1}{r}(\cos \theta - i \operatorname{sen} \theta) = \frac{1}{r}(\cos(-\theta) + i \operatorname{sen}(-\theta)).$$

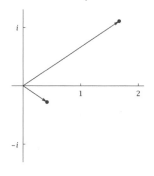

A figura aqui apresentada ilustra a fórmula acima. O vetor mais longo representa um número complexo z com $|z| = 2$. O vetor menor representa o número complexo $\frac{1}{z}$; ele tem valor absoluto $\frac{1}{2}$ e seu argumento é o negativo do argumento de z. Portanto, o ângulo do vetor menor com o eixo horizontal positivo é igual ao ângulo do eixo horizontal positivo com o vetor maior.

A multiplicação complexa também tem uma expressão bonita em termos da forma polar. Suponha que
$$z_1 = r_1(\cos \theta_1 + i \operatorname{sen} \theta_1) \quad \text{e} \quad z_2 = r_2(\cos \theta_2 + i \operatorname{sen} \theta_2).$$

Então

$$z_1 z_2 = r_1 r_2 (\cos\theta_1 + i\,\text{sen}\,\theta_1)(\cos\theta_2 + i\,\text{sen}\,\theta_2)$$
$$= r_1 r_2 ((\cos\theta_1 \cos\theta_2 - \text{sen}\,\theta_1 \,\text{sen}\,\theta_2) + i(\text{sen}\,\theta_1 \cos\theta_2 + \cos\theta_1 \,\text{sen}\,\theta_2))$$
$$= r_1 r_2 (\cos(\theta_1 + \theta_2) + i\,\text{sen}\,(\theta_1 + \theta_2)),$$

em que as fórmulas de adição para cosseno e seno da Seção 5.6 foram usadas na última simplificação.

Portanto, temos o seguinte resultado, expresso primeiro como uma fórmula e depois em palavras:

Multiplicação complexa na forma polar

- Se $z_1 = r_1(\cos q_1 + i\,\text{sen}\,q_1)$ e $z_2 = r_2(\cos q_2 + i\,\text{sen}\,q_2)$, então

$$z_1 z_2 = r_1 r_2 (\cos(\theta_1 + \theta_2) + i\,\text{sen}\,(\theta_1 + \theta_2)).$$

- O valor absoluto do produto de dois números complexos é o produto de seus valores absolutos.

- O argumento do produto de dois números complexos é a soma dos seus argumentos.

EXEMPLO 4

Suponha que $z_1 = 3(\cos\frac{\pi}{7} + i\,\text{sen}\,\frac{\pi}{7})$ e $z_2 = 4(\cos\frac{3\pi}{7} + i\,\text{sen}\,\frac{3\pi}{7})$. Determine a forma polar de $z_1 z_2$.

SOLUÇÃO   Usando a fórmula acima, temos

$$z_1 z_2 = 3 \cdot 4 (\cos(\tfrac{\pi}{7} + \tfrac{3\pi}{7}) + i\,\text{sen}\,(\tfrac{\pi}{7} + \tfrac{3\pi}{7}))$$
$$= 12(\cos\tfrac{4\pi}{7} + i\,\text{sen}\,\tfrac{4\pi}{7}).$$

O quociente $\frac{z_1}{z_2}$ pode ser calculado pensando na divisão por z_2 como uma multiplicação por $\frac{1}{r_2}$. Já sabemos que a forma polar de $\frac{1}{z_2}$ é obtida pela substituição de r_2 por $\frac{1}{r_2}$ e pela substituição de q_2 por $-q_2$. Assim, a combinação de nosso resultado para o inverso multiplicativo com nosso resultado para multiplicação complexa resulta no seguinte resultado:

Divisão complexa na forma polar

- Se $z_1 = r_1(\cos q_1 + i\,\text{sen}\,q_1)$ e $z_2 = r_2(\cos q_2 + i\,\text{sen}\,q_2)$, então

$$\frac{z_1}{z_2} = \frac{r_1}{r_2}(\cos(\theta_1 - \theta_2) + i\,\text{sen}(\theta_1 - \theta_2)).$$

Aqui consideramos $z_2 \neq 0$.

- O valor absoluto do quociente de dois números complexos é o quociente de seus valores absolutos.

- O argumento do quociente de dois números complexos é a diferença de seus argumentos.

Teorema de De Moivre

Suponha que $z = r(\cos\theta + i\,\text{sen}\,\theta)$. Assuma que $z_1 = z$ e $z_2 = z$, na fórmula recém deduzida para a multiplicação complexa na forma polar, para obter

$$z^2 = r^2(\cos(2\theta) + i\,\text{sen}(2\theta)).$$

Agora, aplique novamente a fórmula, desta vez com $z_1 = z^2$ e $z_2 = z$, obtendo

$$z^3 = r^3(\cos(3\theta) + i\,\text{sen}(3\theta)).$$

Se aplicarmos a fórmula mais uma vez, desta vez com $z_1 = z^3$ e $z_2 = z$, vamos obter

$$z^4 = r^4(\cos(4\theta) + i\,\text{sen}(4\theta)).$$

Esse padrão continua, conduzindo ao belo resultado denominado Teorema de De Moivre:

> **Teorema de De Moivre**
>
> Se $z = r(\cos\theta + i\,\text{sen}\,\theta)$ e n é um inteiro positivo, então
>
> $$z^n = r^n(\cos(n\theta) + i\,\text{sen}(n\theta)).$$

Abraham De Moivre publicou este resultado pela primeira vez em 1722.

O Teorema de De Moivre é uma ferramenta maravilhosa para calcular grandes potências de números complexos.

EXEMPLO 5

Uma maneira de resolver esse problema seria multiplicar $\sqrt{3}-i$ por ele mesmo 100 vezes. No entanto, esse processo seria tedioso, levando um longo tempo e conduzindo a erros que podem facilmente ocorrer em cálculos tão longos.

Calcule $\left(\sqrt{3}-i\right)^{100}$.

SOLUÇÃO   Como primeiro passo para usar o Teorema de De Moivre, devemos escrever $(\sqrt{3}-i)$ na forma polar. No entanto, já fizemos isso no Exemplo 3, obtendo

$$\sqrt{3} - i = 2(\cos(-\tfrac{\pi}{6}) + i\,\text{sen}(-\tfrac{\pi}{6})).$$

O Teorema de De Moivre informa-nos que

$$(\sqrt{3}-i)^{100} = 2^{100}(\cos(-\tfrac{100}{6}\pi) + i\,\text{sen}(-\tfrac{100}{6}\pi)).$$

Agora, $-\tfrac{100}{6}\pi = -\tfrac{50}{3}\pi = -16\pi - \tfrac{2}{3}\pi$. Como múltiplos pares de π podem ser descartados quando se calculam valores de cosseno e seno, então temos

$$\begin{aligned}(\sqrt{3}-i)^{100} &= 2^{100}(\cos(-\tfrac{2}{3}\pi) + i\,\text{sen}(-\tfrac{2}{3}\pi)) \\ &= 2^{100}(-\tfrac{1}{2} - \tfrac{\sqrt{3}}{2}i) \\ &= 2^{99} \cdot 2(-\tfrac{1}{2} - \tfrac{\sqrt{3}}{2}i) \\ &= -2^{99}(1 + \sqrt{3}i).\end{aligned}$$

Determinando Raízes Complexas

O Teorema de De Moivre também nos permite determinar raízes de números complexos.

Determine três números complexos z distintos tais que $z^3 = 1$.

EXEMPLO 6

SOLUÇÃO Claramente $z = 1$ é um número complexo tal que $z^3 = 1$. Para determinar outros números complexos z tais que $z^3 = 1$, suponha

$$z = r(\cos\theta + i\,\text{sen}\,\theta).$$

O Teorema de De Moivre diz que

$$z^3 = r^3(\cos(3\theta) + i\,\text{sen}(3\theta)).$$

Queremos z^3 igual a 1. Assim, tomamos $r = 1$. Agora precisamos determinar valores de θ tais que $\cos(3\theta) = 1$ e $\text{sen}(3\theta) = 0$. Uma escolha é tomar $\theta = 0$, o que nos dá

$$z = 1,$$

a qual já conhecíamos como uma escolha para z.

Outra escolha para θ que satisfaça $\cos(3\theta) = 1$ e $\text{sen}(3\theta) = 0$ pode ser obtida tomando-se $3\theta = 2\pi$, o que significa que $\theta = \frac{2\pi}{3}$. Essa escolha para θ leva a

$$z = -\tfrac{1}{2} + \tfrac{\sqrt{3}}{2}i.$$

Outra escolha para θ que satisfaça $\cos(3\theta) = 1$ e $\text{sen}(3\theta) = 0$ pode ser obtida tomando-se $3\theta = 4\pi$, o que significa que $\theta = \frac{4\pi}{3}$. Essa escolha de θ leva a

$$z = -\tfrac{1}{2} - \tfrac{\sqrt{3}}{2}i.$$

Você deve verificar que
$(-\tfrac{1}{2} \pm \tfrac{\sqrt{3}}{2}i)^3 = 1.$

Assim, três valores distintos de z tais que $z^3 = 1$ são $1, -\tfrac{1}{2}+\tfrac{\sqrt{3}}{2}i$ e $-\tfrac{1}{2}-\tfrac{\sqrt{3}}{2}i$.

OBSERVAÇÃO Outra escolha de θ que satisfaz $\cos(3\theta) = 1$ e $\text{sen}(3\theta) = 0$ pode ser obtida tomando-se $3\theta = 6\pi$, o que significa que $\theta = 2\pi$. Essa escolha dá $z = 1$, que é uma possibilidade que já determinamos antes. De maneira similar, outras escolhas para θ que satisfazem $\cos(3\theta) = 1$ e $\text{sen}(3\theta) = 0$ não conduzem a novos valores de z além dos que já determinamos.

EXERCÍCIOS

1. Calcule $|4 - 3i|$.

2. Calcule $|7 + 12i|$.

3. Determine dois números reais b tais que $|3 + bi| = 7$.

4. Determine dois números reais a tais que $|a - 5i| = 9$.

5. Escreva $2 - 2i$ na forma polar.

6. Escreva $-3 + 3\sqrt{3}i$ na forma polar.

7. Escreva

$$\frac{1}{6(\cos\frac{\pi}{11} + i\,\text{sen}\,\frac{\pi}{11})}$$

na forma polar.

8. Escreva

$$\frac{1}{7(\cos\frac{\pi}{9} + i\,\text{sen}\,\frac{\pi}{9})}$$

na forma polar.

9. Escreva

$$(\cos\tfrac{\pi}{7} + i\,\text{sen}\,\tfrac{\pi}{7})(\cos\tfrac{\pi}{9} + i\,\text{sen}\,\tfrac{\pi}{9})$$

na forma polar.

10. Escreva

$$(\cos\tfrac{\pi}{5} + i\,\text{sen}\,\tfrac{\pi}{5})(\cos\tfrac{\pi}{11} + i\,\text{sen}\,\tfrac{\pi}{11})$$

na forma polar.

11. Calcule $(2 - 2i)^{333}$.

12. Calcule $\left(-3 + 3\sqrt{3}i\right)^{555}$.

13. Determine quatro números complexos z distintos tais que $z^4 = -2$.

14. Determine três números complexos z distintos tais que $z^3 = 4i$.

PROBLEMAS

15 Explique por que não existe um número real b tal que $|5 + bi| = 3$

16 Demonstre que, se z é um número complexo, então a parte real de z está no intervalo $[-|z|, |z|]$.

17 Demonstre que, se z é um número complexo, então a parte imaginária de z está no intervalo $[-|z|, |z|]$.

18 Demonstre que

$$\frac{1}{\cos\theta + i\,\text{sen}\,\theta} = \cos\theta - i\,\text{sen}\,\theta$$

para qualquer número real θ.

19 Suponha que z seja um número complexo não nulo. Mostre que $|z| = \frac{1}{z}$ se e somente se $|z| = 1$.

20 Suponha que z seja um número complexo cuja parte real tem valor absoluto igual a $|z|$. Demonstre que z é um número real.

21 Suponha que z seja um número complexo cuja parte imaginária tem valor absoluto igual a $|z|$. Demonstre que a parte real de z é igual a 0.

22 Suponha que w e z são números reais. Demonstre que

$$|wz| = |w|\,|z|.$$

23 Suponha que w e z são números reais. Demonstre que

$$|w + z| \leq |w| + |z|.$$

24 Descreva o subconjunto do plano complexo constituído pelos números complexos z tais que z^3 seja um número real.

25 Descreva o subconjunto do plano complexo constituído pelos números complexos z tais que z^3 seja um número positivo.

26 Descreva o subconjunto do plano complexo constituído pelos números complexos z tais que a parte real de z^3 seja um número positivo.

27 Explique por que $(\cos 1° + i\,\text{sen}\,1°)^{360} = 1$.

28 Explique porque 360 é o menor inteiro positivo n tal que $(\cos 1° + i\,\text{sen}\,1°)^n = 1$.

29 No Exemplo 6, determinamos raízes cúbicas de 1 determinando números θ tais que

$$\cos(3\theta) = 1 \quad \text{e} \quad \text{sen}(3\theta) = 0.$$

As três escolhas $\theta = 0$, $\theta = \frac{2\pi}{3}$, e $\theta = \frac{4\pi}{3}$ fornecem-nos três raízes cúbicas distintas de 1. Outras escolhas de θ, tais como $\theta = 2\pi$, $\theta = \frac{8\pi}{3}$ e $\theta = \frac{10\pi}{3}$, também satisfazem as equações acima. Explique por que essas escolhas de θ não nos fornecem raízes cúbicas adicionais de 1.

30 Explique por que os seis números complexos que são raízes sêxtuplas de 1 são os vértices de um hexágono regular inscrito na circunferência unitária.

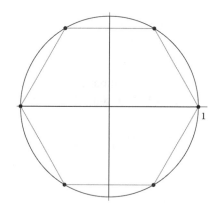

Os pontos mostram a localização no plano complexo das seis raízes sêxtuplas de 1.

SOLUÇÕES DETALHADAS dos Exercícios Ímpares

1 Calcule $|4 - 3i|$.

SOLUÇÃO

$$|4 - 3i| = \sqrt{4^2 + (-3)^2} = \sqrt{16 + 9} = \sqrt{25} = 5$$

3 Determine dois números reais b tais que $|3 + bi| = 7$.

SOLUÇÃO Temos

$$7 = |3 + bi| = \sqrt{9 + b^2}.$$

Elevando ao quadrado ambos os lados, temos $49 = 9 + b^2$. Portanto, $b^2 = 40$, o que implica que

$$b = \pm\sqrt{40} = \pm\sqrt{4 \cdot 10} = \pm\sqrt{4} \cdot \sqrt{10} = \pm 2\sqrt{10}.$$

5 Escreva $2 - 2i$ na forma polar.

SOLUÇÃO Primeiro calcule $|2 - 2i|$:

$$|2 - 2i| = \sqrt{2^2 + (-2)^2} = \sqrt{8} = \sqrt{4 \cdot 2} = 2\sqrt{2}.$$

O vetor cujo ponto inicial é a origem e cuja extremidade é $2 - 2i$, no plano complexo, forma um ângulo de $-\frac{\pi}{4}$ com o eixo horizontal positivo. Portanto

$$2 - 2i = 2\sqrt{2}(\cos(-\tfrac{\pi}{4}) + i\operatorname{sen}(-\tfrac{\pi}{4}))$$

dá a forma polar de 2 −2i.

7 Escreva

$$\frac{1}{6(\cos\frac{\pi}{11} + i\operatorname{sen}\frac{\pi}{11})}$$

na forma polar.

SOLUÇÃO   Da fórmula para a forma polar do inverso multiplicativo de um número complexo, temos

$$\frac{1}{6(\cos\frac{\pi}{11} + i\operatorname{sen}\frac{\pi}{11})} = \tfrac{1}{6}(\cos(-\tfrac{\pi}{11}) + i\operatorname{sen}(-\tfrac{\pi}{11})).$$

9 Escreva

$$(\cos\tfrac{\pi}{7} + i\operatorname{sen}\tfrac{\pi}{7})(\cos\tfrac{\pi}{9} + i\operatorname{sen}\tfrac{\pi}{9})$$

na forma polar.

SOLUÇÃO

Como $\tfrac{\pi}{7} + \tfrac{\pi}{9} = \tfrac{16\pi}{63}$, o produto acima é igual a

$$\cos\tfrac{16\pi}{63} + i\operatorname{sen}\tfrac{16\pi}{63}.$$

11 Calcule $(2 - 2i)^{333}$.

SOLUÇÃO   Do Exercício 5, sabemos que

$$2 - 2i = 2\sqrt{2}(\cos(-\tfrac{\pi}{4}) + i\operatorname{sen}(-\tfrac{\pi}{4})).$$

Portanto

$$(2 - 2i)^{333} = (2\sqrt{2})^{333}(\cos(-\tfrac{333}{4}\pi) + i\operatorname{sen}(-\tfrac{333}{4}\pi)).$$

Agora

$$(2\sqrt{2})^{333} = 2^{333} 2^{333/2} = 2^{333} 2^{166}\sqrt{2} = 2^{499}\sqrt{2}.$$

Além disso,

$$-\tfrac{333}{4}\pi = -83\pi - \tfrac{1}{4}\pi = -82\pi - \tfrac{5}{4}\pi.$$

Portanto

$$(2\sqrt{2})^{333} = 2^{499}\sqrt{2}(\cos(-\tfrac{5}{4}\pi) + i\operatorname{sen}(-\tfrac{5}{4}\pi))$$
$$= 2^{499}\sqrt{2}(-\tfrac{\sqrt{2}}{2} + i\tfrac{\sqrt{2}}{2})$$
$$= 2^{499}(-1 + i).$$

13 Determine quatro números complexos distintos z tais que $z^4 = -2$.

SOLUÇÃO   Suponha $z = r(\cos\theta + i\operatorname{sen}\theta)$. Assim

$$z^4 = r^4(\cos(4\theta) + i\operatorname{sen}(4\theta)).$$

Queremos que z^4 seja igual a -2. Portanto, precisamos $r^4 = 2$, o que implica que $r = 2^{1/4}$.

Agora, precisamos determinar valores de θ tais que $\cos(4\theta) = -1$ e $\operatorname{sen}(4\theta) = 0$. Uma escolha é tomar $4\theta = \pi$, o que implica que $\theta = \tfrac{\pi}{4}$, que fornece

$$z = 2^{1/4}(\tfrac{\sqrt{2}}{2} + \tfrac{\sqrt{2}}{2}i).$$

Outra escolha de θ que satisfaz $\cos(4\theta) = -1$ e $\operatorname{sen}(4\theta) = 0$ pode ser obtida escolhendo $4\theta = 3\pi$, o que significa que $\theta = \tfrac{3\pi}{4}$, que fornece

$$z = 2^{1/4}(-\tfrac{\sqrt{2}}{2} + \tfrac{\sqrt{2}}{2}i).$$

Ainda outra escolha de θ que satisfaz $\cos(4\theta) = -1$ e $\operatorname{sen}(4\theta) = 0$ pode ser obtida escolhendo $4\theta = 5\pi$, o que significa que $\theta = \tfrac{5\pi}{4}$, que fornece

$$z = 2^{1/4}(-\tfrac{\sqrt{2}}{2} - \tfrac{\sqrt{2}}{2}i).$$

Finalmente, outra escolha de θ que satisfaz $\cos(4\theta) = -1$ e $\operatorname{sen}(4\theta) = 0$ pode ser obtida escolhendo $4\theta = 7\pi$, o que significa que $\theta = \tfrac{7\pi}{4}$, que fornece

$$z = 2^{1/4}(\tfrac{\sqrt{2}}{2} - \tfrac{\sqrt{2}}{2}i).$$

Portanto, quatro valores distintos de z tais que $z^4 = -2$ são $2^{1/4}\left(\tfrac{\sqrt{2}}{2}+\tfrac{\sqrt{2}}{2}i\right)$, $2^{1/4}\left(-\tfrac{\sqrt{2}}{2}+\tfrac{\sqrt{2}}{2}i\right)$, $2^{1/4}\left(-\tfrac{\sqrt{2}}{2}-\tfrac{\sqrt{2}}{2}i\right)$ e $2^{1/4}\left(\tfrac{\sqrt{2}}{2}-\tfrac{\sqrt{2}}{2}i\right)$.

RESUMO DO CAPÍTULO

Para certificar-se de que você domina os conceitos e as habilidades mais importantes cobertas neste capítulo, assegure-se de que você consegue executar cada um dos itens da seguinte lista:

- Fazer gráficos de transformações de funções trigonométricas que modificam amplitude, período e/ou deslocamento de fase.
- Converter coordenadas polares para retangulares.
- Converter coordenadas retangulares para polares.
- Fazer o gráfico de uma curva descrita por coordenadas polares.
- Calcular a soma, diferença e produto escalar de dois vetores.
- Determinar quando dois vetores são perpendiculares.
- Determinar a forma polar de um número complexo.
- Usar o Teorema de De Moivre para calcular potências e raízes de números complexos.

Para revisar um capítulo, percorra a lista acima procurando identificar itens que você não sabe como executar, depois releia no capítulo o material a respeito desses itens. Em seguida, tente responder as questões de revisão do capítulo, formuladas abaixo, sem olhar outra vez no capítulo.

QUESTÕES DE REVISÃO DO CAPÍTULO

1. Escreva um exemplo de uma função que tem amplitude 5 e período 3.

2. Escreva um exemplo de uma função que tem período 3π e imagem [2, 12].

3. Esboce o gráfico da função
$$4\,\text{sen}(2x+1) + 5$$
no intervalo $[-3\pi, 3\pi]$.

Para as Questões 4–8, considere que g seja a função definida por
$$g(x) = a\,\text{sen}\,(bx+c) + d,$$
em que a, b, c e d são constantes com $a \neq 0$ e $b \neq 0$.

4. Determine dois valores distintos para a tais que g tenha amplitude 4.

5. Determine dois valores distintos para b tais que g tenha período $\frac{\pi}{2}$.

6. Determine valores para a e b, com $a > 0$, tais que g tenha imagem $[-3, 4]$.

7. Determine valores para a, d e c, com $a > 0$ e com $0 \le c \le \pi$, tais que g tenha imagem $[-3, 4]$ e $g(0) = 2$.

8. Determine valores para a, d, c e b, com $a > 0$ e $b > 0$ e $0 \le c \le \pi$, tais que g tenha imagem $[-3, 4]$, $g(0) = 2$ e g tenha período 5.

9. Desenhe o segmento de reta da origem até o ponto de coordenadas polares $\left(3, \frac{\pi}{3}\right)$.

10. Determine as coordenadas retangulares do ponto cujas coordenadas polares são (4, 2,1).

11. Determine as coordenadas polares do ponto cujas coordenadas retangulares são (5, 9).

12. Desenhe o gráfico da equação polar $r = 7$.

13. Desenhe o gráfico da equação polar $\theta = \frac{5\pi}{6}$.

14. Desenhe o gráfico da equação polar $r = 5\cos\theta$.

15. Determine dois números t quais que o ângulo entre os vetores (3, 4) e (2, t) seja de 60°.

16. Calcule $\left|\cos\frac{\pi}{11} - i\,\text{sen}\,\frac{\pi}{11}\right|$.

17. Escreva
$$(\cos\tfrac{\pi}{4} + i\,\text{sen}\,\tfrac{\pi}{4})(\cos\tfrac{\pi}{7} + i\,\text{sen}\,\tfrac{\pi}{7})$$
na forma polar.

18. Escreva
$$\frac{2(\cos\tfrac{\pi}{3} + i\,\text{sen}\,\tfrac{\pi}{3})}{5(\cos\tfrac{\pi}{7} + i\,\text{sen}\,\tfrac{\pi}{7})}$$
na forma polar.

19. Calcule $(1+i)^{500}$.

20. Determine três números complexos z distintos tais que $z^3 = -5i$.

CAPÍTULO 7

Isaac Newton, retratado por Godfrey Kneller, em 1689, dois anos depois da publicação do monumental livro de Newton, Principia. *Newton fez várias descobertas conectando sequências, séries e limites.*

Sequências, Séries e Limites

Este capítulo começa considerando sequências, as quais são listas de números. Vamos nos concentrar-nos, particularmente, nas seguintes sequências especiais:

- sequências aritméticas — termos consecutivos têm uma diferença constante;
- sequências geométricas — termos consecutivos têm uma razão constante;
- sequências definidas recursivamente — cada termo é definido por termos anteriores.

Em seguida, vamos considerar séries, as quais são somas de números. Aqui você aprenderá sobre a notação de somatório, que é usada em muitas partes da matemática e da estatística. Vamos deduzir fórmulas para calcular o valor de séries aritméticas e geométricas. Também discutiremos sobre o Teorema Binomial e sobre o triângulo de Pascal.

Finalmente, o capítulo encerra-se com uma introdução a limites, uma das ideias centrais do cálculo.

7.1 Sequências

OBJETIVOS DE APRENDIZAGEM

Ao final desta seção, você deverá ser capaz de

- usar notação de sequências;
- calcular os termos de uma sequência aritmética;
- calcular os termos de uma sequência geométrica;
- calcular os termos de uma sequência definida recursivamente.

Introdução a Sequências

Sequências

Uma **sequência** é uma lista ordenada de números.

Por exemplo, $7, \sqrt{3}, \frac{5}{2}$ é uma sequência. O primeiro termo desta sequência é 7, o segundo termo desta sequência é $\sqrt{3}$, e o terceiro termo desta sequência é $\frac{5}{2}$.

As sequências diferem de conjuntos porque na sequência a ordem importa e repetições são permitidas. Por exemplo, os conjuntos {2, 3, 5} e {5, 3, 2} são a mesma coisa, mas as sequências 2, 3, 5 e 5, 3, 2 não são a mesma coisa. Como outro exemplo, os conjuntos {8, 8, 4, 5} e {8, 4, 5} são a mesma coisa, mas as sequências 8, 8, 4, 5 e 8, 4, 5 não são a mesma.

Uma sequência pode ter fim, como é o caso de todas as sequências mencionadas nos parágrafos acima, ou uma sequência pode continuar indefinidamente. Uma sequência que tem fim é denominada **sequência finita**; uma sequência que não tem fim é denominada **sequência infinita**.

"Infinito" não é um número real. O termo "sequência infinita" pode ser visto simplesmente como uma abreviatura para a expressão "sequência que não tem fim".

Um exemplo de uma sequência infinita é uma sequência cujo n-ésimo termo é $3n$. O primeiro termo desta sequência é 3, o segundo termo desta sequência é 6, o terceiro termo desta sequência é 9, e assim por diante. Como essa sequência não tem fim, a sequência inteira não pode ser escrita. Portanto, escrevemos a sequência como

$$3, 6, 9, \ldots,$$

em que os três pontinhos indicam que a sequência continua sem fim.

Quando se usa a notação com três pontinhos para designar uma sequência, deve-se informar como cada termo da sequência é determinado. Às vezes, isso é feito dando uma fórmula explícita para o n-ésimo termo da sequência, como no exemplo a seguir.

EXEMPLO 1

A notação com subscrito a_n é frequentemente usada para representar o n-ésimo termo de uma sequência.

Cada uma das equações abaixo dá uma fórmula para o n-ésimo termo de uma sequência $a_1, a_2, \ldots$. Escreva cada sequência abaixo usando a notação de três pontinhos, dando os quatro primeiros termos da sequência. Além disso, descreva cada sequência em palavras.

(a) $a_n = n$ (c) $a_n = 2n - 1$ (e) $a_n = (-1)^n$

(b) $a_n = 2n$ (d) $a_n = 3$ (f) $a_n = 2^{n-1}$

SOLUÇÃO

(a) A sequência $a_1, a_2, \ldots$ definida por $a_n = n$ é 1, 2, 3, 4, ...; esta é a sequência de inteiros positivos.

(b) A sequência $a_1, a_2, \ldots$ definida por $a_n = 2n$ é 2, 4, 6, 8, ...; esta é a sequência de inteiros pares positivos.

(c) A sequência $a_1, a_2, \ldots$ definida por $a_n = 2n - 1$ é 1, 3, 5, 7, ...; esta é a sequência de inteiros ímpares positivos.

(d) A sequência $a_1, a_2, \ldots$ definida por $a_n = 3$ é 3, 3, 3, 3, ...; esta é a sequência de apenas 3.

(e) A sequência $a_1, a_2, \ldots$ definida por $a_n = (-1)^n$ é $-1, 1, -1, 1, \ldots$; esta é a sequência de alternância entre -1 e 1, começando com -1.

(f) A sequência $a_1, a_2, \ldots$ definida por $a_n = 2^{n-1}$ é 1, 2, 4, 8, ...; esta é a sequência de potências de 2, começando com 2 na potência zero.

Deve-se ter cuidado ao determinar uma sequência simplesmente pelo padrão de alguns dos termos, como ilustrado no exemplo a seguir.

EXEMPLO 2

Qual é o quinto termo da sequência 1, 4, 9, 16, ...?

SOLUÇÃO Essa é uma questão capciosa. Você pode razoavelmente suspeitar de que o n-ésimo termo dessa sequência seja n^2, o que implicaria que o quinto termo seria igual a 25.

Entretanto, a sequência na qual o n-ésimo termo é igual a

$$\frac{n^4 - 10n^3 + 39n^2 - 50n + 24}{4}$$

tem como seus primeiros quatro termos, 1, 4, 9, 16, como você pode verificar. O quinto termo dessa sequência é 31, não 25.

Como não sabemos se a fórmula para o n-ésimo termo da sequência 1, 4, 9, 16, ... é dado por n^2, pela fórmula acima ou por alguma outra fórmula, não podemos determinar se o quinto termo dessa sequência é igual a 25, a 31 ou a algum outro número.

O Problema 61 explica como essa expressão foi encontrada.

Uma maneira de sair do dilema colocado pelo exemplo acima é supor que a sequência seja definida pela maneira mais simples possível. A menos que outra informação seja dada, você pode precisar fazer essa suposição. Isto, então, levanta outro problema, porque "mais simples" é uma noção imprecisa e pode ser uma questão de gosto. No entanto, na maioria dos casos, a maioria das pessoas concordará. No Exemplo 2 acima, todas as pessoas razoáveis concordarão que a expressão n^2 é mais simples que a expressão $\frac{n^4 - 10n^3 + 39n^2 - 50n + 24}{4}$.

Sequências Aritméticas

A sequência 1, 3, 5, 7 ... de inteiros ímpares positivos tem a propriedade de que a diferença entre quaisquer dois termos consecutivos é 2. Portanto, a diferença entre dois termos consecutivos é constante ao longo da sequência. Sequências com essa propriedade tão importantes que merecem seu próprio nome:

Sequências aritméticas

Uma **sequência aritmética** é uma sequência tal que a diferença entre dois termos consecutivos é constante ao longo da sequência.

Quando consideramos a diferença entre termos consecutivos em uma sequência $a_1, a_2, \ldots$, subtraímos cada termo de seu sucessor. Em outras palavras, consideramos a diferença $a_{n+1} - a_n$.

EXEMPLO 3

Uma sequência aritmética pode ser uma sequência infinita ou uma sequência finita. Todas as sequências neste exemplo são sequências infinitas, exceto a última.

Para cada uma das sequências a seguir, determine se a sequência é ou não uma sequência aritmética. Se a sequência for aritmética, determine a diferença entre os termos consecutivos da sequência.

(a) A sequência 1, 2, 3, 4, ... de inteiros positivos.

(b) A sequência −1, −2, −3, −4, ... de inteiros negativos.

(c) A sequência 6, 8, 10, 12, ... de inteiros positivos pares iniciando com 6.

(d) A sequência −1, 1, −1, 1, ... de alternância entre −1 e 1.

(e) A sequência 1, 2, 4, 8, ... de potências de 2.

(f) A sequência 10, 15, 20, 25.

SOLUÇÃO

(a) A sequência 1, 2, 3, 4, ... de inteiros positivos é uma sequência aritmética. A diferença entre quaisquer dois termos consecutivos é 1.

(b) A sequência −1, −2, −3, −4, ... de inteiros negativos é uma sequência aritmética. A diferença entre quaisquer dois termos consecutivos é −1.

(c) A sequência 6, 8, 10, 12, ... de inteiros positivos pares iniciando com 6 é uma sequência aritmética. A diferença entre quaisquer dois termos consecutivos é 2.

(d) A diferença entre termos consecutivos da sequência −1, 1, −1, 1, ... oscila entre 2 e −2. Como a diferença entre termos consecutivos da sequência −1, 1, −1, 1, ... não é constante, esta não é uma sequência aritmética.

(e) Na sequência 1, 2, 4, 8, ..., os dois primeiros termos diferem por 1, mas o segundo e o terceiro termo diferem por 2. Como a diferença entre termos consecutivos da sequência 1, 2, 4, 8, ... não é constante, esta não é uma sequência aritmética.

(f) Na sequência finita 10, 15, 20, 25, a diferença entre quaisquer dois termos consecutivos é 5. Portanto, esta é uma sequência aritmética.

Considere uma sequência aritmética com o primeiro termo b e diferença d entre termos consecutivos. Cada termo dessa sequência, depois do primeiro termo, é obtido pela soma de d ao termo anterior. Assim, essa sequência é

$$b,\ b+d,\ b+2d,\ b+3d,\ \ldots.$$

O n-ésimo termo dessa sequência é obtido pela adição de d um total de $n-1$ vezes ao primeiro termo b. Assim, temos o seguinte resultado:

Fórmula para uma sequência aritmética

O n-ésimo termo de uma sequência aritmética com primeiro termo b e com diferença d entre termos consecutivos é $b + (n-1)d$.

Suponha que, no início do ano, seu iPod contenha 53 músicas e que, a cada semana, você compre quatro músicas novas para inserir no seu iPod. Considere a sequência cujo n-ésimo termo é o número de músicas no seu iPod no começo da n-ésima semana do ano.

EXEMPLO 4

(a) Quais são os quatro primeiros termos dessa sequência?

(b) Qual é o 30º termo dessa sequência? Em outras palavras, quantas músicas estarão em seu iPod no início da 30ª semana?

SOLUÇÃO

(a) Os primeiros quatro termos dessa sequência são 53, 57, 61, 65.

(b) Para determinar o 30º termo dessa sequência, use a fórmula no boxe anterior com $b = 53$, $n = 30$ e $d = 4$. Assim, no início da 30ª semana, o número de músicas no iPod será $53 + (30 - 1) \times 4$, que é igual a 169.

Sequências Geométricas

A sequência 1, 3, 9, 27 ... de potências de 3 tem a propriedade de que a razão entre quaisquer dois termos consecutivos é 3. Portanto, a razão entre dois termos consecutivos é constante ao longo da sequência. Sequências com essa propriedade tão importantes que merecem seu próprio nome:

> ### Sequências geométricas
> Uma **sequência geométrica** é uma sequência tal que a razão entre dois termos consecutivos é constante ao longo da sequência.

Quando consideramos a razão entre termos consecutivos em uma sequência $a_1, a_2, \ldots$, cada termo será o divisor de seu sucessor. Em outras palavras, consideramos a razão a_{n+1} / a_n.

Para cada uma das sequências a seguir, determine se a sequência é, ou não, uma sequência geométrica. Se a sequência for uma sequência geométrica, determine a razão entre termos consecutivos na sequência.

EXEMPLO 5

(a) A sequência 16, 32, 64, 128, ... de potências de 2 iniciando com 2^4.

(b) A sequência 3, 6, 12, 24, ... de 3 vezes as potências de 2 iniciando com $3 \cdot 2^0$.

(c) A sequência $-1, 1, -1, 1, \ldots$ de alternância entre -1 e 1.

(d) A sequência 1, 4, 9, 16, ... dos quadrados dos inteiros positivos.

(e) A sequência 2, 4, 6, 8, ... de inteiros positivos pares.

(f) A sequência $2, \dfrac{2}{3}, \dfrac{2}{9}, \dfrac{2}{27}$.

Uma sequência geométrica pode ser uma sequência infinita ou uma sequência finita. Todas as sequências neste exemplo são infinitas, exceto a última.

SOLUÇÃO

(a) A sequência 16, 32, 64, 128, ... de potências de 2 iniciando com 2^4 é uma sequência geométrica. A razão entre quaisquer dois termos consecutivos é 2.

(b) A sequência 3, 6, 12, 24, ... de 3 vezes as potências de 2 iniciando com $3 \cdot 2^0$ é uma sequência geométrica. A razão entre quaisquer dois termos consecutivos é 2.

(c) A sequência −1, 1, −1, 1, ... de alternância entre −1 e 1 é uma sequência geométrica. A razão entre quaisquer dois termos consecutivos é −1.

(d) Na sequência 1, 4, 9, 16, ..., a razão entre o segundo e o primeiro termos é 4, mas a razão entre o terceiro e o segundo termos é $\frac{9}{4}$. Como a razão entre termos consecutivos da sequência 1, 4, 9, 16, ... não é constante, esta não é uma sequência geométrica.

(e) Na sequência 2, 4, 6, 8, ..., a razão entre o segundo e o primeiro termos é 2, mas a razão entre o terceiro e o segundo termos é $\frac{3}{2}$. Como a razão entre termos consecutivos da sequência 2, 4, 6, 8, ... não é constante, esta não é uma sequência geométrica.

(f) Na sequência finita $2, \frac{2}{3}, \frac{2}{9}, \frac{2}{27}$, a razão entre quaisquer dois termos consecutivos é $\frac{1}{3}$. Portanto, esta é uma sequência geométrica.

Considere uma sequência geométrica com primeiro termo b e razão r entre os termos consecutivos. Cada termo dessa sequência, depois do primeiro termo, é obtido pela multiplicação do termo anterior por r. Assim, essa sequência é

$$b,\ br,\ br^2,\ br^3,\ \ldots.$$

O n-ésimo termo dessa sequência é obtido pela multiplicação do primeiro termo b por r um total de $n-1$ vezes. Assim, temos o seguinte resultado:

Fórmula para uma sequência geométrica

O n-ésimo termo de uma sequência geométrica com primeiro termo b e com razão r entre os termos consecutivos é br^{n-1}.

EXEMPLO 6

Suponha que US$ 1000,00 sejam depositados no início do ano em uma conta bancária que paga 5% de juros por ano, compostos, pagos uma vez por ano ao final do ano. Considere a sequência cujo n-ésimo termo seja o valor na conta bancária no início do n-ésimo ano.

(a) Quais são os primeiros quatro termos dessa sequência?

(b) Qual é o 20º termo dessa sequência? Em outras palavras, quanto estará na conta bancária no início do 20º ano?

SOLUÇÃO

Como mostrado neste exemplo, juros compostos conduzem a sequências geométricas.

(a) Cada termo dessa sequência é obtido pela multiplicação do termo anterior por 1,05. Assim, temos uma sequência geométrica cujos primeiros quatro termos são

US$1000, US$1000 · 1,05, US$1000 · (1,05)², US$1000 · (1,05)³.

Esses quatro termos podem ser reescritos como US$ 1000,00, US$ 1050,00, US$ 1102,50, US$ 1157,63.

(b) Para encontrar o 20º termo dessa sequência, use a fórmula no boxe acima com $b =$ US$ 1000,00, $r = 1{,}05$ e $n = 20$. Portanto, no início do 20º ano, a quantidade de recursos na conta bancária será de US$ 1000,00 × (1,05)¹⁹, que é igual a US$ 2526,95.

O exemplo a seguir mostra como lidar com uma sequência geométrica quando temos informações sobre termos que não são consecutivos.

EXEMPLO 7

Determine o décimo termo em uma sequência geométrica cujo segundo termo é 7 e cujo quinto termo é 35.

SOLUÇÃO Seja r a razão entre os termos consecutivos dessa sequência geométrica. Para obter o quinto termo dessa sequência com base no segundo termo, devemos multiplicá-lo por r três vezes. Assim,

$$7r^3 = 35.$$

Resolvendo a equação acima para r, temos $r = 5^{1/3}$.

Para obter o décimo termo dessa sequência com base no quinto termo, precisamos multiplicá-lo por r cinco vezes. Assim, o décimo termo dessa sequência é $35r^5$. Agora

$$\begin{aligned}35r^5 &= 35(5^{1/3})^5 \\ &= 35 \cdot 5^{5/3} \\ &= 35 \cdot 5 \cdot 5^{2/3} \\ &= 175 \cdot 5^{2/3}.\end{aligned}$$

Portanto, o décimo termo dessa sequência é $175 \cdot 5^{2/3}$, que é aproximadamente 511,703.

Sequências Definidas Recursivamente

Às vezes, o n-ésimo termo de uma sequência é definido por uma fórmula envolvendo n. Por exemplo, podemos ter a sequência $a_1, a_2, ...$, cujo n-ésimo termo é definido por $a_n = 4 + 3n$. Esta é a sequência aritmética

$$7, 10, 13, 16, 19, 22, ...$$

cujo primeiro termo é 7, com uma diferença de 3 entre os termos consecutivos.

Suponha que desejamos calcular o sétimo termo da sequência acima, da qual apresentamos seis termos. Para calcular o sétimo termo, podemos usar a fórmula $a_n = 4 + 3n$, para calcular $a_7 = 4 + 3 \cdot 7$, ou podemos usar o método mais simples de somar 3 ao sexto termo. Usando esse segundo ponto de vista, pensamos na sequência acima como definida por ter início com 7 e com cada termo seguinte sendo obtido com soma de 3 ao termo anterior. Em outras palavras, podemos pensar nessa sequência como definida pelas equações

$$a_1 = 7 \quad \text{e} \quad a_{n+1} = a_n + 3 \text{ para } n \geq 1.$$

Esse ponto de vista é tão útil que merece um nome:

Sequências definidas recursivamente

Uma **sequência definida recursivamente** é uma sequência na qual, de algum ponto em diante, cada termo é definido usando os termos anteriores.

Leonardo Fibonacci, cujo livro Liber Abaci (Livro do Cálculo) *introduziu a Europa em 1202 ao sistema decimal hindu-arábico que usamos hoje.*

Na definição acima, a expressão "de algum ponto em diante" significa que alguns termos no início da sequência serão definidos explicitamente em vez de pelo uso de termos anteriores. Em uma sequência definida recursivamente, no mínimo o primeiro termo deve ser definido explicitamente porque não há termos anteriores.

Talvez a sequência definida recursivamente mais famosa seja a sequência de Fibonacci, a qual foi definida pelo matemático italiano Leonardo Fibonacci há mais de 800 anos. Cada termo na sequência de Fibonacci é a soma dos dois termos anteriores (exceto os dois primeiros termos, que são definidos como iguais a 1). Portanto, a sequência de Fibonacci tem a definição recursiva

$$a_1 = 1, \quad a_2 = 1 \quad \text{e} \quad a_{n+2} = a_n + a_{n+1} \text{ para } n \geq 1.$$

EXEMPLO 8

Determine os primeiros dez termos da sequência de Fibonacci.

Você pode querer fazer uma busca na Internet para aprender sobre algumas das maneiras nas quais a sequência de Fibonacci surge na natureza.

SOLUÇÃO Os dois primeiros termos da sequência de Fibonacci são 1, 1.

O terceiro termo da sequência de Fibonacci é a soma dos dois primeiros termos; assim, o terceiro termo é 2. O quarto termo da sequência de Fibonacci é a soma do segundo e do terceiro termos; portanto, o quarto termo é 3. Continuando dessa maneira, obtemos os primeiros dez termos da sequência de Fibonacci:

$$1, \ 1, \ 2, \ 3, \ 5, \ 8, \ 13, \ 21, \ 34, \ 55$$

O próximo exemplo mostra como uma sequência geométrica pode ser pensada como uma sequência definida recursivamente.

EXEMPLO 9

Escreva a sequência geométrica 6, 12, 24, 48, ..., cujo n-ésimo termo é definido por

$$a_n = 3 \cdot 2^n$$

como uma sequência definida recursivamente.

SOLUÇÃO Cada termo dessa sequência é obtido pela multiplicação do termo anterior por 2. Assim, a definição recursiva dessa sequência é dada pelas equações

$$a_1 = 6 \quad \text{e} \quad a_{n+1} = 2a_n \text{ para } n \geq 1.$$

A notação n! para representar o fatorial de n foi introduzida em 1808 pelo matemático francês Christian Kramp.

Se n é um inteiro positivo, então $n!$ (pronunciado como "fatorial de n") é definido como o produto dos inteiros de 1 até n. Portanto,

$$1! = 1, \quad 2! = 2, \quad 3! = 6, \quad 4! = 24, \quad 5! = 120,$$

e assim por diante.

EXEMPLO 10

Escreva a sequência fatorial 1!, 2!, 3!, 4!, ..., cujo n-ésimo termo é definido como $a_n = n!$, sob a forma de uma sequência definida recursivamente.

SOLUÇÃO Observe que $(n + 1)!$ é o produto dos inteiros de 1 até $n + 1$. Assim, $(n + 1)!$ é igual a $n!$ vezes $n + 1$. Portanto, a definição recursiva dessa sequência é dada pelas equações

$$a_1 = 1 \quad \text{e} \quad a_{n+1} = (n + 1)a_n \text{ para } n \geq 1.$$

Fórmulas recursivas fornecem um método para estimar raízes quadradas com notável precisão. Para estimar $\sqrt{c}$, a ideia é definir uma sequência recursivamente, tomando a_1 como alguma estimativa grosseira para $\sqrt{c}$ e, em seguida, usando a fórmula recursiva

$$a_{n+1} = \frac{1}{2}\left(\frac{c}{a_n} + a_n\right).$$

O número a_n será uma boa estimativa para $\sqrt{c}$, mesmo para pequenos valores de n; para valores maiores de n a estimativa torna-se extraordinariamente precisa.

O procedimento descrito no parágrafo acima é um caso especial do denominado *método de Newton*. Se você cursar Cálculo, você aprenderá sobre o método de Newton.

O próximo exemplo ilustra a aplicação desse procedimento para estimar $\sqrt{5}$. Observe que começamos com o primeiro termo, $a_1 = 2$, o que significa que estamos usando a aproximação grosseira $\sqrt{5} \approx 2$.

EXEMPLO 11

Defina uma sequência recursivamente usando as equações

$$a_1 = 2 \quad \text{e} \quad a_{n+1} = \frac{1}{2}\left(\frac{5}{a_n} + a_n\right) \quad \text{para} \quad n \geq 1.$$

(a) Calcule a_4. Por quantas casas decimais o valor de a_4 concorda com $\sqrt{5}$?

(b) Calcule a_7. Por quantas casas decimais o valor de a_7 concorda com $\sqrt{5}$?

SOLUÇÃO

(a) Usando a fórmula recursiva acima, temos

$$a_2 = \frac{1}{2}\left(\frac{5}{2} + 2\right) = \frac{9}{4}.$$

Agora

$$a_3 = \frac{1}{2}\left(\frac{5}{\frac{9}{4}} + \frac{9}{4}\right) = \frac{161}{72}.$$

Finalmente,

$$a_4 = \frac{1}{2}\left(\frac{5}{\frac{161}{72}} + \frac{161}{72}\right) = \frac{51841}{23184}.$$

Usando uma calculadora, vemos que

$$a_4 = \frac{51841}{23184} \approx 2{,}2360679779 \quad \text{e} \quad \sqrt{5} \approx 2{,}2360679774.$$

Portanto, a_4, que é calculado com apenas uma pequena quantidade de contas, concorda com $\sqrt{5}$ por nove dígitos após a vírgula decimal.

(b) Uma calculadora típica não lida com um número de dígitos suficiente para calcular a_7 exatamente. No entanto, um sistema de álgebra computacional, como o *Sage*, o *Mathematica* ou o *Maple*, pode ser usado para calcular

$$a_5 = \frac{5374978561}{2403763488}, \quad a_6 = \frac{5778078906241926144}{25840354427429161536},$$

e

$$a_7 = \frac{66772391693515787072253619367981879296}{298615213693887206778466919884601026675}.$$

Mesmo considerando que o cálculo de a_7 requer apenas três contas a mais além do cálculo de a_4, o valor de a_7 calculado acima concorda com $\sqrt{5}$ por 79 dígitos depois da vírgula decimal! Esse notável nível de precisão é típico desse método recursivo para o cálculo de raízes quadradas.

O número de dígitos exatos produzidos por esse método aproximadamente duplica a cada recursão.

EXERCÍCIOS

Para os Exercícios 1–8, é dada uma fórmula para o n-ésimo termo de uma sequência $a_1, a_2, \ldots$.

(a) Escreva a sequência usando a notação de três pontinhos, explicitando os primeiros quatro termos.

(b) Calcule o 100º termo da sequência.

1 $a_n = -n$
2 $a_n = \frac{1}{n}$
3 $a_n = 2 + 5n$
4 $a_n = 4n - 3$
5 $a_n = \sqrt{\frac{n}{n+1}}$
6 $a_n = \sqrt{\frac{2n-1}{3n-2}}$
7 $a_n = 3 + 2^n$
8 $a_n = 1 - \frac{1}{3^n}$

Para os Exercícios 9–14, considere uma sequência aritmética com primeiro termo b e diferença d entre os termos consecutivos.

(a) Escreva a sequência usando a notação de três pontinhos, explicitando os quatro primeiros termos da sequência.

(b) Calcule o 100º termo da sequência.

9   $b = 2, d = 5$
10 $b = 7, d = 3$
11 $b = 4, d = -6$
12 $b = 8, d = -5$
13 $b = 0, d = \frac{1}{3}$
14 $b = -1, d = \frac{3}{2}$

Para os Exercícios 15–18, suponha que, no começo do primeiro dia de um ano novo, você tenha 3324 mensagens de correio eletrônico salvas em seu computador. No final de cada dia, você salva apenas 12 de suas mensagens novas mais importantes juntamente com as mensagens previamente salvas. Considere a sequência cujo n-ésimo termo seja o número de mensagens de correio eletrônico que tem salvas em seu computador no começo do n-ésimo dia do ano.

15 Quais são o primeiro, o segundo e o terceiro termos dessa sequência?

16 Quais são o quarto, o quinto e o sexto termos dessa sequência?

17 Qual é o 100º termo dessa sequência? Em outras palavras, quantas mensagens de correio eletrônico você terá salvas em seu computador no começo do 100º dia do ano?

18 Qual é o 250º termo dessa sequência? Em outras palavras, quantas mensagens de correio eletrônico você terá salvas em seu computador no começo do 250º dia do ano?

Para os Exercícios 19–24, considere uma sequência geométrica com primeiro termo b e razão r entre os termos consecutivos.

(a) Escreva a sequência usando a notação de três pontinhos, explicitando os quatro primeiros termos.

(b) Calcule o 100º termo da sequência.

19 $b = 1, r = 5$
20 $b = 1, r = 4$
21 $b = 3, r = -2$
22 $b = 4, r = -5$
23 $b = 2, r = \frac{1}{3}$
24 $b = 5, r = \frac{2}{3}$

25 Determine o quinto termo de uma sequência aritmética cujo segundo termo é 8 e cujo terceiro termo é 14.

26 Determine o oitavo termo de uma sequência aritmética cujo quarto termo é 7 e cujo quinto termo é 4.

27 Determine o primeiro termo de uma sequência aritmética cujo segundo termo é 19 e cujo quarto termo é 25.

28 Determine o primeiro termo de uma sequência aritmética cujo segundo termo é 7 e cujo quinto termo é 11.

29 Determine o 100º termo de uma sequência aritmética cujo décimo termo é 5 e cujo 11º termo é 8.

30 Determine o 200º termo de uma sequência aritmética cujo quinto termo é 23 e cujo sexto termo é 25.

31 Determine o quinto termo de uma sequência geométrica cujo segundo termo é 8 e cujo terceiro termo é 14.

32 Determine o oitavo termo de uma sequência geométrica cujo quarto termo é 7 e cujo quinto termo é 4.

33 Determine o primeiro termo de uma sequência geométrica cujo segundo termo é 8 e cujo quinto termo é 27.

34 Determine o primeiro termo de uma sequência geométrica cujo segundo termo é 64 e cujo quinto termo é 1.

35 Determine o nono termo de uma sequência geométrica cujo quarto termo é 4 e cujo sétimo termo é 5.

36 Determine o décimo termo de uma sequência geométrica cujo segundo termo é 3 e cujo sétimo termo é 11.

37 Determine o 100º termo de uma sequência geométrica cujo décimo termo é 5 e cujo 11º termo é 8.

38 Determine o 400º termo de uma sequência geométrica cujo quinto termo é 25 e cujo sexto termo é 27.

Para os Exercícios 39–42, suponha que seu salário anual no início do seu primeiro ano em uma nova empresa seja de US$ 38.000,00. Suponha que seu salário aumente 7% ao ano no final de cada ano de emprego. Considere a sequência cujo n-ésimo termo seja seu salário no início do seu n-ésimo ano nessa empresa.

39 Quais são o primeiro, o segundo e o terceiro termos dessa sequência?

40 Quais são o quarto, o quinto e o sexto termos dessa sequência?

41 Qual é o décimo termo dessa sequência? Em outras palavras, qual será seu salário no início do décimo ano nessa empresa?

42 Qual é o 15º termo dessa sequência? Em outras palavras, qual será seu salário no início do 15º ano nessa empresa?

Para os Exercícios 43–46, explicite os quatro primeiros termos da respectiva sequência definida recursivamente.

43 $a_1 = 3$ e $a_{n+1} = 2a_n + 1$ para $n \geq 1$.

44 $a_1 = 2$ e $a_{n+1} = 3a_n - 5$ para $n \geq 1$.

45 $a_1 = 2$, $a_2 = 3$ e $a_{n+2} = a_n a_{n+1}$ para $n \geq 1$.

46 $a_1 = 4$, $a_2 = 7$ e $a_{n+2} = a_{n+1} - a_n$ para $n \geq 1$.

Para os Exercícios 47 e 48, seja $a_1, a_2, \ldots$ a sequência definida pela escolha de a_1 como o valor mostrado abaixo e, para $n \geq 1$, estabelecendo

$$a_{n+1} = \begin{cases} \dfrac{a_n}{2} & \text{se } a_n \text{ for par;} \\ 3a_n + 1 & \text{se } a_n \text{ for ímpar.} \end{cases}$$

47 Suponha $a_1 = 3$. Determine o menor valor de n tal que $a_n = 1$.

[Ninguém sabe se a_1 pode ser escolhido como um inteiro positivo tal que a sequência definida recursivamente não contenha nenhum termo igual a 1. Você pode tornar-se famoso descobrindo tal escolha para a_1. Se você deseja saber mais sobre esse problema, procure na Internet o "Problema de Collatz".]

48 Suponha $a_1 = 7$. Determine o menor valor de n tal que $a_n = 1$.

Para os Exercícios 49–54, considere a sequência cujo n-ésimo termo a_n seja dado pela fórmula indicada.

(a) Escreva a sequência usando a notação de três pontinhos, explicitando os quatro primeiros termos.

(b) Obtenha uma definição recursiva para a sequência específica.

49 $a_n = 5n - 3$

50 $a_n = 1 - 6n$

51 $a_n = 3(-2)^n$

52 $a_n = 5 \cdot 3^{-n}$

53 $a_n = 2^n n!$

54 $a_n = \dfrac{3^n}{n!}$

55 Defina uma sequência recursivamente por

$$a_1 = 3 \quad \text{e} \quad a_{n+1} = \frac{1}{2}\left(\frac{7}{a_n} + a_n\right) \text{ para } n \geq 1.$$

Determine o menor valor de n tal que a_n concorde com $\sqrt{7}$ por, pelo menos, seis dígitos após a vírgula decimal.

56 Defina uma sequência recursivamente por

$$a_1 = 6 \quad \text{e} \quad a_{n+1} = \frac{1}{2}\left(\frac{17}{a_n} + a_n\right) \quad \text{para } n \geq 1.$$

Determine o menor valor de n tal que a_n concorde com $\sqrt{17}$ por, pelo menos, quatro dígitos após a vírgula decimal.

PROBLEMAS

Alguns problemas exigem consideravelmente mais raciocínio que os exercícios.

57 Explique por que uma sequência infinita é, algumas vezes, definida como uma função cujo domínio é o conjunto dos números positivos inteiros.

58 Determine uma sequência

$$3, -7, 18, 93, \ldots$$

cujo 100º termo seja igual a 29.

[Dica: Uma solução correta para esse problema pode ser obtida sem fazer contas.]

59 Determine todas as sequências infinitas que sejam sequências aritméticas e geométricas simultaneamente.

60 Demonstre que uma sequência infinita $a_1, a_2, a_3 \ldots$ é uma sequência aritmética se e somente se existir uma função linear f tal que

$$a_n = f(n)$$

para todo inteiro positivo n.

61 Para o Exemplo 2, o autor quis determinar um polinômio p tal que

$$p(1) = 1, \; p(2) = 4, \; p(3) = 9, \; p(4) = 16, \; p(5) = 31.$$

Execute as etapas a seguir para ver como esse polinômio foi determinado.

(a) Observe que o polinômio

$$(x - 2)(x - 3)(x - 4)(x - 5)$$

é 0 para $x = 2, 3, 4, 5$, mas não é 0 para $x = 1$. Dividindo o polinômio acima por um número adequado, determine um polinômio p_1 tal que $p_1(1) = 1$ e

$$p_1(2) = p_1(3) = p_1(4) = p_1(5) = 0.$$

(b) Da mesma forma, determine um polinômio p_2 de grau 4 tal que $p_2(2) = 1$ e

$$p_2(1) = p_2(3) = p_2(4) = p_2(5) = 0.$$

(c) Da mesma forma, determine polinômios p_j, para $j =$ 3, 4, 5, tal que cada p_j satisfaça $p_j(j) = 1$ e $p_j(k) = 0$ para valores de k em $\{1, 2, 3, 4, 5\}$ diferentes de j.

(d) Explique por que o polinômio p definido por

$$p = p_1 + 4p_2 + 9p_3 + 16p_4 + 31p_5$$

satisfaz

$$p(1) = 1, p(2) = 4, p(3) = 9, p(4) = 16, p(5) = 31.$$

62 Explique por que o polinômio p definido por

$$p(x) = \frac{x^4 - 10x^3 + 39x^2 - 50x + 24}{4}$$

é o único polinômio de grau 4 tal que $p(1) = 1$, $p(2) = 4$, $p(3) = 9$, $p(4) = 16$ e $p(5) = 31$.

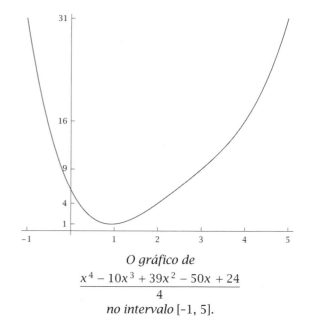

O gráfico de
$$\frac{x^4 - 10x^3 + 39x^2 - 50x + 24}{4}$$
no intervalo $[-1, 5]$.

SOLUÇÕES DETALHADAS *dos Exercícios Ímpares*

Não leia estas soluções detalhadas antes de tentar resolver você mesmo os exercícios. Caso contrário, você corre o risco de imitar as técnicas demonstradas aqui, sem, no entanto, compreender as ideias.

Melhor caminho para aprender: Leia cuidadosamente a seção do livro-texto, depois resolva todos os exercícios ímpares e verifique suas respostas aqui. Se você tiver alguma dificuldade para resolver algum exercício, olhe a solução detalhada apresentada aqui.

Para os Exercícios 1–8, uma fórmula é dada para o n-ésimo termo de uma sequência $a_1, a_2, \ldots$.

(a) *Escreva a sequência usando a notação de três pontinhos, explicitando os primeiros quatro termos.*

(b) *Calcule o $100^{\underline{o}}$ termo da sequência.*

1 $a_n = -n$

SOLUÇÃO

(a) A sequência $a_1, a_2, \ldots$ definida por $a_n = -n$ é $-1, -2, -3, -4, \ldots$.

(b) O $100^{\underline{o}}$ termo dessa sequência é -100.

3 $a_n = 2 + 5n$

SOLUÇÃO

(a) A sequência $a_1, a_2, \ldots$ definida por $a_n = 2 + 5n$ é $7, 12, 17, 22, \ldots$.

(b) O $100^{\underline{o}}$ termo dessa sequência é $2 + 5 \cdot 100$, que é igual a 502.

5 $a_n = \sqrt{\frac{n}{n+1}}$

SOLUÇÃO

(a) A sequência $a_1, a_2, \ldots$ definida por $a_n = \sqrt{\frac{n}{n+1}}$ é $\sqrt{\frac{1}{2}}, \sqrt{\frac{2}{3}}, \sqrt{\frac{3}{4}}, \sqrt{\frac{4}{5}}, \ldots$. Observe que $\sqrt{\frac{3}{4}}$ não foi simplificado para $\frac{\sqrt{3}}{2}$; da mesma forma, $\sqrt{\frac{4}{5}}$ não foi simplificado para $\frac{2}{\sqrt{5}}$. Essas simplificações dificultariam o reconhecimento de um padrão na sequência.

(b) O $100^{\underline{o}}$ termo dessa sequência é $\sqrt{\frac{100}{101}}$.

7 $a_n = 3 + 2^n$

SOLUÇÃO

(a) A sequência $a_1, a_2, \ldots$ definida por $a_n = 3 + 2^n$ é 5, 7, 11, 19, ...

(b) O $100^{\underline{o}}$ termo dessa sequência é $3 + 2^{100}$.

Para os Exercícios 9–14, considere uma sequência aritmética com primeiro termo b e diferença d entre os termos consecutivos.

(a) *Escreva a sequência usando a notação de três pontinhos, explicitando os quatro primeiros termos.*

(b) *Calcule o $100^{\underline{o}}$ termo da sequência.*

9 $b = 2$, $d = 5$

SOLUÇÃO

(a) A sequência aritmética com primeiro termo 2 e diferença 5 entre os termos consecutivos é 2, 7, 12, 17, ...

(b) O $100^{\underline{o}}$ termo dessa sequência é $2 + 99 \cdot 5$, que é igual a 497.

11 $b = 4, d = -6$

SOLUÇÃO

(a) A sequência aritmética com primeiro termo 4 e diferença −6 entre os termos consecutivos é 4, −2, −8, −14, ...

(b) O 100º termo dessa sequência é 4 + 99 · (−6), que é igual a −590.

13 $b = 0, d = \frac{1}{3}$

SOLUÇÃO

(a) A sequência aritmética com primeiro termo 0 e diferença $\frac{1}{3}$ entre os termos consecutivos é 0, $\frac{1}{3}$, $\frac{2}{3}$, 1, ...

(b) O 100º termo dessa sequência é $0 + 99 \cdot \frac{1}{3}$, que é igual a 33.

Para os Exercícios 15–18, suponha que, no começo do primeiro dia de um ano novo, você tenha 3324 mensagens de correio eletrônico salvas em seu computador. No final de cada dia, você salva apenas 12 de suas mensagens novas mais importantes juntamente com as mensagens previamente salvas. Considere a sequência cujo n-ésimo termo seja o número de mensagens de correio eletrônico que você tem salvas em seu computador no começo do n-ésimo dia do ano.

15 Quais são o primeiro, o segundo e o terceiro termos dessa sequência?

SOLUÇÃO Temos uma sequência aritmética cujos três primeiros termos são 3324, 3336, 3348; cada termo é o termo anterior mais 12.

17 Qual é o 100º termo dessa sequência? Em outras palavras, quantas mensagens de correio eletrônico você terá salvas em seu computador no começo do 100º dia do ano?

SOLUÇÃO O 100º termo dessa sequência é

$$3324 + (100 - 1) \cdot 12,$$

que é igual a 4512.

Para os Exercícios 19-24, considere uma sequência geométrica com primeiro termo b e razão r entre os termos consecutivos.

(a) *Escreva a sequência usando a notação de três pontinhos, explicitando os quatro primeiros termos.*

(b) *Calcule o 100º termo da sequência.*

19 $b = 1, r = 5$

SOLUÇÃO

(a) A sequência geométrica com primeiro termo 1 e razão 5 entre os termos consecutivos é 1, 5, 25, 125, ...

(b) O 100º termo dessa sequência é 5^{99}.

21 $b = 3, r = -2$

SOLUÇÃO

(a) A sequência geométrica com primeiro termo 3 e razão −2 entre os termos consecutivos é 3, −6, 12, −24, ...

(b) O 100º termo dessa sequência é $3 \cdot (-2)^{99}$, que é igual a $-3 \cdot 2^{99}$.

23 $b = 2, r = \frac{1}{3}$

SOLUÇÃO

(a) A sequência geométrica com primeiro termo 2 e razão $\frac{1}{3}$ entre os termos consecutivos é 2, $\frac{2}{3}$, $\frac{2}{9}$, $\frac{2}{27}$, ...

(b) O 100º termo dessa sequência é $2 \cdot \left(\frac{1}{3}\right)^{99}$, que é igual a $2/3^{99}$.

25 Determine o quinto termo de uma sequência aritmética cujo segundo termo é 8 e cujo terceiro termo é 14.

SOLUÇÃO Como o segundo termo dessa sequência aritmética é 8 e o terceiro termo é 14, vemos que a diferença entre os termos consecutivos é 6. Assim, o quarto termo é 14 + 6, que é igual a 20, e o quinto termo é 20 + 6, que é igual a 26.

27 Determine o primeiro termo de uma sequência aritmética cujo segundo termo é 19 e cujo quarto termo é 25.

SOLUÇÃO Como o segundo termo dessa sequência aritmética é 19 e o quarto termo é 25, e como o quarto termo está dois termos distante do segundo termo, vemos que o dobro da diferença entre os termos consecutivos é 6. Assim, a diferença entre os termos consecutivos é 3. Portanto, 19, que é o segundo termo, é 3 a mais do que o primeiro termo. Isto implica que o primeiro termo é 16.

29 Determine o 100º termo de uma sequência aritmética cujo décimo termo é 5 e cujo 11º termo é 8.

SOLUÇÃO Como o décimo termo dessa sequência aritmética é 5 e o 11º termo é 8, vemos que a diferença entre os termos consecutivos é 3. Para ir do 11º termo até o 100º termo, precisamos somar 100 − 11 vezes, que é igual a 89 vezes, o número 3 ao 11º termo. Assim, o 100º termo é 8 + 83 · 3, que é igual a 275.

31 Determine o quinto termo de uma sequência geométrica cujo segundo termo é 8 e cujo terceiro termo é 14.

SOLUÇÃO O segundo termo dessa sequência geométrica é 8 e o terceiro termo é 14. Assim, a razão entre os termos consecutivos é $\frac{14}{8}$, que é igual a $\frac{7}{4}$. Em outras palavras, o quarto termo é $14 \cdot \frac{7}{4}$, que é igual a $\frac{49}{2}$. Da mesma forma, o quinto termo é $\frac{49}{2} \cdot \frac{7}{4}$, que é igual a $\frac{343}{8}$.

33 Determine o primeiro termo de uma sequência geométrica cujo segundo termo é 8 e cujo quinto termo é 27.

solução Seja r a razão entre os termos consecutivos dessa sequência geométrica. Como o segundo termo dessa sequência é 8 e o quinto termo é 27, e como o quinto termo está três termos distante do segundo termo, temos $8r^3 = 27$. Resolvendo a equação para r, obtemos $r = \frac{3}{2}$. Portanto, a razão entre termos consecutivos é $\frac{3}{2}$. Assim, 8, que é o segundo termo, é $\frac{3}{2}$ vezes o primeiro termo. Isto implica que o primeiro termo é igual a $8 \cdot \frac{2}{3}$, que é igual a $\frac{16}{3}$.

35 Determine o nono termo de uma sequência geométrica cujo quarto termo é 4 e cujo sétimo termo é 5.

solução Seja r a razão entre termos consecutivos dessa sequência geométrica. Para ir do quarto termo dessa sequência até o sétimo termo, precisamos multiplicar por r três vezes. Portanto,

$$4r^3 = 5.$$

Resolvendo a equação acima para r, temos $r = \left(\frac{5}{4}\right)^{1/3}$. Para obter do sétimo termo dessa sequência até o nono termo, precisamos multiplicar por r duas vezes. Assim, o nono termo dessa sequência é $5r^2$. Agora

$$5r^2 = 5\left(\left(\frac{5}{4}\right)^{1/3}\right)^2 = 5\left(\frac{5}{4}\right)^{2/3} \approx 5{,}80199.$$

Assim, o nono termo dessa sequência é aproximadamente 5,80199.

37 Determine o 100º termo de uma sequência geométrica cujo décimo termo é 5 e cujo 11º termo é 8.

solução Como o décimo termo dessa sequência geométrica é 5 e o 11º termo é 8, vemos que a razão entre termos consecutivos é $\frac{8}{5}$. Para ir do 11º termo até o 100º termo, precisamos multiplicar o 11º termo por $\frac{8}{5}$ um total de 100 − 11 vezes, que é igual a 89 vezes. Assim, o 100º termo é $8 \cdot \left(\frac{8}{5}\right)^{89}$, que é igual a $8 \cdot 1{,}6^{99}$, que é aproximadamente $1{,}2 \cdot 10^{19}$.

Para os Exercícios 39–42, suponha que seu salário anual no início do seu primeiro ano em uma nova empresa seja de US$ 38.000,00. Suponha que seu salário aumente 7% ao ano no final de cada ano de emprego. Considere a sequência cujo n-ésimo termo seja seu salário no início do seu n-ésimo ano nessa empresa.

39 Quais são o primeiro, o segundo e o terceiro termos dessa sequência?

solução Temos aqui uma sequência geométrica com o primeiro termo 38.000 e com razão 1,07 entre os termos consecutivos. Cada termo é 1,07 vez o termo anterior. Portanto, os primeiros três termos são

$$38000, \ 38000 \times 1{,}07, \ 38000 \times 1{,}07^2,$$

que é igual a

$$38000, \ 40660, \ 43506{,}2.$$

41 Qual é o décimo termo dessa sequência? Em outras palavras, qual será seu salário no início do décimo ano nessa empresa?

solução O 10º termo dessa sequência é

$$38000 \times 1{,}07^9,$$

que é igual a 69.861,45. Em outras palavras, seu salário no início de seu 10º ano será de aproximadamente US$ 70.000,00.

Para os Exercícios 43–46, explicite os quatro primeiros termos da respectiva sequência definida recursivamente.

43 $a_1 = 3$ e $a_{n+1} = 2a_n + 1$ para $n \geq 1$.

solução Cada termo depois do primeiro termo é obtido pela duplicação do termo anterior e depois pela soma de 1. Portanto, os primeiros quatro termos dessa sequência são 3, 7, 15, 31.

45 $a_1 = 2$, $a_2 = 3$ e $a_{n+2} = a_n a_{n+1}$ para $n \geq 1$.

solução Cada termo depois dos dois primeiros termos é o produto dos dois termos anteriores. Portanto, os primeiros quatro termos dessa sequência são 2, 3, 6, 18.

Para os Exercícios 47 e 48, seja $a_1, a_2, \ldots$ a sequência definida pela escolha de a_1 como o valor mostrado abaixo e, para $n \geq 1$, estabelecendo

$$a_{n+1} = \begin{cases} \dfrac{a_n}{2} & \text{se } a_n \text{ for par;} \\ 3a_n + 1 & \text{se } a_n \text{ for ímpar.} \end{cases}$$

47 Suponha $a_1 = 3$. Determine o menor valor de n tal que $a_n = 1$.

solução Usando a fórmula recursiva acima, começando com $a_1 = 3$, calculamos os termos da sequência até que um deles seja igual a 1. Os oito primeiros termos da sequência são

$$3, \ 10, \ 5, \ 16, \ 8, \ 4, \ 2, \ 1.$$

O oitavo termo dessa sequência é igual a 1, com nenhum termo anterior igual a 1. Portanto, $n = 8$ é o menor valor de n tal que $a_n = 1$.

Para os Exercícios 49–54, considere a sequência cujo n-ésimo termo a_n seja dado pela fórmula indicada.

(a) *Escreva a sequência usando a notação de três pontinhos, especificando os quatro primeiros termos.*

(b) *Obtenha uma definição recursiva para a sequência específica.*

49 $a_n = 5n - 3$

SOLUÇÃO

(a) A sequência $a_1, a_2, \ldots$ definida por $a_n = 5n - 3$ é 2, 7, 12, 17, ...

(b) Temos
$$a_{n+1} = 5(n + 1) - 3 = 5n + 5 - 3 = (5n - 3) + 5$$
$$= a_n + 5.$$

Portanto, essa sequência é definida pelas equações
$$a_1 = 2 \quad \text{e} \quad a_{n+1} = a_n + 5 \text{ para } n \geq 1.$$

51 $a_n = 3(-2)^n$

SOLUÇÃO

(a) A sequência $a_1, a_2, \ldots$ definida por $a_n = 3(-2)^n$ é -6, 12, -24, 48, ...

(b) Temos
$$a_{n+1} = 3(-2)^{n+1} = 3(-2)^n(-2) = -2a_n.$$

Portanto, essa sequência é definida pelas equações
$$a_1 = -6 \quad \text{e} \quad a_{n+1} = -2a_n \text{ para } n \geq 1.$$

53 $a_n = 2^n n!$

SOLUÇÃO

(a) A sequência $a_1, a_2, \ldots$ definida por $a_n = 2^n n!$ é 2, 8, 48, 384, ...

(b) Temos
$$a_{n+1} = 2^{n+1}(n + 1)! = 2 \cdot 2^n n!(n + 1)$$
$$= 2(n + 1)2^n n! = 2(n + 1)a_n.$$

Portanto, essa sequência é definida pelas equações
$$a_1 = 2 \quad \text{e} \quad a_{n+1} = 2(n + 1)a_n \text{ para } n \geq 1.$$

55 Defina uma sequência recursivamente por
$$a_1 = 3 \quad \text{e} \quad a_{n+1} = \frac{1}{2}\left(\frac{7}{a_n} + a_n\right) \text{ para } n \geq 1.$$

Determine o menor valor de n tal que a_n concorde com $\sqrt{7}$ por, pelo menos, seis dígitos após a vírgula decimal.

SOLUÇÃO Uma calculadora mostra que $\sqrt{7} \approx 2{,}6457513$. Usando uma calculadora e a fórmula recursiva acima, calculamos termos da sequência até que um deles concorde com $\sqrt{7}$ por pelo menos seis dígitos depois da vírgula decimal. Os primeiros quatro termos da sequência são

3, 2,6666667, 2,6458333, 2,6457513.

O quarto termo dessa sequência concorda com $\sqrt{7}$ por pelo menos seis dígitos depois da vírgula decimal; nenhum termo anterior tem essa propriedade. Portanto, $n = 4$ é o menor valor de n tal que a_n concorde com $\sqrt{7}$ por pelo menos seis dígitos depois da vírgula decimal.

7.2 Séries

OBJETIVOS DE APRENDIZAGEM

Ao final desta seção, você deverá ser capaz de
- calcular a soma de uma sequência aritmética finita;
- calcular a soma de uma sequência geométrica finita;
- usar notação de somatório;
- usar o Teorema Binomial.

Somas de Sequências

Uma **série** é a soma de termos de uma sequência. Por exemplo, correspondendo à sequência finita 1, 4, 9, 16 está a série 1 + 4 + 9 + 16, que é igual a 30. Nesta seção, trataremos apenas de séries que surgem de sequências finitas; na próxima seção, vamos investigar as especificidades de séries infinitas.

Podemos referir-nos aos termos de uma série usando a mesma terminologia usada para sequências. Por exemplo, a série 1 + 4 + 9 + 16 tem primeiro termo 1, segundo termo 4 e último termo 16.

A notação com três pontinhos para sequências infinitas foi introduzida na seção anterior. Agora, queremos estender essa notação de forma que ela possa ser usada para indicar termos em uma sequência ou série finita que não são exibidos explicitamente. Por exemplo, considere a sequência geométrica com 50 termos em que o m-ésimo termo é 2^m. Poderíamos representar essa sequência por

$$2, 4, 8, \ldots, 2^{48}, 2^{49}, 2^{50}.$$

Quando os três pontinhos são usados em uma sequência, eles são colocados no mesmo nível vertical de uma vírgula. Quando os três pontinhos são usados em uma série, eles são centrados verticalmente na linha.

Aqui, os três pontinhos representam os 44 termos dessa sequência que não são exibidos explicitamente. Da mesma forma, na série correspondente

$$2 + 4 + 8 + \cdots + 2^{48} + 2^{49} + 2^{50},$$

os três pontinhos representam os 44 termos que não são exibidos.

Séries Aritméticas

Uma **série aritmética** é a soma obtida adicionando os termos de uma sequência aritmética. O exemplo a seguir fornece nosso modelo para calcular uma série aritmética.

EXEMPLO 1 Determine a soma de todos os números ímpares entre 100 e 200.

SOLUÇÃO Queremos determinar a soma da sequência aritmética finita

$$101, 103, 105, \ldots, 195, 197, 199.$$

Poderíamos simplesmente somar os termos acima via força bruta, mas isso ficaria cansativo quando precisássemos lidar com sequências com 50 mil termos, em vez de 50 termos.

Usamos, assim, um artifício. Seja s a soma de todos os números ímpares entre 100 e 200. Nosso artifício consiste em escrever a soma definindo s duas vezes, mas em ordem contrária na segunda vez:

$$s = 101 + 103 + 105 + \cdots + 195 + 197 + 199$$
$$s = 199 + 197 + 195 + \cdots + 105 + 103 + 101.$$

Agora adicionamos as duas equações acima, obtendo

$$2s = 300 + 300 + 300 + \cdots + 300 + 300 + 300.$$

O lado direito da equação acima consiste em 50 termos, cada um deles igual a 300. Assim, a equação acima pode ser reescrita como $2s = 50 \cdot 300$. Resolvendo a equação para s, temos

$$s = 50 \cdot \frac{300}{2} = 50 \cdot 150 = 7500.$$

O artifício que usamos no exemplo acima funciona com qualquer série aritmética. Seja F o primeiro termo da série aritmética, L o último termo, d a diferença entre os termos consecutivos e s a soma. Escrevemos a série aritmética duas vezes, sendo que da segunda vez em ordem contrária. Temos, então

$$s = F + (F + d) + (F + 2d) + \cdots + (L - 2d) + (L - d) + L,$$
$$s = L + (L - d) + (L - 2d) + \cdots + (F + 2d) + (F + d) + F.$$

Quando você ler a explicação de como calcular o valor de qualquer série aritmética, refira-se ao exemplo concreto acima para auxiliar a visualizar o procedimento.

Agora, adicionamos as duas equações acima, obtendo

$$2s = (F + L) + (F + L) + (F + L) + \cdots + (F + L) + (F + L) + (F + L).$$

Se n representa o número de termos na série, então a equação acima pode ser reescrita como $2s = n(F + L)$. Resolvendo a equação para s, temos a seguinte fórmula simples para calcular uma série aritmética:

Séries aritméticas

- A soma de uma sequência aritmética finita com n termos, sendo o primeiro termo F e o último termo L, é

$$n\left(\frac{F + L}{2}\right).$$

- A soma de uma sequência aritmética finita é o número de termos vezes a média entre o primeiro e o último termos.

A fórmula é apresentada aqui duas vezes, uma vez usando símbolos e outra apenas com palavras. Use a versão que for mais fácil para você.

Calcule o valor da série aritmética

EXEMPLO 2

$$3 + 8 + 13 + 18 + \cdots + 1003 + 1008.$$

SOLUÇÃO A sequência aritmética 3, 8, 13, 18, ..., 1003, 1008 tem primeiro termo 3 e uma diferença de 5 entre os termos consecutivos. Precisamos determinar o número n de termos nessa sequência. Usando a fórmula para os termos da sequência aritmética, temos

$$3 + (n - 1)5 = 1008.$$

Resolvendo a equação para n, obtemos $n = 202$. Portanto, a série tem 202 termos.

A média entre o primeiro e o último termos dessa série é $\frac{3+1008}{2}$, que é igual a $\frac{1011}{2}$. O resultado no boxe anterior agora nos diz que a série aritmética

$$3 + 8 + 13 + 18 + \cdots + 1003 + 1008$$

é igual a $202 \cdot \frac{1011}{2}$, que é igual a 101×1011, que é igual a 102.111.

No exemplo acima, primeiro precisamos determinar o número de termos. No próximo exemplo, primeiro teremos que determinar o último termo.

EXEMPLO 3

A bicicleta do autor com a roda da frente contorcida depois de uma colisão. O autor, certa vez, pedalou nessa bicicleta de Montana até a Califórnia em três semanas.

Para seu exercício de verão, você pedala sua bicicleta todo dia, começando com 5 milhas (8 km) no primeiro dia de verão. Você aumenta a distância pedalada 0,5 milha (0,8 km) a cada dia. Qual o total de milhas (km) que você pedalou nos 90 dias do verão?

SOLUÇÃO O número de milhas (km) que você pedalou aumentou a uma quantidade constante de 0,5 milha (0,8 km) por dia; temos, então, uma sequência aritmética com 90 termos. O último termo dessa sequência aritmética é

$$5 + 89 \cdot 0{,}5,$$

que é igual a 49,5. Assim, a soma dessa sequência aritmética é

$$90\left(\frac{5 + 49{,}5}{2}\right),$$

que é igual a 2452,5. Portanto, a distância total que você pedalou durante o verão foi de 2452,5 milhas (3924 km).

Séries Geométricas

Uma **série geométrica** é a soma obtida pela adição dos termos de uma sequência geométrica. O próximo exemplo mostra como calcular uma série geométrica.

EXEMPLO 4

Calcule a série geométrica

$$1 + 3 + 9 + \cdots + 3^{47} + 3^{48} + 3^{49}.$$

SOLUÇÃO Novamente, vamos usar um artifício. Seja s o valor da soma acima. Multiplicando s por 3 e escrevendo a soma resultante com os termos alinhados sob os mesmos termos de s, obtemos:

$$s = 1 + 3 + 9 + \cdots + 3^{47} + 3^{48} + 3^{49}$$
$$3s = 3 + 9 + \cdots + 3^{47} + 3^{48} + 3^{49} + 3^{50}.$$

Agora, subtraímos a primeira equação da segunda equação, obtendo

$$2s = 3^{50} - 1.$$

Portanto, $s = (3^{50} - 1)/2$.

O artifício usado no exemplo acima funciona para qualquer série geométrica. Especificamente, consideremos uma série geométrica de n termos, começando com o primeiro termo b, e com razão r entre os termos consecutivos. Seja s a soma. Multiplicando s por r e escrevendo a soma resultante com termos alinhados sob os mesmos termos de s, obtemos:

$$s = b + br + br^2 + \cdots + br^{n-2} + br^{n-1}$$
$$rs = br + br^2 + \cdots + br^{n-2} + br^{n-1} + br^n.$$

Agora, subtraindo a segunda equação da primeira, chega-se a

$$s - rs = b - br^n,$$

a qual pode ser reescrita como $(1-r)s = b(1-r^n)$. A divisão de ambos os lados por $(1-r)$ mostra que $s = b(1-r^n)/(1-r)$. Em outras palavras, temos a seguinte fórmula:

Séries geométricas

A soma de uma sequência geométrica com primeiro termo b, razão $r \neq 1$ entre os termos consecutivos e n termos é

$$b \cdot \frac{1-r^n}{1-r}.$$

Em outras palavras, se $r \neq 1$, então

$$b + br + br^2 + \cdots + br^{n-1} = b \cdot \frac{1-r^n}{1-r}.$$

O caso $r = 1$ é excluído para evitar a divisão por 0.

EXEMPLO 5

Suponha que as despesas com instrução durante seu primeiro ano na faculdade sejam de US$ 12.000,00. Você espera que o valor aumente 6% ao ano e você espera levar cinco anos para concluir a faculdade. Que valor total você espera ter que pagar pela faculdade?

SOLUÇÃO O valor a cada ano é 1,06 vez o valor do ano anterior; portanto, temos uma sequência geométrica. Usando a fórmula acima, a soma da sequência geométrica é

$$12000 \cdot \frac{1 - 1{,}06^5}{1 - 1{,}06},$$

que é igual a 67.645,1. Portanto, você espera pagar um total de aproximadamente US$ 67.645 durante os cinco anos de faculdade.

Aqui temos o primeiro termo $b = 12.000$, a razão $r = 1{,}06$ entre os termos consecutivos e o número de termos $n = 5$.

Para expressar a fórmula

$$b + br + br^2 + \cdots + br^{n-1} = b \cdot \frac{1-r^n}{1-r}$$

em palavras, primeiramente reescrevemos o lado direito da equação como

$$\frac{b - br^n}{1-r}.$$

A expressão br^n seria o próximo termo, se adicionássemos um termo a mais à sequência geométrica. Portanto, temos a seguinte redefinição da fórmula para séries geométricas:

Esse boxe permite que você pense sobre a fórmula para uma série geométrica em palavras em vez de símbolos.

> ### Séries geométricas
>
> A soma de uma sequência geométrica finita é igual ao primeiro termo menos o que seria o termo seguinte ao último termo, dividido por 1 menos a razão entre termos consecutivos.

EXEMPLO 6 Calcule o valor da série geométrica

$$\frac{5}{3} + \frac{5}{9} + \frac{5}{27} + \cdots + \frac{5}{3^{20}}.$$

SOLUÇÃO O primeiro termo dessa série geométrica é $\frac{5}{3}$. A razão entre termos consecutivos é $\frac{1}{3}$. Se adicionássemos mais um termo à série geométrica, o próximo termo seria $\frac{5}{3^{21}}$. Usando o boxe acima, vemos que

$$\frac{5}{3} + \frac{5}{9} + \frac{5}{27} + \cdots + \frac{5}{3^{20}} = \frac{\frac{5}{3} - \frac{5}{3^{21}}}{1 - \frac{1}{3}}$$

$$= \frac{\frac{5}{3} - \frac{5}{3^{21}}}{\frac{2}{3}}$$

$$= \frac{5}{2} - \frac{5}{2 \cdot 3^{20}},$$

em que a última expressão é obtida pela multiplicação do numerador da expressão anterior por $\frac{3}{2}$.

Notação de Somatório

A notação de três pontinhos que temos usado tem a vantagem de apresentar uma representação facilmente compreensível de uma série. Outra notação, denominada notação de somatório, também é usada com frequência para séries. A notação de somatório tem a vantagem de exibir explicitamente a fórmula usada para calcular os termos da sequência. Para algumas manipulações, a notação de somatório funciona melhor que a notação de três pontinhos.

A equação a seguir usa a notação de somatório à esquerda e a notação de três pontinhos à direita:

O símbolo Σ usado na notação de somatório é uma letra maiúscula grega.

$$\sum_{k=1}^{99} k^2 = 1 + 4 + 9 + \cdots + 98^2 + 99^2.$$

Em linguagem falada, o lado esquerdo da equação acima se torna "a soma de k^2 com k variando de 1 a 99". Isto significa que o primeiro termo da série é obtido começando com $k = 1$ e calculando k^2 (que é igual a 1). O segundo termo da série é obtido tomando $k = 2$ e calculando k^2 (que é igual a 4), e assim por diante, até $k = 99$, dando o último termo da série (que é igual a 99^2).

Não existe motivo específico para usar-se a letra k na série acima. Poderíamos ter usado j, ou m, ou qualquer outra letra, contanto que usássemos consistentemente a mesma letra ao longo da notação. Portanto,

$$\sum_{j=1}^{99} j^2 \text{ e } \sum_{k=1}^{99} k^2 \text{ e } \sum_{m=1}^{99} m^2$$

todas representam a mesma série $1 + 4 + 9 + \cdots + 98^2 + 99^2$.

EXEMPLO 7

Escreva a série geométrica

$$3 + 9 + 27 + \cdots + 3^{80}$$

usando notação de somatório.

SOLUÇÃO O k-ésimo termo dessa série é 3^k. Portanto,

$$3 + 9 + 27 + \cdots + 3^{80} = \sum_{k=1}^{80} 3^k.$$

Você também deve sentir-se confortável em fazer a transformação no outro sentido, da notação de somatório para uma soma explícita ou para a notação de três pontinhos.

EXEMPLO 8

Escreva a série

$$\sum_{k=0}^{3} (k^2 - 1) 2^k$$

como uma soma explícita.

SOLUÇÃO Nesse caso, a soma inicia-se com $k = 0$. Quando $k = 0$, a expressão $(k^2 - 1)2^k$ é igual a –1, portanto, o primeiro termo dessa série é –1.

Quando $k = 1$, a expressão $(k^2 - 1)2^k$ é igual a 0, logo o segundo termo é 0.
Quando $k = 2$, a expressão $(k^2 - 1)2^k$ é igual a 12, logo o terceiro termo é 12.
Quando $k = 3$, a expressão $(k^2 - 1)2^k$ é igual a 64, logo o quarto termo é 64. Portanto,

$$\sum_{k=0}^{3} (k^2 - 1) 2^k = -1 + 0 + 12 + 64 = 75.$$

Normalmente, os valores iniciais e finais para uma soma são escritos abaixo e acima de Σ. Algumas vezes, para economizar espaço vertical, essa informação aparece ao lado de Σ. Por exemplo, a soma acima pode ser escrita como $\sum_{k=0}^{3}(k^2-1)2^k$.

Às vezes, há mais de uma maneira conveniente de escrever uma série usando a notação de somatório, como ilustrado no exemplo abaixo.

EXEMPLO 9

Considere $r \neq 0$. Escreva a série geométrica

$$1 + r + r^2 + \cdots + r^{n-1}$$

usando notação de somatório.

SOLUÇÃO Essa série tem n termos. O k-ésimo termo dessa série é r^{k-1}. Portanto,

$$1 + r + r^2 + \cdots + r^{n-1} = \sum_{k=1}^{n} r^{k-1}.$$

Também poderíamos pensar nessa série como o somatório de potências de r, iniciando com r^0 (lembre que $r^0 = 1$, desde que $r \neq 0$) e finalizando em r^{n-1}. Com base nessa perspectiva, poderíamos escrever

$$1 + r + r^2 + \cdots + r^{n-1} = \sum_{k=0}^{n-1} r^k.$$

Observe que, no lado direito da última equação, k inicia em 0 e termina em $n - 1$.

Assim, escrevemos essa série geométrica de duas formas diferentes usando a notação de somatório. Ambas estão corretas; a escolha de qual usar pode depender do contexto.

Ao usar qualquer tipo de tecnologia para calcular um somatório, você provavelmente precisará converter da notação de três pontinhos para a notação de somatório esperada pelo software, como mostrado no próximo exemplo.

EXEMPLO 10

(a) Calcule $1 + 4 + 9 + \cdots + 98^2 + 99^2$.

(b) Determine uma fórmula para a soma dos primeiros valores de n ao quadrado $1 + 4 + 9 + \cdots + n^2$.

SOLUÇÃO

A solução aqui apresentada usa o WolframAlpha, mas sinta-se à vontade para, em vez desse software, usar sua tecnologia preferida.

(a) Digite $\boxed{\text{sum k\textasciicircum 2 for k = 1 to 99}}$ em uma caixa de entrada do *WolframAlpha* para obter

$$\sum_{k=1}^{99} k^2 = 328350.$$

(b) Digite $\boxed{\text{sum k\textasciicircum 2 for k = 1 to n}}$ em uma caixa de entrada do *WolframAlpha* para obter

$$\sum_{k=1}^{n} k^2 = \frac{n(n+1)(2n+1)}{6}.$$

Triângulo de Pascal

Vamos, agora, concentrar-nos na questão de expandir $(x + y)^n$ em uma soma de termos.

EXEMPLO 11

Expanda $(x + y)^n$ para $n = 0, 1, 2, 3, 4, 5$.

SOLUÇÃO Cada equação abaixo (exceto a primeira) é obtida pela multiplicação de ambos os lados da equação anterior por $x + y$ e, em seguida, pela expansão de seu lado direito.

Aqui, os termos em cada expansão foram escritos em ordem decrescente das potências de x.

$$(x + y)^0 = 1$$
$$(x + y)^1 = x + y$$
$$(x + y)^2 = x^2 + 2xy + y^2$$
$$(x + y)^3 = x^3 + 3x^2 y + 3xy^2 + y^3$$
$$(x + y)^4 = x^4 + 4x^3 y + 6x^2 y^2 + 4xy^3 + y^4$$
$$(x + y)^5 = x^5 + 5x^4 y + 10x^3 y^2 + 10x^2 y^3 + 5xy^4 + y^5$$

Alguns padrões são evidentes nas expansões acima:

- Cada expansão de $(x + y)^n$ acima começa com x^n e termina com y^n.

- O segundo termo em cada expansão de $(x+y)^n$ é $nx^{n-1}y$ e o penúltimo termo é nxy^{n-1}.

- Cada termo na expansão de $(x+y)^n$ é uma constante vezes $x^j y^k$, em que j e k são inteiros não negativos e $j + k = n$.

EXEMPLO 12

Centralize as expansões acima e, em seguida, determine um padrão para calcular os coeficientes.

SOLUÇÃO A centralização das expansões acima fornece a seguinte exibição:

$$(x+y)^0 = 1$$
$$(x+y)^1 = x + y$$
$$(x+y)^2 = x^2 + 2xy + y^2$$
$$(x+y)^3 = x^3 + 3x^2y + 3xy^2 + y^3$$
$$(x+y)^4 = x^4 + \boxed{4x^3y} + \boxed{6x^2y^2} + 4xy^3 + y^4$$
$$(x+y)^5 = x^5 + 5x^4y + \boxed{10x^3y^2} + 10x^2y^3 + 5xy^4 + y^5$$

O coeficiente 10 em destaque é a soma do coeficiente 4 diagonalmente à esquerda com o coeficiente 6 diagonalmente à direita na linha acima do 10.

Considere, por exemplo, o termo $10x^3y^2$ (em cinza meio-tom) na última linha acima. O coeficiente diagonalmente à esquerda na linha acima de $10x^3y^2$ é 4 (em cinza-escuro) e o coeficiente diagonalmente à direita acima de $10x^3y^2$ é 6 (em cinza-escuro) e, além disso, $10 = 4 + 6$.

O mesmo padrão vale ao longo de todas as expansões acima. Como você pode verificar, cada coeficiente que não é igual a 1 é a soma do coeficiente diagonalmente à esquerda com o coeficiente diagonalmente à direita na linha acima.

No exemplo anterior, descobrimos que o coeficiente 10 no termo $10x^3y^2$ é a soma do coeficiente diagonalmente à esquerda com o coeficiente diagonalmente à direita na linha acima. O próximo exemplo explica por que isso acontece.

EXEMPLO 13

Explique por que o coeficiente de x^3y^2 na expansão de $(x+y)^5$ é a soma dos coeficientes de x^3y e de x^2y^2 na expansão de $(x+y)^4$.

SOLUÇÃO Considere as equações a seguir:

$$(x+y)^5 = (x+y)^4 (x+y)$$
$$= (x^4 + \boxed{4x^3y} + \boxed{6x^2y^2} + 4xy^3 + y^4)(x+y).$$

Quando a última linha acima é expandida usando a propriedade distributiva, a única maneira de o termo x^3y^2 surgir é quando $4x^3y$ for multiplicado por y (dando $4x^3y^2$) e quando $6x^2y^2$ for multiplicado por x (dando $6x^3y^2$). Somando estes dois termos em x^3y^2 obtemos $10x^3y^2$.

A mesma ideia usada no exemplo acima explica porque cada coeficiente na expansão de $(x+y)^n$ pode ser calculado pela adição de dois coeficientes da expansão de $(x+y)^{n-1}$.

O padrão dos coeficientes na expansão de $(x+y)^n$ torna-se mais visível se escrevermos apenas os coeficientes do Exemplo 12, deixando de lado os sinais de mais e as potências de x e de y. Temos, então, os números a seguir, dispostos de forma triangular.

A estátua de Blaise Pascal, na França. O triângulo de Pascal foi usado séculos antes de Pascal na Índia, na Pérsia, na China e na Itália.

```
          1
        1   1
      1   2   1
    1   3   3   1
  1   4   6   4   1
1   5   10   10   5   1
```

Esse arranjo triangular de números, com qualquer número de linhas, é denominado **triângulo de Pascal**, em honra a Blaise Pascal, o matemático francês do século XVII que descobriu propriedades importantes desse triângulo de números.

> ### Triângulo de Pascal
>
> - O **triângulo de Pascal** é um arranjo triangular com n números na n-ésima linha.
> - A primeira e a última entradas em cada linha são iguais a 1.
> - Cada entrada, que não seja a primeira ou a última entrada em uma linha, é a soma das duas entradas diagonalmente acima, à esquerda e à direita.

O raciocínio que foi usado no Exemplo 13 fornece, agora, o método a seguir para expandir $(x + y)^n$. Note que a linha 1 do triângulo de Pascal corresponde a $(x + y)^0$, a linha 2 do triângulo de Pascal corresponde a $(x + y)^1$, a linha 3 do triângulo de Pascal corresponde a $(x + y)^2$, e assim por diante.

Os coeficientes correspondem aos termos em ordem decrescente das potências de x.

> ### Coeficientes de $(x + y)^n$
>
> Suponha que n seja um inteiro não negativo. Assim, a linha $n + 1$ do triângulo de Pascal dá os coeficientes na expansão de $(x + y)^n$.

EXEMPLO 14

Para expandir $(x + y)^7$, determinamos a oitava linha do triângulo de Pascal.

Use o triângulo de Pascal para determinar a expansão de $(x + y)^7$.

SOLUÇÃO Já conhecemos a sexta linha do triângulo de Pascal, correspondente à expansão de $(x + y)^5$. A sexta linha do triângulo de Pascal é listada como a primeira linha abaixo e, abaixo dela, efetuamos a adição normal para obter a sétima linha, em seguida, na linha abaixo, realizamos a adição normal para obter a oitava linha.

```
    1   5   10   10   5    1
  1   6   15   20   15   6   1
1   7   21   35   35   21   7   1
```

A oitava linha do triângulo de Pascal (a última linha acima) permite-nos, agora, expandir $(x + y)^7$ facilmente:

$$(x + y)^7 = x^7 + 7x^6y + 21x^5y^2 + 35x^4y^3 + 35x^3y^4 + 21x^2y^5 + 7xy^6 + y^7.$$

Aqui está outro exemplo mostrando como o triângulo de Pascal pode ajudar-nos a acelerar uma conta.

Use o triângulo de Pascal para simplificar a expressão $\left(2+\sqrt{3}\right)^5$.

EXEMPLO 15

SOLUÇÃO A sexta linha do triângulo de Pascal é

$$1 \quad 5 \quad 10 \quad 10 \quad 5 \quad 1.$$

Portanto,

$$(2+\sqrt{3})^5 = 2^5 + 5 \cdot 2^4\sqrt{3} + 10 \cdot 2^3\sqrt{3}^2 + 10 \cdot 2^2\sqrt{3}^3 + 5 \cdot 2\sqrt{3}^4 + \sqrt{3}^5$$

$$= 32 + 80\sqrt{3} + 80 \cdot 3 + 40 \cdot \sqrt{3}^2\sqrt{3} + 10 \cdot \sqrt{3}^2\sqrt{3}^2 + \sqrt{3}^2\sqrt{3}^2\sqrt{3}$$

$$= 32 + 80\sqrt{3} + 80 \cdot 3 + 40 \cdot 3\sqrt{3} + 10 \cdot 3 \cdot 3 + 3 \cdot 3\sqrt{3}$$

$$= 32 + 80\sqrt{3} + 240 + 120\sqrt{3} + 90 + 9\sqrt{3}$$

$$= 362 + 209\sqrt{3}.$$

O Teorema Binomial

Suponha que você deseja determinar o coeficiente de $x^{97}y^3$ na expansão de $(x+y)^{100}$. Poderíamos calcular esse coeficiente usando o triângulo de Pascal, mas apenas depois de muito trabalho chegaríamos à linha 101. Dessa forma, vamos agora discutir os coeficientes binomiais, que fornecerão uma maneira direta para calcular a expansão de $(x+y)^n$ sem ter que, primeiro, calcular a expansão para potências mais baixas.

Lembre que $n!$ é definido como o produto de inteiros de 1 a n. Também será conveniente definir $0!$ como igual a 1. Portanto,

$$0! = 1, \quad 1! = 1, \quad 2! = 2, \quad 3! = 2 \cdot 3 = 6, \quad 4! = 2 \cdot 3 \cdot 4 = 24, \quad 5! = 2 \cdot 3 \cdot 4 \cdot 5 = 120.$$

Agora podemos definir os coeficientes binomiais.

Coeficiente binomial

Suponha que n e k sejam inteiros, com $0 \leq k \leq n$. O **coeficiente binomial** $\binom{n}{k}$ é definido por

$$\binom{n}{k} = \frac{n!}{k!(n-k)!}.$$

(a) Calcule $\binom{10}{3}$. (c) Calcule $\binom{n}{0}$. (e) Calcule $\binom{n}{2}$.

(b) Calcule $\binom{10}{7}$. (d) Calcule $\binom{n}{1}$. (f) Calcule $\binom{n}{3}$.

EXEMPLO 16

SOLUÇÃO

(a) Na verdade, não precisamos calcular 10! porque os seis termos de 7! no denominador cancelam com os seis primeiros termos no numerador, como mostrado a seguir:

O grande cancelamento de termos, neste exemplo em cinza meio-tom, ocorre muitas vezes, quando trabalhamos com coeficientes binomiais.

$$\binom{10}{3} = \frac{10!}{3!\,7!}$$

$$= \frac{2 \cdot 3 \cdot 4 \cdot 5 \cdot 6 \cdot 7 \cdot 8 \cdot 9 \cdot 10}{(2 \cdot 3)(2 \cdot 3 \cdot 4 \cdot 5 \cdot 6 \cdot 7)}$$

$$= \frac{8 \cdot 9 \cdot 10}{2 \cdot 3}$$

$$= 4 \cdot 3 \cdot 10$$

$$= 120.$$

(b) Temos

$$\binom{10}{7} = \frac{10!}{7!\,3!} = \frac{10!}{3!\,7!} = \binom{10}{3} = 120,$$

em que a última igualdade vem do item (a).

(c) $\binom{n}{0} = \frac{n!}{0!\,n!} = \frac{n!}{n!} = 1$

(e) $\binom{n}{2} = \frac{n!}{2!(n-2)!} = \frac{(n-1)n}{2}$

(d) $\binom{n}{1} = \frac{n!}{1!(n-1)!} = \frac{n!}{(n-1)!} = n$

(f) $\binom{n}{3} = \frac{n!}{3!(n-3)!} = \frac{(n-2)(n-1)n}{2 \cdot 3}$

No item (b) do exemplo acima, vimos que $\binom{10}{7} = \binom{10}{3}$. Um resultado semelhante vale de forma mais geral, como descrito a seguir.

Identidade de coeficientes binomiais

Suponha que n e k sejam inteiros, com $0 \leq k \leq n$. Assim,

$$\binom{n}{k} = \binom{n}{n-k}.$$

O resultado acima é válido porque

$$\binom{n}{k} = \frac{n!}{k!(n-k)!} = \frac{n!}{(n-k)!\,k!} = \frac{n!}{(n-k)!(n-(n-k))!} = \binom{n}{n-k}.$$

O próximo resultado permite-nos calcular coeficientes na expansão de $(x+y)^n$ sem usar o triângulo de Pascal.

Teorema binomial

A palavra binomial significa uma expressão com dois termos, exatamente como polinomial se refere a uma expressão com múltiplos termos. Por exemplo, $x + y$ é um binômio.

Suponha que n seja um inteiro positivo. Assim,

$$(x+y)^n = \sum_{k=0}^{n} \binom{n}{k} x^{n-k} y^k.$$

Em outras palavras, o coeficiente de $x^{n-k} y^k$ na expansão de $(x+y)^n$ é $\binom{n}{k}$.

Antes de explicar por que o Teorema Binomial funciona, vamos analisar dois exemplos de seu uso.

Determine o coeficiente de $x^{97}y^3$ na expansão de $(x+y)^{100}$.

EXEMPLO 17

SOLUÇÃO De acordo com o Teorema Binomial, o coeficiente de $x^{97}y^3$ na expansão de $(x+y)^{100}$ é $\binom{100}{3}$, que calculamos como segue:

$$\binom{100}{3} = \frac{100!}{3!\,97!}$$

$$= \frac{98 \cdot 99 \cdot 100}{2 \cdot 3}$$

$$= 161\,700.$$

Apesar de parecerem frações, cada coeficiente binomial é um inteiro.

O próximo exemplo confirma nossa observação anterior de que o primeiro termo da expansão de $(x+y)^n$ é x^n e o segundo termo é $nx^{n-1}y$.

Suponha que $n \geq 4$. Exiba explicitamente os quatro primeiros termos na expansão de $(x+y)^n$.

EXEMPLO 18

SOLUÇÃO Usando o Teorema Binomial e os resultados do Exemplo 16, temos

$$(x+y)^n = \binom{n}{0}x^n + \binom{n}{1}x^{n-1}y + \binom{n}{2}x^{n-2}y^2 + \binom{n}{3}x^{n-3}y^3 + \sum_{k=4}^{n}\binom{n}{k}x^{n-k}y^k$$

$$= x^n + nx^{n-1}y + \frac{(n-1)n}{2}x^{n-2}y^2 + \frac{(n-2)(n-1)n}{2 \cdot 3}x^{n-3}y^3$$

$$+ \sum_{k=4}^{n}\binom{n}{k}x^{n-k}y^k.$$

A soma começa com $k = 4$ porque os termos para $k = 0$, 1, 2, 3 foram escritos explicitamente.

Como outro exemplo, se $n = 20$ e y for substituído por $-z$, a expansão no exemplo acima é

$$(x-z)^{20} = x^{20} - 20x^{19}z + 190x^{18}z^2 - 1140x^{17}z^3 + \sum_{k=4}^{20}\binom{20}{k}(-1)^k x^{20-k}z^k.$$

A identidade do próximo exemplo será usada para explicar por que o Teorema Binomial funciona.

Suponha que n e k sejam inteiros positivos, com $k < n$. Demonstre que

$$\binom{n-1}{k-1} + \binom{n-1}{k} = \binom{n}{k}.$$

EXEMPLO 19

SOLUÇÃO Temos

$$\binom{n-1}{k-1} + \binom{n-1}{k} = \frac{(n-1)!}{(n-k)!(k-1)!} + \frac{(n-1)!}{(n-k-1)!\,k!}$$

$$= \frac{(n-1)!}{(n-k-1)!(k-1)!}\left(\frac{1}{n-k} + \frac{1}{k}\right)$$

$$= \frac{(n-1)!}{(n-k-1)!(k-1)!} \cdot \frac{n}{(n-k)k}$$

$$= \frac{(n-1)!\,n}{(n-k-1)!(n-k)(k-1)!\,k}$$

$$= \frac{n!}{(n-k)!\,k!}$$

$$= \binom{n}{k}.$$

O próximo resultado mostra que o triângulo de Pascal consiste em coeficientes binomiais.

Triângulo de Pascal e coeficientes binomiais

Suponha que n seja um inteiro não negativo. Assim, a linha $n + 1$ do triângulo de Pascal é

$$\binom{n}{0} \quad \binom{n}{1} \quad \binom{n}{2} \quad \cdots \quad \binom{n}{n-2} \quad \binom{n}{n-1} \quad \binom{n}{n}.$$

Para ver por que o resultado acima é válido, considere o arranjo triangular com a linha $n + 1$ como o descrito acima. Assim, as primeiras cinco linhas desse arranjo triangular são

$$\begin{array}{c} \binom{0}{0} \\ \binom{1}{0} \ \binom{1}{1} \\ \binom{2}{0} \ \binom{2}{1} \ \binom{2}{2} \\ \binom{3}{0} \ \binom{3}{1} \ \binom{3}{2} \ \binom{3}{3} \\ \binom{4}{0} \ \binom{4}{1} \ \binom{4}{2} \ \binom{4}{3} \ \binom{4}{4}, \end{array}$$

que é igual a

$$\begin{array}{c} 1 \\ 1 \ \ 1 \\ 1 \ \ 2 \ \ 1 \\ 1 \ \ 3 \ \ 3 \ \ 1 \\ 1 \ \ 4 \ \ 6 \ \ 4 \ \ 1, \end{array}$$

que são as mesmas cinco primeiras linhas do triângulo de Pascal. O Exemplo 19 mostra que esse novo arranjo triangular é construído, assim como o triângulo de Pascal, com cada entrada igual à soma das duas entradas diagonalmente acima à esquerda e à direita. Como esse novo arranjo triangular e o triângulo de Pascal têm as primeiras poucas linhas iguais e o mesmo método para determinar linhas adicionais, esses dois arranjos triangulares são iguais. Portanto, o resultado acima é válido.

Sabemos que os coeficientes na expansão de $(x + y)^n$ são dados pela linha $n + 1$ do triângulo de Pascal. O resultado acima resulta, agora, no Teorema Binomial:

$$(x + y)^n = \sum_{k=0}^{n} \binom{n}{k} x^{n-k} y^k.$$

Uma versão do triângulo de Pascal publicada na China em 1303. A quarta entrada na linha 8 é 34, em vez do valor correto de $\binom{7}{3}$, que é 35. Todas as outras entradas estão corretas. O erro é, provavelmente, um erro de impressão.

EXERCÍCIOS

Nos Exercícios 1–10, calcule o valor das séries aritméticas.

1 $1 + 2 + 3 + \cdots + 98 + 99 + 100$

2 $1001 + 1002 + 1003 + \cdots + 2998 + 2999 + 3000$

3 $302 + 305 + 308 + \cdots + 6002 + 6005 + 6008$

4 $25 + 31 + 37 + \cdots + 601 + 607 + 613$

5 $200 + 195 + 190 + \cdots + 75 + 70 + 65$

6 $300 + 293 + 286 + \cdots + 55 + 48 + 41$

7 $\sum_{m=1}^{80} (4 + 5m)$

8 $\sum_{m=1}^{75} (2 + 3m)$

9 $\sum_{k=5}^{65} (4k - 1)$

10 $\sum_{k=10}^{900} (3k - 2)$

11 Determine a soma de todos os inteiros positivos com quatro dígitos.

12 Determine a soma de todos os inteiros positivos ímpares com quatro dígitos.

13 Determine a soma de todos os inteiros positivos com quatro dígitos cujo último dígito seja igual a 3.

14 Determine a soma de todos os inteiros positivos com quatro dígitos que sejam divisíveis por 5.

15 📱 Calcule o valor de $1 + 8 + 27 + \cdots + 998^3 + 999^3$.

16 📱 Calcule o valor de $1 + 16 + 81 + \cdots + 998^4 + 999^4$.

Para os Exercícios 17–20, suponha que você tenha começado um treinamento físico andando 10 milhas (16 km) de bicicleta no primeiro dia e que, depois, você tenha aumentado a distância percorrida em 0,25 milha (0,4 km) a cada dia.

17 Qual o total de milhas pedaladas por você depois de 50 dias?

18 Qual o total de milhas pedaladas por você depois de 70 dias?

19 Qual é o primeiro dia no qual o número total de milhas (km) pedaladas por você excedeu 2000?

20 Qual é o primeiro dia no qual o número total de milhas (km) pedaladas por você excedeu 3000?

Nos Exercícios 21–30, calcule o valor da série geométrica.

21 $1 + 3 + 9 + \cdots + 3^{200}$

22 $1 + 2 + 4 + \cdots + 2^{100}$

23 $\dfrac{1}{4} + \dfrac{1}{16} + \dfrac{1}{64} + \cdots + \dfrac{1}{4^{50}}$

24 $\dfrac{1}{3} + \dfrac{1}{9} + \dfrac{1}{27} + \cdots + \dfrac{1}{3^{33}}$

25 $1 - \dfrac{1}{2} + \dfrac{1}{4} - \dfrac{1}{8} + \cdots + \dfrac{1}{2^{80}} - \dfrac{1}{2^{81}}$

26 $1 - \dfrac{1}{3} + \dfrac{1}{9} - \dfrac{1}{27} + \cdots + \dfrac{1}{3^{60}} - \dfrac{1}{3^{61}} + \dfrac{1}{3^{62}}$

27 $\displaystyle\sum_{k=1}^{40} \dfrac{3}{2^k}$

28 $\displaystyle\sum_{k=1}^{90} \dfrac{5}{7^k}$

29 $\displaystyle\sum_{m=3}^{77} (-5)^m$

30 $\displaystyle\sum_{m=5}^{91} (-2)^m$

Nos Exercícios 31–34, escreva a série explicitamente e calcule o valor da soma.

31 $\displaystyle\sum_{m=1}^{4} (m^2 + 5)$

32 $\displaystyle\sum_{m=1}^{5} (m^2 - 2m + 7)$

33 $\displaystyle\sum_{k=0}^{3} \log(k^2 + 2)$

34 $\displaystyle\sum_{k=0}^{4} \ln(2^k + 1)$

Nos Exercícios 35–38, escreva a série usando a notação de somatório (iniciando em k = 1). Cada série nos Exercícios 35–38 ou é uma série aritmética ou é uma série geométrica.

35 $2 + 4 + 6 + \cdots + 100$

36 $1 + 3 + 5 + \cdots + 201$

37 $\dfrac{5}{9} + \dfrac{5}{27} + \dfrac{5}{81} + \cdots + \dfrac{5}{3^{40}}$

38 $\dfrac{7}{16} + \dfrac{7}{32} + \dfrac{7}{64} + \cdots + \dfrac{7}{2^{25}}$

Para os Exercícios 39–42, considere a fábula do início da Seção 3.4. Nessa fábula, um grão de arroz é colocado no primeiro quadrado de um tabuleiro de xadrez, depois dois grãos no segundo quadrado, depois quatro grãos no terceiro quadrado, e assim por diante, duplicando o número de grãos a cada quadrado.

39 Determine o número total de grãos de arroz nos primeiros 18 quadrados do tabuleiro de xadrez.

40 Determine o número total de grãos de arroz nos primeiros 30 quadrados do tabuleiro de xadrez.

41 Determine o menor número n tal que o número total de grãos de arroz nos primeiros n quadrados do tabuleiro de xadrez seja maior do que 30.000.000.

42 Determine o menor número n tal que o número total de grãos de arroz nos primeiros n quadrados do tabuleiro de xadrez seja maior do que 4.000.000.000.

Para os Exercícios 43 e 44, use o triângulo de Pascal para simplificar a expressão indicada.

43 $\left(2 - \sqrt{3}\right)^5$

44 $\left(3 - \sqrt{2}\right)^6$

45 Determine a nona linha do triângulo de Pascal.

46 Determine a décima linha do triângulo de Pascal.

47 (a) Calcule $\binom{9}{3}$. (b) Calcule $\binom{9}{6}$.

48 (a) Calcule $\binom{11}{4}$. (b) Calcule $\binom{11}{7}$.

Para os Exercícios 49–52, suponha que n seja um inteiro positivo.

49 Calcule $\binom{n}{n}$.

50 Calcule $\binom{n}{n-1}$.

51 Calcule $\binom{n}{n-2}$.

52 Calcule $\binom{n}{n-3}$.

53 Determine o coeficiente de t^{47} na expansão de $(t+2)^{50}$.

54 Determine o coeficiente de w^{198} na expansão de $(w+3)^{200}$.

PROBLEMAS

55 Explique por que a fatoração polinomial

$$1 - x^n = (1-x)(1 + x + x^2 + \cdots + x^{n-1})$$

é válida para todo inteiro $n \geq 2$.

56 Demonstre que

$$\dfrac{1}{2} + \dfrac{1}{3} + \cdots + \dfrac{1}{n} < \ln n$$

para todo inteiro $n \geq 2$.

[*Dica:* Desenhe o gráfico da curva $y = \frac{1}{x}$ no plano *xy*. Pense em ln *n* como a área sob parte dessa curva. Desenhe retângulos apropriados sob a curva.]

57 Demonstre que
$$\ln n < 1 + \frac{1}{2} + \cdots + \frac{1}{n-1}$$
para todo inteiro $n \geq 2$.

[*Dica:* Desenhe o gráfico da curva $y = \frac{1}{x}$ no plano *xy*. Pense em ln *n* como a área sob parte dessa curva. Desenhe retângulos apropriados acima da curva.]

58 Demonstre que a soma de uma sequência aritmética finita é 0 se e somente se o último termo for igual ao negativo do primeiro termo.

59 Demonstre que a soma de uma sequência aritmética com *n* termos, com primeiro termo *b* e diferença *d* entre os termos consecutivos, é
$$n\left(b + \frac{(n-1)d}{2}\right).$$

60 Reapresente a versão simbólica da fórmula para calcular uma série aritmética usando notação de somatório.

61 Reapresente a versão simbólica da fórmula para calcular uma série geométrica usando notação de somatório.

62 Use tecnologia para determinar uma fórmula para a soma dos *n* primeiros cubos: $1 + 8 + 27 + \cdots + n^3$.

63 Use tecnologia para determinar uma fórmula para a soma das *n* primeiras potências com expoente quatro: $1 + 16 + 81 + \cdots + n^4$.

64 Para $n = 0, 1, 2, 3, 4, 5$, demonstre que a soma das entradas na linha $n + 1$ do triângulo de Pascal é igual a 2^n.

65 Demonstre que
$$\sum_{k=0}^{n} \frac{n!}{k!(n-k)!} = 2^n$$
para todo *n* inteiro positivo.
[*Dica:* Expanda $(1+1)^n$ usando o Teorema Binomial.]

66 Suponha que *n* seja um inteiro positivo. Demonstre que a soma das entradas na linha $n + 1$ do triângulo de Pascal é igual a 2^n.
[*Dica:* Use o resultado do problema anterior.]

67 Explique por que
$$\sum_{m=1}^{999}(m^5 - 2m + 7) = \sum_{k=1}^{999}(k^5 - 2k + 7).$$

68 Explique por que
$$\sum_{m=1}^{1000} m^2 = \sum_{m=0}^{999}(m^2 + 2m + 1).$$

SOLUÇÕES DETALHADAS *dos Exercícios Ímpares*

Nos Exercícios 1-10, calcule o valor das séries aritméticas.

1 $1 + 2 + 3 + \cdots + 98 + 99 + 100$

SOLUÇÃO Essa série contém 100 termos.
A média entre o primeiro e o último termos dessa série é $\frac{1+100}{2}$, que é igual a $\frac{101}{2}$.
Assim, $1 + 2 + \cdots + 99 + 100$ é igual a $100 \cdot \frac{101}{2}$, que é igual a $50 \cdot 101$, que é igual a 5050.

3 $302 + 305 + 308 + \cdots + 6002 + 6005 + 6008$

SOLUÇÃO A diferença entre os termos consecutivos dessa série é 3. Precisamos determinar o número *n* de termos da série. Usando a fórmula para os termos de uma sequência aritmética, temos
$$302 + (n-1)3 = 6008.$$
A subtração de 302 de ambos os lados da equação resulta em $(n-1)3 = 5706$; a divisão de ambos os lados por 3 dá, agora, $n - 1 = 1902$. Portanto, $n = 1903$.
A média entre o primeiro e o último termos dessa série é $\frac{302+6008}{2}$, que é igual a 3155.
Assim, $302 + 305 + \cdots + 6005 + 6008$ é igual a 1903×3155, que é igual a 6.003.965.

5 $200 + 195 + 190 + \cdots + 75 + 70 + 65$

SOLUÇÃO A diferença entre os termos consecutivos dessa série é -5. Precisamos determinar o número *n* de termos da série. Usando a fórmula para os termos de uma sequência aritmética, temos
$$200 + (n-1)(-5) = 65.$$
A subtração de 200 de ambos os lados da equação resulta em $(n-1)(-5) = -135$; a divisão de ambos os lados por -5 dá, agora, $n - 1 = 27$. Portanto, $n = 28$.
A média entre o primeiro e o último termos dessa série é $\frac{200+65}{2}$, que é igual a $\frac{265}{2}$.
Assim, $200 + 195 + 190 + \cdots + 75 + 70 + 65$ é igual a $28 \cdot \frac{265}{2}$, que é igual a 3710.

7 $\sum_{m=1}^{80}(4 + 5m)$

SOLUÇÃO Como $4 + 5 \cdot 1 = 9$ e $4 + 5 \cdot 80 = 404$, temos
$$\sum_{m=1}^{80}(4+5m) = 9 + 14 + 19 \cdots + 404.$$

Portanto, o primeiro termo dessa série aritmética é 9, o último termo é 404 e temos 80 termos. Assim

$$\sum_{m=1}^{80}(4+5m) = 80 \cdot \frac{9+404}{2} = 16520.$$

9 $\sum_{k=5}^{65}(4k-1)$

SOLUÇÃO Como $4 \cdot 1 - 1 = 19$ e $4 \cdot 65 - 1 = 259$, temos

$$\sum_{k=5}^{65}(4k-1) = 19 + 23 + 27 + \cdots + 259.$$

Portanto, o primeiro termo dessa série aritmética é 19, o último termo é 259 e temos $65 - 5 + 1$ termos, ou 61 termos. Assim

$$\sum_{k=5}^{65}(4k-1) = 61 \cdot \frac{19+259}{2} = 8479.$$

11 Determine a soma de todos os inteiros positivos com quatro dígitos.

SOLUÇÃO Temos que calcular o valor da série aritmética

$$1000 + 1001 + 1002 + \cdots + 9999.$$

O número de termos nessa série aritmética é $9999 - 1000 + 1$, que é igual a 9000.

A média entre o primeiro e o último termos é $\frac{1000+9999}{2}$, que é igual a $\frac{10999}{2}$.

Assim, a soma de todos os inteiros positivos com quatro dígitos é igual a $9000 \cdot \frac{10999}{2}$, que é igual a 49.495.500.

13 Determine a soma de todos os inteiros positivos com quatro dígitos cujo último dígito seja igual a 3.

SOLUÇÃO Temos que calcular o valor da série aritmética

$$1003 + 1013 + 1023 + \cdots + 9983 + 9993.$$

Os termos consecutivos dessa série diferem por 10. Precisamos determinar o número n de termos da série. Usando a fórmula para os termos de uma sequência aritmética, temos

$$1003 + (n-1)10 = 9993.$$

A subtração de 1003 de ambos os lados dessa equação resulta em $(n-1)10 = 8990$; a divisão de ambos os lados por 10 fornece, agora, $n - 1 = 899$. Portanto, $n = 900$.
A média entre o primeiro e o último termos dessa série é $\frac{1003+9993}{2}$, que é igual a 5498.
Assim, a soma de todos os inteiros positivos com quatro dígitos cujo último dígito é igual a 3 é igual a $900 \cdot 5498$, que é igual a 4.948.200.

15 Calcule o valor de $1 + 8 + 27 + \cdots + 998^3 + 999^3$.

SOLUÇÃO Digite `sum k^3 for k = 1 to 999` em uma caixa de entrada do *WolframAlpha* para obter

$$\sum_{k=1}^{999} k^3 = 249500250000.$$

Em vez de *WolframAlpha*, você pode usar seu aplicativo preferido para obter o mesmo resultado.

Para os Exercícios 17–20, suponha que você tenha começado um treinamento físico andando de bicicleta por 10 milhas (16 km) no primeiro dia e que, depois, você tenha aumentado a distância percorrida em 0,25 milha (0,4 km) a cada dia.

17 Qual o total de milhas (km) pedaladas por você depois de 50 dias?

SOLUÇÃO Seja o número de milhas (km) que você pedalou no n-ésimo dia igual ao n-ésimo termo de uma sequência. Esta é uma sequência aritmética, com primeiro termo 10 e diferença de 0,25 entre os termos consecutivos. O 50º termo dessa sequência é

$$10 + 49 \cdot 0{,}25,$$

que é igual a 22,25. Portanto, a soma dos 50 primeiros termos dessa sequência aritmética é

$$50\left(\frac{10+22{,}25}{2}\right),$$

que é igual a 806,25. Portanto, você pedalou um total de 806,25 milhas (1290 km) depois de 50 dias.

19 Qual é o primeiro dia no qual o número total de milhas (km) pedaladas por você excedeu 2000?

SOLUÇÃO No n-ésimo dia, você pedalou

$$10 + 0{,}25(n-1)$$

milhas, que é igual a $9{,}75 + 0{,}25n$ milhas. Assim, depois de n dias, o número total de milhas pedaladas é

$$n\left(\frac{10 + (9{,}75 + 0{,}25n)}{2}\right),$$

que é igual a $n(9{,}875 + 0{,}125n)$. Para ver quando o total atinge 2000 milhas (3200 km), resolvemos a equação

$$n(9{,}875 + 0{,}125n) = 2000$$

para n (use a fórmula quadrática), obtendo uma solução negativa (que descartamos, já que não faz sentido) e $n \approx 93{,}0151$. Então, o 94º dia foi o primeiro dia no qual o número total de milhas que você pedalou excedeu 2000.

Nos Exercícios 21–30, calcule o valor da série geométrica.

21 $1 + 3 + 9 + \cdots + 3^{200}$

SOLUÇÃO O primeiro termo dessa série é 1. Se adicionássemos mais um termo à série, o próximo termo seria 3^{201}. A razão entre os termos consecutivos dessa série geométrica é 3. Portanto,

$$1 + 3 + 9 + \cdots + 3^{200} = \frac{1 - 3^{201}}{1 - 3} = \frac{3^{201} - 1}{2}.$$

23 $\dfrac{1}{4} + \dfrac{1}{16} + \dfrac{1}{64} + \cdots + \dfrac{1}{4^{50}}$

SOLUÇÃO   O primeiro termo da série é $\frac{1}{4}$. Se adicionássemos mais um termo à série, o próximo termo seria $1/4^{51}$. A razão entre os termos consecutivos dessa série geométrica é $\frac{1}{4}$. Portanto,

$$\frac{1}{4} + \frac{1}{16} + \frac{1}{64} + \cdots + \frac{1}{4^{50}} = \frac{\frac{1}{4} - \frac{1}{4^{51}}}{1 - \frac{1}{4}} = \frac{1 - \frac{1}{4^{50}}}{3},$$

em que a última expressão foi obtida pela multiplicação do numerador e do denominador da expressão anterior por 4.

25 $1 - \dfrac{1}{2} + \dfrac{1}{4} - \dfrac{1}{8} + \cdots + \dfrac{1}{2^{80}} - \dfrac{1}{2^{81}}$

SOLUÇÃO   O primeiro termo dessa série é 1. Se adicionássemos mais um termo à série, o próximo termo seria $1/2^{82}$. A razão entre os termos consecutivos dessa série geométrica é $-\frac{1}{2}$. Portanto,

$$1 - \frac{1}{2} + \frac{1}{4} - \frac{1}{8} + \cdots + \frac{1}{2^{80}} - \frac{1}{2^{81}}$$

$$= \frac{1 - \frac{1}{2^{82}}}{1 - (-\frac{1}{2})}$$

$$= \frac{1 - \frac{1}{2^{82}}}{\frac{3}{2}} = \frac{2 - \frac{1}{2^{81}}}{3},$$

em que a última expressão foi obtida pela multiplicação do numerador e do denominador da expressão anterior por 2.

27 $\displaystyle\sum_{k=1}^{40} \frac{3}{2^k}$

SOLUÇÃO   O primeiro termo dessa série é $\frac{3}{2}$. Se adicionássemos mais um termo à série, o próximo termo seria $\frac{3}{2^{41}}$. A razão entre os termos consecutivos dessa série geométrica é $\frac{1}{2}$. Juntando tudo isso, temos

$$\sum_{k=1}^{40} \frac{3}{2^k} = \frac{\frac{3}{2} - \frac{3}{2^{41}}}{1 - \frac{1}{2}} = 3 - \frac{3}{2^{40}}.$$

29 $\displaystyle\sum_{m=3}^{77} (-5)^m$

SOLUÇÃO   O primeiro termo dessa série é $(-5)^3$, que é igual a -125. Se adicionássemos mais um termo à série,

o próximo termo seria $(-5)^{78}$, que é igual a 5^{78}. A razão entre os termos consecutivos dessa série geométrica é -5. Juntando tudo isso, temos

$$\sum_{m=3}^{77} (-5)^m = \frac{-125 - 5^{78}}{1 - (-5)} = -\frac{125 + 5^{78}}{6}.$$

Nos Exercícios 31–34, escreva a série explicitamente e calcule o valor da soma.

31 $\displaystyle\sum_{m=1}^{4} (m^2 + 5)$

SOLUÇÃO   Quando $m = 1$, a expressão $m^2 + 5$ é igual a 6. Quando $m = 2$, a expressão $m^2 + 5$ é igual a 9. Quando $m = 3$, a expressão $m^2 + 5$ é igual a 14. Quando $m = 4$, a expressão $m^2 + 5$ é igual a 21. Portanto,

$$\sum_{m=1}^{4} (m^2 + 5) = 6 + 9 + 14 + 21 = 50.$$

33 $\displaystyle\sum_{k=0}^{3} \log(k^2 + 2)$

SOLUÇÃO   Quando $k = 0$, a expressão $\log(k^2 + 2)$ é igual a $\log 2$. Quando $k = 1$, a expressão $\log(k^2 + 2)$ é igual a $\log 3$. Quando $k = 2$, a expressão $\log(k^2 + 2)$ é igual a $\log 6$. Quando $k = 3$, a expressão $\log(k^2 + 2)$ é igual a $\log 11$. Portanto,

$$\sum_{k=0}^{3} \log(k^2 + 2) = \log 2 + \log 3 + \log 6 + \log 11$$

$$= \log(2 \cdot 3 \cdot 6 \cdot 11) = \log 396.$$

Nos Exercícios 35–38, escreva a série usando a notação de somatório (iniciando em $k = 1$). Cada série nos Exercícios 35–38 ou é uma série aritmética ou é uma série geométrica.

35 $2 + 4 + 6 + \cdots + 100$

SOLUÇÃO   O k-ésimo termo dessa sequência é $2k$. O último termo corresponde a $k = 50$. Portanto,

$$2 + 4 + 6 + \cdots + 100 = \sum_{k=1}^{50} 2k.$$

37 $\dfrac{5}{9} + \dfrac{5}{27} + \dfrac{5}{81} + \cdots + \dfrac{5}{3^{40}}$

SOLUÇÃO   O k-ésimo termo dessa sequência é $\frac{5}{3^{k+1}}$. O último termo corresponde a $k = 39$ (porque, quando $k = 39$, a expressão $\frac{5}{3^{k+1}}$ é igual a $\frac{5}{3^{40}}$). Assim,

$$\frac{5}{9} + \frac{5}{27} + \frac{5}{81} + \cdots + \frac{5}{3^{40}} = \sum_{k=1}^{39} \frac{5}{3^{k+1}}.$$

Para os Exercícios 39–42, considere a fábula do início da Seção 3.4. Nessa fábula, um grão de arroz é colocado no primeiro quadrado de um tabuleiro de xadrez, depois dois grãos no segundo quadrado, depois quatro grãos no terceiro quadrado, e assim por diante, duplicando o número de grãos a cada quadrado.

39 Determine o número total de grãos de arroz nos primeiros 18 quadrados do tabuleiro de xadrez.

SOLUÇÃO O número total de grãos de arroz nos primeiros 18 quadrados do tabuleiro de xadrez é

$$1 + 2 + 4 + 8 + \cdots + 2^{17}.$$

Esta é uma série geométrica. A razão entre os termos consecutivos é 2. O termo que sucederia o último termo é 2^{18}. Assim, a soma dessa série é

$$\frac{1 - 2^{18}}{1 - 2},$$

que é igual a $2^{18} - 1$.

41 Determine o menor número n tal que o número total de grãos de arroz nos primeiros n quadrados do tabuleiro de xadrez seja maior do que 30.000.000.

SOLUÇÃO A fórmula para a série geométrica mostra que o número total de grãos de arroz nos primeiros n quadrados do tabuleiro de xadrez é $2^n - 1$. Portanto, queremos determinar o menor inteiro n tal que

$$2^n > 30000001.$$

Tomando o logaritmo em ambos os lados, vemos que precisamos

$$n > \frac{\log 30000001}{\log 2} \approx 24{,}8.$$

O menor inteiro que satisfaz essa desigualdade é $n = 25$.

Para os Exercícios 43 e 44, use o triângulo de Pascal para simplificar a expressão indicada.

43 $\left(2 - \sqrt{3}\right)^5$

SOLUÇÃO A sexta linha do triângulo de Pascal é 1 5 10 10 5 1. Portanto,

$(2 - \sqrt{3})^5$

$= 2^5 - 5 \cdot 2^4 \sqrt{3} + 10 \cdot 2^3 \sqrt{3}^2 - 10 \cdot 2^2 \sqrt{3}^3$
$\quad + 5 \cdot 2\sqrt{3}^4 - \sqrt{3}^5$

$= 32 - 80\sqrt{3} + 80 \cdot 3 - 40 \cdot \sqrt{3}^2 \sqrt{3}$
$\quad + 10 \cdot \sqrt{3}^2 \sqrt{3}^2 - \sqrt{3}^2 \sqrt{3}^2 \sqrt{3}$

$= 32 - 80\sqrt{3} + 80 \cdot 3 - 40 \cdot 3\sqrt{3}$
$\quad + 10 \cdot 3 \cdot 3 - 3 \cdot 3\sqrt{3}$

$= 32 - 80\sqrt{3} + 240 - 120\sqrt{3} + 90 - 9\sqrt{3}$

$= 362 - 209\sqrt{3}.$

45 Determine a nona linha do triângulo de Pascal.

SOLUÇÃO Do Exemplo 14, sabemos que a oitava linha do triângulo de Pascal é

1 7 21 35 35 21 7 1.

Fazendo a adição normal, vemos que a nona linha do triângulo de Pascal é

1 8 28 56 70 56 28 8 1.

47 (a) Calcule $\binom{9}{3}$. (b) Calcule $\binom{9}{6}$.

SOLUÇÃO

(a) $\binom{9}{3} = \frac{9!}{3!\,6!} = \frac{7 \cdot 8 \cdot 9}{2 \cdot 3} = 84$

(b) $\binom{9}{6} = \frac{9!}{6!\,3!} = \frac{7 \cdot 8 \cdot 9}{2 \cdot 3} = 84$

Para os Exercícios 49–52, suponha que n seja um inteiro positivo.

49 Calcule $\binom{n}{n}$.

SOLUÇÃO $\binom{n}{n} = \frac{n!}{n!\,0!} = 1$

51 Calcule $\binom{n}{n-2}$.

SOLUÇÃO $\binom{n}{n-2} = \frac{n!}{(n-2)!\,2!} = \frac{(n-1)n}{2}$

53 Determine o coeficiente de t^{47} na expansão de $(t + 2)^{50}$.

SOLUÇÃO O Teorema Binomial informa-nos que o coeficiente de t^{47} na expansão de $(t+2)^{50}$ é $2^3 \binom{50}{47}$, que é igual a

$$8 \frac{50 \cdot 49 \cdot 48}{2 \cdot 3},$$

que é igual a 156.800.

7.3 Limites

> **OBJETIVOS DE APRENDIZAGEM**
> Ao final desta seção, você deverá ser capaz de
> - reconhecer o limite de uma sequência;
> - usar somas parciais para calcular uma série infinita;
> - calcular a soma de uma série geométrica infinita;
> - converter dízimas periódicas em frações.

Introdução a Limites

Considere a sequência

$$1, \tfrac{1}{2}, \tfrac{1}{3}, \tfrac{1}{4}, \ldots;$$

aqui, o n-ésimo termo da sequência é $\tfrac{1}{n}$. Para todos os valores grandes de n, o n-ésimo termo dessa sequência é próximo a 0. Por exemplo, todos os termos depois do milionésimo termo dessa sequência estão a um milionésimo de 0. Dizemos que o limite dessa sequência é 0. De forma mais geral, a definição informal a seguir explica o que significa, para uma sequência, ter um limite igual a algum número L.

> **Limite de uma sequência** (*versão menos precisa*)
>
> Uma sequência tem **limite** L se, de algum ponto em diante, todos os termos da sequência forem muito próximos de L.

Essa definição falha na precisão porque a expressão "muito próximos" é bem vaga. Uma definição mais precisa de limite será dada em breve, mas, primeiramente, vamos examinar alguns exemplos para sentir o que significa tomar o limite de uma sequência.

EXEMPLO 1

n	$\sqrt{n^2+n}-n$
1	0,4142136
10	0,4880885
100	0,4987562
1000	0,4998751
10000	0,4999875
100000	0,4999988
1000000	0,4999999

Qual é o limite da sequência cujo n-ésimo termo é igual a $\sqrt{n^2+n}-n$?

SOLUÇÃO O limite de uma sequência depende do comportamento do n-ésimo termo para grandes valores de n. A tabela aqui apresentada mostra os valores do n-ésimo termo dessa sequência para alguns valores grandes de n, calculados por um computador e arredondados até a sétima casa depois da vírgula decimal.

Essa tabela nos leva a suspeitar que o limite dessa sequência é $\tfrac{1}{2}$. Tal suspeita está correta, como pode ser mostrado reescrevendo o n-ésimo termo da sequência como segue (veja o Problema 27 para uma dica de como fazer isso):

$$\sqrt{n^2+n}-n = \frac{1}{\sqrt{1+\tfrac{1}{n}}+1}.$$

Se n for grande, então $1+\tfrac{1}{n}$ é muito próximo de 1, portanto, o lado direito da equação acima é muito próximo de $\tfrac{1}{2}$. Assim, o limite da sequência em questão é, de fato, igual a $\tfrac{1}{2}$.

Nem toda sequência tem um limite, como mostrado pelo próximo exemplo:

Explique por que a sequência cujo n-ésimo termo é igual a $(-1)^{n-1}$ não tem um limite.

EXEMPLO 2

SOLUÇÃO A sequência em questão é uma sequência alternada de 1 e –1:

$$1, -1, 1, -1, \ldots.$$

Se essa sequência tivesse um limite, esse limite teria que ser muito próximo de 1 e muito próximo de –1. Contudo, não existe um número que seja próximo tanto de 1 quanto de –1. Assim, a sequência não tem um limite.

O próximo exemplo mostra por que precisamos ter cuidado com o significado de "muito próximo".

Qual é o limite da sequência cujos termos são todos iguais a 10^{-100}?

EXEMPLO 3

SOLUÇÃO A sequência em questão é a sequência constante

$$10^{-100}, 10^{-100}, 10^{-100}, \ldots.$$

O limite dessa sequência é 10^{-100}. Observe, entretanto, que todos os termos da sequência estão a um bilionésimo de 0. Assim, se "muito próximo" fosse definido como "a um bilionésimo", então a definição imprecisa acima poderia levar-nos a concluir, incorretamente, que o limite da sequência é 0.

O exemplo acima mostra que em nossa definição menos precisa de limite, não podemos substituir "muito próximo de L" por "a um bilionésimo de L". Por motivos similares, nenhum número positivo, não importa quão pequeno, pode ser usado para definir "muito próximo". Esse dilema é resolvido considerando todos os números positivos, incluindo aqueles que são muito pequenos (não importando o que isso signifique). A definição de limite mais precisa, dada a seguir, captura a noção que uma sequência se aproxima tanto quanto quisermos de seu limite se avançarmos na sequência o suficiente:

> *Limite de uma sequência (versão mais precisa)*
>
> Uma sequência tem **limite** L se, para todo $\varepsilon > 0$, de algum ponto em diante todos os termos da sequência estiverem a uma distância de L menor do que ε.

Como mencionado no Capítulo 0, a letra grega ε (epsilon) é usada com frequência quando pensamos em números positivos pequenos.

Essa definição significa que, para cada escolha possível de um número positivo ε, existe algum termo da sequência tal que todos os termos seguintes estão a uma distância menor de L do que ε. Quão longe precisamos avançar na sequência (para que todos os termos a partir dali estejam a uma distância menor de L do que ε) pode depender de ε.

Por exemplo, considere a sequência

$$-1, \tfrac{1}{2}, -\tfrac{1}{3}, \tfrac{1}{4}, \ldots;$$

aqui, o n-ésimo termo da sequência é $\frac{(-1)^n}{n}$. O limite dessa sequência é 0. Se considerarmos a escolha $\varepsilon = 10^{-6}$, todos os termos depois do milionésimo termo dessa sequência estarão a uma distância menor do que ε do limite 0. Não importa o quão pequeno escolhamos ε, podemos avançar o suficiente na sequência (dependendo de ε) de tal forma que todos os termos dali em diante estejam a uma distância menor do que ε do limite 0.

Como o limite de uma sequência depende apenas do que acontece "de algum ponto em diante", mudanças nos primeiros cinco termos ou mesmo nos cinco primeiros cinco milhões de termos não afetam o limite de uma sequência. Por exemplo, considere a sequência

$$10, 100, 1000, 10000, 100000, \tfrac{1}{6}, \tfrac{1}{7}, \tfrac{1}{8}, \tfrac{1}{9}, \tfrac{1}{10}, \ldots;$$

aqui, o n-ésimo termo da sequência é igual a 10^n se $n \leq 5$ e igual a $\tfrac{1}{n}$ se $n > 5$. Certifique-se de que você entendeu por que o limite dessa sequência é igual a 0.

A notação comumente usada para representar o limite de uma sequência é introduzida abaixo:

Mais uma vez, lembre que ∞ não é um número real. O símbolo ∞ é usado aqui para dar a noção de que apenas valores grandes de n importam.

Notação de limite

A notação

$$\lim_{n \to \infty} a_n = L$$

significa que a sequência $a_1, a_2, \ldots$ tem limite L. Dizemos que o limite de a_n, quando n tende a infinito, é igual a L.

Por exemplo, poderíamos escrever

$$\lim_{n \to \infty} \tfrac{1}{n} = 0;$$

e diríamos que o limite de $\tfrac{1}{n}$, quando n tende a infinito, é igual a 0. Como outro exemplo dado anteriormente nesta seção, poderíamos escrever

$$\lim_{n \to \infty} (\sqrt{n^2 + n} - n) = \tfrac{1}{2};$$

e diríamos que o limite de $\sqrt{n^2 + n} - n$, quando n tende a infinito, é igual a $\tfrac{1}{2}$.

EXEMPLO 4 Calcule $\lim_{n \to \infty} \left(1 + \tfrac{1}{n}\right)^n$.

SOLUÇÃO Esta é a sequência cujos cinco primeiros termos são

$$2, \left(\tfrac{3}{2}\right)^2, \left(\tfrac{4}{3}\right)^3, \left(\tfrac{5}{4}\right)^4, \left(\tfrac{6}{5}\right)^5.$$

Um computador pode dizer-nos que o milionésimo termo dessa sequência é aproximadamente 2,71828, que você deve reconhecer como aproximadamente e. De fato, na Seção 3.6 vimos que $\left(1 + \tfrac{1}{n}\right)^n \approx e$ para grandes valores de n. O significado preciso dessa aproximação é que $\lim_{n \to \infty} \left(1 + \tfrac{1}{n}\right)^n = e$.

Considere a sequência geométrica

$$\tfrac{1}{2}, \tfrac{1}{4}, \tfrac{1}{8}, \tfrac{1}{16}, \ldots.$$

Aqui o n-ésimo termo é igual a $\left(\tfrac{1}{2}\right)^n$, que é muito pequeno para grandes valores de n. Portanto, o limite dessa sequência é 0, o que pode ser escrito como $\lim_{n \to \infty} \left(\tfrac{1}{2}\right)^n = 0$.

De maneira similar, a multiplicação de qualquer número com valor absoluto menor que 1 por ele mesmo repetidas vezes produz um número próximo a 0, como mostrado no exemplo a seguir.

Na expansão decimal de $0{,}99^{100.000}$, quantos zeros seguem a vírgula decimal antes do primeiro dígito diferente de zero?

EXEMPLO 5

SOLUÇÃO   Calculadoras não podem calcular $0{,}99^{100.000}$, dessa forma, aplique o logaritmo comum:

$$\log 0{,}99^{100000} = 100000 \log 0{,}99 \approx 100000 \cdot (-0{,}004365) = -436{,}5.$$

Isto significa que $0{,}99^{100.000}$ está entre 10^{-437} e 10^{-436}. Assim, 436 zeros seguem a vírgula decimal na expansão decimal de $0{,}99^{100.000}$ antes do primeiro dígito diferente de zero.

Mesmo considerando que 0,99 é apenas um pouco menor que 1, elevá-lo a uma potência muito grande produz um número muito pequeno.

O exemplo acima deveria ajudar a convencê-lo que, se r é qualquer número com $|r| < 1$, então $\lim_{n \to \infty} r^n = 0$.

Da mesma forma, se $|r| > 1$, então r^n é muito grande para grandes valores de n. Portanto, se $|r| > 1$, então a sequência geométrica $r, r^2, r^3, \ldots$ não tem um limite.

Se $r = -1$, então a sequência geométrica $r, r^2, r^3, \ldots$ é a sequência alternada $-1, 1, -1, 1, \ldots$; essa sequência não tem um limite. Se $r = 1$, então a sequência geométrica $r, r^2, r^3, r^4, \ldots$ é a sequência constante $1, 1, 1, 1, \ldots$; essa sequência tem limite 1.

Juntando os resultados acima, temos o seguinte sumário a respeito do limite de uma sequência geométrica:

Limite de uma sequência geométrica

Suponha que r seja um número real. Assim, a sequência geométrica

$$r, r^2, r^3, \ldots$$

- tem limite 0 se $|r| < 1$;
- tem limite 1 se $r = 1$;
- não tem um limite se $r \leq -1$ ou $r > 1$.

Séries Infinitas

A adição é definida, inicialmente, como uma operação que toma dois números a e b e produz a soma entre eles $a + b$. Podemos determinar a soma de uma sequência finita $a_1, a_2, \ldots, a_n$ somando os dois primeiros termos, a_1 e a_2, obtendo $a_1 + a_2$, depois somando o terceiro termo, obtendo $a_1 + a_2 + a_3$, depois somando o quarto termo, obtendo $a_1 + a_2 + a_3 + a_4$, e assim por diante. Depois de n termos, teríamos determinado a soma para a sequência finita; tal soma pode ser representada por

Devido à propriedade associativa, não nos precisamos preocupar com a colocação de parênteses nessas somas.

$$a_1 + a_2 + \cdots + a_n \quad \text{ou} \quad \sum_{k=1}^{n} a_k.$$

Considere agora uma sequência infinita $a_1, a_2, \ldots$. O que significa determinar a soma dessa sequência infinita? Em outras palavras, queremos atribuir um significado à soma infinita

$$a_1 + a_2 + a_3 + \cdots \quad \text{ou} \quad \sum_{k=1}^{\infty} a_k.$$

Tais somas são denominadas **séries infinitas**.

O problema ao tentar calcular o valor de uma série infinita somando um termo de cada vez é que o processo nunca terminará. Apesar disso, vamos ver o que acontece ao somarmos um termo de cada vez em uma sequência geométrica familiar.

EXEMPLO 6 Que valor deve ser atribuído à soma infinita $\sum_{k=1}^{\infty} \frac{1}{2^k}$?

SOLUÇÃO Precisamos calcular o valor da soma infinita

$$\frac{1}{2} + \frac{1}{4} + \frac{1}{8} + \frac{1}{16} + \cdots.$$

A soma dos dois primeiros termos é igual a $\frac{3}{4}$. A soma dos três primeiros termos é igual a $\frac{7}{8}$. A soma dos quatro primeiros termos é igual a $\frac{15}{16}$. De forma geral, a soma dos n primeiros termos é igual a $1 - \frac{1}{2^n}$, como pode ser mostrado usando a fórmula da seção anterior para a soma de uma série geométrica finita.

Embora o processo de somar termos dessa série nunca termine, vemos que, depois de somar um grande número de termos, a soma é próxima de 1. Em outras palavras, o limite da soma dos primeiros n termos é 1. Assim, declaramos que a soma infinita é igual a 1. Expressando tudo isso em notação de somatório, temos

$$\sum_{k=1}^{\infty} \frac{1}{2^k} = \lim_{n \to \infty} \sum_{k=1}^{n} \frac{1}{2^k} = \lim \left(1 - \frac{1}{2^n}\right) = 1.$$

O exemplo acima fornece uma motivação para a definição formal de soma infinita. Para calcular o valor de uma série infinita, a ideia é somar os primeiros n termos e depois tomar o limite quando n tende a infinito:

Série infinita

A soma infinita $\sum_{k=1}^{\infty} a_k$ é definida por

$$\sum_{k=1}^{\infty} a_k = \lim_{n \to \infty} \sum_{k=1}^{n} a_k$$

se esse limite existir.

---

*Os números $\sum_{k=1}^{n} a_k$ são denominados **somas parciais** de $\sum_{k=1}^{\infty} a_k$. Portanto, a soma infinita é o limite da sequência de somas parciais.*

EXEMPLO 7 Calcule o valor da série geométrica $\sum_{k=1}^{\infty} \frac{1}{10^k}$.

SOLUÇÃO De acordo com a definição acima, precisamos calcular as somas parciais $\sum_{k=1}^{n} \frac{1}{10^k}$ e depois tomar o limite quando n tende a infinito. Usando a fórmula da seção anterior para a soma de uma série geométrica finita, temos

$$\sum_{k=1}^{n} \frac{1}{10^k} = \frac{\frac{1}{10} - \frac{1}{10^{n+1}}}{1 - \frac{1}{10}} = \frac{1 - \frac{1}{10^n}}{9},$$

Aqui, o primeiro termo da série é $\frac{1}{10}$ e o que seria o termo seguinte ao último termo é $\frac{1}{10^{n+1}}$; a razão entre os termos consecutivos é $\frac{1}{10}$.

em que a última expressão é obtida pela multiplicação do numerador e do denominador da expressão intermediária por 10. Portanto,

$$\sum_{k=1}^{\infty} \frac{1}{10^k} = \lim_{n \to \infty} \sum_{k=1}^{n} \frac{1}{10^k} = \lim_{n \to \infty} \frac{1 - \frac{1}{10^n}}{9} = \frac{1}{9}.$$

Algumas sequências infinitas não podem ser somadas porque o limite da sequência das somas parciais não existe. Quando isso acontece, a soma infinita é indefinida.

Explique por que a série infinita $\sum_{k=1}^{\infty}(-1)^k$ é indefinida.

EXEMPLO 8

SOLUÇÃO Estamos tentando encontrar sentido na soma infinita
$$-1 + 1 - 1 + 1 - 1 + \cdots.$$

Seguindo o procedimento normal para somas infinitas, primeiramente calculamos as somas parciais $\sum_{k=1}^{n}(-1)^k$, obtendo

$$\sum_{k=1}^{n}(-1)^k = \begin{cases} -1 & \text{se } n \text{ for ímpar} \\ 0 & \text{se } n \text{ for par.} \end{cases}$$

Portanto, a sequência de somas parciais é uma sequência alternada de –1 e 0. Tal sequência de somas parciais não tem um limite. Assim, a soma infinita é indefinida.

Vamos, agora, voltar-nos ao problema de determinar uma fórmula para calcular uma série geométrica infinita. Fixemos um número $r \neq 1$ e consideremos a série geométrica
$$1 + r + r^2 + r^3 + \cdots;$$
aqui, a razão entre os termos consecutivos é r. A soma dos n primeiros termos é $1 + r + r^2 + \cdots + r^{n-1}$. O termo seguinte ao último termo seria r^n; portanto, pela nossa fórmula para calcular séries geométricas, temos
$$1 + r + r^2 + \cdots + r^{n-1} = \frac{1 - r^n}{1 - r}.$$

Por definição, a soma infinita $1 + r + r^2 + r^3 + \cdots$ é igual ao limite (caso exista) das somas parciais acima quando n tende a infinito. Já sabemos que o limite de r^n, quando n tende a infinito, é 0 se $|r| < 1$ (e não existe se $|r| > 1$). Assim, obtemos a seguinte bonita fórmula:

> *Calculando o valor de uma série geométrica infinita*
>
> Se $|r| < 1$, então
> $$1 + r + r^2 + r^3 + \cdots = \frac{1}{1 - r}.$$

Se $|r| \geq 1$, então essa soma infinita não está definida.

Qualquer série geométrica infinita pode ser reduzida à forma acima pela fatoração do primeiro termo. O exemplo a seguir ilustra o procedimento.

Calcule o valor da série geométrica $\frac{7}{3} + \frac{7}{9} + \frac{7}{27} + \cdots$.

EXEMPLO 9

SOLUÇÃO Fatoramos o primeiro termo $\frac{7}{3}$ e, em seguida, aplicamos a fórmula acima, obtendo

$$\frac{7}{3} + \frac{7}{9} + \frac{7}{27} + \cdots = \frac{7}{3}\left(1 + \frac{1}{3} + \frac{1}{9} + \cdots\right)$$

$$= \frac{7}{3} \cdot \frac{1}{1 - \frac{1}{3}}$$

$$= \frac{7}{2}.$$

Decimais como Séries Infinitas

Um **dígito** é um dos números 0, 1, 2, 3, 4, 5, 6, 7, 8, 9. Cada número real t entre 0 e 1 pode ser expresso como um decimal na forma

$$t = 0{,}d_1 d_2 d_3 \ldots,$$

em que $d_1, d_2, d_3, \ldots$ é uma sequência de dígitos. A interpretação desta representação é que

$$t = \frac{d_1}{10} + \frac{d_2}{100} + \frac{d_3}{1000} + \cdots,$$

o que podemos escrever na notação de somatório como

$$t = \sum_{k=1}^{\infty} \frac{d_k}{10^k}.$$

Em outras palavras, números reais são representados por séries infinitas.

Se, de algum ponto em diante, cada d_k for igual a 0, então temos o que é denominado uma **decimal finita**; nesse caso, em geral não escrevemos a carreira final de zeros.

EXEMPLO 10   Expresse 0,217 como uma fração.

SOLUÇÃO   Nesse caso, a série infinita acima se torna uma série finita:

$$0{,}217 = \frac{2}{10} + \frac{1}{100} + \frac{7}{1000} = \frac{200}{1000} + \frac{10}{1000} + \frac{7}{1000} = \frac{217}{1000}$$

Uma decimal finita é um caso especial de uma dízima periódica com repetições de 0 de algum ponto em diante.

Se a representação decimal de um número tiver um padrão que se repete de algum ponto em diante, então temos o que é denominado uma **dízima periódica**.

EXEMPLO 11   Expresse 0,11111... como uma fração; aqui, o dígito 1 repete-se para sempre.

SOLUÇÃO   Usando a interpretação da representação decimal, temos

$$0{,}11111\ldots = \sum_{k=1}^{\infty} \frac{1}{10^k}.$$

A soma acima é uma série geométrica infinita. Como vimos no Exemplo 7, essa série geométrica infinita é igual a $\frac{1}{9}$. Portanto,

$$0{,}11111\ldots = \frac{1}{9}.$$

Um número real é racional se e somente se ele tiver uma representação de dízima periódica.

Qualquer dízima periódica pode ser convertida em fração calculando uma série geométrica infinita apropriada. No entanto, a técnica usada no próximo exemplo é geralmente mais fácil.

EXEMPLO 12   Expresse

$$0{,}52473473473\ldots$$

como uma fração; aqui, o dígito 473 repete-se para sempre.

SOLUÇÃO   Seja

$$t = 0{,}52473473473\ldots.$$

O artifício é observar que
$$1000t = 524{,}73473473473\ldots.$$

Subtraindo a primeira equação acima da última equação, temos
$$999t = 524{,}21.$$

Assim
$$t = \frac{524{,}21}{999} = \frac{52421}{99900}.$$

Séries Infinitas Especiais

A matemática avançada produz muitas séries infinitas especiais e belas. Não podemos aqui calcular os valores dessas séries infinitas, porém, elas são tão bonitas que você precisa, pelo menos, ver algumas poucas delas.

EXEMPLO 13

Calcule $\sum_{k=0}^{\infty} \frac{1}{k!}$.

SOLUÇÃO Um computador pode calcular uma soma parcial que conduza a uma suspeita correta. Especificamente

$$\sum_{k=0}^{1000} \frac{1}{k!} \approx 2{,}718281828459.$$

Você pode reconhecer o número acima como o início da representação decimal de e. É, de fato, verdadeiro que essa soma infinita é igual a e. Em outras palavras, temos a bela equação

$$e = 1 + \frac{1}{1!} + \frac{1}{2!} + \frac{1}{3!} + \cdots.$$

Essa equação mostra novamente como "e" aparece magicamente ao longo da matemática.

De maneira geral, como você irá aprender na disciplina de Cálculo, a equação a seguir é verdadeira para todo número x:

$$e^x = 1 + \frac{x}{1!} + \frac{x^2}{2!} + \frac{x^3}{3!} + \cdots.$$

O próximo exemplo mostra, novamente, que o logaritmo natural merece o título "natural".

EXEMPLO 14

Calcule $\sum_{k=1}^{\infty} \frac{(-1)^{k+1}}{k}$.

SOLUÇÃO Novamente, um computador pode fornecer uma soma parcial que conduz a uma suspeita correta. Especificamente,

$$\sum_{k=1}^{100000} \frac{(-1)^{k+1}}{k} \approx 0{,}693142.$$

Você pode reconhecer os primeiros cinco dígitos depois da vírgula decimal como os primeiros cinco dígitos da expansão decimal de $\ln 2$. A soma infinita, de fato, é igual a $\ln 2$. Em outras palavras, temos a seguinte bela equação:

$$\ln 2 = 1 - \frac{1}{2} + \frac{1}{3} - \frac{1}{4} + \frac{1}{5} - \frac{1}{6} + \cdots.$$

EXEMPLO 15

Essa fórmula foi descoberta pelo matemático indiano Madhava por volta de 1400, e redescoberta na Europa aproximadamente 275 anos mais tarde.

Técnicas de Cálculo mostram que

$$\tan^{-1} t = \sum_{k=0}^{\infty} (-1)^k \frac{t^{2k+1}}{2k+1}$$

para todo número t no intervalo $[-1, 1]$. Explique como a fórmula acima conduz à equação

$$\frac{\pi}{4} = 1 - \frac{1}{3} + \frac{1}{5} - \frac{1}{7} + \cdots.$$

SOLUÇÃO Na expressão acima para $\tan^{-1} t$, considere $t = 1$ e lembre que $\tan^{-1} 1 = \frac{\pi}{4}$. Portanto, temos

$$\frac{\pi}{4} = \sum_{k=0}^{\infty} (-1)^k \frac{1}{2k+1},$$

o que pode ser reescrito como

$$\frac{\pi}{4} = 1 - \frac{1}{3} + \frac{1}{5} - \frac{1}{7} + \cdots.$$

O próximo exemplo apresenta outra série infinita famosa.

EXEMPLO 16

Calcule $\sum_{k=1}^{\infty} \frac{1}{k^2}$.

SOLUÇÃO Um computador pode calcular uma soma parcial. Especificamente,

$$\sum_{k=1}^{1000000} \frac{1}{k^2} \approx 1{,}64493.$$

O valor dessa série infinita é difícil de reconhecer, mesmo a partir dessa boa aproximação. De fato, um cálculo exato do valor dessa soma infinita foi um problema não resolvido por muitos anos, mas o matemático suíço Leonard Euler mostrou, em 1735, que esta série infinita é igual a $\frac{\pi^2}{6}$. Em outras palavras, temos a bela equação

$$1 + \frac{1}{4} + \frac{1}{9} + \frac{1}{16} + \cdots = \frac{\pi^2}{6}.$$

Euler também mostrou que

$$\sum_{k=1}^{\infty} \frac{1}{k^4} = \frac{\pi^4}{90}$$

e

$$\sum_{k=1}^{\infty} \frac{1}{k^6} = \frac{\pi^6}{945}.$$

Leonard Euler, o matemático mais importante do século XVIII.

O próximo exemplo é apresentado para mostrar que ainda há problemas não resolvidos na matemática que são fáceis de formular.

EXEMPLO 17

Calcule $\sum_{k=1}^{\infty} \frac{1}{k^3}$.

SOLUÇÃO Um computador pode calcular uma soma parcial. Especificamente,

$$\sum_{k=1}^{1000000} \frac{1}{k^3} \approx 1{,}2020569.$$

Ninguém conhece uma expressão exata para a série infinita $\sum_{k=1}^{\infty} \frac{1}{k^3}$. Você pode tornar-se famoso se descobrir alguma!

EXERCÍCIOS

1. Calcule o valor de $\lim_{n\to\infty} \frac{3n+5}{2n-7}$.

2. Calcule o valor de $\lim_{n\to\infty} \frac{4n-2}{7n+6}$

3. Calcule o valor de $\lim_{n\to\infty} \frac{2n^2+5n+1}{5n^2-6n+3}$.

4. Calcule o valor de $\lim_{n\to\infty} \frac{7n^2-4n+3}{3n^2+5n+9}$.

5. Calcule o valor de $\lim_{n\to\infty} \left(1+\frac{3}{n}\right)^n$.

6. Calcule o valor de $\lim_{n\to\infty} \left(1-\frac{1}{n}\right)^n$.

7. Calcule o valor de $\lim_{n\to\infty} n(e^{1/n}-1)$.

8. Calcule o valor de $\lim_{n\to\infty} n\ln\left(1+\frac{1}{n}\right)$.

9. Calcule o valor de $\lim_{n\to\infty} n\left(\ln\left(3+\frac{1}{n}\right)-\ln 3\right)$.

10. Calcule o valor de $\lim_{n\to\infty} n\left(\ln\left(7+\frac{1}{n}\right)-\ln 7\right)$.

11. 📱 Determine o menor inteiro n tal que $0{,}8^n < 10^{-100}$.

12. 📱 Determine o menor inteiro n tal que $0{,}9^n < 10^{-200}$.

13. 📱 Na expansão decimal de $0{,}87^{1000}$, quantos zeros seguirão a vírgula decimal antes do primeiro dígito diferente de zero?

14. 📱 Na expansão decimal de $0{,}9^{9999}$, quantos zeros seguirão a vírgula decimal antes do primeiro dígito diferente de zero?

15. Calcule o valor de $\sum_{k=1}^{\infty} \frac{3}{7^k}$.

16. Calcule o valor de $\sum_{k=1}^{\infty} \frac{8}{5^k}$.

17. Calcule o valor de $\sum_{m=2}^{\infty} \frac{5}{6^m}$.

18. Calcule o valor de $\sum_{m=3}^{\infty} \frac{8}{3^m}$.

19. Expresse
$$0{,}23232323\ldots$$
como uma fração; aqui, os dígitos 23 repetem-se para sempre.

20. Expresse
$$0{,}859859859\ldots$$
como uma fração; aqui, os dígitos 859 repetem-se para sempre.

21. Expresse
$$8{,}237545454\ldots$$
como uma fração; aqui, os dígitos 54 repetem-se para sempre.

22. Expresse
$$5{,}1372647264\ldots$$
como uma fração; aqui, os dígitos 7264 repetem-se para sempre.

23. Calcule $\lim_{n\to\infty} n\,\text{sen}\,\frac{1}{n}$.

24. Calcule $\lim_{n\to\infty} n\tan\frac{1}{n}$.

PROBLEMAS

25. Dê um exemplo de uma sequência que tenha limite igual a 3 e cujos primeiros cinco termos sejam 2, 4, 6, 8, 10.

26. Suponha que seja dada uma sequência com limite igual a L e que você troque a sequência somando 50 aos primeiros 1000 termos, mantendo os demais inalterados. Explique por que a nova sequência também tem limite igual a L.

27. Demonstre que
$$\sqrt{n^2+n}-n = \frac{1}{\sqrt{1+\frac{1}{n}}+1}.$$

[*Dica:* Multiplique a expressão $\sqrt{n^2+n}-n$ por $(\sqrt{n^2+n}+n)/(\sqrt{n^2+n}+n)$. Em seguida, coloque n em evidência no numerador e no denominador da expressão resultante.]

[*Essa identidade foi usada no Exemplo 1.*]

28. Quais sequências aritméticas têm um limite?

29. Suponha que x seja um número positivo.

(a) Explique por que $x^{1/n} = e^{(\ln x)/n}$ para todo número n não nulo.

(b) Explique por que
$$n(x^{1/n}-1) \approx \ln x$$
se n for muito grande.

(c) Explique por que
$$\ln x = \lim_{n\to\infty} n(x^{1/n}-1).$$

[*Alguns poucos livros usam a última equação acima como a definição do logaritmo natural.*]

30. Determine a única sequência aritmética $a_1, a_2, a_3, \ldots$ tal que a soma infinita $\sum_{k=1}^{\infty} a_k$ exista.

31. Demonstre que, se $|r| < 1$, então
$$\sum_{m=1}^{\infty} r^m = \frac{r}{1-r}.$$

32. Explique por que tanto 0,2 quanto a dízima periódica 0,199999... representam ambos o número real $\frac{1}{5}$.

33. Aprenda sobre o paradoxo de Zeno (por um livro, um amigo ou uma pesquisa na Internet) e, depois, relacione a explicação desse antigo problema grego com a série infinita
$$\frac{1}{2} + \frac{1}{4} + \frac{1}{8} + \frac{1}{16} + \cdots = 1.$$

34. Explique por que a fórmula
$$e^x = 1 + \frac{x}{1!} + \frac{x^2}{2!} + \frac{x^3}{3!} + \cdots$$
conduz à aproximação $e^x \approx 1 + x$ se $|x|$ for pequeno (que deduzimos usando outro método na Seção 3.6).

35. Calcule $\lim_{n \to \infty} n^2 \left(1 - \cos \frac{1}{n}\right)$.

SOLUÇÕES DETALHADAS dos Exercícios Ímpares

1 Calcule $\lim_{n \to \infty} \frac{3n+5}{2n-7}$

SOLUÇÃO Dividindo o numerador e o denominador dessa fração por n, vemos que
$$\frac{3n+5}{2n-7} = \frac{3 + \frac{5}{n}}{2 - \frac{7}{n}}.$$

Se n for muito grande, então o numerador da fração no lado direito é próximo de 3 e o denominador é próximo de 2. Portanto, $\lim_{n \to \infty} \frac{3n+5}{2n-7} = \frac{3}{2}$.

3 Calcule $\lim_{n \to \infty} \frac{2n^2 + 5n + 1}{5n^2 - 6n + 3}$

SOLUÇÃO Dividindo o numerador e o denominador dessa fração por n^2, vemos que
$$\frac{2n^2 + 5n + 1}{5n^2 - 6n + 3} = \frac{2 + \frac{5}{n} + \frac{1}{n^2}}{5 - \frac{6}{n} + \frac{3}{n^2}}.$$

Se n for muito grande, então o numerador da fração no lado direito é próximo de 2 e o denominador é próximo de 5. Portanto, $\lim_{n \to \infty} \frac{2n^2 + 5n + 1}{5n^2 - 6n + 3} = \frac{2}{5}$.

5 Calcule $\lim_{n \to \infty} \left(1 + \frac{3}{n}\right)^n$.

SOLUÇÃO

As propriedades da função exponencial implicam que, se n for muito grande, então $\left(1 + \frac{3}{n}\right)^n \approx e^3$; veja a Seção 3.6. Portanto, $\lim_{n \to \infty} \left(1 + \frac{3}{n}\right)^n = e^3$.

7 Calcule $\lim_{n \to \infty} n(e^{1/n} - 1)$.

SOLUÇÃO Suponha que n seja muito grande. Assim, $\frac{1}{n}$ é muito próximo de 0, o que significa que $e^{1/n} \approx 1 + \frac{1}{n}$. Portanto, $e^{1/n} - 1 \approx \frac{1}{n}$, o que implica que $n(e^{1/n} - 1) \approx 1$. Portanto,
$$\lim_{n \to \infty} n(e^{1/n} - 1) = 1.$$

9 Calcule $\lim_{n \to \infty} n \left(\ln\left(3 + \frac{1}{n}\right) - \ln 3\right)$.

SOLUÇÃO Observe que
$$\ln\left(3 + \tfrac{1}{n}\right) - \ln 3 = \ln\left(1 + \tfrac{1}{3n}\right).$$

Considere que n seja muito grande. Então $\frac{1}{3n}$ é muito próximo de 0, o que implica que $\ln\left(1 + \frac{1}{3n}\right) \approx \frac{1}{3n}$. Portanto, $n\left(\ln\left(3 + \frac{1}{n}\right)\right) - \ln 3 = n \ln\left(1 + \frac{1}{3n}\right) \approx \frac{1}{3}$. Assim,
$$\lim_{n \to \infty} n\left(\ln\left(3 + \tfrac{1}{n}\right) - \ln 3\right) = \tfrac{1}{3}.$$

11 Determine o menor inteiro n tal que $0{,}8^n < 10^{-100}$.

SOLUÇÃO A desigualdade $0{,}8^n < 10^{-100}$ é equivalente à desigualdade
$$\log 0{,}8^n < \log 10^{-100},$$
que pode ser reescrita como $n \log 0{,}8 < -100$. Como 0,8 é menor que 1, sabemos que $\log 0{,}8$ é negativo. Assim, a divisão por $\log 0{,}8$ inverte o sentido da desigualdade, alterando a desigualdade anterior para a desigualdade
$$n > \frac{-100}{\log 0{,}8} \approx 1031{,}9.$$

O menor inteiro maior que 1031,9 é 1032. Portanto, 1032 é o menor inteiro n tal que $0{,}8^n < 10^{-100}$.

13 Na expansão decimal de $0{,}87^{1000}$, quantos zeros seguirão a vírgula decimal antes do primeiro dígito diferente de zero?

SOLUÇÃO Aplicando o logaritmo comum, temos
$$\log 0{,}87^{1000} = 1000 \log 0{,}87 \approx -60{,}5.$$

Isso significa que $0{,}87^{1000}$ está entre 10^{-61} e 10^{-60}. Portanto, 60 zeros seguem a vírgula decimal na expansão decimal de $0{,}87^{1000}$ antes do primeiro dígito não nulo.

15 Calcule $\sum_{k=1}^{\infty} \frac{3}{7^k}$.

SOLUÇÃO

$$\sum_{k=1}^{\infty} \frac{3}{7^k} = \frac{3}{7} + \frac{3}{7^2} + \frac{3}{7^3} + \cdots$$

$$= \frac{3}{7}\left(1 + \frac{1}{7} + \frac{1}{7^2} + \cdots\right)$$

$$= \frac{3}{7} \cdot \frac{1}{1 - \frac{1}{7}}$$

$$= \frac{1}{2}$$

17 Calcule $\sum_{m=2}^{\infty} \frac{5}{6^m}$.

SOLUÇÃO

$$\sum_{m=2}^{\infty} \frac{5}{6^m} = \frac{5}{6^2} + \frac{5}{6^3} + \frac{5}{6^4} + \cdots$$

$$= \frac{5}{36}\left(1 + \frac{1}{6} + \frac{1}{6^2} + \cdots\right)$$

$$= \frac{5}{36} \cdot \frac{1}{1 - \frac{1}{6}}$$

$$= \frac{1}{6}$$

19 Expresse

$$0,23232323\ldots$$

como uma fração; aqui, os dígitos 23 repetem-se para sempre.

SOLUÇÃO Seja $t = 0,23232323\ldots$. Observe que

$$100t = 23,23232323\ldots.$$

Subtraindo a primeira equação acima da última equação, obtemos

$$99t = 23.$$

Portanto, $t = \frac{23}{99}$.

21 Expresse

$$8,237545454\ldots$$

como uma fração; aqui, os dígitos 54 repetem-se para sempre.

SOLUÇÃO Seja

$$t = 8,237545454\ldots.$$

Observe que

$$100t = 823,754545454\ldots.$$

Subtraindo a primeira equação acima da última equação, obtemos

$$99t = 815,517.$$

Assim

$$t = \frac{815,517}{99} = \frac{815517}{99000} = \frac{90613}{11000}.$$

23 Calcule $\lim_{n\to\infty} n\,\mathrm{sen}\,\frac{1}{n}$.

SOLUÇÃO Lembre, da Seção 5.3, que, se $|\theta|$ é pequeno, então $\frac{\mathrm{sen}\,\theta}{\theta} \approx 1$. Se n for grande, então $\frac{1}{n}$ é pequeno. Portanto, se n for grande, então

$$n\,\mathrm{sen}\,\frac{1}{n} = \frac{\mathrm{sen}\,\frac{1}{n}}{\frac{1}{n}} \approx 1.$$

Consequentemente, $\lim_{n\to\infty} n\,\mathrm{sen}\,\frac{1}{n} = 1$.

RESUMO DO CAPÍTULO

Para certificar-se de que você domina os conceitos e as habilidades mais importantes cobertas neste capítulo, assegure-se de que você consegue executar cada um dos itens da seguinte lista:

- Calcular os termos de uma sequência aritmética, dados qualquer termo e a diferença entre os termos consecutivos.
- Calcular os termos de uma sequência aritmética, dados quaisquer dois termos.
- Calcular os termos de uma sequência geométrica, dados qualquer termo e a razão entre os termos consecutivos.
- Calcular os termos de uma sequência geométrica, dados quaisquer dois termos.
- Calcular os termos de uma sequência definida recursivamente, dadas as equações que definem a sequência.
- Calcular a soma de uma sequência aritmética finita.
- Calcular a soma de uma sequência geométrica finita.
- Usar a notação de somatório.
- Usar o Teorema Binomial.
- Explicar a noção intuitiva de limite.
- Calcular a soma de uma sequência geométrica infinita.
- Calcular limites elementares.
- Converter uma dízima periódica em uma fração.

Para revisar um capítulo, percorra a lista acima procurando identificar itens que você não sabe como executar, depois releia no capítulo o material a respeito desses itens. Em seguida, tente responder as questões de revisão do capítulo, formuladas abaixo, sem olhar outra vez no capítulo.

QUESTÕES DE REVISÃO DO CAPÍTULO

1. Explique por que uma sequência cujos quatro primeiros termos são 41, 58, 75, 94 não é uma sequência aritmética.

2. Dê dois exemplos diferentes de sequências aritméticas cujo quinto termo seja igual a 17.

3. Explique por que uma sequência cujos primeiros quatro termos são 24, 36, 54, 78 não é uma sequência geométrica.

4. Dê dois exemplos diferentes de sequências geométricas cujo quarto termo seja igual a 29.

5. Determine um número t tal que a sequência finita 1, 5, t seja uma sequência aritmética.

6. Determine um número t tal que a sequência finita 1, 5, t seja uma sequência geométrica.

7. Determine o quinto termo da sequência definida recursivamente pelas equações

$$a_1 = 2 \quad \text{e} \quad a_{n+1} = \frac{1}{a_n + 1} \quad \text{para } n \geq 1.$$

8. Apresente uma definição recursiva da sequência cujo n-ésimo termo é igual a $4^{-n}n!$.

9. Determine a soma de todos os inteiros positivos pares de três dígitos.

10. Calcule o valor de $\sum_{j=1}^{22}(-5)^j$.

11. Qual é o coeficiente de $x^{48}y^2$ na expansão de $(x+y)^{50}$?

12. Calcule $\lim_{n \to \infty} \dfrac{4n^2 + 1}{3n^2 - 5n}$.

13. Calcule o valor de $\sum_{k=1}^{\infty} \dfrac{6}{12^k}$.

14. Calcule o valor de $\sum_{m=3}^{\infty} \dfrac{5}{4^m}$.

15. Expresse

$$0{,}417898989\ldots$$

como uma fração; aqui, os dígitos 89 repetem-se para sempre.

CAPÍTULO 8

Carl Friedrich Gauss em uma antiga nota de dez marcos alemães. A eliminação de Gauss é o método padrão para resolução de sistemas de equações lineares. Esse método foi usado em um livro publicado por Gauss em 1809. No entanto, o método também havia sido usado em um livro chinês publicado mais de 1600 anos antes.

Sistemas de Equações Lineares

Este capítulo fornece apenas uma amostra de alguns tópicos envolvendo sistemas de equações lineares. O tratamento completo desses tópicos requer um livro dedicado integralmente a eles. Tal tratamento completo pode ser encontrado em um curso de álgebra linear centrado em sistemas de equações lineares e matrizes.

Na primeira seção deste capítulo, introduziremos sistemas de equações lineares. Aprenderemos sobre a eliminação de Gauss, o método mais rápido e mais comumente usado para determinar soluções para sistemas de equações lineares.

A segunda seção deste capítulo redefine a eliminação de Gauss no contexto de matrizes. Matrizes fornecem uma representação eficiente para conduzir os passos usados na eliminação de Gauss. A abordagem com matrizes também nos ajuda a entender como computadores lidam com grandes sistemas de equações lineares.

Como veremos, cada sistema de equações lineares pode não ter solução, ter exatamente uma solução ou ter um número infinito de soluções.

8.1 Resolvendo Sistemas de Equações Lineares

OBJETIVOS DE APRENDIZAGEM

Ao final desta seção, você deverá ser capaz de
- usar sistemas de equações lineares;
- usar a eliminação de Gauss para determinar as soluções de um sistema de equações lineares.

Quantas Soluções?

Vamos começar de forma extremamente cuidadosa, analisando uma equação linear com uma variável.

Por exemplo, $3x = 15$ é uma equação linear com uma variável.

> **Equação linear com uma variável**
>
> Uma **equação linear com uma variável** é uma equação sob a forma
>
> $$ax = b,$$
>
> em que a e b são constantes.

Apesar de termos usado x como a variável acima, a variável pode ser identificada com alguma letra diferente de x.

Notavelmente, mesmo o caso simples de uma equação linear com uma variável dá-nos uma ideia do comportamento que encontraremos quando examinarmos sistemas de equações lineares com mais variáveis.

EXEMPLO 1

Considere que a e b sejam constantes. Quantas soluções existem para a equação linear $ax = b$?

SOLUÇÃO Uma resposta rápida, porém incorreta, para esta questão seria a de que devemos ter $x = \frac{b}{a}$, portanto, que há exatamente uma solução para a equação $ax = b$. No entanto, precisamos ter mais cuidado ao lidar com o caso em que $a = 0$.

Por exemplo, considere $a = 0$ e $b = 1$. Nossa equação, então, torna-se $0x = 1$. Essa equação não é satisfeita por nenhum valor de x. Assim, nossa equação, nesse caso, não tem solução. De forma geral, se $a = 0$ e $b \neq 0$, então nossa equação não tem solução.

O outro caso a considerar é quando $a = 0$ e $b = 0$. Nesse caso, nossa equação torna-se $0x = 0$. Essa equação é satisfeita para todo valor de x. Assim, nesse caso, nossa equação tem um número infinito de soluções.

Em resumo, o número de soluções depende de a e de b:

Sistemas maiores de equações lineares também têm apenas essas três possibilidades para o número de soluções.

- Se $a \neq 0$, então a equação $ax = b$ tem exatamente uma solução, $(x = \frac{b}{a})$.
- Se $a = 0$ e $b \neq 0$, então a equação $ax = b$ não tem solução.
- Se $a = 0$ e $b = 0$, então a equação $ax = b$ tem um número infinito de soluções.

Continuando com nossa abordagem delicada, vamos agora analisar equações lineares com duas variáveis.

Equação linear com duas variáveis

Uma **equação linear com duas variáveis** é uma equação da forma

$$ax + by = c,$$

em que a, b e c são constantes.

Por exemplo, $5x - 3y = 7$ é uma equação linear com duas variáveis.

A terminologia **equação linear** surgiu porque, exceto quando a e b são ambos 0, o conjunto de pontos (x, y) que satisfazem a equação $ax + by = c$ formam uma reta no plano xy.

Apesar de usarmos x e y como variáveis acima, as variáveis podem ser identificadas por letras diferentes de x e y.

O próximo exemplo ilustra o comportamento de um sistema de duas equações lineares com duas variáveis.

EXEMPLO 2

Considere que a, b e c sejam constantes. Quantas soluções há para o sistema de equações lineares a seguir?

$$2x + 3y = 6$$
$$ax + by = c$$

Aqui, uma solução significa números x e y que satisfazem ambas as equações.

SOLUÇÃO Pensar em gráficos é a melhor maneira para compreender esta questão. O conjunto de pontos que satisfazem a equação $2x + 3y = 6$ forma a reta cinza-escuro mostrada aqui.

Uma rápida, porém incorreta resposta para esta questão seria a de que o conjunto de pontos que satisfazem a equação $ax + by = c$ formam uma reta, que duas retas interceptam-se em apenas um ponto e que, portanto, há exatamente uma solução para nosso sistema de equações, como mostrado na figura.

Embora o raciocínio apresentado no parágrafo acima esteja correto na maior parte dos casos, mais cuidado é necessário ao lidar com casos especiais. Um caso especial ocorre se, por exemplo, $a = 0$, $b = 0$ e $c = 1$. Neste caso, a segunda equação em nosso sistema de equações torna-se $0x + 0y = 1$. Essa equação não é satisfeita para nenhum valor de x e y. Assim, nenhum par de números x e y pode satisfazer ambas as equações em nosso sistema de equações e, portanto, neste caso, nosso sistema de equações não tem solução.

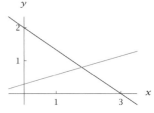

O gráfico de $2x + 3y = 6$ (cinza-escuro). A maioria das retas intercepta a reta cinza-escuro em exatamente um ponto.

Outro caso especial ocorre se, por exemplo, $a = 4$, $b = 6$ e $c = 7$, de forma que a segunda equação seja

$$4x + 6y = 7.$$

Neste caso, o conjunto de pontos que satisfazem a segunda equação é uma reta paralela à reta correspondente à primeira equação. Como essas retas são paralelas, elas não se interceptam, como mostrado na figura aqui apresentada. Assim, neste caso, o sistema de equações não tem solução.

Ainda outro caso especial ocorre se, por exemplo, $a = 6$, $b = 9$ e $c = 18$. Neste caso, nosso sistema de equações é

$$2x + 3y = 6$$
$$6x + 9y = 18.$$

Dividindo ambos os lados da segunda equação por 3, obtém-se a equação

$$2x + 3y = 6,$$

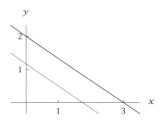

Os pontos que satisfazem $2x + 3y = 6$ (cinza-escuro) e os pontos que satisfazem $4x + 6y = 7$ (cinza meio-tom). Essas retas são paralelas e não se interceptam.

que é igual à primeira equação. Assim, a reta determinada pela segunda equação é a mesma reta determinada pela primeira equação. Portanto, neste caso, nosso sistema de equações tem um número infinito de soluções.

Finalmente, temos mais um caso especial a considerar. Se $a = 0$, $b = 0$ e $c = 0$, então a segunda equação em nosso sistema de equações é

$$0x + 0y = 0.$$

Essa equação é satisfeita para todos os valores de x e y, portanto, neste caso, a segunda equação não impõe restrições sobre x e y. O conjunto de soluções para nosso sistema de equações, neste caso, corresponde à reta determinada pela primeira equação. Assim, nosso sistema de equações tem um número infinito de soluções.

Em resumo, o número de soluções depende de a, b e c:

- Se o gráfico de $ax + by = c$ for uma reta não paralela nem idêntica ao gráfico de $2x + 3y = 6$, então o sistema de equações tem exatamente uma solução (veja os Problemas 19 e 20 para esta solução).

- Se $a = b = 0$ e $c \neq 0$, então o sistema de equações não tem solução.

- Se o gráfico de $ax + by = c$ for uma reta paralela (mas não idêntica) ao gráfico de $2x + 3y = 6$, então o sistema de equações não tem solução.

- Se o gráfico de $ax + by = c$ for o mesmo que o gráfico de $2x + 3y = 6$, então o sistema de equações tem um número infinito de soluções.

- Se $a = b = c = 0$, então o sistema de equações tem um número infinito de soluções.

Portanto, para esse sistema de equações, ou não existe solução, ou existe uma solução, ou existem um número infinito de soluções.

Não há nada especial sobre os números 2, 3 e 6 que aparecem na primeira equação do exemplo acima. O mesmo raciocínio usado no exemplo acima mostra que para qualquer sistema de duas equações lineares com duas variáveis ou há exatamente uma solução, ou não há nenhuma solução, ou há um número infinito de soluções.

De fato, como veremos na Seção 8.2, a mesma conclusão (exatamente uma solução, nenhuma solução ou um número infinito de soluções) é válida para todo sistema de equações lineares com qualquer número de variáveis. Antes que possamos entender por que esse resultado é válido, precisamos ver como se resolve um sistema de equações lineares.

Equações Lineares

Tendo definido equações lineares com uma variável e equações lineares com duas variáveis, nossa próxima etapa é definir equações lineares com qualquer número de variáveis.

Por exemplo, $4x - 5y + 3z = 7$ é uma equação linear com três variáveis.

> **Equação linear**
>
> Uma **equação linear** tem um lado que consiste em uma soma de termos, cada um deles sendo uma constante vezes uma variável, e outro lado que é uma constante.

EXEMPLO 3

Uma grande cesta de frutas contém maçãs, bananas, laranjas, ameixas e pêssegos. Cada maçã pesa 180 gramas, cada banana pesa 120 gramas, cada laranja pesa 140 gramas, cada ameixa pesa 65 gramas e cada pêssego pesa 25 gramas. O peso total da cesta de frutas é de 2465 gramas, incluindo a própria cesta, que pesa 500 gramas. Escreva uma equação conectando o número de maçãs, bananas, laranjas, ameixas e pêssegos no cesto de frutas ao peso total de frutas na cesta.

SOLUÇÃO   A maioria dos problemas do mundo real não vem com as variáveis previamente selecionadas. Portanto, nossa primeira etapa é designar os nomes das variáveis, como segue:

m = número de maçãs na cesta de frutas;

b = número de bananas na cesta de frutas;

l = número de laranjas na cesta de frutas;

a = número de ameixas na cesta de frutas;

p = número de pêssegos na cesta de frutas.

Evite usar "e" e "i" como nomes de variáveis porque esses símbolos têm significados específicos na matemática.

Tente escolher os nomes das variáveis que lembrem a você o significado das variáveis. Aqui, por exemplo, escolhemos a primeira letra de cada nome de fruta.

Cada maçã pesa 180 gramas. Portanto, as m maçãs da cesta de frutas pesam um total de $180m$ gramas.

Cada banana pesa 120 gramas. Portanto, as b bananas da cesta de frutas pesam um total de $120b$ gramas.

Cada laranja pesa 140 gramas. Portanto, as l laranjas da cesta de frutas pesam um total de $140l$ gramas.

Cada ameixa pesa 65 gramas. Portanto, as a ameixas da cesta de frutas pesam um total de $65a$ gramas.

Cada pêssego pesa 25 gramas. Portanto, os p pêssegos na cesta de frutas pesam um total de $25p$ gramas.

O peso total da cesta de frutas é de 2465 gramas, incluindo a própria cesta, que pesa 500 gramas. Portanto, o peso das frutas na cesta é 1965 gramas. Assim, temos a seguinte equação:

$$180m + 120b + 140l + 65a + 25p = 1965.$$

A equação acima é uma equação linear com cinco variáveis (m, b, l, a e p).

No restante desta seção e ao longo da próxima seção, trabalharemos com sistemas de equações lineares.

Sistema de equações lineares

- Um **sistema de equações lineares** é uma coleção de equações lineares.

- Uma **solução** para um sistema de equações é uma designação de valores para as variáveis que satisfaz a todas as equações no sistema.

Sistemas de equações lineares surgem em vários contextos, normalmente com muito mais variáveis do que as duas ou três usadas nos exemplos de livros-texto. Modelos matemáticos de um setor da economia ou de um processo de produção industrial tipicamente envolvem dúzias, centenas ou milhares de variáveis.

Sistemas de equações lineares são geralmente resolvidos por computadores, ao invés de por cálculos à mão. Mesmo assim, como um cidadão com formação acadêmica, você precisa ter algum entendimento sobre o processo usado pelos computadores para resolver sistemas de equações lineares. Além disso, você deve estar ciente de que você pode usar tecnologia para resolver mesmo grandes sistemas de equações lineares rapidamente. Portanto, vamos voltar nossa atenção à técnica denominada eliminação de Gauss, que é usada por computadores para resolver sistemas de equações lineares.

Os computadores do Google resolvem um sistema muito grande de equações lineares para classificar os resultados de buscas na Internet.

Eliminação de Gauss

A **eliminação de Gauss** fornece um método muito rápido para determinar soluções para sistemas de equações lineares. A ideia da eliminação de Gauss é que múltiplos da primeira equação são adicionados às outras equações para eliminar a primeira variável dessas equações. Em seguida, múltiplos da nova segunda equação são adicionados às equações abaixo dela para eliminar a segunda variável dessas equações. E assim por diante.

A eliminação de Gauss é particularmente apropriada para implementação em um computador.

Vamos começar aprendendo sobre a eliminação de Gauss lentamente, trabalhando inicialmente apenas com sistemas de equações lineares que têm exatamente uma solução. Veja o próximo exemplo e vários exercícios para ter certeza que você entende como usar a eliminação de Gauss nesse contexto. A seguir, na próxima seção, estenderemos a eliminação de Gauss para trabalhar com todos os sistemas de equações lineares.

O método básico mostrado a seguir não é válido para certos casos especiais que discutiremos na próxima seção, mas ele é perfeitamente válido para a maioria dos sistemas de equações lineares nos quais o número de equações é igual ao número de variáveis.

Eliminação de Gauss para um sistema de equações lineares, método básico

(a) Adicione múltiplos da primeira equação às outras equações para eliminar a primeira variável das outras equações.

(b) Adicione múltiplos da nova segunda equação às equações abaixo da segunda equação para eliminar a segunda variável das equações abaixo da segunda equação.

(c) Continue esse processo, iniciando a cada estágio uma equação abaixo e eliminando a próxima variável das equações que a seguem.

(d) Quando o processo acima não puder mais ser continuado, resolva a equação para a última variável. Em seguida, resolva para a penúltima variável, depois para a antepenúltima, e assim por diante.

O próximo exemplo mostra como realizar a eliminação de Gauss.

EXEMPLO 4 Determine todas as soluções para o seguinte sistema de equações lineares:

$$x + 2y + 3z = 4$$
$$3x - 3y + 4z = 1$$
$$2x + y - z = 7.$$

SOLUÇÃO O primeiro passo na eliminação de Gauss é usar a primeira equação para eliminar a primeira variável (que aqui é x) das outras equações. Para realizar esse procedimento, observe que o coeficiente de x na segunda equação é 3. Assim, adicionamos -3 vezes a primeira equação à segunda equação, obtendo uma nova segunda equação: $-9y - 5z = -11$. De forma semelhante, adicionando -2 vezes a primeira equação à terceira equação chega-se a uma nova terceira equação: $-3y - 7z = -1$. Neste estágio, nosso sistema de equações lineares mudou para:

$$x + 2y + 3z = 4$$
$$-9y - 5z = -11$$
$$-3y - 7z = -1.$$

O segundo passo na eliminação de Gauss consiste em usar a segunda equação acima para eliminar a segunda variável (que aqui é y) das equações que a seguem. Para realizar esse procedimento, observe que o coeficiente de y na segunda equação acima é -9 e que o coeficiente de y na terceira equação é -3. Assim, adicionamos $-\frac{1}{3}$ vezes a segunda equação à terceira equação, obtendo uma nova terceira equação: $-\frac{16}{3}z = \frac{8}{3}$. Neste estágio, nosso sistema de equações lineares mudou para

$$x + 2y + 3z = 4$$
$$-9y - 5z = -11$$
$$-\frac{16}{3}z = \frac{8}{3}.$$

Se o coeficiente de uma variável em uma equação for b e o coeficiente da mesma variável em outra equação for c, então adicione $-\frac{c}{b}$ vezes a primeira equação à segunda equação para eliminar a variável.

Esse processo de eliminação de variáveis que segue uma equação não pode continuar mais. Assim, resolvemos a última equação no novo sistema para z e depois trabalhamos nosso caminho de volta no sistema recente de equações (isto é denominado **retrossubstituição**). Especificamente, resolvendo a última equação para z, temos $z = -\frac{1}{2}$. Substituindo $z = -\frac{1}{2}$ na segunda equação do novo sistema acima chega-se à nova equação

$$-9y + \frac{5}{2} = -11,$$

a qual resolvemos para y, obtendo $y = \frac{3}{2}$. Finalmente, a substituição de $y = \frac{3}{2}$ e $z = -\frac{1}{2}$ na primeira equação no novo sistema acima fornece a nova equação

$$x + 3 - \frac{3}{2} = 4,$$

a qual resolvemos para x, obtendo $x = \frac{5}{2}$.

Assim, a única solução para nosso sistema original de equações é $x = \frac{5}{2}$, $y = \frac{3}{2}$, $z = -\frac{1}{2}$.

VERIFICAÇÃO Para verificar se $x = \frac{5}{2}$, $y = \frac{3}{2}$, $z = -\frac{1}{2}$ é de fato uma solução, substitua esses valores nas equações originais para ver se

$$\frac{5}{2} + 2 \cdot \frac{3}{2} - 3 \cdot \frac{1}{2} \stackrel{?}{=} 4$$
$$3 \cdot \frac{5}{2} - 3 \cdot \frac{3}{2} - 4 \cdot \frac{1}{2} \stackrel{?}{=} 1$$
$$2 \cdot \frac{5}{2} + \frac{3}{2} + \frac{1}{2} \stackrel{?}{=} 7.$$

Uma aritmética simples mostra que todas as três equações acima são válidas. Portanto, $x = \frac{5}{2}$, $y = \frac{3}{2}$, $z = -\frac{1}{2}$ é, de fato, uma solução para o sistema de equações.

Vamos investigar mais profundamente a eliminação de Gauss na próxima seção.

No Ensino Médio, você pode ter aprendido sobre a regra de Cramer, que é outro método para resolver sistemas de equações lineares. No entanto, a regra de Cramer é usada apenas em livros-texto, não em aplicações do mundo real. Portanto, a regra de Cramer não será discutida aqui, exceto para observar os seguintes pontos de comparação com a eliminação de Gauss:

- A eliminação de Gauss determina soluções para todos os sistemas de equações lineares. Em contraste, a regra de Cramer pode ser usada apenas em sistemas de equações lineares para os quais o número de equações é igual ao número de variáveis. Mesmo para tais sistemas de equações, a Regra de Cramer funciona apenas quando existe exatamente uma solução.
- A eliminação de Gauss é mais rápida e muito mais eficiente que a regra de Cramer para grandes sistemas de equações lineares. Ninguém usaria a regra de

Você pode entender por que a eliminação de Gauss funciona: a operação básica é adicionar um múltiplo de uma equação a outra equação. Em contraste, a regra de Cramer é geralmente apresentada sem motivação ou explicação de por que ela funciona.

Cramer mesmo em um sistema relativamente pequeno, de dez equações lineares com dez variáveis.

- Pelas razões mencionadas nos dois itens anteriores, a eliminação de Gauss é a ferramenta padrão usada por computadores para resolver sistemas de equações lineares.

EXERCÍCIOS

Nos Exercícios 1–12, use a eliminação de Gauss para determinar todas as soluções para o sistema de equações dado.

1 $x - 4y = 3$
       $3x + 2y = 7$

2 $-x + 2y = 4$
       $2x - 7y = -3$

3 $2x + 3y = 4$
       $5x - 6y = 1$

4 $-4x + 5y = 7$
       $7x - 8y = 9$

5 $3r + 5t = 1$
       $r - 4t = 6$

6 $2r + 5w = 1$
       $r - 4w = 7$

7 $x + 3y - 2z = 1$
       $2x - 4y + 3z = -5$
       $-3x + 5y - 4z = 0$

8 $x - 2y - 3z = 4$
       $-3x + 2y + 3z = -1$
       $2x + 2y - 3z = -2$

9 $2x - 3y - 5z = -4$
       $5x + y + 3z = 0$
       $3x - 2y + 4z = 8$

10 $3x - 3y - z = 5$
       $2x + y + 3z = -6$
       $3x - 2y + 4z = 7$

11 $2a + 3b - 4c = 5$
       $a - 2b + 4c = 6$
       $3a + 3b - 2c = 7$

12 $3a + 3b - 4d = 5$
       $a - 2b + 4d = 6$
       $4a + 3b - 2d = 7$

13 Um anúncio de um lanche constituído de amendoins e passas diz que uma porção do lanche regular contém 15 amendoins e 15 passas e tem 84 calorias. A versão *light* do lanche consiste em 10 amendoins e 20 passas por porção e, de acordo com o anúncio, tem 72 calorias.

(a) Quantas calorias tem cada passa?

(b) Quantas calorias tem cada amendoim?

14 Um anúncio de um lanche constituído de amendoins cobertos de chocolate e passas douradas diz que uma porção do lanche normal contém 15 amendoins cobertos de chocolate e 20 passas douradas e tem 151 calorias. A versão *light* do lanche consiste em 10 amendoins cobertos de chocolate e 25 passas douradas por porção e, de acordo com o anúncio, tem 124 calorias.

(a) Quantas calorias tem cada passa dourada?

(b) Quantas calorias tem cada amendoim recoberto com chocolate?

15 Em um escritório educacional distrital, três tipos de salários estão incorporados ao orçamento: especialistas, gerentes e diretores. Empregados de cada tipo têm o mesmo salário em todos os distritos. Um distrito emprega cinco especialistas, dois gerentes e um diretor, com orçamento anual total de salários de US$ 550.000,00. Outro distrito emprega seis especialistas, três gerentes e dois diretores, com um orçamento anual de salários de US$ 777.000,00. Um terceiro distrito emprega oito especialistas, nenhum gerente e dois diretores, com um orçamento anual de salários de US$ 676.000,00.

(a) Qual é o salário anual para cada especialista?

(b) Qual é o salário anual para cada gerente?

(c) Qual é o salário anual para cada diretor?

16 Em uma universidade, três tipos de salários estão incorporados ao orçamento de cada departamento: pessoal técnico, pessoal administrativo e pessoal financeiro. Empregados de cada tipo têm o mesmo salário em todos os departamentos. O departamento de Física emprega três técnicos, dois administrativos e um financeiro, com um orçamento anual total de salários de

US$ 325.000,00. O departamento de Biologia emprega quatro técnicos, três administrativos e dois financeiros com um orçamento anual de salários de US$ 485.000,00. O Departamento de Matemática não tem nenhum técnico, quatro administrativos e dois financeiros, com um orçamento anual de salários de US$ 260.000,00.

(a) Qual é o salário anual de cada membro do pessoal técnico?

(b) Qual é o salário anual de cada membro do pessoal administrativo?

(c) Qual é o salário anual de cada membro do pessoal financeiro?

17 A empresa Red-White-Blue Jelly Bean produz balas de goma vermelhas pequenas, balas de goma brancas com tamanho médio e balas de goma azuis grandes. Essas balas de goma são vendidas da seguinte maneira:

- pacotes pequenos constituídos de 5 balas de goma vermelhas, 8 balas de goma brancas e 6 balas de goma azuis, pesando um total de 40 gramas;
- pacotes médios constituídos de 10 balas de goma vermelhas, 15 balas de goma brancas e 11 balas de goma azuis, pesando um total de 75 gramas;
- pacotes grandes constituídos de 15 balas de goma vermelhas, 23 balas de goma brancas e 16 balas de goma azuis, pesando um total de 112 gramas.

Um pacote extragrande consiste em 20 balas de goma vermelhas, 25 balas de goma brancas e 23 balas de goma azuis. Quanto pesa um pacote extragrande?

18 A empresa Yellow-Green-Purple Jelly Bean produz balas de goma amarelas pequenas, balas de goma verdes com tamanho médio e balas de goma roxas grandes. Essas balas de goma são vendidas da seguinte maneira:

- pacotes pequenos constituídos de 4 balas de goma amarelas, 10 balas de goma verdes e 7 balas de goma roxas, pesando um total de 53 gramas;
- pacotes médios constituídos por 8 balas de goma amarelas, 18 balas de goma verdes e 13 balas de goma roxas, pesando um total de 98 gramas;
- pacotes grandes constituídos por 12 balas de goma amarelas, 26 balas de goma verdes e 17 balas de goma roxas, pesando um total de 137 gramas.

Um pacote extragrande consiste em 16 balas de goma amarelas, 30 balas de goma verdes e 21 balas de goma roxas. Quanto pesa um pacote extragrande?

PROBLEMAS

Alguns problemas exigem consideravelmente mais raciocínio que os exercícios.

Os próximos dois problemas fornecem uma fórmula explícita para a solução do sistema de equações do Exemplo 2 quando existe exatamente uma solução.

19 Demonstre que o gráfico de $2x + 3y = 6$ e o gráfico de $ax + by = c$ interceptam-se em exatamente um ponto se e somente se $3a \neq 2b$.

20 Demonstre que, se $3a \neq 2b$, então a solução para o sistema de equações

$$2x + 3y = 6$$
$$ax + by = c$$

é $x = \frac{6b-3c}{2b-3a}, y = \frac{2c-6a}{2b-3a}$.

SOLUÇÕES DETALHADAS dos Exercícios Ímpares

Não leia estas soluções detalhadas antes de tentar resolver você mesmo os exercícios. Caso contrário, você corre o risco de imitar as técnicas demonstradas aqui, sem, no entanto, compreender as ideias.

Melhor caminho para aprender: Leia cuidadosamente a seção do livro-texto, depois resolva todos os exercícios ímpares e verifique suas respostas aqui. Se você tiver alguma dificuldade para resolver algum exercício, olhe a solução detalhada apresentada aqui.

Nos Exercícios 1–12, use a eliminação de Gauss para determinar todas as soluções para o sistema de equações dado.

1 $\quad x - 4y = 3$

$\quad 3x + 2y = 7$

solução Adicione -3 vezes a primeira equação à segunda equação, obtendo o sistema de equações lineares

$$x - 4y = 3$$
$$14y = -2.$$

Resolva a segunda equação para y, obtendo $y = -\frac{1}{7}$. Substitua esse valor para y na primeira equação, obtendo a equação $x + \frac{4}{7} = 3$. Portanto, $x = \frac{17}{7}$. Assim, a única solução para esse sistema de equações lineares é $x = \frac{17}{7}$, $y = -\frac{1}{7}$.

3 $\quad 2x + 3y = 4$

$\quad\quad 5x - 6y = 1$

SOLUÇÃO Adicione $-\frac{5}{2}$ vezes a primeira equação à segunda equação, obtendo o sistema de equações lineares

$$2x + 3y = 4$$
$$-\frac{27}{2}y = -9.$$

Resolva a segunda equação para y, obtendo $y = \frac{2}{3}$. Substitua esse valor para y na primeira equação, obtendo a equação $2x + 2 = 4$. Portanto, $x = 1$. Assim, a única solução para esse sistema de equações lineares é $x = 1$, $y = \frac{2}{3}$.

5 $\quad 3r + 5t = 1$

$\quad\quad r - 4t = 6$

SOLUÇÃO Para simplificar a aritmética, trocamos a ordem das equações, obtendo

$$r - 4t = 6$$
$$3r + 5t = 1.$$

Adicionando -3 vezes a primeira equação à segunda equação, obtemos

$$r - 4t = 6$$
$$17t = -17.$$

A segunda equação mostra que $t = -1$. Substitua esse valor para t na primeira equação e resolva para r, obtendo $r = 2$. Assim, a única solução para esse sistema de equações é $r = 2$, $t = -1$.

7 $\quad x + 3y - 2z = 1$

$\quad\quad 2x - 4y + 3z = -5$

$\quad\quad -3x + 5y - 4z = 0$

SOLUÇÃO Adicione -2 vezes a primeira equação à segunda equação e adicione 3 vezes a primeira equação à terceira equação, obtendo o sistema de equações lineares

$$x + 3y - 2z = 1$$
$$-10y + 7z = -7$$
$$14y - 10z = 3.$$

Agora, adicione $\frac{14}{10}$ (que é igual a $\frac{7}{5}$) vezes a segunda equação à terceira equação, obtendo o sistema de equações lineares

$$x + 3y - 2z = 1$$
$$-10y + 7z = -7$$
$$-\frac{1}{5}z = -\frac{34}{5}.$$

Resolva a terceira equação para z, obtendo $z = 34$. Substitua esse valor para z na segunda equação, obtendo a equação $-10y + 7 \cdot 34 = -7$. Portanto, $y = \frac{49}{2}$. Substitua esses valores para y e z na primeira equação, obtendo a equação $x + 3 \cdot \frac{49}{2} - 2 \cdot 34 = 1$. Portanto, $x = -\frac{9}{2}$. Assim, a única solução para esse sistema de equações lineares é $x = -\frac{9}{2}$, $y = \frac{49}{2}$, $z = 34$.

9 $\quad 2x - 3y - 5z = -4$

$\quad\quad 5x + y + 3z = 0$

$\quad\quad 3x - 2y + 4z = 8$

SOLUÇÃO Adicione $-\frac{5}{2}$ vezes a primeira equação à segunda equação e adicione $-\frac{3}{2}$ vezes a primeira equação à terceira equação, obtendo o sistema de equações lineares

$$2x - 3y - 5z = -4$$
$$\tfrac{17}{2}y + \tfrac{31}{2}z = 10$$
$$\tfrac{5}{2}y + \tfrac{23}{2}z = 14.$$

Agora, adicione $-\frac{2}{17} \cdot \frac{5}{2}$ (que é igual a $-\frac{5}{17}$) vezes a segunda equação à terceira equação, obtendo o sistema de equações lineares

$$2x - 3y - 5z = -4$$
$$\tfrac{17}{2}y + \tfrac{31}{2}z = 10$$
$$\tfrac{118}{17}z = \tfrac{188}{17}.$$

Resolva a terceira equação para z, obtendo $z = \frac{188}{118} = \frac{94}{59}$. Substitua esse valor para z na segunda equação, depois, resolva a equação para y, obtendo $y = -\frac{102}{59}$. Substitua esses valores para y e z na primeira equação, depois, resolva a equação para x, obtendo $x = -\frac{36}{59}$. Assim, a única solução para esse sistema de equações lineares é $x = -\frac{36}{59}$, $y = -\frac{102}{59}$, $z = \frac{94}{59}$.

11 $\quad 2a + 3b - 4c = 5$

$\quad\quad a - 2b + 4c = 6$

$\quad\quad 3a + 3b - 2c = 7$

SOLUÇÃO Para simplificar a aritmética, trocamos a ordem entre a primeira e a segunda equações, obtendo

$$a - 2b + 4c = 6$$
$$2a + 3b - 4c = 5$$
$$3a + 3b - 2c = 7.$$

Adicione -2 vezes a primeira equação à segunda equação e adicione -3 vezes a primeira equação à terceira equação, obtendo

$$a - 2b + 4c = 6$$
$$7b - 12c = -7$$
$$9b - 14c = -11.$$

Agora adicione $-\frac{9}{7}$ vezes a segunda equação à terceira equação, obtendo

$$a - 2b + 4c = 6$$
$$7b - 12c = -7$$
$$\tfrac{10}{7}c = -2.$$

Resolvendo a última equação para c, obtemos $c = -\frac{7}{5}$. Substituindo esse valor para c na segunda equação e, em seguida, resolvendo a equação para b, obtemos $b = -\frac{17}{5}$. Conectando esses valores para b e c na primeira equação e depois resolvendo a equação para a, obtemos $a = \frac{24}{5}$. Assim, a única solução para essa equação é $a = \frac{24}{5}$, $b = -\frac{17}{5}$, $c = -\frac{7}{5}$.

13 Um anúncio de um lanche constituído de amendoins e passas diz que uma porção do lanche regular contém 15 amendoins e 15 passas, e tem 84 calorias. A versão light do lanche consiste em 10 amendoins e 20 passas por porção e, de acordo com o anúncio, tem 72 calorias.

(a) Quantas calorias tem cada passa?

(b) Quantas calorias tem cada amendoim?

SOLUÇÃO Seja p o número de calorias em cada amendoim e seja r o número de calorias em cada passa. Assim,

$$15p + 15r = 84$$
$$10p + 20r = 72.$$

Para resolver esse sistema de equações, adicione $-\frac{2}{3}$ vezes a primeira equação à segunda equação, obtendo o novo sistema de equações

$$15p + 15r = 84$$
$$10r = 16.$$

A última equação implica que $r = 1{,}6$. Usando esse valor para r na primeira equação e depois resolvendo a equação para p, obtemos $p = 4$. Assim, temos:

(a) Cada passa tem 1,6 caloria.

(b) Cada amendoim tem 4 calorias.

15 Em um escritório educacional distrital, três tipos de salários estão incorporados ao orçamento: especialistas, gerentes e diretores. Empregados de cada tipo têm o mesmo salário em todos os distritos. Um distrito emprega cinco especialistas, dois gerentes e um diretor, com orçamento anual total de salários de US$ 550.000,00. Outro distrito emprega seis especialistas, três gerentes e dois diretores, com um orçamento anual de salários de US$ 777.000,00. Um terceiro distrito emprega oito especialistas, nenhum gerente e dois diretores, com um orçamento anual de salários de US$ 676.000,00.

(a) Qual é o salário anual para cada especialista?

(b) Qual é o salário anual para cada gerente?

(c) Qual é o salário anual para cada diretor?

SOLUÇÃO Use milhares de dólares como unidade. Seja s o salário anual de um especialista, m o salário anual de um gerente e d o salário anual de um diretor. Assim, temos o que segue:

$$5s + 2m + d = 550$$
$$6s + 3m + 2d = 777$$
$$8s + 0m + 2d = 676.$$

Como o coeficiente de d na primeira equação é 1, reverteremos a ordem das variáveis para facilitar a aritmética enquanto realizamos a eliminação de Gauss. Assim, reescrevemos o sistema de equações acima como

$$d + 2m + 5s = 550$$
$$2d + 3m + 6s = 777$$
$$2d + 0m + 8s = 676.$$

Adicione -2 vezes a primeira equação à segunda equação, e -2 vezes a primeira equação à terceira equação, obtendo

$$d + 2m + 5s = 550$$
$$-m - 4s = -323$$
$$-4m - 2s = -424.$$

Agora adicione -4 vezes a segunda equação à terceira equação, obtendo

$$d + 2m + 5s = 550$$
$$-m - 4s = -323$$
$$14s = 868.$$

A solução da última equação para s mostra que $s = 62$. Utilizando esse valor para s na segunda equação acima e depois resolvendo a equação para m, chega-se a $m = 75$. Utilizando esses valores para s e m na primeira equação e depois resolvendo a equação para d, chega-se a $d = 90$. Assim, temos:

(a) Cada especialista tem salário anual de US$ 62.000,00.

(b) Cada gerente tem salário anual de US$ 75.000,00.

(c) Cada diretor tem salário anual de US$ 90.000,00.

17 A empresa Red-White-Blue Jelly Bean produz balas de goma vermelhas pequenas, balas de goma brancas com tamanho médio e balas de goma azuis grandes. Essas balas de goma são vendidas da seguinte maneira:

- pacotes pequenos constituídos de 5 balas de goma vermelhas, 8 balas de goma brancas e 6 balas de goma azuis, pesando um total de 40 gramas;
- pacotes médios constituídos de 10 balas de goma vermelhas, 15 balas de goma brancas e 11 balas de goma azuis, pesando um total de 75 gramas;
- pacotes grandes constituídos de 15 balas de goma vermelhas, 23 balas de goma brancas e 16 balas de goma azuis, pesando um total de 112 gramas.

Um pacote extragrande consiste em 20 balas de goma vermelhas, 25 balas de goma brancas e 23 balas de goma azuis. Quanto pesa um pacote extragrande?

SOLUÇÃO A maneira mais fácil de responder a questão acima é determinar o peso de cada bala de goma vermelha, de cada bala de goma branca e de cada bala de goma azul. Seja r o peso, em gramas, de uma bala de goma vermelha, w o peso, em gramas, de uma bala de goma branca e b o peso, em gramas, de uma bala de goma azul. Assim, temos o sistema de equações

$$5r + 8w + 6b = 40$$
$$10r + 15w + 11b = 75$$
$$15r + 23w + 16b = 112.$$

Adicione -2 vezes a primeira equação à segunda equação e adicione -3 vezes a primeira equação à terceira equação, obtendo o sistema de equações lineares

$$5r + 8w + 6b = 40$$
$$-w - b = -5$$
$$-w - 2b = -8.$$

Agora, adicione -1 vez a segunda equação à terceira equação, obtendo o sistema de equações lineares

$$5r + 8w + 6b = 40$$
$$-w - b = -5$$
$$-b = -3.$$

Resolva a terceira equação para b, obtendo $b = 3$. Substitua esse valor para b na segunda equação, obtendo $-w - 3 = -5$. Portanto, $w = 2$. Substitua esses valores para w e b na primeira equação, obtendo $5r + 16 + 18 = 40$, o que implica $5r = 6$, o que por sua vez implica $r = \frac{6}{5}$.

Assim, o peso de um pacote extragrande de bala de goma é

$$20 \cdot \tfrac{6}{5} + 25 \cdot 2 + 23 \cdot 3$$

gramas, que é igual a 143 gramas.

8.2 Matrizes

OBJETIVOS DE APRENDIZAGEM
Ao final desta seção, você deverá ser capaz de
- representar um sistema de equações lineares por uma matriz;
- interpretar uma matriz como um sistema de equações lineares;
- resolver um sistema de equações lineares usando operações elementares de linha em uma matriz.

Representando Sistemas de Equações Lineares por Matrizes

No último exemplo na seção anterior, usamos a eliminação de Gauss para resolver um sistema de três equações lineares com três variáveis. Aplicações no mundo real geralmente envolvem um número muito maior de equações lineares e de variáveis. Tais sistemas de equações lineares são resolvidos por computadores usando a eliminação de Gauss.

Apesar de computadores conseguirem calcular rapidamente, a eficiência torna-se importante quando se lida com grandes sistemas de equações. Armazenar uma equação tal como

$$3x + 8y + 2z = 1$$

em um computador como "$3x + 8y + 2z = 1$" é altamente ineficiente, especialmente se tivermos dúzias ou centenas ou milhares de equações desse formato. Por exemplo, se soubermos que estamos lidando com equações lineares de três variáveis, x, y e z, tudo o que precisamos para construir a equação acima são os números 3, 8, 2 e 1, nessa ordem. Não há necessidade de listar as variáveis repetidamente, nem precisamos dos sinais de mais conectando os termos acima, ou do sinal de igual.

Portanto, computadores armazenam sistemas de equações lineares como matrizes.

Matrizes
- Uma **matriz** é um arranjo retangular de números. Normalmente, uma matriz é delimitada por colchetes.
- Uma linha horizontal de números dentro de uma matriz é denominada **linha**; uma linha vertical de números dentro de uma matriz é denominada **coluna**.

$$\begin{bmatrix} 2 & 3 & 8 \\ -1 & 7 & 4 \end{bmatrix}$$

A linha 1 está em cinza meio-tom.

$$\begin{bmatrix} 2 & 3 & 8 \\ -1 & 7 & 4 \end{bmatrix}$$

A coluna 3 está em cinza meio-tom.

$$\begin{bmatrix} 2 & 3 & 8 \\ -1 & 7 & 4 \end{bmatrix}$$

A entrada da linha 1, coluna 3 está em cinza meio-tom.

Portanto,

$$\begin{bmatrix} 2 & 3 & 8 \\ -1 & 7 & 4 \end{bmatrix}$$

é uma matriz com duas linhas e três colunas. Os exemplos mostrados aqui devem ajudá-lo a identificar as várias partes de uma matriz.

Matrizes têm muitas aplicações na matemática e em outros campos. Nesta visão introdutória sobre matrizes, focaremos seu uso para a resolução de sistemas de equações lineares.

A ideia principal neste tópico é representar um sistema de equações lineares como uma matriz e, em seguida, manipular a matriz. Para representar um sistema de equações lineares como uma matriz, transforme os coeficientes e o termo constante de cada equação em uma linha da matriz, como mostrado no exemplo a seguir.

EXEMPLO 1

Represente o sistema de equações lineares

$$2x + 3y = 7$$
$$5x - 6y = 4$$

como uma matriz.

As barras cinza meio-tom não fazem parte da matriz. As barras cinza meio-tom estão simplesmente servindo de lembrete sobre a posição do sinal de igual quando se interpreta uma linha da matriz como uma equação.

SOLUÇÃO A equação $2x + 3y = 7$ é representada como a linha [2 3 | 7] e a equação $5x - 6y = 4$ é representada como a linha [5 −6 | 4]. Portanto, o sistema de duas equações lineares acima é representado pela matriz

$$\begin{bmatrix} 2 & 3 & | & 7 \\ 5 & -6 & | & 4 \end{bmatrix}.$$

Observe que, no exemplo acima, os coeficientes de x no sistema de equações lineares formam a coluna 1

$$\begin{bmatrix} 2 \\ 5 \end{bmatrix}$$

da matriz. Os coeficientes de y formam a coluna 2

$$\begin{bmatrix} 3 \\ -6 \end{bmatrix}$$

da matriz. Os termos constantes formam a última coluna

$$\begin{bmatrix} 7 \\ 4 \end{bmatrix}$$

da matriz.

A palavra "matriz" foi usada pela primeira vez para representar um arranjo retangular de números pelo matemático britânico James Sylvester, mostrado acima, por volta de 1850.

Quando se representa um sistema de equações lineares como uma matriz, é importante decidir qual símbolo representa a primeira variável, qual símbolo representa a segunda variável, e assim por diante. Além disso, uma vez tomada essa decisão, é importante manter a consistência na ordem das variáveis. Por exemplo, uma vez que decidimos que x representará a primeira variável e y representará a segunda variável, então uma equação como $-6y + 5x = 4$ deve ser reescrita como $5x - 6y = 4$, para que possa ser representada como a linha [5 − 6 | 4].

No próximo exemplo, vamos na outra direção, interpretando uma matriz como um sistema de equações lineares.

EXEMPLO 2

Interprete a matriz

$$\begin{bmatrix} -8 & 1 & | & -3 \\ 0 & 2 & | & 9 \end{bmatrix}$$

como um sistema de equações lineares.

SOLUÇÃO Para interpretar uma matriz como um sistema de equações lineares, precisamos ter um símbolo para a primeira variável, um símbolo para a segunda variável, e assim por diante. Às vezes, a escolha dos símbolos é determinada pelo contexto. Quando o contexto não sugere uma escolha de símbolos, podemos escolher livremente os símbolos que quisermos. Neste caso, escolheremos x para representar a primeira variável e y para representar a segunda variável.

Portanto, a primeira linha [−8 1 | −3] é interpretada como a equação −8x + y = −3, e a segunda linha [0 2 | 9] é interpretada como a equação 0x + 2y = 9, que podemos reescrever como 2y = 9. Portanto, a matriz acima é interpretada como o seguinte sistema de equações lineares:

$$-8x + y = -3$$
$$2y = 9.$$

Eliminação de Gauss com Matrizes

A ideia básica da utilização de matrizes para resolver sistemas de equações lineares é representar o sistema de equações lineares como uma matriz e, em seguida, realizar as operações da eliminação de Gauss na matriz pelo menos até que o estágio de retrossubstituição seja alcançado.

O próximo exemplo ilustra essa ideia. Ele também mostra como lidar com um dos casos especiais para os quais o método básico da eliminação de Gauss necessita de modificação para funcionar.

O uso de matrizes para resolver sistemas de equações lineares economiza um tempo considerável (para humanos e computadores) por não carregar em cada passo os nomes das variáveis.

Use operações de matrizes para determinar todas as soluções para este sistema de equações lineares:

EXEMPLO 3

$$2y + 3z = 5$$
$$x + y + z = 2$$
$$2x - y - 2z = -2.$$

SOLUÇÃO Começamos por representar este sistema de equações lineares como a matriz

$$\begin{bmatrix} 0 & 2 & 3 & | & 5 \\ 1 & 1 & 1 & | & 2 \\ 2 & -1 & -2 & | & -2 \end{bmatrix},$$

*Alguns livros usam o termo **matriz aumentada** para referir-se a uma matriz cuja última coluna consiste nos termos constantes de um sistema de equações.*

em que fizemos a escolha natural de deixar que a primeira variável seja x, a segunda variável seja y e a terceira variável seja z.

Agora estamos prontos para realizar a eliminação de Gauss na matriz. Normalmente, o primeiro passo na eliminação de Gauss é adicionar múltiplos da primeira equação às outras equações para eliminar a primeira variável das outras equações. Em termos de matrizes, isso se traduz em adicionar múltiplos da linha 1 às outras linhas. Entretanto, a entrada na linha 1, coluna 1 da matriz acima é igual a 0. Assim, a adição de múltiplos da linha 1 às outras linhas não pode produzir as entradas desejadas de 0 na coluna 1.

Para resolver esse problema, troque as duas primeiras linhas da matriz acima. Essa operação corresponde a reescrever a ordem das equações, em nosso sistema de equações lineares, de tal forma que primeiro venha a equação x + y + z = 2, ficando a equação 2y + 3z = 5 em segundo lugar. A operação de troca da ordem das equações (ou, equivalentemente, a permuta de duas linhas na matriz) não altera as soluções para o sistema de equações lineares. Depois de permutar as duas primeiras linhas, temos, agora, a matriz

A permuta entre duas linhas é uma das denominadas operações elementares de linhas.

$$\begin{bmatrix} 1 & 1 & 1 & | & 2 \\ 0 & 2 & 3 & | & 5 \\ 2 & -1 & -2 & | & -2 \end{bmatrix}.$$

Adicionar um múltiplo de uma linha a alguma outra linha é uma das operações elementares de linhas.

Agora, podemos proceder com a eliminação de Gauss. A entrada na linha 2, coluna 1, já é 0, portanto, não precisamos fazer nada na linha 2. Para tornar a entrada na linha 3, coluna 1, igual a 0 (equivalente a eliminar a primeira variável *x*), adicionamos −2 vezes a linha 1 à linha 3 (equivalente a adicionar −2 vezes uma equação à outra equação), obtendo a matriz

$$\begin{bmatrix} 1 & 1 & 1 & | & 2 \\ 0 & 2 & 3 & | & 5 \\ 0 & -3 & -4 & | & -6 \end{bmatrix}.$$

A seguir, precisamos tornar a entrada na linha 3, coluna 2, igual a 0 (equivalente a eliminar *y* da terceira equação). Fazemos isso adicionando $\frac{3}{2}$ vezes a linha 2 à linha 3, obtendo a matriz

$$\begin{bmatrix} 1 & 1 & 1 & | & 2 \\ 0 & 2 & 3 & | & 5 \\ 0 & 0 & \frac{1}{2} & | & \frac{3}{2} \end{bmatrix}.$$

A última linha da matriz acima corresponde à equação $\frac{1}{2}z = \frac{3}{2}$. Multiplicar ambos os lados dessa equação por 2 corresponde a multiplicar a última linha da matriz acima por 2, levando à matriz

Multiplicar uma linha por uma constante não nula é outra operação elementar de linhas.

$$\begin{bmatrix} 1 & 1 & 1 & | & 2 \\ 0 & 2 & 3 & | & 5 \\ 0 & 0 & 1 & | & 3 \end{bmatrix}.$$

A última linha da matriz acima corresponde à equação $z = 3$. Tendo determinado a solução para a terceira variável, *z*, estamos prontos para ingressar na fase de retrossubstituição. A linha 2 da matriz acima corresponde à equação $2y + 3z = 5$. Substituindo $z = 3$ nessa equação, chega-se a $2y + 9 = 5$, a qual pode ser facilmente resolvida para *y*, fornecendo $y = -2$.

Finalmente, a linha 1 da matriz acima corresponde à equação $x + y + z = 2$. Substituindo $y = -2$ e $z = 3$ nessa equação, obtemos $x + 1 = 2$, o que implica $x = 1$.

Como conclusão, mostramos que a única solução para nosso sistema de equações original é $x = 1, y = -2, z = 3$.

Um estudo cuidadoso do exemplo acima levará a um bom entendimento sobre como as operações com matrizes são usadas para resolver sistemas de equações lineares. Apenas três operações de matrizes são necessárias, como no exemplo acima. Essas três operações são denominadas **operações elementares de linha**:

> ### Operações elementares de linha
>
> Cada uma das seguintes operações em uma matriz é denominada **operação elementar de linha**:
>
> - adicionar um múltiplo de uma linha a alguma outra linha;
> - multiplicar uma linha por uma constante não nula;
> - permutar duas linhas.

A constante 0 é excluída da segunda operação elementar de linha porque multiplicar ambos os lados de uma equação por 0 resulta em uma perda de informação. Por exemplo, multiplicar ambos os lados da equação $2x = 6$ por 0 produz a equação $0x = 0$, que não carrega nenhuma informação.

Tais operações elementares de linha são fáceis de entender se você tiver claro que cada uma delas corresponde a uma operação em um sistema de equações lineares.

Assim, a primeira operação elementar de linha corresponde a adicionar um múltiplo de uma equação a alguma outra equação.

A segunda operação elementar de linha corresponde a multiplicar uma equação por uma constante não nula.

A terceira operação elementar de linha corresponde a permutar duas equações em um sistema de equações lineares.

Cada operação elementar de linha não altera o conjunto de soluções para o correspondente sistema de equações lineares. Portanto, a realização de uma série de operações elementares de linha, como feito no exemplo anterior, não altera o conjunto de soluções.

Apesar de ser necessária uma disciplina inteira (denominada álgebra linear) para lidar cuidadosamente com estas ideias, aqui está a ideia principal da utilização de matrizes para resolver sistemas de equações lineares:

Resolvendo um sistema de equações lineares com operações elementares de linha

(a) Represente o sistema de equações lineares com uma matriz.

(b) Execute operações elementares de linha na matriz correspondente para as etapas de eliminação de Gauss até que a retrossubstituição seja fácil ou até que o conjunto de soluções se torne claro.

Sistemas de Equações Lineares sem Soluções

Até agora, usamos a eliminação de Gauss (ou sua formulação equivalente usando operações elementares de linha) apenas em sistemas de equações lineares que acabam tendo exatamente uma solução. O próximo exemplo mostra como lidar com um dos casos especiais com os quais ainda não nos deparamos.

EXEMPLO 4

Use operações com matrizes para determinar todas as soluções para este sistema de equações lineares:

$$x + y + z = 3$$
$$x + 2y + 3z = 8$$
$$x + 4y + 7z = 10.$$

SOLUÇÃO Primeiramente representamos esse sistema de equações lineares como a matriz

$$\begin{bmatrix} 1 & 1 & 1 & | & 3 \\ 1 & 2 & 3 & | & 8 \\ 1 & 4 & 7 & | & 10 \end{bmatrix},$$

em que fizemos a escolha natural de estabelecer que a primeira variável é x, a segunda variável é y e a terceira variável é z.

Para iniciar a eliminação de Gauss, adicionamos -1 vez a linha 1 à linha 2 e também adicionamos -1 vez a linha 1 à linha 3, obtendo a matriz

$$\begin{bmatrix} 1 & 1 & 1 & | & 3 \\ 0 & 1 & 2 & | & 5 \\ 0 & 3 & 6 & | & 7 \end{bmatrix}.$$

Agora, fazemos a entrada da linha 3, coluna 2, igual a 0 pela adição de −3 vezes a linha 2 à linha 3, obtendo a matriz

$$\begin{bmatrix} 1 & 1 & 1 & | & 3 \\ 0 & 1 & 2 & | & 5 \\ 0 & 0 & 0 & | & -8 \end{bmatrix}.$$

Olhe o sistema original de equações lineares. Não é nada óbvio que ele não tem solução. No entanto, o uso da eliminação de Gauss na matriz mostra-nos que não há solução.

A última linha da matriz acima corresponde à equação

$$0x + 0y + 0z = -8.$$

Como o lado esquerdo da equação acima é igual a 0, independentemente dos valores de x, y e z, vemos que não existem valores de x, y e z que satisfaçam essa equação. Portanto, o sistema original de equações lineares não tem solução.

Podemos resumir a experiência do exemplo acima como segue:

Nenhuma solução

Se qualquer etapa da eliminação de Gauss produzir uma linha toda constituída por zeros, exceto uma entrada diferente de zero na última posição, então o sistema correspondente de equações lineares não tem solução.

Sistemas de Equações Lineares com um Número Infinito de Soluções

O próximo exemplo mostra, ainda, outro caso especial com o qual ainda não nos deparamos quando usamos a eliminação de Gauss.

EXEMPLO 5

Esse sistema de equações lineares é o mesmo do exemplo anterior, exceto que o termo constante na última equação agora é 18, em vez de 10. No entanto, agora as soluções são bastante diferentes daquelas encontradas anteriormente.

Use operações com matrizes para determinar todas as soluções para este sistema de equações lineares:

$$x + y + z = 3$$
$$x + 2y + 3z = 8$$
$$x + 4y + 7z = 18.$$

SOLUÇÃO Começamos por representar esse sistema de equações lineares como a matriz

$$\begin{bmatrix} 1 & 1 & 1 & | & 3 \\ 1 & 2 & 3 & | & 8 \\ 1 & 4 & 7 & | & 18 \end{bmatrix},$$

em que fizemos a escolha natural de estabelecer que a primeira variável é x, a segunda variável é y e a terceira variável é z.

Para iniciar a eliminação de Gauss, adicionamos −1 vezes a linha 1 à linha 2, e também −1 vezes a linha 1 à linha 3, obtendo a matriz

$$\begin{bmatrix} 1 & 1 & 1 & | & 3 \\ 0 & 1 & 2 & | & 5 \\ 0 & 3 & 6 & | & 15 \end{bmatrix}.$$

Agora, fazemos a entrada da linha 3, coluna 2, igual a 0 pela adição de −3 vezes a linha 2 à linha 3, obtendo a matriz

$$\begin{bmatrix} 1 & 1 & 1 & | & 3 \\ 0 & 1 & 2 & | & 5 \\ 0 & 0 & 0 & | & 0 \end{bmatrix}.$$

A última linha da matriz acima corresponde à equação

$$0x + 0y + 0z = 0.$$

Essa equação é satisfeita para todos os valores de x, y e z. Em outras palavras, essa equação não fornece nenhuma informação, e podemos simplesmente ignorá-la.

A linha 2 da matriz acima corresponde à equação $y + 2z = 5$. Como a variável z não pode ser eliminada, simplesmente resolvemos essa equação para y, obtendo

$$y = 5 - 2z.$$

A linha 1 da matriz acima corresponde à equação $x + y + z = 3$. Substituindo $y = 5 - 2z$ nessa equação, obtemos $x + (5 - 2z) + z = 3$, o que implica que

$$x = -2 + z.$$

Portanto, as soluções para nosso sistema original de equações lineares são dadas por

$$x = -2 + z, \quad y = 5 - 2z.$$

Aqui, z é qualquer número, então, x e y são determinados pelas equações acima. Por exemplo, tomando $z = 0$, temos a solução $x = -2$, $y = 5$, $z = 0$. Como outro exemplo, tomando $z = 1$, temos a solução $x = -1$, $y = 3$, $z = 1$. Nosso sistema original de equações lineares tem uma solução para cada escolha de z, mostrando que este sistema de equações lineares tem um número infinito de soluções.

O exemplo acima mostra que, para alguns sistemas de equações lineares, uma descrição completa das soluções consiste em equações que expressam algumas das variáveis em termos das outras variáveis.

> *Número infinito de soluções*
>
> Em alguns sistemas de equações lineares, a eliminação de Gauss leva à solução para algumas variáveis em termos de outras variáveis. Tais sistemas de equações lineares têm um número infinito de soluções.

Quantas Soluções? Revisitado

No início da Seção 8.1, vimos que uma equação linear com uma variável pode ter nenhuma solução, exatamente uma solução ou um número infinito de soluções. Também vimos que um sistema de duas equações lineares com duas variáveis também pode não ter uma solução, exatamente uma solução ou um número infinito de soluções.

Um pouco de raciocínio sobre como funciona a eliminação de Gauss mostra que a mesma conclusão vale para qualquer sistema de equações lineares, independentemente do número de equações ou do número de variáveis. Se a eliminação de Gauss for aplicada a um sistema de equações lineares e não encontrarmos exatamente uma solução, então devemos ter ou nenhuma solução (correspondente a uma linha da matriz contendo apenas zeros, somente com a entrada correspondente à última posição sendo diferente de zero), ou obtemos soluções com algumas variáveis apenas resolvidas em termos de outras variáveis, o que leva a um número infinito de soluções.

> **O número de soluções para um sistema de equações lineares**
>
> Cada sistema de equações lineares pode ter ou nenhuma solução, ou uma solução, ou um número infinito de soluções.

Concluímos esta seção com um comentário sobre notação para sistemas de equações com muitas variáveis. Para um sistema de equações com três variáveis, é adequado chamar as variáveis de x, y e z. No entanto, quando o número de variáveis excede poucas dúzias, ficaremos sem opção de letras. A solução comum para esse dilema é usar uma única letra com um subscrito. Assim em um sistema de equações com 100 variáveis, a primeira variável poderia ser representada por x_1, a segunda variável poderia ser representada por x_2 e assim por diante até a centésima variável, x_{100}.

O uso de variáveis com subscrito funciona particularmente bem em computadores.

EXERCÍCIOS

Nos Exercícios 1–4, represente o sistema de equações lineares dado como uma matriz. Use a ordem alfabética para as variáveis.

1. $5x - 3y = 2$
    $4x + 7y = -1$

2. $8x + 6y = -9$
    $10x - \frac{3}{2}y = 2$

3. $8x + 6y - 5z = -9$
    $10x - \frac{3}{2}y + 4z = 2$
    $x + 7y - 3z = 11$

4. $5x - 3y + \sqrt{2}z = 2$
    $4x + 7y - \sqrt{3}z = -1$
    $-x + \frac{1}{3}y + 17z = 6$

Nos Exercícios 5–8, interprete a matriz dada como um sistema de equações lineares. Use x para a primeira variável, y para a segunda variável e (se necessário) z para a terceira variável.

5. $\begin{bmatrix} 5 & -3 & | & 2 \\ -1 & \frac{1}{3} & | & 6 \end{bmatrix}$

6. $\begin{bmatrix} -7 & 4 & | & 23 \\ \frac{7}{3} & 31 & | & -5 \end{bmatrix}$

7. $\begin{bmatrix} -7 & 4 & 23 & | & 6 \\ \frac{7}{3} & 31 & -5 & | & -11 \end{bmatrix}$

8. $\begin{bmatrix} \sqrt{7} & 8 & 12 & | & -55 \\ 2 & -2\sqrt{3} & 15 & | & 1 \end{bmatrix}$

Nos Exercícios 9–16, use a eliminação de Gauss para determinar todas as soluções para o sistema de equações dado. Para esses exercícios, trabalhe com matrizes pelo menos até atingir a etapa de retrossubstituição.

9. $x - 2y + 3z = -1$
    $3x + 2y - 5z = 3$
    $2x - 5y + 2z = 0$

10. $x + 3y + 2z = 1$
    $2x - 3y + 5z = -2$
    $3x + 4y - 7z = 3$

11. $3y + 2z = 1$
    $x - 3y + 5z = -2$
    $3x + 4y - 7z = 3$

12. $2y + 3z = 4$
    $-x + 4y + 3z = -1$
    $2x + 5y - 3z = 0$

13. $x + 2y + 4z = -3$
    $-2x + y + 3z = 1$
    $-3x + 4y + 10z = 4$

14. $-x - 3y + 5z = 6$
    $4x + 5y + 6z = 7$
    $2x - y + 16z = 8$

15. $x + 2y + 4z = -3$
    $-2x + y + 3z = 1$
    $-3x + 4y + 10z = -1$

16 $-x - 3y + 5z = 6$

$4x + 5y + 6z = 7$

$2x - y + 16z = 19$

17 Determine um número b tal que o sistema de equações lineares
$$2x + 3y = 4$$
$$3x + by = 7$$
não tenha solução.

18 Determine um número b tal que o sistema de equações lineares
$$3x - 2y = 1$$
$$4x + by = 5$$
não tenha solução.

19 Determine um número b tal que o sistema de equações lineares
$$2x + 3y = 5$$
$$4x + 6y = b$$
tenha um número infinito de soluções.

20 Determine um número b tal que o sistema de equações lineares
$$3x - 2y = b$$
$$9x - 6y = 5$$
tenha um número infinito de soluções.

PROBLEMAS

21 Dê um exemplo de um sistema de três equações lineares com duas variáveis que não tenha solução.

22 Dê um exemplo de um sistema de três equações lineares com duas variáveis que tenha exatamente uma solução.

23 Dê um exemplo de um sistema de três equações lineares com duas variáveis que tenha um número infinito de soluções.

24 Dê um exemplo de um sistema de duas equações lineares com três variáveis que não tenha solução.

25 Dê um exemplo de um sistema de duas equações lineares com três variáveis que tenha um número infinito de soluções.

SOLUÇÕES DETALHADAS dos Exercícios Ímpares

Nos Exercícios 1–4, represente o sistema de equações lineares dado como uma matriz. Use a ordem alfabética para as variáveis.

1 $5x - 3y = 2$

$4x + 7y = -1$

SOLUÇÃO A equação linear $5x - 3y = 2$ é representada pela linha $[5 \ -3 \ | \ 2]$ e a equação linear $4x + 7y = -1$ é representada pela linha $[4 \ 7 \ | \ -1]$. Portanto, o sistema de duas equações lineares acima é representado pela matriz

$$\begin{bmatrix} 5 & -3 & | & 2 \\ 4 & 7 & | & -1 \end{bmatrix}.$$

3 $8x + 6y - 5z = -9$

$10x - \frac{3}{2}y + 4z = 2$

$x + 7y - 3z = 11$

SOLUÇÃO A equação linear $8x + 6y - 5z = -9$ é representada pela linha $[8 \ 6 \ -5 \ -9]$, a equação linear $10x - \frac{3}{2}y + 4z = 2$ é representada pela linha $[10 \ -\frac{3}{2} \ 4 \ 2]$ e a equação linear $x + 7y - 3z = 11$ é representada pela linha $[1 \ 7 \ -3 \ 11]$. Portanto, o sistema de três equações lineares acima é representado pela matriz

$$\begin{bmatrix} 8 & 6 & -5 & | & -9 \\ 10 & -\frac{3}{2} & 4 & | & 2 \\ 1 & 7 & -3 & | & 11 \end{bmatrix}.$$

Nos Exercícios 5–8, interprete a matriz dada como um sistema de equações lineares. Use x para a primeira variável, y para a segunda variável e (se necessário) z para a terceira variável.

5 $\begin{bmatrix} 5 & -3 & | & 2 \\ -1 & \frac{1}{3} & | & 6 \end{bmatrix}$

SOLUÇÃO Interpretando cada linha como a equação correspondente, temos o seguinte sistema de equações lineares:
$$5x - 3y = 2$$
$$-x + \frac{1}{3}y = 6.$$

7 $\begin{bmatrix} -7 & 4 & 23 & | & 6 \\ \frac{7}{3} & 31 & -5 & | & -11 \end{bmatrix}$

SOLUÇÃO Interpretando cada linha como a equação correspondente, temos o seguinte sistema de equações lineares:

$$-7x + 4y + 23z = 6$$
$$\tfrac{7}{3}x + 31y - 5z = -11.$$

Nos Exercícios 9–16, use a eliminação de Gauss para determinar todas as soluções para o sistema de equações dado. Para esses exercícios, trabalhe com matrizes pelo menos até atingir a etapa de retrossubstituição.

9 $x - 2y + 3z = -1$

$3x + 2y - 5z = 3$

$2x - 5y + 2z = 0$

SOLUÇÃO Primeiramente, representemos esse sistema de equações lineares como a matriz

$$\begin{bmatrix} 1 & -2 & 3 & | & -1 \\ 3 & 2 & -5 & | & 3 \\ 2 & -5 & 2 & | & 0 \end{bmatrix}.$$

Adicionemos -3 vezes a linha 1 à linha 2 e -2 vezes a linha 1 à linha 3, obtendo a matriz

$$\begin{bmatrix} 1 & -2 & 3 & | & -1 \\ 0 & 8 & -14 & | & 6 \\ 0 & -1 & -4 & | & 2 \end{bmatrix}.$$

Como todas as entradas da linha 2 da matriz acima são divisíveis por 2, podemos simplificar um pouco multiplicando a linha 2 da matriz acima por $\tfrac{1}{2}$, obtendo a matriz

$$\begin{bmatrix} 1 & -2 & 3 & | & -1 \\ 0 & 4 & -7 & | & 3 \\ 0 & -1 & -4 & | & 2 \end{bmatrix}.$$

Para simplificar a aritmética da próxima etapa, agora permutamos as linhas 2 e 3, obtendo a matriz

$$\begin{bmatrix} 1 & -2 & 3 & | & -1 \\ 0 & -1 & -4 & | & 2 \\ 0 & 4 & -7 & | & 3 \end{bmatrix}.$$

Em seguida, adicione 4 vezes a linha 2 à linha 3, obtendo a matriz

$$\begin{bmatrix} 1 & -2 & 3 & | & -1 \\ 0 & -1 & -4 & | & 2 \\ 0 & 0 & -23 & | & 11 \end{bmatrix}.$$

A última linha da matriz acima corresponde à equação $-23z = 11$, portanto, $z = -\tfrac{11}{23}$.

A linha 2 da matriz acima corresponde à equação linear $-y - 4z = 2$. A substituição de $z = -\tfrac{11}{23}$ nessa equação leva a $-y + \tfrac{44}{23} = 2$, o que pode ser resolvido para y, obtendo $y = -\tfrac{2}{23}$.

Finalmente, a linha 1 da matriz acima corresponde à equação $x - 2y + 3z = -1$. Substituindo $y = -\tfrac{2}{23}$ e $z = -\tfrac{11}{23}$ nessa equação e em seguida resolvendo a equação para x, chega-se a $x = \tfrac{6}{23}$.

Portanto, a única solução para nosso sistema original de equações é $x = \tfrac{6}{23}$, $y = -\tfrac{2}{23}$, $z = -\tfrac{11}{23}$.

11 $3y + 2z = 1$

$x - 3y + 5z = -2$

$3x + 4y - 7z = 3$

SOLUÇÃO Primeiramente, representemos esse sistema de equações lineares como a matriz

$$\begin{bmatrix} 0 & 3 & 2 & | & 1 \\ 1 & -3 & 5 & | & -2 \\ 3 & 4 & -7 & | & 3 \end{bmatrix}.$$

Para que possamos iniciar a eliminação de Gauss, permutamos as duas primeiras linhas, obtendo a matriz

$$\begin{bmatrix} 1 & -3 & 5 & | & -2 \\ 0 & 3 & 2 & | & 1 \\ 3 & 4 & -7 & | & 3 \end{bmatrix}.$$

Adicione -3 vezes a linha 1 à linha 3, obtendo a matriz

$$\begin{bmatrix} 1 & -3 & 5 & | & -2 \\ 0 & 3 & 2 & | & 1 \\ 0 & 13 & -22 & | & 9 \end{bmatrix}.$$

Agora, adicione $-\tfrac{13}{3}$ vezes a linha 2 à linha 3, obtendo a matriz

$$\begin{bmatrix} 1 & -3 & 5 & | & -2 \\ 0 & 3 & 2 & | & 1 \\ 0 & 0 & -\tfrac{92}{3} & | & \tfrac{14}{3} \end{bmatrix}.$$

A última linha da matriz anterior corresponde à equação $-\frac{92}{3}z = \frac{14}{3}$, portanto, $z = -\frac{7}{46}$.

A linha 2 da matriz anterior corresponde à equação linear $3y + 2z = 1$. A substituição de $z = -\frac{7}{46}$ nessa equação leva a $3y - \frac{7}{23} = 1$, a qual pode ser resolvida para y, obtendo $y = \frac{10}{23}$.

Finalmente, a linha 1 da matriz anterior corresponde à equação $x - 3y + 5z = -2$. Substituindo $y = \frac{10}{23}$ e $z = -\frac{7}{46}$ nessa equação e em seguida resolvendo a equação para x, chega-se a $x = \frac{3}{46}$.

Portanto, a única solução para nosso sistema original de equações é $x = \frac{3}{46}$, $y = \frac{10}{23}$, $z = -\frac{7}{46}$.

13
$$x + 2y + 4z = -3$$
$$-2x + y + 3z = 1$$
$$-3x + 4y + 10z = 4$$

SOLUÇÃO Primeiramente, representemos esse sistema de equações lineares como a matriz

$$\begin{bmatrix} 1 & 2 & 4 & | & -3 \\ -2 & 1 & 3 & | & 1 \\ -3 & 4 & 10 & | & 4 \end{bmatrix}.$$

Adicione 2 vezes a linha 1 à linha 2 e 3 vezes a linha 1 à linha 3, obtendo a matriz

$$\begin{bmatrix} 1 & 2 & 4 & | & -3 \\ 0 & 5 & 11 & | & -5 \\ 0 & 10 & 22 & | & -5 \end{bmatrix}.$$

Agora adicione -2 vezes a linha 2 à linha 3, obtendo a matriz

$$\begin{bmatrix} 1 & 2 & 4 & | & -3 \\ 0 & 5 & 11 & | & -5 \\ 0 & 0 & 0 & | & 5 \end{bmatrix}.$$

A última linha da matriz acima corresponde à equação

$$0x + 0y + 0z = 5,$$

a qual não é satisfeita por nenhum valor de x, y e z. Portanto, o sistema original de equações lineares não tem solução.

15
$$x + 2y + 4z = -3$$
$$-2x + y + 3z = 1$$
$$-3x + 4y + 10z = -1$$

SOLUÇÃO Primeiramente, representemos esse sistema de equações lineares como a matriz

$$\begin{bmatrix} 1 & 2 & 4 & | & -3 \\ -2 & 1 & 3 & | & 1 \\ -3 & 4 & 10 & | & -1 \end{bmatrix}.$$

Adicione 2 vezes a linha 1 à linha 3 e 3 vezes a linha 1 à linha 3, obtendo a matriz

$$\begin{bmatrix} 1 & 2 & 4 & | & -3 \\ 0 & 5 & 11 & | & -5 \\ 0 & 10 & 22 & | & -10 \end{bmatrix}.$$

Agora, adicione -2 vezes a linha 2 à linha 3, obtendo a matriz

$$\begin{bmatrix} 1 & 2 & 4 & | & -3 \\ 0 & 5 & 11 & | & -5 \\ 0 & 0 & 0 & | & 0 \end{bmatrix}.$$

A última linha da matriz acima corresponde à equação

$$0x + 0y + 0z = 0,$$

a qual é satisfeita para todos os valores de x, y e z. Portanto, essa equação não fornece nenhuma informação, e podemos simplesmente ignorá-la.

A linha 2 da matriz acima corresponde à equação linear $5y + 11z = -5$. Resolvendo essa equação para y, temos

$$y = -1 - \tfrac{11}{5}z.$$

A linha 1 da matriz acima corresponde à equação linear $x + 2y + 4z = -3$. Substituindo $y = -1 - \tfrac{11}{5}z$ nessa equação e em seguida resolvendo a equação para x, chega-se a

$$x = -1 + \tfrac{2}{5}z.$$

Portanto, as soluções para nossa equação original são dadas por

$$x = -1 + \tfrac{2}{5}z, \quad y = -1 - \tfrac{11}{5}z,$$

em que z é qualquer número (este sistema de equações lineares em particular tem um número infinito de soluções).

17 Determine um número b tal que o sistema de equações lineares

$$2x + 3y = 4$$
$$3x + by = 7$$

não tenha solução.

SOLUÇÃO   Representemos esse sistema de equações como a matriz

$$\begin{bmatrix} 2 & 3 & | & 4 \\ 3 & b & | & 7 \end{bmatrix}.$$

Adicione $-\frac{3}{2}$ vezes a linha 1 à linha 2, obtendo a matriz

$$\begin{bmatrix} 2 & 3 & | & 4 \\ 0 & b-\frac{9}{2} & | & 1 \end{bmatrix}.$$

A última linha corresponde à equação $\left(b-\frac{9}{2}\right)y=1$. Se escolhermos $b = \frac{9}{2}$, então essa equação torna-se $0y = 1$, a qual não tem solução.

19 Determine um número b tal que o sistema de equações lineares

$$2x + 3y = 5$$
$$4x + 6y = b$$

tenha um número infinito de soluções.

SOLUÇÃO   Representemos esse sistema de equações como a matriz

$$\begin{bmatrix} 2 & 3 & | & 5 \\ 4 & 6 & | & b \end{bmatrix}.$$

Adicione -2 vezes a linha 1 à linha 2, obtendo a matriz

$$\begin{bmatrix} 2 & 3 & | & 5 \\ 0 & 0 & | & b-10 \end{bmatrix}.$$

A última linha corresponde à equação $0x + 0y = b - 10$. Se escolhermos $b = 10$, então essa equação torna-se $0x + 0y = 0$, que é satisfeita para todos os valores de x e y, o que significa que podemos ignorá-la. Assim, se $b = 10$, então nosso sistema de equações é equivalente à equação $2x + 3y = 5$, a qual tem um número infinito de soluções (obtidas escolhendo qualquer número y e, em seguida, estabelecendo $x = \frac{5-3y}{2}$).

RESUMO DO CAPÍTULO

Para certificar-se de que você domina os conceitos e as habilidades mais importantes cobertas neste capítulo, assegure-se de que você consegue executar cada um dos itens da seguinte lista:

- Resolver um sistema de equações lineares usando a eliminação de Gauss.
- Representar um sistema de equações lineares por uma matriz.
- Interpretar uma matriz como um sistema de equações lineares.
- Usar operações elementares de linha para resolver um sistema de equações lineares representado por uma matriz.

Para revisar um capítulo, percorra a lista acima procurando identificar itens que você não sabe como executar, depois releia no capítulo o material a respeito desses itens. Em seguida, tente responder as questões de revisão do capítulo, formuladas abaixo, sem olhar outra vez no capítulo.

QUESTÕES DE REVISÃO DO CAPÍTULO

1 Determine todas as soluções para o seguinte sistema de equações:
$$4x - 5y = 3$$
$$-7x + 6y = 2.$$

2 Determine um número b tal que o seguinte sistema de equações não tenha solução:
$$4x - 5y = 3$$
$$-7x + by = 2.$$

3 Determine números b e c tais que o seguinte sistema de equações tenha um número infinito de soluções:
$$4x - 5y = 3$$
$$-7x + by = c.$$

4 Represente o seguinte sistema de equações lineares como uma matriz:
$$4x - 5y + 6z = 2$$
$$3x + 2y + 7z = -1$$
$$9x + 8y - 5z = 19.$$

5 Interprete a seguinte matriz como um sistema de equações lineares:
$$\begin{bmatrix} 13 & 5 & 8 & | & 3 \\ \sqrt{5} & -7 & 0 & | & -4 \\ \pi & 2 & -1 & | & 6 \\ 2e & 12 & 9 & | & \frac{4}{5} \end{bmatrix}$$

6 Determine todas as soluções para o seguinte sistema de equações:
$$x + 2y + 3z = 4$$
$$4x + 5y + 6z = 7$$
$$7x + 8y - 9z = 1.$$

7 Dê um exemplo de um sistema de quatro equações lineares com três variáveis que não tenha solução.

8 Dê um exemplo de um sistema de quatro equações lineares com três variáveis que tenha exatamente uma solução.

9 Dê um exemplo de um sistema de quatro

10 Explique por que um sistema de equações lineares pode não ter solução, ter uma solução ou ter um número infinito de soluções.

Apêndice A: Área

Você provavelmente já tem uma boa noção intuitiva sobre área. Neste apêndice, tentaremos reforçar essa intuição enquanto determinamos fórmulas para as áreas de algumas regiões.

Circunferência

Uma definição rigorosa da medida da circunferência de uma região requer Cálculo e, por isso, usaremos a seguinte definição intuitiva:

Circunferência

A **circunferência** de uma região pode ser determinada colocando-se uma corda sobre a curva que contorna a região e depois medindo o comprimento da corda quando ela é esticada, formando um segmento de reta.

Experimentos físicos mostram que a circunferência de um círculo é proporcional ao seu diâmetro. Por exemplo, suponha que você tenha uma régua bastante precisa que pode medir comprimentos com precisão de 0,01 polegada (0,25 mm). Se você colocar uma corda sobre um círculo com diâmetro de 1 polegada (25,4 mm) e em seguida esticá-la formando um segmento de reta, você verá que a corda tem comprimento de aproximadamente 3,14 polegadas (79,76 mm). Da mesma forma, se você colocar uma corda sobre um círculo com diâmetro de 2 polegadas (50,8 mm) e depois esticá-la formando um segmento de reta, você verá que a corda tem comprimento de aproximadamente 6,28 polegadas (159,51 mm). Portanto, a circunferência de um círculo com diâmetro de duas polegadas é o dobro da circunferência de um círculo com diâmetro de uma polegada.

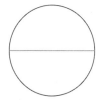

A circunferência à esquerda foi esticada formando o segmento de reta à direita. A medição mostra que o comprimento desse segmento de reta é de aproximadamente 3,14 vezes o comprimento do diâmetro da circunferência, que é mostrado acima em cinza meio-tom.

De forma semelhante, você descobrirá que, para qualquer círculo que você venha a medir, a razão entre a circunferência e o diâmetro é de aproximadamente 3,14. O valor exato dessa razão é tão importante que ele tem seu próprio símbolo:

π

A razão entre a circunferência e o diâmetro de um círculo é denominada π.

Apenas por diversão, aqui estão os primeiros 504 dígitos de π:

*3,14159265358979323
846264338327950288
419716939937510582
097494459230781640
628620899862803482
534211706798214808
651328230664709384
460955058223172535
940812848111745028
410270193852110555
964462294895493038
196442881097566593
344612847564823378
678316527120190914
564856692346034861
045432664821339360
726024914127372458
700660631558817488
152092096282925409
171536436789259036
001133053054882046
652138414695194151
160943305727036575
959195309218611738
193261179310511854
807446237996274956
735188575272489122
793818301194912983*

A expansão decimal de π contém mil números 4 consecutivos? Ninguém sabe, mas os matemáticos suspeitam que a resposta seja "sim".

A aproximação impressionante $\pi \approx \frac{355}{113}$ foi descoberta há mais de 1500 anos pelo matemático chinês Zu Chongzhi.

Acontece que π é um número irracional (veja o Problema 53 na Seção 4.4). Para a maioria dos propósitos práticos, 3,14 é uma boa aproximação para π – o erro é de aproximadamente 0,05%. Se forem necessários cálculos mais precisos, então 3,1416 é uma aproximação ainda melhor – o erro é de aproximadamente 0,0002%.

Uma fração que se aproxima bem de π é $\frac{22}{7}$ (observe como a página 22 é enumerada neste livro) – o erro é de aproximadamente 0,04%. Uma fração que se aproxima ainda melhor de π é $\frac{355}{113}$ – o erro é extremamente pequeno, de aproximadamente 0,000008%.

Lembre que π não é igual a 3,14, 3,1416, $\frac{22}{7}$ ou $\frac{355}{113}$. Todas essas são aproximações úteis, mas π é um número irracional que não pode ser representado exatamente como um número decimal nem como fração.

Definimos π como um número tal que um círculo de diâmetro d tenha circunferência πd. Como o diâmetro de um círculo é o dobro de seu raio, temos a seguinte fórmula:

> ### Circunferência de um círculo
> Um círculo com raio r tem circunferência $2\pi r$.

EXEMPLO 1

Suponha que você queira desenhar uma pista de 400 metros constituída por 2 semicírculos conectados por segmentos de reta paralelos. Suponha, também, que você queira que o comprimento total da parte curva da pista seja igual ao comprimento total da parte reta da pista. Que dimensões deve ter a pista?

SOLUÇÃO Seja c o comprimento de um dos lados retos da pista e seja d a distância entre os dois lados retos, como mostrado na figura aqui apresentada.

Queremos que o comprimento total da parte reta da pista seja 200 metros. Assim, cada um dos dois segmentos retos deve ter 100 metros de comprimento. Portanto, tomamos $c = 100$ metros.

Também queremos que o comprimento total dos dois semicírculos seja 200 metros. Portanto, queremos $\pi d = 200$. Assim, temos que $d = \frac{200}{\pi} \approx 63,66$ metros.

Quadrados, Retângulos e Paralelogramos

A noção mais primitiva de área é que um quadrado de área 1 por 1 tem área 1. Se pudermos decompor uma região em quadrados 1 por 1, então a área daquela região é o número de quadrados 1 por 1 no qual ela foi decomposta, como mostrado na figura a seguir:

Um quadrado de 1 por 1.

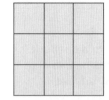

Um quadrado de 3 por 3 pode ser decomposto em nove quadrados de 1 por 1. Portanto, um quadrado de 3 por 3 tem área 9.

A expressão m^2 é denominada "m ao quadrado" porque um quadrado cujos lados têm comprimento m tem área m^2.

Se m for um inteiro positivo, então um quadrado m por m pode ser decomposto em m^2 quadrados de tamanho 1 por 1. Assim, a área de um quadrado m por m é m^2.

A mesma fórmula vale para quadrados cujos comprimentos laterais não sejam necessariamente inteiros, como mostrado abaixo:

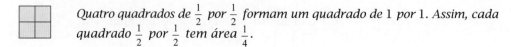

Quatro quadrados de $\frac{1}{2}$ por $\frac{1}{2}$ formam um quadrado de 1 por 1. Assim, cada quadrado $\frac{1}{2}$ por $\frac{1}{2}$ tem área $\frac{1}{4}$.

De maneira mais geral, temos a seguinte fórmula:

Área de um quadrado

Um quadrado cujos lados têm comprimento ℓ tem área ℓ^2.

Considere um retângulo com base 3 e altura 2, como mostrado aqui. Esse retângulo 3 por 2 pode ser decomposto em seis quadrados 1 por 1. Portanto, esse retângulo tem área 6.

Da mesma forma, se b e h forem números inteiros positivos, então um retângulo com base b e altura h pode ser decomposto em bh quadrados de tamanho 1 por 1, mostrando que o retângulo tem área bh. De forma geral, a mesma fórmula é válida mesmo se a base e a altura não forem números inteiros.

Área de um retângulo

Um retângulo com base b e altura h tem área bh.

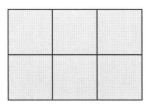

Use as mesmas unidades para a base e para a altura. A unidade de medida da área é, assim, o quadrado da unidade usada para esses comprimentos. Por exemplo, um retângulo com base de 3 pés (91,44 cm) e altura de 2 pés (60, 96 cm) tem área de 6 pés (5574,18 cm²) quadrados.

Um **paralelogramo** é um quadrilátero (um polígono com quatro lados) no qual ambos os pares de lados opostos são paralelos, como mostrado aqui.

Para determinar a área de um paralelogramo, selecione um dos lados e chame seu comprimento de **base**. O lado oposto do paralelogramo terá o mesmo comprimento. A **altura** do paralelogramo é então definida como o comprimento do segmento de reta que conecta esses dois lados e é perpendicular a ambos. Assim, na figura mostrada aqui, o paralelogramo tem base b e ambos os segmentos verticais de reta tem comprimento igual à altura h.

Os dois pequenos triângulos mostrados na figura ao lado têm o mesmo tamanho e, portanto, a mesma área. O retângulo na mesma figura (traçado em cinza meio-tom) poderia ser obtido do paralelogramo movendo o triângulo à direita para a posição do triângulo à esquerda. Isto mostra que o paralelogramo e o retângulo possuem a mesma área. Como a área de um retângulo é igual a bh, temos a seguinte fórmula para a área de um paralelogramo:

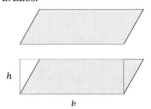

A região cinza mais claro é um paralelogramo com base b e altura h. A área do paralelogramo é a mesma área do retângulo (traçado em cinza meio-tom) com base b e altura h.

Área de um paralelogramo

Um paralelogramo com base b e altura h tem área bh.

Triângulos e Trapezoides

Para determinar a área de um triângulo, selecione um dos lados e chame seu comprimento de **base**. A **altura** do triângulo é então definida como o comprimento do segmento de reta perpendicular que conecta o vértice oposto ao lado que determina a base, como mostrado na figura aqui apresentada.

Para deduzir a fórmula para a área de um triângulo com base b e altura h, desenhe dois segmentos de reta, cada um paralelo e com o mesmo comprimento que um dos lados do triângulo, para formar um paralelogramo, como mostrado na figura a seguir:

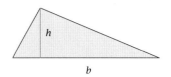

Um triângulo com base b e altura h.

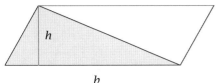

O triângulo foi estendido para um paralelogramo por meio de um segundo triângulo contíguo cujos lados têm os mesmos comprimentos que o triângulo original.

O paralelogramo anterior tem base b e altura h, portanto, área bh. O triângulo original tem área igual à metade da área do paralelogramo. Portanto, obtemos a seguinte fórmula:

> ### Área de um triângulo
>
> Um triângulo com base b e altura h tem área $\frac{1}{2}bh$.

EXEMPLO 2 Determine a área do triângulo cujos vértices são (1, 0), (9, 0) e (7, 3).

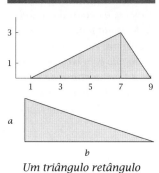

SOLUÇÃO Escolha o lado conectando (1, 0) e (9, 0) como a base do triângulo. Assim, esse triângulo tem base 9 − 1, que é igual a 8.

A altura do triângulo é o comprimento da reta cinza meio-tom mostrada aqui; essa altura é igual à segunda coordenada do vértice (7, 3). Assim, esse triângulo tem altura 3.

Logo, esse triângulo tem área $\frac{1}{2} \cdot 8 \cdot 3$, que é igual a 12.

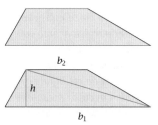

Um triângulo retângulo com área $\frac{1}{2}ab$.

Considere o caso especial em que nosso triângulo é um triângulo retângulo, com o ângulo reto entre os lados de comprimentos a e b. Escolhendo b como a base do triângulo, vemos que a altura desse triângulo é igual a a. Neste caso, a área do triângulo é igual a $\frac{1}{2}ab$.

Um **trapezoide** é um quadrilátero que tem pelo menos um par de lados paralelos, como no exemplo mostrado aqui. Os comprimentos do par de lados opostos paralelos são denominados **bases**, que representamos por b_1 e b_2. A **altura** do trapezoide, representada por h, abaixo, é assim definida como o comprimento do segmento de reta que conecta esses dois lados e que é perpendicular a ambos.

Um trapezoide com bases b_1 e b_2 e altura h.

A diagonal na figura divide o trapezoide em dois triângulos. O triângulo inferior tem base b_1 e altura h; assim, o triângulo inferior tem área $\frac{1}{2}b_1 h$. O triângulo superior tem base b_2 e altura h; assim, o triângulo superior tem área $\frac{1}{2}b_2 h$. A área do trapezoide é a soma das áreas dos dois triângulos. Portanto, a área do trapezoide é igual a $\frac{1}{2}b_1 h + \frac{1}{2}b_2 h$. Fatorando o $\frac{1}{2}$ e o h nessa expressão, chega-se à seguinte fórmula.

> ### Área de um trapezoide
>
> Um trapezoide com bases b_1 e b_2 e altura h tem área $\frac{1}{2}(b_1 + b_2)h$.

Observe que $\frac{1}{2}(b_1 + b_2)$ é simplesmente a média das duas bases do trapezoide. No caso especial em que o trapezoide for um paralelogramo, as duas bases serão iguais e nós voltamos à fórmula familiar segundo a qual a área de um paralelogramo é igual ao produto da base pela altura.

EXEMPLO 3 Determine a área da região no plano xy sob a reta $y = 2x$, acima do eixo dos x e entre as retas $x = 2$ e $x = 5$.

SOLUÇÃO

A reta $x = 2$ intercepta a reta $y = 2x$ no ponto (2, 4). A reta $x = 5$ intercepta a reta $y = 2x$ no ponto (5, 10).

Assim, a região em questão é o trapezoide mostrado na página anterior. Os lados paralelos desse trapezoide (os dois lados verticais) têm comprimentos 4 e 10, portanto, esse trapezoide tem bases 4 e 10. Como pode ser visto na figura anterior, o trapezoide tem altura 3 (observe que nesse trapezoide a altura é o comprimento do lado horizontal).

Portanto, a área desse trapezoide é $\frac{1}{2} \cdot (4+10) \cdot 3$, que é igual a 21.

Alongamento

Suponha que um quadrado cujos lados têm comprimento 1 tenha seus lados triplicados, resultando em um quadrado cujos lados têm comprimento 3, como mostrado aqui. Você pode pensar nessa transformação como um alongamento, tanto vertical quanto horizontal, por um fator 3. Essa transformação aumenta a área do quadrado por um fator 9.

Considere, agora, a transformação que alonga horizontalmente por um fator 3 e verticalmente por um fator 2. Essa transformação altera um quadrado cujos lados têm comprimento 1 em um retângulo com base 3 e altura 2, como mostrado aqui. Portanto a área aumentou por um fator 6.

De maneira geral, sendo c e d números positivos, considere a transformação que alonga horizontalmente por um fator c e alonga verticalmente por um fator d. Essa transformação muda um quadrado cujos lados têm comprimento 1 em um retângulo com base c e altura d, como mostrado aqui. Portanto, a área aumentou por um fator cd.

Não precisamos restringir nossa atenção a quadrados. A transformação que alonga horizontalmente por um fator c e alonga verticalmente por um fator d modificará qualquer região em uma nova região cuja área será modificada por um fator cd. Esse resultado é consequência do resultado para quadrados, pois qualquer região pode ser aproximada por uma união de quadrados, como mostrado aqui para um triângulo. Estabelecemos formalmente esse resultado a seguir:

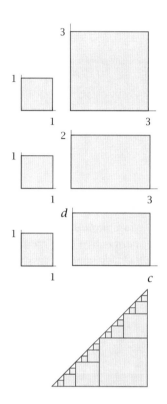

> ### Teorema da dilatação da área
>
> Suponha que R seja uma região no plano das coordenadas e que c e d sejam números positivos. Seja R' a região obtida do alongamento de R horizontalmente por um fator c e verticalmente por um fator d. Assim,
>
> a área de R' é igual a cd vezes a área de R.

Círculos e Elipses

Considere a região dentro de um círculo de raio 1 centrado na origem. Se o alongarmos tanto horizontal quanto verticalmente por um fator r, essa região se transformará na região dentro de um círculo de raio r centrado na origem, como mostrado na figura a seguir para $r = 2$.

Vamos, agora, deduzir a fórmula para a área no interior de um círculo de raio r. Certamente, essa fórmula já é familiar para você. O objetivo aqui é explicar por que ela é verdadeira.

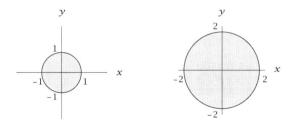

O alongamento tanto horizontal quanto vertical por um fator 2 transforma um círculo de raio 1 em um círculo de raio 2.

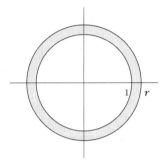

Seja p a área no interior de um círculo de raio 1. O Teorema da Dilatação da Área implica que a área no interior de um círculo de raio r é igual a r^2p, que escrevemos de forma mais familiar como pr^2. Precisamos determinar o valor de p.

Para determinar p, considere um círculo de raio 1 contornado por um círculo levemente maior, de raio r, como mostrado aqui. Destaque a região entre os dois círculos e, em seguida, corte uma fenda nela e desenrole-a no formato de um trapezoide (isto exige uma pequena distorção), como mostrado a seguir.

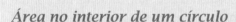

A base superior do trapezoide é a circunferência do círculo de raio 1; a base inferior é a circunferência do círculo de raio r.

O trapezoide tem altura $r-1$, que é a distância entre os dois círculos originais. O trapezoide tem bases $2\pi r$ e 2π, correspondentes às circunferências dos dois círculos. O trapezoide tem, portanto, área

$$\tfrac{1}{2}(2\pi r + 2\pi)(r-1),$$

que é igual a $\pi(r+1)(r-1)$, que é igual a $\pi(r^2-1)$.

Nossa dedução da fórmula para a área no interior de um círculo mostra a conexão íntima entre a área e a circunferência de um círculo.

A área no interior do círculo maior é igual à área no interior do círculo de raio 1 mais a área da região entre os dois círculos. Em outras palavras, a área no interior do círculo maior é igual a $p + \pi(r^2-1)$. A área no interior do círculo maior também é igual a πr^2, pois o círculo maior tem raio r. Temos, portanto, que

$$pr^2 = p + \pi(r^2 - 1).$$

Subtraindo p de ambos os lados, obtemos

$$p(r^2 - 1) = \pi(r^2 - 1).$$

Portanto, $p = \pi$. Em outras palavras, a área no interior de um círculo de raio r é igual a πr^2. Deduzimos a fórmula a seguir.

Área no interior de um círculo

A área no interior de um círculo de raio r é πr^2.

A área desta torta com raio de 4 polegadas (10,16 cm) é 16π polegadas quadradas.*

Portanto, para determinar a área no interior de um círculo, precisamos começar por determinar o raio do círculo. A determinação do raio requer, às vezes, uma manipulação algébrica preliminar, como o completamento do quadrado, como mostraremos no exemplo seguinte.

EXEMPLO 4

Considere o círculo descrito pela equação

$$x^2 - 8x + y^2 + 6y = 4.$$

(a) Determine o centro desse círculo.

(b) Determine o raio desse círculo.

(c) Determine a circunferência desse círculo.

(d) Determine a área no interior desse círculo.

---

* 1 polegada quadrada (in²) é aproximadamente 6,45 cm².

SOLUÇÃO Para obter as informações desejadas sobre o círculo, colocaremos sua equação sob a forma padrão. Isto pode ser feito pelo completamento dos quadrados:

$$4 = x^2 - 8x + y^2 + 6y$$
$$= (x-4)^2 - 16 + (y+3)^2 - 9$$
$$= (x-4)^2 + (y+3)^2 - 25.$$

Adicionando 25 ao primeiro e ao último lados acima, chega-se a que o círculo é descrito pela equação

$$(x-4)^2 + (y+3)^2 = 29.$$

(a) A equação acima mostra que o centro do círculo está em $(4, -3)$.

(b) A equação acima mostra que o raio do círculo é $\sqrt{29}$.

(c) Como o círculo tem raio $\sqrt{29}$, sua circunferência é $2\sqrt{29}\pi$.

(d) Como o círculo tem raio $\sqrt{29}$, sua área é 29π.

Não cometa o erro de pensar que este círculo tem raio 29.

Na Seção 2.2, vimos que a elipse

$$\frac{x^2}{25} + \frac{y^2}{9} = 1$$

é obtida do círculo de raio 1 centrado na origem por seu alongamento horizontal por um fator 5 e vertical por um fator 3.

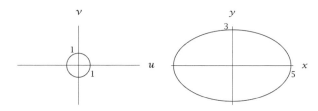

O alongamento horizontal por um fator 5 e vertical por um fator 3 transforma o círculo à esquerda na elipse à direita.

Como $5 \cdot 3 = 15$, o Teorema da Dilatação da Área informa-nos que a área no interior dessa elipse é igual a 15 vezes a área no interior do círculo de raio 1. Como a área no interior de um círculo de raio 1 é π, concluímos que a área no interior da elipse é 15π.

De forma geral, considere que a e b sejam números positivos. Suponha que o círculo de raio 1 centrado na origem seja alongado horizontalmente por um fator a e verticalmente por um fator b. Como vimos na Seção 2.2, a equação da elipse resultante no plano xy é

$$\frac{x^2}{a^2} + \frac{y^2}{b^2} = 1.$$

O Teorema da Dilatação da Área fornece-nos, agora, a seguinte fórmula.

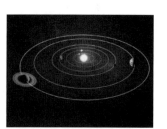

Além de descobrir que as órbitas dos planetas são elipses, Kepler também descobriu que uma reta unindo um planeta ao Sol varre áreas iguais em tempos iguais.

Área no interior de uma elipse

Suponha que a e b sejam números positivos. Assim, a área no interior da elipse

$$\frac{x^2}{a^2} + \frac{y^2}{b^2} = 1$$

é πab.

EXEMPLO 5

Determine a área no interior da elipse
$$4x^2 + 5y^2 = 3.$$

SOLUÇÃO Para colocar a equação dessa elipse sob a forma dada pela fórmula da área, comece dividindo ambos os lados por 3 e depois escreva a equação sob a forma desejada, como se segue:

$$1 = \tfrac{4}{3}x^2 + \tfrac{5}{3}y^2$$
$$= \frac{x^2}{\tfrac{3}{4}} + \frac{y^2}{\tfrac{3}{5}}$$
$$= \frac{x^2}{(\tfrac{\sqrt{3}}{2})^2} + \frac{y^2}{\sqrt{\tfrac{3}{5}}^2}.$$

Portanto, a área no interior da elipse é $\pi \cdot \tfrac{\sqrt{3}}{2} \cdot \sqrt{\tfrac{3}{5}}$, que é igual a $\tfrac{3\sqrt{5}}{10}\pi$.

EXERCÍCIOS

1 Determine o raio de um círculo que tem circunferência de 12 polegadas (30,48 cm).

2 Determine o raio de um círculo que tem circunferência de 20 pés (6,1 m).

3 Determine o raio de um círculo que tem de circunferência 8 unidades maior que seu diâmetro.

4 Determine o raio de um círculo que tem de circunferência 12 unidades maior que seu diâmetro.

5 Suponha que você queira projetar uma pista de 400 metros constituída por dois semicírculos conectados por segmentos de reta paralelos. Suponha, também, que você queira que o comprimento total da parte curva da pista seja igual à metade do comprimento total da parte reta da trilha. Que dimensões deve ter a pista?

6 Suponha que você queira projetar uma pista interna de 200 metros constituída por dois semicírculos conectados por segmentos de reta paralelos. Suponha, também, que você queira que o comprimento total da parte curva da pista seja igual a três quartos do comprimento total da parte reta da pista. Que dimensões deve ter a pista?

7 Suponha que uma corda seja longa o suficiente para cobrir o equador da Terra. Que comprimento adicional deveria ter a corda para que ela pudesse ser suspensa sete pés (2,13 m) acima de todo o equador?

8 Suponha que um satélite esteja em órbita cem milhas (160,93 km) acima do equador da Terra. Que distância adicional o satélite viaja em sua órbita, comparado a uma pessoa que viajasse uma vez ao longo do Equador na superfície da Terra?

9 Determine a área de um triângulo que tem dois lados de comprimento 6 e um lado de comprimento 10.

10 Determine a área de um triângulo que tem dois lados de comprimento 6 e um lado de comprimento 4.

11 (a) Determine a distância do ponto (2, 3) à reta que contém os pontos (−2, −1) e (5, 4).

(b) Use a informação do item (a) para determinar a área do triângulo cujos vértices são (2, 3), (−2, −1) e (5, 4).

12 (a) Determine a distância do ponto (3, 4) à reta que contém os pontos (1, 5) e (−2, 2).

(b) Use a informação do item (a) para determinar a área do triângulo cujos vértices são (3, 4), (1, 5) e (−2, 2).

13 Determine a área do triângulo cujos vértices são (2, 0), (9, 0) e (4, 5).

14 Determine a área do triângulo cujos vértices são (−3, 0), (2, 0) e (4, 3).

15 Suponha que (2, 3), (1, 1) e (7, 1) sejam três vértices de um paralelogramo que tem dois de seus lados mostrados aqui.

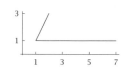

(a) Determine o quarto vértice desse paralelogramo.

(b) Determine a área desse paralelogramo.

16 Suponha que (3, 4), (2, 1) e (6, 1) sejam três vértices de um paralelogramo que tem dois de seus lados mostrados aqui.

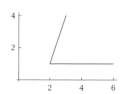

(a) Determine o quarto vértice desse paralelogramo.

(b) Determine a área desse paralelogramo.

17 Determine a área deste trapezoide, cujos vértices são (1, 1), (7, 1), (5, 3) e (2, 3).

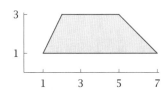

18 Determine a área deste trapezoide, cujos vértices são (2, 1), (6, 1), (8, 4) e (1, 4).

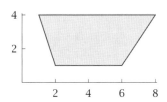

19 Determine a área da região no plano xy sob a reta $y = \frac{x}{2}$, acima do eixo dos x e entre as retas $x = 2$ e $x = 6$.

20 Determine a área da região no plano xy sob a reta $y = 3x + 1$, acima do eixo dos x e entre as retas $x = 1$ e $x = 5$.

21 Seja $f(x) = |x|$. Determine a área da região no plano xy sob o gráfico de f, acima do eixo dos x e entre as retas $x = -2$ e $x = 5$.

22 Seja $f(x) = |2x|$. Determine a área da região no plano xy sob o gráfico de f, acima do eixo dos x e entre as retas $x = -3$ e $x = 4$.

23 Determine a área no interior de um círculo de diâmetro 7.

24 Determine a área no interior de um círculo de diâmetro 9.

25 Determine a área no interior de um círculo cuja circunferência é de 5 pés (1,52 m).

26 Determine a área no interior de um círculo cuja circunferência é de 7 jardas (6,4 m).

27 Determine a área no interior de um círculo cuja equação é
$$x^2 - 6x + y^2 + 10y = 1.$$

28 Determine a área no interior de um círculo cuja equação é
$$x^2 + 5x + y^2 - 3y = 1.$$

29 Determine um número t tal que a área no interior do círculo
$$3x^2 + 3y^2 = t$$
seja 8.

30 Determine um número t tal que a área no interior do círculo
$$5x^2 + 5y^2 = t$$
seja 2.

Use a informação a seguir para os Exercícios 31-36: Um disco DVD padrão tem um diâmetro de 12 cm. O orifício no centro do disco tem um raio de 0,75 cm. Aproximadamente 50,2 megabytes de dados podem ser armazenados em cada cm quadrado da superfície útil do disco DVD.

31 Qual é a área de um disco DVD sem contar o orifício?

32 Qual é a área de um disco DVD sem contar o orifício nem o anel circular não utilizável com largura de 1,5 cm que contorna o orifício?

33 Uma empresa de cinema está produzindo discos DVD contendo um dos seus filmes. Parte da superfície de cada disco DVD será tornada utilizável pela deposição de material sensível a laser em um anel circular cujo raio interno é 2,25 cm a partir do centro do disco. Qual é o raio externo mínimo desse anel circular se o filme requer 3100 megabytes para armazenamento de dados?

34 Uma empresa de cinema está produzindo discos DVD contendo um dos seus filmes. Parte da superfície de cada disco DVD será tornada utilizável pela deposição de material sensível a laser em um anel circular cujo raio interno é 2,25 cm a partir do centro do disco. Qual é o raio externo mínimo desse anel circular se o filme requer 4200 megabytes para armazenamento de dados?

35 Suponha que uma empresa de cinema queira armazenar conteúdo extra em um anel circular em um disco DVD. Se o anel circular tiver raio externo de 5,9 cm e se forem necessários 200 megabytes para o armazenamento de dados, qual é o raio interno máximo que pode ter o anel circular para o conteúdo extra?

36 Suponha que uma empresa de cinema queira armazenar conteúdo extra em um anel circular em um disco DVD. Se o anel circular tem raio externo de 5,9 cm e se forem necessários 350 megabytes para o armazenamento de dados, qual é o raio interno máximo que pode ter o anel circular para o conteúdo extra?

37 Determine a área da região no plano xy sob a curva $y = \sqrt{4-x^2}$ (com $-2 \leq x \leq 2$) e acima do eixo dos x.

38 Determine a área da região no plano xy sob a curva $y = \sqrt{9-x^2}$ (com $-3 \leq x \leq 3$) e acima do eixo dos x.

39 Usando a resposta do Exercício 37, determine a área da região no plano xy sob a curva $y = 3\sqrt{4-x^2}$ (com $-2 \leq x \leq 2$) e acima do eixo dos x.

40 Usando a resposta do Exercício 38, determine a área da região no plano xy sob a curva $y = 5\sqrt{9-x^2}$ (com $-3 \leq x \leq 3$) e acima do eixo dos x.

41 Usando a resposta do Exercício 37, determine a área da região no plano xy sob a curva $y = \sqrt{4-\frac{x^2}{9}}$ (com $-6 \leq x \leq 6$) e acima do eixo dos x.

42 Usando a resposta do Exercício 38, determine a área da região no plano xy sob a curva $y = \sqrt{9-\frac{x^2}{16}}$ (com $-12 \leq x \leq 12$) e acima do eixo dos x.

43 Determine a área da região no plano xy sob a curva

$$y = 1 + \sqrt{4-x^2},$$

acima do eixo dos x e entre as retas $x = -2$ e $x = 2$.

44 Determine a área da região no plano xy sob a curva

$$y = 2 + \sqrt{9-x^2},$$

acima do eixo dos x e entre as retas $x = -3$ e $x = 3$.

Nos Exercícios 45–50, determine a área no interior da elipse no plano xy determinada pela equação dada.

45 $\dfrac{x^2}{7} + \dfrac{y^2}{16} = 1$

46 $\dfrac{x^2}{9} + \dfrac{y^2}{5} = 1$

47 $2x^2 + 3y^2 = 1$

48 $10x^2 + 7y^2 = 1$

49 $3x^2 + 2y^2 = 7$

50 $5x^2 + 9y^2 = 3$

51 Determine um número positivo c tal que a área no interior da elipse

$$2x^2 + cy^2 = 5$$

seja 3.

52 Determine um número positivo c tal que a área no interior da elipse

$$cx^2 + 7y^2 = 3$$

seja 2.

53 Determine números a e b tais que $a > b$, $a + b = 15$ e a área no interior da elipse

$$\frac{x^2}{a^2} + \frac{y^2}{b^2} = 1$$

seja 36π.

54 Determine números a e b tais que $a > b$, $a + b = 5$ e a área no interior da elipse

$$\frac{x^2}{a^2} + \frac{y^2}{b^2} = 1$$

seja 3π.

55 Determine um número t tal que a área no interior da elipse

$$4x^2 + 9y^2 = t$$

seja 5.

56 Determine um número t tal que a área no interior da elipse

$$2x^2 + 3y^2 = t$$

seja 7.

PROBLEMAS

Alguns problemas exigem consideravelmente mais raciocínio que os exercícios.

57 Explique por que uma jarda quadrada contém 9 pés quadrados.

58 Explique por que um pé quadrado contém 144 polegadas quadradas.

59 Determine uma fórmula que forneça a área de um quadrado em termos do comprimento da diagonal do quadrado.

60 Determine uma fórmula que forneça a área de um quadrado em termos do seu perímetro.

61 Suponha que a e b sejam números positivos. Desenhe uma figura de um quadrado cujos lados tenham comprimento $a + b$. Particione esse quadrado em um quadrado cujos lados têm comprimento a, um quadrado cujos lados têm comprimento b e dois retângulos, de forma a ilustrar a identidade

$$(a+b)^2 = a^2 + 2ab + b^2.$$

62 Determine um exemplo de paralelogramo cuja área seja igual a 10 e cujo perímetro seja igual a 16 (escreva as coordenadas de cada um dos quatro vértices do seu paralelogramo).

63 Demonstre que um triângulo equilátero com lados de comprimento r tem área $\frac{\sqrt{3}}{4}r^2$.

64 Demonstre que um triângulo equilátero com área A tem lados de comprimento $\frac{2\sqrt{A}}{3^{1/4}}$.

65 Suponha que $0 < a < b$. Demonstre que a área da região sob a reta $y = x$, acima do eixo dos x e entre as retas $x = a$ e $x = b$ é $\frac{b^2 - c^2}{2}$.

66 Demonstre que a área no interior de um círculo de circunferência c é $\frac{c^2}{4\pi}$.

67 Determine uma fórmula que forneça a área dentro de um círculo em termos do diâmetro do círculo.

68 Na antiga China e na Babilônia, a área no interior de um círculo era considerada igual à metade do raio vezes a circunferência. Demonstre que essa fórmula está de acordo com a nossa fórmula para a área no interior de um círculo.

69 Suponha que a, b e c sejam números positivos. Demonstre que a área no interior da elipse

$$ax^2 + by^2 = c$$

é igual a $\pi \frac{c}{\sqrt{ab}}$.

70 A figura a seguir ilustra um triângulo retângulo isósceles, com lados de comprimento 1, juntamente com um quarto de um círculo centrado no vértice do ângulo reto do triângulo. Usando o resultado de que o caminho mais curto entre dois pontos é um segmento de reta, explique por que essa figura mostra que $2\sqrt{2} < \pi$.

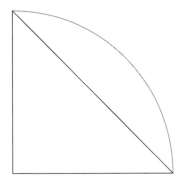

71 A figura a seguir ilustra um círculo de raio 1 inscrito em um quadrado. Comparando as áreas, explique por que esta figura mostra que $\pi < 4$.

72 Considere a figura a seguir, que é desenhada precisamente em escala:

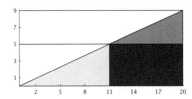

(a) Demonstre que o triângulo retângulo cujos vértices são $(0, 0)$, $(20, 0)$ e $(20, 9)$ tem área 90.

(b) Demonstre que o triângulo retângulo cinza mais claro tem área 27,5.

(c) Demonstre que o retângulo cinza-escuro tem área 45.

(d) Demonstre que o triângulo retângulo cinza meio-tom tem área 18.

(e) Some os resultados dos itens (b), (c) e (d) para mostrar que a área da região colorida é 90,5.

(f) Olhando a figura acima, a maioria das pessoas esperaria que os itens (a) e (e) conduzissem ao mesmo resultado. No entanto, no item (a) encontramos área 90 e no item (e) encontramos área 90,5. Explique por que esses resultados diferem.

Apêndice B: Curvas Paramétricas

Curvas no Plano das Coordenadas

Curvas paramétricas podem ser usadas para descrever a trajetória de um ponto movendo-se no plano das coordenadas. Curvas paramétricas dão uma nova visão para muitos dos tópicos discutidos previamente, incluindo as funções cosseno e seno, os gráficos de funções inversas e os gráficos que se originam de transformações de funções. Uma definição mais formal de curva paramétrica será dada em breve, mas começaremos por analisar um exemplo.

Suponha que um ponto movendo–se no plano das coordenadas tenha coordenadas

$$(\cos t, \operatorname{sen} t)$$

no instante t segundos, para t no intervalo $[0, 2\pi]$.

(a) Quais são as coordenadas do ponto no instante $t = 0$ segundo?

(b) Quais são as coordenadas do ponto no instante $t = 3$ segundos?

(c) Quais são as coordenadas do ponto no instante $t = 2\pi$ segundos?

(d) Descreva a trajetória seguida pelo ponto no intervalo de tempo $[0, 2\pi]$ segundos.

(e) Qual a distância percorrida pelo ponto no intervalo de tempo $[0, 3]$ segundos?

EXEMPLO 1

SOLUÇÃO

(a) No instante 0 segundo, o ponto tem coordenadas $(\cos 0, \operatorname{sen} 0)$, que são iguais a $(1, 0)$. Portanto, a localização do ponto no instante 0 é mostrada pelo ponto cinza-escuro na figura.

(b) No instante 3 segundos, o ponto tem coordenadas $(\cos 3, \operatorname{sen} 3)$. A posição do ponto no instante 3 segundos é mostrada pelo ponto cinza meio-tom na figura. O ponto cinza meio-tom está próximo ao ponto $(-1, 0)$, porque 3 é um pouco menor que π (e porque π radianos é igual a 180°).

(c) No instante 2π segundos, o ponto tem coordenadas $(\cos 2\pi, \operatorname{sen} 2\pi)$, que é igual a $(1, 0)$.

(d) O ponto inicia em $(1, 0)$ no instante 0. Ele viaja no sentido anti–horário sobre a circunferência unitária, como mostrado na figura, e retorna a sua posição inicial no instante 2π.

(e) Precisamos determinar o comprimento do arco de uma circunferência unitária de $(1, 0)$ até $(\cos 3, \operatorname{sen} 3)$. Como estamos trabalhando em radianos, o comprimento de um arco sobre a circunferência unitária é igual ao número de radianos no ângulo correspondente. Portanto, esse arco tem comprimento 3.

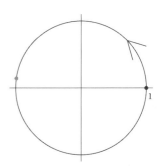

Essa trajetória inicia-se em (1, 0) (ponto cinza-escuro), no instante 0, e termina na mesma posição, no instante 2π segundos. A seta mostra o sentido do movimento. O ponto cinza meio-tom mostra a posição do ponto no instante 3 segundos.

Poderíamos ter definido cos t e sen t como a primeira e a segunda coordenadas, no instante t segundos, de um ponto percorrendo uma trajetória no sentido anti-horário sobre a circunferência unitária, começando em (1, 0), no instante 0, e movendo-se com velocidade de uma unidade de distância por segundo.

Podemos pensar na trajetória do ponto do exemplo acima como descrita por duas funções, f e g, definidas por

$$f(t) = \cos t \quad \text{e} \quad g(t) = \text{sen } t,$$

em que o domínio de f e de g é o intervalo $[0, 2\pi]$. A localização do ponto no instante t é $(f(t), g(t))$, em que t está no domínio de f e de g. Essas considerações conduzem à seguinte definição.

Curvas paramétricas

Uma **curva paramétrica** é uma trajetória no plano das coordenadas descrita por um par ordenado de funções que têm como domínio o mesmo intervalo.

EXEMPLO 2

Considere a curva paramétrica descrita por

$$(t^3 - 6t^2 + 10t, \, 2t^2 - 8t + 9)$$

para t no intervalo $[0, 4]$.

(a) Usando um computador ou uma calculadora gráfica, esboce essa curva paramétrica.

(b) Qual ponto dessa curva corresponde a $t = 0$?

(c) Qual ponto dessa curva corresponde a $t = 1$?

(d) Qual ponto dessa curva corresponde a $t = 4$?

(e) Essa curva paramétrica é o gráfico de alguma função?

A curva paramétrica descrita por $(t^3 - 6t^2 + 10t, 2t^2 - 8t + 9)$, para t no intervalo $[0, 4]$.

SOLUÇÃO

(a) Digite

```
parametric plot (t^3 - 6t^2 + 10t, 2t^2 - 8t + 9) for t=0 to 4
```

em uma caixa de entrada do *WolframAlpha*, ou use a entrada apropriada em outro software ou em uma calculadora gráfica que possa produzir curvas paramétricas. Usando qualquer um desses métodos, você deve ver uma curva semelhante à da figura mostrada aqui.

A seta na curva acima (e nas outras figuras desta seção) indica o sentido do movimento quando consideramos uma curva paramétrica como a trajetória de um ponto movendo-se no plano.

(b) Se $t = 0$, então $(t^3 - 6t^2 + 10t, 2t^2 - 8t + 9)$ é igual a $(0, 9)$, como mostrado pelo primeiro ponto cinza meio-tom na figura acima.

(c) Se $t = 1$, então $(t^3 - 6t^2 + 10t, 2t^2 - 8t + 9)$ é igual a $(5, 3)$, como mostrado pelo segundo ponto cinza meio-tom na figura acima.

(d) Se $t = 4$, então $(t^3 - 6t^2 + 10t, 2t^2 - 8t + 9)$ é igual a $(8, 9)$, como mostrado pelo terceiro ponto cinza meio-tom na figura acima.

(e) Analisando a curva, vemos que existem retas verticais que interceptam a curva em mais de um ponto. Como essa curva não satisfaz o teste das retas verticais, ela não é o gráfico de nenhuma função (veja a Seção 1.1).

A figura anterior mostra apenas uma representação estática da curva paramétrica. Para ver uma representação dinâmica com um ponto movendo-se e traçando a trajetória, acesse na Internet o endereço precalculus.axler.net/parametric.html.* Essa página contém representações dinâmicas de pontos movendo-se e traçando a trajetória de cada curva paramétrica mostrada neste livro.

O gráfico de cada função cujo domínio é um intervalo pode ser pensado como uma curva paramétrica. Especificamente, se f for uma função cujo domínio é algum intervalo, então a curva paramétrica descrita por $(t, f(t))$ no instante t é o gráfico de f.

A representação dinâmica de um ponto movendo-se e traçando sua trajetória pode facilitar sua compreensão de curvas paramétricas.

Considere que f seja a função definida por $f(x) = x^2$ cujo domínio é o intervalo $[-1, 1]$.

(a) Descreva o gráfico de f como uma curva paramétrica.

(b) Considere a curva paramétrica descrita por (t^3, t^6) para t em $[-1, 1]$. Qual é a relação dessa curva paramétrica com a curva paramétrica do item (a)?

EXEMPLO 3

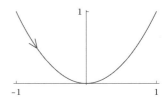

SOLUÇÃO

(a) O gráfico de f é a curva paramétrica descrita por (t, t^2) para t em $[-1, 1]$, como mostrado na figura. O ponto inicial dessa trajetória, correspondente a $t = -1$, é $(-1, 1)$. O ponto final dessa trajetória, correspondente a $t = 1$, é $(1, 1)$. Essa curva paramétrica é a familiar parábola.

(b) Seja $u = t^3$. Como t varia de -1 até 1, então u também varia de -1 até 1. Além disso, $t^6 = (t^3)^2$, portanto, $(t^3, t^6) = (u, u^2)$. Assim a curva paramétrica descrita por (t^3, t^6) para t em $[-1, 1]$ é a mesma curva paramétrica descrita por (u, u^2) para u em $[-1, 1]$, que por sua vez é a mesma curva descrita por (t, t^2) para t em $[-1, 1]$ (porque o nome da variável não importa).

A curva paramétrica descrita por (t, t^2) para t em $[-1, 1]$. A mesma trajetória é também descrita pela curva paramétrica (t^3, t^6) para t em $[-1, 1]$. Como mostrado neste exemplo, uma trajetória pode ser descrita por mais de um par de funções.

Curvas paramétricas fornecem um método útil para descrever o movimento de um objeto lançado no ar até que a gravidade o traga de volta ao solo.

Movimento sob a influência da gravidade

Suponha que um objeto seja lançado de uma altura de H pés,** no instante 0, com velocidade horizontal inicial U pés por segundo e velocidade vertical inicial V pés por segundo. Assim, no instante t segundos

- o objeto está a Ut pés (na direção horizontal) do arremessador;
- a altura do objeto é $-16,1t^2 + Vt + H$ pés.

Essas fórmulas ignoram a resistência do ar e, portanto, devem ser usadas com cautela se o atrito com o ar for um fator importante.

Essas fórmulas são válidas apenas até o momento em que objeto toca o solo ou outro objeto.

Alguns comentários sobre a última fórmula acima:

- Ao usar metros no lugar de pés, substitua 16,1 por 4,9.
- O número 16,1 é válido apenas na Terra, e deve ser substituído em outros planetas por uma constante apropriada que depende da massa e do raio do planeta.

---

* Este endereço eletrônico é de responsabilidade do autor e não há relação com a LTC Editora. (N.E.)

** 1 pé é aproximadamente igual a 30,5 cm. (N.T.)

EXEMPLO 4

Considere que uma bola seja lançada de uma altura de 6 pés (1,83 m) com velocidade horizontal inicial de 50 pés por segundo (15,24 m/s) e velocidade vertical inicial de 40 pés por segundo (12,19 m/s).

(a) Quanto tempo depois de ser lançada a bola atingirá o chão?

(b) Descreva a trajetória da bola como uma curva paramétrica e esboce a trajetória.

(c) A que distância do arremessador (na direção horizontal) a bola atinge o chão?

(d) A que altura está a bola no ponto de altura máxima?

SOLUÇÃO

Como a bola está a altura inicial 6 pés (1,83 m) e a velocidade vertical inicial de 40 pés por segundo (12,19 m/s), a altura da bola no instante t é $-16,1t^2 + 40t + 6$ pés.

(a) A bola atinge o solo quando sua altura é 0, o que acontece quando

$$-16,1t^2 + 40t + 6 = 0.$$

Usando a fórmula quadrática para resolver a equação para t, obtemos $t \approx -0,142$, ou $t \approx 2,63$. Um valor negativo para t não faz sentido para esse problema. Portanto, concluímos que a bola atinge o solo 2,63 segundos depois de ter sido arremessada.

(b) Em um plano de coordenadas apropriado, no instante t a bola tem coordenadas

$$(50t, -16,1t^2 + 40t + 6).$$

A trajetória da bola é parte de uma parábola.

Assim, temos o seguinte desenho, gerado por computador, para a trajetória da bola

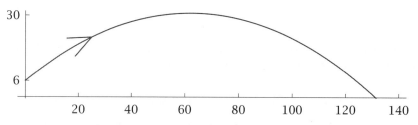

A curva paramétrica descrita por $(50t, -16,1t^2 + 40t + 6)$, para t em $[0; 2,63]$.

(c) A bola atinge o solo aproximadamente 2,63 segundos depois de ter sido arremessada. A distância horizontal entre a bola e o arremessador naquele instante é de $50 \times 2,63$ pés, que é 131,5 pés (40 m).

(d) Para determinar a altura máxima da bola, completamos os quadrados na expressão que dá a altura da bola no instante t:

$$-16,1t^2 + 40t + 6 = -16,1[t^2 - \tfrac{40}{16,1}t] + 6$$

$$= -16,1[(t - \tfrac{20}{16,1})^2 - (\tfrac{20}{16,1})^2] + 6$$

$$= -16,1(t - \tfrac{20}{16,1})^2 + \tfrac{20^2}{16,1} + 6$$

A expressão acima mostra que a altura máxima da bola é atingida quando $t = \tfrac{20}{16,1}$ e que a altura da bola nesse instante será de $\tfrac{20^2}{16,1} + 6$ pés, que é aproximadamente 30,8 pés ($\approx 9,4$ m).

Gráficos de curvas paramétricas podem ser facilmente traçados por computadores e pela maioria das calculadoras gráficas. De fato, curvas paramétricas são frequentemente a maneira mais fácil de fazer os gráficos de algumas curvas familiares com essas máquinas, como mostraremos nos próximos dois exemplos.

EXEMPLO 5

Explique por que a curva paramétrica descrita por

$$(5 \cos t, 3 \operatorname{sen} t)$$

para t em $[0, 2\pi]$ é uma elipse.

SOLUÇÃO Observe que

$$\frac{(5\cos t)^2}{25} + \frac{(3 \operatorname{sen} t)^2}{9} = \frac{25 \cos^2 t}{25} + \frac{9 \operatorname{sen}^2 t}{9}$$
$$= \cos^2 t + \operatorname{sen}^2 t$$
$$= 1.$$

Assim, usando $x = 5 \cos t$ e $y = 3 \operatorname{sen} t$, temos $\frac{x^2}{25} + \frac{y^2}{9} = 1$, que é a equação da elipse mostrada aqui.

O gráfico dessa elipse pode ser obtido digitando-se

parametric plot (5 cos t, 3 sin t) for t=0 to 2 pi

em uma caixa de entrada do *WolframAlpha* ou usando a entrada apropriada em outro software ou calculadora gráfica.

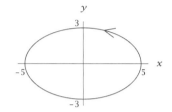

A curva paramétrica $(5 \cos t, 3 \operatorname{sen} t)$ para t em $[0, 2\pi]$ é a elipse $\frac{x^2}{25} + \frac{y^2}{9} = 1$.

EXEMPLO 6

Explique por que a curva paramétrica descrita por

$$\left(\tfrac{3}{\cos t}, 2 \tan t\right)$$

para t em $\left[-\frac{\pi}{3}, \frac{\pi}{3}\right]$ é parte de uma hipérbole.

SOLUÇÃO Observe que

$$\frac{\left(\frac{3}{\cos t}\right)^2}{9} - \frac{(2\tan t)^2}{4} = \frac{1}{\cos^2 t} - \tan^2 t = \frac{1}{\cos^2 t} - \frac{\operatorname{sen}^2 t}{\cos^2 t} = \frac{1 - \operatorname{sen}^2 t}{\cos^2 t} = \frac{\cos^2 t}{\cos^2 t} = 1.$$

Assim, usando $x = \frac{3}{\cos t}$ e $y = 2 \tan t$, temos $\frac{x^2}{9} - \frac{y^2}{4} = 1$, que é a equação de uma hipérbole. A parte dessa hipérbole mostrada aqui pode ser obtida digitando-se

parametric plot (3/cos t, 2 tan t) for t=-pi/3 to pi/3

em uma caixa de entrada do *WolframAlpha* ou usando a entrada apropriada em outro software ou calculadora gráfica.

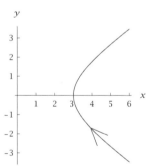

A curva paramétrica $\left(\frac{3}{\cos t}, 2 \tan t\right)$ para t em $\left[-\frac{\pi}{3}, \frac{\pi}{3}\right]$ é parte da hipérbole $\frac{x^2}{9} - \frac{y^2}{4} = 1$.

Gráficos de Funções Inversas como Curvas Paramétricas

Mesmo quando não é possível determinar uma fórmula para a inversa de uma função, o gráfico de uma função inversa pode ser construído como uma curva paramétrica.

Gráfico de uma função e de sua inversa

Suponha que f seja uma função cujo domínio é um intervalo.

- O gráfico de f é descrito pela curva paramétrica $(t, f(t))$, quando t varia sobre o domínio de f.

- Se f for bijetora, então o gráfico da função inversa f^{-1} é descrito pela curva paramétrica $(f(t), t)$, quando t varia sobre o domínio de f.

EXEMPLO 7 Suponha que f seja a função com domínio $[0, 1]$ definida por

$$f(t) = \tfrac{1}{2}t^5 + \tfrac{3}{2}t^3.$$

Descreva os gráficos de f e de f^{-1} como curvas paramétricas e use a tecnologia para desenhar esses gráficos.

SOLUÇÃO Um computador ou uma calculadora gráfica podem desenhar o gráfico de f como a curva paramétrica descrita por $\left(t, \tfrac{1}{2}t^5 + \tfrac{3}{2}t^3\right)$ para t em $[0, 1]$ (veja a curva cinza-escuro).

Mesmo um computador não consegue determinar uma fórmula para f^{-1}, pois não é possível resolver a equação

$$\tfrac{1}{2}t^5 + \tfrac{3}{2}t^3 = y$$

para t em termos de y.

No entanto, o gráfico de f^{-1} é obtido pela reflexão do gráfico de f sobre a reta que passa pela origem e que tem inclinação 1. Essa operação equivale a permutar as duas coordenadas de cada ponto no gráfico de f. Em outras palavras, o gráfico de f^{-1} é a curva paramétrica descrita por $\left(\tfrac{1}{2}t^5 + \tfrac{3}{2}t^3, t\right)$ para t em $[0, 1]$. Um computador ou uma calculadora gráfica podem, agora, desenhar facilmente a curva paramétrica (veja a curva cinza meio-tom). Portanto, mesmo que não tenhamos a fórmula para f^{-1}, temos o seu gráfico!

Digite

```
parametric plot { ( t, (1/2)t^5 + (3/2)t^3 ), ( (1/2)t^5 + (3/2)t^3, t ) } for t=0 to 1
```

na caixa de entrada do *WolframAlpha* para obter os gráficos de f e de f^{-1} na mesma figura, como mostrado aqui, ou use a entrada apropriada em outro software ou calculadora gráfica.

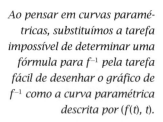

A curva paramétrica $\left(t, \tfrac{1}{2}t^5 + \tfrac{3}{2}t^3\right)$ (cinza-escuro) e a curva paramétrica $\left(\tfrac{1}{2}t^5 + \tfrac{3}{2}t^3, t\right)$ (cinza meio-tom), ambas para t em $[0, 1]$.

Ao pensar em curvas paramétricas, substituímos a tarefa impossível de determinar uma fórmula para f^{-1} pela tarefa fácil de desenhar o gráfico de f^{-1} como a curva paramétrica descrita por $(f(t), t)$.

O exemplo acima é o mesmo Exemplo 2 da Seção 1.6, mas agora fornecemos mais esclarecimento a respeito de como o computador recebeu o comando para gerar o gráfico de f^{-1}.

Deslocamento, Alongamento ou Reflexão para uma Curva Paramétrica

Iniciemos com uma transformação horizontal de uma curva paramétrica.

EXEMPLO 8

(a) Esboce as curvas paramétricas descritas por (t^2, t^3) e $(t^2 + 1, t^3)$ para t no intervalo $[-1, 1]$.

(b) Explique como a curva paramétrica descrita por $(t^2 + 1, t^3)$ é obtida da curva paramétrica descrita por (t^2, t^3).

SOLUÇÃO

(a) A melhor maneira para desenhar essas curvas paramétricas é em um computador ou uma calculadora gráfica. Se você usa o *WolframAlpha*, então

```
parametric plot { (t^2, t^3), (t^2 + 1, t^3) } for t=-1 to 1
```

produz ambas as curvas paramétricas na mesma figura, como mostrado aqui.

(b) A figura apresentada ao lado mostra que a curva paramétrica descrita por $(t^2 + 1, t^3)$ é obtida pelo deslocamento da curva paramétrica descrita por (t^2, t^3) para a direita 1 unidade. Esse deslocamento para a direita de 1 unidade ocorre devido à soma de 1 à primeira coordenada de (t^2, t^3), para obter $(t^2 + 1, t^3)$.

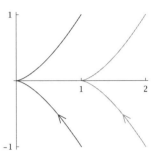

A curva paramétrica (t^2, t^3) (cinza-escuro) e a curva paramétrica $(t^2 + 1, t^3)$ (cinza meio-tom), ambas para t em $[-1, 1]$.

O mesmo raciocínio utilizado no exemplo acima funciona para qualquer curva paramétrica e para qualquer número positivo b no lugar de 1. De maneira similar, a subtração de um número positivo b da primeira coordenada desloca a curva para a esquerda.

> *Deslocando uma curva paramétrica para a direita ou para a esquerda*
>
> - A soma de uma constante positiva b à primeira coordenada de cada ponto em uma curva paramétrica desloca a curva b unidades para a direita.
>
> - A subtração de uma constante positiva b da primeira coordenada de cada ponto em uma curva paramétrica desloca a curva b unidades para a esquerda.

As transformações de curvas paramétricas são análogas às funções transformação, que estudamos na Seção 1.3. No entanto, as ideias e os resultados são mais simples com curvas paramétricas.

O próximo exemplo envolve uma transformação vertical de uma curva paramétrica.

EXEMPLO 9

(a) Esboce as curvas paramétricas descritas por (t^3, t^4) e $(t^3, t^4 + 6)$, para t no intervalo $[-2, 2]$.

(b) Explique como a curva paramétrica descrita por $(t^3, t^4 + 6)$ é obtida da curva paramétrica descrita por (t^3, t^4).

SOLUÇÃO

(a) Um computador produz as curvas paramétricas mostradas aqui.

(b) A curva paramétrica descrita por $(t^3, t^4 + 6)$ é obtida pelo deslocamento da curva paramétrica descrita por (t^3, t^4) 6 unidades para cima, devido à adição de 6 à segunda coordenada.

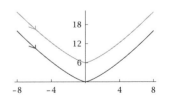

A curva paramétrica (t^3, t^4) (cinza-escuro) e a curva paramétrica $(t^3, t^4 + 6)$ (cinza meio-tom), ambas para t em $[-2, 2]$.

O mesmo raciocínio utilizado no exemplo acima funciona para qualquer curva paramétrica e para qualquer número positivo b no lugar de 1. De maneira similar, a subtração de um número positivo b da segunda coordenada desloca a curva para baixo. Assim, temos o seguinte resultado geral.

620   Apêndice B

> **Deslocando uma curva paramétrica para cima ou para baixo**
> - A soma de uma constante positiva b à segunda coordenada de cada ponto em uma curva paramétrica desloca a curva b unidades para cima.
> - A subtração de uma constante positiva b da segunda coordenada de cada ponto em uma curva paramétrica desloca a curva b unidades para baixo.

Agora, vamos analisar uma transformação que alonga uma curva paramétrica.

EXEMPLO 10

(a) Esboce as curvas paramétricas descritas por $(t^2 - t^3, t - t^2)$ e $(2t^2 - 2t^3, t - t^2)$, para t no intervalo $[0, 1]$.

(b) Explique como a curva paramétrica descrita por $(2t^2 - 2t^3, t - t^2)$ é obtida da curva paramétrica descrita por $(t^2 - t^3, t - t^2)$.

SOLUÇÃO

(a) Um computador produz as curvas paramétricas mostradas aqui.

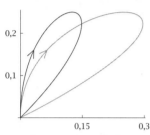

A curva paramétrica $(t^2 - t^3, t - t^2)$ (cinza-escuro) e a curva paramétrica $(2t^2 - 2t^3, t - t^2)$ (cinza meio-tom), ambas para t em $[0, 1]$.

(b) A curva paramétrica descrita por

$$(2t^2 - 2t^3, t - t^2)$$

é obtida pelo alongamento horizontal da curva paramétrica descrita por

$$(t^2 - t^3, t - t^2)$$

por um fator 2. Esse alongamento por um fator 2 ocorre devido à multiplicação da primeira coordenada de $(t^2 - t^3, t - t^2)$ por 2, para obter $(2t^2 - 2t^3, t - t^2)$.

O mesmo raciocínio utilizado no exemplo acima funciona para qualquer curva paramétrica e para qualquer número positivo b no lugar de 2. De maneira similar, multiplicar a segunda coordenada alonga a curva verticalmente.

> **Alongando uma curva paramétrica horizontal ou verticalmente**
> - A multiplicação da primeira coordenada de cada ponto em uma curva paramétrica por uma constante positiva b alonga horizontalmente a curva por um fator b.
> - A multiplicação da segunda coordenada de cada ponto em uma curva paramétrica por uma constante positiva b alonga verticalmente a curva por um fator b.

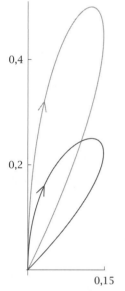

A curva paramétrica $(t^2 - t^3, t - t^2)$ (cinza-escuro) e a curva paramétrica $(t^2 - t^3, 2t - 2t^2)$ (cinza meio-tom), ambas para t em $[0, 1]$.

Nosso próximo exemplo reflete uma curva paramétrica.

EXEMPLO 11

(a) Esboce as curvas paramétricas descritas por

$$(t^4 + \sqrt{1+t} - t^2 - \tfrac{3}{4}, t - t^5) \quad \text{e} \quad (-t^4 - \sqrt{1+t} + t^2 + \tfrac{3}{4}, t - t^5)$$

para t no intervalo $[0, 1]$.

(b) Explique como a curva paramétrica descrita por $\left(-t^4-\sqrt{1+t}+t^2+\frac{3}{4},t-t^5\right)$ é obtida da curva paramétrica descrita por $\left(t^4+\sqrt{1+t}-t^2-\frac{3}{4},t-t^5\right)$.

SOLUÇÃO

(a) Um computador produz as curvas paramétricas mostradas aqui.

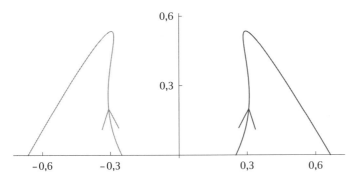

As curvas paramétricas $\left(t^4+\sqrt{1+t}-t^2-\frac{3}{4},t-t^5\right)$ (cinza-escuro) e $\left(-t^4-\sqrt{1+t}+t^2+\frac{3}{4},t-t^5\right)$ (cinza meio-tom), ambas para t em [0, 1].

(b) A curva paramétrica descrita por

$$(-t^4-\sqrt{1+t}+t^2+\tfrac{3}{4},t-t^5)$$

é obtida pela reflexão da curva paramétrica descrita por

$$(t^4+\sqrt{1+t}-t^2-\tfrac{3}{4},t-t^5)$$

sobre o eixo vertical. Essa reflexão sobre o eixo vertical ocorre porque a primeira coordenada de $\left(t^4+\sqrt{1+t}-t^2-\frac{3}{4},t-t^5\right)$ foi multiplicada por −1 para obter $\left(-t^4-\sqrt{1+t}+t^2+\frac{3}{4},t-t^5\right)$.

O mesmo raciocínio utilizado no exemplo acima funciona para qualquer curva paramétrica. De maneira similar, a multiplicação da segunda coordenada por −1 reflete o ponto sobre o eixo horizontal. Assim, temos o seguinte resultado geral.

Refletindo uma curva paramétrica vertical ou horizontalmente

- A multiplicação da primeira coordenada de cada ponto em uma curva paramétrica por −1 reflete a curva sobre o eixo vertical.
- A multiplicação da segunda coordenada de cada ponto em uma curva paramétrica por −1 reflete a curva sobre o eixo horizontal.

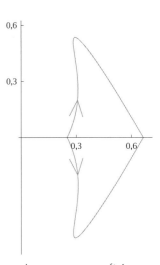

As curvas paramétricas $\left(t^4+\sqrt{1+t}-t^2-\frac{3}{4},t-t^5\right)$ (cinza-escuro) e $\left(-t^4-\sqrt{1+t}+t^2+\frac{3}{4},t-t^5\right)$ (cinza meio-tom), ambas para t em [0, 1].

EXERCÍCIOS

Para os Exercícios 1-4, considere a curva paramétrica descrita pelo dado par ordenado de funções definidas no intervalo dado.

(a) Qual é o ponto inicial da curva paramétrica?

(b) Qual é o ponto final da curva paramétrica?

(c) Esboce o gráfico da curva paramétrica.

(d) Essa curva paramétrica é o gráfico de alguma função?

1 $(2t^2 - 8t + 5, t^3 - 6t^2 + 10t)$ para t em $[0, 3]$

2 $(2t^2 - 8t + 5, t^3 - 6t^2 + 10t)$ para t em $[1, 4]$

3 $(t^3 + 1, \dfrac{3t^2 - t + 1}{2})$ para t em $[-1, 1]$

4 $(t^3 - 1, 4t^2 - 2t + 1)$ para t em $[-1, 1]$

Para os Exercícios 5 e 6, responda às questões a seguir usando a informação dada.

(a) Descreva a trajetória da bola de basquete como uma curva paramétrica.

(b) Quanto tempo depois de ter sido arremessada a bola de basquete atinge o solo?

(c) A que distância do arremessador (na direção horizontal) estará a bola de basquete quando ela atingir o solo?

(d) Qual a altura máxima atingida pela bola de basquete?

5 Uma bola de basquete é arremessada de uma altura de 5 pés (1,5 m), com velocidade horizontal inicial de 20 pés por segundo (6,1 m/s) e velocidade vertical inicial de 15 pés por segundo (4,6 m/s).

6 Uma bola de basquete é arremessada de uma altura de 7 pés ($\approx$ 2 m), com velocidade horizontal inicial de 25 pés por segundo ($\approx$ 7,6 m/s) e velocidade vertical inicial de 17 pés por segundo ($\approx$ 5, 1 m/s).

Para os Exercícios 7 e 8, responda às questões a seguir usando a informação dada.

(a) Descreva a trajetória da bola de basquete como uma curva paramétrica.

(b) Quanto tempo depois de ter sido arremessada a bola de basquete atinge a parede?

(c) A que altura estará a bola de basquete quando ela atingir a parede?

7 Uma bola de basquete é arremessada em direção a uma parede a 40 pés de distância (12,2 m), de uma altura de 6 pés (1,83 m), com velocidade horizontal inicial de 35 pés por segundo e velocidade vertical inicial de 20 pés por segundo (6,1 m/s).

8 Uma bola de basquete é arremessada em direção a uma parede a 50 pés de distância (15,24 m), de uma altura de 5 pés (1,5 m), com velocidade horizontal inicial de 55 pés por segundo (16,8 m/s) e velocidade vertical inicial de 30 pés por segundo (9,1 m/s).

9 Determine uma função f tal que a curva paramétrica descrita por $(t - 1, t^2)$, para t em $[0, 2]$, seja o gráfico de f.

10 Determine uma função f tal que a curva paramétrica descrita por $(t + 2, 4t^3)$, para t em $[2, 5]$, seja o gráfico de f.

11 (a) Esboce o gráfico da curva paramétrica descrita por (t^2, t), para t no intervalo $[-1, 1]$.

(b) Determine uma função f tal que a curva paramétrica do item (a) possa ser obtida pela reflexão do gráfico de f sobre a reta com inclinação 1 que passa pela origem.

12 (a) Esboce o gráfico da curva paramétrica com coordenadas (t^6, t^3) para t no intervalo $[-1, 1]$.

(b) Determine uma função f tal que a curva paramétrica do item (a) possa ser obtida pela reflexão do gráfico de f sobre a reta com inclinação 1 que passa pela origem.

13 Use uma curva paramétrica para esboçar o gráfico da inversa da função f definida por $f(x) = x^3 + x$ no intervalo $[0, 1]$.

14 Use uma curva paramétrica para esboçar o gráfico da inversa da função f definida por $f(x) = x^5 + x^3 + 1$ no intervalo $[0, 1]$.

15 Determine a equação da elipse no plano xy dada pela curva paramétrica descrita por $(2 \cos t, 7 \sen t)$ para t em $[0, 2\pi]$.

16 Determine a equação da elipse no plano xy dada pela curva paramétrica descrita por $(5 \sen t, 6 \cos t)$ para t em $[-\pi, \pi]$.

17 Escreva a elipse $\dfrac{x^2}{16} + \dfrac{y^2}{81} = 1$ como uma curva paramétrica.

18 Escreva a elipse $\dfrac{x^2}{100} + \dfrac{y^2}{64} = 1$ como uma curva paramétrica.

19 Escreva a elipse $7x^2 + 5y^2 = 3$ como uma curva paramétrica.

20 Escreva a elipse $2x^2 + 3y^2 = 1$ como uma curva paramétrica.

Para os Exercícios 21-36, explique como a curva paramétrica descrita pelo par ordenado de funções dado poderia ser obtida da curva paramétrica mostrada no Exemplo 2; suponha que em todos os casos t está em [0, 4]. Em seguida, esboce o gráfico da curva paramétrica dada.

As coordenadas nos Exercícios 21–36 podem facilmente ser obtidas das coordenadas

$$(t^3 - 6t^2 + 10t, 2t^2 - 8t + 9)$$

no Exemplo 2. A intenção, aqui, é que você desloque, alongue ou reflita a curva paramétrica no Exemplo 2 para obter seus resultados. Não use um computador nem uma calculadora gráfica para desenhar os gráficos nestes exercícios, pois isso pode privá-lo de uma boa compreensão de transformações de curvas paramétricas.

21 $(t^3 - 6t^2 + 10t + 1, 2t^2 - 8t + 9)$

22 $(t^3 - 6t^2 + 10t + 3, 2t^2 - 8t + 9)$

23 $(t^3 - 6t^2 + 10t - 1, 2t^2 - 8t + 9)$

24 $(t^3 - 6t^2 + 10t - 4, 2t^2 - 8t + 9)$

25 $(t^3 - 6t^2 + 10t, 2t^2 - 8t + 10)$

26 $(t^3 - 6t^2 + 10t, 2t^2 - 8t + 12)$

27 $(t^3 - 6t^2 + 10t, 2t^2 - 8t + 6)$

28 $(t^3 - 6t^2 + 10t, 2t^2 - 8t + 4)$

29 $\left(\dfrac{t^3 - 6t^2 + 10t}{2}, 2t^2 - 8t + 9\right)$

30 $(2(t^3 - 6t^2 + 10t), 2t^2 - 8t + 9)$

31 $(t^3 - 6t^2 + 10t, \tfrac{3}{2}(2t^2 - 8t + 9))$

32 $\left(t^3 - 6t^2 + 10t, \dfrac{2t^2 - 8t + 9}{2}\right)$

33 $(-(t^3 - 6t^2 + 10t + 1), 2t^2 - 8t + 9)$

34 $(-(t^3 - 6t^2 + 10t - 4), 2t^2 - 8t + 9)$

35 $(t^3 - 6t^2 + 10t, -(2t^2 - 8t + 6))$

36 $(t^3 - 6t^2 + 10t, -(2t^2 - 8t + 4))$

PROBLEMAS

Alguns problemas exigem consideravelmente mais raciocínio que os exercícios.

37 Explique por que a curva paramétrica descrita por $(t^3, 5t^3)$, para t no intervalo $[-2, 2]$, é um segmento de reta.

38 Explique por que a curva paramétrica descrita por $(t^3, 2t^3)$, com t sendo um número real, é uma reta.

39 Explique por que a curva paramétrica descrita por $(t^3, 3t^3)$, com t sendo um número real, é um raio.

40 Explique por que a curva paramétrica descrita por $(\cos^2 t, \text{sen}^2 t)$, para t no intervalo $[0, p]$, é um segmento de reta. Descreva esse segmento de reta.

41 Suponha que uma estrela esteja situada na origem de um plano das coordenadas e que um planeta orbite a estrela, com o planeta localizado em

$$(\cos(2\pi t), \text{sen}(2\pi t))$$

no instante t. Aqui, t é medido em anos e a distância é medida em unidades astronômicas (uma distância astronômica é aproximadamente a distância média da Terra ao Sol, que é de aproximadamente 93 milhões de milhas). Explique por que o planeta completa uma órbita circular em torno da estrela uma vez por ano.

42 Usando as mesmas unidades do Problema 41, suponha agora que, devido ao efeito gravitacional de uma lua, a localização do planeta no instante t é, na verdade,

$$(\cos(2\pi(1 + 10^{-10})t), \text{sen}(2\pi t)).$$

Demonstre que, depois de um milhão de anos, o planeta estará a aproximadamente 18 milhas (29 km) (uma distância minúscula em termos de unidades astronômicas) de onde ele estaria se ele seguisse a órbita dada pelo Problema 41.

43 Supondo que o planeta siga a órbita dada no Problema 42, demonstre que, depois de 2,5 bilhões de anos, o planeta colide com a estrela.

[Este problema mostra que uma pequena variação na fórmula que descreve a órbita pode resultar em uma variação importante depois de um longo período de tempo. Atualmente, não conhecemos a fórmula da órbita da Terra com precisão suficiente para saber se, em algum momento, ela colidirá com o Sol.]

44 A curva paramétrica que é descrita por $((\text{sen } t)(1 - \cos t), (\cos t)(1 - \cos t))$, para t em $[0, 2\pi]$, é denominada **cardioide**. Esboce um gráfico dessa curva paramétrica e discuta a razão para seu nome.

Créditos das Fotos

- página v: Jonathan Shapiro
- página 1: Goodshot/SuperStock
- página 29: © Riccardo Bissacco/iStockphoto
- página 39: Pierre Louis Dumesnil; 1884 réplica de Nils Forsberg/Imagem de domínio público de *Wikipedia*
- página 129: Mostafa Azizi/Imagem de domínio público de *Wikimedia*
- página 135: Brand X/SuperStock
- página 152: Imagem de domínio público de *Wikipedia*
- página 156: NASA Jet Propulsion Laboratory/UCLA
- página 187: *The School of Athens* (detalhe) de Raphael/Imagem de domínio público de *Wikipedia*
- página 219: SuperStock, Inc./SuperStock
- página 223: age fotostock/SuperStock
- página 224: © Mary Evans Picture Library/Alamy Limited
- página 232: Culver Pictures, Inc./SuperStock
- página 234: Sheldon Axler
- página 240: Sheldon Axler
- página 254: © Uyen Le/iStockphoto
- página 259: CDC Evangeline Sowers, Janice Haney Carr
- página 260: © Alex Slobodkin/iStockphoto
- página 261: Dilbert, Scott Adams © 2008 Scott Adams/Distribuído por Universal Uclik
- página 263: © Adam Kazmierski/iStockphoto
- página 281: © Jeremy Edwards/iStockphoto
- página 296: Corbis/SuperStock
- página 307: age fotostock/SuperStock
- página 311: Paul Kline/iStockphoto
- página 314: Bex Walton/Wikepedia Creative Commons License (http://commons.wikimedia.org/wiki/File:Royal_Wedding_London_Eye.jpg)
- página 329: Tetra Images/SuperStock
- página 331: FoodCollection/SuperStock
- página 334: FoodCollection/SuperStock
- página 365: Peter Mercator/Imagem de domínio público de *Wikipedia*
- página 369: Peter Mercator/Imagem de domínio público de *Wikipedia*
- página 385: © Peter Spiro/iStockphoto
- página 413: © Peter Spiro/iStockphoto
- página 465: © Micha Krakowiak/iStockphoto
- página 466: Photodisc/SuperStock
- página 529: Christie's Images/SuperStock
- página 535: Artista desconhecido/Imagem de domínio público de *Wikipedia*
- página 546: Sheldon Axler
- página 551: Hamelin de Guettelet/Wikimedia Creative Commons License (http://commons.wikimedia.org/wiki/File:Statue_Pascal_-_Clermont-Ferrand.jpg)
- página 556: Imagem de domínio público de *Wikipedia*
- página 570: Jaime Abecasis/SuperStock
- página 575: Ingram Publishing/SuperStock
- página 588: Artista desconhecido/Imagem de domínio público de *Wikipedia*
- página 606: Christine Balderas/iStockphoto
- página 607: Manuela Miller/iStockphoto
- página 609: Sheldon Axler

Índice

A

Abraham De Moivre, 524
Adição vetorial, 494, 495
Agudo, ângulo, 332, 373, 412, 418, 420, 431
Altura
    do paralelogramo, 603
    do retângulo, 603
    do trapezoide, 603
    do triângulo, 604
Amplitude, 466, 467
Anders Celsius, 101
Ângulo(s)
    agudos, 332, 373, 412, 418, 420, 431
    ambíguos, 410-412, 423, 424
    circunferência unitária, 309-313
    correspondente a um raio, 313, 328
    especiais, 338
    maiores que 360°, 312, 313
    negativo, 311, 312, 326
    obtuso, 332, 412, 418, 420, 424
Annual percentage yield (APY), 265, 267
Aproximação(ões)
    de $2m$, 245, 267
    de 2^t, 293
    de $\cos\theta$, 408
    de e, 276, 287, 293, 564
    de e^t, 288, 289
    de $\ln(1+t)$, 286, 287
    de $\log(1+t)$, 292
    de sen
        θ, 414
        θ/θ, 416
    de $\tan\theta$, 414
    de π, 602
    para área, 272-274
    trigonométricas, 414
APY. *Veja* rendimento anual percentual
Arc. *Veja* arco de circunferência

Arco
    comprimento do, 602
    cosseno, 386-389, 453
        arco seno, 404, 405
        composição com funções trigonométricas, 400-403
        de $-t$, 411
        gráfico, 388
    de circunferência, 313, 314, 328, 329, 331
    seno, 386-388, 448
        arco cosseno, 404, 405
        composição com funções trigonométricas, 400-403
        gráfico, 388
    tangente, 391-393
        composição com funções trigonométricas, 400-403
        gráfico, 393
Área
    de *loonie*, 413
    de um octógono, 412
    de um paralelogramo, 411, 412, 603
    de um polígono, 412
    de uma fatia em um círculo, 329
    do dodecágono, 418
    do hexágono, 418, 421
    do octógono, 412
    do pentágono, 413
    do polígono, 412-414, 418
    do quadrado, 602, 603
    do retângulo, 603
    do trapezoide, 419, 604, 605
    do triângulo, 409, 410, 604
    interior
        de um círculo, 605-607
        de uma elipse, 607, 608
    sob $y = 1/x$, 272-276, 287, 290, 291
Argumento de um número complexo, 521-523
Assíntota, 208-210

Associatividade, 7, 8, 18, 38, 495, 507, 515

B

Bartholomeo Pitiscus, 360
Base
    de logaritmo, 222
    de paralelogramo, 603
    de trapezoides, 603
    de triângulos, 603
    e, 277-279, 286, 287
Berço. *Veja* cotangente
Bijetoras, 101
    teste da reta horizontal, 115, 116
Blaise Pascal, 551
Brilho de uma estrela, 245

C

Caixa preta, 42
Carl Friedrich Gauss, 464, 513, 575
Celsius, escala de temperatura, 100-102, 134
Charles Richter, 243
Círculo
    área no interior, 605-607
    circunferência de, 601, 602
    equação, 152, 153
        polar, 487, 488
    unidade. *Veja* circunferência unitária
Circunferência, 601, 602
    unitária
        definição, 308
        pontos especiais, 314-316, 330
Coeficiente(s)
    binomial, 553-556, 574
    do polinômio, 188
Coluna de matriz, 587
Completando quadrado, 146
Complexo conjugado, 508, 509, 520
Composição(ões), 86-92
    contínua, 296-300

de mais de duas funções, 91
de polinômios, 196
de uma função
  crescente, 120
  trigonométrica e, 100
função(ões), 211, 400-403
  bijetora, 105
  decomposição, 91
  inversa, 102-105
  lineares, 139
  racionais, 210
não comutativa, 89
trigonométricas inversas, 100
Comprimento de um arco de circunferência, 313, 314, 328, 329, 331
Comutatividade, 7, 38, 87, 495, 500, 507, 515
Conjunto, 25
Coordenadas
  polares, 482-486
    converter coordenadas retangulares, 484
    definição, 494
    gráfico da equação polar, 488
  retangulares, 54, 55
    convertendo
      de coordenadas polares, 483
      para coordenadas polares, 485
    definição, 50
Cos. *Veja* cosseno
Cos^{-1}. *Veja* arco seno
Cosh. *Veja* cosseno hiperbólico
Cossecante, 353-355, 359, 378
Cosseno(s)
  ângulos especiais, 337, 338
  caracterização triângulo retângulo, 360-363
  $\cos(-\theta)$, 372, 373
  cos 15°, 442, 455, 458
  cos 18°, 448
  $\cos u \cos v$, 457
  $\cos u \sen v$, 459
  $\cos x - \cos y$, 459
  $\cos x + \cos y$, 459
  $\cos \pi/17$, 464
  $\cos(2\theta)$, 439, 440
  $\cos(3\theta)$, 458
  $\cos(5\theta)$, 459
  $\cos(u-v)$, 455
  $\cos(u+v)$, 453, 454

$\cos(\theta + 2\pi)$, 376-378
$\cos(\theta + \pi)$, 374, 375
$\cos(\theta + \pi/2)$, 458, 462
$\cos(\theta + \pi/4)$, 458, 462
$\cos(\theta/2)$, 442, 443
$\cos(\pi/2 - \theta)$, 373, 374
definição usando circunferência unitária, 336, 337
domínio, 342
gráficos, 341, 342, 373, 374, 376, 386, 387, 467, 468, 471
hiperbólico, 280, 281
imagem, 342
sinais, 338-340
Cotangente, 353-355, 358, 359, 378
Crescimento
  de bactérias, 259, 298
  exponencial, 255-264, 267, 301
    composição contínua, 296, 297
    crescimento populacional, 259, 260
    juros compostos, 262-264, 266
    lei de Moore, 256
    taxas de crescimento contínuo, 297, 298
  populacional, 259
Cubo, 174
Curvas paramétricas, 613
  alongando horizontal ou verticalmente, 620
  elipse, 617
  gráfico de uma função e sua inversa, 618
  hipérbole, 617
  movimento sob a influência da gravidade, 615
  representação dinâmica, 615

D

Daniel Gabriel Fahrenheit, 101
Datação com o carbono-14, 233, 234
Decaimento radioativo, 232
Decibéis, 244, 245, 248, 249, 252, 306
Decimal
  como séries infinitas, 568, 569
  dízima periódica, 568
  finita, 568, 582
Decomposição de funções, 91
Desigualdade(s), 22-24
  de Cauchy-Schwarz, 503

  triangular, 503
Deslocamento de fase, 470
Diferença
  de funções, 86, 87
  de polinômios, 189, 190
Dígito, 568
Dilbert, 261, 266, 271, 306
Direção de um vetor, 492-494
Distância, entre os pontos, 151
Divisão de polinômios, 204-206
Dízima periódica, 568
Dodecágono, 418, 421
Domínio
  a partir de um gráfico, 55
  de cosseno, 341
    -1, 388
  de exponencial, 277
  de logaritmo
    b, 223
    natural, 279
  de seno, 341
    -1, 389
  de tangente, 351
    -1, 392
  de um polinômio, 188
  de uma composição, 87
  de uma função
    inversa, 102, 103
    racional, 203
  definição, 40
  importância na igualdade de funções, 42
  não especificado, 44
  por meio de uma tabela, 46, 47
Duplicando seu dinheiro, 298-300

E

e
  aproximação, 288, 289
  base para logaritmo natural, 276
  de séries, 569
  definição, 276
  função exponencial, 277-279, 301
  primo de 10 dígitos, 276
Edifício Flatiron, 431
Eixo(s)
  das coordenadas, 53, 54
  horizontal
    negativo, 309
    positivo, 309
  imaginário, 519
  real, 519

vertical
  negativo, 309
  positivo, 309
Eliminação de Gauss, 580-582, 589-593
Elipse
  área no interior, 607, 608
  curva paramétrica, 618
  equação de, 152, 153
  foco, 154, 155
Épsilon, 31, 563
Equação(ões), 587-594
  de um número
    complexo, 514, 522, 523
    real, 11-14
  Gordon Moore, 256
  lei de Moore, 256
  lineares
    duas variáveis, 577, 578
    qualquer número de variáveis, 578
    sistema de, 579-594
      eliminação de Gauss, 580, 581, 589-593
      representação matrizes, 587-589
    uma variável, 576
  linha, 604
  polar de um raio, 487
Escala
  de temperaturas Fahrenheit, 100, 101, 134
  pH, 249
Escola de Atenas, 187
Especiais, 569
Estrela do norte, 245, 246, 248, 249, 253
Euclides, 187
Expoente
  inteiro
    negativo, 173, 174
    positivo, 170-172
  números
    complexos, 523-525
    racionais, 176
    reais, 177, 220
  racionais, 177
  zero, 172, 173

F

Fatia circular, 329
Fatorial, 536

Foco
  de elipse, 154, 155
  de hipérbole, 156-158
Fórmula
  cúbica, 191, 509
  de duplo ângulo
    de cosseno (2θ), 439, 440
    de seno (2θ), 440
    de tangente (2θ), 441
  quadrática, 148, 191, 511
Função(ões)
  bijetoras, 101, 102
  constante, 134
  contínuas, 196
  crescentes, 118-120, 125, 139, 160, 167, 170, 177, 278, 279, 346, 359, 478
  decrescentes, 118-121, 125, 139, 170, 174, 399
  definição, 40
  definida pela fórmula, 44
  exponenciais, 220, 221, 277-279, 301
    composição contínua, 296, 297
    da aproximação, 288, 289
    de séries, 569
    gráficos, 278
    taxas de crescimento contínuo, 297, 298
  identidade (i), 90, 106, 400
  igualdade de, 42
  ímpares, 66, 76, 78, 79, 85, 96, 126, 139, 180, 226, 281, 405
  imposto de renda, 41, 109, 114, 122
  inversa, 100-105
    composição com, 105-107
    curva paramétrica, 617
    de funções
      crescentes, 118, 119
      decrescentes, 118, 119
    de tabelas, 120, 121
    de uma função linear, 107, 139
    domínio de, 104, 105
    gráfico de, 115, 116
    imagem de, 102, 103
    notação, 107, 108
  linear, 92, 133, 134

pares, 75, 76, 78, 82, 85, 93, 96, 120, 122, 139, 161, 225, 236, 281, 372, 405, 478
periódica, 466, 468
polinômio, 188
quadráticas
  definição, 149
  gráfico de, 149
  máximo ou mínimo valor, 150
racional(is)
  comportamento de uma, perto de $\pm\infty$, 207
  definição, 208
  domínio, 203
  gráfico, 209
transformação
  alongamento de um gráfico
    horizontalmente, 71
    verticalmente, 68
  combinações verticais de, 72-74
  como composição, 91-93
  de funções trigonométricas, 466-472
  deslocamento do gráfico
    para baixo, 67, 620
    para cima, 67, 620
    para direita, 70
    para esquerda, 70
  refletir gráfico sobre eixo
    horizontal, 68, 621
    vertical, 71, 621
trigonométricas
  cos. *Veja* cosseno
  cot. *Veja* cotangente
  csc. *Veja* cossecante
  inversas, $\cos^{-1}$. *Veja* arco seno
  inversas, sen^{-1}. *Veja* arco seno
  inversas, $\tan^{-1}$. *Veja* arco tangente
  sec. *Veja* secante
  sen. *Veja* seno
  tan. *Veja* tangente
  transformações, 466

G

Godfrey Kneller, 529
Google, 276, 579

Grado, 317, 332
Gráfico(s)
   alongamento. *Veja* função
      transformação
   de cosseno $\frac{\theta}{2}$, 442, 443
   de cosseno^{-1}, 388
   de equação polar, 486-489
   de função(ões), 55
      bijetoras, 115, 116
      crescentes, 118, 119
      decrescentes, 118, 119
      ímpar, 76
      inversa, 115, 116
      linear, 131
      par, 75
      quadrática, 149, 150
      racionais, 210
   de polinômios, 196
   de seno, 342, 372, 374, 377, 389, 467
   de seno $\frac{\theta}{2}$, 443
   de tangente, 351-353, 372, 376, 391
   de tangente $\frac{\theta}{2}$, 444
   de tangente^{-1}, 393
   de transformações de funções, 66-72
   de uma função, 55
      constante, 134
   de x, 115
   de x^2, 113, 221
   de x^3, x^4, x^5 e x^6, 170
   deslocando. *Veja* função
      transformação
   determinando
      a imagem, 57, 58
      o domínio, 57
   reta
      horizontal, 117
      vertical, 59
Grau
   Celsius, 100, 101, 133
   de um polinômio, 188-191
   Fahrenheit, 100, 101, 133

H

Hexágono, 418, 421
Hiparco, 342
Hipérbole, 156-158
   curva paramétrica, 617
   focos, 156-158

I

i, 506-514
Identidades trigonométricas, 370-377
   com $(\theta + 2\pi)$, 376, 377
   com $(\theta + \pi)$, 374, 375
   com $(\pi/2 - \theta)$, 373, 374
   com $\theta + 2/\pi$, 377
   com $\theta + n\pi$, 376-378
   com $-\theta$, 372, 373
   com $\pi\theta$, 377
   inversas, 400-403
      com $-t$, 403, 404
      composições de funções
         trigonométricas, 401
      e trigonométricas inversas, 401
         funções, 400-403
   relação entre cosseno, seno e tangente, 370
Igualdade do paralelogramo, 503
Imagem
   a partir de um gráfico, 57
   de cos^{-1}, 388
   de cosh, 281
   de cosseno, 341
   de função inversa, 102
   de ln, 278
   de sen^{-1}, 390
   de senh, 281
   de tan, 352
   de tan^{-1}, 393, 394
   de uma tabela, 46
   definição, 40
   do seno, 343
Inclinação
   definição, 133
   equação de uma reta, 132
   retas
      paralelas, 134
      perpendiculares, 135, 139
Inteiros, 2
Intel, 256
Intensidade sonora, 244
Interesse(s)
   compostos, 261-264
   continuamente compostos, 296-300
   simples, 261, 262
Interseção, 31, 36
Intervalo, 25-29
   aberto, 26, 32
   fechado, 26, 32
   semiaberto, 26

Inverso aditivo
   para número real, 11, 22, 25
   para um vetor, 509
iPhone, 354
iPod, 244, 245, 533
Isaac Newton, 529

J

James Sylvester, 588
Johann Lambert, 363
Johannes Kepler, 153
John Napier, 230
Juros
   compostos, 261-264, 266
   continuamente compostos, 296, 297
   simples, 261

K

K^2, 570
K^3, 571
K^4, 570
K^6, 570

L

Lei
   dos cossenos, 425-429, 439, 453, 454, 490, 501
   dos senos, 422-424, 428, 429, 440
Leonard Euler, 506, 570
Leonardo Fibonacci, 535
Leslie Lamport, xxi
Limite, 562-565
   definidas recursivamente, 535-537
Linhas
   equação de, 131, 132
   inclinação, 129, 130
   paralelas, 134
   perpendiculares, 135-137, 139
Logaritmo
   base
      2, 222
      10, 224, 225
      e, 276-278
   comum, 224
      número de dígitos, 224, 225
   da base, 229
   de 1, 223
   de 1 = y, 242
   de um produto, 241
   de um quociente, 242
   de uma potência, 231, 232

mudança de base, 234, 235
natural, 276-279, 286, 287
   aproximação do, 286, 287
   área, 276, 290-292
   como inverso da função exponencial, 279
   definição, 276
   desigualdades com, 287, 557, 558
   gráfico, 278, 279
   propriedades algébricas, 278
número de dígitos, 224, 225
qualquer base, 222-224
Loonie, 385, 413

M

Magnitude
   aparente, 245, 246
   de um vetor, 492-494
   de uma estrela, 245, 246
   Richter, 243, 247, 251, 252, 306
Maiúscula (Σ), 548
Manhattan
   alegada venda de, 269
   setor imobiliário, 266, 270
Marie Curie, 232
Matriz
   aumentada, 587-589
   coluna, 587
   eliminação de Gauss, 589-593
   operações elementares de linha, 590
   representando um sistema de equações lineares, 588
Meia-vida, 232, 233
Multiplicação por escalar, 499

N

Nível de trânsito, 363
Noite estrelada, 219
Notação
   binária (base 2), 237
   de somatório, 548
Número(s)
   complexo
      adição, 507, 514
      definições, 506
      divisão, 508-510, 523
      forma polar, 521-523
      inverso multiplicativo, 515, 522, 523
      multiplicação, 507, 508, 515, 523, 524
      na forma polar, 522
         divisão, 523
         inverso multiplicativo, 522
         multiplicação, 524
      parte
         imaginária, 506, 507
         real, 506, 507
      potências, 524, 525
      raízes, 524
      subtração, 507
      valor absoluto, 519, 520
   irracional, 5, 6, 38, 47, 181, 220, 226, 259, 274, 276, 356, 447, 512, 602
   negativos, 22
   positivos, 22
   primo, 236-238, 276, 305
   racionais, 2, 512
   real, 3

O

Omar Khayyam, 129
Operações elementares de linha, 590
Ordem das operações algébricas, 8, 9
Origem, 53

P

Parábola, 66, 115, 146, 170, 189, 616
   alongando horizontal ou verticalmente, 620
   deslocando
      para a direita e para a esquerda, 619
         para cima ou para baixo, 620
Paradoxo de Zeno, 572
Paralelogramo, 409, 619
Parte
   imaginária, 506, 507, 526
   real, 506
Pártenon, 1
Perímetro, 421, 463, 610
Período, 468
pi (π)
   aproximação racional, 220
   área
      dentro do círculo, 622-624, 628
      no interior de uma elipse, 607
   definição, 601
   irracional, 356, 512
   primeiros 504 dígitos, 601
   série, 544
Pitágoras, 3
Plano
   cartesiano, 53, 54, 58, 59
   complexo, 519-524
   das coordenadas, 53, 54, 58, 59
Polar, equação, 488
   circunferência, 488
   raio, 487
Polaris, 245, 255
Polígono regular, 412, 419
Polinômio(s)
   comportamento de um, 196
   definição, 186
   divisão de, 204
   fatoração, 191, 513
   gráficos, 196
   grau, 188
   número de zeros, 194
   raiz de, 176
   teorema fundamental da álgebra, 513
   zero de, 191, 512
Prêmio Nobel, 232, 233
Principal, 261
Produto(s)
   de funções, 86
   dos polinômios, 189
   escalar, 499, 500
Propriedade distributiva, 9, 10

Q

Quadrante, 338
Quociente
   de funções, 86
   de polinômios, 204

R

Radianos
   comprimento de um arco, 323
   convertendo
      de degraus, 326
      para degraus, 325
   definição, 323
Rainha Christina da Suécia, 39
Raio correspondente a um ângulo, 310, 326
Raiz
   como função inversa, 177

cúbica, 175, 176, 181
   de um número, 175
   de uma função, 191
   linha da matriz, 587
   notação, 176
   quadrada
     definição, 177
     gráfico de, 115
Raphael, 187
Recíproco, 11
Regra de Cramer, 581
Rendimento anual percentual, 265, 267
René Descartes, 39, 53
Reta(s)
   paralelas, 134
   perpendiculares, 135, 136
   real, 2, 3, 38
   vertical, teste, 59
Retrossubstituição, 581

S

Sage, 16
Secante, 353, 354
Seção cônica
   elipses, 153-155, 607, 608
   hipérboles, 156-158
Senh. *Veja* seno hiperbólico
Seno
   aproximações para, 415
   caracterização triângulos retângulos, 361
   cos u sen v, 459
   definição por circunferência unitária, 336-338
   domínio, 342
   gráfico, 342, 372, 374, 376, 386, 467
   hiperbólico, 280, 281, 294
   imagem, 342
   sen $(\theta/2)$, 443
   sen (2θ), 440
   sen $(\theta + \pi)$, 374, 375
   sen 15°, 355, 358, 446, 451
   sen 18°, 447
   sen u sen v, 459
   sen x - sen y, 459
   sen x.sen y, 459
   sen $-\theta$, 372, 373
   sen $\pi/8$, 443
   sen(3θ), 459
   sen(5θ), 459
   sen$(u - v)$, 456
   sen$(u + v)$, 455, 456
   sen$(\theta + 2\pi)$, 376-378
   sen$(\theta + \pi/2)$, 458
   sen$(\theta + \pi/4)$, 458
   sen$(\pi/2 - \theta)$, 373, 374
   sinais, 338
Sentido
   anti-horário, 309
   horário, 311
Sequência(s)
   aritméticas, 531-533
   definidas recursivamente, 535, 539, 542, 574
   Fibonacci, 535
   finita, 530, 532, 533, 544, 546, 574
   geométrica, 533-535
     limite de, 565
     soma de, 546-549, 566, 567
   infinita, 530-537
   limite de, 562
Série(s)
   aritméticas, 544, 545
   definição, 544
   geométricas, 546-549, 566, 567
   infinita(s), 566
     especiais, 569, 570
     geométrica, 566, 567
Sherlock Holmes, 5
Sistema de equações lineares. *Veja* equações lineares
Soma(s)
   de funções, 86
   dos polinômios, 189
   parciais, 566
St. Louis, 281

T

Tabela
   de uma função, 43
   determinar
     domínio, 40
     imagem, 40
   para uma função inversa, 104
Tan. *Veja* tangente
Tangente
   ângulos especiais, 349
   aproximações para, 415
   definição por circunferência unitária, 336-338
   domínio, 351
   gráfico, 351, 372, 376, 391
   imagem, 359
   tan (2θ), 441
   tan $(\theta - \pi/2)$, 458
   tan $(\theta - \pi/4)$, 458
   tan $(\theta + \pi/2)$, 458, 462
   tan $(\theta + \pi/4)$, 458, 462
   tan $(\theta/2)$, 444
   tan $(\pi/2 - \theta)$, 373, 374
   tan $-\theta$, 372, 373
   tan $\pi/8$, 377
   tan$(u + v)$, 456, 457
   tan(v), 457
   tan$(\theta + 2\pi)$, 376-378
   tan$(\theta + \pi)$, 374, 375
Taxas de crescimento contínuo, 297, 298
Telescópio Hubble, 246
Temperatura em Chicago, 473
Teorema
   binomial, 553-556, 558, 574
   da dilatação da área, 290, 605, 607
   das raízes racionais, 199
   de Moivre, 524, 525
   de Pitágoras, 3, 139, 151, 168, 314, 360, 362, 366, 374, 402, 407, 408, 425, 426
   dos zeros
     conjugados, 512
     racionais, 199
   fundamental da álgebra, 513
Terremotos, 243, 247-249, 251, 252, 306
Teste da reta vertical, 59
Transamerica Pyramid, 307
Transitividade, 23
Trapezoide
   altura do, 604
   área do, 418, 604
   bases do, 604
Triângulo
   30° - 60° - 90°, 314-316
   área de, 409, 604
   de Pascal, 550, 557, 558
   isósceles, 4, 365, 366, 391, 395, 396, 398, 419, 431
   retângulo
     30° - 60° - 90°, 314-316
     área, 604
     caracterizações das funções trigonométricas, 360

U

Último Teorema de Fermat, 181
União, 27, 31, 32, 34, 36, 38, 125, 211, 213, 218

V

Valor absoluto
   de números reais, 27-31
   para números complexos, 519, 520
Vértice da parábola
   completando o quadrado para encontrar, 150
   definição, 149
Vetor(es)
   adição, 494, 495
   definição, 492
   direção, 492-494
   inverso aditivo, 497
   módulo, 492-494
   multiplicação por escalar, 499
   notação, 493
   perpendiculares, 501
   produto escalar, 500, 501
   sentido, 492-494
   subtração, 497-500
   zero, 495-497
Vincent Van Gogh, 219
Volume, 244, 245, 248, 249, 252, 306

W

Willard Libby, 239
WolframAlpha, 16
   distance, 161
   expand, 16
   graph, 55, 189
   parametric plot, 614, 617-619
   polar plot, 489, 490
   Show steps, 16
   simplify, 17, 205
   solve, 192
   sum, 550, 559

X

x
   coordenada, 53
   eixo, 53
Xadrez, invenção do, 254

Y

y
   coordenada, 53
   eixo, 53

Z

Zeno, paradoxo, 572
Zero
   de um polinômio, 191-194, 511-514
   de uma função, 191
      quadrática, 147, 148, 511, 512
   vetor, 495-497
Zu Chongzhi, 602